计 算 机 科 学 丛 书

原书第6版

计算机组成
结构化方法

（荷）**Andrew S. Tanenbaum**
（美）**Todd Austin**

著 刘卫东 宋佳兴 译

Structured Computer Organization
Sixth Edition

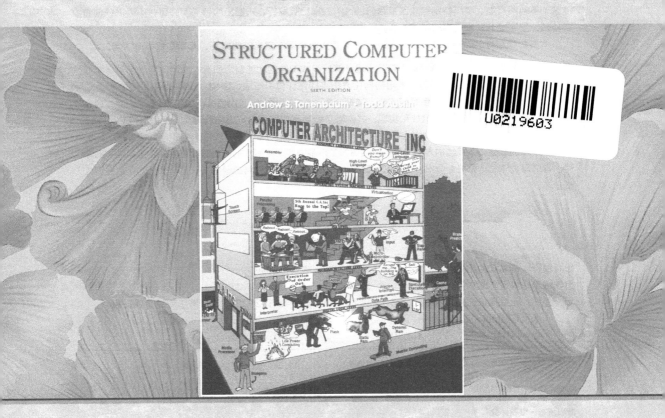

机械工业出版社
China Machine Press

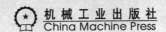

图书在版编目（CIP）数据

计算机组成：结构化方法（原书第 6 版）/（荷）塔嫩鲍姆（Tanenbaum，A. S.）等著；刘卫东，宋佳兴译 . —北京：机械工业出版社，2014.7（2022.6 重印）
（计算机科学丛书）
书名原文：Structured Computer Organization, Sixth Edition

ISBN 978-7-111-45380-2

I. 计⋯ II. ①塔⋯ ②刘⋯ ③宋⋯ III. 计算机组成原理 IV. TP301

中国版本图书馆 CIP 数据核字（2014）第 086966 号

北京市版权局著作权合同登记 图字：01-2012-6631 号。

传统的计算机组成与结构教材一般只讲述计算机组成部件的功能实现和运行原理，而缺乏对各组成部件之间关系的描述。本书开创性地用结构化方法来描述计算机组成，围绕"计算机由层次结构组成，每层完成规定的功能"这一思想组织内容，详细介绍了数字逻辑层、微体系结构层、指令系统层、操作系统层和汇编语言层等各层的组成和实现，并说明了低层是如何为上一层功能的实现提供支持的。

在第 6 版中，示例计算机换为当前的主流计算机系统，包括 Core i7、OMAP4430 和 ATmega168，并根据计算机组成和体系结构方面的最新进展更新了很多内容，使得本书能与时俱进，保持经典性和时新性。本书可以作为计算机专业本科生学习计算机组成与结构课程的教材或参考书，也可供其他相关专业人员参考。

出版发行：机械工业出版社（北京市西城区百万庄大街 22 号 邮政编码：100037）
责任编辑：姚蕾 刘立卿　　　　　　　　　责任校对：殷 虹
印　　刷：北京捷迅佳彩印刷有限公司　　版　次：2022 年 6 月第 1 版第 3 次印刷
开　　本：185mm×260mm　1/16　　　　印　张：35.75
书　　号：ISBN 978-7-111-45380-2　　　定　价：99.00 元

凡购本书，如有缺页、倒页、脱页，由本社发行部调换
客服热线：（010）88378991　88361066　　投稿热线：（010）88379604
购书热线：（010）68326294　88379649　68995259　　读者信箱：hzjsj@hzbook.com

2013 年春节刚过，接到机械工业出版社华章分社的电话，希望我们能继续翻译《Structured Computer Organization》第 6 版。合作多年，盛情难却，踌躇一番后，也只好应承下来。

第 6 版和第 5 版，从出版时间上看，相差了差不多 8 年，而这段时间是计算机组成和系统结构领域飞速发展的时期。一系列新的概念兴起和新应用的普及，如云计算、物联网、移动计算等，使计算机应用更为广泛地深入到社会的各个方面，甚至成为推动社会发展的重要力量。反过来，这些新概念和新应用，也对计算机组成和结构提出了新的要求，引导着计算机组成和结构发展方向。

在此背景下，《Structured Computer Organization》第 6 版在保持原有的基本结构和主要内容时，高度关注计算机组成和结构领域的发展趋势，特别注意将计算机组成方面一些新的技术增加进来。在实例的选择上，Core i7、OMAP4430 和 ATmega168 分别作为桌面计算、移动计算和嵌入式计算的代表，且在指令系统上又分别采用了 x86、ARM 和 AVR 指令系统，覆盖了当前流行计算模式的主要内容，体现了作者选材的独具匠心。而 GPU、FLASH、FPGA 和并行技术等的引入，也使教材内容与时俱进，让读者能在掌握计算机组成的基本原理的同时，领略到该领域内一些新的发展方向和趋势。

本书一直保持了从层次化角度描述计算机硬软件系统完整体系体系结构的特点。在计算机专业教育中强调系统能力培养这一观点，也逐步得到我国教育界的重视。可以说，这本书是进行计算机系统能力培养的一本好教材。

本版前言和第 1 ~ 4 章由刘卫东翻译，第 5 ~ 8 章、附录 A、附录 B、附录 C 及索引由宋佳兴翻译。清华大学计算机科学与技术系王诚教授审阅了全书。

虽然我们特别注意改正了第 5 版译文中我们自己发现的和一些读者指出的翻译错误，也尽我们的能力纠正了第 6 版（英文版）本身的一些小的纰漏，但限于译者水平，译文中肯定还会有错误和不当之处，依然敬请读者不吝赐教。

刘卫东　宋佳兴

2014 年 4 月 14 日

本书的前 5 个版本都是建立在计算机由层次结构组成、每层完成规定的功能这一思想上的。今天，这一基本思想依旧和第 1 版刚出版时一样正确，它依然是第 6 版的基础。和前 5 版一样，我们将详细讨论数字逻辑层、微体系结构层、指令系统层、操作系统层和汇编语言层。

尽管保留了基本的结构，但第 6 版还是包含了或大或小的许多变动，以跟上飞速更新的计算机产业的步伐。例如，本版的示例计算机均已改成当前的主流计算机系统，即 Intel 公司的 Core i7、德州仪器的 OMAP4430 和 Atmel 的 ATmega168。其中，Core i7 是广泛应用于笔记本、台式机和服务器的 CPU，而 OMAP4430 是一款基于 ARM 的主流 CPU，被很多智能手机和平板电脑采用。

许多人可能从未听说过 ATmega168 微控制器，但也许每天都会和它打交道。由于极其低廉的成本（几美分）、高附加值的软件和外部设备，以及数量众多的程序员，基于 AVR 的 ATmega168 广泛用于从定时收音机到微波炉的许多嵌入式系统中，世界上 ATmega168 的数量要比 Pentium 以及 Core i3、i5 和 i7 CPU 多出许多个数量级。同时，ATmega168 也是 Arduino 单片嵌入式系统中使用的处理器，Arduino 是一个基于开源代码的软硬件平台，最初由意大利一所大学设计，价格低廉，比在比萨店吃顿晚饭还便宜。

近年来，许多讲授本课程的教授多次询问关于汇编语言程序设计的内容，第 6 版把这些材料放在了本书的网站中（地址见后），这样做可以方便更新这些材料，以保持它们的时新性。我们选择的是 8088 汇编语言，主要原因在于它是当前流行的 Core i7 处理器使用的 IA32 指令集的先前版本，我们当然也可以选择 ARM 或者 AVR 指令集，甚至其他没人听说过的指令系统作为例子，但作为目的性很强的教学工具，由于大多数同学家里都有一台兼容 8088 的计算机，8088 显然是一个更好的选择。Core i7 的全集太复杂，不适宜让学生了解全部细节，8088 则要简单得多。

另外，本版使用 Core i7 作为例子，讲解了不少该 CPU 的细节，Core i7 本身就能运行 8088 汇编语言程序。尽管如此，调试汇编语言代码依然比较困难，我们提供了一系列工具来帮助大家学习汇编语言编程，包括 8088 的汇编器、模拟程序和跟踪程序。这些工具可在 Windows、Unix 和 Linux 环境下运行，都可在本书的网站上下载。

这些年来，本书也变得越来越厚（第 1 版有 443 页，而本版有 769 页⊖）。由于学科本身的发展和对它的了解的加深，这也是不可避免的。因此，当用作教材时，可能就无法在一门课（一个学期）中讲述完所有内容。一种可行的方法是讲述第 1、第 2 和第 3 章的全部内容，第 4 章的前 4 节，以及第 5 章的少量内容。其余的时间可根据教师和学生的兴趣介绍第 4 章剩余部分和第 6、第 7、第 8 章的部分内容。

下面逐章介绍一下各章纲要及对第 5 版的主要改动。第 1 章依然是对计算机体系结构发展的历史回顾，指出我们是如何走过来的，目前的位置和发展道路上的主要里程碑。当了解到 20 世纪 60 年代世界上最强大的计算机的成本高达数百万美元，而计算能力还不及

⊖ 这里的页数均指原版书。——译者注

现在智能手机的 1% 时，许多同学可能会十分惊讶。我们还要介绍广义上的计算机系列，包括 FPGA、智能手机、平板电脑和游戏控制器。当然，本版新的 3 种示例处理器（Core i7、OMAP4430 和 ATmega168）的体系结构也在本章中有简单说明。

第 2 章在处理方式方面，增加了数据并行处理器也就是图形处理器（Graphics Processing Unit，GPU）的相关材料。存储技术领域引入了当前正趋于流行的基于 Flash 的存储设备。而 2.4 节中，加入了对现代游戏控制器（如 Wiimote、Kinect）和智能手机、平板电脑上使用的触摸屏等的介绍。

第 3 章的许多地方都进行了修改。该章依然从晶体管开始论述，这样做的好处是没有任何硬件基础的同学也能理解现代计算机的运行原理。新增加的内容主要是现场可编程门阵列（Field-Programmable Gate Array，FPGA）的相关内容，现场可编程芯片价格降低到可以在教学中广泛使用，使得真正的大规模门级设计可以引入课堂。对用作示例的三种新的处理器体系结构做了芯片级的介绍。

第 4 章讲解计算机是如何运行的。这章一直就颇受好评，因此从第 5 版开始就没做大的改变。当然，用作示例的 Core i7、OMAP4430 和 ATmega168 的微体系结构层的内容是新的。

第 5、6 章仅就新的示例体系结构所涉及的部分做了改写，尤其是增加了对 ARM 和 AVR 指令系统的描述。第 6 章用 Windows 7 取代 Windows XP 作为例子。

第 7 章的内容是关于汇编语言编程的，和前一版比基本没有变化。

第 8 章做了许多修改，以反映在并行计算机领域各方面的新的研究动向。增加了 Core i7 多处理器体系结构的一些新的特征，并详细介绍了 NVIDIA Fremi 的通用 GPU 体系结构。最后，对 BlueGene 和 Red Storm 超级计算机的内容进行了更新，以跟上这些巨型机最近的升级。

参考文献也做了修改。将推荐读物放在了网站上，因此，这一版中引出的仅仅是本书引用过的参考文献，许多都是全新的。计算机组成是一个快速发展的领域。

附录 A 和附录 B 从上一版本开始就没有修改，这些年以来，二进制数和浮点数的表示没有什么变化。附录 C 是关于汇编语言程序设计的，由阿姆斯特丹 Vrije 大学的 Evert Wattel 博士编写，Wattel 博士拥有多年使用这些工具进行教学的经验。我们十分感谢他写的这个附录，主要内容没有做调整，但将工具放到了网站上。

除汇编语言的工具之外，本书网站还包含一个配合第 4 章使用的图形模拟器。它是由 Oberlin 学院的 Richard Salter 教授编制的，可用于帮助同学们掌握第 4 章讨论的基本原理。十分感谢 Richard Salter 教授提供该软件。

包含这些工具以及其他内容的本书网站的网址是：

http://www.pearsonhighered.com/tanenbaum

从网页上点击本书的链接，并从菜单项中选择你所找寻的页面。其中的学生资源包括：

- 汇编器 / 追踪器软件。
- 图形模拟器。
- 推荐读物。

教师资源包括：

- 课程的 PowerPoint 幻灯片。
- 每章习题的解答。

教师资源需要通过密码访问。使用本书作为教材的教师可通过联系当地的 Pearson 教育代表获得密码。

许多人读过本书的（部分）手稿，并提出了有益的建议或以其他方式对本书提供了帮助。我们要特别感谢 Anna Austin、Mark Austin、Livio Bertacco、Valeria Bertacco、Debapriya Chatterjee、Jason Clemons、Andrew DeOrio、Joseph Greathouse 和 Andrea Pellegrini。

下列人士审阅了手稿并提出了修改意见：Jason D. Bakos（University of South Carolina）、Bob Brown（Southern Polytechnic State University）、Andrew Chen（Minnesota State University, Moorhead）、J. Archer Harris（James Madison University）、Susan Krucke（James Madison University）、A. Yauvz Oruc（University of Maryland）、France Marsh（Jamestown Community College）和 Kris Schindler（University at Buffalo）。十分感谢他们。

还有几位帮助我们提供了新的习题。他们是：Byron A. Jeff（Clayton University）、Laura W. McFall（Depaul University）、Taghi M. Mostafavi（University of North Carolina at Charlotte）和 James Nystrom（Ferri State University）。我们再次感谢他们的帮助。

我们的编辑 Tracy Johnson 给了我们全方位的帮助，十分感谢他的耐心。Carole Snyder 在协调参与本书写作工作的各类人士方面提供了十分专业的帮助。Bob Englehardt 对本书的最后出品做了很好的贡献。

我（Andrew S. Tanenbaum）要再次感谢 Suzanne 的爱和耐心，她一直陪伴我完成了 21 本著作的写作。Barbara 和 Marvin 永远是开心果，他们现在也知道了教授是如何谋生的。Aron 属于新生的一代：上幼儿园之前就已经是资深的计算机用户了。Nathan 还没有达到这个程度，但他学会走路后，iPad 将会是他的下一个学习目标。

最后，我（Todd Austin）要趁此机会感谢我的岳母 Roberta，她为我写作本书提供了许多黄金时间。她在意大利 Bassano Del Grappa 的餐桌上刚好有足够的幽静、舒适和葡萄酒，供我完成这项重要的工作。

Andrew S. Tanenbaum

Todd Austin

概　述

数字计算机是通过执行人们给出的指令来完成工作的机器。描述如何完成一个确定任务的指令序列称为**程序**（program）。每台计算机的电路都只能识别和直接执行有限的简单指令，所有程序都必须在执行前转换成这些指令。这些基本的指令几乎都不会比下面的指令复杂：

两个数相加。

检查某数是否为零。

将一些数据从计算机内存的某些单元复制到另外的单元中。

计算机的这些原始指令共同组成了一种可供人和计算机进行交流的语言，我们称其为**机器语言**（machine language）。设计一种新的计算机时，人们必须首先决定它的机器语言中包含哪些指令。通常，原始指令应尽量简单，兼顾考虑计算机的使用要求和性能要求，以降低实现电路的成本和复杂度。正因为大多数机器语言如此简单，使用起来才显得十分困难和乏味。

通过对计算机的这些简单描述，我们可将计算机结构化为一系列抽象机，每台抽象机都建立在其下层抽象机的基础上。这样，计算机的复杂性就在可控范围内，计算机系统的设计也可在有组织和系统的状态下进行。我们把这种方法称为**结构化计算机组成**（structured computer organization），并以此命名本书。下一节我们将解释它的含义，然后回顾一下计算机发展历史和这当中一些有影响的机型。

1.1　结构化计算机组成

正如前面提到的，在方便人们使用和方便计算机实现之间存在着巨大的差距。人可能要做 X，而计算机只会做 Y。这就有问题了。本书的目的就是解释如何解决这个问题。

1.1.1　语言、层次和虚拟机

这个问题可从两个途径解决，两者都需要设计一个比内置的机器指令更方便人们使用的新的指令集。这样，新的指令集合也构成了一种语言，我们称为 L1，对应地把机器中内置的机器语言指令组成的语言叫 L0。两种途径的不同之处在于采取什么办法让只能执行用 L0 写的程序的计算机执行用 L1 写的程序。

一种途径是在执行用 L1 写的程序之前生成一个等价的 L0 指令序列来替换它，生成的程序全部由 L0 指令组成。计算机执行等效的 L0 程序来代替原来的 L1 程序，这种技术叫做**翻译**（translation）。

另一种途径是用 L0 写一个程序，将 L1 的程序作为输入数据，按顺序检查它的每条指令，然后直接执行等效的 L0 指令序列计算出结果。它不需要事先生成一个 L0 语言的新程序。我们把这种方法称为**解释**（interpretation），把完成这个过程的 L0 程序称为**解释器**（interpreter）。

翻译和解释其实是类似的。两种方法中 L1 的指令最终都是通过执行等效的 L0 指令序列来实现的。区别在于，翻译时整个 L1 程序都先转换为 L0 程序，然后 L1 程序就被抛弃，新的 L0 程序被装入计算机内存中执行。执行过程中，运行的都是新生成的 L0 程序，控制计算机的也是 L0 程序。

而解释时，每条 L1 指令被检查和解码之后将立即执行，不生成翻译后的程序。这里，控制计算机的是解释器。对它来说，L1 程序仅仅只是数据。这两种方法，以及后来它们的综合，都得到了广泛的应用。

比起理解翻译和解释这两个概念，想象存在一种假想的以 L1 为机器语言的计算机或**虚拟机**也许更简单一些。让我们把这种虚拟机定义为 M1（相应地，把原来的以 L0 为机器语言的虚拟机定义为 M0），如果这种计算机可以以足够低廉的成本得到，那就根本不需要 L0 这种语言或者是执行 L0 语言程序的机器了。人们可以简单地用 L1 写程序并让计算机直接执行。即使因为使用 L1 为语言的虚拟机太贵或太复杂而不能由电子电路构成，大家还是可以写 L1 语言的程序。这些程序可以用能直接被现有计算机执行的 L0 语言程序翻译或解释。换句话说，大家完全可以像虚拟机真正存在一样用它们的语言写程序。

为使翻译或解释现实可行，两种语言 L0 和 L1 的差别不能"太"大。这条限制经常意味着，虽然 L1 比 L0 好一些，但对于多数应用来说还不理想。这也许会导致对提出 L1 的最初目的——减轻程序员不得不用一种更适合计算机的语言来描述算法的负担——有些失望。然而，不应该是绝望。

显然，解决问题的办法是发明一种比 L1 更面向人且少面向机器的指令集来取代它，这个指令集形成的语言，我们可以称为 L2（对应的虚拟机称为 M2）。人们可以像用 L2 作为机器语言的虚拟机真正存在一样用 L2 写程序，然后翻译成 L1 或用 L1 写成的解释器来执行。

这种发明一系列语言，每种都比前一种更方便人们使用的步骤可以无限制地继续下去，直到最后找到一种合适的语言。每种语言都以前一种为基础，我们可以把使用这种技术的计算机看成一系列层（layer 或者 level），如图 1-1 所示，一层在另一层之上。最底部的语言或层最简单，而最上面的语言或层最复杂。

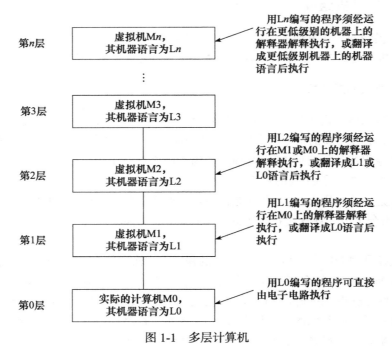

图 1-1　多层计算机

　　语言与虚拟机之间存在着重要的对应关系。每种机器都有由它能执行的指令组成的机器语言，也就是说，机器定义了语言。类似地，语言也定义了机器——即机器要能执行用这种语言写的所有程序。当然，由某种语言定义的机器真正用电子电路实现的话可能会十分复杂和昂贵，但我们依然可以想象它的存在。以 C、C++ 或 Java 语言作为机器语言的机器确实会很复杂，但用今天的技术实现起来也不会很难。可是我们有充分的理由不建造这么一台机器：与其他技术比起来，它的成本太高。真正实用的设计应该同时具有成本上的优势，仅仅具有理论上的可行性是不够的。

　　一般意义上讲，有 *n* 层的计算机可看成 *n* 台不同的虚拟机，每一台的机器语言都不相同。我们将交替使用术语"层"和"虚拟机"表示同样的意思。值得注意的是，就像计算机学科中许多其他术语一样，"虚拟机"还有其他的含义，我们将在本书的后续章节中介绍。只有用 L0 语言写的程序可以被电子电路直接执行，无须进行中间翻译或解释。用 L1、L2、…、L*n* 写的程序必须经低层解释器解释或翻译成对应于低层的另一种语言。

　　为 *n* 层虚拟机写程序的程序员不必关心下层的翻译器或解释器，程序由计算机的结构来保证正确执行，而不必管它是不是由解释器一步步地执行后交给下一个解释器或电子电路直接执行。对于这两种情况，结果都一样：程序被执行了。

　　多数使用 *n* 层计算机的程序员只对顶层感兴趣，这一层与底层的机器语言差别最大。然而，那些想了解计算机到底是如何工作的人就必须研究所有的层，而那些设计新计算机或新层的人也必须熟悉顶层之外的其他层。将计算机分为一系列层的概念和技术以及这些层的组成细节构成了本书的主题。

1.1.2　现代多层次计算机

　　多数计算机包含两层或更多层。甚至有多至 6 层的计算机存在，如图 1-2 所示。位于底部的第 0 层是机器真正的硬件，它的电路执行第 1 层的机器语言。为保证完整性，我们还应该提到第 0 层下面的一层——**设备层**（device level），因为属于电子工程领域（不属于本书范围）而没有在图 1-2 中画出。在这一层，设计者见到的是单个的晶体管，这些对计算机设计人员来说是最底层的元素。至于里面的晶体管是如何工作的，则是固体物理研究的课题。

　　在我们要研究的最底层——**数字逻辑层**（digital logic level），我们感兴趣的对象是**门**（gate）。虽然它们由类似的元件（如晶体管）构成，但门可以作为数字设备的精确原型。每个门可以有一个或多个数字输入端（由 0 或 1 表示的信号），可计算并输出这些输入的一些简单逻辑函数（如与和或）的结果。门最多由几个晶体管构成，几个门可组成 1 位存储器，存放一个 0

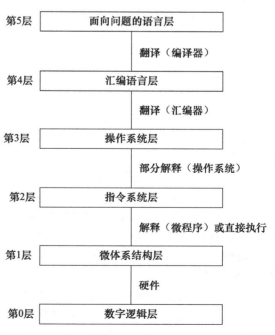

图 1-2　6 层计算机。每层的支持方法在其下部标明（包括支持程序的名称）

[5] 或 1。1 位存储器可组合成（例如）16、32，或 64 一组，形成寄存器。每个**寄存器**（register）可存放一个不大于某个最大值的二进制数。门本身也可组成主要的计算部件。我们将在第 3 章详细讨论数字逻辑层和门。

上面一层是**微体系结构层**。在这层我们可以看到（一般）由 8 ~ 32 个寄存器组成的寄存器组以及名为 **ALU**（Arithmetic Logic Unit，算术逻辑部件）的电路，ALU 可以完成一些简单的算术运算。这些寄存器和 ALU 相连形成**数据通路**（data path），供数据在其中流动。数据通路的基本功能是选择一个或两个寄存器作为 ALU 的操作数（例如，将它们相加），然后将结果存回某个寄存器。

一些机器上数据通路的这些功能是由一个叫做微程序（microprogram）的程序控制的，而另外有些机器是直接由硬件控制的。本书的早期几个版本中，我们都把这一层称为"微程序层"（microprogramming level），因为过去这几乎都是由软件解释器实现的。由于目前的许多机器经常（部分地）由硬件直接控制数据通路，我们把这一层改名为"微体系结构层"来反映这种变化。

在由软件控制数据通路的计算机上，微程序可看作是对第 2 层指令的解释器。它通过数据通路逐条对指令进行取指、检查和执行。例如，对 ADD 指令，将首先取出指令，对操作数寻址并送入寄存器，由 ALU 求和，最后把结果存回到指定的地方。而在硬件直接控制数据通路的计算机上，执行的步骤与此类似，但不存在一个真正的存储程序来控制解释第 2 层的指令。

第 2 层我们称为**指令系统层**或 **ISA 层**（Instruction Set Architecture level）。每个计算机制造商都会为他们出售的计算机出版一本手册，名为"机器语言参考手册"或"Western Wombat 100X 型计算机的操作原理"或其他类似的名字。实际上，这些手册都是关于 ISA 层的，而不是底下的两层。它们说的机器的指令集，实际上是由微程序解释或硬件执行电路直接执行的指令。若某个计算机手册为一台计算机提供两个解释器，解释 2 个不同的 ISA 层，那么，这台计算机需要两本"机器语言"参考手册，每个解释器一本。

再往上一层通常是一个混合层。这一层的大多数指令和 ISA 层相同。（也没有理由规定某层的指令不允许在其他层出现。）另外，这一层有新的指令集，不同的存储器结构，有同时运行两个或多个程序的能力，以及其他的一些特性。与第 1 层和第 2 层相比，第 3 层在设计上存在着更多的变化。

第 3 层增加的新的功能是由运行在第 2 层的解释器来执行的，历史上这一层被称为操作
[6] 系统。那些和第 2 层指令相同的第 3 层指令将直接交给微程序（或硬件）执行，而不是由操作系统执行。换句话说，有些第 3 层指令由操作系统解释，而有些由微程序（或硬件）直接解释。这就是"混合层"的含义。本书从头至尾把这一层称为**操作系统机器层**（operating system machine level）。

第 4 层和第 3 层间有着根本的区别。最低的三层并不是为普通程序员使用而设计的，而主要是为支持高层所需的解释器或翻译器的运行而设计的，这些解释器和翻译器是由专职设计和实现新的虚拟机的**系统程序员**写的。第 4 层及以上各层才是供那些解决应用问题的应用程序员使用的。

第 4 层发生的其他变化是支持上层的方法。第 2 层和第 3 层用的几乎都是解释，而第 4、5 层及以上各层通常（虽然不是全部）用的是翻译。

最低的三层与第 4、5 及更高层的其他区别是提供的语言本质的变化。第 1、2、3 层提供的机器语言都是数字串，这几层中的程序包含数字的长序列，适合机器执行，而不容易被人

理解。从第4层开始，提供的语言成了能帮助人们理解的单词和助忆符。

第4层，汇编语言层，实际上是某种低层语言的符号表示。本层为程序员写第1、2、3层程序提供了一种比用虚拟机语言直接写这些程序更舒服的方法。用汇编语言写的程序首先被翻译成第1、2或3层的语言，然后由相应的虚拟机或硬件解释执行。完成翻译过程的程序称为**汇编器**（assembler）。

第5层的语言通常是提供给解决现实问题的应用程序员使用的。这些语言通常称为**高级语言**（high-level language）。目前存在的高级语言有几百种，比较知名的有C、C++、Java、Perl、Python和PHP。用这些语言写的程序一般先由**编译器**（compiler）翻译成第3层或第4层语言，虽然偶尔也有解释执行的。例如，用Java语言写的程序通常先被翻译成一种类似于指令系统层的语言——Java字节码，然后被解释执行。

某些情况下，第5层由某一特别应用领域（例如代数）的解释器组成，提供该领域专业人员熟悉的运算和数据以解决该领域的问题。

总的来说，本节应该记住的关键一点是将计算机设计成一系列的层，每层建立在它的前一层之上，每层表示一个不同的抽象，由不同的对象和操作表示。用这种方式设计和分析计算机，我们能暂时忽略一些无关紧要的细节，使复杂的问题更容易理解。　　　　　　　　　　　　　7

每层的数据类型、操作和特性构成了该层的**体系结构**。它解决的是该层的用户能看到的问题。程序员需要了解的特性，如可用的内存有多大，是体系结构的一部分；而具体的实现细节，如用哪种技术实现这种内存，就不属于体系结构的内容。**计算机体系结构**是研究如何设计程序员眼中的计算机系统的学科。一般情况下，计算机体系结构和计算机组成的含义基本相同。

1.1.3　多层次计算机的演化

为展望多层计算机的未来，我们首先简单回顾一下计算机的发展历史，看一看过去这些年中层数和各层的属性有何变化。用真正的计算机机器语言写的程序（第1层）能直接由计算机的电子电路（第0层）执行，不需要经过任何解释或翻译。这些电路、存储器及输入/输出设备一起，构成了计算机的**硬件**。硬件是具体的对象——集成电路、印制电路板、电缆、电源、存储器和打印机等，而不是抽象的概念、算法或指令。

而**软件**则正好相反，是由**算法**（指明如何做某事的详细指令）及其在计算机中的表示——程序组成。程序可存储在硬盘、软盘、光盘或其他存储介质上，但实质上，软件是组成程序的指令的集合，而不是记录它们的物理介质。

早期的计算机中，硬件和软件之间的界限十分清楚。然而，随着时间的推移，由于计算机层次的增加、减少和合并，界限变得越来越模糊。现在已经很难区分它们了（Vahid，2003）。事实上，本书的一个主题就是：

硬件和软件在逻辑上是等同的。

任何由软件实现的操作都可直接由硬件来完成，尤其是在操作被人们充分认识之后。正如Karen Panetta Lentz所说的："硬件就是固化的软件。"当然，这话反过来说也同样正确：任何由硬件执行的指令都可由软件来模拟。将某些特定的功能由硬件实现而另外的功能由软件实现，是根据当时的成本、速度、可靠性和预期的修改频率这些因素来决定的。很少能有确定的规则规定X必须由硬件实现而Y必须通过编程实现，而且这些决定也会随着计算机技术发展的趋势和计算机应用范围的变化而改变。　　　　　　　　　　　　　8

1. 微程序技术的出现

回到 20 世纪 40 年代，最早的计算机只有两层：编制所有程序的 ISA 层和执行这些程序的数字逻辑层。数字逻辑层的电路非常复杂难懂，难以生产制造，也不可靠。

1951 年，Maurice Wilkes（剑桥大学的研究员）提出设计一个 3 层计算机来极大地简化硬件设计，并由此减少（不可靠的）真空管的使用的主意（Wilkes，1951）。这种机器需要内置一个不可修改的解释器（微程序），来解释执行 ISA 层的程序。这样，硬件就只需执行仅有少数指令的微程序，而不必执行指令集大得多的 ISA 层程序，仅需要较少的电路来实现。由于当时的电子电路都是由真空管制造的，这种简化减少了真空管的使用数量，因此也提高了可靠性（即每天系统崩溃的次数）。

20 世纪 50 年代仅生产了少量这种 3 层计算机，60 年代就多了一些，到 1970 年，由微程序代替电路解释 ISA 层的计算机的概念处于当时的主导地位。所有那时的主流计算机都使用了这项技术。

2. 操作系统的出现

在计算机的早期年代，大多数计算机都是"自选商场"，程序员必须自己操纵计算机。几乎每台计算机都有一个预约单，想上机运行程序的程序员首先得预约机时，比如周三的凌晨 3 点～5 点（许多程序员愿意在机房安静时上机）。到了预约时间，程序员一手拿着一叠 80 列的穿孔卡片（一种早期的输入介质），另一手拿着削好的铅笔动身前往机房，礼貌地请前一个程序员离开，然后接管计算机。

如果程序员要运行 FORTRAN 程序，就得经历下面几个步骤：

1）走向存放程序库的柜子，找出标有 FORTRAN 编译器的绿色卡片，放入读卡器中，按下"启动"按钮。

2）将自己编写的 FORTRAN 程序放入读卡器，按"继续"按钮，计算机读入程序。

3）计算机停下时，再次将他的 FORTRAN 程序读一遍。虽然有些编译器只要求输入一次程序，但许多是要求读两遍或更多遍的。每一遍都得读入一堆卡片。

4）终于，翻译过程接近结束了，而程序员的心跳往往也在这时候加快，因为若编译器发现程序错误，他将不得不将错误修改后再走一遍上面的全过程。如果没有错误，编译器将在卡片上打孔输出翻译好的机器语言程序。

5）然后，程序员将卡片上的机器语言程序同子程序库卡片一起放入读卡器，将它们一起读入。

6）开始执行程序。多数情况下计算机会不工作或在程序运行中间死机。一般来说，程序员会胡乱拨弄控制台上的开关或对着控制台的指示灯发一会儿呆。运气好的话，可能找到问题，修改程序中的错误，然后从头再来一遍；运气不好时，只能将内存中的内容打印出来，即**核心转储**，带回家去研究。

这个过程，多年来在很多计算中心中都十分相似，只有很少的不同。它使得程序员不得不掌握如何操纵计算机，并要学会如何处置频繁出现的计算机死机现象。更为可气的是，当人们抱着卡片在机房外等着上机，或正为分析程序不能正常工作的原因而挠头时，计算机却无法正常工作。

到 1960 年左右，大家试图通过将这些工作自动化来减少时间的浪费。计算机中出现了一个常驻程序称为**操作系统**，它读入、处理程序员提供的程序和控制卡片并执行。图 1-3 给出了第一个广为使用的操作系统，即运行在 IBM

图 1-3　FMS 操作系统作业举例

709 上的 FMS（FORTRAN 监控系统，FORTRAN Monitor System）的作业。

操作系统先读入 *JOB 卡片，用它上面的信息进行作业登记，供记录使用。（星号用来标识控制卡片，使它们不会与程序及数据卡片混淆。）然后，再读入 *FORTRAN 卡，即从磁带上加载 FORTRAN 编译器的指令，加载完后，编译器开始读入并编译用户的 FORTRAN 语言程序。编译完成后，再将控制返回给操作系统，读入 *DATA 卡，按照卡上执行翻译好的程序的指令，以 *DATA 卡后的卡片作为输入数据，执行 FORTRAN 语言程序。

虽然操作系统是为自动执行用户作业而设计的（正如其名称的含义），但也是开发新的虚拟机的第一步。*FORTRAN 卡可被看作虚拟的"编译程序"指令，同样地，*DATA 卡可被认为是虚拟的"执行程序"指令。只有两条指令对构成一个新层来说少了点，但其代表的是发展方向。 ⟦10⟧

随后的几年中，操作系统变得越来越复杂。新的指令、例程和特性不断地加入到 ISA 层中，直到出现一个新层。新层中的一些指令和 ISA 层指令完全相同，但另外一些指令，尤其是输入 / 输出指令，则是全新的指令。这些新指令当时被称为**操作系统宏**或**超级用户调用**，现在通称为**系统调用**。

其他方面操作系统也在不断发展。早期的操作系统读入卡片，然后在行式打印机上输出结果，这种方式被称为**批处理**组织方式。它从提交程序到结果出来通常得等待几小时，在这种环境下，开发程序十分困难。

20 世纪 60 年代初，Dartmouth 大学、MIT 和另外一些机构的研究人员开发出允许（多个）程序员直接和主机通信的操作系统。在这些系统中，远程终端通过电话线和中心计算机相连，计算机由多个用户共享。程序员可在办公室、家中的车库或放置终端的任何地方输入程序，并立即得到结果。这些系统称为**分时系统**。

在操作系统层面，我们感兴趣的是它如何解释第 3 层中出现的而 ISA 层部不具备的指令和特性，而不是分时机制。虽然我们不强调，但你应当记住操作系统并不是仅解释 ISA 层之上的指令。

3. 微程序技术的普及

到 1970 年，微程序编程已经很普遍，设计者意识到他们可以通过扩充微程序来增加新的指令。也就是说，可以通过编程来增加"硬件"（新的机器指令）。这个发现导致机器语言 ⟦11⟧ 指令集的爆炸式增长，因为设计者竞相创造出更大和更好的指令集。许多指令并非特别需要，因为它们的功能可以由已有指令很容易地实现，但新指令一般会比执行一系列已有指令快一些。例如，许多机器有向一个整数加 1 的 INC 指令，由于这些机器上也有一条通用的加法指令 ADD，应该说新增一条加 1（或者加 720 也一样）指令是没有必要的。不管怎样，INC 指令比 ADD 快一点，所以也就加进来了。

许多其他的指令也由于同样的理由加入到微程序中。通常包括：

1）整数乘、除指令。

2）浮点数算术指令。

3）过程调用和返回指令。

4）加速循环的指令。

5）处理字符串的指令。

此外，一旦计算机的设计者认识到增加一条指令是如此容易，他们就开始四处寻找可以加入到他们的微程序中的特性。下面就是他们找到的一些：

1）加速包含数组（索引和间接寻址）运算的特性。

2）允许程序启动后在内存中移动的特性（重置功能）。

3）输入/输出操作完成时通知计算机的中断系统。

4）在少量指令中挂起一个程序并启动另外一个程序的能力（进程切换）。

5）处理语音、图像和多媒体文件的特殊指令。

这些年来，还有数不清的其他特性和功能被加入进来，它们一般都是为了提高某一特定操作的速度。

4. 微程序的消失

微程序在它的黄金年代（20世纪60年代和20世纪70年代）成长得十分壮大。伴随而来的问题是它也变得越来越慢。终于，一些研究人员认识到，通过取消微程序，大规模地缩小指令集，并将剩下的指令直接由硬件执行（即用硬件直接控制数据通路），可以提高计算机的速度。大家的共识是，计算机设计的发展画了一个圆圈，又回到Wilkes发明微程序之前的老地方了。

但历史的车轮还在继续转动。现代处理器依然依靠微程序技术将复杂的指令翻译为可被简洁的硬件直接执行的内部微码。

说了这么多，关键是想表明计算机硬件和软件的界限完全是人为划定的，并且经常变化。今天的软件也许就是明天的硬件，反过来也一样。甚至层与层之间的界限也是模糊的。从程序员的观点看，指令实际上是怎样实现的并不重要（除非是为了提高速度）。ISA层的程序员可以将他的乘法指令当作硬件指令，而不必担心，甚至根本不用考虑它是否真正是由硬件实现的。一个人的硬件是另一个人的软件。本书后面还会经常重复这个观点。

1.2 计算机体系结构的里程碑

现代数字计算机出现以来，人们已经设计并制造出几百种不同类型的计算机。绝大多数已经被人遗忘了，但其中也有几种在计算机发展史上留下了自己的印迹。本节我们对关键发展历程做一简单回顾，以更好地理解我们是如何做的，以及目前所处的位置。自然，我们只能触及发展史上的亮点，而无法一一回顾所有里程碑。图1-4列出了本节要讨论的一些里程碑式的计算机。如果想了解开创计算机新时代的人们的其他历史材料，可以读Slater（1987）。而对他们的传记或对由Louis Fabian Bachrach拍摄的漂亮的开创计算机时代的人们的彩色相片感兴趣的读者可以读Morgan的《Coffee-table》（1997）一书。

1.2.1 第零代——机械计算机（1642—1945）

建造出第一台能工作的计算机器的人是法国科学家Blaise Pascal（1623—1662），程序设计语言Pascal就是为纪念他而以他的名字命名的。这是Pascal为他的父亲，一名法国政府的税务官而设计的，于1642年完成，当时Pascal只有19岁。整台机器是纯机械设备，使用齿轮传动，用手柄驱动。

Pascal的机器只能做加法和减法。30年后，伟大的德国数学家Baron Gottfried Wilhelm von Leibniz（1646—1716）制造出还能做乘法和除法的另一台机械计算机。实际上，Leibniz 300年前制造的这台计算机和一台4功能的袖珍计算器相当。

从此后的150年计算机没有大的发展，直到剑桥大学的数学教授Charles Babbage

（1792—1871），速度计的发明者，设计和制造了**差分机**。这个机械设备和 Pascal 的只能做加法和减法的机器类似，是为海军导航计算数据表而设计的，只能运行一个算法，即用多项式计算有限差分。有趣的是它的输出方法，是用钢头把结果雕刻在铜面上，可以说是后来一次性写的存储介质，如穿孔卡片和 CD-ROM 的雏形。

年份	机 器 名 称	制 　造 　者	说 　明
1834	Analytical Engine	Babbage	建造数字计算机的第一次尝试
1936	Z1	Zuse	第一台使用继电器的计算机器
1943	COLOSSUS	英国政府	第一台电子计算机
1944	Mark I	Aiken	第一台美国通用计算机
1946	ENIAC	Eckert/Mauchley	现代计算机历史从它开始
1949	EDSAC	Wilkes	第一台存储程序的计算机
1951	Whirlwind I	M.I.T.	第一台实时计算机
1952	IAS	冯·诺依曼	大多数现代计算机还用此设计
1960	PDP-1	DEC	第一台小型机（销售 50 台）
1961	1401	IBM	非常流行的小型商用机
1962	7094	IBM	20 世纪 60 年代早期的主流科学计算用机
1963	B5000	Burroughs	面向高级语言设计的第一台计算机
1964	360	IBM	系列机的第一个产品
1964	6600	CDC	第一台用于科学计算的超级计算机
1965	PDP-8	DEC	第一台占领市场的小型机（销售 50 000 台）
1970	PDP-11	DEC	20 世纪 70 年代的主导小型机
1974	8080	Intel	第一台在一个芯片上的 8 位通用计算机
1974	CRAY-1	Cray	第一台向量超级计算机
1978	VAX	DEC	第一台 32 位超级小型计算机
1981	IBM PC	IBM	开创现代个人计算机新纪元
1981	Osborne-1	Osborne	第一台便携式计算机
1983	Lisa	Apple	第一台使用图形界面的个人计算机
1985	386	Intel	Pentium 系列的第一个 32 位计算机
1985	MIPS	MIPS	第一台商用 RISC 机
1985	XC2064	Xilinx	第一片现场可编程门阵列（FPGA）
1987	SPARC	Sun	第一台基于 SPARC 的 RISC 工作站
1989	GridPad	Grid Systems	第一台商用平板电脑
1990	RS6000	IBM	第一台超标量体系结构计算机
1992	Alpha	DEC	第一台 64 位个人计算机
1992	Simon	IBM	第一台智能电话
1993	Newton	Apple	第一台掌上计算机（PDA）
2001	POWER4	IBM	第一台双核处理器

图 1-4　现代数字计算机发展史上的里程碑 14

虽然差分机运行得相当好，但 Babbage 还是很快对这种只能运行一个算法的机器厌烦了。他开始花费大量家财（更不必说 17 000 镑的政府投资）和时间来设计和制造差分机的更新换代产品**分析机**。分析机由四部分组成：存储部分（存储器）、计算部分（计算部件）、输入部分（读卡器）和输出部分（打孔输出）。存储部分由 50 个十进制位的 1000 个字组成，可用来存放变量和结果。计算部分从存储部分接收操作数，然后进行加、减、乘、除运算，最后将结果送回存储部分。和差分机类似，它也是全机械的。

分析机的最大进步就在于它是通用的。它从穿孔卡中读入指令，然后执行指令。它的部分指令用来指示机器从存储部分中取两个数，将它们送入计算部分，对它们进行运算（如做加法运算），再将结果送回到存储部分；另外一部分指令可以检测一个数为正数还是负数，根据检测结果进行分支转移。通过从输入卡片中读入不同的程序，就可也让分析机完成不同的运算，这是差分机做不到的。

分析机可用简单的汇编程序编程，运行它需要软件。Babbage 雇用了一位名叫 Augusta Ada Lovelace 的年轻妇女，英国著名诗人 Lord Byron 的女儿，来编制这个软件。这样，Ada Lovelace 可称得上是世界上第一个程序员。现代程序语言 Ada 就是为纪念她而命名的。

不幸的是，像许多现代设计者一样，Babbage 从来没有将硬件的错误完全解决。根本原因是他需要成千上万个各种高精度齿轮，而以十九世纪的技术提供不了这些零件。而且，他的思想远远地超过了他的时代，甚至今天的许多计算机结构也与分析机类似，所以，称 Babbage 为现代数字计算机之（祖）父应该是恰当的。

计算机发展史上的下一个进步发生在 20 世纪 30 年代后期，一个学工程的德国学生 Konrad Zuse 用电磁继电器制造了一系列自动计算机。战争开始后，他无法从政府得到资助，因为政府的官僚预期战争会很快结束，新的机器在战争结束后再进行研究也不妨。Zuse 并不知道 Baggage 的工作，而且他的机器也在 1944 年盟军轰炸柏林时被损坏，因此，他的工作对后来的机器并没有太大的影响。但我们仍要说，他是计算机领域的先锋之一。

此后不久，在美国也有两个人设计出计算器，一个是爱荷华州立大学的 John Atanasoff，另一位是贝尔实验室的 George Stibbitz。Atanasoff 的机器令人吃惊地超越了他的时代，使用二进制算术，用电容作存储器，定时刷新以保持电容的电量不致泄漏，他把这个过程叫做"反复启动存储器"。与现在的动态存储器（DRAM）芯片的原理完全一样。不幸的是他的机器从来没有真正运行起来。在这一点上，Atanasoff 和 Babbage 类似，他们最后都是被他们所处的时代的硬件技术欠缺而击垮的。

Stibbitz 的计算机虽然比起 Atanasoff 的更原始一些，但却能真正运行。Stibbitz 于 1940 年在 Dartmouth 大学的一次会议上对公众做了演示。听众席上有一位当时还默默无闻的宾夕法尼亚大学的教授 John Mauchley，后来成了计算机界响当当的人物。

当 Zuse、Stibbitz 和 Atanasoff 设计自动计算器时，哈佛的一位名叫 Howard Aiken 的年轻人正被他的博士研究工作中烦琐乏味的手工计算所折磨。毕业后，Aiken 认识到用机器做计算的重要性。他来到图书馆，发现了 Baggage 的工作，决定用继电器制造出 Baggage 用齿轮没有造出来的通用计算器。

Aiken 的第一台机器 Mark I 于 1944 年在哈佛完成。它有 72 个字，每个字有 23 个十进制位，指令周期为 6 秒，用穿孔纸带进行输入、输出。当 Aiken 完成它的后续机型 Mark II 时，继电器计算器过时了，电子计算器的时代开始了。

1.2.2   第一代——电子管计算机（1945—1955）

第二次世界大战是电子计算机产生的催化剂。战争早期，德国的潜艇给英国舰只造成了严重破坏。德国海军司令的命令是通过无线电从柏林发往潜艇的，英国可以事实上也已经能在中途将电波截获。问题是这些消息在发出前已经由一台叫 ENIGMA 的设备加密，设备的原型是一位业余发明家、美国前总统 Thomas Jefferson 设计的。

　　战争早期，英国情报部门设法从波兰情报部门弄到一台从德国偷来的 ENIGMA，但为了破解加密信息，还需要大量的运算，并且必须在命令被截获后到被执行前完成。英国政府建立了一个绝密的实验室，由著名的英国数学家 Alan Turing 帮助设计，制造了一台称为 COLOSSUS 的电子计算机来破译截获的密电。COLOSSUS 于 1943 年开始运行，但由于英国政府将它作为军事机密，30 年来对这个项目的所有方面都严守秘密，COLOSSUS 也就没再发展，唯一值得一提的是它是世界上第一台电子数字计算机。 ⎡16⎤

　　战争除了破坏了 Zuse 的机器并促进了 COLOSSUS 的制造外，也极大地影响了美国计算手段的更新。军方需要能帮助计算重炮弹道的计算表，这些计算表是雇用数百名妇女用手工计算器制作的（一般认为妇女比男人更精确一些）。自然，制作过程十分耗时，还经常出现错误。

　　John Mauchley 既了解 Atanasoff 的工作，也了解 Stibbitz 的工作，意识到军方会对机械计算器感兴趣。和他之后的很多计算机科学家一样，他对军方建议提供资金制造电子计算机。建议在 1943 年被采纳后，Mauchley 和他的研究生 J. Presper Eckert 开始了研制 **ENIAC**（电子数字综合器和计算机，Electronic Numerical Integrator And Computer）的工作。ENIAC 由 18 000 个电子管和 1500 个继电器组成，重 30 吨，耗电 140 千瓦。体系结构上，它有 20 个十进制数寄存器，每个能存放一个十进制数。（十进制寄存器是一个很小的内存，存放一位到最大位数的十进制数，类似于记录汽车行驶里程的里程表。）ENIAC 通过设置分布各处的 6000 个多向开关和连接森林般插头及众多插座来编程。

　　直到 1946 年，机器的研制工作也没有结束，要达到最初设计目的为时已晚。尽管如此，战争结束后，Mauchley 和 Eckert 还是被允许组织一个暑期学校，向他们的科学界同行们描述他们的工作。暑期学校成了建造大型数字计算机的起点。

　　在这次历史性的暑期学校之后，许多其他研究人员也开始研制数字计算机。第一个投入运行的是 EDSAC（1949 年），由剑桥大学的 Maurice Wilkes 研制。其他的一些包括 Rand 公司的 JOHNNIAC、Illinois 大学的 ILLIAC、Los Alamos 实验室的 MANIAC 和以色列 Weizmann 研究所的 WEIZAC。

　　Eckert 和 Mauchley 不久后开始研制新的机型 **EDVAC**（电子离散变量自动计算机，Electronic Discrete Variable Automatic Computer）。然而，该项目最终还是因为他们离开宾夕法尼亚大学而元气大伤。他们在费城创建了 Eckert-Mauchley 公司（硅谷那时还不存在呢），几经变迁之后，现在成了 Unisys 公司。

　　在法律上，Eckert 和 Mauchley 申请了他们发明数字计算机的专利。现在看来，拥有这项专利还是相当不错的。经过几年的诉讼，法庭没有认定他们的专利，而认为数字计算机的发明者是 John Atanasoff，虽然他从未申请过这项专利，才使得该项发明得以有效地公之于众。 ⎡17⎤

　　正当 Eckert 和 Mauchley 研制 EDVAC 时，ENIAC 项目组的一名研究人员，冯·诺依曼来到普林斯顿高级研究院研制他自己的 EDVAC，即 **IAS 机**。冯·诺依曼可以说是和达·芬奇同一级别的天才，他会讲多国语言，是物理学家和数学家，对听到、看到和读到的东西都过目不忘，甚至能将几年前读过的书逐字地背诵出来。在他对计算机开始感兴趣时，他已经是世界上杰出的数学家了。

　　研制工作开始不久，他就发现用大量的开关、插头来编程十分费时、枯燥乏味而且极不灵活，提出程序可以用数字形式和数据一起在计算机内存中表示。对 ENIAC 用 10 个电子管

（1 个亮，9 个不亮）表示一位十进制数的笨拙表示方式，他也提出用 Atanasoff 几年前就已经使用的二进制数表示来替代。

由他第一次描述的这些基本设计，现在被命名为**冯·诺依曼机**，并在世界上第一台存储程序的计算机 EDSAC 中采用，而且直到半个世纪后的今天，依然是几乎所有数字计算机的基础。这个设计，以及和 Herman Goldstine 合作研制的 IAS 机，有着巨大的影响力，值得在这里简单描述一下。图 1-5 给出了该机的体系结构框架。

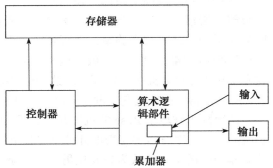

图 1-5　最初的冯·诺依曼机

冯·诺依曼机由五个基本部分，即存储器、运算器（算术逻辑部件 ALU）、控制器和输入、输出设备组成。存储器有 4096 个字，每个字 40 位，每位均为 0 或 1。每个字表示两条 20 位的指令或一个 40 位的有符号整数。指令中的 8 位用来区分指令类型，另外 12 位表示 4096 个存储单元中的一个地址。算术逻辑部件和控制器一起，组成了计算机的"大脑"。现代计算机中，这两个部件被组合到一个芯片上，称为 **CPU**（中央处理器）。

在算术逻辑部件中有一个特殊的 40 位内部寄存器——**累加器**。典型的指令将内存中的一个字和累加器相加或将累加器的内容存入内存中。该机不提供浮点运算，因为冯·诺依曼认为任何有能力的数学家都能在头脑中记住十进制（实际上是二进制）小数点的位置。

几乎在冯·诺依曼研制 IAS 机的同时，麻省理工的研究人员也在研制他们的计算机。IAS、ENIAC 及其他类似的机器字长都比较长，设计为应付繁重的数据处理任务；而麻省理工设计的机器 Whirlwind I 的字长为 16 位，为实时控制设计。该项目使 Jay Forrester 发明了磁芯存储器，并最终产生了第一台商用小型机。

当所有这些轰轰烈烈进行的时候，IBM 还是一个热衷于制造打孔卡和机械排卡机的小公司。虽然对 Aiken 提供了部分资助，但是直到 1953 年制造出 701 机后，IBM 才对计算机有了狂热的兴趣，而这时 Eckert 和 Mauchley 的公司早就以它的 UNIVAC 机成了商业市场的龙头。701 机有 2048 个字，每字 36 位，存放两条指令，是十年中在科学计算领域内主流系列机的第一种型号。三年后是 704 机，有 4K 磁芯存储器，指令长 36 位，硬件支持浮点运算。1958 年，IBM 推出了它的最后一个电子管产品 709，而该产品基本上还是令人厌倦的 704。

1.2.3　第二代——晶体管计算机（1955—1965）

1948 年，贝尔实验室的 John Bardeen、Walter Brattain 和 William Shockley 发明了晶体管，他们也因此获得 1956 年的诺贝尔物理奖。10 年中，晶体管为计算机带来了一场革命，到 20 世纪 50 年代后期，电子管计算机就已经过时了。第一台晶体管计算机 **TX-0**（晶体管化实验计算机 0，Transistorized eXperimental computer 0）由麻省理工的林肯实验室和 Whirlwind I 同时研制，仅仅是作为测试比 TX-2 更富空想意味的设备。

TX-2 一共也没有生产几台，但实验室的工作人员 Kenneth Olsen 却创办了数字设备公司（Digital Equipment Corporation，DEC），并在 1957 年制造出了和 TX-0 类似的商业机。可这种机器，也就是后来的 PDP-1，直到 4 年后才在市场上出现，主要原因是投资 DEC 的风险资本家坚信计算机不会有市场。毕竟，IBM 的前总裁 T. J. Watson 曾经预言过，全世界计算机也不过4、5台的市场容量。因此，DEC当时主要销售小电路板给其他公司，让他们集成到自己的产品中。

到1961年PDP-1最终推出时，它配有4K内存，字长18位，每秒钟能执行200 000条指令，性能是IBM 7090的一半。7090机是晶体管的709，是当时世界上最快的计算机。PDP-1价格是120 000美元，但7090是几百万。DEC销售了好几十台PDP-1，并从此形成了小型计算机产业。

最初的几台PDP-1中的一台给了麻省理工，在那立即吸引了在麻省理工里随处可见的几位天才少年的注意。PDP-1的多项革新之一是它的可视化显示和在512×512屏幕上定位任何一个点的能力。不久，这些学生就在PDP-1上编出了《太空战争》——世界上第一个视频游戏。

几年后DEC推出了12位字长的PDP-8计算机，比PDP-1便宜了许多（价格是16 000美元）。PDP-8的主要革新是使用了Omnibus单总线，如图1-6所示。**总线**是用来连接计算机部件的平行导线。这个体系结构远离了以内存为中心的IAS机，并被此后几乎所有小型机采用。DEC最后销售了50 000台PDP-8，建立起在小型机市场上的领先地位。

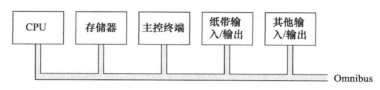

图 1-6　PDP-8 的 Omnibus 总线

此时，如上所述，IBM对晶体管的反应是研制709的晶体管版本7090和后来的7094。7094的机器周期为2μs（微秒），配有字长为36位的32K字磁芯存储器。7090和7094标志着ENIAC型计算机的结束，虽然它们在20世纪60年代统治科学计算领域多年。

在IBM以它的7094成为科学计算领域的主要推动力的同时，它通过销售几台面向商业的1401机而赚了一大笔钱。该机能读写磁带、读卡和打卡，输出速度能和7094媲美，价格却是7094的几分之一。在科学计算领域它表现糟糕，但在商务领域却十分出色。

1401的与众不同在于它没有任何寄存器，甚至字长都不固定，内存为4000字节（8位），其后继型号的内存达到了当时颇令人惊讶的16 000字节。每个字节包括一个6位的字符、一个管理位，还有一位用来标识字结束。例如，一条MOVE指令中有源地址和目的地址，然后从源地址开始往目的地址移动内存的内容，直到遇到一个字节，其结束位为1时移动结束。　　　20

1964年，一个不知名的小公司——控制数据公司（Control Data Corporation，CDC）推出6600，它比巨型机7094还快了将近一个量级，是当时速度最快的计算机。6600马上被那些数据处理公司相中，CDC也由此走上成功之路。它比7094快了许多的秘密在于它的CPU的高度并行，有几个功能部件做加法，另外几个做乘法，还有一个做除法，而且它们都能并行运行。虽然只有细心编程才能达到较高的性能，但理论上它能做到同时执行10条指令。

光是这样好像还有点不够，6600内部还有几个小的计算机在帮助它，就像白雪公主和七个小矮人一样。这样，CPU可以全时处理数据，而把细节问题如作业管理和输入/输出交给小计算机去完成。现在看来，6600几乎领先时代数十年，现代计算机的许多关键技术都可以直接追溯到它身上。

6600的设计者Seymour Cray有着和冯·诺依曼一样的传奇色彩，他把他的一生奉献给了研制最快的计算机，**即超级计算机**，如6600、7600和Cray-1。他还发明了一个著名的买车算法：找离你最近的代理商，买离门最近的车。这个算法在不重要的事情上（如买车）浪费的时间最少，而使你能把最多的时间花在最重要的事情上（如设计超级计算机）。

这一时代还出现了很多其他计算机，还有一台由于特别的理由值得一提，这就是Burroughs 的 B5000。PDP-1、7094 和 6600 这些计算机的设计者首先都是全神贯注于硬件，使硬件能更便宜一些（DEC）或更快一些（IBM 和 CDC），软件完全成了细枝末节。B5000的设计者采取了完全不同的设计方针，他们研制的计算机是特别为了满足用 Algol 60 语言（C 语言和 Java 语言的前驱）编程需要的，并在硬件上应用了很多特性来简化编译器的任务。设计计算机时同时考虑软件需要的设计思想就是从这产生的。不幸的是这台计算机立即就被大家忘掉了。

1.2.4 第三代——集成电路计算机（1965—1980）

Jack Kilby 与 Robert Noyce（各自独立工作）于 1958 年发明的硅集成电路使得在单个芯片上可集成几十个晶体管。对晶体管的这种封装使研制比晶体管计算机更小、更快、更便宜的计算机成为可能。本节介绍几种这一代著名的计算机。

到 1964 年，IBM 已占据计算机公司的领头位置，但它的两种取得巨大成功也最赚钱的计算机——7094 和 1401，有了问题：它们完全是两台无法兼容的机器。一台是在 36 位寄存器组基础上用并行二进制算术实现的高速数据处理机，另一台是在字长可变的内存的基础上用串行十进制算术实现的大吞吐量输入 / 输出处理机。许多有两方面需要的客户只好同时拥有这两种型号的计算机，但很不情愿拥有两支毫无共同之处的编程队伍。

当不得不改变这种情形时，IBM 采取了根本的变革。它基于集成电路推出了新的产品，即 System/360，来同时满足科学计算和商务处理两方面的要求。System/360 包含多项革新，最重要的是它是由 5、6 种具有相同的汇编语言但规模和处理能力递增的系列机组成的。客户可以用 360 机的 30 型号来替代旧版本的 1401，而用 75 型机来替代 7094。75 型机比较大且快一些（也贵一些），但为其中一台写的软件原则上可在另外一台上运行。实际上，为小型号机写的软件运行在大型号机上没有问题，但程序从大型号机上迁移至小型号机上运行则往往内存不够。但比起 7094 和 1041，这依然是一个很大的提高。系列机的概念很快就流行起来，几年之内大多数计算机公司就都有了各自的价格和性能各不相同的系列机。图 1-7 列出了开始时 360 系列机几种机型的特性，其他型号在以后介绍。

特　　性	型号 30	型号 40	型号 50	型号 65
相对性能	1	3.5	10	21
机器周期（ns）	1000	625	500	250
最大内存（字节）	65 536	262 144	262 144	524 288
每个周期存取的字节数	1	2	4	16
数据通道数	3	3	4	6

图 1-7 IBM 360 系列机的初始配置

360 的另一个主要进步是**多道程序**，内存中同时可以有多个程序，当其中一个等待输入 / 输出时，另一个可以进行计算，这样，可提高 CPU 的利用率。

360 还是第一台可以仿真（模拟）其他计算机的机器。较小的型号可以仿真 1401，较大的仿真 7094，所以，换了 360 机后，客户还可以不加修改地运行原来机器的二进制程序。有些型号运行 1401 的程序比原来 1401 的运行快了很多，使许多客户一直没有更新原有的程序。

360 上实现仿真比较容易的原因在于开始时几种机型和后来的大多数机型都是微程序的。IBM 要做的只是写三套微程序，一套用于 360 机本身的指令系统，一套用于 1401 指令系统，另外一套用于 7094 的指令系统。这种灵活性也是在 360 中采用微程序的理由之一。Wilkes 提出采用微程序的另一个动机，也就是减少电子管的数量已经不再提起，是因为 360 机中已经没有了电子管。

360 机用折衷的办法解决了并行二进制算术和串行十进制算术的矛盾：该机采用 16 个 32 位寄存器用于二进制算术运算，但内存依然是面向字节的，和 1401 类似。它也有在内存中移动可变长度的内容的这种典型 1401 的串行指令。

360 的另一个主要特性是寻址空间特别巨大（在当时条件下），达到 2^{24}（16 777 216）字节。在每字节耗费的内存成本高达几个美元的当时，16M 字节看起来就像是天文数字。不幸的是，360 系列之后的 370 系列、4300 系列、3080 系列、3090 系列、390 系列和 z 系列都采用的是本质上相同的体系结构。到 20 世纪 80 年代中期，16M 字节的限制就成了问题，当需要 32 位地址来寻址 2^{32} 字节空间时，IBM 不得不部分放弃一定的兼容性来将地址扩充到 32 位。

从事后诸葛亮的角度看，我们可以质疑为什么字长和寄存器都是 32 位，却不采用 32 位地址，但要知道那时连 16M 字节内存的机器都让人无法想象。同样，当 IBM 成功切换到 32 位地址时，它依然是内存寻址的一个临时解决方案，因为计算机系统马上被要求拥有寻址 2^{32}（4 294 967 296）字节空间的能力。几年后，64 位地址的计算机同样将面临这样的问题。

在第三代计算机中，随着 DEC 公司推出 16 位的 PDP-11 系列接替 PDP-8 系列，小型机也向前迈进了一大步。在许多方面，PDP-11 系列像是 360 系列的小弟弟，就像 PDP-1 是 7094 的小弟弟一样。360 机和 PDP-11 都有以字为单位的寄存器和以字节为单位的内存，性能／价格比也都比较吸引人。PDP-11 获得巨大的成功，尤其是在大学里，并使 DEC 能继续领先于其他的小型计算机制造商。

1.2.5　第四代——超大规模集成电路计算机（1980 年至今）

到 20 世纪 80 年代，**超大规模集成电路**（Very Large Scale Integration，VLSI）的出现，使得在一个芯片上集成几万、几十万、甚至上百万的晶体管成为可能。超大规模集成电路的发展使计算机更加小型化，速度更快。在 PDP-1 出现之前，计算机是如此庞大和昂贵，公司和学校不得不成立专门的部门——**计算中心**，来运行和维护它们。小型机问世后，各部门能拥有自己的计算机。到 1980 年，计算机的价格降低到个人也能承受的地步，个人计算机（PC）时代开始了。

个人计算机的用途和大型计算机差别很大，大都用于字处理、电子表格以及大型计算机处理不好的许多高度交互的应用（如游戏）中。

早期的个人计算机通常按套件销售。每套包括一块印制电路板、一堆芯片（一般有一块 Intel 8080）、一些电线、电源，可能还会有一片 8 英寸的软盘。将这些组件装成一台计算机是买方自己的事。软件是没有的，用户需要什么就自己开发什么。后来，由 Gray Kildall 开发的 CP/M 操作系统在 8080 上流行了一段时间，这是一个纯粹的（软）磁盘操作系统，有文件系统，能接受从键盘键入的用户命令。

还有一种早期个人机是 Apple 和后来的 Apple II，众所周知是 Steve Jobs 和 Steve Wozniak

在车库里设计的。它在家庭和学校用户中非常受欢迎，几乎一夜之间，Apple 就成为个人机市场中重要的参与者。

经过长时间的策划、观察其他公司的行动，IBM 这个计算机行业的巨人，终于决定涉足个人计算机业务。为了缩短设计时间，IBM 没有用从草图开始设计，整台机器也没有全部用 IBM 部件，如 IBM 的晶体管、IBM 的模具的传统方法，而是非同常规地给了它的部门经理 Philip Estridge 一大袋子钱，让他远离公司在纽约 Armonk 的爱指手画脚的总部，去做出个人计算机。Estridge 跑到 2000 公里外的佛罗里达的 Boca Raton 成立了设计部门，选择 Intel 8088 作 CPU，全部采用市场上的组件研制出 IBM PC。IBM PC 在 1981 年推出，马上成了历史上最畅销的计算机。到 PC 年满 30 岁时的 2011 年，出版了许多关于 PC 历史的文章，包括由 Bradley（2011）、Goth（2011）、Bride（2011）和 Singh（2011）等编著的。

IBM 还做了一件也许后来有些后悔的、非同常规的事情，即没有像以往那样对 IBM PC 的全部设计方案保密（或至少申请专利权保护）。它在一本只卖 49 美元的书中公开了全部设计方案，包括所有的电路图，想让其他公司来生产 IBM PC 的插件，使 IBM PC 更灵活、更流行。可惜的是，由于设计方案完全公开，而生产部件又可以在市场上十分容易地买到，许多其他的公司开始**克隆** PC，费用还常常比 IBM 低很多，这造就出了一个新的行业。

虽然许多其他公司采用非 Intel 的 CPU，包括 Commodore、Apple 和 Atari 生产它们的 PC，但在 IBM PC 的影响之下，大都逐渐消失了。只有很少的几个能在市场夹缝中存活下来。

Apple Macintosh 就是这些存活下来的 PC 之一，虽然有些狼狈。作为不走运的 Apple Lisa 机的替代产品，Macintosh 于 1984 年出现在市场中。而 Apple Lisa 是第一台使用**图形用户界面**（Graphical User Interface，GUI）的计算机，和现在流行的 Windows 界面类似。Lisa 在市场上失败的主要原因是价格昂贵，但一年后出现的价格低廉的 Macintosh 在市场上大获成功，得到很多它的青睐者的喜欢和追捧。

早期的个人计算机市场也引发出当时没有听说的对便携式计算机的渴望。当时，对便携式计算机的感觉就像现在对便携式冰箱的感觉。第一台便携式个人计算机是 Osborne-1，重 11 公斤，尽管更像是一台手提计算机而不太像便携机。但它依然证明了便携式计算机的可能性。Osborne-1 取得了一定的商业成功，但一年后，Compaq 推出了它的第一台 IBM 兼容便携机，很快就建立了其在便携机市场上的领先地位。

刚开始时，IBM PC 安装了由当时还是一家小公司的微软公司提供的 MS-DOS 操作系统。随着 Intel 有能力生产出功能持续增强的 CPU，IBM 和微软也开发出 MS-DOS 的替代产品 OS/2，它带有图形用户接口，和 Apple 的 Macintosh 类似。此时，微软也研制出自己的运行在 DOS 之上的 Windows 操作系统，以备 OS/2 不被用户接受时推出。长话短说，OS/2 果真没有占领市场，IBM 和微软公开闹翻后，微软推出了 Windows，取得巨大的成功。小 Intel 公司和更小的微软公司打败世界历史上最大、最富有和最有力量的 IBM 公司的过程，毫无疑问是世界各地商学院课程中的重要细节。

抓住 8088 取得的成功不放，Intel 继续制造出它的新版本，一个比一个大而且好。尤其需要注意的是 1985 年推出的 80386，这是一个 32 位的 CPU。在其之后是一个功能更为强大的版本，也就是 80486。再后来的版本就以 Pentium 和 Core 命名，大多数现代 PC 都采用了这些芯片。人们用 **x86** 来称呼这一系列芯片的体系结构。而且，AMD 公司生产的与之兼容的芯片也被称为 x86。

到 20 世纪 80 年代中期，新的 RISC（在第 2 章讨论）体系结构开始流行，取代复杂的

CISC 体系结构，使计算机趋于简单（但更快）。20 世纪 90 年代超级标量 CPU 出现，可同时执行多条指令，而且常常不是按指令在程序中的顺序执行。我们将在第 2 章介绍 CISC、RISC 和超级标量 CPU 的概念，并在后续章节中对它们进行详细讨论。

还是在 20 世纪 80 年代中期，Ross Freeman 和他在 Xilinx 公司的同事们开发了一个"聪明"的方法来构造集成电路，这种方法不需要花费太多的钱，也不需要硅片制造设备。他们提供了一种新型的计算机芯片，名为**现场可编程阵列逻辑**（Field-Programmable Gate Array，FPGA），里面是大量的通用逻辑门电路，可进行"编程"成为设备中所需的任何电路。这对硬件设计来说是一种全新的方法，FPGA 使硬件变得像软件一样具有了可塑性。采用数十到几百美元的 FPGA 芯片，就可以构造出仅服务于少量用户的特定需求的计算机系统。当然，对于那些需求量达百万片级别的通用芯片，还是应由硅片制造公司批量生产，这样的芯片速度会更快、能耗更低也更便宜。但是，对于仅有少量用户的一些应用场合，如原型系统、小批量试制以及教育领域，FPGA 成为了构造硬件的一个常用手段。

一直到 1992 年，个人计算机也不过是 8 位、16 位或者至多 32 位。此时，DEC 革命性地推出了 64 位的 Alpha，真正的 64 位 RISC 计算机，在性能上超出其他个人计算机很大一部分。当时得到了一定的关注，但几乎过去 10 年以后，64 位的计算机才开始进入主流，而且几乎是被高端的服务器采用。

在整个 20 世纪 90 年代，通过采用微体系结构层的各种优化措施，计算机系统的速度越来越快。本书中将论述其中的一些措施。计算机用户受到厂商的热宠，他们购买的每台新计算机都能把程序运行得比旧机器快很多。然而，到了 20 世纪 90 年代的后期，这一发展趋势逐渐变得缓慢起来，计算机设计方面遇到了两大障碍：系统结构的设计师已经用完了所有能使程序更快的技巧，同时，处理器散热的成本也变高了。为了继续推出速度更快的处理器，大多数计算机公司转而采用并行体系结构来从他们的芯片中压榨出更高的性能。2001 年，IBM 推出了 POWER4 双核体系结构，这是主流 CPU 第一次将两个处理器放置在同一芯片上。到今天，大多数桌面计算机和服务器的处理器，甚至是一些嵌入式系统的处理器都已经在一片芯片上放置了多个处理器核。可是，对多数用户来说，这些多处理器的性能并不尽如人意，原因在于（我们在后续章节会了解到）并行计算机要求程序员对程序做并行化，这是一项困难且容易出错的工作。

1.2.6　第五代——低功耗和无所不在的计算机

1981 年，日本政府宣布计划投资 5 亿美元，资助日本公司开发以人工智能技术为基础的第五代计算机，以期全面超越不具智能的第四代计算机。鉴于日本公司在从照相机到音响再到电视等许多电子行业所取得的市场业绩，美国和欧洲公司一瞬间都感到巨大的恐慌，纷纷要求政府提供补贴或其他政策。虽然吹了不少牛，但日本的第五代计算机计划基本上是失败了，并最终被迫放弃。从某种意义上说，它和 Babbage 的分析机有几分类似——都是十分理想主义的想法，但远超出了它们所处的时代，能真正实现它们的技术还不存在。

然而，可以称为第五代的计算机还是出现了，虽然是在一个我们没有预见到的方面：微缩计算机。1989 年，Grid Systems 推出了第一台名为 GridPad 的平板电脑，它配有一个小屏幕，用户可以通过特制的笔在屏幕上写来控制计算机。类似 GridPad 这样的系统表明，不需要人们坐在书桌旁或者是机房中，而仅需放在一个随身提包，并附带触摸屏和手写识别的计算机更有价值。

1993 年推出的 Apple Newton 就已经表明计算机可以做得不超过一台袖珍录音机的大小。和 GridPad 一样，Newton 使用手写方式输入，而这一方式在当时被认为是它成功的绊脚石。然而，这类机器的后续产品，目前称为 **PDA**（个人数字助理，Personal Digital Assistant），极大地改善了人机交互手段，成为市场上的畅销品。现在，它们已经发展成为**智能手机**。

最终，PDA 的手写技术通过 Jeff Hawkins 的工作而变得完美。Jeff Hawkins 也创建了 Palm 公司来生产大众消费市场的低成本的 PDA。Jeff Hawkins 原本是一名电子工程师，但他一直对神经学科十分感兴趣，这是一门研究人脑的学科。他认识到，通过简单训练用户的手写方式，可以让计算机更为准确可靠地识别手写体，他把这种输入方式称为 "Graffiti"，仅需对用户进行少量的训练就能使他们在触摸屏上快速并可靠地书写。Palm 公司的第一台 PDA，也就是 Palm Pilot 取得了巨大的成功。Graffiti 也成为计算机领域的成功典型，展示了人类利用自身思想获得的极大便利。

PDA 的用户被他们的设备控制，虔诚地使用 PDA 来管理他们的日常事务和联系人。20 世纪 90 年代早期，当手机刚刚开始流行时，IBM 抓住了机会，将手机和 PDA 集成到一起成为 "智能手机"。第一台智能手机，也就是 **Simon**，采用触摸屏作为输入，为用户提供了 PDA、电话、游戏机和电子邮箱等功能。智能手机的小型化和成本的降低使它获得了广泛的应用，遍地流行的 Apple iPhone 和 Google Android 平台手机就是证明。

但是，即使是 PDA 抑或智能手机也不能称为革命性的变革。更重要的是 "无所不在" 的计算机，被嵌入在家用电器、手表、银行卡及数不清的其他设备中（Bechini 等，2004）。这些处理器功能丰富、价格低廉、用途广泛。能否将它们划分为计算机史上的一个时代是有争议的（它们从 20 世纪 70 年代就出现了），但它们确实从根本上改变了数以千计的电器和其他设备的工作方式，已经对世界的发展产生了巨大的冲击，其影响在今后的几年内还将不断增大。这些嵌入式计算机不平常的一面是它们的硬件和软件经常是**电码化的**（Henkel 等，2003）。我们将在本书的后面再讨论这个问题。

如果我们把计算机的第一代看作电子管计算机（如 ENIAC），第二代为晶体管计算机（如 IBM 7094），第三代为集成电路计算机（如 IBM 360）而第四代为个人计算机（如 Intel 的 CPU 系列），实际的第五代计算机并不特指一种新的体系结构的产生，而更是代表机型的转变。未来计算机将到处存在，嵌入到任何对象中——真正成为无所不在。它们将成为人们日常生活的一部分，为大家开门、开灯、付账，处理数以千计的事情。这种模型由 Mark Weiser 首先定义为**无所不在的计算**（ubiquitous computing），但现在也经常使用**普适计算**（pervasive computing）这一术语来说明（Weiser，2002）。它将和工业革命一样，对世界产生深远的影响。本书将不进行过多讨论，但想得到更多信息的话，可以参考 Lyytinen 和 Yoo（2002）、Saha 和 Mukherjee（2003）以及 Sakamura（2002）。

1.3 计算机家族

在上节中，我们简单地介绍了计算机的发展历史。本节我们将讨论计算机的现状，猜测计算机的未来。虽然个人计算机是知名度最高的计算机，但除它之外还有很多其他机型，这些都值得我们简单介绍一下。

1.3.1 技术和经济推动

计算机行业的发展速度是其他行业无法比拟的，其最主要的原动力是每年增长的在单片芯片中集成更多晶体管的能力。每片芯片集成的晶体管越多，即芯片中的逻辑门越多，也就意味着更大的内存和更强的处理能力。Intel 公司的董事长和创建者之一 Gordon Moore 曾经开玩笑说，如果航空业也和计算机行业一样发展迅速的话，那么现在一架飞机的成本将是 500 美元，每 20 分钟就可绕地球飞行一圈，而只需要耗费 5 加仑燃料。当然，它将会像鞋盒一样大小。

在为一个工业组织准备讲稿时，Moore 注意到新一代内存芯片都是在它的上一代推出 3 年后出现的，而且都是上一代内存容量的四倍。Moore 据此认识到每片芯片中集成的晶体管数量是以基本固定的速度增加的，而且预测今后十年也会保持这个发展速度。他的这一观察结果后来被总结成 **Moore 定律**。现在，Moore 定律的通常表述是每个芯片中的晶体管数量 18 个月翻一番，也就是说，每年增长 60%。图 1-8 给出的内存芯片容量及其推出的时间证实了 Moore 定律在过去的 40 多年中是正确的。

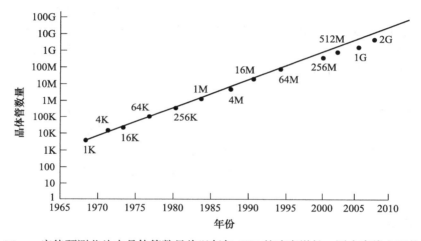

图 1-8　Moore 定律预测芯片中晶体管数量将以每年 60% 的速度增长。图中直线上下的数据点表示内存容量大小，单位为位

当然，Moore 定律实际上并不是一条定律，它只是根据对固体物理学家和工艺工程师推动芯片发展工作的观察而得出的经验公式，并预测将来还会保持这个发展速度。许多工业观察家预计 Moore 定律在今后的十年或者更长一段时间内还将持续有效。其他观察家预计能量损耗、电流泄漏及其他一些问题将会出现得更早一些并引发严重的问题，这些问题也需要解决（Bose，2004；Kim 等，2003）。然而，晶体管不断缩小的现实使得它们不久将只有几个原子那么厚，到那时，构成晶体管的原子太少将导致它不再可靠，或者是进一步缩小晶体管会使得我们要进入它的亚原子组成部分。（作为一个好建议，当硅片制造厂要切分单个原子组成的晶体管时，所有工作人员都去休假吧！）尽管延长 Moore 定律面临着许多的挑战，但依然有充满希望的技术崭露头角，比如量子计算（Oskin 等，2002）和纳米碳管（Heinze 等，2002）等领域的进展，也许会给我们带来突破硅技术限制以进一步缩小电路的机会。

Moore 定律使计算机工业走向经济学家所说的 **良性循环**。技术的进步（芯片集成度的提高）带来更好的产品和低廉的价格；而低廉的价格又带来新的应用（当每台计算机售价一千万美元时是不会有人玩视频游戏的，当然价格在 12 万美元时，麻省理工的学生们曾应对过这一挑战）；新的应用又带来新的市场和设法从新市场中分一杯羹的新公司；新公司的出现带来了竞争，又反过来带动对作为竞争手段的更好的技术的需求。这就是一个完整的循环。

28

推动技术进步的另一个因素是 Nathan 的软件第一定律（以微软高级经理 Nathan Myhrvold 命名）。他认为："软件是一种可以膨胀到充满整个容器的气体。"20 世纪 80 年代流行的字处理软件是类似于 troff 之类的程序（本书的编写也用过它），占用几十 K 内存，而现在的字处理软件要占用几十 M 内存，将来毫无疑问要占用几十 G 内存（作为首次近似，K、M、G 分别代表千、百万和十亿，1.5 节将详细讨论这些单位）。软件持续不断地发展（不同于小船不断吸附藤壶）的这个特点对更快的处理器、更大的内存、更强的输入 / 输出能力提出了持续的要求。

这些年来，在芯片集成度大幅度提高的同时，其他计算机技术的进步也不小。例如，1982 年推出的 IBM PC/XT 硬盘容量是 10MB。30 年后，1TB 的硬盘在现在的 PC 上已经十分普遍。30 年内有 5 倍量级的提高，意味着每年的存储容量增加 50%。当然，仅比较容量对衡量硬盘的发展有点不够，因为还有存取速度、寻道时间和价格等好几个衡量指标。但是，几乎任何指标都可以表明，从 1982 年起，硬盘的性能 / 价格比每年增加大约 50%。硬盘性能上取得的巨大提高，和从硅谷运出的硬盘的销售额远超出 CPU 的销售额，使 Al Hoagland 建议硅谷应该改名为铁氧谷（因为这是磁盘所使用的记录介质）。慢慢地，这个趋势正在回头，因为硅制造的闪存已经开始在许多系统中取代传统的旋转硬盘了。

取得辉煌成就的另外一个领域就是通信和网络了。在不到二十年的时间里，我们从 300bps 的调制解调器（modem），发展到 56kbps 的模拟式 modem，而光纤网络的传输速度已大大超过 1Gbps。光纤传输的电话线，比如 TAT-12/13，成本为 7 亿美元，可使用 10 年，可同时接通 300 000 个电话，将使 10 分钟的越洋电话成本不超过 1 美分。在实验室，不用放大器以 1Tbps 速度传输 100km 以上的光纤通讯系统已经证明是可实现的。而互联网的指数级增长就不用在这里多说了。

1.3.2　计算机扫视

Richard Hamming，贝尔实验室的前研究人员，注意到量变到一定的程度会引发质变。一辆能在内华达州的沙漠中达到每小时 1000 公里的跑车和在高速公路上每小时跑 100 公里的汽车有着根本的不同。与此类似，100 层的摩天大厦绝不简单是 10 层公寓楼的层数上的增加。而对计算机来说，我们要谈论的因子不是 10，在 40 年的历程中，因子已经是百万。

Moore 定律的效用可以让芯片供应商以不同的方式实现。一种方式是以同样的价格造出功能更强大的计算机，另外就是以逐年下降的价格提供相同的计算机。计算机界从多方面入手，提供了多种多样用途广泛的计算机。图 1-9 给出了目前计算机一个非常粗糙的分类。

类　　别	价格（$）	应用举例
一次性计算机	0.5	贺卡
微型控制器	5	钟表、汽车和工具
移动和游戏计算机	50	家用视频游戏和智能手机
个人计算机	500	桌面或袖珍计算机
服务器	5000	网络服务器
大型计算机	5 000 000	银行的批量数据处理

图 1-9　目前计算机分类。价格有所保留

我们将在后续的几节分别介绍表中的各类别计算机，并简单讨论它们的特性。

1.3.3　一次性计算机

在分类的最低端，是我们能在贺卡里找到的粘在里面会奏出诸如"生日快乐"、"新娘从这里来"之类小曲的芯片。作者目前还没有发现会演奏葬礼曲子的安慰卡，但既然已经在本书中公开了这个主意，希望不久之后能看到。对所有和数百万美元一台的大型计算机一起长大的人来说，一次性计算机的概念就像一次性飞机一样不可能。

然而，一次性计算机确实出现在我们的生活中。其中最重要的应用可能就是**无线射频识别**（Radio Frequency IDentification，RFID）芯片。目前，已经有可能用几美分的成本制造出边沿厚度小于 0.5mm 的 RFID 芯片，内含一个微型无线发射机应答器及内置的 128 位的唯一编码。当感受到外部天线发出的脉冲信号后，RFID 芯片将利用感应到的无线信号作为能量，将自身的编号传送回天线。虽然芯片本身是微小的，但它们所暗含的作用却是巨大的。

让我们用一个日常应用——取代商品上的条形码——来说明 RFID 的用途。商品的制造商将 RFID 芯片（取代商品的条形码）附加在商品上，顾客选择好商品后，将它们放在购物车中，不再通过收银台而直接推出商场。在商场的出口处设置的读码器天线发出无线信号，询问每个商品上的 RFID 芯片的编号，整个过程只需要一个简单的无线通信就可完成。与此同时，顾客身份也可由他的银行卡或信用卡上的芯片识别。每个月末，商场将向顾客发出一个月度购物清单。如果顾客没有合法的 RFID 银行卡或信用卡，将发出警示信息。RFID 的这个应用不但可以省去收银员，顾客也不再需要排队交款，而且还是一个很好的防盗系统，因为将商品藏在包中或口袋中已经没有任何意义了。

RFID 系统还有一个值得注意的特点，即它除了可以和传统的条码系统一样标识商品类别外，利用它的 128 位的编码，还可以标识条码系统无法标识的商品本身的编号。这样，超市货架上的每一个商品包装，如每一盒阿司匹林，将有自己唯一的 RFID 编码。这意味着，如果某个药品生产商发现自己已经发货的某个批号的阿司匹林有质量缺陷，那么全世界的所有超市都可以得到这批产品的 RFID 编号范围。即使在数月之后，当顾客在其他国家选购了在缺陷范围内的阿司匹林，他在出口处将得到警示信息。而没有缺陷的阿司匹林产品就不会引发报警。

但是，标识每一单独包装的阿司匹林、饼干和狗食仅仅是一个开端。当你能标记每条狗的时候，为什么仅停留在标记狗食上呢？宠物主人已经要求兽医在他们的宠物内植入 RFID 芯片，当宠物被偷或者丢失时，主人可以据此进行追踪。农场主也会要求标记他们饲养的动物。下一步，有一些神经质的父母可能要求儿科大夫把 RFID 芯片植入到他们的孩子身上，以防他们走失或者被拐卖。如果到了这一步，医院为防止把孩子弄混而向所有的新生儿植入芯片就是顺理成章的事情了。政府和警察毫无疑问能想出很多十分正当的理由来全天候追踪所有的公民。到此为止，RFID 芯片的"实现"可能造成的影响会更清晰一些。

RFID 芯片的另一项（争论会小一些）应用是对车辆的追踪。当嵌有芯片的列车通过读码器时，与读码器相连的计算机就可得到通过的是哪些车厢的列表，可方便地确定全铁路系统每节车厢的位置，对供货商、客户和铁路都十分有利。类似的应用也可用在卡车运输上。对于小轿车，RFID 已经用于收费站的电子收费（如 E-Z 通行系统）。

航空公司的行李系统以及其他许多行包系统也可以采用 RFID 芯片。伦敦希思罗机场的测试系统已经在进行到达旅客免取行李的实验。预定了此项服务的旅客携带的行李，将被贴上 RFID 芯片，在机场内单独转运，并直接送到旅客的酒店。RFID 芯片的其他应用包括装配

31

线上的汽车到达喷漆车间时，确定它应该喷漆的颜色；动物的迁徙；要洗的衣服和洗衣机通信，确定洗衣的温度等。RFID 芯片也可以和传感器结合在一起，这样，它们编码的低位可以存放当前的温度、压力、湿度及其他环境变量。

更高级的 RFID 芯片可以设置永久存储区。这一进步使欧洲中央银行决定在几年后在欧元钞票中设置 RFID 芯片，这些芯片可以记录它们曾经流通到的地方。这一措施不但可以使伪造欧元成为几乎不可能的事情，也使追踪绑架勒索的赃款、抢劫的赃款和被洗钱的赃款等比现在容易得多。当钞票不再是匿名的后，将来标准的警察办案程序将增加检查嫌犯的钱最近在什么地方这么一项。当人们的钱包中已经满是 RFID 芯片后，还有谁需要将芯片植入到体内呢？再则，当公众知道 RFID 芯片可产生的效果后，显然会引发一场相关的公众讨论。

RFID 芯片技术进步很快，最小的芯片是被动的（内部没有电源），仅能在被询问时回答自己的唯一编码，而更大一些的芯片是主动的，内部有一个小型电池和简单的计算机，能够做一些计算。用于电子交易的智能卡就属于这一类的 RFID 芯片。

RFID 芯片的区别不仅是主动型或者被动型，也可根据其对应的频率范围来区分。工作于较低频率的芯片数据传输率低，但可感应的距离长。而工作于较高频率的数据传输率高但感应距离短。当然，还有其他的不同点，芯片技术本身也在不断提高。互联网上到处是有关 RFID 芯片的信息，其中 www.rfid.org 是一个不错的起点。

1.3.4　微型控制器

表中第二项是那些嵌在设备中、并不作为计算机出售的计算机。嵌入式计算机，有时又称为**微型控制器**，管理设备并负责与用户交互。可以在许多不同种类的设备中发现微型控制器，下面列出了其中的几类，括号中是每个类别具体设备的举例。

1）家用电器（收音机闹钟、洗衣机、烘干机、微波炉、防盗警报器）。

2）通信设备（无绳电话、蜂窝电话、传真机、传呼机）。

3）计算机外部设备（打印机、扫描仪、调制解调器、光盘驱动器）。

4）娱乐设备（录像机、DVD、立体音响、MP3 播放器、机顶盒）。

5）图像设备（电视机、数码相机、便携式摄像机、镜头、影印机）。

6）医疗设备（X 光机、核磁共振机、心脏监视器、数字体温计）。

7）军事武器系统（巡航导弹、洲际弹道导弹、鱼雷）。

8）商业设施（售货机、自动柜员机、收银机）。

9）玩具（有声玩偶、游戏机、遥控车或遥控船）。

一辆高级汽车很容易就可以包含 50 个微型控制器，运行着如防抱死刹车系统、燃油加注系统、无线通信系统和 GPS 等子系统。而一架喷气式飞机可十分容易地拥有超过 200 个微型控制器。一个家庭可在你不知不觉的情况下拥有数百个微型控制器。几年之内，几乎所有依靠电能或电池工作的设施都将装上微型控制器。每年出售的微型控制器的数量是其他所有计算机（除一次性计算机外）数量的指数倍。

如果我们把 RFID 芯片称为最小系统，那么微型控制器则可以认为是一台很小但却是完整的计算机。每台微型控制器都有处理器、存储器和输入 / 输出能力。它的输入 / 输出能力通常包括感知设备按钮和开关的状态，以及控制设备的灯光、显示面板、声音及马达。多数情况下，微型控制器的软件在设备生产时就以固件的形式固化在只读存储器中。主要的微型控制器有两类：通用型和专用型。前者仅是小型化的普通计算机；后者则具备为某些特定应用，如多媒体，所专门设计的体系结构和指令集。以机器字长区分的话，微型控制器有 4 位、8 位、16 位和 32 位的不同版本。

　　然而，即使最通用的微型控制器也和标准 PC 有着重要的区别。首先，它们对价格特别敏感。一个要购买数百万套产品的公司可能会根据 1 美分的价格差异来决定对产品的取舍。这使得微型控制器的生产商更倾向于根据制造成本来选择产品的体系结构，这对价格达数百美元的芯片来说根本就不是考虑的因素。微型控制器的价格依据机器字长、内存大小的配置及其他因素的不同而变化很大，例如，对于销售量足够多的 8 位微型控制器，其每套价格最低可能不超过 10 美分。这个价格使得在售价 9.95 美元的闹钟收音机中装上一套微型控制器成为可能。

　　其次，所有的微型控制器实际上都工作在实时状态。一旦它们接收到信号，就希望它们能立即反应。例如，用户按下按钮后，通常会亮起一盏灯，在按下按钮和亮灯这两个动作间应该没有任何的延迟。实时工作的需求通常对体系结构会产生重要的影响。

　　第三，嵌入式系统经常在体积、重量、能耗以及其他电气和机械参数上受到一些具体条件的限制。这些，均需要在设计微型控制器时加以考虑。

　　微型控制器的一个特别有趣的应用是 Arduino 嵌入式开发平台。它是由 Massimo Banzi 和 Dvid Cuartielles 在意大利的 Ivrea 设计的。他们的目标是制造一个完整的嵌入式开发平台，成本不应超过一个带额外浇头的大比萨，这样可以让学生们和业余爱好者很容易得到。（这是一个难题，因为意大利的比萨实在太多了，所以它们十分便宜。）他们很好地实现了这个目标，一套完整的 Arduino 系统成本不超过 20 美元。

　　Arduino 系统是一个开源的硬件设计平台，这意味着它全部的细节都是公开和免费的，这样，任何人都可以构造（甚至销售）一个 Arduino 系统。它基于 Atmel 的 AVR 8 位 RISC 微控制器，并且绝大多数都包括了对基本 I/O 的支持。开发板采用嵌入式编程语言 Wiring 编程，Wiring 内置了控制实时设备所需要的功能。真正让大家乐于使用 Arduino 系统的原因是它庞大而活跃的开发者社区，公布了数以千计的 Arduino 项目，从电子污染物嗅探器到带转向信号灯的自行车骑行夹克，以及可以在植物需要浇灌的时候发出电子邮件的湿度检查器，还有无人驾驶的自动飞机等。想要了解更多的 Arduino 的知识并亲手开发自己的 Arduino 项目，可以登录 www.arduino.cc 网站。 |34|

1.3.5　移动计算机和游戏计算机

　　再往上一步就是移动平台和可以玩视频游戏的游戏计算机了。它们就是普通的计算机，配有特别的图形显示和声音播放设备，但软件有限且几乎不能扩展。早期的这类计算机采用低端的 CPU，组成简单的电话和可用来在电视机上玩乒乓球游戏的游戏机。经过多年的发展后，它们在性能上有了很大提高，在某些指标上已经可以与个人计算机相抗衡，甚至超过个人计算机。

　　我们想通过介绍三种流行的游戏计算机，让大家对它有基本的了解。首先是 Sony 的 PlayStation 3。它拥有 1 个以 IBM PowerPC 的 RISC CPU 为基础发展起来的 3.2GHz 主频多核专用 CPU（称为 Cell 微处理器），并配有 7 个 128 位协同处理单元（SPE）。PlayStation 3 的内存是 512M 字节的 RAM，还有定制的 550MHz 的 Nvidia 图形处理芯片以及蓝光播放器。第二种是微软的 Xbox 360，采用 3.2GHz 主频的 IBM 三核 CPU，配置 512MB 的 RAM 作为内存，500MHz 定制的 ATI 图形处理芯片，DVD 播放器，还有一个硬盘。第三种是三星的

Galaxy 平板电脑（本书就是用它校对的）。它配备两个 1GHz 的 ARM 核，附带图形处理单元（集成在 Nvidia Tegra 2 片上系统中），1GB 的 RAM 作内存，双摄像头，3 轴陀螺仪和 Flash 存储器。

　　尽管这些机器的处理能力与同时期的高端个人计算机比还有一定的差距，但相差并不太多，在某些方面甚至还有所超越（例如，PlayStation 3 的 128 位字长的 SPE 就比任何 PC 的 CPU 都要宽）。这些机器和 PC 主要的区别应该说还不是 CPU 的差异，而在于它们是一个封闭的系统。虽然有时也提供 USB 和 FireWire 接口，但用户一般无法通过插入接口卡对其进行扩展。另外，可能也是最重要的，这些计算机都经过了细致的优化，以适应带 3 维图形和多媒体输出这类高度交互性的应用，其他任何功能都被放在了第二位。这些软硬件上的限制、缺乏扩充性、较小的内存空间、省略高分辨率的显示器、小容量（有时甚至没有）硬盘，使这些机器的制造成本和销售价格要远低于个人计算机。因此，尽管有许多的限制因素，这些设备依然销售了数百万台，而且销量还在不断增长中。

　　对移动计算机的另外一个要求是运行中尽量减少能量消耗。能量消耗得越少，电池持续的时间就越长。这是一个颇具挑战性的设计要求，因为平板电脑和智能手机需要节约能量，可是，这些设备的用户却期待高性能处理能力，比如对 3 维图形、高音质多媒体，还有游戏的处理。

1.3.6　个人计算机

　　还有就是个人计算机了，也就是大多数人听到"计算机"这个词时想到的东西，包括桌面系统和笔记本型计算机。它们一般会有数 GB 的内存、一个可存放达 1T 左右数据的硬盘、CD-ROM/DVD/ 蓝光的光驱、声卡、网络接口、高分辨率显示器和其他外部设备。软件上配有精细的操作系统、许多可扩展的选件，以及众多的可随时得到的其他软件。

　　每台个人计算机的心脏是在机箱底部或旁边的印刷电路板，板上通常有 CPU、内存条、各种输入 / 输出设备（如声卡，可能还有调制解调器），以及键盘、鼠标、硬盘、网卡等接口，还有一些扩展槽。这些电路板的一幅照片如图 1-10 所示。

图 1-10　位于个人计算机心脏的印刷电路板。本图是 Intel DQ67SW 主板的照片。
© 2011 Intel Corporation。已获得使用授权

笔记本型计算机基本上是缩小了的 PC 机，它们使用相同的硬件部件，仅仅是按更小的尺寸进行生产。同样，它们运行的软件也和桌面计算机相同。由于绝大多数读者都对笔记本型和个人计算机相当熟悉，我们就不再做过多介绍了。

这里还要提及的一种机器是平板电脑，比如十分流行的 iPad。这些设备就是小型包装的普通 PC，只不过用固态硬盘替代了传统的旋转式硬盘，装上了触摸屏，并用了一个不同于 x86 的 CPU。从体系结构角度来看，平板电脑就是外形不一样的笔记本型电脑。

1.3.7　服务器

比个人计算机或工作站档次更高一些的就是网络服务器，通常既用于局域网（一般限于单个公司内部）也用于互联网。它们有一个或多个处理器、上 GB 的内存和几 T 的硬盘、高速的网络处理能力，有的甚至每秒能处理几十上百个外部请求。

实际上，从体系结构上看，单处理器的服务器和单处理器的个人计算机并没有真正的差别，仅仅是更快一些、体积更大一些、硬盘空间也大一些，也许网络连接也更快一些。服务器运行的操作系统也和个人计算机一样，也就是特定的 UNIX 系统或者是 Windows 系统。 36

集群

由于服务器在性价比上的持续增长，近年来，系统设计师们开始将它们连接起来，共同组成**集群**。集群由标准的服务器级别系统通过 Gbps 的网络连接而成，运行特殊的软件使所有机器共同解决一个商务、科学或工程问题。它们经常就是所谓的 COTS（Commodity Off The Shelf，商用现成产品），任何人都能从最普通的 PC 供应商那买到。主要增加的是高速网络，但有时也仅仅是标准的商用网卡而已。

通常，大集群被放置在一个专门的房间或者建筑中，成为**数据中心**（data center）。数据中心的规模差异很大，可以从几台机器到十几万台。这经常受到能得到的经费的限制。由于构成数据中心的机器价格低廉，小公司现在也可以把它们用作内部使用的服务器了。尽管从严格意义上说，"集群"指的是服务器的集合，而"数据中心"指的是放置集群的房间或者建筑，但许多人也会把这两个词混用。

集群的另外一种常见用途是互联网的 Web 服务器。当预计一个 Web 站点每秒钟的访问请求达到数千次时，最经济的解决方案通常是采用数百台甚至几千台服务器组成一个数据中心。这样，各访问请求可以分配给不同的服务器进行并行处理。例如，Google 公司在世界各地设立了数据中心来提供搜索服务，其中最大的一个位于美国俄勒冈的达拉斯，设备占地有两个（美式）足球场大。选择达拉斯的原因在于数据中心需要消耗大量的电力，当地有个建在哥伦比亚河上的 2G 瓦水电站来满足这个要求。Google 的数据中心据信总共有超过 100 万台服务器。 37

计算机行业活力四射，时刻都在变化当中。在 20 世纪 60 年代，数千万美元的大型主机（我们下面会谈到）统治了计算领域，用户通过小的远程终端和主机连接。这是一个高度集中的模式。20 世纪 80 年代转变为个人计算机时代，数以百万计的人们都购买了计算机，此时计算远离了集中模式。

数据中心的出现，使得我们开始以**云计算**的形式复活过去的模式，也就是主机计算的 2.0 版。此时，每个用户都有一个或者多个简单设备，如 PC、笔记本型电脑、平板电脑及手机等，作为访问云（也就是数据中心）的用户界面，而所有用户的相片、视频、音乐和其他数据等都存放在云中。在这种模式下，用户可以通过不同的设备在任何时间、任何地点访问数据，而不需要知道数据到底存放在什么地方。尽管许多服务器构成的数据中心代替了单个的集中式主机，但计算模式回到了从前：用户使用简单的终端，计算能力集中在其他地方。

谁知道这种模式又能流行多长时间呢？也许刚好是 10 年。由于太多的人把太多的歌曲、相片和视频存放在云中，而使与之相连的（无线）通信设施完全阻塞。这又会导致一场新的革命：人们把自己的数据存放在本地的个人计算机中，这样就避免了云上的拥堵。

这里关键的信息就是：特定时代下流行的计算模式与当时的技术、经济和可以获得的应用密切相关，当这些要素改变时，计算模式也会随之改变。

1.3.8　大型主机

再进一步就是大型计算机了，有一个房间那么大，听起来好像回到了 20 世纪 60 年代。许多情况下，这些机器都可以说是几十年前生产的 IBM 360 的直接后代。对于多数方面，它们不比高性能的服务器快，但通常有更强的输入 / 输出能力，并装有海量磁盘，经常保存着几 TB 的数据。虽然大型计算机十分昂贵，但由于在软件上的巨额投资，以及数据、操作流程和使用者个人等多方面因素，它们目前还在继续运行。许多公司发现，偶尔花上几百万美元买一台新机器，比起考虑一下在小型机器上重编那些应用程序而造成的影响，还是买大型主机便宜。

正是这类计算机造成了现在著名的 2000 年问题。20 世纪 60 年代和 20 世纪 70 年代，（主要是 COBOL）程序员（为了节省内存）用两位十进制位表示年份，他们从来没有预想到他们的软件能历经三、四十年的运行。当然，预计会出现的这个灾难经过业界艰苦的努力终于得以避免，但许多公司简单地向年份上加上两位十进制位来解决这个问题，又重复了这个错误。作者在此大胆预言文明将在 9999 年 12 月 31 日的午夜终结，那时，历经了 8000 年的 COBOL 程序将同时崩溃。

除了用于运行有 40 年历史的旧软件外，互联网使大型机又呼吸到了一些新鲜空气，大型机在作为高性能的互联网服务器上找到了用武之地。例如，用于处理每秒钟数量巨大的电子商务交易，尤其是需要面对海量数据库业务的时候。

直到最近，才出现了一类甚至比大型机性能还强大的计算机：**超级计算机**。它们有多个特别快的 CPU，几 G 的主存和极快的硬盘和网络。超级计算机用来解决科学和工程中计算强度非常大的问题，如模拟银河系的碰撞、合成新药及飞机机翼周围气体的建模等问题。然而，这几年，用商业机组成的数据中心已经可以用更低的价格提供相同的计算能力，纯粹的超级计算机已经成为垂死的物种了。

1.4　系列计算机举例

本书我们将关注 3 类流行的指令集体系结构（ISA）：x86、ARM 和 AVR。x86 架构可以在几乎所有的个人计算机（包括 Windows 和 Linux 的 PC 以及 Mac）和服务器系统中发现，个人计算机的入选是由于每位读者都毫无疑问地用着一台，服务器的入选是因为它们运行着互联网上的所有服务。而移动市场上，ARM 体系结构占据了主流位置，大多数的智能手机和平板电脑都是基于 ARM 处理器的。最后，在许多嵌入式计算应用中所用到的低端微控制器，经常能看到 AVR 体系结构的踪迹。虽然用户见不到嵌入式计算机，但它们实际上控制着汽车、电视机、微波炉、洗衣机及所有的价值超过 50 美元的电器。本节我们将简单介绍这三种指令集体系结构，它们会在本书其他章节中作为具体实例。

1.4.1　x86 体系结构简介

1968 年，硅介质集成电路的发明者 Robert Noyce，因 Moore 定律著名的 Gordon Moore 和旧金山风险投资家 Arthur Rock 共同组建了 Intel 公司，生产内存芯片。公司成立的第一年，Intel 只售出了价值 3000 美元的芯片，但业务就从这里起步（Intel 公司目前是世界最大的 CPU 芯片制造商）。

20 世纪 60 年代后期，计算器还是一种大型机电设备，大小和现在的激光打印机差不多，重大约 20 公斤。1969 年 9 月，一家日本公司 Busicom 向 Intel 定制了 12 片用于研制电子计算器的芯片。接受这个项目的 Intel 工程师 Ted Hoff 分析方案后提出他可以用单片通用的 CPU 来实现同样的功能，还能简化设计，降低成本。这样，第一片单片 CPU，具有 2300 个晶体管的 4004 在 1970 年诞生了（Faggin 等，1996）。

值得注意的是 Intel 和 Busicom 都没有对这件事情有更多的想法。当 Intel 决定在另外一个项目中试着用 4004 时，Intel 提出归还 Busicom 付的 60 000 美元来从 Busicom 买回新芯片的所有权利，Busicom 很快就同意了。Intel 公司开始研制该芯片的 8 位型号，也就是 8008，并在 1972 年推出。图 1-11 给出了从 4004 及 8008 开始的 Intel 系列芯片的简单介绍，包括推出的时间、主频、晶体管数量及可寻址空间大小。

芯　　　片	推出日期	主频（MHz）	晶体管数量	可寻址容量	说　　　明
4004	4/1971	0.108	2300	640	第一片单片微处理器
8008	4/1972	0.108	3500	16KB	第一片 8 位微处理器
8080	4/1974	2	6000	64KB	第一片通用单片 CPU
8086	6/1978	5 ~ 10	29 000	1MB	第一片 16 位单片 CPU
8088	6/1979	5 ~ 8	29 000	1MB	用于 IBM PC
80286	2/1982	8 ~ 12	134 000	16MB	出现了内存保护
80386	10/1985	16 ~ 33	275 000	4GB	第一片 32 位 CPU
80486	4/1989	25 ~ 100	1.2M	4GB	嵌入 8KB 高速缓存
Pentium	3/1993	60 ~ 233	3.1M	4GB	双流水线：新型号有 MMX
Pentium Pro	3/1995	150 ~ 200	5.5M	4GB	嵌入两级高速缓存
Pentium II	5/1997	233 ~ 450	7.5M	4GB	Pentium Pro 加 MMX 指令
Pentium III	2/1999	650 ~ 1400	9.5M	4GB	增加了用于 3D 图形处理的 SSE 指令
Pentium 4	11/2000	1300 ~ 3800	42M	4GB	超线程；更多的 SSE 指令
Core Duo	1/2006	1600 ~ 3200	152M	2GB	单芯片上的双核
Core	7/2006	1200 ~ 3200	410M	64GB	64 位 4 核体系结构
Core i7	1/2011	1100 ~ 3300	1160M	24GB	集成的图形处理器

图 1-11　Intel CPU 系列的重要成员。主频单位为 MHz（兆赫兹），1MHz=1 百万赫兹

Intel 对 8008 的市场需求量并没有预期太高，为它建立的生产线产量也不高。出乎意料的是各界对 8008 都很感兴趣，Intel 也着手设计新的 CPU 芯片，突破 8008 的 16KB 内存的限制（通过改变芯片管脚数），由此产生了 8080，于 1974 年推出。这是一个更小、更通用的芯片。和 PDP-8 类似，8080 在计算机行业产生了轰动效果，而且立即成为市场上的宠儿。唯一不同的是，DEC 销售了几千台 PDP-8，而 Intel 销售了几百万片 8080。

到 1978 年，Intel 推出了 8086，真正的单片 16 位 CPU。8086 虽然是参照 8080 设计，但并不完全兼容 8080。8086 后出现了 8088，和 8086 的体系结构相同，运行的程序也一样，但用 8 位总线代替 16 位总线，使它比 8086 慢，但却更便宜一些。当 IBM 选择 8088 作为最初的 IBM PC 的 CPU 时，8088 很快成了个人计算机的工业标准。

8086 和 8088 都无法寻址超过 1MB 的内存，到 20 世纪 80 年代早期，这越来越成为一个严重问题。Intel 及时推出了 80286，和 8086 向上兼容。它的基本指令集几乎和 8086、8088 完全相同，但内存组织有很大的差别，而且由于要兼容老芯片，访问内存变得很复杂。80286 用在 IBM PC/AT 和 PS/2 的中期型号中，和 8088 一样取得了巨大的成功，主要原因就是大家都把它看成一个快速的 8088。

1985 年诞生的 80386 在逻辑上是一个大进步，它是真正的 32 位单片 CPU。和 80286 相同，它或多或少地和 8080 系列芯片兼容。这种向后兼容的方式对那些旧软件对其十分重要的客户来说是一个福音，但对那些不愿意纠缠于旧版本错误和过时技术，喜欢简单、清晰和现代体系结构的客户来说就成了累赘。

四年后 80486 也出现了。本质上说它只是 80386 更快的版本，芯片中增加了浮点处理部件和 8KB 高速缓存。**高速缓存**用来在 CPU 内部或靠近 CPU 的地方存放最常用的内存字，以避免（或减少）内存访问。80486 可支持内置多处理器，允许生产厂商研制包含共享公共内存的多 CPU 系统。

这时，Intel 发现（因为没有商标对诉讼不利）数字（如 80486）无法注册为商标，这才为新研制的芯片起了名字 Pentium（来自希腊字 "5"，πεντε）。和只有一条内部流水线的 80486 不同，Pentium 有两条流水线，使它的速度也相应快了两倍（我们将在第 2 章讨论流水线的细节）。

到 Pentium 系列后期，Intel 为它增加了一些特殊的 **MMX**（MultiMedia eXtension，多媒体扩展）指令，希望以此来加速有关语音和视频处理的计算速度，也替代了原来的设置专门的多媒体协处理器的方案。

41 当更新的一代芯片出现时，希望出现 Sexium（*sex* 是拉丁语的 "6"）人们失望了，由于 Pentium 这个名字如此深入人心，市场营销方面的人士希望保留，新芯片的名字被定为 Pentium Pro。尽管只在名称上做了点小改动，但新的处理器在很大程度上宣布了旧处理器时代的结束。Pentium Pro 采用了完全不同的内部结构，可以同时执行五条指令，而不再是增加一条或几条流水线的概念。

Pentium Pro 的另外一项革新是两级高速缓存。处理器芯片本身有 8KB 的高速存储器来存放最常使用的指令，另外 8KB 的高速存储器来存放最常使用的数据。在 Pentium Pro 包的同一插槽中（但不在芯片中）还有 256KB 的二级高速缓存。

虽然 Pentium Pro 拥有了大容量的高速缓存，但却缺少了 MMX 指令（因为 Intel 当时无法在可接受的利润水平下生产出如此大的芯片）。当技术成熟以使 MMX 指令和高速缓存可以在一个芯片上共存时，Intel 推出了新的产品 Pentium II。随后，为增强 3D 图形处理能力（Raman 等，2000），而拥有更多的多媒体指令，即 **SSE**（Streaming SIMD Extensions，流 SIMD 扩展）被加入到指令集。这种新的芯片被命名为 Pentium III，但从本质上说，它还是 Pentium II。

2000 年 11 月推出的下一个 Pentium 采用了不同的内部体系结构，但指令集和以前的 Pentium 保持相同。为庆祝这一事件，Intel 把芯片名称中的罗马数字改为阿拉伯数字，称其为

Pentium 4。与往常一样，Pentium 4 比它所有的前辈们都要快。而且，3.06GHz 的版本还引入了一个十分有吸引力的新特征——超线程。该特征允许程序把它们的任务分解成两个控制线程，这样，Pentium 4 可以并行执行这两个线程，以提高程序执行的速度。另外，增加了一批新的 SSE 指令，更提高了它处理语音和视频的能力。

2006 年，Intel 将品牌名称由 Pentium 改为 Core（酷睿），并推出双核的 Core 2（Core 2 duo）。当 Intel 决定需要推出一个单核的 Core 芯片时，它采取的策略是卖给客户一个 Core 2 duo，但把其中的一个核给关闭，不让其工作。因为即使是在每个芯片上浪费一些晶体管，比起从头设计和测试一个全新的芯片所要付出的昂贵成本也要便宜许多。Core 系列也在不断发展，已经有 i3、i5 和 i7 分别应对低、中、高三个档次的计算机，而且肯定还会有后继产品出现。图 1-12 是 i7 的一张照片。该芯片实际上有 8 个核，但除了 Xeon 版，只有其中的 6 个是工作的。这也意味着即使有 1～2 个核损坏，该芯片也依然可以销售，只需要把坏的核禁掉即可。每核都有自己的 1 级和 2 级高速缓存，芯片上还有第 3 级（L3）的缓存供所有核共享。本书的后续章节将详细讨论高速缓存。

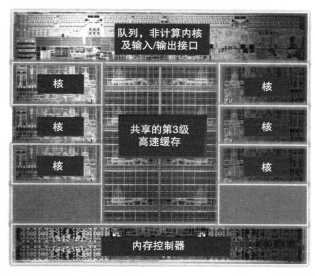

图 1-12　Intel Core i7-3960X 芯片。芯片尺寸为 21mm × 21mm，有 22.7 亿个晶体管。照片版权属于
Intel，2011。本书得到使用授权

除了前面讨论的主流桌面系统的 CPU 外，Intel 还为特定的一些市场需求生产一些 Pentium 芯片的变种。1998 年年初，Intel 推出了**赛扬**（Celeron）产品系列，实际上是价格低廉、性能也低一些的 Pentium II，以满足低档 PC 市场的需要。由于 Celeron 和 Pentium II 的体系结构相同，本书不对它进行更深入的探讨。1998 年 6 月，Intel 为高档 PC 市场供应特殊版本**至强**（Xeon），一种具有更大容量的高速缓存、更快的总线、更好地支持多处理器并行工作的 Pentium II，由于它和 Pentium II 也只有量的差别，没有本质的不同，本书也不作单独介绍。Pentium III 也有对应的至强版本，更近推出的芯片也有。最近推出的芯片的至强版的一个特征就是有更多的核。

2003 年，Intel 推出了 Pentium M（M 代表移动），专门为笔记本型计算机设计，并部分使用了迅驰（Centrino）体系结构。迅驰的主要设计目标有 3 个：一是低能耗，以延长电池的工作时间；二是使计算机体积更小、重量更轻；三是内置支持 IEEE 802.11（Wi-Fi）标准的

42

无线网络。Pentium M 比 Pentium 4 耗能低、体积小，Pentium M（及它的后续产品）很快就
会在今后 Intel 的产品中纳入到 Pentium 4 的微体系结构中。

所有的 Intel 芯片都向后兼容，直到 8086。换句话说，8086 的程序不作任何改动就可在
Pentium 4 或 Core 上运行。这种兼容性一直是 Intel 的设计要求，以保护用户在已有软件上
的投资。当然，Core 比 8086 复杂了 3 个数量级，能够实现许多 8086 不能实现的功能。这
种零碎的扩展使 Pentium 4 在体系结构上也许不如用 4200 万晶体管来重新设计、实现所有
指令更好。

有趣的是，虽然 Moore 定律与存储器的位数有关，但它同样适用于 CPU 芯片。图 1-8 将
给出的晶体管数和芯片推出时间分别作为数轴，我们可以看到和 Moore 定律符合得很好，如
图 1-13 所示。

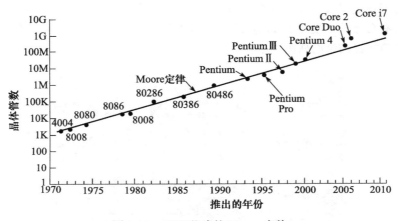

图 1-13　CPU 芯片的 Moore 定律

虽然 Moore 定律似乎还能在今后的几年中保持其正确性，但已经有一个问题开始为它投
上了阴影，即散热问题。时钟频率越高，要求电源的电压越高，晶体管数量少时还可以承受。
而能耗及散热量与电压的平方成正比，因此，速度越快意味着需要排出的热量越多。3.6GHz
主频的 Pentium 4 耗能 115 瓦，热量和 1 个 100 瓦的白炽灯泡相当。主频越高，问题将变得越
糟糕。

2004 年 11 月，由于散热问题，Intel 终止了 4GHz 的 Pentium 4 的开发。当然，用更大的
风扇也许能改善散热，但产生的噪音肯定不会受到用户的欢迎，而在大型机上用到的水冷技
术显然不适合在桌面计算机上使用（更不用说笔记本型计算机了）。因此，至少在 Intel 公司
的工程师找到有效解决散发机器产生的全部热量的办法之前，在计算机主频上的无情竞争似
乎已经结束。取而代之的是，Intel 设计将两个或更多的 CPU 放到一片芯片中，同时还包含大
容量的共享高速缓存。由于能耗和电压及时钟速度有关，放有两个 CPU 的单片芯片的能耗要
远低于只有一个 CPU 但工作主频为 2 倍的芯片。照此思路，Moore 定律将来保持有效的途径
可能是在芯片中设计更多的核和更大的片上高速缓存，而不是越来越高的时钟速度。如何充
分发挥多核的优势给程序员提出了很大的挑战，因为现有的编程方法针对复杂的单核微体系
结构而提高程序性能是有效的，但多核要求程序员从全新的角度考虑编程，通过精心设计程
序的并行执行，利用线程、信号量、共享内存以及其他令人头痛且可能会引入错误的技术来
提高程序的性能。

1.4.2 ARM 体系结构简介

20 世纪 80 年代早期，设立在英国的 Acorn 计算机公司，正准备借助其 8 位的 BBC Micro 个人计算机的成功，开始设计他们的第 2 台计算机，并满怀希望地准备和刚推出的 IBM PC 竞争。BBC Micro 是基于 8 位的 6502 处理器，但 Steve Furber 和他的同事们感觉到 6502 并没有和 IBM PC 的 16 位的 8086 处理器竞争的能力。他们开始在市场上寻找更好的处理器，但结果却令人颓丧。

Berkley 的 RISC 项目中，一个精干团队设计出了很快的处理器（并最终发展成 SPARC 体系结构）。受此启发，他们也决定设计自己的 CPU，将其命名为 ARM（Acron RISC Machine，后来，当 ARM 最终从 Acorn 分开时，改为 Advanced RISC Machine）。1985 年，设计工作完成，该 CPU 有 32 位的指令和数据，26 位的寻址空间，由 VLSI 技术公司生产。

第一片 ARM 体系结构芯片（称为 ARM2）用在 Acorn Archimedes 个人计算机中，在那个时候，Archimedes 是一台速度快且价格低廉的计算机，最快的速度可达 2 MIPS（每秒百万条指令），发布的时候价格仅为 899 英镑。该机在英国、爱尔兰、澳大利亚和新西兰十分流行，尤其是在学校中。

由于 Archimedes 的成功，Apple 让 Acron 为其新产品——第一台掌上电脑 Apple Newton 开发 ARM 处理器。为更好地专注于这个项目，ARM 体系结构团队离开 Acorn，创建了一个新公司，名为 ARM（Advanced RISC Machines，高级 RISC 机器）。他们推出的新处理器 ARM 610，被用在 1993 年推出的 Apple Newton 中。和最初的 ARM 设计不同，新的 ARM 处理器配备了 4KB 的高速缓存，极大地提高了处理器的性能。尽管 Apple Newton 并没有取得很大的成功，但 ARM 610 确实得到了成功的应用，如在 Acron 的 RISC PC 计算机中。

20 世纪 90 年代中期，ARM 和数字设备公司 DEC 合作，开发了一款高速度、低能耗的 ARM 芯片，以用于能量敏感的移动应用场合，如 PDA 等。他们生产出 StrongARM，自问世时就以其高速度（233MHz）和极低的能耗（1 瓦）给整个行业带来了巨大的冲击，分别配备有 16KB 数据和指令高速缓存的简单、清晰设计带来了如此的效能。StrongARM 以及同 DEC 一起推出的后续芯片在市场上表现还算成功，可以在许多的 PDA、机顶盒、媒体设备和路由器中发现它们的身影。

45

ARM 系列芯片中，最值得一提的是 ARM7，首次于 1994 年推出，到今天还被广泛使用。该芯片有相互独立的指令高速缓存和数据高速缓存，并支持 16 位的 Thumb 指令集。Thumb 指令集是 32 位 ARM 指令集的缩短版，可以供程序员把许多最常用的操作编码成短小的 16 位指令，以大幅度减少程序的存储空间。ARM7 在许多中低档的嵌入式应用中表现出色，如烤箱、发动机控制器等，甚至还包括任天堂的 Gameboy Advance 便携式游戏机。

和多数其他的计算机公司不同，ARM 没有直接生产自己的任何一款微处理器，而只是产生详细的设计方案，以及基于 ARM 的开发工具和库函数，并把它们授权给系统设计和芯片制造厂商生产。例如，在基于 Android 的三星 Galaxy Tab 平板电脑中用的 CPU 就是一个 ARM 处理器，即 Tegra 2 片上系统处理器，其中有两个 ARM Cortex-A9 处理器和一个英伟达显卡。Tegra 2 的核心由 ARM 设计，集成到英伟达设计的片上系统，最后由台湾半导体制造公司（TSMC）生产。这是一个不同国家或地区公司合作的典范，参与设计的公司都为最终的产品设计贡献了自己的价值。

图 1-14 是英伟达的 Tegra 2 片上系统芯片的照片。该设计中包含 3 个 ARM 处理器：2 个

1.2GHz ARM Cortex-A9 核和 1 个 ARM7 核。Cortex-A9 核是双发射乱序执行的核，配有 1MB 的 L2 级高速缓存，并可支持多处理器共享内存。（这里出现了许多术语，我们会在后面详细了解。现在只需要知道这些特性能让芯片快速运行！）ARM7 核相对比较老旧，也是一个小核，这里主要用来进行系统配置和能量管理。图形核是为低能耗操作优化过的 333MHz GeForce 图形处理单元（GPU）。Tegra 2 上还集成了视频编 / 解码器、音频处理器和 HDMI 视频输出接口。

图 1-14   英伟达 Tegra 2 片上系统。版权由英伟达公司所有，已获授权使用

ARM 体系结构在低能耗、移动和嵌入式市场上取得了很大成功。2011 年 1 月，ARM 宣布自成立以来已经销售超过 150 亿 ARM 处理器芯片，且销售量还在持续增长。在适应低端市场要求的同时，ARM 体系结构其实也有满足其他任何市场需要的计算能力，有迹象表明这种能力正在崭露头角。例如，2011 年 10 月，ARM 宣布了其 64 位产品。2011 年 1 月，英伟达宣布了 "Denver 工程"，即开发基于 ARM 的面向服务器和其他市场的片上系统，将多个 64 位 ARM 处理器和一个通用 GPU（GPGPU）集成到一起。该设计中低能耗的特点将有助于降低数据中心和服务器群的散热要求。

1.4.3   AVR 体系结构简介

我们的第 3 个例子是 AVR 体系结构，与第 1 个（x86 体系结构，主要用在个人计算机和服务器上）及第 2 个（ARM 体系结构，主要用于 PDA 和智能手机）有很大的不同，主要供非常低端的嵌入式系统使用。AVR 的故事应从 1996 年的挪威技术研究所讲起，在这里，还是学生的 Alf-Egil Bogen 和 Vegard Wollan 设计了一个名为 AVR 的 8 位 RISC CPU，据说命名为 AVR 的原因是 "这是（A）lf 和（V）egard 的（R）ISC 处理器"。设计完成后不久，Atmel 公司就把设计买过来并创建了挪威 Atmel，两位设计师继续在那里完善 AVR 处理器设计。1997 年，Atmel 发布了 AVR 微控制器的第一个版本 AT90S1200。为了让它更容易被系统设计商采用，他们把 AT90S1200 的管脚设计做得和 Intel 8051 完全一样，而 Intel 8051 是当时市场上最为流行的微处理器。现在，对 AVR 体系结构感兴趣的人更多了，因为它已经成为非常流行的开源 Arduino 嵌入式控制器平台的中心部件。

图 1-15 列出了 AVR 体系结构的 3 类实现，最低档的一类，也就是 tinyAVR，是为那些空间、能量和成本都高度受限的应用而设计的。它包含 1 个 8 位的 CPU，最基本的数字输入 / 输出，还提供对模拟信号的输入的支持（例如，从温度计上读入一个温度值）。tinyAVR 实在是太小了，其管脚都要身兼二职，比如，可以在运行态通过重新编程改变成微控制器支持的其他数字或模拟功能。第 2 类是 megaAVR，也就是前面提到的开源嵌入式系统 Arduino 所使用的控制器，增加了串行 I/O 的支持，内部时钟和可编程的模拟信号输出。最高一档的是 AVR XMEGA 微控制器，增加了完成加 / 解密的加速器，并内置了对 USB 接口的支持。

芯片	Flash	EEPROM	RAM	管脚数	特　　性
tinyAVR	0.5 ~ 16KB	0 ~ 0.5KB	32 ~ 512B	6 ~ 32	小、数字输入 / 输出、模拟输入
megaAVR	8 ~ 256KB	0.5 ~ 4KB	0.25 ~ 8KB	28 ~ 100	很多外部设备、模拟输出
AVR XMEGA	16 ~ 256KB	1 ~ 4KB	2 ~ 16KB	44 ~ 100	加 / 解密加速器、USB 接口

图 1-15　AVR 系列的微处理器分类

除了可连接各种外部设备外，每类 AVR 处理器都包含了一些附加的存储资源。每块微处理器板上有三种类型的存储器：Flash、EEPROM 和 RAM。使用外部的接口和高电平可对 Flash 存储器编程，这也是微处理器存放程序代码和数据的地方。Flash 随机存储器具有非电易失性，系统掉电后也能记住存放的内容。和 Flash 类似，EEPROM 也是非电易失性的，不同的是在运行时它的内容可以通过编程模式修改。嵌入式系统可以把用户的配置信息等存放在 EEPROM 中，比如闹钟按 12 小时还是 24 小时的格式显示时间等。最后，RAM 是程序运行时存放变量的地方，它具有电易失性，也就是说，存放在这儿的信息在系统掉电时会丢失。我们会在第 2 章详细研究电易失性和非电易失性 RAM 类型。

在微控制器市场中取得成功的秘诀就是要把它可能需要的任何功能都塞进芯片中（厨房的水槽也是这样，如果它能缩小到 1 平方毫米大小的话），再把它打包成只有少量管脚的廉价的小包装。将更多的功能集成到微处理器中会让它有更多的应用，而让其小型化并廉价，则可让它能放置在更多的场合。为了对现代的微处理器中集成了哪些功能有个感性认识，我们来看看 Atmel megaAVR-168 中包括了哪些外部设备： 48

1）3 个计时器（2 个 8 位的和 1 个 16 位的）。

2）带晶振的实时时钟。

3）6 个脉冲宽度调节器通道，用于控制灯的亮度或马达的速度等。

4）8 个模 / 数转换通道用于电压值的读取。

5）通用串行收发器。

6）I^2C 串行接口，一个常用的传感器接口标准。

7）可编程的看门狗计时器，用于检测系统什么时候被锁住。

8）片上模拟信号比较器，用于比较两个输入电压。

9）掉电检测器，可在电源故障时中断系统。

10）内部可编程时钟晶振，用于驱动 CPU 时钟。

1.5　公制计量单位

为避免混淆，我们在这里明确指出，本书中所采用的计量单位和计算机科学领域通常采用的一样是公制计量单位系统，而不是传统的英式计量单位系统（furlong-stone-fortnight 系统）。图 1-16 列出了主要的一些公制单位的名称，一般可用它们的首字母缩写，计量单位超过 1 的缩写变为大写（KB、MB 等）。由于历史原因，有一个例外是 kbps 代表 1000 位 / 秒。这样，1-Mbps 的通信线每秒传输 10^6 位，100-ps 的时钟每 10^{-10} 秒跳动一次。由于毫（milli）和微（micro）的首字母都是"m"，必须对它们有所区别。一般情况下，用"m"表示毫，而用"μ"（希腊字母 mu）表示微。

表示	真　　值	单位名称	表示	真　　值	单位名称
10^{-3}	0.001	milli	10^{3}	1000	kilo
10^{-6}	0.000 001	micro	10^{6}	1 000 000	mega
10^{-9}	0.000 000 001	nano	10^{9}	1 000 000 000	giga
10^{-12}	0.000 000 000 001	pico	10^{12}	1 000 000 000 000	tera
10^{-15}	0.000 000 000 000 001	femto	10^{15}	1 000 000 000 000 000	peta
10^{-18}	0.000 000 000 000 000 001	atto	10^{18}	1 000 000 000 000 000 000	exa
10^{-21}	0.000 000 000 000 000 000 001	zepto	10^{21}	1 000 000 000 000 000 000 000	zetta
10^{-24}	0.000 000 000 000 000 000 000 001	yocto	10^{24}	1 000 000 000 000 000 000 000 000	yotta

图 1-16　主要公制计量单位表

还值得指出的是，作为业界实际使用的惯例，计量内存、磁盘、文件和数据库大小的单位与上图有点细小的差别。在这些场合，千（kilo）表示 2^{10} 而不是 10^3（1000），因为存储容量总是 2 的幂。也就是说，1KB 内存包含 1024 个字节，并不是 1000 字节。同样，1MB 内存表示 2^{20}（1 048 576）字节，1GB 包含有 2^{30}（1 073 741 824）字节，1TB 包含有 2^{40}（1 099 511 627 776）字节。

但是，1kbps 通信线的传输速度是 1000 位 / 秒，10Mbps 的局域网的速度是 10 000 000 位 / 秒，因为这些速度指标并不是 2 的幂。遗憾的是，许多人容易把这两个事情弄混，尤其是计算磁盘大小的时候。

为清晰起见，标准化组织引入了新的术语 kibibyte 来表示 2^{10} 字节，mebibyte 来表示 2^{20} 字节，gibibyte 来表示 2^{30} 字节，tebibyte 来表示 2^{40} 字节，但工业界采用这个标准的行动迟缓。我们认为在这些新术语得到广泛使用前，最好还是沿用 KB、MB、GB 和 TB 这些单位来分别表示 2^{10}、2^{20}、2^{30}、2^{40} 字节，用 kbps、Mbps、Gbps 和 Tbps 这些单位来分别表示 10^3、10^6、10^9、10^{12} 位 / 秒。

1.6　本书概览

本书主要讲述多层次计算机（几乎包含了所有现代计算机）及它们的组成。我们将详细讨论其中的 4 层，即数字逻辑层、微体系结构层、指令系统层和操作系统层。要讨论的基本问题包括每层的总体设计（以及为什么这样设计）、指令类型和数据类型、内存组织和寻址方式以及该层功能的实现方法。对这些以及类似问题的研究称为计算机组成或计算机体系结构。

我们主要关心的是上述问题中的概念，而不是其中的细节或严格的数学推导。为此，我们将对某些例子进行高度简化，以强调中心思路而略去细节。

为使读者能更好地认识书中的原理如何应用到实际当中，本书贯穿始终地用 x86、ARM 和 AVR 体系结构作为实例，来讲解这三种芯片是如何应用书中的原理的。选择这些芯片有如下一些原因。首先，它们都是应用广泛的芯片，读者应该至少接触过其中一种；其次，它们都有自己独特的体系结构，为读者提供了对比的基础，也可以鼓励读者提出"其他芯片是如何的呢"等类似问题。针对一种机型的书容易使读者形成"计算机就该这样设计"的感觉，而无法体会到设计者不得不面对的选择和妥协。我们鼓励读者用批判的眼光来研究这三种机型和所有其他计算机，这样才能在了解它们是怎样有了这些区别的基础上知其所以然，而不仅是简单接受书本给出的东西。

[50]

　　　需要在本书开始时澄清的是，本书并不是一本关于如何在 x86、ARM 和 AVR 体系结构上编程的书。这三种机型只是在必要时用于举例，本书无意伪装成它们的大全。希望彻底了解它们的读者可以和它们的制造商联系。

　　　第 2 章介绍了计算机的基本组成部件——处理器、存储器和输入 / 输出设备。希望能给出计算机系统体系结构的全貌并引出后续章节。

　　　第 3、4、5、6 章每章讲述图 1-2 中的一层，顺序是自底向上，因为习惯上计算机就是这样设计的。由于第 k 层的设计很大程度上依赖于第 $k-1$ 层的属性，所以如果不了解低层，也就无法理解上一层。而且，从教育学的角度看，也应该是从较简单的低层开始，逐步到较复杂的高层，而不是相反。

　　　第 3 章的内容是数字逻辑层，是真正的计算机硬件。本章讨论了什么是逻辑门，且它们如何组成有用的电路；介绍了分析数字电路的有用工具——布尔代数；解释了总线的概念，突出介绍了当前流行的 PCI 总线。本章列举了许多来自工业界的实例，包括上面提到的三种机型。

　　　第 4 章介绍微体系结构层及其控制电路。由于本层的主要功能是解释第 2 层的指令，本章将通过举例详细介绍，同时也讨论几种真正计算机的微体系结构层。

　　　第 5 章讨论指令系统层，多数计算机供应商在广告上把这层叫做机器语言。我们将在这一章详细介绍我们用于举例的机型。

　　　第 6 章覆盖了操作系统层中的一些指令、内存组织和控制机制。本章举的例子包括 Windows 操作系统（流行于基于 x86 的桌面计算机系统）和在许多基于 x86 和 ARM 机器上运行的 UNIX。

　　　第 7 章是关于汇编语言层的，包括汇编语言和汇编的过程。连接的概念也在此介绍。

　　　第 8 章讨论并行计算机，目前十分重要的研究领域。有些并行计算机是拥有共享公共内存的多 CPU，有些却只有多 CPU 而没有公共内存；有些是超级计算机，有些是片上系统（SOC），其他的是集群工作站。

　　　第 9 章是本书引用的文献，按字符顺序排列。推荐书目在本书的网站上，见：www.prenhall.com/tanenbaum。

[51]

习题

1. 用你自己的话解释下列术语：
   a. 翻译器
   b. 解释器
   c. 虚拟机
2. 可否由编译器直接产生微体系结构层所需的结果而不需要指令系统层？试讨论该建议的优缺点。

3. 是否可能有一台多层次计算机，其最底的两层不是设备层和数字逻辑层？说明理由。

4. 一台计算机的各层都不相同，每层指令都比其下层指令功能强 m 倍，也就是说，一条 r 层指令可完成 m 条 $r-1$ 层指令的功能。如果一个第 1 层的程序需要 k 秒钟来运行，那么同样功能的第 2、3、4 层程序各需多长时间来运行？假定解释一条 $r+1$ 层指令需要 n 条 r 层指令。

5. 操作系统层的一些指令和指令系统层的指令相同，这些指令不经操作系统而由硬件或微程序直接执行。根据你对上一问题的回答，为什么会出现这种情况？

6. 一台计算机的 1、2、3 层的解释器都相同。该解释器需要 n 条指令来进行取指、分析指令和执行一条指令。如果第 1 层的一条指令需要执行 k 纳秒，那么执行第 2、3、4 层的指令各需多长时间？

7. 什么情况下软件和硬件等同？什么情况下不同？

8. Babbage 的差分机中有一个固定的程序，无法修改。这和我们现在的 CD-ROM 无法修改本质上是一回事吗？请说明原因。

9. 冯·诺依曼将程序存入内存的设计带来的后果之一是程序也可以像数据一样被修改。举一个可利用这个特性的例子。（提示：考虑有关数组的算法。）

10. IBM 360 75 型机的性能是 30 型机的 50 倍，而它的机器周期只比 30 型机快 5 倍。你如何看待这之间的差别？

11. 图 1-5 和图 1-6 分别给出了两种基本的系统设计方案。请说明每个系统的输入 / 输出是如何实现的，哪个会有更好的总体性能？

52 12. 假设美国的 3 亿人口，每人每天消费 2 件贴有 RFID 标签的商品。那么，每年需要生产多少 RFID 标签才能满足需求？如果每个标签 1 美分，那么这些标签总价值是多少？和 GDP 的总量比较，这些钱会成为每件商品都使用 RFID 标签的障碍吗？

13. 试举出三件将由嵌入式 CPU 控制运行的电器。

14. 目前来看，微处理器上的一个晶体管直径为 1 微米。根据 Moore 定律，明年一个晶体管会是多大？

15. 事实表明，Moore 定律不但适用于半导体密度的预测，还可用来预测（合理的）仿真规模的增长，以及计算机仿真运行时间的减少。一个例子是，如果一个关于流体力学的仿真，目前需要在 1 台计算机上运行 4 小时的话，那在 3 年后推出的 1 台计算机上仅需要运行 1 小时，而在 6 年后推出的计算机上仅需要 15 分钟。第二个例子，某个大型仿真计算，如果我们现在预测需要用时 5 年的话，那还不如等 3 年后在新的机器上再进行仿真，得到结果还能更早一些。

16. 1979 年，当时的 IBM 7090 每秒钟可执行 500 000 条指令，其内存容量是 32 768 个 36 位的字，成本高达 300 万美元。假如我们定义一个机器的性价比为指令执行速度乘以内存空间大小再除以价格，试将 IBM 7090 与当前的计算机进行比较。再看看如果同样的发展速度对于航空业会是什么情况。1959 年，波音 707 开始大量交付给航空公司。其飞行速度是 950km/ 小时，载客量为 180 人，造价 400 万美元。按照计算机行业的发展速度，现在的飞机的速度、载客量和造价应该是多少？请进一步说明你对计算机速度、内存容量和价格的预测。

17. 计算机产业经常走的是螺旋式发展的道路。例如，早期的指令系统是硬布线逻辑实现的，然后采用微程序方式实现，再后来，随着 RISC 机的出现，又回到硬布线实现方式。又如，早期的计算都是在大型机上集中式的计算。请再列举两种情形来说明计算机行业的螺旋式发展方式。

18. 谁是计算机的发明者？这个问题在法律上的答案是由 Earl Larson 法官在 1973 年 4 月认定的。他是一起由拥有 ENIAC 专利的 Sperry Rand 公司提起诉讼的专利侵权案的主审，Sperry Rand 公司认为，由于他们拥有关键的专利，任何人制造一台计算机都应该向他们付专利费。该案于 1971 年 6 月开始审理，提供了超过 30 000 项证据，法院审理文稿超过了 20 000 页。请你用能从互联网上获得的其他信息，写出一份报告，详细讨论本案中的技术问题。Eckert 和 Mauchley 取得了什么专利授权？为什么法官认为他们设计的系统是基于 Atanasoff 的早期工作？

19. 选择 3 个你认为在创立现代计算机硬件上最具影响力的人物，写一篇报告描述他们的贡献并说明你选择他们的理由。

20. 选择 3 个你认为在创立现代计算机系统软件上最具影响力的人物，写一篇报告描述他们的贡献并说明你选择他们的理由。53

21. 选择 3 个你认为在创立现代大流量网站上最具影响力的人物，写一篇报告描述他们的贡献并说明你选择他们的理由。54

计算机系统组成

数字计算机是由处理器、存储器和输入 / 输出设备组成的内部互连系统。本章介绍这 3 种部件和它们之间的连接，作为后续 5 章介绍特定层次的背景知识。处理器、存储器和输入 / 输出设备是以后各层都将用到的关键概念，所以我们通过依次介绍这 3 种部件来开始学习计算机体系结构。

2.1 处理器

图 2-1 是面向总线的计算机组成的一个简单示意图。**中央处理部件**（Central Processing Unit，CPU）可以说是计算机的"大脑"，其功能是通过从主存储器中逐条进行取指令、分析指令和执行指令的过程来执行计算机程序。计算机的各组成部件通过**总线**连接在一起。总线是一些平行导线的集合，计算机用它来传递地址、数据和控制信号，它可以在 CPU 之外，连接 CPU、存储器及输入 / 输出设备；也可以在 CPU 内部连接 CPU 的各组成部分（下面马上就要介绍）。现代计算机中有多条总线。

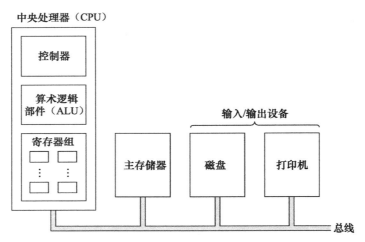

图 2-1　一台有一个 CPU 和两种外设的简单计算机的组成

CPU 由相对独立的几个部分组成。控制器负责从主存储器中取指令和分析指令类型，算术逻辑部件通过完成诸如加法、逻辑与等算术逻辑运算来执行指令。

CPU 内部还包含一个小容量、高速度的存储器，用来存放中间结果和一些控制信息。这个存储器由多个寄存器组成，每个寄存器都有确定的存储容量和相应的功能。一般来说，所有寄存器容量都相同。每个寄存器中可存放一个不超出其存储范围（根据寄存器位数确定）的数，它们本身就在 CPU 内部，可以被 CPU 高速读写。

CPU 中最重要的寄存器是**程序计数器**（Program Counter，PC），它指向下一条将被取出用于执行的指令。（"程序计数器"的名称有时候容易引起误解，因为实际上它并没有任何计数的作用，而是一个约定俗成的叫法。）同样重要的寄存器还有**指令寄存器**（Instruction Register，IR），其中存放着当前正执行的指令。多数计算机中还有许多其他的寄存器，一些是通用寄存器，另一些为专用寄存器。而且，还有一些寄存器被操作系统用于控制计算机。

2.1.1　CPU 组成

图 2-2 给出了一个详细一些的典型冯·诺依曼结构 CPU 的内部组成。我们把图中所有组成部件叫做**数据通路**，包括寄存器（一般来说为 1 ~ 32 个）、**算术逻辑部件**（Arithmetic Logic Unit，ALU）和连接它们的内部总线。寄存器给 ALU 的两个输入暂存器（图中的 A 和 B）提供输入，暂存器的功能是在 ALU 进行计算时维持 ALU 的输入数据。数据通路在所有的计算机中都非常重要，本书将用较大的篇幅来讨论。|56|

ALU 本身对输入数据进行加、减等简单运算，然后将产生的运算结果送入输出暂存器，经输出暂存器存回某个寄存器中。以后在需要时还可从寄存器写入（也就是保存）到主存中。并非所有的 CPU 中都有输入或输出暂存器。图 2-2 中我们举的是进行加法的例子，显然 ALU 还可完成其他的运算。

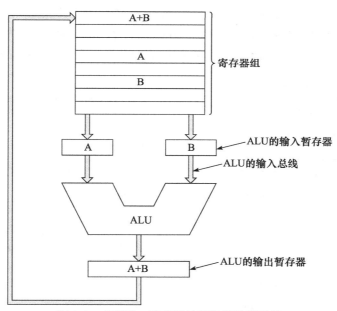

图 2-2　典型冯·诺依曼计算机的数据通路

大多数指令可以归并到下面两类当中：寄存器 – 主存指令或寄存器 – 寄存器指令。寄存器 – 主存指令用于寄存器和主存之间交换数据，例如，将主存当中的字取到寄存器当中供后续指令使用。（"字"是主存和寄存器间交换数据的单位，一个字可以是一个整数。我们将在本章后面讨论主存的组织。）也可以是将寄存器中的数据存回主存。

另一类指令是寄存器 – 寄存器指令。典型的寄存器 – 寄存器指令从寄存器中取得两个操作数，送入 ALU 的输入暂存器，对它们进行运算（例如，加法或逻辑与），然后再将运算结|57|果送回到其中的一个寄存器当中。ALU 将两个操作数进行运算并将结果写回的过程称为**数据通路周期**，这是大多数 CPU 的核心。从某种意义上说，它决定了计算机的功能。现代计算机中有多个可并行操作的 ALU，有些是为不同的功能专门设计的。数据通路周期越快，计算机运行起来就越快。

2.1.2 指令执行

一般来说，计算机执行一条指令的过程可以大致分为以下几个步骤：

1）从主存中取下一条指令到指令寄存器中。

2）将程序计数器指向后面的一条指令。

3）判断刚取得的指令的类型。

4）若该指令用到某主存单元，则对该主存单元进行寻址。

5）必要时，从主存中取一个字到 CPU 的寄存器中。

6）执行指令。

7）返回第 1 步准备执行下一条指令。

这个过程通常称为**取指 – 译码 – 执行**周期，是所有计算机操作的核心。

上面对 CPU 工作过程的描述和用英语写的程序十分类似。图 2-3 给出了用 Java 方法（也叫过程）重写上述过程的非正式程序 *interpret*。正在被解释的计算机有两个可从用户程序角度看到的寄存器：用于指示下一条执行的指令的程序计数器（PC）和累加算术运算结果的累加器（AC）。还有下列内部寄存器：在指令执行时存放当前指令的寄存器 instr，说明指令类型的寄存器 instr_type，指示指令操作数地址的寄存器 data_loc 和存放当前操作数的寄存器 data。程序假定指令中包含单个主存地址，该地址中存放着指令的操作数，例如，要加到累加器中的数据项。

```java
public class Interp {
    static int PC;                          // 存放下条指令地址的程序计数器
    static int AC;                          // 累加器；用于算术运算的寄存器
    static int instr;                       // 存放当前指令的寄存器
    static int instr_type;                  // 指令类型（操作码）
    static int data_loc;                    // 数据地址，如没有，则值为-1
    static int data;                        // 存放当前操作数
    static boolean run_bit = true;          // 运行指示位，需停机时将其关闭

    public static void interpret(int memory[], int starting_address) {
        // 本过程解释执行一台指令只有一个内存操作数的简单计算机的程序。该计算机
        // 用寄存器AC作累加器，用于算术运算，如ADD指令将内存中的一个整数加到AC
        // 之类的。解释器一直运行，除非HALT指令将运行指示置为0。运行于该计算机上
        // 的进程状态包括内存、程序计数器、运行指示位和AC。输入参数有主存空间和
        // 开始地址。

        PC = starting_address;
        while (run_bit) {
            instr = memory[PC];                         // 取下条指令到instr
            PC = PC + 1;                                 // 程序计数器加1
            instr_type = get_instr_type(instr);         // 判断指令类型
            data_loc = find_data(instr, instr_type);    // 对数据寻址（如没有，返回-1）
            if (data_loc >= 0)                           // 若data_loc为-1，则没有操作数
                data = memory[data_loc];                 // 取操作数
            execute(instr_type, data);                   // 执行指令
        }

    }

    private static int get_instr_type(int addr) { ... }
    private static int find_data(int instr, int type) { ... }
    private static void execute(int type, int data) { ... }
}
```

图 2-3　一台简单计算机的解释器（Java 语言编写）

能用程序来模拟 CPU 的功能这个事实正说明了程序并不一定需要由一大堆电子器件组成的 "硬件" CPU 来执行。实际上，可以由另一个程序通过取指令、分析指令和执行指令的过程来执行一个程序的指令。这个获取、分析执行其他程序指令的程序（如图 2-3 所示的程序）就是**解释器**，我们在第 1 章中已介绍过。

58

硬处理器和解释器之间的等价性对计算机组成和计算机系统设计有很大影响。在确定一台新计算机的机器语言 L 后，设计小组要决定的事情就是研制一个硬处理器来直接执行 L 的程序还是写一个解释器来解释执行 L 的程序。当然，选择写解释器也需要有硬件来执行解释器。一部分指令由硬件执行，另一部分指令由软件（解释器）解释的混合方案也是可行的。

解释器将目标机的指令分解成几个更小的步骤执行，这就使运行解释器的计算机比起用硬件实现的目标机来说更简单也更廉价一些。当目标机的指令集比较庞大，或者指令集中有许多带有复杂选项的指令时，这种节约就十分可观了，本质上的原因是硬件被软件（解释器）所取代，而用硬件实现同样的功能比软件实现开销要大许多。

59

早期计算机的指令集都比较小，而且指令集比较简单。但人们对功能更强大的计算机的需求，首先导致的就是要求它的每条指令功能更强一些，人们很早就发现，虽然复杂的指令单条执行的时间要长一些，但却能使整个程序执行得更快。浮点数指令和直接支持访问数组元素的指令就是例子。有时，为简化程序，也常常把两条经常连续执行的指令合并成一条指令。

复杂一些的指令整体性能更好的原因就在于单步操作的执行有时可以重叠，或用不同的硬件并行执行。对价格较高的高性能计算机来说，可以比较容易地调整这些额外硬件的成本，因此，价格高昂的高性能计算机一般比那些廉价计算机的指令要多。当然，随着软件开发成本的提高及对指令兼容性的要求，那些价格比速度还重要的低价位计算机也需要实现一些复杂的指令。

到 20 世纪 50 年代后期，IBM（当时占统治地位的计算机公司）认识到，支持一个所有计算机都执行相同指令的计算机系列，对于 IBM 和它的用户来说，都有很多优势。IBM 引入**体系结构**这个术语来描述这一层次的兼容性。他们希望同系列的计算机的体系结构相同，但用不同的实现方法来执行同样的程序，只在价格和速度上各不相同。但如何使低成本的计算机能执行高价、高性能计算机的所有复杂指令呢？

实现途径就是解释。这个由 Maurice Wilkes 在 1951 年首先提出的技术使设计简单、价格低廉的计算机同样可以执行许多指令。由它产生了 IBM System/360 体系结构的一系列兼容计算机，全系列在性能和价格两方面都跨越两个数量级。直接由硬件实现（也就是说，不通过解释）的是最昂贵的。

解释执行指令的简单计算机还有许多其他的优势，其中最重要的有：

1）在解释过程中改正指令实现中的错误，甚至补偿基础硬件中的设计缺陷。

2）可以以最小的代价增加新的指令，甚至在计算机发货后也能做到这点。

3）结构化设计，可以对复杂指令方便地进行升级、测试和文档化。

60

随着计算机市场在 20 世纪 70 年代的急剧膨胀和计算机功能的飞速提高，市场对低价计算机的需求带动了使用解释技术的计算机的发展。减少硬件而改用解释器来实现特定指令集成为设计处理器的一种有效办法。随着底层半导体技术的飞速进步，价格上的优势压倒了获得更高性能的野心，基于解释器的体系结构成为主流的设计计算机的手段。20 世纪 70 年代，从小型机到大型机，几乎所有新设计的计算机都是基于解释器的。

到 20 世纪 70 年代后期，除了当时最昂贵、性能最高的计算机型号，如 Cray-1 和 CDC

的 Cyber 系列外，运行解释器的简单处理器已经占了统治地位。解释器的运用降低了实现复杂指令的固有成本，因此设计者开始开发更多的复杂指令，特别是增加了对指令操作数进行寻址的方式。

这种设计趋势随着 DEC 的 VAX 计算机的出现发展到了顶峰。VAX 有几百条指令，每条指令可以有 200 多种不同的操作数寻址方式。不幸的是，VAX 体系结构一开始就设计成用解释器实现，而几乎没有想过用高性能的硬件实现方案。思维上的限制导致引入了一大堆带边界值的指令，而且很难直接执行。实践证明，这种繁杂性对 VAX 是致命的，最后也要了 DEC 的命（Compaq 于 1998 年收购了 DEC，2001 年，HP 又收购了 Compaq）。

虽然，8 位微处理器在早期已是指令集十分简单的计算机了，但到了 70 年代后期，甚至微处理器也换成了基于解释器的设计。当时，微处理器设计者面对的主要挑战是通过集成电路来解决微处理器不断增长的复杂性。基于解释器方案的优点是只需要设计一个简单的处理器，而把复杂性问题大部分转移到存放解释器的存储器中，即把复杂的硬件设计转化为复杂的软件设计。

拥有一个大的解释执行的指令集的 Motorola 68000 的成功和几乎同时的 Zilog Z8000（指令集大小相同，但没有解释器）的失败，证明了解释器能很快地将一个新的微处理器推向市场。考虑到 Zilog 的领先地位（Z8000 的先期产品 Z80 比 68 000 的前期产品 6800 要流行得多），这就更使人惊讶。当然，这中间还有其他因素在起作用，至少，Motorola 是一个有很长历史的芯片制造商，而 Exxon（Zilog 的所有者）历史上是一个石油公司，而不是芯片制造商。

[61]   当时使解释器大行其道的另一个原因是存在用来存放解释程序的快速只读存储器——**控制存储器**。假设解释执行一条典型的 68 000 指令需要执行 10 条解释程序指令，即**微程序**，每条微程序指令执行 100ns，还需访问两次主存，每次需 500ns。那么，执行 68 000 指令的总时间为 2000ns，是直接用硬件执行的最好情况的 2 倍。如果没有控制存储器，那解释执行一条指令的时间将是 6000ns。6 倍的延时就比 2 倍延时难"消化"得多。

2.1.3　RISC 和 CISC

20 世纪 70 年代后期，人们对许多十分复杂的指令做过实验，结果证实这些指令都能用解释器实现。设计者开始试图弥合高级程序语言和计算机机器语言之间的"语义代沟"，几乎没有人考虑设计简单点的计算机，就像现在没有在设计功能简单些的电子表格、网络和 Web 服务器等方面投入太多研究一样（也许今后会是一种遗憾）。

IBM 公司由 John Cocke 领导的一个研究小组扭转了这一趋势，他们和 Seymour Cray 合作，开始研究高性能小型计算机，并研制出实验型小型机 **801**。虽然 IBM 从未把这种机型推向市场，研究结果也是多年之后才公开（Radin，1982），但外界还是得到了一些消息，许多人也开始研究起类似的体系结构来。

1980 年，Berkeley 的一个由 David Patterson 和 Carlo Séquin 领导的研究小组开始设计不用解释器的超大规模集成电路 CPU 芯片（Patterson，1985；Patterson and Séquin，1982）。他们创造术语 RISC 来描述这个概念，并把他们的 CPU 命名为 RISC I，紧跟着又推出 RISC II。其后不久，在 Standford 边上的旧金山谷，John Hennessy 于 1981 年设计和制造出了他称为 **MIPS** 的芯片（Hennessy，1984），只是和 RISC 稍微有些不同。这两种芯片分别引出了两种重要的商业芯片，SPARC 和 MIPS。

新处理器和当时的商业处理器有着很大的区别。新 CPU 不存在兼容过去产品的问题，它们的设计者可以自由地选择新的指令集，来最大限度地提高系统的整体性能。由于设计之初就强调选用能快速执行的简单指令，大家很快认识到设计出能快速**启动**的指令是提高性能的关键，每秒钟启动指令的条数比单条指令的执行时间更重要。

这些简单处理器开始设计的时候，它们引起大家注意的特点是指令集相对较小，一般为 50 条指令左右，比起当时 DEC 的 VAX 和 IBM 大型机的 200 ~ 300 条指令规模来说小多了。实际上，RISC 是**精简指令计算机**（Reduced Instruction Set Computer）的缩写，和代表**复杂指令计算机**（暗指当时在大学计算机系中占统治地位的 VAX）的 CISC（Complex Instruction Set Computer）相对应。现在，很少有人会认为指令集的大小是一个大问题，许多人会把这当成文字游戏。

62

闲话少叙。一场 RISC 的支持者攻击已经建立好的秩序（VAX、Intel 和 IBM 大型机）的宗教式战争接着就打响了。他们宣称设计计算机的最好途径就是选择少量能在图 2-2 所示的数据通路的一个周期内执行的简单指令，其过程为取两个寄存器的值，以某种方式进行运算（例如，相加或逻辑与），再将结果存回寄存器。他们认为，即使 RISC 需要四或五条指令来完成 CISC 的一条指令的功能，但如果 RISC 指令能比 CISC 快 10 倍的话（因为 RISC 不需要解释执行），那么，还是 RISC 占优。值得指出的是，此时主存的速度已经赶上了只读控制存储器的速度，解释执行的代价已经高了很多，这对 RISC 相当有利。

也许有人会想，以 RISC 技术在性能上的优势，RISC 机（如 SUN 的 UltraSPARC）应该已经在市场上横扫 CISC 机（如 Intel 的 Pentium）了，但事实并非如此。为什么呢？

首先，有一个向后兼容的问题，要考虑到许多公司在 Intel 系列上已经投资的几十亿美元的软件。其次，令人惊讶的是，Intel 在其 CISC 体系结构中也采用了 RISC 思想。从 486 开始，Intel 的 CPU 中就包含能在单个数据通路周期中执行一些最简单（一般也是最常用）的指令的 RISC 核心，而还是用原有的 CISC 方式解释执行那些复杂的指令。这样，常用的指令执行快，而不常用的指令执行起来就慢一些。显然，这种混合方案不如纯 RISC 方案快，但它却能在不加修改地运行旧程序的前提下给出极具竞争力的整体性能。

2.1.4 现代计算机设计原则

第一台 RISC 机诞生到现在已经二十多年了，在当前硬件技术条件下，许多设计原则已经被人们作为好的设计计算机的原则接受了。当然，如果在硬件技术上有大的突破（如新的制造工艺突然使内存访问周期比 CPU 周期快了 10 倍），一切将重新开始。这就是计算机设计者必须始终关注可能影响各组成部件平衡的技术更新的原因。

但应该承认，确实存在一些设计原则，有时也可以说是 **RISC 机设计原则**，是所有通用 CPU 的设计者都应尽力遵循的。尽管一些额外的限制条件，如要求芯片和某些已有的体系结构兼容等，经常让我们有所妥协，但这些原则是大多数设计者努力实现的目标。下面，我们就讨论其中主要的几条。

63

1. 所有指令由硬件直接执行

所有常用的指令应该交给硬件直接执行，不要再由微指令解释一遍。减少一层解释可提高大多数指令的执行速度。对于实现 CISC 指令集的计算机，则可将较复杂的指令分解成可被一段微指令执行的单独部分，虽然这个额外的步骤会减慢机器的速度，但对那些使用频率不高的指令，还是可以接受的。

2. 最大限度提高指令启动速度

现代计算机采取了许多策略来尽可能提高性能，最主要的是在每秒钟内启动尽量多的指令。毕竟，如果能在每秒钟启动 5 亿条指令，那就是一个 500-MIPS 的处理器，而不必计较这些指令实际上用了多长时间执行完。（Millions Instructions Per Second，MIPS，即每秒百万条指令。MIPS 处理器中也是字头组成的缩略语，但它代表的是 Microprocessor without Interlocked Pipeline Stage，即无内部互锁流水级的微处理器。）这条原则意味着指令的并行处理对提高性能起着重要的作用，因为要在这么短的时间间隔内启动如此多的慢速指令，唯一可能的途径是让多条指令同时执行。

虽然取指令的顺序和程序代码的顺序相同，但指令并不总是按程序代码顺序启动（因为有些指令需要的资源可能不在空闲状态），也不会强求它们按程序代码顺序结束。当然，如果指令 1 向寄存器写了一个数，而且指令 2 要用到这个寄存器，那就要小心保证指令 2 只有在寄存器中有了正确值后再去读这个寄存器了。所以，通过同时执行多条指令是有可能提高性能的，但要做许多记录来保证指令的正确执行顺序。

3. 指令应容易译码

严重阻碍指令启动速度提高的因素之一是判断指令要用到的资源的译码过程，应采取一切手段来加速指令的译码，包括使指令规整、固定指令的长度、指令中的字段数要少一些。指令格式越少越好。

4. 只允许读写主存指令访问主存

将计算机操作分解为独立步骤的最简单办法之一是规定多数指令的操作数来自 CPU 的寄存器中，且结果写回到寄存器中，把将操作数从主存读入寄存器的操作交给单独的指令来完成。由于访问主存需花费较长的时间，且延时无法预测，所以如果这些指令仅将操作数在寄存器和主存间移动的话，最好是使它们和其他指令重叠执行。从这一点说，最好是只有 LOAD 和 STORE 指令可以访问主存。所有其他的指令操作数应只在寄存器中。

5. 提供足够的寄存器

由于访问主存相对来说较慢，这就要提供多一些（至少 32 个）寄存器，保证从主存中取来一个字后，就能一直保存在寄存器中，直到不再需要。把寄存器用完后，为装入数据而不得不将一些数据写到主存中是不足取的，应尽量避免。最好的办法就是设计足够的寄存器。

2.1.5 指令级并行

计算机设计者一直为提高他们设计的计算机的性能而努力着。通过提高芯片的主频来使它运行的快一些是一条途径，但每个新设计都有在当时条件下主频能提高到的极限。因此，多数设计者把并行处理（同时处理两件或更多件事情）作为在给定主频下取得更好性能的另一条途径。

一般说来有两种形式的并行：指令级并行和处理器级并行。前者指在指令之间应用并行，使计算机在单位时间里处理更多的指令。后者是指多个 CPU 一起工作，解决同一个问题。两种形式都有自己的优点。本节我们先来看一看指令级并行，下一节讨论处理器级并行。

1. 指令流水

多年来人们一直知道从主存中取指令的过程是提高指令执行速度的主要瓶颈。为缓解这个矛盾，我们可以最早追溯到 1959 年的 IBM Stretch 计算机，当时就已经具备将指令从主存中预取出来，供需要时使用的能力。这些指令存放在一组称为**预取缓冲**的寄存器中。这样，需要指令的时候，通常就可以从预取缓冲区中取到，而不必等待一个读取主存周期了。

实际上，预取把指令执行分解成了两个部分：取指令和实际执行指令。**指令流水**的概念把这个策略再往前推了一步。它一般是把指令执行分解成更多（通常为 12 个或更多）的部分，每个部分由精心设计的硬件分别执行，都可以并行运行。

图 2-4a 指出将指令执行分解为 5 部分，也可以说是 5 个**子过程**的流水过程。子过程 1 从主存中取指令放到缓冲寄存器中备用。子过程 2 对指令进行译码，判断指令类型和指令需要的操作数。子过程 3 从寄存器或主存中找到并取来操作数。子过程 4 完成实际的指令功能，即将操作数通过图 2-2 所示的数据通路得到运算结果。最后，子过程 5 将结果写回到指令规定的寄存器中。

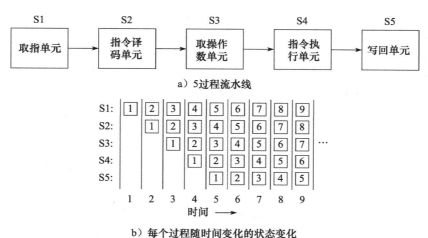

a）5 过程流水线

b）每个过程随时间变化的状态变化

图 2-4　随时间变化的流水过程。图中画了 9 个周期

从图 2-4b 我们可以看到随时间变化指令的流水过程。第 1 个时钟周期，子过程 S1 工作于第 1 条指令，将它从主存中取出。第 2 个时钟周期，子过程 S2 对第 1 条指令进行译码，而 S1 开始取第 2 条指令。第 3 个周期，子过程 S3 取第 1 条指令的操作数，S2 对第 2 条指令译码，S1 取第 3 条指令。第 4 个周期，子过程 S4 执行第 1 条指令，S3 取第 2 条指令的操作数，S2 对第 3 条指令译码，S1 取第 4 条指令。最后，到第 5 个周期时，S5 将第 1 条指令的结果写回，其他子过程依次工作于各自的下一条指令。

我们打个比方来把指令流水的概念表述得更清楚一些。想象有一个蛋糕厂，它的烤蛋糕房和包装室是分开的。包装部有一条传输带，有 5 个工人（处理部件）在传输带旁工作。每 10 秒钟（一个时钟周期），第 1 个工人向传输带放一个蛋糕盒。盒子在传输带上送到第 2 个工人处，他把蛋糕放进盒中。然后，盒子继续向下传给第 3 个工人，他把盒子盖上并封好后传给第 4 个工人，他负责向上面贴标签。最后，第 5 个工人把盒子从传输带上取下来放入大容器中，准备稍后送到超市去。基本上，计算机的指令流水也是这样工作的：在最后执行完之前，每条指令（蛋糕）要经过几个处理过程。

回到图 2-4 所示的指令流水。假设这台计算机的时钟周期为 2 纳秒，那么，一条指令经过完整流水线的 5 个子过程需要 10 纳秒。乍一看来，一条指令需执行 10 纳秒，也就是该计算机的速度是 100MIPS。可实际上它的速度要快得多。在每个时钟周期（2 纳秒），都有一条指令执行完毕，所以它的实际处理速度是 500MIPS，不是 100MIPS。

指令流水既可以用**指令时延**（执行一条指令的时间），也可以用**处理器带宽**（CPU 的 MIPS 数）来衡量。对于有 n 个子过程，时钟周期为 T 纳秒的流水线，其指令时延为 nT 纳秒，因为每条指令需要 n 个步骤才能执行完毕，每个步骤需要用时 T 纳秒。

由于每个时钟周期都由一条指令完成，而每秒有 $10^9/T$ 个时钟周期，那么，每秒执行的指令数就是 $10^9/T$。例如，如果 $T=2$ 纳秒，每秒钟就可执行 5 亿条指令。为得到 CPU 的 MIPS 值，我们只能将指令的执行速率除以 1 百万，来求得（$10^9/T$）/10^6=$1000/T$ MIPS。理论上讲，我们应该用 BIPS 代替 MIPS 来衡量 CPU 执行指令的速度。但没有人这样用，所以我们也就用 MIPS 了。

2. 超标量体系结构

既然一条流水线可以提高计算机的性能，那么两条流水线就更能提高性能了。图 2-5 给出了以图 2-4 为基础的双流水线 CPU 的一种设计。它有一个取指部件，可以一次取两条指令，分别将它们送入各自的流水线中，由各自的 ALU 并行执行。当然，能够并行运行的条件是这两条指令使用的资源（如寄存器等）没有冲突，而且不能互相依赖对方的执行结果。这就是说，对每条流水线而言，或者由编译器来保证这一点（即当指令不兼容时，硬件不执行该条指令并给出出错信息），或者用专门的硬件在指令执行时来检查和减少冲突。

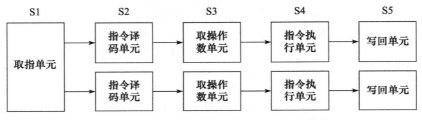

图 2-5　共用一个取指部件的 5 过程双流水线

尽管指令流水，不管是一条或两条，大都用在 RISC 机上（386 及其先驱就一直没有采用），但 Intel 还是从 486 开始在其 CPU 上采用了流水技术。486 有一条流水线，原 Pentium 有两条和图 2-5 大致类似的 5 过程流水线，只是在子过程 2 和子过程 3 的功能划分上有些细微差别（Intel 称其为一次译码和二次译码）。其主要流水线，也就是 **u 流水线**，可以执行所有 Pentium 指令，而副流水线即 **v 流水线**，只能执行简单的整数指令（和仅有的一条简单的浮点数指令——FXCH）。

用确定的规则就可以判断一对指令是否能并行执行（是否兼容）。如果这对指令不够简单或者不兼容，那就只执行前一条指令（在 u 流水线中），而把第二条指令留下来和下一条指令配对执行，保证所有的指令顺序执行。这也是 Pentium 专用编译器（产生兼容的配对指令）比老编译器生成的程序能运行得更快的原因。测试数据表明，对于整数程序，在相同主频下，Pentium 运行经优化的程序的速度是 486 运行同样程序的两倍（Pountain，1993），而这主要得益于副流水线。

想象有 4 条流水线是可以的，但实际做出来就太复杂，太费硬件了（而计算机专家又不像民间传说的专家，不太相信 3 这个数字）。在高档 CPU 中，采用的是一种替代方案。基本的思路是采用一条流水线，但给它多个功能部件，如图 2-6 所示。Intel Core 的体系结构就和图中类似，我们在第 4 章再讨论。术语**超标量体系结构**就是为说明这种方案而在 1987 年提出的（Agerwala 和 Cocke，1987）。它的起源可以追溯到 40 多年的 CDC 6600 计算机，它每 100

纳秒取一条指令，然后将指令交给 10 个功能部件中的一个并行执行，而 CPU 再去取下一条指令。

"超标量"的定义发展得有点快，现在常用来描述那些可在一个时钟周期内启动多条——通常是 4 或 6 条——指令的处理器。当然，超标量 CPU 必须有多个功能部件来处理这些指令。由于超标量处理器一般只有一条流水线，所以它们往往采用类似图 2-6 的结构。

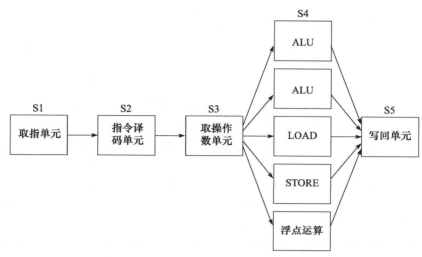

图 2-6　有 5 个功能部件的超标量处理器

使用这个定义，由于在一个周期内只能启动一条指令，所以 6600 从技术上来说不能称为超标量处理器。当然，最终的结果是几乎一样的：指令启动的速度比它们执行的速度高很多。1 个时钟周期为 100 纳秒，每个周期启动一条指令为一组功能部件执行的 CPU，和一个时钟周期为 400 纳秒，每个周期启动 4 条指令为一组功能部件执行的 CPU 之间的区别相当小。两种情况下的关键点都是指令的启动速度比执行速度高很多，而将实际的工作量分给一组功能部件来完成。

在超标量计算机体系结构的思路中暗含一个事实，即子过程 S3 处理指令的速度比子过程 S4 执行指令的速度要快很多。如果 S3 每 10 纳秒处理一条指令而且所有的功能部件都能在 10 纳秒内完成其工作的话，那么同时处于工作状态的功能部件就不会超过一个，整个方案就没有意义了。事实上，大多数子过程 S4 的功能部件需要花超过一个时钟周期去执行指令，特别是那些访问主存和进行浮点运算的指令。正如我们在图 2-6 中看到的，在 S4 中甚至可以有多个 ALU。

68

2.1.6　处理器级并行

人类对更快计算机的追求似乎永无止境。天文学家需要模拟大爆炸后一微秒发生的事情，经济学家希望建立起世界经济运行模型，而十几岁的小孩要在互联网上和他们的虚拟朋友玩三维交互多媒体游戏。就算 CPU 速度不断提高，最终也会达到它的极限——光速，无论 Intel 的工程师有多么高明，电流在导线中或光束在光纤中的传播速度也不能超过 20cm/ns。同时，芯片速度越快，产生的热量也越多，散热也是一个问题。事实上，难以去除 CPU 产生的热量是近 10 年来 CPU 时钟速度停滞不前的主要原因。

指令级并行对提高速度有所帮助，但流水线和超标量体系结构提高的速度很难超过 5 倍或 10 倍。要想 50 倍、100 倍或更高地提高速度，唯一的办法是设计多 CPU 的计算机。本节我们来看看它们当中的一些是怎么组织的。

1. 数据并行计算机

物理学、工程学和计算机图形学等计算领域中的许多问题都涉及循环和阵列，或其他高度规则的结构，经常要重复完成对不同数据集合的相同运算。数据的高度规则和程序的结构化使通过并行执行指令加速程序执行变得十分容易。我们主要有两种方式来快速并高效地执行这类高度规则的程序：SIMD 处理器和向量处理器。它们在很多方面极其类似，但有意思的是，它们中前者被看成是并行计算机，而后者却被当成是单处理器的扩展。

由于数据并行计算机高效率的特点，使得它在许多场合下得到了成功的应用。相比其他的实现方案，它使用更少的晶体管获得了更为强大的计算能力。Gordon Moore（Moore 定律）注意到每英亩（4047 平方米）的硅价值大约 10 亿美元，这样，如果从每英亩的硅片中能"挤"出更多的计算能力，计算机公司就能从中赚到更多的钱。数据并行处理器是从硅片中"挤"出更多计算能力的最有效手段之一。由于所有的处理器都运行相同的指令，数据并行处理器仅需要一个"大脑"来控制计算机的运行。相应地，处理器仅需要一个取指令部件、一个指令译码部件和一套控制逻辑。节省下来的硅器件使数据并行计算机相比其他处理器有很大的优势，只要它们运行的软件高度规则且具有并行的特点。

单指令流多数据流处理器，或称 **SIMD**（Single Instruction-stream Multiple Data-stream）处理器由许多在不同数据集合上执行同样指令序列的完全相同的处理器组成。世界上第一台使用 SIMD 处理器的计算机是 Illinois 大学的 ILLIAC IV（Bouknight 等，1972）。最初的 ILLIAC IV 设计是研制一台有 4 个象限，每个象限有 8 × 8 个处理器 / 存储器组组成的计算机，且都有一个单独的控制部件对这些处理器广播一条指令，供象限内所有处理器步调一致地执行，但其处理的数据则来自各自的存储器。由于资金受到限制，最终实现时只做了速度达到每秒 5000 万次浮点运算的一个象限。如果真能制造出每秒 10 亿次浮点运算能力的整台计算机，那将使当时整个世界的计算能力翻番。

现代的图形处理器（GPU）严重依赖 SIMD 处理器使用较少的晶体管来提供巨大的处理能力。图形处理器把自己和 SIMD 处理器联系到一起是因为大多数图形处理算法是高度规则的，即对像素点、顶点、纹理和边进行重复操作。图 2-7 给出了英伟达 Fermi GPU 核中的 SIMD 处理器的示意图。一个 Fermi GPU 最多可有 16 个 SIMD 流的多处理器（SM），其中每个 SM 中包含 32 个 SIMD 处理器。每个周期，调度器选择两个线程在 SIMD 处理器上执行。那么，每个线程的下一条指令最多可在 16 个 SIMD 处理器上执行，当然如果并行处理的数据不够的话处理器数量可能会少一些。如果每个周期中每个线程都能完成 16 次运算，那么，一个满负载的 32 个 SM 的 Fermi GPU 核将在每个周期内完成惊人的 512 次运算。这的确令人印象深刻，可以想象一下，相同规模的通用 4 核 CPU 只能取得大约 1/32 的处理能力。

对程序员来说，**向量处理器**和 SIMD 处理器十分类似，在对不同的数据元素执行一系列相同操作时能大幅度提高运算速度。不同的是，它的所有运算都由一个单独的高度流水的功能部件实现。由 Seymour Cray 创建的 Cray Research 公司制造了许多向量处理器，包括最早的 1974 年推出的 Cray-1 到现在的一些型号。

SIMD 处理器和向量处理器处理的都是数据组成的阵列，对它们执行同样的指令，如将两个向量中的对应元素相加。但 SIMD 处理器对应于每个向量中的元素都要有一个加法器，

而向量处理器提出**向量寄存器**的概念，向量寄存器由一组常规寄存器组成，可以用一条指令 ⊏71⊐
从内存中装入数据到向量寄存器中（实际上还是串行装入），然后执行向量加法指令，即从两
个对应的向量寄存器中读入相应的向量元素，流水进入加法器中，再将从加法器中得到的结
果组合成结果向量，然后存回到向量寄存器，或直接将它作为操作数执行下一个向量运算。
Intel Core 体系架构中的 SSE 指令就采用了这种执行模式来提高多媒体软件和科学计算软件的
速度。从这个观点看，Intel Core 应该将 ILLIAC IV 作为它的一个祖先。

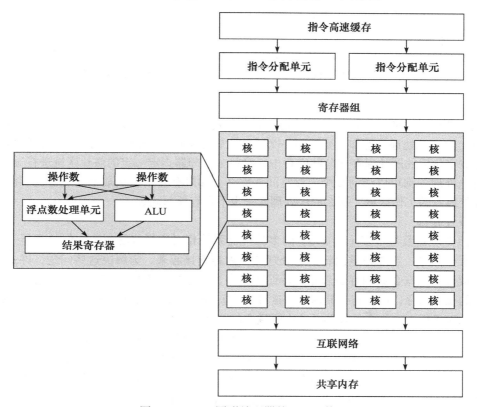

图 2-7　Fermi 图形处理器的 SIMD 核

2. 多处理器

　　由于所有处理单元共享一个控制器，所以数据并行处理器中的处理单元称不上是独立的
CPU。世界上第一个真正具有多 CPU 的并行系统是**多处理器**系统，由多个 CPU 和它们共享
的一块公共内存组成，就像一屋子的人共享一块公共黑板一样。由于每个 CPU 都能读写内存
中的任何部分，所以它们必须（通过软件）互相协调，避免影响别的 CPU 的运行。当两个或
更多个 CPU 具备了如多处理器一样紧密的相互作用的能力时，则称它们为紧耦合。

　　多处理器系统的实现方法各式各样。最简单的是在一条总线上插有多个 CPU 和一块内
存。图 2-8a 给出了基于总线的多处理器系统的示意图。

　　不需要太多的想象力就能认识到，由于多个高速处理器通过同一条总线频繁访问内存，
将造成总线上的冲突。多处理器系统的设计者提出了多种方案来减低总线冲突，提高性能。 ⊏72⊐
图 2-8b 给出了其中的一种，它为每个 CPU 设计了一些局部内存，不允许其他 CPU 对这些内
存进行访问，该内存用于存放该 CPU 要执行的程序代码和不需共享的数据项。对这些私有内
存的访问无须通过总线，极大地减少了总线上的流量。还有其他一些设计方案（如高速缓存，

详见后续章节）也十分有效。

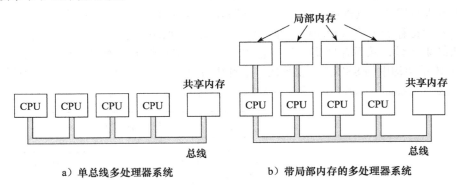

图　2-8

比起其他种类的并行计算机，多处理器系统具有一个明显的优势，即单块共享内存的编程模型比较容易处理。例如，要编写一个从放大镜拍摄的组织照片上寻找癌细胞的程序，就可以把数字化后的照片保存在公共内存中，给每个处理器指定一定的照片区域进行寻找工作。由于每个处理器都可以访问整个内存空间，那么，如果有癌细胞从某个处理器的工作区域跨到另外处理器的工作区域，那么程序处理起来也不会有任何问题。

3. 多计算机

虽然处理器数量不多（≤256）的多处理器系统相对来说容易制造，但处理器一多制造起来就十分困难。主要是难以将所有处理器和内存连接起来。为解决这些问题，许多设计者干脆就放弃了共享公共内存的思路，转而研制由多个互连计算机组成的系统，这些计算机都有各自的私有内存，但没有公共内存。这种系统就是**多计算机系统**。多计算机系统中的CPU，有时也称为**松耦合**，与多处理器系统中**紧耦合**的CPU相对应。

多计算机系统中的CPU通过互相发送消息进行通信，就像发E-mail一样，但速度要快得多。对大型系统来说，将每个计算机和其他所有计算机连接起来也是不现实的，所以，经常用到2维或3维网格、树、环等拓扑结构。这样，从一台计算机发往另一台计算机的消息经常要经过一台或多台中间计算机或交换机，才能到达目的地。不过，把消息传递的时间控制在几微秒的数量级上并不很难。目前，具有将近250 000个CPU的多计算机系统，如IBM的Blue Gene/P已研制成功。

为把多处理器系统的易于编程和多计算机系统的容易制造结合起来，设计者又投入到设计能结合这两种优点的混合计算机的研究中，试图通过建立虚公共内存来解决实公共内存带来的昂贵成本。我们在第8章再详细讨论多处理器系统和多计算机系统。

2.2　主存储器

存储器是计算机用来存放程序和数据的地方。一些计算机专家（尤其是英国专家）更喜欢用**store**或**storage**这两个词，而不用memory，尽管storage这个词越来越特指磁盘存储器。如果没有能供处理器读写信息的存储器，那么就不会有今天的存储程序式数字计算机。

[73]

2.2.1　存储位

存储的最基本单元是二进制数字，即二进制**位**。一位可以存放一个数字0或1。这也是最简单的情形。（只能存放 0 的设备无法形成存储器，最少也需要保存两个值。）

人们经常说计算机使用二进制算术是因为它"最有效"。这其中的意思是（虽然很少有人认识到）数字信息可以通过区分某些连续物理量的不同值来存储，如电压的高低和电流的大小。要区分的值越多，相邻值的差别就越小，存储器的可靠性就越低。而二进制数仅区分两个值，因此，这是对数字信息进行编码的最可靠的方法。如果你对二进制数不熟悉，可参阅附录 A。

有些计算机，如 IBM 的大型机，宣称它们除二进制外还支持十进制运算，实际上是采用 **BCD**（Binary Coded Decimal）码，即**二 – 十进制码**，通过用 4 位二进制数表示一位十进制数字来实现的。4 位可以提供 16 种组合，用其中 10 种表示十进制的 0 到 9，另外 6 种组合不用。我们可以分别用 16 位二 – 十进制数和纯二进制数将 1944 表示如下：

二–十进制：　0001 1001 0100 0100　二进制：0000011110011000

16 位二 – 十进制数只能表示从 0 到 9999 这 10 000 个数，而 16 位纯二进制数能表示 65 536 个数。从这一点来说，二进制表示也更有效。

考虑一下，如果有一个青年天才电子工程师能发明一种高度可靠的电子设备，可通过将 0 ~ 10 伏的电压分成 10 段来直接存放 0 ~ 9 这 10 个数字，那么，4 个这种设备就可以存放从 0 ~ 9999 这 10 000 个数，因为它们可提供 10 000 种组合。当然这种设备也可用来存放二进制数，只用其中的 0 和 1 就行了，但在这种情况下，4 个设备只能提供 16 种组合。如果有了这种设备，十进制数显然就比二进制数更有效了。

2.2.2　内存编址

存储器由许多可存放一段信息的**单元**（或位置）组成，每个单元有一个编号，程序可以通过这个编号来访问这个单元，这个编号就是这个单元的**地址**。若存储器有 n 个单元，它们的地址就是 0 ~ n–1。存储器中所有单元包含的位数相同。如果一个单元包含了 k 位，那么该单元可以存放 2^k 个不同的位组合中的一种。图 2-9 给出了 96 位存储器的 3 种不同组成形式。请注意，相邻单元的地址是连续的（完全是人为定义的结果）。

74

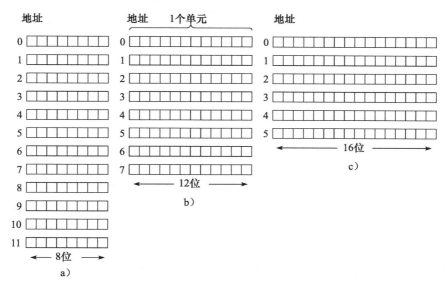

图 2-9　96 位存储器的三种组织形式

使用二进制数（包括八进制和十六进制，实际上是二进制的不同表示形式）的计算机的存储器地址也用二进制数表示。若地址为 m 位，则可编址的最大单元数是 2^m。例如，要表示图 2-9a 所示的 0 ~ 11 这 12 个地址，该存储器地址最少需要 4 位，而对图 2-9b 和 c 所示的存储器则只需 3 位地址就够了。地址位数由存储器中需直接编址的单元的最大数目决定，而与每个单元有多少存储位无关。具有 2^{12} 个存储单元的 8 位存储器和具有 2^{12} 个存储单元的 64 位存储器所需的地址位都是 12 位。

计　算　机	位数 / 单元
Burroughs B1700	1
IBM PC	8
DEC PDP-8	12
IBM 1130	16
DEC PDP-15	18
XDS 940	24
Electrologica X8	27
XDS Sigma 9	32
Honeywell 6180	36
CDC 3600	48
CDC Cyber	60

图 2-10 列出了市场上出售的一些计算机的每个存储单元的位数。

图 2-10　计算机曾用到的每存储单元的位数

存储单元最重要的特性是它是最小的可编址单位。近年来，几乎所有的计算机制造商都标准化为 8 位存储单元，即**字节**，有时也称为**八位组**。字节再组合成**字**。32 位字的计算机每字有 4 个字节，64 位字的计算机每字有 8 个字节。大多数计算机指令都是对字进行操作，如将两字相加等。也就是说，32 位机的寄存器为 32 位，指令的操作对象是 32 位字；64 位机的寄存器为 64 位，移位、加、减等指令的操作对象也是 64 位字。

75

2.2.3　字节顺序

每个字中的字节地址可以从左到右或从右到左编排。开始时也许觉得这两种选择都无所谓，但我们马上可以看到，它们还是大有关系的。图 2-11a 描述的是使用从左到右编排法的计算机的一段 32 位主存，SPARC 和 IBM 大型机的字节地址就是这样编的。图 2-11b 给出的是使用从右到左编排法的计算机，如 Intel 系列。前一种情形字节地址从"大"的一端（也就是字节的高位）开始编排，称为**大端派**计算机，反过来图 2-11b 所示的就被称为**小端派**计算机。这两个术语起源于英国的 Jonathan Swift，他在《格列佛游记》一书中将这两个词用来讽刺那些因为争论打鸡蛋时应打破大端还是小端而引发一场战争的政治家们，后来在 1981 年由 Cohen 在一篇轻松的文章中引用到了计算机的体系结构上。

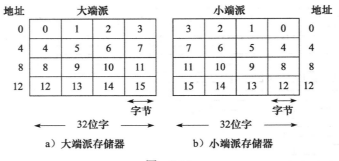

图　2-11

必须指出的是，不管是上述哪个系统，用来表示一个 32 位整数时，比如说 6，都是在最右边的（最低位）3 位上存放 110，全字的前 29 位都是 0。也就是说，在大端派计算机中，有

110 这 3 位应该是字节 3（或 7、11 等）；而在小端派计算机中却在字节 0（或 4、8 等）中。而两种情况下存放这个整数的字的地址都是 0。

如果计算机只用来存放整数，那么不会有任何问题。然而，许多应用中要存放的是整数、字符串和其他数据类型的混合结构。例如，我们要在计算机中存放一个由一个字符串（员工姓名）和两个整数（员工年龄和部门号）组成的简单的员工记录，字符串用 1 个或多个 0 来填满整个字。图 2-12a、b 分别给出了用大端派和小端派计算机表示同一个员工 Jim Smith（年龄 21，部门号 260=1×256+4）的不同存储方式。   76

大端派

0	J	I	M	
4	S	M	I	T
8	H	0	0	0
12	0	0	0	21
16	0	0	1	4

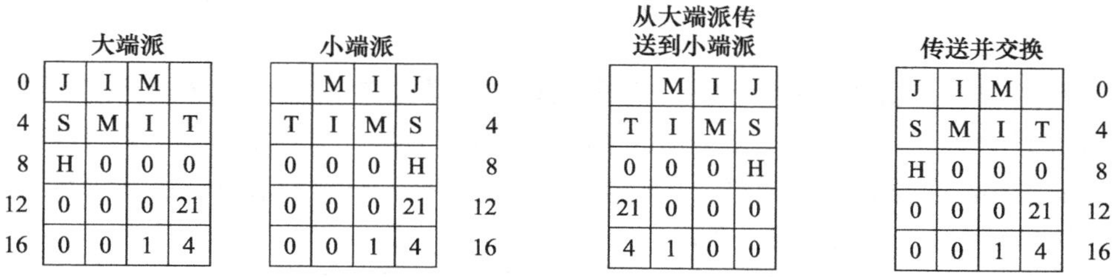

a) 大端派计算机的员工记录

小端派

	M	I	J	0
T	I	M	S	4
0	0	0	H	8
0	0	0	21	12
0	0	1	4	16

b) 小端派计算机的同一条记录

从大端派传送到小端派

	M	I	J
T	I	M	S
0	0	0	H
21	0	0	0
4	1	0	0

c) 从大端派计算机往小端派计算机传输记录的结果

传送并交换

J	I	M		0
S	M	I	T	4
H	0	0	0	8
0	0	0	21	12
0	0	1	4	16

d) 对 c) 进行字节交换后的结果

图 2-12

两种表示都很不错，内部也完全一致。当一台计算机要从网络上向另一台计算机发送这个记录时，问题出来了。假定从大端派计算机中向小端派中发送上面这个记录，每次一个字节，从字节 0 一直到字节 19。（我们假定字节中的位在传输中不被颠倒，现在问题已经够多了。）即大端派的字节 0 送到小端派的字节 0 中，依次下去，如图 2-12c 所示。

当小端派计算机收到记录，开始打印员工姓名时，输出正确，但输出的年龄将是 $21×2^{24}$，部门号也完全是错误的。错误的产生就在于传输中通过字节对应把字中的字符串反转了过来，这是应该的，但不应该同时把字节中的整数也反转过来。   77

一个显而易见的解决办法是用软件在传输完成后再将字中的字节反转回来，这样就会产生如图 2-12d 所示的结果，两个整数没有问题了，但字符串被转成了 "MIJTIMS"，"H" 因为被夹在 0 之间，再也无法识别。字符串被传成这样是因为当被计算机读入时，计算机首先遇到第 0 个字节，即空格，然后是第 1 个字节，字母 M，再依次是后续的字母。

这个问题没有简单的解决办法。可行但不太全面的一条途径是在每个数据项前面加上一个头来描述其后的数据类型（字符串、整数或其他类型）和数据长度，使接收方可对数据进行必要的转换。不管如何，我们都应该清楚，在计算机之间交换数据时，如果在字节编址顺序上没有一个统一的标准，总是一件麻烦事。

2.2.4 纠错码

由于电源线的尖峰电压或其他原因，计算机主存偶尔也会出错。为防止这些错误，一些主存中采用检错码或纠错码，即往每个主存字中按特别的规定加上一些附加位，当从主存中读出一个字时，用这些附加位来检验主存是否出错。

为了理解怎样检错和纠错，有必要先仔细说明一下到底什么是出错。假定某主存字有 m 位数据位，我们往上加了 r 位附加位，或称为校验位。其总长度为 n 位，即 $n=m+r$。我们把包括 m 位数据位和 r 位校验位的 n 位单元叫做 n 位**码字**。

任意给出两个码字，比如，10001001 和 10110001，计算机可以判断出它们之间有多少对应位不同。上述两个码字就有 3 位不同。判断的方法是将两个码字按位进行逻辑异或操作，对结果中为 1 的位计数。两个码字间不同的位数称为**海明码距**（Hamming，1950）。即如果两个码字的海明码距为 d，将其中一个码字改为另一个码字需要修改 d 位。例如，码字 11110001 和 00110000 的海明码距为 3，需要修改 3 位才能将一个码字转为另一个码字。

对于 m 位的内存字，所有的 2^m 个位组合都是正确编码，但如果加上校验位，则 2^n 个码字中只有 2^m 个是合法的。如果从内存字中读出一个非法码字，计算机就能判断出内存出错了。给定求校验位的算法，就可以得到所有的合法码字，从它们当中可以找到 Hamming 码距最小的码字，这个码距就是所有这些码字的 Hamming 码距。

[78]

编码的检错和纠错能力和它们的海明码距有关。要检查 d 位错，编码的码距需要 $d+1$，因为这样编码的话，一个码字 d 位出错的话就不会成为另外一个合法码字。类似地，为纠 d 位错，编码的码距需要 $2d+1$，这样，即使错了其中的 d 位，它和原来的码字的码距还是比其他任何合法码距要小，就可以唯一确定它的合法码了。

下面我们举一个检错码的例子，即往数据上拼上一位**奇偶校验位**的奇偶校验码。根据原数据中 1 的位数选择校验位使整个码字中 1 的位数为偶数（或奇数）。这种编码的码距为 2，其中一位出错的话，造成的错误码字中校验位将不正确。也就是说，需要错两位才能使一个合法码字错成另外一个合法码字。这就可以用来检出一位错。每当从内存中读到校验码不对时的码字时，将触发一个出错信号，程序停止执行，但至少不会导致错误结果。

作为一个纠错码的简单例子，我们考虑下面只有四个合法码字的编码：

0000000000，0000011111，1111100000，1111111111

它们的码距为 5，意味着它们能纠两位错。如果出现一个码字 0000000111，接收方就知道原来的正确码字应该是 0000011111（如果假定不出现两位以上错误）。当然，如果错了 3 位，即 0000000000 变成了 0000000111，错误就无法纠正了。

下面我们来设计一个编码系统，它有 m 位数据位，r 位校验位，并能纠正所有一位错。对 2^m 个合法的内存字中的每一个，它的 n 个二进制位中的每一位出错都应是一个非法字，即每个合法码字都对应着 n 个与它码距为 1 的非法码字，它们可以通过将合法码字中的 n 位二进制位逐一改变而得到。这样，2^m 个合法码字中的每个都需要有 $n+1$ 个码字与之对应（包括一个正确码字和 n 个可能的非法码字）。又因为 n 位编码最多可能有 2^n 个组合，要满足要求，则必须是 $(n+1)2^m \leq 2^n$，将 $n=m+r$ 代入，得到 $(m+r+1) \leq 2^r$。给定 m 后，就可得到要纠正一位错的最少校验位。图 2-13 给出了不同字长内存所需的最少校验位。

字长	校验位	总长	校验位与字长之比（%）
8	4	12	50
16	5	21	31
32	6	38	19
64	7	71	11
128	8	136	6
256	9	265	4
512	10	522	2

图 2-13 能纠一位错的编码的最少校验位数

用 Richard Hamming（1950）提出的算法可以达到上述理论上的最少的校验位。讨论海明算法之前，我们先看一个图示，它清楚地表示出一个 4 位字的纠错编码。图 2-14a 所示的 Venn 图有 3 个圆 A、B 和 C，它们一起组成了 7 个区域。作为例子，我们把一个 4 位内存字 1100 放到域 AB、ABC、AC 和 BC，每个域中 1 位（按字母序），如图 2-14a 所示。

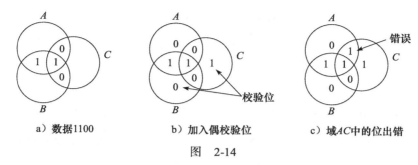

a）数据1100　　　　　　b）加入偶校验位　　　　　c）域AC中的位出错

图　2-14

下一步我们向 3 个空域中各加入 1 位校验位，使其构成偶校验，如图 2-14b 所示。根据定义，3 个圆 A、B 和 C 中各自所包含的位之和都应是偶数。圆 A 中的 4 位数分别是 0、0、1、1，加起来的和是 2，为偶数。圆 B 中的 4 位数是 1、1、0、0，和也为 2，是偶数。最后，圆 C 也一样。本例中，碰巧所有的圆各位之和都是 2，但其他例子中它们也可能是 0 或者 4。图中表示了有 4 位数据位和 3 位校验位的码字。

现在，我们假设域 AC 中的位出错，从 0 变成了 1，如图 2-14c 所示。计算机得出圆 A 和 C 的校验位不正确（成了奇校验），唯一的只改一位来修正的办法是将域 AC 改回 0，这样就改正了错误。通过这种方法，计算机可自动修复 1 位内存错。

下面我们来看看海明算法如何对任意字长的内存建立起纠错码。在海明码中，向 m 位数据位上加 r 位校验位，成为 $m+r$ 位字长的新字。这些位从 1 而不是从 0 开始计数，最左边的位（最高位）为第 1 位。所有 2 的整数幂的位是校验位，而其他位为数据位。例如，16 位字长的字，需加入 5 位校验位，即第 1、2、4、8 和 16 位为校验位，其他的都是数据位，存储器的实际字长是 21 位。我们将（随意地）以偶校验为例。

每位校验位检验特定的位，其值使被校验的位中 1 的个数为偶数。每位校验位负责校验的位数分别为：

80

第 1 位：1、3、5、7、9、11、13、15、17、19、21。
第 2 位：2、3、6、7、10、11、14、15、18、19。
第 4 位：4、5、6、7、12、13、14、15、20、21。
第 8 位：8、9、10、11、12、13、14、15。
第 16 位：16、17、18、19、20、21。

一般说来，第 b 位由第 b_1、b_2、…、b_j 位一起来校验，其中 $b_1+b_2+\cdots+b_j=b$。例如，第 5 位由第 1 位和第 4 位校验，因为 5=1+4；第 6 位由第 2 位和第 4 位校验，因为 6=2+4，等等。

图 2-15 给出了构建 16 位字 1111000010101110 的海明码的过程，得到的 21 位编码字为 001011100000101101110。为了说明纠错过程，我们来看看如果该字的第 5 位由于电源抖动出错后会发生什么。此时的 21 位编码字为 001001100000101101110，而不是 001011100000101101110。依次检查 5 位校验码，将得到如下结果：

校验位 1：不正确（1、3、5、7、9、11、13、15、17、19、21 位中共含有 5 个 1）。

校验位 2：正确（2、3、6、7、10、11、14、15、18、19 位中共含有 6 个 1）。
校验位 4：不正确（4、5、6、7、12、13、14、15、20、21 位中共含有 5 个 1）。
校验位 8：正确（8、9、10、11、12、13、14、15 位中共含有 2 个 1）。
校验位 16：正确（16、17、18、19、20、21 位中共含有 4 个 1）。

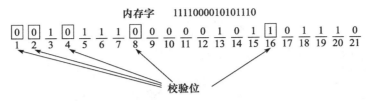

图 2-15　为内存字 1111000010101110 构建海明码，对 16 位数据增加 5 位校验位

　　由于使用的是偶校验，1、3、5、7、9、11、13、15、17、19、21 这些位中的 1 的个数应该是偶数。出错的位必然是校验位 1 所校验的那些位，即第 1、3、5、7、9、11、13、15、17、19、21 位中的一位。校验位 4 不正确，则表明第 4、5、6、7、12、13、14、15、20、21 位中的一位不正确。这样，出错的位必然是上述两个列表中都包含的位，即第 5、7、13、15 或 21 位。然而，第 2 位是正确的，说明第 7 和第 15 位是正确的。同样，第 8 位的正确性保证了第 13 位的正确，第 16 位的正确性保证了第 21 位的正确。剩下的只有第 5 位了，出错的就是它，由于读出的第 5 位是 1，那么正确的第 5 位应该是 0。这样，就纠正了第 5 位的错误。

　　发现出错位的一个简单办法是先计算所有校验位，如果都正确，则表明没有错误（或多位出错）。然后把所有出错的校验位的位号相加，第 1 位校验位的位号为 1，第 2 位校验位的位号为 2，第 4 位校验位的位号为 4，如此类推，求出的和就是出错位的位号。例如，如果校验位 1 和校验位 4 出错，但 2、8、16 是正确的，那么就是第 5（=1+4）位的值出错了。

2.2.5　高速缓存

　　一直以来，CPU 总是比存储器快。存储器速度的每次提高，都伴随着 CPU 速度的提高，保持着彼此间的差距。实际上，每当有可能在单片芯片上放置更多的电路时，CPU 的设计者总是用它们来实现流水和超标量运算，使 CPU 变得更快。存储器的设计者却利用这些技术来提高芯片的容量，而不是速度，这就使两者的速度差别越来越大。这种不平衡的表现就是在 CPU 发出访问存储器请求后，要经过多个 CPU 周期才能读到存储器的内容。存储器越慢，CPU 等待的周期就越多。

　　前面我们提到过，有两种办法解决这个问题。最简单的是遇到访问存储器的指令时，就启动读存储器的动作，然后继续执行下面的指令。如果在存储器的内容还没有读出时遇到要使用这些内存字的指令，就使 CPU 暂停下来等待。存储器越慢，它带来的损失越大。例如，如果 5 条指令中有 1 条要访问主存，而主存的访问周期是 5 个 CPU 周期，其执行时间就是使用能在一个周期内访问到的主存的执行时间的 2 倍。但如果访问主存需要 50 个周期，那执行时间将增加到 11 倍（5 个周期执行指令，加上 50 个周期等待存储器返回数据）。

　　另一种办法是不让 CPU 暂停执行，而要求编译器在读到内容之前不要生成使用该内容的指令。问题是这种办法说起来容易做起来难。在 LOAD 指令之后经常无事可做，所以编译器只能插入 NOP（无操作）指令，不做任何操作，只占用一个时间单位。实际上，这是用软件暂停代替硬件暂停，但它们对性能的影响是一样的。

事实上，这个问题不是技术问题，而是一个经济问题。计算机工程师完全可以造出和 CPU 一样快的存储器，但是，如果要求全速运行，这种高速存储器只能内置在 CPU 芯片中（因为数据经过总线就太慢了）。在 CPU 中放置大容量存储器将使 CPU 变大，价格提高，即使价格不成问题，CPU 芯片的大小也有一个限度。这样，我们就需要在小容量高速存储器和大容量低速存储器之间做选择。当然我们更愿意要廉价的大容量高速存储器。

82

有意思的是，从技术上已经可能将小容量的高速存储器和大容量的低速存储器组合在一起，以适中的价格得到速度和高速存储器差别不大的大容量存储器。小容量高速存储器称为**高速缓存**（cache，来自法语 cacher，意思是隐藏，发音是“cash”）。下面我们简单地介绍如何使用高速缓存和它的工作原理，到第 4 章再进行详细讨论。

高速缓存的工作原理十分简单：把读取频度最高的存储器内容保存在高速缓存中。CPU 需要读入存储器内容时，首先在高速缓存中查找。只有在高速缓存中找不到时，才去读主存储器中的内容。只要在高速缓存中有足够多的内容，就可以极大地降低平均访问时间。

这样，高速缓存的成功和失败就取决于将哪些内容放到高速缓存中。近些年来，人们已经认识到，程序并不是完全随机地访问存储器。如果 CPU 访问存储器地址 A，那么它下一次对存储器的访问一般来说是临近 A 的，程序本身就是这样的例子。除分支转移和过程调用外，指令是从相邻的存储器单元中取出的。进一步说，大多数程序的执行时间是消耗在循环语句中的，有限的语句被执行多遍。与此类似，矩阵运算程序在访问其他存储器单元之前一般也要访问同一矩阵很多次。

从上面的例子中，我们可以得出一个结论，即在短时间内，CPU 对存储器的访问总是局限在整个存储器的一小部分中，这称为**局部性原理**，它构成了所有高速缓存系统的基础。总的思路是访问存储器的某个字后，将该字和它的相邻单元从低速的大容量存储器系统中取到高速缓存中，这样，下次访问它时，可以访问得快一些。图 2-16 给出了 CPU、高速缓存和主存储器的一个常用结构。当在一个短时间片内对一个字读写 k 次时，CPU 就只要访问低速存储器一次，另外 $k-1$ 次就可以访问快速存储器。访问次数越多，总体性能越好。

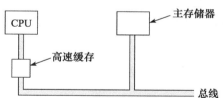

图 2-16 高速缓存逻辑上处于 CPU 和主存储器之间。物理上高速缓存的位置有多种可能

83

我们可以定义**命中率**来说明 CPU 的所有对存储器的访问次数中在高速缓存中得到满足的比率。用 c 表示访问一次高速缓存的时间，m 表示访问一次主存储器的时间，h 表示命中率，那么，上面例子中，命中率 $h=(k-1)/k$。另外，也有一些书中定义**缺失率**，为 $1-h$。

根据上述定义，我们可以得出平均访问时间如下：
$$平均访问时间 = c + (1-h)m$$

如果 $h \to 1$，即所有的存储器访问都可在高速缓存中满足，平均访问时间趋向于 c。反过来，如果 $h \to 0$，即每次访问都要访问低速的存储器，那么平均访问时间趋向于 $c+m$，首先是检查一次高速缓存（不成功）用时 c，然后再访问一次主存储器，需用时 m。在某些系统中，对主存储器的访问可以和检查高速缓存并行进行，这样，如果高速缓存访问失败，则访问主存储器的周期已经启动。这种实现策略要求在高速缓存命中的情况下能终止对主存储器的访问，增加了实现的难度。

以局部性原理为指导，我们把主存储器和高速缓存分为固定大小的块。当我们讨论高速缓存中的块时，它们通常是指 **cache 块**（cache line）。当访问高速缓存失败，整个 cache 块被从主存储器加载，而不仅加载被访问的那个字。例如，如果块大小为 64 字节，访问主存储器地址 260 的失败将把从地址 256～319 的整块内容加载至高速缓存。只要运气不太差的话，很快就会用到该块中的其他字。由于从主存储器中一次取 k 个字比用 k 次取一个字要快，所以整块读入的操作方式更高效一些。而且，块越大，相同容量的高速缓存中的块就越少，额外的开销也就小。最后，即使是 32 位的计算机，目前也有许多能在 1 个总线周期并行传送 64 或者 128 位的数据。

对高性能 CPU 来说，高速缓存设计的重要性与日俱增。第一个问题是高速缓存的容量，容量越大，性能越好，但访问的速度越慢，成本也越高。第二个问题是高速缓存块的大小，16KB 的高速缓存可以分为 1024 块，每块大小为 16 字节，也可分为每块大小为 8 字节的 2048 块，还有其他分法。第三个问题是如何组织高速缓存，即高速缓存中字如何和主存储器的字相对应。我们将在第 4 章详细讨论高速缓存。

第 4 个问题是指令和数据是共享一个高速缓存还是分别用不同的高速缓存存放。使用**整体高速缓存**（指令和数据共享同一高速缓存）设计简单，并能在取指和取数之间自动平衡。不过，当前的趋势是采用**分体高速缓存**，即指令用一个高速缓存而数据用另外一个，它也称**为哈佛体系结构**，可追溯到 Howard Aiken 的 Mark III 计算机，它首先采用不同的存储器存放数据和指令。设计者走向这个方向的动力是 CPU 流水技术的广泛使用，在取指部件取指令的同时，取数部件要取数据。分体高速缓存支持并行访问，而整体缓存就不能。并且，指令在程序执行中一般不需要修改，指令高速缓存中的内容不需要写回到主存储器中。

最后，第 5 个问题是高速缓存的个数。目前，CPU 芯片内有一个主高速缓存，在 CPU 芯片之外但同一封装中有一个辅助高速缓存，还有第三个高速缓存在封装之外的体系结构已经十分普遍。

2.2.6　内存封装及其类型

从半导体存储器诞生起，到 20 世纪 90 年代早期，内存都是以芯片为单位制造、销售和安装的。芯片的容量从 1K 位到 1M 位，甚至更高，但每块芯片都是独立的销售单位。早期的 PC 机都备有内存插槽，用户在需要扩展内存时，可以再插入新的存储器芯片。

从 20 世纪 90 年代早期开始，内存封装采用了新方法。通常是将一组芯片，一般是 8 或 16 片一起安装在一块印刷电路板上出售。根据电路板上的连线是一面还是双面，一般把内存条分为**单面接头内存条**（Single Inline Memory Module，SIMM）和**双面接头内存条**（Dual Inline Memory Module，DIMM），主要取决于板子的单面或双面是否有一排接线。SIMM 单面有接线，共 72 根，每个时钟周期传输 32 位数据。SIMM 现今已经不常见到了。DIMM 通常在电路板的双面都有接线，每面有 120 根接线，共有 240 根，每个时钟周期传输 64 位数据。当前最常见的内存是 DDR3 的 DIMM，这是双倍数据速率（Double Data-Rate，DDR）的第 3 版。图 2-17 给出了一条 DIMM 的简单示意图。

典型的 DIMM 内存条上有 8 块容量为 256MB 的芯片，这样，整个内存条的容量为 2GB。多数计算机上提供插入 4 条内存条的空间，如果使用 2GB 内存条，最大内存可达

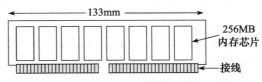

图 2-17　4GB DIMM 的俯视图，单面由 8 片 256MB 的芯片组成。另一面与此相同

到 8GB。需要的话，今后还可以替换成容量更大的内存条来扩充内存。

笔记本型计算机中用到的双面接头内存条，体积比较小一些，叫做**小型 DIMM**（Small Outline DIMM，SO-DIMM）。DIMM 内存条的连线中也可以有附加的校验位或纠错位，由于内存条的平均出错率为每 10 年 1 次，对大多数普通计算机来说，检错和纠错位就省略了。   85

2.3 辅助存储器

不管主存储器的容量有多大，它总是无法满足人们的期望。其主要原因是，随着技术的进步，人们开始希望存放以前完全属于科学幻想领域的信息，存储器的存储能力的扩大永远无法赶上需要它存放的信息的膨胀。例如，如果美国政府的预算开支要求全部由其政府机构自行筹集，那么美国国会图书馆可能就会将它所有的藏书数字化，并冠以"人类知识大全，每套仅299.95 美元"的名义出售。粗略计算，如果 5 亿本书，以平均每本 1M 字节的文本容量和 1M 字节的压缩图像计算，所需的存储容量就达 10^{14} 字节，即 100TB。另外，还有 50 000 部电影也要存放在这当中。如此巨量的信息至少在今后的几十年内，是无法存放在主存储器中的。

2.3.1 层次存储结构

存储大量数据的传统办法是采用如图 2-18 所示的层次存储结构。最上层是 CPU 中的寄存器，其存取速度可以满足 CPU 的要求。下面一层是高速缓存，目前的存储容量在32KB 到几 MB 之间。再往下是主存储器，容量从入门级系统的 1GB 到高端系统的数百 GB 都有。然后是固态硬盘和磁盘存储器，当前用于永久存放数据的主力存储介质。最后，还有用于后备存储的磁带和光盘存储器。

层次结构自上而下有 3 个关键参数逐渐增大。首先是访问时间逐渐增长。CPU中的寄存器的访问时间是 1 纳秒甚至更少，

图 2-18   5 层层次存储结构

高速缓存的访问时间是 CPU 寄存器访问时间的几倍，主存储器的访问时间是 10 纳秒左右。再往后是访问时间的突然增大，固态盘的访问时间要比内存慢至少 10 倍，磁盘则要慢数百倍。如果加上介质的取出和插入驱动器的时间，磁带和光盘的访问时间就得以秒来计量。

第二个参数是存储容量逐渐增大。CPU 中的寄存器也许有 128 个字节就很合适，高速缓存可以是几十 MB，主存储器在几个 GB，固盘是数百 GB，磁盘的容量是 TB 级。磁带和光盘一般脱机存放，其容量只局限于用户的预算。

第三，用相同数量的钱能购买到的存储容量，即位 / 价比，逐渐增大。尽管存储器的实际价格变化很快，但主存的价格应该是几个美元 /MB，固态盘的价格是几个美元 /GB，磁盘和磁带的价格是几个美分 /GB。

我们已经介绍了寄存器、高速缓存和主存储器，下面的几节我们要介绍磁盘和固态盘，然后是光盘存储器。由于磁带除了备份外很少使用，加之也实在没有什么值得介绍的，我们在本书中就不再介绍。

   86

2.3.2　磁盘

　　磁盘由一个或多个表面涂有磁性材料的铝质浅盘组成，早期的铝盘直径达 50cm，但现在一般也就是 3 ~ 9cm，用于笔记本型计算机的磁盘直径已经在 3cm 以下，而且还在缩小。内含一个引导线圈的磁头正好浮在磁盘表面，中间隔着薄薄的一层空气垫。当磁头中有正或负电流通过时，就可磁化磁头正下方的磁盘表面，根据驱动电流的极性不同，使磁性颗粒朝左或朝右偏转。而当磁头通过磁性区域时，将被感应出正电流或负电流，这样，就读出了存在磁盘上的数据位。使磁盘在磁头下面旋转，数据位就可以写入磁盘或从盘中读出。图 2-19 是一个磁道的几何示意图。

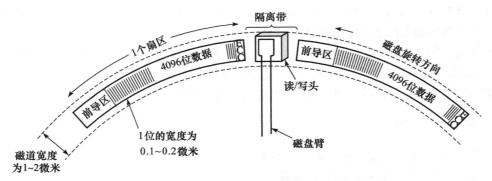

图 2-19　磁道的一部分，仅给出两个扇区

　　我们称磁盘旋转一周后写入磁盘的数据位形成的环形为**磁道**（track）。每个磁道可以划分为固定长度的**扇区**（sector），每个扇区一般可存放 512 字节的数据区，数据区前有用于在读写之前对磁头进行同步的**前导区**（preamble），数据区之后是纠错码（Error-Corretcing Code，ECC），即海明码或更常用的能纠多个错的 **Reed-Solomon 码**。连续的两个扇区之间是**隔离带**（intersector gap）。一些制造商以未格式化时的容量来标识他们的磁盘（好像磁盘中只有数据一样），但多数诚实的制造商给出的还是格式化后的容量，没有把前导区、纠错码和隔离带的容量作为数据区容量计算在内。格式化后的容量一般比未格式化时的容量少 15% 左右。

　　所有磁盘都有一个能从磁盘旋转的轴心伸缩到不同半径的磁盘臂，磁盘臂能伸展到的每个半径对应着一个不同的磁道，这样，磁道就是围绕着轴心的一系列同心圆。磁道的宽度取决于磁头的大小和磁头轴向伸缩的精确度。在现有技术下，每厘米磁盘可以有 50 000 个磁道，即磁道宽度为 200 纳米（1 纳米 =1/1 000 000 毫米）。值得注意的是磁道在物理上并不是磁盘表面的凹槽，而只是简单地由磁性材料组成的圆环，中间有隔离区将磁道和它里面的磁道和外面的磁道隔开。

　　磁道环上的位密度和轴向密度不同，换句话说，沿磁道环上每毫米中数据位数和从磁盘中心往外每毫米中数据位数是不一样的。磁道环上的位密度主要取决于磁表面的纯度和空气质量，目前的磁盘能达到的密度是 250 亿位 / 厘米。而轴向密度取决于磁盘臂寻道的精度。这样，轴向位距是环向位距的许多倍，正如图 2-19 中所示。

　　超高密度的磁盘使用了一项新的磁记录技术，使存储一位信息的磁颗粒的"长"的方向不再沿着磁道方向，而是垂直于磁道，深入到铁氧化物中。这项技术就是所谓的"**垂直记录**"，它能提供高达 1000 亿位 / 厘米的数据存储密度，有望在近年内成为磁盘的主流技术。

　　为了得到高质量的磁表面和空气，大多数磁盘在出厂前已密封好，以防止灰尘进入。这种盘最初称为"**温彻斯特磁盘**"，因为（IBM 制造的）第一块这种盘有 30MB 密封的固定存储容量，还有 30MB 可移走的存储容量。我推测，这种 30-30 的磁盘使人们想起在美国开国战争中发挥重要作用的温彻斯特 30-30 来福枪而得名。现在，它们被简单地称为**硬盘**，以和在最早期的个人计算机中用到过而已经消失很久的**软盘**加以区分。在这个行当，对任何东西起名且保证在 30 年后它还不被人嘲笑是十分困难的。 88

许多磁盘是由多块铝盘叠起来而构成的，如图 2-20 所示。每个磁表面都有自己的磁头和磁盘臂，所有的磁盘臂连在一起，因此它们同时指向同一轴向位置。我们把位于同一半径的磁道的集合称为**柱面**。目前的 PC 机和服务器用的磁盘一般有 1 ~ 12 个盘片，有 2 ~ 24 个记录数据的磁面。高端磁盘能在单个盘片上存储 1TB 的数据，而且还在随时间增长。

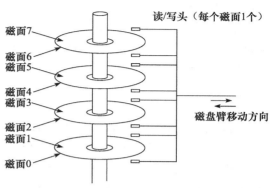

图 2-20　4 盘片的磁盘结构

磁盘的性能取决于许多因素。要读写扇区，首先需将磁盘臂轴向移动到相应半径的位置，即**寻道**。磁盘的平均寻道时间（任意磁道之间）为 5 ~ 10 毫秒，尽管在紧邻的磁道之间的寻道时间已降到 1 毫秒以下。磁头定位好以后，还需等待相应的扇区旋转到磁头下方，这段时间称为**旋转延时**。绝大多数磁盘的转速为 5400、7200 或 10 800 转 / 分钟，所以平均旋转延时（旋转半圈）为 3 ~ 6 毫秒。数据读写时间取决于磁颗粒的线性密度和转速，以当前典型的内部传输速率 150MB/s 计，一个 512 字节的扇区需要约 3.5 微秒。如此看来，寻道时间和旋转延时是影响磁盘性能的主要因素，满磁盘随机读取扇区的操作尤其不可取。

值得指出的是，由于前导区、纠错码、隔离带、寻道时间和旋转延时等因素的影响，磁盘驱动器的最大高峰数据速度和最大持续数据速度之间有很大差别。最大高峰数据速度是磁头位于第一个数据位上时的数据传输速度，计算机应能响应以这个速度传输的数据，尽管磁盘驱动器只能保持这个速度一个扇区。但对于某些应用，如多媒体系统来说，重要的是几秒钟内的持续数据速度，这就还需要考虑必需的寻道时间和旋转延迟。 89

稍微回忆一下我们早前学过的数学知识，计算圆的周长的公式为 $c=2\pi r$，不难得出最外圈磁道的周长比最里圈的周长要长。由于磁盘以相同的角速度旋转，不管磁头在哪个位置，都要解决这个问题。在旧式磁盘中，制造商们使最里圈的磁道的磁颗粒密度最高，外面的磁道逐渐降低磁颗粒密度来解决这个问题。例如，如果一个磁盘的每个磁道有 18 个扇区，那么每个扇区占有圆周的 20 度角，不管它处于哪个柱面。

现在，我们使用的是新的策略。首先将柱面从最里圈的磁道到最外圈的磁道划分成不同的区域（一般每个磁盘 10 ~ 30 个区域），每个区域中磁道的扇区数逐渐增加。这样，就在不增加磁道数的情况下扩充了磁盘容量，满足了人们对磁盘容量的要求。所有扇区的大小还保持不变。图 2-21 是一个有 5 个区的磁盘。

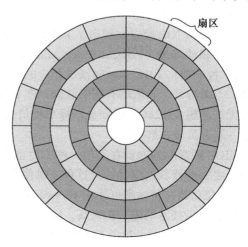

图 2-21　有 5 个区的磁盘，每个区有多个磁道

与磁盘驱动器相连的是控制它的芯片——**磁盘控制器**，有些控制器中甚至有一个完整的CPU。控制器的任务包括接受软件发出的如 READ、WRITE 和 FORMAT（往磁盘中写入所有前导区）等命令，控制磁盘臂的运动，发现和纠正错误，将从内存中读来的 8 位字节转换为位串写到磁盘中，或相反，将磁盘中读出的位串转换为 8 位字节数据。还有些控制器可以对多个扇区进行缓冲，缓存一些扇区的内容以备将来使用，还可以重新映射坏扇区。最后的功能是由于坏扇区（被永久磁化）的存在而加上的。当控制器发现坏扇区时，可以用预留在每个柱面或区域的一个空白扇区替换它。

2.3.3 IDE 盘

现代个人计算机的硬盘最早是从 IBM PC XT 的 10MB Seagate 硬盘发展而来，其控制器是 Xebec 磁盘控制器，有单独的一块硬盘卡。Seagate 硬盘有 4 个磁头，306 个柱面，每道有17 个扇区，控制器可同时管理两块硬盘。操作系统通过将参数写入 CPU 的寄存器后，调用PC 内置只读存储器中的**基本输入 / 输出系统**（Basic Input Output System，BIOS）对硬盘进行读写，由 BIOS 发出机器指令到硬盘控制器中的寄存器，指示其传输数据。

硬盘技术很快，到 20 世纪 80 年代中叶，控制器已经从在单独的硬盘卡上发展到和驱动器集成在一起，组成**集成驱动器电路**（Integrated Drive Electronic，IDE）。但由于要保持向后兼容，所以调用 BIOS 的读写方式一直没有改变。这种方式通过给定扇区的磁头号、柱面号和扇区号对扇区进行寻址。磁头和柱面从 0 开始编号，而扇区号却从 1 开始。这恐怕是由于第一个 BIOS 程序员的错误造成的，他用 8088 汇编语言完成了程序主体部分。程序中，磁头号用 4 位二进制数表示，扇区号 6 位，柱面号用 10 位，这样，驱动器最多可以有 16 个磁头，63 个扇区和 1024 个柱面，总数不超过 1 032 392 个扇区。这个大硬盘的容量是 504MB，当时看起来已经是无法想象，现在当然不能算什么。（你今天会认为一台计算机无法控制超过1000TB 的硬盘是一个错误吗？）

遗憾的是，不久后，就推出了超过 504MB 的硬盘，但其参数有问题（例如，4 个磁头、32 个扇区、2000 个柱面也就是 256 000 个扇区），由于已无法改变的读写方式，所以操作系统无法对其进行寻址。硬盘控制器只好假装其参数还在 BIOS 限制的范围内，而通过对虚拟参数进行重新映象来解决这个问题。虽然这暂时解决了问题，但给操作系统带来了麻烦。为缩短查找时间，它只能小心安排数据的存放位置。

最后，从 IDE 硬盘发展出了 **EIDE**（Extended IDE）硬盘，它同时支持另一种**地址映射方式**，即**逻辑块寻址**（Logical Block Addressing，LBA），它将扇区号扩展为从 0 到最大的 $2^{28}-1$，要求控制器将 LBA 地址转换成相应的磁头、扇区和柱面地址，但它确实突破了 504MB 的限制。不幸的是，它依然有新的瓶颈，即 $2^{28} \times 2^9$ 字节（128GB）。1994 年，EIDE 标准被采纳，当时无人能想象 128GB 的硬盘。标准委员会，和政治家一样，善于将问题及时向前推进，交给下一届委员会去解决。

EIDE 硬盘和控制器在其他一些方面也有所改进，如 EIDE 控制器可以有两个通道，每个有一个主驱动器和副驱动器。这种安排使它最多可以控制 4 个驱动器，同时还支持 CD-ROM和 DVD 驱动器，传输率也从 4MB/s 提高到 16.67MB/s。

随着磁盘技术的进一步提高，EIDE 标准由于某些原因，转而发展成为 **ATA-3**（AT 附件，AT Attachment），一个参考了 IBM PC/AT 的标准（此处 AT 指当时的高级技术——运行于 8M主频的 16 位 CPU）。下一个版本的标准名为 **ATAPI-4**（ATA 包接口，ATA Packet Interface），速度提高到 33MB/s。到 ATAPI-5 时速度已达到 66MB/s。

此时，由 38 位 LBA 地址带来的 128GB 的限制造成的影响越来越大，因此，ATAPI-6 将 LBA 的大小改成了 48 位。新标准将会在磁盘容量达到 $2^{48} \times 2^9$ 字节（128PB）时出现问题。考虑磁盘容量的年增长率为 50%，48 位地址的问题可能会到 2035 年后才出现。读者如想了解这个问题是如何解决的，请查阅本书的第 11 版。有内幕消息的人打赌会将 LBA 地址扩充到 64 位。ATAPI-6 标准还将传输速度提高到了 100MB/s，并第一次解决了磁盘噪声问题。

ATAPI-7 标准对以前的标准进行了根本性改变。和原来通过提高驱动器连接器大小（以提高数据传输率）的方法不同，该标准采用了全新的**连续 ATA**（Serial ATA）方式在一个 7 针的连接器上一次传输 1 位，传输速度开始为 150MB/s，今后希望提高到 1.5GB/s。这样，就可以用一个仅有几毫米厚的圆形电缆取代以前的 80 线的扁平电缆，改善了计算机内的空气流通情况。同时，连续 ATA 方式的信号使用 0.5 伏电压（而 ATAPI-6 标准使用 5 伏电压），可降低能耗。在未来几年内，所有计算机都将使用连续 ATA。磁盘的能耗问题已经是一个日益严重的问题，不管是在数据中心中有大量磁盘柜的高端计算机上，还是在低端的笔记本型计算机中，能耗都是受限制的（Gurumurthi 等，2003）。

2.3.4 SCSI 盘

在柱面、磁道和扇区的组织方面，SCSI 硬盘和 IDE 硬盘并没有什么区别，但 SCSI 的接口不同，传输率也更高一些。SCSI 的历史可以追溯到 Howard Shugart，他是 20 世纪 80 年代时最早的个人计算机上广泛使用的软盘的发明人。他的公司在 1979 年推出了 SASI（Shugart Associates System Interface）硬盘。经过一些完善和广泛的讨论后，ANSI 在 1986 年对它进行了标准化，并改名为 **SCSI**（Small Computer System Interface，小型计算机系统接口）。SCSI 的发音为"scuzzy"。从那时起，速度更快的一个个版本被标准化，分别被命名为 Fast SCSI（10MHz）、Ultra SCSI（20MHz）、Ultra2 SCSI（40MHz）、Ultra3 SCSI（80MHz）、Ultra4 SCSI（160MHz）及 Ultra5 SCSI（320MHz）。同时，每个版本都分别对应一个宽带（16 位）版本。但是，最新的几个版本仅有宽带版。图 2-22 给出了这些标准的配置参数。 92

标准名称	数据位	总线速度（MHz）	MB/s
SCSI-1	8	5	5
Fast SCSI	8	10	10
宽带 Fast SCSI	16	10	20
Ultra SCSI	8	20	20
宽带 Ultra SCSI	16	20	40
Ultra2 SCSI	8	40	40
宽带 Ultra2 SCSI	16	40	80
宽带 Ultra3 SCSI	16	80	160
宽带 Ultra4 SCSI	16	160	320
宽带 Ultra5 SCSI	16	320	640

图 2-22 一些 SCSI 标准的参数

由于 SCSI 硬盘的传输速率比较高，故成为许多高端的工作站和服务器的标准磁盘接口，尤其是那些配置 RAID 硬盘的计算机。

SCSI 不仅仅是一种硬盘接口，还是一条最多可连接 7 个 SCSI 设备的总线。这可以是一个或多个 SCSI 硬盘、CD-ROM、CD 刻盘机、扫描仪、磁带机或其他 SCSI 计算机外设。每个 SCSI 设备有一个唯一的 ID，编号为 0 ~ 7（宽带 SCSI 为 0 ~ 15）。每个设备有两个插口，一个用做输入，另一个用于输出。用电缆线将一个设备的输出口连到下一个设备的输入口，就像一串廉价的圣诞树灯泡串联在一起。串上的最后一个设备必须用终结器结束，以防止从 SCSI 总线的端头发射的信号干扰总线的其他数据。一般来说，控制器在一块 SCSI 卡上，也是电缆线的开头，虽然标准中并没有对此作严格规定。

最常见的 8 位数据 SCSI 电缆线有 50 根线，其中 25 根为地线，和其他 25 根线一一对应，提供了高速传输必需的噪声屏蔽。在 25 根线中，8 根是数据线，1 根是校验位，9 根是控制线，剩下的是电源线和预留给今后使用的线。16 位（和 32 位）数据的设备需要第二根电缆线提供其他的信号。电缆线可以有几米长，可以接一些外部设备、扫描仪等。

SCSI 控制器和外部设备都可以作为数据传输的发起者和接收者。一般情况下，控制器作为发起方，首先发出命令给作为接收方的磁盘或其他外部设备。这些命令是不超过 16 个字节的块，规定了命令接收方要完成的任务。命令和应答分成不同的状态，可以用不同的控制信号来描述不同的状态，当多个设备要同时使用总线时，控制信号还要进行总线仲裁，以决定由哪个设备使用总线。对总线的仲裁十分重要，因为 SCSI 允许所有设备同时使用，在多进程环境下，这能极大地提高系统的性能。IDE 和 EIDE 同一时间只能使用一个设备。

2.3.5 RAID 盘

CPU 性能在过去的十年中有了极大地提高，几乎是每 18 个月翻一番。但磁盘的性能却没能跟上。在 20 世纪 70 年代，小型机磁盘的平均查找时间为 50 ~ 100 毫秒，现在是 10 毫秒。在许多行业（如汽车或航空业），如果性能的提高能达到这个速度，即 20 年内提高 5 ~ 10 倍，那就会是头条新闻，但对计算机行业，这却成了一个障碍，造成 CPU 性能和磁盘性能间的差距这些年来越来越大。

我们知道，在提高 CPU 性能方面，并行处理技术已得到广泛使用。这些年来，许多人意识到，并行 I/O 也是一个提高磁盘性能的好办法。1988 年，Patterson 等在他们的一篇文章中建议用 6 个特定的磁盘组织来提高磁盘的性能或可靠性，或两方面都同时提高。这个建议很快就被业界采用，并导致了一种新的 I/O 设备的诞生，这就是 **RAID 盘**。Patterson 等人把 RAID 定义为**廉价磁盘的冗余阵列**（Redundant Array of Inexpensive Disk），但工业界把"I"由"廉价的（Inexpensive）"替换成"独立的（Independent）"。（也许这样他们就可以使用昂贵的磁盘？）也许是需要一个对立面（就像 RISC 和 CISC 一样，也是由 Patterson 提出的），对应的磁盘称为**单个昂贵大磁盘 SLED**（Single Large Expensive Disk）。

RAID 的基本原理是在一台计算机，通常是大型服务器旁，安装一个装满磁盘的磁盘柜，用 RAID 控制器替换原来的磁盘控制卡，将数据复制到 RAID 硬盘中，然后就可以进行其他正常读写操作了。换句话说，对于操作系统来说，RAID 应该和 SLED 没有什么不同，但性能更好，可靠性更高。由于 SCSI 硬盘具有良好的性能，低廉的价格，并能在单个控制器上连接多达 7 个（宽带 SCSI 为 15 个）驱动器，多数 RAID 采用 RAID SCSI 控制器和 SCSI 磁盘柜，对操作系统来说就像是一个大容量磁盘一样。这样，使用 RAID 不需要对软件做任何修改，对许多系统管理员来说，这也是一个大卖点。

除了对软件来说像一个磁盘之外，所有的 RAID 硬盘都具备将数据分布到所有驱动器的特性，以支持并行读写操作。Patterson 等人定义了几种不同的模式来实现这点，即我们现在所说的 RAID 0 ~ RAID 5 层。另外，还有几个我们不准备讨论的小层。"层"这个词也许用得不太合适，因为并没有任何层次结构在里面，只是简单的 6 种不同组织方式，每种方式具备不同的可靠性和性能。

RAID 0 如图 2-23a 所示。它将由 RAID 模拟的单个虚拟磁盘划分成带（strip），每带 k 个扇区。第 0 带为第 0 ~ k–1 扇区，第 1 带为第 k ~ 2k–1 扇区等。对 k=1，每个带为 1 个扇区；对 k=2，每带有 2 个扇区等。RAID 0 以交叉循环的方式将数据写到连续的带中，图 2-23a 描述的就是有 4 个磁盘驱动器的 RAID 盘。这种在多个驱动器上分布数据的方式称为**条带化**（striping）。例如，如果软件发出从带的边界开始读 4 个连续带的数据块的命令，RAID 控制器将把这个命令分解成 4 个单独的读命令，4 个驱动器每个一个，让它们并行执行。这样，就实现了对软件透明的并行 I/O 操作。

RAID 0 对于大的数据请求性能好一些，数据量越大越好。如果数据请求超出了驱动器数目乘以带的大小，那么，某些驱动器可能会得到多个请求，这样，它们可以在结束第一次请求后，启动第二次请求。这将由控制器来分解请求，并将相应的命令以正确的顺序提交给相应的驱动器，并将读出的结果在内存中正确组合起来。这种方式实现简洁，具有很好的性能。

RAID 0 对于一些习惯于一次请求一个扇区数据的操作系统性能不太好。读出结果是正确的，但由于无法并行操作，所以无法提高性能。这种组织方式的另一个不足是其可靠性可能比 SLED 要差。对一个有 4 块磁盘的 RAID 硬盘，每个磁盘的平均失败时间是 20 000 小时，那么，大约 5000 小时就有一个磁盘要失败，这将导致整块 RAID 盘的数据全部丢失。同样平均失败时间为 20 000 小时的 SLED 的可靠性就比 RAID 高了 4 倍。由于这种方式没有设计冗余，所以不能算是真正意义上的 RAID。

图 2-23b 给出的是 RAID 1 的例子，这是真正意义上的 RAID。它复制了所有的磁盘，所以图 2-23 中的例子有 4 块主磁盘和 4 块辅助磁盘，当然实际中任何偶数块磁盘都是可能的。每个对磁盘的写操作都进行两次，而每次读或复制操作则可以读任意一个备份，把负载均衡分布到不同的驱动器上。这样，写操作的性能并不比单个磁盘好，但读磁盘的性能却比单个磁盘高了两倍。容错性能就更好了，如果一个驱动器崩溃，只要简单地用备份驱动器代替就行了。恢复整个磁盘的操作包括两个步骤：装上一个新的驱动器，然后将整个备份驱动器的内容复制到新的驱动器上。

与以扇区组成的带为工作单位的 RAID 0 和 RAID 1 不同，RAID 2 的工作单位为字，可能的话甚至可以是字节。首先我们可以想象将单个虚拟磁盘上的字节分解成一对 4 位的半字节，对每个半字节加上 3 位海明码形成 7 位字，即其中 1、2、4 位做校验位。然后，再进一步设想图 2-23c 所示的 7 个驱动器的磁头位置能同步，且磁盘还能同步旋转，就可能将整个海明码字写在 7 个驱动器上，每个驱动器一位。

想象中的 CM-2 计算机使用的就是这种方式，将 32 位数据字加上 6 位校验位后形成 38 位的海明码字，再对整个字加一位校验码，然后将这个字分布到 39 个驱动器上。总的吞吐量增加了一些，但可以在写一个扇区的时间里实际完成写 32 个扇区的有效数据。而且，丢失一个驱动器也不会引起问题，因为少一个驱动器只会丢失读出的 39 位字中的 1 位，海明码可以对此进行恢复。

这种方式的不足是所有的驱动器必须同步旋转，且只在驱动器个数足够多时才有效（即使 32 位数据位，也需要 6 位校验驱动器，多出 19%）。它也需要多个控制器，因为需要对每一位做 Hamming 校验和。

RAID 3 是 RAID 2 的一个简化版本，如图 2-23d 所示。它只需对每个数据字计算一个校验位，并写到一个校验驱动器上。和 RAID 2 相同，驱动器之间必须严格同步，因为一个字被分布到多个驱动器中。

乍一看，也许会觉得一位校验位只能发现错误，而不能纠正错误。对随机的一个未经检验的错误，这显然是正确的。但是，对于磁盘崩溃，它能纠正 1 位错误，因为出错位的位置是已知的。如果某个磁盘崩溃，则控制器只需先将该磁盘上的所有位都假设为 0，如果此时校验位出错，那么坏驱器中的该位就应该是 1，错误也就得到了纠正。尽管 RAID 2 和 RAID 3 都提供了高速的数据传输速率，但它们在每秒钟能处理的独立的 I/O 次数却不比单个磁盘好。

RAID 4 和 RAID 5 回到以带为单位的工作方式上，不用对每个字进行校验，也不要求驱动器同步。RAID 4（如图 2-23e 所示）和 RAID 0 类似，将对带的校验写在额外的驱动器上。例如，若带的长度是 k 个字节，则将所有的带异或到一起，产生一个 k 字节长的校验带。如果其中一块磁盘崩溃，那么它的内容可以从校验磁盘上重新计算出来。

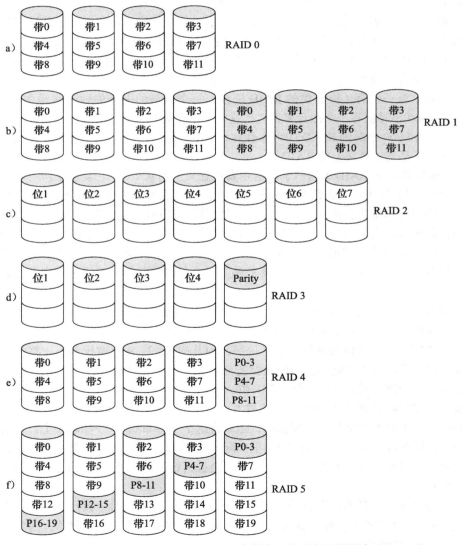

图 2-23　RAID 0 ~ RAID 5。备份盘和校验盘用阴影表示

这种设计可以防止整个驱动器的丢失，但对于某些字节出错的纠错性能就相当差。如果一个扇区被破坏，那么为了重新计算校验盘，也必须读遍所有的驱动器，然后，再将它们重写回去。另一种办法就是读入旧数据和校验数据，重新计算新的校验数据。但即使是经过这种优化，一个小的错误也要求分别读写两次磁盘，这显然是很糟糕的。

由于这种方法带来的校验磁盘的巨大负载，使它可能成为瓶颈。RAID 5 为减少校验盘的负载，将校验位循环均匀分布到所有的驱动器上，如图 2-23f 所示。当然，如果 RAID 5 的磁盘崩溃，修复磁盘内容也将是一个复杂的过程。

2.3.6 固盘

96
~
97

作为传统磁盘技术的替代品，由高速且非易失的 Flash 存储器制造的**固盘**（Solid-State Disk，SSD，也称**固态盘**）正逐步流行起来。SSD 的发明是一个经典的故事，完美诠释了"假如生活给你酸柠檬，就用它做柠檬水"这句谚语。一般情况下，现代电子学看起来是完全可靠的，但事实上晶体管在使用过程中也会缓慢老化。每开合一次，它们都将更为老化，离完全失效更近一步。晶体管失效的可能原因是"热载流子注入"，也就是电子被嵌入到一个正常工作的晶体管内部，逐渐使它转变为永久处于"开"或者"关"的状态。通常情况下，这就像是给一个无辜的晶体管判了死刑，但当时在东芝公司工作的 Fujio Masuoka 决定把这个"酸柠檬"做成可口的"柠檬水"，他提出可以利用这个失效机制来创造一种新型非易失存储器。在 20 世纪 80 年代早期，他发明了第一片 Flash 存储器。

Flash 硬盘由许多固态 Flash 存储单元组成，而 Flash 存储单元由一个特制的 Flash 晶体管制成，如图 2-24 所示。嵌在晶体管内部的是一个浮空栅极，可通过高电压对其充电或放电。在被编程前，浮空栅极对晶体管的功能没有任何影响，仅仅是在控制极和晶体管的通道之间增加了一个绝缘体而已。此时若检测 Flash 存储单元的功能，它就是一个简单的晶体管。

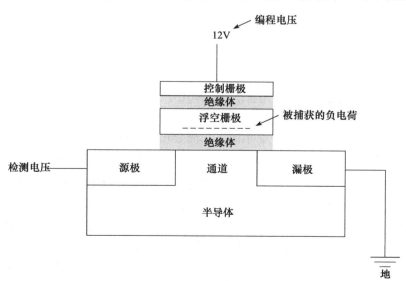

图 2-24 Flash 存储器单元

为给 Flash 存储单元编程（写入数据），需要在其控制极上加载高电平（在计算机的世界里，12V 就是高电平了），这样，会加速热载流子注入浮空栅极的过程。电子嵌入到浮空栅极

98

上，在 Flash 晶体管内部加载了负电荷。这些嵌入的负电荷会使将晶体管打通所需要的电压增大，这样，通过在高或低的控制极电压下检测晶体管是否导通，就有可能判定浮空栅极是否充了负电荷，由此可判断存储单元中存放的是"0"还是"1"。即使外部电压从系统中撤除，嵌入在晶体管中的电荷也一直会存在，从而保证 Flash 存储单元中的信息是非易失性的。

SSD 本质上属于半导体存储器，因此，与那些需要旋转的磁盘比，它的性能要超出许多，且寻道时间为 0。典型的磁盘数据速率为 100MB/s 时，SSD 的速度是它的 2 ~ 3 倍。而且，由于这类设备中不存在可移动的部分，所以它尤其适合在笔记本型计算机中使用，在振动和移动中也不会妨碍数据的读取。与磁盘比较，SSD 的不足在于其价格，磁盘价格为数美分 /GB，而 SSD 的价格为 1 ~ 3 美元 /GB，这使得其仅仅适用于存储量不大或者是对价格不敏感的应用。SSD 的价格一直在降，但要赶上廉价磁盘的价格还有比较远的距离。因此，尽管 SSD 在许多计算机中正在取代磁盘，但要全面让磁盘变成恐龙走向终结可能还有较长的一段时间（除非另外一颗流星撞击地球，但这时 SSD 可能也同样无法生存）。

与磁盘相比，SSD 的另外一个不足是它的使用寿命。典型的 Flash 存储单元最多可以写 100 000 次，超出后就无法再用了。向浮空栅极上注入电子的过程对栅极和其周边的绝缘体都有一个缓慢的伤害，造成它最终失效。为延长 SSD 的使用寿命，固盘中的所有 Flash 存储单元广泛使用**均衡磨损**技术，将写操作尽量平均分布到到固盘中的每个存储单元。每次新增一个对固盘块的写操作，尽量把它写到最近没有被写过的一个"新"的 SSD 块中。这需要在 Flash 驱动器中使用逻辑块进行映射，也是使 Flash 驱动器的内部空间要更大一些的原因之一。采用均衡磨损技术，Flash 驱动器能支持的写的次数可以达到单个存储元可写的次数乘以固盘中的块数。

通过采用多层 Flash 存储单元，有些 SSD 可以通过编码在一个存储元中存放多位。该项技术在编程时更为精确地控制放置到浮空栅极中的电荷的数量，读取时也采用逐步增加的电压序列来判断浮空栅极中充入的电荷。典型的多层存储单元可支持 4 个充电级别，使每个存储单元可以存放 2 位二进制数据。

2.3.7 只读光盘

光盘最初是为存储电视节目而开发的，但作为计算机的存储设备，它能发挥更好的作用。由于其大容量和价格低廉的特点，光盘正广泛地用于分发软件、书籍、电影以及各种类型的数据，同时也可作为硬盘的后备。

第一代光盘是由荷兰的电子企业集团飞利浦公司发明的，用来存放电影。大小为 30cm 左右，以激光影碟的名称面市。但除了在日本，当时的光盘并没有流行起来。

1980 年，飞利浦和索尼一起推出了 CD（Compact Disc），并很快取代了每分钟 $33\frac{1}{3}$ 转的乙烯基唱片。CD 的详尽技术细节以正式的国际标准（IS 10149）公布，并根据封面的颜色被俗称为**红皮书**。（国际标准由国际标准化组织公布，它是由 ANSI 和 DIN 之类的国家标准组织组成的国际合作伙伴，每个国际标准都有自己的国际标准号。）以国际标准的形式公布盘片和驱动器的标准，可以使不同的音像出版商、演奏家以及电子设备制造商走到一起，共同发展 CD。国际标准规定所有的 CD 大小为 120mm 左右，厚度为 1.2mm 左右，中心有一直径为 15mm 的孔。音频 CD 首先成为市场上的主导数字存储介质，估计可以持续 100 年左右。到 2080 年，请总结一下第一批 CD 的各项优点。

CD 是通过在涂有玻璃表层的主盘上，用高能红外激光束烧出 0.8mm 直径的小孔制成的。

用这种主盘做成模子，上面带有烧好的激光孔，然后往模子上注入熔化的多种碳酸盐脂，使激光孔的形状和玻璃主盘的形状一样，就基本上完成了 CD 的主体。接着，在碳酸盐脂上沉淀上薄层的反射铝，再覆盖上一层起保护作用的表层，最后再打上标签，整个 CD 就完成了。碳酸盐脂底基的凹陷部分叫做**凹区**，凹区两边未经过烧制的部分叫做**凸区**。

将 CD 进行回放时，用一个低能激光二极管发出的波长为 0.78mm 的红外光照射在二极管下"流过"的凹区和凸区。光源在碳酸盐脂层的上方，所以，当凹区经过时，激光束就会比凸区经过时伸出一些。由于凹区的高度为激光波长的 1/4，所以从凹区反射的激光的波长为从凸区反射光的波长的一半。这样，反射光和发射光叠加，将导致光接收器接收到的从凹区反射的光线比从凸区反射的要弱。CD 机通过这种途径，可以区别出凹区和凸区。虽然用凹区代表 0、凸区代表 1 可能是最简单的表示方法，但从可靠性方面考虑，用凸区 / 凹区和凹区 / 凸区转换来表示 1，而用连续的凹区或凸区来表示 0 的可靠性要高一些，所以，CD 上采用的是这种模式。

凹区和凸区写在一根单向的螺旋线上，螺旋线从靠近孔的地方发出，一直到离盘边 32mm 处。螺旋线在硬盘上共有 22 188 圈（每毫米约 600 圈），如果没有损坏，则长度为 5.6 公里，如图 2-25 所示。

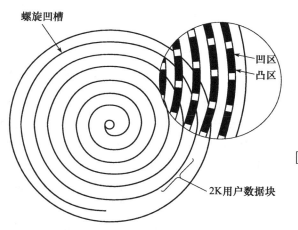

为使光盘上的音乐以恒定的速度播放，就必须保证凹区和凸区"流动"的线速度保持恒定，也就是说，随着 CD 机的读盘头从里到外移动，CD 盘的旋转速度必须持续下降。在里圈，旋转速度应为 530 转 / 分，以达到理想的线速度——120cm/s；到外圈后，要使读盘头保持同样的线速度，旋转速度应降到 200 转 / 分。保持恒定线速度的光盘驱动器和硬盘驱动器有很大区别，硬盘驱动器不管磁头在什么位置都保持恒定的角速度。而且，530 转 / 分的角速度和大多数硬盘驱动器 3600 转 / 分 ~ 7200 转 / 分的角速度也有很大的差别。

图 2-25　光盘和只读光盘的记录结构

1984 年，飞利浦和索尼认识到用 CD 存放计算机数据的潜在可能，共同出版了**黄皮书**，精确定义了现在称为**只读光盘存储器**（Compact Disc-Read Only Memory，CD-ROM）的 CD 的标准。为了占领当时已经很大的音频 CD 市场，CD-ROM 采用了和音频 CD 一样的外形、大小，在机械和光学两方面和音频 CD 兼容，甚至采用相同的铸模机生产。这些标准使得光盘驱动器必须采用低速的可变速马达，同时，只要产量达到适当的规模，每张 CD-ROM 的生产成本将远低于 1 美元。

黄皮书中定义了 CD-ROM 中计算机数据的格式，它提高了系统的纠错能力，这对 CD-ROM 来说十分重要。因为音乐迷们可能并不太在意音频 CD 中这儿或那儿丢了一位，但计算机狂热者对此却十分挑剔。CD-ROM 的基本数据格式将每个字节编码成 14 位的符号。本书前面已经提到，14 位足够将 8 位长的字节进行海明编码，还有两位剩余。实际上，CD-ROM 采用的是新的编码系统，将读出的 14 位符号映射到 8 位的字节是通过硬件查表进行的。

然后，连续的 42 个符号一组，构成了 588 位的**帧**。每帧包含 192 位数据位（24 个字节），其余的 396 位用于纠错和控制位。一直到此，音频 CD 和 CD-ROM 的数据存储模式完全相同。

[101]

黄皮书中增加的内容是将 98 帧作为一个 **CD-ROM 扇区**，如图 2-26 所示。每个 CD-ROM 扇区以一个 16 字节的前导区开始，其中前 12 个字节内容为 00FFFFFFFFFFFFFFFFFF00（十六进制），使光驱能识别这是 CD-ROM 扇区的起始位置。其后的 3 个字节为扇区号，由于光盘采用的是单向螺旋线存放数据，不像磁盘那样，磁道是同心的，所以光盘无法像磁盘那样，根据读盘头的位置来精确定位扇区，只能是由光驱软件大致计算一个位置，将读盘头移动过去后，在该位置附近寻找前导区，读出其中的扇区号来确定位置是否准确。前导区中最后的一个字节说明光盘的数据存储方式。

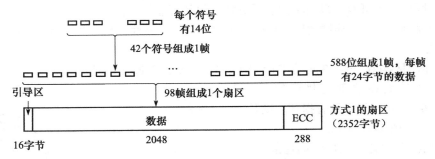

图 2-26　CD-ROM 中数据存储格式

黄皮书中定义了两种数据存储方式。方式 1 采用图 2-26 所示的格式，每个扇区包括 16 字节的前导区，2048 个字节的数据，然后是 288 个字节的纠错码（十字交叉 Reed-Solomon 码）。方式 2 将纠错码的 288 个字节也用于存放数据，和数据一起组成一个 2336 个字节的数据域，这种存储方式主要用在那些不需要进行纠错（或没有时间进行纠错）的应用中，如音频和视频数据。值得注意的是，为提高光盘的可靠性，标准中采用了三种互相独立的纠错模式：符号内纠错、帧内纠错和 CD-ROM 扇区内纠错。这样，单独的一位错误可以在符号内得到纠正，一小段连续的错误可以在帧内得到纠正，再有其他错误就在扇区内纠正。可靠性的代价是需要用 98 个 588 位的帧（共 98 × 588/8=7203 字节）来存放 2048 字节的数据，有效存储率只有 28%。

单速 CD-ROM 驱动器的工作速度为 75 个扇区 / 秒，这样方式 1 格式的光盘的数据速率是 153 600 字节 / 秒，方式 2 格式的光盘为 175 200 字节 / 秒。倍速光盘的速度为其两倍，其他速度的驱动器也可以此类推。标准音频 CD 的容量是存放 74 分钟的音乐，如果采用的是方式 1 的格式，容量是 681 984 000 字节，也就是一般说的 650MB，因为 1MB=2^{20} 字节（即 1 048 576 字节），而不是 1 000 000 字节。

[102]

照例，每出现一项新技术，总会有人希望挑战极限。在设计 CD-ROM 时，飞利浦和索尼十分小心，要求在写入数据时离光盘外边沿较远时就停止写操作。但过了不久，一些光驱的制造商就让他们生产的光驱超出了标准的限制，并尽量地接近光盘的物理外沿，使其容量达到 700MB，而不是标准的 650MB。但是，随着技术的更新以及制造空白盘的标准的提高，703.12MB（333 000 个 2048 字节的扇区被提高到 360 000 个）的容量成为了事实标准。

需要指出的是，即使是 32 倍速的 CD-ROM 驱动器（4 915 200 字节 / 秒）也无法在速度上和快速 SCSI-2 硬盘驱动器（10MB/s）相比。当你意识到光盘的寻道时间通常为几百毫秒时，你就会明白尽管 CD-ROM 的存储容量很大，它的性能和硬盘相比却不在一个级别上。

1986 年，飞利浦再次通过发布**绿皮书**，增加了图形标准和在一个扇区内交叉存放音频、视频和数据的能力，为多媒体 CD-ROM 奠定了基础。

CD-ROM 的最后一个难题是文件系统。为使同一张 CD-ROM 能在多台计算机上使用，必须对 CD-ROM 上的文件系统有一个统一的定义。为达到这个统一，多家计算机公司的代表在加利福尼亚州和内华达州交界处的 High Sierras 的 Tahoe 湖相会，定义了一个他们称为 **High Sierra** 的文件系统，后来被国际标准（IS 9660）所采纳。该标准有三个层次。第一层规定文件名不能超过 8 个字符长，并可以有不超过 3 个字符的扩展名（MS-DOS 的文件命名规则）。文件名中的字符只能是大写字母、数字和下划线。目录嵌套不超过 8 层，目录不允许有扩展名。它还规定所有文件必须连续存放，这对于只写一次的存储介质来说不成问题。遵从 IS 9660 第一层标准的所有 CD-ROM 可以用 MS-DOS、Apple 计算机、UNIX 计算机或所有计算机读出。CD-ROM 的出版者将这看成是它的最大优点。

IS 9660 第二层允许文件名的长度不超过 32 个字符长，第三层允许文件不连续存放。Rock Ridge 扩展名（古怪的名字来自 Mel Brooks 的电影 Blazing Saddles）允许使用长文件名（对于 UNIX）、UID、GID 和符号连接，但不遵从第一层规定的 CD-ROM 不能被一些老旧的计算机读出。

2.3.8　可刻光盘

最初，制作 CD-ROM 母盘（或音频 CD 母盘）的设备十分昂贵，但是，计算机行业中不会有任何东西长久处于高价位。到 20 世纪 90 年代中期，CD 刻盘机的大小已和普通的播放机相差无几，并作为普通的外围设备出现在许多计算机商场中。由于一旦写过以后，CD-ROM 的内容将无法擦除，所以这种设备和磁盘相比还是有些区别。但是，刻盘机还是很快在作为大容量磁盘的备份介质、允许个人或正在起步的小公司小批量生产自己的 CD-ROM（数百张，不超过千张），或者为大批量的 CD 生产商制作母盘等许多应用中找到了生存之地。用于刻盘机进行刻录的光盘，我们称其为**可刻光盘**，也就是通常说的 **CD-R**（CD-Recordable）。 [103]

CD-R 在大小上和 CD-ROM 一样，最初时也是 120mm 的空白盘，只是 CD-R 有一条 0.6mm 宽的凹槽，用来引导激光进行刻盘。凹槽有 0.3mm 的正弦偏移，频率为 22.05kHz，用来准确控制 CD-R 的转速，并在必要时加以调整。起初的 CD-R 在外观上也和普通的 CD-ROM 相同，只是 CD-R 表面是金色，而不像 CD-ROM 那样表面是银色。表面是金色是因为 CD-R 用真正的金子代替铝来做反射层。和真正的 CD-ROM 不同，它们的表面是实实在在的凹凸不平，而 CD-R 的凹区和凸区用不同的反射光来模拟，这点是通过在碳酸盐脂和金质反射层之间加上一层染料来实现的，如图 2-27 所示。目前使用的有两种不同的染料，一种是花青，其颜色是绿色的，另一种是酞菁染料，颜色为黄桔色。化学家们正在为这两种染料哪种更好一些吵个没完。最终，铝反射层代替了金质的发射层。

CD-R 被刻写之前，染料层是透明的，激光束可以穿过它并从金质层反射回来。刻盘时，照射 CD-R 的激光能量被调高到 8 ~ 16mW，光束照射到染料的一个点上时产生的热量使之发生化学反应，改变了染料的分子结构，产生一个黑点。读出时（激光束的能量为 0.5mW），光接收器就可以分辨出染料被照射过的黑点和未被照射过的透明区，并用这个区别来对应普通光盘的凹区和凸区，甚至在普通的 CD-ROM 或音频 CD 的读盘机上也是这样区分的。 [104]

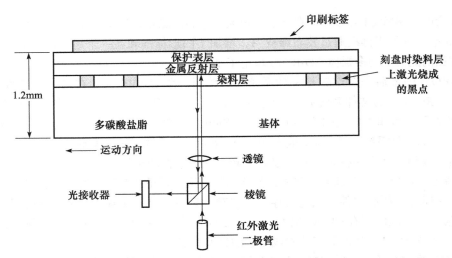

图 2-27　CD-R 光盘截面和激光层（并不表示真正的厚度比例）。CD-ROM 结构上与此类似，
　　　　只是没有染料层，并用铝质的凹点代替了反射层

　　每种 CD 都有其引以为豪的颜色作为标准的封面，CD-R 也不例外，它的标准称为**桔皮书**，于 1989 年出版。这个标准除定义了 CD-R 的格式之外，还定义了 **CD-ROM XA** 的格式，这种新的格式允许增量刻写 CD-R，今天几个扇区，明天几个扇区，然后下个月再刻几个扇区。一次刻写在 CD-R 上的几个连续扇区被称为 **CD-ROM 道**。

　　CD-R 最早的应用之一是柯达的 PhotoCD。应用这个系统，顾客把已经拍好的胶卷和以前的 PhotoCD 盘交给图片社，然后就可以拿回同样的 PhotoCD 盘片，只是胶卷（底片）上的新照片已经写在了盘上，成为一个新的 CD-ROM 道。每卷胶卷用一个新的 CD-R 来存放实在是昂贵了一些，所以，必须使用增量刻盘标准。

　　当然，增量刻盘也带来了新的问题。在桔皮书之前，所有的 CD-ROM 在起始处都各有一个独立的**目录卷表**（Volume Table of Contents，VTOC），但这对增量刻盘（也就是说多道）就不起作用了。桔皮书中对此的解决方法是给每个 CD-ROM 道分配一个单独的 VTOC，其中所列的文件可能包括其前面各道中的部分或所有文件。CD-R 放入光驱后，操作系统搜寻所有 CD-ROM 道，并定位到最近使用的 VTOC，它给出了 CD-R 的当前状态。通过在当前 VTOC 中列出一些（但不是全部）其前面道中的文件，使给出被删除文件的痕迹成为可能。CD-ROM 道可以分组组成**话路**，这就产生了**多话路** CD-ROM。标准的音频 CD 播放器只能读出整张盘起始处的 VTOC，所以无法读出多话路 CD。

　　CD-R 的出现使各行各业的个人和公司能方便地对 CD-ROM（包括音频 CD）进行复制，也逐渐带来了对出版商版权的侵犯。目前，人们已经发明了一些办法来为盗版制造障碍，甚至使 CD-ROM 离开出版商提供的读盘软件就无法读出。方法之一是将 CD-ROM 上所有文件的长度写成好几个 GB，这样，用标准的读盘软件将无法将文件复制到硬盘中，而文件的实际长度在出版商提供的专用读盘软件中，或隐藏（可能还是加密后）在 CD-ROM 的某个意想不到的地方。另一种办法是在选定的几个扇区中有意写入一些错误的 ECC 码，预计一般的 CD 复制软件将会自动"修复"这些错误，但光盘的应用软件自己却对这些 ECC 码进行检查，如果它们"正确"的话就停止执行。还可以采用非标准的道间沟或其他的物理上的"硬伤"来防止对 CD 的非法复制。

2.3.9　可擦写光盘

尽管人们仍在使用其他一次性写的介质，如纸和胶片等，但大家还是希望有可多次重写的 CD-ROM。现在能满足人们这个需求的是**可擦写光盘 CD-RW**（CD-ReWritable），其大小和 CD-R 相同。当然，用的染料不再是花青和酞菁染料，而是用银、铟、锑和碲组成的合金做记录层。这种合金有两个稳定态：晶态和非晶态，两个状态有不同的反射特性。 [105]

CD-RW 的驱动器使用 3 种不同能量的激光。在高能激光照射下，合金熔化并从高反射性的晶态转化为低反射性的非晶态，表示凹区。在能量中等的激光束照射下，合金熔化并重新转化为本来的晶态，又成为凹区。低能激光可以感知材料的状态（用来读盘），但不会导致状态转换。

CD-RW 未能取代 CD-R 的原因是 CD-RW 的空盘价格高出 CD-R 空盘许多。而且，对那些备份硬盘的应用来说，CD-R 只允许一次写、不会被误操作清除的特性也是一大优点，而不是缺点。

2.3.10　DVD

最初的 CD/CD-ROM 格式于 1980 年面世，到 20 世纪 90 年代中期，光媒体技术取得长足发展，大容量的光盘价格已相当低廉。与此同时，好莱坞也有用光盘替代传统的影像磁带的意愿，因为光盘的影像质量高、制造成本低、可长时间保存、在商店中的架子上占用的空间比较小，而且不需要倒带。这就好像是给光盘的发展又增加了一个车轮。

这 3 个市场广阔而又能量巨大的行业的市场需求和技术的结合造就出了 **DVD**，它最早是**数字影像盘**（Digital Video Disk）的缩写，但现在一般指**数字多用途盘**（Digital Versatile Disk）。DVD 的基本设计和 CD 相同，也是 120mm 直径的注入碳酸盐的盘模，由激光二极管照射的凸区和凹区组成，通过光接收器读入信息。其新特性有：

1）凹区更小（DVD 为 0.4μm，而 CD 为 0.8μm）。

2）螺旋线更紧凑（DVD 道间距为 0.74μm，而 CD 的道间距为 1.6μm）。

3）使用红色激光（DVD 激光的波长为 0.65μm，而 CD 的波长为 0.78μm）。

这些改进使 DVD 的容量比普通光盘提高了 7 倍，达到 4.7GB。单速 DVD 驱动器的工作速度为 1.4MB/s（而 CD 为 150KB/s）。遗憾的是，更改为红色激光意味着高端市场的 DVD 需要加装另外一个光源才能读已有的 CD 和 CD-ROM，增加了 DVD 的复杂性和成本。

那么，4.7GB 的容量空间就足够了吗？也许。使用 MPEG-2 压缩格式（IS 13346 中定义的标准），一张 4.7GB 的 DVD 可以以高分辨率（720×480）存放 133 分钟的全屏幕、全动作的影像，还可以包括至多 8 声道的对白和 32 种语言字幕。好莱坞到目前为止已推出的电影中大约有 92% 的时间不超过 133 分钟。可是，还有一些应用，如多媒体游戏和参考书可能需要 [106] 更大的存储空间，好莱坞也乐意将多部电影放在同一张盘中，故 DVD 定义了下面 4 种格式：

1）单面单层（4.7GB）。

2）单面双层（8.5GB）。

3）双面单层（9.4GB）。

4）双面双层（17GB）。

为什么会有这么多种格式？一言以蔽之：政治斗争的结果。飞利浦和索尼公司要求用单面双层格式提供高容量的 DVD，而东芝和时代华纳却坚持采用双面单层格式。飞利浦和索尼认为观众不会愿意将盘翻一面，可时代华纳却不相信可以将两层放在一面上。最终妥协下来，推出所有 4 种组合格式，由市场来决定取舍。好了，现在市场发话了，飞利浦和索尼是对的。永远不要和技术作对。

双层技术是在光盘底层有一层反射层，上面是一层半反射层。根据激光聚焦在哪层来决定反射哪一层。为提高可靠性，需要将底层的凹区和凸区设计得稍微大一些，所以其容量比上层要稍微小一些。

将两张 0.6mm 厚的单面盘的背面互相粘在一起就制成了一张双面盘。为使所有格式的盘片厚度一致，单面盘也是由 0.6mm 的盘片后面粘上空白底层组成（也许将来可以在背面放上133 分钟的广告，否则，满怀希望的用户肯定会对上面放了些什么而好奇）。图 2-28 给出了双面双层盘的结构。

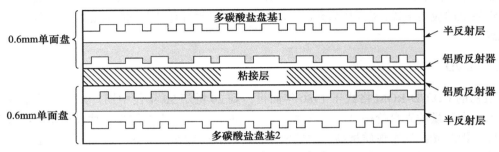

图 2-28　双面双层 DVD 盘片

DVD 是由 10 家娱乐电子公司组成的联盟发明的，其中 7 家是日本的公司，和好莱坞的主要电影公司（其中有些就是这些日本电子公司拥有的）保持着密切的合作关系。计算机和电信行业并没有被邀请参加这顿大餐，造成了 DVD 主要用于电影出租的结果。例如，DVD的标准特性包括实时跳过一些肮脏的场景（方便家长把 NC17 级影片换成可供孩子看的安全影片）、6 声道，并支持宽窄屏幕的变换。宽窄屏幕的变换是指 DVD 机可以动态修剪电影的左边或右边，使电影的宽高比（一般为 3:2）可以适应目前的电视机（宽高比例为 4:3）。

DVD 还有一项特点，计算机行业也许还没有想到，这就是有意使美国的盘和欧洲大陆的盘不兼容，其他大陆也有各自的标准。由于新电影总是先在美国放映，在美国出了 DVD 盘的同时，电影拷贝发行到欧洲，好莱坞运用这个"特点"来保证欧洲人无法过早从美国买到盘而影响电影在欧洲的票房。如果好莱坞来统治计算机行业的话，也许现在我们在美国用的软盘是 3.5 英寸，而到欧洲就要用 9cm 的软盘。

2.3.11　Blu-Ray

在计算机行业，没有任何技术能一直保持住其地位，存储技术也不例外。DVD 刚刚推出不久，一种新的技术 **Blu-Ray** 就威胁要让它过时。之所以这样命名，是因为它用蓝色的激光取代了 DVD 用的红色激光。蓝色激光波长比红色的要短，这就使它可更精确地聚焦，能分辨出更小的凸区和凹区。单面的 Blu-Ray 盘可存放大约 25GB 的数据，双面的存储容量约50GB。数据速率约为 4.5MB/s，对光盘来说这已经相当不错，但与磁盘比还相差很远（参考：ATAPI-6 的磁盘速率为 100MB/s，而宽带 Ultra5 SCSI 的速率为 640MB/s）。预计 Blu-Ray 最终将完全取代 CD-ROM 和 DVD，但这个过程将持续数年。

2.4 输入 / 输出设备

我们在本章开始已经了解到，计算机系统有三个主要组成部分：CPU、存储器（主存和辅存）和**输入 / 输出设备**，如打印机、扫描仪及调制解调器等。前面我们介绍了 CPU 和存储器，下面我们介绍一些常见的输入 / 输出设备及它们是如何和计算机的其他部件连接的。

2.4.1 总线

物理上，大多数个人计算机和工作站的结构都和图 2-29 所示的结构类似。通常在一个金属箱的底部或侧面有一块印刷电路板，我们称为**主板**（mother board 或 parentboard）。主板上插有 CPU 芯片，还有若干可插入 DIMM 内存条的插槽以及其他各种附属芯片。另外，还有沿主板方向蚀刻的总线和供插输入 / 输出卡之用的插槽。

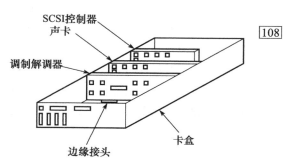

图 2-29　个人计算机物理结构

图 2-30 给出了一台简单的低档个人计算机的逻辑结构。它只有一条总线，用来连接 CPU、存储器和输入 / 输出设备；但多数计算机系统有两条或更多的总线。每个输入 / 输出设备由两部分组成，一部分为 I/O 控制器，包括绝大多数的接口电路；另一部分为设备本身，如磁盘驱动器等。I/O 控制器通常直接集成在主板中，有时也以插卡的形式插在主板的空槽里。尽管显示器（监视器）是计算机的必配设备，但显示控制器（显卡）依然是插接卡，可以让用户选择是否增加图形加速卡和另外的显存等。I/O 控制器通过电缆用机箱后面的插座和它的设备连接在一起。

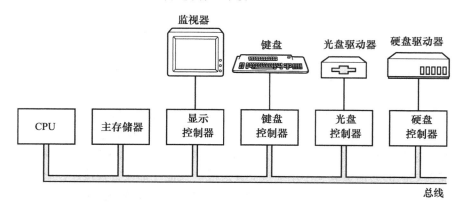

图 2-30　简单个人计算机的逻辑结构

I/O 控制器的任务是控制其输入 / 输出设备和处理总线上的访问信号。例如，当程序需要磁盘上的数据时，它将给磁盘控制器一个命令，然后对磁盘驱动器发出寻道及其他命令。磁头定位到相应的磁道和扇区后，驱动器开始以位流的形式向控制器输出数据。将位流打包成组后写入内存就是 I/O 控制器的任务了。一组通常由一个或几个字组成。I/O 控制器不用 CPU 干涉就能完成对内存的读写，这种方式称为**直接存储访问**（Direct Memory Access），缩写为 **DMA**。数据传送完成后，I/O 控制器发出**中断**请求，要求 CPU 挂起当前运行的程序并启动一个**中断处理**的特定过程，检查此次读写是否有错误，完成必要的处理，并通知操作系统当前

[109]　输入 / 输出结束。中断处理过程完成后，CPU 从断点开始继续执行被挂起的程序。

　　总线不仅要供 I/O 控制器使用，还被 CPU 用来取指令和数据。如果 CPU 和 I/O 控制器需要同时使用总线的话，会出现什么情况呢？这将由一片名为**总线仲裁器**的芯片来决定由谁来使用。一般来说，输入 / 输出设备的优先级高于 CPU，因为磁盘和其他一些移动设备不能暂停，强制它们等待会导致数据丢失。只有当没有输入 / 输出请求时，CPU 才能独占整个总线周期来访问存储器。当然，此时如果有输入 / 输出设备运行，则该设备将在需要时发出总线请求，并得到使用总线的授权。这个过程就是**总线窃取**，它将减慢计算机程序运行的速度。

　　个人计算机刚出现时，这种设计方案工作良好，因为当时的计算机的几大部件基本上比较平衡。然而，随着 CPU、存储器和输入 / 输出设备的速度越来越快，带来了新的问题，即总线将无法负担现在的负载。对于将要淘汰的系统，比如工程工作站，解决这个问题的方法是为新型号的工作站设计一个新的、更快的总线。由于没有人会将老的输入 / 输出设备用于新型号上，所以这也不失为一种解决办法。

　　可是，对 PC 来说，人们经常对 CPU 进行升级，但却要在新系统中保留原来的打印机、扫描仪和调制解调器等外部设备。而且，为 IBM PC 总线提供各种各样的输入 / 输出设备已经成为一个巨大的行业，该行业把它的全部投资投入并启动后，还几乎没有获得任何利润。在推出自己 PC 的新型号 PS/2 后，IBM 才艰难地认识到这点。PS/2 有全新的、速度更快的总线，但绝大多数兼容机的制造商使用的还是旧的 PC 总线，即现在所说的 **ISA 总线**（Industry Standard Architecture，行业标准结构总线）。多数磁盘和其他输入 / 输出设备的提供商也继续为该总线提供控制器，IBM 突然发现了自己的尴尬境地，即它成了唯一不和 IBM PC 兼容的 PC 制造商。最终，还是被迫回来支持 ISA 总线。今天 ISA 总线也只能在旧的系统或者是计[110]算机博物馆中见到，因为它也早被更新和更快的总线所取代。顺便说一句，请注意在讨论机器层次时，ISA 代表指令系统层，不要和 ISA 总线相混淆。

　　PCI 和 PCIe 总线

　　不过，尽管市场不希望改变任何东西，但旧总线实在是太慢了，所以有些事情总是要发生的。在这种形势下，一些公司开发出可支持多总线的机器，其中一条是原来的旧总线，或与其兼容的升级版——**EISA 总线**（Extended ISA，扩展的 ISA 总线）。最后的赢家是 **PCI 总线**（外部设备部件互连，Peripheral Component Interconnect），它是由 Intel 设计的，但 Intel 决定将其专利完全公开，以鼓励整个行业（包括其竞争对手）来采用它。

　　PCI 总线可以用在很多的配置中，图 2-31 给出了一种典型用法。在这种配置中，CPU 通过专用的高速连线和存储控制器相连，该控制器再通过 PCI 总线和内存直接相连，这样，CPU 和存储器之间的通信负载就不用通过 PCI 总线。其他外部设备直接连在 PCI 总线上。采用这种方案的计算机大多还有两到三个空的 PCI 插槽，可以让客户插入 PCI 总线输入 / 输出卡来增添新的外部设备。

　　在计算机的世界里，速度再快也总会有人觉得慢。这个命运同样降临到 PCI 总线的头上，它现在正逐步被 **PCI Express**（缩写为 PCIe）所取代。目前的多数计算机同时支持这两条总线，所以用户们可以把新的快速设备连接到 PCIe 上，而把旧的慢速设备连接到 PCI 总线上。

　　PCI 取代旧的 ISA 总线仅仅是在速度上有所提升，且提高了并行传输的数据的位数，但 PCIe 和 PCI 比却是做了根本的改变。实际上，PCIe 甚至都不能称为总线了。它是采用串行传输和包交换的点到点的网络，传输方式更接近互联网，而不像是传统的总线。图 2-32 给出了[111]　PCIe 的体系结构。

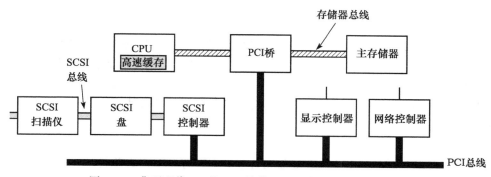

图 2-31 典型现代 PC 的 PCI 总线。SCSI 控制器是 PCI 设备

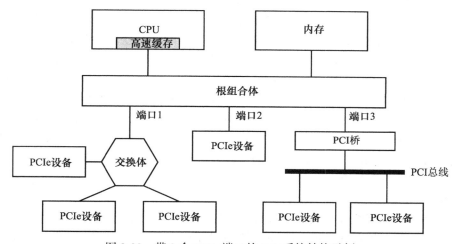

图 2-32 带 3 个 PCIe 端口的 PCI 系统结构示例

PCIe 的问题马上就显露出来。首先，设备之间是串行连接的，也就是说，每次传输 1 位而不是原来的 8、16、32 或者 64 位。人们也许会觉得 64 位传输的带宽肯定要比 1 位的带宽高很多，但实际上，64 位传输带来的延迟上的细微差别，也称为**扭曲**，意味着传输的时钟不能太高。串行传输可以使用高时钟频率，足够弥补缺乏并行带来的速度上的损失。PCI 总线最高时钟频率为 66MHz，就算每个周期传输 64 位，数据传输率也就是 528MB/s。而如果采用 8Gbps 的时钟频率，即使是串行传输，PCIe 的数据传输率也达到了 1GB/s。而且，PCIe 并没有限制设备一定是用单对导线和**根组合体**（root complex）或**交换体**（switch）连接。一个设备最多可以有 32 对称为**数据道**（lane）的导线。由于数据道间不需要同步，因此扭曲就不成为问题。大多数主板上有 1 个 16 道的插槽用来插图形卡，使用 PCIe 3.0 时可给图形卡提供 16GB/s 的带宽，大约是 PCI 图形卡带宽的 30 倍。对于日益增长的 3D 之类的应用这样的带宽是必需的。

其次，所有的通信都是点到点进行的。当 CPU 要和某设备通信时，它发送一个数据包给设备，一般来说不久后可以得到应答。数据包先通过在主板上的根组合体，然后到达设备，也许可能先要通过一个交换体（如果设备是一个 PCI 设备，先通过 PCI 桥）。从所有设备监听同一条总线的系统发展到点对点通信系统的过程，基本和以太网（一种常见的局域网）的发展过程同步，以太网起初也是用广播信道方式，但目前也采用交换方式来支持点到点的通信。 112

2.4.2　终端

目前，计算机还有许多种类型的输入 / 输出设备，下面我们还将讨论几种常用的设备。计算机终端由两部分组成：键盘和监视器。在巨型机时代，这两部分通常组合成一个设备，通过串行线或电话线连接主机。在机票预订、银行和其他面向巨型机的应用行业，这些设备的应用依然十分广泛。对个人计算机来说，键盘和监视器是各自独立的设备。不管怎样，这两部分的技术是一样的。

1. 键盘

键盘有好几种。最早的 IBM PC 键盘在每个键下都有一个弹簧开关，当键被按下时，会发出键盘声，给人一种实实在在的反馈。现在，一些便宜的键盘只在键被按下时产生机械接触，好一些的在按键和线路板之间装有一层弹性材料（一种橡皮），每个键下面有用这种材料做的一个小圆垫，这样，键被按下时，圆垫会产生弯曲，它上面的小导电材料将接通线路板的电路。还有些键盘在每个按键上有磁性材料，键按下时将通过一个线圈产生可以检测到的电流。还有许多其他设计方案的键盘也在应用，但都可以归类到机械式或电磁式的。

对个人计算机来讲，当按键被按下时，将会产生一个中断请求，然后，键盘中断响应程序（操作系统中的一小段程序）将被启动，并由它从键盘控制器的寄存器中读出被按下的键的序号（1 ～ 102）。键被松开时，产生另一个中断请求。这样，若用户按下 SHIFT 键，再按下 M 键，然后松开 M 键，再松开 SHIFT 键，操作系统能知道用户输入的是大写的"M"，而不是小写"m"。处理 SHIFT、CTRL 和 ALT 这些多键组合（包括用来重启 PC 的不著名的 CTRL-ALT-DEL 键组合）的工作完全是由软件完成的。

2. 触摸屏

当键盘在手动打字机发展道路上高枕无忧时，一个新玩意已经出现并用于计算机的输入，这就是触摸屏。随着 Apple 的 iPhone 在 2007 年引入触摸屏，它成为了一个畅销产品而被大家了解和熟悉，实际上它的历史要早得多。第一台触摸屏由位于英国 Malvern 的皇家雷达研究所于 1965 年研制，即使是 iPhone 广为宣传的"捏能力"技术也可以追溯到多伦多大学 1982 年的工作。从那时起，开发了许多不同的技术，并成功应用到市场。

[113]

触摸设备有两大类：不透明的和透明的。典型的不透明触摸设备是笔记本型计算机中的触摸板，而透明的触摸设备中典型的是智能电话或平板电脑的显示屏。我们下面会详细讨论透明的这一类，它们一般被称为**触摸屏**。触摸屏主要可分为红外型、电阻型和电容型。

红外型触摸屏在屏幕框的左边沿和上沿安装有红外线的发射装置，如红外的发光二极管或者是激光发生器，对应地在右边沿和下沿安装有接收装置。当手指、笔尖或者其他不透明的物体阻挡了一条或多条光线时，对应的接收器感应到这个信号，并由硬件设备通知操作系统哪些光线被阻止了，这样，操作系统可计算出手指或笔尖的 (x, y) 坐标。红外型触摸屏已经有较长的历史，现在依然在自助服务设备等场合使用，但没有应用于移动设备上。

另外一类电阻型触摸屏也有较长的历史了。它由两层构成，上面一层具有一定的弹性，布置了许多水平方向的导线；下面的一层布置有许多垂直方向的导线。当手指或者其他物体按压屏幕时，上层的一条或多条导线会接触（或靠近）到下层垂直方向的导线，使连接在导线上的感应器能判断出屏幕上哪部分区域被按压下去了。制造这类触摸屏的成本低廉，被广泛应用于对价格敏感的应用场合。

当屏幕仅仅被一个手指触摸时，这两种类型的触摸屏均可正常工作，但无法处理两个手指同时按下的情景。我们以红外型触摸屏为例来详细说明这个问题，该问题对于电阻型触摸屏也是同样存在的。想象有两个手指分别处于坐标点（3，3）和（8，8）处。结果会使 $x=3$ 和 $x=8$ 两条垂直的光线，以及 $y=3$ 和 $y=8$ 的两条水平光线被阻挡。我们再看另外一种情形，手指放在（3，8）和（8，3）处，也就是长方形（3，3）、（8，3）、（8，8）和（3，8）的另外两个顶点上，这时，还是同样的光线被阻挡，造成软件无法区分这两种情形。这个问题称为**重影**（ghosting）。

为了能检测多个手指同时按下的情况——区分"捏"和"撑"这两个手势所必需的特性——我们需要一种新的技术。目前大多数智能手机和平板电脑（不包括数码相机和其他设备）中使用的是**投射电容触摸屏**（projected capacitive touch screen）。投射电容触摸屏也有多种类型，最常见的当属交互电容式（mutual capacitance）。可以检测到两点或更多点被同时触摸的屏幕称为**多点触摸屏**。下面我们简单地看看它们的工作原理。

对于高中物理知识已经有点想不起来的读者来说，**电容**是一个可以存储电荷的装置。最简单的电容由两个被绝缘体分开的电极组成。现在的触摸屏中，网格状的垂直布置的细"导线"被水平安放的薄绝缘层分隔，当手指触摸屏幕时，被触摸的所有交叉点（也许相隔较远）的电容就会发生变化，而这种变化可以被测量到。作为现在的触摸屏不同于以前的红外型和电阻型触摸屏的证明，你可以试着用钢笔、铅笔、曲别针或带手套的手指触摸屏幕，屏幕应该不会有任何反应。人体特别适合存储电荷，大家在寒冷干燥的冬天在地毯上走过后再去摸金属门把手会被电得生疼就是一个明证。塑料、木制品和金属工具等在作为电容存储电荷方面都比不上人体。 |114|

触摸屏中的"导线"也和我们在通常的电子设备中使用的铜线不同，铜线会阻碍屏幕的透光性。取而代之的是极细（一般为 50µm）的、透明且可导电的铟锡氧化物细丝，粘合在薄的玻璃板的背面，一起构成了电容。在一些新的设计中，不导电的玻璃板也被二氧化硅（就是沙子！）取代，通过三层喷涂固定在基座上。无论哪种方式，电容都被覆盖在其上面的玻璃平板保护，以免弄脏和擦伤。这块玻璃平板也就是被触摸的表面，它越薄，其灵敏度越高，但设备也越容易损坏。

触摸屏工作时，电压交替地加载在水平和垂直的"导线"上，从导线的另一端可以读出被处于交叉点上的电容影响后的电压的值。每秒钟内这个操作都被重复很多次，被触摸的点的坐标值 (x, y) 会形成数据流反馈给设备驱动器，由操作系统进一步处理，如判断是否有点击、捏、撑或滑动等动作发生。如果你用上你的 10 个手指，而且还从你朋友那借来几个，那么操作系统可能会忙起来，但多点触摸硬件依然是能胜任本职工作的。

3. 平板显示器

第一台计算机显示器使用的是**阴极射线管**显示器（Cathode Ray Tube，CRT），就像一台老式电视机。CRT 对于笔记本型计算机来说就显得又笨又重了，所以笔记本型计算机需要一种更为紧凑的显示设备。平板显示器的出现给笔记本型计算机显示器提供了必要的紧凑显示形式，而且能耗也低。到今天平板显示器在大小和能耗方面的优势使其无所不在，基本淘汰了 CRT 显示器。

目前应用最广泛的平板显示器就是 **LCD**（Liquid Crystal Display，液晶）显示器。它在技术上十分复杂，有许多变种，发展也相当迅速，所以我们对它的介绍十分简短，而且会高度简化。

液晶是一种胶状的有机分子，可以像液体一样流动，但又有像水晶一样的空间结构，是 1888 年由一位奥地利的植物学家 Friedrich Reinitzer 发现的，并在 19 世纪 60 年代被首次用来做显示器（如计算器、手表上）。当液晶的所有分子都朝一个方向排列起来，它的光学性质将取决于光进入的方向和光的偏振性。使用特定的电场，可将液晶分子重新排列，也就可以改变其光学性质。更为独特的是，用光照射液晶，透射光的强度可以用电场控制。液晶的这种属性可以用来开发平板显示器。

LCD 显示器的屏幕由两块平行的玻璃中间夹着一层密封的液晶组成，两块玻璃分别连着透明的电极。后面那块玻璃之后有一束光线（自然光或人造光）照射到屏幕上，连在玻璃上的透明电极用来在液晶中产生电场，用不同的电压加在屏幕不同的位置，控制显示的图形。粘在前后两块玻璃板上的是偏振滤光镜，因为液晶显示技术要求使用偏振光。图 2-33a 给出了 LCD 的一般构造。

虽然目前存在多种 LCD 显示器，但我们还是以 TN（Twisted Nematic，绞合向列型）显示器为例来作介绍。这种类型的显示器后玻璃板上有许多微小的水平槽，前玻璃板上有一些微小的竖直槽，如图 2-33b 所示。没有电场存在时，液晶分子将顺着槽排列。由于前后玻璃板的槽的互相垂直，液晶分子（同时导致晶体结构）从后到前将从水平到竖直变化。

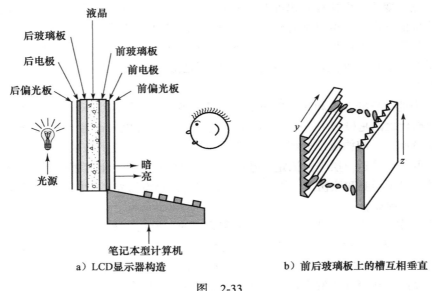

a）LCD显示器构造   b）前后玻璃板上的槽互相垂直

图   2-33

显示器后面是一块水平偏振滤光镜，只允许水平偏振光通过。显示器前面是垂直偏振滤光镜，只允许垂直偏振光通过。如果中间没有液晶，从后面进来的水平偏振光将被前面的垂直偏振滤光镜完全挡住，使屏幕一片漆黑。

但是，有处于中间的液晶分子进行引导，光线将转变其极性，完全成为垂直偏振光。这样，如果没有电场控制，LCD 显示器上也将是一片光亮。通过在选定的位置加上一定的电压，液晶的结构将被破坏，阻碍那个位置的光线通过，将使该位置变黑。

一般有两种方式提供电压。在（廉价的）**被动矩阵显示器**上，两个电极上都是平行的导线。例如，在 1920×1080（全高清视频的分辨率）的显示器上，后面的电极上可能是 1920 根垂直的导线，前面是 1080 根水平的。通过在某根垂直导线上加上电压后，再在某根水平导线上加一个脉冲，两根导线交叉点的电压将被改变，使该点短暂变黑。**像素**（原指构成图片的元素）是构成整个图像的一个彩色点。在下个点和下下个点上重复这个脉冲，一条黑线就画出来了。正常情况下，整个屏幕将在一秒钟内重画 60 次，使眼睛觉得屏幕上有一个固定的图形。

另一种广泛使用的方式是**主动矩阵显示器**。它相对来说昂贵一些，但成像质量也要好一些。它不但有两组互相垂直的导线，在其中的一个电极的每个像素位置上还有一个微型开关。通过打开或关闭这些开关，可以在屏幕上产生跃变电压，也就是在屏幕上产生跃变点阵。这些微型开关称为**薄膜晶体管**（Thin Film Transistor，TFT），采用这种技术的平面显示器也常称为 **TFT 显示器**。目前，大多数笔记本型计算机以及许多桌面计算机配置的独立的平面显示器使用的都是 TFT 技术。

上面我们简单描述了单色显示器的工作原理。可以说彩色显示器在原理上和单色显示器相同，但细节上要复杂得多。彩色显示器中在屏幕上的每个像素用光过滤器将白光分解成红、绿、蓝三原色，并使它们能独立显示出来，通过它们（三原色）的线性组合，就可以创造出屏幕上的万紫千红的各种颜色。

新的屏幕技术依然层出不穷。其中最有前景的一种应该是**有机发光二极管**（Organic Light Emitting Diode，OLED）。它由一层充电的有机分子薄膜，像三明治芯一样夹在两个电极中间。电压升高可引起分子运动加快并转化到高能状态，当分子活动恢复到正常状态时，就会发出光。更多的细节超出了本书的范围（也超出了作者们的知识范围）。

4. 显示存储器

大多数显示器每秒钟都必须刷新 60 ~ 100 次，以获得稳定的显示质量。这些用来刷新的数据被存放在显示控制卡上的专用存储器——**显示存储器**（video RAM）中。显示存储器中存放有代表一屏或多屏图像的位图数据。例如，一个有 1920×1080 个**像素**的屏幕，显存中应存放 1920×1080 个数值，每个数值对应一个像素。实际上，显存中存放着好几个这样的位图数据，以实现不同屏幕图像的快速切换。 |117|

普通显示器中，每个像素被表示为 3 字节的 RGB 值，每个字节分别用来表示该像素点的红、绿、蓝颜色的亮度（高端显示器用 10 个或更多字节表示一种颜色）。根据物理规律，任何颜色都可以通过红、绿、蓝三种光进行线性组合获得。

对于 1920×1080 分辨率的显示器来说，如果每个像素点用 3 字节表示，则其显存需要接近 6.2MB 的容量来存放图像信息，同时，对图像的任何动作都要花费 CPU 相当多的时间。为此，一些计算机做了一些折衷，用 1 个 8 位的数来表示显示的颜色。用这个 8 位的数作为索引，去查一个称为**调色板**的硬件表，该表有 256 项，每项中存放一个 24 位的 RGB 值。这种设计也称为**索引色**，它可将显存需要的空间降低 2/3，带来的后果是每次显示只能有不超过 256 种颜色。一般情况下，屏幕上每个窗口有自己的位图，但由于只有一个硬件调色板，所以当屏幕上有多个窗口时，通常只有当前窗口能正确着色。具有 2^{16} 项的调色板也已经使用了，但获得的收益仅有 1/3。

位图显示器对带宽要求也很高。为在 1920×1080 分辨率的显示器中显示全屏幕、全彩色的多媒体图像，就要求在显示一帧图像的时间内，复制 6.2MB 的数据到显示存储器中。对全动画的图像，每秒至少要显示 25 帧，总的数据传输率要达到 155MB/s。这种带宽要求已经超过了 PCI 总线的传输能力（132MB/s），但 PCIe 还是能应付自如。

2.4.3　鼠标

随着时间的推移，越来越多对计算机技术不太了解的用户开始使用计算机。ENIAC 时代的计算机只供制造者本身使用。20 世纪 50 年代，计算机用户也仅仅是那些技术精湛的专业程序员。但现在，计算机的用户已经发展到那些需要计算机完成一定工作，却对计算机工作原理知之甚少（甚至是刚想了解），也不知道如何编程的人。

过去，大多数计算机提供的只是命令行接口，供用户输入命令。由于并非计算机专家的那些用户认为命令行接口这种界面不太友好，所以许多计算机公司，如果不是对用户怀有敌意的话，开发出了供用户点击的界面，比如 Macintosh 和 Windows。使用这种界面要求有在屏幕上点击的设备，最常用的点击设备就是鼠标了。

鼠标是放在键盘旁边桌面上的一个小塑料盒。当用户将它在桌面上移动时，屏幕上的一个小箭头也跟着移动，使用户可以点击屏幕上的点击项。鼠标有单键、两键和三键三种，供用户选择菜单项。对鼠标上到底应该有多少个键一直是争吵不休。喜欢简单的用户希望只有一个键（如果那样的话，那就不会按错键了），但经验丰富的用户就喜欢多键鼠标带来的许多方便。

现在有三种类型的鼠标：机械式、光学式和光电式。机械式鼠标底部有两个轴互相垂直的橡胶轮。当鼠标向与其主轴平行的方向移动时，一个轮子会转动；当向与其主轴垂直的方向移动时，另一个轮子转动。每个轮子各驱动一个可变电阻（电位器）。通过测量电阻值的变化，就可以得到鼠标在每个方向上的位移。近几年来，鼠标底部的轮子逐渐被少许突出的小球所取代，如图 2-34 所示。

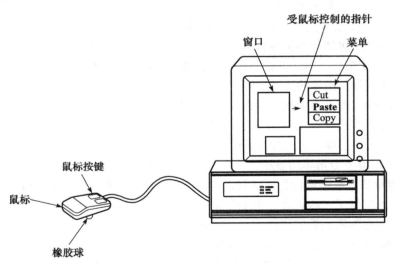

图 2-34　用来点击菜单项的鼠标

第二种鼠标是光学式鼠标，它的底部没有轮子，也没有球，而是由一个**发光二极管**（Light Emitting Diode，LED）和一个光检测器代替。早期的光学鼠标下面必须是一个特制的塑料垫，塑料垫上是距离很近的线条用来感知鼠标越过了线条，并获得鼠标移动了多远。现在的光电鼠标有一个 LED 光源用来照亮鼠标下面的表面，然后用 1 个摄像头来拍摄 1 个小范围的图片（一般为 18×18 像素），拍摄速度最高达 1000 次/秒。通过对连续的图片进行比较来获得鼠标移动的距离。有些光电鼠标改用激光来代替 LED 照明，效果更为精确，但成本也更高。

第三种鼠标是光电式鼠标，和新式的机械式鼠标类似，它的底部是一个可以互为垂直的两个轴旋转的小球。两个轴上连有译码器，上面有光线可以通过的小裂缝。鼠标移动时，带动轴旋转，当裂缝正好位于 LED 和检测器之间时，检测器可以感知到一个光脉冲。脉冲数和鼠标的位移成正比，对脉冲计数就可以得到鼠标的位移。

尽管有多种方式来运用鼠标，通常的解决方法是在鼠标移动一个最小位移单位（比如 0.01 英寸），有时也叫 1 个 mickey 后，向计算机发送一个 3 字节的串。一般情况下，这个串是通过串行线进入计算机，一次传送一位。第一个字节是一个有符号整数，表示鼠标在上次发送数据之后于 x 方向上的移动量，第二个字节与其类似，表示的是 y 方向的位移量。第三个字节描述鼠标按键当前的状态。有时，两个坐标方向的位移量需要各用 2 个字节表示。

当这些字节发送到计算机中后，计算机的底层软件接收这些信息，并将相对位移量转换成鼠标的绝对位置，然后在屏幕上对应位置显示一个箭头来表示鼠标的当前位置。当箭头指向正确的菜单项时，如果用户按下鼠标上的键，计算机就可以从箭头在屏幕上的位置计算出哪个菜单项已被用户选择。

2.4.4　游戏控制器

一般来说视频游戏通过众多的 I/O 命令来和用户进行交互，为此，游戏机市场上出现了许多专门为此开发的输入设备。本节我们讨论两种新近推出的视频游戏控制器，任天堂的 Wiimote 和微软的 Kinect。

1. Wiimote 控制器

和任天堂的 Wii 游戏机一起于 2006 年推出，Wiimote 控制器由传统的游戏手柄加上双动作感知能力构成。所有 Wiimote 上的互动通过蓝牙被实时发送给游戏机。动作传感器使 Wiimote 可以感知本身在三维空间中的移动，另外，当对准一台电视机时，它还能提供细粒度的瞄准能力。

图 2-35 给出了 Wiimote 是实现动作感知功能的原理。追踪 Wiimote 在三维空间中的移动是由其内部的 3- 轴加速器完成的，该设备包含 3 个小滑块，每个可分别沿 x，y 和 z 方向（相对于加速器芯片）移动，移动的距离和其对应坐标轴上的加速度成比例，并能带动滑块上的电容，其另一极连接在固定的金属片上。通过测量 3 个电容的变化，就能感知三个轴向的加速度。采用这种技术和一些经典的算法，Wii 游戏机可追踪 Wiimote 在空间中的运动。当你挥动 Wiimote 击打一个虚拟的网球时，Wiimote 击球的动作可以被追踪到；而且如果你最终翻动手腕击打一个上旋球时，Wiimote 中的加速器也能感应到这个动作。

对于 Wiimote 在三维空间中的移动，加速器可以完美地追踪，但是，它无法提供控制一个电视屏幕上的指针所必需的细粒度的动作感应能力。加速器需要容忍在对加速度测量过程中无法避免的细微误差，随着时间的增加，误差也在不断累积，造成无法精确得到 Wiimote 的准确位置（仅仅基于加速器的测量）。

为了提供细粒度动作感应能力，Wiimote 利用了一种智能计算机视觉技术。它在电视机顶上安装了一个"感应条"，包含有一些等距离间隔的 LED 灯。而在 Wiimote 中装有一个镜头，用它对准感应条时可以得到 Wiimote 相对于电视机的距离和方向。由于感应条中的 LED 灯是等宽放置的，由 Wiimote 观测到的灯的距离和 Wiimote 到电视机的距离是成比例的。在 Wiimote 视野中的感应条的位置指示了 Wiimote 所瞄准的电视机上的点。不断地感知这个方向，就有可能得到细粒度的瞄准能力，而不受到加速器位置测量错误的干扰。

120

121

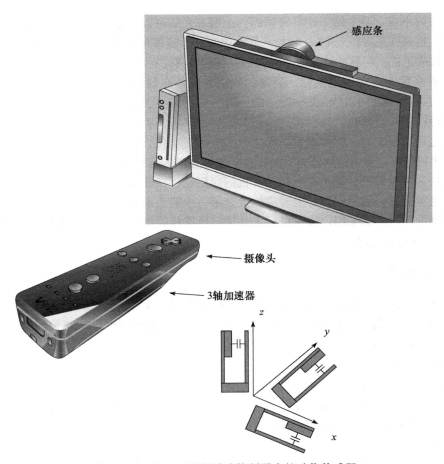

图 2-35　Wiimote 视频游戏控制器中的动作传感器

2. Kinect 控制器

微软的 Kinect 将游戏控制器的计算机视觉处理能力提高到了全新的层次，仅仅使用计算机视觉技术来完成用户和游戏机的交互。游戏设计者事先把你的手、胳膊以及其他任何他能想到的你可能使用的动作设计在游戏中，这样，Kinect 就可以通过感应用户在房间中的位置，以及他们身体的朝向和动作来控制游戏机做出相应的处理。

Kinect 的动作感知能力是通过景深摄像头和视频摄像头结合而获得的。景深摄像头先发出二维阵列的红外激光，然后用红外摄像头捕捉其反射光，利用"结构光"计算机视觉技术，根据红外光线被物体表面反射后的分散情况，计算出物体在 Kinect 视野中的距离。

景深信息和由视频摄像头获取的纹理一起，生成了纹理景深图，经计算机视觉算法处理后可以定位用户在房间中的位置（甚至可以识别人脸）、方向并得到他们肢体的动作。完成这些过程后这些信息（在房间中有关人的信息）被发给游戏机并据此来控制视频游戏。

2.4.5　打印机

准备好一份文件或从万维网上下载一个网页后，用户经常希望将它们打印输出，故许多计算机都能连接打印机。本节我们介绍几种常用的打印机。

1. 激光打印机

自从 15 世纪 Johann Gutenberg 发明活字印刷设备以来，最激动人心的进步也许就是**激光打印机**了。这种设备集高质量打印效果、灵巧、高速和中等的价格于一身，技术上几乎和复印机完全一样。事实上，许多公司出品既能打印，又能复印（有时还能收发传真）的设备。

图 2-36 是激光打印机的原理图，其核心部件是可精确旋转的硒鼓（在某些高档打印机中是一条皮带）。开始打印一页之前，硒鼓被加上 1000 伏左右的电压，并覆盖上一层感光材料。然后，一束激光经一面八角镜反射后，沿鼓的横向扫过硒鼓。调整激光束的照射，可在硒鼓表面生成亮点和黑点，被激光照射过的点将失去电压。

准备好一条打印线后，磁鼓旋转一个角度，开始准备下一条打印线。最后，第一条打印线上的点阵遇到了碳粉盒，里面放着可被静电吸附的碳粉。碳粉被硒鼓上还保留有静电的点吸附，在其表面"显现"出要打印

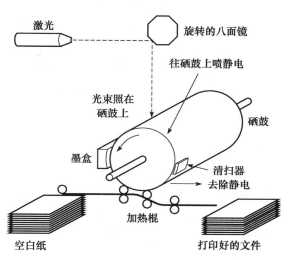

图 2-36   激光打印机的工作原理

的结果。不久，吸附了碳粉的硒鼓遇到了打印纸，并将吸附的碳粉传给打印纸。打印纸通过高温滚筒的烘烤，碳粉被永久熔化在纸面上，形成最后的打印结果。然后，硒鼓被放电，上面剩余的碳粉被清扫干净，以备打印下一页时重复上述过程。

这个过程是极其复杂的，综合了物理学、化学、机械工程和光学工程等多门学科，这里不再详细叙述。然而，还是有多家供应商能提供完整的核心硬件，也称为**打印引擎**。激光打印机厂商将打印引擎配上自己的逻辑电路和驱动软件，才形成一台完整的打印机。打印机的逻辑电路由一片快速的嵌入式 CPU 和数兆内存组成。内存用来存储整页的点阵和各种打印字体，有些字体固化在打印机中，有的是使用过程中通过下载装入的。多数激光打印机可以接收描述打印页面的命令（而点阵打印机只能接收由主机的 CPU 准备好的点阵），这些命令用类似于 HP 的 PCL 或 Adobe 的 PostScript（或 PDF）语言给出，尽管是专门为打印机而设计，但确实是一种完整的语言。

600dpi 或以上的激光打印机能打印出理想的黑白图像，但技术上与人们首先想象的有点不一样。例如，想象一下在一台 600dpi 的打印机上打印一张以 600dpi 分辨率扫描的黑白图像。扫描出的图像中每英寸有 600×600 个像素，每个像素还有一个从 0（白色）~ 255（黑色）的灰度值。激光打印机当然也能打印出 600dpi 的像素，但每个像素要么是黑色（有碳粉），要么就是白色（没有碳粉），灰度就体现不出来了。

这个问题的通常的解决办法是采用**过渡色**技术，给图像加上灰度，和平常印制商业广告时的办法一样。具体来说，就是将图像的点分解成过渡色的元素，每个元素一般是 6×6 个像素组成。这样，每个元素就有了 0 ~ 36 这 37 级不同的黑度，在人眼看来，像素多的元素当然比像素少的元素要黑一些。将 0 ~ 255 的灰度值分解成这 0 ~ 36 级，即灰度值为 0 ~ 6 的分到第 0 级，7 ~ 13 分解到第 1 级，依次类推（最后的第 36 级代表的灰度值少一些，因为 256 不能被 37 整除）。然后，不管遇到处于第 0 级的哪个灰度值，其过渡色元素都是在纸

面上留下一片空白，如图 2-37a 所示。遇到第 1 级的值时在纸面上输出一个黑色的像素。第 2 级的话就输出两个像素，如图 2-37b 所示。图 2-37c ~ f 分别给出了其他几个级别的值对应的输出结果。然而，用 600dpi 分辨率扫描的图形如果这样输出，其实际分辨率将降低到 100 元素 / 英寸，这就是**过渡色屏幕级别**，通常用 **lpi**（线数 / 英寸，lines per inches）表示。

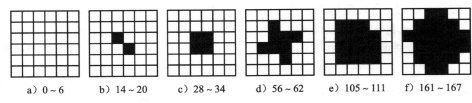

a）0 ~ 6   b）14 ~ 20   c）28 ~ 34   d）56 ~ 62   e）105 ~ 111   f）161 ~ 167

图 2-37   不同灰度级别的过渡色点

2. 彩色打印机

尽管大多数激光打印机都是单色的，但彩色激光打印机的使用也逐渐开始普及。因此，在这里介绍一些彩色打印的技术（也适用于喷墨及其他打印机）应该是有用的。正如你所想，彩色打印并不是那么简单。根据观测办法的不同，彩色图像可分成两类：发射光图像和反射光图像。发射光图像，如监视器生成的图像，是将三种正原色——红、绿、蓝线性叠加后组合而成的。

相反，反射光图像，如彩色照片和画报上的图片，是将自然光中特定波长的光吸收，并反射剩下的光而形成的，即将三种负原色——青（所有红光被吸收）、品红（所有绿光被吸收）、黄（所有蓝光被吸收）线性叠加后组合而成。理论上，所有的颜色都可以通过将青、黄和品红三色的墨水混合而生成，但现实中，要生成一种足够纯的墨水来吸收所有的光线，即生成黑色十分困难。因此，几乎所有彩色打印机都使用四种颜色的墨水——青（cyan）、黄（yellow）、品红（magenta）和黑色（black）。基于负原色的彩色打印机称为 **CYMK 打印机**。"K"在这里代表"blacK"，但也可以理解为"Key"，表示主版，这样就和传统的四色印刷制版体系一起来了。相反，采用发射光生成彩色的监视器用的是 RGB 三种加原色，称为 RGB 系统。

我们把显示器或打印机能生成的全部颜色叫做它的**色移**（gamut）。没有一种设备的色移能和现实世界相比，因为它们最多能提供 256 级亮度，也就是 16 777 216 种不同的颜色。技术上的缺陷使颜色的种类不能更多，但就是这有限的颜色也不是均匀分布在色谱图上。而且，视觉的形成，也就是光线如何作用于视网膜内的棒状和圆锥状感光细胞方面还有许多工作要做，并且不仅仅是物理光线本身。

据此，要将一幅在屏幕上看起来不错的图像一模一样地输出到打印机上还存在不少的问题。主要有：

1）彩色监视器使用的是发射光，而彩色打印机只能用反射光。

2）CRT 的每种颜色可以有 256 种亮度，而彩色打印机只能用过渡色。

3）监视器的背景为黑色，但打印纸的颜色为白色。

4）监视器用的 RGB 和打印机用的 CMYK 的色移不同。

所以，要打印出可以和现实世界（或只是和显示器上的图像）相比拟的彩色图像，就要求有高精确度的硬件设备、高度复杂的构造或者使用 ICC（国际色彩联盟，International Color Consortium）配置文件的软件，以及具备大量专业知识的用户。

3. 喷墨打印机

喷墨打印机非常适合低成本的家用打印。它使用可移动的打印头，上面带有墨水盒，通过皮带带动水平地扫过纸张表面，墨滴从底部的小喷嘴喷出完成打印功能。小墨滴的体积大约为 1 皮升，也就是说，1 亿个小墨滴可以构成我们平常说的 1 滴水。

喷墨打印机可以分为两类：压电式（EPSON 采用）和热敏式（Canon、HP 和 Lexmark 采用）。压电式打印机的墨盒喷嘴附近有 1 个小的特殊的压电陶瓷，当对它加上电压时，压电陶瓷会发生微小的形变，将墨滴从喷嘴中挤出。电压越高，挤出的墨滴越大，这样，驱动程序可以控制墨滴的大小。

热敏式喷墨打印机（也称为**热泡式打印机**）在每个喷嘴里安装 1 个很小的电阻。当通上电流时，电阻丝快速加热其周围的墨汁，使其气化形成一个气泡。气泡比形成它的墨汁的体积要大，在喷嘴内产生压力，使它从唯一的出口也就是喷嘴中喷出到纸面上。喷嘴冷却下来，产生的真空使它从墨盒中吸入下一滴墨汁。打印机的速度由此被重复加热 / 冷却的周期所限制，而且，墨滴的大小总是一样的，不过比起压电式的来说要小。

喷墨打印机一般的分辨率达 1200dpi 以上，高端的已经达到了 4800dpi。它们价格低廉、无噪音、打印效果好，尽管打印速度相对慢一些，还要使用昂贵的墨盒。在专门的铜版相纸上，最好的高端喷墨打印机可以打印出专业的高分辨率相片，就算是幅面达到 8×10 英寸大小，效果也可和传统的冲印相片相媲美。

要得到最好的打印效果，就要用特制的墨水和打印纸。目前有两类墨水，一类是**染料墨水**，是将染料溶解在液体中制造的，它的颜色鲜艳，不易阻塞，但主要缺点是暴露在强光下，如在阳光下时容易褪色。另一类是**色素墨水**，它是将固体小颗粒的色素悬浮在液体中制成，待溶剂在纸面上蒸发后，色素颗粒留在纸面上形成彩色。这种墨水不会随着时间的推移而褪色，但不如染料墨水鲜艳，而且色素颗粒容易堵塞打印头中的小喷管，需要定期进行清洗。打印彩色照片需要使用铜版纸或光泽纸，这两类特制的纸可以不使墨滴发洇。

4. 特制打印机

当激光打印机和喷墨打印机占据了家用和商用打印机市场时，在一些对打印属性，如色彩质量、价格等有特殊要求的场合，会使用一些其他类型的打印机。

固体喷墨打印机是喷墨打印机的一个变种。它将 4 种特制的蜡状油墨混合在一起后，高温熔化成液体油墨，存放在打印头中。为等待墨的熔化，这种打印机的启动时间可长达 10 分钟之久。打印时，将热墨喷到纸面上，再用滚筒在两边压，使油墨重新固化并凝结在纸上。在某种程度上，它结合了喷墨打印机喷墨和激光打印机将磨粉熔化并用滚筒压在纸面上的思路。

另外一种是**热蜡转印打印机**。它将 CYMK4 种颜色的石蜡做成页面大小的 4 段，纸面在石蜡下移动时，许多的热源对其进行加热，将相关像素点熔化，再经过压制，将石蜡固定在纸面上，构成 CMYK 系统的像素。石蜡打印机曾经是最主要的彩色打印技术，但现在已被其他的廉价打印机所取代。

还有一种彩色打印机是**染料升华打印机**。尽管其名称有点弗洛伊德式的弦外之音，但升华是物质直接从固态不通过液态变到气态的科学名称。干冰（固态二氧化碳）是一种大家熟知的具有升华性质的物质。在染料升华打印机中，墨盒里放 CYMK4 种染料，打印头可以加热，且热度可以由程序控制。染料通过打印头时，马上被气化，并被旁边的特制纸吸收。打印头中的每个热源可以产生 256 种不同的温度，温度越高，蒸发出的染料越多，颜色的亮度越高。和所有其他种类的打印机不同，染料升华打印机能给每个像素打出几乎相近的颜色，所以可不用过度色技术。小型快照打印机经常使用染料升华技术在特制的（也是昂贵的）相纸上打印色彩逼真的彩色相片。

最后，我们谈谈**热敏打印机**。它的小打印头中安装有一些很小的可加热的针，当电流通过其中时，针很快被加热。当特制的热敏纸从打印头前拉过时，加热过的针头的热量在打印纸上形成一个点。事实上，热敏打印机和以前的针式打印机有点像，通过打印针击打打印色带，往色带后面的打印纸上印上一个点。热敏打印机在商场的收据打印、ATM 机和自动加油站等场合得到广泛的应用。

2.4.6　电信设备

今天，大多数计算机已经连接到计算机网络，通常是互联网当中。计算机要访问互联网，需要有特别的设备。本节我们讨论这些设备的基本工作原理。

1. 调制解调器

随着近年来计算机用途的不断扩展，计算机之间的通信越来越普遍。例如，许多人都在家中有个人计算机，它们常被用来与办公室的计算机通信，或与互联网网络服务商（Internet Service Provider，ISP）通信，或者是与家庭银行系统进行通信。很多情况下，这些通信使用电话线作为底层通信介质。

可是，由于电话线（或者电缆）本身并不适合用来传递数字信号，即用 0 伏电压表示的 0，和 3 ~ 5 伏电压表示的 1，如图 2-38a 所示。当直接用这两种电压来在原本设计用来传递语音信号的电话线上传递时，会受到相当大的干扰，导致传输出错。如果用频率为 1000 ~ 2000Hz 的正弦波信号作为**载波信号**，将使传输错误降低许多，事实上，这也是大多数电信系统的基础。

由于正弦波的波动是完全规律的，所以如果只是正弦波的话，将不能传递任何信息。可是，我们通过改变正弦波的振幅、频率或相位，就可以传递一串 0 和 1 组成的信号，如图 2-38 所示。我们把这个过程叫做信号的**调制**，而完成这个过程的设备叫做**调制解调器**，其中 Mo 代表调制器（Modulator），dem 代表解调器（DEModulator）。**调幅**（见图 2-38b）是分别用不同的电压来表示 0 和 1。如果我们监听一条低速传输数字信号的电话线，传输 1 时将听到一阵杂声，传输 0 时则没有声音。

调频（见图 2-38c）的话，载波的电压（振幅）是稳定的，但用不同的载波频率来表示 0 和 1。监听调频数字电路将听到两种不同的声调，分别对应 0 和 1。调频常常也称为**频移键控法**（frequency shift keying）。

简单的**调相**过程（见图 2-38d）中，当传送的数字信号由 0 变为 1 或由 1 变为 0 时，载波的振幅和频率保持不变，但其相位将做 180 度的转变。更复杂一些的调相系统中，在每个单位时间片的起始位置，载波的相位可能突变 45、135、225 或 315 度，以此来分别表示两位编码的变化，我们称为**双位调相编码**。例如，可以用相位变化 45 度表示 00，变化 135 度表示 01 等。甚至还存在一个单位时间片内传送 3 位或更多位的调相方式。单位时间片内的不同的载波相位数（也就是说，每秒钟内载波信号最多能变化的次数）为载波的**波特率**。对于每个载波相位传送 2 位以上的传输方式，比特率将超过波特率。许多人经常将这两个概念弄混淆。再次说明：波特率是每秒钟载波信号变化的次数，而比特率是每秒传输的二进制数据位数。一般情况下，比特率为波特率的倍数，但理论上比特率也可能小于波特率。

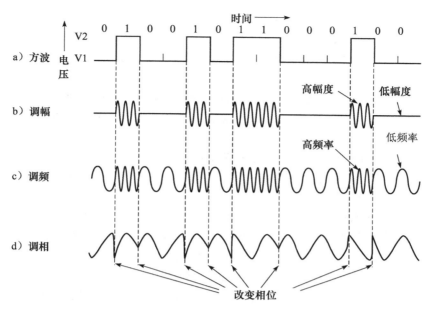

图 2-38　在电话线上逐位传送二进制数 01001011000100

　　如果被传送的数据是一串 8 位的字符，当然就会希望有一个连接能同时传递 8 位数据，也就是说，希望有 8 对导线。由于语音电话只提供了一个通路，所以数据位必须串行传送，即一位传送过后再传送下一位（如果是双位编码则将两位一组传送）。从计算机中以方波信号的形式逐位接收信号，然后用调幅、调频或调相方式以一位或两位一组的形式发送出去的设备就是调制解调器。为了标记每个字符的起始和结束，一个 8 位的字符通常在发送之前要加上起始位和停止位，使得总共有 10 位长。

　　发送数据的调制解调器发送字符中每位的时间长度是固定的。例如，波特率为 9600 的调制解调器就意味着每 104 微秒传送一位。位于接收端的调制解调器负责将载波信号还原成二进制数据。因为数据以固定速度抵达接收端，一旦接收方调制解调器得到字符的起始位，其时钟就可以控制何时从电话线的信号上取样，读出后续的数据位。

　　目前的调制解调器的数据传输速度为 56kbps，但其波特率通常要低得多。它们使用一种技术，在一个波特里以调幅、调频或调相方式传送多位数据。所有的调制解调器都是**全双工**工作，即它们能同时双向发送和接收数据（用不同的频率）。某段时间内只能向一个方向传输数据的传输线和调制解调器（就像单线铁路，不能同时有两个方向的火车在运行）为**半双工**工作。只能单向传送数据的线路为**单工**线路。

　　2. DSL

　　在电信公司终于将传输速度提高到 56kbps 时，它自己觉得做了一件不错的工作。然而，此时有线电视已经能在共享电缆上提供 10Mbps 的传输速度，卫星公司更准备地提供了最高达 50Mbps 的带宽。由于互联网接入已经是公司业务的重要增长点，**电信公司（电话公司）**开始意识到他们需要提供比拨号的电话线更有竞争力的产品，其应对之策是开始提供新的数字互联网接入服务。这些比标准的电话服务带宽更宽的服务常称为**宽带**，虽然这个术语市场味道比起其他的味道要浓很多。从一个非常狭窄的技术角度看，宽带意味着有多个信号通道，而基带只有一个信号通道。这样，从理论上说，10G 的以太线路，尽管比任何电话公司提供的"宽带"都要快很多，也根本不能称为宽带，因为它仅有一个信号通道。

129

最初，电信公司为用户提供了多种宽带服务，都统一命名为 **xDSL**（数字用户线路，Digital Subscriber Line），仅仅是 x 有所不同。下面我们要讨论的是这些服务中可能将最为流行的 **ADSL**（非对称 DSL）。由于 ADSL 技术还在不断发展，目前，也不是所有的标准都已经制订完成，这里讨论的一些细节问题可能会随着时间发生一些变化，但其中那些基本的概念应该是正确的。如果需要了解 ADSL 的更多的信息，可以参考 Summers（1999）和 Vetter 等（2000）。

调制解调器速度太慢的原因，主要是电话是用来传递人们的声音，整个系统都为此进行了精心的优化，而传输数据的功能并没有受到足够的重视。从每个电话用户到电话局的**本地回路**，都按照习惯被电话局中的滤波器限制在 3000Hz 的频率范围内，正是这个滤波器限制了数据传输速率。本地回路的实际带宽与它的长度有关，但对于一般为几公里距离的电话线路来说，达到 1.1MHz 应该是没有问题的。

图 2-39 给出了最普遍的一种 ADSL 实现原理。实际上，ADSL 所做的就是把原来的滤波器去掉，然后，将本地回路上 1.1MHz 的频谱划分成 256 个独立的频道，每个是 4312.5Hz。0 频道用于 **POTS**（无格式的原语音服务，Plain Old Telephone Service）。频道 1 ~ 5 不用，以保证语音信号和数据信号互不干扰。其余的 250 个频道中，1 个用于上传控制，1 个用于下传控制，其他的就可全部用于传送用户数据了。这样，ADSL 就好像有 250 个调制解调器一样。

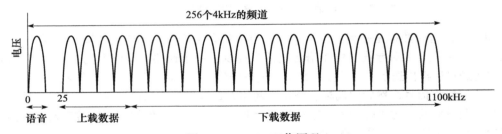

图 2-39   ADSL 工作原理

原理上说，每个频道都可以用来进行全双工的数据流传送，但是，和声、串话以及其他的不利因素使实际的系统远低于理论上的限制。这样，服务提供商就需要决定用多少频道来上传数据，多少频道下传数据。上、下传频道各 50% 从技术上说是可以的，但大多数服务商愿意将 80% ~ 90% 的带宽用于下传数据，因为一般来说 ADSL 用户下载数据远多于他们的上载数据。这种频道上的分配正是其名称 ADSL 中 "A" 的含义（A 代表不对称，Asymmetric）。常见的一种分配方案是将 32 个频道用于上载，其余的用于下载数据。

在每个频道内，线路的信号质量不断地被监控，并在必要时对传输速度进行调整，这样，就造成不同的频道有不同的数据传输速度。实际的数据使用一种调幅和调相组合的模式传送，每个波特最多传送 15 位数据。例如，下载频道为 224 个，波特率为 4000，每个波特传送 15 位数据，那么 ADSL 下载带宽为 13.44Mbps。实际的电话线的信噪比指标无法使 ADSL 达到这个速度，但在高质量的回路上，短时达到 4 ~ 8Mbps 的速度还是可能的。

图 2-40 是 ADSL 的典型应用配置。这种模式下，用户或电信公司的技术人员必须在客户家中安装一个 **NID**（网络接口设备，Network Interface Device）设备。这个小塑料盒标志着电信公司资产的结束和用户资产的开始。紧邻着 NID（或者有时干脆就结合在一起）是一个模拟信号**分离器**，它将 0 ~ 4000Hz 的波段分开，分别给 POTS 和数据使用。POTS 信号分给原来的电话或传真机，而数据信号分给 ADSL 调制解调器。ADSL 调制解调器实际上就是一个数字信号处理器，相当于 250 个并行工作在不同频率的调制解调器的作用。由于现在的

ADSL 调制解调器大多数为外置的，这样，计算机必须要和它有高速连接。通常，这是通过在计算机内装一个以太网卡，并运行一个只包含计算机和 ADSL 调制解调器的超短距离的两节点以太网程序来实现的。（以太网是一个十分流行和廉价的局域网标准。）偶尔也有用 USB端口代替以太网的情况。将来，肯定会出现内置的 ADSL 调制解调器卡。

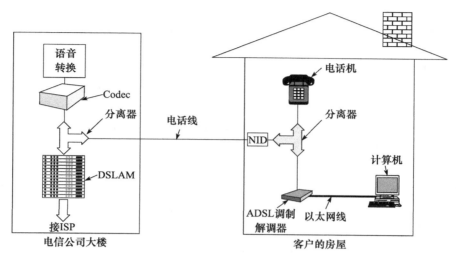

图 2-40　典型的 ADSL 设备配置

　　电话线的另一端，也就是电信公司那边，也需要安装一个对应的分离器。在这里，信号中的语音部分被分离出来，并送到一般的语音交换机。高于 26kHz 的信号被送到一个名为**DSLAM**（数字用户线路接入复用器，Digital Subcriber Line Access Multiplexer）的新设备，它包含有和 ADSL 调制解调器功能相同的数字信号处理器。只要数字信号被还原成位流，就会被组合成数据包，然后发送给 ISP。

　　3. 有线电视接入技术

　　目前，许多有线电视公司提供通过其电缆接入互联网络的服务。有线电视接入技术和ADSL 有很大的不同，值得在此简单介绍一下。每个城市的有线电视运营商都会有一座办公大楼，还有许多叫做**数据转发器**的盒子，里面全是电路，分布在它的势力范围内的各个角落。数据转发器通过高速电缆或光纤和办公大楼相连。

　　每个数据转发器有一根或多根电缆，这些电缆穿过数以百计的家庭和办公室。有线电视用户在穿过自家的电缆上接通信号，这样，数以百计的用户将共享同一根到数据转发器的电缆。通常，有线电视信号电缆的带宽大约为 750MHz。有线电视系统和 ADSL 的根本区别在于，电话用户有独自的（也就是非共享的）电线通向电信公司。尽管从实际使用的情况看，单独享用一条 1.1MHz 到电信公司的信道和与 400 个用户（其中一半不会同时使用信道）共享 200MHz 的频谱差别不大。当然，这还是意味着，使用有线电视接入互联网的用户可以在早晨 4 点钟得到比下午 4 点钟更好的服务，而 ADSL 用户得到的服务在全天的任何时段基本上是相同的。希望得到优质的有线电视接入互联网服务的用户可能愿意考虑搬到富人区居住（房子之间距离较远，故每根电缆的共享用户要少），或干脆搬到穷人区（没有人能享受得起互联网服务）。

　　由于有线电视的电缆是一个共享的传输介质，因此，裁定由谁、什么时候、以何种频率来发送信号是信号传输的一个关键问题。为了解其工作原理，我们首先要先了解有线电视的

131

运行原理。北美地区的有线电视频道一般使用 54 ~ 550MHz 的频率区间（其中要除去给调频广播的 88 ~ 108MHz）。每个频道使用 6MHz，包括用来防止信号在不同频道中泄漏的隔离波段。在欧洲，电视信号使用的最小频率为 65MHz，每个频道使用 6 ~ 8MHz，以满足传输高分辨率的 PAL 制式和 SECAM 制式信号的要求，其他情况和北美地区是相似的。电视信号传输并没有使用最低波段那部分。

为了在有线电视电缆上接入互联网，有线电视公司需要先解决两个问题：

1）如何在不干扰有线电视节目的情况下增加互联网的接入？

2）由于传统的有线电视信号放大器是单向传输的，如何使它能适应双向传输的要求？

有线电视公司选择的解决方案如下。目前的有线电视电缆传输频率高于 550MHz 时，甚至到 750MHz 或更高的时候，也能保证运行正常。这样，可让上载的流量（即用户端到数据转发器的流量）使用 5 ~ 42MHz 波段（在欧洲可以更高一些），而让下载流量（即数据转发器到用户端的流量）使用高端的频率段，如图 2-41 所示。

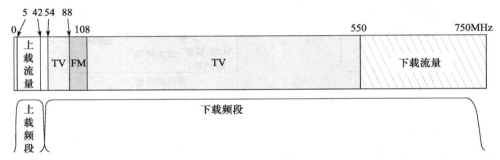

图 2-41   用于互联网接入的典型有线电视系统的频段分配

需要注意的是，由于电视信号都是下传的，这样，就可以用一个仅工作于 5 ~ 42MHz 频率区间的上传信号放大器和另一个仅工作于 54MHz 及以上频率区间的下传信号放大器，如图 2-41 所示。这样，由于电视信号波谱中，低频部分要少于高频部分，造成了上传信号和下传信号的不对称。另一方面，下载流量正好远高于上载流量，有线电视运营商也十分乐意接受这个现状。我们前面也谈到，电信公司通常提供的也是非对称的 DSL 服务，尽管他们在技术上，并没有理由要这样做。

这样，通过有线电视电缆接入互联网，需要有一个有线电缆调制解调器（cable modem），它是一个有两个接口的设备：一个连接到计算机，另一个接口连接到电缆网络。计算机到有线电缆的调制解调器接口十分简单，就是和 ADSL 一样的常规以太网。也许在不久的将来，整个调制解调器将变成一块内置在计算机中的小卡，就像连接电话的调制解调器一样。

另一端的接口就比较复杂一些。要实现一大堆处理无线电工程的电缆标准，这些已经超出了本书的范围。需要在这里特别指出的一点是，和 ADSL 调制解调器一样，cable mdodem 是一直保持连接的。也就是说，设备一加电，就将建立连接，并一直保持，除非电源断电。因为有线电视运营商并不根据连接时间进行计费。

为更好地理解它们的运行原理，让我们先看 cable modem 接入并加电后发生的现象。调制解调器扫描下载频道，寻找由数据转发器定时发送的特定的数据包，它将为刚刚上线的调制解调器提供系统参数。一旦发现这种数据包，新上线的调制解调器将在一个上载频道中发出信号，通知数据转发器自己的存在。数据转发器回应这个通知，为该调制解调器设置上载和下载频道。以后，如果数据转发器认为有必要平衡负载时，也可以调整这些设置。

这时，调制解调器发送一个特殊的包，并根据经过多长时间可得到对这个包的应答，来判断它和数据转发器之间的距离。这个过程称为**初始化测距**（ranging）。初始化测距对调制解调器自动适应上传频道运行以及得到正确的时序信号都十分重要。频道时长被划分为**微时隙**（minislot），每个上传的数据包将安排在一个或多个连续的微时隙中。数据转发器定时发布新一轮的微时隙信号，但由于信号沿电缆的传播延迟，并非所有的调制解调器都能同时得到这个"发令枪"信号。知道它与数据转发器的距离后，每个调制解调器都可计算出第一个微时隙真正的起始时刻。微时隙的长度和具体的网络有关。每次典型的有效载荷是 8 字节。

初始化阶段，数据转发器还要为每个调制解调器指定一个用来请求上传带宽的微时隙。通常，多个调制解调器可能被指定了同一个微时隙，这势必造成竞争。当某台计算机需要发送数据包时，将首先把包传给调制解调器，由调制解调器向数据转发器申请传输数据包所需要的微时隙个数。如果申请被接受，数据转发器发送一个确认包到下传信道，告诉调制解调器已经为它的数据包保留了哪些微时隙。到这些微时隙开始时，调制解调器可以发送它的数据包。如果还有包要发送，也可在这些数据包的头部的一个字段中申请更多的微时隙。

相反，如果在申请微时隙的时候发生了竞争，调制解调器将得不到转发器的确认包，它将等待一个随机的时间后，重新进行申请。每失败一次，等待时间将增加一倍，以尽量使传输负载均衡。

下传信道的管理和上传信道完全不同。首先，下传时只有一个发送方，也就是数据转发器本身，不存在竞争，也就不需要划分微时隙，实际上就是统计时分复用。其次，下传流量通常比上传流量大很多，因此，采用的是 204 字节长度的固定的包长，这其中有些是用于检错纠错的 Reed-Solomon 编码，还有一些其他附加的字段，真正的有效传输量是 184 字节。选择这个包长度是为了和使用 MPEG-2 格式的数字电视信号兼容，这样，电视信号和下传的数据流量可以采用同样的方式格式化。从逻辑上看，这些连接如图 2-42 所示。

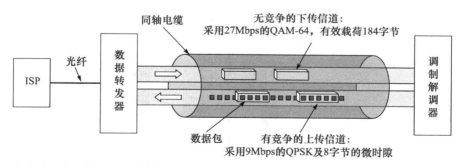

图 2-42　北美地区常用的上、下传信道示意图。QAM-64（正交调幅）传输率为 6 位 /Hz，但只能工作
　　　　　在高频率。QPSK（正交相移键控）工作频率较低，但传输率仅 2 位 /Hz

我们回到调制解调器的初始化。一旦它完成了测距工作，得到了上传信道、下传信道并申请到了微时隙，就可以发送数据包了。这些包到达数据转发器后，将通过专用的信道转发到有线电视公司的主楼，然后，再被传送到 ISP（也可能有线电视公司本身就是）。第一个数据包将向 ISP 申请一个动态网络地址（IP 地址），同时，申请得到目前的精确时间。

下一步将涉及安全。由于电缆是一个共享的传输介质，任何人，只要他不怕麻烦，就可以监听到流经他身边的所有流量。为防止有人监听"邻居"的信息，所有的流量都经过了双向加密。因此，部分初始化过程要涉及建立加密的密钥。开始时，也许有人会认为，两个陌生人，即数据转发器和调制解调器，在光天化日、众目睽睽下，不可能完成这项任务。但经过实验证明，这是可能的。但这里用到的技术（Diffie-Hellman 算法）已经超出了本书的范围。感兴趣的同学可以参考 Kaufman 等人（2002）对此的讨论。

最后，调制解调器还需要通过安全信道登录并提供其唯一的标识码，到这时，初始化过程才完全结束。用户现在才可以登录到 ISP，开始上网。

有关有线电视调制解调器还有许多问题值得讨论。这些问题，可以参阅 Adams 和 Dulchinos（2001）、Donaldson 和 Jones（2001）以及 Dutta-Roy（2001）。

2.4.7 数码相机

数码摄影正日益成为计算机的热门用途之一，使数码相机也成为计算机外部设备的一种。本节我们简单介绍数码相机的工作原理。所有的照相机都有镜头，它可在照相机的后部形成被拍照对象的影像。传统的照相机中，其后部放置着胶片，它被光线照过后，可记录一个隐含的图像。这个图像通过一定的化学变化后可以显现出来。除了用光敏 **CCD**（电荷耦合装置，Charge-Coupled Device）组成的长方形阵列代替传统的胶片外，数码相机的工作方式几乎和传统相机相同。（有些数码相机用的是 CMOS，但本书中，我们还是集中讨论更为流行的 CCD。）

当光线照射到 CCD，它会获得一些电荷。光线越强，得到的电荷就越多。通过模 / 数转换，可以把电荷量转换为 0 ~ 255（低档相机）或 0 ~ 4095（高档相机）的整数来表示。数码相机的基本构成如图 2-43 所示。

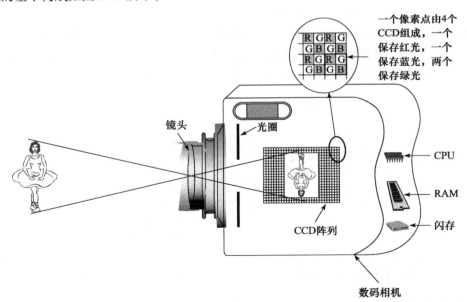

图 2-43　数码照相机

每个 CCD 仅能感应出一个数值，无法表示照射它的光的颜色。为生成彩色图像，CCD 按 4 个一组进行组合，CCD 的上方，放置了一个 **Bayer 过滤器**，使得只有红光才能照射到其中每组中 4 个 CCD 中的 1 个，蓝光照射到另 1 个，绿光照射到其余的 2 个。使用 2 个 CCD 来表示绿光是因为，用 4 个 CCD 来表示一个像素点比用 3 个要方便许多，同时，人的眼睛对绿光比对红、蓝两种颜色要更敏感一些。如果一个数码相机的制造商声称其产品有600万像素，他就是在撒谎。实际上是相机有600万个CCD，共同组成了150万个像素点。照出的图像将按照2828×2121的点阵阵列（低档相机）或3000×2000（高级单反相机）的点阵阵列读出，其他额外的像素则由数码相机内的软件通过插值的方式产生。

当数码相机的快门被按下时，相机中的软件将完成以下三个任务：对焦、确定曝光度、设定白平衡。自动对焦工作是通过分析图像中的高频信息，然后移动镜头，直到使图像中的高频信息最大、图像最清晰而完成的。曝光度是通过测量照射到CCD的光线强度，调整镜头的光圈和曝光时间，使光线强度正好适合CCD的表示范围来确定的。设定白平衡要做的是测量入射光线的波谱，到后期进行必要的颜色修正。

然后，图像被从CCD中读出，并作为像素阵列存储到数码相机的内置RAM中。新闻记者使用的高档单反数码相机可以每秒钟拍摄8张高分辨率的图像，连续工作5秒钟，这需要大约1GB的内置RAM，在把图像永久处理和存储之前暂存在相机中。低档的数码相机中的RAM空间会少一些，但也相当多。

在成像的后处理阶段，数码相机软件将对图像进行白平衡，主要是颜色修正和对弱的红光和蓝光进行补偿（例如，对于阴影中的拍摄对象或使用闪光灯的情况）。然后，调用软件的功能对画面进行降噪操作，对已经损坏的CCD进行像素点补偿。这以后，还要对图像进行锐化（除非用户关闭了此项功能），这是通过寻找图像的边沿并增加其周围点的倾斜度来完成。

最后，还可能对图像进行压缩，以降低对存储容量的要求。常用的压缩格式是JPEG（Joint Photographic Experts Group），对原始图像进行两维空间的傅立叶转换，并忽略其中的一些高频元素。通过这种转换，图像所需要的存储空间降低了，但也丢失了一些细节。

当上面所有这些相机内的处理完成后，图像被写入到存储介质保存，通常是闪存或者是**微硬盘**。每个图像的后处理和写入过程可能要费时数秒钟。

用户回家后，可将数码相机连接到计算机，一般用的是诸如USB接口或专用电缆。然后，图像从数码相机的存储介质中传到计算机硬盘内。用一些特定的软件，如Adobe Photoshop，用户可再次修剪图像，调整亮度、对比度，进行颜色平衡、锐化、虚化或删去部分图像，甚至进行多层过滤。当用户对结果满意后，他可以将图像文件用彩色打印机打印输出，通过互联网上载到网站和大家共享，或送到图片社去洗印，或写到CD-ROM、DVD中存档。

把单反数码相机的计算能力、RAM、硬盘空间和软件等全面考虑就是一件令人头疼的事情，但相机中的计算机不但要完成所有上述工作，还要负责和镜头中的CPU、闪存中的CPU通信，刷新液晶显示屏上的图像，实时管理所有的按钮、齿轮、光线、显示屏及其他的一些小配件。这实际上是一个功能强大的嵌入式系统，通常可以和近几年前的桌面计算机的计算能力相当。

2.4.8　字符编码

每台计算机都有自己使用的字符集。这个集合至少应包括26个大写字母、26个小写字母、数字0～9和一些特殊字符，如空格、小数点、减号、逗号和回车等。

为将这些字符输入到计算机，每个字符在计算机中都用一个整数表示。例如，我们可以定义a=1、b=2、…、z=26、+=27、−=28。将字符用整数表示的方法为**字符编码**。互相进行通信的计算机必须使用相同的编码，否则，它们将无法理解对方的信息。正是因为这个原因才制定了许多编码标准。下面我们将讨论最重要的三种编码。

1. ASCII

ASCII（美国信息交换编码标准，American Standard Code for Information Interchange）是目前广泛使用的字符编码。每个 ASCII 字符有 7 位，一共有 128 个字符。图 2-44 是 ASCII 字符编码表。其中字符 0 ~ 1F（十六进制）是控制字符，不能打印。字符 128 ~ 255 并不属于 ASCII 字符，但 IBM PC 将它们定义为入"笑脸"等特殊字符，目前依然得到许多计算机的支持。

编码	名称	含义	编码	名称	含义
0	NUL	空	10	DLE	数据连接断开
1	SOH	信息头起始	11	DC1	设备控制1
2	STX	文本起始	12	DC2	设备控制2
3	ETX	文本结束	13	DC3	设备控制3
4	EOT	传输结束	14	DC4	设备控制4
5	ENQ	询问	15	NAK	反向应答
6	ACK	应答	16	SYN	同步空闲
7	BEL	响铃	17	ETB	传输块结束
8	BS	退格	18	CAN	取消
9	HT	水平制表符	19	EM	媒体结束
A	LF	换行	1A	SUB	替代
B	VT	垂直制表符	1B	ESC	中断
C	FF	换页	1C	FS	文件分隔符
D	CR	回车	1D	GS	组分隔符
E	SO	移出	1E	RS	记录分隔符
F	SI	移入	1F	US	单位分隔符

编码	字符	编码	字符	编码	字符	编码	字符	编码	字符	编码	字符
20	(Space)	30	0	40	@	50	P	60	`	70	p
21	!	31	1	41	A	51	Q	61	a	71	q
22	"	32	2	42	B	52	R	62	b	72	r
23	#	33	3	43	C	53	S	63	c	73	s
24	$	34	4	44	D	54	T	64	d	74	t
25	%	35	5	45	E	55	U	65	e	75	u
26	&	36	6	46	F	56	V	66	f	76	v
27	'	37	7	47	G	57	W	67	g	77	w
28	(	38	8	48	H	58	X	68	h	78	x
29	)	39	9	49	I	59	Y	69	i	79	y
2A	*	3A	:	4A	J	5A	Z	6A	j	7A	z
2B	+	3B	;	4B	K	5B	[	6B	k	7B	{
2C	,	3C	<	4C	L	5C	\	6C	l	7C	|
2D	-	3D	=	4D	M	5D	]	6D	m	7D	}
2E	.	3E	>	4E	N	5E	^	6E	n	7E	~
2F	/	3F	?	4F	O	5F	_	6F	o	7F	DEL

图 2-44　ASCII 码字符集（编码为十六进制）

许多 ASCII 控制字符原本是设计用于数据传输的。比如，一段信息应该由 SOH（信息头起始，Start of Header）字符、信息头、STX（文本起始，Start of Text）字符、要传送的文本本身、ETX（文本结束，End of Text）字符，以及 EOT（传送结束，End of Transmission）字符组成。然而，现实情况是，通过电话线和网络传输信息的格式很不相同，所以，ASCII 传输控制字符现在用得并不多。

ASCII 打印字符可一目了然，包括大写字母和小写字母、数字、标点符号和少量算术运算符。

2. Unicode

计算机工业主要是在美国成长起来的，这使得 ASCII 码十分流行。ASCII 码对英语来说十分合适，但不太适用于其他语言。法语需要重音符（例如，système），德语也有区分符（如 für）等。还有些欧洲语言的字符 ASCII 码根本就没有，如德语的 ß 和丹麦语的 ø。另外，有的语言用的是完全不同于英语的字母表（如俄语和阿拉伯语），还有一些语言没有字母表（如汉语）。随着计算机迅速扩散到我们这个星球的每个角落，软件销售商需要将他们的产品销售到非英语国家，这就需要采用不同的字符集。

IS 646 做出了扩充 ASCII 码的第一次尝试，往 ASCII 字符集中增加了 128 个字符，使之成了 8 位的 Latin-1 码。增加的字符主要是带重音符和区分符的拉丁字母。后来制订的 IS 8859 引入了**码页**的概念，将特定的一种或一组语言的 256 个字符集合定义为一个码页。IS 8859-1 就是 Latin-1，IS 8859-2 为拉丁语系的斯拉夫语（如捷克语、波兰语和匈牙利语），IS 8859-3 包括了土耳其语、马耳他语、世界语和加利西亚语等语言的字符。码页带来的不足是软件必须记录它目前所使用的码页，不可能将在不同码页上的语言混在一起使用，而且也没有解决汉语和日语的问题。

为解决这个问题，一些计算机公司形成了一个联盟，决定另辟蹊径，创立了一个 **Unicode** 的崭新的系统，后来也成了国际标准（即 IS 10646）。Unicode 目前已获得一些程序语言（如 Java）、操作系统（如 Windows）和许多应用的支持。

Unicode 最基本的思路是将每个字符和符号赋一个永久、唯一的 16 位值，即**码点**，不再使用多字节字符或 ESC 字符序列。将每个字符长度固定为 16 位长使得软件的编制简单了许多。

每个符号为 16 位，那么，Unicode 共有 65 536 个码点。由于全世界的语言一共使用了大约 200 000 个符号，码点就成了一种稀缺资源，不能随意分配。为使大家更容易接受 Unicode，联盟聪明地将 Latin-1 的码点定义为 0 ~ 255，使得 ASCII 码到 Unicode 的转换十分容易。为防止码点的浪费，每个区分符都有自己的码点，由软件来决定如何将区分符和其相邻的字符组合成新字符。这给编程增加了一些工作量，但节约了宝贵的码点资源。

整个码点空间被划分为块，每块的码点数为 16 的倍数。Unicode 为主要字母表分别分配了各自连续的空间。比如（括号内为分配给该语言的码点数）拉丁语（336）、希腊语（144）、斯拉夫语（256）、亚美尼亚语（96）、希伯来语（112）、梵文字母（128）果鲁穆奇语（128）、奥里亚语（128）、泰卢固语（128）和卡纳达语（128）。值得指出的是，分配给这些语言的码点数都超过了它们的字母数，这样做的原因之一是许多语言中的一个字母都可能有多种形式。如英语中的每个字母都有大、小写。一些语言中的字母根据其在单词中的开始、中间、结束位置的不同，甚至有三种形式。

在这些字母表之外，Unicode 还分配了一些码点给区分音符（112）、标点符号（112）、上下标字符（48）、货币字符（48）、算术符号（256）、几何图符（96）和装饰符号（192）。

138

139

再往后就是汉语、日语和朝鲜语所需要的符号了。先是 1024 个发音符号（如片假名和汉语的拼音字母），然后是在汉语和日语中使用的象形符号（20 992）和朝鲜语的 Hangul 音节（11 156）。

为方便用户为特殊目的"发明"一些特殊字符，Unicode 分配了 6400 个码点供用户进行本地化时使用。

Unicode 解决了计算机国际化带来的许多问题，但没有（试图）解决所有这类问题。例如，拉丁字母表已经是字典序了，但汉字的象形符号却不是字典序，这样，英语程序可以通过简单地比较一下"cat"和"dog"这两个词的第一个字母的 Unicode 值，将这两个单词按字典序排序，但日语程序就需要维护一张附加表来确定两个符号的字典顺序。

另一个问题是如何适应新词的不断出现。50 年前没有人会说起诸如应用程序（app）、聊天室（chatroom）、电脑空间（cyberspace）、情感符号（emoticon）、千兆字节（gigabyte）、激光（laser）、调制解调器（modem）、笑脸符号（smiley）、录像带（videtape）这些词。对英语来说，增加一些新词并不需要增加码点，但对日语来说就需要了。除技术词语外，至少还有 20 000 个新的人命和地名（大多数为汉语）要增加。盲人需要向其中加入盲文符号，还有其他的一些团体也要用到他们自己的符号的码点。Unicode 联盟正在审查和决定这些新的方案。

Unicode 对看起来很像但意思不同，或写法上稍有区别的日语和汉语符号赋的是一个码点（就像英语的字处理软件总是将"blue"拼成"blew"一样，因为它们的发音相同）。有些人认为这是为节约稀缺码点资源的一种优化，另外一些人却将它看成是大英语文化帝国的强权（你会把给字符赋一个 16 位的值高度政治化吗？）。更为糟糕的是，一本日语字典中的日文汉字（不包括姓名）高达 50 000 个，Unicode 必须选择其中的 20 992 个赋给码点。但并不是所有的日本人都认为一个计算机联盟，虽然里面有几家日本公司，是选择哪些汉字进入 Unicode 的合适机构。

|140|

猜一下发生了什么？65 536 个码点无法满足所有人，因此，1996 年，另外新增了 16 个**平面**（plane），每个平面依然保持 16 位编码，使整个系统能表示的字符增加到 1 114 112 个。

3. UTF-8

尽管比 ASCII 要好，但 Unicode 最终也耗尽了所有的码点，而且，对于纯 ASCII 文本，它也要用 16 位表示 1 个字符，这也有些浪费。因此，提出了一种新的编码标准来解决这些问题。这就是 **UTF-8 UCS 转换格式**（UTF-8 UCS Transformation Format），其中 **UCS** 代表**通用字符集**（Universal Character Set），本质上说就是 Unicode。UTF-8 编码是可变长度的，从 1 字节到 6 字节都有，可以为 20 亿个字符进行编码。现在成了万维网上占统治地位的字符集。

UTF-8 的一种好的特性是其编码 0 ~ 127 安排给了 ASCII 字符，而且是用 1 个字节表示（而 Unicode 用了 2 个字节）。对于不在 ASCII 字符集中的字符，其首字节最高位被设为 1，表明其后面还有 1 个或多个字节共同表示该字符。总体上，有 6 种不同的字符格式，如图 2-45 所示，图中的"d"表示数据位。

与 Unicode 及其他字符集比，UTF-8 具有许多优点。首先，如果某程序或文档仅仅使用了 ASCII 字符集的字符，则每个字符均只需要用 8 位表示。其次，每个 UTF-8 字符的长度均由该字符的第 1 个字节确定。第三，UTF-8 字符后续字节中均由"10"开头，而首字节却不是，这使它完全自同步。在通信或者内存发生错误时，这让我们有可能跳过出错字符，直接

|141|

找到下一个字符的起始位置（假定下一个字符没有发生错误）。

字符位数	字节1	字节2	字节3	字节4	字节5	字节6
7	0ddddddd					
11	110ddddd	10dddddd				
16	1110dddd	10dddddd	10dddddd			
21	11110ddd	10dddddd	10dddddd	10dddddd		
26	111110dd	10dddddd	10dddddd	10dddddd	10dddddd	
31	1111110d	10dddddd	10dddddd	10dddddd	10dddddd	10dddddd

图 2-45　UTF-8 字符集编码格式

通常情况下，UTF-8 仅用于对 17 个 Unicode 平面进行编码，尽管它的容量远超过 1 114 112 个码点。不管怎样，如果人类学家在新几内亚发现了新部落，或在某地发现新部落，而他们的语言不是我们现在所掌握的语言（或者我们今后和外星人尝试联系），UTF-8 应该可以胜任把新语言的字母表或者象形文字扩充进来。

2.5　小结

计算机系统由三个部分组成：处理器、存储器和输入输出设备。处理器的任务是每次从存储器中取出一条指令，对指令进行译码，然后执行指令。取指、译码和执行指令这个循环总是可以用算法进行描述，而且，事实上，一些计算机的这个循环就是由底层软件来实现的。为提高运行速度，目前的许多计算机已经有一条或多条流水线，或有了多个可并行操作的功能部件组成的超标量体系结构。流水线将指令分解成步骤，以及可同时执行不同指令的步骤。超标量体系结构是获得并行性的另一种方式，它不影响指令集、程序员或编译器可见的体系结构。

多处理器系统已经越来越普遍。并行计算机有以下几类：同一运算同时在多个数据集合上操作的阵列处理器；多 CPU 共享公共内存的多 CPU 计算机和每台计算机有自己的内存，通过消息传递进行通信的多计算机系统。

存储器系统可分为主存储器和辅助存储器。主存储器用来存放当前正在执行的程序，其访问时间比较短——最多为几十个纳秒，且和被访问的地址无关。高速缓存的访问时间更短。设置高速缓存的原因是处理器速度远高于内存的速度，让处理器一直在等待存储器会极大地降低处理器的性能。为提高可靠性，一些存储器还有纠错码。

辅助存储器正相反，访问时间比较长（几毫秒或更长）且和被读或写的数据的位置有关。磁带、闪存、磁盘和光盘是最常用的辅助存储器。磁盘有很多种类，包括 IDE 盘、SCSI 盘和 RAID 盘。光盘包括有 CD-ROM、CD-R、DVD 和蓝光。

输入 / 输出设备用于计算机和外部世界交换信息。它们通过一条或多条总线和处理器及存储器连接。我们举的例子有终端、鼠标、游戏控制器、打印机和调制解调器。大多数输入 / 输出设备使用 ASCII 字符集，尽管随着计算机产业越来越以 Web 为中心，Unicode 也得到了使用，而 UTF-8 正迅速得到大家的认可。

[142]

习题

1. 假设一台计算机有如图 2-2 所示的数据通路。如果向 ALU 的输入寄存器中装入数据需要 5 纳秒，ALU 进行运算需要 10 纳秒，将运算结果写入暂存器中需要 5 纳秒，那么，在没有流水线的情况下，这台计算机的速度最多能有多少 MIPS？

2. 在 2.1.2 节的指令执行步骤中步骤 2 的目的是什么？如果省略该步，会造成什么后果？

3. 在 1 号计算机中，所有的指令执行时间都是 10 纳秒，而 2 号计算机所有指令执行的时间都是 5 纳秒。你能说 2 号计算机一定比 1 号计算机快吗？请讨论。

4. 假设你正在设计一台用于嵌入式系统的单片计算机，其存储器全部在芯片上且访问速度和 CPU 能够匹配，不需要延时。请检查 2.1.4 节讨论的各条原则，它们还是那么重要吗？（当然，我们还是追求系统的高性能。）

5. 为和新出现的出版公司相抗衡，中世纪的一座庙宇决定召集大量的抄写员于大厅中大量生产平装书。大和尚高声读出书中的第一个词，所有抄写员将它记在纸上，然后大和尚再读第二个词，抄写员再写下第二个词，如此，直到整部书读写完毕。2.1.6 节讨论的并行处理器系统中，哪个和它最类似？

6. 从存储器的五层层次结构自顶向下，其访问时间逐层增加。假定光盘已经在线，请对光盘的访问时间是寄存器访问时间的多少倍做合理的推测。

7. 社会学家的调查题，比如"您是否相信鬼怪存在？"之类一般有三个可能的答案：是、否和不清楚。据此，社会调查计算机公司决定生产一种专用于处理调查结果的计算机。这种计算机的存储器有三个状态，即每个字节有 8 个三状态位，每位可存放 0，1，2 三个值中的一个。用它存放一个 6 位二进制数需要多少三状态位？请给出存放 n 位二进制数所需要的三状态位的表达式。

8. 用下列信息计算人眼的数据处理速度。可视区由大约 10^6 个元素（像素）组成。每个像素可以简化为三原色的组合，有 64 级强度。时间单位为 100 毫秒。

9. 用下列信息计算人耳的数据处理速度。人能听到的声音的频率为 22kHz。为捕获 22kHz 信号中的所有的信息，必须用两倍，也就是 44kHz 的频率对其采样。16 位的样本可以捕获声音中的绝大多数信息（也就是说，人耳能区分的声音强度级别不超过 65 535 种）。

10. 所有生物的基因信息都由其 DNA 分子的结构决定，而 DNA 分子由 4 种基本的核苷，即 A、C、G 和 T 组成的链构成。人类的染色体中包含将近 3×10^9 个核苷，它们组成了大约 30 000 个基因。人类染色体中能存放的信息的容量是多少？平均每个基因的信息容量是多少？（均以位为单位。）

143

11. 某台计算机的内存可以配到 1 073 741 824 字节。为什么生产厂家宁愿选择这么一个特殊的数字，而不用一个容易记住的数，比如 1 000 000 000 呢？

12. 为数字 0 ~ 9 设计一套偶校验的 7 位海明码。

13. 为数字 0 ~ 9 设计一套码距为 2 的海明码。

14. 海明编码中，一些位因为只用作校验位，不表示任何信息而"浪费"了。对总长度（数据位＋校验位）为 2^n-1 的消息来说，其浪费的百分比是多少？将 n 从 3 到 10 逐个赋值验证你的结果。

15. 某扩展的 ASCII 字符由 8 位二进制数表示，给每个字符加上海明校验后，它可以表示为 3 个 16 进制数码的字符串。请给出"Earth"这 5 个字符经上述扩展并进行海明校验后的 16 进制串。

16. 下面的 16 进制数是上题中扩展后 ASCII 码的海明校验码：0D3 DD3 0F2 5C1 1C5 CE3。请将该串进行解码，给出其原始的 ASCII 码字符。

17. 图 2-19 所示的磁盘每道有 1024 个扇区，转速为 7200RPM。该盘在一个磁道上的持续传输数据速度为多少？

18. 某计算机的总线周期为 5 纳秒，一个周期内可从存储器中读写一个 32 位的字。它有一个使用该总线的 Ultra4-SCSI 盘，速度为 160M 字节 / 秒。CPU 一般每 1 纳秒取出并执行一条 32 位的指令。该盘使 CPU 速度下降了多少？

19. 想象你正在写操作系统的磁盘管理部分。逻辑上，磁盘被划分成块组成的一个序列，最里面为第 0 块，最外面为最大的块号。由于要创建文件，你需要申请空闲的扇区。你可以采用从里到外，也可以用从外到里的顺序。不同的选择会使现在的磁盘的结果相同吗？请说明你的看法。

20. 读出一个共有 10 000 个柱面，每柱面有 4 个道，每道有 2048 个扇区的磁盘需要多少时间？假设首先从 0 道的 0 扇区开始读出整个磁道，然后从 1 道的 0 扇区再读出整个磁道，并继续下去。旋转时间为 10 毫秒，相邻柱面间的寻柱面时间为 1 毫秒，最坏情况为 20 毫秒。柱面内换道的时间可忽略不计。

21. RAID 3 盘可以只用一个校验盘来纠正一位错。RAID 2 的纠错能力如何？毕竟，它也能纠正一位错，只是用的盘要多一些。

22. 采用方式 2 的 CD-ROM，如果存有标准的 80 分钟数据，其准确的数据容量是多少（以字节为单位）？如果用户数据采用方式 1 呢？

23. 为了刻录 CD-R，激光束必须以很高的速度开和关。若以 10 倍速刻方式 1 的盘，激光开或关的时间需要多少纳秒？

144

24. 为在单面单层的 DVD 上存放 133 分钟的视频信号，需要对数据进行压缩。试计算所需要的压缩比。假定盘上的空间是 3.5GB，输出图形的分辨率为 720 × 480，24 色（RGB 三原色各占 8 位），图形的输出速度为 30 帧 / 秒。

25. 蓝光的存储容量为 25GB，以 4.5MB/s 的速度运行。它读完整张盘的内容需要多长时间？

26. 某制造商的广告说他的位图终端可显示 2^{24} 种不同的颜色，而每个像素用的显存只有 1 个字节。他是如何做到这点的？

27. 你是一个进行最高机密科学研究的团队的一员，你们团队刚刚受命研究一种名为 Herb 的外星人类，Herb 来自 10 号行星，最近来到了地球访问。Herb 告诉了你们一些关于他的眼睛如何工作的信息。他的视野包含有大约 10^8 个像素，每个像素是 5 种色彩（如，红外、红、绿、蓝和紫外）的"叠加"，每种色彩有 32 级强度。Herb 的时间分辨率是 10 毫秒。请计算 Herb 眼睛的数据传输率是多少 GB/s？

28. 某位图终端的显示器分辨率为 1920 × 1080，显示器每秒钟刷新 75 次，对应于一个像素点的刷新时间是多长？

29. 以特定的字体，某单色激光打印机打印按每页 50 行，每行 80 个字符输出文本。平均每个字符的大小为 2mm × 2mm，其中 25% 左右有墨，其他部分是空白（也就是说，没有墨粉）。墨层厚 25μm。打印机的墨盒尺寸为 25 × 8 × 2cm。那么，一个墨盒打印多少页比较合适？

30. Hi-Fi Modem 公司刚设计出新型的调频调制解调器，它使用了 64 种频率来代替原来的 2 种。可以将每秒钟划分成相等的 n 个时间片，每个时间片使用 64 种频率之一。采用同步传送方式时，这种调制解调器每秒钟能传送多少位？

31. 某互联网用户订购了 2Mbps 的 ADSL 服务。他的邻居订购的有线电视接入互联网服务是共享 12MHz 的带宽，采用的是 QAM-64 模块方式。这个电缆上共连接了 n 户，每户都有一台计算机接入。任何时刻，在线的计算机比率是 f。在何种条件下，通过有线电视接入互联网的用户能得到比通过 ADSL 接入的邻居得到的更好的服务吗？

32. 某数码相机的分辨率是 3000×2000 像素，每个像素点用 3 个字节存储 RGB 三原色。相机制造商希望在 2 秒钟内向其闪存中写入压缩了 5 倍的 JPEG 图像文件，要求的数据传输率是多少？

33. 某高端数码相机有一个 2400 万像素点的传感器，每个像素点用 6 字节表示。在 1 个 8GB 的闪存卡内能存放多少张 5 倍压缩的图片？假定 $1GB=2^{30}$ 字节。

34. 估计一下一本典型的计算机科学课本有多少个字符（包括空格）。并以此为基础，计算将一本书编码成带有校验位的 ASCII 码时需要多少二进制位？需要多少张 CD-ROM 来存放一个计算机科学图书馆中的 10 000 本书籍？如果用双面双层的 DVD 来存放它们又需要多少张？

35. 写一个程序 hamming（ascii，encoded），将 ascii 中的低 7 位转换成 11 位的整型代码字存放到 encoded 中。

36. 写一个函数 distance（code，n，k），以 k 位的 n 个字符组成的数组 code 为输入，返回字符集的距离作为输出。

数字逻辑层

图 1-2 所示的计算机层次结构图的最底层为数字逻辑层，是计算机真正的硬件。本章我们将学习数据逻辑层的各个方面，作为在后续章节中继续研究更高层次的基础。数字逻辑是计算机科学和电子工程学的交叉学科，但这些知识本身是独立的，所以学习本章并不需要硬件和电子工程方面的先修课程。

制造数字计算机的基本元件都令人惊讶的简单。我们首先简单介绍一下这些基本元件及用来分析它们的二值代数（布尔代数），然后，了解一些通过逻辑门的简单组合构成的基本电路，包括进行算术运算的电路。再往后，就是如何将门电路组合起来存放信息，即存储器是如何构成的。这之后，我们将讨论 CPU，尤其是单片 CPU 芯片以及它和存储器、外部设备的接口。最后，本章还将讨论几个来自工业界的实例。

3.1 门和布尔代数

数字电路是由少量几个基本元素通过多种方式组合而成的。后面几节中，我们将介绍这些基本元素，说明它们可以如何进行组合，并介绍一个可用来分析它们的强有力的数学工具。 [147]

3.1.1 门

数字电路只能表示两个逻辑值。一般用电压为 0 ~ 0.5V 的信号表示一个值（如二进制 0），用电压为 1 ~ 1.5V 的信号表示另一个值（如二进制的 1）。这两个范围之外的电压值为非法值。一种我们称为门的微小电子设备，可以用来实现这两个逻辑值的多项运算。可以说，门是制造所有数字计算机的硬件基础。

门的详细工作原理属于**设备层**范围的内容，比第 0 层还低，已超出本书的讨论范围。但现在我们还是简短地跑一会儿题，来快速地回顾一些基本的概念，它们也不是很难。说到底，所有的数字逻辑最终都建立在晶体管可以作为一个快速二进制开关这个事实上。图 3-1a 是带一个二极晶体管（圆圈内）的简单电路。该晶体管对外有三个管脚：**集极**、**基极**和**射极**。当输入电压 V_{in} 低于特定的门槛值时，晶体管是断开的，其功能就像一个无穷大的电阻。这就使其输出电压 V_{out} 的值接近外接基准电压 V_{cc} 的值，对这类晶体管来说，一般为 +1.5V。而当 V_{in} 的值超出门槛值时，晶体管被接通，就像一根导线，使得 V_{out} 直接接地（即电压值为 0）。

值得注意和重视的是，当 V_{in} 电压较低时，V_{out} 的值较高，反之则较低。这样，该电路可以说是一个反转器，将逻辑值 0 转换为逻辑值 1，将逻辑值 1 转换为逻辑值 0。电阻（图中的锯齿线）对它来说是必需的，用它来限制电流，使晶体管不至于被烧坏。状态转换的时间一般为 1 纳秒或更短。 [148]

图 3-1b 中的两个晶体管串联层叠在一起。在 V_1 和 V_2 同时为高时，两个晶体管都处于连通状态，V_{out} 将被拉低。如果有一个为低，则该晶体管的状态为高阻态，输出将为高。换句话说，当且仅当 V_1 和 V_2 同时为高时，V_{out} 才为低。

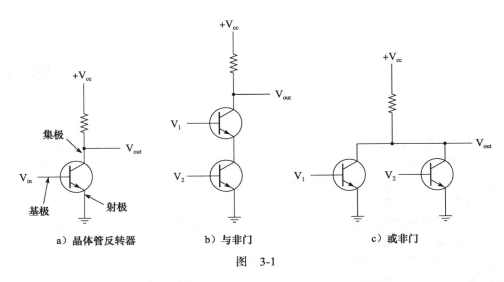

a) 晶体管反转器　　　　b) 与非门　　　　　　c) 或非门

图　3-1

图 3-1c 中的两个晶体管并联，而不是串联。这种情况下，任何一个输入电压为高，其对应的晶体管将处于连通状态，输出电压为低。若两个输入电压均为低时，输出电压保持在高电压。

上面这三个电路，或它们的等价形态，形成了最简单的三个门，分别是非门（NOT）、与非门（NAND）、或非门（NOR）。非门又经常称为**反转器**（inverter），本书中我们将不加区分地使用这两个术语。如果我们采用传统的将"高"（V_{cc} 伏）定义为逻辑 1，将"低"（地电压）定义为逻辑 0 的方式的话，就可以将输出电压表示为两个输入电压的函数。图 3-2a ～ c 分别给出了这三个门的符号描述，并给出了对应的真值表。图 3-2 中 A 和 B 代表输入，X 表示输出。表中的每行给出了不同输入组合对应的输出值。

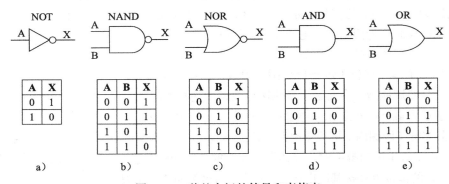

图 3-2　5 种基本门的符号和真值表

如果我们将图 3-1b 的输出信号再次输入到一个反转器中，就得到了一个和与非门完全相反的电路——与门（AND）。只有两个输入信号均为 1 时，与门的输出才为 1，图 3-2d 是它的符号和功能描述。类似地，或非门的输出接上反转器后，形成了一个只有当两个输入全为 0 时输出才为 0 的电路，也就是我们通常说的或门（OR），如图 3-2e 所示。图中反转器、与非门、或非门上的小圆圈，我们称为**反转泡**（inversion bubble）。除了作为反转符号外，在其他地方也经常用到。

图 3-2 所示的 5 个门是数字逻辑层最主要的组成部分。从上面的讨论可以知道，与非门

和或非门各需要两个晶体管，而与门和或门各需 3 个晶体管。因此，许多计算机基于的是与非门和或非门，而不是我们更熟悉的与门和或门。（现实中的所有门都和上面的描述稍有区别，但与非门和或非门还是比与门和或门要简单。）顺便提一下，门也可以有超过两个的输入，从原理上说，如与非门可以有任意多个输入，但实际上，输入多于 8 个的就不常见到了。

尽管门的内部结构属于设备层的范畴，但它和本章的内容息息相关，所以我们还是简单说两句它们的主要制造技术。两种生产门的主要技术是**双极晶体管**和 **MOS**（金属氧化物半导体，Metal Oxide Semiconductor）。双极晶体管主要有 **TTL**（晶体管 – 晶体管逻辑，Transistor-Transistor Logic）和 **ECL**（射极耦合逻辑，Emitter-Coupled Logic），TTL 曾统治数字电子器件多年，而 ECL 主要用于需要超高速运行的场合。对计算机的电路来说，MOS 电路已经是占主导地位。

MOS 门电路比起 TTL 和 ECL 来要慢一些，但要求的能量要低一些，体积也要小一些，故可以较大数量地紧密封装在一起。MOS 也有许多种类，主要有 PMOS、NMOS 和 CMOS。虽然 MOS 晶体管的制造方法和双极晶体管不同，但其门电路的功能和作用是一致的。绝大多数现代 CPU 和存储器使用的是 CMOS 技术，电源的电压为 +1.5V 左右。对于设备层的知识，我们就介绍上面这些。对该层次知识感兴趣的读者可以参考本书网站的推荐读物。

3.1.2 布尔代数

为描述通过门的组合组成的电路，我们需要一种新的代数，它的所有变量和函数的值都只能为 0 和 1。我们把它称为**布尔代数**，是以它的发明者，英国数学家 George Boolean（1815—1864）命名的。严格地讲，我们这里所指的是一类特殊的布尔代数——**开关代数**，但"布尔代数"这个术语现在已经是常常用来特指"开关代数"，所以我们在本书中也不对它们加以区分。

正如"普通"代数（即我们在中学学的代数）有函数一样，布尔代数也有函数。布尔函数可以有一个或多个输入变量，并可生成一个只依赖于这些变量值的函数结果。例如，我们可以定义一个简单的布尔函数 f，它有一个输入变量 A，当 A 为 1 时，函数值 $f(A)$ 为 0；当 A 为 0 时，函数值为 1。该函数就是图 3-2a 所示的非函数。

由于 n 个变量布尔函数的不同输入值的组合最多只可能有 2^n 种，其功能可以通过一个有 2^n 行的表格描述清楚，表格中的每一行描述一种输入组合对应的函数值。这种表格称为**真值表**。图 3-2 中的表格全都是真值表的例子。如果我们都将真值表的行按输入值的（二进制）大小从小到大排列，即对两个变量来说，其顺序为 00，01，10，11，则每个函数就可以用从上到下读出真值表中的结果组成的一个 2^n 位的二进制值完整描述出来。例如，与非门函数为 1110，或非门函数为 1000，或门为 0111。显然，对于两个输入变量，只可能有 16 个布尔函数存在，分别对应于 4 位结果串可能的 16 种组合。相反，两个变量的普通代数函数可以有无穷多个，也不可能将其中的任何一个用一个表格将所有可能的输入组合对应的输出描述出来，因为它的每个输入变量都可以对应无穷多个输入值。

图 3-3a 是一个有三个输入变量的布尔函数 $M=f(A，B，C)$ 的真值表。它是一个逻辑表决函数，也就是说，输入变量的值多数为 0 时，函数的输出结果为 0，如果输入变量多数为 1 时，函数的输出结果为 1。尽管任何一个布尔函数都可以用真值表来描述，但随着变量的增加，这种描述办法也越来越笨拙。这样，就需要另一种描述方法来代替。

149
150

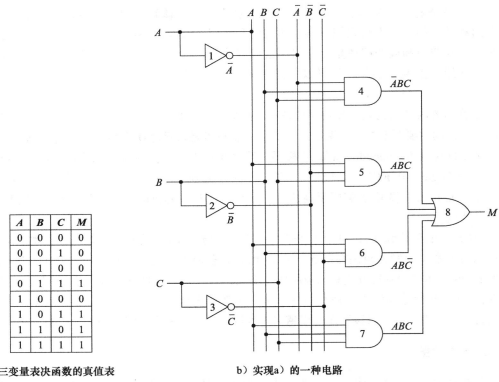

a）三变量表决函数的真值表   b）实现a）的一种电路

图   3-3

下面来看一下这种描述法的来历。我们注意到任何布尔函数可以用说明哪些输入组合可以使函数值为 1 来描述。对于图 3-3a 的函数来说，它有 4 种输入组合可以使函数值 M 为 1。

[151] 习惯上，我们用在输入变量上面加一小横线来表示其值被求反，没有小横线表示其值为原值。并且，我们还常用隐含的乘号或小圆点来代表布尔与函数，用"+"代表布尔或函数。按此规定，$A\overline{B}C$ 仅在 $A=1$ 且 $B=0$ 且 $C=1$ 时其值为 1。而 $A\overline{B}+B\overline{C}$ 只有在（$A=1$ 且 $B=0$）或（$B=1$ 且 $C=0$）时为 1。图 3-3a 中的使输出为 1 的 4 行为：$\overline{A}BC$、$A\overline{B}C$、$AB\overline{C}$ 和 ABC。如果这 4 种情况的任何一种为真，则函数 M 的值为真（即其值为 1）。因此，我们可以将函数写成如下形式：

$$M=\overline{A}BC+A\overline{B}C+AB\overline{C}+ABC$$

作为真值表的一种紧凑表示方式。同样，一个 n 个变量的函数可以描述为不超过 2^n 个 n 变量"积"项的"和"。函数的这种公式表示法十分重要，我们马上就可以看到，可以方便地由公式导出标准门电路对函数的实现。

在头脑中牢记抽象的布尔函数和它的具体电路实现的区别十分重要。布尔函数由诸如 A、B 和 C 之类的布尔变量和诸如与、或和非之类的布尔运算组成，可以用真值表或布尔公式，如

$$F=A\overline{B}C+AB\overline{C}$$

对其进行描述。布尔函数可以用表示输入/输出变量的信号和与门、或门和非门等电子电路来实现（通常有多种实现方式）。本书中我们使用大号字体的 AND、OR、NOT 来指布尔运算符，小号字体的 AND、OR、NOT 来指逻辑门，但通常情况下并不严格区分。

3.1.3 布尔函数的实现

正如上面所提到的，表示布尔函数的由不超过 2^n 个"积"项组成的"和"的公式可以直接导出一种实现它的电路。以图 3-3 为例，我们来看看这个导出过程。在图 3-3b 中，我们把函数 M 的输入变量 A、B 和 C 画在图的左侧，把输出结果 M 放在图的右侧。由于需要对输入变量求补（即求反），这是将三个输入变量分别接到标记为 1、2 和 3 的反转器来实现的。为使整张图不显得混乱，我们画了 6 条垂直线，3 条和 3 个输入变量相连，另外 3 条分别和它们的反信号相连，用这 6 条线来为后面的门提供方便的输入信号。例如，门 5、门 6 和门 7 都用到 A 作为输入变量。在实际电路中，这些门肯定直接和 A 进行连接，而不会用到任何中间的"垂直"线。

该电路包含 4 个与门，每个与门对应于 M 公式中的一项（也就是真值表中结果为 1 的一行），用来计算真值表中的一行。最后，再将所有的"积"项或起来形成最终的函数结果。

图 3-3b 使用了一个贯穿本书的习惯，即两条线交叉时，除非交点上有一个加重点，否则两线是不相通的。例如，门 3 的输出穿过了所有 6 条垂直线，但它只和 $\overline{C}$ 相连。阅读其他著作时，请注意有些作者会使用别的习惯。

有了图 3-3 的例子，如何用电路来实现任何一个布尔函数的过程应该是清楚的：

1）写出该函数的真值表。

2）用反转器对每个输入变量求补。

3）将真值表中结果为 1 的行对应的项分别用与门实现。

4）将每个与门和它的输入变量连接起来。

5）将所有与门的输出送入一个或门的输入。

尽管我们已经可以用与门、或门和非门实现所有的布尔函数，但经常情况下，仅用一类简单的门来实现就更方便了。幸运的是，已经可以直接将用上述算法实现的电路转换为只用与非门或只用或非门来实现，我们所要做的只是找到一种办法用一种简单的门来实现或门、与门和非门。图 3-4 的上半部分说明了如何只用与非门来实现这三种门；下半部分是如何只用或非门来实现它们。（这种方案比较直接，但也还有其他的方案。）

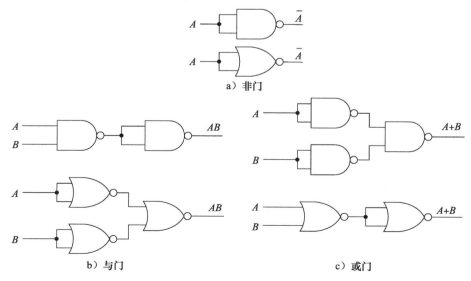

图 3-4　仅用与非门或者或非门构造

只用与非门和或非门实现布尔函数的一条途径是先通过上述过程用与门、或门和非门实现该函数，然后，将有多个输入的门用相同功能的双输入门代替。例如，$A+B+C+D$ 可以用等价的 $(A+B)+(C+D)$，即用三个双输入的或门来得到。最后，再用图 3-4 所示的等价电路替换掉这些与门、或门和非门。

尽管这种方法得到的可能并不是最优的方案，即用到的门的数量并不是最少，但它确实给出了一种肯定可行的解决办法。与非门和或非门都具有**完备性**，因为仅用它们中任意一个就可以实现所有布尔函数。再没有其他门具有这个特性了，这也是选用它们作为电路的基本组成部分的另一个原因。

3.1.4　等价电路

逻辑电路的设计者经常要尽量减少产品中门的数量，以减少实现时芯片的面积、最小化能耗并提高产品的速度。为降低电路的复杂度，设计者需要找到另外一个能完成和原电路相同功能，但使用的门更少的电路（或者使用的门更简单，例如，用双输入的门代替四输入的门）。为寻找等价电路，布尔代数是一个有用的工具。

我们用下面的例子来说明如何用布尔代数来简化电路。图 3-5a 是函数 $AB+AC$ 的逻辑电路和真值表，尽管我们没有经过严格的证明，普通代数中的许多规律对布尔代数也是适用的。对 $AB+AC$，就可以用分配律对其提取公因子，变成 $A(B+C)$。图 3-5b 是 $A(B+C)$ 的电路和真值表。由于只有当且仅当两个函数所有可能的输入对应的输出都完全相同时，我们才能把它们视为等价电路，从图 3-5 可以容易地得到这两个函数的真值表完全相同，所以它们是等价电路。显然，图 3-5b 的电路比图 3-5a 的要好一些，因为它包含的门要少。

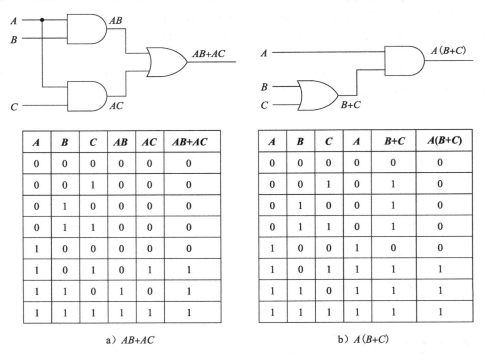

A	*B*	*C*	*AB*	*AC*	*AB+AC*
0	0	0	0	0	0
0	0	1	0	0	0
0	1	0	0	0	0
0	1	1	0	0	0
1	0	0	0	0	0
1	0	1	0	1	1
1	1	0	1	0	1
1	1	1	1	1	1

a）$AB+AC$

A	*B*	*C*	*A*	*B+C*	*A(B+C)*
0	0	0	0	0	0
0	0	1	0	1	0
0	1	0	0	1	0
0	1	1	0	1	0
1	0	0	1	0	0
1	0	1	1	1	1
1	1	0	1	1	1
1	1	1	1	1	1

b）$A(B+C)$

图 3-5　两个等价函数

一般来说，电路的设计者首先将电路用各种布尔函数的定律进行简化，得到它的更简单一些的等价函数。最后，再用电路实现其最简形式的函数。

要使用这个办法，首先要有一些布尔代数的恒等式，图 3-6 给出了主要的一部分。我们可以发现一个有趣的现象，即每个等式都有两种**对称**的形式，将它们的与和或运算互换，并同时将 0 和 1 互换，就可以从一个形式得到它的另外一个形式。这些等式都可以通过构造它们的真值表容易地得到证明。除了德摩根律、吸收律、与形式的分配律外，其他等式的结果都是浅显易懂的。德摩根律可以扩展到多于两个变量的形式，例如，$\overline{ABC}=\overline{A}+\overline{B}+\overline{C}$。

名称	与形式	或形式
同等律	$1A=A$	$0+A=A$
零律	$0A=0$	$1+A=1$
幂等律	$AA=A$	$A+A=A$
逆反律	$A\overline{A}=0$	$A+\overline{A}=1$
交换律	$AB=BA$	$A+B=B+A$
结合律	$(AB)C=A(BC)$	$(A+B)+C=A+(B+C)$
分配律	$A+BC=(A+B)(A+C)$	$A(B+C)=AB+AC$
吸收律	$A(A+B)=A$	$A+AB=A$
德摩根律	$\overline{AB}=\overline{A}+\overline{B}$	$\overline{A+B}=\overline{AB}$

图 3-6 布尔代数中的一些等式

德摩根律也可以有另外一种表达形式。图 3-7a 中是与形式，在输入和输出两端都加上由圆圈表示的反转器后，即将输入反转后的或门等价于与非门。在与之对称的图 3-7b 中，我们可以清楚地看到，一个或非门也可以由将输入反转后进行与运算得到。将德摩根律等式两边同时反转后，我们可得到图 3-7c 和 d，从中可以得到与门和非门的等价表示。对于多变量的德摩根律，也存在类似的对应关系（例如，n 个输入的与非门可以将 n 个输入反转后用或门实现）。

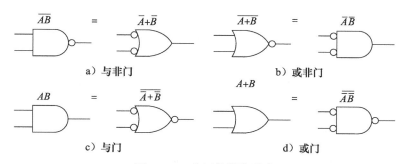

图 3-7 一些门的等价形式

利用图 3-7 中的等式和类似的多变量门的等式，我们可以容易地将真值表的"积和"表现形式转换为纯与非门或纯或非门的形式。以图 3-8a 的异或函数为例，其标准的"积和"电路如图 3-8b 所示。为将其全部用与非门实现，可先将两个与门的输出及与其相连的或门的输入处都加上反转器，即成为图 3-8c 所示的形式，然后，根据图 3-7a，我们就可以得出图 3-8d 的结果。变量 $\overline{A}$ 和 $\overline{B}$ 可以用将与非门或者或非门的输入连在一起后，分别以 A 和 B 为输入得到。需要指出的是，反转器可以随意放在一条线的任何位置，例如，图 3-8d 中，可以是输入门的输出端到输出门的输入端的任何位置上。

对等价电路，最后一点需要说明的是，用一个电路上完全相同的门，只是改变高低电平和逻辑值 0 和 1 之间的对应关系，它的运算结果就完全不同。我们可以证明这个令人惊讶的结论。图 3-9a 是某个门 F 的不同输入对应的输出，其中的输入和输出都是用电平值表示。如果我们采用的是 0V 表示逻辑 0，1.5V 表示逻辑 1 的表示方法，即常说的**正逻辑**的话，其真值表就如图 3-9b 所示，门 F 是一个与门。然而，如果我们采用的是**负逻辑**表示法，即用 0V 表示逻辑 1，而用 1.5V 表示逻辑 0，它的真值表就成了图 3-9c 所示的形式，门 F 也就成了一个或门。

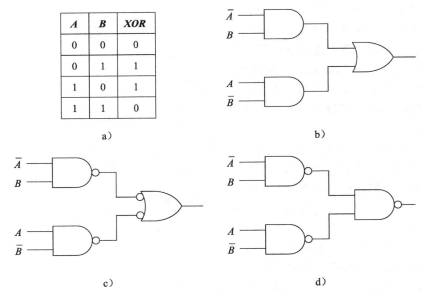

A	B	XOR
0	0	0
0	1	1
1	0	1
1	1	0

a)

b)

c)

d)

图 3-8　a）异或函数的真值表；b）～ d）实现异或函数的三个电路

A	B	F
0V	0V	0V
0V	1.5V	0V
1.5V	0V	0V
1.5V	1.5V	1.5V

a）某设备的电子特性

A	B	F
0	0	0
0	1	0
1	0	0
1	1	1

b）正逻辑

A	B	F
1	1	1
1	0	1
0	1	1
0	0	0

c）负逻辑

图　3-9

　　因此，电平和逻辑值之间的对应关系是十分重要的。本书中除特别说明之处外，采用的都是正逻辑表示法，也就是说，逻辑 1、真和高电平是同义词，而逻辑 0、假和低电平表示的含义也相同。

157

3.2　基本数字逻辑电路

　　上一节中，我们介绍了如何用门电路来实现真值表或其他的简单电路。实际上，现在已经很少真正用一个一个的门来实现电路了，尽管这曾经是一个常用的办法。目前，构造逻辑电路的基本组件是包含许多门的模块。后面几节中，我们进一步讨论这些组件，并详细说明它们的用法和如何通过门电路来构建这些组件。

3.2.1 集成电路

现在，已不再有人制造和销售单个的门电路了，而是以**集成电路**（Intergrated Circuit，IC）或**集成芯片**为单位制造。一片集成电路是一小块方形的硅片，其尺寸和它用了多少个门来实现电路中的组件相关。小的硅片有 2mm × 2mm，而大的可达 18mm × 18mm。如果需要有很多管脚来连接芯片和其外部世界的话，集成电路通常会封装在比它本身大许多的塑料或陶瓷外壳中，每个管脚或者连接着芯片上某个门的输入或输出信号，或者连接着电源或地。

图 3-10 给出了几个现在常用的集成电路芯片封装方式。小芯片，如家用微控制器、RAM等采用的是**双排直插式封装**（Dual Inline Package，DIP），它有两排管脚，可插入到母板的插槽内。常见的封装有 14、16、18、20、22、24、28、40、64 或 68 个管脚。对大的芯片，也有四边都有管脚或管脚在底部的方形封装，其中最常见的有两类，即**引脚阵列封装**（Pin Grid Array，PGA）和**触点阵列封装**（Land Grid Array，LGA）。PGA 在封装的底部装有引脚，可插入到母板上对应的插座内。插座一般采用的是"零插入力"方式，即不用力气就可将芯片放入插座，然后用一个小的弹力装置横向将其推紧，使其固定在插座中。LGA 采用的是另外一种方式，在芯片底部布置的是平面的触点，对应的插座上装了一个带压力的小盖子，能产生下压力，将芯片压紧在插座上，确保所有的触点接触紧密。

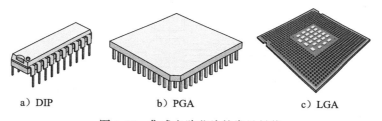

a）DIP   b）PGA   c）LGA

图 3-10 集成电路芯片的常见封装

由于许多集成电路的封装在外形上是对称的，所以向插座上装芯片时，如何确保方向正确一直是需要留意的问题。DIP 封装一般在芯片的一端设置一个小凹槽，插座上也对应地作上标记进行提示。PGA 则一般采用"缺引脚"的方法，当方向不正确时，芯片不能插入到插座中。LGA 由于没有引脚，其采用的方法是在芯片的一边或者两条边上设置一个凹口，而在插座上也对应设置，以保证只有在方向正确时芯片才能正确安装。

我们当然会希望，如果可能的话，门的输入信号一加上，就马上可以得到输出信号。但实际上，芯片都有微小的**门延迟**，包括信号在芯片中的传播时间和转换时间，一般为 100 皮秒到几纳秒。

目前的工艺水平已经可以在单个芯片上放置 10 亿个二极管。由于任何逻辑电路都可以用与非门实现，所以你可以想象由制造商生产出的一个包含 5 亿个与非门的非常通用的芯片。不幸的是，这个芯片会需要 1 500 000 002 个管脚，以标准的管脚距离 1 毫米计算，采用 LGA方式封装的这个芯片边长需要 38 米才能放下这些管脚，这会对它的销售产生一些负面影响。显然，唯一的办法就是利用技术上的优势，设计出具有较高的门 / 管脚比的逻辑电路来。下面的几节，我们将讨论一些简单的中等规模集成电路，其内部通过一些门的组合，实现了特定的逻辑功能，而要求的外部连接信号（管脚）又比较少。

158

3.2.2 组合逻辑电路

许多数字逻辑的应用需要的电路，都有多个输入信号和多个输出信号，且输出信号是由输入信号的当前状态唯一确定。我们把它们叫做**组合逻辑电路**。并不是所有的电路都有这种特性。例如，有些带存储器部件的电路的输出同时依赖于存储器中存储的值和输入变量的状态值。实现如图 3-3a 之类的真值表的电路是组合逻辑电路的典型例子。本节我们详细讨论常用的几个组合逻辑电路。

1. 多路选择器

在数字逻辑层，多路选择器电路有 2^n 个数据输入信号、1 个数据输出输出信号及用来选择将哪个数据输入信号输出的 n 个控制信号。被选中的输入数据是通向输出信号的"大门"。（即发送）图 3-11 是有 8 个输入的多路选择器的示意图。三个控制信号 A、B 和 C 译码产生一个 3 位二进制数，由它来决定将哪个输入信号放行到或门，并进而到输出信号。不管控制线取什么值，8 个与门中总有 7 个的输出为 0，另外一个的输出将和被选中的输入信号的值相同。控制信号的一种组合将打开其中一个特定的与门。

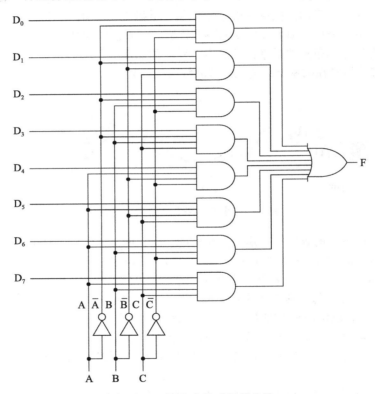

图 3-11 8 输入多路选择器电路

使用这个多路选择器，我们可以实现图 3-3a 的表决功能，实现的方式如图 3-12b 所示。对于 A、B 和 C 的任意一种组合，将选中一个输入信号，每个输入信号或者和 V_{cc}（逻辑值 1）相连，或者连着地（逻辑值 0）。连接算法很简单：每个输入信号 D_i 和真值表中第 i 行的值相同。图 3-3a 中，第 0、1、2 和 4 行的值为 0，所以对应的输入信号被接地；其余行的值为 1，故连接的是逻辑 1。用这种方式，任何三变量的真值表都可以用图 3-12a 所示的芯片实现。

上面我们已经看到如何用一片多路选择器从多个输入中选出一个，也知道了如何用它来实现真值表。它还可以用于对数据进行并行到串行的转换。将 8 位数据放在输入信号上，然后按顺序将控制信号从 000 到 111（二进制），每步变换一次，8 位数据就可以串行输出到输出信号了。并行到串行转换的典型应用是键盘，每次击键都隐含着将一个 7 位或 8 位数通过串行链路输出，如 USB。

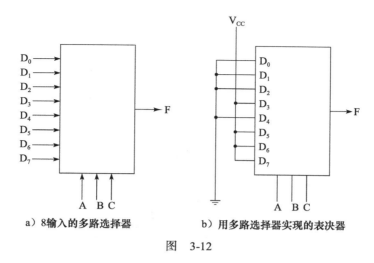

a）8 输入的多路选择器　　　　b）用多路选择器实现的表决器

图　3-12

与多路选择器相反的是**多路输出选择器**，根据 n 个控制信号的值，将单个输入信号输出到 2^n 个输出信号之一上。若控制信号的二进制值是 k，即在第 k 个输出信号上输出。

2. 译码器

我们讨论的第二个例子是**译码器**（decoder），它的输入是一个 n 位二进制数，根据二进制的值将 2^n 个输出信号中的一个选中（也就是将其置为 1）。图 3-13 给出了一个 $n=3$ 的译码器的示意图。

译码器可以用在存储器芯片的选择上。例如，某存储器系统由 8 块存储器芯片组成，每块存储容量为 256MB。系统分配给芯片 0 的地址为 0 ～ 256MB，芯片 1 为 256 ～ 512MB，并依次排列下去。当主机系统给存储器分配地址后，地址的高 3 位就要用来从 8 个芯片中选择一个芯片。我们可以用图 3-13 所示的电路来实现这个功能，地址高 3 位就是图中的三个输入信号 A、B 和 C。根据输入的不同，8 个输出信号 D_0、…、D_7 中将有且只会有 1 个为 1。我们用每个输出信号分别作为一块存储器芯片的使能信号，由于只会有 1 个输出信号为 1，这样，就只有 1 块芯片被选中工作。

图 3-13 所示的电路的功能十分明了。每个与门都有 3 个输入信号，第一个为 A 或者 $\overline{A}$，第二个为 B 或者 $\overline{B}$，第三个为 C 或者 $\overline{C}$。这样，每个门将被三个输入信号的一种组合使能，例如，使能 D_0 的是 $\overline{A}\,\overline{B}\,\overline{C}$，使能 D_1 的是 $\overline{A}\,\overline{B}\,C$ 等。

3. 比较器

另一个用途广泛的电路是比较器（comparator），用来对输入的两个字进行比较。图 3-14 所示的简单的比较器有两个输入 A 和 B，都为 4 位长，若它们相等，则比较器的结果为 1，否则为 0。比较器是以 XOR（异或门）为基础实现的。异或门在输入信号相同时的输出为 0，不同时输出为 1。若输入的两个字相等，则全部 4 个异或门的输出均为 0，再将这 4 个输出或起来，如果或门的输出还是 0 的话，则输入的两个字相等；否则就不相等。例中我们最后用了一个或非门将结果求反，即输出为 1 时表示相等，为 0 表示不等。

161

162

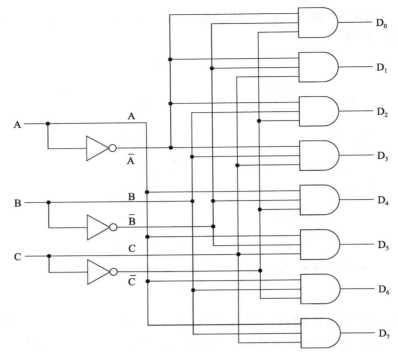

图 3-13　　3-8 译码器电路

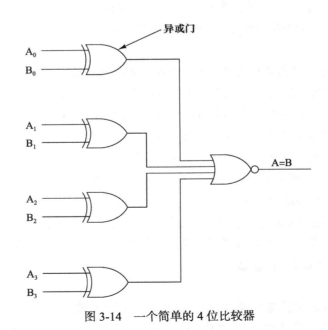

图 3-14　　一个简单的 4 位比较器

3.2.3　算术电路

　　介绍过上面这些通用的集成电路后，下面我们该讨论一些用来进行算术运算的组合逻辑电路了。在此提醒，组合逻辑电路的特征是输出信号是其输入信号的函数，但用于算术运算的电路并不完全具有这个特征。我们从一个简单的 8 位移位器开始，然后是加法器的组成结构，最后再讨论在任何一台计算机中都起着重要作用的算术逻辑部件 ALU（Aritemetic Logical Unit）。

1. 移位器

我们首先要讨论的算术运算电路就是一个 8 输入，8 输出的移位器（如图 3-15 所示）。D_0、…、D_7 代表 8 位输入信号，将它们移动一位后的输出结果是 S_0、…、S_7。控制信号 C 决定移位的方向，C 为 0 时左移，为 1 时右移。左移时，第 7 位补 0，同样，右移时第 0 位补 0。

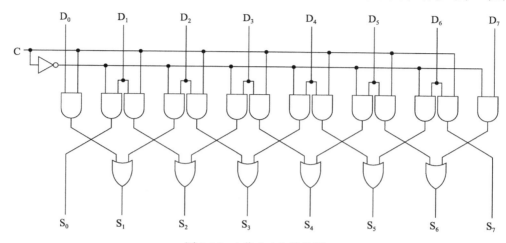

图 3-15   1 位左 / 右移位器

我们来看移位器的工作原理。请注意图中除最高位和最低位外，所有位下面都有一对与门。当 *C*=1 时，每对与门中的右边那个起作用，将它控制的输入信号送入输出端。由于右边的与门的输出连接的是它右边的或门的输入，这样，就完成了右移的功能。当 *C*=0 时，每对与门中左边的那个起作用，完成左移功能。

163

2. 加法器

一台不能做整数加法的计算机几乎是不可想象的。也就是说，完成加法运算的硬件电路是每台计算机的必备部分。1 位整数加法器的真值表如图 3-16a 所示，它产生两个结果：输入数据 A、B 的和以及由此产生的给下一个（左边）加法器的进位。能够计算出结果位和进位位的电路如图 3-16b 所示，它常称为**半加器**（half adder）。

164

尽管半加器用来对两个多位的输入字的低位求和已经是足够了，但在字中间的某一位肯定要出问题，因为它没有处理来自右边的进位。此时，就需要图 3-17 所示的**全加器**来代替半加器。从图中全加器的电路看，很明显它是由两个半加器组合而成的。只有在输入信号 A、B 和低位进位三个中有奇数个为 1 时，其输出信号"和"才为 1；而只有在 A 和 B 全为 1（或门的左输入信号）或它们中只有一个为 1 但同时进位（输入）为 1 时，它产生的进位（输出）才为 1。两个半加器一起产生出"和"及"进位"信号。

为制造能对两个 16 位字求和的加法器，只要对图 3-17b 所示的电路重复 16 次即可，任何一位产生的进位作为它左边加法器（高一位）的低位进位，而最右边位的低位进位始终保持为 0。这种加法器叫做**行波进位加法器**（ripper carry adder），因为在最糟糕的情况下，即往 111…111 上加 1 时，只有在进位从最右边一直行进到最左边时，加法才能完成。没有这种延迟，因此也更快一些的加法器也存在，而且更受到大家欢迎。

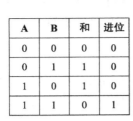

A	B	和	进位
0	0	0	0
0	1	1	0
1	0	1	0
1	1	0	1

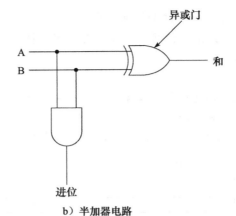

a）1位加法的真值表　　　　　b）半加器电路

图　3-16

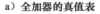

A	B	进位（输入）	和	进位（输出）
0	0	0	0	0
0	0	1	1	0
0	1	0	1	0
0	1	1	0	1
1	0	0	1	0
1	0	1	0	1
1	1	0	0	1
1	1	1	1	1

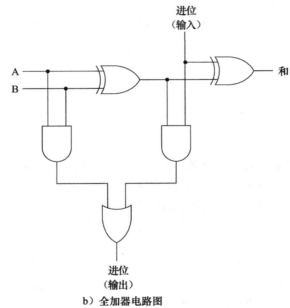

a）全加器的真值表　　　　　b）全加器电路图

图　3-17

　　我们举一个快速加法器的简单例子。将一个 32 位加法器分解成两半，一半用来对低 16 位求和，另一半对高 16 位求和。开始进行加法时，高 16 位加法器还不能工作，因为此时它还无法得到从低 16 位加法器来的进位。

165　　然而，我们可以对此稍加改动，用两个加法器对高 16 位求和来代替原来的一个加法器对高 16 位求和，这两个加法器可以并行工作。这样，整个电路由三个 16 位加法器组成：一个加法器负责对低 16 位求和，另外两个加法器 U0 和 U1，并行对高 16 位求和。给 U0 的进位为 0，给 U1 的进位为 1。现在，当低 16 位加法器开始运行时，这两个加法器也就可以开始工作了，但只有一个会产生正确的结果。16 位加法完成后，得到了对高 16 位加法器的进位，就可以从两个高 16 位加法器中选择一个正确的答案了。这种方案使完成 32 位加法的时间减少了一半。我们把它称为**进位选择加法器**（carry select adder）。同理，我们也可以把 16 位加法器分解成 8 位加法器，再减少一半的时间。

3. 算术逻辑部件

大多数计算机中都会有一个简单的电路，来完成两个机器字的与、或和求和运算。一般来说，这种 n 位字的电路是由 n 个同样的对一位进行运算的电路组成的。图 3-18 是这种电路的一个简单示例，它就是我们通常所说的**算术逻辑部件**（Arithmetic Logic Unit，ALU）。它可以根据功能选择信号 F_0 和 F_1 的值为 00、01、10、11 的不同，分别用来实现 4 个功能，即 A 与 B、A 或 B、$\overline{B}$ 和 A+B。这里的 A+B 指的是 A 和 B 的算术和，而不是逻辑或。

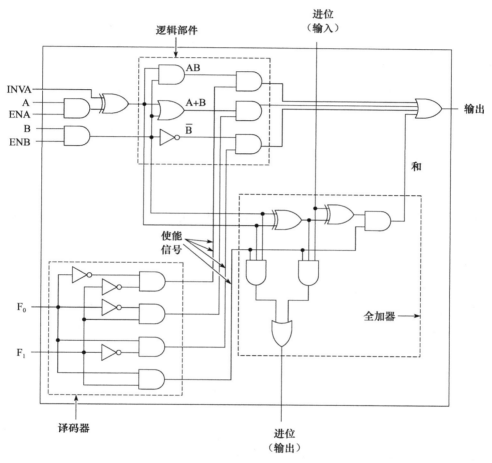

图 3-18　1 位算术逻辑部件

图中左下角有一个 2 位译码器，根据控制信号 F_0 和 F_1 产生四种不同运算的使能信号，同一时刻四个使能信号中只有一个的输出为 1，这样，只有被选中的功能的输出结果才能通过最后的或门成为整个 ALU 的输出结果。

左上角是用于计算 A 与 B，A 或 B 及 $\overline{B}$ 的逻辑部件，但最多只能有一个计算结果通过最终的或门输出，具体输出哪个运算结果要根据译码器输出的使能信号决定。由于译码器的输出只会有一个是 1，这样，驱动最终或门的四个与门只会有一个为 1，其他三个都为 0，与 A 及 B 无关。

除了能将 A 和 B 作为算术和逻辑运算的输入外，分别使 ENA、ENB 信号为 0，也可以强制使 A 和 B 为 0。置 INVA 信号为 1，还可以将 A 求反得到 $\overline{A}$。第 4 章我们可以看到 INVA、ENA 和 ENB 这几个信号的用途。通常情况下，ENA 和 ENB 都为 1，输入和 INVA 信号为 0，这样，可将 A 和 B 不做任何修改输入到逻辑部件中。

ALU 的右下角有一个全加器，用于计算 A 加 B 的和，并可以处理进位，因为该图所示的电路最终显然是要几个接在一起来完成全字运算的。我们把现实中如图 3-18 所示的这种电路叫做位片（bit silce）电路，它可供计算机的设计者用来实现任何位的 ALU。图 3-19 就是一个用 8 片 1 位 ALU 位片实现的 8 位 ALU。其中的 INC 信号只对加法运算起作用，可以使运算结果自增（也就是加 1），这可用来计算 A+1 及 A+B+1 等的和。

数年前，位片电路是一个你确实能买到的芯片。现在，位片电路更像是计算机辅助设计程序中的一个芯片库，芯片设计师可将其复制他想要的份数，生成输出文件，提交给生产芯片的机器。但位片设计的思路依然存在。

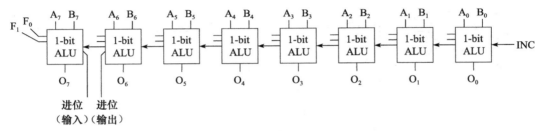

图 3-19　由 8 个 1 位 ALU 位片连接构成的 8 位 ALU。为简化起见，使能和反转信号没在图中画出

3.2.4　时钟

许多数字电路对事件发生的时间顺序有着严格的要求。有时，某个事件必须在另一个事件之前发生，有时两个事件必须同时发生。为使设计者能实现这些时间上的要求，大多数数字电路用**时钟**（clock）来提供同步信号。这里所说的时钟，是一种特定的电路，它能发出一系列的脉冲，脉冲的宽度相同，两个连续脉冲之间的间隔也完全一致。我们把两个连续脉冲之间相应边沿的时间间隔叫做**时钟周期**（clock cycle time）。脉冲的频率一般为 100MHz ～ 4GHz，对应的时钟周期为 10ns ～ 250ps。为提高时钟的精度，时钟频率通常由晶振控制。

计算机中的许多事件可能发生在一个时钟周期，如果这些事件之间还存在特定的顺序的话，就必须将时钟周期进一步分解成子时钟周期。除了提高主时钟周期的频率外，另外一种常用的解决办法是在主时钟周期上接出一个信号，并在其上插入一个电路，使时钟延时一个已知的延迟，这样，就可以产生一个与主时钟有一定延迟的副时钟信号，如图 3-20a 所示。如此，图 3-20b 所示的时序图就可以对不同的事件提供 4 种时钟信号：

1）C1 的上升沿。

2）C1 的下降沿。

3）C2 的上升沿。

4）C2 的下降沿。

将不同的事件由不同的时钟沿触发，就可以保证事件之间所需的顺序关系。如果一个时钟周期内的事件不止 4 个，还可以通过从主信号中生成其他不同延迟的副时钟信号来得到。

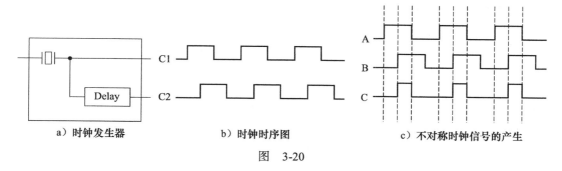

a）时钟发生器　　　　b）时钟时序图　　　　c）不对称时钟信号的产生

图　3-20

有些电路中，事件被安排在一段时间内，而不是在时钟信号发生变化的那个时刻触发。比如，某事件可以在 C1 为高时的任何时候发生，而不是准确地发生在 C1 的上升沿；另一个事件却只能在 C2 为高的时候发生。如果需要两个以上的时间间隔，可以通过多个时钟信号提供，或者使两个时钟信号的高状态在时间上部分重叠。后一种情况下，可提供 4 个不同的时间片：$\overline{C1}$ 与 $\overline{C2}$，$\overline{C1}$ 与 C2，C1 与 $\overline{C2}$ 以及 C1 与 C2。

另外，如果时钟信号在高位状态和低位状态花费的时间相同，我们称为对称的，如图 3-20b所示。需要生成非对称时钟信号的话，可将原时钟信号延时一段后，再和它自己做与操作，如图 3-20c 中的信号 C 一样。

168

3.3 内存

任何一台计算机都不能没有内存。离开了内存，也就不存在我们现在所说的计算机。它用来存放计算机执行的指令和执行指令用到的数据。以后的几小节中，我们将从门开始讨论内存系统的基本构成，了解其工作原理，并说明如何由这些组件组成大的内存系统。

3.3.1 锁存器

要得到 1 位的内存，我们需要一个能以某种方式"记住"上一个输入值的电路。这样的电路可以由两个或非门构成，如图 3-21a 所示。当然，类似功能的电路也可以用与非门来实现。由于这两种实现方式在概念上没有什么不同，以后我们将不再对此进行深入讨论。

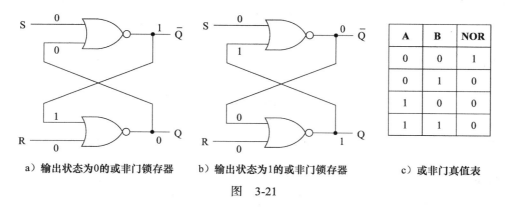

a）输出状态为0的或非门锁存器　　b）输出状态为1的或非门锁存器　　c）或非门真值表

图　3-21

我们把图 3-21a 所示的电路称为 **SR 锁存器**（SR latch）。它有 S 和 R 两个输入信号，S用来设置锁存器，R 用来重新设置（也就是清除）锁存器。它的输出信号也是两个，一个是

Q，另一个是 $\overline{Q}$，下面我们马上要讲到，这两个输出值互补。和组合逻辑电路不同，锁存器的输出不仅与当前输入的值有关，还和它的上一个状态有关。

　　我们来看一看为什么会是这种情况。首先假定 S 和 R 都为 0，这是它们经常所处的状态。也许会引起争论，但我们还是先假定 Q 也为 0。由于 Q 要被反馈回上面的那个或非门，使该或非门的输入都为 0，所以，其输出 $\overline{Q}$ 应该为 1。1 再被反馈回到下面的或非门后，这个或非门的输入一个是 0，另一个为 1，所以 Q 还保持为 0。至少这个状态是稳定的，正如图 3-21a 所示。

　　现在我们再来考虑 Q 不为 0，即 Q 为 1 的情况，此时还假定 R 和 S 为 0。上面的或非门的输入一个为 0，另一个为 1，其输出 $\overline{Q}$ 应为 0。将 $\overline{Q}$ 反馈回下面的或非门后，整个锁存器也处于图 3-21b 所示的稳定状态。在输入 R 和 S 都为 0 的情况下，两个输出都为 0 的状态是不稳定的，因为它的前提条件是两个门的两个输入都为 0，而如果真是如此的话，它们的输出将为 1 而不是 0。与此类似，两个输出均为 1 的情况也是不可能的，因为这需要使两个门的输入都是 0 和 1，这样产生的输出将为 0，而不会是 1。由此，我们可以得到如下结论：当 R=S=0 时，根据其上一个状态 Q 的不同，锁存器有两个稳定的状态。

　　那么，输入的变化会对锁存器的状态产生什么影响呢？我们来看在 Q=0 时将 S 变为 1 的情况。此时，上面那个或非门的输入分别为 1 和 0，使得其输出 $\overline{Q}$ 变为 0。这个改变又使得下面那个门的输入全为 0，使其输出变为 1。也就是说，设置 S（即使其值为 1）将锁存器的状态从 0 变为 1。当锁存器状态为 0 时将 R 置 1 对其无影响，因为下面的或非门对于输入 10 和 11 的输出都是 0。

　　同样原因，当锁存器状态为 1（Q=1）时将 S 置为 1 对锁存器没有影响，但此时将 R 置为 1 将使锁存器状态变为 0。总之，将 S 置为 1 时，锁存器输出状态将为 1，而不管它的上一个状态是什么；将 R 置为 1，锁存器将输出 0。该电路能够"记忆"上次是置 S 还是置 R。我们正好用它的这个特性来制造计算机的内存。

1. 时钟 SR 锁存器

　　如果能使锁存器只在某些特定时间改变状态，将带给我们很大的方便。为达到这个目的，我们对上面的电路做一些轻微变动，就成了**时钟 SR 锁存器**（clocked SR latch），如图 3-22 所示。

　　该电路增加了一个时钟作为额外输入，它通常为 0。时钟信号为 0 时，不管 S 和 R 如何变化，两个与门的输出都是 0，不会改变锁存器的状态。当时钟信号为 1 时，它对与门的影响消失，锁存器才能对 S 和 R 的变化起反应。值得指出的是，尽管名字是时钟 SR 锁存器，但时钟信号并不一定要由计算机上真正的时钟信号来驱动。我们也常用术语**使能**（enable）和**选通**（strobe）来说明它为 1，即此时 S 和 R 的变化可改变锁存器的状态。

　　到此为止，我们一直小心地掩盖着一个问题，即如果 S 和 R 都为 1 时会发生什么。理由很充分：在这两个输入最终都成为 0 之前，电路的状态将无法确定。在 S=R=1 时，唯一的稳定态是 $Q=\overline{Q}=0$，但当输入变回 0 时，锁存器将立即跳转到它的两个稳定态中的一个。如果有一个输入变化得比另一个早一些，则另一个保持为 1 的输入将取得胜利，因为将由它来确定锁存器的状态。如果两个输入同时变为 0（这很难发生），锁存器将随机跳转到一个稳定态。

2. 时钟 D 锁存器

　　解决 SR 锁存器存在的不确定状态（由于 S=R=1 而引起的）的一个好办法是防止这种情况出现。图 3-23 给出的锁存器电路只有一个输入 D。由于下面的与门的输入总是上面那个与门的输入的相反值，所以两个输入同时为 1 的情况将永远也不可能发生。当 D=1 且时钟信号为 1 时，锁存器的状态为 Q=1。当 D=0 且时钟信号为 1 时，它的状态将被置为 Q=0。换句话说，当时钟信号为 1 时，D 的当前值被采样并存储到锁存器中。我们把这个电路称为**时钟 D 锁存器**（clocked D latch），它是真正意义上的 1 位内存。存放在里面的值总可以从 Q 中得到。要将 D 的当前值写到内存中，只需在时钟信号上加一个正脉冲。

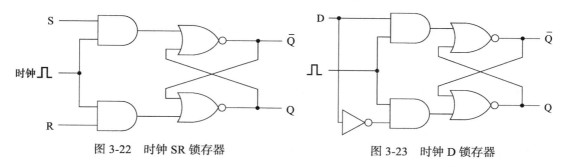

图 3-22 时钟 SR 锁存器   图 3-23 时钟 D 锁存器

实现这个电路需要 11 个晶体管。达到同样功能的更复杂（但更不直观）一些的电路最少只要 6 个晶体管。现实中，这种电路也被广泛采用。显然，在电源（图 3-23 中未标出）能保持的情况下，该电路一直能保持稳定状态。下面我们将看到一些内存电路，它们会很快"忘掉"其状态，除非定时以某种方式"提醒"它。

171

3.3.2 触发器

许多电路中，必须在特定的时刻对某个信号采样并加以存储。我们把这种存储触发方式的内存叫做**触发器**（flip-flop），它的状态转变不是发生在时钟信号为 1 时，而是发生在时钟信号从 0 变为 1（上升沿）或从 1 变为 0（下降沿）的时候。这样，时钟信号的脉冲长度就不重要了，重要的是脉冲的变化要足够快。

需要强调的是锁存器和触发器之间的区别。触发器用的是**边沿触发**，而锁存器用的是**电平触发**。但是，尽管如此，这两个术语还常常在文字上被混淆，许多作者在说明锁存器时却用"触发器"，或者相反。

设计触发器可以有许多方案。例如，如果有某种办法在时钟信号的上升沿产生一个很短的脉冲，再把这个脉冲输入到 D 锁存器中就可以了。图 3-24a 就给出了这么一个电路。

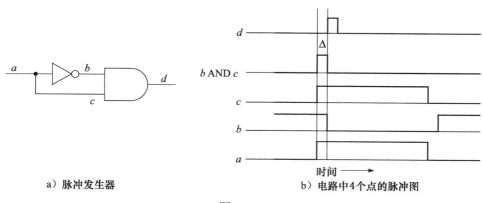

a）脉冲发生器   b）电路中4个点的脉冲图

图   3-24

乍一看，图中与门的输出将永远是 0，因为任何信号和它的反相与的结果都将为 0，但实际情况有一些微小的不同。反转器有一个微小的、但不为 0 的传输延迟，正是该延迟使得电路的功能得以实现。假定我们在 4 个监测点 *a*、*b*、*c* 和 *d* 测量电压，那么，在 *a* 测量到的输入信号是一个长的时钟脉冲，如图 3-24b 的底部所示。在 *b* 测量到的结果在它的上面。请注意，该信号已经被反转，并有少许的延迟，一般是几百个皮秒，根据所用反转器的类型不同而有所不同。

  c 点的信号也有一点点延迟，但只是信号的传播时间（以光速传播）。假如 *a* 和 *c* 之间的物理距离是 20μm，那么传播时间将是 0.000 1 纳秒，与信号通过反转器的传播时间相比就微不足道了。也就是说，不管从哪个方面讲，*c* 点的信号可以说是与 *a* 点的信号完全相同。

  当与门的输入信号 *b* 和 *c* 与在一起，输出的将会是图 3-24b 所示的短脉冲，其脉冲的宽度 Δ 等于反转器的延迟，一般来说是 5 纳秒或更少一些。与门的输出即是这个脉冲对与门的延迟，如图 3-24b 的顶部所示。这些时间上的后移即意味着在时钟信号的上升沿之后一定时间，D 锁存器将被激活，但对原始的时钟脉冲的宽度没有影响。对 10 纳秒存储周期的内存来说，1 纳秒的脉冲来告诉何时对输入信号 D 采样应该是足够短了。整个电路可以用图 3-25 来表示。值得一提的是这种触发器的设计易于理解，但现实中常用的触发器要比这个复杂。

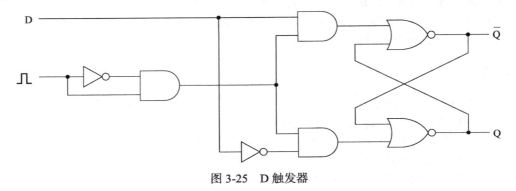

图 3-25　D 触发器

  图 3-26 给出了锁存器和触发器的标准符号。其中图 3-26a 是一个锁存器，当时钟信号 CK 为 1 时，可以改变其状态；与之相反，图 3-26b 的时钟信号通常为 1，只在它的电平降为 0 时，才可保存 D 上的信号。图 3-26c 和 d 所示的是触发器而不是锁存器。图 3-26c 的状态在时钟的上升沿（从 0 变为 1）改变，图 3-26d 在下降沿（从 1 变为 0）改变。很多，但也不是所有的锁存器和触发器也可输出 $\overline{Q}$，有些还有另外两个输入管脚：Set 或 Preset，用来强制 Q=1，Reset 或 Clear 用来强制 Q=0。

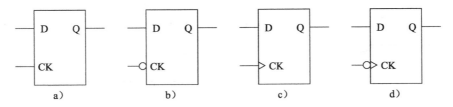

图 3-26　D 锁存器和触发器的符号

3.3.3　寄存器

  多个触发器可组合在一起，构成寄存器，来保存超过 1 位长的数据。图 3-27 给出了 8 个触发器连接在一起构成一个可存储 8 位数据的寄存器的方式。当时钟信号 CK 跳变时，寄存器接受 8 位的输入值（I0 ~ I7）。为实现该寄存器，要将 8 个寄存器的时钟信号连接同一个输入信号 CK，这样来保证 CK 跳变时，整个寄存器可接收输入总线上新的 8 位数据。触发器本身是图 3-26d 那种类型，但触发器上的反转作用被和时钟信号 CK 连接的反转器取消了，所以触发器会在时钟的上升沿装入数据。8 个清除信号也被连在一起，所以当清除信号 CLR 变为 0 时，所有 8 个触发器的值都被置为 0。也许你会想为什么对时钟信号 CK 进行反转，又在每个触发器上将其反转回来，这是因为管脚的输入信号也许没有足够的电流来驱动所有的 8 个触发器，输入信号的反转器其实是用来作放大器使用的。

   8 位寄存器设计完成后，我们就可以用它作为模块来构造容量更大的寄存器了。例如，将两个 16 位寄存器的时钟信号 CK 及清除信号 CLR 连接起来，就可组成一个 32 位寄存期。第 4 章中我们再进一步讨论寄存器及其用途。

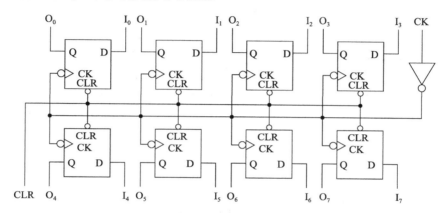

图 3-27　由单个触发器构成的 8 位寄存器

3.3.4　内存组成

   到现在为止，尽管我们已经从图 3-23 所示的简单的 1 位内存进步到图 3-27 所示的 8 位内存，但大容量的内存采用的是另外一种不同的组织方式，即为每个内存字进行编址。图 3-28 即是能满足这个要求且广泛使用的内存组成方式。图 3-28 中的内存系统有 4 个字长为 3 位的字，对内存的每次读写操作都针对其中一个完整的 3 位字进行。尽管全部只有 12 位的内存空间无法和前面的 8 位触发器相比，但它需要的管脚数比较少，而且，重要的是，这种方案可以方便地扩展成大容量的内存系统。值得注意的是，内存字的数量总是 2 的整数倍。　　174

   图 3-28 所示的内存看起来可能很复杂，但由于它的结构很有规律，实际上十分简单。它共有 8 根输入信号线和 3 根输出信号线，输入信号中有三个是数据，即 I_0、I_1 和 I_2；两个是地址信号 A_0 和 A_1；还有三个是控制信号：CS 为片选信号，RD 用来区分是读还是写操作，OE 是输出使能信号。三个输出信号都是输出的数据，即 O_0、O_1 和 O_2。有趣的是，这个 12 位的存储器比起前面介绍的 8 位寄存器所需要的管脚还更少。加上电源和地信号，8 位寄存器需要 20 个管脚，而 12 位的存储器仅需要 13 个信号。其原因在于内存单元的输出是共享管脚的，在本例中，每 4 个内存单元共享一个输出管脚。地址信号决定了到底对哪个内存字进行输入或输出操作。

   为选中这个内存块，还需要外部电路来设置 CS 信号为高，并在读内存时将 RD 信号设置为高（逻辑 1），写内存时将其设置为低（逻辑 0）。两个地址信号也必须设置好，指明被读写的是四个 3 位字中的哪一个字。对于读操作，不使用数据输入信号，而是将被选中的字放置到数据输出信号上。对于写操作，输入数据被写入到指定的内存字中，不使用数据输出信号。

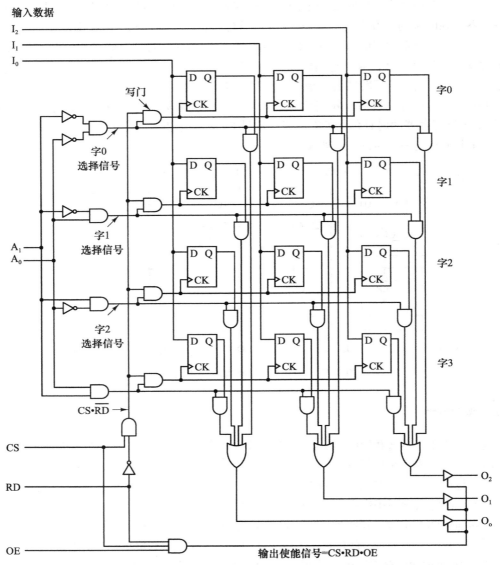

图 3-28　一个 4×3 存储器的逻辑示意图。每行是 4 个 3 位字中的一个。读写操作均对整个字进行

　　下面，我们再对图 3-28 作进一步分析，来看看它的工作原理。图 3-28 中所示的内存左边四个用来选择字的与门构成了一个译码器。与门的输入信号上加了反转器，以保证地址不同时只有其中一个与门的输出为高。这四个与门各驱动一个字选择信号，从上到下，分别是第 0、1、2 和 3 个字。当芯片被选中做写操作时，垂直线上标有 CS·$\overline{RD}$ 的信号为高，与选中字的信号一起，使四个用来控制读写信号的与门中的一个输出为高，再用这个信号来驱动被选中的字的 CK 信号，将输入线上的数据装入到该字的触发器中。只有当 CS 为高且 RD 为低时，写操作才能进行，而且也只是对被 A_0 和 A_1 选中的字才会被写，其他的字绝对不会被改变。

读操作和写操作基本类似。地址译码部分和写操作完全相同。但这时 CS·$\overline{RD}$ 信号为低，因此所有写门的输出都为低，任何触发器中的内容都不会改变。同时，选中字的信号和被选中的字的 Q 位与在一起，这样，被选中的字就可将它的数据输出到图 3-28 中底部的四输入或门中，而其他三个字此时的输出都为 0，故或门的输出和被选中的字中存放的数据完全相同，其他三个未被选中的字对输出毫无影响。

我们设计的这个电路中，三个或门的输出仅和三个数据输出线相连，但这样做有时也会带来问题。特别是，我们设计的输入数据和输出数据用的信号线是不一样的，但在实际的内存芯片中，输入数据和输出数据使用的是同样的管脚。如果我们简单地将或门连接到输出数据线上，芯片将输出数据，也就是说，在对内存进行写操作的时候，使输出线上的数据成为选定字中存放的值，这样做会干扰输入数据。因此，就急需一种办法，在读操作时将或门和输出数据线相连，但在写操作时将它们完全断开。实际上，我们需要的是一个电子开关，它要能在几个纳秒间完成开关动作。

幸运的是，这种开关是存在的。图 3-29a 给出了**非反向缓冲器**（noinverting buffer）的符号。它有一个数据输入、一个数据输出和一个控制信号。当控制信号为高时，该缓冲器就像一根导线，如图 3-29b 所示；而当控制信号为低时，缓冲器像一根断开的导线，如图 3-29c 所示，就好像有人用钳子将它从中剪断一样。但是，只需将控制信号重置为高，缓冲器的导通性能又能在几个纳秒内恢复。

a）非反向缓冲器   b）控制信号为高时a）的功能   c）控制信号为低时a）的功能   d）反向缓冲器

图　3-29

图 3-29d 给出的是一个**反向缓冲器**（inverting buffer）。当控制信号为高时，它就是一个普通的反转器；而控制信号为低时，它的输出和电路处于断开状态。上述这两个缓冲器都是**三态器件**（tri-state device），因为它们可以输出 0、1 和非 0 非 1（电路开路）三种输出状态。缓冲器也可以对信号进行放大，这样，它可以同时驱动多个器件的输入。有时，使用缓冲器仅仅就是由于这个原因，而和它的开关特性无关。

177

让我们回到内存电路，现在该清楚为什么要在数据输出线上采用非反向缓冲器了。当 CS、RD 和 OE 均为高时，输出使能信号也将为高，使缓冲器将选中的字中的数据输出到输出线上。当这三个信号中的任何一个为低时，数据输出线将和其他电路断开。

3.3.5　内存芯片

图 3-28 中内存的优点是它能十分容易地扩展到更大的容量。我们在图 3-28 中画出的是一个 4×3 位的内存，即它有 4 个字，每个字有 3 位。为将其扩展到 4×8 位，只需另加 5 列，每列 4 个触发器，同时再增加 5 条输入数据信号和 5 条输出数据信号。而从 4×3 位扩展到 8×3 位的话，就只需加 4 行，每行 3 个触发器，并增加地址线 A2。使用这种结构，内存中的字数最好是 2 的整数倍，以达到最大的利用率，但字中的位数就可以是任意的了。

由于集成电路技术十分适合用来制造内部为重复二维结构的芯片，所以内存芯片是它的理想应用。随着技术水平的提高，可集成在一片芯片内的位数持续增长，一般每 18 个月翻一番（摩尔定律）。但由于选用内存芯片要在容量、速度、电源、价格和接口方便等几个方面考虑，所以大容量的芯片并不总是能完全取代小容量的芯片。一般来说，市场上销售的最大容量的芯片将以较高利润水平销售，因此，每位的价格将比旧的、容量小的芯片的每位价格要高。

对给定容量的内存，可以有多种构成芯片的方法。图 3-30 给出了 4M 位芯片的两种组成方式：512K × 8 和 4096K × 1。（顺便提一下，内存芯片的大小通常以位为单位，而不是以字节为单位，所以我们在此也遵照这个原则。）图 3-30a 中，需要 19 根地址线来对 2^{19} 个字节进行寻址，还需要 8 根数据线来存或取被选中的字节。

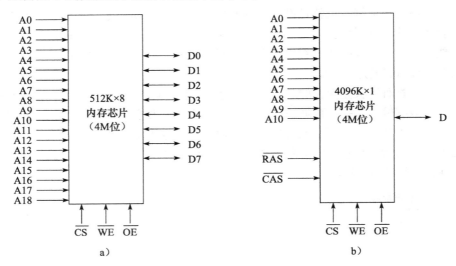

图 3-30　4M 位内存芯片的两种组织方式

这里，我们需要对几个术语做些注解。在某些管脚上，加上高电平可以使某些动作发生；而对于其他一些管脚，加上低电平才可以使某些动作发生。为避免混淆，我们将统一把将一个信号设置成可使某动作发生称为**信号有效**（而不说它上升或下降）。这样，对于某些管脚，信号有效意味着将其置为高，而对于其他一些就是将其置为低。以低电平有效的信号我们在它的名称上面加一条上划线，即如果信号名称为 CS 的话表明它是高电平有效，而名称为 $\overline{CS}$ 的话是低电平有效。信号有效的反面即**信号失效**，当没有出现什么特殊情况时，信号一般处于失效状态。

还是回到我们介绍的内存芯片上。由于计算机中一般会有多片内存芯片，所以显然需要一个信号来指定一个当前使用的芯片，并由它来响应计算机的读写请求，而所有其他芯片则不必有任何动作。片选信号 $\overline{CS}$ 就是为这个目的设计的。它有效时表明内存芯片被选中。同时，还需要信号来区分读写操作。$\overline{WE}$（写使能）信号有效时表示现在进行的内存操作是写内存，而不是对内存进行读。最后，$\overline{OE}$（输出使能）信号有效则驱动芯片数据的输出。当它无效时，芯片的输出信号和外部电路是断开的。

而图 3-30b 采用的是另外一种寻址方式。芯片的内部，是由 1 位存储单元组成的 2048 × 2048 矩阵，总共是 4M 位。为了对此芯片寻址，首先将 11 位行地址输入到芯片的地址管脚上，然后使 $\overline{RAS}$（行地址有效）信号有效，以选中存储单元中的一行；然后，再往管脚上输入列地址并使 $\overline{CAS}$（列地址有效）信号有效。最后，存储芯片响应这些请求，输出选中的那位数据位。

　　大容量的内存芯片的内部结构常采用这种 $n×n$ 矩阵，通过行地址线和列地址进行寻址。这种组成方式在减少了芯片的管脚数的同时也减慢了芯片的寻址速度，因为它需要两个寻址周期，一次是行地址寻址，一次是列地址寻址。为挽回一点这种设计造成的速度的降低，有些内存芯片常常给定一个行地址后，给出连续的一段列地址来访问一行中连续的数据位。

　　数年以前，最大容量的内存芯片一般还采用图 3-30b 的组织方式。但随着内存字的宽度从 8 位增长到 32 位甚至更宽，宽度为 1 位的芯片使用起来就很不方便，为了采用 4096K × 1 位的芯片构造一个字宽 32 位的内存系统就需要并行用 32 块芯片，这些芯片的内存容量至少也是 16MB；而采用 512K × 8 位的芯片就只要并行用 4 块，最小容量可以是 2MB。为避免在一个内存系统中就要采用 32 块芯片，很多内存芯片的生产商现在都推出 4、8 和 16 位字宽的系列芯片。当然，如果字长达到 64 位的话，情况会更糟糕。

179

　　图 3-31 给出了当前容量为 512M 位的存储器芯片的两个例子。这两个芯片内部都有四个存储体，每个为 128M 位，这样，需要有两个存储体选择信号来选择哪个存储体工作。图 3-31a 所示的是 32M × 16 位的设计，其中行地址信号有 13 根，行地址有效信号为 $\overline{RAS}$；列地址信号有 10 根，列地址有效信号为 $\overline{CAS}$，另有 2 根存储体选择信号 Bank 0 和 Bank 1。这 25 根信号线一起，可以对芯片内部共 2^{25} 个 16 位的存储单元寻址。图 3-31b 给出了另外一种 128M × 4 位的设计方案，其中行地址信号还是 13 根，行地址有效信号依然为 $\overline{RAS}$；列地址信号则为 12 根，列地址有效信号依然是 $\overline{CAS}$，2 根存储体选择信号 Bank 0 和 Bank 1 不变。这 27 根信号线一起，可以对芯片内部共 2^{27} 个 4 位的存储单元寻址。芯片中设置多少行及多少列可根据工程需要来决定，并不强求行、列数相同。

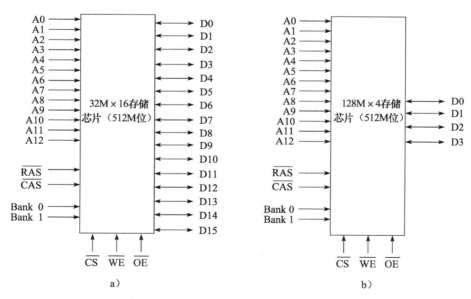

图 3-31　512M 位内存芯片的两种组织方式

　　上面这些例子说明了存储器芯片设计时要考虑的两个互相独立的问题。第一个是关于输出的数据的位数：设计的芯片每次需要输出 1、4、8、16 还是更多位数据？第二个是关于地址的：是将所有地址每个安排一个管脚，还是如图 3-31 所示的分别设计成行地址及列地址？在设计芯片之前，存储器芯片的设计师首先要把这两个问题明确。

3.3.6 RAM 和 ROM

到目前为止，我们所讨论的内存都是既可读又可写的，它们被称为 RAM（Random Access Memory，随机访问存储器），这个词有点用词不当，因为所有的内存储器都是可以随机访问的，但是，这个词历史上沿用已久，现在已经无法替代了。RAM 可分为静态 RAM 和动态 RAM 两大类。**静态 RAM**（SRAM）内部用的是类似我们介绍的 D 触发器的电路，只要不对它断电，存放在里面的数据就可以永久保存，几秒、几分钟、几小时甚至几天都行。它的速度很快，一般来说访问时间是几个纳秒或更短。因此，静态 RAM 被广泛用在第 2 级的高速缓存中。

与此相反，**动态 RAM**（DRAM）使用的不是触发器，而是用由晶体管和小电容组成的存储单元构成的阵列来存放数据，通过电容的充电和放电来存放 0 和 1。由于存放在电容中的电荷会泄漏，DRAM 中的每一位在几个毫秒的时间内都需刷新（重写）一次，以防止数据丢失。刷新过程需要由外部电路来支持，所以 DRAM 比 SRAM 的外部接口复杂，尽管在许多应用中这个缺点可以被它的大容量来补偿。

DRAM 的每个存储位仅需要一个晶体管和一个电容（而最好的 SRAM 每个存储位需要 6 个晶体管），它的存储密度很高（每个芯片的存储位多）。也正是如此，主存储器几乎都是由 DRAM 构成的。然而，这种大容量也是有代价的：DRAM 速度较慢（几十个纳秒）。这样，我们可以结合使用 SRAM 组成的高速缓存和 DRAM 组成的主存，以充分发挥它们各自的特长。

目前使用的 DRAM 芯片有几个不同的种类，其中最老的是 FPM（Fast Page Mode，快页）DRAM。它的内部是存储位组成的矩阵，工作过程是先输入行地址，下一步再输入列地址，分别用 $\overline{RAS}$ 和 $\overline{CAS}$ 信号区分，和我们在图 3-30 描述的过程完全相同。通过给存储器芯片明确的信号，告诉它何时给出应答，这样，存储器和主系统的时钟同步工作。

FPM DRAM 后来逐渐被 **EDO**（扩展数据输出，Extended Data Output）DRAM 取代，新型号允许在前一个内存访问周期结束之前启动第二个内存访问周期。这种简单的流水技术虽然没有加快单次内存的访问速度，但提高了整个内存的带宽，单位时间内能输出更多的字。

在内存芯片访问周期为 12 纳秒或更慢一些的时候，FPM 和 EDO 都工作得很好。但是，随着处理器速度的提高，对内存芯片的速度也提出了更高的要求，此时，它们逐渐被**同步动态 RAM**（SDRAM，Synchronous DRAM）所替代。SDRAM 是静态和动态 RAM 相结合的产物，统一由系统时钟驱动。SDRAM 最大的优点是省去了与内存芯片进行握手的控制信号，而是由 CPU 告诉内存芯片需要运行几个时钟周期，然后启动访问。在每个后续的时钟周期，内存芯片根据它的数据信号的位数，送出 4、8 或 16 位的数据。省去握手控制信号增加了 CPU 和内存间的数据传输速度。

对 SDRAM 的进一步改进的结果是**双倍数据速率**（Double Data Rate，DDR）SDRAM。

这种内存芯片可在时钟的上升沿和下降沿均输出数据，使数据速率提高了一倍。这样，工作频率为 200MHz 的 8 位字长的 DDR 芯片，每秒钟可送出 2 亿次数据，每次是两个 8 位的数（当然，只能是短时间内），使理论上的成组传送数据速率可达 3.2Gbps。DDR2 和 DDR3 存储接口分别通过将存储总线频率提高到 533MHz 和 1067MHz 来进一步提高性能。本书付印时，最快的 DDR3 芯片数据传输速率达 17.067GB/s。

1. 非易失性存储芯片

RAM 并不是唯一的内存芯片。在许多应用，例如玩具、家电，甚至汽车中，都要求内存中的程序和数据在断电情况下也能保存。而且，这些程序和数据一旦装载就不会改变。这种需求导致了 ROM（Read-Only Memory，只读存储器）的发展。ROM 存放的内容只能读，不能被改变或擦除，不管是有意还是无意。ROM 中的数据在生产芯片的时候，通过将感光材料在一个包含要被装入的数据的存放模式的面罩下曝光，然后将曝光（或未曝光）表面蚀刻而成。这样，要改变 ROM 中的内容的唯一办法就是更换整块芯片。

大批量订货时，可以降低生产面罩的成本，这时，ROM 将比 RAM 便宜很多。尽管如此，ROM 使用起来还是不太方便，因为它们生产完后就不能再修改了，而且，从订货到收到 ROM 的时间可能要数周之久。为使公司能更方便地开发基于 ROM 的新产品，有人发明了 PROM（Programmable ROM，可编程 ROM）。除了可在现场编程（一次），缩短了生产周期外，PROM 和 ROM 完全相同。多数 PROM 内部包含许多小熔丝组成的阵列，其编程原理是先选定行和列，然后在芯片的特定管脚上加上高电平，使选中的熔丝烧断。

沿着这个方向再往下发展，就出现了 EPROM（Erasable PROM，可擦除 PROM），它不但可以现场编程，也可以现场擦除。当 EPROM 的石英窗口在强紫外光的照射下达到 15 分钟，它里面的所有的位都被置为 1。如果在设计过程中，肯定要发生多次修改的话，EPROM 通常要比 PROM 更经济，因为它可以被多次使用。EPROM 一般和静态 RAM 的结构相同。例如，4M 位的 EPROM 27C040 的结构就如图 3-31a 所示，是典型的静态 RAM 结构。有趣的是这类古老的芯片并没有消失，而仅仅是变得更便宜，并在对价格高度敏感的低端产品中找到了用武之地。一片 27C040 芯片现在零售价不到 3 美元，批量大的话价格更低。

比 EPROM 更好一些的是 EEPROM，对它进行擦除只需加上一定的脉冲，而不用放到特定的容器中用强紫外光照射。并且，对 EEPROM 再编程在适当的地方就可以了，而 EPROM 的再编程必须在特制的 EPROM 编程器中进行。它的缺点是，即使最大的 EEPROM 的容量一般也只有普通 EPROM 的 1/64，速度也只是 EPROM 的一半。EEPROM 无法和 DRAM 及 SRAM 相比，因为它的速度要慢 10 倍，容量要小 100 倍，价格却更高。EEPROM 只用在其非易失性十分重要的场合。

EEPROM 的最新类型是**闪存**。和通过在紫外光照射进行擦除的 EPROM 及通过特定字节进行擦除的 EEPROM 都不同，闪存可以按块进行擦除和重写。和 EEPROM 类似，闪存的擦除并不需要从电路中拿下来。有很多制造商生产出不超过 64GB 闪存的小印刷电路板，用作数字相机的"胶卷"或其他用途。我们在第 2 章提到过，目前闪存正逐步取代机械硬盘。和磁盘比，闪存具备访问速度快、能耗低等特点，但每位的成本要高不少。图 3-32 给出了几种存储介质的简单比较。

存储介质	类别	擦除方式	能否单字节修改	易失性	典型用途
SRAM	可读写	电擦除	能	是	第 2 层高速缓存
DRAM	可读写	电擦除	能	是	主存储器（过去）
SDRAM	可读写	电擦除	能	是	主存储器（现在）
ROM	只读	不允许	否	否	大容量应用
PROM	只读	不允许	否	否	小容量设备
EPROM	主要用于读	紫外线	否	否	设备原型
EEPROM	主要用于读	电擦除	能	否	设备原型
闪存	可读写	电擦除	否	否	数字相机胶卷

图 3-32 几种存储器的比较

2. 现场可编程门阵列

如我们在第 1 章所了解到的，**现场可编程门阵列**（Field-Programmable Gate Array，FPGA）是一种包含可编程逻辑的芯片，通过简单地加载正确的配置数据，我们可以让它变成任意功能的逻辑电路。FPGA 最主要的优点是能在几小时内完成新的硬件电路的制造，而不需要几个月的时间去生产集成电路芯片。然而，集成电路芯片并没有因此走向消失，其原因在于对于大批量的应用，它比 FPGA 有着巨大的成本优势，且性能更好，能耗也更低。凭借设计时间短这一优点，FPGA 常用来进行产品的原型设计，或者应用于少量的应用。

下面我们看看 FPGA 的内部组成和结构，来了解它是怎样实现各种逻辑电路的。FPGA 中包含两类主要的部件：**查找表**（LookUp Table，LUT）[⊖] 和**可编程内部连线**（Programmable Interconnect，PI），整个芯片就是这两类部件构成的阵列。

使用 FPGA 时，要用电路描述或者硬件描述语言（即用来描述硬件结构的程序语言）来进行设计。然后，再对设计进行综合，也就是将其映射到特定的 FPGA 体系结构上。面临的问题之一是设计结果无法映射到 FPGA 中。因为 FPGA 由许多 LUT 单元构成，其数量越多，成本越高。一般情况下，如果用户设计无法映射到 FPGA 中，用户只能采取简化其设计、放弃一些功能要求，或订购一片更大（也就是更昂贵）的 FPGA，这三种方式之一来解决问题。非常大的设计可能用最大的 FPGA 也无法综合，这需要设计者将其设计映射到多个 FPGA 中，显然增加了设计的难度，但与设计一个完全专用的集成电路芯片比较起来，这应该还是一件轻松的工作。

3.4　CPU 芯片和总线

用有关集成电路、时钟及内存芯片等知识武装起来以后，现在我们可以将这些部件组装到一起，来看一看完整的计算机系统。这一节，我们首先从数字逻辑层的角度来分析几个 CPU 的基本特点，包括它们的**管脚信号**（不同管脚上输出的信号的含义）。由于 CPU 和它所用到的总线密不可分，我们也会在这节中介绍一下总线的设计。后续的几节中再给出 CPU 及其总线的详细例子。

3.4.1　CPU 芯片

目前所有的 CPU 都集成在单个芯片中，这使得它们和计算机的其他部分交互十分清晰。每个 CPU 芯片都通过它的管脚和其外部世界进行通信，其中，有些管脚从 CPU 往外输出信号，有些管脚从外部接受信号，还有一些管脚既能输出信号也能接受外部信号。通过了解这些管脚的功能，我们就可以知道在数字逻辑层，CPU 是如何同内存、输入/输出设备打交道的。

CPU 芯片上的管脚可以分成三类：地址信号、数据信号和控制信号。这些管脚通过一组叫做总线的平行导线和内存、输入/输出接口的相应管脚相连。要从内存取指令时，CPU 先将指令存放的内存地址输出到它的地址信号管脚上，然后发出一个或多个控制信号，通知内存它要读（例如）一个字。内存回应这个请求，将 CPU 要读的字送到 CPU 的数据信号管脚上，并发出控制信号，表示它完成了这个动作。CPU 看到这个信号后，就可从数字信号管脚

184
≀
185

⊖　本节图 3-33 介绍了查找表，但译者认为有误，故在中文版中删去了该图及其相关说明，并顺改了后续图号。——编辑注

接收这个字，得到了要取的指令。

该指令也许是对内存字进行读写的指令，这时，对每个要读写的内存字，就重复一次上述过程。以后我们再详细描述读写的过程，目前要理解的最重要的事情，就是 CPU 只能通过其管脚输出信号和接收信号来和内存、输入/输出设备通信，再没有其他通信手段。

决定 CPU 性能的两个关键参数是其地址信号的管脚数和数据信号的管脚数。有 m 个地址信号管脚的 CPU 芯片最多可以寻址 2^m 的地址空间，m 的通常取值为 16、32 和 64。类似地，有 n 个数据信号管脚的 CPU 芯片可以在一次读写操作读出或写入一个 n 位的字，n 的通常取值有 8、32 和 64。只有 8 个数据信号管脚的 CPU 芯片需要 4 次读操作来读出一个 32 位的字，而 32 个数据信号管脚的 CPU 芯片就只要一次读就可以了。显然 32 个数据信号管脚的芯片要快得多，但肯定的是它的价格也昂贵得多。

除地址信号管脚和数据信号管脚之外，每个 CPU 都还会有一些控制信号管脚。这些控制信号用于调整进出 CPU 的数据流和时间，也完成一些其他用途。所有的 CPU 芯片都有的控制信号有电源（通常为 +1.2V 或 +1.5V）、地、时钟信号（频率精确定义好的方波），但其他的控制信号就各不相同了。尽管如此，控制信号可粗略地分为以下几类：

1）总线控制信号；
2）中断信号；
3）总线仲裁信号；
4）协处理器信号；
5）状态信号；
6）其他控制信号。

下面我们简单地逐一介绍一下这些信号。到后面介绍 Intel Core i7、TI OMAP4430 和 Atmel ATmega168 这些芯片时，再详细举例说明。图 3-33 是一个 CPU 的逻辑示意图，它标出了上述各组信号。

总线控制信号几乎都是从 CPU 输出到总线的（因此也就是给内存和输入/输出芯片的信号），用来表明 CPU 要读还是写内存，或做其他的事情。CPU 用这些信号来控制其他部件，告诉它们 CPU 要让它们干什么。

中断信号由输入/输出设备输入到 CPU 中。在大多数计算机中，CPU 对输入/输出设备发出启动命令后，在等待低速的输入/输出设备完成工作的时候，CPU 都会去干一些其他的事情，以提高工作效率。这样，当输入/输出设备完成任务后，输入/输出设备的控制芯片将发出一个到 CPU 的中断控制信号，要求 CPU 响应输入/输出设备的请求，比如，检查一下是否有输入/输出错误等。有些 CPU 可能会有一个控制信号来响应中断信号。

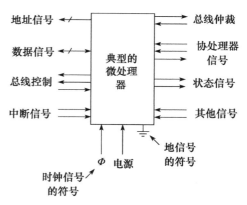

图 3-33　CPU 芯片逻辑示意图。箭头表示输入信号和输出信号，短斜线代表有多个管脚。对具体的 CPU，旁边会有数字表明管脚的数量

186

总线仲裁信号用于控制总线上的流量，以防止两个设备在同一时刻使用总线。仲裁时，CPU 也被视为设备，和其他设备一样申请使用总线。

有些 CPU 芯片是为了和协处理器共同工作而设计的，常见的协处理器有浮点运算芯片，甚至还有图形运算芯片和其他芯片。为方便 CPU 和协处理器之间的通信，这些 CPU 设计了特殊的控制信号管脚，满足这方面的要求。

上述信号之外，有些 CPU 还有另外一些控制信号管脚。有些用来提供或接收状态信息，另外一些用于重新启动计算机，还有一些用来保证它和旧的输入 / 输出芯片之间的兼容性。

3.4.2　计算机总线

总线是计算机中多个设备公用的电子通道，一般可根据它的不同功能对它进行分类。它可用在 CPU 内部，为进出 ALU 的数据提供通道，也可以用在 CPU 外部，将 CPU 和内存或输入 / 输出设备连接在一起。每类总线都有各自的要求和特性。本节和后几节中，我们把注意力集中在连接 CPU 和内存或输入 / 输出设备的总线。下一章我们再进一步研究 CPU 内部的总线。

早期的个人计算机只有一条外部总线，即**系统总线**。它由蚀刻在母板上的 50 ～ 100 条平行的铜线组成，一端装有几个间距一定的插头，可以连接内存或输入 / 输出接口板。现在的个人计算机就不同了，一般在 CPU 和内存间都有专用的总线，另外还有（至少）一条输入 / 输出总线连接其他输入 / 输出设备。图 3-34 是由一条内存总线和一条输入 / 输出总线组成的最小的计算机系统。

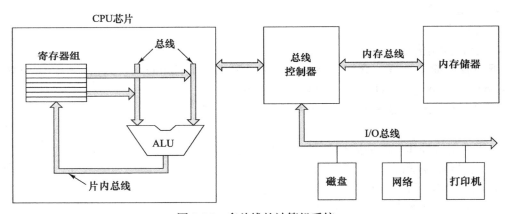

图 3-34　多总线的计算机系统

一般的著作中，有时用"粗"箭头线来表示总线，就像我们在这个图中所画的一样。粗箭头线和用细线上加一短斜线并在旁边用数字标注总线位数的表示方法之间没有什么大的区别。当总线上所有位的类型相同，也就是说，都是地址位或都是数据位时，短斜线标注的方法用得多一些。而当总线中地址位、数据位和控制位混在一起时，就常常用粗箭头表示。

CPU 的设计者可以自由地根据他们的需要使用芯片内部的总线，但为了使第三方设计的接口板能连接到系统总线上，就必须详细定义外部总线工作的原则，并要求所有连接上来的设备都必须遵循，这些原则就是**总线协议**。除此之外，还必须制定总线的机械和电子规格，使第三方的接口板能够负载适宜，接头合适，并能对其提供合适的电压和时序信号等。也有一些总线没有定义机械规格，因为它们仅用于一个集成电路的内部，比如，将片上系统（SoC）的不同部件连接在一起。

许多总线已经在现有的计算机上得到广泛的应用。其中不管是目前还是历史上曾经著名

的有：Omnibus（PDP-8）、Unibus（PDP-11）、Multibus（8086）、VME 总线（物理实验设备）、IBM PC 总线（PC/XT）、ISA 总线（PC/AT）、EISA 总线（80386）、Microchannel（PS/2）、Nubus（Macintosh）、PCI 总线（多种个人计算机）、SCSI 总线（多种个人计算机和工作站）、通用串行总线 USB（现代个人计算机）、FireWire（前台收款机）。如果哪一天，除了其中的一条之外，所有这些总线都从地球表面消失了的话，那我们这个世界可能会更美好一些（哦，好，两条怎么样？）。不幸的是，这一领域内的标准化工作十分不顺利，因为这些互不兼容的系统都已经有了太多的设备了。 |188|

顺便插一句，PCI Express 由于采用了另外一种连接方式，尽管被广泛称为总线，但实际上不能算是总线。我们将在本章后面的章节进行探讨。

现在我们可以开始讨论总线的工作原理。有些连在总线上的设备是主动型的，它们能自行对总线的数据传输进行初始化；另外的是被动型的，只能等待 CPU 的启动命令。我们把主动型的设备称为**主设备**，被动型的设备称为**从设备**。当 CPU 要求磁盘控制器读写一块存储空间时，CPU 为主设备而磁盘控制器为从设备。可是，随后，当磁盘控制器要求内存接收它从磁盘驱动器上读到的字时，磁盘控制器就成了主设备。图 3-35 列出了几种典型的主从设备组合。任何情况下，内存都无法成为主设备。

主 设 备	从 设 备	举 例
CPU	内存	取指令和数据
CPU	输入 / 输出设备	初始化数据传输
CPU	协处理器	CPU 提交指令给协处理器
输入 / 输出设备	内存	DMA（直接存储访问）
协处理器	CPU	协处理器从 CPU 取操作数

图 3-35　总线主从设备举例

计算机设备输出的二进制信号通常比较弱，无法驱动总线进行工作，尤其是总线比较长或者上面的设备比较多时。因此，多数总线的主设备都要通过**总线驱动器**（bus driver）电路和总线相连，该电路实际上起了一个放大器的作用。与此类似，多数总线的从设备要通过**总线接收器**（bus receiver）和总线相连。而对于那些既能做主设备，又能做从设备的设备，则通过**总线转发器**（bus transceiver）芯片和总线连接。这些总线接口芯片通常是三态门，在设备不需要和总线连接时可以使设备浮在总线上（即和总线断开），而在需要时又能和总线连接，或采用与之类似的**集电极开路**（open collector）方式和总线连接。当两个或两个以上的设备同时访问一根集电极开路线时，该线上的信号是所有这些设备的信号的逻辑或，我们称为**线或**（wired-OR）。对大多数总线，其部分信号线是三态信号，而另外的那些具备线或特性的信号线，是集电极开路信号。

和 CPU 一样，总线上也有地址信号、数据信号和控制信号。但是，却没有必要使总线上的信号线和 CPU 的管脚一一对应。例如，有些 CPU 通过三个管脚信号译码来表示它正在进行内存读、内存写、外设读、外设写或其他操作。而在总线上，通常有一根单独的信号线来表示内存读，而用另外的三根独立的信号线分别表示内存写、外设读和外设写等。这样，在 |189| CPU 和这种总线之间就需要一片译码器芯片将两边的信号对应起来，也就是说，将 CPU 的三位管脚信号转换成单独的信号来驱动各自对应的总线上的信号线。

总线的设计和它的运行原理是一个相当复杂的问题，对此，已有多本书作了专门的论述（Anderson 等人，2004；Solari 和 Willse，2004）。总线设计的主要问题是总线宽度、总线时钟、总线仲裁和总线操作。每个问题都对总线速度和宽度有实质上的影响。在后面的 4 节中，我们将分别加以论述。

3.4.3　总线宽度

总线宽度是总线设计中最显而易见的一个参数。总线中地址信号的根数越多，CPU 能够直接寻址的内存空间越大。若总线中有 n 根地址线，则 CPU 能用它对总共 2^n 个不同的存储单元进行寻址。为达到更大的寻址空间，总线中需要的地址线则越多。这看起来十分简单。

问题是宽总线需要比窄总线更多的导线，同时也会占用更大的物理空间（如主板上的总线要占用更多的面积）和更大的插头。这些因素都使总线的价格更昂贵。这就使问题成为在寻址空间和系统成本之间的权衡。带有 64 根地址线的总线，仅寻址 2^{32} 字节内存的系统要比只有 32 根地址线的总线系统成本高。追求可扩展性并不是不要成本的。

这样看来，许多的系统设计者都可以说是短视的，不幸的是，这种短视还在继续。早期的 IBM PC，采用 8088 作为 CPU 时，有 20 位的地址总线，如图 3-36a 所示。这 20 根地址总线信号使 PC 可以寻址 1MB 内存空间。

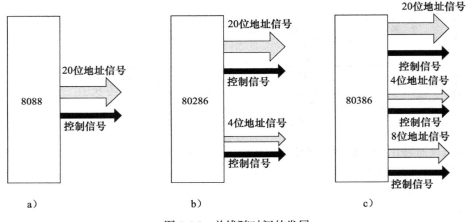

图 3-36　总线随时间的发展

下一代 CPU 芯片（80286）出现后，Intel 决定将寻址空间增加到 16MB，这样就需要在总线中增加 4 根地址信号线（为保持向后兼容，不能影响以前的 20 根地址信号），如图 3-36b 所示。这样，又不得不在总线中增加控制信号来处理新增的地址线。到 80386 时，又要增加 8 根地址信号，以及由此带来的控制信号，如图 3-36c 所示。这就使最终的总线（EISA 总线）要比从开始时就采用 32 位地址信号的总线凌乱得多。

并不仅仅只有地址信号线才随着时间的推移不断增加，总线中的数据信号线也有所增加，但原因不一样。一般来说，有两种办法可以提高总线中的数据带宽：缩短总线周期（单位时间内传送次数增加）或增加总线中数据信号线（每次传送更多的数据位）。虽然有可能（但很困难）提高总线速度，但由于总线中不同的信号线的传输速度有细微的差别，也就是所谓**总线偏离**（bus skew）问题的存在，使得这种方法比较困难。总线速度越快，偏离就越严重。

提高总线速度带来的另一个问题是无法保证向后兼容，为慢速总线设计的旧接口卡无法在采用新总线的系统上使用。淘汰旧的接口卡又会使它们的用户和生产厂商都不满意。这样，

190

为提高总线数据速度而通常采用的办法就是增加数据信号线了，和图 3-36 中地址信号的增加类似。然而，正如你能预见到的，这种方式最终无法产生一个清晰的设计方案，只会是越来越复杂。例如，IBM PC 系列就在几乎同样的总线上弄出了 8 位、16 位和 32 位数据信号的不同版本的总线。

为彻底摆脱超宽总线带来的问题，有时设计者选择采用**混合总线**（multiplexed bus）方案。这种方案放弃了原来数据信号和地址信号分开的思路，而只是笼统地说有 32 根地址信号和数据信号线。在总线操作开始时，这些信号用作地址信号，然后，它们又可以用作数据信号。例如，对内存写操作，这就意味着地址信号要先传给内存并由锁存起来，然后才能在总线上传送数据信号。而用原来地址信号和数据信号相分离的方案时，地址和数据可以同时传送。混合总线减少了总线宽度（和成本），但也降低了系统的速度。设计者必须仔细权衡这两方面的得失，再作出选择。

3.4.4 总线时钟

总线可以根据其时钟类型分为**同步总线**和**异步总线**两大类。同步总线中有一条由晶振驱动的产生固定频率的方波的信号线，其方波频率一般在 5 ～ 133MHz 之间，总线的所有操作都将占用其中的几个完整方波，我们把一个方波的时间称为**总线周期**。异步总线中不存在一个起控制作用的时钟，它的总线周期可以是总线操作所需的任意长度，并不要求其上面的所有设备都保持一致。下面我们分别对它们进行讨论。

1. 同步总线

我们以图 3-37a 为例来说明同步总线的工作原理。例中使用的是 100MHz 的时钟信号，相应的总线周期为 10 纳秒。比起 CPU 的 3GHz 或更高的工作频率，这似乎有一些慢，但实际上现有的 PC 的总线很少有比这更快的。例如，目前流行的 PCI 总线的频率也就是 33MHz 或 66MHz，其升级版（但现在已经消失了）PCI-X 的频率为 133MHz。导致当前总线频率较低的原因我们已经讨论过了：一是总线设计的技术原因，如总线偏离等，另外就是向后兼容的要求。 |191|

在本例中，我们再进一步假设内存读在地址建立后还需要 15 纳秒的时间。有了这个参数，我们马上可以得到，从内存中读取一个字需要三个总线周期。第一个周期从 T_1 的上升沿开始，第三个周期在 T_4 的上升沿结束，如图 3-37 所示。值得注意的是，图 3-37 中没有任何一个上升沿或者下降沿是垂直的，因为没有哪个电平信号能在零时间内将其电平降为零。本例中我们假设电平变化的时间是 1 纳秒。图 3-37 中，时钟信号 Clock、地址信号 ADDRESS、数据信号 DATA、内存请求信号 $\overline{\text{MREQ}}$、读写信号 $\overline{\text{RD}}$、等待信号 $\overline{\text{WAIT}}$ 都以相同的时间单位给出。

T_1 的起始定义在时钟信号的上升沿。在 T_1 中，CPU 在地址线上给出了它所要读的内存字的地址。地址信号和时钟信号不同，它不是单个值，所以我们在图中不好用一条线来表示它，而是用如图所示的两条在地址变化时刻相互交叉的线来表示。而且，两条线当中的阴影部分表示这部分的数值不起作用。同样，我们可以看到，数据线上的内容直到进入 T_3 后才有效。

在地址信号完成转变并稳定在新值上后，CPU 发出 $\overline{\text{MREQ}}$ 和 $\overline{\text{RD}}$ 信号。前一个信号说明 CPU 要访问的是内存（反之则是访问输入 / 输出设备），后一个信号表示要进行读操作（反之则是写操作）。由于内存芯片要在地址建立后 15 纳秒（有一部分时间在第一个周期内）才能输出数据，所以无法在 T_2 内将 CPU 要读的数据输出。为通知 CPU 不要期待马上得到数据，

内存在 T_2 的起始处发出一个 $\overline{WAIT}$ 信号，这将插入一个**等待状态**（额外的一个总线周期），直到内存完成数据输出并将 $\overline{WAIT}$ 信号置反。在本例中，由于内存较慢，插入了一个等待状态（T_2）。在 T_3 的起始位置，内存确知它能在本周期内给出数据后，将 $\overline{WAIT}$ 信号置反。

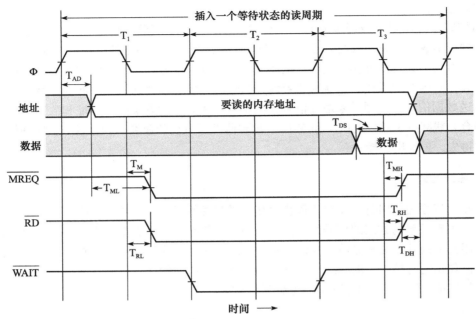

a）同步总线上的内存读时序

符号	含义	最小值	最大值	单位
T_{AD}	地址建立时间		4	纳秒
T_{ML}	$\overline{MREQ}$前的地址稳定时间	2		纳秒
T_M	从时钟Φ的T_1周期下降沿开始的$\overline{MREQ}$延迟		3	纳秒
T_{RL}	从时钟Φ的T_1周期下降沿开始的$\overline{RD}$延迟		3	纳秒
T_{DS}	在时钟Φ的下降沿之前的数据建立时间	2		纳秒
T_{MH}	从时钟Φ的T_3周期下降沿开始的$\overline{MREQ}$延迟		3	纳秒
T_{RH}	从时钟Φ的T_3周期下降沿开始的$\overline{RD}$延迟		3	纳秒
T_{DH}	$\overline{RD}$置反后数据保持时间	0		纳秒

b）关键时间的要求

图　3-37

在 T_3 的前半部分，内存将读出的数据放到数据信号线上，然后，在 T_3 的下降沿，CPU 选通（也就是读）数据信号线，将读出的数据锁存（也就是存放）到内部的一个寄存器中。读完数据后，CPU 再将 $\overline{MREQ}$ 和 $\overline{RD}$ 信号置反。根据需要，CPU 可以在时钟的下一个上升沿启动另外一个访问内存的周期，并重复以上步骤。

图 3-37b 所示的时序规格对时序图中出现的八个符号做了进一步的区分。例如，T_{AD} 是从 T_1 上升沿开始到地址总线建立好的地址建立时间。根据时序规格要求，$T_{AD} \leqslant 4$ 纳秒。这就是说，CPU 生产商保证，在任何一个读周期中，CPU 都将在 T_1 的上升沿的中点开始的 4 纳秒内建立好要读的数据的地址。

    时序规格同时也要求，数据应至少在 T_3 的下降沿之前 T_{DS}（2 纳秒）在数据线上准备好，使其在 CPU 选通数据线之前有足够的时间能稳定下来。T_{AD} 和 T_{DS} 这两项要求组合起来，就意味着在最坏的情况下，内存芯片在地址出现在地址信号上后，只有 25–4–2=19 纳秒的时间，就必须将数据读出并送到数据信号线上。这样，我们选的 10 纳秒的芯片就可以满足这条总线的要求，即使在最坏的情况下，它也能在 T_3 周期内给出数据。如果使用的是 20 纳秒的芯片，那么，就需要插入第二个等待状态，并只能在 T_4 周期等到响应。

192
~
193

    时序规格中进一步要求地址信号必须在 $\overline{\text{MREQ}}$ 信号发出前至少 2 纳秒建立起来。如果内存芯片的片选信号是由这个信号驱动的话，这段时间就显然十分重要，因为有些内存芯片要求在片选信号之前给出地址信号。很明显，系统的设计者不应该选择一片需要 3 纳秒建立时间的内存芯片。

    T_M 和 T_{RL} 这两条限制要求 $\overline{\text{MREQ}}$ 和 $\overline{\text{RD}}$ 必须在从 T_1 的下降沿开始 3 纳秒内给出。在最坏的情况下，内存芯片在得到 $\overline{\text{MREQ}}$ 和 $\overline{\text{RD}}$ 信号后，只有 10+10–3–2=15 纳秒的时间就必须将数据送到总线上。这两条限制是除地址建立后 15 纳秒内输出数据之外还必须满足的，而且互相独立。

    T_{MH} 和 T_{RH} 给出了在数据被选通后多长时间将 $\overline{\text{MREQ}}$ 和 $\overline{\text{RD}}$ 信号置反。最后，T_{DH} 用来指出在 $\overline{\text{RD}}$ 信号已经置反后，内存芯片还需在总线上将数据保持多长时间。对于本例中用到的 CPU，内存芯片可以在 $\overline{\text{RD}}$ 信号被置反的同时从总线上撤掉数据信号；但对于某些实际的 CPU，数据保持的时间还需要稍微长一点。

    需要指出的是，图 3-37 是一个实际时序关系的高度简化版本。实际上，还需要有很多其他的时间限定条件。不过，它还是足以说明同步总线的工作原理。

    最后要提醒的是，控制信号可以是高电平有效，也可以是低电平有效，这取决于总线的设计者觉得如何方便，但选择方案显然是任意的。大家可以把这和程序员选择 0 还是 1 来表示磁盘上的空闲块当成一回事。

    2. 异步总线

    尽管由于使用同一个时钟信号，同步总线的工作原理相对简单，但它也存在一些问题。例如，它要求所有事情必须在一个或多个时钟周期内完成，即使 CPU 和内存芯片可以在 3.1 个总线周期内完成数据读写，使用同步总线也必须将其拉长到 4 个总线周期，因为同步总线不允许有不完整的总线周期。

    更糟糕的是，一旦选定了总线的周期，并为它设计出内存芯片和输入 / 输出的接口卡后，就很难利用今后技术进步带来的好处。例如，假定在图 3-37 所示的总线系统生产的几年后，有了访问时间只有 8 纳秒的内存芯片，可以用来取代现有的 15 纳秒内存芯片，这时，可以去掉插入的等待状态，提高机器的速度。如果再出现访问时间只有 4 纳秒的内存芯片，就无法使用现有总线来提高性能了，因为该总线设计的读操作就是两个周期。

    我们将这种情况稍微变一个说法。若一条同步总线上接有多个不同的设备，这些设备的数据传输速度有快有慢，那么，总线周期就必须设计得能满足最慢的设备，而快速设备就不可能满效率地运行。

    采用如图 3-38 所示的没有主时钟的异步总线后，就可以解决上述问题了。它放弃了同步总线将一切事情都绑定在时钟信号上的做法，而是在总线的主设备给出地址信号、$\overline{\text{MREQ}}$、$\overline{\text{RD}}$ 及其他所有需要的信号后，再给出一个我们称为主同步信号的 $\overline{\text{MSYN}}$（Master SYNchronization）信号。当从设备得到这个信号后，就以它本身最快的速度响应和运行，完

194

成任务后，发出从同步信号 $\overline{\text{SSYN}}$（Slave SYNchronization）。

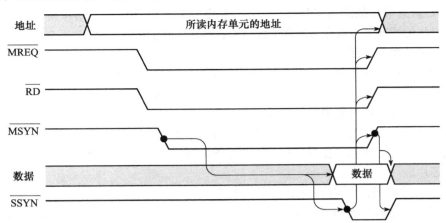

图 3-38　异步总线工作时序

　　主设备一得到从同步信号 $\overline{\text{SSYN}}$，就知道数据已经准备好，它就可以对数据进行锁存，并撤销地址信号、并将 $\overline{\text{MREQ}}$、$\overline{\text{RD}}$ 和 $\overline{\text{MSYN}}$ 信号置反。从设备得到已被置反的 $\overline{\text{MSYN}}$ 信号后，知道一个访问周期已经完成，就可以将 $\overline{\text{SSYN}}$ 信号置反，这样，就回到了起始状态，所有的信号都处于置反状态，等待主设备启动下一个总线访问周期。

　　异步总线的时序图（有时同步总线也如此）用箭头来表示原因和结果，就像图 3-38 一样。$\overline{\text{MSYN}}$ 信号的给出使数据信号建立，并使从设备发出 $\overline{\text{SSYN}}$ 信号。依次地，$\overline{\text{SSYN}}$ 信号的发出将导致地址信号的撤销和 $\overline{\text{MREQ}}$、$\overline{\text{RD}}$ 及 $\overline{\text{MSYN}}$ 信号的置反。最后，$\overline{\text{MSYN}}$ 信号的置反导致 $\overline{\text{SSYN}}$ 信号的置反，结束整个读过程，整个总线系统返回到了初始状态。

　　我们把一连串以这种方式工作的信号称为**全握手**（full handshake）工作方式。它由以下 4 个必需的事件组成：

　　1）发出 $\overline{\text{MSYN}}$ 信号；

　　2）响应 $\overline{\text{MSYN}}$ 信号而发出 $\overline{\text{SSYN}}$ 信号；

　　3）响应 $\overline{\text{SSYN}}$ 信号而将 $\overline{\text{MSYN}}$ 信号置反；

　　4）响应 $\overline{\text{MSYN}}$ 信号置反而将 $\overline{\text{SSYN}}$ 信号置反。

　　很明显，全握手方式和时序无关。每个事件都由前一个事件引起，而不是由时钟脉冲控制。如果有一对主从设备速度较慢，也不会影响下一对快速的主从设备。

　　现在，异步总线的优势应该清楚了，但实际上绝大多数总线都是同步总线，主要原因是同步的系统容易设计和制造。CPU 只需负责发出信号，而内存芯片只需要响应信号。在不存在信号反馈（信号没有原因和结果关系）的情况下，如果选择得当，所有设备也能正常工作，不需要握手信号。而且，在同步总线技术上，已经有了大量的投资。

3.4.5　总线仲裁

　　到目前为止，我们一直默认总线只有一种主设备，即 CPU。实际上，输入 / 输出芯片在读写内存和发出中断请求时，也不得不成为总线的主设备。协处理器有时也需要作为总线主设备。这样，问题就出现了：“如果两个或多个设备需要成为总线的主设备时，会出现什么情况？”为解决这个问题，防止总线冲突，就必须采用一些**总线仲裁**机制。

[195]

仲裁机制可分为集中式和竞争式两种方式。首先我们讨论集中式。图 3-39a 给出了一种典型的集中式仲裁方式。在这种方式中，由一个单独的总线仲裁器来决定下一次该哪个设备使用总线。许多系统都把总线仲裁器设置在 CPU 内部，但有些系统单独设置了一片芯片。总线中有一条线或在一起的总线请求信号，总线请求信号由一个或多个总线设备在任何时间发出。总线仲裁器无法判断出有多少个总线设备发出了总线请求，它只能区分出有请求和无请求两种状态。

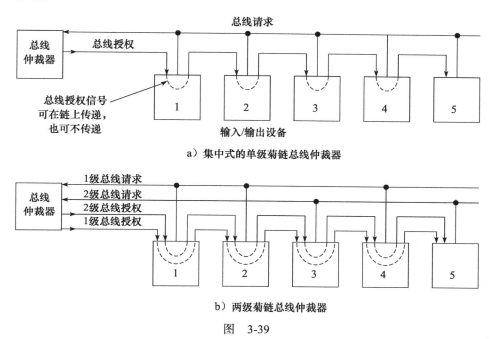

a）集中式的单级菊链总线仲裁器

b）两级菊链总线仲裁器

图　3-39

当总线仲裁器发现总线请求后，它发出一个总线授权信号。这个信号被串联到所有的输入/输出设备上，就像一条圣诞树上的廉价灯泡。当物理上离仲裁器最近的那个输入/输出设备得到授权信号时，由这个设备来检查是否它发出了总线请求信号。如果是，由它接管总线，并停止授权信号继续往下传播。若该设备没有发出总线请求，则将授权信号继续传送到下一个设备，这个设备再重复上述动作，直到有一个设备接管总线为止。这种方式称为**菊链仲裁**（daisy chaining），它的特点是设备使用总线的优先级由它离总线仲裁器的距离决定，最近的优先级最高。

为摆脱设备优先级由其与总线仲裁器的距离来决定的不足，许多总线设置了多级仲裁，每一级都有各自的总线请求信号和总线授权信号。图 3-39b 所示的有两级，1 级和 2 级（实际的总线常有 4、8 或者 16 级）。每个设备都接在其中的某一级仲裁线上，时间急迫的设备连接的仲裁线的优先级较高。在图 3-39b 中，设备 1、2 和 4 连在优先级为 1 的仲裁线上，而设备 3 和设备 5 连在优先级为 2 的仲裁线上。

当多个总线仲裁级别同时发出了总线请求时，总线仲裁器只对优先级最高的那个级别发出总线授权信号，在同一优先级内，再使用菊链仲裁方式，决定由哪个设备使用总线。如图 3-39b 所示，在发生冲突时，设备 2 的优先级比设备 4 高，而设备 4 又比设备 3 高。设备 5 的优先级最低，因为它处于优先级最低的仲裁级别的尾端。

需要顺便说明一下的是，从技术上说并没有必要将优先级为 2 的仲裁信号和设备 1 和设备 2 串起来，因为这两个设备不会对这个仲裁信号有影响。但考虑到实现上的方便性，将所有仲裁信号和所有设备都连接起来比起根据设备的优先级来决定信号连接要容易一些，所以图 3-40 中两个仲裁信号都连接到了所有设备上。

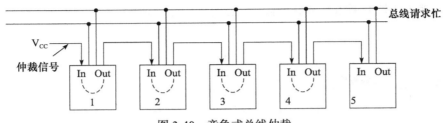

图 3-40   竞争式总线仲裁

部分仲裁器还有第三根信号线，是由设备在得到授权并控制总线后发出的，一旦设备发出这个确认信号，总线请求信号和授权信号都被置反，这时，在这个设备使用总线的同时，其他设备还照样可以发出总线请求，当前设备使用完总线后，下一个总线主设备就已经选择出来了。也就是说，下一个总线仲裁的循环可以在设备发出的确认信号刚被置反时就开始。这种应用模式需要在总线中增加信号，并要求每个设备中增加相应的逻辑电路，但确实提高了总线周期的利用率。

对于内存也使用主总线的系统，CPU 需要在几乎每个周期和输入 / 输出设备竞争总线的使用权。对此，常用的一个解决办法就是把 CPU 的优先级设为最低，这样，它只能在没有别的设备使用总线时才能得到总线的使用权。理由很简单，CPU 不论在任何时候都是可以等待的，但输入 / 输出设备通常要马上得到总线的使用权，否则就有可能丢失输入的数据；而高速旋转的硬盘也不能等待。在目前许多新型的计算机上，这个问题是通过增设一条总线，把内存和其他输入 / 输出设备的总线分开，使它们不必互相竞争总线访问权而得到解决。

[197]

竞争式总线仲裁也是可能的。例如，某台计算机可以有 16 个优先级的总线请求信号，当它的一个设备需要使用总线时，就发出与它相对应的总线请求信号，所有的设备都监听着所有的总线请求信号，这样，到每个总线周期结束时，每个设备都能知道自己是否是优先级最高的总线请求者，能否得到允许在下一个总线周期使用总线。与集中式总线仲裁相比，这种总线仲裁方式要求的总线信号更多，但防止了总线潜在的浪费。它还要求总线上设备的个数不能超过总线请求信号线的条数。

图 3-40 给出了另一种竞争式的总线仲裁方式，它不管总线上有多少设备，都只需要三条信号线。其中，第一条是各设备的总线请求信号的线；第二条为"总线"（BUSY）信号，是由当前使用总线的主设备发出的；第三条信号线用于总线仲裁，它将总线的所有设备串行连接在一起，其中一头接在电源上。

当没有设备申请使用总线时，电平为高的总线仲裁信号被传输到所有的设备。要得到总线的使用权，设备首先要检查总线是否空闲，并检查它得到的总线仲裁信号，即 IN，是否为高电平。如果 IN 已经是低电平，则该设备不能成为总线的主设备，还要把它的 OUT 端置为低。如果 IN 还是高电平，则该设备还是要将其 OUT 端置为低，这就使它下游的邻居的 IN 为低，并因此也把 OUT 置为低。当一切就绪后，只会有一个设备的 IN 为高，而 OUT 为低，这个设备成为总线的主设备，发出 BUSY 信号和 OUT 信号，然后开始传送数据。

当最左边的设备发出总线请求时，除了没有仲裁器外，其过程和菊链仲裁的方式十分类似，故这是一种廉价、高速的方式，而且不会导致仲裁失败。

3.4.6 总线操作

迄今为止，我们只讨论了普通的总线周期，即总线主设备（一般为CPU）对从设备（例如内存）进行数据读写。实际上，还有其他类型的总线周期存在。下面我们就讨论其中的几种。

正常情况下，总线上一次传送一个字。然而，在使用高速缓存的时候，我们希望一次就能把整个Cache块取过来（例如，8个连续的64位字）。一般来说，成块传送会比连续的单次传送效率高一些。总线主设备启动块读操作后，就要告诉从设备它要读取的字数。比如，它可以在T_1周期内将字数放在数据信号上，供从设备锁存。然后，与原来只返回一个字不同，从设备在每个周期内输出一个字，直到完成所需要读出的字数为止。图3-41是从图3-37a修改而来，只是这里多了一个$\overline{BLOCK}$信号来表示主设备要求成块传送。图3-42中，读出一个4个字组成的块只用了6个周期，而不是12个。

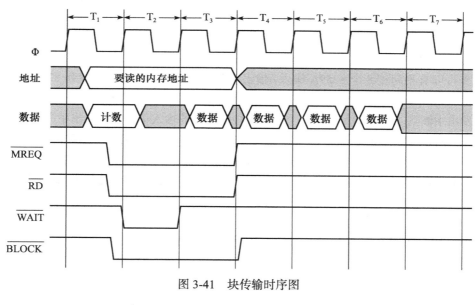

图3-41 块传输时序图

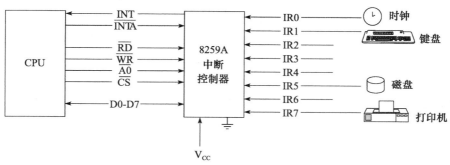

图3-42 8259A中断控制器的用法

还有别的总线周期。例如，在一条总线上有两个或更多个CPU的多处理器系统中，对于内存中某些临界的数据结构，常常需要保证在某一时间只能有一个CPU进行访问。实现这个要求的常用办法是在内存中设置一个变量，当它的值为 0 时表示没有 CPU 使用该数据结构，为 1 时表示数据结构正在使用。若某个 CPU 要得到对数据结构的访问权，它必须首先读这个变量，只有变量为 0 时，才能得到访问权，并将变量置为 1。麻烦的是，如果运气不好，两个 CPU 在连续的两个总线周期内分别读取这个变量时，每个 CPU 都将读到该变量为 0，又都将它设置为 1，然后就想当然地认为自己是使用该数据结构的唯一的 CPU。这种情况下，就会出现混乱。

为防止这种情况发生，在多处理器系统中，经常用一种特殊的读 – 改 – 写总线操作，使任何 CPU 可以在不释放总线使用权的情况下，从内存中读入一个字，检查并修改该字，然后将它写回到内存中。这种总线操作防止了其他 CPU 争用正在被使用的总线，使它们无法干扰第一个 CPU 的总线操作。

另外一种重要的总线操作是处理中断的总线操作。当 CPU 发出命令，要求输入 / 输出设备完成某项任务时，它通常希望在任务完成后能得到一个中断信号。这个信号需要使用总线。

由于可能有多个设备会同时引起中断，我们又要面对前面遇到过的普通总线周期的仲裁问题。通常的解决办法是对每个设备设定一个优先级，并用一个集中式仲裁器将最高优先级赋给时间要求最急迫的设备。目前已经有了标准的中断控制器芯片，并已得到广泛应用。基于 Intel 处理器的 PC 中，芯片组内集成了一个 8259A 中断控制器，如图 3-42 所示。

最多可以有不超过 8 个 8259A 输入 / 输出设备的控制器芯片可以直接和 8259A 的 8 个中断请求信号 IRx 连接，作为输入信号。当其中任何设备需要产生中断时，它对自己对应的输入信号发出中断请求。8259A 收到一个或多个中断请求的输入信号后，发出中断信号 INT（中断请求），这个信号直接和 CPU 的中断管脚相连。当 CPU 能够响应中断时，它在中断响应信号 INTA（中断应答）上对 8259A 发回一个脉冲。此时，8259A 要通过在数据总线上输出中断号，对 CPU 说明是哪个设备引起的中断。这种操作需要有一个特定的总线周期。然后，CPU 中的硬件就可以用这个数作为下标去查**中断向量表**（interrupt vector），得到处理该中断的程序的入口地址。

8259A 的内部有几个寄存器，CPU 可以用普通的总线操作和读信号 $\overline{RD}$、写信号 $\overline{WR}$、片选信号 $\overline{CS}$ 及 $\overline{A_0}$ 管脚对它们进行读写。当软件处理完中断，并做好准备可以处理下一个中断时，它就在这些寄存器中之一写入一个特定的代码，这可以让 8259A 将 INT 信号置反，除非它里面还有一个中断信号正等待处理。向这些寄存器中写入不同的值，可以使 8259A 进入不同的状态，可以屏蔽一些中断，并开放其他的一些特性。

当计算机有超过 8 个输入 / 输出设备时，8259A 可以被层叠起来。在最极端的情况下，它所有的 8 个输入端可以分别和另外 8 片 8259A 的输出端相连，最多可以接 64 个输入 / 输出设备，组成两级中断网络。在 Core i7 芯片组中，有 1 个 Intel ICH10 输入 / 输出控制器 hub 芯片，它里面包含了 2 个 8259A 中断控制器，使 ICH10 提供 15 个外部中断管脚，而剩下的 1 个就被用来层叠另外的 8259A。8259A 有几个管脚就是为了实现层叠而设置的，在图 3-43 中我们为了简化而没有标出。目前，"8259A" 已经不再有单独的芯片，而成为其他芯片的组成部分。

以上这些内容绝对没有穷尽总线设计的所有问题，但应该说还是给出了足够的背景知识，可以让大家了解总线的工作原理以及 CPU 是如何和总线进行交互的。下面，就让我们从一般的介绍转移到讨论几个具体的 CPU 和它们使用的总线的例子。

3.5 CPU 芯片举例

本节我们在硬件层次上讨论 Intel Core i7、TI OMAP4430 和 Atmel ATmega168 三种 CPU 芯片的一些细节。

3.5.1 Intel Core i7

Core i7 是用于最早的 IBM PC 机的 8088 CPU 的嫡系后代。2008 年 11 月，第一片 Corei 7 芯片发布时，它是一个有 4 个处理器、7.31 亿个晶体管的 CPU，主频达 3.2GHz，芯片制造工艺达到 45 纳米的水平。芯片制造工艺指连接晶体管的导线宽度（也是衡量晶体管本身大小的指标）。导线宽度越小，芯片上能容纳的晶体管数量越多。Moore 定律指出的处理器能力的基本规律，促使硬件工程师不断提高芯片工艺水平，减小导线宽度。作为对照，人的头发直径大约在 20 000 ~ 100 000 纳米之间，金发可能比黑发更细一些。

最早发布的 Core i7 的体系结构是基于 "Nahalem" 体系结构的，不过，最新版本的 Core i7 则转为基于 "Sandy Bridge" 体系结构。在这里，体系结构是指 CPU 的内部构成，通常会用一个代号来表示。尽管大部分都是严谨人士，但计算机架构设计师有时也会提出一些十分机灵的名字来命名他们的项目。其中一个就是 AMD 的 K- 系列体系结构，是 AMD 设计用来打破 Intel 在桌面 CPU 市场坚不可摧的垄断地位的一款 CPU。K- 系列处理器的代号来自 "氪星石"，这是唯一可以伤害超人的一种物质，用来隐喻对占统治地位的 Intel 的聪明一击。

新的基于 Sandy Bridge 的 Core i7 制造工艺达 32 纳米，主频为 3.5GHz，一共有 11.6 亿个晶体管。尽管它和只有 29 000 个晶体管的 8088 不可同日而语，但它还是可以完全向后兼容到 8088，不加任何修改地运行 8088 的执行程序（更不用提那些中间阶段的处理器的执行程序了）。

201

从软件的观点看，Core i7 是一台全 64 位计算机。它具有和 80386、80486、Pentium、Pentium II、Pentium Pro、Pentium III 以及 Pentium 4 完全相同的用户层（指令系统层），包括相同的寄存器个数、相同的指令集和在芯片内部实现的 IEEE 754 浮点标准。除此之外，它还有一些打算用于加密运算的新指令。

Core i7 处理器是多核 CPU，也就是说，它的硅片上包含多个处理器。CPU 销售时可选装 2 ~ 6 个处理器，并在不久的将来有配置更多处理器的计划。利用多处理器提供的并行性，程序员编写并行程序时，使用线程和加锁技术，有可能大幅度地提高程序的性能。另外，单个 CPU 可 "超线程"，也就是可以同时有多个活跃的硬件线程。超线程（也被架构师称为 "同时多线程"）通过硬件线程的切换，比较适合诸如高速缓存缺失等延迟较短的场合。而基于软件的线程切换适合的是长延迟的场合，比如 "缺页" 等，因为软件线程切换需要有数百个时钟周期的指令执行时间。

在芯片内部的微体系结构层，Core i7 称得上是一个非常优秀的设计。它在体系结构上和其直接的前辈，如 Core 2 和 Core 2Duo 一脉相承。Core i7 处理器最多可同时执行 4 条指令，使之成为 4 发射超标量计算机。我们在第 4 章再详细介绍这个微体系结构。

所有的 Core i7 都有三级高速缓存。它的每个核中都有 32KB 的一级（L1）数据高速缓存和 32KB 的一级指令高速缓存。每核中还有 256KB 的二级（L2）高速缓存。二级高速缓存是统一的，也就是说，它能同时缓存指令和数据。处理器中所有核共享一个三级（L3）高速缓存，三级缓存根据处理器型号的不同，其大小为 4 ~ 15MB。设置三级缓存极大地提高了处理器的性能，但也消耗了许多硅片的面积，单个硅片上 Core i7 CPU 的高速缓存最多可达 17MB。

由于所有的 Core i7 芯片中都有多个配有私有数据高速缓存的处理器核，所以当某个核修改了自己的私有数据缓存中的一个字，而这个数据同时也被缓存在其他核的高速缓存时，问题出现了。后一个核试图从存储器中读取这个字时，读出来的是一个过时的数据，因为被修改后的高速缓存的内容并没有立即写回到内存中。为保持内存的一致性，多处理器系统中的每个 CPU 都要监听内存总线，以发现其他 CPU 对自己高速缓存中的字进行访问的行为，并在内存单元提供数据之前，把正确的值提供出去。我们将在第 8 章讨论总线的监听。

Core i7 系统中用到了两条主要的外部总线，都属于同步总线。DDR3 内存总线用来访问由 DRAM 构成的内存储器；PCI Express 总线用于和输入/输出设备通信。高版本的 Core i7 配备多条内存总线和 PCI Express 总线，还包含 1 个快速通道互连（Quick Path Interconnect，QPI）端口。QPI 端口将处理器和外部的多处理器系统互连，可和 6 个以上处理器系统连接。QPI 端口用于发送和接收高速缓存一致性请求，还有许多诸如处理器间中断等多处理器管理消息。

与大多数其他现代桌面级 CPU 一样，Core i7 存在的一个问题就是它所需要耗费的能量以及由此产生的热量。为防止对 CPU 硅片造成损害，应在热量产生时立即将其排出。Core i7 根据型号的不同，能耗大约在 17 ~ 150W 之间。因此，Intel 一直在为他们的 CPU 所产生的热量寻找好的散热方式。冷却技术和导热封装对于保护 CPU 免于被烧毁是十分重要的。

Core i7 采用了边长为 37.5mm 的 LGA 正方形封装，其底部安排了 1155 个针脚，其中有 286 个是电源，360 个用来接地以降低噪声。针脚粗略地按 40×40 方形布置，但中间 17×25 个是空的。另外，最外围也缺了 20 多个针脚，使其成为一个非对称的形状，以防止芯片插入到插座时插错。图 3-43 给出了它的物理引脚示意图。

Core i7 芯片使用时会配备一个安装台，上面有用于散热的散热器，还有用于降温的风扇。要

图 3-43　Core i7 的物理引脚示意图

想知道能量问题有多大，可以把一个 150W 的灯打开，让它亮一段时间后，把你的手靠近灯泡（但不要放上去）去感受一下。这么高的热量需要不断地由 Core i7 处理器驱散出去。因此，如果 Core i7 超过了 CPU 的使用年限的话，还可以用来做野营用的炉子。

根据物理定律，任何物体产生多少热量，就必须吸收多少能量。在用有限的电池供电的便携式计算机中，用这么多的能量是不可想象的，因为很快就要将电池中的能量耗完。为解决这个问题，Intel 的办法是，当 CPU 空闲时，就使它进入睡眠状态；当 CPU 可能要空闲一段时间时，就让它进入深度睡眠状态。从全面活跃到深度睡眠，一共设置了 5 个状态级别。在中间状态，某些功能部件（如高速缓存监听及中断处理）处于工作状态，但其他一些功能部件则被关掉。在深度睡眠状态时，寄存器的值被保留，但高速缓存将数据清空后被关掉。此时，需要有硬件信号才能将它唤醒。我们也无法知道处于深度睡眠状态的 Core i7 是不是会做梦。

1. Core i7 引脚的逻辑图

Core i7 的 1155 个针脚中，447 个用作信号线，286 个连接电源（有几个不同的电压），360 个接地，还有 62 个留待将来使用。由于有些逻辑信号用了两个或更多个针脚（如内存的地址就要求由多根信号来表示），Core i7 共有 131 种不同的信号。图 3-44 给出了一个简化的引脚逻辑图。图中左边是内存总线的 5 组主要的内存总线的信号；右边是其他各类信号。

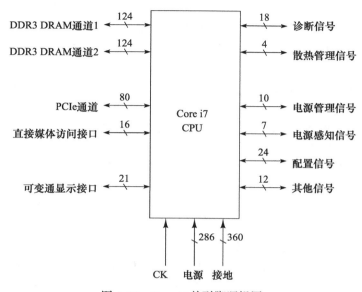

图 3-44　Core i7 的引脚逻辑图

204

下面我们从总线信号开始逐个说明这些信号。最前面的两组总线信号用于兼容 DDR3 的 DRAM 存储器的接口，包括了提供给 DRAM 存储体的地址、数据、控制信号和时钟。Core i7 支持两个独立的 DDR3 DRAM 通道，总线时钟频率为 666MHz，可在上升沿和下降沿传输数据，因此，每秒可传输 1333M 数据。DDR3 的数据宽度为 64 位，因此，两个 DDR3 接口可为"内存饥饿"的程序提供超过 20GB/s 的数据。

第三组总线是 PCI Express 的接口，用于将外部设备直接连接到 Core i7 CPU。PCI Express 是一个高速串行接口，每条串行链路构成一个和外设通信的"信道"。Core i7 链路是一个 16x 的接口，即它能同时利用 16 个信道传输数据，使总带宽达到 16GB/s。尽管它仅仅是个串行通道，但 PCI Express 链路上运行着许多命令，包括设备读、写、中断及建立配置等。

再下一组总线是直接媒体访问接口 DMI（Direct Media Interface），用于连接 Core i7 CPU 和它的伴随芯片组。DMI 接口和 PCI Express 接口类似，只是其速度大概为 PCI Express 的一半，因为它的 4 个信道仅能提供最多 2.5GB/s 的传输速率。CPU 芯片组为外部设备提供了丰富的接口支持，一般情况下，高端计算机系统总是要连接许多 I/O 设备。Core i7 的芯片组由 P67 和 ICH10 两个芯片组成。P67 芯片可以看成是芯片中的瑞士军刀，提供了 SATA、USB、声频、PCIe 和 Flash 存储器的接口。ICH10 芯片提供对旧的接口的支持，包括 PCI 接口和 8259A 中断控制等。另外，ICH10 还包含少量其他电路，如实时时钟、事件计时器以及直接存储访问（DMA）控制器等。有了这些芯片可以极大地简化整台 PC 机的构造。

Core i7 可以被配置成以和 8088 同样的方式使用中断信号（为保证向后兼容），也可以通过一个名为**高级可编程中断控制器**（Advanced Programmable Interrupt Controller，APIC）的设备来使用一套全新的中断系统。

Core i7 可以运行在它允许的几种电压下，但首先得告诉它用的是哪一种。电源管理信号就是用来自动选择电源的电压，告诉 CPU 电源是否稳定，以及其他有关电源的事项。管理不同的睡眠状态也是通过它们来完成的，因为睡眠就是为节电而设计的。

尽管采用了尖端的电源管理技术，Core i7 依然会变得很热。为保护硅片，每个 Core i7 处理器都有多个内部热传感器，用来监测芯片何时过热。散热管理信号就是为解决热量问题而设计的，让 CPU 可以表示它正处于过热的危险环境中。其中有一个信号表示 CPU 的内部温度是否已经达到 130℃（266°F）。如果 CPU 真达到了这个温度，它可能正在梦想着退休，然后去承担野营炉的工作。

[205]　　　　就算是到了野营炉的温度，你也不必担心 Core i7 的安全。如果内部传感器监测到处理器过热，它会启动**过热调节**，这是一项让 CPU 仅在第 N 个时钟周期工作，以快速减少热量产生的技术。N 值越大，处理器调节度越大，它的温度下降越快。当然，过热调节的代价是降低了系统的性能。在过热调节技术发明之前，如果热却系统故障，CPU 可能会被烧毁。CPU 热量管理的这个黑暗阶段的证据可以在 YouTube 上搜索 "exploding CPU"（爆炸的 CPU）。该段视频是假的，但所提示的问题是真实的。

时钟信号为 CPU 提供系统时钟，在内部用来根据系统时钟进行分频和倍频，以生成所需要的各类时钟。是的，通过使用一个非常灵巧的延时锁定回路 DLL（Delay-locked Loop）设备，是有可能生成系统时钟的倍频时钟信号的。

诊断信号包括那些用于根据 IEEE 1149.1 JTAG（Joint Test Action Group，联合测试行动小组）测试标准来对系统进行测试和调试的信号。最后，其他信号是一个大杂烩，各有各自的用途。

2. Core i7 DDR3 内存总线上的流水

现代的 CPU，如 Core i7，对 DRAM 存储器有很高的要求。单个处理器提出的数据请求已经超过了慢速的 DRAM 所能提供数据的速度，而多处理器同时请求数据更使这个问题雪上加霜。为防止 CPU 对数据"吃不饱"，有必要使存储器达到它可能的最大吞吐量。为此，Core i7 的 DDR3 内存总线工作在流水方式下，最多时可以同时有 4 个内存事务运行。在第 2 章中，我们已经了解了 CPU 流水的基本概念（见图 2-4），内存也可以实现类似的流水操作。

为实现流水，Core i7 的内存请求，被划分为 3 个阶段：

1）内存"活跃"（ACTIVATE）阶段。在这个阶段，"打开"DRAM 存储器的某行，使它做好接收后续存储访问请求的准备。

2）内存"读"（READ）或"写"（WRITE）阶段。此时，可对被打开的 DRAM 行进行多次读单个字的访问，或采用突发（burst）模式对该行顺序写入多个字。

3）"预充电"（PRECHARGE）阶段。这个阶段，"关闭"当前的 DRAM 存储器行，并做好下次进入"活跃"（ACTIVATE）阶段的准备。

Core i7 能流水访问存储器的秘密在于 DRAM 芯片中包含多个 DDR3 DRAM **存储体**。一
[206] 个存储体指 DRAM 中的一个存储块，同一芯片中的多个存储体也可被并行访问。典型的 DDR3 DRAM 芯片中最多有 8 个 DRAM 存储体，尽管 DDR3 接口规范中，单个 DDR3 信道最多允许 4 个并发访问。图 3-45 给出了 Core i7 对 3 个不同的 DRAM 存储体进行 4 次存储访问的时序图。这些访问都是重叠进行的，比如，在同一个 DRAM 芯片中并行进行读操作。时序图中通过箭头来表示哪些命令引起了后续的操作。

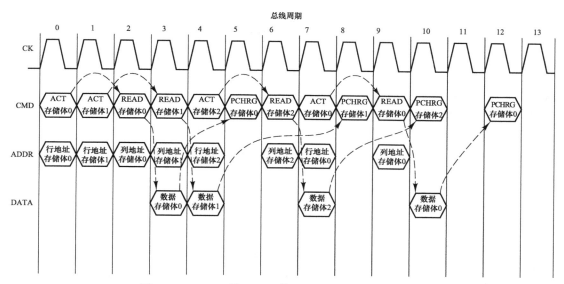

图 3-45　Core i7 的 DDR3 接口上的流水内存访问请求

如图 3-45 所示，DDR3 内存接口有 4 组主要信号：总线时钟（CK）、总线命令（CMD）、地址（ADDR）和数据（DATA）。总线时钟信号 CK 协调所有总线活动。总线命令 CMD 指示所连接的 DRAM 进行何种动作，ACTIVATE 命令通过地址信号 ADDR 给出要访问的 DRAM 的行地址。当发出 READ 命令时，ADDR 信号上给出总线列地址，然后，DRAM 经过一个固定的时延后，在 DATA 信号线上给出所读出的值。最后，PRECHARGE 命令指示 ADDR 信号给出的存储体进行充电。在图 3-46 的示例中，ACTIVATE 命令必须领先同一存储体的第一个 READ 命令 2 个 DDR3 总线周期，而数据在 READ 命令之后紧跟着的总线周期就会被送出。另外，PRECHARGE 操作也必须在同一 DRAM 存储体的最后一个 READ 操作之后至少 2 个总线周期才能进行。

图 3-45 中，我们可看到对于不同 DRAM 存储体有重叠进行的读操作，体现出存储访问请求的并行性。前两次对存储体 0 和存储体 1 的读操作完全是重叠的，分别在周期 3 和周期 4 得到了结果。对存储体 2 的访问和第 1 次对存储体 1 的访问部分重叠，最后，第 2 次对存储体 0 的读操作也和对存储体 2 的访问部分重叠。

这时，也许你会问，Core i7 是怎么知道它发出的 READ 命令何时能得到结果呢？而它何时又能发出一个新的存储访问命令呢？答案是因为它对每个连接在 DDR3 上的 DRAM 的所有活动都建立了模型，这样，它能正确预知返回的数据的时钟周期，也知道在上一个读命令后 2 个周期内应避免发出 PRECHARGE 命令。而 Core i7 能预测所有活动的原因是 DDR3 存储接口是一个**同步存储接口**。也就是说，所有的活动需要占用的 DDR3 总线周期数是众所周知的。当然，即使了解了以上这些知识，要构造一个高性能且能顺畅流水的 DDR3 存储接口也是一项十分困难的任务，需要有许多计时器以及冲突检测器，来有效处理 DRAM 请求。

3.5.2　德州仪器的 OMAP4430 片上系统

作为我们的 CPU 芯片的第二个例子，现在我们一起来看一看德州仪器公司（TI）的 OMAP4430 **片上系统**（SoC）。OMAP4430 实现了 ARM 指令集，其针对的是移动和嵌入式应用，如智能电话、平板电脑和互联网设备。确切地说，片上系统结合多种设备，例如 SoC 和

207

实际外部设备（触摸屏、闪存等）组合在一起，构成了一个完整的计算设备。

　　OMAP4430 片上系统包括 2 个 ARM A9 核、附加的加速器，以及多种外部设备接口。图 3-46 给出了 OMAP4430 的内部组成。ARM A9 核具备 2- 发射超标量微体系结构，另外，OMAP4430 硅片上有 3 个以上的加速处理器，即图形处理器 POWERVR SGX540、图像信号处理器 ISP 和视频信号处理器 IVA3。SGX540 和桌面 PC 的 GPU 类似，提供有效的可编程 3D 渲染，只是更小、更慢一些。ISP 是用于图像处理的可编程处理器，一些高端数码相机要用它进行图像处理。IVA3 实现了有效的视频编码与解码，性能足以支持手持游戏机上的 3D 应用。OMAP4430 上还包含多种外部设备接口，如触摸屏和小键盘控制器、DRAM 和 Flash 接口、USB、HDMI 等。德州仪器公司对 OMAP 系列 CPU 有详细的路线图，未来的设计中将更为应有尽有，比如更多的 ARM 核、更多的 GPU 和种类更为丰富的外部设备。

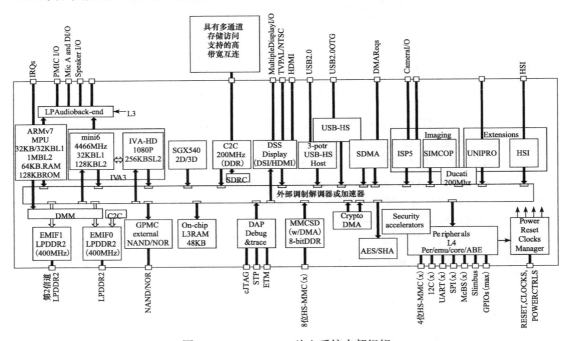

图 3-46　OMAP4430 片上系统内部组织

　　OMAP4430 片上系统于 2011 年早期推出，带有 2 个 ARM A9 核，主频 1GHz，硅片生产工艺为 45 纳米。OMAP4430 设计上的一个关键特点是它可在较低能耗下完成大量的计算，因为其设计目标就是用于由电池供电的移动应用场合。在这类场合中，设计越好，用户充电后使用设备的时间越长。

[208]

　　OMAP4430 的多个处理器被精心设置，可各自完成它们的低能耗运算。图形处理器、ISP 和 IVA3 均是可编程的加速器，与相同的任务在 ARM A9 核中单独运行比较，其可在较低能耗下提供更高的计算能力。满负荷工作情况下，OMAP4430 片上系统的功耗为 600 毫瓦，能耗仅为高端 Core i7 的 1/250。OMAP4430 也有有效的睡眠模式：当所有组件进入睡眠时，它的功耗仅为 100 微瓦。有效睡眠模式对于手机等移动应用十分重要，直接影响其待机时间。睡眠模式下功耗越低，手机待机时间越长。

　　为进一步降低 OMAP4430 的能量需求，设计中还应用了许多其他的能量管理手段，包括**动态电压调节**（Dynamic Voltage Scaling）和**门控电源**（Power Gating）技术。动态电压调节即

让组件在一个较低的电压下工作，可大幅度减少能量的需求。当用户不需要 CPU 全速计算时，OMAP4430 可以降低 CPU 的电压，使其工作在低速状态，以节省更多的能量。门控电源是一种更为激进的能量管理技术，当不需要使用 CPU 的某个组件时，干脆把它的电源断掉，使其不需要耗能。例如，在平板电脑应用中，用户不看电影时，就可将 IVA3 视频处理器断电；相反，用户看电影时，IVA3 处理器全速完成其视频解码任务，可让两个 ARM A9 核进入睡眠状态。 |209|

除了上述节省能耗的操作外，ARM A9 核还采用了十分高效的微体系结构。它在每个周期译码和执行至多 2 条指令。我们将在第 4 章学到，这个执行速度代表了该微体系结构的最大吞吐率。但也不要预期它每个周期都能执行这么多的指令，而应把它理解为制造商保证的处理器任何情况下都不会超越的最高性能。由于指令间存在的各种"冲突"会拖延指令的执行，许多周期下执行的指令会少于 2 条，导致更低的指令吞吐率。为解决这些执行性能问题，ARM A9 设计了强有力的分支预测、乱序指令调度和高度优化的存储系统。

OMAP4430 的存储系统中，为每个 ARM A9 处理器设置了 2 个主要的内部 L1 高速缓存，一个是 32KB 的指令缓存，另一个是 32KB 的数据缓存。和 Core i7 一样，它也有片上二级缓存（L2），只是缓存容量相对较小，为 1MB，而且是由两个 ARM A9 核共享的。高速缓存由双 LPDDR2 低能耗 DRAM 通道提供数据，LPDDR2 是从 DDR2 存储接口标准改进而来，改用了更少的导线，并使其运行在能耗更有效的电压下。另外，存储控制器进行了一系列存储访问优化，如对数据预取技术和预处理技术的支持。

虽然我们到第 4 章才详细讨论高速缓存（cache），但在这里简单说几句还是有必要的。整个内存被划分为 32 字节大小的高速缓存行（块），其中，CPU 访问最多的 1024 个指令行和 1024 个访问最多的数据行的内容被装入到第一级（L1）高速缓存中。而依然被经常访问但又不能放到 L1 级高速缓存中的内容被装入到 L2 级高速缓存中。L2 级高速缓存中随机包含两个 ARM A9 核所需访问的指令行和数据行，也就是最近被访问到的 32 768 行指令和数据。

L1 级高速缓存缺失时，CPU 将现有访问的行的标识符号（标记地址）发给 L2 级高速缓存。L2 级高速缓存给出应答，包括该行是否在 L2 级高速缓存中，如果在，该行的状态如何。如果数据已被装入，则 CPU 从 L2 级高速缓存中得到访问的数据。从 L2 级高速缓存中得到一个数据需要 19 个周期。等待数据的时间有点长，聪明的程序员应优化程序，尽量少访问数据，并使之能更多地在更快的 L1 级高速缓存中找到数据。

如果要找的高速缓存行不在 L2 级高速缓存中，则需要通过 LPDDR2 存储接口从内存中访问数据。OMAP4430 的 LPDDR2 接口是在芯片上实现的，这样，LPDDR2 DRAM 可以直接和 OMAP4430 连接。访问内存时，CPU 先通过 13 位地址线将地址的高位部分发给 DRAM 芯片。这个操作，称为 ACTIVATE，将 DRAM 内存中的整行装入到 DRAM 的行缓冲区中，然后，CPU 发出多个 READ 或 $\overline{\text{WRITE}}$ 命令，将余下的地址在 13 位地址线上发出，并在 32 位的数据线上发送（或接收）数据。 |210|

等待结果期间，CPU 可继续处理其他工作。例如，预取某条指令造成的高速缓存缺失并不会阻止已经取到的一条或多条指令的执行，这些指令中每条都有可能访问不在任何高速缓存中的数据。因此，两个 LPDDR2 接口都可能要同时处理多个内存访问事务，甚至是来自同一处理器的多个事务。总线控制器负责跟踪处理这些事务，并用最有效的顺序来完成实际的内存访问。

最后，当数据从内存到达时，会 4 个字节同时到达。存储操作会采用突发模式读或写，也就是对在同一 DRAM 行中的连续地址单元进行读或写。突发模式对读写高速缓存块尤其有效。依然需要指出的是，上面关于 OMAP4430 的描述，和前面的 Core i7 一样，是被高度简化的，但把内存访问操作的实质内容描述清楚了。

OMAP4430 采用 547 针脚的**球状网格阵列**（PBGA）封装，如图 3-47 所示。PBGA 和 LGA 十分类似，只是 PBGA 上用于连接的针脚是小金属球，而 LGA 用的是方形针。两类封装是不兼容的，正如你不能将方形针插入到圆孔中。OMAP4430 封装是由 28×26 个小球组成的矩形阵列，内部取消了两环小球。另外，为防止插入 BGA 插座时发生错误，另在行和列两个方向不对称地取消了两条线上的小球。

仅基于时钟速度来比较 CISC 芯片（如 Core i7）和 RISC 芯片（如 OMAP4430）是困难的。例如，OMAP4430 的两个 ARM A9 核每个时钟周期峰值时可执行 4 条指令，使它和 Core i7 的 4-发射超标量处理器具有几乎相同的执行速度。尽管如此，Core i7 的程序执行速度还是更快一些，因为它最多有 6 个处理器，且主频速度（3.5GHz）比 OMAP4430 快 3.5 倍。如把 Core i7 比作兔子，OMAP4430 就是那只乌龟，但乌龟耗能较少，且乌龟有可能会更快完成任务，尤其是在兔子的电池不是很大的时候。

3.5.3 Atmel 的 ATmega168 微控制器

Core i7 和 OMAP4430 都是高性能 CPU 的例子，它们设计用来制造高性能的计算设备，Core i7 主要面向桌面应用，而 OMAP4430 主要面向移动应用。当大多数人们想起计算机时，他们想到的就是这种系统。然而，还有一类应用更为普遍的计算机，即嵌入式计算机系统。本节我们简单地分析一下这类计算机系统。

如果我们说任何一个价格高于 100 美元的电子设备里面都可能有一台计算机的话，也许仅仅是稍微有一点点夸张。确实，到现在，电视机、移动电话、个人电子记事本、微波炉、便携式摄像机、录像机、激光打印机、防盗自动警铃、助听器、电子游戏机等许多数不清的其他设备都已经是由计算机控制的。这些设备中的计算机的共同特点是低价格，而不是高性能，和我们前面已经讨论的高档 CPU 的发展方向完全不同。

正如我们在第 1 章指出的，Atmel 的 ATmega168 是当前应用广泛的微控制器，这当然首先要归功于它的低价格（约为 1 美元）。我们马上将谈到，它实际上还是一个多用途的芯片，这也使它的接口具备简单和价格低廉的特点。下面，我们详细讨论 ATmega168 芯片，图 3-48 是它的物理管脚图。

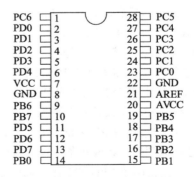

图 3-47　OMAP4430 片上系统引脚图　　　图 3-48　ATmega168 的物理管脚图

从图中可以看到，ATmega168 一般以标准的 28 管脚的封装出现（尽管也有一些其他封装）。乍一看，你可能就注意到它的物理管脚和我们前面讨论的两个芯片不一样，特别的是，这个芯片没有设置地址和数据线。其原因在于它在设计上仅需要和设备进行连接，而不用和内存相连。它所有的存储系统，包括 SRAM 和 Flash，都已经和处理器在一起，这样，可以省去地址和数据管脚，如图 3-49 所示。 212

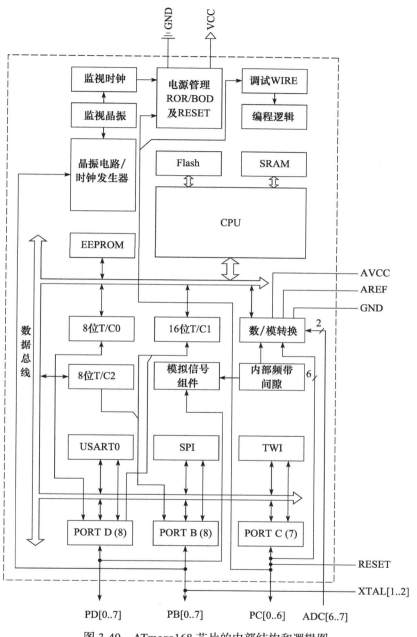

图 3-49 ATmega168 芯片的内部结构和逻辑图 213

ATmega168 中取代数据和地址管脚的是 27 个数字输入/输出口，其中，Port B 和 Port D 各有 8 根管脚，Port C 有 7 根。这些数字输入/输出口用来连接 I/O 设备，每个管脚可在系统启动软件管理下，内部配置成输入信号或者是输出信号。例如，在使用微波炉时，某个数字输入/输出管脚可作为"开门"传感器的输入信号。另一个管脚可作为输出信号，控制微波发生器的启动和关闭的动作。ATmega168 中的软件在启动微波发生器前，要检查微波炉门是否处于关闭状态。如果门突然打开，软件必须马上断开电源。实际应用中，还同时配置了硬件联动装置。

Port C 的 6 个输入管脚可根据需要配置成模拟信号的输入 / 输出。模拟输入 / 输出管脚可读入一个输入电压的量级或者设置某个输出电压的量级。还是以微波炉为例，有些微波炉具有将食物加热到某个给定温度的功能。这时，微波炉的温度传感器可连接到 Port C 的一个输入端，软件会读出传感器的电压值并使用传感器专门的转换函数转换为温度，以此来判断是否应该停止加热。ATmega168 的其他管脚包括电源输入（VCC）、2 个地管脚（GND）和 2 个用于配置模拟输入 / 输出电路的管脚（AREF、AVCC）。

ATmega168 的内部结构和 OMAP4430 有点类似，也是一个包含多个内部设备和存储器的片上系统芯片。ATmega168 有高达 16KB 的内部 Flash 存储器，可用来存储不常改变的非电易失的信息，如程序的指令等。它还包含 1 块容量为 1KB 的 EEPROM，这是可用软件写入的非电易失的存储器。EEPROM 中存储有系统的配置数据。我们还用微波炉为例，EEPROM 可保存 1 个标志位，用来指示微波炉上时钟的显示格式为 12 小时制还是 24 小时制。ATmega168 还集成了一块 1KB 的内部 SRAM，程序可用它来存储临时的数据变量。

芯片的内部处理器运行的是 AVR 指令集，由 131 条指令组成，每条指令字长 16 位。处理器本身是 8 位，也就是它只能处理 8 位数据，其内部寄存器也是 8 位。指令集中包含一些特殊指令，可以使 8 位处理器有效地处理更长的数据类型。例如，为完成 16 位或更长数据的加法，处理器提供了"带进位加"指令，可以完成两个数据及来自前面加法指令的进位的加法运算。除此之外，芯片内还包含实时时钟部件和一系列接口逻辑，如串口链路、脉冲宽度调制（PWM）链路、I2C（内部 -IC 总线）链路和模拟输入 / 输出控制等。

3.6 总线举例

总线可以说是计算机系统的粘接剂。本节我们详细讨论几条常用的总线：PCI 总线和通用串行总线 USB。PCI 总线是当前 PC 中最主要的 I/O 外围总线。它有两种形式，一是老旧一些的传统 PCI 总线，另一种是更快的 PCI Express（PCIe）总线。通用串行总线 USB 是逐渐流行起来的 I/O 总线，主要用于连接键盘、鼠标之类的慢速外设。第 2 版和第 3 版的 USB 总线速度有了明显的提高。下面几个小节，我们分别对它们的运行原理加以介绍。

214

3.6.1 PCI 总线

早期 IBM PC 的大多数应用是基于文本的。后来，随着 Windows 的推出，逐渐开始使用图形用户界面。开始时，还没有任何应用对 ISA 总线增加太多的压力。然而，随着时间的推移，许多应用，尤其是多媒体游戏，开始用计算机显示全屏、全动感的图像，彻底改变了计算机的应用状况。

让我们先做一个简单的计算。假设显示器的分辨率为 1024×768，用来显示真彩色（3 字节 / 像素）的视频，每帧的数据量就是 2.25MB。为使图形不致闪烁，每秒钟至少要显示 30 帧，数据的传输速度应达到 67.5MB/s。实际上的情况更加严峻，因为如果要显示从硬盘、CD-ROM 或 DVD 中取出的图像的话，数据必须先从磁盘驱动器通过总线传输到内存。然后，数据还要再次通过总线传输到图形适配器才能显示出来。这样，我们仅仅为显示图像就需要的带宽就是 135MB/s 的带宽，这还没有计算 CPU 和其他设备需要的带宽。

PCI 总线的前任，也就是 ISA 总线，最高传输频率是 8.33MHz，每个周期可以传输 2 字节，带宽最多也就是 16.7MB。增强型的 ISA 总线，即 EISA 总线，每周期可以传输 4 字节，带宽达到了 33.3MB/s。显然，它们都远不能满足全屏显示视频的需要。

而对于全高清视频，情况则更为糟糕。全高清要求每秒播放 30 帧 1920×1080 的视频帧，数据传输率高达 155MB/s（如果考虑数据在总线上传输两次，则为 310MB/s）。显然，EISA 总线离此要求还有太远的距离。

1990 年，Intel 预见到这个情况，并设计了一条新的总线，其带宽比 EISA 总线要高。这就是 **PCI 总线**（Peripheral Component Interconnect Bus，外部组件互连总线）。为鼓励对这个总线的使用，Intel 申请了 PCI 总线的专利，然后将专利公之于众，这样，任何公司都可以生产使用 PCI 总线的外部设备，而不需要付任何专利费。Intel 还成立了一个行业联盟，PCI 特别利益集团，来管理 PCI 总线的未来，这也使得 PCI 总线的使用越来越流行。事实上，从 Pentium 开始，每台基于 Intel 的计算机，以及其他的一些计算机，都配置了 PCI 总线。有关 PCI 总线的详细资料，可以参阅 Shanley 和 Anderson（1999）、Solari 和 Willse（2004）。

最早的 PCI 总线每个周期传输 32 位，频率为 33MHz（总线周期为 30 纳秒），总的带宽为 133MB/s。1993 年推出了 PCI 2.0，1995 年又推出了 PCI 2.1。PCI 2.2 中有些专为便携式计算机设计的特性（主要是节省电池的能量）。PCI 总线的最高频率是 66MHz，并能以 64 位传输，最高带宽可达 528MB/s。有了这样的传输能力，全屏、全动感视频显示是完全可行的（假定磁盘和系统的其他设备可以保证速度）。在任何情况下，PCI 总线都不会成为瓶颈。

尽管 528MB/s 的速度看起来已经十分快了，但它还是存在两个问题。第一，它不适合做内存总线。第二，它无法兼容所有旧的 ISA 卡。Intel 想出来的解决方案是为计算机设计三条或更多的总线，如图 3-50 所示。图 3-50 中，CPU 可以通过特设的内存总线和内存交换数据，而且 PCI 总线上还可以连接一条 ISA 总线。这个设计可以满足上面所有的要求，因此，在 20 世纪 90 年代得到了广泛的应用。

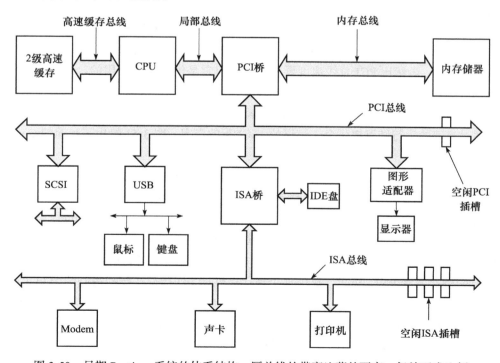

图 3-50　早期 Pentium 系统的体系结构。厚总线的带宽比薄的要高，但并不成比例

这个体系结构的两个关键部件是两片搭桥芯片（由 Intel 制造——这也是它的全部利益）。PCI 桥连接了 CPU、内存和 PCI 总线；ISA 桥则将 PCI 总线和 ISA 总线连接在一起，而且还能支持一到两个 IDE 盘。几乎所有的 Pentium 4 系统出厂时都有一个或多个空闲的 PCI 扩展槽，供用户增加新的高速外部设备，还有一个或多个 ISA 插槽，可以增加低速外设。

图 3-50 所示体系结构的最大的优点是，由于采用了专用的内存总线，CPU 和内存之间的带宽特别高；而 PCI 总线就可以为快速的外部设备，如 SCSI 盘、图形适配器等提供较高的带宽；同时，老的 ISA 卡也可以照常使用。图中的 USB 方框表示通用串行总线，我们在本章的后面部分讨论。

如果只有一种 PCI 卡的话，那这个世界简直是太美好了，但不幸的是，实际情况不是这样。不同的 PCI 卡可以选择不同的工作电压、数据宽度和时钟频率。旧型号的计算机通常使用 5 伏电压，而新的则趋向于使用 3.3V，所以 PCI 总线两个都要支持。在接头上，除了有两个塑料插销来防止人们将 5V 的卡插到 3.3V 的 PCI 总线或反向操作，其他都是一样的。值得高兴的是，现在有了支持两种电压并能插接任何一种插槽的通用卡。除了电压的选择之外，PCI 总线卡也有 32 位和 64 位两个版本。32 位的卡有 120 根连线；而 64 位卡除了这 120 根连线之外，还另外有 64 根连线。支持 64 位卡的 PCI 总线系统上可以插 32 位的卡，但反过来不行。最后，PCI 总线和卡都可以工作在 33MHz 或 66MHz 的频率上，这由将某个管脚连接到电源或地来决定，两种速度下的接头是相同的。

到 20 世纪 90 年代后期，几乎所有的人都认为，ISA 总线时代已经过去，因此，新的设计中把它排除在外。然而，也就是在那个时候，显示器的分辨率提高到了 1600×1200 左右，对全屏幕显示全动感视频的要求也就更高，尤其是在一些高度交互的游戏中。因此，Intel 又设计了另外一条总线，专门用来驱动图形卡。这就是 **AGP 总线**（加速图形端口总线，Accelerated Graphics Port bus）。第一个版本的 AGP 总线，也就是 AGP1.0，带宽为 264MB/s，被定义为 1x。虽然比 PCI 总线速度要慢一些，但它是供图形卡专用的。经过这些年的发展，新的版本不断出现，现在的 AGP3.0 的速度已达到 2.1GB/s（8x）。但就是这个高性能的 AGP3.0 总线也没有摆脱被更快总线取代的命运，新出现的这个"骄子"就是 PCI Express 总线，它通过高速的串行链路提供令人惊讶的 16GB/s 的带宽。图 3-51 给出了目前的 Core i7 系统的总线结构示意图。

现在的基于 Core i7 的系统中，许多接口已经直接集成在 CPU 芯片中。两个每秒可运行 1333 个事务的 DDR3 存储器通道，连接主存储器，每个通道可提供 10GB/s 的总带宽。CPU 中还集成了一个 16 信道的 PCI Express 通道，可配置成单个 16 位的 PCI Express 总线或者两个相互独立的 8 位 PCI Express 总线。16 个信道一起可为 I/O 设备提供 16GB/s 的带宽。

CPU 通过 20Gbps（2.5GB/s）的串行直接媒体访问接口（Direct Media Interface，DMI）连接主要的桥接芯片 P67。P67 可提供多个现代高性能 I/O 接口，包括另外 8 个 PCI Express 信道，以及 SATA 盘接口。P67 还提供了 14 个 USB2.0 接口、10G 的以太网口和一个音频接口。

ICH10 芯片为老设备提供传统的接口支持，它通过一个慢一些的 DMI 接口和 P67 连接。ICH10 上实现了 PCI 总线、1G 以太口、USB 端口、老式 PCI Express 以及 SATA 接口。新一些的系统也可能不含 ICH10，它只在系统需要支持遗留接口时才配置。

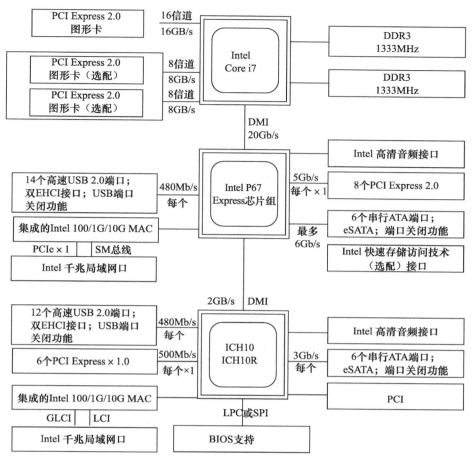

图 3-51 现代 Core i7 系统的总线结构

1. PCI 总线操作

从最早的 IBM PC 开始，所有 PC 的总线都是同步总线，PCI 总线也不例外。PCI 总线上所有的事务都发生在主设备（正式名称为**发起者**）和从设备（正式名称为**接受者**）之间。为减少 PCI 总线的管脚数，它的数据线和地址线是复用的。这样，PCI 卡上只需要为地址和数据信号一共设置 64 个管脚，尽管它能支持 64 位的地址和 64 位的数据。

复用数据和地址管脚的工作流程如下。读操作时，在第 1 个周期，主设备将地址发送到总线上；第 2 个周期，主设备从总线上撤销地址，并释放总线让从设备使用。第 3 个周期，从设备向总线上输出所请求的数据。写操作时，总线不需要被释放，因为是主设备向总线上发地址和数据。虽然如此，最小的一个事务也需要 3 个周期。如果从设备无法在 3 个周期的时间内相应，还可以插入等待周期。不限制传输总量的块传输也是可以的，PCI 还支持几种其他的总线周期。

2. PCI 总线仲裁

设备要使用 PCI 总线时，必须首先得到它的使用权。PCI 总线仲裁采用的是集中式的总线仲裁器，如图 3-52 所示。仲裁器在多数设计中都设置在某个桥接芯片上。每个 PCI 设备都有两根专用线连接到仲裁器。其中，REQ# 用于发出总线请求，而 GNT# 用来接受总线授权。注意，REQ# 在 PCI 总线中指 $\overline{\text{REQ}}$。

218

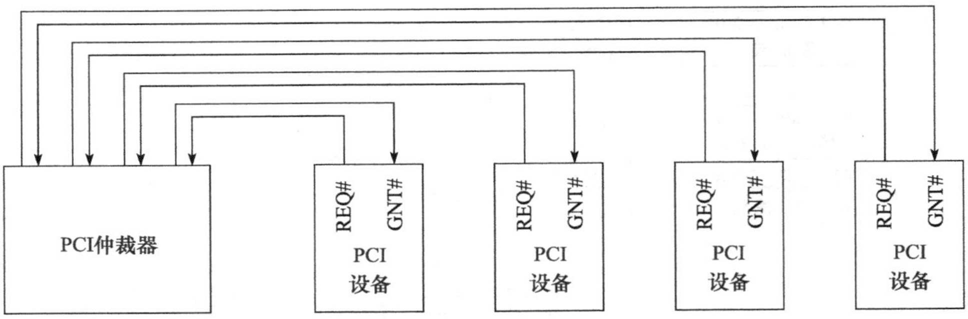

图 3-52 使用集中式总线仲裁器的 PCI 总线

为申请总线，先由 PCI 设备（包括 CPU）发出 REQ# 信号，并等待总线仲裁器对它发出 GNT# 信号。只有得到授权后，设备才能在下一个周期内使用总线。PCI 总线的标准没有规定仲裁器使用的算法。轮询仲裁、优先级仲裁，还有其他的算法都可以使用。显然，好的仲裁器应该是公平的，即不能让一些设备永远处于等待状态。

总线授权只是针对一个事务的，尽管理论上讲这个事务的长度可以是无限的。如果一个设备需要运行第二个事务，而且此时没有其他设备发出总线请求，那么它可以继续使用总线，但即使这样，一般来说，在事务之间也必须插入一个空闲周期。然而，在某些特殊情况下，缺少总线竞争时，设备可以不插入空闲周期而连续进行两个事务。如果总线主设备正在进行一个很长的数据传输，而此时其他的设备申请使用总线，总线仲裁器就可以把 GNT# 信号置反。当前使用总线的主设备应该监控 GNT# 信号，这样，它看到 GNT# 被置反后，就必须在下个周期交出总线的使用权。这种仲裁模式使得在没有其他总线主设备申请总线时可以进行长时间的数据传输（效率比较高），同时，也可以对竞争的设备有较快的响应速度。

3. PCI 总线信号

PCI 总线具有图 3-53a 所列出的一组必备信号，还可以有图 3-53b 所列出的一些可选信号。120 根或 184 根信号线的其他部分用于电源、地，还有一些其他的功能，就不在此一一列出了。主设备（发出者）和从设备（接受者）两列指出在一般的事务中是哪个设备发出和接收这些信号。若该信号由其他的设备发出（如时钟（CLK）信号），则两列都为空。

下面我们简单地分析一下 PCI 总线的每个信号。首先是必备信号（32 位总线），然后再分析可选信号（对 64 位总线）。CLK 信号是驱动总线工作的时钟信号，大多数其他信号与它同步。PCI 总线的事务从 CLK 信号的下降沿，即总线周期的中间开始。

32 个 AD 信号用来传输地址和数据（对 32 位的事务）。一般来说，在周期 1 发出地址，周期 3 发出数据。PAR 信号是对 AD 信号的校验信号。C/BE# 信号用作两个不同的用途。在周期 1，它用来传送总线命令（读 1 个字、块读等）。在周期 2 时，它将包含一个 4 位的位图，指出读出的 32 位字的哪些字节有效。使用 C/BE# 信号后，就可能读写一个整字，或其中的任意 1 个、2 个或 3 个字节。

FRAME# 信号由总线主设备发出，用来启动一个总线事务。它告诉从设备地址信号和总线命令已经有效。对于读操作，通常 IRDY# 信号将和 FRAME# 信号同时发出，说明总线主设备已经准备好，可以接收输入的数据。对于写操作，IRDY# 信号将稍后在数据到达总线后发出。

每个 PCI 设备都必须有一个 256 字节的配置区，配置区内存放设备的优先级，可以供其他设备读。IDSEL 信号就是用来读这个配置区的。一些操作系统的即插即用功能就是通过读取配置区来发现哪些设备连接在总线上。

下面我们讨论由从设备发出的信号。第一个信号 DEVSEL# 表示从设备已经检测到 AD 信号上的地址，并准备好在事务中应答。若 DEVSEL# 信号没有在规定的时间内发出，主设备超时，并假定它寻址的从设备不在总线上或已经无法使用。

第二个从设备信号是 TRDY#，对于读操作，发出该信号表示读出的数据已经在 AD 信号上；对于写操作，发出该信号意味着从设备已经做好接收数据的准备。

|220|

后面的三个信号用于出错报告。这三个信号中第一个是 STOP#，由从设备在发生一些灾难性事件时中止当前事务而发出。第二个为 PERR#，用来报告前一个周期的数据发生校验错。对于读操作，它由主设备发出；对于写操作，则由从设备发出。最后由信号的接收者来做出适当的反应。另外，第三个信号 SERR# 用来报告地址出错或者系统错误。

信号名	信号线	主设备	从设备	描　述
CLK	1			时钟（33MHz 或 66MHz）
AD	32	×	×	复用的数据线和地址线
PAR	1	×		地址或数据校验位
C/BE#	4	×		总线命令 / 设定有效字节的位图
FRAME#	1	×		AD 和 C/BE 信号已发出的指示
IRDY#	1	×		读：主设备可接收数据；写：数据已在总线上
IDESL	1	×		选定读配置区，而不是读内存
DEVSEL#	1		×	从设备已对地址译码完毕，正在监听总线
TRDY#	1		×	读：数据已在总线上；写：从设备可接收数据
STOP#	1		×	从设备需要立即终止事务
PERR#	1			接收方检测到数据校验错
SERR#	1			检测到地址校验错或系统错
REQ#	1			总线仲裁：申请总线的使用权
GNT#	1			总线仲裁：得到总线的使用权
RST#	1			重新启动系统和所有设备

a）PCI 总线必备信号

信号名	信号线	主设备	从设备	描　述
REQ64#	1	×		请求进行 64 位的总线事务
ACK64#	1		×	授权使用 64 位事务
AD	32	×		地址和数据的另外 32 位
PAR64	1	×		附加的 32 位地址 / 数据的校验位
C/BE#	4	×		字节设定的另外 4 位
LOCK	1	×		为实现多个事务锁定总线
SBO#	1			命中远程高速缓存（用于多处理器系统）
SDONE	1			监听完成（用于多处理器系统）
INTx	4			请求中断
JTAG	5			IEEE 1149.1 JTAG 的测试信号
M66EN	1			接电源或接地（设定时钟为 66MHz 或 33MHz）

b）可选 PCI 总线信号

图　3-53

|221|

REQ# 信号和 GND# 信号是用于总线仲裁的，它们不是由当前的总线主设备发出的，而

是由希望成为主设备的设备发出。最后一个必备信号是 RST#，用来重新启动系统，不管是因为用户按下了 RESET 按钮，或者是系统的某个设备发现了致命错误，都将发出这个信号，重置所有的设备并重新启动计算机。

现在我们来看看可选信号，大部分可选信号和从 32 位总线扩充到 64 位总线有关。REQ64# 和 ACK64# 信号可以为主设备请求一个 64 位的事务，也使得从设备可以接收这个事务。AD、PAR64 和 C/BE# 信号是对 32 位总线的对应信号的扩充。

后面紧跟着的三个信号和 32 位总线及 64 位总线都没有关系，而是和多处理器系统有关，而且并不是一定要求 PCI 卡支持这些信号。LOCK 信号可以为实现多个事务而锁住总线，另外的两个信号用来监听总线，以保持高速缓存的一致性。

INTX 信号用来请求中断。PCI 卡可以连接不超过 4 个的单独的逻辑设备，每个都有自己的中断请求信号。JTAG 信号供 IEEE 1149.1 JTAG 的测试程序使用。最后，可以通过 M66EN 信号分别连接电源和地来设置时钟速度。但在系统工作期间不允许改变设置。

4. PCI 总线事务

PCI 总线实际上十分简单（就像公共汽车运行）。为更好地理解它的工作过程，我们给出图 3-54 所示的时序图。图中我们给出了一个读事务，其后是一个空闲周期，后面紧跟由同一个总线主设备发出的写事务。

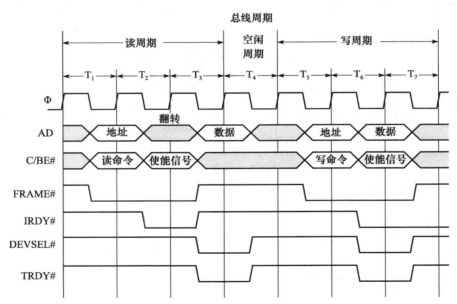

图 3-54 32 位 PCI 总线事务举例头。前三个周期是一个读操作，然后是一个空闲周期，后面的三个周期是写操作

在时钟周期 T_1 的下降沿，主设备将内存地址送上 AD，同时把总线命令送上 C/BE# 后，发出 FRAME# 来启动总线事务。

到时钟周期 T_2，主设备交出地址总线的控制，准备让从设备在时钟周期 T_3 使用。同时，主设备还修改 C/BE# 信号，指出它需要的（即读入）是哪些字节。

在时钟周期 T_3，从设备发出 DEVSEL# 信号，使主设备知道它已经得到了地址，并准备响应主设备的请求。它还要在这个周期将数据放到 AD 上，并发出 TRDY# 信号来通知主设备它已经完成操作。若从设备无法这么快地响应，它则需要持续保持 DEVSEL# 信号但将 TRDY# 信号置反来表明它一直占着总线，直到它输出数据到总线上。这个过程可能引入一个或多个等待状态。

本例中（实际上也经常是），下一个总线周期是空闲的。从 T_5 开始，我们看到同一个主设备初始化了一个写事务。和通常一样，它从将地址和命令送上总线开始，只有到了第二个周期，它才将要写的数据发出到总线上。由于是同一个设备驱动 AD 信号，所以就不再需要一个周期来撤消信号。到 T_7，内存接收数据。

222

3.6.2　PCI Express

对当前的大多数应用来说，PCI 总线的带宽已经足够了，但是，对输入 / 输出的带宽的更高的要求又使刚刚就位的 PC 机的内部体系结构重新陷入到混乱中。图 3-52 中，PCI 总线显然已经不再是将 PC 的各部件连接起来的中心元素，桥接芯片已经部分接替了这项工作。

问题的本质在于已经有许多的输入 / 输出设备的速度超过了 PCI 总线的传输能力，而且这些设备数目还在增加。单纯提高总线的时钟频率也不是一个好的解决办法，因为这会造成总线信号扭曲，即总线的各导线之间信号发生干扰，同时，电容效应也更为严重。每碰到一个比 PCI 总线更快的输入 / 输出设备（如图形适配器、硬盘、网卡等），Intel 就在桥接芯片上增加一个新的特殊接口，使设备能从 PCI 总线旁路通过。显然，这也不是一个长久的解决办法。

PCI 总线遇到的另一个问题是它的接口卡太大了。标准的 PCI 卡大小一般为 17.5cm × 10.7cm，小型卡为 12.0cm × 3.6cm。它们都无法应用到笔记本型计算机，更不用说移动设备了，可制造商还希望推出更小的设备。而且，有些公司还想重新组装 PC，将 CPU 和内存封闭到一个微型的盒子中，而将硬盘放置到显示器中。如果还采用 PCI 总线，这也是不可能实现的。

223

解决上述问题的方案已经提出了好几个，但目前已在大多数 PC 中占有一席之地的（Intel 的支持绝对是重要的原因）就是 **PCI Express**。它和 PCI 总线几乎没有关系，事实上，它也不应该算是传统意义上的总线，但市场营销人员不愿意轻易放弃已经很知名的 PCI 这个名称。PCI Express 已经成为 PC 的标准配置，下面，我们来讨论它的运行原理。

1. PCI Express 的体系结构

PCI Express（通常缩写为 PCIe）方案的核心是彻底摈弃了在并行导线上连接众多主设备和从设备的传统的总线模式，代之以基于高速点到点串行连接设备的方式。它对传统的 ISA/EISA/PCI 总线进行了根本性改变，而从局域网，尤其是交换以太网借鉴了许多重要的思想。其最基本的出发点是：从根本上看，PC 是 CPU、主存储器及输入 / 输出接口芯片互相连接而构成的，PCI Express 要做的仅仅是为这些芯片的串联提供一种通用的交换机制。图 3-55 给出了一个典型的 PCI Express 的结构。

正如图 3-55 所示，CPU、内存和高速缓存依然通过传统的方式连接，不同的是用交换网络和桥接芯片（也可能交换网络就是桥接芯片的一部分，也可能是直接集成到了处理器芯片上）连接在一起，而每个输入 / 输出接口芯片有专门的点到点连线连接到交换网络。每个这种连接由一对单向的通道组成，一根通道从交换网络到设备，另一个从设备到交换网络。每个通道由两根导线组成，一根传送信号，另外一根是地，以在高速传输中抵抗干扰。这种体系结构下，所有设备被同等对待，形成了一个更为统一的模式，替代了旧的总线模式。

224

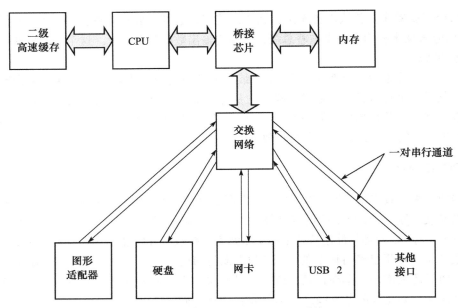

图 3-55　典型的 PCI　Express 系统

　　PCI Express 体系结构和原有的 PCI 总线体系结构有三点关键的区别。我们已经指出了其中的两点：集中的交换网络取代了"多站"的总线，串行的点到点连接取代了并行的总线。第三点关键区别比较隐蔽。PCI 总线传输从概念上讲，是由主设备发出一个命令给从设备，读一个字或多个字。而 PCI Express 的模型是一个设备发送一个数据包到另一个设备。**包**由包头和有效载荷组成，是网络中常用的概念。**包头**包含一些控制信息，这样，PCI 总线上的许多控制信号就可以省略了。**有效载荷**由被传送的数据组成。从本质上看，PCI Express 结构的 PC 机就是一个微型的包交换网络。

　　除这三点主要区别外，它们之间还有一些不同之处。第四，包中还有一些检错纠错码，可使 PCI Express 的可靠性比 PCI 总线要好。第五，接口卡和交换网络的连线距离比较长，最长可达到 50cm，这就允许系统分离。第六，由于设备本身可以是一个新的交换网络，系统的可扩展性比较强。第七，设备可热插拔，意味着它们可在系统运行时接入或断开。最后，串行的接头比原来的 PCI 接头小得多，设备和计算机都可以做得小一些。总之，和 PCI 总线大不相同。

　　2. PCI Express 的协议栈

　　由于采用了包交换网络的模型，PCI Express 系统也有一个分层的协议栈。**协议**是一组对通信双方会话进行管理的规则。协议栈是协议的层次关系，不同层的协议处理不同的问题。我们以商务信函作为例子来说明。对于这些信函的写法，比如信的抬头、收信人的地址、写信的日期、称呼语、信的主体、签名等，都存在一些约定俗成的惯例。这些就可以被理解成信件的协议。除此之外，对于信封，又有另一套惯例，包括信封的大小、发信人地址写在何处及格式、收信人地址的位置和格式、邮戳的位置等。这两个层次和它们的协议是完全独立的。例如，完全可以采用一套新的信函的写法但保留信封的写法，或者反过来，保留信函的写法但改变信封的写法。层次化的协议可使模块设计更灵活，在网络软件中已经广泛应用了数十年的时间。但把这个概念用到"总线"的硬件上是一个创新。

PCI Express 协议栈如图 3-56a 所示，我们逐层进行讨论。

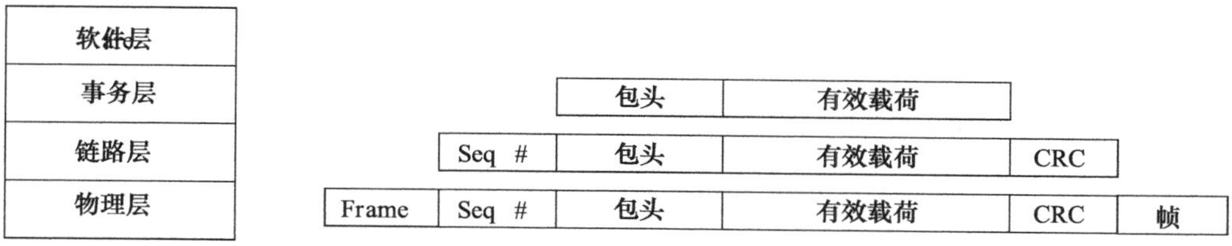

| 软件层 |
| 事务层 |
| 链路层 |
| 物理层 |

			包头	有效载荷		
		Seq #	包头	有效载荷	CRC	
	Frame	Seq #	包头	有效载荷	CRC	帧

a）PCI Express协议栈   b）包的格式

图   3-56

我们自底向上逐层进行说明。最底层是**物理层**。它解决的是点到点连接上从发送方到接收方的数据位的传送。每个点到点的连接由一对或多对单工（也就是单向传输）的连接线组成。最简单情况下，每个方向有一对连接线，但也允许有 2、4、8、16 或 32 对。每对这样的连接线叫做一个**信道**。每个方向上的信道数必须相同。第一代产品的单向传输速率至少要达到 2.5Gbps，而且，预计很快会达到 10Gbps。

与 ISA/EISA/PCI 总线不同，PCI Express 中没有主时钟。设备一旦有数据需要传送，就可以随时启动传送的过程。这种自由使系统运行得更快一些，但也带来了问题。假设 1 位二进制位，+3V 代表 1，0V 代表 0。如果前几个字节的数据都为 0，如何才能让接收方知道有多少数据位传送到了呢？毕竟传输一连串的二进制 0 和不传任何数据表面看起来是一样的。这个问题是通过 **8b/10b 编码**来解决的。这种编码方式将 1 个字节的数据编码为一个 10 位二进制的符号，由于 10 位的符号总共可以有 1024 种可能的组合，所以我们可以 256 种作为合法符号进行传输。选择的标准是有足够多的电压变迁，以使发送方和接收方在没有主时钟的情况下，也可以按位进行同步。当然，采用 8b/10b 编码的后果之一，就是 2.5Gbps 的总传输率下，对有效数据的传输速率只能达到 2Gbps。

物理层处理的是数据位传输的有关问题，而**链路层**要解决的是数据包的传输问题。链路层从事务层得到包头和有效载荷，并为之增加顺序号和 **CRC**（Cyclic Redundancy Check，循环冗余校验）检错纠错码。CRC 码可以通过确定的算法对包头和有效载荷进行运算得到。收到包后，接收方将对包头和有效载荷进行同样的运算，并将得到的 CRC 码与原 CRC 码进行比较，如果相同，它将发送一个简短的**确认包**给发送方，表示包已经正确到达。如果不同，接收方将要求重新传送。采用这种方式，PCI Express 的数据完整性比 PCI 总线有了较大的提高，实际上，PCI 总线没有对总线上传输的数据提供任何的验证和重新传输的机制。

为防止由于发送方发包的速度过快，超出了接收方的处理速度，而导致接收方无法正确接收的情况发生，必须采取**流量控制**机制。首先，由接收方给发送方一个缓冲数值，对应于接收方用于存放到达包的缓冲区的空闲空间数。当缓冲数值用完时，发送方应停止发送数据包，直到它被告之接收方有新的空闲空间可用。这种机制已经在所有的网络中得到了广泛的应用，能防止由于发送方和接收方速度不匹配造成的数据丢失。

事务层处理总线的事务。从内存中读一个字需要有两个事务：一个由 CPU 或 DMA 通道发起，提出数据访问的请求；另一个由提供数据的从设备发起。但事务层所解决的还不仅仅是单纯的数据读写。它对由链路层提供的原始数据包传输服务进行了加强。首先，它可将每个传输信道分解成最多 8 个**虚电路**，每个虚电路处理一种不同类型的流量。事务层还可以根据数据包的类型的不同，对其加上不同的标签，标签的属性包括高优先级、低优先级、不需

226

要监听、可乱序发送等。交换网络可以根据这些标签来决定下一个将要处理的数据包。

每个事务使用下面 4 种地址空间之一：

1）内存空间（用于普通的读和写操作）。

2）I/O 空间（用于设备寄存器寻址操作）。

3）配置空间（用于系统初始化等操作）。

4）消息空间（用于信号、中断等操作）。

其中，内存和 I/O 空间与现有系统的内存和 I/O 空间类似。配置空间可用来实现即插即用等特性。消息空间取代了现有系统中的控制信号的作用。需要这种空间的原因是 PCI Express 中取消了 PCI 总线所用的全部控制信号。

软件层是操作系统与 PCI Express 系统的接口。它可以仿效 PCI 总线，使已有的操作系统可不加修改地运行在 PCI Express 系统上。当然，这样运行将无法发挥 PCI Express 的全部能力，但向后兼容是无法回避的要求，除非修改操作系统，使它可以全面利用 PCI Express。实际工作表明，这还需要一段时间。

图 3-56b 给出了 PCI Express 的信息流。当软件层接收到命令，它将把命令传递给事务层，由事务层将其封装为包头和有效载荷。然后，这两部分都被提交给链路层，在其前面加上顺序号，在其后面加上 CRC 码。这个被扩大的包被交给物理层，每端还会添加上帧信息，以形成真正用于传输的物理层的包。在接收方，发生相反的过程，链路层的包头和包尾被去除，结果被提交给事务层。

在网络界，随着协议层次的下降，每层增加附加的信息到数据上的概念使用了数十年，并取得了很大的成功。PCI Express 和网络的最大区别在于，在网络界，不同层次的代码几乎都是操作系统中的软件模块，而在 PCI Express 中，却都是设备的硬件的组成部分。

PCI Express 本身是复杂的。如想得到更多的信息，可参考 Mayhew 和 Krishnan（2003）、Solari 和 Congdon（2005）。而且，它依然在不断进化。2007 年，PCIe 2.0 问世，它可支持每个信道上有 32 条链路，每条链路上传输率为 500MB/s，总带宽达到 16GB/s。2011 年推出的 PCIe 3.0 将 8b/10b 编码方式改变为 128b/130b，而且可运行的事物速度达到 80 亿个 / 秒，是 PCIe 2.0 的 2 倍。

3.6.3 通用串行总线 USB

PCI 总线和 PCI Express 对于连接高速外部设备到计算机是十分适合的，但如果像键盘和鼠标之类的每一个低速设备都要有 PCI 接口的话，那就太昂贵了。一直以来，每个标准的输入 / 输出设备都是以特别的方式连接到计算机上，即使用空闲的 ISA 或 PCI 插槽来增添新的设备。但不幸的是，这种方式从一开始就有许多的问题。

例如，每个新设备显然都要有自己的 ISA 或 PCI 卡，通常需要用户来设置卡上的开关和跳线，还要保证他们的设置不和其他的卡冲突。然后，他们还要打开机箱，小心地把卡插上，再合上机箱，并重新启动计算机。对于许多用户来说，这个过程太困难了，而且很容易出错。另外，ISA 和 PCI 插槽的数量也十分有限（一般也就两三个）。即插即用卡省去了用户的跳线动作，但他们还是要打开机箱来插入卡，而且插槽的数量依然有限。

为解决这个问题，1993 年七家公司（Compaq、DEC、IBM、Intel、Microsoft、NEC 和 Northern Telecom）的代表走到了一起，设计了一个将低速输入 / 输出设备连接到计算机的更好的方案。这以后，数百家其他公司加入了这个阵营。由此产生的标准，于 1998 年正式发布，命名为**通用串行总线**（Universal Serial Bus，USB）。到现在，USB 已经在个人计算机上得到了广泛的实现。推荐书目中的（Anderson，1997 和 Tan，1997）对它作出了详细的描述。

最早参与设计并将 USB 付诸实现的公司的设计目标主要如下：

1）用户不必再设置卡上、设备上的开关或跳线。

2）用户不必再打开机箱来安装新的输入 / 输出设备。

3）应该只需要一种电缆线就可以将所有设备连接起来。

4）输入 / 输出设备应可以从电缆上得到电源。

5）单台计算机最多可连接 127 个设备。

6）系统应能支持实时设备（如声卡、电话）。

7）计算机运行的时候也可以安装设备。

8）安装新设备后不必重新启动计算机。

9）新的总线和连接它的输入 / 输出设备的生产成本不应该太高。

USB 实现了所有这些目标。它是为低速设备，如键盘、鼠标、静物照相机、快照扫描仪、数字电话等设计的。USB 的 1.0 版本的带宽是 1.5Mbps，对于键盘和鼠标之类的设备是足够了。到版本 1.1 时，带宽提高到 12Mbps，可满足打印机、数码相机等许多设备的要求。版本 2.0 的带宽为 480Mbp，足以支持外部硬盘、高清网络摄像头以及网络接口。最近定义的 USB 3.0 版将带宽提高到 5Gbps，也许只有时间能够告诉我们这个超高带宽的接口会带来哪些全新且极耗带宽的应用。

通用串行总线由一个插在主总线上的**根集线器**组成（见图 3-50）。这个集线器的电缆插口可以连接输入 / 输出设备或扩展集线器，以提供更多的插口，这样，通用串行总线系统的拓扑结构就成了一棵以在计算机内部的根集线器为根的树。电缆在集线器端和设备端的接口不同，可以防止人们把集线器的两个插口连接在一起。

电缆中有四根导线：其中两根用于数据传输，一根用作电源（+5V），还有一根用作地。数据传输编码以电压的转换来表示 0，以恒定的电压来表示 1，这样，一长串的 0 将在电缆中产生一个方波流。

当插入一个新的输入 / 输出设备时，根集线器检测到这个事件，并发出中断信号给操作系统。然后，操作系统查询设备并对其进行识别，得到这个设备所需要的通用串行总线带宽。若操作系统判断还有足够的带宽用于接入这个设备，它将赋给设备一个唯一的地址（1 ~ 127 之间），并将这个地址和其他一些信息记录到设备内部的配置寄存器中。通过这种方式，可以在计算机运行时增添新的设备，不需要用户进行配置，也不必安装新的 ISA 或 PCI 卡。未初始化的设备的地址是 0，系统由此来判断是否有新设备。为使电缆更简单一些，许多的通用串行总线设备含有内置的集线器来连接另外的通用串行总线设备。例如，监视器上就可能有两个集线器插口，可以连接左右两个扬声器。

逻辑上讲，通用串行总线系统可以看成是从根集线器到输入 / 输出设备的二进制位流。每个设备可以把它的位流根据数据类型的不同（如音频和视频）分解成最多 16 个子位流。在每个位流或子位流内部，数据从根集线器流到设备或反方向流动。两个输入 / 输出设备之间没有流量。

精确到每 1.00 ± 0.05 毫秒，根集线器会广播一个新帧，以对所有的设备进行时间同步。帧和位流有关，并由数据包组成，第一个数据包总是从根集线器到设备。该帧的后续包可能还是从集线器到设备，也可能是从设备发回到根集线器。图 3-57 给出了由 4 帧组成的一个序列。

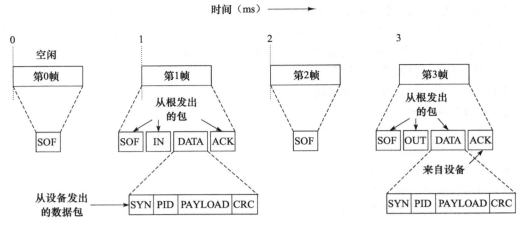

图 3-57 通用串行总线根集线器每 1 毫秒发出一个帧

图 3-57 中，第 0 帧和第 2 帧中没有工作要做，因此只需要发送一个 SOF（Start of Frame，帧起始）包。这个包总是广播到所有的设备。第 1 帧是一个询问，例如，请求扫描仪返回它正在扫描的图形的数据。第 3 帧由发送到某个设备的数据组成，比如发送到打印机的数据。

通用串行总线支持 4 种类型的帧：控制、同步、块传送和中断。控制帧用于配置设备，对设备发出命令，并查询它们的状态。同步帧用于那些需要以精确的时间间隔发送和接收数据的实时设备，比如麦克风、扬声器和电话等。它们之间存在可以准确预测的延迟，但在发生错误时数据无法重传。块传送帧用于对数据没有实时要求的设备，如打印机等的大批量数据传送。最后，由于通用串行总线并不支持中断，所以还需要中断帧。例如，如果在键盘上的键按下时不由键盘产生中断，也可以让操作系统每 50 毫秒轮询一次键盘，采集已经键入的键。

帧由一个或多个包组成，有些可能是两个方向传输数据。一共有 4 种类型的包存在：令牌包、数据包、握手包和特别包。令牌包从根传送到设备，用于系统控制。图 3-57 中的 SOF、IN 和 OUT 包都是令牌包。SOF 包是每帧的第一个包，标志着一帧的开始。如果不需要做其他工作，SOF 包就是该帧中唯一的包。IN 令牌包用于轮询，请求设备返回要求的数据。它包含的域中指出它需要轮询的是哪个位流，这样，设备就可以知道需要它返回什么数据（如果设备有多个数据流）。OUT 令牌包表示后面跟的是给设备的数据。还有第 4 种令牌包 SETUP（图 3-57 中没有标出），用来配置设备。

除令牌包外，还有其他三种类型的包，即数据包（可用来双向传送最多达 64 字节的信息）、握手包和特别包。图 3-57 给出了数据包的格式，它用 8 位（SYN）进行同步、8 位（PID）说明数据类型，然后是真正要传送的数据载荷（PAYLOAD），最后是 16 位的**循环冗余码**（CRC），用于检测数据错误。另外，还定义了三种类型的握手包：ACK（前面的数据包已正确接收）、NAK（检测到 CRC 错）和 STALL（请稍候——我现在很忙）。

现在，让我们再来看看图 3-57。即使什么也不干时，每 1 毫秒都必须有一帧从根集线器发出。第 0 帧和第 2 帧中只有 SOF 包，表示没有工作要做。第 1 帧是轮询帧，所以它以 SOF 包开始，然后是从计算机到输入 / 输出设备的 IN 包，后面是从设备发送到计算机的 DATA 包，由 ACK 包通知设备数据已被正确接收。如果出错，将向设备发回一个 NAK 包，然后，该包将以块传送帧的方式重传（但不传同步数据）。第 3 帧在结构上和第 1 帧类似，只是在这帧中数据是从计算机传送到设备。

1998 年，USB 标准最终完成后，USB 的设计者无事可干，又开始了一个更高速度的 USB 版本的设计，即 USB 2.0。这个标准和已有的 USB 1.1 版本类似，且完全兼容它，只是在前两个版本提供的两种传输速度上，增加了 480Mbps 的第三级传输速度。当然，还有其他一些细小的差别，如根集线器和控制器之间的接口，在 USB 1.1 中有两种。第一种为**通用主机控制器接口**（Universal Host Controller Interface，UHCI），由 Intel 设计，将主要的负担交由软件设计者完成（暗指：Microsoft）。第二种为**开放主机控制器接口**（Open Host Controller Interface，OHCI），由 Microsoft 设计，将主要的负担交由硬件设计者完成（暗指：Intel）。到 USB2.0 时，大家都同意采用单一的新接口**增强主机控制器接口**（Enhanced Host Controller Interface，EHCI）。

有了 480Mbps 的 USB，显然就和颇为流行的、名为 Firewire 的 IEEE 1394 串行总线有了竞争关系，它的速度为 400Mbps 或 800Mbps。尽管目前每台基于 Intel 的 PC 都装上了 USB 2.0 或 3.0（见后），1394 倾向于走向消失。但由于地盘之争，1394 的消失并不如预计得那么快。USB 是计算机产业的产品，而 1394 则来自于消费电子行业。当要将照相机连接到计算机时，两个行业都要求用户使用自己的连接线。现在看来是计算机这边取得了胜利。

USB 2.0 出现 8 年后，**USB 3.0** 接口标准问世。尽管链路的调制是自适应的，但 USB 3.0 能支持的带宽最高达到了惊人的 5Gbps，当然这个最高速度仅能在专业级的电缆线上实现。 231 USB 3.0 的设备和早期的 USB 设备结构上相同，并完全实现了 USB 2.0 的标准。因此，将 USB 3.0 的设备插到 USB 2.0 的插槽上也是能正常工作的。

3.7　接口电路

典型的小规模到中规模集成电路计算机系统由 CPU 芯片、芯片组、内存芯片及一些输入 / 输出控制器组成，所有这些都通过总线连接在一起。有时，所有这些设备也被集成到一个片上系统中，如 TI OMAP4430 SoC 芯片。我们已经详细讨论过内存、CPU 和总线，现在该是讨论最后的一部分——输入 / 输出接口的时候了。计算机正是通过这些芯片和外部世界交换信息的。

3.7.1　输入 / 输出接口

目前已有了许多的输入 / 输出接口，而且随时都有新的接口推出。常见的有 UART、USART、CRT 控制器、磁盘控制器和 PIO 等。**通用异步收发器**（Universal Asynchronous Receiver Transmitter，UART）实际上是一片串行 I/O 接口，可以从数据总线中读入一个字节的数据，然后在串行线上逐位输出到终端，或从终端读入数据。UART 通常可以以 50 ~ 19 200bps 的不同速度工作；字符宽度可以为 5 ~ 8 位；可以有 1 个、1.5 个或 2 个停止位；可提供奇校验、偶校验和无校验三种校验方式；所有这些都可以通过程序来设置。**通用同步异步收发器**（Universal Synchronous Asynchronous Receiver Transmitter，USART）可以通过一系列协议来同步传送数据，也能完成 UART 的所有功能。随着连接电话线的调制解调器逐渐消失，UART 已经不那么重要，下面我们以一片输入 / 输出芯片为例来讨论并行接口。

PIO 接口

图 3-58 所示的是基于经典的 Intel 8255A 的一个**并行输入 / 输出**（Parallel Input/Output，

PIO）接口。它有一组输入 / 输出信号线（例如，图 3-58 例子中的是 24 根），可以作为连接

任何数字逻辑设备的接口，如键盘、开关、指示灯或打印机等。简单地说，CPU 的程序可以向任何信号线写入 0 或 1，也可以读入任何信号线的输入状态，这为使用提供了极大的灵活性。一个小型的带有 CPU 的系统加上一片 PIO 芯片，可以控制各种物理设备，如机器人、烤箱或电子显微镜。PIO 接口也常用于嵌入式系统中。

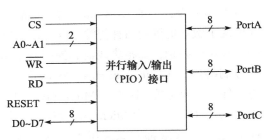

图 3-58　一个 24 位并行输入 / 输出接口

该 PIO 接口可通过一个 3 位的配置寄存器进行配置，具体来说就是向配置寄存器中对应的位写 0 或 1，来设置 3 个独立的 8 位端口完成数字信号的输入或输出。这样，通过在配置寄存器中写入适当的值，可使 3 个端口任意完成输入输出功能。每个端口都对应着一个 8 位的锁存器。为在输出端口的数据线上输出数据，CPU 仅需要将 8 位数据写入到该锁存器中，这些数据就会一直在端口线上保持到寄存器的数据被改写。要从一个配置为输入功能的端口读数据，CPU 也只需要读它所对应的 8 位锁存器。

构造更为复杂的 PIO 接口也是有可能的。例如，一种很流行的操作模式是和外部设备进行"握手"。当要输出数据到某个可能无法随时接收数据的设备时，PIO 可以把数据放到某个输出端口，然后等待设备发过来的脉冲，表示设备已经接收了当前数据，并准备接收下一个数据。锁定这些脉冲信号并让其可被 CPU 访问，则每个输出端口必需的逻辑电路应包括一个"Ready"信号加上一个 8 位的寄存器队列。

从 PIO 的功能图中我们可以看到，除了 3 个端口的 24 根信号线之外，它还有 8 根直接和数据总线相连的信号线、片选信号线、读信号线和写信号线、两根地址信号线，以及用来重置芯片的信号线。两根地址信号线用于选定分别对应于端口 A、B、C 的数据寄存器以及配置寄存器的 4 个内部寄存器。一般情况下，两根地址信号线和地址总线的低两位连接。片选信号可以使多个 24 位的 PIO 接口组合成更大的 PIO 接口，组合的方法是增加地址线的条数，并用它们来驱动恰当的 PIO 接口的片选信号。

3.7.2 地址译码

直到现在，我们一直小心地避免提及前面讨论的内存芯片和输入 / 输出芯片所需的片选信号是如何发出的这个问题。现在应该是来仔细说明这个问题的时候了。我们来看一个简单的 16 位嵌入式计算机系统，它由一个 CPU、一片用来存放程序的 2K × 8 字节的 EPROM、一片用于存放数据的 2K × 8 字节的 RAM 和一片并行输入 / 输出接口组成。这种小型系统可以用于廉价玩具或简单设备的"大脑"。一旦产品化，EPROM 就可以替换成 ROM。

并行输入 / 输出芯片可以通过两种途径选中：作为纯输入 / 输出设备或者作为内存的一部分。如果我们设计把它用作输入 / 输出设备，则必须使用一个明确的总线信号来指明现在 CPU 要访问的是输入 / 输出设备，而不是内存。如果设计时使用一种其他的实现方式——**内存映射输入 / 输出**，我们就必须分别对 3 个端口和控制寄存器设定 4 字节的内存地址空间。两种方式有点二选一的意味。我们选择内存映象输入 / 输出方式，因为它能说明 I/O 接口中一些有趣的问题。

EPROM 需要 2KB 的地址空间，RAM 也需要 2KB 的地址空间，而并行输入 / 输出接口需要 4 字节的地址空间。由于我们的例子中的地址空间为 64K，也就是说，必须选定在哪些地址空间来安排这三个空间。图 3-59 所示的就是一个可能的选择。EPROM 占用 0 ~ 2K 的地址，RAM 占用 32K ~ 34K 的地址，并行输入 / 输出接口占用地址空间的最高的 4 个字节，65 532 ~ 65 535。从程序员的角度看，使用哪些地址并没有什么区别；但是，对接口来说，就不是这样了。若我们选择通过输入 / 输出端口的地址空间来寻址并行输入输出接口，则将不需要任何的内存地址（但需要 4 个输入 / 输出端口地址）。

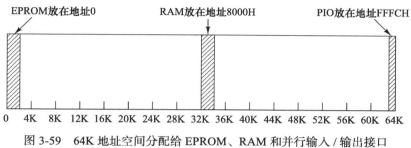

图 3-59　64K 地址空间分配给 EPROM、RAM 和并行输入 / 输出接口

采用图 3-59 所示的地址分配方案，EPROM 应该是被任何一个格式为 00000xxxxxxxxxxx（二进制）的 16 位内存地址选中。换句话说，任何一个最高 5 位都为 0 的地址都将落在最低 2K 的内存，即 EPROM 中。这样，EPROM 的片选信号应该由一个 5 位的比较器给出，比较器的一个输入应该永远是 00000。

能达到同样效果的较好一些的一个方案是用一个 5 输入或门来实现，将它的 5 个输入信号分别和地址信号的 A11 ~ A15 连接，这样，当且仅当 5 个输入都为 0 时，输出才为 0，片选信号 $\overline{CS}$ 才有效（$\overline{CS}$ 为低电平有效）。图 3-60a 给出了这种地址译码的方式，我们称为全地址译码。

对于 RAM 我们可以采取完全相同的办法。当然，RAM 对应的二进制地址格式应为 10000xxxxxxxxxxx，所以图 3-60 中另加了一个反门。并行输入 / 输出接口的端口地址译码就复杂一些，因为它要由格式为 11111111111111xx 的 4 个地址来选定。图 3-60 中给出的是能在只有正确的地址输入时才发出片选信号 $\overline{CS}$ 的实现方案的一种。它选用了两个 8 输入与非门来作为或门的输入。

可是，如果该计算机系统实际上仅由 CPU、两片内存接口和并行输入 / 输出接口组成，我们就可能使用一个"小把戏"来极大地简化地址译码。这个"把戏"的基础在于此时有且只有 EPROM 的地址的最高位 A15 才为 0。因此，我们只需要如图 3-60b 所示那样，直接把 A15 作为 EPROM 的片选信号。 |234|

此时，将 RAM 放到 80000H 上就不那么随意了。对于 RAM 的译码，我们可以注意到，只有格式为 10xxxxxxxxxxxxxx 的地址才是 RAM 的合法地址，因此，只需要对这两位地址进行译码就足够了。类似地，以 11 起始的任何地址就必然是并行输入 / 输出接口的端口地址。这样，所有的译码逻辑只需要两个与非门加一个反门就足以实现了。

图 3-60b 中的地址译码就是**部分地址译码**，因为并非所有的地址都参与了译码。它的特点是从地址 0001000000000000、0001100000000000 和 0010000000000000 读出的将是同一个结果。事实上，地址空间的低一半地址都可以选定 EPROM。但我们并没有用到另外的地址空间，所以不会有任何问题。可是，如果你设计的计算机系统今后可能要扩展（这大概不太可能发生在

一个玩具中），你应该尽量避免使用部分地址译码，因为它将占用太多的地址空间。

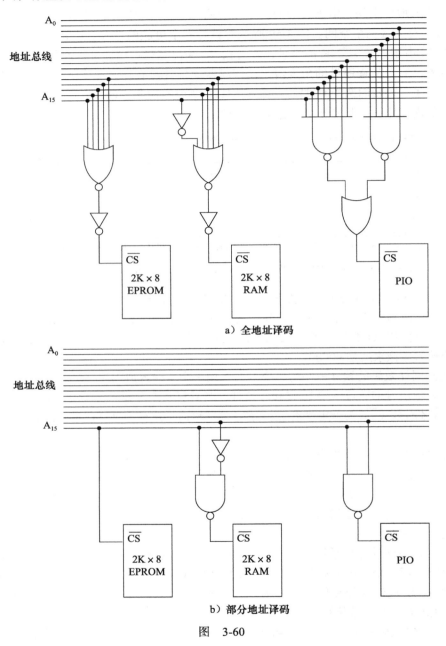

图   3-60

还有一种常用的地址译码技术是使用如图 3-13 所示的译码器。将高 3 位地址连接到译码器的 3 个输入信号，我们能得到 8 个输出信号，分别对应第 1 个 8K 地址空间、第 2 个 8K 地址空间，等等。对于由 8 片 8K × 8 的 RAM 组成的计算机内存系统，1 片译码器芯片就可以完成全部地址译码工作。而对于由 8 片 2K × 8 的内存芯片组成的系统，一个译码器也是足够的，只不过每片内存芯片的地址空间都将位于不同的 8K 地址空间块，片与片之间的地址不连续。（请回忆我们前面提到的有关内存和输入 / 输出芯片的地址空间的内容。）

3.8 小结

计算机由包含很多称为门的微型开关的集成电路制造而成。最普通的门为与门、或门、与非门、或非门和非门。将这些门直接组合起来就可以搭出一些简单的电路。

复杂一些的电路有多路选择器、多路分解器、编码器、译码器、移位器和算术逻辑部件（ALU）。仲裁逻辑电路可以用可编程逻辑阵列（FPGA）实现。如果需要多个逻辑函数，FPGA 就更有优势了。布尔代数的定律可以用来将电路从一种形式转换为另一种形式。在许多情况下，可以用这种办法来得到更简洁、经济的电路。

计算机通过加法器来完成算术运算。1 位全加器可以由两个半加器构成，多位加法器则是由多个全加器组成的，每个全加器都把自己产生的进位传给它左边的那个全加器。

（静态）存储器由锁存器或者触发器组成，它们都能存放 1 位信息。可以将它们线性组合成任意位的字，并构成内存储器。内存可以分为 RAM、ROM、PROM、EPROM、EEPROM 和闪存。静态存储器不需要刷新，只要不断电，它可以一直保存数据。与此相反，动态存储器必须定期刷新，以补偿芯片中小电容的电荷的泄漏。

计算机系统中的各个部件通过总线连接在一起。一般 CPU 的多数管脚，但不是全部，可以直接驱动一个总线信号。总线信号可以分为地址信号、数据信号和控制信号。同步总线由同一个主时钟驱动，异步总线以全握手方式来使从设备和主设备同步。

Core i7 是现代 CPU 的一个例子。使用它的现代计算机系统有一条内存总线、一条 PCIe 总线和一条 USB 总线。通过 PCIe 总线将计算机内部各部件高速连接起来现在已成为主流的方式。ARM 也是目前的高端 CPU，主要用于嵌入式系统和移动设备，这些应用场合中能耗是十分重要的。Atmel ATmega 168 是廉价芯片的一个例子，它适用于一些价格低廉的小玩艺，或者是其他许多对价格比较敏感的应用。

开关、指示灯、打印机和许多其他的输入 / 输出设备可以用并行输入 / 输出接口接入计算机。这些芯片可根据需要配置成输入 / 输出地址空间或内存地址空间的一部分，并根据应用的不同进行全地址译码或部分地址译码。

235
～
236

习题

1. 模拟电路受噪声影响，会使其输出变形。数字电路是否不受噪声影响？请讨论。

2. 一个逻辑学家驾车进入一个汽车饭店，并告诉服务员说："我要一个汉堡或一个热狗与法式煎蛋。"可是，接待他的服务员在六年级时就因不及格而退学，而且不知道（或没在意）"与"的优先级是否比"或"高。以他的理解程度，下面的解释都是正确的。你认为下面哪些解释是逻辑学家的真实意图？（注意：英语中的"或"即是"异或"。）

   a. 只要一个汉堡。

   b. 只要一个热狗。

   c. 只要一个法式煎蛋。

   d. 一个热狗和一个法式煎蛋。

   e. 一个汉堡和一个法式煎蛋。

   f. 一个热狗和一个汉堡。

   g. 三个都要。

h. 以上解释都不对——逻辑学家由于自作聪明而挨饿。

3. 一个传道士在南加利福尼亚车站旁的岔路口迷路了。他知道该地区有两帮飞车族，一帮只说实话，另一帮只说谎言。传道士要去迪斯尼乐园，他应该怎样问路？

4. 用真值表证明 $X = (X \text{ AND } Y) \text{ OR } (X \text{ AND NOT } Y)$。

5. 对于单个变量，存在 4 种不同功能的布尔函数；对于 2 个变量，可以有 16 种不同功能的布尔函数。3 个变量会有多少个不同功能的布尔函数？ n 个变量呢？

6. 对于单个变量，存在 4 种不同功能的布尔函数；对于 2 个变量，可以有 16 种不同功能的布尔函数。4 个变量会有多少个不同功能的布尔函数？

7. 给出用两个与非门实现逻辑与的方法。

8. 用图 3-12 中的三变量多路复用器芯片，实现输出为输入的偶校验这样一个函数，也就是说，当且仅当输入信号中有奇数个 1 时输出才为 1。

9. 开动脑筋。图 3-12 中的三变量多路选择器芯片实际上可以用来实现四变量（Boolean 变量）的仲裁函数。请说明如何实现，并作为例子，画出下面函数的逻辑电路图：函数的真值表中一行的值的英文单词中如果有偶数个字母的话，函数值为 0；如果为奇数的话，函数值为 1。（例如：0000 的英文为 zero，有四个字母，所以输出为 0；0111 的英文为 seven，有 5 个字母，所以输出为 1；1101 的英文为 thirteen，有 8 个字母，所以输出为 0）。提示：如果我们定义第四个输入变量为 D，8 根输入信号可以连接 V_{cc}、地、D 和 $\overline{D}$。

10. 画出 2 位编码器的逻辑电路图。该电路有 4 个输入信号，任何时刻都只有其中的一个为高电平，用两个输出信号的二进制值来表示哪个输入信号为高。

11. 画出 2 位译码器的逻辑电路图，这是由一个输入信号根据两个控制信号的状态来触发 4 个输出信号之一的电路。

12. 下图所示的电路实现了什么功能？

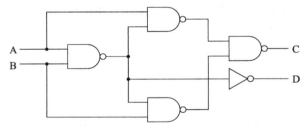

13. 4 位加法器是一种常见的集成电路芯片。4 片这种芯片可以连接成一个 16 位加法器。你估计 4 位加法器芯片会有多少个管脚？为什么？

14. n 个全加器串行连接在一起可以组成一个 n 位的加法器，第 i 级的进位 C_i 来自 $i-1$ 级的输出。第 0 级的进位 C_0 为 0。如果每级需要 T 纳秒来产生加法的结果和进位，那么，从开

始加法运算开始后 iT 纳秒进位才能到达第 i 级的全加器。对 n 比较大的时候，进位传递到最高级的那个全加器的时间将是不可接受的。请设计一个工作起来更快一点的加法器。提示：每个 C_i 可以由操作数 A_{i-1} 和 B_{i-1} 及进位 C_{i-1} 计算得到。用这种表达式就有可能将 C_i 表示成从第 0 级到第 $i-1$ 级的输入组成的表达式计算出来，这样，所有的进位都可以同时产生。

15. 若图 3-18 中的所有门的传播延迟都是 1 纳秒，且其他所有的延迟都可以被忽略，那么，使用这个设计的电路最快什么时候可以确保得到正确的输出？

16. 图 3-19 所示的 ALU 可以完成 8 位的补码的加法。它能完成补码的减法吗？如果能，请解释原因。若不能，请对其进行改进，使它可以完成补码减法。

17. 某 16 位 ALU 由 16 个 1 位 ALU 组成，每个 1 位 ALU 完成一次加法需要 10 纳秒。若将结果从 1 个这样的 ALU 传递到下一个还有 1 纳秒的延迟，完成整个 16 位的加法需要多长时间？

18. 有时，由类似图 3-19 所示的 8 位 ALU 产生常量 -1 作为结果输出是有用的。给出两种不同的实现方法。对每种方法，分别给出 6 个控制信号的取值。

19. 输入到由两个与非门构成的 SR 锁存器的输入信号 S 和 R 的稳定状态是什么？

20. 图 3-25 所示的是一个由时钟上升沿触发的触发器电路。请对其进行修改，使它成为由时钟下降沿触发的触发器。

21. 图 3-28 中的 4×3 内存使用了 22 个与门和 3 个或门。如果该电路要扩展到 256×8，将需要多少个与门和或门？

22. 为使你能收回在个人计算机上的投资，你开始从事对小规模集成电路芯片制造商的咨询工作。你的一个客户应一个潜在的重要用户的要求，准备推出一片包含 4 个 D 触发器的芯片，每个 D 触发器要有自己的 Q 和 $\overline{Q}$ 信号、4 个触发器共用同一个时钟信号，但没有预置和清除信号。他们要求你对这个设计方案作出专业的评价。

23. 随着单片内存芯片的存储容量的不断增大，它所需要的地址管脚数也在增加。但是，一片芯片上有太多的地址管脚总是不太方便。设计一个方案，使得用少于 n 个地址管脚就可以实现对 2^n 个内存字的寻址。

24. 某台数据总线宽度为 32 位的计算机使用的是 $1M \times 1$ 的动态存储器芯片。该计算机可能的最小内存容量是多少（以字节为单位）？

25. 如图 3-37 所示，假设时钟周期从 10 纳秒延长到 20 纳秒，但时序间的限制条件保持不变。那么，在最坏的情况下，T_3 中的 $\overline{MREQ}$ 信号发出后多久内存就必须把数据送上总线？

26. 如图 3-37 所示，如果时钟频率保持在 100MHz，但 T_{DS} 增加到 4 纳秒，此时还能用 10 纳秒的内存芯片吗？

239

27. 图 3-37b 中，T_{ML} 被限定在至少要 2 纳秒。你能想象与此相反的一片芯片吗？也就是说，CPU 可以在地址稳定之前发出 $\overline{MREQ}$ 信号吗？请给出理由。

28. 假设图 3-41 所示的块传送是由图 3-37 所示的总线来完成。使用块传送比用单个传送发送一个很大的块带宽提高了多少？如果总线的宽度不是 8 位而是 32 位，提高的带宽又是多少？

29. 将图 3-38 中地址信号的转变时间分别标记为 T_{A1} 和 T_{A2}，$\overline{MREQ}$ 信号的转变时间标记为 T_{MREQ1} 和 T_{MREQ2} 等。写出全握手方式中隐含的所有关于时间的不等式。

30. 多核芯片，也就是同一芯片内有多个 CPU，正逐渐流行。在由多台通过以太网连接的 PC 组成的系统中，多核芯片有什么优势？

31. 为什么多核芯片突然流行起来？有什么技术因素促进了它的流行？ Moore 定律起作用了吗？

32. 存储总线和 PCI 总线有哪些不同？

33. 大多数的 32 位总线可以进行 16 位数据读写操作。此时用哪些信号线传递数据会有区别吗？请讨论。

34. 许多 CPU 对中断应答都有特殊的总线周期类型。为什么？

35. 某 32 位计算机总线频率为 400MHz，需要 4 个周期读取一个 32 位的字。最坏情况下，也就是进行连续的读或者写时，CPU 占用的总线带宽是多少？

36. 某 64 位计算机总线频率为 400MHz，需要 4 个周期读取一个 64 位的字。最坏情况下，也就是进行连续的读或者写时，CPU 占用的总线带宽是多少？

37. 某 32 位计算机的地址信号只有 A2 ~ A31，因此，它所有的内存访问都要求对齐。即每个字都要存放在地址为 4 字节的整数倍的位置，而每个半字都要存放在偶数字节地址上。只有字节可以任意存放。那么，对内存读，有多少种合法的组合？需要多少个管脚来表示它们？给出这两个答案并分别举例说明。

38. 现代的 CPU 都有 1 级、2 级甚至 3 级片上高速缓存。为什么需要多级的高速缓存？

39. 假定某 CPU 有第 1 级和第 2 级高速缓存，其访问速度分别是 1 纳秒和 2 纳秒。内存的访问速度是 10 纳秒。如果第 1 级高速缓存的命中率为 20%，第 2 级高速缓存的命中率为 60%，则 CPU 对内存储器的平均访问时间是多少？

40. 计算以 30 帧／秒显示一段 VGA（1280×960）真彩色动画所需要的总线带宽。假定数据需要从总线通过两次，一次为从 CD-ROM 到内存，另一次从内存到显示器。

240 41. 图 3-54 中的哪个信号严格讲对总线协议的工作不是必需的？

42. 某 PCI Express 系统具有 10Mbps（总传输率）的链路。对 16x 操作，每个方向需要多少信号线？每路的总传输率是多少？每路的有效传输率又是多少？

43. 某计算机的指令都用两个总线周期完成，一个周期用来取指令，另一个周期用来取数据。每个总线周期为 10 纳秒，这样，每条指令的执行时间为 20 纳秒（即内部处理时间忽略不计）。该计算机的硬盘上每道有 2048 个 512 字节的扇区，硬盘旋转一周的时间为 5 毫秒。如果每次 32 位的 DMA 传送需要一个总线周期，请计算在 DMA 传送中计算机的速度降低到正常速度的百分比。

44. 通用串行总线中，一个同步数据包中的最大有效载荷是 1023 个字节。假设某设备每帧仅发送一个数据包，那么，单个同步设备的最大带宽是多少？

45. 给图 3-60b 中选择并行输入／输出接口的与非门增加一个连接 A13 的输入信号会产生什么影响？

46. 写一个程序，模拟一个由两输入与非门组成的 $m \times n$ 的矩阵。该电路封装在一片芯片内，有 j 个输入管脚和 k 个输出管脚。j、k、m 和 n 的值可以在程序编译时给定。程序首先读入一个"接线表"，每根接线都有自己的一个输入和一个输出。其中，接线的输入可以是 j 个输入管脚中的一个，也可以是某个与非门的输出；接线的输出可以是 k 个输出管脚之一，也可以是连接到某个与非门的输入。没有用到的输入都指定为逻辑 1。读入接线表后，程序将分别输出芯片可能的 2^j 种输入情况对应的输出值。在由客户定制的电路中，类似的芯片已得到广泛应用，因为大部分的工作（将门阵列布置在芯片上）和要实现的电路无关，只需要对每个电路设计不同的接线。

47. 用你熟悉的程序语言写一个程序，用它来读入任意的两个布尔表达式，并比较这两个表达式是否完成的是同一个功能。表达式中应该包含表示布尔变量的单个字母，运算符 AND、OR 和 NOT，还要有括号。每个表达式在一行中输入。程序通过生成两个布尔表达式的真值表，并对它们进行比较来得出结论。

241 ∼ 242

微体系结构层

数字逻辑层之上是**微体系结构层**（microarchitecture level）。微体系结构层的作用是实现位于其上的指令系统层（ISA），如图 1-2 所示。微体系结构层的设计是由其实现的指令系统层决定的，当然计算机的价格和性能也是需要考虑的因素。许多现代计算机，特别是 RISC 设计中的指令系统层，其指令都很简单，可以在单个时钟周期内执行。复杂一些的指令系统层，例如 Core i7 指令集，执行一条指令可能需要多个时钟周期。执行指令的过程可能包括在内存中寻址操作数，读入操作数并把结果存回内存。当执行一条指令需要多个操作步骤时，其控制方式就和简单的指令系统层不同了。

4.1 微体系结构举例

在理想情况下，我们更愿意通过介绍微体系结构层设计的一般原理来说明微体系结构层。然而很不幸，微体系结构层中不存在一般性的原理，几乎每种设计都是一个特例。因此，我们就只能讨论详细的例子。我们将使用 Java 虚拟机（Java Virtual Machine，JVM）指令系统层的子集作为指令系统层的例子。这个子集只包括整数指令，因此我们把它命名为 IJVM，以强调这一点。

下面我们就开始讨论 IJVM 赖以实现的微体系结构层的设计。IJVM 中有些相当复杂的指令。正如第 1 章中所说，许多这样的体系结构都使用微程序来实现。虽然 IJVM 很小，但是它很适于描述指令的控制和流程。 243

我们的微体系结构层包括一个微程序（存放在 ROM 中），它的功能是取出、译码并执行 IJVM 指令。我们无法直接使用 Oracle 公司的 JVM 解释器，因为我们需要的是一个很小的、能够真正高效控制硬件中的门电路的微程序，而 Oracle 的 JVM 解释器是用 C 语言编写的，这是为了保证可移植性，而且它也不能在底层直接控制硬件。

我们这里讨论的硬件只用到了第 3 章中讨论的基本组件，因此从理论上来说，读者在完全理解了本章的内容之后，就可以去市场上买回一大包晶体管，来搭建自己的 JVM 机了。能够成功地完成这项工作的学生应该得到额外的奖励（和全面的精神检查）。

为了便于理解，我们可以把微体系结构层的设计看成是编写一个程序，指令系统层的每条指令都是一个由主程序调用的函数。在这种模式中，主程序是一个简单的无限循环，它决定需要调用的函数，然后调用该函数，循环往复，其工作过程和图 2-3 很类似。

微程序中有一组变量，称为计算机的**状态**（state），所有的函数都可以访问这些变量。每个函数都会改变一些变量来设置状态。例如，程序计数器（Program Counter，PC）就是状态的一部分。它指示下一个将要执行的函数（也就是 ISA 指令）的内存位置。在每条指令的执行过程中，PC 都指向下一条将要执行的指令。

IJVM 的指令很短而且很可爱。指令的字段很少，通常只有一个或者两个，每个字段都有其特殊的用途。每条指令的第一个字段是**操作码**（opcode，operation code 的缩写），它是指令的标识，用于表明该指令是 ADD 指令还是 BRANCH 指令或者其他指令。许多指令还有一个定义操作数的附件字段。例如，访问局部变量的指令需要一个字段来指明访问哪一个局部变量。

这种执行模型，有时称为**取指 – 译码 – 执行周期**（fetch-decode-execute cycle），对于抽象并实现类似于 IJVM 的有复杂指令的指令系统层来说是很有帮助的。下面我们将讨论它的工作原理，也就是微体系结构层的组成，以及如何使用微指令（microinstruction）来控制它们，每条微指令控制一个周期的数据通路。微指令合在一起就形成了微程序，下面我们将详细讨论微指令和微程序。

4.1.1 数据通路

数据通路是 CPU 的一部分，包括 ALU 及其输入和输出。图 4-1 是我们的微体系结构实例的数据通路部分。虽然它是针对解释 IJVM 程序精心优化的，但还是很类似于大多数计算机中的数据通路。它包括一些 32 位的寄存器，这些寄存器都有相应的符号名，比如 PC、SP 和 MDR。尽管有些名字听上去很熟悉，但是需要指出的重要一点是这些寄存器只能在微体系结构层使用（由微程序访问）。之所以这样命名，是因为它们通常用来存放指令系统层中相应名称的寄存器的值。大多数寄存器可以通过 B 总线传送其内容。ALU 的输出通过移位器传递到 C 总线上，这样可以同时把 ALU 的输出写入一个或者多个寄存器中。现在的图 4-1 中还没有 A 总线；在后面我们会增加它。

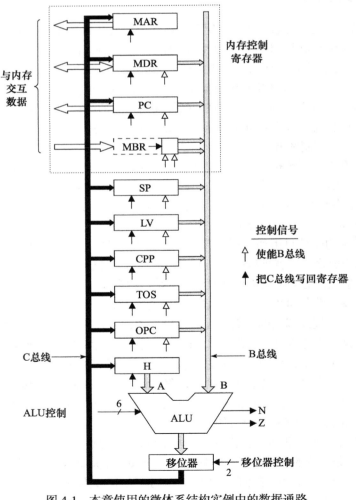

图 4-1　本章使用的微体系结构实例中的数据通路

图 4-1 中使用的 ALU 和图 3-18、图 3-19 中的完全一样，其功能由 6 位控制信号决定。图 4-1 中标号为 "6" 的短斜线表示了这 6 位 ALU 控制信号。它们分别是决定 ALU 操作的 F0 和 F1，输入 A 和 B 的使能信号 ENA 和 ENB，转换左输入的 INVA，和最低位的进位信号 INC，可以使用 INC 给结果加 1。当然，ALU 控制信号的 64 种组合并不是全部都有意义。

图 4-2 中列出的是某些有趣的组合。IJVM 并不需要图中的全部功能，但是对于功能完整的 JVM 来说，它们都是有用的。在许多情况下，可以有多种方法来得到同样的结果。在图 4-2 中，+ 表示算术加，– 表示算术减，例如 –A 就是 A 的二进制补码表示。

F0	F1	ENA	ENB	INVA	INC	功　　能
0	1	1	0	0	0	A
0	1	0	1	0	0	B
0	1	1	0	1	0	$\overline{A}$
1	0	1	1	0	0	$\overline{B}$
1	1	1	1	0	0	A+B
1	1	1	1	0	1	A+B+1
1	1	1	0	0	1	A+1
1	1	0	1	0	1	B+1
1	1	1	1	1	1	B–A
1	1	0	1	0	1	B–1
1	1	1	0	1	1	–A
0	0	1	1	0	0	A 与 B
0	1	1	1	0	0	A 或 B
0	1	0	0	0	0	0
0	1	0	0	0	1	1
0	1	0	0	1	0	–1

图 4-2　有用的 ALU 信号组合及其相应的功能

图 4-1 中的 ALU 需要两个数据输入：左输入（A）和右输入（B）。和左输入相连的是寄存器 H。右输入和 B 总线直接相连，这样右输入就可以有 9 个来源，在图 4-1 中用灰色箭头表示。当然也可以出于其他的考虑使两个输入都和总线相连，本章后面将会讨论这种设计。

设置 H 的初始值可以通过选择 ALU 的功能使 ALU 把右输入（来自 B 总线）传递到 ALU 输出端。可以通过右输入加 0 来实现这样的功能，这时 ENA 信号无效，这是为了使左输入为 0。B 总线的值加 0 当然还等于 B 总线的值。运算结果可以通过移位器不加修改地存入 H。

除了上面的功能之外，还可以独立使用两根其他的控制线来控制 ALU 的输出。SLL8（Shift Left Logical）把移位器的内容左移一个字节，低 8 位有效位填 0。SRA1（Shift Right Arithmetic）把移位器的内容右移 1 位，保持最高位的符号位不变。

很显然，可以在一个周期内读写相同的寄存器。例如，可以把 SP 放到 B 总线上，禁止 ALU 的左输入，使能 INC 信号，然后把结果存回 SP，这就实现了 SP 加 1（如图 4-2 中的第 8 行所示）。那么是如何实现在一个周期内读写寄存器而又不出现错误的呢？答案在于读和写是在同一个周期的不同时刻执行的。当选择了某个寄存器作为 ALU 的右输入时，它的值在周期一开始就被放在了 B 总线上，而且在整个周期中都保持在 B 总线上。然后 ALU 执行运算，产生结果并把结果通过移位器放到 C 总线上。在该周期快要结束时，ALU 和移位器的输出稳

246

定以后，时钟信号将会触发寄存器写操作，把 C 总线的内容保存到一个或者多个寄存器中。这些寄存器也可以包括为 B 总线提供输入数据的寄存器。数据通路的精确的时序可以保证在一个周期内读写同一个寄存器，请继续看下面的描述。

　　1. 数据通路时序

　　这些事件的时序关系如图 4-3 所示。在每个时钟周期的开始处是一个短脉冲。它可以由计算机的主振时钟得到，参见图 3-20c。在该脉冲的下降沿处，驱动各个门电路的信号开始建立。其有限的建立时间是已知的，记为 Δw。然后，B 总线需要的寄存器被选中并开始驱动 B 总线。从开始驱动总线到数据值稳定需要 Δx 时间。然后 ALU 和移位器，作为组合逻辑电路，会一直对这些数据进行运算，最终得到正确的结果。经过 Δy 时间之后，ALU 和移位器的输出也稳定了。再经过 Δz 之后，结果将沿着 C 总线传送到寄存器，在下一个脉冲的上升沿处加载至寄存器。加载过程必须是边沿触发而且速度要快，这样才能保证即使输入寄存器的值有变化，也不会影响到 C 总线。与此同时，在脉冲的上升沿处，驱动 B 总线的寄存器停止输出，以便为下一个周期做准备。后面将会简单讨论图 4-3 中出现的 MPC、MIR 和内存。

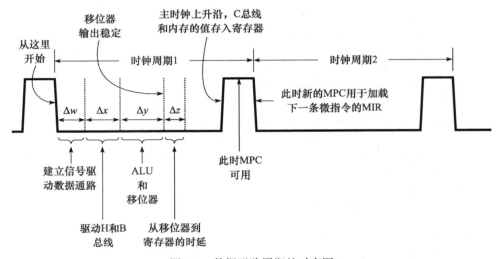

图 4-3　数据通路周期的时序图

247　　理解下面这一点很重要：即使数据通路中没有使用存储部件，但通过数据通路仍然需要一定的传送时间。改变 B 总线的值并不会使 C 总线立刻发生改变，改变只有经过一段时间之后才会发生（这是因为每一步都有延迟）。因此，即使计算的结果改变了输入寄存器的值，也可以在该值通过 B 总线（或者 H）到达 ALU 之前，安全地将它保存到寄存器中。

　　使这种设计正常工作需要严格的时序，较长的时钟周期，知晓通过 ALU 的最短传输时间，而且 C 总线上的寄存器必须能够快速地装入。经过仔细地设计，数据通路完全可以正确工作。实际的机器也正是这么工作的。

　　另一种观察数据通路周期的方法是把它分成隐含的子周期。子周期 1 的起点是时钟的下降沿。子周期内的动作如下所示，括号中是子周期的持续时间。

　　1）控制信号建立（Δw）。

　　2）寄存器的内容加载到 B 总线（Δx）。

　　3）ALU 和移位器开始运算（Δy）。

　　4）运算结果沿着 C 总线传送到寄存器（Δz）。

Δz 之后的时间片为系统误差预留了空间，因为时序不太可能那么精确。在下一个时钟 [248] 周期的上升沿，结果被存入寄存器。

最好把子周期看成是隐含的，因为在子周期中没有时钟脉冲和其他明确的信号通知 ALU 执行运算或者通知 ALU 把结果放入 C 总线。实际上，ALU 和移位器总是处于工作状态，但是，在时钟下降沿之后的 $\Delta w + \Delta x$ 时间之内，ALU 的输入是无意义的。与此类似，在时钟下降沿之后的 $\Delta w + \Delta x + \Delta y$ 时间之内，ALU 和移位器的输出是无意义的。驱动数据通路的唯一明确的信号就是时钟的边沿，下降沿启动数据通路周期，上升沿把 C 总线的值加载至寄存器。其他子周期的边界都是隐含的，这是由相关电路的内在延迟时间决定的。设计工程师应该保证，在时钟的上升沿到来之前有足够 $\Delta w + \Delta x + \Delta y + \Delta z$ 长的时间，使寄存器值的加载工作总是能可靠地完成。

2. 内存操作

我们的 CPU 可以用两种不同的方式和内存通信：32 位按字寻址的内存端口和 8 位的按字节寻址的内存端口。32 位端口是由**内存地址寄存器**（Memory Address Register，MAR）和**内存数据寄存器**（Memory Data Register，MDR）控制的，如图 4-1 所示。8 位端口是由 PC 寄存器控制的，它把一个字节读入 MBR 的低 8 位。这个端口只能从内存中读取数据而不能向内存中写数据。

这些寄存器（和图 4-1 中的所有其他的寄存器）都是由一位或者两位控制信号驱动的。寄存器下方的空心箭头表示寄存器输出到 B 总线的输出使能信号。由于 MAR 不和 B 总线相连，因此它没有使能信号。H 也没有使能信号，因为它是唯一的 ALU 左输入，它可以总是处于使能状态。

寄存器下方的实心箭头表示把 C 总线写入（也就是打入）寄存器的控制信号。由于 C 总线不加载 MBR，因此 MBR 没有写信号（但是 MBR 仍然有两个使能信号，下面将会介绍它们的用途）。为了启动内存读写，必须首先把数据写入适当的内存寄存器，然后才能发出对内存的读写信号（没有在图 4-1 中画出）。

MAR 中是字地址，因此，其值 0、1、2、…，指的是连续的字。PC 中是字节地址，因此其值 0、1、2、…，指的是连续的字节。因此，把 2 放入 PC 然后读内存将得到内存中第 2 个字节的值，该值被保存在 MBR 的低 8 位中。而把 2 放入 MAR 然后读内存，结果将是把字节 8 ~ 11（也就是第 2 个字）存入 MDR。

这两者之间的区别是由它们的功能决定的，MAR 和 PC 访问的是不同的内存区域。后面读者将看到这种区别的必要性。现在能说明的是，MAR/MDR 用于读写指令系统层的数据字，[249] 而 PC/MBR 则用于读指令系统层的可执行程序，其中可执行程序是由字节组成的。其他的所有存放地址的寄存器都和 MAR 一样，使用字地址。

而在实际的物理实现中，只有一个实际的内存，而且该内存是面向字节的。虽然物理内存是按照字节计数的，但是我们可以采用一个简单的方案使 MAR 以字为单位计数（这是 JVM 的定义所要求的）。当把 MAR 的内容放到地址总线上时，并不直接把它的 32 位内容映射到地址总线 0 ~ 31 上。而是把 MAR 的第 0 位写到地址总线 2 上，第 1 位写到地址总线 3 上，依此类推。MAR 的最高两位被抛弃，因为只有当字地址大于 2^{30} 时才需要这两位，而在 4GB 内存的计算机上这样的地址是没有意义的。使用这种映射方式时，如果 MAR 是 1，地址总线上出现的是 4；MAR 是 2，地址总线上出现的是 8，依此类推。这种映射方式如图 4-4 所示。

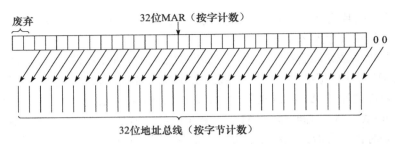

图 4-4　MAR 中位到地址总线的映射

上面曾经提到，从 8 位的内存端口读到的内存数据存放在 8 位寄存器 MBR 中。可以用两种方式把 MBR 的值放到（即复制）B 总线上：无符号的和带符号的。当需要无符号值的时候，把 MBR 的值放到 B 总线的低 8 位，高 24 位则是 0。无符号值常用于索引一张表，或者用于把指令流中的两个连续的无符号字节组合成 16 位整数。

把 8 位 MBR 转换成 32 位字的另一种方式是把它看作 –128 和 +127 之间的值，然后在保持值不变的情况下把它扩展到 32 位。具体的转换方式是把 MBR 的符号位（最左边的位）扩展到 B 总线的高 24 位，这种方式称为符号扩展（sign extension）。使用这种方式时，如果 8 位的 MBR 的最高位是 1，则高 24 位全是 1，如果 MBR 的最高位是 0，则高 24 位全是 0。

8 位 MBR 转换成 B 总线上无符号还是带符号的 32 位值是由两个控制信号（图 4-1 中 MBR 下方的空心箭头）决定的，这就是这两个箭头的作用。图中的 MBR 左面的虚框表示 8 位的 MBR 可以作为 B 总线的 32 位数据源。

4.1.2　微指令

为了控制图 4-1 中的数据通路，我们需要 29 个控制信号。这些信号可以分成 5 个功能组，如下所示。

9 个用于将来自 C 总线的数据写入寄存器的控制信号。

9 个输出到 B 总线（ALU 输入）的寄存器的使能信号。

8 个控制 ALU 和移位器功能的信号。

2 个通过 MAR/MDR 指示内存读写的信号（图中没有画出）。

1 个通过 PC/MBR 指示内存取数的信号（图中没有画出）。

这 29 个控制信号的值定义了数据通路中一个周期的操作。一个周期包括把寄存器值放到 B 总线上，通过 ALU 和移位器传送数据，把数据发送到 C 总线上，最后把结果写入合适的寄存器（可能是多个）中。另外，如果有内存读信号，那么在数据通路周期结束时会启动内存读操作，在这之前 MAR 应该已经有值。下一个周期时内存的值就可以读入 MBR 和 MDR 了，再下一个周期就可以使用这些值了。换句话说，在周期 k 结束时启动的内存读（8 位端口或者 32 位端口）操作在第 $k+1$ 个周期得不到数值，而只能在 $k+2$ 或者更后面的周期中才能得到数据。

图 4-3 解释了这种看起来似乎违反直觉的行为。在时钟周期 1 时，直到时钟的上升沿之后，也就是 MAR 和 PC 值被加载之后才能产生内存控制信号，这时差不多是在时钟周期 1 的末尾。我们假定内存可以在一个周期之内把结果放在内存总线上，这样 MBR 或者 MDR 就可以在下一个时钟的上升沿加载内存值，其他的寄存器也同样可以在这时加载值。

换句话说，我们可以在数据通路周期的最后加载 MAR，然后启动内存读操作。因此，我们不能指望在下一个周期的开始就在 MDR 中得到内存的值，尤其是当时钟脉冲的宽度比较窄时。一般来说，内存访问需要花费一个时钟周期。这样，在启动内存读和使用结果之间必须插入一个数据通路周期。当然，这个周期可以执行其他的操作，只要不使用内存就可以了。

假定内存访问只需要一个周期就相当于假定高速缓存命中率是 100%。这样的假定不可能永远成立，但是如果考虑变长的内存访问周期，设计将变得很复杂，这里就不讨论了。

由于 MBR 及 MDR 和其他的寄存器一样，是在上升沿加载数据，因此当正在执行新的内存读操作时，它们可能会被访问。这时它们返回的是原有的值，因为内存读操作还没有来得及覆写它们。这里并不存在二义性：在新的值没有被时钟的上升沿加载至 MBR 和 MDR 之前，原有的值仍然是可用的。我们注意到，可以在两个连续的周期内执行连续的读，因为读操作只需要一个周期。另外，内存可以同时进行多个操作。当然，如果同时对内存的同一个字节执行读和写将得到不确定的结果。 251

虽然我们需要把 C 总线的输入同时写入多个寄存器中，但是我们肯定不需要同时使能 B 总线的输入寄存器。（实际上，在某些实际的实现中，如果这样做可能会损坏硬件。）只需要稍微增加一些电路，我们就可以减少选择 B 总线的输入寄存器的控制信号的数量。一共只有 9 个输入寄存器可以驱动 B 总线（无符号的和带符号的 MBR 分别作为两个寄存器）。因此，我们可以把 B 总线的控制信息编码为 4 位，使用译码器来产生 16 个控制信号，其中 9 个是有用的，7 个是没有用到的。如果是在设计商用产品，设计者可能会绞尽脑汁减少一个寄存器以便能使用 3 位对这些寄存器编码。而我们的例子是为了学术研究，因此我们可以奢侈一些，多用一位使整个设计变得清晰和简单。

现在我们可以用 9+4+8+2+1 = 24 个控制信号来控制数据通路，也就是 24 位。但是，这 24 位只控制了一个周期的数据通路。控制信号的第二部分需要决定下一个周期的操作。为了在我们设计的控制器中包括这一部分功能，我们设计了一种描述将要执行的操作的格式，该格式中包括 24 位的控制信号和 2 个附加的字段：NEXT_ADDRESS 和 JAM。这些字段的内容下面将会讨论。图 4-5 中是一种可能的格式，一共有 6 组（组名在指令的下面），包括下面的 36 位信号： 252

Addr：下一条可能执行的微指令的地址。

JAM：决定如何选择下一条微指令。

ALU：ALU 和移位器的操作。

C：选择 C 总线的数据将要写入的寄存器。

Mem：内存操作。

B：选择 B 总线的数据来源，采用了编码方式。

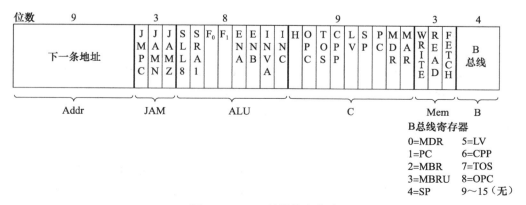

图 4-5　Mic-1 的微指令格式

从原理上来说，组的排列次序可以是任意的，但是我们可以精心选择一种排列使线之间的交叉达到最少，如图 4-6 所示。类似于图 4-6 这样的原理图中的线交叉往往对应着芯片中的线交叉，这会增加二维设计中布线的难度，因此应该使线交叉的出现达到最少。

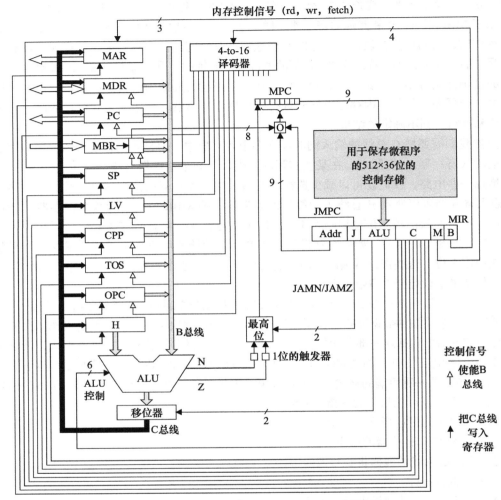

图 4-6 我们的实例微体系结构 Mic-1 的完整框图

4.1.3 微指令控制：Mic-1

上面我们已经讨论了数据通路的控制方式，但是我们还不知道如何决定在每个周期中该使能哪些信号。**定序器**（sequencer）就是负责按步骤执行一条 ISA 指令的部件。

在每个周期中，定序器必须生成下面这两类信息：

1）系统中每个控制信号的状态。

2）下一条要执行的微指令地址。

图 4-6 是我们的实例 CPU 中完整的微体系结构的详细框图，我们将其称为 **Mic-1**。这张图乍看有点吓人，但是它的确值得认真研究。当你完全理解了图 4-6 中的每个框和每条线之后，你才可以算是真正开始懂得微体系结构层。整个框图由两部分组成：左面是数据通路，

前面我们已经详细讨论过了，右面是控制部分。下面我们就来讨论控制部分。

Mic-1 的控制部分中最大和最重要的一项是**控制存储器**（control store）。你可以把控制存储器理解为存放全部微程序的内存，虽然有时它是用一组逻辑门实现的。我们把它称为控制存储器是为了避免和通过 MBR 和 MDR 访问的主存混淆。当然，从功能上来说，控制存储器也是内存，只不过它保存的是微指令而不是 ISA 指令。在我们的实例 CPU 中，控制存储器包括 512 个字，每个字是一条 36 位的微指令（格式如图 4-5 所示）。实际上，我们并不需要这么多个微指令字，但是我们需要 512 个不同的微指令地址，后面将会解释原因。

控制存储器和主存的一个重要的区别在于：主存中的指令是按照其地址顺序执行的（除非遇到跳转指令）；而微指令则不是这样。图 2-3 中对程序计数器进行加 1 表示在当前指令之后默认执行内存中的下一条指令。微程序则需要更大的灵活性（因为微指令序列一般比较短），因此它们一般没有这种顺序执行的特性。相反，每条微指令都明确指出它的下一条微指令。

由于控制存储器从功能上来说是一个（只读的）存储器，因此它也需要自己的内存地址寄存器和内存数据寄存器。它不需要读写信号，因为它总是在读。我们把控制存储器的内存地址寄存器称为**微程序计数器**（MicroProgram Counter，MPC）。这个名称有点名不副实，因为微程序实际上并没有什么次序，因此并不符合计数器的概念（但是我们依据惯例仍然称为计数器）。控制存储器的内存数据寄存器称为**微指令寄存器**（MicroInstruction Register，MIR）。它的功能是保存当前的微指令，这条微指令将驱动控制信号来操作数据通路。

图 4-6 中的 MIR 寄存器保存的是和图 4-5 相同的 6 组信号。Addr 信号组和 J（用于JAM）信号组控制下一个微指令地址的选择，后面还将讨论这两组信号。ALU 信号组包括 8 位选择 ALU 功能和驱动移位器的信号。C 组信号选择寄存器从 C 总线接收 ALU 的输出。M 组信号控制内存操作。

最后 4 位驱动译码器，译码之后决定哪个寄存器驱动 B 总线。这里我们选择使用标准的 4-16 译码器，虽然只用到了其中 9 种译码结果。在更精细的设计中，应该使用 4-9 译码器。这里我们采用了器件库中的标准器件而不用设计定制的电路。使用标准器件使设计更简单而且不会产生错误。如果你自己设计电路，可能会节省芯片面积，但是需要更长的时间而且还可能犯错误。

图 4-6 中的操作如下。在每个时钟周期开始时（图 4-3 中的时钟的下降沿），从 MPC 所指的控制存储器位置读出微指令加载至 MIR。图 4-6 中，MIR 的加载时间是 Δw。从子周期的角度来看，MIR 是在第一个子周期中加载至微指令的。

一旦微指令在 MIR 中建立，各个不同信号就开始在数据通路中传送了。某个寄存器把值放在 B 总线上，ALU 知道该执行什么运算，这一步要做大量的工作。这是第二个子周期。从周期的起点开始，$\Delta w + \Delta x$ 时间之后，ALU 的输入就稳定了。

再经过 Δy 时间，所有的东西都准备好了，ALU、N、Z，以及移位器的输出都稳定了。N 和 Z 的值保存在两个 1 位的触发器中。这两位和 C 总线写入寄存器以及内存数据写入寄存器一样，是时钟的上升沿也就是在数据通路周期快要结束时触发的。ALU 的输出并不锁存而是直接输入移位器。ALU 和移位器的操作发生在子周期 3。

经过另一个额外的时间 Δz，移位器的输出通过 C 总线到达寄存器。因此，寄存器可以在周期快要结束时加载数据（在图 4-3 中时钟脉冲的上升沿处）。在子周期 4 中，寄存器和 N、Z 触发器加载值。再经过一段时间，所有的结果都被保存下来而且前一次内存操作的结果也到达了，与此同时，MPC 被再次加载。这个过程将一直持续下去，直到某个人感到厌烦了把计算机关掉为止。

在驱动数据通路的同时，微程序还要决定下一条执行的微指令，因为微指令并不按照控制存储器中的顺序执行。下一条微指令地址的计算从 MIR 加载并稳定之后就开始了。首先，把 9 位的 NEXT_ADDRESS 字段拷贝到 MPC 中。在拷贝的同时，检查 JAM 字段。如果值是000，则什么也不做；当 NEXT_ADDRESS 拷贝完成后，MPC 将指向下一条微指令。

如果 JAM 中的某个或者多个位是 1，就需要做一些工作了。如果 JAMN 被置 1，则 1 位的 N 触发器将和 MPC 最高位执行或（OR）操作。类似地，如果 JAMZ 是 1，则 1 位的 Z 触发器和 MPC 最高位执行或操作。如果这两位都是 1，那么就把它们都或起来。使用 N 和 Z 触发器是因为在时钟的上升沿之后（这时时钟处于高电平），B 总线不再被驱动了，这样 ALU 的输出就可能不正确了。把 ALU 的状态保存在 N 和 Z 中可以保证计算 MPC 时使用正确而且稳定的值，而不用考虑 ALU 将会执行什么操作。

在图 4-6 中，执行上述计算的逻辑框被标记为"最高位"，其使用的逻辑表达式为：

$$F = (\text{JAMZ AND Z}) \text{ OR } (\text{JAMN AND N}) \text{ OR } \text{NEXT\_ADDRESS[8]}$$

我们可以注意到，无论是哪种情况，MPC 的值都只能是下面两个值之一：

1）NEXT_ADDRESS 的值。

2）最高位与 1 进行或操作之后的 NEXT_ADDRESS 值。

除此之外，没有第三种可能。如果 NEXT_ADDRESS 的最高位已经是 1，那么使用 JAMN 和 JAMZ 就没有意义了。

可以看到，如果 JAM 值是全 0，那么下一条将要执行的微指令的地址就是当前微指令的 NEXT_ADDRESS 字段中的 9 位数。如果 JAMN 或者 JAMZ 是 1，那么下一条微指令地址就有两种可能：NEXT_ADDRESS 和 NEXT_ADDRESS OR 0x100（假定 NEXT_ADDRESS ≤ 0xFF），如图 4-7 所示。前缀 0x 表示十六进制数。当前的微指令的地址是0x75，其中地址字段 NEXT_ADDRESS = 0x92 而且 JAMZ 是 1。因此，下一条微指令的地址就依赖于前一次 ALU 操作的 Z 状态。如果 Z 位是 0，下一条微指令地址就是 0x92。如果 Z 位是 1，下一条微指令地址就是 0x192。

图 4-7 JAMZ 设置为 1 的微指令有两条可能的后续微指令

JAM 中的第三位是 JMPC。如果该位置 1，那么 MBR 中的 8 位将和当前微指令的 NEXT_ADDRESS 字段的低 8 位按位进行或操作。计算结果送给 MPC。图 4-6 中标记"O"的方框用于执行这一功能，当 JMPC 为 1 时，执行 MBR OR NEXT_ADDRESS 并把结果送给 MPC，如果 JMPC 是 0，则直接把 NEXT_ADDRESS 送给 MPC。当 JMPC 是 1 时，NEXT_ADDRESS 的低 8 位一般是 0。最高位是 0 或者 1，因此使用 JMPC 时，NEXT_ADDRESS 值一般是 0x000 或者 0x100。原因在于有时候需要使用 0x000，有时候需要使用 0x100，这一点后面还会讨论。

这种把 MBR 和 NEXT_ADDRESS 相或并把结果存入 MPC 的能力可以用于有效地实现多路跳转（jump）。由于 MBR 只有 8 位，因此跳转的最大范围只限于 256。典型的用法是这样的，MBR 包含一个操作码，这样使用 JMPC 就可以根据操作码选择下一条将要执行的微指令。这种方式可以用于快速跳转到刚刚取到的操作码对应的微程序。

理解 CPU 的时序对掌握后面的内容相当重要，值得我们再重复一遍。我们按照子周期的概念来解释，因为这样易于理解，但是真正的时钟事件是时钟下降沿（它启动时钟周期）和时钟的上升沿，在时钟的上升沿执行寄存器和 N 触发器的加载操作。请再参考一下图 4-3。

在子周期 1 中，从时钟的下降沿开始，从 MPC 所指的地址处读出微指令加载到 MIR。子周期 2 中，MIR 中的信号开始起作用，选中的寄存器的值开始加载到 B 总线。在子周期 3 中，ALU 和移位器开始执行运算并产生稳定的结果。在子周期 4 中，C 总线、内存总线和 ALU 的值变得稳定。在时钟的上升沿，C 总线的值加载至寄存器，N 和 Z 触发器被加载，而且前一个数据通路周期最后开始的内存操作的结果也将写入 MBR 和 MDR（如果有内存操作）。只要 MBR 开始有效，MPC 就被加载以准备执行下一条微指令。因此 MPC 就有可能在时钟处于高电平的中间处得到值，当然肯定是在 MBR/MDR 值已经准备好之后。它可以是电平触发的（而不是边沿触发），或者是在时钟上升沿后的一个固定延时之后边沿触发。当然，MPC 需要的寄存器如 MBR、N 或者 Z 准备好之前，MPC 不可能得到值。只要时钟一开始下降，MPC 就可以对控制存储器寻址，一个新的周期就开始了。

值得注意的是每个周期都是自包含的。它定义了 B 总线的数据来源，ALU 和移位器的操作，C 总线的值存储的位置，当然还有下一个 MPC 的值。

关于图 4-6 还有一点需要说明。我们前面假定 MPC 是一个通常意义上的寄存器，有 9 位存储能力，当时钟是高电平时写入。而实际上，这里并不需要使用寄存器。所有的输入都可以直接送给控制存储器，只要在选择 MIR 并读出数据时，也就是在时钟的下降沿时，这些信号到达控制存储器就足够了。并不需要把它们实际保存在 MPC 中。由于这一原因，MPC 通常被实现为**虚拟寄存器**（virtual register），它仅仅是一个信号聚集的地方，更像一个电路接线板而不是一个实际的寄存器。把 MPC 设计成虚拟寄存器可以简化时序：事件只发生在时钟的下降沿和上升沿而不会发生在别的地方。当然，如果你认为把 MPC 看作是寄存器更容易理解的话，也未尝不可。

4.2　指令系统举例：IJVM

下面我们来介绍运行在图 4-6 中的微体系结构上的指令系统层 IJVM，该指令系统是通过微程序解释执行的。为了便于讨论，我们有时把指令系统层称为**宏体系结构**（macroarchitecture），以便和**微体系结构**（microarchitecture）相对应。在讨论 IJVM 之前，我们先稍微走会题，为讨论做点准备。

4.2.1　栈

所有实际使用的编程语言都**支持过程**（procedure），或者**方法**（method），过程有自己的局部变量。在过程内部可以访问这些变量，而过程一旦返回，这些变量就不存在了。这里就有一个问题："这些变量应该保存在内存的什么位置呢？"

　　最简单的方案是给每个变量一个绝对的内存地址，但是实际上该方案行不通。问题在于过程可以调用自己（也就是过程的递归调用）。我们将在第 5 章中研究这类递归过程。这里要说明的是，如果一个过程被调用了两次，那么就不可能把局部变量保存在绝对内存地址中，因为第二次调用写入的局部变量将会影响第一次调用的局部变量值。

　　因此必须使用其他的方案。我们可以使用称为栈（stack）的内存区域来保存变量，栈中的变量并没有绝对地址，而是使用寄存器 LV 指向当前过程的局部变量结构的基地址。在图 4-8a 中，过程 A 被调用，它有 3 个局部变量 $a1$、$a2$ 和 $a3$，它们被保存在从 LV 寄存器所指的内存地址开始的内存段中。另一个寄存器 SP，指向 A 的局部变量中的地址最高的一个字。如果 LV 的值是 100，每个字的长度为 4 个字节，那么 SP 的值就是 108。通过给出变量相对于 LV 的偏移量来访问变量。LV 和 SP 之间的数据结构（包括这两个寄存器指向的字）称为 A 的**局部变量结构**（local variable frame）。

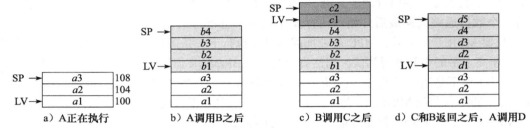

图 4-8　使用栈保存局部变量

　　现在我们来看一看如果 A 调用了另一个过程 B 会发生什么情况。B 的 4 个局部变量（$b1$、$b2$、$b3$、$b4$）将保存在哪里呢？答案是：保存在栈中 A 的局部变量结构的上面，如图 4-8b 所示。过程调用指令将使 LV 指向 B 的局部变量而不再是 A 的局部变量。然后就可以通过给定相对 LV 的偏移量来访问 B 的局部变量。与之类似，如果 B 调用 C，那么 LV 和 SP 将再次被调整以便为 C 的两个局部变量分配空间，如图 4-8c 所示。

　　当 C 返回时，B 再次被执行，栈又被恢复成 4-8b 的状态，这样 LV 就可以再次指向 B 的局部变量。同样，当 B 返回时，栈将变回图 4-8a 的状态。在任何情况下，LV 都指向当前正在执行的过程的栈段的底部，SP 则指向栈段的顶部。

　　现在假定 A 调用 D，D 有 5 个局部变量。栈就将变成图 4-8d 的状态，D 的局部变量使用了 B 的局部变量用过的相同的内存区域和 C 用过的部分内存区域。采用这种内存组织方式，可以只为当前正在执行的过程分配内存。当过程返回后，该过程的局部变量使用的内存将被释放。

　　除了保存局部变量之外，栈还有另一种用途。在算术表达式求值时可以使栈保存操作数。当栈用于这种目的时，称为**操作数栈**（operand stack）。举个例子，假定在调用 B 之前，A 计算表达式

a1 = a2 + a3;

　　计算该表达式的一种方法是把 $a2$ 压入栈，如图 4-9a 所示。SP 将被加上一个字的字节数，比如 4，现在 SP 就指向了第一个操作数。然后，把 $a3$ 压入栈，如图 4-9b 所示。补充一句，变量名和用户名是用户选择的，而操作码和寄存器的名称则是系统内置的。

　　现在可以执行实际的计算了，计算时指令会把这两个数弹出栈，相加再把结果压回栈，如图 4-9c 所示。最后，栈顶的字被弹出栈并保存到局部变量 $a1$ 中，如图 4-9d 所示。

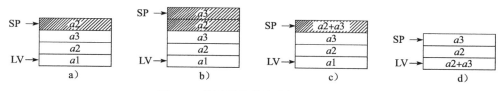

图 4-9　使用操作数栈执行算术运算

　　局部变量结构和操作数栈可以混合使用。例如，计算表达式 $x^2+f(x)$ 时，当调用 f 时，表达式 x^2 的结果已经位于栈顶。因此函数 $f(x)$ 的结果将位于 x^2 之上，这样下一条指令就可以把它们相加。

　　有一点值得注意，虽然所有的计算机都使用栈来保存局部变量，但是并不是所有的计算机都使用这种操作数栈来执行算术运算。实际上，大多数计算机都不这么做，但是 JVM 和 IJVM 却是这样做的，这也是我们在这里介绍栈操作的原因。在第 5 章中我们将对它们进行更详细地研究。

4.2.2　IJVM 内存模型

　　现在我们已经准备好研究 IJVM 的体系结构了。基本上，它是由一块内存组成的，可以用两种方式看待这块内存：一个 4 294 967 296 字节的数组（4GB）和一个 1 073 741 824 个字的数组，每个字有 4 个字节。和大多数指令系统层不一样，Java 虚拟机在指令系统级没有直接可见的绝对内存地址，但是有几种隐含地址可以为指针提供基地址。IJVM 只能通过这些指针来访问内存。JVM 启动后就定义了下列内存区：

　　1）**常量池**（constant pool）。IJVM 程序不能对该区域执行写操作，该区域由常量、字符串和指向可以被引用的其他内存区域的指针组成。当程序被加载至内存时同时加载至该内存区，以后就不能再修改了。隐含的寄存器 CPP 保存了常量池的第一个字的地址。

　　2）**局部变量结构**（local variable frame）。每次调用某个方法时，都需要分配一块内存区域用于保存该方法的变量。这块区域就是局部变量结构。该段的开始处是调用方法时传递的参数。局部变量结构不包括操作数栈，操作数栈有单独的内存区。考虑到实现的效率，我们选择了在局部变量结构的上方（而且紧挨着局部变量结构）实现操作数栈。同样有隐含的寄存器保存局部变量结构的第一个字的地址。我们把该寄存器称为 LV。调用方法时传递给方法的参数保存在局部变量结构的开始处。

　　3）**操作数栈**（operand stack）。Java 编译器在编译时就预先保证了栈段不会超过某个特定的大小。操作数栈的空间直接在局部变量结构的上方分配，如图 4-10 所示。为了便于理解，读者可以把我们的实现中的操作数栈看成是局部变量结构的一部分。在任何情况下，都有一个隐含的寄存器保存栈顶的地址。需要注意的是，与 CPP 和 LV 不同，栈顶指针 SP 会随着操作数的进栈和出栈而不断地改变。

260

　　4）**方法区**（method area）。最后一个区域是保存程序的内存区，类似于 UNIX 进程中的正文区。这里，也有一个隐含的寄存器指向下一条指令的地址。我们把该寄存器称为程序计数器（PC）。和其他的内存区不同，方法区是一个字节数组。

　　关于指针还需要说明一点。CPP、LV 和 SP 寄存器都是指向字的指针，而不是字节，也就是说，偏移量是以字为单位计算的。对于我们选择的整数子集来说，对常量池、局部变量结构和栈的引用都是字，所有的偏移量都是字偏移量。例如，LV、LV+1 和 LV+2 分别指向局部变量结构的前三个字。而 LV、LV+4 和 LV+8 则指向间隔为 4 个字（16 个字节）的三个字。

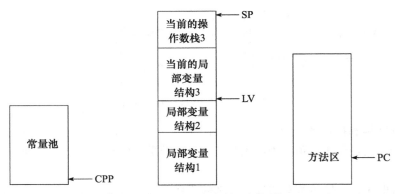

图 4-10　IJVM 内存的不同部分

　　相比之下，PC 则保存的是字节地址，对 PC 进行加减运算改变的地址都是按照字节计算的，而不再是字。对 PC 寻址和其他寄存器的寻址不同，显然 Mic-1 为 PC 提供了特殊的内存端口。请记住 PC 只有一个字节宽。对 PC 加 1 并启动读操作将得到下一个字节的内容，而对 SP 加 1 并启动读操作将得到下一个字的内容。

4.2.3　IJVM 指令集

　　IJVM 指令集如图 4-11 所示。每条指令都有操作码，有的还有操作数，比如内存偏移量或者常量。表中的第一列是指令的 16 进制编码。第二列是汇编语言助记符。第三列是指令功能的简单描述。

十六进制操作码	助　记　符	操作含义
0x10	BIPUSH byte	把 byte 压入栈
0x59	DUP	拷贝栈顶字节并压入栈
0xA7	GOTO offset	无条件转移
0x60	IADD	从栈顶弹出两个字，把它们的和压入栈
0x7E	IAND	从栈顶弹出两个字，把它们的逻辑"与"结果压入栈
0x99	IFEQ offset	从栈顶弹出一个字，如果是 0 则转移
0x9B	IFLT offset	从栈顶弹出一个字，如果小于 0 则转移
0x9F	IF_ICMPEQ offset	从栈顶弹出两个字，如果相等则转移
0x84	IINC varnum const	把常数加到局部变量中
0x15	ILOAD varnum	把局部变量压入栈
0xB6	INVOKEVIRTUAL disp	调用一个方法
0x80	IOR	从栈顶弹出两个字，把它们 OR 结果压入栈
0xAC	IRETURN	从过程中返回并返回一个整数值
0x36	ISTORE varnum	从栈顶弹出一个字存入局部变量
0x64	ISUB	从栈顶弹出两个字，把它们的差压入栈
0x13	LDC_W index	把常量池中的常量压入栈
0x00	NOP	什么都不做
0x57	POP	从栈顶删除一个字
0x5F	SWAP	交换栈顶的两个字
0xC4	WIDE	前缀指令，表示下一条指令带有 16 位的索引

图 4-11　IJVM 指令集。操作数中的 byte、const 和 varnum 都是一个字节。
操作数中的 disp、index 和 offset 都是两个字节

压栈指令有多条，用于把不同来源的字压入栈。这些来源包括常量池（LDC_W）、局部变量结构（ILOAD）和指令本身（BIPUSH）。也可以把栈中的变量弹出并保存在局部变量结构中（ISTORE）。两条算术指令 IADD 和 ISUM 以及两条逻辑指令 IAND 和 IOR 都使用栈顶两个字作为操作数。所有的算术和逻辑指令都从栈中弹出两个字并把结果存回栈。IJVM 中共有 4 条转移指令，一条无条件转移（GOTO）和三条条件转移（IFEQ、IFLT 和 IF_ICMPEQ）。使用这些转移指令时，将使用指令中操作码之后的 16 位带符号的偏移量改变 PC 的值。改变的方法是把偏移量加上操作码的地址。IJVM 中还有交换栈顶两个字的指令（SWAP）、拷贝栈顶的字的指令（DUP）和从栈中弹出字的指令（POP）。

某些指令有多种格式，允许为常见的情况提供较短的格式。在 IJVM 中，我们使用了 JVM 中用到的两种不同的机制来实现这一点。一种情况下，我们跳过短格式而使用一般的格式。另一种情况下，我们将使用前缀指令 WIDE 来修改其后续的指令。

最后，指令 INVOKEVIRTUAL 用于调用另一个方法，另一条指令（IRETURN）则用于从被调用的方法返回发起调用的方法。由于 Java 调用机制很复杂，我们对定义进行了一些简化，这样就得到了比较简单的调用和返回机制。与 Java 不同的地方是，我们只允许方法调用位于它自己对象之内的方法。这一限制严重削弱了 Java 的面向对象特性但是却可以得到一个比较简单的机制，因为我们避免了对方法进行动态定位。（如果你不熟悉面向对象编程，你可以不看这段注释。我们所做的工作就是把 Java 变成了非面向对象的语言，就像 C 和 Pascal。）在除 JVM 之外的所有计算机中，被调用的过程的地址都是由 CALL 指令直接决定的，因此我们的方案是一个常见的方案，而不是一个特例。

下面是调用一个方法的过程。首先，调用者把指向被调用对象的指针压入栈。（IJVM 中并不需要这个指针，因为不能调用其他对象，但是为了和 JVM 保持一致，我们还是保留了这个指针。）图 4-12a 中的 OBJREF 就是这个指针。然后调用者把方法的参数压入栈，本例中是参数 1、参数 2 和参数 3。最后执行 INVOKEVIRTUAL。

INVOKEVIRTUAL 指令中有一个偏移量，该偏移量指向常量池中的某个位置，在这个位置中保存的是被调用的方法在方法区中的起始地址。虽然方法代码位于该指针指定的位置，但是前 4 个字节是特殊数据。前两个字节是一个 16 位的整数，表示方法的参数的数量（参数本身已经被压入栈）。计算时，OBJREF 也作为参数：参数 0。这个 16 位的整数和 SP 一起决定了 OBJREF 的位置。注意，LV 指向的是 OBJREF 而不是第一个实际参数。LV 指向哪里在某些时候是随机的。

方法区中接下来的两个字节组成了另一个 16 位的整数，它表示被调用方法的局部变量结构的大小。这是必需的，在为被调用的方法创建新的栈时，栈是建立在局部变量结构的上方的。方法区的第 5 个字节才是第一条可执行指令。

INVOKEVIRTUAL 指令的实际执行过程如下所述（见图 4-12）。指令的操作码之后是两个无符号的索引字节，用于组成指向常量池的索引（第一个字节是高端字节）。指令计算新的局部变量结构的基地址，计算的方法是从栈指针中减去参数的个数并使 LV 指向 OBJREF。在这个位置上覆写 OBJREF，我们的实现保存了指向保存原有 PC 位置的指针。该地址的计算方法如下，把局部变量结构的大小（参数＋局部变量的个数）加上 LV 中所保存的地址。在保存原有的 PC 的地址之上的字保存的是原有的 LV。再向上就是新的被调用方法的栈的起始地址了。SP 指向原有的 LV，它在栈的第一个空位置之下。回忆一下，SP 总是指向栈顶。如果栈是空的，SP 就指向栈之下的第一个位置，因为我们的栈是向上增长的（也就是向高地址增长）。在我们的图中，栈总是向上，向高地址，也就是向页面的上部增长。

262

263

INVOKEVIRTUAL 指令执行的最后一步操作是使 PC 指向方法区的第 5 个字节。

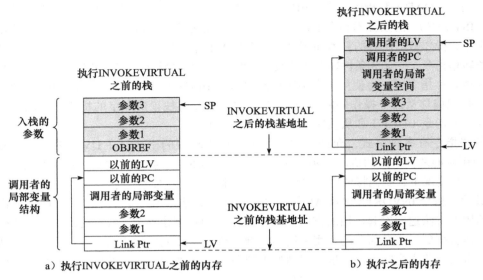

图   4-12

IRETURN 指令执行的操作和 INVOKEVIRTUAL 指令相反，如图 4-13 所示。它回收该方法使用的空间，还把栈恢复到调用之前的状态，所不同的是（1）OBJREF（是被覆写过的）和所有的参数都弹出了栈，（2）返回值被放在了栈顶，在 OBJREF 所占据的位置上。为了恢复原来的状态，IRETURN 指令必须能使 PC 和 LV 指向原来的值。它通过访问链接指针（该指针位于当前的 LV 指针指向的位置）来完成这一工作。请记住，在这个位置上原来保存的是 OBJREF，INVOKEVIRTUAL 指令则把包含原来的 PC 的地址保存在这个位置上。这个字和它上面的一个字分别用于恢复 PC 和 LV 的原值。保存在栈顶的返回值被拷贝到最初保存 OBJREF 的位置上，然后 SP 指向该位置。最后把控制权交还给 INVOKEVIRTUAL 指令之后的第一条指令。

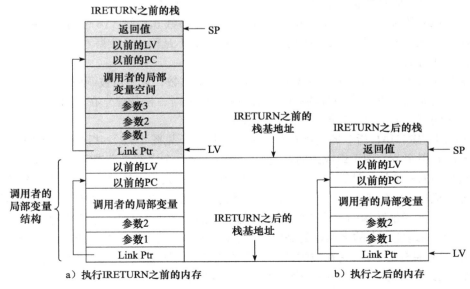

图   4-13

到目前为止,我们的计算机中还没有任何输入/输出指令。我们也不准备增加任何输入/输出指令。这里并不需要任何输入/输出指令,JVM 中也不需要,在 JVM 的标准规范中甚至根本没有提到输入/输出。依据的理论是没有输入和输出的计算机是安全的(JVM 中执行的读写操作是通过调用特殊的方法来实现的,这些方法执行输入/输出功能)。

4.2.4 将 Java 编译为 IJVM

下面我们来讨论 Java 和 IJVM 之间的关系。图 4-14a 中是一段简单的 Java 代码。把这段代码输入到 Java 编译器中后,编译器生成的 IJVM 汇编语言可能如图 4-14b 所示。汇编语言左面的 1 ~ 15 的行号并不是编译器的输出。注释(以 // 开始的说明)也不是编译器的输出。将其列在此处只是为了便于我们来解释这个过程。Java 汇编器将把汇编程序翻译成二进制程序,如图 4-14c 所示。(实际上,Java 编译器自己做汇编工作并直接生成二进制程序。)在这个例子中,我们假定 i 是局部变量 1, j 是局部变量 2, k 是局部变量 3。

265

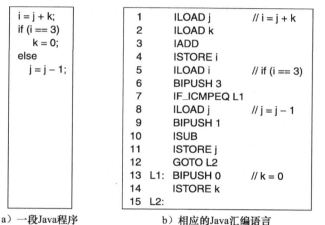

| a)一段Java程序 | b)相应的Java汇编语言 | c)用十六进制表示的IJVM程序 |

图 4-14

编译生成的代码是很直观的。首先把 j 和 k 压入栈,相加并把结果保存在 i 中。然后把 i 和常量 3 压入栈并进行比较。如果相等,将跳转到 L1,在 L1 处, k 被赋值为 0。如果不等则继续执行 IF_ICMPEQ 之后的指令。当工作完成后,程序将跳转到 L2,在 L2 处 then 和 else 部分将汇合。

图 4-14b 中的 IJVM 程序的操作数栈如图 4-15 所示。在代码开始执行之前,栈是空的,用 0 之上的一根水平线来表示。在第一条 ILOAD 指令之后, j 被压入栈,用 1(意味着指令 1 已经执行了)和之上的框 j 表示。在第二条 ILOAD 指令之后,栈中将有两个字,在 2 的上面。在 IADD 指令执行之后,栈中又只有一个字了,它是 j 和 k 的和。当栈顶的字从栈中弹出并保存在 i 中之后,栈将变空,如第 4 行所示。

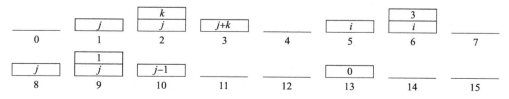

图 4-15 图 4-14b 中每条指令执行之后的栈

指令 5（ILOAD）通过把 i 压入栈来开始 if 语句（如 5 所示）。接着把常量 3 入栈（见第
6 行）。在执行比较之后，栈再次为空（见第 7 行）。指令 8 是 Java 程序段的 else 部分。else
部分一直到指令 12 为止，指令 12 将跳过 then 部分并转移到标号 L2。

4.3 实现举例

前面已经详细定义了微体系结构和宏体系结构，剩下的问题就是实现了。换句话说，程
序是在微体系结构上运行的并由宏体系结构解释的，那么它的执行和解释过程到底如何呢？
它又是如何工作的呢？在回答这些问题之前，我们必须认真考虑如何用符号描述我们的实现。

4.3.1 微指令和符号

从原理上说，我们可以用二进制数表示控制存储器，每个字 36 位。但是和传统编程语言
一样，如果能够使用符号语言表示我们需要处理的主要问题，就可以忽略含混晦涩的技术细
节，将有助于我们更好地理解而且更便于自动处理。有一点很重要，我们选择的语言主要是
用于讲解概念而不是为了追求高效率的设计。如果我们的目标是高效率，那么我们可以使用
另一种不同的符号语言来为设计者提供最大的灵活性。地址选择是符号语言的重要方面。因
为控制存储器没有逻辑次序，在我们定义操作序列时也没有缺省的"下一指令"。设计者（或
者汇编器）有效地选择地址的能力将决定控制组织的大部分的功能。下面我们将介绍一个简
单的符号语言，它可以完全描述每一个操作而根本无须解释地址是如何决定的。

我们的符号语言在一行中定义了在一个时钟周期中发生的所有动作。从理论上说，我们
可以使用高级语言描述操作。但是，一个周期接着一个周期的控制是非常重要的，因为它带
来了并行执行多个操作的可能，而且我们可以通过分析每个周期的动作，来理解并验证操作
的正确性。如果设计目标是快速和高效率（在其他条件相同的情况下，快速和高效率总是比
慢速和低效率好），那么每个时钟周期都要精打细算。在一个实际的设计中，通常会使用许多
技巧，为了减少一个时钟周期，设计者会不惜使用含混晦涩的操作序列。减少周期的回报是
很大的：把一条四个周期的指令减少为两个周期就相当于执行速度快了两倍。而且每次执行
这条指令都能得到这样的加速比。

一种可能的策略是简单地列出每个时钟周期被激活的信号。假定在一个周期中我们想使
SP 加 1，还想启动一个读操作，并且还要从控制存储器的 122 处取得下一条指令。那么，我
们可以这样写：

```
ReadRegister = SP, ALU = INC, WSP, Read, NEXT_ADDRESS = 122
```

WSP 的意思是写 SP 寄存器（write the SP register）。这条符号表示是完整的，但是难以
理解。因此我们并不采用这种表示法，而是采用自然而且直观的方式来表示指令的操作结果：

```
SP = SP + 1; rd
```

我们把高级微汇编语言（high-level Micro Assembly Language）称为 MAL（在法语中表
示生病，意思是如果你使用这种语言编写了太多的程序，你肯定会生病）。MAL 很好地反映
了微体系结构的特点。每个时钟周期都可以写寄存器，但是一般只写入一个寄存器。只有一
个寄存器的值可以到达 ALU 的 B 输入端。而在 A 输入端，可以选择 +1、0、–1 和 H 寄存器。
因此我们可以使用一条和 Java 一样的简单赋值语句来表示执行的操作。例如，把 SP 指向的
内存拷贝到 MDR，我们可以写成：

MDR = SP

如果要表示使用了 ALU 的功能而不仅仅是通过 B 总线，我们可以写成如下所示：

MDR = H + SP

这条语句表示把 H 寄存器和 SP 寄存器的内容相加并把结果写回 MDR。+ 操作是可交换的（意思是结果和操作数顺序无关），因此上面的语句也可以写成：

MDR = SP + H

这两条语句将生成相同的 36 位微指令，虽然严格地说 H 必须是 ALU 的左操作数。

我们必须注意只使用合法的操作。图 4-16 中列出了所有重要的操作，图中的 SOURCE 可以是 MDR、PC、MBR、MBRU、SP、LV、CPP、TOS 或 OPC 中的任何一个（MBRU 是无符号的 MBR）。这些寄存器都可以通过 B 总线作为 ALU 的输入。类似地，DEST 可以是 MAR、MDR、PC、SP、LV、CPP、TOS、OPC 或者 H 中的任意一个，它们都是通过 C 总线 ALU 输出可以到达的寄存器。这种格式具有欺骗性，因为许多看上去合理的语句却是非法的。例如：

MDR = SP + MDR

看上去相当合理，但是在图 4-6 所示的数据通路上，这条语句没办法在一个周期内完成。原因是除了加 1 和减 1 之外，ALU 必须有一个操作数来自 H 寄存器。与此类似，

DEST = H
DEST = SOURCE
DEST = 非 H
DEST = 非 SOURCE
DEST = H + SOURCE
DEST = H + SOURCE + 1
DEST = H + 1
DEST = SOURCE + 1
DEST = SOURCE − H
DEST = SOURCE − 1
DEST = −H
DEST = H AND SOURCE
DEST = H OR SOURCE
DEST = 0
DEST = 1
DEST = −1

图 4-16 所有允许的操作。上面所有的操作都可以通过增加 "<<8" 把结果左移一个字节。例如，一种常见的操作是 H = MBR << 8

H = H − MDR

也很有用，但是同样也不可能实现，因为 H 寄存器只能是减数。汇编器将会拒绝执行这些看上去正确但是实际上却是非法的语句。

我们对符号语言进行了扩展，允许使用连等号进行多次赋值。例如，SP 加 1 并把结果同时存入 SP 和 MDR，可以写成：

SP = MDR = SP + 1

微指令中的 rd 和 wr 分别用于指示内存读写 4 字节的数据字。通过字节端口取一个字用 fetch 表示。赋值和内存操作可以在一个周期中发生，把它们写在同一行中表示在同一个周期中操作。

为了避免混淆，我们再强调一次，Mic-1 有两种访问内存的方式。使用 MAR/MDR 读写 4 字节的数据字分别用微指令 rd 和 wr 表示。使用 PC/MBR 从指令流中读取一个字节的操作码用微指令 fetch 表示。这两种内存操作可以同步执行。

但是，同一个寄存器在一个周期中不能同时接收内存和数据通路的值。请看下面的代码：

MAR = SP; rd
MDR = H

第一条微指令的执行结果是在第二条微指令结束时，把从内存读出的值存入 MDR。但是第二条微指令也同时为 MDR 赋了值。这两条赋值语句是相互冲突的，不允许出现这样的情况，因为这种情况将导致最后的结果不确定。

前文曾经提到，每条微指令都必须明确提供下一条执行的微指令的地址。一般来说，只有在一条微指令被其他的微指令调用的情况下才会用到下地址，换句话说，当微指令不是顺序执行时才使用下地址。为了减轻编写微程序的程序员的负担，微汇编器一般都为每条微指令分配了地址（并不需要在控制存储器中连续），并填充了 NEXT_ADDRESS 字段，这样写在连续行中的微指令就可以连续执行了。

但是，有时候微程序员可能需要条件转移或者无条件转移。无条件转移的表示很简单：

goto *label*

它可以用在任何微指令中以明确指出它的下一条微指令。例如，大多数的微指令序列结束时都返回到主循环的第一条微指令，因此每个微指令序列中的最后一条微指令都包括：

goto Main1

注意一点，在执行包括 goto 的微指令时数据通路是可用的。毕竟，每条微指令都有 NEXT_ADDRESS 字段。goto 执行的操作是通知微汇编器用 goto 后面的地址取代微指令中下一行微指令的地址。从原理上说，每行都可以有 goto 语句，但是为了便于微程序编程，当目标地址是下一行中的微指令时，可以忽略 goto。

如果是条件转移，表示法就不同了。回忆一下，JAMN 和 JAMZ 使用 N 和 Z 位，它们来自 ALU 的输出。例如，有时候需要检查寄存器的值是否为 0。一种可行的方法是通过 ALU 运行并把该寄存器存回自身。可以这样写：

TOS = TOS

虽然看起来有点奇怪，但是它确实能工作（基于 TOS 可以设置 Z 触发器）。但是，为了使微程序的可读性更好，我们扩展了 MAL，增加了两个新的假想的寄存器 N 和 Z，可以对它们赋值。例如：

Z = TOS

让 TOS 穿过 ALU，然后设置 Z 和 N 触发器，但是它并不把任何数存入寄存器。使用 Z 或者 N 作为目的寄存器的实际含义是告诉微汇编器把图 4-5 中的 C 字段中的所有位都清为 0。数据通路像正常的周期一样执行，所有正常的操作都允许，但是不写入任何寄存器。请注意，无论目的寄存器是 N 还是 Z，微汇编器生成的微指令都是相同的。故意选择一个错误的寄存器的程序员应该被强迫使用 4.77MHz 的 IBM PC 一个星期作为惩罚。

通知微汇编器设置 JAMZ 位的语法是：

if (Z) goto L1; else goto L2

硬件要求 L1 和 L2 这两个地址的低 8 位相同，因此微汇编器需要给它们分配这样的地址。另一方面，由于 L2 可以是控制存储器底部 256 字中的任意一个，因此微汇编器可以有很大的空间来寻找可用的组合。

一般这两条语句是结合使用的，例如：

Z = TOS; if (Z) goto L1; else goto L2

这条语句的结果是 MAL 生成一条微指令，这条微指令控制 TOS 穿过 ALU（但是并不保存在任何地方）用于设置 Z 位。当 ALU 的条件位输出存入 Z 触发器后，它就和 MPC 的最高位执行 OR 操作，以便从 L2 或者 L1 处得到下一条微指令（因此 L2 必须在 L1 之后 256 个字）。当 MPC 稳定之后就使用 MPC 取得下一条微指令。

最后，我们还需要表示 JMPC 位用法的符号语言。我们使用的是：

goto (MBR OR *value*)

它告诉微汇编器使用 value 作为 NEXT_ADDRESS 并设置 JMPC 位，因此或者是 MBR 或者是 NEXT_ADDRESS 进入 MPC。通常情况下，如果 value 是 0，那么这时就可以写成：

goto (MBR)

请注意只有 MBR 的低 8 位传入 MPC（参见图 4-6），因此这里没有符号扩展（也就是 MBR 和 MBRU）的问题。另外一点是 MBR 只在当前使用周期的最后才有效。因此本条微指令启动的取指操作对下一条微指令的选择没有影响。

4.3.2 用 Mic-1 实现 IJVM

现在我们可以把前面讨论的各个方面综合在一起了。图 4-17 是在 Mic-1 上运行的微程序，它负责解释 IJVM。它相当地短，一共只有 112 条微指令。每条微指令有三列：标号、实际的微码和注释。请注意，连续执行的微指令并不一定保存在控制存储器连续的地址中，这一点我们前面已经提到过。

|271|

标　号	操　作	注　释
Main1	PC = PC + 1; fetch; goto (MBR)	MBR 保存操作码；取下一个字节；多路转移
nop1	goto Main1	什么也不做
iadd1	MAR = SP = SP − 1; rd	读入栈中栈顶之下的字
iadd2	H = TOS	H = 栈顶
iadd3	MDR = TOS = MDR + H; wr; goto Main1	栈顶的两个字相加；结果写回栈
isub1	MAR = SP = SP − 1; rd	读入栈中栈顶之下的字
isub2	H = TOS	H = 栈顶
isub3	MDR = TOS = MDR − H; wr; goto Main1	执行减法，结果写回栈
iand1	MAR = SP = SP − 1; rd	读入栈中栈顶之下的字
iand2	H = TOS	H = 栈顶
iand3	MDR = TOS = MDR AND H; wr; goto Main1	执行 AND 运算，结果写回栈
ior1	MAR = SP = SP − 1; rd	读入栈中栈顶之下的字
ior2	H = TOS	H = 栈顶
ior3	MDR = TOS = MDR OR H; wr; goto Main1	执行 OR 运算，结果写回栈
dup1	MAR = SP = SP + 1	SP 加 1 并拷贝到 MAR 中
dup2	MDR = TOS; wr; goto Main1	写新栈字
pop1	MAR = SP = SP − 1; rd	读入栈中栈顶之下的字
pop2		等待从内存中读入新的 TOS
pop3	TOS = MDR; goto Main1	把新的字拷贝到 TOS 中
swap1	MAR = SP − 1; rd	MAR 赋值为 SP − 1；读入栈顶之下的字
swap2	MAR = SP	MAR 赋值为栈顶指针
swap3	H = MDR; wr	把 TOS 保存在 H 中；把栈第二个字写入栈顶
swap4	MDR = TOS	把旧的 TOS 拷贝到 MDR 中
swap5	MAR = SP − 1; wr	MAR 赋值为 SP − 1；写入栈中的第二个字
swap6	TOS = H; goto Main1	修改 TOS

图 4-17　Mic-1 的微程序

标　　号	操　　作	注　　释
bipush1	SP = MAR = SP + 1	MBR 赋值为将要压入栈的字节
bipush2	PC = PC + 1; fetch	PC 加 1；取下一个操作码
bipush3	MDR = TOS = MBR; wr; goto Main1	对常量进行符号扩展并压入栈
iload1	H = LV	MBR 中包含索引；把 LV 拷贝到 H 中
iload2	MAR = MBRU + H; rd	MAR = 要保存的局部变量的地址
iload3	MAR = SP = SP + 1	SP 指向新的栈顶，准备写
iload4	PC = PC + 1; fetch; wr	PC 加 1；取下一个操作码；写入栈顶
iload5	TOS = MDR; goto Main1	修改 TOS
istore1	H = LV	MBR 中包含索引；把 LV 拷贝到 H 中
istore2	MAR = MBRU + H	MAR = 要读入的局部变量的地址
istore3	MDR = TOS; wr	TOS 拷贝到 MDR 中；写入该字
istore4	SP = MAR = SP − 1; rd	读入栈中栈顶之下的字
istore5	PC = PC + 1; fetch	PC 加 1；取下一个操作码
istore6	TOS = MDR; goto Main1	修改 TOS
wide1	PC = PC + 1; fetch;	读操作数字节或下一个操作码
wide2	goto (MBR OR 0x100)	根据最高位的设置多路转移
wide_iload1	PC = PC + 1; fetch	MBR 包括第一个索引字节；取第二个
wide_iload2	H = MBRU << 8	H = 第一个索引字节左移 8 位
wide_iload3	H = MBRU OR H	H = 局部变量的 16 位索引值
wide_iload4	MAR = LV + H; rd; goto iload3	MAR = 要入栈的局部变量的地址
wide_istore1	PC = PC + 1; fetch	MBR 包括第一个索引字节；取第二个
wide_istore2	H = MBRU << 8	H = 第一个索引字节左移 8 位
wide_istore3	H = MBRU OR H	H = 局部变量的 16 位索引值
wide_istore4	MAR = LV + H; rd; goto istore3	MAR = 要存入的局部变量的地址
ldc_w1	PC = PC + 1; fetch	MBR 包括第一个索引字节；取第二个
ldc_w2	H = MBRU << 8	H = 第一个索引字节左移八 8 位
ldc_w3	H = MBRU OR H	H = 常量池的 16 位索引值
ldc_w4	MAR = H + CPP; rd; goto iload3	MAR = 常量在常量池中的地址
iinc1	H = LV	MBR 包含索引值；把 LV 拷贝到 H 中
iinc2	MAR = MBRU + H; rd	把 LV+index 拷贝到 MAR 中；读入变量
iinc3	PC = PC + 1; fetch	取常量
iinc4	H = MDR	把变量拷贝到 H 中
iinc5	PC = PC + 1; fetch	取下一个操作码
iinc6	MDR = MBR + H; wr; goto Main1	把和放入 MDR；修改变量
goto1	OPC = PC −1	保存操作码地址
goto2	PC = PC + 1; fetch	MBR = 第一个字节的偏移量；取第二个字节
goto3	H = MBR << 8	把带符号的第一个字节左移并保存在 H 中
goto4	H = MBRU OR H	H = 16 位的转移偏移量
goto5	PC = OPC + H; fetch	把偏移量加到 OPC 上
goto6	goto Main1	等待取下一个操作码
iflt1	MAR = SP = SP − 1; rd	读入栈中栈顶之下的字
iflt2	OPC = TOS	把 TOS 临时保存在 OPC 中
iflt3	TOS = MDR	把新的栈顶放入 TOS
iflt4	N = OPC; if (N) goto T; else goto F	根据 N 位转移
ifeq1	MAR = SP = SP − 1; rd	读入栈中栈顶之下的字
ifeq2	OPC = TOS	把 TOS 临时保存在 OPC 中
ifeq3	TOS = MDR	把新的栈顶放入 TOS
ifeq4	Z = OPC; if (Z) goto T; else goto F	根据 Z 位转移

图 4-17 （续）

标　　号	操　　作	注　　释
if_icmpeq1	MAR = SP = SP −1; rd	读入栈中栈顶之下的字
if_icmpeq2	MAR = SP = SP −1	设置 MAR 为刚读入的新的栈顶
if_icmpeq3	H = MDR; rd	把第二个栈顶字拷贝到 H 中
if_icmpeq4	OPC = TOS	把 TOS 临时保存在 OPC 中
if_icmpeq5	TOS = MDR	把新的栈顶保存在 TOS 中
if_icmpeq6	Z = OPC − H; if (Z) goto T; else goto F	如果栈顶的两个字相等，goto T，否则 goto F
T	OPC = PC − 1; fetch; goto goto2	和 goto1 一样，只是由于目标地址的需要
F	PC = PC + 1	跳过第一个偏移量字节
F2	PC = PC + 1; fetch	PC 现在指向新的操作码
F3	goto Main1	等待取操作码
invokevirtual1	PC = PC + 1; fetch	MBR 等于第一个索引字节，PC 加 1，取第二个字节
invokevirtual2	H = MBRU << 8	左移第一个索引字节并保存在 H 中
invokevirtual3	H = MBRU OR H	H = 从 CPP 中得到的方法指针的偏移量
invokevirtual4	MAR = CPP + H; rd	从 CPP 字段获得方法指针
invokevirtual5	OPC = PC + 1	把返回的 PC 临时保存在 OPC 中
invokevirtual6	PC= MAR; fetch	PC 指向新的方法；取得参数的个数
invokevirtual7	PC = PC + 1; fetch	取参数个数的第二个字节
invokevirtual8	H = MBRU << 8	移位并把第一个字节保存在 H 中
invokevirtual9	H = MBRU OR H	H = 参数的个数
invokevirtual10	PC = PC + 1; fetch	取 # locals 的第一个字节
invokevirtual11	TOS = SP − H	TOS = OBJREF 的地址 −1
invokevirtual12	TOS = MAR = TOS +1	TOS = OBJREF 的地址（新的 LV）
invokevirtual13	PC = PC + 1; fetch	取 # locals 的第二个字节
invokevirtual14	H = MBRU << 8	移位并把第一个字节保存在 H 中
invokevirtual15	H = MBRU OR H	H = # locals
invokevirtual16	MDR = SP + H + 1; wr	用链接指针覆盖 OBJREF
invokevirtual17	MAR = SP = MDR	设置 SP，MAR 指向保存旧的 PC 的位置
invokevirtual18	MDR = OPC; wr	在局部变量之上保存原来的 PC
invokevirtual19	MAR = SP = SP + 1	SP 指向保存原有 LV 的位置
invokevirtual20	MDR = LV; wr	在保存的 PC 之上保存原来的 LV
invokevirtual21	PC = PC + 1; fetch	取新方法的第一个操作码
invokevirtual22	LV = TOS; goto Main1	设置 LV 指向 LV 段
ireturn1	MAR = SP = LV; rd	重置 SP，MAR 获得链接指针
ireturn2		等待读完成
ireturn3	LV = MAR = MDR; rd	把 LV 设置为链接指针；取得原有的 PC
ireturn4	MAR = LV + 1	设置 MAR 以读取原有的 LV
ireturn5	PC = MDR; rd; fetch	重置 PC；取下一个操作码
ireturn6	MAR = SP	设置 MAR 写入 TOS
ireturn7	LV = MDR	重置 LV
ireturn8	MDR = TOS; wr; goto Main1	把返回值保存在原来的栈顶

272
≀
273

图 4-17 （续）

现在可以看出图 4-1 中大多数寄存器名称的来历了：CPP、LV 和 SP 分别是指向常量池、局部变量结构和栈顶的指针，而 PC 是指令流中下一个字节的地址。MBR 寄存器保存来自内存中的指令流的一个等待解释执行的字节。TOS 和 OPC 是额外的寄存器。后面会讨论它们的用途。

在特定的时刻，这些寄存器都必须保证保存特定的值，但是如果需要，它们也可以用作临时寄存器。在每条指令开始和结束时，TOS 都保存 SP 指向的内存位置的值，也就是栈顶部的字。这个值是多余的，因为它随时可以从内存读出，但是把它保存在寄存器中可以节省内存访问次数。然而对少数指令来说，保存 TOS 却意味着需要更多的内存操作。例如，pop 指令弹出栈顶的字，因此必须从内存中取出新的栈顶字存入 TOS。

OPC 寄存器是一个临时寄存器。它没有固定的用途。例如，当 PC 加 1 以便访问参数时，它可以用来保存转移指令操作码的地址。它还可以在 IJVM 的条件转移指令中充当临时寄存器。

和所有的解释器一样，图 4-17 中的微程序也有一个主循环，它取指、译码、执行程序中的指令，这里的程序也就是 IJVM 指令。主循环的起点是标号为 Main1 的行。主循环开始时，PC 已经指向包含操作码的内存地址。然后，操作码将被读入到 MBR。请注意，这里隐含的一点是当我们返回这条微指令时，PC 必须指向下一条待解释的操作码而且操作码字节应该已经读入 MBR。

这一初始化指令序列在每条指令开始时都要执行，因此它越短越好。通过精心地设计 Mic-1 的硬件和软件，我们已经把主循环缩短到只有一条微指令。当计算机启动之后，每次执行这条微指令时，下一条将要执行的 IJVM 操作码已经保存在 MBR 中了。这条微指令完成的功能是跳转到执行 IJVM 指令的相应的微指令处并开始取操作码之后的下一个字节，这个字节可能是操作数，也可能是下一条指令的操作码。

现在我们可以解释为什么不顺序地执行微指令而是由每条微指令指出它的下一条微指令的地址。所有对应指令操作码的控制存储器地址必须被保留，作为指令解释序列的第一个字。因此从图 4-11 中我们可以看出解释 POP 的代码从 0x57 开始而解释 DUP 的代码从 0x59 开始（MAL 是怎么知道把 POP 指令放在 0x57 的呢？也许是某个文件告诉它的吧）。

不幸的是，解释 POP 指令的微指令是三条长指令，因此如果把它们放在连续的地址中，将影响 DUP 的第一条微指令。由于对应于操作码的控制存储器地址都是被保留的，因此除了指令序列中的第一条微指令之外的其他微指令就必须塞在这些保留的微指令形成的洞中。由于这一原因，需要执行大量的跳转，因此如果采用显式的微跳转（执行跳转的微指令）每隔几条微指令就会发生一次跳转，这显然相当浪费。

为了理解解释器的工作原理，请看下面的例子，我们假定 MBR 的值是 0x60，也就是 IADD 指令的操作码（参见图 4-11）。主循环的微指令将完成下面三项功能：

1）PC 加 1，让它指向操作码之后的第一个字节的地址。

2）启动把下一个字节读入 MBR 的内存操作。这个字节迟早会用到，它或者是当前 IJVM 指令的操作数或者是下一条指令的操作码（IADD 指令就是这种情况，它不带操作数）。

3）执行多路转移，跳转到 Main1 起始处 MBR 指向的地址。该地址和正在执行的操作码的数值是相等的。它是由前面的微指令读出的。必须注意，本条微指令读出的值对多路转移没有任何影响。

取下一个字节的操作是由本条微指令启动的，因此取出的值直到第三条微指令开始时才可用。第三条微指令可能会用到它，也可能不用，但是这个值迟早会用到，因此这时启动读操作码没有任何坏处。

如果 MBR 中的字节碰巧是全 0，那就是 NOP 指令的操作码，这时标号 nop1 的微指令就是下一条微指令，它位于地址 0。这条指令不执行任何操作，它只是跳回主循环的开始，然后重新执行主循环，不过这时 MBR 中已经是新的操作码了。

再强调一次，图 4-17 中的微指令在控制存储器中并不是连续的，而且 Main1 也不在控制存储器的地址 0 处（因为 nop1 必须位于地址 0）。由微汇编器负责把微指令放到合适的地址并使用 NEXT_ADDRESS 字段把它们连接成短序列。每个序列都从和 IJVM 操作码值相同的地址开始（例如，POP 指令从 0x57 开始），但是后续微指令就可能位于控制存储器的任意位置，而且并不一定是连续的。

现在，我们来看看 IJVM 的 IADD 指令。主循环跳转到标号为 iadd1 的微指令处。这条指令的工作过程如下：

1）TOS 寄存器已经有内容了，但是还需要把栈中栈顶之下的字从内存中读出。

2）把 TOS 和刚才从栈中读出的字相加。

3）把结果压入栈，也就是存入内存，同时还要把结果存入 TOS 寄存器。

为了从内存中取操作数，需要把栈指针减 1 并把它写入 MAR。请注意，该地址也是后面的写操作将要用到的地址。另外，由于该位置是新的栈顶，因此 SP 的值也应该相应改变。因此我们使用了一条微指令来为 SP 和 MAR 赋新值，首先将 SP 减 1，然后把结果同时写回这两个寄存器。

上面的这些操作是在 IADD 指令的第一个周期 iadd1 中完成的，该周期中还启动了读操作。另外，MPC 变成了 iadd1 的 NEXT_ADDRESS 字段的值，也就是 iadd2 的地址，该地址可能位于控制存储器的任何地方。然后从控制存储器中读出 iadd2。在第二个周期中，我们需要等待从内存中读出操作数，与此同时，我们把栈顶的字从 TOS 拷贝到 H，这样当读操作完成之后就可以立即使用 H 寄存器用于加法操作。

在第三个周期 iadd3 开始的时候，MDR 中是从内存中取得的加数。在这个周期中，MDR 和 H 中的内容相加，结果同时存回 MDR 和 TOS。还要启动写操作，把新的栈顶字写回内存。这个周期中 goto 的作用是为 MPC 分配 Main1 的地址，这样我们就返回了主循环，到了执行下一条指令的起点。

如果 MBR 中的下一条 IJVM 操作码是 0x64（ISUB），那么它执行的操作序列几乎和 IADD 完全相同。Main1 执行完成后，控制权转交给地址 0x64（isub1）处的微指令。之后是微指令 isub2 和 isub3，然后再次回到 Main1。这两个微指令序列唯一的区别在于 isub3，前一个微指令序列在 isub3 中执行的操作是把 H 寄存器的值从 MDR 中减去而不是相加。

IAND 的解释过程也几乎和 IADD、ISUB 相同，区别在于它是把栈顶的两个字按位与而不是相加或相减。IOR 指令也基本类似。

如果要执行的 IJVM 指令是 DUP、POP 或者是 SWAP，那就必须调整栈。DUP 指令简单地拷贝栈顶的值。由于栈顶值已经保存在 TOS 寄存器中了，因此它的操作很简单，把 SP 加 1，使它指向新的位置，然后把 TOS 存入该位置。POP 指令也很简单，它对 SP 减 1，这样就可以抛弃栈顶的值。但是，为了使 TOS 中保存的是栈顶的值，它还需要从内存中读入新的栈顶值并写入 TOS。最后是 SWAP 指令，它执行的操作是交换栈顶的两个内存位置的值。由于 TOS 中已经是栈顶的值了，因此不需要再读了，这一特点简化了这条指令的实现。后面我们将详细讨论这条指令。

BIPUSH 指令稍微有点复杂，它的操作码后面还有一个字节，如图 4-18 所示。该字节表示一个带符号整数。在 Main1 周期中，这个字节已经被取到了 MBR 中，这个字节将被符号扩展到 32 位然后压入栈。因此，它的微指令序列执行的操作是把 MBR 中的字节符号扩展到 32 位，然后

BIPUSH (0×10)	BYTE

图 4-18　BIPUSH 指令格式

把它拷贝到 MDR 中。最后，将 SP 加 1 并拷贝到 MAR 中，这样就可以把操作数压入栈顶了。使用这种方式时，操作数还必须被拷贝到 TOS 中。另外，必须注意，在返回主程序之前，PC 必须加 1。这样当返回 Main1 时，就可以执行下一条操作码。

下面来看看 ILOAD 指令。ILOAD 指令的操作码后面也有一个字节，如图 4-19a 所示，这个字节是一个指向局部变量结构的指针，它所指的局部变量将被压入栈。因为只有一个字节，因此只能区分 $2^8 = 256$ 个字，也就是说，只能区分局部变量结构中的前 256 个字。ILOAD 指令既需要读（从内存中获得一个字）又需要写（把该字压入栈顶）。为了决定读操作的地址，MBR 中的偏移量将和 LV 保存的值相加。由于 MBR 和 LV 都只能通过 B 总线访问，所以 LV 将首先拷贝到 H 寄存器中（在 iload1 周期中），然后再和 MBR 相加。加法的结果将存入 MAR 然后启动读操作（iload2 周期）。

但是，作为索引的 MBR 的用法和 BIPUSH 有所不同，BIPUSH 指令中的 MBR 是符号扩展的。作为索引使用时，偏移量总是正的，因此字节偏移量必须被解释成无符号整数，这一点和 BIPUSH 不同，BIPUSH 指令中把 MBR 的值解释成一个带符号的 8 位整数。MBR 和 B 总线之间的接口是经过精心设计的，因此这两种操作都是允许的。BIPUSH 需要使用带符号扩展的运算，因此，MBR 的最高位将被拷贝到 B 总线的高 24 位。而 ILOAD 指令需要使用无符号的 8 位整数，那么合适的做法是使 B 总线的高 24 位全是 0。这两种操作是通过指明将要执行的操作的信号来区分的（请参见 4-6）。在微码中，MBR 表示带符号扩展（如 BIPUSH3），MBRU 表示无符号整数（如 iload2）。

在等待内存提供操作数（iload3）的同时，SP 加 1 以便指向新的栈顶（保存着结果值）。该值同时也将被拷贝到 MAR 中，为把操作数写入栈顶做准备。同时 PC 再次被加 1 以取得下一条指令的操作码（在 iload4 周期中）。最后，MDR 拷贝到 TOS 中以指向新的栈顶（iload5）。

ISTORE 指令和 ILOAD 的操作相反，也就是说，它把一个字从栈顶弹出并存入由 LV 和指令中的索引值之和决定的内存位置。它的格式和 ILOAD 相同，如图 4-19a 所示，只不过操作码从 0x15 变成了 0x36。这条指令可能和你想象的有点不同，因为栈顶的字是已知的（已经在 TOS 中了），这样就可以立即把它保存到内存中。但是，还必须从内存中取得新的栈顶值。因此，也同时需要读操作和写操作，只不过它们可以以任意次序执行（如果有可能，甚至可以并行执行）。

ILOAD 和 ISTORE 指令是受限制的，它们都只能访问前 256 个局部变量。虽然对大多数程序来说，这么大的局部变量空间已经足够了，但是我们必须有能够访问位于局部变量结构的任意位置的变量的方法。为了做到这一点，IJVM 使用了和 JVM 相同的机制：使用特殊的操作码 WIDE，它是一个前缀字节（prefix byte），后面跟的是 ILOAD 和 ISTORE 操作码。当执行带 WIDE 前缀的指令时，ILOAD 和 ISTORE 的指令格式就不同了，它们在操作码之后将使用 16 位的索引值而不是 8 位的，如图 4-19b 所示。

ILOAD (0x15)	INDEX		WIDE (0xC4)	ILOAD (0x15)	INDEX BYTE 1	INDEX BYTE 2

a）带一个字节索引值的 ILOAD   b）带两个字节索引值的 WIDE ILOAD

图   4-19

WIDE 使用通常的方式译码，当执行到 WIDE 操作码时将跳转到 wide1 处。虽然加宽后的操作码已经在 MBR 中了，但 wide1 仍然要取操作码之后的第一个字节，因为微程序的逻辑就是这样设计的。因此，必须执行第二次多路转移（wide2），这次使用的是 WIDE 之后的字节。但是，由于 WIDE ILOAD 需要的微码和 ILOAD 不同，WIDE ISTORE 需要的微码和 ISTORE 也不同，因此第二次多路跳转不能使用操作码作为目标地址（这是 Main1 采取的方式）。

wide2 阶段将把操作码和 0x100 相或，然后把结果存入 MPC。因此，WIDE ILOAD 的微指令就从 0x115 开始，而不是 0x15。同样，WIDE ISTORE 指令的微码从 0x136 开始，而不是 0x36，依次类推。采用这种方式，每条 WIDE 指令都位于比相应的正常操作码高 256 个字（也就是 0x100）的控制存储器地址中。ILOAD 和 WIDE ILOAD 指令的初始微指令序列如图 4-20 所示。

完成上述动作后，实现 WIDE ILOAD（0x115）指令的微码和正常的 ILOAD 指令的微码的唯一的区别在于：它的索引必须使用连续的两个索引字节而不是使用符号扩展的单字节。两个字节的连接和加法运算必须分阶段进行，首先把 INDEX BYTE1 拷贝到 H 寄存器中并左移 8 位。由于索引是无符号整数，MBR 的值就是零扩展后的 MBRU。然后把第二个字节加上（加法运算和连接操作是等价的，因为 H 的低 8 位是 0，这样可以保证字节之间不产生进位），结果仍然保存在 H 中。从这时起的操作就和标准的 ILOAD 操作一样了。因此，我们并没有重复编写 ILOAD 指令的最后 3 条微指令（iload3 ~ iload5），而是直接从 wide_iload4 跳转到 iload3。请注意，在执行该指令的过程中，PC 必须两次加 1 这样可以使它指向下一个操作码。ILOAD 指令对 PC 加了一次 1，WIDE_ILOAD 指令也对 PC 加了一次 1。

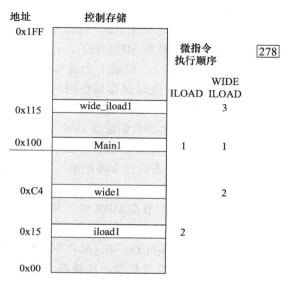

图 4-20　用于 ILAOD 和 WIDE ILOAD 的初始微指令序列。地址是随机举的例子

WIDE_ISTORE 指令和 WIDE ILOAD 指令的情况与之类似：在执行完 WIDE_ISTORE 的前四条微指令（wide_istore1 ~ wide_istore4）后，其剩余的微指令序列和 ISTORE 指令从第三条微指令开始的微指令序列完全相同，因此 wide_istore4 就直接跳转到了 istore3。

接下来我们来看看 LDC_W 指令。该指令和 ILOAD 指令有两处区别。首先，它使用的是 16 位的无符号的偏移量（和 ILOAD 指令的扩展版本一样）。其次，它使用 CPP 作为索引而不是 LV，因此它从常量池中取数据而不是从局部变量结构中取数据。（实际上，还有一种短格式的 LDC_W 指令：LDC，但是在 IJVM 中，我们没有使用这条指令，因为 LDC_W 已经包含了所有短格式的指令，只不过使用了 3 个字节而不是短格式使用的两个字节。）

IINC 指令是 IJVM 中除了 ISTORE 指令之外唯一能够修改局部变量的指令。它使用两个操作数，每个操作数一个字节。如图 4-21 所示。

图 4-21　有两个不同的操作数字段的 IINC 指令

IINC 指令使用 INDEX 定义从局部变量结构的起点开始计算的偏移量。它读取该变量，并把指令中的 CONST 加到该变量上，然后把它存回原来的位置。请注意，这条指令可以用负数作为增量，也就是说，CONST 是带符号的 8 位常量，取值范围从 –128 ~ 127。完整的 JVM 中还包括扩展格式的 IINC 指令，它的每个操作数都是两个字节。

278

279

现在我们来看看 IJVM 中的第一条转移指令：GOTO。GOTO 指令的唯一功能是改变 PC 的值，它把带符号的 16 位偏移量和本条指令的地址相加来决定将要执行的下一条 IJVM 指令的地址。该指令的复杂之处在于它的偏移量是相对于指令译码开始时的 PC 值的，而不是又读取了两个字节之后的 PC 值。

为了清楚地说明这一点，请看图 4-22a，我们可以看到从 Main1 开始执行的情况。这时操作码已经在 MBR 中了，但是 PC 还没有加 1。图 4-22b 是执行到 goto1 时的情况。这时 PC 已经加 1，但第一个偏移量字节还没有存入 MBR。又执行了一条微指令之后，就到了图 4-22c，这时保存操作码的原来的 PC 已经保存在 OPC 中了，而且偏移量的第一个字节已经存入 MBR。计算 IJVM 的 GOTO 指令的偏移量时就使用该值而不是当前 PC 的值。实际上，这也是我们需要 OPC 寄存器的第一个原因。

微指令 goto2 启动取第二个偏移量字节的操作，这样当 goto3 微指令开始时面对的就是图 4-22d。这条微指令将把第一个偏移量字节左移 8 位并拷贝到 H 寄存器中，然后就将开始执行 goto4 微指令，如图 4-22e 所示。现在，第一个偏移量字节左移之后保存在 H 中，第二个偏移量字节在 MBR 中，基变量在 OPC 中。首先把两个字节的偏移量拼成一个完整的 16 位偏移量，然后再把它加到基变量中，就可以得到将存入 PC 的新地址，这是 goto5 执行的操作。必须注意，在 goto4 中我们使用的是 MBRU 而不是 MBR，因为我们不需要对第二个字节进行符号扩展。连接两个单字节的偏移量的过程实际上是通过 OR 运算实现的。最后，在返回 Main1 之前，我们必须取出下一条指令的操作码因为下一条指令的操作码并不在 MBR 中。最后一个周期的 goto6 是必需的，因为取内存数据是需要时间的，经过这个周期之后执行 Main1 时，需要的操作码就已经在 MBR 中了。

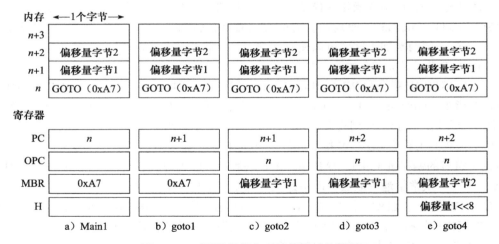

图 4-22　不同的微指令开始执行时的情况

goto IJVM 指令中使用的偏移量是 16 位带符号整数，最小值为 –32 768，最大值为 +32 767。这意味着不可能跳转到比这些值更远的标号处。你可以把这一特点看成是一个 bug 或者是 IJVM 提供的特性（当然，也包括 JVM）。bug 阵营的人认为 JVM 定义不应该限制程序员的编程模式。而特性阵营的人认为如果程序员看到下面这样的编译器信息就意味着他编写的程序应该进行大的改进：

程序太长让人担心。你必须重新编写。编译过程中止。

不幸的是（从我们的观点来看），当 then 或者 else 语句超过 32KB 时（至少 50 个 Java 页面）就会出现这样的编译信息。

下面讨论另外三条 IJVM 条件转移指令：IFLT、IFEQ 和 IF_ICMPEQ。前两条指令从栈中弹出栈顶字，IFLT 指令是当该字小于 0 时跳转，而 IFEQ 指令是该字等于 0 时跳转。IF_ICMPEQ 则从栈顶弹出两个字，如果它们相等则跳转。这三条指令都需要读出新的栈顶字保存在 TOS 中。

这三条指令的微指令流程是类似的：首先把操作数存入寄存器，然后把栈顶的值存入 TOS，最后测试并跳转。先看 IFLT。IFLT 需要测试的字已经在 TOS 中了，但是由于 IFLT 从栈中弹出了一个字，因此必须从栈中弹出新的栈顶并保存在 TOS 中。微指令 iflt1 启动这次读操作。在 iflt2 中，需要测试的字被保存在 OPC 中，这样新的值可以保存在 TOS 中而不会丢失当前的值。到了 iflt3 时，新的栈顶值已经在 MDR 中了，所以它被拷贝到 TOS 中。最后，iflt4 周期测试 OPC 中的字，该字将通过 ALU 但是并不保存而只是锁存并测试 N 位。这条微指令还包括跳转，如果测试成功选择 T，失败则选择 F。 `281`

如果测试成功，剩余的操作和 GOTO 指令的起始处基本相同，它将从 GOTO 指令的 goto2 微指令处开始执行。如果测试不成功，则需要一个很短的微指令序列（F、F2 和 F3）来跳过指令的偏移量，然后返回 Main1 并继续执行下一条指令。

指令 ifeq2 和 ifeq3 的代码是相同的，只不过 ifeq2 使用 N 位而 ifeq3 使用 Z 位。无论是哪条指令，都需要 MAL 的汇编器来识别 T 和 F 的地址，并保证这些地址只有最高位不同。

IF_ICMPEQ 的逻辑也和 IFEQ 类似，不同之处是这条指令还需要读第二个操作数。在 if_icmpeq3 时，第二个操作数将被保存在 H 中，同时开始读新的栈顶字。同样，当前的栈顶值将保存在 OPC 中而新的栈顶值保存在 TOS 中。最后，if_icmpeq6 处的测试类似于 ifeq4。

现在，我们来讨论 INVOKEVIRTUAL 和 IRETURN 指令的实现。在 4.2.3 节中曾经提到，这两条指令分别用于过程调用和返回。INVOKEVIRTUAL 的微指令序列达 22 条，它是 IJVM 实现中最复杂的指令。它的操作如图 4-12 所示。指令使用 16 位的偏移量来决定被调用的方法的地址。在我们的实现中，偏移量是关于常量池的偏移量。常量池对应于偏移量的位置上保存了被调用方法的地址。回忆一下，每个方法的前 4 个字节并不是指令，而是两个 16 位的指针。第一个指针给出了参数字的数量（包括 OBJREF，参见图 4.12）。第二个指针给出了按字计算的局部变量区的大小。这些字段都通过 8 位的端口读取并装配在一起就好像它们是一条指令中的两个 16 位偏移量一样。

接下来，用于恢复计算机状态的链接信息——原有的局部变量结构的起始地址和原来的 PC——被立即保存在新创建的局部变量区的上方和新的栈的下方。最后，读取新指令的操作码并把 PC 加 1，然后返回 Main1 并开始执行新的指令。

IRETURN 是一条很简单的指令，它不带任何操作数。它使用保存在局部变量区第一个字中的地址来取得链接信息。然后恢复 SP、LV 和 PC 并把当前栈顶的返回值拷贝到原来的栈的栈顶，如图 4-13 所示。 `282`

4.4 微体系结构层设计

和计算机科学中的其他问题一样，微体系结构层的设计也会遇到许多需要解决的矛盾。计算机有许多吸引人的特性，包括速度、价格、可靠性、易用性、电源需求和物理尺寸等。然而，CPU 的设计人员需要解决的最重要的矛盾是速度和价格之间的矛盾。本节我们将详细讨论这一问题，我们将讨论这一矛盾的本质是什么，如何获得较高性能，相应的硬件的价格及其复杂性又如何。

4.4.1 速度与价格

技术的发展已经使计算机速度越来越快，这超出了本书的范围。尽管比不上集成电路速度的提高对计算机性能提高的贡献，但计算机组织结构的改善对提高计算机性能也是功不可没的。可以使用多种方式来衡量速度，但是在给定集成电路水平和指令系统层的前提下，可以采用下面三种基本的策略来加快执行的速度：

1）减少指令执行的周期数。

2）简化组织结构以缩短时钟周期。

3）指令重叠执行。

前两种策略的效果是显而易见的，但是在具体设计时不同的选择可能会对时钟周期数量和时钟频率产生很大的影响。本节我们将举例说明一个操作的编码和译码是如何影响时钟周期的。

执行某一组操作时需要的时钟周期数称为**路径长度**（path length）。在某些情况下，可以通过增加特殊的硬件来缩短路径长度。例如，为 PC 单独配备一个增量器（从概念上说，增量器就是其中一个输入端永远为 1 的加法器），就不需要使用 ALU 对 PC 进行加 1 了，这样就节约了周期。付出的代价是增加了硬件。但是，这种改进的效果并没有我们想象得那么明显。对大多数指令来说，执行 PC 加 1 的周期也是读操作需要的周期。后续指令是不可能提前执行的，因为它需要依赖从内存得到数据。

减少取指令的周期数比单纯给 PC 增加一个额外的增量器更有意义。为了大幅度地加速取指过程，必须采用前面提到的第三种策略——指令重叠执行。可以把取指令的电路（8 位的内存端口、MBR 以及 PC 寄存器）独立出来，如果这个模块和主数据通路的功能相互独立，那么就可以极大地提高性能。使用这种方式，该模块可以自己取下一条操作码和操作数，还可以使用没有用到的 CPU 异步执行这条指令，甚至可以预先取出一条或多条指令。

在许多指令的执行过程中，最费时间的阶段是取两字节的偏移量，然后对它们进行适当扩展，并放入 H 寄存器准备执行加法，例如，跳转到 PC ± *n* 字节处就需要执行这样的操作。一种可能的方案是把内存端口设计成 16 位宽，这实际上使操作更加复杂化了，因为内存实际上是 32 位宽的。使用 16 位可能会跨越字边界，这时即使一次读 32 位也不一定就能得到需要的这 16 位数据。

指令的重叠执行是目前为止设计人员最感兴趣的，也是能够最有效地提高速度的措施。简单地把指令的取指和执行重叠就已经能够很明显地提高速度了。更复杂的技术可以重叠执行多条指令。实际上，这就是现代计算机设计的核心思想。下面我们将介绍几种指令重叠执行的基本技术，并以此促使我们了解更复杂的技术。

速度只是矛盾的一个方面，而价格是另一个方面。价格也可以使用多种方式衡量，但是价格的精确定义仍然是个没有解决的问题。某些衡量标准很简单，就是使用的部件的数量。在购买分离器件组装处理器的年代里，这种衡量标准或许是可行的。而今天，整个处理器就是一块单独的芯片，但是大而复杂的芯片比小且简单的芯片要贵得多。可以计算独立组件的数量，比如晶体管，门电路或者功能单元的数量，但是更常用的是计算集成电路的芯片面积。实现处理器功能所需的面积越大，芯片也就越大。而芯片的制造成本随着芯片的面积增加而大幅度提高。正是由于这个原因，设计人员常常以"房地产"（real estate）来衡量价格，也就是电路需要的面积（假定使用兆分之一英亩为单位）。

在历史上，二进制加法器是被研究得最透彻的电路之一。加法器有数千种设计，其中最快的设计比最慢的设计速度快很多，当然也复杂很多。系统设计人员必须决定是否值得用那么多芯片面积来换取较高的性能。

加法器并不是唯——种存在多种选择的部件。几乎系统中的每个部件都有快速的和慢速的设计，对应着不同的价格。设计者面临的挑战是需要找出对系统性能影响最大的部件，然后对它们进行优化。有一点很有趣，系统中的许多部件被替换成速度更快的部件后，却不能提高系统的整体性能。下面我们将讨论某些设计问题以及相应的矛盾。

决定时钟频率的关键因素之一是每个时钟周期需要完成的工作量。很显然，做的工作越多，时钟周期就越长。当然，问题并不这么简单，因为硬件可以并行地做许多工作，因此，实际决定时钟周期长度的是一个时钟周期中需要串行完成的操作序列。

译码电路的数量是一个可以控制的因素。请回忆一下，在图 4-6 的例子中，虽然 ALU 的 B 总线的数据来源有 9 个寄存器，但是我们只需要微指令字中的 4 位就可以指定将要使用的寄存器。但是很不幸，这种节约并非没有任何代价。译码过程增加了临界路径的延迟时间。这意味着寄存器要经过一小段延时才能接收到命令，而且数据也会多经过这一段延时之后才能到达 B 总线。后面将发生连锁反应，ALU 接收输入也会有一段延时，产生结果也有一段延时。最后，结果出现在可以写入寄存器的 C 总线上也有一段延时。由于这种延时通常是决定时钟周期长度的因素，因此它意味着计算机的主频不能太快，最终导致了整台计算机速度的下降。这就是速度和价格之间的矛盾。把控制存储器中的每个字都缩短 5 位的代价是时钟频率的降低。设计工程师必须认真地考虑设计目标以便作出正确的选择。如果需要高性能的实现，那就不要使用译码器；但是如果追求低价格，使用译码器或许是个好主意。

4.4.2 缩短指令执行路径长度

虽然结构简单和运行快速这两个目标很难同时实现，但是我们仍然把 Mic-1 的设计目标定为结构相对简单，速度又比较快。简单地说，结构简单的计算机速度肯定不快，而速度快的计算机结构肯定不会很简单。Mic-1 CPU 使用了最精简的硬件：10 个寄存器、简单的 ALU（由 32 个图 3-19 组成）、一个移位器、一个译码器、一块控制存储器和其他一些辅助电路。算上控制存储器（ROM）和主存（RAM），整个系统也不会超过 5000 个晶体管。

前面已经介绍过，使用这么少的硬件就可以用微码方式简单明了地实现 IJVM，下面我们来研究速度比较快的实现。我们首先研究如何减少每条 ISA 指令的微指令条数（也就是缩短指令执行路径长度）。然后，我们再讨论其他的方案。

1. 合并主循环和微码

在 Mic-1 中，主循环包括每条 IJVM 指令开始时都必须执行的一条微指令。在某些情况下，它可以和先前的指令重叠。实际上，我们已经部分实现了这一功能。请注意，当 Main1 执行时，需要解释的操作码已经在 MBR 中了。它或者是由前一个主循环取出的（前一条指令没有操作数的情况），或者是在前一条指令的执行过程中取出的。

这只是重叠了指令执行的开始部分，我们还可以把这种方案进一步扩展。实际上，在某些情况下，整个主循环都是不需要的。我们可以这样考虑，现在的每段微指令序列结束时都跳转到 Main1，我们可以把 Main1 附加在序列的末尾（而不是下一个序列的开始），这种替换有很多处，但是替换之后的结果和原来是一致的。在某些情况下，微指令 Main1 可以和前面

284

285

一条微指令合并，因为有些微指令的利用率并不高。

图 4-23 是 POP 指令的动态微指令序列。主循环发生在每条指令运行前和运行后；图 4-23 中我们只列出了执行 POP 指令之后的主循环。请注意，执行这条指令需要四个时钟周期：三个周期用于 POP 指令，一个周期用于主循环。

标 号	操 作	注 释
pop1	MAR = SP = SP − 1; rd	读入栈中栈顶之下的字
pop2		等待从内存中读入新的 TOS
pop3	TOS = MDR; goto Main1	把新的字拷贝到 TOS 中
Main1	PC = PC + 1; fetch; goto (MBR)	MBR 中包含操作码；取得下一个字节；多路转移

图 4-23　执行 POP 最初的微指令序列

在图 4-24 中，通过合并主循环微指令把微指令条数缩减到了三条，合并的原理是执行 pop2 微指令时 ALU 是空闲的，因此这个周期可以用于执行 Main1。该序列结束时将直接跳转到后续指令的微码处，因此一共只需要三个周期。这个小技巧可以为下一条指令节约一个微指令周期，举例来说，如果下一条指令是 IADD，那么这条 IADD 的微指令周期将从 4 变为 3。这相当于把时钟频率从 250MHz（4 纳秒一条微指令）提高到 333MHz（3 纳秒一条微指令）。

标 号	操 作	注 释
pop1	MAR = SP = SP − 1; rd	读入栈中栈顶之下的字
Main1.pop	PC = PC + 1; fetch	MBR 中包含操作码；取得下一个字节
pop3	TOS = MDR; goto (MBR)	把新的字拷贝到 TOS 中；根据操作码转移

图 4-24　执行 POP 指令的增强的微程序序列

POP 指令很适合于这样处理，因为在 POP 指令的微指令序列中有一个不使用 ALU 的周期。而主循环是需要使用 ALU 的。因此，只有当某条指令的微指令序列中有一条不使用 ALU 的微指令，才可以使该指令的微指令周期缩短 1。虽然这种情况并不常见，但是的确存在，因此把 Main1 合并到每段微指令序列的末尾还是值得的。付出的代价只是一点点控制存储器空间。这就是我们缩短路径长度的第一种技术：

把主循环合并到每段微指令序列的末尾。

2. 三总线体系结构

还有其他方法能缩短执行路径长度吗？另一种很容易想到的方案是为 ALU 配备两条完整的输入总线，A 总线和 B 总线，这样一共就有三条总线。所有的（至少是大部分）寄存器都能够访问这两条输入总线。使用两条输入总线的好处是可以在一个周期内执行任意两个寄存器的加法。为了理解这一点，请看 Mic-1 中 ILOAD 指令的实现，如图 4-25 所示。

标 号	操 作	注 释
iload1	H = LV	MBR 中包含索引；把 LV 拷贝到 H 中
iload2	MAR = MBRU + H; rd	MAR = 要保存的局部变量的地址
iload3	MAR = SP = SP + 1	SP 指向新的栈顶，准备写
iload4	PC = PC + 1; fetch; wr	PC 加 1；取下一个操作码；写入栈顶
iload5	TOS = MDR; goto Main1	修改 TOS
Main1	PC = PC +1; fetch; goto (MBR)	MBR 中包含操作码；取得下一个字节；多路转移

图 4-25　Mic-1 中执行 ILOAD 的代码

我们看到，在 iload1 周期中，LV 被拷贝到 H 中。执行拷贝是为了在 iload2 周期时能够执行 MBRU 和 H 的加法操作。在最初的双总线设计中，我们没有办法对任意两个寄存器执行加法，因此必须首先把其中的一个拷贝到 H 中。使用新的三总线设计，我们就可以节省一个周期，如图 4-26 所示。图中已经把主循环合并到 ILOAD 中了，但是这种合并对执行路径长度没有任何影响。而增加的这一条总线把 ILOAD 指令的执行时间从六个周期缩短到了五个周期。这是我们缩短路径长度的第二种技术：

把双总线设计改进成三总线设计。

标　　号	操　　作	注　　释
iload1	MAR = MBRU + H; rd	MAR = 要保存的局部变量的地址
iload2	MAR = SP = SP + 1	SP 指向新的栈顶，准备写
iload3	PC = PC + 1; fetch; wr	PC 加 1；取下一个操作码；写入栈顶
iload4	TOS = MDR	修改 TOS
iload5	PC = PC +1; fetch; goto (MBR)	MBR 中已经包含了操作码；取索引字节

图 4-26　执行 ILOAD 的三总线代码

287

3. 取指单元

上面的两种技术都很有用，但是如果想使性能有较大的提高，我们还需要某些根本性的改进。我们来考察一下所有指令的共同部分：取指令和译码。我们可以看到，每条指令都会按照下面的步骤执行：

1）PC 通过 ALU 并加 1。

2）使用 PC 取得指令流的下一个字节。

3）从内存读操作数。

4）将操作数写入内存。

5）ALU 执行计算并保存结果。

如果指令除了操作码之外还有其他的字段（比如操作数），那就必须按照一次一个字节的方式取得这些操作数，在使用之前还得把它们装配在一起。在取得并装配一个操作数的过程中，取每个字节至少会占用 ALU 一个周期，因为 PC 必须加 1，装配过程（装配结果索引或偏移量）又要占用一个周期。除了指令真正需要完成的操作之外，ALU 几乎在每个周期中都要做取操作数和装配操作数的工作。

为了使主循环重叠执行，我们需要把 ALU 从这些工作中解放出来。我们可以增加一片 ALU，虽然完成这些工作并不需要 ALU 的完整功能。请注意，在许多情况下，ALU 只不过是把一个寄存器的值拷贝到另一个寄存器的数据通路。我们可以使用不通过 ALU 的额外的数据通路来缩短执行周期。例如，在 TOS 和 MDR 之间建立直接的数据通路会带来很多好处，因为栈顶的字需要频繁地在这两个寄存器之间拷贝。

在 Mic-1 中，可以通过使用独立的取指和处理单元来减轻 ALU 的许多负担。这个单元称为**取指单元**（Instruction Fetch Unit，IFU），它可以独立地执行 PC 加 1，可以预先从字节流中读取字节。这个单元只需要一个增量器，这要比功能完整的加法器简单得多。将这种思想进一步推广，IFU 还可以装配 8 位或者 16 位的操作数，这样当需要的时候就可以立即使用它们。IFU 至少可以采用下面两种方式实现：

1）IFU 可以实际地解释每个操作码，决定需要取几个额外的字段，并把它们装配到某个寄存器中以供主执行单元使用。

2）IFU 利用指令的流特性，总是使下一个字节或两个字节处于可用状态，而不去管这些
字节的意义。主执行单元需要的时候可以从 IFU 取得这些字节。

图 4-27 是第二种方式的简单设计。图中 MBR 从一个变成了两个：8 位的 MBR1 和 16
位的 MBR2。IFU 保存主执行单元最近一次使用的一个字节或两个字节。MBR1 中保存的是
下一个字节，这和 Mic-1 是一样的，区别在于它是自动的，意思是当 MBR1 被读取之后，它
就会自动去取下一个字节并将其保存在 MBR1 中。和 Mic-1 一样，B 总线仍然有两个接口：
MBR1 和 MBR1U。前者符号扩展到 32 位，而后者是零扩展的。

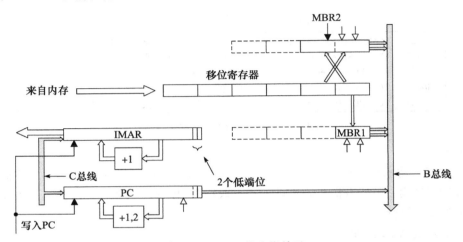

图 4-27　Mic-1 的取指单元

与之类似，MBR2 提供了相同的功能，不过它保存的是下两个字节。它也有两个到 B 总
线的接口：MBR2 和 MBR2U，分别保存 32 位符号扩展的值和零扩展的值。

IFU 负责取字节流，它使用常见的 4 字节内存端口，一次取出完整的 4 字节的字并把这
些连续的字节存入移位寄存器，按照取字节的顺序可以一次取出一个或者两个字节。移位寄
存器的功能是维护一个来自内存的字节队列，以满足 MBR1 和 MBR2 的需要。

无论何时，MBR1 总是保存移位寄存器中最先到达的字节，而 MBR2 中保存的是最先到
达的两个字节（最先到达的字节在左面），这样可以得到一个 16 位的整数（参见图 4-19b）。
MBR2 中的两个字节可能位于不同的内存字中，因为 IJVM 指令在内存中并不是按照字边界
对齐的。

对 MBR1 执行读操作时，移位寄存器右移一个字节。对 MBR2 执行读操作时，移位寄存
器右移两个字节。然后，最左面的一个字节和两个字节将分别存入 MBR1 和 MBR2。如果移
位寄存器的左面还有足够的空间可以保存一个完整的字，IFU 就启动一次内存周期以读入一
个字。我们假定无论何时对 MBR 寄存器执行读操作，在下一个周期开始时，MBR 寄存器就
会再次被填满，这样就可以以连续的周期读取 MBR 寄存器。

设计 IFU 时可以使用**有限状态机**（Finite State Machine，FSM）模型来表示其工作过程
（如图 4-28 所示）。所有的 FSM 都由两部分组成：**状态**（state），在图 4-28 中用圆圈表示；**变
迁**（transition），图 4-28 中从一个状态指向另一个状态的有向弧就是变迁。每个状态都表示
FSM 的一种可能的情况。图中的 FSM 共有七个状态，分别对应图 4-27 中移位寄存器的七种
状态。而七种状态分别和移位寄存器当前的字节数（0 ~ 6）对应。

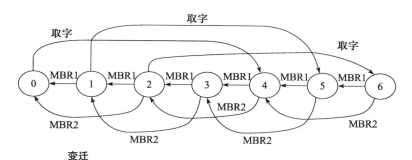

图 4-28   实现 IFU 的有限状态机

每条有向弧都表示发生某种事件。这里共有三种不同的事件。第一种事件是从 MBR1 中读取一个字节。该事件将激活移位寄存器把一个字节右移出寄存器，状态减 1。第二种事件是从 MBR2 中读取两个字节，该事件将使状态减 2。这些变迁都会导致重新加载 MBR1 和 MBR2。当 FSM 进入状态 0、1 或者 2 时，将启动内存操作读取新的字（假定内存处于空闲状态）。内存字到达将使状态数加 4。

为了保证正确性，当要求 IFU 完成不可能完成的工作时，IFU 将阻塞，例如要求读取 MBR2 中的值，而此时移位寄存器中只有一个字节而且内存也处于忙状态。另外，由于 IFU 一次只能完成一项工作，因此事件必须串行到达。最后一点，当 PC 改变时，IFU 也必须被更新。这些细节使实际的 IFU 比图 4-28 中画出的要复杂。需要补充的一点是，许多硬件设备都可以用 FSM 来构造。

IFU 有自己的内存地址寄存器，称为 IMAR，它用于读新的内存字时对内存进行寻址。 290 该寄存器有自己专用的增量器，这样就不用主 ALU 来承担对 IMAR 增量的任务。IFU 必须监听 C 总线以保证加载 PC 时把新的 PC 值拷贝到 IMAR 中。由于新的 PC 值可能并不位于字边界，因此 IFU 必须能够取得必要的字并对移位寄存器进行适当的调整

使用 IFU 之后，主执行单元需要改变指令字节流的执行顺序时只需要改变 PC 值，转移指令，INVOKEVIRTUAL 指令和 IRETURN 指令都可以改变 PC 值。

由于微程序在取操作码时不再对 PC 加 1，因此 IFU 必须保证当前的 PC 是正确的。当从指令流中读取字节后，也就是说，当从 MBR1 或者 MBR2（或无符号版本）中读取指令后，和 PC 相关的一个独立的累加器将对 PC 加 1 或者加 2（根据读取的字节数）。这样 PC 就总是指向还没有使用的第一个字节的地址。在每条指令开始时，MBR 总是保存该指令的操作码的地址。

请注意，IFU 中有两个独立的增量器，它们执行不同的功能。PC 计算字节数，每次加 1 或者加 2。IMAR 计算字数，每次只加 1（表示 4 个新的字节）。和 MAR 一样，IMAR 也是斜着接在地址总线上的，IMAR 的位 0 接在地址线 2 上，其他依次类推，这样可以隐含地把字地址转换成字节地址。

很快我们就会看到，不在主循环中对 PC 进行增量运算是一个很大的进步，因为执行 PC 加 1 的微指令通常并不执行其他的功能。把这些微指令裁剪掉，就可以缩短指令执行路径。这里的折中方案是，用更多的硬件来使计算机执行得更快。因此我们的第三种缩短路径长度的技

术是

　　使用定制的功能单元执行取指操作。

4.4.3　带预取的设计：Mic-2

　　使用 IFU 可以明显地缩短平均的指令路径长度。首先，完全不需要再使用主循环，因为每条指令都能直接从结束处跳转到下一条指令的开始处。其次，它自己执行 PC 加 1，从而减轻了 ALU 的负担。第三，它可以减少计算 16 位的索引或偏移量时的路径长度，因为 IFU 可以装配 16 位的值并把它作为 32 位的值直接送给 ALU，这就不需要再使用 H 寄存器了。图 4-29 中是 Mic-2，它是 Mic-1 的增强版本，其中增加了图 4-27 中的 IFU。Mic-2 的微码如图 4-30 所示。

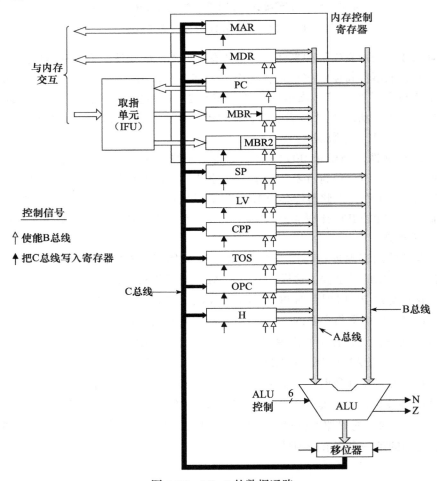

图 4-29　Mic-2 的数据通路

　　我们以 IADD 为例来看看 Mic-2 是如何工作的。它从栈中取出第二个字并执行加法，这和过去一样，不同的是它不再需要跳转到 Main1 来对 PC 加 1 并跳转到下一条微指令了。当 IFU 看到在 iadd3 周期时 MBR1 已经被引用了，它的内部移位寄存器就会执行右移并重新装入 MBR1 和 MBR2。它还会使自己所处的状态比刚才的状态减 1。如果新状态是 2，IFU 就启动内存读操作读取一个字。所有这些都是硬件完成的，微程序不需要做任何事情。因此 IADD 指令从 4 个微指令周期缩短到了 3 个微指令周期。

291

在 Mic-2 中，某些指令的执行路径缩短得较多，而其他指令则少一些。LDC_W 从 9 条微指令缩短到了 3 条微指令，是原来的 1/3。而 SWAP 指令只从 8 个周期缩短到 6 个周期。如果要考虑全局性能，需要计算比较通用的指令。包括 ILAOD（原来 6 个周期，现在 3 个周期），IADD（原来 4 个周期，现在 3 个周期）和 IF_ICMPEQ（跳转的情况下，原来是 13 个周期，现在是 10 个周期，不跳转的情况下，原来是 10 个周期，现在是 8 个周期）。如果想计算性能到底提高了多少，可以通过运行某种基准测试程序（benchmark）来测试，但是毋庸置疑，性能肯定有明显的提高。

标　　号	操　　作	注　　释
nop1	goto (MBR)	转移到下一条指令
iadd1	MAR = SP = SP − 1; rd	读入栈中栈顶之下的字
iadd2	H = TOS	H = 栈顶
iadd3	MDR = TOS = MDR + H; wr; goto (MBR1)	栈顶的两个字相加；结果写回栈顶
isub1	MAR = SP = SP − 1; rd	读入栈中栈顶之下的字
isub2	H = TOS	H = 栈顶
isub3	MDR = TOS = MDR − H; wr; goto (MBR1)	执行减法，结果写回栈顶
iand1	MAR = SP = SP − 1; rd	读入栈中栈顶之下的字
iand2	H = TOS	H = 栈顶
iand3	MDR = TOS = MDR AND H; wr; goto (MBR1)	执行 AND 运算，结果写回栈顶
ior1	MAR = SP = SP − 1; rd	读入栈中栈顶之下的字
ior2	H = TOS	H = 栈顶
ior3	MDR = TOS = MDR OR H; wr; goto (MBR1)	执行 OR 运算，结果写回栈顶
dup1	MAR = SP = SP + 1	SP 加 1 并拷贝到 MAR 中
dup2	MDR = TOS; wr; goto (MBR1)	结果写回栈顶
pop1	MAR = SP = SP − 1; rd	读入栈中栈顶之下的字
pop2		等待从内存中读入新的 TOS
pop3	TOS = MDR; goto (MBR1)	把新的字拷贝到 TOS 中
swap1	MAR = SP − 1; rd	MAR 赋值为 SP − 1；读入栈顶之下的字
swap2	MAR = SP	MAR 赋值为栈顶指针
swap3	H = MDR; wr	把 TOS 保存在 H 中；把栈的第二个字写入栈顶
swap4	MDR = TOS	把旧的 TOS 拷贝到 MDR 中
swap5	MAR = SP − 1; wr	MAR 赋值为 SP − 1；写入栈中的第二个字
swap6	TOS = H; goto (MBR1)	修改 TOS
bipush1	SP = MAR = SP + 1	MBR 赋值，准备写入新的栈顶值
bipush2	MDR = TOS = MBR1; wr; goto (MBR1)	修改 TOS 中的栈顶和内存
iload1	MAR = LV + MBR1U; rd	把 LV 加索引存入 MAR；读操作数
iload2	MAR = SP = SP + 1	SP 加 1；把新的 SP 存入 MAR
iload3	TOS = MDR; wr; goto (MBR1)	修改 TOS 中的栈顶和内存
istore1	MAR = LV + MBR1U	MAR 赋值为 LV+ 索引值
istore2	MDR = TOS; wr	拷贝 TOS 用于保存
istore3	MAR = SP = SP − 1; rd	SP 加 1；读入新的 TOS
istore4		等待读
istore5	TOS = MDR; goto (MBR1)	修改 TOS
wide1	goto (MBR1 OR 0x100)	下一地址是 0x100 与操作码执行或操作
wide-iload1	MAR = LV + MBR2U; rd; goto iload2	和 iload1 相同，但是使用了两个字节的索引值

图 4-30   Mic-2 的微程序

标 号	操 作	注 释
wide-istore1	MAR = LV + MBR2U; goto istore2	和 istore1 相同，但是使用了两个字节的索引值
ldc_w1	MAR = CPP + MRB2U; rd; goto iload2	和 wide_iload1 相同，但是索引使用了 CPP
iinc1	MAR = LV + MBRIU; rd	把 MAR 设置为 LV+ 索引值准备读
iinc2	H = MBR1	把 H 赋值为常数
iinc3	MDR = MBR + H; wr; goto (MBR1)	加上常数并修改
goto1	H = PC −1	PC 拷贝到 H 中
goto2	PC = H + MBR2	加上偏移量并修改 PC
goto3		等待 IFU 取得新的操作码
goto4	goto (MBR1)	执行新的指令
iflt1	MAR = SP = SP − 1; rd	读入栈中栈顶之下的字
iflt2	OPC = TOS	把 TOS 临时保存在 OPC 中
iflt3	TOS = MDR	把新的栈顶放入 TOS
iflt4	N = OPC; if (N) goto T; else goto F	根据 N 位转移
ifeq1	MAR = SP = SP − 1; rd	读入栈中栈顶之下的字
ifeq2	OPC = TOS	把 TOS 临时保存在 OPC 中
ifeq3	TOS = MDR	把新的栈顶放入 TOS
ifeq4	N = OPC; if (Z) goto T; else goto F	根据 Z 位转移
if_icmpeq1	MAR = SP = SP −1; rd	读入栈中栈顶之下的字
if_icmpeq2	MAR = SP = SP −1	设置 MAR 为刚读入的新的栈顶
if_icmpeq3	H = MDR; rd	把栈中第二个字拷贝到 H 中
if_icmpeq4	OPC = TOS	把 TOS 临时保存在 OPC 中
if_icmpeq5	TOS = MDR	把新的栈顶保存在 TOS 中
if_icmpeq6	Z = OPC − H; if (Z) goto T; else goto F	如果栈顶的两个字相等，goto T，否则 goto F
T	H = PC − 1; goto goto2	和 goto1 一样
F	H = MBR2	MBR2 中的字节被丢弃
F2	goto (MBR1)	
invokevirtual1	MAR = CPP + MBR2U; rd	把方法指针的地址放入 MAR
invokevirtual2	OPC = PC	在 OPC 中保存返回的 PC
invokevirtual3	PC= MDR	设置 PC 为方法代码的第一个字节
invokevirtual4	TOS = SP − MBR2U	TOS = OBJREF 地址 −1
invokevirtual5	TOS = MAR = H = TOS +1	TOS = OBJREF 的地址
invokevirtual6	MDR = SP + MBR2U + 1; wr	用链接指针覆写 OBJREF
invokevirtual7	MAR = SP = MDR	设置 SP、MAR 为保存原来的 PC 的位置
invokevirtual8	MDR = OPC; wr	准备保存原来的 PC
invokevirtual9	MAR = SP = SP + 1	SP 加 1 指向保存原来的 PC 的位置
invokevirtual10	MDR = LV; wr	保存原来的 LV
invokevirtual11	LV = TOS; goto (MBR1)	设置 LV 指向第 0 个参数
ireturn1	MAR = SP = LV; rd	重置 SP、MAR 获得链接指针
ireturn2		
ireturn3	LV = MAR = MDR; rd	等待链接指针
ireturn4	MAR = LV + 1	把 LV、MAR 设置为链接指针；取得原有的 PC
ireturn5	PC = MDR; rd;	设置 MAR 指向原有的 L；读取原有的 LV
ireturn6	MAR = SP	重置 PC
ireturn7	LV = MDR	重置 LV
ireturn8	MDR = TOS; wr; goto (MBR1)	把返回值保存在原来的栈顶

图 4-30 （续）

4.4.4 流水线设计：Mic-3

很明显，Mic-2 和 Mic-1 相比有提高。它的运行速度更快而且使用的控制存储器更少，当然，毫无疑问 IFU 的成本比从控制存储器上省下来的要更高一些。因此，这是一台比较快的计算机而且价格也相应较高。下面我们来看看能否想办法使它更快一些。

试试缩短周期会怎么样？周期时间在相当大的程度上是由底层的硬件决定的。晶体管越小，晶体管之间的物理距离越短，时钟就可以运行得越快。在给定的技术条件下，执行完整的数据通路操作需要的时间是固定的（至少从我们的观点来看是这样的）。然而无论如何，其中还是有一些自由度的，我们可以充分利用它。

在计算机中引入更多的并行机制是我们的另一种选择。目前的 Mic-2 是高度串行化的。它把寄存器的值放在总线上，等待 ALU 和移位寄存器处理它们，然后再把它们写回寄存器中。除了 IFU 之外，几乎没有其他的并行机制。增加并行性是一个很现实的选择。

正如前面提到的，时钟周期受到信号在数据通路上传播时间的限制。图 4-3 中列出了每个周期中数据通过不同部分的延迟时间。在实际的数据通路周期中主要有三部分延迟：

1）将被选中的寄存器数据送至 A 总线和 B 总线的时间。

2）ALU 和移位寄存器计算的时间。

3）将结果存回寄存器的时间。

图 4-31 中是一个新的三总线的体系结构，除了 IFU 之外，它还包括三个额外的锁存器（寄存器），每条总线的中间都有一个。每个周期都要写锁存器。这些锁存器的作用是把数据通路分成了不同的部分，相互之间可以独立操作。我们把这种设计称为流水线型的 Mic-3。

这些额外的锁存器对我们有什么帮助呢？现在我们可以花费三个时钟周期来使用数据通路：第一个周期为锁存器 A 和 B 加载数据，第二个周期，ALU 和移位寄存器执行运算并把结果存入锁存器 C，最后一个周期把锁存器 C 写回寄存器中。当然这比我们目前的情况还糟。我们疯了吗？（提示：没疯。）使用锁存器可以带来下面两方面的好处：

1）由于缩短了最大延迟，因此时钟速度可以提高。

2）在每个周期中都可以使用数据通路的所有部分。

292
∫
295

由于数据通路分成了三个部分，其最大延迟就缩短了，这样我们就可以使用频率更高的时钟。我们可以假定数据通路周期分成三部分之后，每部分的执行时间大约是原来的 1/3，这样我们就可以把时钟速度提高三倍。（这可能并不完全符合实际，因为我们在数据通路中又增加了两个寄存器，但是近似来说是这样。）

因为我们在前面曾经假定，所有的内存读写操作都可以由第一级高速缓存完成，而且第一级高速缓存和寄存器是用相同的材料制造的，因此我们可以假定内存操作只需要一个周期。当然实际中并不完全是这样。

第二方面的好处是提高了吞吐率而不是加快了单条指令的执行速度。在 Mic-2 中，ALU 在每个时钟周期的第一部分和第三部分是空闲的。而把数据通路分成三部分之后，我们在每个周期中都可以使用 ALU，这样计算机的工作速度就是原来的三倍。

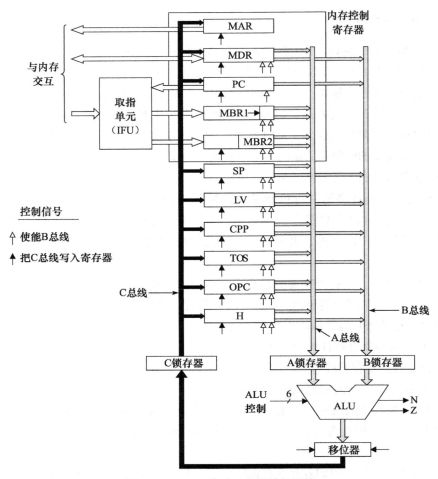

图 4-31　Mic-3 中的三总线数据通路

　　我们来看看 Mic-3 的数据通路是如何工作的。首先，我们要解决如何表示锁存器的问题。
我们可以把它们称为锁存器 A、B 和 C 并把它们当作寄存器处理，不过必须记住数据通路的
限制。图 4-32 中给出了 Mic-2 中实现 SWAP 的微代码序列。

标　　号	操　　作	注　　释
swap1	MAR = SP − 1; rd	读出栈中第 2 个字
swap2	MAR = SP	MAR 赋值为栈顶指针，准备将读出的第 2 个字写入
swap3	H = MDR; wr	把新的 TOS 保存在 H 中；把栈的第二个字写入栈顶
swap4	MDR = TOS	把旧的 TOS 拷贝到 MDR 中
swap5	MAR = SP − 1; wr	将旧的 TOS 写入栈中的第二个字
swap6	TOS = H; goto (MBR1)	修改 TOS

图 4-32　Mic-2 中的 SWAP 代码

　　现在我们来看看在 Mic-3 中是如何实现这一序列的。请记住现在数据通路需要三个操作
周期：一个周期装入 A 和 B，一个周期执行运算并把结果装入 C，最后一个周期把结果写回
寄存器。我们把每个周期称为一个**微操作步**（microstep）。

　　Mic-3 中实现的 SWAP 操作如图 4-33 所示。周期 1 时，开始执行 swap1，把 SP 拷贝到 B。

这步操作和 A 无关，因为执行 B-1 操作时 A 是不使能的（参见图 4-2）。为了简单起见，我们将不列出不需要的赋值。在周期 2 时，我们执行减法运算。在周期 3 中，结果被存入 MAR，在周期 3 结束前启动内存读操作（在 MAR 已经获得值之后）。由于读内存需要一个周期，因此直到周期 4 结束前才能得到结果，用周期 4 对 MDR 赋值来表示。直到周期 5 才能使用 MDR 中的值。

Cy	swap1 MAR=SP–1; rd	swap2 MAR= SP	swap3 H=MDR; wr	swap4 MDR=TOS	swap5 MAR=SP–1; wr	swap6 TOS=H; goto (MBR1)
1	B=SP					
2	C=B–1	B=SP				
3	MAR=C; rd	C=B				
4	MDR=mem	MAR=C				
5			B=MDR			
6			C=B	B=TOS		
7			H=C; wr	C=B	B=SP	
8			Mem=MDR	MDR=C	C=B–1	B=H
9					MAR=C; wr	C=B
10					Mem=MDR	TOS=C
11						goto (MBR1)

图 4-33　SWAP 在 Mic-3 中的实现

现在我们回到周期 2。我们现在把 swap2 分成微操作步并启动它们。在周期 2 中，我们可以把 SP 拷贝到 B 中，然后让它在周期 3 时通过 ALU 并在周期 4 保存在 MAR 中。到目前为止，一切顺利。很明显，如果我们可以保持这样的势头，在每个周期都启动一条新的微指令，我们就可以使计算机的速度提高 3 倍。这是因为我们每个时钟周期都可以发送一条微指令，而 Mic-3 的时钟速度是 Mic-2 的 3 倍。实际上，我们实现了一个流水线型的 CPU。

然而很不幸，我们在周期 3 遇到了障碍。我们希望在周期 3 能启动微指令 swap3，但是 swap3 要做的第一个操作是让 MDR 通过 ALU，而 MDR 直到周期 5 时才能从内存获得值。这种由于等待前一个微操作步的结果而使下一个微操作步不能启动的情况称为**真相关**（true dependence）或者**写后读相关**（RAW dependence）。相关通常也称为**冒险**（hazard）。RAW 表示 Read After Write，它的意思是某个微操作步希望读一个还没有写入值的寄存器。这里我们唯一能做的就是到 MDR 可用时再启动 swap3，也就是周期 5。停下来等待需要的值称为**延迟等待**（stalling）。在 swap3 之后，我们又可以每个周期都发送一条微指令了，因为不再有相关的情况了，虽然 swap6 差点就出现了相关，它读 swap3 周期写入的 H 寄存器。如果 swap5 试图读 H 寄存器，它将被延迟一个周期。

297

虽然 Mic-3 的微程序和 Mic-2 相比花费了更多的周期，但是它仍然比 Mic-2 速度快。我们设 Mic-3 的周期时间为 ΔT 纳秒，那么 Mic-3 执行 SWAP 时需要 11ΔT。而 Mic-2 需要 6 个 3ΔT 的周期，也就是 18ΔT 的时间。流水线设计加快了计算机的运行速度，虽然在中间我们曾经阻塞了一次以避免相关。

流水线是所有的现代 CPU 中都使用的关键技术，因此需要深入地理解它。图 4-34 中，我们列出了图 4-31 中的数据通路的流水线操作过程。第一列表示周期 1 中的操作，第二列表示周期 2，依次类推（假定没有阻塞）。周期 1 中指令 1 的阴影区域表示 IFU 正在取指令 1。一个时钟周期之后，也就是周期 2，指令 1 需要的寄存器被加载至锁存器 A 和 B 中，与此同时，IFU 开始取指令 2，图 4-34 中用两个阴影表示。

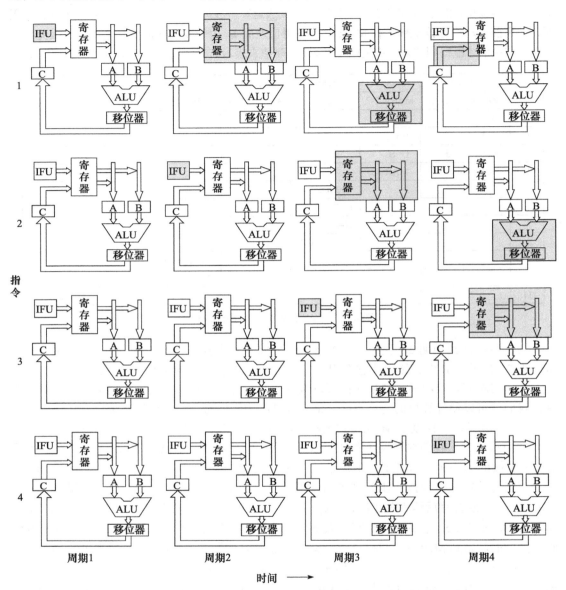

周期1   周期2   周期3   周期4

时间 ⟶

图 4-34   流水线工作过程的图示

在周期 3 时，指令 1 开始使用 ALU 并执行移位操作，指令 2 加载的数据被锁存到 A 和 B 中，同时开始取指令 3。最后，在周期 4 中，4 条指令同时工作。指令 1 的结果存入寄存器，ALU 执行指令 2，A 和 B 锁存指令 3 的数据，同时取指令 4。

如果我们画出指令 5 和后续的周期，你会发现它们和周期 4 相同：数据通路的所有 4 部分都同时独立工作。这种设计是一种 4 段的流水线，4 段分别是取指令、存入操作数、ALU 运算和将结果写回寄存器。它和图 2-4a 中的流水线类似，区别是没有译码段。需要理解的重要的一点是虽然执行每条指令都需要 4 个时钟周期，但是在每个时钟周期中，有一条新指令启动的同时都有一条旧指令完成。

图 4-34 的另一种方式是按照指令的顺序从水平方向看。对指令 1 来说，周期 1 时 IFU 取指，周期 2 时，它的寄存器被发送到 A 总线和 B 总线上。周期 3 时，ALU 和移位器开始工作。最后，在周期 4 中，将结果存回寄存器。需要注意的是，CPU 中共有 4 部分硬件可用，在每个周期中，某条指令只能使用其中的一个部分，其他的部分由另外的指令使用。

298
~
299

我们可以把这种流水线设计和汽车制造厂中装配汽车的生产线进行类比。为了抽象出流水线的本质特征，我们假定有一面大锣，每分钟敲一次，在这段时间内，所有的汽车都向前移动一站。每一站的工人都对面前的汽车执行某道工序，比如安装方向盘或者刹车装置。每次敲锣时（也就是每个周期），都有一辆新车进入装配线并有一辆完成的车驶出装配线。这样，即使完成一辆汽车需要数百个周期，但在每个周期中都会完成一辆汽车。无论生产一辆汽车需要多长时间，工厂都可以每分钟生产一辆汽车。这就是流水线的威力，它在 CPU 中的效果和汽车工厂中的效果是一样的。

4.4.5　七段流水线设计：Mic-4

我们前面已经解释过，每条微指令都需要指定自己的后续微指令。大多数微指令选择当前序列中的下一条微指令，而最后一条微指令，例如 swap6，通常执行多路转移。这会使流水线停滞，因为不可能执行预取。我们需要采用更有效的方式来处理这一问题。

我们的下一种（也是最后一种）微体系结构是 Mic-4。Mic-4 的主要部分如图 4-35 所示，为了便于说明概念，图中没有列出太多的细节。和 Mic-3 一样，Mic-4 也有一个 IFU 单元从内存中预取指令字并管理不同的 MBR。

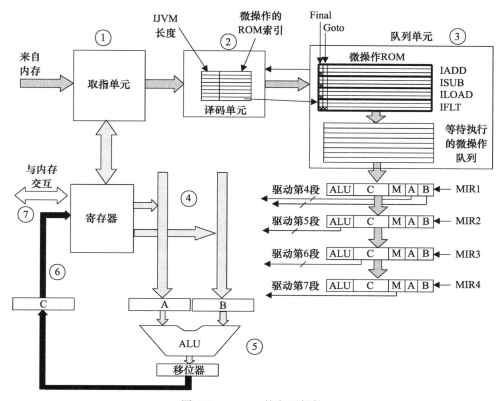

图 4-35　Mic-4 的主要部件

IFU 把读取的字节流送入一个新的单元，**译码单元**。该单元有一个内部的 ROM，使用 IJVM 操作码作为索引。每项（也就是每行）包括两部分：该条 IJVM 指令的长度和指向微指令 ROM 的索引。IJVM 指令长度用于指示译码单元如何将到达的字节流解析为指令。因此译码单元知道哪些字节是操作码，哪些字节是操作数。如果当前指令的长度是 1 个字节（例如 POP 指令），译码单元就知道下一个字节是（下一条指令的）操作码。如果当前指令长度是两个字节，那么译码单元就知道下一个字节是操作数，再下面一个字节才是另一个操作码（下一条指令的）。如果当前字节是 WIDE 前缀，下一个字节就会被转换成特殊的宽操作码，例如，WIDE+ILOAD 会转换成 WIDE_ILOAD。

译码单元中的索引值指向下一个单元，即**队列单元**（queuing unit）中的微指令 ROM 表。队列单元包括一些逻辑和两张内部表，一张在 ROM 中，一张在 RAM 中。ROM 中是微程序，每条 IJVM 指令在此 ROM 中都有一些连续的项，称为**微操作**（micro-operation）。这些项必须按照顺序排列，因此 Mic-2 中使用的从 wide_iload2 跳转到 iload2 的小技巧就不能用了。每个 IJVM 序列都必须是完整的，在某些情况下可能会出现重复序列。

微操作和图 4-5 中的微指令类似，只不过没有 NEXT_ADDRESS 字段和 JAM 字段，而且还增加了一个新的定义 A 总线输入的编码字段。还增加了两个新的数据位：Final 和 Goto。Final 位在每段 IJVM 微操作序列的最后一条微操作处设置以标记微操作序列结束。设置 Goto 位则表示微操作是条件跳转的微操作。它们和正常微操作的格式不同，由 JAM 位和指向微操作 ROM 的索引值组成。以前那种既能执行数据通路操作又能执行条件微跳转的微指令（例如，iflt4）被分成了两类微操作。

队列单元的工作方式如下。它接收一个来自译码单元的微操作 ROM 的索引值。然后查找此微操作并拷贝到一个内部队列中。然后再把下一条微操作也拷贝到该队列中，然后拷贝再下一条微操作，直到拷贝到带 final 位的微操作为止。拷贝完这条微操作后才停止。如果没有遇到带 Goto 位的微操作，而且队列中仍然有空间，队列单元将给译码单元发回一个确认信号。当译码单元收到确认信号后，就把下一条 IJVM 指令的索引值发送给队列单元。

使用这种方式，内存中的 IJVM 指令序列将最终转换成队列中的微操作序列。这些微操作将送往 MIR，然后产生控制数据通路的控制信号。但是，我们还必须考虑另一个因素：微操作中的字段不可能同时被用到。在第一个周期时使用 A 和 B，第二个周期中使用 ALU，第三个周期时使用 C 字段，第四个周期是所有的内存操作。

为了使 Mic-3 能正确工作，我们在图 4-35 中使用了 4 个独立的 MIR。在每个时钟周期的开始处（图 4-3 中的 Δw），MIR3 被拷贝到 MIR4 中，MIR2 拷贝到 MIR3 中，MIR1 拷贝到 MIR2 中，而 MIR1 中则加载一条来自微操作队列的新的微操作。这样，每个 MIR 都可以发出控制信号，但是每个都只有一部分可用。MIR1 中的 A 和 B 字段用于选择驱动锁存器 A 和 B 的寄存器，而 MIR1 中的 ALU 字段则没有被使用也没有连接到数据通路上。

一个时钟周期之后，MIR1 中的微操作移到了 MIR2 中，这时被选中的寄存器已经位于锁存器 A 和 B 中等待进一步处理了。MIR2 的 ALU 字段用于驱动 ALU。在下一个周期中，C 字段用于把结果写回寄存器。在这之后，这条微操作将到达 MIR4 并使用刚装入数据的 MAR（如果是写操作，还要用到 MDR）启动需要的内存操作。

Mic-4 中需要讨论的最后一个问题是微跳转（microbranch）。某些 IJVM 指令，例如 IFLT，需要根据 N 位的值执行条件跳转。如果发生微跳转，流水线就不能继续工作了。为了处理这种情况，我们在微操作中增加了 Goto 位。当队列单元装入一条设置了 Goto 位的微操作时，它就会得知流水线遇到了障碍，因此就不会向译码单元发送确认信号。这时计算机就阻塞在这条微操作中直到这条微操作处理完成。

很有可能出现这样的情况：跳转之后的某些 IJVM 指令已经进入了译码单元（但是还没有进入队列单元），因为队列单元遇到设置了 Goto 位的微操作后没有发回确认（也就是继续）信号。需要特殊的硬件和机制来清除这些垃圾并回到正确的执行路径上来，这些内容超出了本书的范围。当 Edsger Dijkstra 写作那封著名的信 "GOTO 语句十分有害"（Dijkstra，1968a）时，他可能没有意识到他是多么的正确。

从 Mic-1 开始，我们已经前进了很远。Mic-1 的硬件非常简单，几乎所有的控制都是软件完成的。而 Mic-4 是高度流水线的设计，它有七段流水线而且硬件相当复杂。流水线过程如图 4-36 所示，加圈的数字表示和图 4-35 相应的部分对应。Mic-4 自动从内存中预取字节流，把它们译码成 IJVM 指令，使用 ROM 把它们转换成微操作序列，需要的话还要对它们进行排队。如果需要，流水线的前三段可以使用数据通路的时钟，但是不可能一直使用该时钟持续工作。例如，IFU 不可能每个时钟周期都向译码单元送入一条新的 IJVM 操作码，因为 IJVM 指令执行时需要多个周期，如果不停地送入新指令，队列很快就会溢出。 [302]

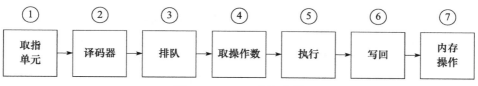

图 4-36　Mic-4 的流水线

每个时钟周期，MIR 都向前移动一个位置，队列底部的微操作将拷贝到 MIR1 中开始执行。来自四个 MIR 的控制信号将通过数据通路传播并产生相应的动作。每个 MIR 都控制数据通路的不同部分，这就产生了不同的微操作步。

这样，我们完成了一个深度流水的 CPU 的设计，这种技术可以极大地缩短不同的执行步并提高时钟频率。许多 CPU 的设计都采用了这种基本思想，特别是那些必须实现较老（CISC）指令集的 CPU。比如 Core i7，它的设计从概念上说和 Mic-4 很类似，本章后面将会具体讨论。

4.5　提高性能

所有的计算机厂商都希望他们的系统运行得越快越好。本节我们将讨论一些正在研究中的用于提高系统（主要是 CPU 和内存）性能的先进技术。计算机工业界中激烈的竞争使得提高计算机性能的新思想变成产品的时间越来越短。因此，我们将要讨论的大部分思想已经在许多产品中使用了。

我们将要讨论的技术可以粗略地分成两大类：具体实现的改进和体系结构的改善。具体实现的改进可以通过制造新的 CPU 和内存使系统在体系结构不变的情况下运行得更快。改变实现而不改变体系结构意味着原有的程序可以运行在新的计算机上，这是一个主要的卖点。改进实现的一种方式是使用更快的时钟，但是这并不是唯一的办法。从 80386 到 80486、[303]
Pentium，直到新近推出的 Core i7 等所获得的性能改善都是来自于更好的实现，因为它们的体系结构基本上是相同的。

某些改进只能通过改变体系结构来实现。有时候，这种改变是增加一些部件，例如增加新的指令或者寄存器，这样原来的程序就可以继续在新的体系结构上运行。在这种情况下，为了充分发挥全部的性能，必须改变软件，至少需要使用能够充分发挥新特性的新编译器来重新编译软件。

但是，经过了几十年的发展后，设计者们认识到原有的体系结构已经不能适应新的需要了，唯一的办法就是重新设计新的体系结构。20世纪80年代出现的RISC体系结构就是这样一种突破：这是现在流行的另一种体系结构。第5章中我们将研究RISC体系结构的一个实例：Intel的IA-64。

本节的剩余部分将研究四种不同的、提高CPU性能的技术。首先是三种有效的实现改善，最后是一种需要体系结构的支持才能发挥最大效果的方法。这些技术是高速缓存、分支预测、使用寄存器重命名的乱序执行和推测执行。

4.5.1 高速缓存

在整个计算机发展历史中，最富于挑战性的任务莫过于设计一种能够以处理器的速度提供操作数的存储系统。但是存储器速度的增长却和处理器速度的高速增长不匹配。和CPU相比，在过去的几十年里存储器变得越来越慢了。鉴于主存储器在整个计算机系统中的重要作用，这种情况极大地限制了计算机系统性能的提高。同时也促使人们去研究如何解决内存速度慢于CPU速度这一正变得越来越严重的问题。

现代处理器在延时（提供操作数的延迟时间）和带宽（单位时间内能提供的数据量）等方面对内存都要求很高，麻烦的是内存系统的这两个方面在很大程度上是相互矛盾的。许多增大带宽的技术也会增加延时。例如，Mic-3中使用的流水线技术可以用于内存系统，可以通过重叠多个内存请求来提高效率。但是很不幸，和Mic-3一样，这样做会增大每次内存访问的延时。随着处理器速度的提高，设计能够在一个或者两个时钟周期之内提供操作数的内存系统正变得越来越困难。

解决问题的一种方案是提供高速缓存（cache）。我们在2.2.5节中曾经讨论过，cache是一个存放最近刚被使用的内存字的小的高速存储器，它可以快速访问这些内存字。如果需要的内存字大部分都在cache里，那就可以极大地降低存储器的延时。

[304]

既能提高带宽又能减小延时的最有效的技术是使用多级cache。基本的技术是分别为指令和数据提供高速缓存，这种称为**分离式高速缓存**（split cache）的技术效率很高。它有这样一些优点。首先，可以在每个cache中独立地进行内存操作，这样可以使存储系统的带宽增大一倍。这也是我们在Mic-1中提供两个内存端口的原因：每个端口都可以有自己的cache。请注意，每个cache都独立地访问主存储器。

目前使用的许多内存系统都比上面讨论的复杂，都使用了额外的cache——**第2级cache**，它位于1级的指令和数据cache以及主存之间。实际上，更复杂的内存系统可能需要三级或者更多级的cache。图4-37中的系统有三级cache。CPU芯片本身包括一个小的指令cache和一个小的数据cache，容量一般为16～64KB。还有第2级cache，它不在CPU芯片内部，但是和CPU封装在一起，在CPU芯片的旁边，通过高速通道和CPU相连。此cache是通用的，既包括数据也包括指令，其典型容量为512KB～1MB。第3级的cache位于处理器板上，它由几兆字节的SRAM组成，比主存的DRAM速度快很多。cache的内容是逐级包含的，第 1 级 cache 的全部内容都在第 2 级 cache 中，第 2 级 cache 的全部内容都在第 3 级 cache 中。

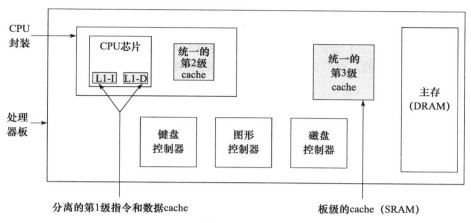

图 4-37　使用三级 cache 的系统

cache 利用两种地址局部性来实现其目标。**空间局部性**（spatial locality）意思是最近被访问的地址附近的地址很可能在将来被访问。cache 使用这种特性一次把比实际需要的更多的数据调入，希望它们将来能被用到。**时间局部性**（temporal locality）意思是最近访问的地址将会被再次访问。这种情况在栈顶的内存地址或者循环内的指令中很常见。cache 的设计者在利用时间局部性时需要考虑当 cache 不命中时如何替换。许多利用时间局部性的 cache 的替换算法都把最近最不常用的项替换出去。 305

所有的 cache 都使用下面的模型。主存被分成固定大小的称为 cache 块的块。一个 cache 块通常由 4 ~ 64 个连续的字节组成。cache 块从 0 开始连续编号，因此如果使用 32 个字节的块，块 0 就是字节 0 ~ 31，块 1 就是字节 32 ~ 63，依次类推。任何时候都有某些块位于高速缓存中。当需要访问内存时，cache 控制器电路检查需要访问的字是否在 cache 中。如果在，就使用该值，这样可以节约一次内存访问。如果该字不在内存中，将从 cache 中移去某些块，并用从内存中或者从更低级别的 cache 中取出的块替换这些块。替换时有多种机制，但是其基本思想是在 cache 中保存最常用的块，这样可以最大限度地提高 cache 命中率。

1. 直接映射的高速缓存

直接映射的高速缓存（direct-mapped cache）是最简单的 cache。图 4-38a 中是一个单层的直接映射 cache 的例子。此 cache 共包括 2048 项。cache 中的每项（也就是每块）都保存来自主存的一个 cache 块。如果使用 32 字节的 cache 块大小（以此作为例子），cache 一共可以保存 64KB 的数据。每个 cache 项包括以下三部分：

1）有效位（Valid）用于表示该项中的数据是否有效。当系统刚启动时，所有的项都被标记为无效。

2）标记字段（Tag）是一个唯一的 16 位的值，它表示数据块在内存中相应的位置。

3）数据字段（Data）是相应内存位置的数据的拷贝。该字段包括 32 个字节。

采用直接映射高速缓存，每个内存字只能保存在唯一的 cache 位置上。给定一个内存地址，cache 中只有一个位置和它对应。如果该位置上没有此项，那么它就不在 cache 中。存取

[306] cache 中的数据时，地址被分为如下四个部分（如图 4-38b 所示）：

1）和 cache 项中的 Tag 位对应的 TAG 字段。

2）保存相应的数据的 cache 块的块号字段（LINE），如果数据在其中的话。

3）字字段（WORD）表示需要使用该块中的哪个字。

4）字节字段（BYTE）通常不用，但是如果请求的是一个单独的字节，它就用于指明字中的哪一个字节是需要的。对于只支持 32 位字的 cache 来说，该字段总是 0。

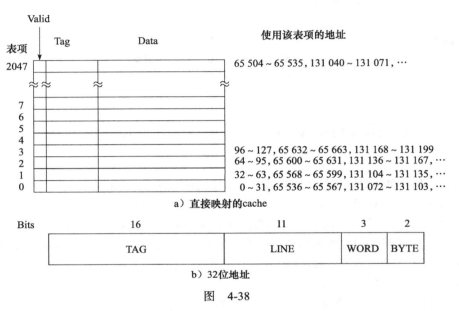

a）直接映射的cache

b）32位地址

图   4-38

当 CPU 产生一个内存地址时，硬件从地址中取出 11 位的 LINE 字段，并使用该字段到 2048 个项中进块检索。如果该项是有效的，就比较内存地址的 TAG 字段和此项的 Tag 字段。如果相同，就说明 cache 项中保存的是需要的字，这种情况称为 **cache 命中**（cache hit）。如果命中，那么就可以直接使用 cache 中的字，而不必访问内存。当然，还需要从 cache 项中取出需要的字，而该项中其他的部分是没有用的。如果该项是无效的，或者 tag 不匹配，就意味着需要的项不在 cache 中，这称为 **cache 缺失**（cache miss）。在这种情况下，就从内存中取

[307] 出 32 字节的 cache 块并保存在 cache 项中，替换掉现在的项。但是，如果目前的 cache 项已经被修改过，那么在覆写它之前必须首先把它写回主存。

虽然决策过程比较复杂，但是访问一个需要的字仍然相当快。只要地址是已知的，那么如果该字在 cache 中，它在 cache 中的位置就是已知的。这就意味着判断该字是否有效（通过比较 tag）和从 cache 中读出该字并送给处理器可以同步进行。这样处理器可以从 cache 中同步读取一个字，甚至在得知该字是否有效之前处理器就可以得到它。

这种映射机制把连续的内存块映射到连续的 cache 项中。实际上，最多 64KB 字节的连续数据都可以存放在 cache 中。但是，如果两块的地址之差正好是 64KB（65 536 个字节）或者是 64KB 的整数倍，那么这两块就不能同时保存在 cache 中（因为它们的 LINE 值相同）。举例来说，如果程序访问地址 X 处的数据，而下一条指令位于 X+65 536（或者任何位于同一块的其他地址），那么这条指令就会迫使 cache 项发生覆写。如果这种情况经常发生，就会导致性能变得很差。实际上，最差情况下的 cache 性能比没有 cache 时还要差，因为每次内存操

作都要读完整的 cache 块而不仅仅是一个字。

直接映射的 cache 是最常用的一种 cache，它的执行效率很高，因为上面讨论的冲突情况实际上很少发生，或者说几乎完全不可能。例如，一个有智能的编译器在向主存中存放指令和数据时会考虑到冲突情况。请注意，如果系统中使用了分离的指令和数据 cache，那么上面讨论的特殊情况就不会发生，因为发生冲突的访问请求位于不同的 cache 中。因此，使用两个 cache 比一个 cache 好：可以更灵活地处理内存访问冲突。

2. 组相连高速缓存

正如上面提到的，内存中的许多不同的块会竞争相同的 cache 项。在使用图 4-38a 中的 cache 时，如果程序频繁地使用地址 0 和地址 65 536 的字，那就会经常发生冲突，每次对其中之一的访问都会使 cache 项发生替换。解决该问题的一种方案是允许一个 cache 项中有两块或者更多块。每个地址可以对应 *n* 个 cache 项的高速缓存称为 **n 路组相连**（*n*-way set-associative）**高速缓存**。图 4-39 中是一个四路组相连的高速缓存。

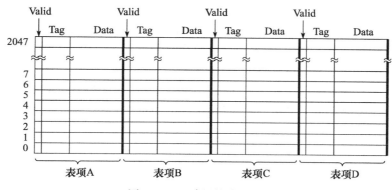

图 4-39　四路组相连 cache

组相连高速缓存从原理上说要比直接映射的高速缓存复杂，因为虽然可以从需要访问的内存地址中计算出 cache 项的确切位置，但是需要依次检查 *n* 个 cache 项来确定要访问的地址是否在 cache 中。尽管如此，经验仍然告诉我们两路和四路组相连 cache 的性能是值得花费这些额外的硬件费用的。

使用组相连 cache 时，设计者需要选择替换算法。也就是说，当一个新的项要进入 cache 时，把哪一项替换出去。当然，最优的决策需要知道将来的内存访问情况，目前很常用的最近最少使用 **LRU**（Least Recently Used）算法是一个很好的算法。该算法把被访问的内存地址可能用到的 cache 块按顺序记录在一张表中。当一个现有的块被访问时，它修改该表，标记该项为最近使用。当需要替换某项时，该表中的最后一项，也就是最不常用的一项，将被替换。

308

考虑下面的极端情况，一个共有 2048 项的 cache 按照 2048 路组相连 cache 组织，这样一共只有一组，组中共有 2048 项。这样，所有的内存地址都映射在同一组上，查找时就需要比较 cache 中所有 2048 个地址的标记。请注意，这时每项都必须有标记比较逻辑。由于 LINE 字段的长度为 0，TAG 字段就包含了整个地址字段（不包括 WORD 和 BYTE 字段）。更进一步说，当替换一个 cache 块时，所有 2048 块都有可能被替换。管理 2048 项的访问次序需要记录大量的信息，这使 LRU 算法变得不可行。（请记住，这张表在每次内存操作时都要更新，而不是只在缺失时更新。）令人惊讶的是，组数多的组相连 cache 和组数少的组相连

cache 相比，在大多数情况下性能并不高，在某些情况下甚至更糟糕。出于这些原因，大于四路的组相连 cache 很不常用。

最后一个问题是 cache 如何处理写操作。当处理器写一个字时，如果该字在 cache 中，很显然，要么把 cache 中的字一块更新，要么把该项抛弃。几乎所有的设计都选择了更新 cache。但是如何更新主存中的拷贝呢？这一操作可以延迟到此 cache 块将被 LRU 算法替换出去时再进行。做出选择很困难，因为没有绝对好的方案。立即更新主存的方案称为**写直达**（write through）。这种方案比较简单，易于实现，而且可靠性好，因为内存中的数据总是最新的，如果发生了某种错误而必须恢复内存的状态时，这一特点就很有帮助。但是，写直达法需要对内存执行更多的写操作。因此前一种更复杂的方案就更为常用，这种方案称为拖后写（write deferred）或者写回（write back）。

还有一个和写操作相关问题需要讨论：对当前不在 cache 中的地址执行写操作时该如何处理呢？是把数据调入 cache，还是只对内存执行写操作？同样，没有一种答案是绝对正确的。大多数使用拖后写的 cache 并不直接把数据写入内存，而是把发生写缺失的块调入 cache，这种技术称为写分配（write allocation）。而另一方面，使用写直达的 cache，在写操作时并不分配 cache 块，因为这样会使本来比较简单的设计变得复杂。只有对同一个 cache 块中同一个字或者不同的字重复执行写操作时，写分配技术才有效果。

cache 的性能对于系统性能来说十分关键，因为 CPU 速度和内存速度之间差距非常大。因此，寻求更好的高速缓存策略依然是研究热点（Sanchez 和 Kozyrakis，2011；以及和 Gaur 等人，2011）。

4.5.2 分支预测

现代 CPU 都是高度流水线的。图 4-36 中的流水线共有七段：高端的 CPU 有时候有 10 段流水线甚至更多。在执行顺序代码时流水线工作得很好，这时取指单元可以从内存中取出连续的字并在它们被用到之前把它们发送给译码单元。

这种模型唯一的一个小问题是它稍微有点不切实际。程序不可能永远顺序执行。其中充满了大量的转移语句。请看图 4-40a 中的简单的程序段。变量 i 和 0 进行比较（这可能是实际中最常见的比较测试）。根据比较的结果，另一个变量 k 被赋值为 1 或者 2。

这段程序编译成的汇编语言如图 4-40b 所示。本书后面会研究汇编语言，其实现细节在这里并不重要，根据计算机和编译器的不同，其编译成的汇编代码可能或多或少和图 4-40b 中有些区别。第一条指令比较 i 和 0。如果 i 不等于 0，第二条指令就跳转到标号 Else（else 语句的起点）处。第三条指令为 k 赋值 1。第四条语句跳转到下一条语句。为了方便，编译器已经在那里放置了一个标号 Next，因此可以直接跳转到那里。第五条指令为 k 赋值 2。

```
if (i == 0)              CMP i,0      ;比较i和0
    k = 1;               BNE Else     ;如果不相等跳转到
else           Then:     MOV k,1      ;k赋值为1
    k = 2;               BR Next      ;无条件转移到Next
               Else:     MOV k,2      ;k赋值为2
               Next:
```

a）程序段　　　　b）该程序段翻译成的通用汇编语言

图 4-40

你可能已经注意到了，这五条指令中有两条是转移指令。更进一步说，其中一条是条件转移指令 BNE（条件转移指令只有当条件满足时才会发生跳转，BNE 指令满足条件是指前一条 CMP 指令的两个操作数相等）。这里最长的顺序执行代码只有两条指令。因此，以很高的速率取指令使流水线运转是非常困难的。

乍看起来，图 4-40b 中的 BR Next 这样的无条件转移指令似乎没有什么问题。因为无条件转移指令的目的地址是明确的。为什么取指单元不能继续从目的地址（也就是将要跳转到的地址）取指呢？

问题在于流水线本身的特点。例如，在图 4-36 中，我们看到指令译码发生在流水线的第二段。因此取指单元必须在得知它将要取得的指令的种类之前就确定指令的地址。一个周期之后，取指单元就可以知道它取到的是一条无条件转移指令，但是这时它已经开始取该指令后面的指令了。因此，许多采用流水线设计的计算机（例如 UltraSPARC III）都具有这样的特性，紧跟在无条件转移指令后面的指令必须执行，虽然从逻辑上来说不应该这样。转移指令后面的位置称为**延时槽**（delay slot）。Core i7（和图 4-40b 中的 CPU）都不具有这种特性，但是为了解决这一问题，它们都采用了非常复杂的内部结构。具有优化功能的编译器可以让某些有用的指令填充延时槽，但是通常情况下并没有什么事情可做，因此不得不插入一条 NOP 指令。这样可以保证程序正确，但是程序变大了，也慢了。

无条件转移指令很难处理，条件转移指令就更难办了。它们不仅需要延时槽，而且一直到流水线的深处，取指单元才能知道到哪里去取指。早期的流水线 CPU 这时就**阻塞**（stall），直到它知道跳转是否发生为止。每次执行条件转移指令都要阻塞三到四个周期，如果程序中的指令有 20% 是条件转移指令，就会对性能产生很大的影响。

因此，大多数的计算机遇到条件转移指令时都将预测是否将跳转。如果我们能够在计算机空闲的 PCI 槽中插入（更好一点可以插入到 IFU 中）一个能预测未来的水晶球来帮助预测，那么这种作法将有很好的效果，但是目前还没有水晶球这样的设备。

既然没有水晶球，我们只好去设计其他的预测方法。可以使用下面这样非常简单的方案：假定所有向后的跳转都会发生，而所有向前的跳转则认为不会发生。前一个假定的理由是向前的跳转往往位于循环的尾部。大多数循环都需要执行多次，因此假定到循环首部的跳转会发生是合理的。

后一个假设就不太合理了。某些向前的跳转指令会在软件检测到错误条件时发生（例如，文件不能打开）。出现错误的概率是很小的，因此大多数和出错相关的跳转都不会发生。当然，还有大量的向前跳转指令和错误处理无关，因此这种假设的成功率就没有向后跳转的成功率高。虽然这种方案的效果不理想，但是它至少比什么都不做要好。

如果能正确预测跳转就最好不过了。可以跳转到目的地址继续执行。但是当预测错误时就会出现问题。找到正确的目的地址并转移到该目的地址继续执行并不困难。困难的是如何取消已经执行的和将要执行的指令。

有两种处理办法。第一种办法是允许预测的跳转转移指令之后的指令继续执行直到它们将要修改计算机的状态时（例如，向寄存器中保存数据）。这时，并不把计算结果存入寄存器，而是存入一个（秘密的）临时寄存器中，当得知预测结果正确时再把该值拷贝到实际的寄存器中。第二种方案是记录将要被覆写的寄存器的原值（可以保存在秘密的临时寄存器中），这样当计算机发现自己发生预测错误时可以恢复到正确的状态。这两种方案都很复杂，需要付出很大的努力才能使它们正确工作。而且如果在还不知道第一次预测是否正确时又遇

311

到了第二条条件转移指令，情况将变得更糟糕。

1. 动态分支预测

很显然，正确预测的意义很大，因为这时 CPU 可以全速运行。因此，针对如何提高分支预测算法的准确度，研究人员进行了大量的研究工作（例如，Chen 等人，2003; Falcon 等人，2004; Jimenez, 2003; Parikh 等人，2004）。一种方案是让 CPU 维护一张历史表（使用特殊的硬件实现），表中记录了以前发生的条件转移指令，当再次发生条件转移时，CPU 将查找这张表。图 4-41a 中是使用这种方案的最简单的情况。图中的历史表为每个条件转移指令分配一项。该项包括转移指令的地址，还有一位用于表示该指令最近一次执行时是否发生了跳转。使用这种方案时，预测很简单，就按照该指令上次的转移情况预测。如果预测错误，就改变历史表中的相应位。

还可以用其他几种方案组织历史表。实际上，它们和设计 cache 时使用的技术是一样的。举个例子，有一台使用 32 位指令的计算机，指令是按照字边界对齐的，也就是说每个内存地址的低两位都是 00。如果使用直接映射方式的历史表，表项为 2^n，那么就可以取出转移指令的低 $n+2$ 位并右移两位得到一个 n 位数。使用该数作为历史表的索引来检索历史表看保存在对应位置的地址是否和转移指令的地址匹配。和 cache 一样，不需要保存低端的 $n+2$ 位，因此最低两位被忽略了（只保存高地址作为标记）。如果匹配，则使用预测位进行预测。如果标记不匹配或者该项无效，就使用向前 / 向后跳转规则。

如果转移历史表有 4096 项，那么位于地址 0、16384、32768 等处的转移指令将会冲突，这和 cache 中遇到的问题类似。因此我们也可以采用相同的解决方案：采用两路，四路，或者 n 路组相连策略。和 cache 中的情况一样，最受限制的情况是 n 路组相连，这时需要对历史表进行完全查找。

如果表空间很大，并提供足够的相连组数，那么这种方案在大多数情况下可以工作得很好。但是，有一个系统造成的问题无法解决。当循环最终退出时，位于循环尾部的转移指令将预测错误，更糟糕的是，这一错误预测将改变历史表中的预测位来指明将来的预测是"不跳转"。当下一次进入循环时，对第一次循环的最后一条跳转语句的预测将是错误的。如果循环位于另一个循环的内部，或者在一个频繁调用的过程中，这种错误将经常发生。

为了消除这种预测失效，我们可以再次修改历史表项。使用这种方案时，只有两次连续的预测都发生错误时才改变预测位。这种方案需要在历史表中设置两个预测位，一位是对转移指令的猜测，另一位是上次跳转的情况，如图 4-41b 所示。

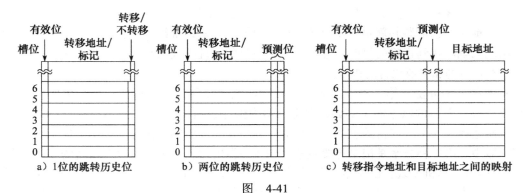

图　4-41

　　查找算法也有一些不同，可以把它看成是有四个状态的有限状态机（FSM），如图 4-42 313
所示。在一系列连续正确的"不跳转"预测之后，FSM 将进入状态 00 而且对下一次跳转的
预测也是"不跳转"。如果不正确，FSM 将进入状态 01，但是下次的预测仍然是"不跳转"。
如果还不正确，FSM 将进入状态 11 并把预测改为跳转。从效果上来说，状态的左边一位表示
预测，右面的一位表示上次的实际跳转情况。该设计中只使用了两位的历史表，我们也可以
使用 4 位或者 8 位的历史表。

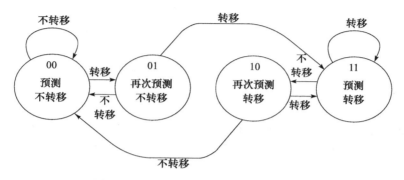

图 4-42　用于分支预测的两位有限状态机

　　这并不是我们遇到的第一个 FSM。图 4-28 也是一个 FSM。实际上，可以把所有的微程
序都看成 FSM，因为微程序中的每行都代表计算机的一个特定的状态，它将根据事先定义好
的变迁跳转到有限状态集合中的其他状态。FSM 已经在硬件设计中得到了广泛的应用。

　　到目前为止，我们都假定每条转移指令的目的地址都是已知的，或者是一个明确的地址
（包括在指令中），或者是相对于当前指令的相对偏移量（也就是给程序计数器加上一个带符
号的数）。通常情况下可以这样假设，但是某些条件转移指令通过对寄存器的内容进行运算来
得到目的地址，然后执行跳转。即使图 4-42 中的 FSM 能够准确地预测将要发生的跳转，但
是这种预测对于目的地址未知的转移指令是毫无意义的。解决这一问题的一种方案是在历史
表中保存上一次的实际跳转地址，如图 4-41c 所示。使用这种方案时，如果历史表中表明地
址 516 处的转移指令上次发生了转移并跳转到了地址 4000 处，而且现在的预测仍然是"跳
转"，那么我们就假定这次的转移将再次跳转到地址 4000 处。

　　分支预测的另一种策略是记录前 k 次条件转移指令的情况，而不管它们的指令类型。这
k 位数据包含在转移历史移位寄存器（branch history shift register）中，该寄存器将并行地和
历史表中的 k 位主键进行比较，如果匹配，就使用找到的预测。令人惊讶的是，这种方案在
实际应用中的效果相当好。　314

2. 静态分支预测

　　到目前为止讨论的所有分支预测技术都是动态的，也就是说，它们在程序运行时执行。
它们可以适应程序的当前状态，这是它们的优点。但缺点是需要特殊的和复杂的硬件，并极
大地增加了芯片的复杂度。

　　另一种预测方案是让编译器进行预测。当编译器看到一条这样的语句时：

```
for (i = 0; i < 1000000; i++) { ... }
```

它就知道循环尾部的转移几乎肯定会发生。如果能有办法让编译器把这一信息告诉硬件，将
会节省大量的工作。

使用这种技术带来了体系结构的变化（并不仅仅是实现的问题），某些计算机，比如 UltraSPARC III，除了通常的条件转移指令之外（它们用于保证向后兼容），还有另一组条件转移指令。这些新的指令中有一位可以由编译器设置，当编译器认为会发生跳转时（或者不会发生时）就设置该位。当遇到这样的指令时，取指单元就直接按照指令中的指示采取行动。而且，这种方案不需要把宝贵的空间浪费在保存指令的转移历史表上，并可以减少冲突的发生。

最后一种分支预测技术是基于模拟的（profiling）（Fisher 和 Freudenberger, 1992）。这也是一种静态的方案，但是它并不使用编译器来指出哪些转移会发生，哪些转移不会发生。它实际运行该程序（一般是在模拟器上运行），以获得程序中发生转移的信息。这些信息将送给编译器，编译器再使用特殊的条件转移指令来通知硬件该如何操作。

4.5.3　乱序执行和寄存器重命名

大多数现代 CPU 都采用了流水线和超标量技术，如图 2-6 所示。这意味着这些 CPU 中都有取指单元，在指令被用到之前，取指单元就已经从内存中取出指令并送入译码单元。译码单元把译码后的指令发送到适当的功能单元去执行。根据功能单元功能的区别，有时候在把指令发送到功能单元之前需要先把指令划分成微操作步。

很显然，如果所有的指令都按照取指的顺序执行，计算机的设计是最简单的（假定分支预测算法永远不会出错）。但是，由于指令之间存在相关性，那么按照顺序执行并不一定得到最优性能。如果某条指令需要用到前一条指令的计算结果，那么只有当前一条指令产生了结果之后，这条指令才能执行。在这种情况下（即 RAW 相关），第二条指令就必须等待。很快我们就会看到，还有其他类型的相关。

[315] 为了克服这些问题以达到更好的性能，某些 CPU 可以跳过相关的指令执行后面不相关的指令。毫无疑问，内部的指令调度算法必须保证程序的运行结果和按照顺序执行时的结果相同。下面我们用一个详细的例子来说明如何使指令乱序执行。

为了揭示问题的本质，我们使用这样一台计算机为例，它总是按照程序的顺序发送指令，而且指令的完成顺序也和程序规定的相同。下面我们很快就会看到后一点的重要性。

我们的例子中用到的计算机有程序员可用的 8 个寄存器，R0 ~ R7。所有的算术指令都使用三个寄存器：两个保存操作数，一个存放结果，这和 Mic-4 相同。我们假定如果一条指令在周期 n 时译码，那么它就在周期 $n+1$ 时开始执行。如果是简单指令，如加法指令或者减法指令，就在周期 $n+2$ 结束时把结果写回目的寄存器。如果是比较复杂的指令，如乘法，就在周期 $n+3$ 结束时把结果写回目的寄存器。为了使例子更实际一些，我们允许译码单元每个时钟周期最多发送两条指令。商用的超标量 CPU 通常在一个时钟周期内能发送 4 条甚至 6 条指令。

图 4-43 给出了例子的执行序列。第一列是周期的序号。第二列是指令的序号。第三列是被译码的指令。第四列说明哪条指令被发出（每个时钟周期最多两条）。第五列是已经完成的指令。请记住，在我们的例子中，指令既需要按顺序发出，也需要按顺序结束，因此指令 $k+1$ 在指令 k 发出之前不能被发出，而且指令 $k+1$ 在指令 k 完成之前也不能完成（完成的意思是完成写入目的寄存器的操作）。其他的 16 列下面将会讨论。

对某条指令译码之后，译码单元必须决定是否立即发出这条指令。为了作出决定，译码单元需要掌握所有寄存器的状态。例如，如果当前的指令需要用到某个值还没有计算出来的寄存器，这条指令就不能发出，CPU 必须处于等待状态（阻塞）。

Cy	#	译码	发送	完成	读取的寄存器								写入的寄存器							
					0	1	2	3	4	5	6	7	0	1	2	3	4	5	6	7
1	1	R3=R0*R1	1		1	1										1				
	2	R4=R0+R2	2		2	1	1									1	1			
2	3	R5=R0+R1	3		3	2	1									1	1	1		
	4	R6=R1+R4	—		3	2	1									1	1	1		
3					3	2	1									1	1	1		
4				1	2	1	1										1	1		
				2	1	1												1		
				3																
5			4			1			1										1	
	5	R7=R1*R2	5			2	1		1										1	1
6	6	R1=R0-R2	—			2	1		1										1	1
7				4		1	1													1
8				5																
9	7	R3=R3*R1	6		1		1							1						
			—		1		1							1						
10					1		1							1						
11				6																
12	8	R1=R4+R4	7			1		1								1				
			—			1		1								1				
13						1		1								1				
14						1		1								1				
15				7																
16			8						2						1					
17									2						1					
18				8																

图 4-43　按序发送和按序结束的超标量 CPU 的操作

我们使用**记分牌**（scoreboard）来掌握寄存器的使用情况，CDC 6600 首先使用了这种技术。记分牌中对应每个寄存器都有一个小计数器，它记录每个寄存器被当前正在执行的指令作为数据源引用的次数。如果一次最多可以发出 15 条指令，那么使用 4 位的计数器就可以了。当指令发出时，它的操作数寄存器对应的记分牌加 1，当指令结束时，它的操作数寄存器对应的记分牌就减 1。

记分牌还记录每个寄存器作为目的寄存器的次数。由于一次只允许写入一个寄存器，这些计数器使用 1 位宽就足够了。图 4-43 中右面的 16 列就是记分牌。

316

在实际的计算机中，记分牌还记录了功能单元的使用，这样可以避免出现发出一条指令之后却发现没有功能单元可用的情况。为了使问题简化，我们假定任意时刻都有合适的功能单元可用，因此我们在记分牌中就没有记录功能单元。

图 4-43 中的第一行是 I1（指令 1），它把 R0 和 R1 相乘并把结果存入 R3。由于这些寄存器都是空闲的，所以该指令将被发出，然后修改记分牌以表示 R0 和 R1 正在被读而 R3 正在被写。在 I1 完成之前，其他指令不能写这些寄存器也不能读寄存器 R3。由于该指令是乘法指令，它将在周期 4 结束时完成。每行的记分牌的值反映的是该行的指令被发出后的状态。

317

空白项表示 0。

我们的例子是一台超标量计算机，它每个周期可以发出两条指令，因此第二条指令（I2）也在周期 1 中发出。它把 R0 和 R2 相加，结果存入 R4。使用下面的规则来判断该指令是否能发出：

1）如果任何一个操作数正在被写，就不发出（RAW 相关）。

2）如果保存结果的寄存器正在被读，就不能发出（WAR 相关）。

3）如果保存结果的寄存器正在被写，也不能发出（WAW 相关）。

前文我们已经看到了 RAW 相关，当指令需要使用前一条指令还没有产生的结果作为操作数时就会发生 RAW 相关。另外两种相关则没有那么严重。它们是资源冲突造成的。WAR（Write After Read）相关的含义是某条指令试图向前一条指令正在读的寄存器写入数据。WAW（Write After Write）相关与之类似。可以让第二条指令把结果暂时存入别的地方来避免这些相关性。如果不存在上述三种相关，而且功能单元是可用的，该指令就被发出。在我们的例子中，I2 使用的寄存器 R0 正在被指令 I1 读取，但是这种重叠是允许的，因此 I2 被发出。类似地，周期 2 时 I3 也被发送。

下面该执行 I4 了，它需要使用 R4。很不幸，从第 3 行中我们看到 R4 正在被写入。这时就发生了 RAW 相关，因此译码单元将阻塞直到 R4 可用为止。阻塞期间，译码单元停止从取指单元取指令。当取指单元的内部缓冲区存满之后，它也将停止取指令。

虽然程序中的下一条指令 I5 并没有和正在执行的任何一条指令冲突，但是我们并不能利用这一点。如果不是因为我们的设计要求按照顺序发送指令，这条指令应该是能够被译码并发出的。

现在我们来看看周期 3 发生了什么。加法指令 I2（需要两个周期），应该在周期 3 结束时完成。但是很遗憾，它并不能在这时候完成，因此也不能为 I4 释放 R4。为什么不能完成呢？原因在于我们的设计要求是按照顺序完成。这又是为什么呢？难道我们现在就把结果存入 R4 使 R4 可用会带来什么危害吗？

答案是很微妙的，也很重要。假定指令可以不按照顺序完成。那么当发生中断时，就很难保存计算机的状态，以后也就很难恢复计算机的状态。特别是，我们就不能说某个地址之前的所有指令已经执行了而该地址之后的所有指令都还没有执行。这种**精确中断**（precise interrupt）是 CPU 需要的特性（Moudgill 和 Vassiliadis, 1996）。乱序完成会使中断不精确，这就是某些计算机需要指令按序完成的原因。

再回到我们的例子中，在周期 4 结束时，所有三条正在等待的指令将完成，这样，在周期 5 时就可以发出 I4 和刚刚译码的 I5。只要有指令完成，译码单元就会检查是否可以发出正在等待的指令。

周期 6 时，I6 将阻塞，因为它需要写入 R1，而 R1 正在被使用。I6 直到周期 9 时才能启动。虽然硬件能够每个时钟周期发出两条指令，但是由于存在许多相关性，整个 8 条指令的序列需要 18 个周期才能完成。但是，请注意，如果你从上到下观察图 4-43 中的"发送"列，就会发现指令是按照顺序发出的。类似地，从"完成"列中可以看出它们也是按照顺序完成的。

现在我们考虑另一种方案：乱序执行。使用这种方案，指令发出时可以不按照顺序，指令结束时也可以不按照顺序。图 4-44 中是同样的 8 条指令的序列，不过现在允许乱序执行和乱序完成。

Cy	#	译码	发送	完成	读取的寄存器 0	1	2	3	4	5	6	7	写入的寄存器 0	1	2	3	4	5	6	7
1	1	R3=R0*R1	1		1	1										1				
	2	R4=R0+R2	2		2	1	1									1	1			
2	3	R5=R0+R1	3		3	2	1									1	1	1		
	4	R6=R1+R4	—		3	2	1									1	1	1		
3	5	R7=R1*R2	5		3	3	2									1	1	1		1
	6	S1=R0–R2	6		4	3	3									1	1	1		1
				2	3	3	2									1	1	1		1
4			4		3	4	2		1							1		1	1	1
	7	R3=R3*S1	—		3	4	2		1							1		1		1
	8	S1=R4+R4	8		3	4	2		3							1		1		1
				1	2	3	2		3									1	1	1
				3	1	2	2		3									1	1	
5				6		2	1		3							1			1	1
6			7	4		2	1	1	3							1			1	1
				5		1	1		3							1			1	
				8					2							1				
									2											
7								1								1				
8						1														
9				7																

图 4-44　乱序发送和乱序完成的超标量 CPU 的操作

第一个区别发生在周期 3。虽然 I4 阻塞，但是我们仍然可以译码并发出 I5，因为它没有和前面的任何指令冲突。但是，跳过指令会导致新的问题。如果 I5 用到了被跳过的指令 I4 产生的结果就会出现问题。使用现在的记分牌，我们不可能发觉这一点。因此，我们需要对记分牌进行扩展来掌握由被跳过的指令执行的存储操作。可以通过增加一个位图来实现，位图中为每个寄存器分配了一位，来跟踪有阻塞的指令执行的存储操作（图 4-44 中并没有画出这些计数器）。发出指令的规则也进行了扩展，以防止被发出的指令用到被跳过的指令的运算结果。

319

现在我们回到图 4-43 中看看 I6、I7 和 I8。我们看到 I6 计算的结果存入 R1，而 I7 用到了 R1。但是，我们也发现该值以后不可能再被使用，因为 I8 又覆写了 R1。用 R1 保存 I6 的结果并没有什么实际的理由。最合理的解释是编译器或者程序员使用串行执行的思想编译（编写）程序而没有考虑到指令重叠执行的情况，当然更坏的情况是把 R1 作为中间寄存器使用。

在图 4-44 中，我们引入了一种新的技术解决该问题：**寄存器重命名**（register renaming）。聪明的译码单元把 I6（周期 3）和 I7（周期 4）中用到的 R1 改成了一个秘密的寄存器——S1，该寄存器对程序员是不可见的。现在 I6 可以和 I5 同时发出了。现代计算机通常有数十个寄存器用来对寄存器重命名。这种技术可以有效地减少 WAR 和 WAW 相关。

执行 I8 时，我们再次用到了寄存器重命名。这次 R1 被重命名成 S2，这样加法就可以在 R1 空闲之前启动（R1 直到周期 6 才会空闲）。如果 CPU 认为最后的结果应该在 R1 中，那么可以及时地把 S2 拷贝到 R1 中。更好的方案是，所有后来用到 R1 的指令都可以把它们的源寄存器改成实际保存值的寄存器。无论哪种情况，I8 指令都可以提前发出。

在许多实际的计算机中，重命名是嵌入在寄存器组织中的。这些计算机中都有许多秘密寄存器和把程序员可见的寄存器映射到秘密寄存器的对照表。这样，实际保存 R0 值的寄存器可以通过查找映射表项 0 来得到。使用这种方式时，CPU 中没有实际的寄存器 R0，而只有名称 R0 和某个秘密寄存器的绑定信息。为了避免相关，在执行期间可以频繁改变绑定信息。

请注意，在图 4-44 中，沿着第四列往下看，指令并不是按照顺序发送的。也不是按照顺序完成的。从该例子中得到的结论很简单：使用乱序执行和寄存器重命名技术可以把运算速度提高到几乎为原来的两倍。

4.5.4 推测执行

在前一小节中，我们介绍了为了提高性能而采取的乱序执行技术。乱序执行主要是用于一个基本块之内的重排序指令，这一点我们前面并没有明确指出。现在我们来更仔细地研究这一点。

计算机程序可以划分成许多**基本块**（basic block），每个基本块由一系列顺序执行的指令组成，头部有入口，底部有出口。基本块不包括任何控制结构（比如 if 语句和 while 语句），因此，由基本块翻译得到的机器语言不包括任何转移语句。控制语句把各个基本块连接在一起。

这种形式的程序可以用有向图表示，如图 4-45 所示。图中的程序用于计算小于某个最大值的所有奇数和偶数的立方和，分别保存在 evensum 和 oddsum 中。在每个基本块之内，前一节讨论的乱序执行技术可以工作得很好。

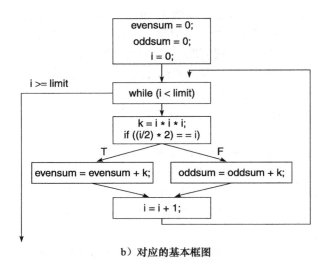

a）程序段   b）对应的基本框图

图　4-45

问题在于大多数的基本块都很短而且难以开发高效率的并行性。因此，为了保证每个周期都能发出足够的指令，需要跨越基本块的边界进行乱序执行。如果把比较慢的操作从图中的位置往上移动，让它提前开始，性能将有最大的提高。这种比较慢的指令可能是 LOAD 指令、浮点运算指令，甚至是一个很长的相关指令序列的开始指令。把代码提前到转移之前执行称为**指令提升**（hoisting）。

假定图 4-45 中所有的变量都保存在寄存器中，除了 evensum 和 oddsum（因为没有足够的寄存器可用）。这样就可以把 LOAD 指令提升到循环顶部，在计算 k 之前，它们就可以提前开始执行，当需要用到这些值的时候，这些值都已经存在了。当然，每次循环只需要其中的一个值，这样其他的 LOAD 指令就浪费了，但是如果高速缓存和内存是流水线的，而且有发射槽可用，那么这么做还是值得的。在不知道是否需要执行之前就执行代码的技术称为**推测执行**（speculative execution）。使用这种技术需要编译器和硬件的支持，还需要对体系结构进行扩展。在大多数情况下，跨越基本块边界的乱序执行超过了硬件的能力，因此编译器必须显式地移动指令。

推测执行带来了一些有趣的问题。首先，也是最基本的一个问题是推测执行的指令不能产生不可改变的结果，因为如果它们将来不需要执行时结果应该能够撤销。在图 4-45 中，读取 evensum 和 oddsum 是可以的，当 k 可用时就执行加法也是可行的（甚至可以在 if 语句之前），但是把结果存入内存就不好了。在更复杂的代码序列中，防止推测执行的代码在确知自己是否需要执行之前就覆写寄存器的方案是重新命名推测执行的代码用到的所有寄存器。使用这种方式时，只能修改重命名之后的临时寄存器，这样如果代码最终不需要执行也没有问题。如果需要执行这些代码，就把临时寄存器拷贝到真正的目的寄存器中。正如你所想，记分牌掌握所有这些信息并不简单，但是只要有足够的硬件支持，还是可以实现的。

但是，推测执行带来的另一个问题是寄存器重命名无法解决的。如果推测执行的指令产生异常会怎么样呢？一个痛苦的，但是并不致命的例子是导致 cache 缺失的 LOAD 指令，假设该计算机的 cache 块很大（比如说，256 个字节），而且内存速度比 CPU 和 cache 慢很多。如果该 LOAD 指令确实是需要的，那么计算机停止其他操作去装入 cache 是值得的，因为这是命运安排的，这个字确实需要。但是，阻塞计算机去取一个以后用不到的字就得不偿失了。这种类似的"优化"措施多了以后，反而会使计算机比没有采取任何优化措施时更慢。（如果该计算机使用了虚拟内存，推测执行的 LOAD 指令甚至会产生缺页，这会导致把该页调入内存的磁盘操作。不必要的缺页对性能有很大的影响，因此避免这样的操作很重要。虚拟内存将在第 6 章中讨论。）

在某些现代计算机中采用的一种方案是使用特殊的 SPECULATIVE-LOAD 指令，它从 cache 中取字，如果字不在 cache 中，就放弃。如果值在 cache 中而且实际需要该值，就直接使用，但是如果它不在 cache 中，硬件就必须去取得它。如果该值实际上并不需要，那么 cache 缺失就不会对性能产生任何影响。

更糟糕的情况如下面的语句所示：

if (x > 0) z = y/x;

语句中，x、y、z 都是浮点数。假定这些变量都预先取到寄存器中，而且（速度很慢的）浮点除法提升到 if 测试之前执行。但是，很不幸，x 是 0，产生的除 0 陷阱会中止整个程序。这里，推测执行的结果将使正确的程序失败。更糟糕的是，程序员不得不写代码防止这种到处都会发生的情况出现。这会使程序员很苦恼。

一种可行的解决方案是对所有可能产生异常的指令都指定一个用于推测执行的特殊版本。另外，为每个寄存器增加一个**毒性位**（poison bit）。当特殊的猜测指令失效时，不产生陷阱，而是设置结果寄存器的毒性位。当通常版本的指令操作该寄存器时，将会产生陷阱（这是应该的）。但是，如果结果从不使用，毒性位最终会被清除而且不会产生任何危害。

4.6 微体系结构层举例

本节我们将以三种最流行的处理器为简单例子，看看它们是如何应用本章讨论的概念的。对这些实例的讨论进行了简化，因为实际的 CPU 相当复杂，包括数百万个门。我们使用的仍然是目前为止我们一直在使用的例子：Core i7、OMAP4430 和 ATmega 168。

4.6.1 Core i7 CPU 的微体系结构

从外特性上来看，Core i7 呈现出来的是一种传统的 CISC 机器，它具有支持 8、16、32 位整数操作和 32、64 位浮点数操作的数量众多但使用不便的指令集。它的每个处理器只有 8 个可见的寄存器，而且它们还各不相同。指令长度也长短不一，从 1 个字节到 17 个字节都有。简而言之，Core i7 是一个祖传的体系结构，而且每处设计都有问题。

但是从内部实现来看，Core i7 具有现代、精简高效、深度流水的 RISC 内核，这个内核以极快的时钟频率运行，而且这个时钟频率还在逐年提高。有一点是相当令人赞叹的，那就是 Intel 的工程师竟然设法构建出具有当前工艺水平的处理器，而实现了一种古老的体系结构。本节我们就来研究一下 Core i7 的微体系结构，看看它是如何工作的。

1. Core i7 的 Sandy Bridge 微体系结构概况

Core i7 微体系结构被命名为 Sandy Bridge，它是 Intel 对上一代微体系结构，包括早期的 P4 和 P6 微体系结构进行重大改进后的结果。图 4-46 给出了 Core i7 微体系结构的总体概况。

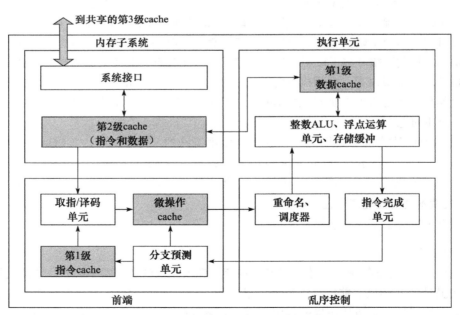

图 4-46 Core i7 中 Sandy Bridge 微体系结构框图

Core i7 包括四个主要的部分：内存子系统、前端、乱序控制和执行单元。下面我们就从左上角开始按逆时针方向来逐个分析一下芯片的各个部分。

Core i7 的每个处理器中包含内存子系统，其中包括一个统一的 L2（第二级）cache，以及访问 L3（第三级）cache 的逻辑。第三级 cache 是单独的，由 Core i7 的所有处理器共享，容量比较大，是整个存储系统在 CPU 芯片内的最后一站，再下去就要开始通过存储总线访问外部 RAM 的漫长过程了。Core i7 的 L2 cache 容量是 256KB，采用 8 路组相连结构，每个 cache 块是 64 字节。根据 CPU 的价格的不同，L3 级 cache 容量大小为 1MB ~ 20MB，采用的是 12 路组相连结构，块大小为 64 字节。如果 L3 级 cache 缺失，则需要经 DDR3 RAM 总线去访问 CPU 芯片外部的 RAM。

和 L1 cache 相连的是两个预取单元（图中没有给出），它们的作用是尝试着在需要数据之前从主存子系统的较低层次中将数据预取到 L1 cache 中。一个预取单元在检测到有一个顺序的内存"流"正在被预取到处理器时，将下一个内存块预取过来。另外一个要复杂一些，它跟踪程序特定的读写内存地址的序列，如果这些序列存在一个有规律的步长（如，0x1000…0x1020…0x1040），它就会把程序可能要访问的下一个元素预取过来。这种面向步长的预取方式，考虑的是程序访问结构化变量构成的数组时的场景。

图 4-46 中内存系统和前端、L1 级数据 cache 都有连接。前端部分负责从内存子系统取指令，并将它们译码成类似 RISC 的微操作序列，然后分别存储到两类存放指令的 cache 中。所有被取出的指令均被存放到 L1（第一级）指令 cache，该 cache 大小为 32KB，按 8 路组相连组织，cache 块大小为 64 字节。指令从 L1 cache 中取出并送入译码器。在这里被译码成用于在指令执行流水线中实现指令功能的微操作序列。这种译码机制就成了架设在古老的 CISC 指令集和现代的 RISC 数据通路鸿沟之间的桥梁。

译码之后的微操作被装入**微操作 cache**（micro-op cache），也就是 Intel 所指的 L0（第 0 级）指令 cache。微操作 cache 和传统的指令 cache 类似，不同的是它有足够的额外空间来保存每条指令所产生的微操作序列。乍一看，你也许会认为 Intel 这样做是为了提高流水线的处理速度（它也确实提高了处理指令的速度），但 Intel 宣称的是，增加微操作 cache 主要是为了减少前端部分的能耗。配置微操作 cache 后，前端的其他部分 80% 的时间可以在无时钟控制的低能耗模式下睡眠。

分支预测也在前端部分完成。分支预测负责在指令流从纯粹的顺序执行状态改变为跳转时猜测跳转方向，关键在于它要在远早于分支指令执行之前完成猜测过程。Core i7 的分支预测做得非常好，但对我们来说不幸的是，它的大多数设计细节依然被高度保密。原因在于一般情况下，预测器的性能对于整个设计的性能是最关键的因素。设计者从每平方毫米硅片上挤出的预测精度越高，整个设计结果的性能就会越好。正因为如此，公司对这些秘密严加保护，甚至会以诉诸法律来威胁员工，来阻止他们企图和别人分享这些知识明珠。简单说，尽管大家都是记录了程序上次跳转时的地址并用这些信息来预测下次的方向，但是，到底记录了哪些信息、如何保存和对这些信息进行查找依然是高度秘密。毕竟，如果你有一个十分好的方法来预测未来，估计你也不会把它放到 Web 上让全世界都知道。

从微操作 cache 中取出的指令按照程序中指定的顺序装入乱序执行调度器，但是这些指令不一定非要按照程序中的顺序发射。当遇到不能被执行的微操作时，调度器就将它保存起来，然后继续处理指令流，发射那些所有资源（寄存器、功能单元等）都可用的后续指令。寄存器重命名也在这里完成，这样就使得带有 WAR 和 WAW 相关的指令能够没有延迟而继续执行下去。

尽管指令可以乱序发射，但 Core i7 体系结构精确中断的需求，意味着机器指令必须按照程序顺序完成（也就是指令执行结果可见）。专门有指令完成单元来处理这些复杂的事情。

图 4-46 中右上部分是执行单元，它能够执行整数、浮点数和一些特殊的指令。这里有多

323

324

325 个执行单元而且可以并行运行。它们从寄存器组和第 1 级数据 cache 获取数据。

2. Core i7 的 Sandy Bridge 流水线

图 4-47 是展示 Sandy Bridge 微体系结构流水线功能的简化版本。图的最上面是前端，它的作用是从主存读取指令并为执行这些指令做准备。前端从 L1 cache 获取新的 x86 指令，并对指令进行译码，成为微操作指令后存入微操作 cache 中。微操作 cache 内可以保存约 1.5K 个微操作。此容量的微操作 cache 与传统的 6KB 的 L0 cache 性能上差不多。微操作 cache 中保存的是多组由 6 个微操作构成的跟踪块。对于更长的微操作序列，多个跟踪块可以连接在一起。

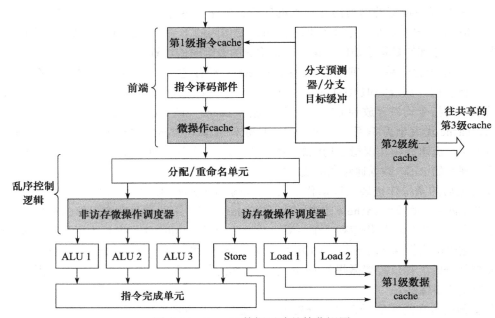

图 4-47　Core i7 数据通路的简化视图

如果译码单元碰到条件分支，那么，它将查询**分支预测器**（branch predictor）中该分支的跳转方向。分支预测器中保存了过去跳转的历史，它用这个历史数据来猜测下次遇到这个跳转时是否要转移。前面介绍的高度保密的算法就用在这里。

如果该条分支指令在表中找不到，那么就用静态预测的方法。若是向后跳转，则假定它是在一个循环体中，认为跳转应该发生。这个静态预测的准确率相当高。而如果是向前跳转，则假定遇到的是 if 语句，可以认为它不会跳转。这种情况下的准确率要远低于向后跳转时的准确率。

326 对于确定转移的分支语句，可以用**分支目标缓存**（branch target Buffer，BTB）来判断转移的目标地址。BTB 中保存的是分支语句上次转移时的目标地址。大多数时候这个地址是正确的（实际上，对于跳转到一个常量偏移量时总是正确的）。间接转移情况下，如虚函数调用和 C++ 的 switch 语句，会转移到多个目标地址，这时可能会被 BTB 预测的目标误导。

流水线的第二部分，即乱序控制逻辑，由微操作 cache 供给数据。在每个微操作以每周期最多 4 个的速度从前端进入时，**分配 / 重命名单元**（allocation/renaming unit）把它们记录在 168 个表项的**重排序缓冲**（ReOrder Buffer，ROB）表中。表项用来跟踪微操作的状态，直到微操作执行完毕。分配 / 重命名单元接着检查微操作需要的资源是否都是可用的。如果可用，微操作就被放到一个**调度器**（scheduler）的队列中进行排队，然后执行。内存微操作和非内存微操作的队列是分开维护的。如果一个微操作不能被执行，那么它就要被延迟，这样就导致了微操作的乱序执行。设计这样的策略是为了使得所有的功能单元都尽可能地处于工作状态。在任意时刻，最多可以有 154 条指令可以同时处理，其中最多可以有 64 条读内存指令，最多有 36 条写内存指令。

有时候某个微操作需要暂停，因为它需要写入一个正在被前面微操作读或者写的寄存器。正如我们在前面看到的那样，这些冲突分别被称为 WAR 或者 WAW 相关。通过重命名新的微操作的目标寄存器就能够允许它把自己的结果写入 160 个临时寄存器之一，而不是写入到原来指定的，但还处于忙状态的目的寄存器。这样就有可能调度相应的微操作立即执行。如果没有可用的临时寄存器，或者微操作具有 RAW 相关（这些是不能被一纸盖过的）时，分配器就要在 ROB 表项中记录问题的性质。当后面所有需要的资源都可用时，微操作就会被放入到某个调度器队列中。

当微操作准备好了可以执行的时候，调度器队列将它们发送给如下 6 个功能部件：

1）ALU 1 和浮点数乘法单元；

2）ALU 2 和浮点数加 / 减法单元；

3）ALU 3 和分支处理及浮点数比较单元；

4）写存储器指令；

5）读存储器指令 1；

6）读存储器指令 2。

由于调度器和 ALU 每个时钟周期可处理一个操作，那么 3GHz 的 Core i7 调度器每秒钟能发出 180 亿次操作；但是，实际上处理器从来也达不到这个吞吐量。因为前端每个周期最多能提供 4 个微操作，每个周期发出 6 个微操作也仅仅能维持一个很短的时间，调度器队列不久就会排空。而且，内存单元要用 4 个时钟来处理一个操作，也使得它只能在较短时间内维持高峰执行吞吐量。尽管不能提供足够的执行资源保障，但功能部件确实具有极高的执行能力，这正是为什么乱序控制要那么麻烦地为它们找活干的原因所在。 327

三个整数 ALU 不是完全相同的。ALU 1 能够完成所有的算术和逻辑操作以及乘法、除法运算。ALU 2 只能够完成算术和逻辑操作。ALU 3 能够完成所有的算术和逻辑操作并处理分支指令。类似地，两个浮点数单元也不完全一样。第一个能够完成浮点数算术运算，包括乘法运算；而第二个仅能完成浮点数加、减法和移动指令。

ALU 和浮点数单元从两个各有 128 个表项的寄存器组获取数据，整数使用一个，浮点数使用一个。这些寄存器组提供指令执行时需要的所有操作数并保存中间结果。因为寄存器重命名的原因，其中有 8 个寄存器包含指令系统层可见的寄存器（EAX、EBX、ECX、EDX 等），但是这 8 个寄存器中保持的"实际"值因为执行期间映射的变化随着时间改变。

Sandy Bridge 体系结构引入了**先进向量扩充**（Advanced Vector Extension，AVX）指令集，可支持 128 位数据并行向量操作，包括整数和浮点数向量。与先前的 SSE 及 SSE2 ISA 扩充比较，AVX 在向量大小上提升了 2 倍。该体系结构如何在 128 位的数据通路和功能单元上实现的 256 位数据运算？它聪明地协同 2 个 128 位的调度器端口来产生一个独立的 256 位功能单元。

L1 数据 cache 紧密耦合在 Sandy Bridge 流水线的后端，它是 32KB 的 cache，存放整数、浮点数和其他类型的数据。和微操作 cache 不同，它不进行任何译码，只是把内存中的字节拷贝过来。L1 数据 cache 采用 8 路组相连组织，每块大小为 64 字节。该 cache 采用"写回"策略，也就是说，cache 块被改写时，将该块的"脏"位设置了一个标记，直到该块被从 L1 cache 中置换出去时，数据才被写回到 L2 级 cache。数据 cache 能够每个时钟周期处理两次读操作和一次写操作，这是通过**分体**（banking）实现的。分体把 cache 划分成子 cache（Sandy Bridge 中分成了 8 个），只有在 3 个访问针对不同的子 cache 体时，它们才能同时进行，否则，至少有 1 个访问需要暂停。当需要的字不在 L1 cache 中的时候，请求就被发送到 L2 cache，L2 cache 或者立即给予响应或者从共享的 L3 cache 中读取相应的 cache 块然后再响应。任意时刻最多可以有 10 个从 L1 cache 到 L2 cache 的请求能被处理。

因为微操作能够乱序执行，所以存储到 L1 cache 的操作必须在引发该存储操作的指令前面的所有指令都完成之后才能够进行。**指令完成单元**（retirement unit）的任务就是按照进入的顺序退出指令。如果发生了中断，还没有完成的指令会中止，所以 Core i7 具有"精确中断"的特点，到某一特定点之前所有的指令都全部完成，而其后面的指令则不会造成任何影响。

如果一条存储指令已经完成，但是更早的指令还在处理中，那么 L1 cache 就不能更新，所以结果就被放到一个专用的待定存储缓冲区。这个缓冲区有 36 项，对应着 36 个可能同时在执行的存储操作。如果后续的加载试图读取存储的数据，那么这些数据就可以直接从待定存储缓冲区送到指令，即使它还不在 L1 数据 cache 中。这个过程称作**存储 - 加载**（store-to-load）转发。这种转发看起来简单直接，但实际上实现起来十分复杂，因为中间的存储有些可能还没有计算出具体的地址。这时，微体系结构无法确切知道存储缓冲区中哪一项中存的是需要转发的值。确定某次读操作要使用缓冲区中哪项转发的值的过程叫**相依性猜测**（disambiguation）。

到现在我们应该清楚地知道 Core i7 的微体系结构是高度复杂的，因为它的设计就是在一个现代的、高度并行的 RISC 内核上执行古老的 Pentium 指令集的需要所驱动的。实现这个设计目标的方法就是将 Pentium 的指令分解为微操作，缓存这些微操作，然后再将它们每次四个装入到流水线在一组 ALU 中来执行，在理想的情况下一组 ALU 每个周期最多可以执行 6 个微操作。微操作可以乱序执行，但是必须顺序退出，结果也必须顺序存储到 L1 和 L2 cache 中。

4.6.2　OMAP4430 CPU 的微体系结构

OMAP4430 片上系统的核心是两个 ARM Cortex A9 处理器。该处理器是一个高性能的体系结构，实现了 ARM 指令系统（版本 7），由 ARM 有限公司设计，广泛应用于许多嵌入式设备中。ARM 本身并不生产该处理器，它仅仅将设计提供给芯片制造商，由需要在片上系统中使用该处理器的制造商（如德州仪器等）来生产。

Cortex A9 处理器是 32 位的机器，使用 32 位的寄存器和 32 位的数据通路。和内部体系结构一致，存储总线也是 32 位宽。和 Core i7 不同，Cortex A9 是真正的 RISC 体系结构，这也就意味着它不需要复杂的机制把古老的 CISC 指令转变成微操作来执行。核心指令实际上已经就是类似微操作的 ARM 指令了。然而最近几年，图形和多媒体指令又加了进来，这就需要特殊的硬件部件来执行这些指令。

1. OMAP4430 的 Cortex A9 微体系结构概况

图 4-48 给出的是 Cortex A9 微体系结构的框图。从总体上来讲，它比 Core i7 的 Sandy

Bridge 微体系结构简单得多，因为 Cortex A9 要实现的指令系统体系结构更简单。然而，它的 329
一些关键部件还是和 Core i7 中所采用的很类似。这种类似主要是因为技术、能耗限制和经济
所驱动的。例如，两个设计中都采用了多级 cache 的层次结构，以满足典型的嵌入式应用对
成本的严格限制；当然，Cortex A9 最底层的 cache（L2）大小只有 1MB，远小于 Core i7 最
底层 cache（L3）最高 20MB 的容量。相反，Core i7 和 Cortex A9 的主要区别在于前者需要弥
合古老的 CISC 指令集合和现代 RISC 内核之前的鸿沟，而后者则不需要。

在图 4-48 的上方是 32KB 的 4 路组相连指令 cache，采用 32 字节的 cache 块。由于大多
数 ARM 指令都是 4 个字节，所以指令 cache 的空间可以容纳约 8K 条指令，比 Core i7 的微
操作 cache 要大一些。

指令发射单元（instruction issue unit）每个时钟周期准备最多四条指令来执行。如果在第
一级 cache 中发生了缺失，那么能够发射的指令就较少。当遇到条件分支的时候，就要利用
具有 4K 个表项的分支预测器（branch table）来预测转移是否发生。如果预测转移会发生，则
去查找有 1K 表项的分支目标地址 cache，得到预测的目标地址。另外，如果前端检测发现程
序正在执行一个紧凑的循环（例如，无嵌套的小循环），它会把这个循环装入到一个快速循环
旁路 cache。这个优化可以提高取指的速度并降低能耗，执行小循环时，就可以让高速缓存和
分支预测等部件进入低能耗的睡眠模式了。

指令发射单元的输出流入到译码器，由译码器决定指令需要使用哪些资源和输入数据。 330
和 Core i7 一样，译码完成后，指令可能被重命名，以消除会减慢乱序执行的 WAR 相关。重
命名后，指令被放入到指令调度队列，当其需要的输入数据已经准备好并送达功能部件时，
指令被调度执行，执行过程可能是乱序的。

如图 4-48 所示，指令调度队列把指令发送到功能部件。整数执行单元包括两个 ALU 和
一条用于分支指令的短流水线。程序员可见的通用寄存器以及一些临时寄存器构成的物理寄
存器组也包含在功能单元里。Cortex A9 的流水线可以选装一个或多个计算引擎，作为附加的
功能单元。ARM 支持一个称为 **VFP** 的浮点计算引擎以及称为 **NEON** 的一个整数 SIMD 向量
计算单元。

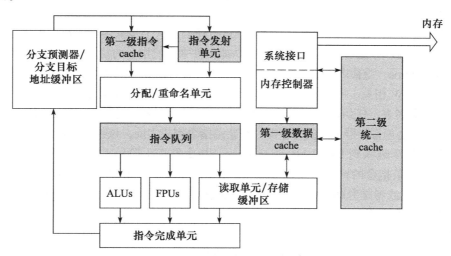

图 4-48　OMAP4430 的 Cortex A9 微体系结构框图

加载 / 存储单元处理各种存储器读和存储器写指令。它同时具有数据 cache 和存储缓冲

区的数据通路。数据 cache 是传统的 32KB 的 4 路组相连结构的 L1 数据 cache，每个 cache 块 32 个字节。存储缓冲区中存放的是暂时（指令完成时）还没有被写入到数据 cache 中的数据。执行读存储指令时，首先会试着从存储缓冲区中读数据，采用类似于 Core i7 存储 - 加载转发方式。如果数据在存储缓冲区中没有找到，这时才会从数据 cache 中去读。存储读指令执行时可能出现的一个情况是，存储缓冲区给出信号，由于前面指令的写存储操作还没有得到准确的地址，本次读操作需要等待。在 L1 数据 cache 缺失的情况下，将从统一的 L2 cache 中取出相应的内存块。在某些特定场合，Cortex A9 为提高访问存储的性能，也会使用硬件将 L2 cache 的数据送到 L1 cache 中。

OMAP4430 芯片还包括一些控制内存访问的逻辑。可以分为两个部分：系统接口和内存控制器。系统接口通过 32 位宽的 LPDDR2 总线与内存相连接。所有对外部世界的内存请求都要通过这个接口。LPDDR2 总线支持用 26 位的（字，非字节）地址，连接 8 个可返回 32 位数据字的存储体。理论上，一个 LPDDR2 通道可以寻址达 2GB 的空间，OMAP4430 有两个这样的通道，故可以寻址最多 4GB 的外部 RAM。

内存控制器将 32 位的虚地址映射为 32 位的物理地址。Cortex A9 支持虚拟内存（在第 6 章讨论），页大小可以是 4KB。为了加速映射，经常采用称为**转换旁路缓冲区**（Translation Lookaside Buffer，TLB）的特殊表来对当前引用的虚地址和最近引用的地址进行比较。为了分别映射指令和数据地址，使用了两个这样的表。

2. OMAP4430 Cortex A9 的流水线

Cortex A9 有一条 11 段的流水线，图 4-49 是简单的图示。11 个流水段在图左边使用缩写的阶段名称进行表示。我们现在来简要分析一下各段。Fe1（Fetch #1：取指第 1 步）段是流水线的起始部分。在这段要确定下一条指令的地址，并交给指令 cache，以及分支预测器。通常情况下，这个地址就是紧跟当前指令之后的地址。然而，这种顺序关系往往因为各种原因而被破坏，例如它的前一条指令是分支指令并被预测分支会发生，或者发生了陷阱、中断等。因为取指和分支预测需要多个时钟周期，所以 Fe2（Fetch #2：取指第 2 步）阶段提供了额外的时间来完成这些操作。到 Fe3（Fetch #3：取指第 3 步）阶段时，被取出的指令（最多 4 条）被送入到指令队列。

De1 和 De2（Decode：译码）阶段对指令进行译码。这个步骤要判定指令的执行需要哪些输入数据（寄存器和存储器），以及需要哪些功能部件来完成指令的功能。一旦译码完成，指令将进入 Re（Rename，重命名）阶段，在这个阶段对寄存器进行必要的重命名，以消除乱序执行时的 WAR 和 WAW 相关。重命名表中记录了物理寄存器中当前存放的是哪个程序员可见寄存器的值。通过重命名表，任何输入寄存器都能很容易地被重命名。输出寄存器必须重新定向到一个来自未使用的物理寄存器池中的寄存器，在整条指令完成之前，该物理寄存器一直被占用。

下一步，指令进入到 Iss（Instruction Issue，指令发送）阶段，被送入到指令发送队列。发送队列观察哪条指令的输入数据已经准备好，也就是说，其所需要的寄存器数据已经得到（从物理寄存器组或者是旁路总线上），则该指令进入到执行阶段。和 Core i7 一样，Cortex A9 有可能不按程序的顺序发送指令。每个时钟周期最多发送 4 条指令，指令的选择还受到可用功能部件的限制。

Ex（Execution，执行）阶段是指令真正被执行的阶段。大多数算术、布尔和移位指令使用整数 ALU，并在一个周期内完成。存储访问指令用两个周期（如果在 L1 cache 中命中的话），乘法需要三个周期。Ex 阶段中包含多个功能部件，它们是：

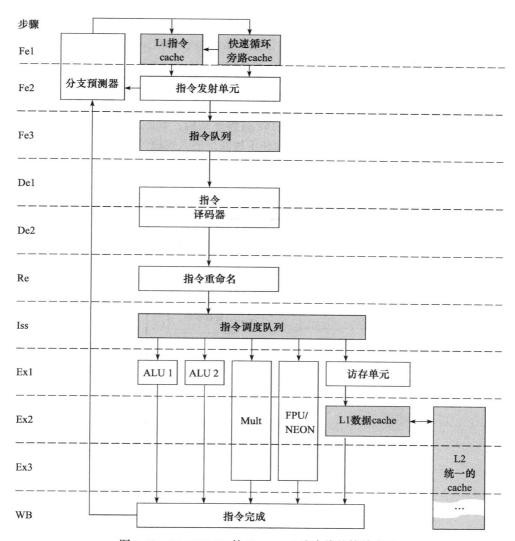

图 4-49 OMAP4430 的 Cortex A9 流水线的简单表示

1）整数 ALU 1。

2）整数 ALU 2。

3）乘法单元。

4）浮点和 SIMD 向量 ALU（可选配 VFP 和 NEON）。

5）存储访问单元。

条件转移指令也是在第一个 Ex 阶段处理的，并且计算出转移方向（跳转 / 不跳转）。当发现预测错误时，需要发送一个信号回 Fe1 阶段并排空流水线。

执行阶段完成后，指令进入 WB（WriteBack，写回）阶段，此时每条指令立即修改物理寄存器文件，其后，如果指令是正运行的指令中最旧的一条，它还要将其结果写入到程序员可见的寄存器组中。如果发生陷阱和中断，只有保存在程序员可见的寄存器组中的值，而不是那些物理寄存器组中的值，可以被看到。将结果写入到程序员可见的寄存器组的动作等同于 Core i7 的指令完成。另外，在 WB 阶段，所有写存储器的指令结束时都要把结果写入到

L1 数据 cache。

关于 Cortex A9 的描述远谈不上完整，这里只是给出它工作原理的合理叙述，以及它和
Core i7 微体系结构的区别。

4.6.3 ATmega168 微控制器的微体系结构

我们最后一个例子是 Atmel 的 ATmega168 微体系结构，如图 4-50 所示。ATmega168 与
Core i7、OMAP4430 相比要简单得多。原因在于为满足嵌入式设计市场的要求，这个芯片应
非常小和便宜。因此，ATmega168 主要的设计目标是为了降低芯片成本，并不追求高速。便
宜和简单是好友，但便宜和高速可不是朋友。

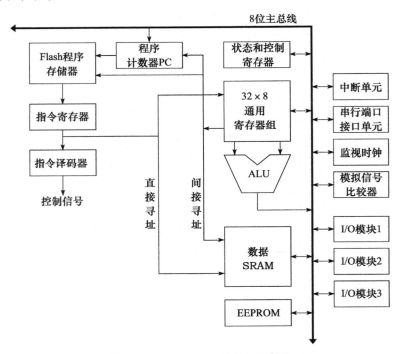

图 4-50   ATmega168 的微体系结构

ATmega168 的核心是 8 位的主总线。连接在主总线上的是寄存器和状态位、ALU、内
存以及 I/O 设备。下面我们就简要介绍一下它们。寄存器组中有 32 个 8 位的寄存器，用于
存放程序的临时结果。**状态和控制**寄存器中保存了上次 ALU 运算的条件码（即，符号、溢
出、负、结果 0 以及进位等），以及表示是否有中断等待处理的标记位。程序计数器 PC 保存
着当前正在执行的指令的地址。要完成 ALU 运算，先要从寄存器中获得操作数并送往 ALU。
ALU 的计算结果可以经主总线输出到任何一个可写的寄存器。

ATmega168 有多个内存来存放数据和指令。其中，数据 SRAM 有 1KB，对于主总线
上的 8 位地址来说，已经超出了其寻址范围。为此，使用 AVR 体系结构来解决这个问题，
将内存地址用一对 8 位寄存器共同提供，产生 16 位的地址，可寻址 64KB 的数据存储器。
EEPROM 提供了最多 1KB 的非电易失的存储，程序可将掉电后也要保存的数据写在这里面。

类似的机制也用于对程序空间寻址，但 64KB 的代码即使对低成本的嵌入式系统来说也
太小。为了能寻址更大一些的指令存储空间，AVR 体系结构中定义了 3 个 RAM 页寄存器

RAMPX、RAMPY 和 RAMPZ，每个有 8 位宽。用 RAM 页寄存器和 16 位的寄存器对拼接在一起，生成 24 位的程序地址，可寻址 16MB 的指令空间。

不妨停下来考虑一下这个问题。64KB 的代码空间居然对一个也许只是控制玩具或小装置的微控制器来说太小？1964 年，IBM 推出了 System 360 的 30 型号，总共也就 64KB 的内存（也没有使用任何技巧来提升容量）。当时的售价为 250 000 美元，大致相当于现在的 200 万美元。ATmega168 仅售 1 美元，购买量大的话还可以更优惠。如果去检查一下，比如波音的价格单，就会发现飞机的价格在过去的 50 多年来并没有以 250 000 的比例下降。汽车、电视机等任何东西价格也没有下降这么快的，除了计算机。

另外，ATmega168 有片内中断控制器、串行端口接口（SPI）和计时器，可以用于实时应用。ATmega168 还有 3 个 8 位数字 I/O 端口，通过这些端口可以控制最多 24 个外部按钮、指示灯、传感器、制动装置等。由于具有定时器和 I/O 端口，这使得 ATmega168 可以不使用额外的芯片就能用于嵌入式应用。

ATmega168 是一个同步处理器，大多数指令都可以在一个时钟周期内完成，某些指令可能要占用多个时钟周期。处理器以某种流水方式工作，如取当前指令时，上一条指令正在被执行。流水线只有两级，取指和执行。为在一个时钟周期内执行一条指令，时钟周期必须足够容纳从寄存器组读寄存器的值、在 ALU 中完成指令功能，再把结果写回到寄存器组的全过程。由于所有这些操作都在一个时钟周期内发生，就不再需要旁路逻辑和冲突检测了。程序中的指令按顺序执行，每条指令一个时钟，执行过程不和其他指令重叠。

尽管我们可以更详细地介绍 ATmega168 的细节，但我们上面的介绍以及图 4-50 只给出了基本思想。ATmega168 具有单条主总线（以减少芯片面积），附加在主总线上的是一组异构的寄存器，外加多种存储器和外部 I/O 设备挂接在主总线上。在每个数据通路周期，两个操作数从寄存器组中读出，经过 ALU 运算结果保存到一个寄存器中，这和很多现代的计算机的处理方式相同。

335

4.7 Core i7、OMAP4430 和 ATmega168 三种 CPU 的比较

这三种 CPU 各不相同，但是它们的核心部分却有着令人惊讶的共性。Core i7 有一个古老的 CISC 指令集，Intel 的工程师一定很想把它扔到旧金山湾中，只不过这样做会触犯加州的水污染法。OMAP4430 是一个纯 RISC 设计，其指令很贫乏。ATmega168 是一个用于嵌入式应用的简单的 8 位处理器。然而，这几种 CPU 的核心都是一组寄存器以及一个或多个对寄存器操作数进行简单算术和逻辑操作的 ALU。

尽管具有明显的外部区别，Core i7 和 OMAP4430 还是具有相当类似的执行单元。这些执行单元都接收由一个操作码、两个源寄存器和一个目的寄存器组成的微操作。它们都在一个周期内执行一条微操作。它们都有深度的流水线并采用分支预测技术。它们都使用了分离的指令 cache 和数据 cache。

这种内在的相似性并不是偶然的，甚至和硅谷的工程师们不断地跳槽有关。我们在 Mic-3 和 Mic-4 的例子中曾经见过，设计一条使用两个源寄存器，使它们通过 ALU，并把结果存回一个寄存器的流水线型的数据通路是很容易而且自然的。图 4-34 用图形的方式表示了这种流水线。在当前的技术条件下，这是最有效的设计。

Core i7 和 OMAP4430 之间的最主要的区别是它们把指令集发送到执行单元的方式不同。

Core i7 把它的 CISC 指令拆开并装配成执行单元需要的三寄存器格式。这正是图 4-47 中前端所完成的工作，把复杂的指令划分成了简洁而整齐的微操作。OMAP4430 则不需要做任何事情，因为它本来的 ARM 指令已经是简洁而整齐的微操作。这就是为什么大多数新的指令系统层都采用 RISC 类型的原因，这样就能够在 ISA 指令集和内部执行引擎达到更好的一致性。

把我们最终的设计——Mic-4 和这两种实际的 CPU 进行比较将对我们很有启发。Mic-4 更像 Core i7。它们都需要解释非 RISC 的指令系统层的指令集。方法都是把指令划分成带一个操作码、两个源寄存器和一个目的寄存器的微操作。划分之后，微操作都被放入队列等待执行。Mic-4 是严格按序发射、按序执行、按序完成的，而 Core i7 则采用了按序发射、乱序执行和按序完成的策略。

Mic-4 和 OMAP4430 不太具有可比性，因为 OMAP4430 使用 RISC 指令集（也就是三寄存器的微操作）作为其指令系统。它们不需要拆分，可以按照一个数据通路周期中一条的速度执行。

与 Core i7 和 OMAP4430 相对比，ATmega168 真是一个简单的 CPU。它更类似于 RISC 而不是 CISC，因为它大多数的简单指令都能在一个时钟周期内执行完，不需要再进行分解。它没有流水线，没有 cache，它顺序发射、顺序执行，而且顺序完成。从简单这一点上来看，ATmega168 更类似于 Mic-1。

4.8   小结

数据通路是所有 CPU 的核心。它包括一些寄存器，一条、两条或者三条总线，一个或者更多的功能单元，比如 ALU 和移位器。主执行循环包括从寄存器取操作数，通过总线把它们传送给 ALU 和其他的功能单元执行。然后把最终的结果存回寄存器。

数据通路可以由定序器控制，定序器从控制存储器中取出微指令。每条微指令都由在一个时钟周期内控制数据通路的位构成。这些位定义了应选择的操作数，执行的运算和如何处理运算结果。另外，每条微指令都定义了其后继微指令，一般是给出后继微指令的地址。某些微指令在使用基地址之前要通过把某些位和基地址进行或（OR）操作来修改这个地址。

IJVM 是栈计算机，它使用一个字节的操作码把字压入栈，从栈中弹出字并对栈中的字进行运算（如 ADD）。Mic-1 微体系结构是由微程序实现的。通过增加取指单元来预取指令流中的指令，可以减少许多对程序计数器的访问并极大地提高 CPU 的速度。

设计微体系结构层有多种方式。存在许多折中，包括使用双总线设计还是三总线设计，是否编码微指令的字段，是否使用预取，流水线的深浅等。Mic-1 是一个简单的、软件控制的 CPU，它完全串行执行，没有任何并行性。而 Mic-4 则是使用了 7 级流水线的高度并行的微体系结构。

可以使用各种不同的措施提高性能。cache 是其中主要的一种。直接映射的 cache 和组相连的 cache 是最常见的加速内存访问的高速缓存。静态和动态的分支预测也很重要，其他的措施还有乱序执行和推测执行。

我们的三种实例 CPU，Core i7、OMAP4430 和 ATmega168，它们的微体系结构都对使用指令系统层的汇编语言程序员不可见。Core i7 的设计方案是相当复杂的，它要将指令系统层的指令转换为微操作，然后送入高速缓存，再将它们提供给超标量的 RISC 内核进行乱序执行、寄存器重命名等，还要利用本书中提到的各种窍门来获取硬件最后一点速度提升。

OMAP4430 虽然具有深度流水线，但它仍旧相当简单，因为它按序发射、按序执行，而且按序完成。ATmega168 非常简单，只有一条简单的主总线，还有少量的寄存器和一个 ALU 连接到这条总线上。

习题

1. CPU 执行指令时有哪 4 个步骤？

2. 在图 4-6 中，B 总线的寄存器采用 4 位字段编码，而 C 总线的寄存器则使用了位图。这是为什么？

3. 在图 4-6 中，有一个"最高位"方框，请给出它的电路图。

4. 当微指令中的 JMPC 域使能时，MBR 和 NEXT_ADDRESS 进行"或"操作，以形成下一条微指令的地址。有没有一种情况是 NEXT_ADDRESS 为 0x1FF 而且使用 JMPC？

5. 假定在图 4-14a 的例子中，在 if 语句后面增加一条语句：

   k = 5;

   那么新的汇编代码将是什么样子的？假定编译器具有优化功能。

6. 请给出下面的 Java 语句的两种 IJVM 指令代码。

       i = k + n + 5;

7. 请给出可产生下面的 IJVM 代码的对应 Java 语句。

   ILOAD j
   ILOAD n
   ISUB
   BIPUSH 7
   ISUB
   DUP
   IADD
   ISTORE i

8. 在本章中，我们曾经提到，把语句

   if (Z) goto L1; else goto L2

   翻译成字节码时，L2 必须位于控制存储器的最后 256 个字中。比如说，有可能出现 L1 位于 0x40 而 L2 位于 0x140 的情况吗？解释你的答案。

9. 在 Mic-1 的微程序的 if_icmpeq3 中，MDR 被拷贝到 H，几行之后再从 TOS 减去来检查是否相等。显然下面这样的语句更好：

   if_cmpeq3   Z = TOS – MDR; rd

   为什么它不能工作？

338

10. 在 2.5GHz 的 Mic-1 上执行 Java 语句

    i = j + k;

    需要多长时间？答案用纳秒表示。

11. 重复前一个问题，不过现在是在 2.5GHz 的 Mic-2 上执行。根据你的计算，在 Mic-1 需要执行 100 秒的程序在 Mic-2 上需要多长时间？

12. 写出 Mic-1 中实现 JVM POPTWO 指令的微码。该指令从栈顶弹出两个字。

13. 在完整的 Java 虚拟机中，有特殊的 1 个字节的指令把局部变量 0 ~ 3 压入栈，而不使用通用的 ILOAD 指令。应该如何修改 IJVM 才能最好地利用这些指令呢？

14. 指令 ISHR（整数算术右移，Arithmetic Shift Right Integer）只在 JVM 中有，而 IJVM 中没有。它使用栈顶的两个值作为操作数，并用结果替换掉这两个值。栈顶的第二个字是被移位的操作数。它的值将被右移 0 ~ 31 位（包括 0 和 31），具体的位数来自栈顶字的最左面的五位有效位（其他 27 位则被忽略）。移位时，右移多少位，符号位就被复制多少位。ISHR 的操作码是 122（0x7A）。

    a. 右移两位等价于哪种算术运算？

    b. 扩展 IJVM 的微程序使之能执行该指令。

15. 指令 ISHL（整数左移，Shift Left Integer）只在 JVM 中有，而 IJVM 中没有。它使用栈顶的两个值作为操作数，并用结果替换掉这两个值。栈顶的第二个字是被移位的操作数。它的值将被左移 0 ~ 31 位（包括 0 和 31），具体的位数来自栈顶字的最左面的五位有效位（其他 27 位则被忽略）。左移时最低位补 0。ISHL 的操作码是 120（0x78）。

    a. 左移两位等价于哪种算术运算？

    b. 扩展 IJVM 的微程序使之能执行该指令。

16. JVM 的 INVOKEVIRTUAL 指令需要知道参数的个数吗？为什么？

17. 在 Mic-2 中实现 JVM DLOAD 指令。它使用一个字节的索引，并把该位置的局部变量压入栈。然后再把下一个字（按地址增大的方向计算）也压入栈。

18. 设计网球比赛计分用的有限状态机。网球规则如下：要想获胜，你需要至少得四分而且必须领先对手两分。初始状态是（0，0）表示谁都没得分。然后增加一个状态（1，0）表示 A 得了一分。从（0，0）到（1，0）的变迁标记为 A。再增加一个状态（0，1）表示 B 得一分，并且把变迁标记为 B。请继续增加状态和变迁直到状态机包括所有状态。

[339]

19. 继续考虑前一个问题。状态机中有可以去掉而不影响任何比赛结果的状态吗？如果有，它们的等价状态是什么？

20. 为如下的分支预测过程设计有限状态机。它比图 4-42 中的分支预测过程更顽强，只有三次连续预测失败后才会改变预测。

21. 图 4-27 中的移位寄存器最多存放 6 个字节。可以使用只有 5 个字节的移位寄存器以使 IFU 更便宜吗？4 个字节呢？

22. 前一个问题是使 IFU 更便宜，现在我们将使它更昂贵。使用更大的移位寄存器，比如 12 个字节，有好处吗？为什么？

23. 在 Mic-2 的微程序中，当 Z 设置为 1 时，if_icmpeq6 的代码转到 T。但是，T 的代码和 goto1 一样。那么可以直接跳转到 goto1 吗？这样能加快 CPU 的速度吗？

24. 在 Mic-4 中，译码单元把 IJVM 操作码映射到 ROM 中，ROM 中存放着相应的微操作的索引。省略译码段而直接把 IJVM 操作码送入队列似乎更简单。它可以使用 IJVM 操作码作为 ROM 的索引，这和 Mic-1 的工作方式相同。该方案有什么错误？

25. 为什么计算机都配置多层次的高速缓存？直接用一个更大一些的高速缓存不更好吗？

26. 某台计算机使用两级 cache。假定 60% 的内存访问命中第一级 cache，35% 命中第二级 cache，5% 缺失。其访问时间分别是 5 纳秒、15 纳秒和 60 纳秒，而且第二级 cache 和内存访问的起始时间是从它们确定会被访问时开始（例如，当第一级 cache 缺失时才会开始访问第二级 cache）。那么，平均访问时间是多少？

27. 在 4.5.1 节的最后，我们曾经提到，如果有可能向同一个 cache 块执行多次写操作，写分配策略的性能比较好，那么一次写操作后面有多次读操作的情况又如何呢？这不也可以极大地提高性能吗？

28. 在本书的初稿中，图 4-39 是 3 路组相连 cache 而不是 4 路组相连 cache。有一个审稿人发了脾气，他认为学生会被搞糊涂的，因为 3 并不是 2 的幂而计算机只能按照二进制方式处理任何问题。由于客户总是正确的，该图被改成了 4 路组相连 cache。这位审稿人说的有道理吗？讨论你的答案。

29. 许多计算机架构设计师花费了很多时间来加深他们设计的流水线。为什么？

30. 某台使用五级流水线的计算机这样处理条件转移指令，如果命中，则等待 3 个周期。如果 20% 的指令是条件转移指令，那么这种等待将对性能产生多大的影响？忽略其他的等待原因只考虑条件转移指令。

31. 假定某台计算机可以预取 20 条指令。但是平均说来，其中有 4 条是条件转移指令，条件转移指令正确预测的概率是 90%。那么正确预取的概率有多大？ 340

32. 假定我们改变图 4-43 中的设计，把 8 个寄存器增加到 16 个。然后再修改 I6，使用 R8 作为目的寄存器。从周期 6 开始的周期会发生什么？

33. 一般来说，相关性对流水线型的 CPU 有很大影响。有可以实际提高性能的处理 WAW 相关的优化措施吗？是什么？

34. 重新编写 Mic-1 的解释器，不过现在 LV 指向第一个局部变量而不是链接指针。

35. 编写 1 路直接映射 cache 的模拟程序。项的个数和块的大小作为模拟程序的参数。用该程序做实验并报告你的结果。 341
≀
342

指令系统层

本章将详细讨论指令系统层（ISA 层）。正如我们在图 1-2 中看到的，本层位于微体系结构层和操作系统层之间。从历史发展来看，本层是在所有其他层次之前发展起来的，实际上，最早出现的计算机只有这一层。直到今天，我们还经常听到把本层直接称为计算机"体系结构"或者（也许并不十分准确）称为"汇编语言"。

指令系统层是硬件和软件之间的接口，这一特点使它对于计算机系统设计者来说尤为重要。尽管我们可以让硬件直接执行用 C、C++、Java 或者其他高级语言编写的程序，但这并不是一种好办法。因为这样我们将丧失编译执行相对于解释执行的性能优势。此外，为了便于使用，大多数计算机都应该能够执行多种语言编写的程序，而不仅仅是一种。

所有的系统设计者都采取本质上一样的策略：把各种不同的高级语言程序转换成一种通用的中间形式——指令系统层程序，再设计能直接执行指令系统层程序的硬件。指令系统层定义了硬件和编译器之间的接口。它是一种硬件和编译器都能理解的语言。编译器、指令系统层和硬件之间的关系如图 5-1 所示。

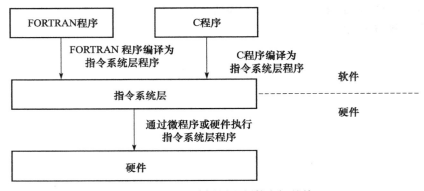

图 5-1　ISA 层是编译器和硬件之间的接口

在理想情况下，设计一种新型计算机时，设计师应该分别与编译器设计者和硬件工程师进行交流，确定他们各自需要指令系统层实现的特性。如果硬件工程师不能高效率地实现编译器设计者想要的一些特性，那么这些特性就是不可接受的（比如 branch-and-do-payroll 指令）。同样，如果硬件设计者提出一些非常好的新特性（例如，设计一种访问质数地址时速度非常快的内存），而软件设计人员不能编写出使用这种特性的代码，这种设计也将永远是纸上谈兵。在经过大量的协商和模拟工作之后，设计师将设计出针对将要实现的编程语言优化的指令系统层，然后实现它。

然而这只是理想情况。我们必须面对严酷的现实。当一种新型计算机出现的时候，所有潜在的购买者要问的第一个问题是："它和以前的型号兼容吗？"第二个问题是："我能够在它上面运行我现有的操作系统吗？"第三个问题是："它能够不加修改地运行我现有的应用程序吗？"如果这些问题中的任何一个的答案是"不能"，那么设计者就需要做大量的解释工作。因为计算机的购买者很少愿意扔掉他们的所有旧软件而重新购买新的。

购买者们的这种心态给计算机设计者带来了巨大的压力，他们必须努力保持各个型号的计算机之间的指令系统层相同，或者至少使它**向后兼容**（backward compatible）。做到了这一点，就可以保证新的计算机能够不加修改地运行原有的程序。当然，新型计算机有新的指令而且这些指令只由新的软件使用也是完全可以接受的。按照图 5-1，只要设计者使指令系统层和以前的型号向后兼容，他们就有很大的自由去做想用硬件实现的任何事情。没有人关心实际的硬件（或者想知道硬件在做什么）。设计者可以把微指令设计变成组合逻辑设计，增加流水线或者超标量部件或者任何其他部件，只要他们能保证指令系统层向后兼容。唯一的目标是使原有的程序在新的计算机上运行。现在，设计者面临的挑战就变成了：如何在保证向后兼容的限制条件下设计出更好的计算机。

在上面的讨论中我们并没有说指令系统层设计没有任何难度。一个设计得好的指令系统层会明显优于一个设计得不好的指令系统层，尤其是在给定成本下实现的原始计算能力方面。对于其他方面都相同的设计来说，不同的指令系统层可能具有 25% 的性能差别。我们的看法是市场的压力使我们彻底抛弃原有的指令系统层而引入新的指令系统层变得非常困难（当然也不是不可能），虽然偶尔也会出现一种全新的指令系统层，事实上在具有特殊需求的市场（比如，嵌入式系统或者多媒体处理器），这种情况已经出现得越来越频繁了。因此，理解指令系统层的设计是相当重要的。

怎样才能设计出一个好的指令系统层呢？有两个主要因素。首先，一个好的指令系统层应该定义一套在当前和将来的技术条件下能够高效率实现的指令集。这样可以使我们的高效率的设计用于今后的若干代计算机中。设计得不好的指令系统层实现起来将比较困难，而且可能需要更多的逻辑门来实现处理器和更多的内存来执行程序。因为减少了重叠操作的机会，它还可能运行起来比较慢，这样就需要进行更复杂的设计来获得与一个设计得好的指令系统相同的性能。如果一个指令系统层使用某种极为特殊的技术来实现高效率的设计，一般来说，它也只能用在某一代计算机中，昙花一现，不久就会被更加有预见性的设计所取代。

其次，一个好的指令系统层应该为编译器提供明确的编译目标。编译结果的规律性和完整性是指令系统层重要的特性。然而，并不是每一个指令系统层都做到了这一点。这些属性对于编译器来说是重要的，编译器在有限的选择中选择最佳方案时经常会遇到困难，尤其是当某些显而易见的选择被指令系统层禁止的时候。简而言之，由于指令系统层是硬件和软件之间的接口，所以它应该使硬件设计者和软件设计者都满意，对硬件设计者来说，它可以被很容易高效率地实现，对软件设计者来说，可以很容易地为它生成代码。

5.1 指令系统层概述

让我们从下面的问题开始我们的研究：指令系统层是什么？这似乎是一个简单的问题，但是它实际上比你想象得要复杂。下面，我们将首先指出涉及它的复杂性的各个因素，然后再了解一下存储模式、寄存器和指令集。

5.1.1 指令系统层的性质

大体上说，指令系统层是机器语言程序员眼中所看到的计算机。由于人们现在已经不再使用机器语言编程了，我们只好重新定义指令系统层。我们把编译器的输出定义为指令系统

[345] 层（在这里暂时忽略操作系统调用和符号汇编语言）。为了能够生成指令系统层代码，编译器的设计者必须了解计算机的存储模式、寄存器组织、合法的数据类型和指令等信息。所有这些都是由指令系统层定义的。

按照这个定义，所有编译器设计者不可见的特性都不属于指令系统层，比如说，微体系结构层采用微程序方式还是采用组合逻辑方式，是否采用流水线技术，是否采用超标量结构等都不属于指令系统层。当然，这个说法也不是百分之百正确，在某些情况下，如果这些特性确实影响到性能，那么这时它对于编译器编写者来说就是可见的。我们可以看下面的例子，一个超标量的设计可以在一个周期内发射两条连续指令，一条是整数指令，一条是浮点数指令。在这种情况下，如果编译器能够交替地生成整数指令和浮点数指令，那么性能将会明显地提高。这时，超标量操作的细节对指令系统层来说就是可见的。从这个例子可以看出，指令系统层和微体系结构层之间的区别并不像我们前面描述得那么清晰。

某些体系结构的指令系统层是由正式的文档定义的（这种文档通常是由某工业协会制定），有一些则不是。例如，ARM v7（第 7 版 ARM 指令系统）就拥有一个由 ARM 公司官方发布的正式定义。这种定义的目的是使不同厂家生产的计算机能够运行相同的软件而且能够得到相同的结果。

在 ARM 指令系统的例子中，制定标准的目的是允许多个芯片制造商生产 ARM 芯片，这些芯片在功能上是完全一致的，只有性能与价格上的差别。为了达到这一目的，芯片制造商必须知道 ARM 芯片在指令系统层能够做什么。为此，标准文档详细描述了 ARM 的存储模式、寄存器组织、指令功能等。但是文档中并不包括微体系结构层。

这样的标准文档包括必须实现的**标准**（normative）部分和帮助读者理解标准的**信息**（informative）部分。在标准部分中通常使用必须、不允许、应该这样的词来分别表示体系结构中的强制需求、禁止和建议部分。例如下面的句子：

执行一个保留的操作码必须产生一个陷阱。

这句话的意思是如果程序执行了一个系统保留的操作码，系统必须产生一个陷阱而不是忽略它。而另一种做法可能不规定具体的操作，比如我们可能会读到这样的句子：

执行一个保留的操作码后的处理由具体实现定义。

它的意思是编译器的编写者不能指望指令系统层提供任何特性，因而给了实现者选择不同方案的自由。大多数的体系结构标准都附带测试集用来测试那些宣称自己符合标准的实现
[346] 是否真的与标准一致。

显然，有一个文档来规定 ARM v7 的指令系统层是为了使所有的 ARM v7 芯片都能够运行相同的软件。很多年来，IA-32 指令系统（有时候称为 x86 指令系统）都没有正式的定义文档，这是因为 Intel 公司不希望其他芯片供应商能够容易地生产出与 Intel 相兼容的芯片。实际上，为了阻止别的厂家仿造它的芯片，Intel 公司已经告到了法院，但是最后 Intel 还是输掉了官司。20 世纪 90 年代末，Intel 终于发布了 IA-32 指令系统的完全说明。这也许是因为他们意识到了原来做法的错误，并且想要帮助同行业的架构师和程序员们；或者只是因为美国、日本、欧盟都在调查 Intel 是否触犯了反垄断法。这个优秀的指令系统参考到目前为止依然在 Intel 的开发者网站（http://developer.intel.com）上更新。其随 Core i7 一起发布的版本多达4161 页，这也再次提醒了我们 Core i7 是一个复杂的指令集计算机。

指令系统层的另一个重要特性是它具有两个模式——**内核模式**（kernel mode）和**用户模式**（user mode），这一特性在大多数 CPU 中都有。内核模式用于运行操作系统，在内核模式

下可以运行所有的指令。用户模式用于运行用户的应用程序，在用户模式下，不允许运行某些特殊的敏感指令（例如，直接管理 cache 的指令）。本章我们将主要讨论用户模式指令和特性。

5.1.2 存储模式

所有的计算机都把内存分成具有连续地址的单元。目前最常见的是 8 位长度的单元，而在过去，人们曾经使用过的单元长度 1 ~ 60 位不等（见图 2-10）。一个 8 位的单元称为一个**字节**（byte）。之所以使用 8 位单元是由于 ASCII 字符是 7 位的，一个 ASCII 字符加上一个奇偶校验位就组成了一个字节。其他的字符编码，如 Unicode 和 UTF-8，则使用 8 的倍数的位数来表示一个字符。

字节通常按照 4 个一组（32 位）或 8 个一组（64 位）组成字，这样指令就可以按照字对内存进行管理。许多体系结构要求字按照它们的自然边界对齐。比如，一个 4 字节的字应该从地址 0、4、8 开始，而不能从 1 或者 2 开始。类似地，一个 8 字节的字应该从地址 0、8 或者 16 开始，而不是地址 4 或 6。图 5-2 表示一个 8 字节的字是如何对齐的。

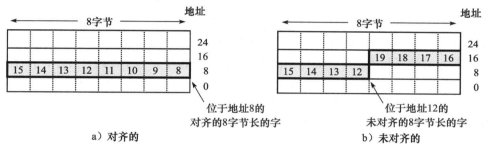

图 5-2　小端派内存中 8 字节的字某些计算机要求内存中的字是对齐的

由于对齐可以使内存操作更加有效，因而通常必须进行对齐。以 Core i7 为例，它一次可以从使用 DDR 3 接口的内存中取出 8 个字节，而该内存只支持 64 位对齐的访问。因此，即使 Core i7 想要，它也无法进行不对齐的内存访问，因为内存接口要求地址都是 8 的倍数。

然而，这种对齐有些时候也会产生问题。在 Core i7 中，为了与 8088 向后兼容（8088 只有 8 位宽的数据总线，因而也不需要按照 8 个字节的边界对内存进行对齐），指令系统层的程序必须能够从任何地址开始进行内存操作。如果一个 Core i7 的程序需要从地址 7 开始读一个 4 字节的字，内存硬件将首先进行一次读取操作获得 0 ~ 7 的 8 个字节，再进行一次读取操作获得 8 ~ 15 的 8 个字节。然后 CPU 从这 16 个字节中取出需要的 4 个字节再按照正确的次序把它们组成一个 4 字节的字。[347]

使指令系统层具有从任意地址读取内存字的能力需要在芯片中实现额外的逻辑，这会使芯片更大而且更昂贵。设计工程师们更倾向于去掉这一特性而转向要求所有的程序都采用字对齐的方式读取内存。然而问题在于：无论什么时候，只要工程师们问："谁还在继续使用会破坏这一模式的发霉的 8088 程序呢？"销售人员总会给他们一个简短的回答："我们的顾客。"

大多数计算机的指令系统层具有单一的线性地址空间，从地址 0 到某一个最大值，通常是 $2^{32}-1$ 字节或者 $2^{64}-1$ 字节。然而，有一些计算机同时具有相互分离的指令地址空间和数据地址空间，在这种计算机中，从地址 8 取指令和从地址 8 取数据使用的是两个不同的地址空间。这种策略比单一地址空间策略要复杂一些，但它有两个好处。首先，它可以使我们仅仅采用 32 位地址就可以同时获得 2^{32} 字节的程序空间和 2^{32} 字节的数据空间。其次，由于所有的写操作都自动地在数据空间执行，这样程序就不会被意外覆写，因而减少了程序出错的可能。独立的指令和数据空间还可以使得恶意软件的攻击变得更加困难。因为恶意软件根本不能篡改程序——甚至连定位程序都不能。

必须注意的是，指令和数据具有不同的地址空间与指令和数据具有相分离的第一级高速缓存是不同的。在前一种情况下，地址空间的容量是加倍的，而且在读取指定地址时根据读的是指令字还是数据字会产生不同的结果。而在分离式高速缓存中，仍然只有一个地址空间，只是不同的高速缓存存储不同的部分（指令缓存存储指令，数据缓存存储数据）。

348 指令系统层存储模式的另一个方面是内存的语义。我们很自然地希望在对一个地址进行了 STORE 操作之后执行 LOAD 指令将得到刚刚存储的值。然而，正如第 4 章所介绍的，在许多设计中，微指令是会被重新排序的。这样就带来了内存不能提供我们预期特性的风险。在多处理机系统中问题会变得更加严重，因为每个 CPU 都会发出一连串的（可能已经被重新排序）读、写共享内存的指令。

系统设计人员可以采用一些方法来解决这一问题。在最极端的情况下，所有的内存请求都被串行执行，一个操作完成以后再执行下一个操作。这种策略性能不高但是给出了最简单的内存语义（所有的操作都严格按照程序中原有的次序执行）。

另一种极端情况是内存不保证操作次序。在这种情况下，为了使内存有序，程序必须执行一条 SYNC 指令，它阻塞所有的新的内存操作，直到原有的操作全部完成。这种设计给编译器的设计人员带来了很大的负担，他们必须了解微体系结构层工作的细节，但是它同时也给硬件设计人员提供了最大的自由空间来优化内存性能。

也可以使用介于两者之间的内存模式，在这种模式中，硬件自动地阻塞特定的内存操作（例如，那些具有 RAW 和 WAR 依赖关系的操作）。尽管把所有这些微体系结构层导致的特性暴露在指令系统层是令人烦恼的（至少对于编译器设计人员和汇编语言程序员来说是这样），但这种方案仍然很流行。正是微指令重新排序、深度流水线和多级数据缓存这类的底层实现导致了这种模式的流行。在本章的后面，我们将看到更多类似的例子。

5.1.3 寄存器

所有的计算机在指令系统层都有可以访问的寄存器。它们的作用是控制程序执行，保存中间结果，以及用于一些其他目的。一般来说，在微体系结构层可见的寄存器在指令系统层不可见，比如图 4-1 中的 TOS 和 MAR。但是诸如程序计数器和栈指针这样的寄存器在微体系结构层和指令系统层都是可见的。另一方面，在指令系统层可见的寄存器在微体系结构层一定是可见的，因为它们正是由微体系结构层实现的。

指令系统层的寄存器可以很粗略地分成两类：专用寄存器和通用寄存器。专用寄存器包括程序计数器、栈指针和其他一些有专门用途的寄存器。而通用寄存器用于保存重要的局部变量和中间计算结果。它们的主要用途是用来快速访问那些使用频繁的数据（主要是为了避免内存访问）。具有快速 CPU 和相对较慢的内存的 RISC 计算机一般都至少有 32 个通用寄存器，而且在新的 CPU 中数量还会更多。

349 在一些计算机中，通用寄存器是完全对称的，可以互换使用。如果寄存器之间是完全等价的，那么编译器就可以使用 R1 或者 R25 来保存临时结果，使用哪个寄存器是无关紧要的。

然而，在另外一些计算机中，某些通用寄存器也可能具有一定的特殊性。例如，在 Core i7 中有一个称为 EDX 的通用寄存器，它同时也用来接收乘法操作的半个乘积和除法操作的半个被除数。

虽然通用寄存器是完全可互换的，但一般来说操作系统和编译器也会达成寄存器的使用约定。比如，某些寄存器可能用于保存过程调用的参数而另一些可能被用作临时寄存器。如果编译器把一个重要的局部变量放在 R1 中然后去调用一个库函数。库函数可能认为 R1 是一个临时寄存器，这样当库函数返回时，R1 中可能是一些无用的垃圾。如果在系统范围内有如何使用寄存器的约定，我们就可以建议编译器和汇编语言程序员遵守这些约定，以免出现问题。

指令系统层除了有用户程序可见的寄存器之外，还有相当数量的只在内核模式下可用的专用寄存器。这些寄存器用于控制高速缓存、内存、输入/输出设备和其他的计算机硬件。它们只能被操作系统使用，因此编译器和用户不需要关心它们。

标志寄存器（或者称为**程序状态字**——PSW，Program Status Word）是一个可以同时在内核状态和用户状态下使用的控制寄存器。该寄存器保存 CPU 需要的各种不同的状态位。其中最重要的是**条件码**。条件码的各位在每个运算器周期都要被置位，它反映了最近一次运算操作结果的状态。典型的条件码包括：

N——当结果是负数时设置。

Z——当结果为 0 时设置。

V——当结果产生溢出时设置。

C——当结果产生了最高位进位时设置。

A——当结果在第 3 位产生进位（辅助进位）时设置。

P——当结果具有偶校验时设置。

条件码之所以重要是因为比较和条件分支指令（比如条件转移指令）经常要使用它们。举例来说，一条 CMP 指令将两个操作数相减然后根据它们的差来设置条件码。如果两个操作数相等，它们的差将是 0，因此程序状态字 PSW 中的 Z 条件位将被置位。紧接着的一条 BEQ（相等转移指令）将测试 Z 位的值，根据它是否被置位来决定程序执行的分支。

除了条件码之外，程序状态字还包括其他一些字段。程序状态字的整个内容是依计算机而异的。一些典型的字段包括运行模式（比如，是在用户态下运行还是在内核态下运行）、跟踪位（用于调试）、CPU 的优先级和中断允许状态。通常程序状态字在用户模式下可读，而其中的一些域只有在内核模式下才能写（比如运行模式位）。

350

5.1.4 指令

指令系统层主要的特征是机器指令集。正是这些指令在控制计算机运行。指令集中总存在 LOAD 指令和 STORE 指令（不一定是这种形式），它们在内存和寄存器之间移动数据。MOVE 指令用于在寄存器之间拷贝数据。算术指令总是存在，还有逻辑指令和比较数据并根据结果进行分支的指令。在图 4-11 中我们已经看到了一些典型的指令系统层指令。本章我们还将研究更多的指令。

5.1.5 Core i7 指令系统层概述

本章我们将讨论三个差异较大的指令系统层：Core i7 中使用的 Intel IA-32 体系结构，OMAP4430 片上系统中实现的 ARM v7 体系结构和 ATmega168 微处理器中使用的 AVR 8 位体系结构。我们的目的并不是详细地描述这些指令系统层，而是要说明指令系统层的重要方面，展示不同指令系统层之间的差别有多大。下面首先来看一下 Core i7。

Core i7 处理器已经经过了许多代的发展，正如我们在第 1 章中介绍的那样，沿着 Core i7 的发展历程我们可以追溯到最古老的微处理器。首先，基本的指令系统层必须完全支持为 8086 和 8088 处理器（它们具有相同的指令系统层）开发的程序，甚至还包括对 8080（一种在 20 世纪 70 年代很流行的 8 位处理器）的支持。按照发展过程，8080 在兼容性方面已经受到了更早的 8008 的影响，而 8008 又是基于 4004 处理器的（一种恐龙时代使用的 4 位芯片器）。

从软件的角度来看，8086 和 8088 是 16 位的处理器（尽管 8088 只有 8 位的数据总线）。它们的后继型号 80286 也是一种 16 位处理器。它的主要优点是具有更大的地址空间，因为它包括 16 384 个 64KB 的存储段而不是一个线性的 2^{30} 的字节内存，尽管很少有程序会使用这么大的地址空间。

80386 是 Intel 家族中的第一种 32 位处理器。所有的后继型号（80486、Pentium、Pentium Pro、Pentium Ⅱ、Pentium Ⅲ、Pentium 4、Celeron、Xeon、Pentium M、Centrino、Core 2 duo 和 Core i7 等）都具有和 80386 基本类似的 32 位体系结构，我们称为 IA-32。因此我们将重点讨论这种体系结构。80386 以来的体系结构的主要变化就是在 x86 系列的后期版本中引入了 MMX、SSE 和 SSE2 指令。这些指令是高度专用的，它们设计的目的就是提高多媒体应用的性能。其他重要的扩展还有 64 位的 x86（常称为 x86-64），它将整数计算以及实地址空间增加到了 64 位。大多数对 80386 的扩展都是由 Intel 提出随后才被其竞争对手所实现，然而 x86-64 则是由 AMD 提出，而后被 Intel 采纳的一个例子。

[351]

Core i7 具有三种操作模式，其中的两种使它工作起来像 8088。在**实模式**下，所有 8088 之后增加的新特性都被关闭，这时 Core i7 就像一台简单的 8088 一样运行。如果任何一个程序出错，整台计算机就会崩溃。如果 Intel 也设计"人"，这种模式就好比设置了某一位使 Intel 制造的"人"回到猩猩模式（大脑大部分丧失能力，不能说话，睡在树上，吃的主要是香蕉等）。

稍微先进一点的模式是**虚拟 8086 模式**（virtual 8086 mode），在这种模式下我们可以用一种受保护的方式来运行旧的 8088 程序。这时，有一个实际的操作系统在控制整个计算机。为了运行旧的 8088 程序，操作系统会创建一个特殊的独立的 8088 环境，与实际的 8088 不同的是当程序崩溃时，计算机不会崩溃而只是通知操作系统。当一个 Windows 的用户启动一个 MS-DOS 窗口时，这个 MS-DOS 程序就是用虚拟 8086 模式启动的，这样就可以保证当 MS-DOS 程序发生错误时 Windows 系统本身不受影响。

最后一种模式是保护模式，在这种模式下，Core i7 才真的是一台 Core i7 而不只是一台昂贵的 8088。在这种模式下有四种可用的特权级别，它们由程序状态字中的对应位控制。第 0 级相当于别的计算机中的内核模式，它可以完全控制计算机，因而只由操作系统使用。级别 3 用于运行用户程序，它阻塞用户程序对某些特殊的关键指令和控制寄存器的访问，以防止某些恶意的用户程序搞垮整个计算机。级别 1 和级别 2 很少使用。

Core i7 具有很大的地址空间，它的内存分为 16 384 个段，每个段都从地址 0 到地址 $2^{32}-1$。然而，大多数操作系统（包括 UNIX 和各种版本的 Windows）都只能支持对一个地址段进行操作，这就导致大多数的应用程序只能使用一个 2^{32} 个字节的线性地址空间，而且这部分空间还可能被操作系统占用一部分。地址空间中的每一个字节都有相应的地址，因此地址的长度为32位。地址空间按照小端（低位地址存放低位字节）的方式存储字。

Core i7的寄存器如图5-3所示。最上面的4个32位寄存器EAX、EBX、ECX、EDX可以说是通用寄存器，尽管它们中的每一个都有自己的特殊用途。EAX是主要的算术寄存器；EBX用于保存指针（内存地址）；ECX用于循环记数；EDX则用于进行乘除法，它和EAX一起用于保存64位的乘积和被除数。这些寄存器中的每一个的最低16位和最低8位都分别是一个16位和8位的寄存器。这些寄存器可以使我们很容易地处理16位和8位的数。8088和80286中只有8位和16位的寄存器。80386中增加了32位的寄存器，同时也增加了E作为前缀，表示扩展（Extended）。

下面四个也是具有特殊用途的通用寄存器。ESI和EDI用于保存内存指针，它们经常用于硬件的字符串处理指令，在这种指令中，ESI指向源串而EDI指向目的串。EBP也是指针寄存器。它通常指向当前栈段的底部，就像IJVM中的LV。当一个寄存器（例如EBP）指向当前栈段的底部时，它通常被称为**段指针**（frame pointer）。ESP是一个栈指针。

从CS到GS的这一组寄存器都是段寄存器。我们可以认为它们是电子的三叶虫，一种古老的化石，它们存在的目的只是为了使Core i7能够继续使用8088中用16位地址来访问2^{20}个字节的地址空间的方法。当Core i7被设置成使用32位的线性地址空间时，这些寄存器可以被安全地忽略，知道这一点就足够了。再下面一个寄存器是程序计数器EIP（Extended Instruction Pointer）。最后一个是程序状态字寄存器EFLAGS。

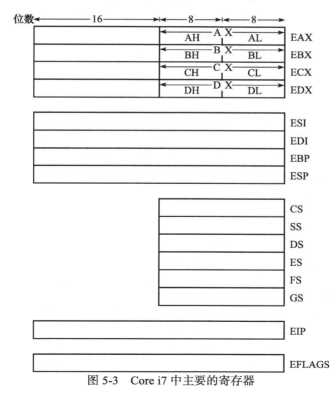

图5-3　Core i7中主要的寄存器

5.1.6　OMAP4430 ARM指令系统层概述

ARM体系结构是由Acorn Computer公司于1985年首先提出的，该体系结构的主要基础是 20 世纪 80 年代 Berkeley 大学的研究工作（Patterson，1985；Patterson 和 Séquin，1982）。最初的 ARM（称为 ARM2）是支持 26 位地址空间的 32 位体系结构，OMAP4430 使用了基于 ARM v7 的 ARM Cortex A9 微体系结构，我们将在这一章节讨论该指令系统。为了和本书的其他部分保存一致，我们在这里使用 OMAP4430 作为例子，实际上在指令系统层，所有基于 ARM Cortex A9 内核的实现都是一致的。

OMAP4430 的内存结构是简单而清晰的：可寻址的地址空间是一个 2^{32} 个字节的线性数组。ARM 处理器使用的是**二元字节序**（bi-endian），因此它可以通过大端或小端字节序来访问内存。通过在处理器重启的时候读取一个系统内存块，ARM 便可以指定其使用哪一种字节序。为了保证系统内存块被正确地读取，该块必须以小端格式储存，即使该计算机将被配置成大端字节序。

与实现所需相比，指令系统层必须考虑更大的地址空间，这一点很重要，因为将来的实现几乎肯定需要处理器能够访问更大的内存。ARM 指令系统的 32 位地址空间给设计者们带来越来越多的苦恼，这是因为很多基于 ARM 的系统，例如智能手机，就已经拥有了超过 2^{32} 字节的内存。到目前为止，设计者为了解决上述 ARM 地址空间的问题，设计师们将大部分内存使用闪存存储代替。闪存使用磁盘接口访问，能够支持更大的面向块的地址空间。为了对这些可能抹杀自己市场份额的地址空间进行寻址，ARM 公司最近发布了支持 64 位地址空间的 ARM v8 指令系统。

成功的体系结构所遇到的最严重的问题之一就是它们的指令系统层限制了可编址地址空间的大小。在计算机科学中，使某种体系结构不能工作的唯一的错误就是没有足够的位。在将来的某一天，当一般的游戏都需要 1TB 的内存才能运行的时候，你的孙子们会问你为什么过去的计算机只有 32 位地址和 4GB 的物理内存。

ARM 的指令系统层是很清晰的，尽管为了使某些指令编码更为简便，它的寄存器组织得较为复杂。例如该体系结构将程序计数器映射到寄存器 R15 上，此外，它又允许由 ALU 操作产生的分支将 R15 作为目的地址寄存器。经验显示，寄存器组织的复杂性带来的麻烦比它的优点多，但是由于古老的向后兼容性规则使我们不能摆脱它。

[354] ARM 指令系统层有两组寄存器：16 个 32 位的通用寄存器和 32 个 32 位的浮点寄存器（如果支持 VFP 协处理器）。R0 ~ R15 是通用寄存器，它们在特定的上下文中使用其他的名字。这些名字和对应的功能如图 5-4 所示。

寄 存 器	替代名称	功　　能
R0 ~ R3	A1 ~ A4	保存被调用进程的参数
R4 ~ R11	VA ~ V8	保存当前进程的局部变量
R12	IP	内部进程调用寄存器（32 位调用）
R13	SP	栈指针
R14	LR	链接寄存器（保存当前函数的返回地址）
R15	PC	程序计数器

图 5-4　ARM v7 的通用寄存器

所有的通用寄存器都是 32 位的，可以使用多种存取指令来读写它们。图 5-4 中给出的用法一部分源于约定，另一部分来自于硬件对它们的处理方式。一般来说，不按照图中所示的用法使用寄存器是不明智的，除非你是 ARM 教派的黑带级选手，而且确确实实知道你正在做什么。确保程序访问正确的寄存器和执行正确的运算是编译器设计者和程序员需要承担的责任。例如，把浮点数存入通用寄存器后执行整数加法是很容易的，虽然这样的操作没有任何意义，但是 CPU 还是会很乐意执行它。

Vx 寄存器用于保存所有的过程中用到的常量、变量和指针，尽管如果需要，它们可以在过程的入口和出口被重新保存或者取出。Ax 寄存器用于给过程传递参数来避免访问内存。后面我们将解释它们是如何工作的。

有四个专用寄存器有特殊的用途。IP 寄存器用于解决 ARM 的函数调用指令（BL）不能访问所有 2^{32} 字节地址空间的问题。如果调用的目标地址比指令能够表达得远，指令将会调用一个将 IP 寄存器作为目的地址的"虚拟"代码片段。SP 指向当前栈的顶部，它会随着数据的入栈和出栈而不断变化。第三个专用寄存器是 LR，它用于保存过程调用的返回地址。第四个特殊寄存器是我们前面提到的程序计数器 PC，放入 PC 寄存器中的值可以重定向新 PC 地址所对应的指令的读取。另外一个 ARM 体系结构中重要的寄存器是程序状态寄存器 PSR，它保存了为 0、为负和溢出等先前 ALU 运算结果的状态。

ARM 指令系统（当配置了 VFP 协处理器时）还有 32 个 32 位的浮点数寄存器，用于保存 32 个 32 位（单精度）或者 16 个 64 位（双精度）浮点数。浮点数寄存器的位数是由具体的操作指令来确定的；一般说来，所有 ARM 的浮点指令都同时存在单精度与双精度的形式。 |355|

ARM 体系结构是一种**加载 / 存储体系结构**（load/store architecture）。也就是说，能够直接访问内存的唯一操作只有加载和存储，这类指令用于在寄存器和内存之间传递数据。所有的算术和逻辑指令的操作数都应该来自寄存器或者由指令本身提供（而不是来自内存），同时所有结果都必须保存在寄存器中（而不是写入内存）。

5.1.7　ATmega168 AVR 指令系统层概述

我们的第三个例子是 ATmega168。和 Core i7（主要用于台式计算机和服务器集群）和 OMAP4430（主要用于电话、平板和其他的移动设备）不同，ATmega168 通常应用于诸如交通灯和定时收音机等较为低端的嵌入式系统，用来控制设备和管理按钮、指示灯以及用户界面的其他部分。本节我们对 ATmega168 做一个简短的技术介绍。

ATmega168 只有一种模式，没有硬件保护，因为它从来都不会运行多个程序，避免给潜在的恶意用户以可乘之机。ATmega168 内存模式是极其简单的，具有一个 16KB 的程序地址空间和一个 1KB 的数据地址空间。根据其访问的是程序内存还是数据内存的区别，访问同一个地址将访问不同的内存。程序和数据地址空间分开可以方便地使用闪存实现程序空间，而使用 SRAM 来实现数据空间。

ATmega168 可能有几种不同的内存实现，其取决于设计者想要在处理器上花费多少。最简单的一种，ATmage48 是采用一个 4KB 的闪存来存放程序，并用一个 512 字节的 SRAM 来存放数据，闪存和 SRAM 都在芯片内部实现。对于小的应用而言，这些内存已经足够了，将所有的内存都放到 CPU 芯片内部是一件大好事。ATmega88 片内内存是 ATmega48 的两倍：8KB 的 ROM 和 1KB 的 SRAM。

ATmega168 使用两层内存结构来提供更好的程序安全保障。程序代码所在的闪存存储分为引导程序部分和应用程序部分。当微控制器第一次启动的时候，保险位（fuse bit）会一次性写入，来分配上述两部分内存的大小。为了安全考虑，只有引导程序部分的代码才能更新闪存存储。根据这个特性，我们可以放心地将任何代码放到应用程序部分且不用担心它会将系统中的其他代码（包括下载的第三方应用）弄乱（因为在应用程序空间运行的应用代码不能改写闪存存储）。想要将代码与系统绑定，软件提供商必须先对代码进行数字签名。引导程序只会将合法的软件供应商进行数字签名后的代码载入闪存存储。这样，系统中只会运行由可信的软件供应商所保证的程序。这个方法使用起来相当灵活，只要进行过正确的数字签名，甚至连引导程序也可以被替换。Apple 和 TiVo 公司就是使用类似的方法来确保运行在他们设备上的代码不被损害的。

ATmega168 有 32 个 8 位的通用寄存器，R0 ～ R31。访问通用寄存器的指令需要 5 位来指定使用的寄存器。ATmega168 寄存器的一个特点是它们都是在内存空间上实现的。数据内存空间的第 0 字节同时也是 R0。如果一条指令先改变了 R0 然后又读出内存的第 0 个字节，就会发现读出的内容就是 R0 的值。类似地，第 1 字节是 R1，直到 R31。ATmega168 内存的组织如图 5-5 所示。

为了访问 I/O 设备，系统保留了 64 个字节，包括一个内部的片上系统设备的寄存器。这 64 个字节位于内存中的 32 个通用寄存器地址的后面，地址是 32 ～ 95。

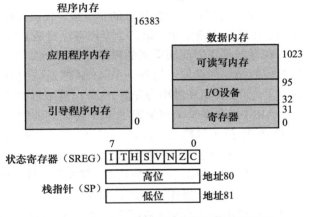

图 5-5　ATmega168 片上的寄存器和内存组织

除了上述四组每组 8 个通用寄存器外，ATmega168 还有少量的专用寄存器，其中最重要的两个寄存器——状态寄存器（SREG）和栈指针寄存器（SP）——在图 5-5 中也有说明。状态寄存器从左到右 8 位分别表示中断位（I）、半进位（H）、符号位（S）、溢出位（V）、负标志位（N）、零标志位（Z）和进位输出位（C）。除了中断位外，所有这些状态位都是由运算操作产生的。

通过设置状态寄存器的中断位可以全局控制是否允许中断。如果中断位为 0，将屏蔽所有的中断。显然，中断位清零便可屏蔽掉某条指令在将来可能产生的所有中断；中断位置 1 将会允许现在或将来可能会发生的所有中断。每个设备都会与一个中断许可位相关联。如果设备的中断许可位和芯片的全局中断位都被置 1，该设备就可以中断处理器。

类似于第 4 章中介绍 Java JVM 时提到的 PUSH 和 POP 等指令访问内存时，栈指针寄存器 SP 会保存当前的数据内存地址。SP 的位置在内存中的地址为 80，因为一个字节的长度不足以对 1024 字节的数据内存进行寻址，所以 SP 寄存器包含了内存中两个连续的字节来组成一个 16 位的值进行寻址。

5.2　数据类型

所有的计算机都需要数据。实际上，对于大多数计算机系统来说，主要的任务就是处理金融的、商业的、科学的、工程的或者其他种类的数据。在计算机内部数据必须用特殊的形式来表示。指令系统层使用多种不同的数据类型。下面我们来介绍这些数据类型。

数据类型的关键问题是某种特殊的数据类型是否有硬件支持。硬件支持意味着指令需要使用特殊格式的数据而用户不能自由选择不同的格式。例如，会计师们在写负数时有一个特殊的习惯，他们把负号写在数字的最右边而不是计算机科学家们熟悉的最左边。假设一个会计公司计算中心的负责人为了给老板留下深刻印象，把计算机中的所有数字的符号位从最左面一位改到最右面一位。可以想象，肯定会给老板留下深刻的印象，因为所有的软件都不能正常工作了。当硬件需要一个特定格式的整数时给它一个别的数，硬件肯定不能正常工作。

再考虑另一个会计公司，它得到了一个核实联邦债务（也就是美国政府欠了公众多少钱）的合同。这里使用 32 位计算就不够了，因为涉及的数字要大于 2^{32}（大约有 4 万亿）。一个解决方案是使用两个 32 位的整数来表示一个数据，这样可以获得 64 位的精度。如果计算机硬件不支持这种**双精度数**（double-precision），所有的运算都必须用软件来实现，那么这两部分的次序如何就没关系了，因为硬件并不关心这一点。这是一个没有硬件支持，因而也不需要特殊硬件来表示的数据类型的例子。在下面几小节中，我们将讨论有硬件支持的而且需要特殊格式的数据类型。

5.2.1 数值数据类型

数据类型可以分为两大类：数值型的和非数值型的。最主要的数值数据类型是整数。整数有多种长度，典型的长度有 8 位、16 位、32 位和 64 位。整数用于计数（例如，表示一个硬件商店中库存的螺丝刀的数量）、标识（例如，银行帐户）和其他的许多用途。大部分的现代计算机都使用二进制补码表示法来表示整数，虽然过去也曾经使用过别的表示法。附录 A 讨论了二进制数。 358

一些计算机同时支持无符号整数和有符号整数。无符号整数没有符号位，所有的位都用来保存数据。这种数据类型优点是有一个额外的符号位，因此一个 32 位的字保存无符号整数时范围可以为 0 ~ $2^{32}-1$（包括 0 和 $2^{32}-1$）。作为对比，一个使用二进制补码的 32 位有符号整数只能处理不大于 $2^{31}-1$ 的数，当然它还可以处理负数。

需要表示 3.5 这样不能用整数表达的数字时可以使用浮点数。附录 B 讨论了浮点数。浮点数有 32 位、64 位，有时还有 128 位的。大多数计算机都有浮点运算指令。许多计算机对于整数操作数和浮点操作数分别使用不同的寄存器。

某些编程语言，特别是 COBOL，允许使用十进制数据类型。那些希望更好地支持 COBOL 的计算机通常用硬件来支持十进制数操作。通常的做法是用一个 4 位二进制编码来表示一个十进制数，用一个字节压缩存放两个十进制数（二进制代码的十进制格式）。然而，压缩十进制数时不能进行正确的运算，因此我们需要特殊的正确的十进制运算指令。这些指令需要知道第 3 位的进位。这就是为什么要在条件码中保存一个辅助进位的原因。顺便说一句，声名狼藉的 2000 年问题就是由那些认为用两位十进制数表示年比用 16 位二进制数要省的 COBOL 程序员带来的。优化的结果就是这样！

5.2.2 非数值数据类型

早期的大多数计算机的应用是面向数字处理的，而现代计算机经常用于非数值型的应用，如电子邮件、Web 冲浪、数码摄影、多媒体制作和回放等。这些应用需要其他的数据类型，一般来说，指令系统层指令也要支持这些类型。很明显，字符类型是重要的，尽管并不是所有的计算机都对它提供硬件支持。最常用的字符编码是 ASCII 和 UNICODE。它们分别支持 7 位字符和 16 位字符。对它们的讨论见第 2 章。

指令系统层有一些特殊的指令专门用于处理字符串（字符串就是连续的字符流），这是很常见的。字符串有时通过特殊的结束符来表示结束。另一种方法是用一个字符串长度域使我们能够知道字符串的结束位置。字符串指令可以执行拷贝、查找、编辑以及其他的一些字符串操作。

布尔值也是很重要的。一个布尔值必须是下面两个值中的一个：真或者假。从理论上来说，用一位就可以表示一个布尔值，0 表示假 1 表示真（反之亦可）。而在实际使用中，一个布尔值用一个字节或一个字来表示，这是因为一个字节中的单独的位由于没有地址而很难访问。布尔值通常使用这样的约定：0 表示假，所有其他值都表示真。

如果布尔值构成了一个数组的话，我们就可以用一位来表示一个布尔值，这样一个 32 位的字就可以表示 32 个布尔值。这样的数据结构称为**位图**（bit map），在许多情况下都会用到它。例如，可以用位图来表示磁盘上的空闲块。如果磁盘有 n 块，位图就有 n 位。

最后要介绍的一种数据类型是指针，指针就是一个机器地址。我们已经不止一次地讨论过指针。在 Mic-x 机中，SP、PC、LV 和 CPP 都是指针。ILOAD 指令的工作方式就是通过指针加上固定的偏移量来访问变量。虽然指针非常有用，但是它们的使用也是大量的编程错误的来源，这些错误常会带来严重的后果，因此在使用指针时必须非常注意。

5.2.3 Core i7 的数据类型

如图 5-6 所示，Core i7 支持二进制补码表示的有符号整数、无符号整数、二进制编码十进制数和 IEEE 754 中规定的浮点数。由于 Core i7 是由功能较简单的 8 位 /16 位计算机发展而来的，因此它能通过许多的算数、布尔运算和比较指令来处理 8、16 以及 32 位的整数。同时，该处理器还可以运行在 64 位模式下，支持 64 位寄存器和操作。在 Core i7 中，操作数不需要在内存中对齐，当然如果字的地址是 4 的倍数可以提高性能。

类　　型	8 位	16 位	32 位	64 位
带符号整数	×	×	×	×（64 位）
无符号整数	×	×	×	×（64 位）
二—十进制数	×			
浮点数			×	×

图 5-6　Core i7 的数值数据类型

× 表示支持该类型。标有 "64 位" 的只能在 64 位模式下支持

Core i7 还擅长处理 8 位的 ASCII 字符，它有专用的指令用于拷贝和查找字符串。这些指令可以同时用于长度已知的字符串和带有结束标志的字符串。在字符串处理函数库中会经常用到它们。

5.2.4 OMAP4430 ARM CPU 的数据类型

如图 5-7 所示，OMAP4430 支持的数据类型种类很多。就整数来说，它可以支持 8 位、16 位和 32 位的操作数，包括有符号的和无符号的。在对小数据类型的操作上，OMAP4430 甚至比 Core i7 做得更好。OMAP4430 是一个使用 32 位数据通路和指令的机器。对于加载和存储指令，程序可以指定加载数值的数据宽度和符号位（例如，加载有符号字节：LDRSB）。读出的数值将根据加载指令的不同被转换为可比较的 32 位数值，同样，程序也会根据存储指令的不同为写入内存的数据指定数据宽度和符号位，此外这些指令只能访问输入寄存器的指定部分。

OMAP4430 中有符号整数使用的是二进制补码保存，此外还有 32 位及 64 位的浮点操作数，遵循 IEEE 754 标准。OMAP4430 不支持使用二进制编码来保存十进制数，并且所有操作数都必须对齐，字符和字符串类型都没有特别的硬件指令支持，它们完全由软件来操作。

类　　型	8 位	16 位	32 位	64 位
带符号整数位	×	×	×	
无符号整数	×	×	×	
二—十进制数				
浮点数			×	×

图 5-7　OMAP4430 ARM CUP 的数值数据类型

× 表示支持该类型

5.2.5　ATmega168 AVR CPU 的数据类型

ATmega168 AVR 只有几种有限的数据类型。毫无例外，所有的寄存器都是 8 位宽，所以整数也都是 8 位宽。字符也是 8 位宽。实际上硬件真正支持的用来进行算术运行的数据类型只是一个 8 位的字节，如图 5-8 所示。

类　　型	8 位	16 位	32 位	64 位
带符号整数	×			
无符号整数	×	×		
二—十进制数				
浮点数				

图 5-8　ATmega168 的数值数据类型

× 表示支持该类型

361

为了方便内存的访问，ATmega168 对 16 位的无符号指针也有一定的支持。指令中的 X、Y 和 Z 三个 16 位指针操作数可以通过分别串联 3 组 8 位的寄存器——R2/R27、R28/R29、R30/R31 来实现。当加载指令使用 X、Y 和 Z 作为地址操作数时，处理器也可以选择增加或减少需要的数值。

5.3　指令格式

一条指令由操作码和其他的一些诸如操作数从哪里来和计算结果送往哪里去这样的信息组成。定义操作数的来源（也就是它们的地址）的通用术语称为**寻址**（addressing），下面我们讨论寻址。

图 5-9 显示了第二层指令的几种可能的格式。指令总有一个操作码来说明指令的功能。还可能有 0 个、1 个、2 个或 3 个地址。

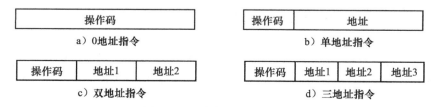

图 5-9　四种常见的指令格式

在某些计算机中，所有指令的长度都相同；而在另外一些计算机中，指令可能有多种不同的长度。指令长度可能小于、等于或者大于一个字的长度。使所有的指令长度相同可以简化设计而且容易译码，但是浪费空间，因为指令的长度必须取所有指令中最长的指令的长度。图 5-11 显示了指令长度和字长度之间的某些可能的关系。

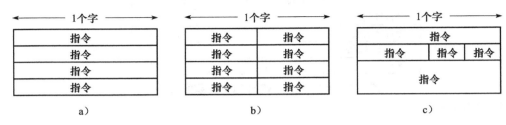

图 5-10　指令和字长之间某些可能的对应关系

5.3.1　指令格式设计准则

当一个计算机设计小组为他们的计算机选择指令格式时，他们必须考虑许多因素。请不要低估在这种决策中遇到的困难。设计者必须在设计新计算机的开始阶段就选择好指令格式。如果计算机在市场上销售得很成功，那么它的指令集将会使用 40 年或者更久。扩展新指令和利用在指令集的使用周期中出现的新技术的能力是相当重要的，当然只有当这一体系结构和设计它的计算机公司能够生存到成功的那一天时才会需要这一能力。

一个特定的指令系统的效率在很大程度上依赖于计算机实现时使用的技术。在相当长的一段时间之后，计算机技术将发生巨大的变化，然后我们就可以看到某些指令系统层很不幸地作出了错误的选择。例如，如果内存访问速度很快，那么一个基于栈的设计（如 IJVM）就是一个好的设计，但是如果内存访问速度很慢，那么有大量的寄存器的设计（如 OMAP4430 ARM CPU）性能可能更好。如果有些读者认为这种选择很容易，我可以请他们拿出一张纸写下他们对（1）20 年后典型的 CPU 时钟速度（2）20 年后典型的 RAM 访问时间的预测。然后把这张纸折好精心地保存 20 年，20 年后再打开它看一看。自信的读者可以不使用纸片而现在就直接把预测结果发布到互联网上。

当然，即使是最有远见的设计者也不可能对所有的问题都作出正确选择。即便他有这种能力，他也不得不考虑短期利益。只要他设计的优雅的指令系统比它的丑陋的竞争对手贵一点点，他的公司就活不到大家开始欣赏他的优雅的指令系统层的那一天。

在所有的其他条件都一样的情况下，短指令要优于长指令。由 n 条 16 位指令组成的程序所占的内存空间只是 n 条 32 位指令组成的程序的一半。由于内存价格不断下降，这一因素在将来的重要性可能会降低，如果我们不考虑软件升级的速度要比内存价格下降的速度快得多这一事实。

此外，使指令长度达到最小可能会使译码和重叠执行变得困难。因此，在考虑最小指令长度时必须同时考虑译码和指令执行所需要的时间。

内存带宽（内存每秒钟能够读写多少位）是使减小指令长度对于快速处理器越来越重要的另一个原因。在过去的几十年中处理器速度的增长给人留下了深刻的印象，然而，内存的带宽并没有同步增长。内存没有能力提供处理器所能处理的指令和数据是处理器遇到的最常见的性能限制。每种内存都有由它的技术和工艺设计决定的带宽，带宽瓶颈不仅在主存中存在，在所有的高速缓存中也存在。

如果一个指令 cache 的带宽是 t bps，平均指令长度是 r 位，那么这个 cache 每秒至多可以传送 t/r 条指令。尽管目前的研究者正努力去打破这一表面上看是不可能突破的屏障，但是我们必须注意到这是处理器执行指令的速度的上限。很明显，指令执行的速度（也就是处理器速度）会受到指令长度的限制。较短的指令长度意味着可以更快地处理。由于现代的处理器具有在一个时钟周期内执行多条指令的能力，因此必须能够在一个时钟周期内同时取多条指令。指令 cache 的这个特征使得指令长度成为提高性能的一个重要设计准则。

指令设计的第二条准则是在指令格式中必须有足够的空间来表示所有的操作类型。一台有 2^n 种操作的计算机想使它的指令长度小于 n 显然是不可能的。原因是操作码没有足够的位来表示要执行的指令。而且历史已经反复告诉我们，在操作码中不留下富余的空间给以后的指令集扩展使用将是十分愚蠢的。

第三条准则是关于地址字段中位的数量。如果设计一台使用 8 位字符，具有 2^{32} 个字符大小主存的计算机，设计者可以按照 8 位、16 位、24 位和 32 位单元来分配连续地址，当然也可以使用别的设计方法。

我们可以设想一下如果一支设计队伍分化成两个互不相让的小组会发生什么情况。一组提出使用 8 位字节作为内存的基本单元，而另一组认为应该使用 32 位字作为基本存储单元。前一个小组计划使用容量为 2^{32} 个字节的内存，编号如 0、1、2、3、…、4294、967 295。而后一个小组计划使用容量为 2^{30} 个字的内存，编号如 0、1、2、3、…、1073、741 823。

第一组会指出，在 32 位字的内存组织中，为了比较两个字符，程序不仅需要读出包含字符的字，而且为了能够比较它们，程序还需要从字中把它们分离出来。要做到这一点，需要额外的指令，这就浪费了空间。而采用 8 位的内存组织，由于每个字符都有地址，从而使比较操作相对容易实现。

32 位字的支持者们会这样答复。他们指出在他们的方案中只需要 2^{30} 个不同的地址，这样地址长度只需要 30 位，而 8 位字节的方案需要 32 个地址位来对相同大小的内存进行寻址。使用比较短的地址意味着指令长度相对较短，这样不仅节约了空间也节省了取指时间。另外，作为可选方案，32 位的方案可以使用 32 位地址来引用 16GB 大小的内存，而不是微不足道的 4GB。

这个例子说明为了获得较细粒度的内存访问，付出的代价就是必须使用较长的地址位，从而指令长度也会相对较长。内存组织中可能的最小访问粒度是每一位都可以直接寻址（比如，Burroughs B1700 机）。另一种可能性是内存由非常长的字组成（如 CDC Cyber 系列机字长为 60 位）。

364

现代计算机在这一点上已经达到了平衡，在某种意义上说，是达到了最差的平衡点。它们要求能够对所有的字节进行寻址，但是所有的内存在进行一次访问时都会读出一个、两个有时是四个字。举个例子，为了从 Core i7 的内存中读出一个字节至少需要取出 8 个字节，甚至还可能需要读出整个 64 字节的 cache 块。

5.3.2 扩展操作码

在前一小节我们看到短地址和合适的内存访问粒度是如何相互平衡的。这一小节中我们将讨论操作码和地址之间是如何平衡的。考虑一条（$n+k$）位长的指令，其中包括 k 位长的操

作码和 n 位长的单地址。这条指令可以定义 2^k 个不同的操作并可以寻址 2^n 个内存单元。考虑另一种方案，同样是 $n+k$ 位，把它分成 $k-1$ 位操作码和 $n+1$ 位地址，这意味着指令的数量只有刚才的一半，但是可寻址的内存单元扩大了一倍，或者内存单元数量不变而访问分辨率增加了一倍。（$k+1$）位操作码和（$n-1$）位地址码的方案可以获得更多的操作类型，而付出的代价是可寻址空间变小，或者在相同大小的空间条件下的访问分辨率变差。以上讨论的是比较简单的策略，在操作码和地址位之间可以采用相当复杂的平衡策略。下面我们将讨论称为**扩展操作码**（expanding opcode）的策略。

通过一个例子可以很清楚地理解扩展操作码的概念。有这样一台计算机，它的指令长度是 16 位而其中操作数地址的长度为 4 位，如图 5-11 所示。这种情况对于具有 16 个寄存器（因此寄存器地址是 4 位）而且算术运算都在寄存器中进行的计算机来说是非常合适的。一种设计方案是每条指令具有 4 位的操作码和 3 个地址，这样共有 16 条三地址的指令。

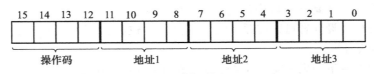

图 5-11　使用 4 位操作码和 3 个 4 位的地址字段的指令

但是，如果设计人员总共需要 15 条三地址指令、14 条双地址指令、31 条单地址指令和 16 条无地址指令，那么他们可以使用操作码 0 ~ 14 作为三地址指令的操作码，而操作码 15 作为特殊标志使用（如图 5-12 所示）。

365

操作码 15 意味着操作码包含在第 8 ~ 15 位中而不仅是第 12 ~ 15 位。和三地址指令一样，第 0 ~ 3 位和第 4 ~ 7 位是两个地址。这样，14 条双地址指令最左边的四位都是 1111，而第 8 ~ 11 位的值从 0000 到 1101。最左边的四位是 1111，而且 8 ~ 11 位的值是 1110 或者 1111 的指令又被特殊处理。它们的操作码是从第 4 ~ 15 位。这就产生了 32 条新操作码。由于我们只需要其中的 31 条，因此操作码为 111111111111 的指令的 0 ~ 15 位都被解释为操作码，这就得到了 16 条无地址指令。

在刚才的讨论中我们看到，指令的操作码变得越来越长：三地址指令的操作码是 4 位，两地址指令的操作码是 8 位，单地址指令的操作码是 12 位而零地址指令的操作码是 16 位。

扩展操作码的思想向我们展示了在操作码空间和其他信息使用的空间之间是如何平衡的。在实际使用中，操作码扩展并不像我们举的例子那样清晰和规则。实际上，我们可以使用两种方法来利用变长操作码。第一种方法：所有指令的长度保持相等，然后给需要使用最多的位定义其他信息的指令分配最短的操作码。第二种方法：通过给常用的指令分配较短的操作码，给不常用的指令分配较长的操作码来使平均指令长度使其达到最小。

把变长操作码的思想发挥到极致，我们甚至可以通过对每条指令都使用需要的最少的位进行编码使所有指令的平均长度达到最小。然而不幸的是，这样做的结果会使指令长度不一致，甚至导致指令不能按照字节的边界对齐。虽然某些指令系统层具有这样的特性（例如，注定要失败的 Intel 432），但是由于对齐特性对于指令的快速译码是如此重要，使得这种优化几乎不可能带来任何实际的好处。尽管如此，在字节层，这种特性还是经常被采用。

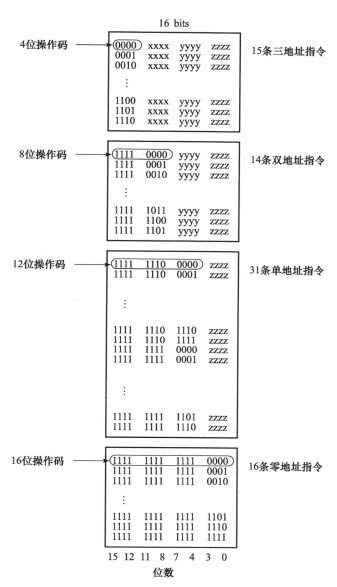

图 5-12　共允许使用 15 条三地址指令，14 条双地址指令，31 条单地址指令和 16 条零地址指令的操作
　　　　码扩展方式。标记为 xxxx、yyyy、zzzz 的是四位的地址字段

5.3.3　Core i7 指令格式

　　Core i7 指令格式相当复杂，而且没有什么规律，它最多具有 6 个变长域，其中 5 个是可选的。Core i7 指令格式的通用模式如图 5-13 所示。Core i7 的指令格式之所以如此复杂，是由于其体系结构已经经过了许多代的演变，而某些早期体系结构中存在的不好的特性还必须被保留下来。为了保持向后兼容，早期的设计决策后来是不可逆转的。一般来说，如果双操作数指令的一个操作数在内存中，那么另一个就不能在内存中。因此现有的指令要么对两个寄存器相加，要么把一个寄存器加到内存中，要么把内存加到寄存器中而不能把一个内存字加到另一个内存字中。

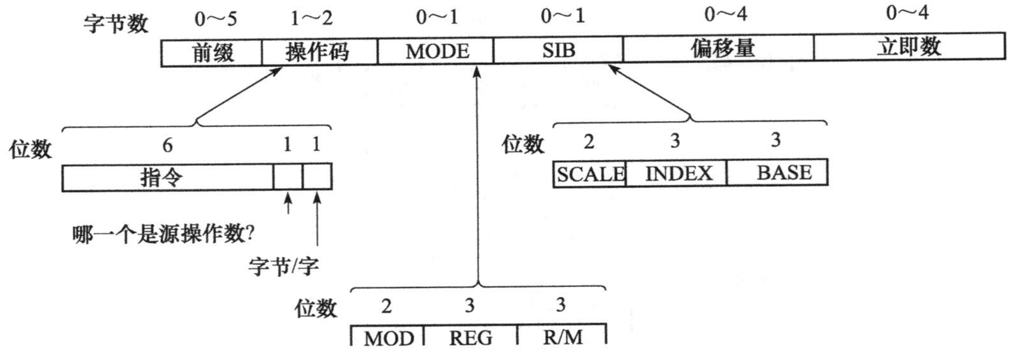

图 5-13 Core i7 的指令格式

在 Intel 早期的体系结构中，虽然也大量使用了前缀字节来修改某些指令，但是所有的操作码长度都是一个字节。**前缀字节**（prefix byte）是一个额外的操作码，它附加在指令的最前面用于改变指令的操作。在 IJVM 中使用的 WIDE 指令就是使用前缀字节的例子。不幸的是，在体系结构发展的过程中，Intel 用尽了所有的操作码，因此操作码 0xFF 作为**溢出码**（escape code）用来表示本条指令的操作码是两字节的。

从 Core i7 操作码单独的位中我们得不到更多关于指令的信息。操作码字段中唯一的结构是在某些指令中操作码的最低位被用来指示字节 / 字，相邻的一位用来指示内存地址（如果需要访问内存的话）是源地址还是目的地址。因此一般来说，操作码必须被完全译码后才能决定执行哪一类操作，同样，指令的长度也只有在操作码译码后才能知道。这就使实现更高的性能相当困难，因为在决定下一条指令的起始地址之前首先需要执行大量的译码工作。

在大多数引用内存操作数的指令中，紧跟着操作码字节的是 MODE 字节，它包含了和操作数有关的信息。该字节由 2 位的 MOD 字段和两个 3 位的寄存器字段，REG 和 R/M 组成。在某些情况下，这个字节的前 3 位用于操作码扩展，这时操作码的长度就是 11 位。不管怎样，2 位模式字段意味着只能用 4 种途径对操作数寻址而且操作数中有一个必须在寄存器中。从逻辑上来说，EAX、EBX、ECX、EDX、ESI、EDI、EBP、ESP 中的任意一个都可以用于源操作数寄存器和目的操作数寄存器，但是编码规则禁止了其中的某些组合而把它们用于特殊的目的。某些模式需要一个称为 SIB（Scale，Index，Base）的附加字节，它给出了更多的说明信息。这种策略并不理想，但是在同时面对向后兼容的竞争要求和需要增加原来没有想到的新特性的要求时，这是一个可以接受的折衷方案。

除了以上这些内容之外，某些指令还包括 1、2 或者 4 个字节的内存地址（偏移量），还可能包括另外 1、2 或者 4 个字节的常量（立即数）。

5.3.4 OMAP4430 ARM CPU 指令格式

OMAP4430 ARM 指令系统由 16 位或 32 位指令构成，在内存中是对齐的。指令相当简单，每条指令定义一个单独的操作。一条典型的算术指令定义两个寄存器存放源操作数，另外还有一个独立的目的寄存器。16 位指令是 32 位指令的一个简化版本，它们都执行相同的操作，但是 16 位指令只允许两个寄存器操作数（即目的寄存器必须与两个输入寄存器之一相同），并且只有前 8 个寄存器能被指定为输入寄存器。ARM 架构师将这个简化版本的 ARM 指令集称为"拇指"指令集。

附加的变化使得指令能够使用 3、8、12、16 或 24 位的无符号常量来代替某一个寄存器。对加载指令来说，两个寄存器（或一个寄存器和一个 8 位有符号常数）的值相加可以确定将要加载的内存地址。所读数据将会被写入另外一个指定的寄存器中。

32 位 ARM 指令的格式说明见图 5-14。留心的读者们应该会注意到一部分不同类型的指令会有相同的域（例如，LONG MULTIPLY 和 SWAP 指令）。在译码过程中，译码器直到判别出域的值对 MUL 指令是非法的以后才能确定该指令为 SWAP。在扩展指令集和"拇指"指令集中，还加入了一些其他格式的指令。在写作本书时，指令格式有 21 种并且还在继续增加中。（离我们见识到该公司以"世界上最复杂的简单指令集计算机"作为广告语的日子还远吗？）不管怎样，指令集中主要的指令还在使用如图 5-14 所示的格式。

31	2827			1615		87			0	指令类别
条件码	0 0 I	操作码	S	Rn	Rd	立即数				数据处理/PSR传送
条件码	0 0 0 0 0 0		A S	Rd	Rn	RS	1 0 0 1		Rm	乘法
条件码	0 0 0 0 1	U A S		RdHi	RdLo	RS	1 0 0 1		Rm	长整数乘法
条件码	0 0 0 1 0	B 0 0		Rn	Rd	0 0 0 0	1 0 0 1		Rm	交换
条件码	0 1 I P U B W L			Rn	Rd	偏移量				加载/存储 字节/字
条件码	1 0 0 P U S W L			Rn	寄存器列表					加载/存储多个
条件码	0 0 0 P U 1 W L			Rn	Rd	偏移1	1 S H 1		偏移2	半字传送：立即数偏移量
条件码	0 0 0 P U 0 W L			Rn	Rd	0 0 0 0	1 S H 1		Rm	半字传送：寄存器偏移量
条件码	1 0 1 L			偏移量						分支
条件码	0 0 0 1	0 0 1 0	1 1 1 1	1 1 1 1	1 1 1 1	0 0 0 1			Rn	分支转移
条件码	1 1 0 P U N W L			Rn	CRd	CPNum	偏移量			协处理器数据传送
条件码	1 1 1 0	Op1		CRn	CRd	CPNum	Op2	0	CRm	协处理器数据操作
条件码	1 1 1 0	Op1	L	CRn	Rd	CPNum	Op2	1	CRm	协处理器寄存器传送
条件码	1 1 1 1			软件中断号						软件中断

图 5-14　32 位 ARM 指令格式

确定指令格式并告诉硬件接下来要去哪里找余下可能还有的操作码的第一个位置在每条指令的 26 ~ 27 位上。举例来说，如果指令的 26、27 位均为 0，25 位也为 0（操作数不是一个立即数），输入操作数转换也不是不合法的（这表明该指令是一个乘法或分支转移指令），那么所有操作数和立即数的来源均为寄存器。如果 25 位上是 1，则说明操作数的其中一个来源为寄存器，另外一个来源则为大小在 0 ~ 4095 的之间的常量。在上述两个例子中，目的操作数均为一个寄存器。充足的编码空间总共可以用来编码 16 条指令，如今这些指令已完全使用了。

在 32 位指令的条件下是不可能引入 32 位的常量的。MOVT 指令可以设置 32 位寄存器的高 16 位，余下低 16 位由另外一条指令设置。这是唯一一条使用这个格式的指令。

每条 32 位的指令都有一个在 28 ~ 31 这 4 位上的域，这个域称为条件域，条件域很重要，它可以将任意指令变为**断言指令**（predicated instruction）。断言指令会像一般指令一样在处理器中被执行，但在其执行结果写入寄存器（或内存）之前，它首先会检查指令的条件是否满足。对 ARM 指令来说，条件域是基于处理器状态寄存器（PSR）的。该寄存器保存了上一次算数运算的属性（例如，为 0、为负和溢出等）。如果条件不能够满足，则该断言指令的执行结果将被舍弃。

分支指令中所能编码的立即数是所有指令中最大的，这是因为分支指令中需要运用该立

369

即数来计算出方法或进程调用的目标地址。这个指令非常特别，因为它是唯一一个需要 24 位数据来指定某个地址的指令。这个指令有一个 3 位的操作码，其表示的地址值为真正的目的地址除以 4 所得，因此大约可以表示当前指令地址 $\pm 2^{25}$ 字节的范围。

显然地，ARM 指令集的设计师们希望运用上每一个位的组合，包括其他不合法的操作数的组合来区分指令。这种做法使得解码的逻辑异常复杂，但这也使得在给定 16 位或 32 位的指令长度下可以编码更多的操作。

5.3.5 ATmega168 AVR 指令格式

ATmega168 有 6 种简单的指令格式，如图 5-15 所示。指令长度可以是 2 或者 4 个字节。格式 1 仅仅包括一个操作码和两个操作数，两个操作数均为指令的输入且其中一个将作为输出。例如，寄存器的加法指令就使用了这种格式。

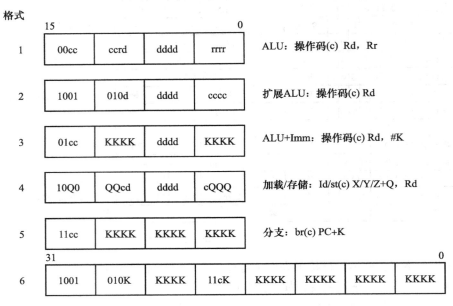

图 5-15　ATmega168 AVR 的指令格式

格式 2 也是 16 位，由附加的 16 个操作码和一个 5 位的寄存器号组成。这种格式的指令通过将指令的操作数减少到 1 个来增加可编码到指令集中的操作。编码成该格式的指令用来表示读取一个寄存器的值并写入到相同寄存器的一元操作。例如求负和增加等指令。

格式 3 有一个 8 位的无符号立即数。为了将如此大的一个立即数容纳到 16 位的指令中，使用这种编码格式的操作数只能有一个寄存器操作数（作为输入和输出），且只能为 R16 ~ R31 之间的寄存器（这样可以将操作数编码成 4 位）。此外操作码的位数变成了一半，只能允许 4 条指令使用该格式来编码（SUBCI、SUBI、ORI 以及 ANDI）。

[370]

格式 4 编码了加载、存储指令。在该指令中包括了一个 6 位的无符号立即数。基址寄存器是由加载、存储指令指定的某个确定的寄存器，而不用在指令中进行指定。

格式 5 和 6 是用来编码跳转和程序调用指令的。格式 5 包含了一个 12 位的有符号立即数，与当前指令的 PC 值相加后就能算出跳转指令的目标地址。格式 6 通过将 AVR 指令扩展为 32 位来将偏移扩展到 22 位。

5.4 寻址

大多数指令都有操作数，因此需要一些方法来定义从哪里得到这些操作数。我们下面就开始讨论这个主题，也就是**寻址**。

5.4.1 寻址方式

目前为止，我们还没有讨论在寻找操作数时如何解释地址字段。现在我们就来研究一下这个主题，也称为**寻址方式**（address mode）。我们即将看到，有很多种方式来实现寻址。 371

5.4.2 立即寻址

在指令中定义操作数的最简单的方式是指令直接包括操作数本身，而不是包括操作数地址或者其他的描述操作数位置的信息。这样的操作数称为**立即数**，因为它在指令取指的时候就被自动地从内存中取出了；因此在使用时它是立即可以得到的。一条把常量 4 存入寄存器 R1 的立即寻址指令如图 5-16 所示。

立即寻址的优点在于取操作数时不需要额外的内存

MOV	R1	4

图 5-16　把 4 存入 R1 的立即寻址指令

访问。它的缺点是只有常数才能使用这种方式。另外，数的大小要受地址字段大小的限制。许多体系结构目前仍然使用这种技术来定义小的整型常量。

5.4.3 直接寻址

指定位于内存中的操作数的一种方法是给出它的完整地址。这种方式称为**直接寻址**（direct addressing）。和立即寻址一样，在实际使用中直接寻址也有一定的限制：使用直接寻址的指令访问的永远是同一个内存地址。因此当值发生变化的时候，地址不能发生变化。因此直接寻址只能用于访问全局变量，因为全局变量的地址在编译阶段是已知的。因为有大量的程序使用全局变量，所以目前这种方式还是很常用的。至于计算机如何区分立即数寻址和直接寻址，我们将在后面讨论。

5.4.4 寄存器寻址

寄存器寻址在概念上和直接寻址是相同的，只不过它定义的是寄存器地址而不是内存地址。由于寄存器的重要性（访问速度快而且地址较短）使得这种寻址方式成为大多数计算机中最常用的寻址方式。许多编译器都会尽最大的努力找出访问次数最多的变量（例如，一个循环变量）并将它们放入寄存器中。

这种寻址方式就是我们常说的**寄存器寻址**（register mode）。在 OMAP4430 ARM 这样的加载 / 存储体系结构中，几乎所有指令都使用这种寻址方式。唯一例外的情况发生在从内存中把操作数取入寄存器（LDR 指令）和从寄存器中把操作数存入内存（STR 指令）时。即使 372 在这样的指令中，操作数中也会有一个是寄存器，它是内存字的来源或者目的地。

5.4.5 寄存器间接寻址

在这种寻址方式中，定义的操作数来自内存或者要去内存，但它的地址并不像直接寻址那样直接写在指令中。相反，它的地址保存在一个寄存器中。我们通常把这样的地址称为**指针**（pointer）。寄存器间接寻址的一个很大的优点在于它访问内存时不需要在指令中定义完整的地址。而且在指令执行的时候，根据寄存器内容的不同可以访问不同的内存字。

为了帮助读者理解，下面讨论为什么指令每次执行时需要访问不同的内存字，有这样一条循环语句，它把一个 1024 个元素的一维数组的元素相加并将和放入 R1。在循环之外，我们让某个其他的寄存器，比如说 R2，指向数组的第一个元素；另一个寄存器，比如说 R3，指向 1024 个数组元素之后的第一个地址。对于 1024 个 4 字节整数来说，如果数组从 A 地址开始，那么数组之后的第一个地址就是 A+4096。为一台两地址计算机编写的、执行这一累加操作的典型的汇编语言代码如图 5-17 所示。

```
            MOV R1,#0        ；累加和保存在R1中，初始是0
            MOV R2,#A        ；R2 = 数组A的地址
            MOV R3,#A+4096   ；R3 = 数组A之后的第一个字的地址
LOOP:       ADD R1,(R2)      ；通过R2进行寄存器间接寻址取得操作数
            ADD R2,#4        ；为R2加一个字（4个字节）
            CMP R2,R3        ；做完了吗？
            BLT LOOP         ；如果R2 < R3，说明没有结束，则继续
```

图 5-17　计算数组元素之和的一段普通的汇编程序

在这一小段程序中，我们同时使用了多种寻址方式。前三条指令的第一个操作数（目的操作数）使用寄存器寻址，而第二个操作数使用立即寻址（符号 # 表示后面是一个常量）。第二条指令把 A 的地址放入 R2，而不是把 A 本身的内容放入 R2。汇编器之所以知道这样做正是由于使用了 # 符号。同样，第三条指令把 A 数组之后的第一个元素的地址放入 R3。

我们注意一个有趣的现象：在循环体中没有使用任何内存地址。在第四条指令中使用了寄存器寻址和寄存器间接寻址。第五条指令使用了寄存器寻址和立即寻址，而第六条指令使用了两次寄存器寻址。BLT 指令可能使用了内存地址，但是更常见的做法是用相对 BLT 指令本身的 8 位偏移量作为跳转地址。由于彻底避免了对内存进行寻址，我们实现了一个既短又快的循环。顺便说一句，这段程序其实是为 Core i7 编写的，只不过我们重新命名了指令和寄存器并改变了符号表示，这是为了使它更容易读，因为 Core i7 的标准汇编语言语法（MASM）由于保持了它的前辈（如 8088）的特点而让人难以理解。

虽然下面的做法不值得推荐，但在理论上，还有一种方法在不采用寄存器间接寻址的条件下执行该循环。循环可以包括一条把 A 加到 R1 中的指令，如：

ADD R1,A

在循环过程的每一次迭代中，指令本身应该加 4，这样在执行一次循环之后它应该执行：

ADD R1,A+4

这样重复执行直到计算出结果。

像这样能够修改指令本身的程序我们称为**自修改程序**（self-modifying program）。想出这个主意的不是别人，正是冯·诺伊曼。这一思想体现在早期的计算机中，因此早期的计算机不采用寄存器间接寻址。现在自修改程序被认为是一种可怕的程序，它让人难以理解。而且它不能同时被多个进程共享。此外，在带有分离式的第一级 cache 的计算机中，如果指令 cache 不周期性地执行写回操作，自修改程序就不能正确运行（因为计算机的设计者假定程序

是不能修改自身的）。最后，自修改程序也不能用于指令内存与数据内存分离的计算机上。综上所述，这个想法最终（幸运地）被丢弃了。

5.4.6 变址寻址

如果能够利用一个寄存器和一个已知的偏移量来访问内存，将对我们有很大的帮助。在 IJVM 中我们已经看到了一些例子，IJVM 中局部变量的访问是通过给定它们相对于 LV 的偏移量来进行的。通过一个给定的寄存器（显式或者隐式）加上一个常数偏移量来进行内存寻址的方式称为**变址寻址**（indexed addressing）。

从图 4-19a 中可以看出，在 IJVM 中局部变量的访问是通过使用寄存器中的内存指针（LV）加上指令中的小偏移量来进行。当然，也可以采用另一种方式：把内存指针放在指令中而把小偏移量放在寄存器中。为了搞清楚它是怎么工作的，让我们看下面的计算过程。我们有两个各有 1024 个字的一维数组，分别为 A 和 B。我们希望对所有 1024 个元素对计算 A_i AND B_i，然后再把这 1024 个布尔值的结果相或，这样我们就可以知道在这 1024 对元素中是否至少存在一个非 0 对。一种方案是把 A 的地址放到一个寄存器中，把 B 的地址放到另一个寄存器中，然后一步一步地执行，类似于图 5-17。这种方案当然是可行的，但是如果我们采用图 5-18 中的方案，效果会更好。

374

```
            MOV R1,#0        ;R, 中OR操作的结果，初始值为0
            MOV R2,#0        ;R2等于当前计算AND（A[i] AND B[i]）的数组元素的索引
            MOV R3,#4096     ;R3等于未使用的第一个索引值
LOOP:       MOV R4,A(R2)     ;R4 = A[i]
            AND R4,B(R2)     ;R4 = A[i] AND B[i]
            OR R1,R4         ;OR所有的AND结果并存入R1
            ADD R2,#4        ;i = i + 4(以字为单元计算，一个字等于4个字节)
            CMP R2,R3        ;做完了吗?
            BLT LOOP         ;如果R2 < R3，表示还没有结束，继续。
```

图 5-18　计算两个 1024 个元素的数组 A 和 B 的 OR(A_i AND B_i) 的汇编语言程序

这段程序执行的操作是简单明了的。我们使用了 4 个寄存器：

1）R1——用于保存每次 OR 操作的结果；

2）R2——保存索引值 i，用于遍历整个数组；

3）R3——保存常量 4096，这是索引值 i 不能使用的最小值；

4）R4——保存每次 AND 结果的临时寄存器。

在初始化寄存器之后，是一个 6 条指令的循环。在 LOOP 标号处的指令把 A_i 取到 R4 中。在这里，源操作数的计算使用变址寻址方式。寄存器 R2 和 A 的地址这一常量相加的结果被用于访问内存。虽然我们使用两个数的和访问内存，但是这个和没有保存在任何用户可见的寄存器中。下式

　　MOV R4,A(R2)

表示目的操作数采用寄存器寻址，R4 是目的寄存器，源操作数采用变址寻址方式，A 是偏移量，R2 是寄存器。假设 A 的值是 124300，那么这条指令的实际机器指令可能如图 5-19 所示。

| MOV | R4 | R2 | 124300 |

图 5-19　MOV R4, A(R2) 的一种可能的表示法

在第一次进入循环的时候，R2 的值是 0（刚刚进行过初始化），这样访问的内存字就是位于 124300 的 A_0。A_0 的值就会被取入 R4。第二次进入循环的时候，R2 是 4，这时访问的内存字就是位于地址 124304 的 A_1，下面依此类推。

就像我们前面所希望的那样，在这里指令中存放的偏移量是内存指针而寄存器中的值是一个用于循环执行计算的小整数。这种形式需要在指令中有足够的偏移量空间来存放地址，当然这样做的效率会比另一种方式低，但是通常来说这种方式更有效。

5.4.7 基址变址寻址

某些计算机有这样一种寻址方式，它用两个寄存器和一个偏移量（可选）相加的结果来进行寻址。有时这种方式称为**基址变址寻址**（based-indexed addressing）。其中一个寄存器存放基地址，另一个寄存器存放变址。这样一种寻址方式是很有用的。我们可以在循环之外把 A 的地址放到 R5 中而把 B 的地址放到 R6 中。然后把 LOOP 标号处的指令和它的下一条指令替换成：

```
LOOP:       MOV R4,(R2+R5)
            AND R4,(R2+R6)
```

如果有一种寻址方式能够通过不带偏移量的两个寄存器的和来寻址就更理想了。作为另一种选择，即使一条带 8 位偏移量的指令也会对我们有所帮助，因为我们可以把偏移量设成 0。当然，如果偏移量永远是 32 位，那么使用这种模式并不能给我们带来什么好处。而实际使用这种模式的计算机往往采用 8 位或者 16 位的偏移量。

5.4.8 栈寻址

我们已经注意到设计人员总是希望把计算机指令设计得尽可能短。使地址长度达到最短的极端情况是干脆没有地址。正如我们在第 4 章中看到的那样，像 IADD 这样的零地址指令和栈配合使用是完全可行的。在本节中，我们将详细讨论栈寻址方式。

1. 逆波兰表达式

在数学中，把操作符放在操作数之间是一个古老的传统，比如 x+y，而不是把操作符放在操作数之后，比如 x y+。这种操作符位于操作数之间的形式称为**中缀**（infix）表达式，而操作符位于操作数之后的形式称为**后缀**（postfix）表达式或者**逆波兰**（reverse Polish notation）表达式。波兰逻辑学家 J.Lukasiewicz（1958）首先研究了这种表达式的性质。

逆波兰表达式和中缀表达式相比在表示代数式方面有几个优点。首先，任何代数式都可以用没有括号的形式表示。其次，在计算机中使用栈计算代数式的值时使用逆波兰式相当方便。第三，中缀操作符有优先级，这一点既专横又不受欢迎。比如，我们知道 $a \times b+c$ 表示 $(a \times b)+c$ 而不是 $a \times (b+c)$ 因为乘法具有比加法更高的优先级。但是有谁知道左移操作的优先级和布尔操作 AND 的优先级谁更高呢？而逆波兰表达式使我们摆脱了这种麻烦。

有几个算法可以把中缀表达式转换成逆波兰表达式。下面给出的算法是 E.W.Dijkstra 设计的，我们做了一定的修改。假定一个表达式由下列符号组成：变量、双操作数的操作符 + − × / 和左右括号。为了标识一个表达式的结尾，我们在一个表达式的最后一个符号之后和下一个表达式的第一个符号之前插入了符号 ⊥。

在图 5-20 中有一条从纽约到加利福尼亚的铁路线，中间有一条通往德克萨斯的支线。名字和方向不重要，重要的是铁路主线和支线之间的距离。表达式中的每一个符号都用一节车厢来表示。火车从东向西开（从右向左）。当每节车厢到达中转站时，它必须停下来询问是直接去加利福尼亚还是去德克萨斯作一次旅行。变量乘坐的车厢总是直接开往加利福尼亚而肯定不去德克萨斯。其他符号乘坐的车厢在进入中转站之前必须首先询问德克萨斯支线上离自己最近的车厢里的乘客来决定自己将开往哪里。

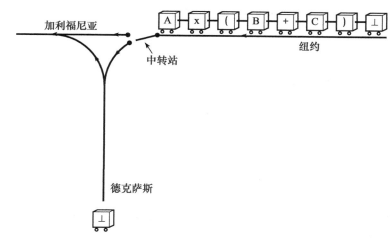

图 5-20　每节车厢表示公式中的一个符号，该公式将从中缀表达式转换成后缀表达式

根据德克萨斯支线上离中转站最近的车厢和停在中转站的车厢的情况，图 5-21 显示了发生了什么事。第一个 ⊥ 车厢总是开往德克萨斯的。图中的数字分别代表以下各种情况：

1）中转站的车厢开往德克萨斯。

2）德克萨斯支线上离中转站最近的车厢调头开往加利福尼亚。

3）停在中转站的车厢和德克萨斯支线上离中转站最近的车厢被劫持并且消失了（也就是同时被删除了）。

4）停止。这时按从左到右的方向看停在加利福尼亚的车厢已经组成了逆波兰表达式。

5）停止。发生了错误。初始的表达式不能被正确转换。

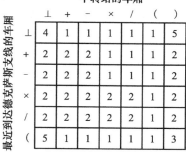

图 5-21　中缀式转换成逆波兰式算法中用到的决策表

在每次操作之后，必须再一次对中转站的车厢（可能还是上一次比较时的车厢或者是下一节车厢）和德克萨斯支线上离中转站最近的车厢进行比较。这个过程将反复进行直到到达第 4 种情况。我们注意到德克萨斯支线实际上被当作栈使用，当我们让一节车厢开往德克萨斯时实际上就是执行了入栈操作，当我们让一节德克萨斯支线上的车厢调头开往加利福尼亚时实际上是执行了出栈操作。

中缀表达式和逆波兰表达式的变量顺序是相同的，但操作符的顺序不一定相同。逆波兰表达式中操作符是按照表达式求值时操作符执行的顺序排列的。图 5-22 给出了中缀表达式和对应的逆波兰表达式的例子。

中 缀 式	逆波兰式
$A+B \times C$	$ABC \times +$
$A \times B+C$	$AB \times C+$
$A \times B+C \times D$	$AB \times CD \times +$
$(A+B)/(C-D)$	$AB+CD-/$
$A \times B/C$	$AB \times C/$
$((A+B) \times C+D)/(E+F+G)$	$AB+C \times D+EF+G+/$

图 5-22　某些中缀式的例子及其相应的逆波兰式

2. 逆波兰表达式求值

逆波兰表达式是带栈的计算机进行表达式求值的理想的方法。表达式由 n 个符号组成，每个符号不是操作数就是操作符。使用栈的逆波兰表达式求值算法是相当简单的。只需要从左到右扫描逆波兰表达式串，遇到操作数时就把它入栈，遇到操作符时就执行相应的操作。

在 IJVM 中对表达式

$(8+2 \times 5)/(1+3 \times 2-4)$

的求值过程如图 5-23 所示。相应的逆波兰表达式是：

$825 \times +132 \times +4-/$

我们已经介绍过，图 5-22 中使用的 IMUL 和 IDIV 指令分别表示乘法和除法。栈顶的操作数是右操作数而不是左操作数。这一点对于除法和减法操作来说很重要，因为除法和减法操作与乘法和加法不一样，它们的操作数顺序很重要。换句话说，必须仔细设计 IDIV，以便在先入栈分子，后入栈分母的情况下能够得到正确的计算结果。值得注意的是在 IJVM 中根据逆波兰表达式生成代码是相当容易的：只需要扫描表达式然后根据符号生成指令。如果符号是常量或者变量，就生成一条入栈指令。如果符号是操作符，就生成一条执行此操作的指令。

步　　骤	剩余的表达式	指　　令	栈
1	$825 \times +132 \times +4-/$	BIPUSH 8	8
2	$25 \times +132 \times +4-/$	BIPUSH 2	8, 2
3	$5 \times +132 \times +4-/$	BIPUSH 5	8, 2, 5
4	$\times +132 \times +4-/$	IMUL	8, 10
5	$+132 \times +4-/$	IADD	18
6	$132 \times +4-/$	BIPUSH 1	18, 1
7	$32 \times +4-/$	BIPUSH 3	18, 1, 3
8	$2 \times +4-/$	BIPUSH 2	18, 1, 3, 2
9	$\times +4-/$	IMUL	18, 1, 6
10	$+4-/$	IADD	18, 7
11	$4-/$	BIPUSH 4	18, 7, 4
12	$-/$	ISUB	18, 3
13	$/$	IDIV	6

图 5-23　使用栈对逆波兰表达式求值

5.4.9　转移指令的寻址方式

目前为止，我们讨论的都是操作数据的指令。转移指令和过程调用指令也需要寻址方式来指定目标地址。我们前面讨论过的寻址方式大部分都可以用于转移指令。直接寻址当然是可行的，只要把整个目标地址放在指令中就可以了。

当然，也可以使用其他的寻址方式。寄存器间接寻址可以允许程序在运行时计算出目标地址，然后把它放入寄存器中，再跳转到目标地址处。这种方式具有最大的灵活性，因为可以在程序运行时计算目标地址。当然，它也增大了程序出现错误的可能性，而且这种错误很难发现。

另一种可用的寻址方式是变址寻址，它用寄存器和已知的偏移量来计算目标地址。它具有和寄存器间接寻址一样的特点。 [379]

还有一种选择是程序计数器相对寻址。在这种方式中，把指令中带符号的偏移量加到程序计数器上来得到目标地址。实际上，这就是变址寻址，只不过使用的寄存器是程序计数器而已。

5.4.10 操作码和寻址方式的关系

从软件的观点来看，指令和地址应该是有规律的结构，这样指令格式可以达到最少。这样一种结构可以使编译器更容易编译出高质量的代码。应该允许所有的操作码使用所有有意义的寻址方式。此外，在所有的寄存器寻址方式中都应该允许使用所有的寄存器（包括段指针（FP）、栈指针（SP）和程序计数器（PC））。

举一个为三地址计算机设计的简明的例子，请看图 5-24 中的 32 位指令格式。在该设计中最多可以支持 256 个操作码。格式 1 中，每条指令都有两个源寄存器和一个目的寄存器。所有的算术和逻辑指令都使用这种格式。

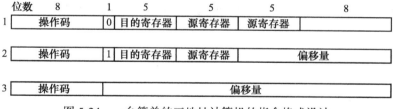

图 5-24　一台简单的三地址计算机的指令格式设计

指令格式的最后 8 位没有使用，它们用于区分更多的指令。比如说，只要我们用这额外的 8 位来区分，就可以用一个操作码处理所有的浮点数操作。另外，如果第 23 位置为 1，指令将使用格式 2，而且第二个操作数也不再是寄存器而是一个 13 位的带符号立即数。LOAD和 STORE 指令就是使用这种指令格式用变址寻址来访问内存地址。

除此之外，我们还需要一些额外的指令，比如条件转移等。我们发现指令格式 3 很适合它们。比如说，可以把操作码分配给每条（条件）转移指令和过程调用指令等。剩下的 24 位用于存放相对于程序计数器（PC）的偏移量。如果偏移量用字计算，范围将是 ±32MB。另外，格式 3 中的一些操作码被保留，用于需要大偏移量的 LOAD 和 STORE 指令。这些指令肯定不会很通用（比如说，在 LOAD 和 STORE 时只能使用 R0），实际上，它们很少被使用。 [380]

现在考虑一台两地址计算机的设计，它的每个操作数都可以使用内存字。如图 5-25 所示，这样的计算机可以把内存字加到寄存器中、寄存器加到内存字中、寄存器加到寄存器中以及内存字加到内存字中。目前内存访问相当费时间，因此这样的设计并不很流行，但是如果将来高速缓存或者内存技术的发展使内存访问很容易，这将是一种编译起来相当容易、效率很高的设计。PDP-11 和 VAX 是非常成功的计算机，统治了小型机领域二十年，它们就采用了类似的设计。

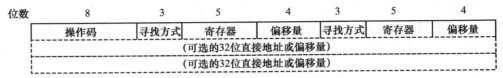

图 5-25   一台简单的两地址计算机的指令格式设计

在此设计中，我们再次使用了 8 位操作码，但现在我们用 12 位定义源操作数，另 12 位定义目的操作数。对每个操作数来说，3 位定义寻址方式，5 位定义寄存器，另外 4 位给出偏移量。在 3 位寻址方式位中，我们可以支持立即寻址、直接寻址、寄存器寻址、寄存器间接寻址、变址寻址和栈寻址等寻址方式，除此之外，还有两种没用到的方式用于将来扩展使用。这种清晰而且有规律的设计很容易编译而且具有很大的灵活性，特别是当程序计数器、栈指针和局部变量指针都是通用寄存器时更是这样。

这种设计中唯一的问题是在直接寻址方式中没用足够的地址位。为了解决这一问题，PDP-11 和 VAX 中在这样的指令后面加一个额外的字来定义直接寻址操作数的地址。我们也可以在使用两种变址寻址方式时在指令后面跟上 32 位的偏移量。也就是说，在最坏的情况下，两个操作数都使用直接寻址或者长偏移量的变址寻址的内存到内存的加法操作指令，该指令将有 96 位长，取指时要用三个总线周期（一个用于指令，另两个用于数据）。从另一方面来说，大多数 RISC 的设计在实现把内存中的任意数加到内存中的另一个数中的时候，至少需要 96 位，可能还会更多而且取指时需要至少 4 个总线周期，取决于操作数是如何寻址的。

在图 5-25 的设计中，我们可以有很大的选择余地，可以用一条 32 位指令执行

i = j;

这样的语句，只要 *i* 和 *j* 都在前 16 个局部变量的范围内。但是如果变量超出了前 16 个的范围，我们将不得不使用 32 位的偏移量。一种选择方案是使用带 8 位偏移量的格式来代替使用两个 4 位偏移量的格式，再加上一条规则说明源操作数和目的操作数中可以有一个使用 8 位偏移量但不能同时使用。这种可能性和折衷的处理方式是无限的，因此计算机的设计者必须巧妙地处理许多因素以期得到最好的结果。

5.4.11　Core i7 的寻址方式

Core i7 的寻址方式非常没有规律，而且根据指令的模式不同而不同（16 位模式、32 位模式或 64 位模式）。下面我们将忽略 16 位和 64 位模式，因为 32 位模式就已经够糟糕了。Core i7 支持的寻址方式包括立即寻址、直接寻址、寄存器寻址、寄存器间接寻址、变址寻址和用于寻址数组元素的特殊寻址方式。问题在于并不是所有的方式都能用于所有的指令而且并不是所有的寄存器都能用于所有的方式。这使编译器的设计者的工作更加困难而且导致编译产生的代码质量比较差。

图 5-13 中的方式字节（MODE）控制寻址方式。一个操作数通过 MOD 和 R/M 字段的组合来定义。另一个操作数总是寄存器，它的值由 REG 字段给出。2 位的 MOD 字段和 3 位的 R/M 字段一共有 32 种组合方式，如图 5-26 所示。比如说，如果两个字段都是 0，将从 EAX 寄存器中的内存地址取操作数。

R/M	MOD			
	00	01	10	11
000	M[EAX]	M[EAX + OFFSET8]	M[EAX + OFFSET32]	EAX or AL
001	M[ECX]	M[ECX + OFFSET8]	M[ECX + OFFSET32]	ECX or CL
010	M[EDX]	M[EDX + OFFSET8]	M[EDX + OFFSET32]	EDX or DL
011	M[EBX]	M[EBX + OFFSET8]	M[EBX + OFFSET32]	EBX or BL
100	SIB	带 OFFSET8 的 SIB	带 OFFSET32 的 SIB	ESP or AH
101	直接	M[EBP + OFFSET8]	M[EBP + OFFSET32]	EBP or CH
110	M[ESI]	M[ESI + OFFSET8]	M[ESI + OFFSET32]	ESI or DH
111	M[EDI]	M[EDI + OFFSET8]	M[EDI + OFFSET32]	EDI or BH

图 5-26　Core i7 的 32 位地址模式。M[x] 表示 x 处的内存字

01 列和 10 列中使用的方式是用指令中的 8 位或者 32 位偏移量加上一个寄存器的值进行寻址。如果使用 8 位偏移量，那么在执行加法操作之前首先要把符号扩展到 32 位。举例来说，一条 ADD 指令，R/M = 011，MOD = 01，偏移量是 6，执行时计算寄存器 EBX 和 6 的和，用这个值到内存中去寻址一个操作数，而 EBX 本身的值并没有被改动。383

MOD = 11 的列可以选择使用两个寄存器中的一个。字指令使用第一种选择，而字节指令使用第二种选择。可以看出这张表并不是特别有规律，比如说我们没有办法通过寄存器 EBP 进行间接寻址，也没有办法给 ESP 加上偏移量。

在 MODE 字节后面是一个称为 SIB（Scale、Index、Base）的额外的模式字节（参见图 5-14）。SIB 字节定义了一个比例因子（Scale）和两个寄存器。当出现 SIB 字节的时候，需要这样计算操作数的地址，先用变址寄存器（Index）乘上 1、2、4 或者 8（由比例因子决定），然后再加上基址寄存器（Base），最好再根据 MOD 字节来决定是否要加上一个 8 位或者 32 位的偏移量。几乎所有的寄存器都可以作为变址和基址寄存器。

SIB 模式在访问数组元素时是相当有用的。比如说，有这样一条 Java 语句

for (i = 0; i < n; i++) a[i] = 0;

这里 *a* 是当前过程使用的局部的 4 字节整数的数组。典型的方法是这样，EBP 指向保存着局部变量和数组的栈段的基地址，如图 5-27 所示。编译器可以把 *i* 保存在 EAX 中。为了访问 a[i]，需要使用 SIB 模式，操作数的地址是 4×EAX、EBP 和 8 这三者之和。这样我们可以用一条指令保存一个 a[i]。

使用这么麻烦的模式值得么？这个问题很难回答。毋庸置疑的是，当正确使用这条指令时，可以节约一些指令周期。它的使用频度取决于编译器和具体应用。问题在于这条指令占据了可观的芯片面积，而如果没有这条指令，这部分面积可以用在其他的地方。比如说，可以把第一级 cache 做得大一些，或者芯片本身可以做得小一些，这样可能会使时钟频率更快。

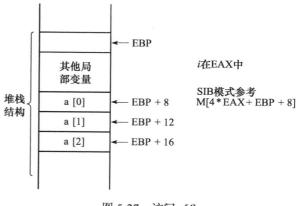

图 5-27　访问 a[i]

设计者经常要面对各种矛盾。一般来说，在把任何东西做入芯片之前都要进行大量的模

[383] 拟，而这些模拟工作需要对工作负载情况进行正确的估计。8088 的设计者们在他们的测试集中没有包括 Web 浏览器是可以理解的。然而，大量的 8088 的后代计算机现在主要用于 Web 冲浪，因此 20 年前作出的决定对于现在的应用来说可能是完全错误的。然而，在向后兼容的旗号下，一旦决定采用某种特性，就不可能再摒弃它。

5.4.12 OMAP4430 ARM CPU 的寻址方式

在 OMAP4430 的指令系统层中，除了对内存进行寻址的指令外，所有的指令都使用立即寻址方式和寄存器寻址方式。寄存器寻址方式中，有 5 位用于说明使用哪个寄存器。立即寻址方式中，一个无符号的 12 位常量提供了立即数。算术、逻辑和其他类似的指令不使用任何其他的寻址方式。

有两种直接寻址内存的指令：加载（LDR）和储存（STR）。LDR 和 STR 都有三种寻址内存的模式。第一种模式计算两个寄存器的和，然后通过它进行间接寻址。第二种模式计算基址寄存器和一个 13 位有符号偏移量来作为地址。第三种模式则是计算程序计数器（PC）加上一个 13 位有符号偏移量来作为地址。第三种寻址模式称为 PC 相对寻址，在读取储存在程序代码中的程序常量时候非常实用。

5.4.13 ATmega168 AVR 的寻址方式

ATmega168 具有相当有规律的寻址结构，有四种基本的寻址方式。第一种是寄存器模

[384] 式，其操作数是一个寄存器。该寄存器可同时作为源寄存器和目的寄存器。第二种是立即数模式，可在指令中编码一个 8 位的无符号立即数。

余下的寻址方式只有在加载和存储指令中才有用。第三种模式是直接寻址，其操作数为指令指定的一个内存地址。对 16 位指令而言，直接寻址的范围被限制在 7 位（只有 0 ~ 127 之间的地址可以被载入）。AVR 体系结构同时也定义了可以进行 16 位直接寻址的 32 位指令，这最多可以支持 64KB 的内存寻址。

第四种寻址方式是寄存器间接寻址，寄存器中保存了一个指向操作数的指针。由于一般的寄存器是 8 位的，因此加载和存储指令使用寄存器对来表示 16 位地址。一个寄存器对就可以对 64K 的地址进行寻址了。AVR 体系结构支持使用三对寄存器对：X、Y 和 Z，其中 X 由寄存器 R26/R27 组成，Y 为 R28/R29，Z 为 R30/R31。举个例子，为了将一个地址加载到寄存器 X 中，程序需要分别读取两个 8 位的值到 R26 和 R27 中，这需要两条加载指令。

5.4.14 寻址方式讨论

我们已经研究了各种寻址方式。图 5-28 总结了在 Core i7、OMAP4430 和 ATmega168 中使用的寻址方式。正如我们前面已经指出的，并不是每种寻址方式都能用于每条指令。

寻址方式	Core i7	OMAP4430 ARM	ATmega168 AVR
立即寻址	×	×	×
直接寻址	×		×
寄存器寻址	×	×	×
寄存器间接寻址	×	×	×
变址寻址	×	×	
基址变址寻址		×	

图 5-28 寻址方式的比较

在实际使用中，一个高效率的指令系统层并不需要太多的寻址方式。因为几乎所有的指令系统层的代码都是由编译器生成的（可能除了 ATMega168 之外），因此一个体系结构的寻址方式的最重要的方面是它提供的选择必须少而清晰，代价（按照执行时间和代码长度来衡量）应该易于计算。这意味着计算机可以采用极端的做法：或者提供所有可能的选择，或者只提供唯一的一种方式。任何这两者之间的做法都会使编译器无所适从。

因此，一般来说，最清晰的体系结构只有少量的寻址方式，而且每种方式的使用都有严格的限制。在实际使用中，对于几乎所有的应用来说，只要有立即寻址、直接寻址、寄存器寻址和变址寻址就足够了。另外，在需要使用寄存器的地方，所有的寄存器（包括局部变量指针、栈指针和程序计数器）都应该可用。一些比较复杂的寻址方式或许能减少指令的数量，但是它使串行的操作很难被并行实现。 |385|

现在我们已经结束了关于操作码和地址以及不同形式的寻址方式之间的多种可能的权衡策略的讨论。当你接触到一台新计算机的时候，你应该分析它的指令和寻址方式，不仅要看可以使用哪些寻址方式而且要理解为什么选择这种寻址方式，如果采用其他的寻址方式又会有什么结果。

5.5 指令类型

指令系统层指令可以粗略地分为 6 类，每类指令在不同的计算机之间相当类似，尽管可能在细节上有所不同。另外，每种型号的计算机都有一些不常用的指令，它们可能是为了和以前的型号兼容，或者是设计师有一个天才的想法，或者是政府机构出钱让制造商增加。因此下面我们并不试图讨论所有的指令，而只是简要地讨论所有常见的指令类型。

5.5.1 数据移动指令

把数据从一个地方拷贝到另一个地方是所有操作的基础。拷贝意味着创建一个和原有对象完全相同的新对象。这里使用的"移动"这个词和它的通常的用法有些不同。当我们说 Marvin Mongoose 从纽约"移动"到加利福尼亚时，我们的意思并不是说在加利福尼亚创建了一个和 Mongoose 先生完全相同的拷贝而原来的那个 Mongoose 先生仍然在纽约。当我们说把地址为 2000 的内存单元中的内容"移动"到某个寄存器中的时候，我们的意思是在寄存器中创建一个完全相同的拷贝而原来的数仍然在 2000 的内存单元中。把数据移动指称为"数据拷贝"指令更合适，但是术语"数据移动"指令已经被广泛接受了。

把数据从一个地方拷贝到另一个地方有两个原因。一个基本原因是给变量赋值。赋值操作

   A = B

通过把内存地址 B 的值拷贝到内存地址 A 来实现，这么做的原因是由程序员决定的。拷贝数据的另一个原因是为了高效地访问和使用。正如我们已经看到的，许多指令只能访问寄存器中的变量。因为每个数据项都存在两个来源（内存或者寄存器），同样存在两个目的地（内存 |386| 或者寄存器），所以一共存在四种不同的拷贝操作。某些计算机对这四种操作采用四条指令。其他的一些计算机用一条指令处理所有的四种情况。还有一些计算机使用 LOAD 指令从内存取数到寄存器，用 STORE 指令从寄存器取数到内存，MOVE 指令把数据从一个寄存器拷贝到另一个寄存器，而对于内存到内存的拷贝则不提供指令。

数据移动指令必须用某种方式指明移动的数据量。在某些指令系统层中,指令可以移动 1 位一直到整个内存大小的可变长的数据。在固定字长的计算机中,移动的数据量通常是一个字。如果需要移动比一个字多或者少的数据量就需要使用软件通过移位和合并操作来实现。某些指令系统层提供了既能拷贝少于一个字的数据(通常是按字节计算)也能拷贝多个字的额外的能力。拷贝多个字是相当麻烦的,特别是当需要拷贝的数据量很大时,因为这样的操作需要很长的时间而且可能在执行过程中被中断。某些可变字长的计算机中的数据移动指令只定义了源地址和目的地址而没有定义需要移动的数据量。数据拷贝一直持续到发现数据中的“数据结束”标志为止。

5.5.2 双操作数指令

双操作数指令使用两个操作数来产生一个结果。所有的指令系统层都有执行整数加、减法的指令。整数的乘法和除法指令也几乎是标准指令。计算机为什么需要配备算术指令无须解释。

另一组双操作数指令包括逻辑运算指令。尽管存在 16 种两个变量的逻辑运算,但是很少有计算机有这所有 16 种操作的指令。一般来说,AND、OR 和 NOT 指令是有的;某些时候还有 EXCLUSIVE OR、NOR 和 NAND 指令。

AND 指令的一个重要的用途是从字中提取位。考虑这样一个例子,在一台 32 位字长的计算机中,每个字保存了 4 个八位的字符。假设为了打印第二个字符需要把它和其他三个字符分开;也就是说,需要创建一个字,这个字的最右面的 8 位包括了需要打印的字符,称为**右对齐**(right justified),而左边的 24 位是全 0。

为了提取这个字符,这个字和一个称为**屏蔽字**(mask)的常量执行 AND 操作。结果是所有不想要的位都置成了 0,也就是说,被屏蔽掉了,如下所示:

```
10110111 10111100 11011011 10001011  A
00000000 11111111 00000000 00000000  B (mask)
00000000 10111100 00000000 00000000  A AND B
```

再将结果右移 16 位使分离出的字符到达字的最右端。

OR 指令的一个重要的用法是把位组合到字中,组合操作和提取操作正好相反。为了改变一个 32 位字的最右面的 8 位而不影响其他的 24 位,首先将不想要的 8 位屏蔽掉,然后再和新的字符进行 OR 操作,如下所示:

```
10110111 10111100 11011011 10001011  A
11111111 11111111 11111111 00000000  B (mask)
10110111 10111100 11011011 00000000  A AND B
00000000 00000000 00000000 01010111  C
10110111 10111100 11011011 01010111  (A AND B) OR C
```

AND 操作的趋势是移去 1,因为结果中的 1 肯定不会比任何一个操作数中的 1 多。OR 操作的趋势是插入 1,因为结果中的 1 至少和 1 最多的操作数中的 1 一样多。而另一方面,EXCLUSIVE OR 是对称的,它的平均趋势是既不插入 1 也不移走 1。这种在 1 和 0 之间的对称性有时候是很有用的,比如说,可以用于生成随机数。

目前的大多数计算机都支持浮点指令集,大体上和整数运算指令相对应。大多数计算机都提供至少两种长度的浮点数,长度短的用于加快运算速度,而长度较长的用于需要高精度的场合。虽然浮点数格式有多种变体,但是 IEEE 754 这个单一的标准已经被大家所公认。附录 B 讨论了浮点数和 IEEE 754。

5.5.3 单操作数指令

单操作数指令只有一个操作数而且只产生一个结果。因为单操作数指令使用的地址比双操作数指令少，指令长度相对较短，因此可以在指令中定义一些其他信息。

对字和字节的内容进行移位和循环移位的指令很常用，因此指令系统层经常提供多条这样的指令。移位操作把字中的位向左或者向右移动，移到字之外的位将会丢失。循环移位是从字的一端移出的位放回到字的另一端。移位和循环移位的区别如下所示：

00000000 00000000 00000000 01110011 A
00000000 00000000 00000000 00011100 A右移两位
11000000 00000000 00000000 00011100 A循环右移两位

左移、右移和循环左移、循环右移都很有用。一个 n 位长的字循环左移 k 位和循环右移 $n-k$ 位的结果相同。

右移通常需要进行符号扩展。即在执行右移操作时，字左面空出来的位填充该字的初始符号位 0 或者 1。这就好像把符号位向右拉。它意味着负数执行右移操作之后还是负数。下面是将一个数右移两位的情况：

11111111 11111111 11111111 11110000 A
00111111 11111111 11111111 11111100 A 不带符号扩展的右移
11111111 11111111 11111111 11111100 A 带符号扩展的右移

移位操作的一个重要的用途是乘和除 2 的 n 次幂。将一个正数左移 k 位，如果不考虑溢出，结果就等于原来的数乘以 2^k。将一个正数右移 k 位，结果等于原来的数除以 2^k。

可以使用移位操作来加快某些特定的数学运算。考虑这样一个例子，对于某个正整数 n，计算 $18 \times n$。因为 $18 \times n = 16 \times n + 2 \times n$，$16 \times n$ 可以通过把 n 左移 4 位来得到，$2 \times n$ 可以通过把 n 左移 1 位来得到。这两个结果之和就是 $18 \times n$。这样我们通过一次数据转移、两次移位和一次加法得到了结果，一般来说，这要比做乘法操作更快。当然，只有当一个乘积项是常数时编译器才能使用这样的技巧。

但是在对负数进行移位的时候，即使带符号扩展，也会得到完全不同的结果。考虑 -1 的反码。将其左移 1 位得到 -3。再左移 1 位得到 -7。

11111111 11111111 11111111 11111110 -1 的反码
11111111 11111111 11111111 11111100 -1 左移1位 $= -3$
11111111 11111111 11111111 11111000 -1 左移2位 $= -7$

左移负数的反码并不等于乘 2。但是右移仍然和除以 2 的结果相同。

现在考虑 -1 的补码。对它进行带符号扩展的右移 6 位，得到的还是 -1，这是不正确的，因为 $-1/64$ 的整数部分是 0：

11111111 11111111 11111111 11111111 -1 的补码
11111111 11111111 11111111 11111111 -1 右移6位 $= -1$

一般来说，右移操作会产生错误，因为它的截断使数变为更小的负数，这对于负整数的运算是不正确的。但是左移操作确实相当于乘 2。

循环移位操作在从字中组合和拆分位串时很有用。如果需要测试一个字的所有位，我们

388

可以对它进行循环移位，每次移一位，这样需要测试的位总在符号位，这就使测试过程相当容易，而且当所有的位都测试过之后，这个字的值又回到了初始值。循环移位比移位操作更加纯洁，因为它不会丢失任何信息：任何一次循环移位操作的结果都可以用另一次循环移位操作使其复原。

某些双操作数指令经常带某一个特定的操作数，因此指令系统层常常提供单操作数指令快速完成它们的操作。在一个计算过程的初始化阶段，把一个内存字或者寄存器置为 0 的操作很常见。当然，这种对 0 进行的移动是通用的数据移动指令的特例。但是为了提高效率，指令系统层通常提供 CLR 指令，它只有一个地址，它执行的操作是把该地址的内容清除（也就是置为 0）。

在计数的时候经常会用到加 1 操作。INC 指令就是 ADD 指令的单操作数的形式，它的功能就是执行加 1。另一个例子是 NEG 指令。求一个数 X 的相反数一般是计算 0-X，这是一条双操作数的减法指令，因为它比较常用，有时候就会提供一条单独的 NEG 指令。值得注意的是算术操作 NEG 和逻辑操作 NOT 是不同的。NEG 操作产生一个数的相反数（相反数是指与原来的数相加得 0 的数）。而 NOT 操作只是把一个字中的所有位取反。这两种操作是非常相似的，实际上，当使用反码表示法的时候，它们是完全相同的。（在补码运算中，NEG 操作是把 NOT 操作的结果再加 1）

双操作数和单操作数指令通常按照它们的用法分类，而不是按照它们需要的操作数的数量分类。一类是算术运算指令（包括求相反数）。另一类包括逻辑运算指令和移位运算指令，把它们分成一类是因为经常同时使用它们以实现数据提取。

5.5.4 比较和条件转移指令

几乎所有的程序都需要有这种能力：对数据进行检查，并根据检查结果来决定指令的不同执行顺序。求平方根函数就是一个简单的例子。如果 x 是负数，程序将会产生一条错误信息；否则就计算平方根。函数 sqrt 需要测试 x 的值并根据 x 是正数还是负数来决定执行哪个程序分支。

实现这种功能的常用方法是使用条件转移指令，条件转移指令测试某些条件位，如果条件成立将转移到某个特定的内存地址。有时，指令中会有 1 位来标识是条件满足时转移还是条件不满足时转移。通常目标地址并不是绝对地址而是相对于当前指令的偏移量。

最常用的条件是计算机中某个特定的位是否为 0。如果一条指令测试一个数的符号位，当符号位等于 1 就跳转到 LABEL 处执行，那么如果这个被测试的数是负数，程序将执行从 LABEL 处开始的语句，如果这个数是 0 或者是正数，程序将继续执行条件转移指令后面的指令。

许多计算机都有条件码位来标识特定的条件。比如说，无论何时，只要算术操作产生了不正确的结果，溢出位就会被置为 1。通过测试该位，我们就可以检查出前面的算术操作是否产生了溢出，如果发生了溢出，程序可以跳转到错误处理例程去执行。

类似地，某些处理器有一个进位位，当最高位发生进位时它将被 1。比如说，当两个负数相加时就会发生这种情况。最高位产生进位是相当正常的，不要把它和溢出混淆。在进行多精度数运算的时候就需要测试进位位（多精度数是指一个整数用两个或者更多的字来表示）。

测试一个数是否为 0 对于循环语句和许多其他的目的来说都很重要。如果所有的条件转移指令都每次只能测试 1 位，那么为了测试一个特定的字是否为 0，我们需要对该字的每一位都进行测试来保证没有任何一位是 1。为了避免出现这种情况，许多计算机提供了测试一个字是否为 0 并根据结果执行转移的指令。当然，这种解决办法只不过是把矛盾下放到了微体系结构层而已。在实际实现中，硬件通常包括一个单独的位，它给出了寄存器所有的位 OR 在一起的结果，根据结果我们可以判断寄存器中是否包含 1。图 4-1 中的 Z 位就是通过对 ALU 的所有输出位执行 OR 运算再取反得到的。

排序这样的程序常常需要比较两个字或者两个字符是否相等，如果不相等还要判断哪个比较大。为了执行这种测试，需要三个地址：两个用于数据，另一个是条件满足时的跳转地址。允许三地址指令格式的计算机没有任何问题，而不使用三地址格式指令的计算机就必须采取某些措施来实现该操作。

一个通常的解决方案是提供一条指令来执行比较操作并设置一个或更多的条件位来记录结果。接下来的指令测试条件位并根据比较结果相等、不等或者第一个数比较大等条件来执行跳转。Core i7、OMAP4430 ARM CPU 和 ATmega168 AVR 都使用这种方案。

在比较两个数的时候需要考虑几个小问题。比如说，比较操作并不像做减法那么简单。如果一个非常大的正数和一个非常大的负数进行比较，由于减法的结果无法表示，减法操作将产生溢出。在这种情况下，比较指令必须判断测试条件是否满足，并返回正确的结果，因为在比较时是没有溢出的。

进行比较的另一个小问题是参与比较的数是否有符号。三位二进制数可以按照如下两种方式从小到大进行排序：

无符号的	带符号的	
000	100	**（最小值）**
001	101	
010	110	
011	111	
100	000	
101	001	
110	010	
111	011	**（最大值）**

左面的一列是对 0 ~ 7 的正数进行升序排列。右面的一列是补码带符号整数 −4 ~ +3 的升序排列。问题"011 比 100 大吗？"的答案取决于是否考虑符号位。大多数指令系统层都有不同的指令来处理这两种排序。

391

5.5.5 过程调用指令

过程（procedure）是执行某个任务的指令集合，它可以被程序的其他部分调用。我们常用**子程序**（subroutine）来代替过程，尤其是在汇编语言程序中。在 C 中，过程通常称为**函数**（function），而 Java 中使用的术语是**方法**（method.）。当被调用的过程完成了它的工作之后，必须返回到调用之后的语句。因此，返回地址必须传递给被调用的过程或者保存在某个地方以便过程返回时能找到返回地址。

返回地址可以放在以下三个位置：内存、寄存器或者栈。显然把它放在一个单独的、固定的内存地址中是最差的方案。如果使用这种方法，当一个过程调用另一个过程时，第二次调用的返回地址将会冲掉第一次的地址。

一个微小的改进是过程调用指令把返回地址保存在过程的第一个字中，从第二个字开始是过程的执行指令。过程可以通过第一个字作为间接跳转地址来返回，如果硬件把转移指令的操作码放到了过程的第一个字中并且后面跟着返回地址，那么过程可以直接跳转到返回地址。这种方案中一个过程可以调用另一个过程，因为每个过程都有空间来保存一个返回地址。如果过程调用了自身，这种方法将会失败，因为第一个返回地址将会被第二次调用破坏。我们把过程调用自身的能力称为**递归**（recursion，），递归对理论研究人员和实际编程人员都具有重要的意义。另外，如果过程 *A* 调用过程 *B*，过程 *B* 调用过程 *C*，过程 *C* 又调用过程 *A*（称为间接递归或者菊花链递归），这种方法也会失败。CDC 6600 是 20 世纪 60 年代大部分时间内世界上最快的计算机，这种把返回地址保存在过程的第一个字的策略就应用在了该机器上。CDC 6600 上主要的语言是 FORTRAN，FORTRAN 是禁止使用递归的。所以，这种策略也可以使用，但是它始终是一个差劲的主意。

一个比较大的改进是由过程调用指令把返回地址存放到寄存器中，由过程自己负责把它保存到一个安全的地方。如果过程是递归的，它就应该在每次被调用的时候把返回地址放到不同的地方。

过程调用指令处理返回地址的最好的方法是把它压入栈。当过程结束的时候，从栈顶弹出返回地址并放入程序计数器。如果采用这种过程调用形式，递归就不会带来任何特殊的问题；返回地址被自动保存而不会破坏原有的返回地址。递归在这种情况下工作良好。我们可以从图 4-12 中看到在 IJVM 中就使用了这种方法来保存返回地址。

[392]

5.5.6 循环控制指令

我们经常需要按照固定的次数重复执行一组指令，为了便于执行这样的操作，某些计算机提供了专用的指令。这些指令的实现方法中肯定会包括一个计数器，它在执行每次循环时都要加上或者减去某个常数。每次执行循环时还要对计数器进行测试，如果一定的条件成立，循环将结束。

一种方法是在循环外初始化计数器然后立即开始执行循环代码。循环的最后一条指令修改计数器的值，如果不满足结束条件，将跳转到循环的第一条指令去执行。否则就结束循环继续执行循环后的第一条指令。我们把这种形式的循环的特征总结为**结束时测试**（test-at-the-end）或者**后测试**（post-test），图 5-29a 中的 C 程序段就使用了这种循环（这里我们没有使用 Java 的例子是因为 Java 中没有 goto 语句）。

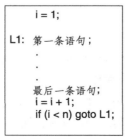

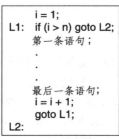

```
        i = 1;

L1:  第一条语句；
        .
        .
      最后一条语句；
        i = i + 1;
        if (i < n) goto L1;
```
a）循环结束时测试

```
        i = 1;
L1:  if (i > n) goto L2;
      第一条语句；
        .
        .
      最后一条语句；
        i = i + 1;
      goto L1;
L2:
```
b）循环开始时测试

图　5-29

循环结束时测试有一个特点：循环至少执行一次，即使 *n* 小于或者等于 0。作为例子，考虑一个管理公司员工信息的程序。假定它正在读某个特定员工的信息。它把该员工的孩子的数量放入变量 n，然后执行 n 遍循环，每次读出一个孩子的名字、性别和生日，以便公司可以送给他或者她一件生日礼物，这是公司的额外的福利。如果一个员工没有孩子，n 的值就是 0 但是循环仍然将执行一次并送出一件礼物，这就导致了错误的结果。

图 5-29b 中是另一种执行测试的方法——前测试（pretest），当 n 小于或者等于 0 时它也能正确执行。注意，在两种方法中测试是不同的，因此如果一条单独的指令系统层指令同时完成了增量和测试，设计者就不得不使用其中的一种方案。

考虑下面的语句编译后应该生成的代码

```
for (i = 0; i < n; i++) {语句}
```

如果编译器不知道关于 n 的任何信息，它一定会使用图 5-29b 中的方法以便能正确地处理 n 小于或者等于 0 的情况。但是，如果编译器能够知道 n 是大于 0 的，比如说，编译器可以去查找 n 是在哪里分配的，这样它就可以产生图 5-29a 那样的效率更高的代码。以前的 FORTRAN 标准就规定所有的循环都至少执行一次，这样可以在任何情况下都能够生成图 5-29a 那样的高效代码。到 1977 年，这一缺陷被弥补了，因为即使 FORTRAN 联合会也开始认识到，尽管它能够在循环中节省一条转移指令，但采用这种具有奇怪的语义、有时候还会发生错误的循环语句并不是一个好主意。而 C 和 Java 在处理循环时总是正确的。

5.5.7 输入 / 输出指令

没有任何一类指令像输入 / 输出指令（以下简称为 I/O 指令）这样在不同的计算机之间具有如此大的差别。目前的个人计算机中使用了三种不同的输入 / 输出策略。它们是：

1）遇忙等待的程序控制 I/O
2）中断驱动的 I/O
3）DMA I/O

下面我们按次序分别对它们进行讨论。

程序控制 I/O 是一种最简单可行的输入 / 输出策略。它通常用在低端的微处理器中，比如嵌入式系统和那些必须对外界变化作出快速响应的系统（实时系统）。这些 CPU 一般都有一条单独的输入指令和一条单独的输出指令。每条这样的指令都要选择一个 I/O 设备。然后在处理器中固定的寄存器和被选择的 I/O 设备之间传递一个字节。处理器必须执行明确的指令序列来处理每个字符的读写。

举个简单的例子，一台带四个单字节寄存器的终端，如图 5-30 所示。两个寄存器用于输入，同时保存状态和数据，另两个寄存器用于输出，也同样保存状态和数据。每个寄存器都有一个单独的地址。如果使用内存映射的 I/O，则这四个寄存器都是计算机内存地址空间的一部分，可以使用通常的指令读写。否则，就需要使用特殊的 I/O 指令来读写它们，比如 IN 和 OUT 指令。在这两种情况下，I/O 都是通过在 CPU 和这些寄存器之间传递数据和状态信息来进行的。

键盘状态寄存器中只有 2 位是有用的，其他 6 位没有用到。当一个字符到达时，最左面 1 位（第 7 位）被硬件置为 1。如果在这之前，软件已经把第 6 位置为 1 了，就会产生一个中断，否则就不会产生（后面我们会讲解中断的原理）。当使用程序控制 I/O 时，为了获得输入，CPU 通常停在一个重复读键盘状态寄存器的小循环中，直到第 7 位被置位。这时，由软件去读键盘缓冲区寄存器中的字符。读键盘数据寄存器的操作会使字符可用位

（CHARACTER AVAILABLE）被重新置为 0。

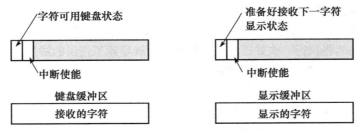

图 5-30   简单终端的设备寄存器

输出和输入是类似的。为了向屏幕上写一个字符，软件首先读显示状态寄存器检查 READY 位是否为 1。如果不是 1，它就循环检查直到 READY 位变成 1，这表示设备已经准备好接收一个字符。一旦终端准备好，软件就写一个字符到显示缓冲区寄存器中，这会使它被传送到屏幕上，还导致设备清除显示状态寄存器中的 READY 位。当字符被显示到终端上而且终端准备好处理下一个字符时，READY 位会再次被控制器设为 1。

作为程序控制 I/O 的例子，请看图 5-31 中的 Java 过程。这个过程有两个调用参数：一个用于输出的字符数组，一个记录数组中的字符个数的计数器，其上限是 1K。过程体是一个每次输出一个字符的循环。输出每个字符时，CPU 必须首先等待设备准备好，然后才能输出字符。in 和 out 函数一般来说是汇编语言例程，in 函数用于读取参数中指定的设备寄存器的值，out 函数则把第二个参数定义的变量的值写入第一个参数指定的设备寄存器中。把状态字除以 128 是为了滤掉低 7 位，使 READY 位处于第 0 位。

```
public static void output_buffer(char buf[ ], int count) {
    // 向设备输出一块数据
    int status, i, ready;

    for (i = 0; i < count; i++) {
        do {
            status = in(display_status_reg);      // 获取状态
            ready = (status >> 7) & 0x01;          // 取出ready位
        } while (ready != 1);
        out(display_buffer_reg, buf[i]);
    }
}
```

图 5-31   可编程 I/O 举例

程序控制 I/O 的主要的缺点是 CPU 把大部分时间浪费在等待设备准备好的循环操作上。这种策略称为**遇忙等待**（busy waiting）。如果 CPU 没有别的工作可做（比如一台洗衣机中的 CPU），使用遇忙等待也是可以的（实际上，即使一个简单的控制器也常常需要监控多个并发的事件）。但是，如果 CPU 有其他的工作要做，例如要运行别的程序，遇忙等待就显得很浪费，因此我们需要另一种不同的 I/O 策略。

[395] 去掉遇忙等待的一种方法是由 CPU 启动 I/O 设备并告诉它当设备准备好时就产生一个中断。请看一下图 5-30，我们来讨论这种方式的工作原理。设置了设备寄存器中的 INTERRUPT ENABLE 位后，当 I/O 完成时，硬件会给软件一个中断信号。在本章后面的控制流部分我们会详细地研究中断。

值得注意的是在许多计算机中，中断信号是由 READY 位和 INTERRUPT ENABLE 位相与后产生的。如果软件在启动 I/O 之前设置了中断位，那么会立刻产生一个中断，因为 READY 位是 1。因此我们应该首先启动设备然后再使中断使能。向状态寄存器中写一个字节并不会改变 READY 位，因为状态寄存器是只读的。

尽管中断驱动的 I/O 与程序控制 I/O 相比前进了一大步，但它仍然达不到十全十美。问题在于传送每个字符时都需要一次中断，而中断处理的开销是很大的。我们需要一种能够尽量不使用中断的办法。

解决问题的方案又回到了程序控制 I/O，但这次我们让别人去做。(许多问题换一个人去做可以迎刃而解)。图 5-32 显示了这种方式是如何工作的。我们增加了一个新的芯片，一块可以直接访问总线的**直接内存访问**（Direct Memory Access，DMA）控制器。

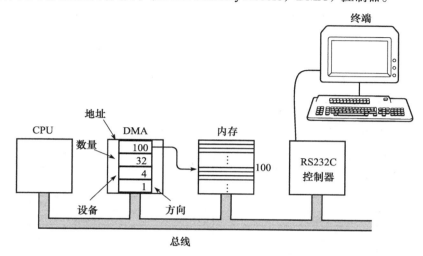

图 5-32　使用 DMA 控制器的系统

DMA 芯片内部至少有 4 个寄存器，它们都可以被 CPU 中运行的软件访问。第一个寄存器存放读/写的内存地址。第二个寄存器存放传送的字节数或字数。第三个寄存器定义了使用的设备号或者 I/O 空间地址，也就是定义 I/O 设备。第四个寄存器用来判断是从 I/O 设备读数据还是向 I/O 设备写数据。

为了把从内存地址 100 开始的 32 个字节的内存块写入终端（比如说，设备 4），CPU 在前三个 DMA 寄存器中分别写入 32、100 和 4，在第四个寄存器中设置写标志位（比如 1），如图 5-32 所示。初始化完成以后，DMA 控制器就请求总线从内存地址 100 处读一个字节，就像 CPU 从内存读数一样。获得该字节之后，DMA 控制器向设备 4 发出 I/O 请求，要求写入该字节。当这两个操作都完成以后，DMA 控制器将地址寄存器加 1，传送数量寄存器减 1。 |396|如果数量寄存器仍然大于 0，那么 DMA 控制器将从内存中读出下一个字节并写入设备。

当传送数量减为 0 时，DMA 控制器停止数据传送并向 CPU 发一个中断。使用 DMA 方式，CPU 只需要初始化一些寄存器。在这之后，CPU 就可以去做其他的事情直到数据传送结束，这时 DMA 控制器发来中断。某些 DMA 控制器有两个、三个或者更多组寄存器，这样它们就可以控制多个同时发生的数据传送。

虽然 DMA 方式极大地减轻了 CPU 的 I/O 负担，这种方式本身仍然具有一定的开销。当一个像硬盘这样的高速设备运行 DMA 时，它将需要许多总线周期来访问内存和设备。在这些周期中，CPU 只能等待（DMA 的优先级总是高于 CPU，因为通常 I/O 设备延时要求很高）。这种 DMA 控制器占用 CPU 总线的过程称为总线窃取。但是不管怎么说，总线窃取要比传送每个字节（或字）时都产生中断要好得多。

5.5.8　Core i7 指令系统

在以下的三小节中，我们将讨论三种范例 CPU——Core i7、OMAP4430 ARM CPU 和

[397] ATmega168 AVR 的指令集。它们都是由编译器可以正常生成的指令集（核心指令集）和一部分很少使用的指令或者说是仅供操作系统使用的指令组成。我们将集中讨论常用的指令。在接下来的讨论中，我们先把焦点放在常用的指令上。首先讨论 Core i7 的指令系统，它是最复杂的，而后就会越来越简单。

　　Core i7 指令系统混合了 32 位模式指令和那些只是为了保持与 8088 的兼容性的指令。图 5-33 中是我们选出的目前编译器和程序员比较常用的整数指令。这张表很不完整，因为它没有包括任何浮点指令、控制指令和某些特殊的整数指令（比如使用 AL 中的 8 位字节进行表查找的指令）。但是不管怎样，这张表可以使我们大致了解 Core i7 到底可以做些什么。

数据移动指令	
MOV DST,SRC	数据从 SRC 拷贝到 DST
PUSH SRC	把 SRC 压入栈
POP DST	从栈中弹出一个字存入 DST
XCHG DS1,DS2	交换 DS1 和 DS2
LEA DST,SRC	把 SRC 的有效地址存入 DST
CMOV DST,SRC	条件拷贝
算术指令	
ADD DST,SRC	把 SRC 加到 DST 中
SUB DST,SRC	从 SRC 中减去 DST
MUL SRC	EAX 乘以 SRC（无符号）
IMUL SRC	EAX 乘以 SRC（带符号）
DIV SRC	EDX: EAX 除以 SRC（无符号）
IDIV SRC	EDX: EAX 除以 SRC（带符号）
ADC DST,SRC	把 SRC 加到 DST 中，再加上进位位
SBB DST,SRC	从 SRC 中减去 DST 和进位位
INC DST	DST 加 1
DEC DST	DST 减 1
NEG DST	DST 取反（也就是 0–DST）
二进制编码的十进制数指令	
DAA	十进制调整
DAS	为减法进行十进制调整
AAA	为加法进行 ASCII 调整
AAS	为减法进行 ASCII 调整
AAM	为乘法进行 ASCII 调整
AAD	为除法进行 ASCII 调整
逻辑指令	
AND DST,SRC	SRC 和 DST 进行逻辑与，结果存入 DST
OR DST,SRC	SRC 和 DST 进行逻辑或，结果存入 DST
XOR DST,SRC	SRC 和 DST 进行逻辑异或，结果存入 DST
NOT DST	把 DST 替换成二进制反码
移位/循环移位指令	
SAL/SAR DST,#	DST 左移或者右移 # 位
SHL/SHR DST,#	DST 逻辑左移或者右移 # 位
ROL/ROR DST,#	DST 循环左移或者右移 # 位
RCL/RCR DST,#	通过进位位对 DST 循环移位 # 位
测试/比较指令	
TST SRC1,SRC2	逻辑与，根据结果设置标志位
CMP SRC1,SRC2	根据 SRC1–SRC2 的结果设置标志位

控制转移指令	
JMP ADDR	跳转到 ADDR
Jxx ADDR	基于标志执行条件转移
CALL ADDR	调用 ADDR 处的过程
RET	从过程返回
IRET	从中断返回
LOOPxx	循环直到条件满足
INT n	初始化一个软件中断
INTO	如果溢出位被设置则发生中断
字符串指令	
LODS	读取一个字符串
STOS	保存字符串
MOVS	拷贝字符串
CMPS	比较两个字符串
SCAS	扫描一个字符串
条件码指令	
STC	设置 EFLAGS 寄存器中的进位位
CLC	清除 EFLAGS 寄存器中的进位位
CMC	EFLAGS 中的补码进位位
STD	设置 EFLAGS 寄存器中的方向位
CLD	清除 EFLAGS 寄存器中的方向位
STI	设置 EFLAGS 寄存器中的中断位
CLI	清除 EFLAGS 寄存器中的中断位
PUSHFD	EFLAGS 寄存器入栈
POPFD	EFLAGS 寄存器出栈
LAHF	从 EFLAGS 寄存器中读取 AH
SAHF	把 AH 保存到 EFLAGS 寄存器中
杂类指令	
SWAP DST	改变 DST 的字节顺序
CWQ	为了进行除法，把 EAX 扩展成 EDX: EAX
CWDE	把 AX 中的 16 位数扩展成 EAX
ENTER SIZE,LV	创建 SIZE 个字节的栈段
LEAVE	撤销 ENTER 创建的栈段
NOP	空操作
HLT	停机指令
IN AL,PORT	从 PORT 端口向 AL 输入一个字节
OUT PORT,AL	从 AL 向 PORT 端口输出一个字节
WAIT	等待中断

SRC= 源地址，DST= 目的地址，# = 移位/循环移位计数，LV= # locals

图 5-33　选出的 Core i7 整数指令

　　许多 Core i7 指令使用在内存或者寄存器中的一个或者两个操作数。例如双操作数的 ADD 指令把源操作数加到目的操作数中，而单操作数的 INC 指令对它的操作数加 1。某些指令有几个相近的变体。比如，移位指令可以向左移位也可以向右移位，可以处理符号位也可以不处理符号位。根据操作数的类别，大多数指令都有不同编码方式的变体。

　　在图 5-33 中，SRC 域是信息源，它不能被修改。与此对应，DST 域是目的地址，其值通常被指令的结果修改。源地址和目的地址的使用是有规定的，这种规定根据指令的不同而不同，这里我们就不详细讨论了。许多指令都有三种变体，分别对应于 8 位、16 位和 32 位操作数。它们是由操作码与上 / 或上指令中的一位来区分的。图 5-33 中列出的主要是 32 位指令。

　　为了便于讨论，我们把指令分成几组。第一组包括在寄存器、内存和栈之间移动数据的指令。第二组是算术指令，包括带符号的和无符号的。对于乘法指令和除法指令，64 位的乘积或者被除数的低位部分保存在 EAX 中，高位部分保存在 EDX 中。

　　第三组指令进行二进制编码的十进制数（BCD）运算。每个字节被分成两个 4 位的**半字节**（nibble），每个半字节存放一个十进制位（0 ~ 9）。1010 ~ 1111 的编码没有用到。这样，一个 16 位整数能保存的十进制数的范围是 0 ~ 9999。虽然这种存储方式的效率不高，但是我们不再需要把输入的十进制数转换成二进制数，输出时再转换回来。这些指令用于 BCD 数的算术运算，它们在 COBOL 程序中很常用。

　　逻辑指令和移位 / 循环移位指令用几种不同的方式处理字或者字节中的位。这里提供了几种不同的组合。

　　接下来两组指令的工作是测试和比较，并根据结果执行跳转。测试和比较指令的结果存放在 EFLAGS 寄存器中的不同的位中。Jxx 代表一组条件转移指令，它根据前一次比较的结果进行跳转（也就是根据 EFLAGS 中的位进行跳转）。

　　Core i7 有几条用于存、取、转移、比较和扫描字符串或字串的指令。这些指令可以加上一个特殊的、称为 REP 的前缀，它可以使指令重复执行直到满足特定的条件，比如说 ECX 变成 0（在每次循环时 ECX 都要减 1）。用这种方式，我们可以对任意大小的数据块进行转移、比较等操作。下一组管理条件代码。 399

　　最后一组是杂类指令，包括转换指令、栈管理指令、CPU 停机指令和 I/O 指令。

　　Core i7 中使用了一些**前缀**，我们前面已经提到过的 REP 就是其中之一。前缀是可以位于大多数指令之前的一个特殊的字节，类似于 IJVM 中的 WIDE。前面已经介绍过，REP 前缀使指令重复执行直到 ECX 变成 0。而 REPZ 和 REPNZ 前缀则分别表示重复执行下一条指令直到 Z 条件码为 1、为 0。LOCK 前缀为整条指令保留总线，以允许多处理机同步。其他的前缀用于使指令运行于 16 位模式或者 32 位模式下，这不仅需要改变操作数的长度而且需要彻底地重新定义寻址方式。最后一点，Core i7 使用了一种复杂的分段策略，包括代码段、数据段、段和附加段，这种策略继承自 8088。访问内存时可以用前缀表示使用特殊的段，幸运的是这些和我们没什么关系。

5.5.9　OMAP4430 ARM CPU 指令系统

　　图 5-34 中是 ARM 指令系统中所有可以被编译器生成的用户模式下的整数指令。图中没有列出浮点数指令，也没有列出控制指令（如高速缓存管理指令和系统重启指令）、涉及非用户地址空间的指令和扩展指令集（例如 Thumb）。这个指令集相当小，看来 OMAP4430 ARM ISA 确实是一台精简指令集计算机。

读取数据指令	
LDRSB ADDR,DST	加载带符号的字节（8 位）
LRDUB ADDR,DST	加载无符号字节（8 位）
LDRSH ADDR,DST	加载带符号的半字（16 位）
LDRUH ADDR,DST	加载无符号的半字（16 位）
LDR ADDR,DST	加载一个字（32 位）
LDM S1,REGLIST	加载多个字

保存数据指令	
STRB DST,ADDR	保存字节（8 位）
STRH DST,ADDR	保存半字（16 位）
STR DST,ADDR	保存字（32 位）
STM SRC,REGLIST	保存多个字

算术指令	
ADD DST,S1,S2IMM	加法
ADD DST,S1,S2IMM	带进位的加法
SUB DST,S1,S2IMM	减法
SUB DST,S1,S2IMM	带进位的减法
RSB DST,S1,S2IMM	反向减法
RSB DST,S1,S2IMM	带进位的反向减法
MUL DST,S1,S2	乘法
MLA DST,S1,S2,S3	乘法并累加
UMULL D1,D2,S1,S2	无符号长乘法
SMULL D1,D2,S1,S2	带符号长乘法
UMLAL D1,D2,S1,S2	无符号长乘累加
SMLAL D1,D2,S1,S2	带符号长乘累加
CMP S1,S2IMM	比较并设置 PSR

移位 / 循环移位指令	
LSL DST,S1,S2IMM	逻辑左移
LSR DST,S1,S2IMM	逻辑右移
ASR DST,S1,S2IMM	算数右移
ROR DST,S1,S2IMM	循环右移

逻辑指令	
TST DST,S1,S2IMM	测试位
TEQ DST,S1,S2IMM	测试是否相等
AND DST,S1,S2IMM	逻辑 AND
EOR DST,S1,S2IMM	逻辑异或
ORR DST,S1,S2IMM	逻辑 OR
BIC DST,S1,S2IMM	清零位

控制转移指令	
Bcc IMM	跳转到 PC+IMM
BLcc IMM	带连接的分支跳转到 PC+IMM
BLcc S1	带连接的分支跳转到 PC+REG

杂类指令	
MOC DST,S1	寄存器迁移
MOVT DST,IMM	将 IMM 移到目的寄存器高位
MVN DST,PSR	读 PSR
MSR PSR,S1	写 PSR
SWP DST,S1，ADDR	交换寄存器 / 内存的字
SWPB DST,S1，ADDR	交换寄存器 / 内存的字节
SWI IMM	软件中断

S1= 源寄存器
S3= 源寄存器（当使用 3 个源寄存器时）
D1= 第一个目的寄存器
ADDR= 内存地址
REGLIST= 寄存器列表
cc= 分支条件

S2IMM= 源寄存器或立即数
DST= 目的寄存器
D2= 第二个目的寄存器
IMM= 立即数
PSR= 处理器状态寄存器

图 5-34   OMAP4430 ARM CPU 中主要的整数指令

  LDR 指令和 STR 指令一目了然，它们分别有对应 1 字节、2 字节和 4 字节的版本。当一个少于 32 位的数被取入一个 32 位的寄存器的时候，这个数或者被符号扩展或者被 0 扩展（译者注：在左面填充 0）。分别有不同的指令对应这两种处理方式。

  下一组是算术指令，它们可以任意地设置处理器状态寄存器的条件码位。在 CISC 计算机中，大多数指令都设置条件码，但在 RISC 计算机中这样的做法不受欢迎，因为它限制了编译器的自由，使编译器不能自由移动指令以减少执行时间。如果原来的指令序列是 A⋯B⋯C，其中 A 设置条件位，而 B 测试条件位，这样如果 C 也设置条件位，编译器就不能把 C 插到 A 和 B 之间。因此许多指令都提供了两个版本，正常情况下编译器可以使用不设置条件位的版本，当需要在后面测试条件位时就使用设置条件位的版本。程序员通过添加一个"S"到指令操作码名字的末尾来分辨条件码的设置，例如 ADDS。指令中的一位向处理器表明条件码需要被设置。这同样也支持乘法和乘法累加指令。

移位指令包括一条左移指令和两条右移指令，每条指令都在 32 位寄存器上进行操作。循环右移指令在寄存器中进行位的循环移位，移除最低有效位的位会重新出现在最高有效位上。移位操作绝大多数用来进行位操作。循环移位在密码学和图像处理操作中非常有用。大多数 CISC 计算机中有许多条移位和循环移位指令，其中大部分是没用的。几乎不会有编译器的设计者因为思念这些被抛弃的指令而夜不能寐。

逻辑指令和算术指令很相似。它包括 AND、EOR、ORR、TST、TEQ 和 BIC。后三条指令的作用令人怀疑，但它们都可以在一个周期内完成而且不需要额外的硬件，因此也被放入指令集中。看来即使是 RISC 计算机的设计者也常常会禁不住诱惑。

400
~
401

下一组是控制转移指令。Bcc 代表一组根据不同的条件跳转的指令，BLcc 在根据不同的条件跳转这一点上很相似，但它同时把下一条指令的地址保存在连接寄存器（R14）中，这条指令在实现过程调用时很有用。和所有其他的简单指令集架构不同，ARM 中没有显式地跳往寄存器地址的指令。这个指令可以很容易使用 MOV 指令和将目的地址设置为程序计数器（R15）来合成。

有两种方法可用于调用过程。第一种 BLcc 指令使用了图 5-14 所示的使用 24 位 PC 相对字偏移的"分支"格式。在调用的时候，这个偏移值可以在任意方向上达到 32MB。第二种 BLcc 指令的跳转地址是保存在指定寄存器中的，这个特性可以用来实现动态地址的过程调用（例如，C++ 的虚函数）或超过 32MB 范围的调用。

最后一组包括一些杂类指令。MOVT 是必须的，因为没有方法将一个 32 位立即操作数放入寄存器中。但是我们可以先使用 MOVT 设置操作数的高 16 位，再让下一条指令用立即数格式设置低 16 位。MRS 和 MSR 指令允许读取或设置寄存器状态字（PSR）。SWP 指令可以进行寄存器和内存地址间的原子交换操作。这些指令实现了多处理器同步的基础，我们将在第 8 章进行更细致的学习。最后，SWI 指令可以启动一个软件中断，这是非常花哨的启动系统调用的方式。

5.5.10 ATmega168 AVR 指令系统

ATmega168 有一个简单的指令集，指令集的第一部分如图 5-35 所示。每行给出了助记符、简短说明以及一小段说明指令功能的伪代码。正像我们预期的那样，ATmega168 有一组 MOV 指令，用来在寄存器之间移动数据。ATmega168 也有入栈和出栈指令，它使用一个 16 位的专用寄存器——栈指针寄存器（SP）来指示内存。ATmega168 内存访问的方式有立即数寻址、寄存器间接寻址，或寄存器间接寻址加上一个偏移量。为了支持最大 64KB 的寻址，使用立即数寻址的加载指令是 32 位的指令。间接寻址模式使用 X、Y、Z 三个寄存器对来实现，寄存器对将两个 8 位的寄存器组合在一起来实现一个 16 位的指针寄存器。

ATmega168 具有简单的算术指令来完成加、减和乘，其中乘使用两个寄存器。自增和自减也实现了，并被常常使用，此外，逻辑、移位、循环移位等指令也在该指令集中呈现。分支和调用指令能使用立即数地址、PC 相对地址或者 Z 寄存器对中的地址来作为目的地址。

指　　令	说　　明	语　　义
ADD DST,SRC	加法	DST ← DST+SRC
ADC DST,SRC	带进位的加法	DST ← DST+SRC+C
ADIW DST,IMM	将立即数加到指定字上	DST ← 1：DST ← DST+1：DST+IMM
SUB DST,SRC	减法	DST ← DST−SRC
SUBI DST,IMM	立即数减法	DST ← DST−IMM

图 5-35　ATmega168 指令集

指　　令	说　　明	语　　义
SBC DST,SRC	带进位的减法	DST ← DST-SRC-C
SBCI DST,IMM	带进位的立即数减法	DST ← DST-IMM-C
SBIW DST,IMM	指定字减立即数	DST ← 1：DST ← DST+1：DST-IMM
AND DST,SRC	逻辑 AND	DST ← DST AND SRC
ANDI DST,IMM	与立即数的逻辑 AND	DST ← DST AND IMM
OR DST,SRC	逻辑 OR	DST ← DST OR SRC
ORI DST.IMM	与立即数的逻辑 OR	DST ← DST OR IMM
EOR DST,SRC	异或	DST ← DST XOR SRC
COM DST	求二进制反码	DST ← 0XFF-DST
NEG DST	求二进制补码	DST ← 0X00-DST
SBR DST,IMM	设置寄存器中的某些位	DST ← DST OR IMM
CLR DST,IMM	清除寄存器中的某些位	DST ← DST AND (0XFF-IMM)
ING DST	自加	DST ← DST+1
DEC DST	自减	DST ← DST-1
TST DST	测试是否为 0 或为负	DST ← DST AND DST
CLR DST	清零寄存器	DST ← DST XOR DST
SER DST	寄存器置 1	DST ← 0XFF
MUL DST,SRC	无符号乘法	R1:R0 ← DST*SRC
MULS DST,SRC	有符号乘法	R1:R0 ← DST*SRC
MULSU DST,SRC	有符号数与无符号数的乘法	R1:R0 ← DST*SRC
RJMP IMM	PC-relative 跳转	PC ← PC+IMM+1
IJMP	间接跳转到 Z 寄存器对中的地址	PC ← Z(R30:R31)
JMP IMM	跳转	PC ← IMM
RCALL IMM	关系调用	STACK ← PC+2，PC ← PC+IMM+1
ICALL	间接调用到 Z 寄存器对中的地址	STACK ← PC+2，PC ← Z(R30:R31)
CALL	调用	STACK ← PC+2，PC ← IMM
RET	返回	PC ← STACK
CP DST,SRC	比较	DST-SRC
CPC DST,SRC	带进位位的比较	DST-SRC-C
CPI DST,IMM	与立即数比较	DST-IMM
BRcc IMM	带条件的分支	if cc（true）PC ← PC+IMM+1
MOV DST,SRC	复制寄存器中的值	DST ← SRC
MOVW DST,SRC	复制寄存器对	DST+1:DST ← SRC+1:SRC
LDI DST,IMM	加载立即数	DST ← IMM
LDS DST,IMM	直接加载	DST ← MEM[IMM]
LD DST,XYZ	间接加载	DST ← MEM[XYZ]
LDD DST,XYZ+IMM	带偏移的间接加载	DST ← MEM[XYZ+IMM]
STS IMM,SRC	直接存储	MEM[IMM] ← SRC
ST XYZ,SRC	间接存储	MEM[XYZ]← SRC
STD XYZ+IMM,SRC	带偏移的间接存储	MEM[XYZ+IMM] ← SRC
PUSH REGLIST	将寄存器列表中的值压栈	STACK ← REGLIST
POP REGLIST	将栈中的值弹出到寄存器列表中	REGLIST ← STACK
LSL DST	逻辑左移一位	DST ← DST LSL 1
LSR DST	逻辑右移一位	DST ← DST LSR 1
ROL DST	循环左移一位	DST ← DST ROL 1
ROR DST	循环右移一位	DST ← DST ROR 1
ASR DST	算数右移一位	DST ← DST ASR 1

SRC= 源寄存器　　　　　　　　　　　　XYZ=X、Y 或 Z 寄存器对　　　　　　DST= 目的寄存器

MEM[A]= 访问地址 A 的内存内容　　　　IMM= 立即数值

图 5-35 （续）

5.5.11　指令集比较

前面例子中讨论的三种指令集差别很大。Core i7 是一种典型的双地址 32 位 CISC 芯片，它有很长的历史，有特殊的和不规则的寻址方式，还有许多访问内存的指令。

402
~
403

OMAP4430 ARM CPU 是一种现代的三地址的 32 位 RISC 芯片，它使用加载 / 存储结构，只有很少的几种寻址方式，还有一个简单而有效的指令集。ATmega168 AVR 体系结构上是一个小型嵌入式处理器，目的是为了适应单片设计。

每种计算机的设计都有其合理性。Core i7 的设计是由以下三个主要因素决定的：

1）向后兼容。

2）向后兼容。

3）向后兼容。

在目前的技术条件下，没有人会设计这样一种没有规律的计算机，而且它的寄存器太少了，其中大部分的用法还不一致。这使编写编译器相当困难。缺少寄存器迫使编译器不得不经常把变量放入内存，需要的时候再重新取出。即使有两级或者三级 cache，这也是一个沉重的负担。而在这种指令系统层的限制下，Core i7 还是非常快，这证明了 Intel 的工程师的水平确实相当高。但是正如我们在第 4 章中看到的那样，Core i7 的实现非常复杂。

OMAP4430 ARM 代表了目前指令系统层的设计水平。它有一个全 32 位的指令系统层。它有大量的寄存器，指令集偏重于三寄存器操作，还有一小部分 LOAD 和 STORE 指令。虽然指令格式有点偏多，但是所有的指令长度是一样的。尽管如此，OMAP4430 ARM 仍然是一个简单明了而且效率很高的实现。大多数新设计都类似于 OMAP4430 ARM，只不过指令格式要少一些。

ATmega168 AVR 具有相当简单和规则的指令集，指令数量和寻址方式也很少。它的特殊之处是具有 32 个 8 位寄存器、快速访问数据、访问内存空间中的寄存器，并且还有令人惊叹的位操作指令。ATmega168 因为能够用少量的晶体管实现而久负盛名，一个硅片上可以生成大量的 ATmega168 芯片，这就使得每个 CPU 的成本能够做到非常低。

5.6　控制流

控制流指的是指令的动态执行序列，也就是程序执行过程中的指令序列。一般来说，如果没有转移指令和过程调用指令，程序将从连续的内存单元中取出指令顺序执行。过程调用使控制流发生改变，发生过程调用时，程序会暂停当前正在执行的过程并开始执行被调用的过程。程序的协同过程（coroutine）也会使控制流发生相似的改变。它们常用于模拟并行过程。由于特定条件发生而导致的陷阱和中断也会改变控制流。下面我们来讨论这些问题。

404

5.6.1　顺序控制流和转移

大多数指令不改变控制流。当一条指令执行完之后，接着从内存中取出下一条指令执行。每条指令执行之后，程序计数器都要加上这条指令的长度。如果观察时间和平均指令执行时间相比足够长，就会发现程序计数器近似是时间的线性函数，每平均指令执行时间增加平均指令长度。换一种方式来表达，处理器实际执行指令的动态顺序和指令在程序清单中的静态顺序是一样的，如图 5-36a 所示。如果程序中有转移指令，那么指令在内存中的顺序和动态执行的顺序就不一致了。当发生转移时，程序计数器就不再是时间的单调增函数了，如图 5-36b 所示。如果有转移指令，从程序清单中分析指令执行顺序就比较困难。

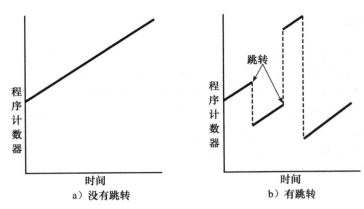

a）没有跳转　　　　　　　　b）有跳转

图 5-36　程序计数器和时间的函数关系（经过了平滑处理）

如果程序员对于处理器实际执行的指令顺序不是很清楚，程序就可能产生错误。Dijkstra 在 1968 年就观察到这一现象，并写了一封当时引起很大争议的名为"goto 语句十分有害"的信（1968a）。在这封信中，他建议不要使用 goto 语句。这封信引发了结构化编程的革命，结构化编程的一个原则就是把 goto 语句换成更加结构化的控制流形式，比如 while 循环语句。当然，这些程序编译成第 2 级的程序后可能会包括许多转移指令，因为 if、while 和其他的高级控制结构需要用转移指令来实现。

5.6.2　过程

结构化程序中使用的最重要的技术是过程。从某方面来看，过程调用和转移指令一样改变程序的控制流，但是和转移指令不一样的是，当过程结束它的任务时，它将控制权交还给调用语句之后的语句或者指令。

但是从另一个方面来看，过程可以被看作是定义了一条高层的指令。从这个观点来看，无论一个过程多么复杂，过程调用都可以被看作是一条单独的指令。理解一段包含过程调用的代码时，我们只需要知道这个过程是做什么的，而不需要知道它是怎么做的。

递归过程是一种很有趣的过程。递归过程是一个直接调用自身，或者通过一系列其他过程间接调用自身的过程。研究递归过程可以使我们深入地了解过程调用是如何实现的，以及局部变量的含义到底是什么。下面我们给出递归过程的一个例子。

"汉诺塔"问题是一个古老的问题，它有一个使用递归算法的简单解决方案。在汉诺的一个寺庙中，有三根黄金的柱子。第一根柱子上有 64 个同心的金盘，它们通过中心的圆孔套在柱子上。每个盘子的直径都比它下面的盘子稍微小一些。开始时，第二根和第三根柱子是空的。寺庙中的僧侣忙着把所有的圆盘转移到第三根柱子上，一次只能移动一个圆盘而且在任何时候大盘都不能放在小盘的上面。据说，当他们完成的时候，世界末日就会来到。如果你希望亲手搬盘子，可以少用一些塑料盘子来试一试，当然当你解决问题之后，什么也不会发生。为了得到世界末日的效果，你需要移动全部 64 个金盘。图 5-37 中是初始配置 $n=5$ 个盘子的

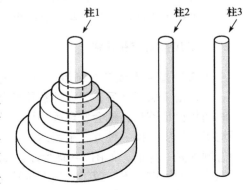

图 5-37　5 个盘子的汉诺塔问题的初始配置

例子。

　　把 n 个盘子从柱 1 移到柱 3 的方案如下，首先把 $n-1$ 个盘子从柱 1 移到柱 2，再把剩下的一个盘子从柱 1 移到柱 3，最后把 $n-1$ 个盘子从柱 2 移到柱 3。如图 5-38 所示。

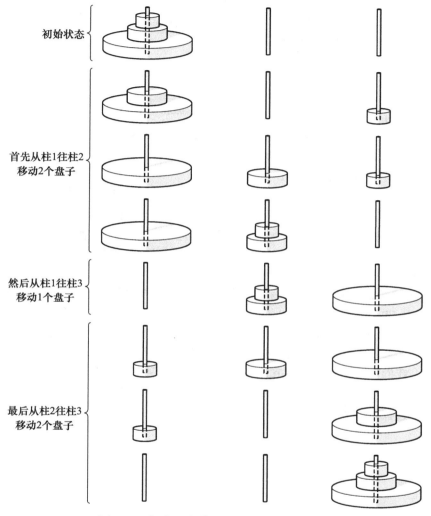

图 5-38　解决三个盘子的汉诺塔问题的步骤

　　为了解决这个问题，我们需要一个过程把 n 个盘子从柱 i 移动到柱 j。当我们通过

towers(n, i, j)

调用这一过程时，它就会打印出问题的解法。过程首先测试 n 是否等于 1。如果是 1，解法就很简单了，只是把一个盘子从 i 移到 j 而已。如果 $n \neq 1$，解法就由我们上面讨论的三部分组成，每个都是一个递归调用。

　　完整的过程如图 5-39 所示。为了解决图 5-38 中的问题，我们调用

towers(3, 1, 3)

406

这个调用又生成了三个调用，分别是

towers(2, 1, 2)
towers(1, 1, 3)
towers(2, 2, 3)

而第一个和第三个调用各自又会产生三个调用，这样一共就是七次调用。

为了实现递归过程，和 IJVM 一样，我们需要使用栈保存每次调用的参数和局部变量。每次当过程被调用时，都在栈顶为它分配一个新的栈结构。最后创建的结构是当前结构。在我们的例子中，栈向上增长，从低地址到高地址，和 IJVM 一样。最后的结构的地址比其他结构都要高。

除了指向栈顶的栈指针之外，增加一个指向段中的固定位置的段指针 FP 会给我们带来很大的方便。在 IJVM 中，它指

```
public void towers(int n, int i, int j) {
    int k;

    if (n == 1)
        System.out.println("Move a disk from " + i + " to " + j);
    else {
        k = 6 – i – j;
        towers(n – 1, i, k);
        towers(1, i, j);
        towers(n – 1, k, j);
    }
}
```

图 5-39 解决汉诺塔问题的过程

向链接指针或者是第一个局部变量。图 5-39 是 32 位字长计算机的栈结构。对 towers 的初始调用把 n、i 和 j 压入栈，然后执行一个 CALL 指令把返回地址压入栈地址 1012 处。在入口处，被调过程把老的 FP 值（1000）压入栈中 1016 处，然后前移栈指针为局部变量分配空间。由于只有一个 32 位的局部变量（ k ），SP 加 4 指向 1020。图 5-39a 就是这些都完成之后的情况。

被调用的过程做的第一件事是保存以前的 FP（这样在过程退出之后 FP 才能恢复），然后把 SP 拷贝到 FP 中，根据新的 FP 指向的位置的不同，可能会加上一个字。在这个例子中，FP 指向第一个局部变量，而在 IJVM 中，LV 指向链接指针。不同的计算机在处理结构指针时稍微有些不同，有些把它放在栈的底部，有些则把它放在顶部，图 5-40 中则是放在中部。在这个问题上，我们可以比较图 5-40 和图 4-12 来看一看两种不同的管理链接指针的方式。还可能有一些其他的方式。在所有的方式中，关键的问题在于过程能够返回，而且返回之后栈应该恢复到当前过程调用之前的状态。

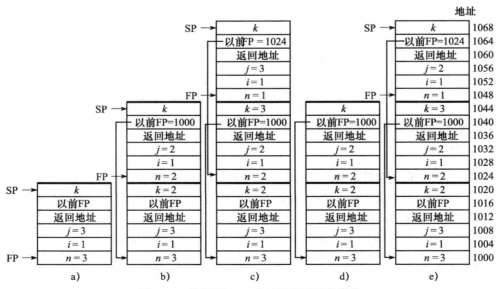

图 5-40 执行图 5-39 中的过程时栈的变化

保存旧的结构指针，建立新的结构指针，前移结构指针为局部变量保留空间的代码称为
过程启动代码（procedure prolog）。在过程退出之后，栈被再次清空，这些代码称为**过程结束代码**（procedure epilog）。过程启动、结束代码的长度、速度的快慢是计算机的重要特性。如果它们非常冗长且效率低下，过程调用的代价将会很大。崇尚效率的程序员会避免写大量的短过程而写大的、单一的、非结构化的程序。Core i7 的 ENTER 和 LEAVE 指令可以高效率地处理大多数的过程启动和结束。当然，它们有一个管理结构指针的特殊的模式，如果编译器使用了其他不同的模式，就不能使用这两条指令了。

409

下面我们回到汉诺塔问题。每次过程调用都在栈中增加一个新结构，每次过程返回都从栈中把该结构删除。为了举例说明如何使用栈来实现递归过程，我们跟踪调用

towers(3, 1, 3)

图 5-40a 是该调用语句执行后的栈情况。过程首先测试 n 是否等于 1，发现 $n=3$ 后，计算 k 值并继续执行调用

towers(2, 1, 2)

这次调用完成后，栈如图 5-40b 所示。过程再次从开始处执行（被调用的过程总是从开始处执行）。这次对 $n=1$ 的测试又失败了，再次计算 k 值执行调用

towers(1, 1, 3)

现在的栈情况如图 5-40c 所示，而程序计数器指向过程的开始处。这一次测试成功并打印出一行结果。接下来，过程删除当前栈结构并重置 FP 和 SP 后返回，如图 5-40d 所示。然后在返回地址处继续执行第二次调用

towers(1, 1, 2)

它又在栈中增加一个新结构，如图 5-40e 所示。另一行结果被打印出来，返回之后，该结构从栈中删除。过程调用按照这种方式继续执行直到初始的调用执行完毕而且图 5-40a 的栈结构从栈中删除为止。为了更好地理解递归是如何工作的，我们推荐你用纸和笔把

towers(3, 1, 3)

的完整的执行过程画出来。

5.6.3　协同过程

在一般的调用序列中，主调过程和被调过程有明显的区别。思考一下如图 5-41 展示的过程 A 调用过程 B 的例子。

过程 B 执行一会计算后返回 A。第一眼看这个过程你可能会认为它是对称的，因为 A 和 B 都不是主程序，都是过程。（过程 A 可能是被主程序调用的，但这无关紧要。）而且，过程调用时控制权从 A 转到 B，返回时再从 B 转到 A。

410

事实上这个过程是不对称的，当控制权从 A 转到 B 时，B 从第一条语句开始执行；当控制权从 B 返回 A 时，A 并不是从第一条语句开始执行而是从调用之后的语句处开始执行。如果过一会 A 再次调用 B，则会再次从 B 的第一条语句开始执行，而不是从 B 的返回语句处执行。如果在运行过程中，A 多次调用 B，那么每次 B 都将从开始处执行，而 A 则不会回到开始。

411

在 A 和 B 之间转移控制权的方法反映了这种不对称性。当 A 调用 B 的时候，它使用过程调用指令，该指令会把返回地址（也就是调用指令的下一条语句的地址）放在某个地方，比如说，栈顶。然后把 B 的地址放入程序计数器并结束调用指令。当 B 返回时，它并不使用调用指令而是使用返回指令，该指令的操作就是从栈中弹出返回地址并放入程序计数器。

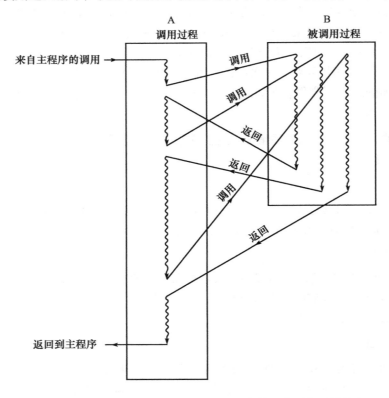

图 5-41 调用一个过程时，总是从该过程的第一条语句开始执行

有时候我们需要两个过程 A 和 B，每个都能把对方当作过程来调用，如图 5-42 所示。和上面的过程一样，当 B 返回 A 时，A 执行调用 B 后的语句。当 A 把控制权交给 B 时，B 并不是从开始处执行（第一次除外），而是从最近的一次"返回"指令往下执行，也就是最近的一次对 A 的调用。像这样工作的两个过程我们称为协同过程（coroutine）。

412　　协同过程通常用于在单个 CPU 上模拟并发进程。尽管只有一个 CPU，但每个协同过程都好像和别的过程同时运行。这种类型的程序可以使我们比较容易地实现某些应用。它也可以用于测试为多处理器设计的软件。

调用协同过程时不能使用通常的 CALL 指令和 RETURN 指令，虽然转移地址和 RETURN 一样是来自栈，但是和 RETURN 不一样的是协同过程调用时必须把返回地址放在某个地方留待返回时使用。如果有一条指令能交换栈顶和程序计数器的值就再好不过了。详细地说，这条指令首先把旧地址从栈顶弹出并存入一个内部寄存器，再把程序计数器的值压入栈，最后把内部寄存器的值存入程序计数器。因为有一个字出栈和一个字入栈，因此栈指针保持不变。由于很少有这样的指令，因此在多数情况下我们需要用几条指令来模拟这条指令。

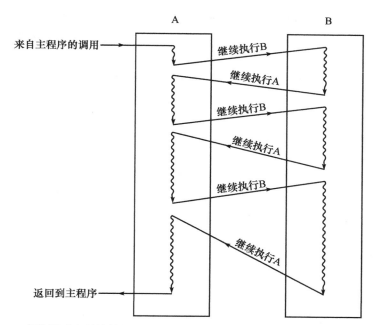

图 5-42   当协同过程继续执行时，从上次离开的地方执行，而不是从开始处执行

5.6.4 陷阱

陷阱是一种自动的过程调用，程序在某些条件下会自动地调用它，这些条件通常是重要的而且是不经常发生的。溢出是陷阱的恰当的例子。在许多计算机中，如果算术运算的结果超过了计算机能够表示的最大数，就会发生陷阱，这时控制权就会转移到某个固定的内存位置而不是继续执行下面的操作。在这个固定的位置上是一个叫做**陷阱处理**（trap handler）的过程，它将执行某些合适的操作，比如打印一条错误消息。如果运算结果在可以表示的范围以内，就不会发生陷阱。

陷阱的最本质的特征是它由程序本身产生的例外条件引发，由硬件或者微程序检测。另一种处理溢出的方法是使用一个 1 位的寄存器，当发生溢出时该寄存器置 1。希望检查溢出的程序员必须在每条算术指令之后写上一条"当溢出位被置 1 时则跳转"的指令。这种做法既慢又浪费空间。和这种由程序员控制的显式的检查相比，陷阱既节约了时间又节省了存储空间。

陷阱可以由微程序（或者硬件）执行的显式的检查来实现。当检测到溢出时，陷阱地址将装入程序计数器。陷阱可能是由低级程序控制执行的。微程序执行检查和由程序员执行检查相比可以节约时间，因为它易于和其他操作重叠执行。它同时也节省了存储空间，因为它只放在一个地方，比如微程序的主循环中。它和主程序中算术指令的出现次数无关。

产生陷阱的一些常见的条件有浮点数溢出（上溢）、浮点数下溢、整数溢出、保护错、未定义的操作符、栈溢出、试图启动不存在的 I/O 设备、试图从奇地址读取一个字、除 0 错。

413

5.6.5 中断

中断（interrupt）是一种控制流的变化，产生中断的原因并不是正在运行的程序，而通常是和 I/O 有关的某些操作。例如，一个程序要求磁盘传送数据，并告诉磁盘当传送完成以后产生一个中断。和陷阱一样，中断发生时也要暂停当前正在运行的程序把控制权转交给中断处理程序，由中断处理程序执行适当的操作。当中断处理程序完成工作以后，控制权又会交回被中断的程序。被中断的进程重新运行时必须处于和被中断之前完全相同的状态，这意味着必须把所有的内部寄存器恢复成中断之前的值。

陷阱和中断的最本质的区别在于：陷阱是和程序同步的，而中断则是异步的。如果一个程序使用相同的输入重复运行一百万次，那么每次在相同的地方都会产生陷阱，而中断则不同，比如说，它是由坐在终端前的人按回车键的时刻决定的。产生陷阱的可重复性和中断的不可重复性的原因是陷阱是由程序直接产生的，而中断最多是由程序间接产生的。

为了搞清楚中断到底是如何工作的，我们举一个常见的例子：一台计算机要把一行字符输出到一台终端上。首先，系统软件把所有要输出的字符收集到一个缓冲区中，用一个全局变量 ptr 指向缓冲区的起始处，再使用第二个全局变量 count 记录需要输出的字符数。接下来，系统检查终端是否准备好，如果准备好，就输出第一个字符（比如，可以使用图 5-30 中的那些寄存器）。I/O 启动之后，CPU 就可以空闲下来去执行其他的程序或者做一些其他的事情。

一段时间之后，字符将显示在屏幕上。中断发生了。为了便于说明，下面我们列出了硬件和软件的工作步骤。

1. 硬件的工作

1）设备控制器在系统总线上插入中断请求信号后启动中断处理过程。

2）当 CPU 准备好处理中断后，它在总线上插入中断确认信号。

3）当设备控制器检查到中断请求被确认后，将向数据总线发送一个标识自己的小整数。这个小整数称为**中断向量**（interrupt vector）。

4）CPU 从总线上移除中断向量并把它暂存起来。

414

5）接下来，CPU 将把程序计数器和 PSW（程序状态字）入栈。

6）然后，CPU 使用中断向量作为索引到内存低端的一个表中查找新的程序计数器。如果程序计数器是 4 个字节的，那么中断向量 n 就相应地代表地址 $4n$。这个新的程序计数器指向产生中断的设备的中断处理程序。通常 PSW 也会被调用或修改（比如，禁止中断嵌套）。

2. 软件的工作

1）中断处理程序要做的第一件事是保存所有的寄存器以便将来可以恢复它们。可以把它们保存在栈中或系统表中。

2）一般来说，一个中断向量对应一类设备，因此中断处理程序不知道是哪一台终端产生的中断。通过读取某些设备寄存器可以获得终端号。

3）读取和中断有关的任何其他信息，比如状态代码等。

4）如果发生了 I/O 错误，在这里处理。

5）修改全局变量 ptr 和 count。ptr 加 1 指向下一个字节，count 减 1，表示又输出了一个字符。count 大于 0，表示还有字符要输出。把 ptr 所指的字符拷贝到输出缓冲寄存器中。

6）如果需要，则输出一个特定的代码通知设备或者中断控制器中断已经被处理了。

7）恢复所有保存的寄存器。

8）执行 RETURN FROM INTERRUPT 指令，把 CPU 恢复到中断发生以前的模式和状态。计算机继续执行被中断的工作。

和中断有关的一个重要的概念是**透明性**（transparency）。当中断发生时，计算机做了一些工作并运行了一些代码，但是当所有的工作都完成以后，计算机将精确地回到中断发生前的状态。具有这种特性的中断处理程序就具有透明性。所有的中断都是透明的，这一特点可以使中断比较容易理解。

如果一台计算机只有一台 I/O 设备，那么中断将按照我们刚才描述的那样工作，不需要更多的解释。但是，一台大型计算机可能有很多 I/O 设备，在同一时刻可能有多台代表不同用户的 I/O 设备同时运行。这时，就有可能发生当一个中断处理程序正在运行时，第二台 I/O 设备想产生中断的情况。

有两种方法可以解决这个问题。第一种做法是为当前中断屏蔽今后所有可能发生的中断，这是中断要做的第一件事情，比保存寄存器中的内容的优先级还要高。当中断严格按顺序发生时，第一种方法就可以让问题变得简单。但是对于那些不能容忍延时的设备来说，它会带来一些问题。第一个中断还未处理完第二个中断就已经到来的时候，就会发生数据丢失。

当计算机使用对响应时间要求很严格的 I/O 设备时，更好的设计方法是为每一个 I/O 设备分配一个优先级，重要性高的设备优先级高，重要性低的设备优先级低。相应地，CPU 也有优先级，CPU 的优先级由 PSW 中的某个字段决定。当优先级为 n 的设备请求中断时，相应的中断处理程序也应该运行在优先级 n。

当优先级为 n 的中断处理程序运行时，任何优先级低于 n 的设备产生的中断请求都将被忽略直到该中断处理程序结束，CPU 回到用户程序运行状态（优先级 0）。另一方面，来自优先级高于 n 的设备的中断请求将被立即处理。

由于在中断处理程序执行过程中也可能发生中断，为了管理简单，最好的方法就是使所有的中断都透明处理。我们举一个多级中断的简单例子。一台计算机有三台 I/O 设备、打印机、磁盘和一条 RS232 通信线，优先级分别是 2、4 和 5。初始时刻（t=0）只有一个用户程序在运行，在 t=10 的时刻忽然发生了打印机中断。于是打印机中断处理程序（Interrupt Service Routine，ISR）开始运行，如图 5-43 所示。

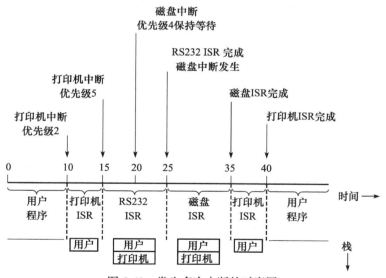

图 5-43　发生多次中断的时序图

t=15 时，RS232 通信线想引起注意并产生了中断。由于 RS232 通信线的优先级（5）高于打印机的优先级（2），中断将被处理。这时计算机正在运行打印机中断处理程序，这时的计算机状态将被保存在栈中，然后 RS232 的中断处理程序开始运行。

又过了一会，在 t=20 时，磁盘的工作完成后想请求服务。但是，它的优先级（4）低于当前正在运行的中断处理程序（5），因此 CPU 将不响应中断，中断保存等待状态。$t=25$ 时，RS232 的处理结束，计算机将返回到 RS232 中断发生之前的状态，也就是说，继续运行优先级为 2 的打印机中断处理程序。只要 CPU 一回到优先级 2，甚至还没有来得及执行任何一条指令，优先级为 4 的磁盘中断就会被允许，同时磁盘中断处理程序就会开始运行。当它结束时，打印机中断处理程序继续运行。最后，当 $t=40$ 时，所有的中断处理程序都结束了，用户程序从被中断的地方继续执行。

从 8088 开始，Intel 的 CPU 芯片就只有两个中断级别（优先级）：屏蔽的和非屏蔽的。一般来说，非屏蔽的中断用于通知 CPU 发生了比较严重的问题，比如说内存校验错。所有的 I/O 设备都使用同一个屏蔽中断。

当 I/O 设备产生中断时，CPU 使用中断向量作为索引到一张有 256 个表项的表中检索中断服务程序的地址。表项是 8 个字节的段描述符。这张表可以从内存的任何地方开始，使用一个全局寄存器指向它的起始位置。

因为只有一个可用的中断级别，CPU 没有办法在禁止低级别中断的同时，允许高级别的中断请求中断中级别的中断处理程序。为了解决这个问题，Intel 使用了外部的中断控制器（比如，8259A）。当第一个中断到来时，比如说，优先级为 n，CPU 将被中断。如果接着发生了一个高级别的中断，中断控制器将再次中断。如果第二次的中断级别较低，它将被保存直到第一次的中断处理结束。为了使这种方案能够正常工作，中断控制器必须知道当前的中断处理程序何时结束，因此 CPU 在当前的中断完全处理完之后应该向中断控制器发送一条命令。

5.7 详细举例：汉诺塔

现在我们已经研究了三种计算机的指令系统层，我们将通过一个相同的例子把两种大机器的所有细节合并成一个整体。这个例子就是汉诺塔。在图 5-39 中我们已经给出了该程序的 Java 语言版本。下面我们将给出解决汉诺塔问题的汇编语言程序。

这里，我们做了一点小的变通。为了避免 Java I/O 带来的某些问题，我们的 Core i7 和 OMAP4430 ARM CPU 的汇编语言程序是从 C 语言版本转换而来的，而不是从 Java 语言版本转换而来。唯一的不同是需要把 Java 版本中的 println 调用置换成标准的 C 语句

    printf("Move a disk from %d to %d\n", i, j)

对我们来说，printf 的格式字符串的语法并不重要（除了 %d 表示将打印一个十进制整数之外，字符串基本上是逐字逐句地打印出来）。我们唯一关心的是，过程调用使用了三个参数：一个格式字符串和两个整数。

对于 Core i7 和 OMAP4430 来说，使用 C 语言是因为对于这些计算机来说 Java 语言的 I/O 库不可用，而 C 语言的库则可用。它们之间的区别很少，只影响一条输出语句。

5.7.1 Core i7 汇编语言实现的汉诺塔

图 5-44 是汉诺塔程序从 C 语言到 Core i7 汇编语言的一种可能的转换。这段程序的大部分是简单明了的。EBP 寄存器用作结构指针。最前面的两个字用于链接，因此第一个实际参数 n（或者是 N，MASM 不区分大小写）位于 EBP+8，后面的 i 和 j 分别位于 EBP+12 和 EBP+16。局部变量 k 位于 EBP+20。

```
            .686                                    ; 为酷睿i7编译（和8088相对）
        .MODEL FLAT
        PUBLIC _towers                              ; 'towers' 为提供给外部程序调用的过程名
        EXTERN _printf:NEAR                         ; 引入printf函数
        .CODE
        _towers:    PUSH EBP                        ; 保存EBP（段指针）
                    MOV EBP, ESP                    ; 在ESP之上设置新的段指针
                    CMP [EBP+8], 1                  ; if(n==1)
                    JNE L1                           ; 如果n不是1则转移
                    MOV EAX, [EBP+16]               ; printf( "…", i, j)
                    PUSH EAX                         ; 注意参数i, j和格式
                    MOV EAX, [EBP+12]               ; 把串压入栈
                    PUSH EAX                         ; 逆序，这是C调用约定
                    PUSH OFFSET FLAT:format          ; 偏移量flat表示格式的地址
                    CALL _printf                     ; 调用printf
                    ADD ESP, 12                     ; 从栈中移走参数
                    JMP Done                         ; 我们的工作完成了
        L1:         MOV EAX, 6                      ; 开始k = 6 − i − j
                    SUB EAX, [EBP+12]               ; EAX = 6 − i
                    SUB EAX, [EBP+16]               ; EAX = 6 − i − j
                    MOV [EBP+20], EAX               ; k = EAX
                    PUSH EAX                         ; 开始towers(n−1, i, 6−i−j)
                    MOV EAX, [EBP+12]               ; EAX=I
                    PUSH EAX                         ; push i
                    MOV EAX, [EBP+8]                ; EAX=n
                    DEC EAX                          ; EAX=n−1
                    PUSH EAX                         ; push n−1
                    CALL _towers                     ; 调用towers(n−1, i, 6−i−j)
                    ADD ESP, 12                     ; 从栈中移走参数
                    MOV EAX, [EBP+16]               ; 开始towers(1, i, j)
                    PUSH EAX                         ; push j
                    MOV EAX, [EBP+12]               ; EAX=i
                    PUSH EAX                         ; push i
                    PUSH 1                           ; push 1
                    CALL _towers                     ; 调用towers(1, i, j)
                    ADD ESP, 12                     ; 从栈中移走参数
                    MOV EAX, [EBP+12]               ; 开始towers(n−1,6−i−j, i)
                    PUSH EAX                         ; push I
                    MOV EAX, [EBP+20]               ; push 20
                    PUSH EAX                         ; push K
                    MOV EAX, [EBP+8]                ; EAX=n
                    DEC EAX                          ; EAX=n−1
                    PUSH EAX                         ; push n−1
                    CALL _towers                     ; 调用towers(n−1,6−i−j,i)
                    ADD ESP, 12                     ; 调整栈指针
        Done:       LEAVE                            ; 准备退出
                    RET 0                            ; 返回到调用程序
        .DATA
        format      DB "Move disk from %d to %d\n"  ; 格式串
        END
```

图 5-44 在 Core i7 上运行的汉诺塔程序

过程首先在原有的结构后建立新结构。这一过程通过把 ESP 拷贝到结构指针 EBP 中来实现。然后比较 *n* 和 1，如果 *n*>1 则跳转到 else 部分执行。then 部分的代码把格式串的地址、*i* 和 *j* 压入栈，然后调用输出格式串。

参数是按照逆序压入栈的，这对于 C 语言来说是必须的。执行格式串的指针必须放在栈顶。因为 printf 的参数个数是可变的，如果参数按照正常的顺序压入栈，printf 将不知道栈中的格式串有多深。

在调用之后，ESP 被加上 12 以移去栈中的参数。当然，并没有把它们从内存中擦掉，但是 ESP 的调整使程序不可能通过正常的栈操作来访问它们。

从 L1 开始的 else 部分是简单明了的。它首先计算 6−i−j 并把结果存入 k，不管 i 和 j 的值是多少，第三根柱子总是 6−i−j。把它保存在 k 中免得再次计算时带来麻烦。

接下来，过程三次调用它自身，每次都使用不同的参数。每次调用之后，栈都要清空。这就是这个过程所做的所有的事情。

虽然刚见到递归过程时可能会被搞糊涂，但当我们在这个层次上研究它之后，它就变得简单明了了。递归过程中发生的所有的事情不过是把参数入栈，然后再调用过程自身而已。

5.7.2 OMAP4430 ARM 汇编语言实现的汉诺塔

418 ~ 419

现在我们再试一次，不过这次是 OMAP4430 ARM。代码列在图 5-45 中。由于 OMAP4430 ARM 代码的可读性非常差，即使有很多经验读起它的汇编语言来也相当困难，因

```
#define Param0          r0
#define Param1          r1
#define Param2          r2
#define FormatPtr       r0
#define k               r7
#define n_minus_1       r5

        .text
towers: push {r3, r4, r5, r6, r7, lr}       @ 保存返回地址和相关寄存器
        mov r4, Param1
        mov r6, Param2
        cmp Param0, #1                       @ (n==1)?
        bne else                             @ 不满足条件，跳转到else代码块中
        movw FormatPtr, #:lower16:format     @ 读取格式字符串的指针
        movt FormatPtr, #:upper16:format
        bl printf                            @ 打印操作
        pop {r3, r4, r5, r6, r7, pc}

else:   rsb k, r1, #6                        @ k=6−i−j
        subs k, k, r2
        add n_minus_1, r0, #-1               @ 为递归调用计算(n−1)的值。
        mov r0, n_minus_1
        mov r2, k
        bl towers                            @ 调用 towers(n−1,i, k)
        mov r0, #1
        mov r1, r4
        mov r2, r6
        bl towers                            @ 调用 towers(1,k,j)
        mov r0, n_minus_1
        mov r1, k
        mov r2, r6
        bl towers                            @ 调用towers(n−1,k,j)
        pop {r3, r4, r5, r6, r7, pc}         @ 恢复相关寄存器，返回调用地址。

        .global main
main:   push {lr}                            @ 保存调用的返回地址。mov Param0,#3
        mov Param0, #3
        mov Param1, #1
        mov Param2, Param0
        bl towers                            @ 调用towers(3,1,3)
        pop {pc}                             @ 返回地址出栈，返回。

format: .ascii "Move a disk from %d to %d\n\0"
```

图 5-45 为 OMAP4430 ARM CPU 编写的汉诺塔程序

此我们在开始的地方定义了一些符号以使它变得清晰。为了使它能够工作,在汇编之前,程序首先要由一个称为 cpp 的 C 预编译器进行预编译。另外,我们还使用了小写字母,因为 OMAP4430 ARM 的汇编器要求这样(以防有些读者把程序敲入计算机后发现不能运行)。

从算法上来说,OMAP4430 ARM 版本和 Core i7 版本完全一样。都是从测试 *n* 开始,如果 *n*>1 则跳转到 else 字句执行。ARM 版本的主要的复杂性是由指令系统层的某些特性造成的。

首先,OMAP4430 ARM 必须把格式串的地址传递给 printf,但是它不能把地址传递给保存输出参数的寄存器,因为没有办法用一条指令把 32 位的常量存入寄存器。过程中使用了两条指令 MOVW 和 MOVT 来做这项工作。

下一个需要注意的是栈会在函数开始和结束的时候会自动调用 PUSH 和 POP 指令来调整。这两个指令同时也通过在函数入口时保存 LR 寄存器并在函数结束时恢复 PC 寄存器来处理保存、恢复返回地址的操作。

5.8 IA-64 体系结构和 Itanium 2

在 2000 年左右,很多 Intel 内部的工程师感觉到 Intel 正在快速地榨干 IA-32 指令系统层的最后一滴汁液。到目前为止,新模型仍然可以从工业技术进步中获利,这意味着晶体管更小(因而速度也更快)。但是,找到能够加快具体实现速度的方法已经越来越难了,因为随着时间的推移,IA-32 的局限性已经越来越明显了。

有些工程师觉得解决问题的唯一实际的方案就是抛弃 IA-32 这一主线,转向全新的指令系统层。实际上,Intel 正试图这样做,并且具有两线计划。EMT-64 是传统 Pentium 指令系统层的宽字长版本,具有 64 位的寄存器和 64 位的地址空间。这个处理器解决了地址空间问题但是还是具有 Pentium 的所有实现复杂性。它只能被看作是一个宽字长版本的 Pentium。

另一个由 Intel 和 HP 联合开发的新的体系结构称为 IA-64。这是一台彻头彻尾的全 64 位的计算机。而不是现存的 32 位计算机的改良版本。而且它在很多方面和 IA-32 结构有着根本的区别。最初市场是面向高端服务器,然而 Intel 希望最终它可以走进桌面计算机中,但是这却没有实现。IA-64 是如此糟糕,以致消费者拒绝抛弃 IA-32。无论如何,这种体系结构和我们已经研究过的还是具有本质上的不同,正是这样的原因才更值得我们来研究它。最早的 IA-64 体系结构的实现是 Itanium 系列。在本节的剩余部分我们将研究 IA-64 体系结构及其实现 Itanium 2 CPU。

5.8.1 IA-32 的问题

在探讨 IA-64 体系结构和 Itanium 2 的细节之前,有必要回顾一下 IA-32 的问题以及 Intel 在新体系结构中要尽力去解决哪些问题。产生各种问题的主要原因是 IA-32 是一种过时的、带有各种和当前技术不相称的特性的指令系统层。它是一种 CISC 指令系统层,使用变长的指令,有无数种不同的指令格式,这使它难于在执行中进行快速译码。当前的技术使用 RISC 指令系统层工作起来最好,这种指令系统层只有一种指令长度而且操作码是定长的,这使它易于译码。IA-32 指令在执行时可以被划分成类似 RISC 的微操作,但这样做需要硬件支持(也就是芯片面积)、需要花费时间而且增加了设计的复杂性。这是第一振。

IA-32 还是一个两地址的面向内存的指令系统层。大多数指令要引用内存,而大多数的程序员和编译器根本就不考虑是否引用内存。当前的技术提倡加载 / 存储形式的指令系统层,

420 ~ 421

只在把操作数放到寄存器中时引用内存，然后使用三地址格式的内存寄存器指令执行所有的计算。由于 CPU 的时钟速度比内存的时钟速度提高得更快，因此随着时间的推移这个问题会变得更加严重。这是第二振。

IA-32 还使用一个小而且不规则的寄存器组。这不仅束缚了编译器，而且由于通用寄存器的数量太少（即使算上 ESI 和 EDI，也只有六个通用寄存器）使得中间结果必须放入内存，这就带来了额外的在逻辑上并不需要的内存访问。这是第三振。IA-32 三振出局。

现在第二局开始了。由于寄存器数量少带来了许多相关性，特别是不必要的 WAR 相关性，因为结果必须被放到某个地方又没有额外的寄存器可用。为了避免出现缺少寄存器的情况，实现必须做内部的重命名。但是即使能够这么做，这也是一种可怕的方法——在重新排序的缓冲区中实现了一些秘密操作的寄存器。为了防止 cache 出现过多的不命中，指令必须乱序执行。但是，IA-32 的语义定义了精确的中断，因此乱序指令必须按正常的次序退出流水线。所有这些事都需要大量复杂的硬件。这是第四振。

为了快速地做这些工作需要深度的流水线。深度流水线意味着指令执行结束之前需要很多个周期。因此，准确的分支预取对于保证正确的指令进入流水线是很关键的。因为一次预取错误就需要重新刷新流水线，代价很高，即使相当小的预取错误率也会导致实际上的性能下降。这是第五振。

为了减少预取错误带来的问题，处理器不得不进行推断执行，这又会带来相应的问题，特别是在错误的执行路径上进行内存访问会产生异常。这是第六振。

我们并不想在这里举行一场完整的棒球比赛，但是现在我们已经很清楚地知道 IA-32 确实存在问题。我们甚至还没有提到 IA-32 的 32 位地址的限制使每个程序只能有 4GB 的内存空间，这在高端服务器中已经逐渐成为问题了。EMT-64 虽然解决了这个问题，但是其他问题并没有解决。

422

总而言之，IA-32 的状况可以和哥白尼之前的天文学的状况相比。那时在天文学界占统治地位的理论认为地球在宇宙中的位置是固定不动的，行星绕着地球的本轮做圆周运动。但是，随着观察条件越来越好，人们清晰地观察到越来越多的违背这种模型的现象，于是在模型中又增加了许多本轮，直到整个模型由于其内部的复杂性而崩溃。

Intel 现在正面临相同的困境。Core i7 中的大部分晶体管被用于译码 CISC 指令、分析哪些指令可以并行执行、解决冲突、进行预测、修复不正确的预测和其他的记录带来的问题，只有相当小的一部分晶体管真正在做用户要求的工作。Intel 得出的无情的结论正是唯一正确的结论：抛弃整个 IA-32，从 IA-64 重新做起。虽然 EMT-64 提供了一些喘息的空间，但是也解决不了根本性的问题。

5.8.2　IA-64 模型：显式并行指令计算

IA-64 体系结构的核心思想是将工作从运行时转移到编译时。在 Core i7 中，执行时 CPU 要对指令重新排序、重命名寄存器、调度功能单元，要做大量的工作来决定如何使得所有的硬件资源都得到充分利用。在 IA-64 模型中，编译器预先解决所有这些问题，产生的程序不用再改变就能够直接运行，而不再需要硬件在运行时来处理所有的事情。例如，在老的体系结构中编译器编译的时候被告知机器有 8 个寄存器，但实际上机器却有 128 个寄存器，这样就不得不在运行时进行判断从而避免相关性问题。在 IA-64 模型中，编译器被准确地告知机器真正有多少个寄存器，这样它就能够产生出开始就没有寄存器冲突的程序。类似地，在这个模型中，编译器还要知道哪一个功能单元是被占用的，从而在这些功能单元不可用的时候不发射使用它们的指令。这种使得硬件中潜在的并行性对编译器可见的模型称为**显式并行指令计算**（Explicitly Parallel Instruction Computing，EPIC）。在某种程度上，EPIC 可以被认为是 RISC 的继任者。

IA-64 模型还有一些能够加速性能的特征。这些包括减少内存访问、指令调度、减少条件转移和推测等。下面我们就按照顺序来分别介绍它们并看看它们是如何在 Itanium 2 中实现的。

5.8.3 减少内存访问

Itanium 2 具有简单的内存模式。内存最多由 2^{64} 字节的线性内存构成。指令可以以 1、2、4、8、16 和 10 字节为单位来访问内存，10 字节的方式是为了支持 80 位的 IEEE 754 浮点数。内存访问不需要边界对齐，但是不对齐就可能带来性能上的损失。内存可以是大端派也可以是小端派，这是由操作系统可以访问的寄存器中的一位来决定的。

在所有的现代计算中内存访问都是一个巨大的瓶颈，因为 CPU 的速度比内存的速度要快得多。减少内存访问的一种方法就是具有一个较大的片内一级 cache 和一个与芯片较近的更大的二级 cache。所有的现代设计都具有这两种 cache。但是在 cache 之外还是有一些其他的方法来减少内存访问，IA-64 就采用了一些这样的方法。

加速内存访问最好的方法就是首先要避免使用内存。IA-64 模型的 Itanium 2 实现具有128 个 64 位通用寄存器。前 32 个寄存器是静态的，剩下的 96 个用作寄存器栈，这和诸如 UltraSPARC 的寄存器窗口模式很类似。然而，和 UltraSPARC 不同，程序可用的寄存器数是可变的，可以根据过程的不同而变化。这样每一个过程都能够访问 32 个静态寄存器和一定（可变）数量的动态分配的寄存器。

当一个过程被调用的时候，寄存器栈指针将前移从而使得输入参数在寄存器中可见，但是寄存器不能分配给局部变量。过程自身决定它需要多少个寄存器，然后前移寄存器栈指针来进行分配。这些寄存器不需要在入口进行保存，也不需要在退出时候进行恢复。当然如果过程需要修改静态寄存器，还是必须要显式地保存，然后再进行恢复。通过使可用的寄存器数量可变并根据过程的需要进行裁剪，宝贵的寄存器资源将不再被浪费，在寄存器使用完之前过程调用层次可以更深。

Itanium 2 还有符合 IEEE 754 格式的 128 位浮点寄存器。这些寄存器不能作为寄存器栈来操作。大量的寄存器意味着许多浮点计算可以将它们的中间结果放到寄存器中，从而避免将临时结果放到内存中。

此外，还有 64 个 1 位的判定寄存器、8 个分支寄存器以及 128 个具有特殊用途的专用寄存器，例如用于在应用程序和操作系统之间传递参数的寄存器等。Itanium 2 寄存器的概况如图 5-46 所示。

5.8.4 指令调度

Core i7 的一个主要问题就是很难在各种功能单元之间调度各种指令，从而避免相关性发生。在运行时处理这样的问题需要非常复杂的机制，芯片面积的很大一部分都用来管理它们。IA-64 和 Itanium 2 通过编译器的工作来避免所有这些问题。主要的思想是程序是由一系列**指令组**（instruction group）构成的，在一定的边界内，一组之内的所有指令互相之间并不冲突，

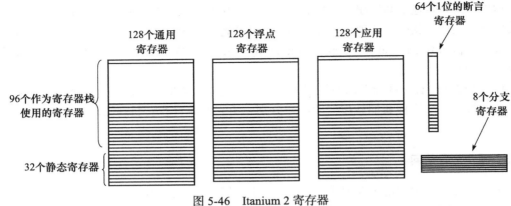

图 5-46   Itanium 2 寄存器

424 需要的功能单元和资源也不多于计算机本身拥有的，也不存在 RAW 和 WAW 相关，顶多受到一些 WAR 相关的限制。第一组指令完全执行完第二组指令才能开始执行，连续的指令组看起来像是严格顺序执行的。然而，CPU 在它认为能够安全执行的时候，可以开始执行第二组指令（或者部分）。

采用这些规则的后果就是 CPU 能够以它选择的任何顺序来自由地调度组内的指令，不用担心冲突，尽可能地来并行执行。如果指令组违反了这些规则，那么程序的行为就是不可预料的了。这就需要编译器重新对源程序生成的汇编码进行排序来解决所有这些问题。当一个程序在调试的时候进行快速编译，编译器可以将每条指令单独放到一个组中，这样做最简单但是性能也很差。当最后生成产品级代码的时候，编译器需要很长的时间来进行优化。

指令可以按照图 5-47 顶部所示的方式组织成一个 128 位的束（bundle）。每一束包含三个 41 位的指令和一个 5 位的模板。指令组不需要内部的束编号；它可以在束的中间开始或者结束。

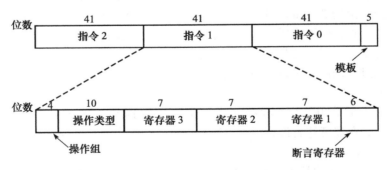

图 5-47   包含三条指令的 IA-64 指令束

指令格式有上百种之多，图 5-47 中给出了其中典型的一种格式。在这个例子中是一条 ALU 操作指令，例如 ADD 指令将两个寄存器的内容相加结果放到第三个寄存器中。第一个字段 OPERATION GROUP 是所属组，用来说明指令所属的大类是什么，例如可以是整数 ALU 操作等。下一个字段 OPERATION TYPE 给出了需要的特殊操作，例如，是 ADD 还是 SUB 等。接下来是三个寄存器字段。最后 PREDICATE REGISTER，说明从略。

指令束模板实质上给出的是指令束需要哪些功能单元以及指令组边界出现的位置。主要的功能单元是整数 ALU、非 ALU 整数指令、内存操作、浮点操作、分支等。当然，6 个单元和 3 条指令完全正交的话需要 216 种组合，再加上 216 种组合来指示追随指令 0 的指令组，216 种组合来指示追随指令 1 的指令组，216 种组合来指示追随指令 2 的指令组。可用的模板只有 5 位，可见只有有限的几种组合是允许的。另外一方面，一束里面如果是 3 条浮点指令的话将不会起作用，即使有办法定义也不会起作用，因为 CPU 不能同时初始化 3 条浮点数指令。允许的组合只能是真正切实可行的。

5.8.5　减少条件转移：判定

IA-64 的另一个重要的特性是它处理条件转移的方式。如果有办法去掉大部分的条件转移，CPU 将会更简单而且更快。乍一听这种想法似乎是不可能的，因为程序中充满了 if 语句。但是，IA-64 使用了一种称为**判定**（predication）的技术，使用这种技术可以极大地减少条件转移的数量（August et 等人，1998；Hwu，1998）。下面我们简要地说明判定的原理。

在传统体系结构中，所有的指令在某种程度上说都是无条件的，当 CPU 命中一条指令时，它只是执行而已。在 CPU 内部并没有采用打赌的形式："执行它还是不执行它呢？"相反，在预测体系结构中，包含条件（断言）的指令会说明它们何时应该被执行何时又不该被执行。从无条件指令范式到判定指令范式的转换使我们可以去掉（许多）条件转移指令。我们可以不用在一串无条件指令和另一串无条件指令之间做出选择，所有的指令都被合并成单一系列的判定指令，对于不同的指令使用不同的判定。

为了搞清楚判定是如何工作的，我们从图 5-48 的简单例子开始，这个例子显示了**条件执行**（conditional execution）的工作过程，这是判定技术的前身。在图 5-48a 中我们看到了一条 if 语句。在图 5-48b 中这条 if 语句被翻译成 3 条指令：一条比较指令、一条条件转移指令和一条数据移动指令。

a）一条 if 语句　　　b）语句 a）的一般性的汇编语言　　　c）条件指令

图　5-48

在图 5-48c 中我们使用一条新的条件数据移动指令 CMOVZ 来去掉条件转移指令。CMOVZ 指令的工作是检查第三个寄存器，R1 是否是 0，如果是，则把 R3 拷贝到 R2。如果不是 0，则什么也不做。

一旦我们有了当某个寄存器为 0 时拷贝数据的指令，那么再前进一小步就得到了当某个寄存器不为 0 时拷贝数据的指令 CMOVN。当我们拥有这些指令后，就可以用我们自己的方式来执行完整的条件了。假定一条 if 语句在 then 部分有几条赋值语句，在 else 部分也有几条赋值语句。那么整个语句可以翻译成这样的代码：当条件为假时把某个寄存器赋值为 0，当条件为真时把它赋值为非 0。寄存器赋值之后，then 部分的赋值语句可以编译成一系列的 CMOVN 指令，else 部分的赋值语句可以编译成一系列的 CMOVZ 指令。

所有这些指令、寄存器赋值、CMOVN 和 CMOVZ 都是来自没有条件转移的单一基本程序块。这些指令可以被重新排序，或者由编译器来做（包括提升测试之前的赋值语句），或者在执行时做。唯一的问题是当得知条件时条件指令不得不重新执行（靠近流水线的末端）。一个有 then 部分和 else 部分的简单例子如图 5-49 所示。

| if (R1 == 0) {
    R2 = R3;
    R4 = R5;
} else {
    R6 = R7;
    R8 = R9;
} | CMP R1,0
BNE L1
MOV R2,R3
MOV R4.R5
BR L2
L1: MOV R6,R7
MOV R8,R9
L2: | CMOVZ R2,R3,R1
CMOVZ R4,R5,R1
CMOVN R6,R7,R1
CMOVN R8,R9,R1 |
| a）if语句 | b）针对a）所示语句的一般性的汇编语言 | c）条件执行 |

图　5-49

尽管在图 5-49 中我们使用了非常简单的条件指令（实际上，这些指令取自 IA-32 指令集），在 IA-64 中所有的指令都是判定的。这意味着执行每条指令时都可以带条件。前面提到的额外的 6 位字段正是用于选择 64 个 1 位的判定寄存器。这样 if 语句可以编译成这样的代码：当条件为真时判定寄存器赋值为 1，否则赋值为 0。同时，也是自动的，它将另一个判定寄存器赋值为相反的值。使用判定后，then 和 else 形式的语句将被合并成单一的指令流，前者使用判定寄存器，后者使用它的相反值。当控制传递到该指令，只有一组指令将会被执行。

虽然简单，图 5-50 的例子还是能够说明如何使用判定删除分支的基本思想。CMPEQ 指令比较两个寄存器，如果相等把判定寄存器 P4 赋值为 1，如果不等则赋值为 0。它也会把与它相伴的寄存器，比如 P5，设置成相反的值。现在 if 和 then 部分的指令可以按顺序一条接一条的放置，每条指令的条件放在判定寄存器中（在图中的括号中）。在这里可以放任意的代码，只要每条指令都被正确地判定。

| if (R1 == R2)
    R3 = R4 + R5;
else
    R6 = R4 − R5; | CMP R1,R2
BNE L1
MOV R3,R4
ADD R3,R5
BR L2
L1: MOV R6,R4
SUB R6,R5
L2: | CMPEQ R1,R2,P4
<P4> ADD R3,R4,R5
<P5> SUB R6,R4,R5 |
| a）一条if语句 | b）针对a）所示语句的一般性的汇编语言 | c）判定执行 |

图　5-50

在 IA-64 中，这种思想被发挥到了极致，不仅比较指令设置判定寄存器，算术指令和其他依赖于某个判定寄存器的指令也设置判定寄存器。判定指令可以以正常的顺序进入流水线，不需要延时也没有任何问题。这就是为什么它们是如此有用的原因。

在 IA-64 中判定的实际执行过程是每条指令都被执行。在流水线的末端，当某条指令到达退出流水线的时刻时，会检查判定是否为真。如果为真，指令将正常地退出，它的结果被写入目的寄存器。如果断言为假，就不执行任何写入操作，所以这条指令没有任何效果。有关判定的进一步讨论参见 Dulong（1998）。

5.8.6　推测加载

IA-64 采用的另一种加速执行的措施是推测加载。如果推测加载与实际的流程不符，并不会产生异常，而只是停止执行该指令，并把和加载的寄存器相关的一位设置为 1 来表示寄存器的内容无效。这就是第 4 章中介绍的失效位。如果后面用到了该失效寄存器就会产生异常，否则什么也不会发生。

编译器可以使用推测的方法来提前执行 LOAD 操作。由于开始得早，在需要结果之前结果就已经到位了。编译器在需要使用已经加载的寄存器的位置上插入 CHECK 指令。如果需要的值已经存在，CHECK 指令就像 NOP 指令一样什么也不做，程序继续执行。如果需要的值还不存在，下一条指令将被延迟。如果异常发生并且失效位被设置，待定的异常就会在这个时间点发生。

概括地说，实现 IA-64 体系结构的计算机能提高速度的原因主要有这样几个方面。首先，IA-64 的核心是一个先进的基于流水线、加载 / 存储结构并使用三地址的 RISC 引擎。这与复杂的 IA-32 体系结构相比已经是一个巨大的进步了。

另外，IA-64 的显式并行计算模型可以利用编译器来判断指令是否能够无冲突地同时执行，不会冲突的指令将被合成为指令束。使用这种方式，CPU 可以自由地调度指令束而不需要进行判断。将负担从运行时转移到编译时总是一个进步。

而且，判定技术可以把 if 语句的两个分支合并成一个单一的指令流，这样就避免了条件跳转而直接判定指令将会沿哪条路径执行。最后一点，推测加载技术可以预先取出操作数，即使该操作数完全用不着也不会对性能产生任何负面影响。

综上所述，Itanium 作为一个令人印象深刻的设计，似乎能更好地服务于架构师和用户。所以，你的计算机上是否运行着一个 Itanium 处理器呢？我们的计算机上呢？或者你知道其他人的计算机上有运行吗？回答是：没有，没有和（很有可能）没有。Itanium 面世已经超过 10 年了，礼貌点说，采纳它的人寥寥无几。但 Intel 依然生产基于 Itanium 的系统，尽管它们只供应高端的服务器。

现在，让我们回到推动 IA-64 面世的初衷。Itanium 是为了解决 IA-32 体系结构的很多缺陷而设计的。考虑到 Itanium 并未被广泛地采纳，那么 Intel 是如何处理这些缺陷的呢？如我们将在第 8 章看到的，让 IA-32 系列保持前进的动力不是重组 ISA，而是通过片上多处理器技术实现并行计算。关于 Itanium 2 及其微体系结构的更多信息可以参考 MCNairy 和 Soltis（2003）以及 Rusu 等（2004）的相关文献。

429

5.9 小结

大多数人把指令系统层认为是"机器语言"。而在 CISC 计算机中，它主要是在更低的微指令一层上建立的。该层次的计算机是由面向字节或者面向字的数十兆字节大小的内存和像 MOVE、ADD 和 BEQ 这样的指令组成。

大多数现代计算机的内存是由一系列的字节组成的，每 4 个或者 8 个字节组成一个字。通常有 8 ~ 32 个可用的寄存器，每个寄存器保存一个字。在某些计算机中（例如，Core i7），引用内存字不需要按照内存中的自然边界对齐，而在另一些计算机中（如 OMAP4430 ARM）则必须对齐。即使内存字不需要对齐，但如果它们这么做了，对机器的性能也是有提高的。

指令通常有一个、两个或者三个操作数，寻址方式包括立即寻址方式、直接寻址方式、寄存器寻址方式、变址寻址方式和其他一些寻址方式。某些计算机还有大量的复杂的寻址模式。在大多数情况下，编译器并不能高效地使用它们，所以它们就没被用。指令通常用于转移数据，执行一元或者二元运算，包括算术或逻辑运算、跳转、过程调用和循环，有时候还包括 I/O。典型的指令包括把一个字从内存移到寄存器中（或者相反），加、减、乘或者除两个寄存器或者一个寄存器和一个内存字，或者比较寄存器和内存中的两个字。一台计算机指令系统的指令条数超过 200 条是很常见的，CISC 机器甚至还有更多的指令。

可以通过使用各种原语来实现第 2 级的控制流，这些原语包括跳转、过程调用、协同过程调用、陷阱和中断。跳转用于中止一个指令序列并开始一个新的指令序列。过程是一种抽象机制，它允许把一部分程序独立出来作为一个单元，这个单元可以在多个地方被调用。利用过程所实现的抽象是现代编程技术的基础。协同过程允许两个线程同步执行。陷阱用于通知例外情况，比如算术运算溢出。中断允许 I/O 和主计算过程同步执行，当 I/O 完成之后 CPU 可以得到一个信号。

我们讨论了汉诺塔问题，这是一个有趣的小问题，它可以使用递归算法漂亮地求解。现在人们也已经找到了迭代的方法来解决这个问题，但它们实现起来比我们所学的递归方法更加复杂，且不够优雅。

最后，使用 EPIC 计算模式的 IA-64 体系结构使我们可以很容易地开发程序的并行性。它还使用了指令组、判定和推测加载技术来加快速度。总而言之，相对于 Core i7 而言，这是一个显著的进步，但是为了充分发挥其能力需要编写能进行并行优化的编译器，这是一个相当沉重的负担。但是将工作放在编译时候做总比留到运行时才做好。

430

习题

1. 小端派 32 位计算机中的一个字具有数值值 3。如果把它逐个字节转换为大端派计算机的字并存储，字节 0 还在字节 0，依此类推。那么这个字在大端派 32 位计算机中的数值值是多少？

2. 从前有很多计算机和操作系统都使用过分离指令空间和数据空间的策略，使用 k 位地址的话，可以允许最多 2^k 大小的程序地址和数据地址。例如 $k=32$ 时，一个程序可以访问 4GB 的指令和同样大小的数据，因此总共的地址空间是 8GB。在这种策略下，程序重写它本身是不可能的，请问操作系统如何将程序载入内存呢？

3. 设计一种扩展操作码，使下面的所有指令都可以用 32 位进行编码：
   15 条带两个 12 位地址和一个 4 位寄存器编号的指令；
   650 条带一个 12 位地址和一个 4 位寄存器编号的指令；
   80 条无地址无寄存器的指令。

4. 某种计算机使用 16 位的指令和 6 位地址。某些指令使用一个地址而另一些使用双地址。如果两地址指令有 n 条，那么单地址指令最多可以有多少条？

5. 有可能设计出一种 12 位长的指令格式对下列指令进行编码吗？其中每个寄存器需要 3 位编码。
   4 条 3 寄存器指令；
   255 条单寄存器指令；
   16 条 0 寄存器指令。

6. 某个内存的存储情况如下所示：
   第 20 个字是 40；
   第 30 个字是 50；

第 40 个字是 60；

第 50 个字是 70。

使用该内存的单地址计算机带有一个累加器。那么在执行下面的指令时什么值将被调入累加器？

a. LOAD IMMEDIATE 20
b. LOAD DIRECT 20
c. LOAD INDIRECT 20
d. LOAD IMMEDIATE 30
e. LOAD DIRECT 30
f. LOAD INDIRECT 30

7. 通过编程计算

$$X = (A + B \times C) / (D - E \times F)$$

来比较 0 地址、1 地址、2 地址和 3 地址计算机。各种计算机可用的指令如下：

431

0地址	1地址	2地址		3地址	
PUSH M	LOAD M	MOV	(X = Y)	MOV	(X = Y)
POP M	STORE M	ADD	(X = X+Y)	ADD	(X = Y+Z)
ADD	ADD M	SUB	(X = X−Y)	SUB	(X = Y−Z)
SUB	SUB M	MUL	(X = X*Y)	MUL	(X = Y*Z)
MUL	MUL M	DIV	(X = X/Y)	DIV	(X = Y/Z)
DIV	DIV M				

M 是 16 位内存地址，X、Y 和 Z 或者是 16 位地址或者是 4 位的寄存器。0 地址计算机使用栈，1 地址计算机使用一个累加器，其他两种计算机带有 16 个寄存器，它们的指令可以对内存地址和寄存器的所有组合进行处理。SUB X,Y 表示从 X 中减去 Y 而 SUB X,Y,Z 表示从 Y 中减去 Z 并把结果放在 X 中。假定操作码是 8 位而指令长度是 4 的倍数，这些计算机计算 X 各需要多少位？

8. 请设计一种寻址方式，可以使用一个 6 位的字段从一个大的地址空间中定义任意的 64 个地址，不需要连续。

9. 请给出一个可以修改自身的代码的缺点，注意，必须是本书中没有提到的。

10. 请将下面的中缀式转换成逆波兰式。

a. A+B+C+D−E
b. (A−B)×(C+D)+E
c. (A×B)+(C×D)−E
d. (A−B)×(((C−D×E)/F)/G)×H

11. 下面每组的逆波兰表达式在数学上是等价的吗？

A B+C+ 和 A B C++
A B−C− 和 A B C−−
A B×C+ 和 A B C+×

12. 请将下面的逆波兰式转换成中缀式。

a. A B−C+D×
b. A B/C D/+
c. A B C D E+××/
d. A B C D E×F/+G−H/×+

13. 请写出三个不能转换成中缀式的逆波兰式。

14. 将下面的中缀逻辑式转换成逆波兰式。

a. (A AND B) OR C
b. (A OR B) AND (A OR C)
c. (A AND B) OR (C AND D)

15. 将下面的中缀式转换成逆波兰式并生成 IJVM 代码来进行评价。

    $(5 \times 2 + 7) - (4 / 2 + 1)$

16. 指令格式如图 5-24 所示的计算机中有多少个可用寄存器?

17. 在图 5-24 中,第 23 位被用来区分指令格式 1 和指令格式 2。但没有提供用于区分指令格式 3 的位。那么硬件是如何知道当前使用的是指令格式 3 呢?

18. 在编程中经常需要决定和 AB 之间的间隔相关的变量 X 的位置。如果可以使用带三个操作数 A、B 和 X 的三地址指令,那么根据这条指令可以设置多少个条件位?

19. 指出使用 PC 相关寻址的一个好处和一个缺点。

20. 在 Core i7 中,有一个条件码位用于记录算术运算后第 3 位向上一位的进位。这样做的好处是什么?

21. 你的一个朋友在凌晨 3 点的时候突然冲入你的房间,上气不接下气地告诉你他(她)的天才的新思想:每条指令带两个操作码。你是把你的朋友送到专利办公室还是把他(她)赶回设计桌前?

22. 下列形式的测试在编程中是很常见的:

    if (k == 0) ...
    if (a > b) ...
    if (k < 5) ...

    设计一条可以高效率地执行这种测试的指令。在你的指令中都有哪些字段?

23. 写出对 16 位二进制数 1001 0101 1100 0011 分别执行下列移位操作后的结果:

    a. 右移 4 位,左面填充 0。

    b. 右移 4 位,符号扩展。

    c. 左移 4 位。

    d. 循环左移 4 位。

    e. 循环右移 4 位。

24. 不使用 CLR 指令你能清除一个内存字吗?

25. 对如下的 ABC 值执行逻辑表达式(A AND B)OR C。

    A = 1101 0000 1010 0011
    B = 1111 1111 0000 1111
    C = 0000 0000 0010 0000

26. 设计一种不使用第三个变量和寄存器而能够交换两个变量 A 和 B 的值的方法。提示:想一想 EXCLUSIVE OR 指令。

27. 在某种计算机中,可以把一个数从一个寄存器拷贝到另一个寄存器,把它们左移若干位,再把结果相加,花费的总时间要小于乘法操作的时间。在什么条件下该指令序列可以用于计算"常量 × 变量"呢?

28. 不同的计算机有不同的指令密度(执行某种特定计算需要的字节数)。将下面的 Java 语句逐条翻译成 Core i7 汇编语言和 IJVM 汇编语言。然后计算每个表达式在每种计算机中需要的字节数。假定 i 和 j 是内存中的局部变量,其他的条件都假定为理想情况。

    a. i = 3;

    b. i = j;

    c. i = j − 1;

29. 在本章中讨论的循环指令是处理 for 循环的。设计一条处理 while 循环的指令。

30. 假定汉诺的僧侣每分钟可以移动一个盘子(他们并不急于完成工作因为在汉诺对于那些有

这种特殊技能的人来说就业机会是有限的）。那么解决 64 个盘子的问题需要多长时间？请用年为单位来表示你的结果。

31. 为什么 I/O 设备把中断向量放在总线上？可以把此信息保存在内存中的一张表中吗？

32. 一台计算机使用 DMA 从磁盘读取数据。该磁盘每个磁道有 64 个 512 字节的扇区。磁盘的旋转周期是 16 毫秒。总线宽度为 16 位，每次总线传输需要 500ns。每条 CPU 指令平均需要两个总线周期。那么由于 DMA，CPU 将会慢多少？

33. 图 5-32 描述的 DMA 传输需要两条传输总线来在内存和 I/O 设备之间传输数据。如果使用图 5-35 所示的总线体系结构的话，DMA 的性能能够提高多少？

34. 为什么中断处理程序有优先级而一般的程序没有优先级？

35. IA-64 体系结构包括大量的寄存器（64 个），这一特点很不寻常。它们中的大部分是否用于预测？如果是，怎么用？如果不是，那么为什么有这么多寄存器？

36. 本章讨论了推测 LOAD 指令。但没有提到推测 STORE 指令。为什么没有？是因为它们和推测 LOAD 指令相同还是别的原因？讨论一下。

37. 当两个局域网相连的时候，在两者之间和两者都相连的那台计算机称为桥接器（bridge）。在这两个网络中每传送一个包都会在桥接器上产生一次中断，用来判定该包是否应该向前发送。假定每个包产生的中断需要花 250 微秒进行处理并检测该包，而如果需要将该包向前传输，将由 DMA 硬件直接处理而不需要 CPU。如果所有包的大小都是 1KB，那么在这两个网络中使桥接器不丢包的最大数据传输率是多少？

38. 在图 5-40 中，帧指针指向第一个局部变量。为了从过程返回，程序需要什么信息？

39. 写一段汇编语言程序把带符号二进制整数转换成 ASCII。

40. 写一段汇编语言程序把中缀表达式转换成逆波兰式。

434

41. 汉诺塔并不是计算机科学家喜爱的唯一的递归程序。另一个深受喜爱的是 $n!$，$n!=n(n-1)!$，起始条件是 $0!=1$。用你熟悉的汇编语言写出计算 $n!$ 的程序。

42. 如果你不相信在某些情况下递归是必不可少的，请试一试在不使用递归也不使用栈模拟递归的条件下编写汉诺塔程序。但是我要警告你，你可能永远也找不到答案。

435
≀
436

操作系统层

本书的主要思想是现代计算机是由一系列的层次组成的，每层都在下层的基础上增加功能。到目前为止我们已经研究了数字逻辑层、微体系结构层和指令系统层。现在我们把目光投向再上面的一层，进入操作系统的世界。

从程序员的观点来看，**操作系统**（operating system）是一个在指令系统层提供的指令和特性之上又增加了新指令和特性的程序。一般来说，操作系统是由软件实现的，但是从理论上说，操作系统也可以用硬件实现，这一点和通常的微程序一样（如果使用微程序）。为了简短起见，我们把该层称为**操作系统机器**（Operating System Machine，OSM）层为（为叙述方便，下面简称操作系统层），如图 6-1 所示。

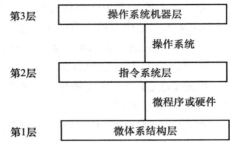

图 6-1　操作系统层的位置

尽管操作系统层和指令系统层都是抽象的层次（从某种意义上说，它们都不是真正的硬件层次），但它们之间仍然具有重要的区别。操作系统层指令集是应用程序员可用的全指令集。它包括几乎所有的指令系统层指令和操作系统层增加的新指令。这些新指令称为**系统调用**（system call）。一个系统调用使用一条指令调用一个预先定义好的操作系统服务，实际上它也就是一条指令。一个典型的系统调用是从一个文件中读取数据。

操作系统层总是解释执行的。当一个用户程序执行一条操作系统层指令时，比如说从一个文件中读取数据，操作系统将一步一步地执行这条指令，就像微程序一步一步地执行一条 ADD 指令一样。但是，当程序执行到一条指令系统层指令时，微体系结构层会直接执行这条指令，不需要操作系统的任何帮助。

在本书中，我们只能对操作系统做最简单的介绍。我们将集中讨论三个重要的方面。首先是虚拟内存，许多操作系统都提供这种技术，使用这种技术可以使计算机的内存看起来比实际内存大。其次是文件 I/O，这比我们在上一章中研究的 I/O 指令要高一个层次。最后一个方面是并行处理——多个进程如何执行，相互之间如何通信，如何保持同步。进程是一个很重要的概念，在本章后面将对它进行详细描述。在这里，我们可以暂时把进程理解成一个运行程序和它的全部的状态信息（内存、寄存器、程序计数器、I/O 状态等）。在讨论基本原理之后，我们将看一看这些原理是如何应用到我们的两种范例计算机——Core i7（运行 Windows 7）和 OMAP4430 ARM CPU（运行 Linux）的操作系统之中的。由于 ATmega 168 微控制器通常用于嵌入式系统，因而它没有一个完整的操作系统。

6.1　虚拟内存

早期计算机的内存又小又贵。20 世纪 50 年代后期的最主要的用于科学计算的计算机 IBM 650，内存大小只有 2000 个字。为计算机编写的第一个 ALGOL 60 编译器只使用了 1024 个内存字。在 PDP-1 上运行得很出色的一个早期的分时系统只为操作系统和用户程序提供了

18 位字长，总共 4096 个字的内存。当时的程序员要花费大量的时间把程序塞入小得可怜的内存中。经常需要使用比最优算法慢很多的算法，只是因为好的算法通常比较大——也就是说，计算机的内存放不下使用好算法的程序。

438

解决这一问题的传统方案是使用辅助存储器，比如磁盘。程序员把程序分成许多片断，称为**覆盖段**（overlay），每个覆盖段都能装入内存。为了运行程序，第一个覆盖段被装入内存然后运行一会。当它运行结束时，读入下一个覆盖段然后调用它，依此类推。程序员负责把程序划分成覆盖段，决定每个覆盖段保存在二级存储器的什么位置上，安排覆盖段在主存和二级存储器之间的调度。一般来说，计算机对整个覆盖过程的管理不提供任何帮助。

尽管广泛使用了许多年，但这项技术还是包括了许多和覆盖段管理相关的工作。1961 年，英国曼彻斯特的一组研究人员提出了一种自动执行覆盖过程的方法，程序员甚至不用知道到底发生了什么（Fotheringham，1961）。这种现在称为**虚拟内存**（virtual memory）的方法的优越性是显而易见的，它把程序员从大量烦琐的管理工作中解放出来。在 20 世纪 60 年代中期，它首先用在一些和计算机系统设计研究课题密切相关的计算机中。到了 20 世纪 70 年代早期，大多数计算机都实现了虚拟内存。而现在，即使是单片计算机，包括 Core i7 和 OMAP4430 ARM CPU 都使用了非常复杂的虚拟内存系统。在本章的后面我们将会详细讨论它们。

6.1.1　内存分页

曼彻斯特研究组提出的思想是把地址空间的概念和内存区域的概念分开。作为例子，让我们考虑当时的一种典型的计算机，它的指令有 16 位的地址域，内存大小为 4096 个字。该计算机中程序可以寻址 65 536 个内存字。原因是一共存在 65 536（2 的 16 次方）个 16 位地址，每个都对应于不同的内存字。请注意，可寻址字的数量只依赖于地址的位数而和实际可用的内存字的数量无关。这台计算机的**地址空间**（address space）由 0、1、2、…、65 535 组成，这是所有可用地址的集合。但是该计算机的实际内存可以比 65 535 少得多。

在虚拟内存提出之前，使用该计算机的人们会在低于 4096 的地址和等于或大于 4096 的地址之间划一条界线。这两部分分别称为可用地址空间和无用地址空间（大于 4095 的地址是无用的，因为它们不对应任何实际内存地址）。人们并不在地址空间和内存空间之间划分界限，因为硬件迫使它们之间具有一对一的关系。

将地址空间和内存空间相分离的思想是这样的。在任何时候，都只有 4096 个内存字可以被直接访问，但是它们并不需要对应于内存地址 0 ~ 4095。比如说，我们可以"告诉"计算机，从此以后，无论何时访问地址 4096 时，都使用地址为 0 的内存字。无论何时访问地址 4097 时，都使用地址为 1 的内存字；无论何时访问地址 8091 时，都使用内存地址 4095，等等。换句话说，我们可以在地址空间和实际内存地址之间定义一个映射，如图 6-2 所示。

439

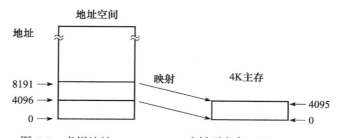

图 6-2　虚拟地址 4096 ~ 8191 映射到内存地址 0 ~ 4095

按照这张从地址空间到实际内存空间的映射图，没有虚拟内存的 4KB 内存的计算机只具有地址 0 ~ 4095 这 4096 个地址和 4096 个内存字之间的固定映射。一个有趣的问题是："当程序跳转到 8192 和 12 287 之间的地址时会发生什么？"在没有虚拟内存的计算机中，程序会产生一个错误陷阱并打印一条合适的错误信息，比如"使用了不存在的地址"然后终止程序执行。而在有虚拟内存的计算机上，将会依次执行下面的动作：

1）将内存的内容保存到磁盘上。

①在磁盘上找到字 8192 ~ 12 287。

②将字 8192 ~ 12 287 之间的所有内容调入内存。

③地址映射将发生变化，把地址 8192 ~ 12 287 映射到内存地址 0 ~ 4095。

④程序继续执行就好像什么事也没发生过。

这种自动覆盖技术称为**分页**（paging），程序从磁盘上读取的数据块称为**页**（page）。

从地址空间到实际物理地址的映射还可以采用一种更复杂的方式。强调一下，我们把程序使用的地址空间称为**虚拟地址空间**（virtual address space），而实际的物理内存地址称为**物理地址空间**（physical address space）。一个**内存映射**（memory map）或者称为**页表**（page table）用于在虚拟地址和物理地址之间建立联系。我们假定磁盘上有足够的空间保存整个虚拟地址空间（至少能保存用到的部分）。

编写程序时就好像内存有整个虚拟地址空间那么大，虽然实际上可能不是这样。程序可以存取虚拟地址空间之内的任何字，还可以跳转到位于虚拟地址空间之内的任何位置的指令去执行，而不用考虑实际的物理内存的大小。实际上，程序员编写程序时根本觉察不到虚拟内存的存在。计算机看起来就好像有一个很大的内存。

这一点很关键，它和后面将要提到的分段机制形成了鲜明的对照，在分段机制中，程序员必须注意段的存在。再强调一次，内存分页可以让程序员产生错觉：我有一个和虚拟地址空间一样大的连续的、线性的内存。实际上可用的内存可以小于（或者大于）虚拟地址空间。程序觉察不出这个大的内存是使用页方式模拟出来的（除非运行时间测试程序）。无论何时引用一个地址，都会得到位于该地址的正确的指令或者数据。由于程序员编程时就好像页不存在，因此这种分页机制是**透明的**（transparent）。

其实这种程序员可以使用某些并不存在的特性而不用考虑它的工作方式的思想对我们来说并不陌生。指令系统层指令集通常包括 MUL 指令，即使底层的微体系结构层没有硬件乘法器件。计算机可以做乘法完全是由微码支持的。类似地，操作系统提供的虚拟机也可以使我们产生这样的印象，实际内存完全支持虚地址，虽然这不是真的。只有操作系统的设计者（还有操作系统课的学生）才知道其内部的实现原理。

6.1.2 内存分页的实现

一块能够保存整个程序和所有数据的磁盘是实现虚拟内存的基本要求。磁盘可以是旋转的硬盘或者是固态盘。尽管本书后面部分为了简便起见都称为硬盘，但要记住其实应该包括固态盘在内。如果我们把磁盘上的程序拷贝看作是初始的源，而把每次调入内存的片段看作是它的拷贝而不是别的什么东西，在概念上就简单多了。很自然，保持原始版本的及时更新是很重要的。当内存中的拷贝发生变化时，原始版本最终也应该同样发生变化。

虚拟地址空间被分成许多大小相等的页。现代计算机的页大小从 512 字节到 64KB 不等，有时候还会用 4MB 那么大的页。页大小总是 2 的幂，例如每页大小为 2^k，那么所有的地址就

可以用 k 位来表示。物理地址空间同样被分成许多片，每一片都和页一样大，这样内存的每一片都可以装下一页。内存中这些和页一样的片称为**页帧**（page frame）。图 6-2 中的内存只包括一个页帧。在实际的设计中，内存通常包括数千个页帧。

图 6-3a 是把虚拟地址空间的前 64KB 分成 4KB 大小的页的一种可行的方法。（注意，我们这里讨论的地址是 64KB 和 4KB，地址可以是字节，也可以是字，只要连续的字有连续的地址就可以了）。图 6-3 中的虚拟内存可以用一张页表实现，页表中表项的数量等于虚拟地址空间中页的数量。为了把问题简化，在这里我们只列出了前 16 个表项。当程序想引用位于虚拟地址空间前 64KB 的一个字时，不论是取指令、取数据还是存数据，它都要首先生成一个 0 ～ 65 532（假定字地址必须能被 4 整除）之间的虚拟地址。变址寻址、间接寻址和所有其他的常见技术都可以用于生成这一虚拟地址。

页号	虚拟地址
≈	≈
15	61 440 ~ 65 535
14	57 344 ~ 61 439
13	53 248 ~ 57 343
12	49 152 ~ 53 247
11	45 056 ~ 49 151
10	40 960 ~ 45 055
9	36 864 ~ 40 959
8	32 768 ~ 36 863
7	28 672 ~ 32 767
6	24 576 ~ 28 671
5	20 480 ~ 24 575
4	16 384 ~ 20 479
3	12 288 ~ 16 383
2	8192 ~ 12 287
1	4096 ~ 8191
0	0 ~ 4095

页帧	主存底部的32K 物理内存
7	28 672 ~ 32 767
6	24 576 ~ 28 671
5	20 480 ~ 24 575
4	16 384 ~ 20 479
3	12 288 ~ 16 383
2	8192 ~ 12 287
1	4096 ~ 8191
0	0 ~ 4095

a）虚拟地址空间的前64KB划分成16个4KB大小的页　　b）32KB的内存分成8张4KB大小的页

图　6-3

图 6-3b 是由 8 个 4KB 大小的页帧组成的物理地址。这个内存被限制在 32KB 以内是因为（1）这就是该计算机的全部内存（一台洗衣机或者微波炉中的处理器可能不需要更多的内存了）或者（2）其他的内存分配给了其他的程序。

现在考虑如何把 32 位的虚拟地址映射成物理内存地址。别忘了，内存能够理解的唯一的地址就是内存地址，因此在访问内存时必须给出内存物理地址。每一台使用虚拟内存的计算机都有一个完成虚拟地址到物理地址映射的部件。此部件称为**内存管理单元**（Memory Management Unit，MMU）。它可以位于 CPU 芯片内部，也可以是一块和 CPU 协同工作的单独的芯片。由于我们作为例子的内存管理单元需要把 32 位的虚拟地址映射成 15 位的物理地址，因此它需要 32 位的输入寄存器和 15 位的输出寄存器。

为了搞清楚内存管理单元（MMU）是如何工作的，让我们看图 6-4 中的例子。当内存管理单元使用 32 位虚拟地址时，它把地址分为 20 位的虚拟页号和 12 位的页内偏移量（因为在我们的例子中，页的大小是 4K）。使用虚页号作为索引到页表中寻找要使用的页。在图 6-4 中，虚页号是 3，因此页表中的第 3 项被选中，如图 6-4 所示。

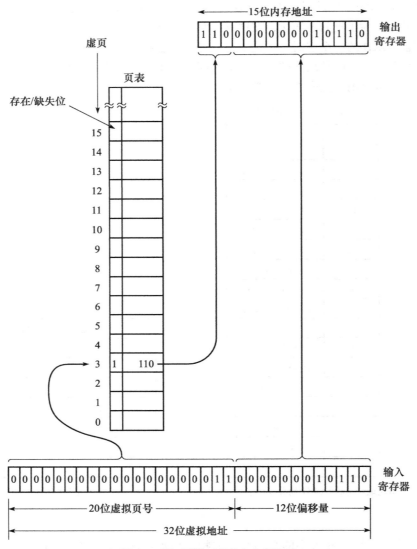

图 6-4　从虚拟地址形成内存地址

内存管理单元获得页表项后做的第一件事情是检查该页是否在内存中。毕竟，虚页有 2^{20} 个而页帧只有 8 个，不可能所有的虚页都在内存中。内存管理单元通过检查页表项中的**存在 / 缺失位**（present/absent bit）来判断该页是否在内存中。在我们的例子中，该位是 1，这意味着该页当前正在内存中。

下一步是从表项中获得页帧的值（在该例子中是 6）并把它拷贝到 15 位的输出寄存器的最高三位中。由于物理内存中有 8 个页帧，因此需要 3 位来表示。在执行此操作的同时，低

12 位虚拟地址（页内偏移地址）也被拷贝到输出寄存器的低 12 位中，如图 6-4 所示。现在可 442
以把这 15 地址送到 cache 或者内存中去进行查找了。

　　图 6-5 是虚页和物理页帧之间的一种可能的映射关系。虚页 0 位于页帧 1，虚页 1 位于页
帧 0，虚页 2 不在内存中，虚页 3 位于页帧 2，虚页 4 不在内存中，虚页 5 位于页帧 6 等等。

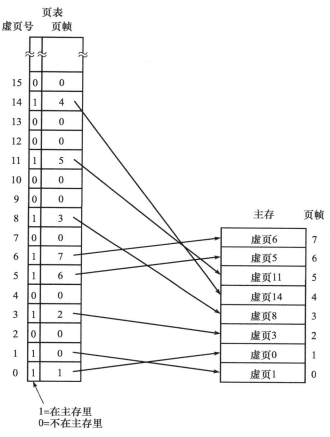

图 6-5　把前 16 个虚页映射到只有 8 个页帧的内存的一种可能的方式

6.1.3　请求调页和工作集模型

　　在前面的讨论中，我们假定要访问的虚页在内存中。然而，这样的假定并不一定成立，
因为内存没有足够的空间保存所有的虚页。当需要访问的地址所在的页不在内存中时，就会 443
发生**缺页**（page fault）。发生缺页后，操作系统需要从磁盘上读取需要的页，放入页表中对应
的新的物理内存位置，并重新执行导致缺页的指令。

　　在使用虚拟内存的计算机上运行程序时有可能发生程序的任何一部分都不在内存的情况。
页表中只标识出每一个虚页都位于辅助存储器上而不在内存中。当 CPU 试图取第一条指令
时，会立即产生缺页，缺页后的操作把包括第一条指令的页调入内存并写入页表。然后就可
以执行第一条指令了。如果第一条指令有两个地址，而这两个地址来自不同的页，也就是说
它们的指令页不同，这会产生两个或者更多的缺页，在最终执行指令之前将把两个或者更多
的页调入内存。同样，下一条指令也可能产生缺页，执行的操作与此类似。

这种管理虚拟内存的方法称为**请求调页**（demand paging），它类似于我们大家都知道的婴儿请求喂奶算法：当婴儿哭时，你就给它喂奶（当然如果你有一个精确的喂奶时间表，你可以不理会它）。在请求调页方式中，只有当实际需要一个页时，此页才会被调入内存，而不会预先把它调入内存。

只有程序初次执行时才会发生请求调页。一旦程序运行了一会之后，需要的页就已经被调入到内存中了。如果计算机是分时使用的，进程每运行 100 毫秒左右就切换一次，那么每个程序在它的运行过程中都会重新启动好多次。由于每个程序都有一张内存映射表，当程序切换时它同样也会发生变化，例如，在一个分时系统中，这种重复执行是一个严重的问题。

根据观察，我们发现大多数的程序并不是均匀地访问它们的地址空间而是趋向于集中使用一小部分页。这个概念就称作**局部性原理**（locality principle）。一次内存访问可以取一条指令，取数据或者存数据。在任何时刻 t，都存在由 k 次最近的内存访问使用的页的集合。Denning（1968）把这一集合称为**工作集**（working set）。

一般来说，工作集的变化速度比较缓慢，因此在程序重新运行时我们就可以对需要用到的页做合理的猜测，猜测基于程序上次停止时的工作集状况。在程序启动之前可以预先把这些页调入内存（也就是说，假定它们会命中）。

6.1.4 页置换策略

在理想情况下，程序当前正在频繁使用的页的集合称为工作集，在内存中保持工作集中的页可以减少缺页次数。然而，程序员很难知道工作集中的页有哪些，因此操作系统必须动态地找出工作集。当程序引用不在内存中的页时，必须从磁盘上读取需要的页。一般来说，为了给它让出空间，还要把某个其他的页写回磁盘。因此我们需要一个算法来决定把哪个页写回磁盘。

随机地选择删除一个页不是一个好主意。如果碰巧选中了包含缺页指令的页，那么只要试图去取下一条指令就又会发生一次缺页中断。大多数操作系统都试图预测内存中的哪一个页是最少使用的，最少使用的意义是如果把它从内存中移走对正在运行的程序产生的负面影响最小。一种方法是预测每个页的下次访问时间，把下次访问时间最远的页移走。换句话说，不是把一个很快就要用到的页移走，而是选择一个很长时间都不会用到的页。

一种很流行的称为**最近最少使用**（Least Recently Used，LRU）的算法把最近最少使用的页移走因为它们不在工作集中的概率很大。虽然通常情况下 LRU 算法工作得很好，但是当遇到与下面这个例子一样的病态情况时，LRU 算法将会失败。

设想在一台只有 8 页物理内存的计算机上运行一段程序，该程序执行一段跨越 9 个虚存页的大的循环语句。程序获得第 7 页之后的内存情况如图 6-6a 所示。不可避免地，CPU 需要从虚页 8 取指，这将导致缺页。下面需要决定把哪一页移走。LRU 算法将选择虚页 0，因为它是最近最少使用

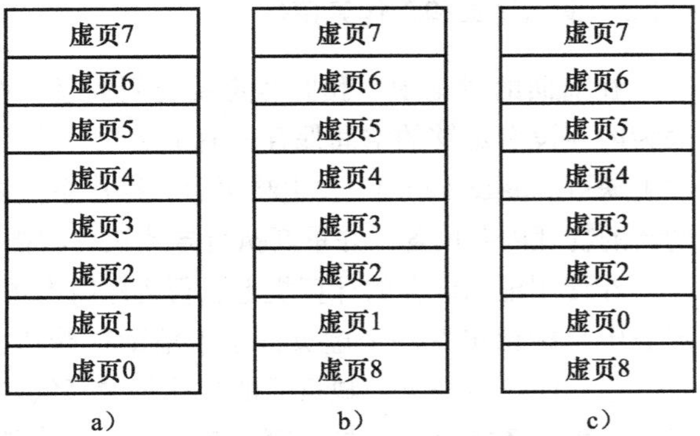

图 6-6　LRU 算法失效的例子

的。这样，虚页 0 被移走而虚页 8 被调入到它的位置，如图 6-6b 所示。

执行完虚页 8 的指令之后，程序将跳转回循环顶部的虚页 0。这会产生另一次缺页。刚刚被移走的虚页 0 又将被重新调入。LRU 算法选择把页 1 调走，如图 6-6c 所示。程序在页 0 上执行一段时间之后，又需要取虚页 1 的指令，又产生缺页。页 1 被再次调入，页 2 将被调出。

现在我们可以很清楚地看出，LRU 算法每次都作出了最差的选择（在类似的条件下其他的算法也会失败）。但是，如果可用的内存大于工作集的大小，那么 LRU 算法具有使缺页次数达到最小的趋势。

另一种页置换算法是**先进先出**（First-In First-Out，FIFO）。FIFO 移走最早调入内存的页，和该页的最近访问时间无关。每个页都有一个相连的计数器。初始化时，每个计数器都被设置为 0。当一个缺页处理之后，当前内存中每一页对应的计数器都加 1，刚被调入的页的计数器则设置为 0。当需要选择页调出时，就选择计数器最大的页。由于计数器值最大，因此该页已经目击了次数最多的缺页。这意味着它是在内存中所有其他页之前调入内存的，因此（希望如此）它不再被使用的可能性很大。

如果工作集大于可用页数，没有一个算法能给出好的结果，缺页会频繁发生。一个频繁而连续产生缺页的程序称为**系统颠簸**（thrashing）。不用说，你肯定不希望在你的系统中发生颠簸。如果一个使用大量虚拟地址空间的程序有一个小的、变化不大的、和可用内存大小相适应的工作集，它带来的麻烦就会小得多。即使在程序的整个生命期中使用的虚拟内存字的数量是物理内存字数量的数百倍也不会有什么问题。

如果一个将要移走的页从它被读入以来就没有被修改过（如果该页包含的是程序而不是数据，那么情况通常是这样），那么就不需要把它写回磁盘，因为磁盘上已经有了一个正确的拷贝。如果被修改过，那么磁盘上的拷贝就不再正确了，该页就必须被重新写回磁盘。

如果有办法知道某页是否从调入以来就没有发生过变化（干净页）或者是否被写过（脏页），就可以避免回写所有的干净页，这样可以节约大量的时间。许多计算机的 MMU 每页都有一位，当页调入时设置为 0，当页被写入时（也就是说，变脏了）由微程序和硬件把它设置为 1。通过检查该位，操作系统就可以知道页是干净的还是脏的，从而可以决定是否回写该页。

6.1.5 页大小和碎片

如果用户程序和数据碰巧能够精确地填满所用的页，那么就不会浪费任何内存空间。但是，如果它们不能精确地填满页，在最后一页上就会有一些无用的空间。举例来说，如果程序和数据需要 26 000 个字节而计算机的页大小是 4096 个字节，那么前 6 页是满的，共有 $6 \times 4096 = 24\,576$ 个字节，最后一页则只有 26 000–24 576=1424 个字节。因为每页可以放 4096 个字节，因此浪费了 2672 个字节。当第 7 页在内存中时，这些字节就将占用内存空间而且不能用于其他目的。这些浪费的字节称为**内部碎片**（internal fragmentation）（因为浪费的空间位于页内部）。

如果页大小是 n 个字节，那么由于内部碎片造成的程序最后一页的空间浪费的平均值是 $n/2$ 个字节，在这种情况下，为了减少浪费，我们应该建议使用小的页。但另一方面，小的页意味着需要更多的页，也就需要更大的页表。如果页表是由硬件管理的，大的页表就需要更多的寄存器来存储，这增加了计算机的造价。另外，当程序启动或者停止时，需要更多的时间来存取寄存器。

此外，小页浪费磁盘带宽。举一个磁盘的例子，该磁盘在数据传送开始之前（寻道＋旋转延时）需要等待 10 毫秒左右，这时大数据量的传送比小数据量的传送效率要高。使用每秒 10MB 的传送速率，传送 8KB 和 1KB 相比只需要多花 0.7 毫秒。

但是，如果工作集是由虚拟地址空间中大量小的、相互分离的区域组成的，小页就有优势了，和大的页相比，小页出现系统颠簸的可能性较小。举例来说，考虑一个 10 000×10 000 的矩阵 A，按照 $A[1, 1]$、$A[2, 1]$、$A[3, 1]$ 的顺序保存，每个元素占 8 个字节。这种纵向排序的保存方式意味着第一行中的元素 $A[1, 1]$、$A[1, 2]$ 之间将相隔 80 000 个字节。一个对该行的所有元素进行运算的程序将使用 10 000 个区域，每个和下一个相隔 79 992 个字节。如果页大小是 8KB，一共需要 80MB 的空间来存储所有用到的页。

反之，如果页大小是 1KB，我们只需要 10MB 的 RAM 就可以保存所有的页。如果可用内存是 32MB，使用 8KB 的页程序就会出现颠簸，而使用 1KB 的页则不会发生颠簸。综合考虑，还是倾向于大的页。实际上，目前最小的页也有 4KB。

6.1.6 分段

上面讨论的虚拟内存是一维的，因为虚拟地址从 0 开始，一个地址接着一个地址直到最大值。在许多问题中，使用两个或者更多个独立的虚拟地址空间可能比只用一个要好得多。举个例子，编译器在编译过程中要用到许多张表，包括：

1）符号表，包括变量名和变量属性。

2）用于打印程序清单的源程序文本。

3）包含所有用到的整数和浮点数常量的表。

4）语法分析树，包含程序的静态分析。

5）编译器内部使用的用于过程调用的栈。

随着编译过程的进行，前 4 张表会不断增大，而最后一张表是不确定的，它既可能增大也可能缩小。在一维的内存中，分配给这 5 张表使用的将是虚拟地址空间中的相邻块，如图 6-7 所示。

想一想如果一个程序使用了非常多的变量会出现什么情况。分配给符号表使用的地址空间块将被充满，即使别的表中还有大量的空间也无济于事。当然，这时编译器可以只是简单地打印一条消息说因为使用了太多的变量导致编译过程不能继续，但是这样做似乎不太合理，因为在其他表中还有一些未用的空间。

另一个可能的解决方案是让编译器扮演罗宾汉的角色，从空间很富余的表中取一些空间给那些没有空间的表。虽然这样做是可以的，但是它类似于让你自己来管理覆盖过程——这是一件最麻烦的事情，非常单调乏味，是最不值得做的一项工作。

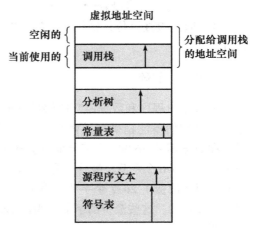

图 6-7　一维地址空间中使用会动态增长的表时，一张表可能会影响另一张表

我们实际需要的是一种能够把程序员从管理表的增大和减小这样的工作中解放出来的方法，就像使用了虚拟内存后我们就不用担心如何组织程序的覆盖了一样。

一个很直观的解决方案是提供多个完全独立的地址空间，我们把它称为**段**（segment）。每个段都是一个从 0 到某个最大值的线性地址序列。段的长度可以是从 0 到允许的最大值之间的任意值。不同的段可以（而且通常）有不同的长度。而且在执行时可以改变段的长度。在任何时候执行入栈操作时我们都可以增大栈段，同样任何时候执行出栈操作时我们都可以减小栈段。

因为每个段都由不同的地址空间组成，因此不同的段可以独立地增大和缩小，相互之间没有任何影响。如果某个段中的栈需要更多的地址空间，它肯定会得到，因为在它的地址空间中没有任何别的东西。当然，段也可能被填满，但是一般来说段非常大，因此这种情况很少出现。为了定义段式内存（或者称为两维内存）的地址，程序必须把地址分成两部分：段号和段内地址。图 6-8 是用于刚才讨论的编译器表的段式内存。

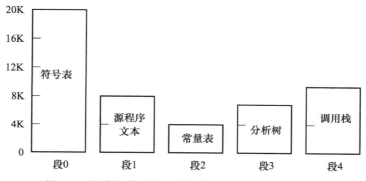

图 6-8 段式内存可以允许每张表独立地增大和减小

要强调的一点是：段是逻辑实体，程序员必须注意这一点，在使用段时把它当作一个单独的逻辑实体。一个段可以包括过程、数组、栈或者一组标号变量，但是一般来说，段不会包括多种不同类型的数据。

段式内存除了可以方便我们管理动态变化的数据结构之外，还有其他的优点。如果每个过程都使用一个单独的段，用 0 地址作为起始地址，那么分别编译的过程的链接就相当简单了。当一个程序的所有过程都编译并链接之后，调用位于段 n 的过程时只要使用两部分地址（n，0）来寻址字 0（入口点）。

如果后来修改并重新编译了位于段 n 的过程，其他的过程并不需要修改（因为它们的起始地址并没有改变），即使新程序比原来的程序大也是如此。在一维内存中，过程之间一个挨一个紧紧地靠在一起，相互之间没有留下任何地址空间。因此，改变一个过程的大小将影响到其他无关过程的起始地址。接下来，为了和改动了的过程的新的起始地址相适应，还需要修改所有调用它们的过程。如果一个程序包括数百个过程，这一处理过程的代价将相当大。

分段还便于在不同的程序之间共享过程或者数据。如果一台计算机有多个程序并行运行（或者是真正地运行，或者是模拟并行进程），则它们都使用某个库函数，如果给每个进程都提供一个库函数的私用拷贝，对内存来说是一种浪费。通过给每个过程分配一个单独的段，它们可以很容易地被共享，这样就不需要在内存中为共享过程放置多个物理拷贝。这样可以节省内存空间。

程序员必须注意每个段都是一个逻辑实体，比如说是一个过程，或者是一个数组，或者

450

是一个，可以给不同的段加以不同的保护。一个过程段可以定义成只允许运行，不允许读或者写。一个浮点数组段可以定义为只能读写不能执行，而且任何跳转到该段的动作都会被捕获。这样的保护常常有助于我们发现编程中的错误。

你应该努力理解为什么把保护机制用于段式内存而不用于一维的（也就是线性的）页式内存。在段式内存中，用户必须关心每段的内容。一般来说，段不会同时包括一个过程和一个栈，但是它可以包括其中的一个。因为每个段都只包括一种类型的对象，我们可以针对这种特定的类型对段实施保护。分页和分段的比较如图 6-9 所示。

需要考虑的方面	分　页	分　段
程序员需要知道吗	不需要	需要
共有多少线性地址空间	1 个	多个
虚拟地址空间可以超过内存大小吗	是	是
很容易处理可变长的表吗	否	是
为什么发明这样的技术	为了模拟大内存	为了提供多个地址空间

图 6-9　分页和分段的比较

而从某种意义上说，页的内容是随机的。程序员不用关心分页时到底发生了什么。尽管在页表的表项中放置一些位来定义允许的访问地址也是可行的，但是为了利用这一特性，程序员必须了解地址空间中页的边界在哪里。这一方法的问题就在这里，因为程序员要做的工作正是分页管理要努力避免的。由于段式内存的用户可以认为所有的段都永远在内存中，寻址时不用关心覆盖的管理工作。

6.1.7　分段的实现

分段可以用两种方式实现：交换和分页。在前一种方式中，在任意时刻只有某些段在内存中。如果引用了一个当前并不在内存中的段，将把此段调入内存。如果内存中没有空间，就先把一个或者更多的段写回磁盘（除非磁盘上已经有了一个干净的拷贝，这时可以不执行内存拷贝）。从某种意义上说，段交换和请求调页很相似：根据需要把段调入和调出。

但是，分段的实现和分页有本质的不同：页的大小是固定的而段则不是这样。图 6-10a 是物理内存包括 5 个段的例子。现在考虑一下如果把段 1 移走把另一个比较小的段，段 7 放在它的位置上会发生什么情况。这时内存情况如图 6-10b 所示。在段 7 和段 2 之间是一块无用空间——也就是一块碎片。然后，段 4 被段 5 代替，如图 6-10c 所示，接下来，段 3 被段 6 代替，如图 6-10d 所示。当系统运行一段时间之后，内存将被分成许多块，一些是段而另一些是碎片。这种现象称为**外部碎片**（external fragmentation）（因为空间浪费在段的外部，在段之间的碎片里）。有时外部碎片也称为**棋盘碎片**（checkerboarding）。

考虑一下，当图 6-10d 中内存正在忍受外部碎片的折磨时程序需要引用段 3 将发生什么。整个碎片的空间是 10K，比段 3 要大，但是因为这部分空间被分成了多个小的无法利用的碎片，段 3 就不能被调入。必须首先把另一个段调出内存。

下面是一种避免外部碎片的方法：每当出现碎片时，把碎片后面的段向内存地址 0 的方向移动，这样可以减少碎片的数量最后留下一块大碎片。我们也可以等到外部碎片变得相当严重时（比如说，浪费在碎片中的内存数量超过了某个百分比）再执行这一紧缩操作（把碎片往上移）。图 6-10e 是图 6-10d 的内存紧缩后的情况。内存紧缩的目的是把所有小得无法利用的碎片组合成一个大的碎片，这样可以放一个或多个段。紧缩操作明显的缺陷是浪费时间。每次出现一个碎片后执行紧缩会浪费很多时间。

453

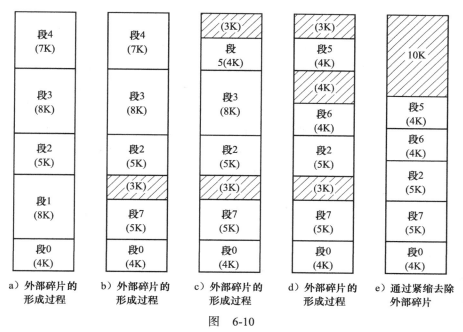

图　6-10

如果执行紧缩所需要的时间太多以至于不可接受，我们就需要一种能够把碎片分配给特定段的算法。碎片管理需要维护一张包括所有碎片的地址和大小的表。**最佳匹配**（best fit）是一种流行的算法，它选择能够装下该段的最小碎片。其思想是尽量匹配碎片和段以避免分割大的碎片，这样可以保留大的碎片用于以后分配给大的段。

另一种流行的算法称为**最先匹配**（first fit），该算法扫描碎片表并选择第一个足够该段使用的碎片。很显然，这样做和最佳匹配相比节约了时间，因为它不需要检查整张碎片表。令人惊讶的是，最先匹配算法的平均效率要高于最佳匹配，因为最佳匹配会产生大量很小的，完全没有用的碎片（Knuth，1997）。

最先匹配和最佳匹配都具有减少平均碎片大小的趋势。只要把一个段放入比它大的碎片中，（几乎每次都是这样，因为精确匹配的情况是很少的），碎片就会被分成两部分。一部分是放入碎片的段，另一部分是新的碎片。新的碎片总是比原有的碎片小。如果没有校正进程把小的碎片合并成大的碎片，最终最先匹配和最佳匹配都会使内存中填满小的、无用的碎片。

下面是一个校正进程。当把一个段从内存中移走时，如果和它相邻的是碎片而不是段，那么这些相邻的碎片应该被合并成一个大的碎片。在图 6-10d 中，如果段 5 被移走，那么两块和它相邻的碎片和它本身的 4KB 将会被合并成一块 11KB 的碎片。

在本节开始部分，我们曾经提到可以用两种方式来实现分段：交换和分页。到目前为止，我们主要讨论的是交换。在这种方式中，段根据需要在内存和磁盘中来回地移动。另一种实现分页的方式是把每个段都分成固定大小的页然后执行请求调用算法。在这种方式中，可能会出现一个段的某些页在内存中而另一些页在磁盘上。为了给段分页，每个段都需要一张单独的页表。因为段具有线性的地址空间，所以到目前为止我们讨论过的所有关于分页的技术都可以用于段。这里唯一的新特性是每个段都有自己的页表。

一种结合了分段和分页的早期的操作系统是 MULTICS（MULtiplexed Information and Computing Service），它开始是由 M.I.T.、Bell 实验室和通用电气公司联合开发的（Corbato 和 Vyssotsky，1965；Organick，1972）。MULTICS 的地址分为两部分：段号和段内地址。每个进程都有一个描述符段，描述符段的内容是该进程用到的每个段的描述符。当硬件收到一个虚拟地址时，它使用段号作为索引到描述符段中去寻址要访问的段的描述符，如图 6-11 所示。描述符指向一张页表，这意味着段可以按照通常的方式分页。为了提高性能，最近用到的段 / 页组合被放在具有 16 个表项的硬件实现的**相联存储器**（associative memory）中，这样可以对它们进行快速查找。尽管 MULTICS 已经不复存在，但从 1965 年开始直到 2000 年 8 月 30 日最后的 MULTICS 系统被关闭，MULTICS 运行了很长的时间。而且 MULTICS 的精神永存，从 386 开始，Intel CPU 中的虚拟内存就采用了和 MULTICS 很类似的模式。有关 MULTICS 的历史和其他的内容可以访问 www.multicians.org。

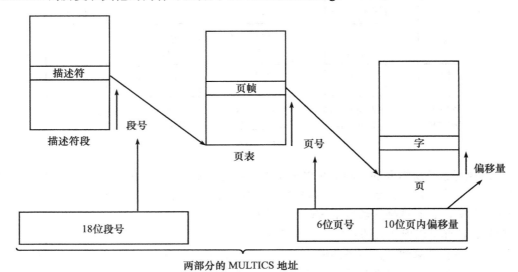

图 6-11　两部分的 MULTICS 地址转换成一个内存地址

6.1.8　Core i7 的虚拟内存

Core i7 的虚拟内存系统非常复杂，它支持请求调页、纯分段和带分页的分段几种方式。Core i7 虚拟内存的核心是两张表：**局部描述符表**（Local Descriptor Table，LDT）和**全局描述符表**（Global Descriptor Table，GDT）。每个程序都有自己的 LDT，而 GDT 只有一张，由计算机中所有的程序共享。LDT 描述每个程序用到的局部段，包括代码、数据、栈等，而 GDT 描述系统段，包括操作系统本身。

正如我们在第 5 章中所描述的，为了访问一个段，一个 Core i7 程序必须首先把段选择器放入某个段寄存器中。在执行期间，CS 保存代码段的选择器，DS 保存数据段的选择器，等等。每个选择器都是一个 16 位的数，如图 6-12 所示。

选择器中有一位用于区分该段是局部的还是全局的（也就是说是在 LDT 中，还是在

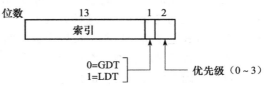

图 6-12　Core i7 的选择器

GDT 中）。有 13 位用于定义 LDT 或者 GDT 的表项号，这同时也限制了它们最多只能保存 8KB（2^{13}）个段描述符。其他两位和保护有关，我们将在后面讨论。描述符 0 是没有意义的，如果使用描述符 0 将会产生一个陷阱。可以安全地把描述符 0 存入一个段寄存器以表示该段寄存器当前不可用，如果使用将会产生陷阱。

455

当把选择器存入段寄存器时，从 LDT 和 GDT 中取出相应的描述符并存入 MMU 的内部寄存器中，这样就可以对它进行快速访问。描述符由 8 个字节组成，包括段的基地址、大小和其他信息，如图 6-13 所示。

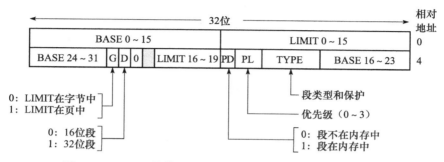

图 6-13　Core i7 的代码段描述符。数据段与之稍微有些不同

很明显，选择这样的选择器格式是为了易于寻找描述符。首先根据选择器的第二位选择 LDT 或者 GDT。然后把选择器拷贝到 MMU 的临时寄存器中，同时把低端的 3 位置成 0，相当于把 13 位的选择器号乘以 8。最后，把保存在 MMU 内部寄存器中的 LDT 或者 GDT 的地址加上去，得到直接指向描述符的指针。例如，选择器 72 指向 GDT 的第 9 项，它的地址是 GDT+72。

让我们看一看（选择器，偏移量）是如何一步一步转换成物理地址的。只要硬件知道使用的是哪一个段寄存器，它就可以在内部寄存器中找到对应于该选择器的完整的描述符。如果段不存在（选择器是 0），或者现在不在内存中（P 是 0），则会产生一个陷阱。前一种情况是编程错误；而后一种情况则需要操作系统去取该页。

456

接下来检查偏移量是否越过了段的边界，如果发生这种情况也会产生陷阱。从逻辑上说，可以在描述符中使用一个 32 位的域来给出段的大小，但是由于这里只有 20 位可用，因此需要使用一种不同的方法。如果 G（Granularity）域是 0，LIMIT 域就是确切的段大小，上限是 1MB。如果 G 域是 1，LIMIT 域就使用页数给出段的大小而不是字节数。由于 Core i7 的页大小肯定不会小于 4KB，因此 20 位的 LIMIT 域足够使段达到 2^{32} 字节。

假定段在内存中而且偏移量在范围之内，Core i7 就把描述符中的 32 位的 BASE 域加到偏移量上形成所谓的**线性地址**（linear address），如图 6-14 所示。BASE 域被分成三部分而且散布在描述符中是为了和 80286 兼容，在 80286 中描述符只有 24 位。实际上，BASE 域允许段从 32 位

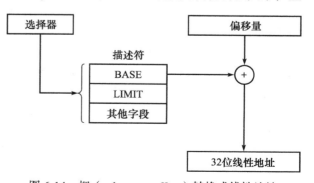

图 6-14　把（selector，offset）转换成线性地址

线性地址空间中的任意位置开始。

如果不使用分页（通过全局控制寄存器中的 1 位来表示），此线性地址就作为物理地址被送到内存中去进行读写。因此如果不使用分页，我们使用的就是纯分段方式，每个段的基地址都由描述符给出。段允许覆盖，顺便说一句，这可能是因为它太麻烦了而且需要花费太多的时间去验证它是否处于混乱状态。

相反，如果使用分页，线性地址就被解释成虚拟地址，然后使用页表映射到物理地址，就像前面的例子一样。唯一的复杂性在于使用 32 位的虚拟地址和 4KB 的页，段可能会包括一百万个页，因此需要使用两级的映射来减小用于小段的页表的大小。

每个运行程序都有一个由 1024 个 32 位的项组成的**页目录**（page directory）。它的地址保存在一个全局寄存器中。此目录中的每一项都指向同样包括 1024 个 32 位项的页表，页表项指向页，这种方式如图 6-15 所示。

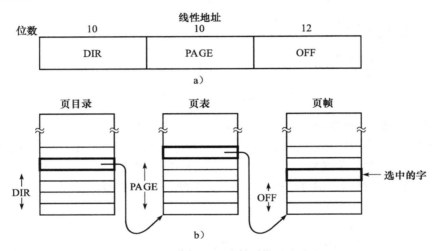

图 6-15   线性地址映射到物理地址

从图 6-15a 中，我们看到一个线性地址被分成三个字段：DIR，PAGE 和 OFF。首先使用 DIR 字段作为页目录的索引找出指向合适的页表的指针。然后使用 PAGE 字段作为页表的索引找出页的物理地址。最后把 OFF 加到页的地址上来获得要寻址的字或者字节的物理地址。

每个页表项为 32 位长，其中 20 位是页号。剩余的位包括访问位和脏位，为了操作系统实现方便，这些位由硬件设置，另外还有保护位和用于其他用途的位。

每张页表可以指向 1024 个 4KB 的页，因此一张页表可以管理 4MB 的内存。一个短于 4M 的段的页目录只有一项，就是指向它的唯一一张页表的指针。使用这种方式，短的段的负载只有两页，而不是在一级页表方式中要用到的百万页。

为了便于对相同的内存地址进行重复的访问，Core i7 的 MMU 使用特殊的硬件支持对最近用到的 DIR-PAGE 组合进行快速查找并把它们映射到相应页的物理地址上。只有在当前的组合最近没有被使用时，才会执行图 6-15 中的步骤。

稍微观察一下就会发现，当使用分页时，确实不需要在描述符中使用非 0 的 BASE 域。BASE 域的作用是在页目录中（而不是起始处）产生一个偏移量。包括 BASE 域的实际原因只不过是为了允许内存采用纯分段式管理（不分页），以及和老的 80286 向下兼容，在 80286

中不使用分页。

另外值得注意的一点是，当一个特殊的应用确实不需要分段但又需要一个单一的分页的 32 位地址空间时，也可以很容易实现。可以用同一个选择器来设置所有的段寄存器，它的描述符中 BASE=0，LIMIT 设为最大值。然后把指令的偏移量作为线性地址，这样就可以得到一个单一的地址空间（实际上就是传统的分页）。

我们现在已经结束了对 Core i7 虚拟内存的讨论。实际上我们只是讨论了 Core i7 虚拟内存系统经常用到的一小部分内容。感兴趣的读者可以查阅 Core i7 的文档继续了解 64 位虚地址扩展以及对虚拟化物理地址空间的支持等。在结束这个主题的讨论之前，关于保护我们还需要再补充几句，因为它和虚拟内存密切相关。Core i7 支持4 个保护级别，级别 0 的特权最大而级别 3 最小，如图 6-16 所示。一个运行程序在任一时刻都处于某一特定的级别，用**程序状态字**（PSW）中的一个 2 位的字段表示，PSW 是一个保存条件码和其他状态位的硬件寄存器。此外，系统中的每个段也都属于某个特定的级别。

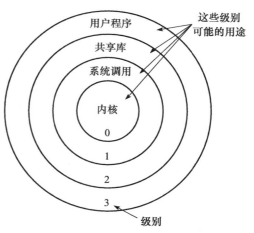

图 6-16　Core i7 中的保护级别

只要程序限制它自己只能使用相同级别的段，所有的工作都可以完成得很好。访问级别较高的数据是允许的。访问级别较低的数据则是不允许的并会产生陷阱。调用位于不同级别的过程（高或者低）也是允许的，但是调用过程需要相当仔细。为了执行一个跨级别的调用，CALL 指令必须获得一个选择器而不是地址。选择器指向称为**调用门**的描述符，它给出了被调用过程的地址。这样就不可能随意跳转到位于不同级别的代码段中，而是只能使用规定好的入口。

我们可以使用图 6-16 中的方式来使用这种机制。级别 0 是操作系统核，它负责处理 I/O、内存管理和其他的关键任务。级别 1 是系统调用。用户程序可以使用这里的过程来执行系统调用，但是只有特定的和受保护的过程才可以被调用。级别 2 包括可以在多个应用程序之间共享的过程。用户程序可以调用这些过程，但是不能修改它们。用户程序运行在级别 3，它的受保护程度最低。和 Core i7 的内存管理机制一样，这一保护机制的思想也源自 MULTICS。

陷阱和中断使用和调用门相似的机制。它们也使用描述符而不是绝对地址，它们的描述符指向将要执行的特定过程。图 6-13 中的 TYPE 域区分了代码段、数据段和各种不同的门。

6.1.9　OMAP4430 ARM CPU 的虚拟内存

OMAP4430 ARM CPU 是 32 位的 CPU，它支持基于 32 位虚拟地址的页式虚拟内存，32 位的虚拟地址能够转化到 32 位的物理地址空间。因此，ARM CPU 能够支持最多 2^{32} 个字节（4GB）的物理内存。它支持 4 种大小的页：4KB、64KB、1MB 和 16MB，4 种大小的页的映射关系如图 6-17 所示。

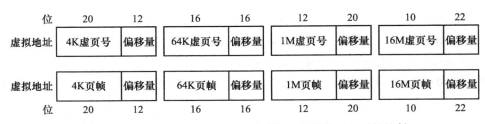

图 6-17　OMAP4430 ARM CPU 中虚拟地址到物理地址的映射

OMAP4430 ARM CPU 使用和 Core i7 类似的页表结构。对于虚拟地址页大小为 4KB 的页表映射如图 6-18a 所示。第 1 级描述符表由虚拟地址最高的 12 位进行索引，它的表项指明第 2 级描述符表的物理地址。这个地址连同接下来的 8 位虚拟地址一起生成页描述符地址。460　页描述符包含了物理页帧的地址以及有关访问页的权限信息。

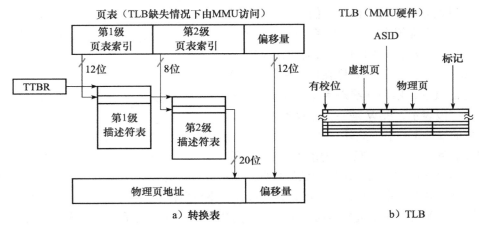

图 6-18　OMAP4430 ARM CPU 中虚拟地址转换用到的数据结构

OMAP4430 ARM CPU 虚拟内存映射适应 4 种页大小。1MB 和 16MB 大小的页被映射到第 1 级描述符表中的页描述符。这种情况下不需要第 2 级表，因为全部表项能够指明相同大小的物理页。64KB 的页描述符位于第 2 级描述符表。因为第 2 级描述符表的每个表项映射 4KB 虚拟地址页到 4KB 物理地址页，所以 64KB 页在第 2 级描述符表中需要 16 个同样的描述符。现在我们来看一下为什么心智健全的操作系统程序员声明 64KB 大小的页，而不是使用更为灵活的 4KB 大小的页。因为我们一会将看到 64KB 大小的页需要更少的 TLB 表项，而 TLB 表项正是取得好性能的重要资源。

没有什么比收紧内存瓶颈更能减慢程序运行了。如果理解了图 6-18，那么你可能注意到每一次内存访问都需要两次额外的内存访问进行地址转换。内存访问因虚拟地址转换产生的 200% 的额外开销将使得程序运行缓慢。为了避免这个瓶颈，OMAP4430 ARM CPU 采用了称为 TLB（Translation Lookaside Buffer）的硬件表进行虚页号到物理页帧的快速映射。对于 4KB 的页大小，有 2^{20} 个虚页号，超过了一百万个。显然，不是所有虚页号都能在 TLB 进行映射。

实际上 TLB 只是存放最近使用过的虚页号。指令和数据页分开记录，TLB 对每个分类都保存 128 个最近使用过的虚页号。每个 TLB 表项保存一个虚页号和对应的物理页帧号。当一461　个称作**地址空间描述符**（Address Space IDentifier，ASID）的进程号和一个该地址空间的虚地址出现在 MMU 中时，MMU 立即使用专门的电路比较其中的虚页号和 TLB 中的表项。如果匹配上了，那么 TLB 表项中的页帧号就和虚拟地址中的偏移量组合在一起形成一个 32 位的物理地址，同时产生一些标记，例如保护位等。TLB 如图 6-18b 所示。

然而，如果没有匹配上，那么 TLB 缺失就发生了，这就要通知硬件访问页表了。当新的物理描述符表项在页表中时，就要检查页是否在内存中，如果在，那么对应的地址转换就可以加载到 TLB 中。如果页不在内存中，那么一个标准的缺页操作就要启动。因为 TLB 只有很少的表项，所以很可能要置换 TLB 中已经存在的表项。后续对替换出去的页的访问不得不重新访问页表进而得到地址映射。如果太多的页涉及要替换 TLB 表项，那么 TLB 就没什么用了，因为绝大部分内存访问都需要 200% 的额外开销来进行地址转换。

比较 Core i7 和 OMAP4430 ARM CPU 的虚拟内存系统是相当有趣的。Core i7 支持纯分段、纯分页和使用分页的分段几种机制。OMAP4430 ARM CPU 只使用分页。当 TLB 发生缺失时，Core i7 和 OMAP4430 都使用硬件访问页表以重新填写 TLB。其他体系结构，如 SPARC 和 MIPS，当 TLB 缺失时只是将控制权交给操作系统。这样的体系结构定义了专用的特权指令来维护 TLB，例如，在必须做地址转换时操作系统能够进行页表访问和 TLB 加载。

6.1.10　虚拟内存和高速缓存

虽然乍一看，（请求调页方式的）虚拟内存和高速缓存没有关系，但是实际上它们用到的思想很类似。使用虚拟内存时，整个程序保存在磁盘上并被分成固定大小的页。其中的某些页在内存中。如果程序用到的大部分页都在内存中，出现缺页的次数就会很少，程序也会运行得比较快。使用高速缓存时，整个程序保存在内存中并被分成固定大小的高速缓存块。其中的某些块位于高速缓存中。如果程序用到的大部分块都在高速缓存中，高速缓存不命中的次数就会很少，程序也会运行得很快。从概念上来说，这两者是一样的，只不过工作在不同的层次上。

当然，虚拟内存和高速缓存之间也存在一些区别。比如说，高速缓存缺失由硬件处理而缺页是由操作系统处理的。另外，高速缓存块一般比页小得多（例如，高速缓存块可能是 64 个字节而页可能是 8KB）。还有，虚页和物理页之间的映射关系也是不同的，页表的索引是按照虚拟地址的高位组织的而高速缓存的索引是按照内存地址的低位组织的。不过必须注意，这些只是它们实现中的区别，它们用到的基本原理是类似的。

462

6.2　硬件虚拟化

习惯上，硬件体系结构是按照一次只在其上运行一个操作系统的预期来进行设计的。共享计算资源的大量出现，如云计算服务器等，能够受益于具有同时运行多个操作系统的能力。例如，具有代表性的互联网主机服务能够提供给付费委托方一个完整的系统，依托这个系统可以建立 Web 服务。如果每次新注册一个客户就在服务器机房中安装一台新机器的话成本太高了。典型的替代的方案是主机服务采用**虚拟化**（virtualization）技术，在一台服务器上支持多个完整系统的运行，包括操作系统。只有当已有承担主机服务的服务器负载太重的时候才在服务器池中安装一台新的物理服务器。

纯软件方法实现的虚拟化早已存在，但这种方法一般要减慢虚拟系统的速度，而且需要对操作系统做专门的修改或者利用复杂的代码分析器忙忙碌碌地重写程序。这些缺点促使架构师通过增强体系结构的操作系统层来支持直接在硬件上高效虚拟化。

如图 6-19 所示，**硬件虚拟化**（hardware virtualization）是硬件和软件支持综合在一起，在单独一台物理计算机上让多个操作系统同时执行。对于用户来说，每个运行在宿主计算机上的虚拟机看起来就是一个完整独立的计算系统。**监控管理程序**（hypervisor）是一个软件组件，很像一个操作系统内核，能够建立和管理虚拟机实例。硬件提供软件可见事件，这对于监控管理程序实现 CPU、存储和 I/O 设备的共享策略是必需的。

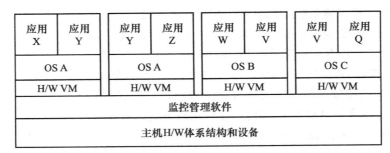

图 6-19 硬件虚拟化允许多个操作系统同时运作在同一台主机硬件上。
监控管理程序实现主机内存和 I/O 设备的共享

463　　　在一台宿主计算机上运行多个虚拟机，每台虚拟机可以运行不同的操作系统，这样能够带来很多好处。在服务器系统中，虚拟化使得系统管理员在同一台物理服务器上部署多台虚拟机，而且可以在不同的物理服务器之间迁移运行中的虚拟机以实现更好的整体负载分布。虚拟机还可以让系统管理员更加细粒度的控制对 I/O 设备的访问。例如，虚拟化网络端口的带宽可以依据用户的服务级别进行划分。对于个人用户，虚拟化提供了同时运行多个操作系统的能力。

为了在硬件上实现虚拟化，体系结构中的所有指令必须只能访问当前虚拟机的资源。对于大多数指令，这个要求没什么问题。例如，算数指令只需要访问寄存器文件，这个可以在虚拟机上下文切换时通过拷贝虚拟机的寄存器到宿主计算机处理器的寄存器文件来虚拟化。

虚拟化的内存访问指令（例如 load 和 store 等）稍微有点挑战，因为这些指令必须只能访问分配给当前正在执行的虚拟机的物理内存。一般来说，支持硬件虚拟化的处理器要提供额外的页面映射措施，能够映射虚拟机物理内存页到宿主计算机物理内存页。最后，I/O 指令（包括内存映射的 I/O）不能直接访问物理 I/O 设备，因为很多虚拟化策略要划分对 I/O 设备的访问。这种细粒度的 I/O 控制通常是通过中断实现的，任何时候虚拟机试图访问 I/O 设备都会产生中断并通知监控管理程序。监控管理程序可以实现它自己选择的 I/O 资源访问策略。通常，某些 I/O 设备集能够被支持，在虚拟机上运行的操作系统称为**客户操作系统**（guest operating system），客户操作系统可以使用这些被支持的设备。

Core i7 中的硬件虚拟化

Core i7 中的硬件虚拟化是通过**虚拟机扩展**（Virtual Machine eXtension，VMX）来支持的，VMX 是指令、内存和中断扩展的综合，可以实现对虚拟机的有效管理。通过 VMX，内存虚拟化由硬件虚拟化支持的 **EPT**（Extended Page Table）系统来实现。EPT 将虚拟机物理页地址转换为宿主计算机物理地址。当虚拟机发生 TLB 缺失时，EPT 采用额外的多级页表结构实现映射。监控管理程序维护这个页表，而且这种方式可以实现各种期望的物理内存共享策略。

无论是对于内存映射的 I/O 还是 I/O 指令，I/O 操作的虚拟化都通过定义在 VMCS（Virtual-Machine Control Structure）中的扩展中断支持来实现。任何时候，只要虚拟机要访问 I/O 设备，监控管理程序中断就被触发。一旦监控管理程序接收到中断，它就在软件中使用必要的策略实现 I/O 操作，以便允许虚拟机之间共享 I/O 设备。

464

6.3 操作系统层 I/O 指令

指令系统层指令集和微体系结构层指令集是完全不同的。它们所完成的功能和指令格式都大不一样。当然，在这两层中也可能有一些相同的指令，但它们是次要的。

相对而言，操作系统层指令集包括了大部分的指令系统层指令，同时还增加了新的重要的指令，并减少了一些具有潜在的破坏性的指令。输入/输出是这两层主要的不同之处之一。产生这种不同的原因很简单：用户通过执行真正的指令系统层 I/O 指令可以读取保存在系统中任何地方的秘密数据，还可以把它们写到其他用户的目录中，而这样做，既给用户自己带来麻烦，又对系统本身的安全性是一种威胁。另外，一般来说，任何一个神智清醒的程序员都不会愿意用指令系统层 I/O 指令来编程，因为使用它们既复杂又烦人。使用指令系统层 I/O 指令首先要设置某些设备寄存器中的某些字段或者某些位，然后等待操作完成，接下来再去检查，看看发生了什么。作为一个例子，下面列出了磁盘的设备寄存器中出错位表示的错误类型：

1）磁盘臂不能正确寻道；
2）定义为缓冲区的内存块不存在；
3）在前一次操作结束前就启动新的磁盘 I/O 操作；
4）读计时误差；
5）对不存在的磁盘寻址；
6）对不存在的柱面寻址；
7）对不存在的扇区寻址；
8）读校验和错；
9）写操作后的写校验错。

当这些错误发生时，设备寄存器中的相应位设置为 1。很少有用户愿意不厌其烦地了解所有这些错误位和大量其他的状态信息。

6.3.1 文件

一种组织虚拟 I/O 的方式是采用称为文件的抽象概念。最简单的文件是由写入某个 I/O 设备的一系列字节组成。如果此 I/O 设备是一个存储设备，比如磁盘，那么该文件以后还可以被读出；如果该设备不是存储设备（比如打印机），当然它就不能被读出了。一块磁盘可以保存许多个文件，每个文件可以存放特定类型的数据，比如图片、电子表格或者一本书某章的正文。不同的文件有不同的长度和其他属性。文件是一种简单的组织虚拟 I/O 的方式。

正如我们在上面提到的，对于操作系统来说，文件只不过是一系列的字节。任何更进一步的结构都由应用程序来处理。文件 I/O 通过执行打开（open）、读取（read）、写入（write）和关闭（close）等系统调用来实现。在读取一个文件之前，必须首先把它打开。打开文件时，操作系统在磁盘上查找文件并把访问文件需要的信息调入内存。

465

只要文件被打开，它就可以被读取。read 系统调用至少必须有下列参数：

1）指示去读哪个被打开的文件的指示符。

2）指向存放数据的内存缓冲区的指针。

3）要读的字节数。

read 调用把要读取的数据存入缓冲区。一般来说，它把实际读取的字节数作为返回值，它可能小于请求读取的字节数（你不可能从 1000 个字节长的文件中读取 2000 个字节）。

每个打开的文件都有一个相关的指向下一个要读取的字节的指针。在前一个读操作读取了一定量的字节之后，接下来的读操作将顺序地读取文件后面的数据块。一般来说，可以把该指针设置为某个特定值，这样程序就可以随机地访问文件的任何部分。当程序读完一个文件后，应该把它关闭，关闭操作通知操作系统不再使用该文件了，这样操作系统就可以释放用于保存该文件信息的表空间。

大型机现在仍然在使用（特别是应用在大型电子商务网站上），其中一些大型机还在运行传统的操作系统（尽管很多机器运行 Linux）。对于什么是文件，传统的主机操作系统使用不同的模型，花一点篇幅对这样的模型做介绍是值得的，这能使我们明白并不是所有的做法都和 UNIX 一样。在这些传统的系统中，文件是一系列**逻辑记录**，每个记录都是一个明确的结构。比如，一个逻辑记录可能是一个包括以下五项的数据结构：两个字符串，"Name" 和 "Supervisor"；两个整数，"Department" 和 "Office"；还有一个布尔值，"SexIsFemale"。在某些操作系统中，具有相同结构的文件和包括不同的记录类型的文件是被区别对待的。

基本的虚拟输入指令从指定的文件中读取下一条记录并把它存入从指定地址开始的内存块中，如图 6-20 所示。为了执行该操作，虚拟指令必须被告知从哪个文件中读和把记录放到内存中的什么地方。通常有选项用于读取指定记录，可以通过其在文件中的位置来指定或者通过其关键字来指定。

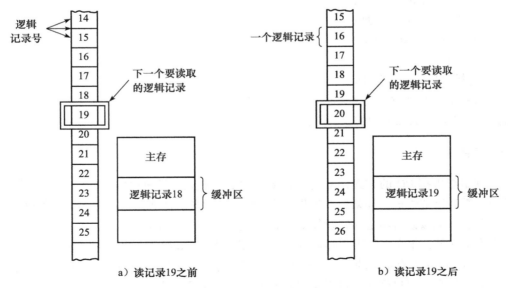

图 6-20   读取由逻辑记录组成的文件

基本的虚拟输出指令把一个逻辑记录从内存写入文件中。连续的写指令向文件中写入连续的逻辑记录。

6.3.2   操作系统层 I/O 指令的实现

为了理解虚拟 I/O 指令是如何实现的，我们需要了解文件是如何组织和存储的。存储分配是所有的文件系统都需要处理的一个基本问题。分配单元（有时也称为块），可以是一个单独的磁盘扇区，也可以是由连续扇区组成的磁盘块。

文件系统实现的另一个基本属性是是否把文件保存在连续的分配单元中。图 6-21 是一块简单的单面磁盘，它有 5 个磁道，每道有 12 个扇区。在图 6-21a 中，扇区是基本的空间分配单元，文件由连续的扇区组成。这种文件块的连续分配常用于 CD-ROM 中。在图 6-21b 中，扇区是基本的分配单元，文件不需要分配连续的扇区。这种方式常用于硬盘，当然固态盘也是如此。

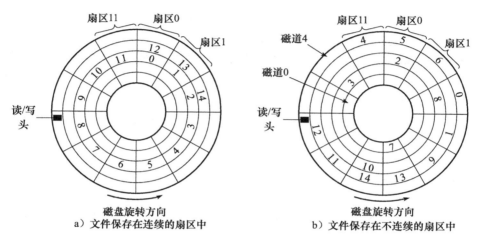

图 6-21   磁盘空间分配策略

从应用程序员的角度看文件和从操作系统角度看文件有很大的区别。程序员看到的文件是字节或者逻辑记录的线性序列。操作系统看到的文件是磁盘上分配单元的有序的集合，并不需要连续。

操作系统为了能读取需要的某个文件中的字节或者逻辑记录 n，它必须使用某些方法来查找数据。如果文件是连续分配的，操作系统只需要知道文件的起始位置就可以计算出需要的字节或者逻辑记录的位置。

如果文件不是连续分配的，那么单从文件的起始位置就不能算出文件中任意一个字节或者逻辑记录的位置。为了查找文件中的任意字节或者逻辑记录，需要一张称为**文件索引**（file index）的表，文件索引表中给出了分配单元和它们实际的磁盘地址。文件索引表的组织方式既可以是一张由磁盘块地址组成的表（UNIX 使用这种方式），可以是一张连续块序列组成的表（Windows 7 使用这种方式），也可以是一张逻辑记录组成的表，每条记录包括磁盘地址和偏移量。有时候，每条逻辑记录有一个**关键字**（key），程序可以通过关键字而不是逻辑记录号来引用该记录。在这种情况下，就需要后一种组织方式，这时每条记录不仅包括它在磁盘上的位置还包括它的关键字。这种组织方式常用于大型机。

另一种查找文件分配单元的方法是把文件组织成一张链表。每个分配单元都包括它的后继者的地址。这种方法的一种有效的实现方式是把所有的后继者地址保存在内存的一张表中。举例来说，如果某个磁盘有 64K 个分配单元，操作系统在内存中就使用一张有 64K 项的表，

467

468 每项都给出了后继的索引。例如，如果文件占用了分配单元 4、52 和 19。那么表项 4 将包括 52，表项 52 包括 19，表项 19 将使用某个特殊的代码（比如，0 或者 –1）以表示文件结束。MS-DOS、Windows 95 和 Windows 98 的文件系统采用这种方式。Windows 较新的版本（2000、XP、Vista 和 7）也支持这种文件系统，但是它们自己还有一种更接近 UNIX 的文件系统。

到目前为止，我们已经讨论了连续分配的文件和非连续分配的文件，但是我们还没有说明为什么要同时使用这两种方式。连续分配的文件的块管理比较简单，但是当预先不知道最大文件长度时，这种技术使用起来就很困难。如果一个文件从扇区 j 开始并被允许使用连续扇区方式来增长，那么它可能会碰到扇区 k 的另一个文件，这样它就没有扩展的空间了。如果文件不是连续分配的，这种情况就没有任何问题，因为后继的块可以被放在磁盘的任何地方。如果一块磁盘包括一定数量的、正在增长的文件，不知道其中任何一个的最终长度，那么就几乎不可能按照连续文件方式对它们进行存储。有时候可以通过移动一个现有的文件来解决问题，但这样做在时间和系统资源方面代价太大。

另一方面，如果预先知道所有文件的长度，比如把文件写入 CD-ROM，这时写入程序可以预先给每个文件分配和它们长度相等的扇区。因此如果将要写入 CD-ROM 的文件的长度分别是 1200、700、200 和 900 个扇区，那么它们可以分别从扇区 0、1200、1900 和 3900 处开始（这里忽略了目录表）。只要知道了文件的第一个扇区就可以很简单地找到文件的任何部分。

为了在磁盘上为文件分配空间，操作系统必须知道哪些块是可用的，哪些块已经被其他文件占用了。对于 CD-ROM 来说，这种计算只预先对所有的文件执行一次，但是对于硬盘来说，文件的增加和删除无时无刻不在发生。一种方式是管理一张碎片表，碎片是任意数量的连续的分配单元。这张表称为**自由空间表**（free list）。图 6-22a 是图 6-21b 所示磁盘的自由空间表，每个分配单元一个扇区。

磁道	扇区	碎片中的扇区数量
0	0	5
0	6	6
1	0	10
1	11	1
2	1	1
2	3	3
2	7	5
3	0	3
3	9	3
4	3	8

a）自由空间表

磁道 \ 扇区	0	1	2	3	4	5	6	7	8	9	10	11
0	0	0	0	0	0	1	0	0	0	0	0	0
1	0	0	0	0	0	0	0	0	0	0	1	0
2	1	0	1	0	0	0	1	0	0	0	0	0
3	0	0	0	1	1	1	1	1	1	0	0	0
4	1	1	1	0	0	0	0	0	0	0	0	1

b）位图

图 6-22　两种掌握可用扇区信息的方式

另一种方法是管理一张位图，每个分配单元一位，如图 6-22b 所示。如果是 1 表示该分配单元已经被占用了，如果是 0 则表示该单元可用。

第一种方法的优点是易于查找某一特定长度的碎片。但是，它的缺点是表长是变长的。随着文件的创建和删除，表的长度将发生波动，这是我们不愿意看到的。而位图的长处就在于它的大小是固定的。而且将一个分配单元的状态从可用变为占用只需要改变一位。但是，想找到给定大小的块是困难的。当磁盘上的任何文件被分配或者释放时，这两种方法则需要分别修改分配表和位图。

在结束文件系统实现这个主题之前，我们来讨论分配单元的大小。这里有好几个因素共同起作用。首先，寻道时间和旋转的延时在磁盘访问过程中起决定作用。在花费了 5 ～ 10 毫秒的时间找到一个分配单元的起始位置后，读 8KB（大约 80 微秒）比只读 1KB（大约 10 微秒）要好，因为如果 8KB 是 8 个 1KB 的单元就需要执行 8 次寻道。提高传输效率就要求使用大的分配单元。当然，当固态盘价格降低并得到广泛使用之后，这个问题就不存在了，因为固态盘根本就没有寻道时间。 `469`

支持使用大的分配单元的另一个原因是如下的事实：分配单元小意味着分配单元多，分配单元多也就意味着大的文件索引或者内存中的大的链表。作为一个有历史意义的注记，MS-DOS 开始的时候分配单位就是一个扇区（512 个字节），使用 16 位的数来标记每个扇区。当磁盘超过 65 536 个扇区后，如果继续使用 16 位的数来标记分配单元，那么使用全部磁盘空间的唯一办法就是使用更大的分配单元。第一版的 Windows 95 也有相同的问题，但它的后续版本使用了 32 位的数标记分配单元。Windows 98 则同时支持两种长度的数进行标记。

但是，赞成使用小的分配单元是基于这样一个事实：很少有文件正好是分配单元的整数倍。因此，在几乎每个文件的最后的一个分配单元中都要浪费某些空间。如果文件比分配单元大得多，平均浪费空间将是分配单元的一半。分配单元越大，浪费的空间越多。如果平均文件长度远小于分配单元，那么大部分的磁盘空间将被浪费。

举例来说，在一块 MS-DOS 或者 Windows 95 版本 1 的 2GB 的磁盘分区上，分配单元是 32KB，这时 100 个字节的文件将浪费 32 668 字节的磁盘空间。因此，提高存储效率要求使用小的分配单元。由于大容量磁盘价格逐年减低，现在时间效率（即更快的性能）成为最重要的因素，因此分配单元大小也随着时间不断增加，浪费的磁盘空间也只能接受。 `470`

6.3.3 目录管理指令

在计算机发展的早期，人们把程序和数据保存在穿孔卡片上，然后再把穿孔卡片保存在办公室的文件柜中。随着程序的增大，数据的增多，人们越来越不满意这种情况。最终导致了使用计算机辅助存储器（比如磁盘）来代替文件柜保存程序和数据。不需要人工干预而可以由计算机直接访问的信息称为**联机信息**（online），和它相对的是**脱机信息**（offline），脱机信息在计算机能够访问之前需要人工干预（比如，插入磁带、CD-ROM、U 盘、SD 卡）。

联机信息被保存在文件中，这样程序通过上面讨论的文件 I/O 指令就可以访问它们。但是，还需要额外的指令来管理联机保存的信息，把它们组织成便于使用的集合，并对它们进行保护，防止非授权的使用。

操作系统组织联机文件的通常方法是把它们组织成**目录**（directory）。图 6-23 是一个目录组织的例子。操作系统至少要提供实现下列功能的系统调用：

1）创建一个文件并把它放入一个目录。

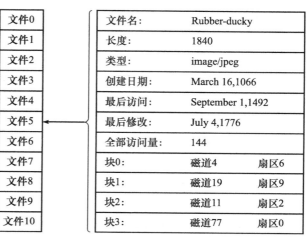

图 6-23　用户文件目录和文件目录中一个典型项的内容

2）从目录中删除一个文件。

3）重新命名一个文件。

4）改变文件的保护状态。

所有的现代操作系统都允许用户维护多个文件目录。目录本身也是文件，而且还可以被列在其他目录中，这样就产生了目录树。多重目录对于同时从事多个项目的程序员来说相当有用。他们可以把和一个项目相关的所有文件都保存在一个目录中。当为该项目工作时，他们不会被无关文件转移注意力。同时目录为项目组的成员之间共享文件提供了方便的手段。

6.4 用于并行处理的操作系统层指令

某些计算过程使用两个或者更多个协作进程并行执行（比如在多个处理器上同时执行）比使用单一进程更易于编程实现。还有一些计算过程可以被分成许多片，片之间可以并行运行以减少整个计算过程所需要的时间。为了使多个进程可以并行工作，需要一些虚拟指令。下面我们来讨论这些指令。

物理学定律仍然是推动当前并行处理发展的另一个原因。根据爱因斯坦的狭义相对论，电子信号的传送速度不可能比光速更快，而在真空中光速接近于1英尺/纳秒，在铜导线和光纤中要更慢一些。这一限制对于计算机组成产生了重要的影响。举例来说，如果CPU需要从和它相距1英尺的内存读取数据，那么请求到达内存至少要1纳秒的时间，响应回到CPU又需要1纳秒。因此，纳秒级的计算机必须做得非常小。另一种可行的加速计算机的方法是使用多个CPU。一台有1000个1纳秒CPU的计算机的计算能力和有一个时钟周期为0.001纳秒的计算机相同，而前者更容易制造而且也更便宜。第8章将进行并行计算的详细讨论。

在具有多个CPU的计算机上，可以为每个协作进程分配一个CPU，这样进程就可以同时运行。如果只有一个处理器，那么可以通过让处理器按照小的时间间隔轮流运行每个进程来模拟并行处理的效果。换句话说，处理器可以被多个进程共享。

图6-24中显示了使用多个处理器真正做并行处理和只有一个处理器模拟的并行处理之间的区别。即使并行处理是模拟的，我们也可以把它看作是每个进程都有自己专用的虚拟处理器。真正的并行处理遇到的通信问题在模拟情况下也同样会遇到。在这两种情况下调试这个问题都是非常困难的。

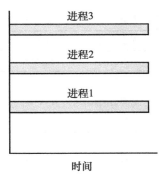

a）使用多个CPU的真正的并行处理

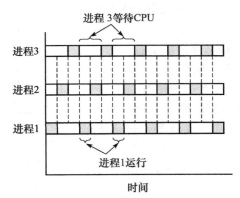

b）一个CPU在三个进程之间切换模拟的并行处理

图 6-24

6.4.1 进程创建

当程序被执行的时候，它一定是作为某个进程的一部分。此进程和所有的其他进程一样，由状态和使程序和数据能够被访问的地址空间来区分。状态至少包括程序计数器、程序状态字、栈指针和通用寄存器。

大多数现代操作系统允许动态地创建和终止进程。为了充分利用这一特性来实现并行处理，需要创建新进程的系统调用。该系统调用或者产生一个和调用者一模一样的进程，或者允许调用进程定义新进程的初始状态，包括它的程序、数据和起始地址。

在某些操作系统中，创建者进程（parent，父进程）拥有对被创建进程（child，子进程）的部分或者全部控制权。父进程可以使用虚拟指令停止、重启、检查和中止其子进程。在另外一些操作系统中，父进程不能控制子进程：一旦进程被创建，父进程就没有办法强迫子进程停止、重启、检查和中止。然后，两个进程就相互独立地运行。

6.4.2 竞争条件

在某些情况下，为了完成工作，并行进程需要相互通信和同步。在本节中，我们将讨论进程同步，通过一个详细的例子来说明其中的难点。下一节中再给出解决这些难点的方案。473

考虑两个独立进程：进程 1 和进程 2，它们通过内存中的共享缓冲区进行通信。为了便于说明，我们把进程 1 称为生产者，进程 2 称为消费者。生产者计算质数并一次放一个到缓冲区中。消费者也每次从缓冲区中移走一个并打印出来。

这两个进程以不同的速率并行运行。如果生产者发现缓冲区满了就去睡眠；也就是说，它暂时停止它的操作等待消费者的信号。接下来，当消费者从缓冲区中移走一个数后，它给生产者发送一个消息来唤醒它——也就是说，让它重新运行。类似地，如果消费者发现缓冲区是空的，它也转去睡眠。当生产者把一个数放入空的缓冲区后，它会唤醒睡眠的消费者。

在这个例子中，我们将使用循环的缓冲区进行进程间通信。我们按照下面的方式使用指针 in 和 out：in 指向下一个空闲字（生产者放下一个质数的位置）out 指向消费者将要移走的下一个字。当 in=out 时，缓冲区为空，如图 6-25a 所示。当生产者产生了一些质数之后，缓冲区如图 6-25b 所示。图 6-25c 是消费者移走了一些质数去打印之后的情况。图 6-25d ~ f 记录了接下来的缓冲区活动的结果。从逻辑上说，缓冲区的顶和底部是相连的：也就是说，缓冲区是循环的。当突然产生大量的输入时，in 指针将绕回来一直到 out 指针后面的一个字（例如，in=52，out=53），这时缓冲区就满了。最后一个字不能使用，如果使用，我们就没有办法区别 $in=out$ 时缓冲区是满的还是空的。

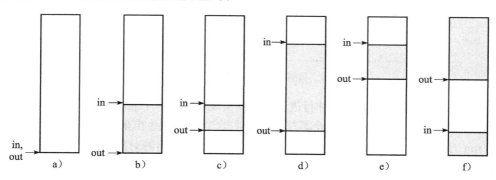

图 6-25　使用循环缓冲区

图 6-26 是生产者——消费者问题的一个简单的 Java 语言实现。该实现中使用了三个类：
m、producer 和 consumer。m(main) 类包括一些常量定义，缓冲区指针 in、out 和缓冲区本身，
在该实现中，缓冲区可以包括 100 个质数，*buffer*[0] ~ *buffer*[99]。producer 和 consumer 类来
474 做实际工作。

```java
public class m {
    final public static int BUF_SIZE = 100;                            // 缓冲区从0到99
    final public static long MAX_PRIME = 100000000000L;                // 结束值
    public static int in = 0, out = 0;                                 // 数据指针
    public static long buffer[ ] = new long[BUF_SIZE];                 // 质数保存在这里
    public static producer p;                                          // 生产者的名称
    public static consumer c;                                          // 消费者的名称

    public static void main(String args[ ]) {                          // 主类
        p = new producer( );                                           // 创建生产者
        c = new consumer( );                                           // 创建消费者
        p.start( );                                                    // 启动生产者
        c.start( );                                                    // 启动消费者
    }

    // 这是循环累加in和out的函数
    public static int next(int k) {if (k < BUF_SIZE – 1) return(k+1); else return(0);}
}

class producer extends Thread {                                        // 生产者类
    public void run( ) {                                               // 生产者代码
        long prime = 2;                                                // 临时变量

        while (prime < m.MAX_PRIME) {
            prime = next_prime(prime);                                 // 语句P1
            if (m.next(m.in) == m.out) suspend( );                     // 语句P2
            m.buffer[m.in] = prime;                                    // 语句P3
            m.in = m.next(m.in);                                       // 语句P4
            if (m.next(m.out) == m.in) m.c.resume( );                  // 语句P5
        }
    }

    private long next_prime(long prime){ ... }                         // 计算下一个质数的函数
}

class consumer extends Thread {                                        // 消费者类
    public void run( ) {                                               // 消费者代码
        long emirp = 2;                                                // 临时变量

        while (emirp < m.MAX_PRIME) {
            if (m.in == m.out) suspend( );                             // 语句C1
            emirp = m.buffer[m.out];                                   // 语句C2
            m.out = m.next(m.out);                                     // 语句C3
            if (m.out == m.next(m.next(m.in))) m.p.resume( );          // 语句C4
            System.out.println(emirp);                                 // 语句C5
        }
    }
}
```

475 图 6-26 具有致命的竞争条件的并行处理

该实现使用 Java 线程来模拟并行进程。在其实现中，有一个 producer 类和一个 consumer
类，下面分别简写为 p 和 c。这两个类都是从基本类 Thread 派生出来的，Thread 类有一个 run
方法。run 方法包括用于线程的代码。当调用从 Thread 派生出的对象的 start 方法时，新的线
程就会启动。

线程和进程很类似，只不过所有的线程都处于一个 Java 程序中，这样它们就位于同一个

地址空间中。这一特性便于它们共享同一个缓冲区。如果计算机有两个或者更多的CPU，那么每个线程都可以位于不同的CPU，这时线程就真正地并行执行了。如果只有一个CPU，那么所有的线程分时共享这个CPU。尽管Java只支持并行线程而不支持真正的并行进程，我们还是继续把生产者和消费者称为进程（因为我们真正感兴趣的是并行进程）。

使用实用函数next可以很容易地对in和out进行加1操作，而不用每次都写代码去检查环绕条件。如果参数小于等于98，直接将其加1返回。如果参数是99，说明已经到了缓冲区的最后，因此返回0。

当这两个进程不能继续执行时，它们都需要一种能使自己转入睡眠状态的方法。Java语言的设计者们知道实际使用中会有这种需要，因此从Java的第一个版本开始，在Thread类中就包括了suspend（睡眠）和resume（唤醒）方法。在图6-26中使用的就是它们。

现在我们来看一看真正的生产者和消费者代码。首先，生产者的P1语句产生一个新的质数。注意这里用到了m.MAX_PRIME。前缀m.表示MAX_PRIME是在类m中定义的。同样，在使用in、out、buffer和next时也要使用前缀。

接着生产者检查（语句P2）in是否紧跟在out的后面。如果是这样（比如，in=62,out=63），说明缓冲区满了，生产者通过调用语句P2处的suspend转入睡眠状态。如果缓冲区不满，就把新的质数插入缓冲区（语句P3）并把in指针加1（语句P4）。如果新的in值只比out值大1（语句P5）（例如，in=17，out=16），这时加1之前的in和out一定是相等的，因为in刚刚被加1。这时生产者就知道刚才缓冲区是空的而且消费者一定还在睡眠。因此，生产者调用resume去唤醒消费者（语句P5）。最后，生产者开始计算下一个质数。

消费者的程序结构和生产者类似。首先检查缓冲区是否为空（语句C1）。如果为空，消费者不做任何工作转入睡眠状态。如果缓冲区不为空，它就从缓冲区中移出下一个要打印的数（语句C2）并把out加1（语句C3）。如果在语句C4处out比in领先2个位置，那么刚才out一定只比in领先一个位置，因为out刚刚被加1。由于in=out−1是"缓冲区满"条件，因此生产者一定还在睡眠，这时消费者用resume唤醒它。最后，把数打印出来（语句C5）并继续执行循环。

不幸的是，该设计有一个致命的缺陷，如图6-27所示。记住，这两个进程的执行是异步的而且运行速度可能也不相同。考虑图6-27a所示的情况，这时缓冲区中只剩21项处有一个数，in=22，out=21。生产者正在执行语句P1计算下一个质数，而消费者正在执行语句C5，打印缓冲区第20项的数。消费者完成打印后，执行C1语句处的测试，然后在C2语句处取出缓冲区中的最后一个数，然后把out加1。这时，in和out的值都是22。消费者打印该数后又转到C1，为了比较in和out，它把它们从内存中取出来，如图6-27b所示。

就在消费者取出in和out之后而又没来得及比较之前，生产者算出了下一个质数。语句P3把该质数放入缓冲区，然后语句P4把in加1。现在in=23而out=22。在语句P5处，生产者发现in=next(out)。也就是说，in正好比out多1，表示现在缓冲区中只有一项。因此生产者（并不正确地）认为消费者一定在睡眠，因此它发送了一个唤醒信号（也就是调用resume），如图6-27c所示。当然，消费者本来就是醒着的，因此唤醒信号将被忽略。生产者开始计算下一个质数。

消费者继续执行。在生产者把最后一个质数放入缓冲区之前消费者已经取出了in和out。因为它们的值都是22，消费者将转入睡眠状态。现在生产者找到了另一个质数。它检查指针发现in=24而out=22，因此它认为缓冲区中有两个数（正确）而消费者也是醒着的（不正

476

确）。于是生产者继续执行循环。最终生产者将填满缓冲区并转入睡眠状态。现在生产者和消费者都进入了睡眠状态而且将永远地睡下去。

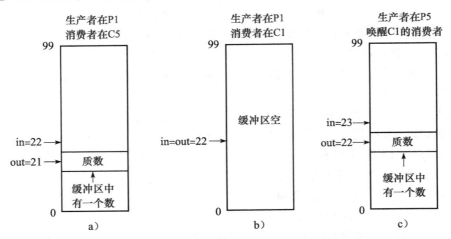

图 6-27　生产者 – 消费者通信机制的缺陷

问题在于在消费者取得 in 和 out 之后和它转入睡眠之前的这段时间内，生产者发现 in=out+1，因此它认为消费者处于睡眠状态（实际上并不是这样），并发送了一个唤醒信号，当然由于消费者并没有睡眠因此唤醒信号也就丢失了。这就是著名的**竞争条件问题**（race condition），因为此方法的成功依赖于在 out 加 1 之后谁赢得对 in 和 out 的竞争测试的胜利。

竞争条件问题很著名。实际上，这一问题是如此严重以致于 SUN 公司在设计完成 Java 多年以后还对 Thread 类进行修改并改写了 suspend 和 resume 方法，因为它们常常会导致竞争条件。上面是一个基于语言的方案，但是既然我们这里研究的是操作系统，我们将讨论一个不同的方案，这一方案被包括 UNIX 和 Windows 7 在内的许多操作系统支持。

6.4.3　使用信号量的进程同步

至少有两种办法可以解决竞争条件。一种方法是为每个进程装备一个"唤醒等待位"。无论何时给一个正在运行的进程发送唤醒信号，该进程的唤醒等待位将被置 1。无论何时当进程转入睡眠状态而唤醒等待位又是 1 时，进程将立刻重新运行并把唤醒等待位清除。唤醒等待位保存了多余的唤醒信号用于将来使用。

尽管这种方法可以解决两个进程之间的竞争条件问题，但当它们处理一般情况下的 n 个进程之间的通信问题时它就会失败，因为需要保存的唤醒信号可能有多达 $n-1$ 个。当然，可以给每个进程装备 $n-1$ 个唤醒等待位来保存 $n-1$ 个唤醒信号，但是这种方案相当笨拙。

Dijkstra（1968b）提出了一种解决并行进程同步问题的更通用的方案。在内存中使用两个称为**信号量**（semaphore）的非负的整数变量。操作系统提供两个系统调用 up 和 down 来操作信号量。up 给信号量加 1，down 则减 1。

如果执行 down 操作的信号量大于 0，则直接将其减 1，执行此操作的进程继续执行。如果信号量是 0，那么 down 操作将不能完成；执行此 down 操作的进程将转入睡眠状态直到其他进程在该信号量上执行 up 操作为止。通常睡眠进程将排成队列进行记录。

up 指令检查信号量是否为 0。如果为 0 而且有其他进程在此信号量上睡眠，则将此信号量加 1。睡眠的进程会完成挂起的 down 操作，又把信号量置为 0，然后两个进程继续运行。

一条 up 指令只能给一个信号量加 1。实际上，信号量提供了一个保存唤醒操作以供将来使用的计数器，这样唤醒操作就不会丢失了。信号量指令的一个基本性质是一旦进程开始执行信号量指令，那么在此进程完成这次操作或者试图在值为 0 的信号量上执行 down 操作而被挂起之前其他进程不能访问此信号量。图 6-28 中概括了 up 和 down 系统调用的基本性质。

指　　令	信号量 =0	信号量 >0
up	信号量 = 信号量 +1； 　如果其他进程试图在该信号量上完成 down 操作时阻塞，那么该进程现在可以完成 down 操作并继续执行。	信号量 = 信号量 +1
down	进程阻塞直到其他进程 up 该信号量	信号量 = 信号量 –1

图 6-28　信号量操作的效果

上文已经提到，Java 语言有一个基于语言的解决竞争条件的方案，而现在我们讨论的是操作系统。因此我们需要一种用 Java 语言表达的信号量用法，即使它不在语言定义或者标准类库中。我们假设写了两个本地方法 up 和 down 分别执行 up 和 down 系统调用。通过使用普通的整数作为参数来调用它们，我们就有了一种在 Java 语言中表达信号量的方法。

图 6-29 向我们展示了如何使用信号量消除竞争条件。在类 m 中增加了两个信号量：available（初始值是 100，缓冲区的大小）和 filled（初始值是 0）。和上一个例子一样，生产者从图 6-29 的 P1 语句开始执行，而消费者从 C1 开始执行。在 filled 上执行的 down 调用立即阻塞了消费者进程。当生产者找到第一个质数之后，它对 available 执行 down 操作，将available 置为 99。在语句 P5 处，它使用 filled 作为参数调用 up，使 filled 变为 1。这一操作将把消费者唤醒，消费者可以继续执行挂起的 down 调用。在这以后，filled 变为 0 而两个进程都继续运行。

现在我们再来看一下竞争条件。在某个特定时刻，in=22，out=21，生产者在执行语句 P1而消费者在执行语句 C5。消费者完成工作之后转向 C1 对 filled 执行 down 调用，filled 在调用之前值为 1 而调用之后值为 0。然后，消费者从缓冲区中取出最后一个数并对 available 执行 up 操作，使它变成 100。消费者打印该数后又转向 C1。就在消费者调用 down 之前，生产者找到了下一个质数并快速执行语句 P2、P3 和 P4。

这时候，filled 是 0。生产者将要对它执行 up 而消费者想执行 down。如果消费者先执行，它将被挂起直到生产者将其释放（通过调用 up 来实现）。如果是另一种情况，生产者先执行，信号量将被置为 1 而消费者根本不会被挂起。在这两种情况下，唤醒信号都不会丢失。当然，这是我们引入信号量所要实现的第一个目标。

信号量操作的基本特性是它们是不可分割的。当一个信号量操作启动后，在它完成或者被挂起之前，其他的进程不能使用该信号量。而且，使用信号量可以保证不丢失唤醒信号。与之相对，图 6-26 中的 if 语句就是可以分割的。在 if 语句计算条件和执行相应的语句之间，另一个进程可以向它发送唤醒信号。

实际上，只要宣布由 up 和 down 操作实现的 up 和 down 系统调用是不可分割的，进程同步问题就已经解决了。为了保证这些操作是不可分割的，操作系统必须禁止两个或者更多的进程同时使用同一个信号量。至少应该保证，一旦开始执行 up 和 down 系统调用，那么在此调用结束之前不能执行其他的用户代码。在单处理器系统中，信号量有时通过在信号量操作期间禁止中断来实现。但是在多处理器系统中，这种方法就行不通了。

```
public class m {
    final public static int BUF_SIZE = 100;                        // 缓冲区从0到99
    final public static long MAX_PRIME = 100000000000L;            // 结束值
    public static int in = 0, out = 0;                             // 数据指针
    public static long buffer[ ] = new long[BUF_SIZE];            // 质数保存在这里
    public static producer p;                                      // 生产者的名称
    public static consumer c;                                      // 消费者的名称
    public static int filled = 0, available = 100;                 // 信号量

    public static void main(String args[ ]) {                      // 主类
        p = new producer( );                                       // 创建生产者
        c = new consumer( );                                       // 创建消费者
        p.start( );                                                // 启动生产者
        c.start( );                                                // 启动消费者
    }

    // 这是循环累加in和out的函数
    public static int next(int k) {if (k < BUF_SIZE – 1) return(k+1); else return(0);}
}

class producer extends Thread {                                    // 生产者类
    native void up(int s); native void down(int s);                // 信号量方法
    public void run( ) {                                           // 生产者代码
        long prime = 2;                                            // 临时变量

        while (prime < m.MAX_PRIME) {
            prime = next_prime(prime);                             // 语句P1
            down(m.available);                                     // 语句P2
            m.buffer[m.in] = prime;                                // 语句P3
            m.in = m.next(m.in);                                   // 语句P4
            up(m.filled);                                          // 语句P5
        }
    }

    private long next_prime(long prime){ ... }                     // 计算下一个质数的函数
}

class consumer extends Thread {                                    // 消费者类
    native void up(int s); native void down(int s);                // 信号量方法
    public void run( ) {                                           // 消费者代码
        long emirp = 2;                                            / 临时变量

        while (emirp < m.MAX_PRIME) {
            down(m.filled);                                        // 语句C1
            emirp = m.buffer[m.out];                               // 语句C2
            m.out = m.next(m.out);                                 // 语句C3
            up(m.available);                                       // 语句C4
            System.out.println(emirp);                             // 语句C5
        }
    }
}
```

图 6-29　使用信号量的并行处理

信号量同步技术可以用于任意多个进程。可能同时有多个进程在同一个信号量上睡眠，或者都试图完成 down 系统调用。当某个其他进程最终执行 up 操作后，只要一个等待进程被允许完成 down 操作并继续执行。而信号量值仍然是 0 其他的进程也要继续等待。

打个比方可能会使信号量的原理更加清晰。假设在一次郊游活动中有 20 支排球队分成 10 队（相当于 10 个进程）进行比赛，每队都有自己的场地，并有一大筐排球（相当于信号量）。不幸的是，筐里只有 7 个排球。在任意时刻，筐里的排球数量都在 0 ～ 7 之间（相当于信号量的值在 0 ～ 7 之间）。把一个球放到筐里相当于执行 up 因为信号量的值增加了。从筐

里拿一个球相当于 down 操作，因为信号量的值被减 1。

在郊游活动开始的时候，每块场地都派出一名队员到筐里去拿球。他们之中只有 7 个人可以拿到排球（完成了 down 操作）；另外三个人不得不在筐边上等待排球（也就是说，没有完成 down 操作）。他们的比赛也不得不暂停。最终，有一组的比赛结束了，他们的球被放回筐里（执行 up）。这样三队等球的队员中的一个可以拿到这个球（完成了刚才的 down），而他们的比赛也就可以开始了。其他两队队员必须继续等待直到又有两个球被放回筐里。当有两个或者更多的球回来时（两个或者更多的 up 操作），最后两队比赛也可以开始了。

6.5 操作系统实例

本节我们将继续讨论我们的范例系统，Core i7 和 OMAP4430 ARM CPU。我们将讨论两个在它们上面运行的操作系统。对于 Core i7 我们将讨论 Windows；对于 OMAP4430 ARM CPU 我们将讨论 UNIX。由于 UNIX 相对简单而且精致，我们将从 UNIX 开始讨论。另外，UNIX 的设计和实现先于 Windows 并且对 Windows 7 产生了很大的影响，因此这种顺序比反过来更有意义。

480 ₹ 481

6.5.1 简介

这一部分简单介绍我们使用的两个操作系统实例：UNIX 和 Windows 7，主要介绍它们的发展历史、结构和系统调用。

1. UNIX

UNIX 是 Bell 实验室在 20 世纪 70 年代早期设计实现的。Ken Thompson 使用 PDP-7 微型计算机的汇编语言编写了第一个版本。很快就有了 PDP-11 的版本，该版本使用的是由 Dennis Ritchie 设计和实现的 C 语言。在 1974 年，Ritchie 和 ken Thompson 发表了一篇关于 UNIX 的里程碑式的著名论文（Ritchie 和 Thompson，1974）。后来他们由于该论文的工作获得了具有很高荣誉的 ACM 图灵奖（Ritchie，1984；Thompson，1984）。这篇论文使许多大学向 Bell 实验室索要 UNIX。由于 Bell 实验室的母公司 AT&T 当时受到反垄断法的限制不能经营计算机业务，因此它并不反对用低廉的价格向各大学发放 UNIX 使用许可。

还有一个事件促进了 UNIX 的推广，当时几乎所有大学的计算机科学系都选择 PDP-11 计算机，而 PDP-11 的操作系统被教授和学生们一致认为是非常可怕的。UNIX 很快弥补了这一缺陷，至少 UNIX 提供了完整的源代码，这样人们就可以（而且确实在这样做）不断地对它进行修补。

加利福尼亚大学伯克利分校是较早获得 UNIX 的大学之一。因为有完整的源码，伯克利就可以对系统进行充分的修改。最主要的修改是支持 VAX 微型计算机，增加了分页虚拟内存，把文件名从 14 个字节扩展到 255 个字节，还包括了 TCP/IP 网络协议，该协议目前正用于互联网（这主要归功于伯克利的 UNIX 中包括了它）。

在伯克利做这些修改的同时，AT&T 也在发展 UNIX，最终产生了 1982 的 System III 和 1984 的 System V。到了 20 世纪 80 年代后期，两个不同的而且很不兼容的 UNIX 版本：伯克利 UNIX 和 System V 都被广泛使用。这种现象造成了 UNIX 世界的分裂，而且造成了二进制程序格式没有标准可循，这就极大地限制了 UNIX 的商业应用，因为软件厂商不能编写出用于所有的 UNIX 系统的 UNIX 程序（而 MS-DOS 就可以）。在经过一番争吵之后，IEEE

482

的标准化部门通过了 **POSIX 标准**（Portable Operating System-IX）。POSIX 的 IEEE 标准号是 P1003。它后来成了国际标准。

POSIX 标准由许多部分组成，每部分都覆盖了 UNIX 的一个方面。第一部分，P1003.1 定义了系统调用；第二部分，P1003.2 定义了基本的实用程序，等等。P1003.1 定义了大约 60 个所有的兼容系统都必须支持的系统调用。它们是用于读写文件和创建新进程等用途的基本的系统调用。现在几乎所有的 UNIX 系统都支持 P1003.1 系统调用。但是许多 UNIX 系统还支持额外的系统调用，特别是那些 System V 和伯克利 UNIX 定义的系统调用。它们合计会在 POSIX 调用集合之上增加 200 多个系统调用。

1987 年，作者（Tanenbaum）完成了称为 MINIX 的开放源码的微型 UNIX 版本，主要用于大学教学（Tanenbaum，1987）。一个在赫尔辛基的一所大学念书的学生研究了 MINIX 系统并把它运行在自己家里的 PC 机上，这个学生就是 Linus Torvalds。在透彻地分析了 MINIX 系统之后，Torvalds 决定自己写一个 MINIX 的克隆版本，这个克隆版本就是后来相当流行的 Linux 系统。

现在 ARM 平台上运行着的很多操作系统都是基于 Linux 的。MINIX 和 Linux 都是 POSIX 兼容的，如果没有特殊说明的话，前面我们提到的关于 UNIX 的内容对这两个系统也几乎同样适用。

Linux 系统调用的一个粗略分类如图 6-30 所示。文件和目录管理的系统调用是最大也是最重要的一类。尽管开发者在某些方面偏离了规范，但 Linux 绝大部分还是符合 POSIX P1003.1 标准的。总之，不管怎样，将符合 POSIX 标准的程序运行到 Linux 上还是不难的。

分　类	举　例
文件管理	打开、读取、写入、关闭、加锁文件
目录管理	创建和删除目录，拷贝文件
进程管理	创建、中止、跟踪进程和进程的软中断信号
内存管理	在进程之间共享内存；保护页等
读取 / 设置参数	取用户、组、进程标识符；设置优先级
日期和时间	设置文件访问时间；用户间隔时间；执行描述文件
网络	建立连接，接受连接请求；发送 / 接收报文
杂类	使能审计；管理磁盘分配；重启系统

图 6-30　UNIX 系统调用的粗略分类

主要来自于伯克利 UNIX 而不是 System V 的一个部分是网络。伯克利发明了**套接字**（socket）的概念，它是网络连接的端点。墙上的用于插电话机的四眼插口就是此概念的具体模型。UNIX 进程可以创建一个套接字，连接一个套接字，还可以与远程计算机的套接字建立连接。通过此连接可以在两个方向上交换数据，通信时一般使用 TCP/IP 协议。由于 UNIX 的网络技术已经使用了几十年而且非常成熟和稳定，因此互联网上的大部分服务器都运行 UNIX。

由于 UNIX 有许多种实现，介绍操作系统的结构就比较困难，因为每一种和其他的结构都有所不同。但一般来说，图 6-31 的结构符合大多数的 UNIX 系统。底部是设备驱动层，它把文件系统和实际硬件隔离开。最初的时候，每个设备驱动程序都是由独立的公司编写的，彼此之间没有关系。这种安排造成了大量的重复工作，因为许多驱动程序都要处理流控、错误处理、优先级、区分数据流和控制流等。Dennis Ritchie 观察到了这一点就提出了称为**流**（stream）的、按照模块化的方式编写驱动程序的框架。使用流机制，就可以在用户进程和硬件设备之间建立双向的连接，在连接的路径上可以插入一个或者多个模块。用户进程把数据推入流，然后各个模块依次对它进行处理和传递直到到达硬件为止。输入数据时过程正好相反。

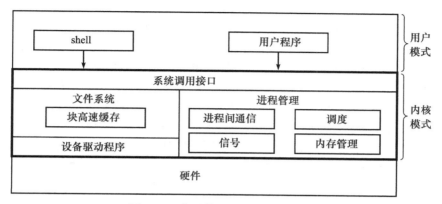

图 6-31　典型的 UNIX 系统的结构

位于设备驱动程序之上的是文件系统。它负责管理文件名、目录、磁盘块分配、保护和其他一些工作。**磁盘块高速缓存**（block cache）是文件系统的一部分，它保持最近从磁盘上读出的磁盘块，以防它们被再次使用。在过去的这些年中使用了多种文件系统，包括伯克利的快速文件系统（McKusick 等，1984）和日志结构的文件系统（Rosenblum 和 Ousterhout，1991；Seltzer 等，1993）。

UNIX 核心的另一部分是进程管理。进程管理中有各种不同的函数，它们负责管理进程间通信（InterProcess Communication，IPC），IPC 可以使进程之间相互通信并实现同步以避免竞争条件。为了实现这一点，它提供了多种不同的机制。进程管理代码还要负责进程调度，进程调度是基于优先级的。信号（signal）作为一种（异步的）软件中断也在这里管理。最后，这里还要进行内存管理。大多数的 UNIX 系统支持请求调页虚拟内存，有时候还支持一些额外的特性，例如多个进程共享同一个地址空间中的某个区域的能力。

为了增强可靠性并提高性能，UNIX 的设计初衷是想做成一个小系统。UNIX 的第一个版本只支持文本，它使用的终端只能显示 24 或者 25 行，每行 80 个 ASCII 字符。用户接口由一个称为**外壳**（shell）的用户级程序负责管理，shell 提供了一个命令行的接口。由于 shell 并不是内核的一部分，因此给 UNIX 增加新的 shell 是很容易的，随着时间的推移，人们设计出大量的越来越复杂的 shell。

后来，当出现了图形终端之后，M.I.T. 为 UNIX 设计了一个称为 X Windows 的窗口系统。再后来，在 X Windows 之上，又有了一个称为 Motif 的完整的**图形用户界面**（Graphical User Interface，GUI）。这些 GUI 最终发展成为成熟的桌面环境，它们具有美化渲染的窗口管理、生产力工具和实用程序。桌面环境的典型代表有 GNOME 和 KDE 等。为了维护 UNIX 的微内核原则，X Windows 和 Motif 的几乎所有代码都运行在内核之外的用户模式下。

2. Windows 7

当最早的 IBM PC 在 1981 年问世的时候，它装备的操作系统是 MS-DOS 1.0，这是一个

484

16 位的实模式、单用户、面向命令行的操作系统。它的内存驻留代码只有 8KB。两年以后，出现了更加强劲的驻留代码为 24KB 的 MS-DOS 2.0。它包括一个命令行解释器（shell），其中一些特性是从 UNIX 中借鉴来的。当 IBM 于 1984 年推出基于 286 的 PC/AT 时，它装备的是 MS-DOS 3.0，它的驻留代码为 36KB。在后来的发展中，MS-DOS 继续扩充新特性，但它仍然是一个面向命令行的系统。

Apple 公司的 Macintosh 机的成功促使 Microsoft 决定给 MS-DOS 增加一个叫做 Windows 的图形用户接口。Windows 的前三个版本，最后一个是 Windows 3.x，并不是真正的操作系统，只不过是运行在 MS-DOS 之上的图形用户接口，真正控制计算机的仍然是 MS-DOS。所有的程序都在同一个地址空间中运行，任何一个程序中的 bug 都可以使整个系统崩溃。

1995 年推出的 Windows 95 仍然没有结束 MS-DOS 的使命，它使用的是一个新的版本，DOS 7.0。Windows 95 和 MS-DOS 7.0 包括了一个成熟的操作系统的大部分特性，包括虚拟内存、进程管理和多道程序。但是，Windows 95 并不是一个全 32 位的程序，它包括大量的旧的 16 位的代码（当然也有 32 位的代码）而且仍然使用 MS-DOS 文件系统，仍然具有 MS-DOS 文件系统的种种限制。文件系统的唯一的重大改进是把 MS-DOS 的 8+3 的字符文件名改成了长文件名，并且具有了支持一个磁盘上可以超过 65 536 块的能力。

即使在 1998 年推出的 Windows 98 中，MS-DOS 仍然存在（现在是版本 7.1）并运行在 16 位模式下。尽管更多的功能从 MS-DOS 转移到了 Windows，而且磁盘布局更适合大磁盘，除此之外，Windows 98 和 Window 95 之间并没有什么大的区别。主要的区别是用户界面，用户界面中集成了桌面和互联网，而且看起来更像电视。这种集成恰恰引起了美国司法部的注意，于是美国司法部以非法垄断的罪名起诉了 Microsoft。Winows 98 之后是短命的 Windows 千禧版（Windows Millennium Edition，Windows ME），这个版本对 Windows 98 进行了少量改进。

在取得这些进展的同时，Microsoft 还在设计一个全新的 32 位的操作系统。这个新系统称为 Windows New Technology，或者 Windows NT。起初，Microsoft 宣称 Windows NT 可以替代基于 Intel 的 PC 机（MIPS PowerPC 芯片也可以）的所有其他的操作系统，但是进展有些缓慢，后来开发方向转向高端市场，这是一个合适的定位。NT 的第二版称为 Windows 2000，而且成为 Windows 主流版本，Windows 2000 也面向桌面市场。Window XP 是 Windows 2000 的后继版本，改动较小，对 Windows 2000 只有少量改进（具有更好的向后兼容性以及其他一些新特性）。2007 年 Windows Vista 发布。与 Windows XP 相比 Vista 实现了很多图形增强，增加了诸如媒体中心等新的用户应用程序。因为 Vista 的性能不佳而且对资源需求较高等原因，用户接受 Vista 的进展很慢。仅仅两年之后，Windows 7 发布，这是 Vista 的一个调整版本。Windows 7 在一些老的硬件上能够较好地运行，所需的硬件资源也较少。

Windows 7 出售时有六个版本。其中三个版本是针对各国家庭用户，两个版本针对商业用户，最后一个版本则包括了所有版本中的特性。这些版本基本上一样，主要区别集中在高级特性和优化模式等方面。我们重点讨论 Windows 7 的核心特性，各个版本的区别不是我们关注的重点。

在研究 Windows 7 呈现给程序员的接口之前，我们先来快速地看一看它的内部结构，如图 6-32 所示。它由一些分层组织的模块构成，它们协同工作共同实现了 Windows 7 操作系统。每个模块都实现了某个特定的功能并有一个精心定义的与其他模块的接口。几乎所有的模块都是用 C 语言编写的，尽管有部分图形设备接口是用 C++ 编写的，最低层的一部分是用汇编语言编写的。

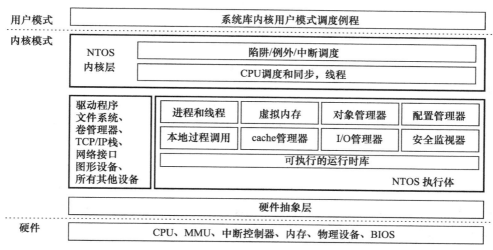

图 6-32   Windows 7 的结构

结构底部是一层很薄的**硬件抽象层**（hardware abstraction layer）。它的任务是使操作系统的其他部分只看到抽象的硬件设备，而不用考虑实际硬件的各种令人讨厌的特性。这些硬件设备包括片外 cache（off-line cache）、时钟控制器、I/O 总线、中断控制器和 DMA 控制器。通过把这些设备以理想化的形式提供给操作系统的其他部分，可以使 Windows 7 很容易地被扩展到其他硬件平台上，因为需要进行的大部分修改都集中在一个地方。 486

在硬件抽象层之上，代码被分成两个主要部分，一部分是 **NTOS 执行体**（NTOS executive），另一部是 **Windows 驱动程序**（Windows driver）。驱动程序包括文件系统、网络和图形编码等。这两部之上是内核层。所有这些代码都运行在受保护的内核模式。

执行体管理 Windows 7 中使用的基本抽象，包括线程、进程、虚拟内存、内核对象以及配置等。此外，执行体还管理本地过程调用、文件 cache、I/O 和安全等。

内核层要管理陷阱和例外处理，同时还要进行调度和同步等。

内核之外就是用户程序和与操作系统接口的系统库。和 UNIX 系统不同，Microsoft 不鼓励用户程序直接使用系统调用，而是希望他们能够调用库中的过程。为了在不同的 Windows 版本上提供标准化，Microsoft 定义了称为 **Win32 API**（Application Programming Interface）的调用集。这些 API 是一些库过程，可以进行系统调用完成工作，在某些情况下，也可以使用用户空间库过程完成任务。自从 Win32 定义以来，很多 Windows 7 库调用已经加入，这些都是核心调用，也是我们将继续关注的。后来，当 Windows 移植到 64 位的机器上时，Microsoft 487 改变了 Win32 的名称，这样可以同时覆盖 32 位和 64 位两种版本的系统。但对于我们教学而言，讨论 32 位版本已经足够了。

Win32 API 的设计思想和 UNIX 完全不同。在 UNIX 中，系统调用是众所周知的而且形成了最精简的接口：缺少任何一个系统调用都会削弱操作系统的功能。而 Win32 的设计思想是提供一个非常复杂的接口，完成一项工作常常有三种或者四种方法，还包括许多显然不应该是（实际上也不是）系统调用的函数，比如有一个 API 调用是拷贝一个完整的文件。

有许多 Win32 API 调用创建这种或者那种的内核对象,包括文件、进程、线程、管道等。创建内核对象的调用会给调用者返回一个**句柄**(handle)。以后对此对象的操作都通过句柄来完成。句柄只能在创建该对象的进程内使用。不能把它们直接传递给别的进程使用(就像在 UNIX 中不能把文件描述符传递给别的进程使用一样)。但在某些特定的情况下,可以拷贝一个句柄并用一种受保护的方式把它传递给别的进程,这样这些进程就可以访问属于其他进程的对象。每个对象都有一个与之相关的安全描述符,它详细地说明了谁可以或者不可以对该对象执行哪种操作。

有的时候称 Windows 7 是面向对象的,因为管理内核对象的唯一的方法是通过句柄调用它们的方法(API 函数),这些句柄是对象建立时返回的。但另一方面,它缺少面向对象系统的某些基本特性,比如继承性和多态性。

6.5.2 虚拟内存实例

在这部分中,我们来研究 UNIX 和 Windows 7 的虚拟内存。从程序员的角度来看,它们的大部分特性都很相似。

1. UNIX 的虚拟内存

UNIX 的内存模型很简单。每个进程都有三个段:代码段、数据段和栈段,如图 6-33 所示。在一台只有单一线性地址空间的计算机中,代码段通常在内存的底部,上面是数据段。栈段则在内存的顶部。代码段的大小是固定的,而数据段和栈段可以在相反的方向上增长。这种模型可以很容易地在几乎所有的计算机上实现,OMAP4430 ARM CPU 上运行的 Linux 变异版本也使用了这种模型。

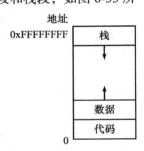

图 6-33 单 UNIX 进程的地址空间

此外,如果计算机是分页的,整个地址空间就被分成了页,当然用户程序觉察不到。用户程序唯一可以觉察到的是可以允许程序的大小大于计算机的物理内存。不支持分页的 UNIX 系统通常在内存和磁盘之间交换整个进程,这样可以允许分时执行任意数量的进程。

对于伯克利 UNIX 来说,它基本符合我们前面讨论的请求调页虚拟内存模式。但是 System V(还有 Linux)则包括一些可以允许用户使用更复杂的方式管理他们的虚拟内存的模式。其中最重要的一点是进程可以把一个文件(或者文件的一部分)映射到其地址空间中。比如说,如果把一个 12KB 的文件映射到虚拟地址 144KB,那么从地址 144KB 读到的就是该文件的第一个字。用这种方式不用执行系统调用就可以实现文件 I/O。由于某些文件的大小可能会超过虚拟地址空间的大小,因此也可以只映射文件的一部分而不是整个文件。映射文件时首先打开该文件并返回一个文件描述符 *fd*,它用于标识被映射的文件。接下来进程执行调用

    paddr = mmap(virtual_address, length, protection, flags, fd, file_offset)

该调用将把从文件的 file_offset 处开始的 length 个字节映射到从 virtual_address 开始的虚拟地址空间中。作为选择,可以设置 flags 参数来要求操作系统选择一个虚拟地址,它将放在返回值 paddr 中。映射区域必须是整数张页而且按照页边界对齐。protection 参数可以定义读、写和执行权限的任意组合。映射使用完之后还可以通过 unmap 操作取消。

多个进程可以同时映射一个文件。系统提供了两个共享选项。在第一种选项中,所有的

页都被共享，因此一个进程的写操作对其他进程来说也是可见的。该选项提供了一种高带宽的进程间通信方法。另一种选项是共享没有被进程修改过的页。但是只要任何一个进程试图向页中写，就会产生一个保护错，这时操作系统就会给此进程一份该页的拷贝，让该进程写。这种方式就叫做**写时拷贝**（copy on write），它用于多个进程同时需要一个文件映射的时候。这种模型中的共享是一种优化，而不仅仅是语义。

489

2. Windows 7 的虚拟内存

在 Windows 7 中，每个用户进程都有自己的虚拟地址空间。在 32 位的 Windows 7 版本中，虚拟地址为 32 位长，因此每个进程有 4GB 的虚拟地址空间。低端的 2GB 用于进程的代码和数据；高端的 2GB 只限于核心内存使用，在 Windows 的服务器版中，虚拟地址空间中的 3GB 给用户使用，1GB 给内核使用。虚拟地址空间是请求调页方式的，页大小是固定的（在 Core i7 中是 4KB）。64 位版本的 Windows 7 的地址空间也很类似，只是代码和数据空间使用虚拟地址空间的低 8TB 部分。

每个虚页都处于以下三种状态之一：空闲、保留和提交。**空闲页**（free page）是当前没有使用的页，如果访问它将产生页错误。当进程刚开始运行的时候，它的所有页都处于空闲状态直到程序和初始的数据被映射到它的地址空间中。一旦代码或者数据被映射到某一页中，该页就处于**提交**（committed）**状态**。对提交页的访问将通过虚拟内存硬件来实现，如果该页在内存中则访问成功。如果该页不在内存中，将会产生缺页操作，系统会找到此页并把它从磁盘调入内存。一个虚页也可以处于**保留**（reserved）**状态**，这就意味着在它的保留内容没有被移走之前不能使用它。除了空闲、保留和提交这些属性之外，页还具有其他的属性，比如可读、可写和可执行等。内存顶部的 64KB 和底部的 64KB 总是空闲的，用于获取指针错误（没有初始化的指针通常是 0 或者 –1）。

每个提交页在磁盘上都有一个映射页，当此提交页不在内存中时它就在此映射页上。空闲的和保留的页没有映射页，因此访问它们会产生页错误（如果磁盘上没有该页当然系统也就得不到此页）。磁盘上的映射页被组织成一个或者多个页文件。操作系统知道虚页映射到哪个分页文件的哪一部分。对于只能执行的程序，它的可执行二进制文件包括了映射页；数据页则使用了特殊的分页文件。

Windows 7 和 System V 一样，允许直接把文件映射到虚拟地址空间的区域中（即运行的页面）。一旦一个文件被映射到地址空间中，就可以使用通常的内存引用来对它进行读写。

内存映射文件和其他的提交页的实现方式是相同的，只不过映射页位于磁盘文件上而不是在页文件中。作为结果，当一个文件被映射时，它的内存版本可能和磁盘版本不一致（这是由于最近向虚拟地址空间中写入）。但是，当取消文件映射或者显式地刷新时，磁盘版本将会被更新。

Windows 7 明确地允许两个或者更多的进程同时映射到一个文件，当然可能位于不同的虚地址空间中。通过读写内存字，进程之间可以相互通信并能以很高的带宽交换数据，因为不需要任何拷贝。不同的进程可能有不同的访问权限。由于所有的进程都使用一个共享所有页的映射文件，其中一个进程对它进行修改其他进程可以立即发现，即使磁盘文件还没有被更新。

490

Win32 API 包括大量的允许进程显式地管理其虚拟地址空间的函数。其中最重要的一些函数列在图 6-34 中。所有这些函数的操作区域或者是一张单独的页或者是虚拟地址空间中的两张或者多张连续页组成的区域。

前四个 API 函数的意义是不言自明的。接下来的两个函数，前一个使进程可以在内存中保留数页的存储区而不进行换页，后一个函数则具有相反的功能。实时程序可能会用到这一功能。只有系统管理程序才可能在内存中固定页面。这种由操作系统强加给进程的限制可以使进程不至于变得太贪婪。虽然在图 6-34 中并没有列出，但是 Windows 7 同样也具有可以允许一个进程访问由其他进程控制的虚拟地址空间的 API 函数（比如通过句柄进行访问）。

API 函数	含　义
VirtualAlloc	预留或者分配一块内存区
VirtualFree	释放或者回收一块内存区
VirtualProtect	改变内存区域的读 / 写 / 执行保护
VirtualQuery	查询内存区的状态
VirtualLock	贮留一块内存区域（也就是禁止分页）
VirtualUnlock	使内存区域恢复到通常的分页状态
CreateFileMapping	创建文件映射对象并（可选）给它命名
MapViewOfFile	把文件（一部分）映射到地址空间中
UnmapViewOfFile	从地址空间中删除映射文件
OpenFileMapping	打开以前创建的文件映射对象

图 6-34　Windows 7 中主要的管理虚拟内存的 API

图 6-34 中的最后四个 API 函数用于管理内存映射文件。为了映射一个文件，首先使用 CreateFileMapping 创建文件映射对象。该函数返回一个文件映射对象的句柄并提供了输入文件名的选项以便其他进程使用。下面两个函数分别用于映射和解映射文件。一个映射文件是一个磁盘文件或者是它的一部分，访问虚拟地址空间时可以对映射文件读出或者写入，即使没有明确的 I/O 操作。最后一个函数可以允许一个文件被映射的同时也被另一个进程映射。使用这种方式，两个或者多个进程可以共享它们的地址空间。

491　这些 API 函数是建立内存管理系统的基础。举例来说，这里有分配和释放位于一个或者多个堆中的数据结构的 API 函数。堆用于存储动态创建和撤销的数据结构。堆不进行垃圾收集，因此需要语言运行时系统或用户软件自己负责释放不再使用的虚拟内存块。（垃圾收集是指自动地从系统中清除不再使用的数据结构。）堆在 Windows 7 中的用法类似于 UNIX 系统中的 malloc 函数，所不同的是在 Windows 7 中可以有多个独立管理的堆。

6.5.3　操作系统层 I/O 举例

任何操作系统的核心功能都是为用户程序提供服务，其中最主要的是读写文件这样的 I/O 服务。UNIX 和 Windows 7 都为用户程序提供了多种不同的 I/O 服务。在 Windows 7 中有和大部分 UNIX 系统调用等价的调用，但反过来就不一定了，因为 Windows 7 的系统调用比 UNIX 多得多，而且即使和 UNIX 调用相对应的调用也比 UNIX 中的形式复杂得多。

1. UNIX I/O

UNIX 系统的流行部分归功于它的简单性，而简单性正是其文件系统组织的直接结果。在 UNIX 中，一个普通文件是一个 8 位字节的线性序列，从 0 开始可以达到 $2^{64}-1$ 个字节。操作系统本身并不把任何记录结构强加给文件，虽然有许多用户程序把 ASCII 的文本文件看成是行的序列，每行之后都有行结束符表示行结束。

每个打开的文件都有一个相关的指针指向读或者写的下一个字节。read 和 write 系统调用从由该指针标明的文件位置开始执行读和写。在调用完成后，还需要把指针向前移动操作的字节数。当然，也可以通过给文件指针赋一个特定的值的方式来对文件进行随机存取。

除了普通文件之外，UNIX 还支持用于访问 I/O 设备的特殊文件。一般来说，每个 I/O 设备都有一个或者多个和它相关的特殊文件。程序可以通过从与 I/O 设备相关的特殊文件进行读写来达到读写 I/O 设备的目的。磁盘、打印机、终端和许多其他的设备都采用这种方式管理。

主要的 UNIX 文件系统调用如图 6-35 所示。creat 调用（注意，没有字母 e）用于创建一个新的文件。实际上，它并不是必需的，因为现在 open 调用也可以创建一个新文件。如果假定文件只存在于一个目录中，那么 unlink 调用的作用就是把文件删除。

系统调用	含　义
creat(name, mode)	创建文件；mode 定义了保护模式
unlink(name)	删除文件（假定该文件只有一个链接）
open(name, mode)	打开或者创建一个文件并返回文件描述符
close(fd)	关闭文件
read(fd, buffer, count)	读入 count 个字节到 buffer 中
write(fd, buffer, count)	从 buffer 中写入 count 个字节
lseek(fd, offset, w)	根据 offset 和 w 改变文件指针
stat(name, buffer)	返回文件信息
chmod(name, mode)	改变文件的保护模式
fcntl(fd, cmd, ...)	执行不同的控制操作，如锁定一个文件（的一部分）

图 6-35　主要的 UNIX 文件系统调用

open 调用用于打开已经存在的文件（并创建新的文件）。mode 标志说明如何打开它（用于读、用于写等）。此调用返回一个称为**文件描述符**（file descriptor）的小整数用于在以后的调用中标识此文件。当文件不再需要时，就调用 close 释放文件描述符。

实际的文件 I/O 由 read 和 write 完成，这两个调用都有一个文件描述符作为参数来指定使用的文件，有一个缓冲区用于存放数据，还有一个字节计数器说明传输的字节数。lseek 调用用于定位文件指针，可以用它对文件进行随机存取。

492

```
/* 打开文件描述符. */
infd = open("data", 0);
outfd = creat("newf", ProtectionBits);

/* 拷贝循环. */
do {
       count = read(infd, buffer, bytes);
       if (count > 0) write(outfd, buffer, count);
} while (count > 0);

/* 关闭文件. */
close(infd);
close(outfd);
```

stat 返回和文件相关的信息，包括文件大小、最近访问时间、所有者和其他的信息。chmod 改变一个文件的保护模式，例如，允许或者禁止除文件所有者之外的用户读该文件。最后，fcntl 对文件进行各种混杂的操作，例如锁定和解锁一个文件。

图 6-36 向我们展示了主要的文件 I/O 调用是如何工作的。这段代码非常简单而且没有包括必要的错误检查。在进入循环之前，程序打开一个已有的文件 data，并创建一个新的文件 newf。这两个调用分别返回文件描述符 infd 和 outfd。这两个调用的第二个参数是保护位，data 文件是为读而打开的而 newf 文件

图 6-36　使用 UNIX 系统调用拷贝文件的程序段。这段程序是用 C 语言编写的，因为 Java 语言向用户隐藏了低级的系统调用而我们正要研究低级的系统调用

是为写而打开的。这两个调用都返回文件描述符。如果 open 或者 creat 失败了，会返回一个
负的描述符来说明调用失败了。

read 调用有三个参数：一个文件描述符、一个缓冲区和一个字节计数器。此调用将尽力
把指定文件中要求读取的字节读入缓冲区中。实际读取的字节数由 count 返回，如果文件太
短，它可能会小于 bytes。write 调用则把刚刚读到的字节写入输出文件。循环将一直持续到输
入文件被读完，这时循环中止，两个文件都被关闭。

在 UNIX 中文件描述符是小整数（通常小于 20）。文件描述符 0、1 和 2 是特殊的，分别
对应于**标准输入**（standard input）、**标准输出**（standard output）和**标准错误**（standard error）。
一般来说，它们分别指的是键盘、显示器和显示器，但是它们也可以被用户重定向到文件中。

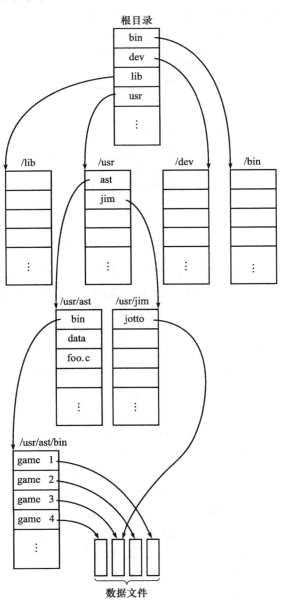

图 6-37 典型的 UNIX 目录系统的一部分

许多 UNIX 程序从标准输入获得输入并把处
理结果写入标准输出。这样的程序通常称为
过滤程序（filter）。

和文件系统密切相关的是目录系统。每
个用户可以有多个目录，每个目录都可以包
括文件和子目录。一般来说，UNIX 系统都
配有一个称为**根目录**（root directory）的主
目录，包括子目录 bin（用于存放常用的执
行程序）、dev（用于存放特殊的 I/O 设备文
件）、lib（用于存放库文件）和 usr（用于存
放用户目录），如图 6-37 所示。在这个例子
中，usr 目录包括子目录 ast 和 jim。ast 目录
包括两个文件——data 和 foo.c，以及一个子
目录 bin（包括四个游戏）。

如果有多个磁盘或者磁盘分区，那么它
们可以被加载到命名树上，这样所有磁盘上
的全部文件都出现在同样的目录层次中，通
过根目录都可以访问到它们。

可以通过给出从根目录开始的文件**路
径**（path）找到文件。路径包括从根目录到
该文件的所有目录的列表，目录名之间用
斜线分隔。例如，game2 的绝对路径名是
/usr/ast/bin/game2。从根目录开始的路径称
为绝对路径。

每个正在运行的程序在任何时刻都有一
个**工作目录**（working directory）。也可以相
对于工作目录指定路径名，这时路径的开始
处不用加斜线，这样可以把它们和绝对路径
区别开。这样的路径称为**相对路径**（relative
path）。当工作目录是 /usr/ast 时，可以通过
路径 bin/game3 来访问 game3。用户可以用

link 系统调用创建一个到其他用户的文件**链接**（link）。在上面的例子中，/usr/ast/bin/game3 和 usr/jim/jotto 访问的是同一个文件。为了防止在目录系统中出现循环，不允许链接到目录。open 和 creat 调用都使用绝对和相对路径作为参数。

UNIX 中主要的目录管理系统调用如图 6-38 所示。mkdir 调用创建一个新的目录，rmdir 删除一个已有的（空）目录。接下来的三个系统调用用于读取目录项。第一个打开目录，下一个读取目录项，最后一个关闭目录。chdir 用于改变工作目录。

系统调用	含　义
mkdir(name, mode)	创建一个新目录
rmdir(name)	删除一个空目录
Opendir(name)	为读而打开一个目录
Readdir(dirpointer)	读目录中的下一项
Closedir(dirpointer)	关闭目录
chdir(dirname)	把工作目录改为 dirname
link(name1, name2)	创建目录项 name2 并使其指向 name1
unlink(name)	从目录中删除 name

图 6-38　主要的 UNIX 目的管理调用

link 创建一个新的目录项并把该目录项指向一个已有的文件。比如，可以通过调用

link("/usr/ast/bin/game3", "/usr/jim/jotto")

创建目录项 /usr/jim/jotto，也可以通过使用依赖于当前执行调用的程序的相对路径名来执行相同功能的调用。unlink 系统调用删除一条目录项。如果该文件只有一个链接，那么它也将被删除。如果此文件有两个或者更多的链接，文件将被继续保留。它并不考虑这个将要被删除的链接是最初的还是后来拷贝的。一旦创建了一个链接，它们就都是平等的，也就是说它和最初的链接之间没有任何区别。执行调用

unlink("/usr/ast/bin/game3")

后，要想访问 game3 就只能通过路径 /usr/jim/jotto。我们可以使用这种 link 和 unlink 的方式在目录之间移动文件。

每个文件（包括目录，因为目录也是文件）都有一个相关的位图，它用于说明谁可以访问这个文件。该图包括三组 R（Read）W（Write）X（eXecute）域，第一组用于控制文件所有者的读、写和执行权限，第二组用于和文件所有者同组的其他用户，第三组用于所有其他用户。比如 RWX R-X--X 就意味着文件所有者可以读、写和执行该文件（很显然，这是一个执行程序，否则执行权限应该被关闭），与此同时和文件所有者同组的其他用户可以读和执行该文件，而其他的用户则只能执行该文件。在这种权限限制下，一个陌生的用户只能使用该程序而不能偷走它（也就是拷贝），因为他没有读权限。把用户分配到用户组中的工作由系统管理员（也称为**超级用户**，superuser）完成。超级用户还可以越过文件的保护机制去读、写和执行任何文件。

下面我们简单地介绍一下在 UNIX 中文件和目录的实现。更完整的介绍，参见 Vahalia（1996）。每个文件（和每个目录，因为目录也是文件）都有一个相关的 64 字节的称为 **i 节点**（i-node）的信息块。i 节点中的信息包括谁拥有该文件、权限是什么、到哪里去找到数据等。

在磁盘上用于文件的 i 节点信息位于磁盘开始处的数字序列，如果磁盘被分为多个柱面组，它就位于每个组的起始处。这样只要给定一个 i 节点号，UNIX 系统就可以通过简单计算它的磁盘地址来找到此 i 节点。

一个目录项由两部分组成：一个文件名和一个 i 节点号。当一个程序执行

496   open("foo.c", 0)

时，系统将使用文件名"foo.c"在当前目录中进行搜索来定位该文件的 i 节点号。找到 i 节点号之后，就可以读入 i 节点，这时就可以获得和该文件有关的所有信息。

当使用比较长的路径名时，就重复执行上面的步骤直到整个路径被解释完毕。比如说，为了寻找 /usr/ast/date 的 i 节点号，系统首先在根目录中寻找目录项 usr。找到 usr 的 i 节点号之后，系统读取该文件（在 UNIX 中，目录也是文件）。然后在此文件中寻找 ast 项，这样就可以找到文件 /usr/ast 的 i 节点号。通过读取文件 /usr/ast，系统可以找到 data 项，这样就得到了 /usr/ast/data 的 i 节点号。知道一个文件的 i 节点号之后，就可以从 i 节点中得到和此文件相关的所有信息。

不同系统的 i 节点的格式、内容和设计是不同的（尤其是在使用网络的时候），但是一般来说每种 i 节点都会包括下面的项。

1）文件类型，9 位 RWX 保护位和其他的一些位。

2）文件的链接数（也就是用于此文件的目录项的个数）。

3）文件所有者的标识。

4）文件所有者所在的组。

5）按字节计算的文件长度。

6）13 个磁盘地址。

7）最近一次读文件的时间。

8）最近一次写文件的时间。

9）最近一次修改 i 节点的时间

文件类型分为普通文件、目录文件和两种特殊文件，分别用于块结构的和无结构的 I/O 设备。链接数和文件所有者的标识前面已经讨论过了。文件长度是一个整数，它给出了最高字节的值。我们完全可以创建一个文件，执行 lseek 操作到位置 1 000 000，然后写一个字节，这样就产生了一个长度为 1 000 001 的文件。当然，此文件并不需要给所有不存在的字节分配存储空间。

前 10 个磁盘地址指向数据块。如果块的大小是 1024 个字节，那么使用这种方式，文件最多可以使用 10 240 个字节。地址 11 指向一个称为**间接块**（indirect block）的磁盘块，它包括更多的磁盘地址。如果块大小为 1024 个字节，磁盘地址为 32 位，那么间接块可以包括 256 个磁盘地址。使用这种方式，文件可以使用 10 240+256×1024=272 384 个字节。为了处理更大的文件，地址 12 指向一个包括 256 个间接块地址的块，它可以使文件处理

497   272 384+256×256×1024=67 381 248 个字节。如果这种**两次间接块**（double indirect block）仍然不够大，地址 13 则指向一个**三次间接块**（triple indirect block），它包括 256 个两次间接块的地址。通过使用直接寻址和一次、两次和三次间址寻址，一共可以寻址 16 843 018 个块，

这样从理论上来说，文件的最大长度可以达到 17 247 250 432 个字节。如果磁盘地址不是 32 位而是 64 位，磁盘块大小是 4KB，那么文件真的可以很大很大。空闲的磁盘块保存在链表中。当需要一个新的磁盘块时，就从链表中摘下下一块。因此，每个文件使用的磁盘块都是随机分布在磁盘上的。

为了提高磁盘 I/O 的效率，当 open 打开一个文件时，它的 i 节点将被拷贝到内存中，只要文件处于打开状态，它就会被一直保存在内存中以方便存取。另外，在内存中还维护着一个最近访问过的磁盘块的池。因为大部分文件都是顺序读取的，因此一次文件访问常常会需要和上一次访问相同的块。为了增强效果，系统还会在下一块被引用之前试着去读它，这样可以加速处理过程。所有这些优化都是用户不可见的；当用户发出 read 调用后，程序将被挂起直到请求的数据出现在缓冲区中。

有了以上这些背景知识之后，我们现在可以讨论文件 I/O 是如何工作的。执行 open 调用时，系统在目录中寻找指定的路径。如果找到，就把 i 节点读入内部表中。read 和 write 调用将使系统计算从当前文件位置开始的块号。前 10 块的磁盘地址总是保存在内存中（在 i 节点中）；更高号的块需要先读取一个或更多的间接块。lseek 只是改变指针的当前位置并不执行任何 I/O。

link 和 unlink 调用现在就很容易理解了。link 调用用它的第一个参数去寻找 i 节点号。然后为第二个参数创建一个目录项，把找到的第一个文件的 i 节点号放入该项。最后，它把 i 节点中的链接数加 1。unlink 调用删除一个目录项并把 i 节点中的链接数减 1。如果是 0，该文件将被删除并把所有的块放回到空闲链表中。

2. Windows 7 I/O

Windows 7 支持多种文件系统，其中最重要的是 NTFS（NT File System）和 FAT（File Allocation Table）文件系统。NTFS 是专门为 Windows NT 设计的新的文件系统；FAT 是老的 MS-DOS 文件系统，在 Windows 95/98 中用的也是 FAT（不过可以支持长文件名）。除了在 U 盘和相机的存储卡上使用之外，FAT 文件系统已经基本上过时了，下面我们将研究 NTFS。

NTFS 中文件名的长度最多为 255 个字符。文件名采用统一字符编码 Unicode，这样可以允许那些居住在非拉丁语系国家（如日本、印度和以色列）的用户们使用他们的本国语言写文件名。（实际上，Windows 7 内部使用的都是统一字符编码；从 Windows 2000 开始，任何国家都可以使用单字节版本，也可以使用本国语言，因为所有的菜单、错误信息等都保存在依赖于国家的配置文件中。）NTFS 的文件名是大小写敏感的（因此 foo 和 FOO 是不同的）。不幸的是，Win32 API 并不完全支持文件名和目录名的大小写的区分，因此使用 Win32 的程序将不能获得这一优点。

498

和 UNIX 一样，Windows 7 中文件也是字节的线性序列，最大长度为 $2^{64}-1$ 字节。当然也有文件指针，和 UNIX 不一样的是，Windows 7 中文件指针是 64 位而不是 32 位，这样就可以处理最大长度的文件。用于文件和目录管理的 Win32 API 函数和 UNIX 中的系统调用是很相似的，所不同的是 Win32 API 函数具有更多的参数而且安全模式也不一样。打开一个文件将返回一个句柄，它可以用于读写该文件。但是和 UNIX 不同的是，句柄并不是一个小整数，因为它们要标识所有的内核对象，而内核对象可能会有上百万个。用于文件管理的主要的 Win32 API 函数如图 6-39 所示。

API 函数	UNIX	含 义
CreateFile	open	创建一个文件或者打开一个存在的文件，返回一个句柄
DeleteFile	unlink	从目录中删除一个已有的文件
CloseHandle	close	关闭一个文件
ReadFile	read	从文件读取数据
WriteFile	write	向文件写入数据
SetFilePointer	lseek	使文件指针指向文件中特定的位置
GetFileAttributes	stat	返回文件属性
LockFile	fcntl	锁定文件区域以提供互斥访问
UnlockFile	fcntl	解锁文件中以前被锁定的区域

图 6-39　用于文件输入 / 输出的主要的 Win32 API 函数。第二列是最接近的 UNIX 系统调用

让我们简单地看一看这些调用。CreateFile 用于创建一个文件并返回它的句柄。这个 API 函数同时也用于打开现有的文件因为这里并没有 open API 函数。我们没有列出 Windows 7 API 函数的参数，因为它们太复杂了。举个例子，CreateFile 有 7 个参数，如下：

1）指向将要创建或打开的文件的文件名的指针。

2）区分文件是读打开、写打开还是可以同时读写的标志位。

3）是否允许多个进程同时打开文件的标志位。

4）指向安全描述符的指针，说明谁可以访问该文件。

5）标志，用于说明如果文件存在或者不存在时应该采取什么操作。

6）用于说明档案、压缩等属性的标志位。

7）来自文件的需要克隆的属性的新文件句柄。

图 6-39 中接下来的 6 个 API 函数和相应的 UNIX 系统调用非常相似。需要注意的是，Windows 7 I/O 总体上是异步的，尽管一个进程可以等待 I/O 完成。最后两个函数可以锁定或者解锁一个文件的区域来保证进程可以用排他的方式访问文件。

我们可以使用这些函数写一个和图 6-36 中的 UNIX 过程很类似的拷贝文件的过程。该过程（没有任何错误检查）如图 6-40 所示。它在设计时模仿了图 6-36 中的结构。而在实际使用中，程序员并不需要编写拷贝文件的程序，因为有一个 API 函数叫做 CopyFile，该函数执行的功能和下面的程序很类似。

```
/* 打开文件用于输入输出. */
inhandle = CreateFile("data", GENERIC_READ, 0, NULL, OPEN_EXISTING, 0, NULL);
outhandle = CreateFile("newf", GENERIC_WRITE, 0, NULL, CREATE_ALWAYS,
        FILE_ATTRIBUTE_NORMAL, NULL);

/* 拷贝文件. */
do {
        s = ReadFile(inhandle, buffer, BUF_SIZE, &count, NULL);
        if (s > 0 && count > 0) WriteFile(outhandle, buffer, count, &ocnt, NULL);
} while (s > 0 && count > 0);

/* 关闭文件. */
CloseHandle(inhandle);
CloseHandle(outhandle);
```

图 6-40　使用 Windows 7 API 函数拷贝文件的程序段。这段程序是用 C 语言编写的，
　　　　因为 Java 语言向用户隐藏了低级的系统调用而我们正要研究低级的系统调用

Windows 7 支持层次型的文件系统，这一点和 UNIX 很类似。所不同的是在部件名之间的分隔符是 "\"，而不是 "/"，这是从 MS-DOS 中继承来的。Windows 7 中也有当前工作目录的概念，路径名也可以是相对的或者绝对的。和 UNIX 的一个重要的区别是，在 UNIX 中位于不同的磁盘和不同的计算机上的文件系统可以装配到一个单一的目录树下，这样就可以对软件隐藏磁盘结构。早期的 Windows 版本（Windows 2000 之前的版本）不支持这一特性，因此绝对路径名必须从一个标识逻辑驱动器的盘符开始，比如 C:\windows\system\foo.dll。从 Windows 2000 开始，增加了和 UNIX 类似的文件系统装配特性。

主要的目录管理 API 函数如图 6-41 所示，图中也给出了和它们最相似的 UNIX 系统调用。这些函数的意义一目了然。

500

API 函数	UNIX	含　义
CreateDirectory	mkdir	创建一个新目录
RemoveDirectory	rmdir	删除一个空目录
FindFirstFile	opendir	初始化并读入目录的第一项
FindNextFile	readdir	读入目录的下一项
MoveFile		把文件从一个目录移动到另一个目录
SetCurrentDirectory	Chdir	改变当前工作目录

图 6-41　用于目录管理的主要的 Win32 API 函数。第二列是最接近的 UNIX 系统调用（如果有）

Windows 7 具有比 UNIX 更精细的安全机制。虽然在 Windows 7 中有数百个和安全相关的 API 函数，下面的简短描述还是可以给我们一个基本的概况。当用户登录的时候，操作系统给他或者她的初始化进程分配了一个**访问令牌**（access token）。访问令牌包括用户的 SID（Security ID）、用户属于的安全组的列表、任何特殊的可用的特权和一些其他项。访问令牌集中了所有的安全信息，这使它们易于访问。该进程创建的所有进程都继承相同的访问令牌。

创建任何对象时都要提供的一个参数是**安全描述符**（security descriptor）。安全描述符包括一张访问控制表（Access Control List，ACL）。访问控制表中的每一项表示允许或者禁止某些 SID 或者组对该对象的某些操作。例如，一个文件可以有这样一个安全描述符：完全禁止 Elinor 访问该文件，Ken 可以读此文件，Linda 可以对文件进行读和写，XYZ 组的所有用户都可以读此文件的长度，但不能执行任何其他的操作。除非明确列出来，否则缺省对任何用户都禁止访问。

当进程试图用它打开对象时获得的句柄对该对象执行某些操作时，安全管理器将获得进程的访问令牌并首先检查对象安全描述符的诚信级别和令牌的诚信级别是否一致。对于具有更高诚信级别的对象进程则不能获得具有写权限的句柄。诚信级别主要用于限制 Web 浏览器加载的代码不能修改系统。完成诚信级别检查之后，安全管理器依次检查 ACL 的表项。只要找到一个和调用者的 SID 或者调用者所在组相匹配的表项，就将按照该表项的内容执行访问操作。因此，在 ACL 中，禁止访问的表项通常被放在允许访问的表项的前面，在这种情况下，如果一个用户被明确定义禁止访问，他就不可能通过成为有访问权限的组的成员来获得访问权限。安全描述符还包括审计对象的访问信息。

下面我们快速地讨论 Windows 7 中文件和目录的实现。每个磁盘都被静态地分成自包含的卷，卷的概念和 UNIX 中分区的概念一样。每个卷都包括文件、目录位图和其他用于管理

501

文件和目录信息的数据结构。每个卷都是**簇**（cluster）的线性序列。在一个卷中簇的大小是固定的，可以从 512 个字节到 64KB，具体的大小取决于卷的大小。簇使用从卷的起始位置开始计算的 64 位的偏移量进行引用。

每个卷的主要的数据结构是**主文件表**（Master File Table，MFT），卷中的每个文件和目录在表中都有一项。这些表项和 UNIX 中的 i 节点很类似。MFT 本身是一个文件，它可以放在卷的任何位置。如果卷的开始有坏的磁盘块（通常 MFT 存放在卷的起始部分），那么这个特性是很有用的。UNIX 系统通常在卷的起始部分存储一定的关键信息，这种情况下（虽然极少发生）如果这些磁盘块发生不可恢复的损坏，那么整个卷就必须重新复位。

MFT 如图 6-42 所示。它有一个包括卷信息的头部，比如指向根目录的指针、引导文件、坏区文件、空闲链表管理等。头部之后是每个文件和每个目录一个的表项，除了簇大小是 2KB 或者更大之外，表项的大小为 1KB。每个表项都包括和文件或目录相关的所有的元数据（管理信息）。表项可以采用几种不同的格式，其中一种如图 6-42 所示。

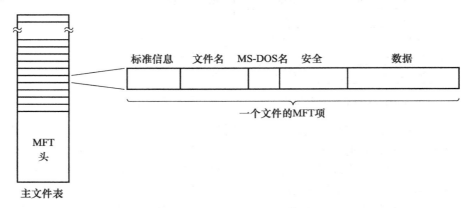

图 6-42　Windows 7 主文件表

标准的信息域包括 POSIX 需要的时间戳信息、硬链接计数器、只读和归档位等。这是一个固定长度的域而且总是存在。文件名的长度是可变的，最大可以有 255 个 Unicode 字符。为了使老的 16 位的程序能够访问这样的文件，还可以给文件一个 MS-DOS 名，MS-DOS 文件名由 8 个字母或者数字组成，后面还可以加一个点和最多三个字母或者数字的扩展名。如果文件名满足 MS-DOS 的 8+3 命名规则，就不需要第二个 MS-DOS 文件名了。

接下来是安全信息。在 NT 4.0 和 4.0 以前的版本中，安全域包括实际的安全描述符。从 Windows 2000 开始，所有的安全信息都集中在一个单独的文件中，安全域只要指向该文件的相关部分即可。

如果是小文件，文件数据本身就保存在 MFT 项中，这样可以节省访问磁盘的时间。这种方法称为**立即文件**（immediate file）（Mullender 和 Tanenbaum，1984）。对于某些比较大的文件，该域包括指向包含数据的簇的指针，更常见的做法是使用一系列连续的簇，这样只要使用一个簇号和一个长度就可以表示任意大小的文件数据。如果一个 MFT 项不能装下所有的信息，可以给它链接上一个或者更多额外的项。

最大的文件长度是 2^{64} 字节。为了让你能明白 2^{64} 字节（即 2^{67} 位）的文件有多大，我们这样的一个文件用二进制方式写出来，每位 0 或者 1 占 1mm 空间。那么 2^{67}mm 将有 15 光年长，这一距离远远超出了太阳系，可以到人马座的阿尔法星跑个来回。

NTFS 文件系统还有许多其他有趣的特性，包括支持每个文件多数据流、加密、数据压缩和使用原子事务的容错。关于 NTFS 的其他信息可以参考 Russinovich 和 Solomon（2005）。

6.5.4 进程管理实例

UNIX 和 Windows 7 都可以把一个任务分成多个进程，这样它们就可以并行（当然是伪并行）执行而且可以互相通信，就像前面讨论的生产者和消费者例子那样。本节将讨论在 UNIX 和 Windows 7 中如何管理进程。这两个系统都支持在一个单独的进程中运行多个并行的线程，因此本节还将讨论线程。

1. UNIX 进程管理

UNIX 进程可以在任何时刻通过执行 fork 系统调用创建一个和自己一模一样的子进程。原来的进程称为**父进程**（parent），新进程称为**子进程**（child）。在 fork 刚刚执行完成时，两个进程是完全一样的，甚至共享相同的文件描述符。从这以后，每个进程都按照自己的方式运行，做它们自己想做的事情，彼此之间再也没有关系。

在许多情况下，子进程按照某种方式修改文件描述符然后执行 exec 系统调用，exec 使用参数中定义的执行文件的程序和数据替换进程的程序和数据。例如，当用户在终端上敲入 *xyz* 命令时，命令解释程序（shell）将执行 fork 调用创建一个子进程。该子进程再执行 exec 调用运行 *xyz* 程序。

这两个进程并行执行（无论子进程有没有执行 exec），除非父进程希望在子进程结束后再继续执行。如果父进程想等待子进程结束，它可以调用 wait 或者 waitpid 系统调用，这两个调用会把父进程挂起直到子进程执行 exit。子进程结束后，父进程继续执行。

进程可以根据需要执行 fork 调用许多次，调用的结果是一棵进程树。比如说，在图 6-43 中，进程 A 执行了两次 fork，创建了两个子进程 B 和 C。B 也执行了两次 fork，C 执行了一次 fork，最后就得到了由 6 个进程组成的进程树。

UNIX 进程可以使用**管道**（pipe）互相通信。管道是一种缓冲区，一个进程可以向其中写入数据流而另一个进程可以从中取出数据。从管道中取出字节的顺序总是和它们写入的顺序一致的。随机存取是不可能的。管道并不保存写入消息的边界，因

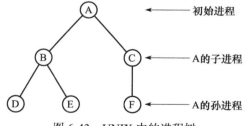

图 6-43　UNIX 中的进程树

此如果一个进程往管道中写了 4 次 128 字节的数据而另一个进程读了一次 512 字节，那么读进程将一次拿走所有的数据，而不考虑它们是由多次操作写入的。

在 System V 和 Linux 中，进程之间还可以通过**消息队列**（message queue）进行通信。进程可以创建一个新的消息队列或者通过 msgget 打开一个已有的消息队列。使用消息队列时，进程可以通过 msgsnd 发送消息，通过 msgrecv 接收消息。通过这种方式发送消息和管道有些不同。首先，消息队列方式保存消息边界，而管道只是一个字节流。其次，消息有优先权，因此比较紧急的消息可以比不太重要的消息得到优先处理。第三，消息是有类型的，如果愿意，在 msgrecv 中可以定义特定的类型。

两个或者多个进程之间通信的另一种机制是共享它们各自地址空间中一个区域。在 UNIX 中，共享内存是通过把所有的共享进程的虚拟地址空间映射到相同的页中实现的。用这种方式，如果一个进程在共享内存中写，其他进程可以立刻见到。这种机制提供了一种带

宽非常高的进程间通信方式。shmat 和 shmop 这样的系统调用就是用于共享内存的。

System V 和 Linux 中还提供了信号量机制。信号量在生产者和消费者的例子中已经讨论过了。

504

所有 POSIX 兼容的 UNIX 系统都有在一个进程中运行多个控制线程的能力。这些控制线程通常直接称作**线程**（thread），就像是轻量级的进程，它们共享一个共同的地址空间以及和地址空间相关的所有东西，如文件描述符、环境变量和重要的时钟。但是，每个线程有自己的程序计数器、寄存器和栈。当一个线程发生阻塞时（比如停下来等待 I/O 完成或者等待其他的事件发生），同一个进程中的其他线程还可以继续运行。同一个进程中的两个线程的运行方式和生产者 / 消费者很类似，但是和两个共享一个缓冲区的单线程的进程不一样。不同之处在于，在后一种情况下，每个进程都有自己的文件描述符等，而在前一种情况下所有这些都是共享的。我们已经在前面的生产者和消费者例子中看到了如何使用 Java 的线程。通常 Java 运行时系统把它的每个线程都对应一个操作系统线程，但是这一点无关紧要。

为了举例说明线程用在哪里，让我们考虑一下 WWW 服务器。这种服务器可能会在内存中保存一个常用 Web 页的高速缓存。如果请求的 Web 页在高速缓存中，该 Web 页就立即返回。否则，再从磁盘调入该页。不幸的是，等待磁盘要花费很长时间（一般是 20 毫秒），在这段时间内进程将阻塞，不能接收任何到来的请求，即使请求的 Web 页就在高速缓存中。

解决的办法是在一个服务器进程中运行多个线程，所有这些线程共享同一个 Web 页高速缓存。当一个线程阻塞时，其他的线程还可以处理新的请求。为了防止出现所有的线程都阻塞的情况，我们可以同时运行多个服务器进程，但这样做可能需要增加内容相同的高速缓存，这样就浪费了昂贵的内存。

POSIX（P1003.1C）中定义了称为 pthread 的 UNIX 的线程标准。该标准中包括管理线程和同步线程的系统调用。它没有定义线程是由内核来管理还是完全在用户空间中运行。最常用的线程调用如图 6-44 所示。

线程调用	含　义
pthread_create	在调用者的地址空间中创建一个新线程
pthread_exit	中止一个调用线程
pthread_join	等待一个线程中止
pthread_mutex_init	创建一个新的互斥锁
pthread_mutex_destroy	删除一个互斥锁
pthread_mutex_lock	锁定一个互斥锁
pthread_mutex_unlock	解锁一个互斥锁
pthread_cond_init	创建一个条件变量
pthread_cond_destroy	删除一个条件变量
pthread_cond_wait	等待一个条件变量
pthread_cond_signal	释放一个在条件变量上等待的线程

图 6-44　POSIX 中主要的线程调用

让我们简单地看一看图 6-44 中的线程调用。第一个调用 pthread_create 用于创建一个新进程。如果该调用成功地完成，那么调用者的地址空间里将会多一个线程。如果一个线程已经完成了所有的工作想退出，它就调用 pthread_exit。一个线程可以通过调用 pthread_join 来等待另一个线程结束。如果被等待的线程已经结束，pthread_join 调用将立即返回，否则它将阻塞。

　　进程之间可以通过**互斥锁**（mutex）进行同步。一般来说，互斥锁用于锁定某些资源，比如一个由两个线程共享的缓冲区。为了保证在同一时刻只有一个线程能够访问共享资源，线程在访问资源之前先锁上互斥锁，访问完成后再解锁。只要所有的线程都遵守这一协议，就可以避免竞争条件。互斥锁就像一个二进制的信号量，也就是一个只能取值 0 和 1 的信号量。之所以叫做"互斥锁"是因为它的目的是为了保证对某些资源的互斥访问。

505

　　系统调用 pthread_mutex_init 和 pthread_mutex_destroy 分别用于创建和撤销互斥锁。一个互斥锁可以有两种状态：锁定的和未锁定。当一个线程试图锁一个未锁定的互斥锁时（通过使用 pthread-mutex_lock），互斥锁进入锁定状态，线程继续执行。但是，如果一个线程试图锁一个已经进入锁定状态的互斥锁，它就会阻塞。当锁定的线程完成工作后，它会调用 pthread_mutex_unlock 来解开相应共享资源的互斥锁。

　　互斥锁一般用于短时间的锁定，比如保护一个共享变量。它们一般不用于长时间的同步，比如等待一个磁带驱动器变为空闲。如果需要长时间的同步，应该提供**条件变量**（condition variable）。条件变量的创建和撤销分别通过系统调用 pthread_cond_init 和 pthread_cond_destroy 来实现。

　　条件变量的用法是一个线程等待，而另一个线程向它发信号。比如说，如果一个线程发现需要使用的磁带驱动器处于忙状态，它就在一个所有线程都知道的和磁带驱动器有关的条件变量上执行 pthread_cond_wait 调用。当使用磁带驱动器的线程最终完成工作后（可能在一个小时后），执行 pthread_cond_signal 系统调用来使等待条件变量的线程（如果有的话）中的一个继续执行。如果没有线程等待，该信号将丢失。条件变量不像信号量一样计数。在线程、互斥锁和条件变量上还定义了一些其他操作。

2. Windows 7 的进程管理

Windows 7 也支持多进程，进程之间可以通信和同步。每个进程都包括至少一个线程。无论在单处理机（单 CPU 的计算机）上还是在多处理机上（多 CPU 的计算机），进程和线程（可以由进程本身调度）共同提供了一个非常通用的管理并行性的工具集合。

506

　　创建新进程可以使用 API 函数 CreateProcess。该函数有 10 个参数，每个参数都有许多选项。这种设计明显比 UNIX 的机制要复杂得多，UNIX 中 fork 调用没有参数，exec 也只有 3 个参数：指向执行文件名的指针、分析过的命令行参数数组和环境串。简单地说，CreateProcess 的 10 个参数如下：

　　1）指向执行文件名的指针。

　　2）命令行本身（没有分析过的）。

　　3）指向进程安全描述符的指针。

　　4）指向初始化线程的安全描述符的指针。

　　5）一个用来说明新进程是否继承了创建者的句柄的位。

　　6）各种杂类标志（比如，错误模式、优先级、调试、控制台等）。

　　7）指向环境串的指针。

　　8）指向新进程当前工作目录名的指针。

9）指向描述屏幕上初始窗口的结构的指针。

10）指向包括 18 个返回给调用者的值的结构的指针。

Windows 7 的进程之间没有父子关系或者任何其他关系。所有被创建的进程都是平等的。但是，在返回给创建者进程的 18 个参数中有一个是新进程的句柄（拥有句柄就拥有了对新进程的相当大的控制权），因此，谁拥有谁的句柄就构成了隐含的层次关系。尽管这些句柄不能直接被传递给其他进程，但是一个进程可以为另一个进程创建一个合适的句柄并把这个句柄给它，因此这种隐含的进程之间的层次关系并不会持续很久。

在 Windows 7 中，每个刚被创建的进程都只有一个线程，但是进程可以自己创建更多的线程。创建线程比创建进程简单：函数 CreateThread 只有 6 个参数而不是创建进程时的 10 个参数。这 6 个参数是：安全描述符、栈大小、起始地址、一个用户定义的参数、线程的初始状态（就绪或者阻塞）和线程的 ID 号。创建线程的工作由操作系统内核来完成，因此操作系统清楚地知道线程的状态（也就是说，在 Windows 7 中线程并不像在其他系统中那样是在用户空间中实现的）。

当操作系统内核执行任务调度时，它不仅要选择运行哪个进程而且还要决定运行该进程中的哪个线程。这意味着内核总是知道哪些线程处于就绪状态，哪些线程处于阻塞状态。由于线程是内核级的对象，因此它们有安全描述符和句柄。一个线程的句柄可以传递给另一个进程，因此就有可能出现一个进程控制另一个进程中的线程的情况。这种特性很有用，比如可以用于实现调试器。

进程之间可以使用多种方式通信，包括管道、命名管道、套接字、远程过程调用和共享文件。管道有两种模式：字节模式和消息模式，模式在创建管道时进行选择。字节模式的管道和 UNIX 中的管道是一样的。消息模式的管道和字节模式的管道很类似，不同之处只是消息之间有边界，这样如果写 4 次 128 字节的话，只能读 4 次 128 字节而不能像字节模式那样一次读出 512 字节消息。命名管道也有两种和普通管道相同的模式。命名管道可以在网络上使用而普通管道则不行。

套接字也很像管道，只不过它们通常用于连接不同计算机上的进程。当然它们也可以用于连接同一台计算机上的进程。一般来说，使用套接字进行计算机之间的通信比使用管道或者命名管道要更方便一些。

远程过程调用是这样一种方式：进程 A 调用进程 B 中的一个过程并返回结果，整个过程就好象是调用 A 自己的过程一样。远程过程调用的参数传递有一些限制。例如，把一个指针传递给另一个进程是没有意义的。相反，指向的对象则必须打包并发给目的进程。

最后一种方式，进程可以通过同时映射到同一个文件来共享内存。一个进程执行的所有写操作可以立即出现在其他进程的地址空间中。使用这种机制，可以很容易地实现生产者——消费者例子中的共享缓冲区。

Windows 7 在提供多种进程间通信机制的同时，还提供了多种同步机制，包括信号量、互斥锁、临界区和事件。所有这些机制都是在线程级运行的，而不是进程级，这样当一个线程在某个信号量上阻塞时，同一进程中的其他线程（如果有的话）可以不受影响地继续运行。

API 函数 CreateSemaphore 创建一个信号量，该函数可以给创建的信号量初始化一个值，还可以定义一个最大值。信号量是内核级的对象，因此拥有安全描述符和句柄。可以使用函数 DuplicateHandle 拷贝一个信号量的句柄并把它传递给另一个进程，这样多个进程就可以在同一个信号量上执行同步操作。当创建信号量时可以给它们命名，以便其他进程可以通过名字打开它们。通过使用 up 和 down 调用可以操纵信号量，它们还具有特有的名字叫做 ReleaseSemaphore（up）和 WaitForSingleObject（down）。可以给 WaitForSingleObject 一个超时，这样调用线程最终会释放，即使信号量保持在 0（虽然时钟带来了新的竞争）。

互斥锁也是用于同步的内核级对象，但是比信号量简单，因为它们不使用计数器。从本质上说，它们就是锁，API 函数 WaitForSingleObject 用于加锁，ReleaseMutex 用于解锁。和信号量句柄一样，互斥锁句柄也可以拷贝并在进程之间传递，这样不同进程中的线程就可以访问同一个互斥锁。

第三种同步机制是基于**临界区**（critical section）的，临界区和互斥锁很相似，唯一不同的是临界区是属于创建线程的地址空间内部的。由于临界区不是内核对象，它们没有句柄和安全描述符也不能在进程之间传递。锁定临界区和解锁临界区分别通过 API 函数 EnterCriticalSection 和 LeaveCriticalSection 来实现。由于这些 API 函数是完全在用户空间执行的，因此它们比互斥锁快得多。Windows 7 也提供条件变量、轻量级读 / 写锁、锁定 – 释放操作等其他同步机制，但这些只能用于单一进程的线程之间。

最后一种同步机制是使用称为**事件**（event）的内核级对象。线程可以使用 API 调用 WaitForSingleObject 等待一个事件。线程可以使用 SetEvent 释放一个等待事件的线程或者使用 PulseEvent 释放所有等待事件的线程。事件可以以不同的方式到来并有不同的选项。在完成异步 I/O 以及其他用途中，Windows 使用事件来实现同步。

事件、互斥锁、信号量和命名管道一样都被命名并保存在文件系统中，例如命名管道。两个或者多个进程可以通过打开相同的事件、互斥锁或者信号量来保持同步。这种方法比一个进程创建对象，其他进程拷贝这些对象的句柄要更好一些。虽然后一种方法也是可行的。

6.6　小结

我们可以把操作系统看成是用于说明指令系统层没有的体系结构特性的解释器。其主要部分有虚拟内存、虚拟 I/O 指令和用于并行处理的一些工具。

虚拟内存是一种体系结构特性，它的目的是为了使程序能够使用比计算机的物理内存更多的地址空间，或者提供一个一致的、灵活的内存保护及共享机制。虚拟内存的实现方式有页式、段式和段页式。在页式虚拟内存中，地址空间被分成大小相等的虚页。其中的某些页被映射到物理页帧，其他页则不映射。对映射页的访问将由 MMU 转换到正确的物理地址。引用一个没有映射的页将产生一个缺页。Core i7 和 OMAP4430 ARM CPU 都具有复杂的 MMU 以支持虚拟内存和分页。

在操作系统层，最重要的 I/O 抽象是文件。文件由一系列的字节或者逻辑记录组成，读写文件时并不需要知道磁盘、磁带和其他 I/O 设备是如何工作的。文件可以顺序访问，也可以通过记录号或者键进行随机访问。目录可以用来把文件分成组。文件可以保存在连续的扇区中或者零散地分布在磁盘上。在后一种情况下（这种情况在硬盘上经常发生）需要使用数据结构来定位文件的块。系统可以通过使用链表或者位图来掌握空闲的磁盘存储区的情况。

并行处理通常采用多个进程分时使用一个 CPU 的方式来模拟和实现。如果不对进程间通信加以控制，将会导致竞争条件。为了解决这一问题，引入了同步原语，信号量就是同步原语的一个简单的例子。使用信号量可以很容易并且很完美地解决生产者——消费者问题。

UNIX 和 Windows 7 是复杂操作系统的两个例子。它们都支持分页和内存映射文件。它们也都支持层次型的文件系统，其中文件都是由字节序列组成的。最后一点，UNIX 和 Windows 7 都支持进程和线程以及用于进程和线程的同步机制。

习题

1. 为什么操作系统只能解释某些第三层指令，而微程序却能解释所有的指令系统层指令呢？

2. 一台计算机具有 32 位的按字节寻址的虚拟地址空间。页大小为 4KB。在该虚拟地址空间中共有多少页？

3. 页大小必须是 2 的整数次幂吗？理论上来讲能实现大小为 4000 字节的页吗？如果能实现的话，这种方式实用吗？

4. 某个虚拟内存的页大小为 1024 个字，共有 8 个虚页，4 个物理页。页表如下：

虚　　页	物　理　页	虚　　页	物　理　页
0	3	4	2
1	1	5	不在内存
2	不在内存	6	0
3	不在内存	7	不在内存

a. 列出所有产生缺页的虚拟地址。

b. 0、3728、1023、1024、1025、7800 和 4096 的物理地址是多少？

5. 某台计算机的虚拟地址空间有 16 页，但是只有 4 个物理页。起初，内存是空的。一个程序按照如下的顺序引用虚页

510   0，7，2，7，5，8，9，2，4

a. 使用 LRU 时哪个页会产生缺页？

b. 使用 FIFO 时哪个页会产生缺页？

6. 在 6.1.4 节中，列出了使用 FIFO 进行页替换的算法。请设计一个更有效的算法。提示：可以在新调入的页中修改计数器，不考虑其他页。

7. 在本章讨论的分页系统中，缺页处理是指令系统层的一部分，因此没有出现在任何操作系统层程序地址空间中。而在实际中，缺页处理程序本身也要占用页，而且可能在某些条件下（如，FIFO 页替换策略），该页本身会被替换出去。如果发生缺页时，缺页处理程序不在内存中会出现什么情况？应该如何解决该问题？

8. 并不是所有的计算机都可以在进行页的写操作时自动设置硬件标志位。不过，了解哪些页被修改过还是很有用的，这样可以避免在使用之后把所有的页都写回磁盘。假定每页为独立的读取、写入和执行都设置了一个硬件标志位，那么操作系统怎样才能够了解哪一页是"干净"的、哪一页是"脏"的？

9. 考虑一个段页式内存。每个虚拟地址有 2 位的段号，2 位的页号和 11 位的页内偏移量。内存有 32KB，每页大小为 2KB。段的状态分为只读、读 / 执行、读 / 写和读 / 写 / 执行。页表和保护位如下表所示：

段 0		段 1		段 2	段 3	
只读		读 / 执行		读 / 写 / 执行	读 / 写	
虚　页	页　帧	虚　页	页　帧		虚　页	页　帧
0	9	0	在磁盘上		0	14
1	3	1	0	页表不在内存	1	1
2	在磁盘上	2	15		2	6
3	12	3	8		3	在磁盘上

对于如下所示的每次访问内存的虚拟地址，计算出相应的物理地址。如果发生缺页，说明缺页类型。

访问类型	段　号	页　号	页内偏移量
1. 取数据	0	1	1
2. 取数据	1	1	10
3. 取数据	3	3	2047
4. 存数据	0	1	4
5. 存数据	3	1	2
6. 存数据	3	0	14
7. 跳转	1	3	100
8. 取数据	0	2	50
9. 取数据	2	0	5
10. 跳转	3	0	60

511

10. 某些计算机允许在用户空间内直接执行 I/O 指令。例如，用户进程内的程序可以直接启动磁盘向缓冲区内传送数据。如果在实现虚拟内存时采用了压缩技术，那么这种做法会产生问题吗？请讨论。

11. 允许使用内存映射文件的操作系统总是需要把文件映射在页的边界上。例如，如果使用 4KB 大小的页被映射的文件就必须从地址 4096 开始，而不能从地址 5000 开始。为什么？

12. 在 Core i7 中，当调入一个段寄存器时，相应的描述符也被取出并保存在段寄存器的不可见部分中。请你想一想 Intel 的设计人员为什么要这么做？

13. 一个在 Core i7 上运行的程序使用偏移量 8000 访问本地段 10。LDT 段 10 的 BASE 字段的值是 10 000。Core i7 将使用哪一个页目录项？页号是多少？偏移量是多少？

14. 讨论在一个不分页的段式内存中替换段的可行的算法。

15. 比较内部碎片和外部碎片。可以采取什么措施减轻它们的危害？

16. 超级市场常常会遇到和虚拟内存系统中页替换相类似的问题。它们只有固定数量的货架来展示越来越多的商品。如果有一种重要的新商品上市，比如 100% 的高效率狗食，那么就必须从货架上拿走某些商品来腾出空间。显而易见，可以使用的替换算法有 LRU 和 FIFO。你推荐使用哪一种算法？

17. 在某些方面，高速缓存和内存分页十分类似。这两种机制都是使用两级存储（前者是使用 cache 和主存，后者是使用主存和磁盘）。在本章中我们分析了大磁盘页和小磁盘页的优缺点，这些对 cache 行大小也同样适用吗？

18. 在许多文件系统中，读取文件之前，需要使用 open 系统调用打开文件。这是为什么？

19. 对管理磁盘空闲空间的位图法和碎片表法进行比较。考虑一个具有 800 个柱面，每个柱面有 5 条磁道、32 个扇区的磁盘。假定分配单元是扇区而保存一个碎片的信息需要 32 位的表项。那么碎片表在增长到比位图大之前能够保存多少碎片？

20. 除最佳匹配和最先匹配分配方案外，第三种就是最差匹配分配方案。在这种方案中进程从最大的剩余碎片分配空间，这种最差匹配算法的好处是什么。

21. 描述一下书中没有提到的文件打开系统调用的用途是什么。

22. 使用存储分配模型可以有效地预测磁盘的性能。假定磁盘是由 N 个扇区（N>>1）组成的连续的线性地址空间，该地址空间由连续的数据块、碎片和连续的数据块依次组成。如果经验数据显示数据和碎片长度的概率分布是相同的，那么长度为 i 个扇区的数据和碎片的出现概率均为 2^{-i}，那么磁盘上碎片数量的数学期望是多少？

512

23. 在某种型号的计算机中，程序可以创建任意多的文件，所有这些文件在程序执行期间都可以动态增长而不给操作系统任何关于它们的最终大小的信息。你认为这些文件能保存在连续的扇区中吗？请解释。

24. 对各种不同的文件系统的研究表明，超过半数的文件都是一些只有几 KB 或者更小的文件，绝大部分文件比 8KB 还小。另一方面，10% 的大文件占用了 95% 的已用磁盘空间。从这些数据中，你能得到关于磁盘块大小怎样的结论。

25. 考虑操作系统实现信号量的下列方法。当 CPU 要对信号量（信号量是内存中的整数变量）执行 up 和 down 操作时，它首先设置 CPU 的优先级或者屏蔽位来屏蔽所有的中断。然后取出信号量，修改、相应地执行分支指令。最后，再次使能中断。在下列两种情况下，这种方法可行吗？

a. 单 CPU 每 100 毫秒执行一次进程切换。

b. 信号量位于两个 CPU 共享的通用内存中。

26. 在 6.3.3 节中有关信号量的描述语句是"通常睡眠进程排成队列进行记录。"当 up 操作来临时，使用队列方式比随机唤醒睡眠进程能够获得什么优势。

27. "永不崩溃"操作系统公司最近收到了一些用户对最新版本的操作系统的投诉，主要是关于信号量操作的。用户们觉得进程阻塞是不可接受的（他们称为"工作时睡觉"）。由于公司的策略是给消费者满意的服务，因此他们决定在操作系统中增加 peek 操作作为 down 和 up 操作的补充。peek 的工作是检查信号量而不改变信号量的值也不阻塞进程。使用 peek，觉得阻塞是不可接受的程序可以首先检查信号量看执行 down 操作是否安全。当三个或者更多的进程使用信号量时，这种方法能成功吗？如果只有两个进程呢？

28. 画出显示进程 P1、P2 和 P3 从 0 ~ 1000 毫秒范围内的运行状况和阻塞状况。这三个进程在同一个信号量上执行 up 和 down 操作。当有两个进程阻塞而第三个进程执行 up 操作时，号小的进程重新运行，也就是说，P1 的优先级高于 P2 和 P3，依此类推。在 0 时刻，这三个进程都在运行，信号量的值为 1。

在 $t=100$，P1 执行 down；

在 $t=200$，P1 执行 down；

在 $t=300$，P2 执行 up；

在 $t=400$，P3 执行 down；

在 $t=500$，P1 执行 down；

在 *t*=600，P2 执行 up；

在 *t*=700，P2 执行 down；

在 *t*=800，P1 执行 up；

在 *t*=900，P1 执行 up。

29. 在一个机票预订系统中，需要保证当一个进程使用文件时，没有别的进程使用同一个文件。否则，运行在两个不同的售票处的售票进程可能会同时卖出某个航班的最后一张票。请设计一个使用信号量的同步方法保证在任意时刻都只能有一个进程访问文件（假定所有的进程都遵守这一规则）。 513

30. 为了能够在多个 CPU 共享内存的计算机中实现信号量，计算机体系结构设计者通常提供测试和上锁指令（Test and Set Lock，TSL）。TSL X 测试位置 X。如果 X 的内容是 0，就使用一个不可划分的内存周期把它设置为 1，并且跳过下一条指令。如果 X 的内容不是 0，TSL 就什么也不做。使用 TSL 指令可以设计出具有下述特性的 lock 和 unlock 过程。lock(x) 检查 x 是否被锁定。如果没有被锁定，就锁定它并返回控制权。如果 x 已经被锁定了，就等待直到解锁为止，然后再锁定 x 并返回控制权。unlock 释放一个存在的锁。如果所有的进程在使用信号量表之前都先锁定它，那么在任意时刻都只有一个进程能够访问变量和指针，这就防止了竞争。请使用汇编语言写出 lock 和 unlock 过程（如果需要，你可以做任何合理的假定）。

31. 列出长度为 65 个字的循环缓冲区在执行下列每步操作时 in 和 out 的值。开始时是 0。

   a. 22 个字放入缓冲区。

   b. 从缓冲区中取出 9 个字。

   c. 40 个字放入缓冲区。

   d. 从缓冲区中取出 17 个字。

   e. 12 个字放入缓冲区。

   f. 从缓冲区中取出 45 个字。

   g. 8 个字放入缓冲区。

   h. 从缓冲区中取出 11 个字。

32. 假设某个版本的 UNIX 使用 2KB 大小的磁盘块，每个间接块使用 512 个磁盘地址（一次、两次和三次间接块）。那么最大的文件大小是多少？（假定文件指针为 64 位宽）

33. 假设 UNIX 系统调用 unlink("/usr/ast/bin/game3") 在图 6-37 所示的上下文中执行。请详细描述文件系统将要发生的动作。

34. 假定你必须在一台缺乏内存的微型计算机上实现 UNIX 系统。使用各种方法之后，性能还是不能令人满意，因此你决定随机地牺牲某个系统调用来提高整体的性能。你选择了管道，管道用于创建进程之间传递字节流的管道。没有了管道，你可以找到别的方法来实现 I/O 重定向吗？如果选择流水线又会怎么样？请讨论这些问题和可能的解决方案。

35. 公平文件描述符委员会正在起草一份针对 UNIX 系统的抗议书，原因是无论何时当 UNIX 系统返回文件描述符时，它总是返回当前未使用的最小的描述符。这导致了大的文件描述符很难被用到。他们计划返回当前程序未使用的最小的文件描述符而不是整个系统中的未使用的最小的文件描述符。他们认为这种方案实现简单，不会影响现有的程序，而且是公平的。你认为呢？ 514

36. 在 Windows 7 中可以这样设置访问控制表，Roberta 对某个文件没有任何访问权限，而其他所有人都有该文件的完全控制权限。你认为这是如何实现的？

37. 请在 Windows 7 下，使用共享缓冲区和信号量设计两种解决生产者和消费者问题的方案。想一想在这两种方案下如何实现共享缓冲区。

38. 通过模拟来测试页替换算法是一种常用的技术。请为一台使用页式虚拟内存的计算机编写模拟程序，该计算机具有 64 个 1KB 大小的页。模拟程序需要维护一张 64 个表项的表，每个表项对应一页，表项中包括和虚页相对应的物理页号。模拟程序从一个包括十进制的虚拟地址的文件中读入地址，每个地址一行。如果相应的页在内存中，就记录一次页命中。如果不在内存中，就调用页替换过程选择一个被替换的页（也就是重写表中的一项）并记录一次页不命中。并不发生实际的页替换。生成一个由随机地址组成的文件来测试 LRU 和 FIFO 的性能。生成地址文件时注意使百分之 x 的地址比前一个地址高 4 个字节（模拟本地性）。使用不同的 x 值运行你的模拟程序并报告你的结果。

39. 图 6-26 中的程序存在严重的竞争，因为两个线程使用一种不可控的方式来访问共享变量，而没有采用信号量或者其他的互斥技术。运行这个程序观察多长时间它将挂起。如果它不挂起，那么就修改这个程序，通过在调整 m.in 和 m.out 之间加一些计算量来增大脆弱性窗口，最后再进行测试。说说在程序一小时失败一次之前你需要增加多少计算量。

40. 请为 UNIX 或者 Windows 7 编写如下的程序。该程序的输入参数是目录名，功能是列出该目录中的全部文件，每个文件一行，首先是文件名，然后是文件的大小。文件名的排列顺序就按照其在目录中出现的顺序。目录中未使用的部分请列为 unused。

汇编语言层

在第 4 章、第 5 章和第 6 章这三章中，我们讨论了存在于大多数现代计算机中的 3 个不同层次。本章将主要讨论所有现代计算机中都存在的另一个关键的层次：汇编语言层。汇编语言层和微体系结构层、指令系统层及操作系统层都有重要的区别：汇编语言层是通过翻译而不是解释实现的。

翻译器（translator）是这样一种程序：它可以把用某种语言编写的用户程序转换成另一种语言的程序。转换之前的程序使用的语言称为**源语言**（source language），而转换之后的语言称为**目标语言**（target language）。源语言和目标语言定义了不同的层次。如果处理器可以直接执行使用源语言编写的程序，就不需要把源程序翻译成目标语言。

当处理器（可能是硬件处理器也可以是软件的解释器）只能执行目标语言而不能执行源语言时就需要使用翻译器。如果翻译器执行正确，那么运行翻译后的程序将和在能够运行源语言的处理器上直接运行源程序得到完全一样的结果。相应地，我们可以实现这样一种新的层次，该层次不存在要使用处理器先把该层次语言编写的程序翻译成目标层次的程序，然后再执行目标层次的程序的问题。

理解翻译和解释的区别很重要。在翻译过程中，使用源语言编写的源程序并不直接执行。相反，在翻译结束后，它们将被翻译成可以直接执行的**目标程序**（object program）或者**二进制代码程序**（executable binary program）。在整个翻译过程中，有下面两个不同的步骤：

1）生成使用目标语言的等效程序。

2）执行新生成的程序。

这两个步骤并不是同步执行的。第二步在第一步结束之后才能开始。而在解释执行过程中，只有一个步骤：执行最初的源程序。并不需要首先生成等效的目标程序，虽然在某些情况下源程序可能会被转换成一种易于解释的中间形式（例如 Java 字节码）。

当目标程序执行时，它只能看到三个层次：微体系结构层、指令系统层和操作系统层。相应地，在运行时计算机的内存中存在三个不同的程序：用户的目标程序、操作系统和微程序（如果有的话）。这时已经看不到任何源程序的痕迹了。因此，程序执行时的层次数量和程序翻译前的层次数量可能会不同。需要指出一点，在这里我们使用指令和语言结构为程序员构造了一个层次（该层次并不是通过实现技术构造），而其他的作者可能会把执行时解释器实现的层次和翻译器实现的层次做更为明确的划分。

7.1　汇编语言简介

根据源语言和目标语言的关系不同，可以把翻译器大致分成两大类。如果源语言基本上是数字型机器语言的符号表示，就把这种翻译器称为**汇编器**（assembler），源语言相应地称为**汇编语言**（assembly language）。如果源语言是如 Java 或者 C 语言这样的高级语言而目标语言或者是数字型机器语言或者是机器语言的符号表示，也就是汇编语言，那么这种翻译器就称为**编译器**（compiler）。

7.1.1 什么是汇编语言

在一个纯粹的汇编语言中，每条语句都精确地产生一条机器指令。换句话说，在机器指令和汇编程序的语句之间存在着一一对应的关系。如果一个汇编程序的每一行都只有一条语句而且每个机器字都只包括一条机器指令，那么一个 *n* 行的汇编程序可以相应产生 *n* 条指令的机器语言程序。

和机器语言（以二进制或十六进制为例）相比，人们更喜欢使用汇编语言，因为汇编语言编程更容易。使用符号名和符号地址与使用二进制和十进制的数字有很大区别。大多数人可以记住表示加、减、乘和除的符号 ADD、SUB、MUL 和 DIV，但是很少有人能记住计算机中使用的相应的数值。汇编语言程序员只需要记住符号名，因为汇编器会负责把它们翻译成机器指令。

使用地址时的情况也是类似的。汇编语言程序员可以为内存地址分配符号名而由汇编器负责把它转换成正确的数值。而机器语言程序员必须使用数值来表示地址。因此，在几十年前汇编语言发明之后，就没有人再使用机器语言编程了。

汇编语言除了具有语句和机器指令一一对应的特性之外，还有一个和高级语言不同的特性。汇编语言程序员可以访问目标计算机的所有指令，利用目标计算机的所有特性，而高级语言程序员就没有这样的能力。举例来说，如果目标计算机有一个溢出位，汇编语言程序就可以测试它，而 Java 程序就不能直接测试该位。汇编语言程序可以执行目标计算机指令集中的所有指令而高级语言程序则不行。简单地说，机器语言能做的事情汇编语言都能做，而在高级语言中，许多目标计算机的指令和寄存器是不能访问的，有些特性也是无法利用的。用于系统编程的语言，如 C 语言，则同时具有高级语言和汇编语言的特点，它使用高级语言的语法，但是又能使用许多只有汇编语言才能使用的特性。

汇编语言和高级语言的另一个重要的区别是：汇编语言程序只能运行在指令系统相同的系列计算机上，而高级语言程序则可以运行在各种不同的计算机上。对许多应用来说，这种软件的可移植性相当重要。

7.1.2 为什么使用汇编语言

使用汇编语言编写程序很困难，这一点千真万确。如果你性格懦弱或者意志不坚，那你最好不要使用汇编语言。而且，编写同样的程序，使用汇编语言比使用高级语言需要花费更多的时间。除此之外，还需要花更多的时间去调试和维护。

既然如此，为什么还要使用汇编语言呢？主要有两个原因：性能和对计算机的完全控制。首先，一个出色的汇编语言程序员写出的代码要比高级语言程序员写出的更小而且更快。对某些应用来说，程序的运行速度和代码的长度非常重要。许多嵌入式应用，例如智能卡或者RFID 卡中的代码、设备驱动程序、字符串操作库、BIOS 程序和其他实时应用中的性能关键型内循环等都属于这一类。

其次，某些应用程序要求能够完全控制计算机硬件，这一点使用高级语言不可能实现。操作系统中的低级中断和陷阱处理程序以及许多嵌入式实时系统中的设备控制程序都属于这一类应用。

除了能够利用汇编语言编程的这些原因之外，学习汇编语言还有其他两个原因。第一个原因是编译器必须能够产生供汇编器使用的汇编程序或者自己执行汇编过程。因此，为了理解编译器的工作原理必须首先理解汇编语言。因为编译器和汇编器毕竟也是人编写的。

第二个原因是研究汇编语言可以使我们看清楚实际计算机的结构。对于学习计算机体系结构的学生，编写汇编语言是在体系结构层理解计算机的唯一的途径。

7.1.3 汇编语言语句的格式

虽然汇编语言语句的结构类似于它所表示的机器指令的结构，但不同计算机使用的不同级别的汇编语言还是具有许多相似之处，这使我们可以对汇编语言进行一般性的讨论。图 7-1 给出了 x86 汇编语言编写的计算 N＝I＋J 的程序段。在这个例子中空行之下的语句不代表任何机器指令，它们是用来为变量 I、J 和 N 保留内存的汇编器命令。

标　号	操 作 码	操 作 数	注　释
FORMULA:	MOV	EAX, I	; 寄存器 EAX 赋值为 I
	ADD	EAX, J	; 寄存器 EAX = I + J
	MOV	N, EAX	; N = I + J
I	DD	3	; 保留 4 个字节并初始化为 3
J	DD	4	; 保留 4 个字节并初始化为 4
N	DD	0	; 保留 4 个字节并初始化为 0

图 7-1　x86 汇编程序计算 N＝I＋J

Intel 系列的处理器（即 x86）可以使用多个不同的汇编器，每个都有不同的语法。本章我们使用微软的 MASM 汇编语言为例。也有很多支持 ARM 处理器的汇编器，它们的语法和 x86 汇编器比较类似，所以我们举一个例子就足够了。

汇编语言的语句有四个组成部分：标号、操作码、操作数和注释，每个组成部分都不是必不可少的。标号为内存地址提供符号名，这在执行语句跳转时是必须的。如果数据字段有标号，就可以使用标号来访问该数据字段。如果某个语句使用了标号，那么标号应该从第一列开始。

图 7-1 中的例子有 4 个标号：FORMULA、I、J 和 N。MASM 汇编语言中代码标号后面需要冒号而数据标号后面则不需要。这种差别是无关紧要的，不同的汇编器的设计者们有不同的习惯。这种差别和底层的体系结构无关。标号后面加冒号的好处是标号可以单独占一行，标号后面的操作码可以另起一行。这种处理方式某些情况下会给编译器带来方便。如果不使用冒号就不能这样做，因为这会导致标号和操作码无法区分。冒号消除了这种潜在的歧义。

在某些汇编器中，标号长度最多支持 6 个或者 8 个字符，这一点不能令人满意。与之相对的是，大多数的高级语言都允许使用任意长度的标号名。足够长的并且经过精心选择的名字可以增加程序的可读性并使程序更容易被别人理解。

所有的计算机都有一些寄存器，这些寄存器需要命名。在 x86 处理器中寄存器名称为 EAX、EBX、ECX 等。

操作码字段既可以是机器语言操作码的符号缩写——如果该语句是一条机器指令的符号表示，也可以是汇编器本身使用的命令。操作码名称的选择只不过是习惯问题，不同的汇编语言设计者可能会做出不同的选择。MASM 汇编器的设计者使用 MOV 同时表示把数从内存调入寄存器和从寄存器存入内存这两个操作。本来他们也可以选择使用 MOVE 或者 LOAD 和 STORE。

汇编程序经常需要为变量预留空间。MASM 汇编程序设计者使用了 **DD**（Define Double），因为 8088 中一个字是 16 位的。

汇编语言语句中的操作数字段用于定义存放机器指令要使用的操作数的地址或者寄存器。比如，整数加指令的操作数字段指出把哪个整数加到另外哪个整数上。跳转指令的操作数字段指出跳转到哪里。操作数可以是寄存器、常数、内存地址等。

程序员可以使用注释对程序完成的工作进行解释，这对以后使用或者修改此程序的程序员会有很大的帮助，当然，程序的作者一年以后再来看这个程序可能也会从注释中获得帮助。一个没有任何注释的汇编程序几乎是不可能被理解的，即使是作者在一段时间以后也会搞不明白程序的意图。注释的目的就是给人看，在汇编和生成代码的过程中会把注释略去。

7.1.4 伪指令

除了定义将要执行的机器指令之外，汇编语言程序还可能包括汇编器本身使用的命令，比如，要求分配一些存储空间或者把一个新页放入链表。汇编器本身使用的命令称为**伪指令**（pseudoinstruction），有时候也称为**汇编器指令**（assembler directive）。在图 7-1a 中我们已经见到了一条典型的伪指令：DD。图 7-2 列出了用于 x86 处理器的微软 MASM 汇编器使用的伪指令。

伪　指　令	含　　义
SEGMENT	开始一个带有特定属性的新段（正文、数据等）
ENDS	结束当前段
ALIGN	使下一条指令或者数据对齐
EQU	定义一个新的符号，让它等于给定的表达式
DB	为一个或者多个（初始化的）字节分配空间
DD	为一个或者多个（初始化的）16 位半字分配空间
DW	为一个或者多个（初始化的）32 位字分配空间
DQ	为一个或者多个（初始化的）64 位双字分配空间
PROC	开始一个过程
ENDP	过程结束
MACRO	开始一个宏定义
ENDM	结束宏定义
PUBLIC	向外输出一个本模块中定义的标识符
EXTERN	从另一个模块引入一个标识符
INCLUDE	取出并包括另一个文件
IF	开始基于给定表达式的条件汇编
ELSE	如果上面的 IF 条件为假时开始条件汇编
ENDIF	结束条件汇编
COMMENT	定义新的注释引导字符
PAGE	在程序清单中分页
END	结束汇编程序

图 7-2　汇编器（MASM）中用到的某些伪指令

伪指令 SEGMENT 开始一个新的段，ENDS 则结束一个新的段。使用这条伪指令，我们可以开始一个正文段编写代码，再开始一个数据段，然后又回到正文段。

伪指令 ALIGN 使它的下一行（一般来说是数据）的地址是它的参数的倍数。举例来说，如果当前的段已经有了 61 个字节的数据，那么 ALIGN 4 之后的地址分配将从 64 开始。 522

EQU 用于为一个表达式定义符号名。比如说，在伪指令

```
BASE  EQU  1000
```

之后，标识符 BASE 就可以在任何地方使用来代表 1000。EQU 后面的表达式可以是多个已经定义的标识符的算术表达式或者其他类型的表达式，比如：

```
LIMIT  EQU  4 * BASE + 2000
```

大多数汇编器，包括 MASM，都要求在语句中使用标识符之前要先定义。

下面 4 条伪指令，DB、DD、DW 和 DQ 分别用于为它们后面的变量分配 1、2、4 和 8 个字节的空间。举例来说，

```
TABLE DB 11, 23, 49
```

这条伪指令分配了 3 个字节的空间，初始值分别是 11、23 和 49。它还定义了标识符 TABLE，TABLE 的值就是保存 11 的字节的地址。

PROC 和 ENDP 伪指令分别用于表示汇编语言过程的开始和结束。汇编语言中的过程和其他编程语言中的过程的功能是相同的。类似地，MACRO 和 ENDM 分别表示宏定义的开始和结束。本章的后面我们将会进一步讨论宏。

下面两条伪指令，PUBLIC 和 EXTERN 用于控制标识符的作用域。一般来说，一个程序由多个文件组成的情况是很常见的。因此经常出现一个文件中的过程需要调用另一个文件中定义的过程或者数据的情况。为了便于进行这种跨文件的引用，可以使用 PUBLIC 使一个标识符对其他文件来说是可见的。类似地，为了防止编译器认为当前文件使用了未定义的变量，该标识符应该使用 EXTERN 来说明，编译器就会知道该标识符将在其他文件中定义。没有使用这两条伪指令定义的标识符的作用域将只局限于本文件。这也意味着，同时在多个文件中使用 FOO 将不会产生冲突，因为每个 FOO 的定义都只局限于本文件。

当汇编器看到 INCLUDE 伪指令后，它将把该指令的参数所指定的文件的全部内容都放入当前文件。这种包含文件的内容通常包括定义、宏和其他同时用于多个文件的内容。

许多汇编器，包括 MASM 都支持条件汇编，举例来说：

```
WORDSIZE EQU 32
IF WORDSIZE GT 32
WSIZE:    DD   64
ELSE
WSIZE:    DD   32
ENDIF
```

523

上面这段程序首先分配一个 32 位的字并把地址存入 WSIZE。该字的初始值是 64 还是 32 则依赖于 WORDSIZE 的值是不是 32。这种结构一般用于编写既可能在 32 位计算机上汇编的程序也可能在 64 位计算机上汇编的程序。只要把与机器相关的代码用 IF 和 ENDIF 包含起来，然后只需要改变 WORDSIZE 的定义，程序就可以自动地满足不同的汇编要求。使用这种方法，可以把一个源程序用于多个不同的目标计算机，这就使软件开发和维护更加容易。在一般情况下，都是把 WORDSIZE 这样与机器相关的定义写入一个文件中，对不同的计算机使

用该文件的不同版本。通过包含正确的定义文件，程序就可以很容易地被编译成适用于不同的计算机的版本。

COMMENT 伪指令允许用户改变注释的分隔符，不再使用分号。PAGE 用于控制汇编器产生的程序清单的分页。END 则表示程序的结束。

MASM 中还有许多其他的伪指令。其他的 x86 汇编器有不同的伪指令集，因为伪指令和底层的体系结构无关，它只代表汇编器作者的习惯。

7.2 宏

汇编语言程序员常常需要在一个程序中重复执行某几条指令的序列。当然最简单的办法是在任何需要的地方都重复地写这些指令。如果这个指令序列很长，或者它要使用很多次，那么这种重复让人心烦。

另一种方法是把这几条指令写成一个过程，在需要的地方就调用该过程。这种方法的缺点是每次需要执行这几条指令时都要执行过程调用指令和返回指令。如果该指令序列很短，比如说只有两条指令，那么过程调用带来的开销就会显著地降低程序的执行速度。而宏则提供了一种既简单又有效地解决这种重复执行的指令序列的方案。

7.2.1 宏定义、调用和扩展

宏定义（macro definition）就是给一段程序取个名字。在宏被定义之后，程序员就可以用宏的名称来代替宏表示的那一段程序。从效果上说，宏相当于是一段程序的缩写。图 7-3a 是一个用 x86 处理器的汇编语言编写的两次交换变量 p 和 q 内容的程序。而 7-3b 则把这些指令序列定义成了宏。在定义之后，每次碰到 SWAP 时，SWAP 都将被替换成下面这四行：

```
MOV EAX,P
MOV EBX,Q
MOV Q,EAX
MOV P,EBX
```

实际上，程序员就是用 SWAP 来简单表示上面这四条语句而已。

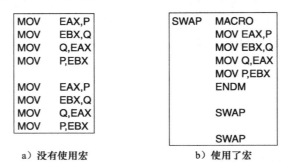

a）没有使用宏   b）使用了宏

图 7-3　两次交换 P 和 Q 的值的汇编语言代码

虽然不同的汇编器在宏定义上有细微的差别，但是其基本部分总是相同的：

1）定义宏名的宏头部。

2）宏体所对应的正文。

3）表示宏定义结束的伪指令（如 ENDM）。

当汇编器碰到宏定义时，就把它保存到宏定义表中以备将来使用。从这时开始，无论何时，只要宏名（比如图 7-3 中的 SWAP）一出现，汇编器就会把它替换成宏体。把宏名作为操作码使用称为**宏调用**（macro call），把宏名替换成宏体称为**宏扩展**（macro expansion）。

宏扩展在汇编过程中进行而不是在程序执行的过程中进行。这一点很重要。图 7-3a 和图 7-3b 实际上产生的是完全相同的机器语言代码。仅仅看机器语言，不可能看出程序在哪里使用了宏。原因在于一旦宏扩展完成之后，宏定义就会被汇编器所抛弃，而在产生的程序中将不会留下任何痕迹。

请注意不要把宏调用和过程调用相混淆。两者之间的基本区别在于宏调用是汇编器的一条指令，汇编器碰到这条指令后将把宏名替换成宏体。而过程调用则是一条插入到目标程序中的机器语言指令，当目标程序执行到这条指令时将调用相应的过程。宏调用和过程调用的比较参见图 7-4。

比较的项	宏调用	过程调用
何时执行调用？	汇编时	程序执行时
每次调用时都要把主体插入目标程序吗？	是	否
要把过程调用指令插入目标程序并执行吗？	否	是
调用完成后必须使用返回指令吗？	否	是
目标程序中有多少个主体的拷贝？	每次调用一个	一个

图 7-4　宏调用和过程调用的比较

从概念上说，把汇编过程看成是两遍扫描最容易理解。第一遍扫描负责保存所有的宏定义并且扩展宏调用。第二遍扫描才是真正的汇编过程。这时，将首先把源程序交给一个专门负责处理宏定义的程序，该程序把所有的宏调用替换成宏体。这个程序的输出结果是一个不包括任何宏调用的汇编程序，然后再把这个程序送给汇编器处理。

实际上程序就是一个由字母、数字、标点符号和回车换行符号组成的字符串，记住这一点很重要。宏扩展所做的工作就是把某些子串替换成其他的字符串而已。对宏进行的操作实际上只是字符串管理，而与宏本身的功能无关。

7.2.2　带参数的宏

使用刚才讨论的宏可以把程序中重复出现的指令序列替换成宏名，这样可以缩短程序的长度。但是，下面的情况也很常见，一个程序可以包括几个基本相同但是又不完全相同的指令序列，如图 7-5a 所示。在图 7-5a 中第一个指令序列交换 P 和 Q，而第二个指令序列交换 R 和 S。

```
MOV    EAX,P          CHANGE    MACRO P1, P2
MOV    EBX,Q                    MOV EAX,P1
MOV    Q,EAX                    MOV EBX,P2
MOV    P,EBX                    MOV P2,EAX
                                MOV P1,EBX
MOV    EAX,R                    ENDM
MOV    EBX,S
MOV    S,EAX                    CHANGE P, Q
MOV    R,EBX
                                CHANGE R, S
```

　　a）没有使用宏　　　　　　　　b）使用了宏

图 7-5　几乎相同的语句序列

宏汇编器通过允许在宏定义时提供**形参**（formal parameter），宏调用时提供**实参**（actual parameter）的方式来处理这种几乎相同的指令序列。当扩展带参数的宏时，宏体中的每一个形参都将被替换成相应的实参。实参来自于宏调用指令的操作数域。图 7-5b 是使用了带两个参数的宏重新改写过的图 7-5a 中的程序。标识符 P1 和 P2 是形参。当扩展宏时，每一次出现的 P1 都将被替换成第一个实参。同样，P2 被替换成第二个实参。在宏调用

```
CHANGE P, Q
```

中，P 是第一个实参，Q 是第二个实参。因此，图 7-5 中的两个程序生成的可执行程序是相同的。

7.2.3 高级特性

大多数宏处理器都提供了许多高级特性以方便汇编语言程序员的编程工作。本节我们将讨论 MASM 提供的某些高级特性。所有支持宏的汇编器都会遇到的一个问题是标号重复。假设一个宏包括一条条件分支指令和一个用于跳转的标号。如果这个宏被调用了两次以上，标号就会重复出现，从而导致编译错误。解决该问题的一种方案是程序员把标号作为宏参数，每次调用时给出不同的标号。MASM 使用的是另一种方案，在宏中把标号声明为局部的，这样汇编器每次扩展宏时都会自动生成一个不同的标号。其他的一些汇编器也提供了对标号进行编号的规则，这样可以自动保证标号是局部的。

MASM 和其他大多数的汇编器都允许宏的嵌套定义。这一特性通常和条件汇编结合使用。一般来说，在 IF 语句的两个部分定义同一个宏，就像下面这样：

```
M1    MACRO
      IF WORDSIZE GT 16
M2          MACRO
            ...
            ENDM
      ELSE
M2          MACRO
      ...
            ENDM
      ENDIF
      ENDM
```

无论 IF 语句的条件部分是真是假，宏 M2 都将被定义，但是具体的定义将依赖于程序是在 16 位的计算机上汇编还是在 32 位的计算机上汇编。如果 M1 不被调用，M2 也就根本不会被定义。

最后一点，宏可以调用其他的宏，包括它本身。如果一个宏是递归的，也就是说，它调用它本身，那么这个宏必须给自己传递一个参数，这个参数在每次扩展时都要改变，而且宏必须测试该参数，当该参数达到特定值时中止递归。否则，汇编器将陷入无限循环。如果出现这种情况，用户除了强行中止汇编器之外没有别的办法。

7.2.4 汇编器中宏处理的实现

为了实现宏，汇编器必须能够执行以下两个功能：保存宏定义和扩展宏调用。下面我们依次讨论这两个功能。

汇编器必须维护一张包括所有宏名的表，每个名字都有一个指向相应的宏定义的指针，

这样在需要的时候就可以取得宏定义。某些汇编器单独为宏名使用一张表，而另一些汇编器则把宏名保存在操作码表中，这时的操作码表将包括所有的机器指令、伪指令和宏名。

当遇到一个宏定义时，将根据宏名和形参的数量创建一个表项，表项中包括一个指向宏定义表的指针，宏定义表中保存的是宏定义的主体。在处理定义的过程中形参列表也被创建。宏体保存在宏定义表中。宏体中出现的形参将使用特定的标识符来表示。例如，宏定义 CHANGE 的内部表示如下：

MOV EAX,&P1; MOV EBX,&P2; MOV &P2,EAX; MOV &P1,EBX;

其中分号表示回车，"&"表示形参。在宏定义表中，宏体只是一个字符串。

汇编器在第一趟处理过程中，查找操作符并扩展宏。只要遇到宏定义，就把它存入宏表。如果遇到宏调用，汇编器就暂停从输入设备执行的读操作而从保存的宏表中读出宏体并把形参替换成调用的实参。形参前面的"&"符号可以使汇编器很容易识别出形参。

7.3 汇编过程

下面我们讨论汇编器的工作原理。虽然不同的计算机有不同的汇编语言，但是不同计算机的汇编过程是基本相同的，因此我们可以用通用的术语来讨论汇编过程。

7.3.1 两趟汇编的汇编器

一个汇编语言程序是由一串指令组成的，每条指令只占一行，因此我们很自然地想到可以设计一个汇编器，每次读一条指令，然后把这条指令翻译成机器语言，最后把这条机器语言指令写入一个文件，同时把程序清单写入另一个文件。这一过程可以重复进行直到这个程序都被翻译成机器语言。但是很不幸，这种策略实际上是不可行的。

请考虑下面的情况，程序的第一条语句是一条跳转到 L 的指令。汇编器在确切地知道 L 的地址之前无法汇编这条语句。当然，可以为了找到地址 L 而继续读入程序，可是 L 可能在程序的最后，因此这种做法是不可行的。这个难题就是**向前引用问题**（forward reference problem），也就是说，标识符 L 在被定义之前就被引用了；也就是说，引用在前，定义在后。

可以有两种办法来解决向前引用问题。第一种方法是汇编器两次读入源程序，每一次称为**一趟**（pass），两次读输入程序的翻译器称为**两趟翻译器**（two-pass translator）。两趟汇编器在第一趟扫描中，把标识符的定义（包括语句标号）保存在一张表中。当第二趟翻译开始时，所有标识符的值都是已知的，这样就不存在向前引用问题，就可以读入、汇编和输出每条语句了。虽然这种方法需要多读一次源程序，但是逻辑清晰、概念简单。

第二种方法只读一次源程序，把源程序转换成中间代码形式并保存在内存中的表中。第二趟扫描就只读这张表而不用读整个源程序了。如果计算机有足够的内存（或者虚拟内存），那么这种方法可以节约输入/输出的时间。如果需要输出程序清单，那就需要保存整个源码，包括所有的注释。如果不需要清单，就可以使用很简洁的中间代码。

无论采用哪一种方法，第一趟扫描需要完成的另一项任务是保存所有的宏定义并扩展所有的宏调用。因此，标识符的定义和宏扩展就都在第一趟扫描中完成。

7.3.2 第一趟扫描

第一趟扫描的基本功能是建立**符号表**（symbol table），符号表包括所有符号的值。标号和通过伪指令为数值分配的符号名都是符号。如：

BUFSIZE EQU 8192

当为一条指令前面的标号分配值时，汇编器必须知道这条指令在程序执行时的地址，为了掌握正在汇编的指令的执行时地址，汇编器在汇编时维护一个称为**指令位置计数器**（Instruction Location Counter，ILC）的变量。该变量在第一趟扫描开始时被置为 0，然后每处理一条指令就增加相应的指令长度，如图 7-6 所示。图 7-6 中的例子是 x86 处理器的汇编程序。

标　　号	操　作　码	操　作　数	注　　释	长　　度	指令位置计数器
MARIA:	MOV	EAX, I	EAX = I	5	100
	MOV	EBX, J	EBX = J	6	105
ROBERTA:	MOV	ECX, K	ECX = K	6	111
	IMUL	EAX, EAX	EAX = I * I	2	117
	IMUL	EBX, EBX	EBX = J * J	3	119
	IMUL	ECX, ECX	ECX = K * K	3	122
MARILYN:	ADD	EAX, EBX	EAX = I * I + J * J	2	125
	ADD	EAX, ECX	EAX = I * I + J * J + K * K	2	127
STEPHANY:	JMP	DONE	跳转到 DONE	5	129

图 7-6　指令位置计数器（ILC）记录了指令将调入内存的地址。本例中，MARIA 之前的语句占用了 100 个字节

大多数汇编器在第一趟翻译中都至少使用以下 3 张表：符号表、伪指令表和操作码表。如果需要，还使用一张直接量表。符号表中每个符号占一项，如图 7-7 所示。符号或者是标号或者是通过伪指令进行的显式定义（如 EQU）。符号表中每个表项都包括符号本身（或者指向符号的指针），符号的数值和其他信息，包括：

1）和符号相关的数据域的长度。

2）**重定位位**（relocation bit）。该位表示当程序从和汇编器假定的地址不同的地址调入时，是否改变符号的值。

3）符号能否在过程之外被访问。

符　　号	值	其他信息
MARIA	100	
ROBERTA	111	
MARILYN	125	
STEPHANY	129	

图 7-7　图 7-6 中程序的符号表

操作码表中，汇编语言的每个符号操作码都至少占一项。图 7-8 是一张操作码表的一部分。每一项都包括符号操作码、两个操作数、操作码的数值、指令长度和根据操作数的数值和种类划分的指令类别的数值。

操作码	第一个操作数	第二个操作数	16 进制的操作码	指令长度	指令类别
AAA	—	—	37	1	6
ADD	EAX	32 位立即数	05	5	4
ADD	寄存器	寄存器	01	2	19
AND	EAX	32 位立即数	25	5	4
AND	寄存器	寄存器	21	2	19

图 7-8　x86 汇编器使用的操作码表的一部分

以操作码 ADD 为例。如果一条 ADD 指令的第一个操作数是 EAX，第二个操作数是 32 位常量（32 位立即数），那么操作码就是 0x05，指令长度是 5 个字节（使用 8 位或者 16 位常数的操作码表中没有列出）。如果 ADD 指令使用两个寄存器作为操作数，指令长度就是两个字节，操作码是 0x01。指令类别 19（这个数字是随机选取的）表示所有的和使用两个寄存器的 ADD 指令相同的操作码和操作数组合。汇编器使用指令类别来指明处理所有这类指令的过程。

某些汇编器允许程序员使用立即地址编写程序，即使该地址处并不存在相应的目标语言指令。这样的伪立即地址可以按照下面的方式处理。汇编器在程序的最后为立即数分配内存并生成一条引用它的指令。例如，IBM360 中就没有立即指令，但是程序员可以使用语句 [531]

    L 14,=F'5'

把字常量 5 放入寄存器 14。使用这种方式，程序员不需要先写一条伪指令分配一个初始化为 5 的字，再给它一个标号，然后在 L 指令中使用这个标号。这种汇编器自动保存在内存中的常量称为**直接量**（literal）。除了可以节约程序员的编程时间之外，使用直接量还可以提高程序的可读性，因为每个常量的值都直接出现在语句中。汇编器在第一遍扫描时必须建立保存程序中使用的所有的直接量的表。我们作为例子的三种计算机中都有立即指令，因此它们的汇编器也就没有提供直接量功能。在现在的计算机中，直接量指令很常见，但是以前并不是这样。这可能是因为直接量的广泛使用使计算机的设计者认为立即寻址是一个好主意。如果需要使用直接量，在汇编过程中就要维护一张直接量表，每遇到一个直接量就在表中分配一个表项。在第一趟扫描之后，把这张表排序并拷贝到另一个地方。

图 7-9 是一个汇编器第一趟扫描过程的基本框架。它的编程风格值得注意。首先，过程名称使过程的功能一目了然。更重要的是，图 7-9 表示了第一趟扫描的功能框架，虽然很不完整，但是提供了一个很好的基础。它相当短小，因此很容易理解而且下一步的工作很明确——编写该过程中调用的其他过程。

这些被调用的过程相当短，比如 check_for_symbol，如果存在符号，它就把符号作为字符串返回，如果不存在，就返回 null。其他的一些过程，如 get_length_of_type1 和 get_length_of_type2，就相对长一些，而且可能调用其他的过程。当然，一般来说，类型的数量不止两个，具体的数量依赖于被汇编的语言的指令的类型以及指令的种类。

采用这样的结构化编程方式除了易于编程之外还有其他的一些优点。如果同时有多个人编写汇编器，那么不同的程序员可以编写不同的过程。比如，如何获取输入的繁琐的细节都隐藏在 read_next_line 过程中。如果由于操作系统发生变化而需要改变获取输入的方式，那么也只需要改变这个子过程，整个 pass_one 过程则不受任何影响。

在读程序的同时，第一趟扫描过程需要分析每一行来寻找操作码（例如，ADD），查找其类型（也就是操作数的模式）并计算指令长度。这些信息在第二趟扫描时也需要，因此可以把这些信息写入文件以减少第二趟扫描时分析的工作量。但是，写入文件会带来更多的输 [532] 入/输出操作。那么做更多的输入/输出来减少分析的工作量，或者少做一些输入/输出多做一些分析的工作这两种方案哪种更好，是由 CPU 和磁盘的相对速度、文件系统的效率和其他的一些因素决定的。在图 7-9 的例子中，我们把类型、操作码、长度和实际的输入行写入了一个临时文件。第二趟扫描时就可以读这个临时文件而不用再读初始的输入文件了。

读到 END 伪指令时，第一趟扫描结束。有必要的话，可以在此时对符号表和直接量表进行排序。排序后的直接量表可用来对重复项进行检查，查到的话，可以把重复的符号删除。

```
public static void pass_one( ) {
    //此过程是一个简单的汇编器的第一趟扫描过程的基本框架。
    boolean more_input = true;                  //停止第一趟扫描的标记
    String line, symbol, literal, opcode;        //指令的字段
    int location_counter, length, value, type;   //用到的内部变量
    final int END_STATEMENT = –2;               //输入结束标记

    location_counter = 0;                        //汇编的第一条指令位于地址0
    initialize_tables( );                        //通用的初始化过程

    while (more_input) {                         //结束时more_input将被赋值为
        line = read_next_line( );                //读取一行输入
        length = 0;                              //指令中的字节
        type = 0;                                //指令的类型

        if (line_is_not_comment(line)) {
            symbol = check_for_symbol(line);      //该行有标号吗?
            if (symbol != null)                   //如果有标号,记录标号和值
                enter_new_symbol(symbol, location_counter);
            literal = check_for_literal(line);    //该行包括直接量吗?
            if (literal != null)                  //如果有直接量,将其写入表中
                enter_new_literal(literal);

            //现在确定操作码类型, —1表示是不正确的操作码。
            opcode = extract_opcode(line);        //获取操作码的符号表示
            type = search_opcode_table(opcode);   //查找格式,例如, OP REG1, REG2
            if (type < 0)                         //如果不是操作码,那是伪指令吗?
                type = search_pseudo_table(opcode);
            switch(type) {                        //确定指令的长度
                case 1: length = get_length_of_type1(line);  break;
                case 2: length = get_length_of_type2(line);  break;
                //其他的类型在这里添加
            }
        }
        write_temp_file(type, opcode, length, line);   //第二趟扫描时会用到的信息
        location_counter = location_counter + length;   //修改loc_ctr
        if (type == END_STATEMENT) {              //输入结束了吗?
            more_input = false;                   //如果结束了,执行后续工作
            rewind_temp_for_pass_two( );          //可能重写临时文件
            sort_literal_table( );                //对直接量表排序
            remove_redundant_literals( );         //去除重复的直接量
        }
    }
}
```

533

图 7-9 一个简单的汇编器的第一趟扫描

7.3.3 第二趟扫描

第二趟扫描的功能是生成目标程序,如果需要,还可以打印汇编清单。另外,第二趟扫描还必须产生**链接器**(linker)需要的信息,链接器将使用这些信息把分别汇编的多个过程链接成一个单一的执行文件。图 7-10 是第二趟扫描的过程框架。

第二趟扫描做的操作和第一趟扫描有点类似:它一次读入一行并处理该行。由于我们已经把类型、操作码和长度写在了每行的开始之处(在一个临时文件中),可以直接读入它们而节省分析的时间。代码生成的主要工作是由过程 eval_type1 和 eval_type2 等完成的。每个过程处理一类指令,比如一个操作码和两个寄存器操作数就是一种类型。它生成指令的二进制代码,用 code 返回,然后 write_output 把它写入文件。更常见的做法是,write_output 不断缓

冲需要写入文件的二进制代码，等积累到足够数量时再一次写入若干个磁盘块中，这样可以提高磁盘的工作效率。

```
public static void pass_two() {
    //该过程是一个简单的汇编器的第二趟扫描的框架。
    boolean more_input = true;                 //停止第二趟扫描的标记
    String line, opcode;                       //指令的字段
    int location_counter, length, type;        //用到的内部变量
    final int END_STATEMENT = −2;              //输入结束标记
    final int MAX_CODE = 16;                    //每条指令代码中最多的字节数
    byte code[] = new byte[MAX_CODE];          //保存每条指令生产的代码

    location_counter = 0;                      //从地址0的第一条指令开始汇编

    while (more_input) {                        //输入结束时，more_input将赋值为false
        type = read_type();                    //读取下一行的类型字段
        opcode = read_opcode();                //读取下一行的操作码字段
        length = read_length();                //获得下一行的长度字段
        line = read_line();                    //读取实际的输入行

        if (type != 0) {                       //类型0是注释行
            switch(type) {                     // generate the output code
                case 1: eval_type1(opcode, length, line, code);  break;
                case 2: eval_type2(opcode, length, line, code);  break;
                //其他类型在这里添加
            }
        }

        write_output(code);                    //把代码写入二机制执行程序
        write_listing(code, line);             //打印该行的清单
        location_counter = location_counter + length;  //修改loc_ctr
        if (type == END_STATEMENT) {           //输入结束了吗?
            more_input = false;                //如果结束了，执行后续工作
            finish_up();                       //其他一些零星的处理
        }
    }
}
```

图 7-10　一个简单的编译器的第二趟扫描

534

这时可以打印最初的源语句并根据源语句生成目标代码（使用 16 进制表示的）也可以把它们放入缓冲区供以后打印。然后调整 ILC，就可以接着取下一条语句了。

到目前为止，我们都假定源程序没有任何错误。任何编写过程序的人，无论使用何种语言，都知道这个假设有多大的理想主义色彩。下面是一些常见的错误：

1）使用了一个没有定义过的符号。

2）重复定义一个符号。

3）操作码字段并不是一个合法的操作码。

4）没有为操作码提供足够的操作数。

5）操作码的操作数太多。

6）八进制数中出现了 8 或者 9。

7）非法使用寄存器（比如，跳转到一个寄存器）。

8）没有写 END 语句。

除此之外，程序员还会犯各种各样具有独创性的错误。符号未定义错误通常是由于输入错误造成的，因此一个聪明的汇编器能够指出和未定义的符号最接近的已定义符号并使用该

符号来取代未定义的符号。而修改其他类型的错误则比较困难。汇编器处理一条出错语句的最好方法是打印错误消息然后继续汇编下面的语句。

7.3.4 符号表

在汇编过程的第一趟扫描中，汇编器收集了符号和符号值的信息并保存在一张符号表中用于第二趟扫描时查找。可以使用几种不同的方式组织符号表。下面我们简单讨论其中的几种。所有的方法都把符号表模拟成**相联存储器**（associative memory），保存的是（符号，值）对。给定一个符号，相联存储器必须找到相应的值。

实现符号表的最简单的技术是使用由元素对组成的数组，第一个元素是（或者指向）符号，第二个元素是（或者指向）值。给出一个需要查找的符号后，符号表例程必须顺序查找符号表直到找到匹配为止。使用这种方法编程很容易但是速度很慢，因为平均查找长度是表长的一半。

另一种组织符号表的方式是把符号排序，查找符号时使用**二分查找**（binary search）算法。二分查找算法首先把要查找的符号和表的中间一项进行比较。如果符号的字母表顺序在中间项的前面，那么符号就一定在表的前一半。如果符号在中间项的后面，那么符号就一定在表的后一半。如果符号等于中间项，查找就结束了。

Andy	14025	0
Anton	31253	4
Cathy	65254	5
Dick	54185	0
Erik	47357	6
Frances	56445	3
Frank	14332	3
Gerrit	32334	4
Hans	44546	4
Henri	75544	2
Jan	17097	5
Jaco	64533	6
Maarten	23267	0
Reind	63453	1
Roel	76764	7
Willem	34544	6
Wiebren	34344	1

a）符号表、值和从符号表中得到的哈希代码

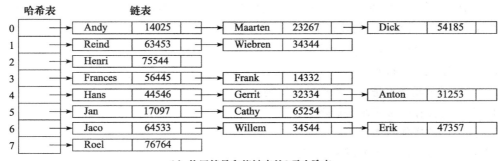

b）使用符号和值链表的8项哈希表

图 7-11　哈希编码

假定中间项不等于需要查找的符号，我们至少可以得知需要查找表的哪一半。然后，我们可以继续在正确的那一半上应用二分查找，或者得到一个匹配，或者得到正确的匹配所在

的表的 1/4 块。递归使用该算法，一张 n 个表项的表大约比较 $\log_2 n$ 次就可以找到相应的匹配。很显然，这种方法比顺序查找要快得多，但是它需要把表项排序。

另一种完全不同的模拟相联存储器的方式是一种称为**哈希编码**（hash coding）的技术。这种技术需要一个哈希函数把符号映射到 $0 \sim k{-}1$ 范围内的整数上。一种可能的哈希函数是符号中字符的 ASCII 码相乘，忽略溢出，把结果模 k 或者除以一个质数。实际上，任何一个可以均匀分布输入值的函数都可以作为哈希函数。符号保存在由 k 个**槽**（bucket）组成的表中，k 个槽的编号是 $0 \sim k{-}1$。所有符号哈希到 i 的（符号，值）对都保存在哈希表第 i 个槽所指向的链表中。当一张哈希表中有 n 个符号和 k 个槽时，链表的平均长度是 n/k。通过选择近似等于 n 的 k，可以基本上通过一次查找就找到符号。通过调整 k，我们可以减少表的大小，但是查找速度也相应变慢。哈希编码如图 7-11 所示。

7.4 链接和加载

大多数程序都不止一个过程。一般来说，编译器和汇编器一次只能翻译一个过程并把结果保存到磁盘上。为了使程序能够正确地运行，必须把所有这些被翻译过的过程正确地链接在一起。如果没有使用虚拟内存，那么链接之后的程序还必须被显式地加载到主存中。执行这些功能的程序一般称为**链接器**（linker）、**链接加载器**（linking loader）和**链接编辑器**（linkage editor）。源程序的完整的翻译过程需要两个步骤，如图 7-12 所示。

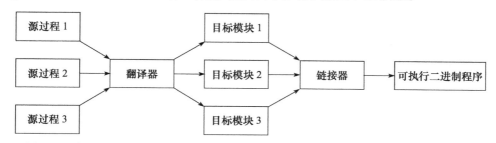

图 7-12 把一系列独立翻译的源程序合并成一个可执行的二进制程序需要使用链接器

1）对源程序中的过程进行编译或者汇编。

2）链接目标模块。

第一步工作由编译器或者汇编器完成，第二步工作由链接器完成。

从源程序到目标程序的翻译过程中发生了层次的变化，因为源语言和目标语言有不同的指令集和表示法。而链接过程则并没有发生层次的变化，因为链接输入和链接输出是同一个虚拟机的程序。链接器所作的工作就是把所有单独编译的过程链接到一起形成一个可执行的**二进制程序**（executable binary program）。在 Windows 系统中，目标程序的扩展名是 .obj 而可执行的二进制程序的扩展名是 .exe。在 UNIX 系统中，目标程序的扩展名是 .o 而可执行二进制程序没有扩展名。

编译器和汇编器把每一个源过程都作为单独的实体来翻译是有原因的。如果一个编译器或者汇编器一次就把一系列的源过程直接翻译成一个能够运行的机器语言程序，那么改变其中某一个源过程中的一条语句就不得不重新编译所有的源过程。

如果使用图 7-12 所示的目标程序与执行程序相分离的技术，那么就只需要重新编译被修改的过程，没有改动的过程不需要重新编译，然后再把所有的模块重新链接一遍。链接通常

比翻译快得多，因此这种翻译加链接的两步处理过程可以节省大量的开发时间。当开发由数
百个或者数千个模块组成的程序时，这种收益是相当可观的。

7.4.1　链接器的处理过程

在汇编处理过程的第一趟扫描开始的时候，指令位置计数器的值是 0。这实际上相当于
假定目标模块在执行时位于从虚拟地址 0 开始的地址空间中。图 7-13 中是某台通用计算机中
的 4 个目标程序模块。这 4 个模块开始处的第一条语句都是一条跳转指令，跳转到模块中的
一条 MOVE 指令。

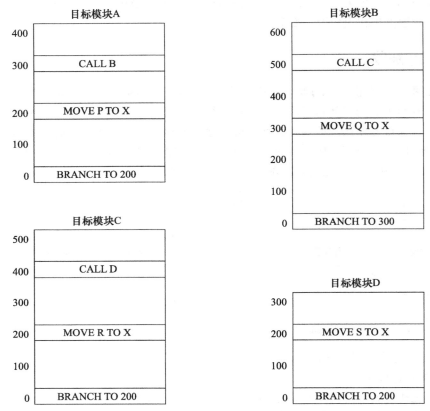

图 7-13　每个模块都有从 0 开始的自己的地址空间

为了使程序能够运行，链接器把目标模块调入主存以形成可执行的二进制程序的映像，
如图 7-14a 所示。其主要的思想是在链接器中完成可执行程序的正确的虚拟地址空间映像，
并把所有的目标模块放在正确的位置上。如果没有足够的（虚拟）内存来完成映像，就使用
磁盘文件。一般来说，从地址 0 开始的一小部分地址空间是用于中断向量、和操作系统通信、
获取没有初始化的指针和其他的一些目的，因此程序通常是从大于 0 的地址开始的。在
图 7-14 中，我们选择了（随机的）从地址 100 开始。

图 7-14a 中的程序虽然已经装载到了可执行二进制文件的映像中，但是还不能执行。请
考虑一下如果从模块 A 的第一条指令开始执行会发生什么情况。程序将不会正确跳转到
MOVE 指令处，因为这条指令现在在地址 300 处。实际上，由于相同的原因，所有引用地址

的指令都会出错。

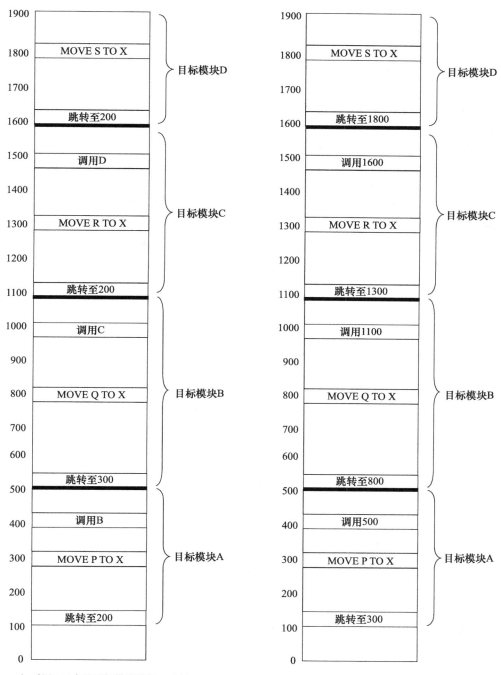

a）对图7-13中的目标模块进行了重新
　排列，但是还没有重新定位和链接

b）执行了链接和重新定位后的相同的目标模块，
　这时它们就形成了可以执行的二进制程序

图　7-14

这个问题被称为**重定位问题**（relocation problem），之所以会出现重定位问题是因为
图 7-13 中每个目标程序模块都有自己独立的地址空间。在一台使用分段式地址空间的计算机

中，比如 x86 处理器，从理论上来说，只要把各个目标程序模块放在独立的段中它们就可以使用自己的地址空间。但是，在 x86 处理器上只有 OS/2 操作系统支持这种用法。所有版本的 Windows 和 UNIX 都只支持线性地址空间，因此所有的目标程序模块都必须被合并到一个单一的地址空间中。

另外，图 7-14a 中的过程调用指令也不能正确执行。在地址 400 处，程序员想调用目标模块 B，但是由于每个过程的汇编都是独立进行的，所以汇编器无法知道 CALL B 指令所需要的地址。直到链接时才知道目标模块 B 的地址。这个问题被称为**外部引用**（external reference）。重定位问题和外部引用问题都是由链接器来解决的。

链接器按照下面的步骤把不同地址空间的目标程序模块合并到一个单一的线性地址空间中：

1）构造一张包括所有的目标程序模块和其长度的表。

2）基于这张表，为每一个目标程序模块分配一个起始地址。

3）找到所有引用内存地址的指令，给地址加上一个**重定位常量**（relocation constant），该常量等于该模块的起始地址。

4）找到所有引用其他过程的指令，在适当的地方插入这些被引用过程的地址。

下面是为图 7-14 中的模块构造的目标模块表，它包括模块名称、长度和起始地址。

模块名称	长 度	起始地址
A	400	100
B	600	500
C	500	1100
D	300	1600

图 7-14b 是链接器对 7-14a 中的模块执行完这些步骤后的结果

7.4.2 目标模块的结构

目标模块通常包括六个部分，如图 7-15 所示。第一部分包括模块名称，链接器需要的某些特定信息，比如模块不同部分的长度等，有时候还包括汇编日期。

目标模块的第二部分是一张由在该模块中定义而其他模块可能会用到的符号组成的表，当然还包括符号的值。例如，如果一个模块中有一个叫做 bigbug 的过程，那么入口点表将包括字符串 "bigbug" 和它相应的地址。汇编语言程序员通过使用图 7-2 中所示的 PUBLIC 这类的伪指令把符号定义为**入口点**（entry point）。

目标模块的第三部分是一张本模块中使用，但却是在其他模块中定义的符号组成的表，同时还有一张使用这些符号的机器指令的表。链接器需要使用后一张表把正确的地址插入使用外部符号的指令中。通过把被调用的过程的名字声明为是外部的，一个过程就可以调用其他独立汇编的过程。汇编语言程序员通过使用图 7-2 中所示的 EXTERN 伪指令把这些符号声明为**外部符号**（external symbol）。在某些计算机中，入口点和外部引用被放在一张表中。

目标模块的第四部分是被汇编的代码和常量。这部分是目标模块中唯一将被调入内存执行的部分。其他五部分只是供链接器使用的，在执行之前将被丢弃。

模块结束
重定位字典
机器指令和常量
外部引用表
入口点表
标识

图 7-15　翻译器产生的目标模块的内部结构，标识域首先出现

目标模块的第五部分是重定位字典。正如图 7-14 中所示，引用内存地址的指令都必须加上一个重定位常量。因为链接器没法知道第四部分的数据中哪些是指令哪些是常量，因此关于重定位的地址的信息就由这张表提供。该表可以采用位表的方式组织，每个需要重定位的地址占一位，或者直接列出需要重定位的地址。

第六部分是模块结束指识，有时候设置一个校验和来检查读模块时是否发生错误，还可能包括开始执行的地址。

大多数链接器需要两趟扫描。第一趟扫描时链接器读所有的目标模块并建立模块名称长度表和由所有的入口点和外部引用组成的全局符号表。第二趟扫描时一次读入一个模块，将它重定位后链接到可执行二进制文件中直到将所有的目标模块链接完毕。

7.4.3 绑定时间和动态重定位

在一个多道程序系统中，一个程序可以被读入主存，运行一段时间之后，再写回磁盘，然后再次读入主存运行。在一个同时运行许多程序的大系统中，很难保证每次都把程序读取到相同的内存位置上。

图 7-16 是如果把图 7-14b 中已经重定位过的程序重新调入到地址 400 处而不是链接器一开始调入的地址 100 处时将发生的情况。所有的内存地址都不正确了，而且重定位信息已经被抛弃了，即使重定位信息仍然可用，但如果每次在程序被交换之后都要对其进行重新定位，代价也是相当高的。

这种已经被链接和重定位过的程序的移动问题是和把符号名绑定到绝对物理内存地址上的完成时间密切相关的。当编写程序的时候，它只包括内存地址的符号名，如 BR L。决定对应于 L 的实际主存地址的时间点称为**绑定时间**（binding time）。绑定时间至少有以下 6 种可能：

1）编写程序的时刻。
2）翻译程序的时刻。
3）程序被链接但未加载的时刻。
4）程序加载的时刻。
5）调入用于寻址的基址寄存器的时刻。
6）包括地址的指令执行的时刻。

如果一条包括地址的指令在绑定之后移动了位置，执行就会不正确（假定它引用的对象也被移动了）。如果翻译器在产生二进制执行程序时进行了绑定，那么程序就必须在翻译器希望的地址运行。前面讨论的链接方法在链接时把符号名绑定到绝对地址上，这就是链接之后移动程序位置会出错的原因，如图 7-16 所示。

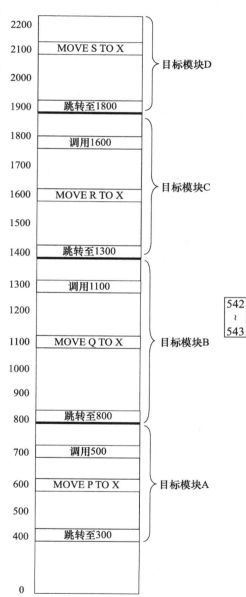

542
∼
543

图 7-16　图 7-14（b）中重定位过的二进制程序被上移了 300 个地址。许多指令现在都引用了不正确的地址

这里涉及两个相关的问题。首先一个问题是何时把符号名绑定到虚拟地址。其次一个问题是何时把虚拟地址绑定到物理地址。只有这两个操作都发生绑定才算完成。当链接器把单独地址空间的目标模块链接到一个线性地址空间中时，实际上也就是创建了一个虚拟地址空间。重定位和链接实际上是把符号名绑定到特定的虚拟地址上。无论是否使用虚拟内存，这一点都是正确的。

假定图 7-14b 中的地址空间是分页的。很显然，符号名 A、B、C 和 D 对应的虚拟地址已经被决定了，虽然它们的物理地址依赖于运行它们的时刻的页表的内容。一个可执行的二进制程序已经完成了符号名到虚拟地址的绑定。

任何一种易于改变虚拟地址到物理地址映射的机制都可以使程序在内存中的移动变得很方便，甚至可以很方便地在虚拟地址空间中移动。分页就是这样一种机制。当程序在内存中移动时，需要改变的只是页表而不是程序本身。

544 第二种机制是使用运行时重定位寄存器。CDC 6600 计算机和它的后续机型就使用了这样的寄存器，在使用这种重定位技术的计算机中，寄存器总是指向当前程序的起始物理内存地址。所有的内存地址在被发往内存之前都由硬件加上重定位寄存器的值。整个重定位过程对用户程序来说是透明的。用户程序甚至根本不知道发生了重定位。当程序移动时，操作系统必须修改重定位寄存器。这种机制的通用性比分页差，因为整个程序必须作为一个整体移动（除非分别使用代码和数据重定位寄存器，就像 Intel 8088 那样，在 Intel 8088 中，程序可以作为两个单元移动）。

在可以使用相对于程序计数器的方式访问内存的计算机中还可以使用第三种机制。许多转移指令都与程序计数器相关。这时，当程序在主存中移动时只需要修改程序计数器。一个程序，如果它的所有内存访问或者是相对于程序计数器的或者是绝对的（比如，访问位于绝对地址的输入 / 输出设备寄存器），那么这个程序就是**位置无关**（position independent）的。一个位置无关的过程可以放在虚拟地址空间中的任何地方而不需要进行重定位。

7.4.4　动态链接

在 7.4.1 节中讨论的链接过程有这样的特点：程序中所有可能被调用的过程在程序执行前都链接在一起了。在使用虚拟内存的计算机中，在执行之前完成所有的链接不能充分利用虚拟内存的能力。许多程序都有一些只有在不正常的情况下才会被调用的过程。比如，编译器就有一些用于编译很少使用的语句的过程，还有一些用于处理很少发生的错误条件的过程。

一种更灵活的链接方式是在第一次调用过程时进行链接。这种链接方式称为**动态链接**（dynamic linking）。最早的动态链接是在 MULTICS 中实现的，MULTICS 的某些实现即使目前看来都是无法超越的。下面我们将讨论几个不同系统中的动态链接。

1. MULTICS 中的动态链接

在 MULTICS 中，每个程序都有一个**链接段**（linkage segment），该段为每个可能被调用的过程都放置了一个信息块。该信息块中首先是一个保留的字用于存放过程的虚拟地址，然后是按字符串保存的过程名称。

当使用动态链接时，源程序中的过程调用被翻译成间接寻址指令，该指令指向相应的链接块的第一个字，如图 7-17a 所示。编译器或者在这个字中添入非法地址或者放入导致陷阱的特殊的位模式。

545

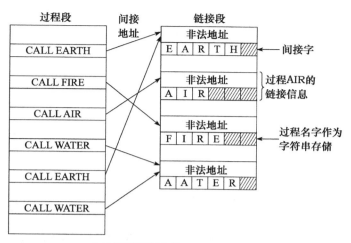

a）EARTH调用之前

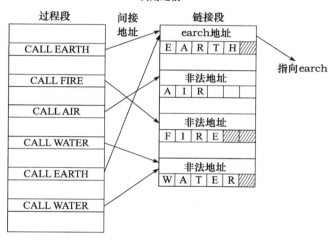

b）EARTH调用之后

图 7-17　动态链接

　　当调用一个不同的段中的过程时，访问非法的地址将产生一个陷阱，对于该陷阱的处理将调用动态链接器。链接器找到非法地址后面的字符串，然后在用户的目录空间中搜索叫这个名字的、已经编译的过程，然后为找到的过程分配一个虚拟地址，一般是在自己的私有段中，然后用这个虚拟地址替换掉链接段中的非法地址，如图 7-17b 所示。接下来，重新执行产生链接错误的指令，这样程序就可以从产生陷阱之前的位置继续执行了。

546

　　后面遇到的所有对该过程的调用都将正常执行而不会产生链接错误，因为那个过程信息块的间接字中已经包括了正确的虚拟地址。相应地，动态链接器也只是在过程第一次被调用时用到。

　　2. Windows 中的动态链接

　　所有版本的 Windows 操作系统，包括 NT，都支持动态链接，而且在很大程度上依赖于动态链接。Windows 中的动态链接使用一种称为**动态链接库**（Dynamic Link Library，DLL）的特殊文件格式。DLL 可以包括过程和数据。它们通常用于两个或者更多的进程共享过程库或者数据。许多 DLL 都使用扩展名 .dll，但是也可以使用其他的扩展名，包括 .drv（设备驱动库）和 .fon（字体库）。

DLL 最常见的形式是一个由多个过程组成的库，它可以被调入内存，同时被多个进程访问。图 7-18 是两个进程共享一个包括 A、B、C 和 D 四个过程的 DLL 文件的情况。程序 1 使用过程 A；程序 2 使用过程 C，当然，它们也可以使用相同的过程。

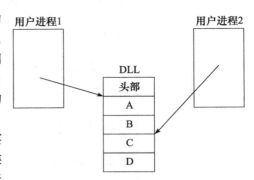

图 7-18　两个进程使用一个 DLL 文件

DLL 是链接器从一系列输入文件中生成的。实际上，生成 DLL 文件和生成可执行二进制程序很类似，不同之处在于需要给链接器一个特殊的标志来告诉链接器要生成的是 DLL 文件。DLL 一般是从可能被多个进程使用的一些库过程中生成的。Windows 系统调用库的接口过程和大的图形库都是 DLL 的常见的例子。使用 DLL 可以节省内存和磁盘的空间。如果把一个常用的库静态地绑定到每一个使用它的程序中，它将会出现在许多执行程序中，这样就浪费了内存和磁盘空间。而使用 DLL，每个库只在磁盘和内存中出现一次。

除了能够节省空间之外，使用 DLL 还可以很容易地修改库过程，即使在使用它们的程序已经编译和链接之后也可以对它们进行修改。对于用户很少能获得源码的商用软件来说，使用 DLL 意味着软件开发商可以通过在互联网上重新发行新的 DLL 文件的方式来修补程序中的错误，而不需要对主程序做任何改动。

DLL 和一个可执行库主要的不同在于 DLL 不能自己独立运行（因为它没有主程序）。它们的头部信息也不同。另外，DLL 作为一个整体还有几个和库中的过程无关的额外的过程。例如，DLL 中有一个过程，每当有新的进程绑定 DLL 时就自动被调用，还有一个过程是每当有进程解除和该 DLL 的绑定时自动被调用。这些过程的功能是分配和回收内存或管理 DLL 需要的其他的资源。

有两种方式把一个程序绑定到一个 DLL 上。第一种方式称为**隐式链接**（implicit linking），用户程序静态地链接到一个称为**导入库**（import library）的特殊文件上，导入库是由一个实用程序从 DLL 中选取某些信息生成的。用户程序通过使用导入库可以访问 DLL。一个用户程序可以链接到多个导入库上。当一个使用隐含链接的程序被加载至内存准备执行的时候，Windows 将检查所有用到的 DLL 是否已经在内存中。不在内存中的 DLL 将被立即加载至内存（当然不需要全部调入内存，因为内存是分页的）。然后对导入库的数据结构作一些改动以便找到调用过程，这一步有点类似于图 7-17。DLL 也被映射到程序的虚拟地址空间中。这时，用户程序已经做好运行的一切准备了，它已经可以和静态调用一样来调用 DLL 中的过程了。

DLL 的第二种链接方式是**显式链接**（explicit linking）。这种方式不需要使用导入库，也不需要在加载用户程序时同时加载 DLL。相反，用户程序可以在运行时通过明确的调用来绑定 DLL，然后通过额外的调用来获得需要使用的过程的地址。一旦找到了地址，就可以调用过程了。当所有的工作都完成以后，用户程序可以使用一个最终的调用和 DLL 脱离关系。当所有的进程都和 DLL 解除绑定后，操作系统就会把 DLL 从内存中调出。

很重要的一点是 DLL 中的过程并没有自己的标识符（线程和进程是有标识符的）。它在调用者的线程中运行并使用调用者的栈存放自己的局部变量。它可以有进程定义的静态数据和共享数据，除此之外都和静态链接的过程一样。唯一重要的区别就是执行时如何绑定。

3. UNIX 中的动态链接

UNIX 中使用的动态链接机制和 Windows 的 DLL 基本类似，名称叫做**共享库**（shared library）。和 DLL 文件一样，一个共享库可以包括多个过程或者数据模块，在运行时调入内存并可以同时被多个进程访问。标准的 C 语言库和许多网络代码都是共享库。

UNIX 只支持隐式链接，一个共享库由两部分组成：一部分是**宿主库**（host library），它静态链接到执行文件上；另外一部分是**目标库**（target library），目标库运行时才调用。虽然细节不同，但是基本概念和 DLL 是一样的。

7.5 小结

虽然大多数程序可以也应该使用高级语言编写，但是在某些情况下汇编语言也是必不可少的。在缺乏资源的移动计算设备中使用的程序一般都需要使用汇编语言，智能卡、科学仪器中的嵌入式处理器、无线的便携式数字助理都属于这类移动计算设备。汇编语言程序是底层机器语言程序的符号表示。汇编器负责把汇编语言程序翻译成机器语言程序。

程序的执行速度对于某些应用来说是至关重要的，对于这些应用来说，单纯使用汇编语言编写程序并不是最好的方案，更好的方法是首先使用高级语言编写整个程序，然后测量程序的执行时间，最后使用汇编语言重新编写其中最费时间的部分。这样做的依据是在实际使用中，通常程序的大部分执行时间都花费在一小部分代码上。

许多汇编器都提供了宏，程序员可以使用宏为常用的代码序列起个符号名，这样可以方便后面的引用。一般来说，这些宏还可以直被接参数化。宏是使用一系列字符串处理算法实现的。

大多数汇编器都使用两趟扫描技术。第一趟扫描建立一张符号表，符号表中主要存放标号、直接量和显式声明的标识符。这些符号可以采用无序的方式保存，然后执行顺序查找，或者首先排序然后进行二分查找，或者使用哈希技术。如果在第一趟扫描过程中不需要删除符号，哈希是最好的方法。第二趟扫描执行代码生成。某些伪指令在第一趟扫描中处理，而另一些在第二趟扫描中处理。

独立汇编的程序可以被链接到一起形成一个可以运行的可执行二进制程序。这部分工作是链接器完成的。链接器的主要任务是重定位和绑定符号名。动态链接是指直到实际调用某个过程时才链接该过程的一种技术。Windows DLL 和 UNIX 的共享库都使用动态链接技术。 549

习题

1. 在某个程序中，2% 的代码占用了 50% 的执行时间。试比较使用下面三种开发策略的编程时间和程序执行时间。假定使用 C 语言编写该程序需要 100 个人月，使用汇编语言，开发难度是 C 语言的 10 倍而执行速度是 C 语言的 4 倍。

   a. 使用 C 语言编写整个程序。

   b. 使用汇编语言编写整个程序。

   c. 先使用 C 语言编写，然后把其中 2% 的关键代码使用汇编语言重写。

2. 汇编器使用的两趟扫描技术可以用于编译器吗？

   a. 假定编译器产生目标模块而不是汇编代码。

   b. 假定编译器生成符号汇编语言。

3. x86 处理器使用的所有的汇编器都把目的地址作为第一个操作数，而把源地址作为第二个操作数。如果把两者的次序交换将会出现什么问题？该如何解决？

4. 下面的程序可以使用两趟扫描汇编吗？ EQU 是一个伪指令，它把前面的标号定义为操作数域的表达式。

```
P EQU Q
Q EQU R
R EQU S
S EQU 4
```

5. Dirtcheap 软件公司计划为某台 48 位字长的计算机编写一个汇编器。为了降低成本，项目经理，Scrooge 博士，决定限制允许使用的标识符的长度以便使每一个标识符可以存储在一个字中。Scrooge 博士宣布，标识符只能由字母组成，但是禁止使用字母 Q（以此来表示他们对客户效率的关心）。那么标识符的最大长度是多少？描述你的编码规则。

6. 指令和伪指令的有哪些区别？

7. 指令位置计数器和程序计数器都记录了程序中下一条指令的位置，它们有区别吗？如果有，是什么？

8. 列出扫描完下面的 x86 汇编程序之后的符号表。为第一条语句分配的地址是 1000。

EVEREST:	POP BX	（一个字节）
K2:	PUSH BP	（一个字节）
WHITNEY:	MOV BP,SP	（两个字节）
MCKINLEY:	PUSH X	（三个字节）
FUJI:	PUSH SI	（一个字节）
KIBO:	SUB SI,300	（三个字节）

550

9. 你能设想出一种允许汇编语言使用操作码作为标号的情况吗（例如，把 MOV 作为标号）？讨论你的想法。

10. 列出使用二分查找在下面的列表中查找 Berkeley 的步骤 :Ann Arbor, Berkeley, Cambridge, Eugene, Madison, New Haven, Palo Alo, Pasadena, Santa Cruz, Stony Brook, Westwood, Yellow Springs。当需要计算只有奇数个元素的列表的中间元素时，选取中间索引值之后的那个元素。

11. 当表中的元素个数是质数时可以使用二分查找吗？

12. 计算下列符号的哈希函数值，哈希函数是把字母的值（A=1，B=2，依此类推）相加然后对哈希表的大小取模。哈希表的大小为 19，标号为 1 ~ 18。

Els, jan, jelle, maaike

每个符号的哈希值都是不同的吗？如果不是，如何解决冲突问题？

13. 本章中讨论的哈希编码方法使用链表保存哈希值相同的元素。另一种方法是只使用一张 n 个位置的表，每个位置只能存在一个主键和相应的值（或者是指向值的指针）。如果哈希函数产生的位置已经被占用了，就尝试使用第二个哈希函数。如果还是满的，再使用第三个，依此类推，直到找到一个空位置为止。如果表的使用率是 R，那么在加入一个新的表项时尝试次数的平均数是多少？

14. 随着技术的进步，某一天人们可以把数千个相同的 CPU 放在一块芯片上，每个 CPU 都有自己的本地内存。如果所有的 CPU 都可以读写三个共享的寄存器，那么如何实现相联存储器呢？

15. x86 处理器使用的是分段式体系结构，各个段之间是独立的。某个用于 x86 处理器的汇编器使用了一条伪指令 SEG N 来通知汇编器把相应的代码和数据放入段 *N*。这种做法对 ILC 有影响吗？

16. 程序经常会链接到多个 DLL 上。如果把所有的过程都集中到一个大的 DLL 中会提高程序的效率吗？

17. 一个 DLL 可以被映射到两个进程的虚拟地址空间的不同的虚拟地址上吗？如果这样做，会出现什么问题？这些问题可以解决吗？如果不能解决，怎么排除这些问题？

18. 下面是一种静态链接的方法。在扫描库之前，链接器首先构造需要使用的过程的列表，也就是把被链接的模块中的 EXTERN 定义取出来。然后链接器再顺序扫描整个库，取出列表中的每个过程。这种方法可以工作吗？为什么？如果不能工作，又该如何修改呢？

19. 寄存器可以被用作宏调用的实参吗？常量呢？说明原因。 | 551 |

20. 你准备实现一个宏汇编器。出于某种原因，你的老板决定宏定义可以不出现在宏调用前。这一决定对实现来说隐含了什么？

21. 设计一种使宏汇编器进入无限循环的方法。

22. 一个链接器读入五个长度分别为 200、800、600、500 和 700 个字的模块。如果它们按照顺序被调入，重定位常量是多少？

23. 编写一个由下面两个例程组成的符号表程序包：*enter*（*symbol*，*value*）和 *lookup*（*symbol*，*value*）。前一个例程为表加入新符号，后一个用于在表中查找符号。可以使用某种形式的哈希编码。

24. 重复前面的题目，只是不再使用哈希表，当最后一个符号输入完毕，对表进行排序并且使用二分查找算法找到符号。

25. 为第 4 章中讨论的 Mac-1 计算机编写一个简单的汇编器。除了处理机器指令之外，还要提供为常量定义标识符的机制和把一个常量汇编成机器字的方法。使用伪代码编写。

26. 在你为上一题编写的汇编器的基础上，增加简单的宏处理机制。 | 552 |

并行计算机体系结构

尽管计算机的速度不断提高，但人们对计算机性能的要求也越来越高。天文学家希望使用计算机来模拟整个宇宙演化的过程，从大爆炸开始直到宇宙消亡。药物学家希望使用计算机设计用于治疗特殊疾病的药品，这样就可以避免牺牲大批无辜的老鼠。飞机设计师总是希望能设计出更加节约燃料的飞机，如果他可以使用计算机，就可以不用建造飞机的风洞模型了。总而言之，无论现在计算机的能力多么强大，对于许多用户来说，尤其是把计算机用于科学计算、工程和工业设计的用户来说，仍然远远不够。

虽然时钟速度还在继续增加，而芯片的速度却不可能无限地提高。设计高性能计算机时，光速是一个主要的障碍，目前看来，使电子或者光子的速度超过光速的希望很渺茫。而散热问题正把超级计算机变成一台现代化的空调器。另外，随着晶体管尺寸的不断缩小，每个晶体管可能只有很少的几个原子，这时量子效应（Heisenberg 测不准原理）将成为一个主要的问题。

因此，为了使计算机能够处理越来越复杂的问题，计算机体系结构设计者把注意力转向了并行计算机。虽然我们不可能设计一台只有一个 CPU 而周期为 0.001 纳秒的计算机，但是我们可以设计出具有 1000 个 CPU，每个 CPU 的周期为 1 纳秒的计算机。虽然，后一种设计中使用的 CPU 比前一种要慢很多，但是从理论上说，它们的计算能力是相同的。从这里，我们看到了希望。

可以在不同的层次引入并行机制。在最底层，通过流水线和使用多个功能单元的超标量设计，可以将并行加入 CPU 芯片。也可以通过使用隐式并行的超长指令字来加入并行。此外，CPU 中能够加入一些特殊的特性来同时控制多线程。最后，多个 CPU 还可以放到同一个芯片里。如果将各种特征都集中起来使用，那么新的设计可能将会比纯粹串行的设计要快 10 倍以上。

接下来一个层次，可以将具有额外处理能力的附加 CPU 板加入到系统中。通常，这些插件 CPU 都具有特殊的功能，例如网络分组处理、多媒体处理或者加密解密等。对于某些特殊应用，它们能够将性能提高 5 ~ 10 倍。

然而，如果想要将性能提高百倍、千倍甚至百万倍，就必须要使用多个 CPU，让它们一起高效工作。这种思想造就了大规模多处理器和多计算机系统（集群计算机）。毫无疑问，将成千上万的处理器联结成一个大的系统必然会带来需要解决的新问题。

最后，现在已经有可能通过互联网将分散的整个组织集成到一起，形成一种非常松散耦合的计算网格。这些系统只是刚刚开始出现，但是它们对于未来而言具有极其吸引人的潜力。

当两个 CPU 或者处理元件紧密连在一起的时候，它们之间具有高带宽和低延时，而且是亲密计算，此时称它们为**紧密耦合**（tightly coupled）。相反，当它们间隔较远，具有低带宽高延时，而且是远程计算，此时称它们为**松散耦合**（loosely coupled）。本章我们就来分析这些各种形式并行的设计原理并且研究一些例子。我们将从最紧密耦合的系统开始，也就是那些使用芯片内并行的系统，然后逐步转到越来越松散耦合的系统，最终对网格计算进行简短介绍。图 8-1 给出了粗略的图谱。

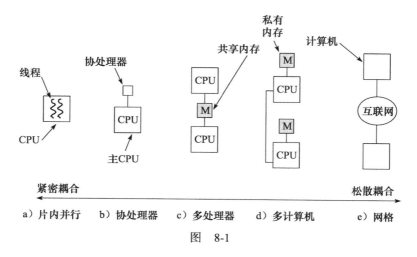

图   8-1

并行的所有问题，从图谱中的一端到另一端，都是研究的热点。相应地，本章中给出了很多参考文献，主要是有关本章主题最近的一些论文。此外，很多会议论文集和期刊上也发表了相关的论文，各种文献资料正在快速增加。

8.1 片内并行

增加芯片吞吐量的一种方法是让它在同一时间内做更多的事，换句话说就是开发并行性。在这一节中，我们将着眼于一些通过芯片级的并行实现加速的方法，包括指令级并行、多线程以及在一个芯片上集成多个 CPU。虽然这些技术差别很大，但是每一种都以它们特有的方式起作用。几乎在所有的方法中，核心的指导思想都是在同一时间内完成更多的工作。

554

8.1.1 指令级并行

在最底层，实现并行的一种方法就是在一个时钟周期内发射多条指令。多发射 CPU 可以分为两类：超标量处理器和超长指令字处理器（Very Long Instruction Word，VLIW）。事实上，这些内容在本书的前面都已经提到过，在这里再次复习这些材料也许会有比较有用。

前面我们已经看到过超标量 CPU（例如图 2-5）。在最常见的结构中，流水线中某个确定点只有一条指令准备执行。而超标量 CPU 在一个时钟周期内可以发射多条指令到执行单元。实际发射的指令数取决于处理器的设计和当前的环境。硬件决定了可以发射的指令的最大数量，通常是 2 至 6 条指令。然而，如果一条指令所需要的功能单元暂时不可用，或结果还没有被计算出来，那么这条指令就不会发射。

另一种指令级并行的形式是超长指令字处理器。在最初的形式里，VLIW 机器确实具有包含许多指令的长指令字，这些指令使用许多功能单元。例如图 8-2a 中的流水线，机器具有 5 个功能单元，能够同时执行 2 个整数操作、1 个浮点操作、1 个加载操作以及 1 个存储操作。这台机器的一条 VLIW 指令包含 5 个操作码和 5 对操作数，每个功能单元 1 个操作码，1 对操作数。按每个操作码 6 位，每个寄存器 5 位，每个内存地址 32 位来算，一条指令很容易就达到 134 位——确实非常长。

555

然而，这样的设计太严格，因为并非每一条指令都能够利用每一个功能单元，这导致使用许多无用的空操作符作为填充，如图 8-2b 所示。因此，现代的 VLIW 机器有一种途径标记一束指令，使它们成为一个指令束，例如，加入一个"束结束"位，如图 8-2c 所示。处理器能够取到整个束，并将它们一次性发射。当然这要取决于编译器准备相容的指令束。

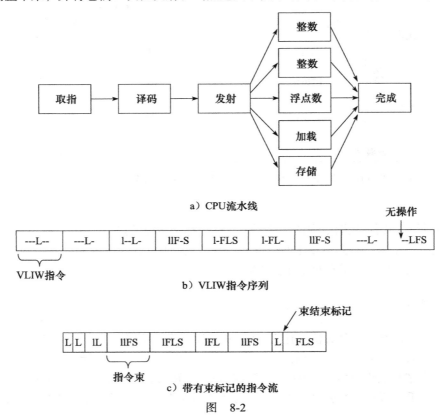

a）CPU 流水线

b）VLIW 指令序列

c）带有束标记的指令流

图   8-2

实际上，VLIW 将确定哪些指令可以一起发射的任务从运行时转移到编译时。这种选择不仅使硬件更加简单和高速；而且优化的编译器根据需要可以运行更长时间，这样在装配指令束方面能够比在运行时由硬件进行装配做得更好。当然，在 CPU 体系结构中，如此根本性的变化在引入时很困难，Itanium 经过了很长时间才被接受就证明了这一点。

顺便提一下，值得注意的是指令级并行并不是唯一的低层并行。另一种是存储器级并行。

556　在存储器级并行中，同一时间内许多存储器操作同时执行 (Chou 等，2004)。

TriMedia VLIW CPU

在第 5 章中，我们研究了 VLIW CPU 的一个例子：Itanium-2。现在，让我们来看看一个完全不同的 VLIW 处理器：由飞利浦公司设计的 TriMedia。飞利浦是一家荷兰的电子公司，除了 TriMedia，它还发明了音频 CD 和 CD-ROM。TriMedia 专门被用作嵌入式处理器，适合图像、音频和视频密集型应用，例如 CD、DVD 和 MP3 播放器、CD 和 DVD 记录器、交互式电视机、数码相机、便携式摄像机等。知道了 TriMedia 的这些应用领域，我们就不奇怪为什么它和 Itanium-2 的差别很大，因为 Itanium-2 的主要用途是作为高端服务器的 CPU。

TriMedia 是一个真正的 VLIW 处理器，每条指令包含 5 个操作（operation）。在最理想的情况下，每个时钟周期启动一条指令，发射 5 个操作。时钟运行频率为 266MHz 或者 300MHz，但由于它在一个周期中能够发射 5 个操作，因此，有效的时钟速度是上述值的 5

倍。在下面的讨论中，我们将焦点集中在 TriMedia 的 TM3260 实现上；其他版本的实现和它只有细微的差别。

一条典型的指令如图 8-3 所示。这些指令变化多样，可以是标准的 8 位、16 位和 32 位整数指令，也可以是 IEEE 754 浮点指令，甚至是并行多媒体指令。因为每个时钟周期可以进行 5 次发射而

图 8-3　典型 TriMedia 指令，给出 5 种可能操作

且具有并行多媒体指令，所以对于用软件从一个便携式摄像机中全尺寸、全帧速率解码 DV 流来说，TriMedia 是足够快的。

TriMedia 的内存是面向字节的，输入输出寄存器映射到内存空间。半字（16 位）和全字（32 位）要按照它们的自然边界对齐。内存可以按照大端派运行也可以按照小端派运行，这取决于操作系统能够进行设置的 PSW 位。这一位仅影响内存和寄存器间加载和存储操作数的方式。CPU 包含分离的 8 路组相联高速缓存，指令 cache 和数据 cache 的 cache 块大小都是 64 个字节。指令 cache 容量是 64KB，数据 cache 容量是 16KB。

TriMedia 有 128 个 32 位的通用寄存器。寄存器 R0 规定恒为 0，寄存器 R1 规定恒为 1。试图改变它们中的任何一个都会给 CPU 造成致命的打击。剩余的 126 个寄存器功能完全相同，可以用于任何用途。另外，还有 4 个 32 位的专用寄存器，它们是程序计数器、程序状态字以及两个与中断有关的寄存器。最后，还有一个 64 位寄存器对 CPU 最后一次复位后的 CPU 周期数进行计数。以 300MHz 的频率运行，计数器要花将近 2000 年才能循环一圈从头开始。

为了执行算术、逻辑和控制流操作（还有一个是 cache 控制，这里不进行讨论），TriMedia TM3260 有 11 个不同的功能单元。它们的列表如图 8-4 所示。前两列是功能单元的名称及其功能的简要说明。第三列给出这个功能单元的硬件拷贝数量。第四列给出了延迟时间，就是完成任务所需的时钟周期。就延迟时间而言，因为除了浮点数开方 / 除法单元外所有的功能单元都是能够顺利流水的，所以延迟时间长短也没太大意义。表格中的延迟时间给出了得到一个操作的结果所需的时间长度，几乎可以在每一个时钟周期内发起一个新的操作。因而，举个例子，如果 3 条连续指令中的每一条可以包含 2 个加载操作，那么同一时刻不同执行阶段总共可以有 6 个加载操作。

单　元	说　明	数量	延迟	1	2	3	4	5
常量	立即数操作	5	1	×	×	×	×	×
整型 ALU	32 位算术、布尔运算	5	1	×	×	×	×	×
移位器	多位移位	2	1	×	×	×	×	×
加载 / 存储	内存操作	2	3				×	×
整数 / 浮点数乘法	32 位整数和浮点数乘法	2	3		×	×		
浮点数乘法	浮点数算术运算	2	3			×		
浮点数比较	浮点数比较运算	1	1			×		
浮点数开方 / 除法	浮点数除法和平方根	1	17		×			
分支	控制流	3	3		×	×	×	
DSP ALU	双 16 位、四个 8 位多媒体算术运算	2	3	×		×		×
DSP MUL	双 16 位、四个 8 位多媒体乘法运算	2	3		×	×		

图 8-4　TM3260 功能单元的数量、等待时间以及它们能够使用的指令槽

最后，末尾的五列指明每个功能单元使用哪些指令槽。例如，浮点数比较操作必须且只

能出现在一条指令的第三个槽中。

常数单元用于立即数操作，例如将一个直接保存在操作中的数加载到寄存器中。整数 ALU 执行加法、减法、布尔操作以及打包 / 拆包操作。移位器能够将寄存器向任意一个方向移动特定位数。

加载 / 存储单元取内存字到寄存器中，并将它们写回。TriMedia 在本质上是一个功能增强的 RISC CPU，所以一般的操作在寄存器执行，而加载 / 存储单元用于访问内存。数据传送可以按照 8、16 或者 32 位进行。算数和逻辑指令不进行内存访问。

乘法单元处理整数和浮点数乘法。接下来的 3 个单元分别处理浮点数加法 / 减法、比较以及开方和除法。

分支操作由分支单元执行。在一个分支后有固定的 3 个周期的延迟，所以，一个分支操作之后总有 3 条指令（最多可达 15 个操作）紧接着被执行，即使是非条件分支也如此。

最后，我们介绍两个多媒体单元，多媒体单元用于处理特殊的多媒体操作。功能单元名字中的 DSP 是**数字信号处理器**（Digital Signal Processor）的缩写，它可以有效地替代多媒体操作。我们将在下面简要地描述多媒体操作。一个值得关注的特点是它们都用**饱和运算**（saturated arithmetic）来代替整数操作所使用的补码运算，一个操作产生的结果溢出时补码运算无法表示，只能产生一个例外，或者给出一个无用的结果，而饱和运算则使用最接近的有效数字。以 8 位无符号数为例，将 130 加上 130，给出的结果是 255。

由于并非每一个操作都将出现在每一个槽中，经常出现的情况是一条指令并不包含所有 5 个潜在的操作。当槽没有被使用时，它会被压缩，从而使得空间浪费的总量最少。使用的操作占用 26、34 或 42 位。TriMedia 指令的长度取决于实际出现的操作个数，从 2 ~ 28 字节不等，这其中包括一些固定的开销。

TriMedia 不做运行时检测来查看一条指令中的操作是否相容。如果它们不相容，则仍然会被执行，并得到一个错误的结果。故意省去检查的目的是为了节约时间和晶体管。Core i7 进行运行时检测，以保证所有的超标量操作都相容，但是却在复杂性、时间和晶体管方面付出了巨大的代价。为了避免这个开销，TriMedia 将调度的重担交给编译器，编译器有足够的时间仔细地优化指令字中的操作设置。另一方面，如果操作需要的功能单元不可用，那么这条指令将被暂停直到该功能单元可用。

和在 Itanium-2 中一样，TriMedia 的操作是经过预测的。每一个操作（有 2 个小例外）指定一个寄存器，在操作执行之前，将测试这个寄存器。如果寄存器的最低位被置位，则执行操作；否则操作就被跳过。5 个操作（最多）中的每一个都是独立预测的。预测操作的一个例子是：

IF R2 IADD R4, R5 –> R8

它测试 R2，如果最低位是 1，则将 R4 加上 R5，并将结果储存到 R8。可以通过使用 R1（永远是 1）作为预测寄存器来让操作无条件执行。通过使用 R0（永远是 0）来让它成为空操作。

TriMedia 多媒体操作可以被分成 15 组，如图 8-5 所示。许多操作包含截断，它指定一个操作数和一个范围，并强制操作数在指定的范围内，使落在范围外面的操作数使用最低值或最高值。8、16 或 32 位操作数都可以进行截断操作。例如，将范围为 0 ~ 255 的截断操作用于 40 和 340 时，截断结果分别为 40 和 255。截断组执行截断操作。

图 8-5 中接下来的 4 组操作对不同大小的操作数执行指定的操作，并截断结果到指定的
范围。最小、最大组检查两个寄存器，为
每个字节找出最小或最大值。相似地，比
较组将两个寄存器视为 4 对字节，并比较
每一对的大小。

组	说明
截断	截断为 4 个字节或两个半字
DSP 绝对值	截断的、带符号的绝对值
DSP 加法	截断的带符号加法
DSP 减法	截断的带符号减法
DSP 乘法	截断的带符号乘法
最小、最大	得到 4 个字节对的最小或最大值
比较	两个寄存器按字节进行比较
乘积之和	带符号的 8 位或 16 位乘积之和
合并、压缩、交换	字节和半字操作
字节平方平均	无符号的按字节平方取平均值
字节平均	无符号的 4 个分量按字节取平均值
字节乘法	无符号 8 位乘法
运动估计	无符号的带符号 8 位差的绝对值之和
杂项	其他算术操作

图 8-5　TriMedia 主要的自定义操作分组

对 32 位整数很少执行多媒体操作，
因为大部分图像由 RGB 像素组成，红、
绿和蓝每种颜色分别用 8 位数值表示。当
处理一个图像时（例如，压缩），它通常
由三个部分描述，每一部分对应一种颜
色（RGB 空间）或者一种逻辑等价形式
（YUV 空间，将在本章的后面讨论）。不管
是哪一种方式，大部分处理都是在由 8 位
无符号整数构成的矩形阵列上完成。

TriMedia 有大量的操作都是专门设计来高效地处理 8 位无符号整数组成的阵列的。举
一个简单的例子，考虑由储存在（大端派）内存中的 8 位数值所组成的阵列的左上角，如
图 8-6a 所示。左上角显示的 4×4 的块包含 16 个 8 位数值，标为 A ~ P。假设需要将图像进
行转置，产生图 8-6b，这个任务怎样完成？

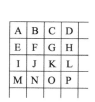
a）每元素8位的数组

b）转置数组

c）最初取到4个寄存器中的数组

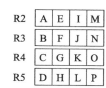
d）4个寄存器中的转置数组

图　8-6

一种变换的方法是使用 12 个操作，每个操作加载一个字节到一个不同的寄存器中，紧接
着再用 12 个操作，每个操作将一个字节存储到它正确的位置上。（注意：对角线上的 4 个字
节，在变换中并未移动位置）这种方法的问题是它需要 24（长并且慢）个访存操作。

一个可供选择的方法是用 4 个操作开始，每个操作加载一个字到 4 个不同的寄存器
R2 ~ R5 中，如图 8-6c 所示。然后，4 个输出字通过屏蔽和移位操作装配成想得到的输出，
如图 8-6d 所示。最后，这些字被储存在内存中。虽然这种方法将访存次数从 24 次减少到 8
次，但是由于许多操作需要将每一个字节提取并插入到正确的位置，所以屏蔽和移位操作的
代价很大。

TriMedia 提供了一种比上述两种都要好的解决方案。它先取 4 个字到寄存器中。然而，
它不是使用屏蔽和移位建立输出，而是通过使用在寄存器中的提取和插入字节的特殊操作来
建立输出。结果是只需要 8 次内存访问和 8 个这些多媒体操作，这个转换就能够完成。相应
的代码首先包含一个在第 4 和 5 槽执行加载的操作，分别加载字到 R2 和 R3 中，接下来是另
一个这样的操作，加载字到 R4 和 R5。

包含这些操作的指令可以使用槽 1 和 2，槽 3 有其他用图。当所有这些字都被加载，8 个专用的多媒体操作可以被打包成 2 条指令用以建立输出，接下来再用 2 个操作存储它们。总而言之，只需要 6 条指令，这些指令中 30 个槽中的 14 个还可用于其他操作。更有效地，整个工作可以通过大约 3 个有效等价的指令完成。其他多媒体操作也同样高效。有了这些强有力的操作以及每条指令 5 个发射槽，TriMedia 能够高效地进行多媒体处理中所需的各种计算。

8.1.2 片内多线程

所有现代指令流水的 CPU 都存在一个固有的问题：如果内存引用在第一级和第二级 cache 中都缺失，会导致长时间的等待，直到需要的字（和它关联的 cache 块）被加载到 cache 中，这会造成流水线暂停。有一种方法可以应对这种情况，称作**片内多线程**（on-chip multithreading），就是允许 CPU 同时管理多个控制线程来屏蔽这些暂停。简而言之，如果线程 1 被阻塞，CPU 仍有机会执行线程 2，这样能保证硬件被充分利用。

尽管这个基本思路是很简单的，但仍有很多不同的变化，下面我们就来分析一下。第一种方式，称作**细粒度多线程**（fine-grained multithreading），在图 8-7 中以一个能每时钟周期发射一条指令的 CPU 为例进行说明。在图 8-7a ~ c 中，我们看到 3 个线程，A、B 和 C，使用 12 个机器周期的情况。在第一个周期内，线程 A 执行指令 A1。这条指令在一个周期内完成，所以在第二个周期，开始执行指令 A2。不幸的是，这条指令在第一级 cache 中缺失，导致两个周期浪费在从第二级 cache 获取需要的字的过程中。线程在第 5 个周期继续。类似地，图中的线程 B 和 C 也因为偶然因素发生暂停。在这个模型中，如果一条指令暂停，它后面的指令就不能发射。当然，如果采用更高级的记分牌算法，有时新指令仍然能够继续发射，但我们这里的讨论忽略这些可能的情况。

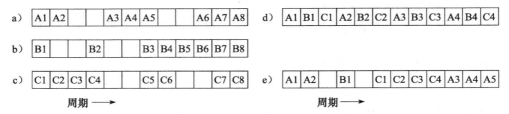

图 8-7　a）~ c）3 个线程，空白表示线程暂停等待内存；d）细粒度多线程；e）粗粒度多线程

如图 8-7d 中所示，细粒度多线程通过循环运行线程来屏蔽暂停，在连续的周期内使用不同的线程执行指令。在第 4 个周期开始的时候，A1 进行的内存操作已经完成，所以指令 A2 可以执行，就算它需要 A1 的执行结果也没有问题。在这种情况下最长的暂停是两个周期，所以只要 3 个线程暂停的操作就一定能按时完成。假设一个内存暂停需要占用 4 个周期，我们将需要 4 个线程来保证连续进行操作，依此类推。

由于不同线程之间互不影响，所以每个线程需要有自己的一组寄存器。当发射一条指令时，必须附带一个指向它的寄存器组的指针，这样如果一个寄存器被引用，硬件就可以知道用到了哪个寄存器组。因此，一次能够运行的线程最大数目在芯片设计时就已经确定。

内存操作不是暂停的唯一原因。有时一条指令需要前一条尚未完成的指令的计算结果。有时指令不能开始是因为它需要根据前面的条件分支来确定是否执行，而条件分支满足与否尚未得知。一般而言，如果流水线有 k 级，但至少有 k 个线程循环运行，那么在任意时刻，流水线上每个线程至多执行一条指令，所以冲突肯定不会发生。在这种情况下，CPU 能全速运行而不出现暂停。

当然，实际可能没有流水线级数那么多可用的线程，所以一些设计者更喜欢另一种方法，也就是**粗粒度多线程**（coarse-grained multithreading），如图 8-7e 所示。线程 A 启动并发射指令直到发生暂停，浪费掉一个周期。这时产生一个切换，并且执行 B1。由于线程 B 的第一条指令发生暂停，又产生另一个切换，并且在第 6 个周期执行 C1。由于每次指令暂停都浪费掉一个周期，所以粗粒度多线程潜在地比细粒度多线程效率低一些，但它最大的优势在于只需要较少的线程就可以保证 CPU 一直处于工作状态。那么在没有足够多可用线程，而且没有更好的方法之前，粗粒度多线程能更好地工作。

尽管我们描述了粗粒度多线程在发生暂停时采用线程切换的手段，但这并不是唯一的选择。另一种可能的方法是，当遇到可能会导致暂停的指令，例如 load、store 或者 branch 指令时，在确定它是否真地会导致暂停之前，就立即进行切换。后面说的这种策略允许更早进行切换（指令译码之后就可以进行），并且可能避免周期浪费。概括地说就是"在运行到可能出现问题的时候，立刻进行切换，以防万一。"通过频繁的切换，这种粗粒度多线程很大程度上更像细粒度多线程。

不管用的是哪种多线程策略，都需要一种方法来跟踪哪个操作属于哪个线程。对于细粒度多线程来说，很重要的一点是每一个操作都要加上一个线程标识，以便于当操作在流水线上执行的时候，它的标识是明确的；对于粗粒度多线程来说，则存在另一种可能：当切换线程时排空流水线，然后才启动下一个线程。这样一来，同一时刻在流水线上只存在一个线程，线程标识就很清楚。当然，只有线程切换花费的时间远大于排空流水线花费的时间时，在线程切换时排空流水线才有意义。

前面我们一直假设 CPU 每周期只能发射一条指令。而事实上，现代的 CPU 每周期能发射多条指令。在图 8-8 中，我们假设 CPU 每周期能发射两条指令，但我们还保留这个规则，就是当一条指令暂停时，后续的指令不能被发射。在图 8-8a 中，我们能够看到细粒度多线程在双发射超标量 CPU 中是如何工作的。对线程 A，前两条指令可以在第一个周期内发射，但对于线程 B，在下一个周期就遭遇问题，所以只有一条指令能发射，依此类推。[563]

| A1 | B1 | C1 | A3 | B2 | C3 | A5 | B3 | C5 | A6 | B5 | C7 |
| A2 | | C2 | A4 | | C4 | | B4 | C6 | A7 | B6 | C8 |

周期 ⟶

a）细粒度多线程

| A1 | B1 | C1 | C3 | A3 | A5 | B2 | C5 | A6 | A8 | B3 | B5 |
| A2 | | C2 | C4 | A4 | | | C6 | A7 | | B4 | B6 |

周期 ⟶

b）粗粒度多线程

| A1 | B1 | C2 | C4 | A4 | B2 | C6 | A7 | B3 | B5 | B7 | C7 |
| A2 | C1 | C3 | A3 | A5 | C5 | A6 | A8 | B4 | B6 | B8 | C8 |

周期 ⟶

c）并发多线程

图 8-8　双发射超标量 CPU 上的多线程

在图 8-8b 中，我们看看粗粒度多线程是如何在双发射 CPU 中工作，只是这里有一个静态调度器，可以在指令暂停时，避免周期浪费。基本上这些线程按顺序运行，CPU 每个线程发射两条指令，直到出现暂停。然后，在下一个周期开始的时刻，它会切换到下一个线程。

对于超标量 CPU，还有第三种可以采用的方法，称作**并发多线程**（simultaneous

multithreading），如图 8-8c 所示。这种方法可以看作是对粗粒度多线程的改进。具体思路是，允许一个单独的线程每周期发射两条指令，但出现暂停时指令立刻按顺序从下一个线程取入，以保证 CPU 被完全占用。并发多线程能保证所有的功能单元都处于工作状态。当一条指令因为一个需要的功能单元被占用而不能执行的时候，会被来自另一个线程的指令代替。在图 8-8 中，我们假设 B8 在第 11 周期发生暂停，所以 C7 在第 12 周期开始执行。

如果想了解更多的关于多线程的知识，请参考 Gebhart（2011）和 Wing-kei 等人（2011）的相关工作。

Core i7 里的超线程技术

在理论上分析了多线程之后，我们现在要分析一个实际的多线程例子：Core i7。在 2000 年初，Intel 为了维持销售量导致 Pentium 4 等处理器没有侧重于性能提升。Pentium 4 投放市场之后，Intel 的设计师们想方设法来提高它的速度，但前提是不影响编程人员使用的接口，并且不会引入用户难以接受的东西。他们很快提出了 5 种方法：

[564]

1）提高时钟速度。

2）在一个芯片上放置 2 个 CPU。

3）增加功能单元。

4）加长流水线。

5）使用多线程技术。

一个显而易见的改进性能的方法就是加快时钟的速度，而不做其他任何改动。这样做既直接也易于理解，所以后来出产的新芯片都比前面的产品快一些。不幸的是，更快的时钟也带来了两个主要问题，这限制了多大的提速能被接受。第一，更快的时钟需要更多的能量，对笔记本电脑和其他使用电池供电的设备来说，这可是一个很大的问题。第二，额外的能量输入，意味着芯片会变得更热，这对散热系统又提出了更高要求。

在一个芯片上放置 2 个 CPU 也是很直接的办法。但是，如果每个 CPU 有自己的 cache 的话，芯片面积就要加倍，这样做的后果就是每个晶片上的芯片数量要减少一半，实质上也就导致单位制造成本加倍。如果这两个芯片共用一个与原先一样大小的 cache，那么芯片面积没有翻倍，但每个芯片所能用的 cache 空间减半，性能自然也大大降低。此外，高端服务器的程序经常能充分利用多个 CPU，但并非所有的桌面程序都支持并行算法来充分利用两个 CPU。

增加功能单元也相当简单，但是如何取得均衡是很重要的。如果芯片不能足够快地为流水线填充指令，那么即使有 10 个 ALU 也不能很好地工作。

更多级的较长流水线，每一级分担更少的工作，可以在更短的周期内完成，这也能提高性能。但是也会因为分支预测出错、cache 命中率降低、中断和其他干扰流水线正常工作的因素增加负面影响。而且，为了发挥更多级流水线的优点，时钟速度也要跟着提高，意味着会消耗更多的能量并产生更多的热量。

最后，可以考虑加入多线程。它的价值在于引进另一个线程来使用硬件，从而避免了硬件闲置。经过很多实验证明，在芯片上增加 5% 的面积来支持多线程，在很多应用中能使性能提高 25%，这说明多线程是个不错的选择。Intel 的第一个多线程 CPU 是 2002 年推出的 Xeon，但多线程技术不久就加到 Pentium 4 里，从 Pentium 4 的 3.06GHz 版本开始，包括 Core i7 在内后续速度更快的 Pentium 处理器，都加入了多线程技术。Intel 称这些处理器中实现的多线程为**超线程**（hyperthreading）。

超线程的基本思想是，允许两个线程（或者说是进程，因为 CPU 区分不出什么是线程，什么是进程）同时运行。对操作系统来说，支持超线程的 Core i7 芯片看起来像一个双处理器，两个 CPU 共用一个 cache 和主存。操作系统独立地调度这些线程。如果两个应用程序同时运行，那么操作系统能同时运行每一个程序。例如，如果一个邮件后台程序在后台收发 E-mail，而用户正在前台与某个程序进行交互，那么后台程序与用户程序可以并发执行，看起来像在使用两个 CPU。

设计成多线程运行的应用软件，可以使用这两个虚拟的 CPU。例如，视频编辑程序通常允许用户为某个范围的帧指定特定的过滤器。这些过滤器可以修改每个帧的亮度、对比度、色彩平衡或者其他属性。这个程序就可以分配一个 CPU 来处理偶数帧，而另一个 CPU 来处理奇数帧。这两个 CPU 就可以完全独立地执行各自的命令。

由于这两个线程共用所有的硬件资源，所以必须提出一个策略来管理共享。为了处理与超线程技术相关的资源共享问题，Intel 确定了 4 种有效的策略：资源复制、资源划分、阈值共享和完全共享。下面逐个进行讨论。

首先，为了实现多线程，一些资源会被复制。例如，由于每个线程有自己的控制流，就必须另加一个程序计数器。另外，从体系结构寄存器（EAX，EBX 等）到物理寄存器的映射表也要复制。还要复制中断控制器，以保证线程能独立地被中断而互不影响。

接着就是进行**分区资源共享**（partitioned resource sharing），就是把硬件资源在线程之间严格划分。例如，如果 CPU 有一个队列处在两个功能流水段之间，那么一半的时间片会被分配给线程 1，而另一半给线程 2。划分可以很简单地实现，没有额外开销，并保证线程间互不影响。如果所有的资源都划分好，我们就可以拥有两个单独的 CPU 了。它的弊端是，很可能在某些时刻，一个线程并不使用它的硬件资源，而同时，另一个线程需要使用，却被禁止访问这些资源。结果就是本该被使用的资源反而闲置了。

与分区资源共享相反的是**完全资源共享**（full resource sharing）。在这种方案中，按照先到先服务的原则，每个线程可以获得它需要的任何资源。然而，假设有一个由加减运算组成的快线程，和一个由乘除运算组成的慢线程。如果从内存取指令的速度快于乘除运算的计算速度，那么会有越来越多的为慢线程取得的后备指令积压在指令队列里。

最终，这些慢线程的后备指令会占据整个指令队列，从而导致快线程因缺少指令队列的空间而阻塞。完全资源共享解决了前面分区资源共享带来的问题（一个线程分配的资源闲置，而同时另一个线程却需要使用这些资源），但是引进了一个新问题，就是一个线程可能会占用大量资源，从而导致另一个线程减慢，甚至完全停止。

折中的方案是**阈值共享**（threshold sharing），在这里线程能动态（没有固定的划分）获取资源，只是要低于某个阈值。对于那些复制的资源，这种方法比较灵活，避免了线程由于不能访问这些资源而造成阻塞的危险。例如，如果所有线程都只能使用不超过 3/4 的指令队列，那么不管慢线程怎样，快线程都能运行。为了解决上面提到的各种各样的问题，Core i7 的超线程技术对不同资源使用了不同的共享策略。那些每个线程自始至终都要用到的资源都会被复制，例如程序计数器、寄存器映射和中断控制器。复制这些资源，使芯片面积增加了 5%，对于多线程这是一个可以接受的代价。有一些资源足够丰富，例如 cache 块，不存在一个线程独占所有资源的危险，这样的资源通过一种动态的方式完全共享。另一方面，那些控制流水线动作的资源，例如流水线上各种各样的队列，被划分使用，给每个线程一半的时间片。Core i7 中使用的 Sandy Bridge 微体系结构的主流水线如图 8-9 所示，白色和灰色的方块表示这些资源在白色和灰色线程之间是如何进行分配的。

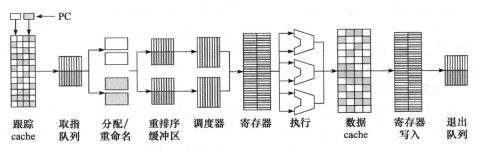

图 8-9　Core i7 微体系结构中多线程资源共享

　　在图 8-9 中我们可以看到，所有的队列都被划分成两部分，为每个线程保留一半的时间片。在这种方式下，每个线程都不能阻塞另一个线程。寄存器的分配器和重命名器也都划分开。调度器是动态共享的，但有一个阈值，以防止一个线程提出占用所有的时间片的要求。剩下的流水段都是完全共享的。

　　然而，并非使用了多线程技术就万事大吉了，还是有不利的一面。虽然使用划分是很便宜的，但动态共享任意资源，特别是限制一个线程能用多少资源，需要在运行时随时记录，以监控使用状况。此外，还会出现使用多线程反而比不使用多线程效率更糟的情况。例如，假设有两个线程，每个需要 3/4 的 cache 来正常运行。如果单独运行，每个线程都能工作得很好，并且很少出现 cache 缺失。如果一起运行，每个线程都有大量的 cache 缺失，并且综合结果可能会远远差于不用多线程的情况。

　　更多关于 Intel 处理器中多线程的设计与实现的信息，请参考 Gerber 和 Binstock（2004）以及 Gepner 等人 (2011) 的相关工作。

8.1.3　单片多处理器

　　虽然付出适当的代价多线程技术就能使性能显著提高，但一些应用却需要更大幅度地性能提高，这就不是多线程所能提供的了。为了满足更高的性能要求，人们开发了多处理器芯片。在高端服务器和消费电子领域，提出了对这种包含两个甚至更多 CPU 的多处理器芯片的要求。下面会对这两个领域进行讨论。

　　1. 单片同构多处理器

　　随着 VLSI 技术的发展，现在已经能够将两个或更多个强大的 CPU 集成到一个芯片上。由于这些 CPU 总是共享相同的第二级 cache 和主存，所以它们组成了一个多处理器，这些在第 2 章中已经讨论过。一个典型的应用领域是一个由许多服务器组成的巨大的 Web 服务器。通过把两个 CPU 放到同一个盒子里，共享内存、硬盘和网络接口，服务器的性能常常能翻倍，而开销却不会翻倍（因为即使是两倍的价钱，CPU 芯片的花销也只占整个系统的一小部分）。

　　在小规模的单片多处理器方面，有两种流行的设计。第一种设计如图 8-10a 所示，只有一个芯片，但是却有另外一条流水线，这样一来，指令执行速率有望翻倍。第二种设计如图 8-10b 所示，在芯片上有单独的内核，每一个内核包含一个完整的 CPU。所谓**内核**（core），是指一个大规模电路，例如 CPU、I/O 控制器或者 cache，它们通过一种模块化的方式集成在芯片上，通常与其他内核相邻。

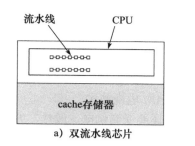
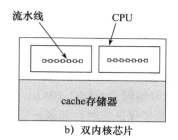

a) 双流水线芯片　　　　　　b) 双内核芯片

图 8-10　单芯片多处理器

第一种设计允许资源（例如功能单元等）在处理器之间共享，因此允许一个 CPU 使用另一个 CPU 不用的资源。另一方面，这种方法需要重新设计芯片，而且不容易扩展到两个以上的 CPU。相对而言，在同一个芯片上放置两个或者更多的 CPU 内核，就简单一些。

我们在本章的后面会讨论多处理器。那些讨论主要集中于使用单 CPU 芯片的多处理器，同时，很多方面也适用于多 CPU 芯片。

2. Core i7 单片多处理器

Core i7 CPU 是一个单片多处理器，它将 4 个或者更多的内核做到一个硅片里。Core i7 处理器的高层组织结构如图 8-11 所示。

Core i7 中的每个处理器都有自己的私有 L1 指令和数据 cache，外加自己私有的 L2 统一 cache。处理器和私有 cache 之间使用专用的点对点连接。层次存储的下一层是共享和统一的 L3 数据 cache。

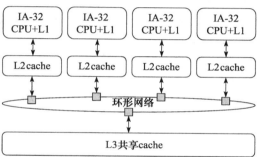

图 8-11　Core i7 的单片多处理器体系结构

L2 cache 和 L3 cache 使用环形网络进行连接。当一个通信请求进入**环形网络**，它就会被向前传送到网络中的下一个节点，这个节点需要检查通信是否已经到达了目的节点。这个传递过程在环形网络的节点之间连续进行，直到找到了目的节点或者通信请求再次返回源节点（这种情况表示目的节点不存在）。环形网络的优点是它使用一种比较经济的方法获得高带宽，增加的延迟取决于通信请求在节点之间的跳数。Core i7 环形网络用于实现两个主要的目标，第一个是提供一种传送处理器与 cache 之间的内存和 I/O 请求的方法，第二个是它实现了必要的检查从而确保处理器总是能看到一个一致的内存视图。我们在这一章的后面部分会学习更多有关内存一致性检查的内容。

3. 单片异构多处理器

嵌入式系统是需要使用单片多处理器的一个完全不同的应用领域，尤其是在音像消费电子方面，例如电视机、DVD 播放器、便携式摄像机、游戏控制台、手机等。这些系统对性能有很高的要求并受到严格制约。尽管这些设备看起来差别很大，但实际上其中大部分产品就是简单的小计算机，有一个或多个 CPU、内存、I/O 控制器和一些定制的 I/O 设备。例如一部手机，实际上就是一台 PC，只是把 CPU、内存、简化的键盘、麦克风、扬声器和无线网络连接设备装在一个小盒子里。

举个例子，设想有一台便携式 DVD 播放器。它内嵌的计算机必须实现下面的功能：

1）为磁头定位控制一个便宜但不可靠的伺服机构。

2）模拟信号到数字信号的转换。

3）纠错功能。

4）解密和数字版权管理。

5）MPEG-2 视频解压缩。

6）音频解压缩。

7）将输出信号编码为 NTSC、PAL，或者 SECAM 电视制式。

这些工作必须要保证实时性和服务质量，同时还要受到供电、散热、大小、重量和价格等条件的约束。

CD、DVD 和蓝光光盘都包含一个长螺旋线来存储信息，如图 2-25 所示（图中是 CD）。这一节我们来讨论 DVD，因为与蓝光光盘相比，DVD 现在仍然是主流，蓝光光盘的编码使用了 MPEG-4，而不是 DVD 中的 MPEG-2，除此之外它和 DVD 非常相似。对于所有的光盘介质，读头必须在光盘旋转的同时，精确地定位到螺旋线上。通过使用相对简单的机械设计和软件对头位置的严格控制来降低价位。头读取的信号是模拟信号，必须在信号处理前转化为数字形式。在信号数字化之后，需要进行严格的纠错，因为 DVD 是压缩格式，并包含很多误差，所以必须通过软件纠正。视频信号使用 MPEG-2 国际标准压缩，对其解压缩需要复杂的（类似傅立叶变换）计算。音频信号使用一种心理声学模型压缩，对其解压缩也需要复杂的计算。最后，音频和视频信号必须通过一种合适的格式输出成 NTSC、PAL，或者 SECAM

570 电视制式，这取决于这台 DVD 播放器要销往的国家。很显然，在一个廉价的通用 CPU 上通过软件实时完成所有这些工作是不现实的。这里需要的是一台异构多处理器，它包含多内核，每个内核针对一项特定的工作。图 8-12 给出了一个 DVD 播放器的例子。

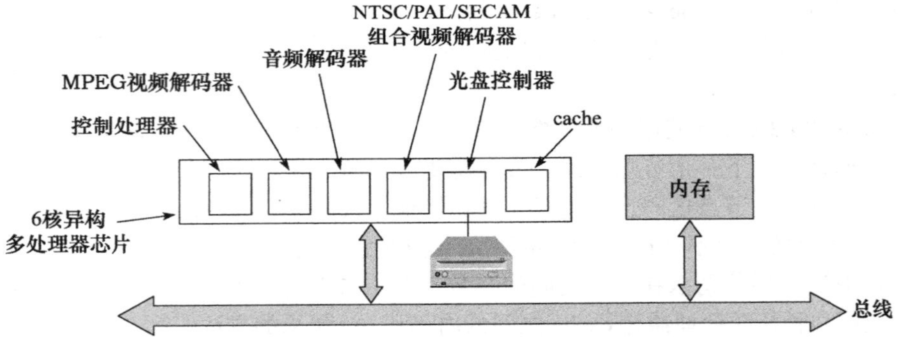

图 8-12　采用多核实现不同功能的异构多处理器构成的简单 DVD 播放器的逻辑结构

图 8-12 中的内核的功能都是不一样的，每个内核都是精心设计的，目的是让它们用最低的代价来非常好地完成各自的任务。例如，DVD 视频用 **MPEG-2**（由 Motion Picture Experts Group 提出）方案压缩。它把每一帧分解成像素块，并对每一块做复杂的转化。一帧可以由整个转化后的块构成，也可以指定在前一帧中可以找到某块，只是那块相对当前位置偏移了 (Δx，Δy)，少数像素也可能发生了改变。软件来完成这些计算是很慢的，而可以设计一个 MPEG-2 的解码引擎来用硬件实现高速处理。类似地，音频解码，或者将合成的音频 - 视频信号按照电视信号的某个国际标准重新编码，都可以通过专门的硬件处理器很好地完成。这些分析结果很快就将我们的思路引向包含为音像应用专门设计的多内核的异构多处理器芯片。然而，由于控制处理器是通用的可编程 CPU，所以多处理器芯片也能用在其他类似的应用领域，例如 DVD 录像机。

另外一种需要异构多处理器的设备是高级移动电话的引擎。当前的这类手机产品有时会有照相机、摄像头、游戏机、Web 浏览器、E-mail 阅读工具或者数字卫星无线电接收器等，使用移动电话技术（CDMA 或者 GSM）或者内置的无线互联网（IEEE 802.11，也叫 Wi-Fi）；将来的产品可以包含所有这些功能。随着设备的功能越来越多，如手表都可以变成基于 GPS 的地图，而眼镜也能变成收音机，对异构多处理器的需求会日益增长。

571

很快一枚芯片将可以布上数十亿个晶体管。在这样的芯片上，一次性完成每个门和每根线的设计简直就是天方夜谭，即使能设计出来，等到设计完成，芯片也早已过时了。唯一切实可行的办法，就是找许多包含相当数量部件的内核（基库），并根据需要将这些内核布置在芯片上，然后进行互联。设计者必须决定用哪个 CPU 内核来做控制处理器，并且要确定用哪些专门的处理器来协助它。让运行在控制处理器上的软件来分担更多的工作，也许会导致系统慢一些，却可以生产出小一些（也便宜一些）的芯片。放置更多的视频音频专用处理器，会增大芯片的面积，并增加成本，却可以在较低主频的条件下，获得更高性能。而低主频意味着低能耗和低散热。因此，芯片设计者日益转向如何实现宏观状况的平衡，而不再担忧哪个晶体管应该放在哪儿了。

音像应用中数据是很密集的。大量的数据必须很快地进行处理，所以通常 50% ~ 75% 的芯片面积被内存占用，而这个数量还在不断增大。应该用多少级 cache？这些 cache 应该分离还是合并起来？每个 cache 应该多大？每个 cache 应该多快？在这个芯片上是否应该也引入一些真正的内存？用 SRAM 还是用 SDRAM？这些问题的答案主要涉及芯片的性能、能耗和散热情况。

除了设计处理器和内存系统，另一个可以考虑改进的方面是通信系统——这些内核之间如何进行通信？对于规模较小的系统，单总线就能完成这项任务，但规模大一些的系统，总线就会迅速变成瓶颈。要解决这个问题，通常可以引进多总线，或者在内核之间建立环路。对于后者，仲裁是通过在环路上发送一个叫做**令牌**（token）的包来处理的。内核必须获得令牌之后，才能进行传输。当这个内核的传输完成，它就把令牌放回环路，令牌就可以继续循环下去。这个协议避免了令牌冲突。

图 8-13 给出了一个片内互联的例子，IBM CoreConnect。这是在单片异构多处理器上，尤其是完全的片内系统（System-On-a-Chip，SOC）设计，连接内核的体系结构。在某种意义上，CoreConnect 之于片上多处理器，就相当于 PCI 总线之于 Pentium，是把所有部分连接起来的粘合剂。然而，与 PCI 总线不同的是，在设计 CoreConnect 时，并不用考虑向后兼容旧的部件或者协议，也不必受板级总线的约束，例如边缘连接器管脚数目的限制。

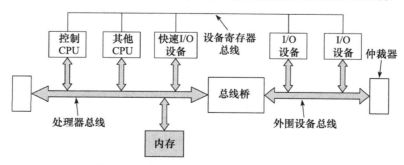

图 8-13   IBM CoreConnect 体系结构的例子

CoreConnect 由三条总线组成。**处理器总线**（processor bus）是高速、同步、流水线式

572 的总线。有 32、64 或者 128 位数据线，频率是 66、133 或者 183MHz。最大吞吐量能达到 23.4Gbps（PCI 总线只能达到 4.2Gbps）。流水线特征允许内核在传递数据的同时发出总线请求，并允许不同的内核在同一时间使用不同的线，这一点类似于 PCI 总线。处理器总线是针对短块传输优化设计。它的目标是连接诸如 CPU 的高速内核、MPEG-2 解码器、高速网络和其他类似的对象。

如果让处理器总线贯穿整个芯片，会大大降低它的性能，所以引进了另一条总线，来连接那些低速的 I/O 设备，例如 UART、定时器、USB 控制器以及串行 I/O 设备等。这条**外围总线**（peripheral bus）设计的目标是为外围设备提供 8 位、16 位和 32 位的接口，所以可以尽量简化，一般只使用几百个门。它也是一条同步总线，最大吞吐量达到 300Mbps。这两条总线通过一个桥电路进行连接，但这里提到的桥，并不像多年前就已提出的 PC 中连接 PCI 和 ISA 总线的桥。

第三条总线是**设备寄存器总线**（device register bus），这是一条低速、异步、握手式总线，它允许处理器访问所有外围设备的寄存器，以便于控制相应的设备。它每次只传输几字节，并且很少用到。

通过提供标准的片内总线、接口和框架，IBM 希望创造一个微型版本的 PCI 世界，在这个世界里，很多制造商生产易于插接的处理器和控制器。然而不同的是，在 PCI 世界里，制造商生产真正的电路板，并销售给 PC 厂家和最终用户。而在 CoreConnect 世界里，第三方设计但不生产内核。他们将设计结果作为知识产权，授权给消费电子产品公司和其他公司，由这些公司基于自己和第三方授权的内核，设计定制的异构多处理器芯片。由于制造这么大规模并且复杂的芯片需要大量的制造设备方面的投资，大多数情况下，消费电子产品公司只是 573 完成设计，将芯片制造过程外包给半导体厂家。人们设计并生产了各式各样的内核，有为各种 CPU（ARM、MIPS、PowerPC 等）设计的，也有为 MPEG 解码器设计的，还有数字信号处理器以及所有的标准 I/O 控制器。

IBM CoreConnect 并不是市场上唯一流行的片内总线。AMBA（Advanced Microcontroller Bus Architecture）也得到广泛应用（Flynn，1997），用于将 ARM CPU 与其他 CPU 和 I/O 设备连接在一起。其他稍差一些的片内总线还有 VCI（Virtual Component Interconnect）和 OCP-IP（Open Core Protocol-International Partnership），也在竞争市场份额（Bhakthavatchalu 等，2010）。片内总线仅仅是个开始；人们现在甚至在考虑把整个网络都集成到一个芯片上 (Ahmadinia 和 Shahrabi，2011)。

由于散热问题得不到很好的解决，芯片制造商们要提高主频越来越难，这样一来，单片多处理器就成为一个非常热门的话题。更多信息请参考 Gupta 等人（2010）、Herrero 等人（2010）、Mishra 等人（2011）的相关工作。

8.2 协处理器

前面我们主要讨论了一些实现片内并行的方法，下面我们要更进一步，看一下如何通过增加另一个专用的处理器来提高计算机的速度。这些**协处理器**（coprocessor）有很多种类，从小到大，不一而足。在 IBM 360 主机及其后继产品中，已经通过使用独立的 I/O 通道来进行输入输出。类似地，CDC 6600 有 10 个独立的处理器来完成输入 / 输出工作。图形学和浮点运算领域也用到了协处理器。甚至一个 DMA 芯片就可以看作一个协处理器。在某些情况下，CPU 分配给协处理器一条指令或者一组指令，并让协处理器执行这些指令；在另一些情况下，协处理器能更加独立地运行，而不依赖 CPU。

从物理的角度看，协处理器可以是一个单独的机柜（360 I/O 通道），也可以是主板上的插接板（网络处理器），甚至可以是主芯片上的一部分区域（浮点运算）。区分是否是协处理器的标准，就是看是否存在其他处理器作为主处理器，而协处理器只是为了协助主处理器工作。下面我们就讨论一下协处理器可以发挥作用的三个领域：网络处理、多媒体和密码系统。

8.2.1 网络处理器

如今，绝大多数的计算机已经接入某个网络或者互联网。随着网络硬件技术的进步，网络发展是如此之快，用软件来处理网络上流动的所有数据，变得越来越困难。因此，人们开发出专门的网络处理器来处理网络上日益增大的流量，并且已经在很多高端计算机上投入使用。在本节中我们先简要介绍一下网络知识，然后讨论网络处理器如何工作。 574

1. 网络简介

计算机网络一般可以分为两类：**局域网**（Local-Area Network，LAN）和**广域网**（Wide-Area Network，WAN）。LAN 可以将同一建筑或同一校园内的多台计算机连接起来。而 WAN 是一种跨越地域的大网络，能将不同地区的计算机连接起来。最流行的 LAN 叫做**以太网**（Ethernet）。最初的以太网使用一根很粗的同轴电缆，每台计算机上引出一条线，通过**吸血鬼接头**（vampire tap）强制插到这根电缆上。现代的以太网把计算机连接到一台中央交换机上，如图 8-14 右方所示。最初的以太网传输速度只有 3Mbps，但第一个商业版本的速度是 10Mbps。它正逐渐被高速的 100Mbps 以太网取代，再往后要被 1Gbps 的千兆以太网取代。10G 的以太网已经出现在市场上，并且 40G 的以太网也出现在生产线上了。

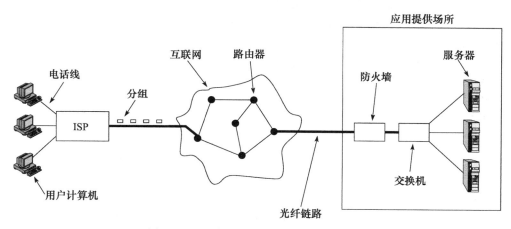

图 8-14 互联网上用户如何连接到服务器

WAN 采用的是不同的组织方式。它使用专用的计算机，就是通常说的**路由器**（router），通过网线或者光缆连接，如图 8-14 中间部分所示。数据块被称作**分组**（packet），大小一般 64 字节到 1500 字节左右，它从源机器发出，经由一个或多个路由器，最终到达目的机器。在每一跳，分组先被存储在路由器的内存中，一旦需要的传输路线可用，就被沿着传输路径传送给下一个路由器。这项技术称作**存储转发分组交换**（store-and-forward packet switching）。

尽管很多人把互联网当成一个单独的 WAN，从技术角度讲，互联网是由很多 WAN 连接在一起组成的集合。然而，在我们看来，这个区别并不重要。图 8-14 给出了一个家庭用户眼

575 里的互联网。这位用户的计算机通过电话系统连接到 Web 服务器，可能是通过 56kbps 的拨号调制解调器，或者通过宽带 ADSL，这些在第 2 章中讨论过。（作为一种选择，也可以使用有线电视，则图 8-14 左边的 ISP 应该改成有线电视公司。）用户的计算机将发往服务器的数据分组，然后把这些分组发送给用户的 ISP（Internet Service Provider），ISP 是互联网服务供应商，为客户提供互联网访问。ISP 能够高速（通常使用光纤）连接到区域网或者骨干网。用户的分组在互联网上被逐跳（hop-by-hop）传送，直到到达 Web 服务器。

提供 Web 服务的大多数公司都有一台叫做**防火墙**（firewall）的专用计算机，防火墙用来过滤输入的数据，以便丢弃不受欢迎的分组（例如黑客试图侵入网络而发送的分组）。防火墙连接到本地的局域网，典型的是以太网交换机，它将分组路由到期望的服务器。当然，实际情况要比我们讲的复杂得多，但基本思想就是图 8-14 描述的那样。

网络软件由多种**协议**（protocol）组成，每一个协议都是由格式、交换顺序和定义分组含义的规则组成的集合。例如，当用户想从服务器取得一个 Web 网页时，用户的浏览器发送一个包含 *GET PAGE* 请求的分组，使用 HTTP（HyperText Transfer Protocol）协议发送到服务器，Web 服务器知道如何处理这些请求。许多协议经常组合使用。在大多数情况下，协议被划分成一系列层，上层将分组交给下层处理，而最后由底层完成实际的传输。在接收端，分组则从底层向上层传递。

由于网络处理器的工作就是协议处理，所以，在分析网络处理器之前，有必要先解释一下协议。我们先回顾一下 *GET PAGE* 请求。它是如何传到 Web 服务器的呢？过程是这样的：浏览器先通过 **TCP**（Transmission Control Protocol）传输控制协议与 Web 服务器建立连接。实现这个协议的软件会检查是否所有的分组都被正确并且按合适的顺序接收。如果有分组丢失，TCP 软件会将丢失的分组重传，可能需要多次，直到被正确接收。

实际过程是，Web 浏览器将 *GET PAGE* 请求格式化成一个 HTTP 消息，然后通过连接将它传递给 TCP 软件进行传送。TCP 软件在这则消息前面加上一个报头，其中包含一个序号和其他信息。这个报头自然就叫做 **TCP 报头**（TCP header）。

这些完成之后，TCP 软件将 TCP 报头和有效载荷（包含 GET PAGE 请求）传递给另一个实现 **IP 协议**（Internet Protocol）的软件，这个软件再将一个 **IP 报头**（IP header）加到分组前面，IP 报头包含源主机地址（发出分组的机器）、目的地址（分组发送的目标机器）、分组576 存活的跳数（防止丢失的分组一直存活）、校验和（检查传输和存储错误）以及其他字段。

接下来得到的分组（现在包含 IP 报头、TCP 报头和 GET PAGE 请求）被传递到数据链路层。一个数据链路报头又被加到实际分组的前面。数据链路层也在结尾加上一个叫做**循环冗余码**（Cyclic Redundancy Code，CRC）校验和，用来检查传输错误。在数据链路层和 IP 层都加上校验和，或许看起来是重复的，但能提高可靠性。在每一跳都会检查 CRC，并且链路层报头和 CRC 会被剥去并重新生成，选择一个合适的格式以适应输出链路。图 8-15 给出了在以太网上传输时分组的组成；在电话线上（用于 ADSL）也与此很类似，只是用一个"电话线报头"代替了"以太网报头"。报头管理是非常主要的，这也正是网络处理器要完成的工作。显然，我们只是涉及了计算机网络的一点皮毛，更多信息请参考 Tanenbaum 和 Wetherall（2011）的相关工作。

以太网报头	IP 报头	TCP 报头	有效载荷	C R C

图 8-15　以太网上的分组

2. 网络处理器简介

很多种设备都连接到网络。最终用户使用 PC（台式机和笔记本），当然，越来越多的游戏机、PDA（palmtop）和移动电话也加入这个阵营。公司使用 PC 机和服务器作为端系统。然而，也有很多设备在网络中起中间系统的作用，包括路由器、交换机、防火墙、Web 代理和负载均衡器。很有意思的是，对中间系统的要求是最高的，因为它们每秒都要移动大量的分组。对服务器的要求也很高，而对用户机器就没什么要求了。

输入的分组在继续向前传送或者交给应用层之前，可能需要进行各种各样的处理，这取决于网络和分组自身的情况。这些处理可能包括：做出将分组向哪儿发送的决定、将分组分段或者重组、分组的服务质量管理（特别是音频和视频流）、管理安全（例如加密或者解密）、压缩 / 解压缩等。

如果 LAN 将速率增加到 40Gbps 来传输 1KB 大小的分组，那么一个网络计算机每秒可能要处理将近 500 万个分组。对于 64 字节的分组，这个数目将增加到将近 8000 万。要在 12 ~ 200ns（另外还可能需要分组的多个拷贝）内完成前面提到的这些工作，靠软件根本是做不到的，必须要有硬件支持。

一种快速分组处理的硬件解决方案是使用一个定制的 ASIC（Application-Specific Integrated Circuit）芯片。这样的芯片就像一个硬连线的程序，能完成任何设计的处理功能。许多路由器就是使用 ASIC。然而，ASIC 有很多问题。首先，设计与制造需要很多时间，而且 ASIC 是固定的，如果需要加入新功能，就不得不设计并制造新的芯片。其次，由于维修 ASIC 的唯一手段就是设计、制造、运输和安装新的芯片，所以处理故障是相当困难的。而且，ASIC 的设计开发成本是很高的，除非产量足够大，这样可以将开发成本分摊到大量的芯片上。

另一种解决方案是**现场可编程门阵列**（Field Programmable Gate Array，FPGA），可以将大量的门进行重新连线构成需要的电路。与 ASIC 相比这样的芯片可以非常快地投入市场，并可以现场重新连线，只需要从系统中拔下来，并插入一个专用的设备即可重新编程。另一方面，这些也非常复杂、缓慢，并且昂贵，所以，只有某些特定的应用对 FPGA 感兴趣。

最后，我们想到了**网络处理器**（network processor），它们是可以线速（例如实时）处理输入和输出分组的可编程设备。通常设计成一块可插接的板，由网络处理器芯片以及内存和支持逻辑电路构成。一条或多条网线连到这块板上，进而连到网络处理器。在网络处理器中，分组被提取、处理，然后可能发送到不同的网路（例如发往路由器），如果本机就是最终用户设备（例如 PC），也可能发送到主系统总线（例如 PCI 总线）。一个典型的网络处理器板和芯片如图 8-16 所示。

577

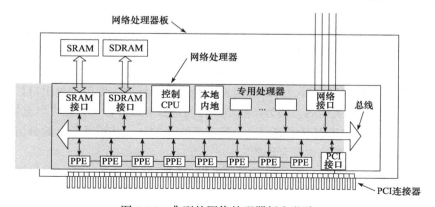

图 8-16　典型的网络处理器板和芯片

578 这块板上同时提供 SRAM 和 SDRAM，并且通常按不同的方式使用。SRAM 比 SDRAM 快一些，但也贵一些，所以只使用了少量。SRAM 用来保存路由表和其他关键的数据结构，而 SDRAM 保存实际要进行处理的分组。SRAM 和 SDRAM 是外接到网络处理器芯片上的，所以，设计者可以灵活决定各使用多少。通过这种方式，低端板只接一条单独的网线（例如 PC 或服务器），可以配备少量的内存，而为大型路由器设计的高端板就需要配备更多内存。

网络处理器芯片优化的目标是高速处理大量的输入与输出分组。每条网路每秒要处理数百万个分组，而一台路由器常常有 6 条以上这样的网路。要达到这样的处理速率，只能通过引入内部高度并行的网络处理器。实际上，所有的网络处理器都由多个 PPE 组成，PPE 的称谓很多，如**协议 / 可编程 / 分组处理引擎**（Protocol/Programmable/Packet Processing Engine）。每个 PPE 都有一个 RISC 内核（可能修改过的）和少量用来存储程序和变量的内存。

PPE 的组织方式有两种。最简单的方式是全部采用同样的 PPE。当一个分组到达网络处理器，不管这个分组是从网络输入还是从总线向外输出，它都被提交给一个空闲的 PPE 处理。如果没有空闲的 PPE，分组就进入板上 SDRAM 中的队列等候，直到出现空闲的 PPE。使用这种组织方式时，图 8-16 中 PPE 之间水平方向的连接并不存在，因为 PPE 之间不需要互相通信。

另一种组织方式是流水线方式。在这种方式中，每个 PPE 执行一步处理，然后将一个指向流水线上的下一个 PPE 的指针填到输出分组上。在这种方式下，PPE 流水线工作起来很像我们第 2 章里提到的 CPU 流水线。在这两种组织方式下，PPE 都是完全可编程的。

在更高级的设计中，PPE 可以引入多线程技术，意味着它们有多个寄存器组，并有一个硬件寄存器来标识哪一个正在使用。这个特征允许一个程序（即线程）只通过改变"当前寄存器组"变量就能实现切换，所以能同时运行多个程序。最普通地，当一个 PPE 暂停时，例如，当它要用到 SDRAM 时（这要占用多个时钟周期），它能迅速切换到一个可执行的线程。在这种方式下，即使在访问 SDRAM 或者执行其他低速的外部操作频繁发生阻塞时，PPE 也能达到很高的利用率。

除了 PPE 之外，所有的网络处理器都包含一个控制处理器，通常只是一个标准的通用 RISC CPU，来执行所有与分组处理无关的工作，例如更新路由表。它的程序和数据存在本地的片内内存里。许多网络处理器芯片还包含一个或多个专用处理器，来进行模式匹配或者其他关键的操作。这些处理器实际上是小型的 ASIC，能高效完成某个简单操作，例如从路由表中查找某个目标地址。网络处理器的所有组件通过一个或者多个芯片和并行总线（以几 Gbps 579 的速度运行）进行通信。

3. 分组处理

不管网络处理器的组织方式是并行的还是流水线的，到达的分组都会经过数个处理阶段。一些网络处理器将这些步骤分解成对输入分组的操作（不管来自网路还是来自系统总线），称作**入口处理**（ingress processing），或者是对输出分组的操作，称作**出口处理**（egress progressing）。进行这样的区分后，每个分组首先经过入口处理，然后经过出口处理。入口和出口处理之间的界限是很灵活的，因为一些步骤在两边都可以进行（例如收集流量信息）。

下面我们将讨论这些步骤可能的顺序，但应当注意的是，并不是所有的分组都需要所有的步骤，而且许多其他的顺序也是合理的。

1）验证校验和。如果输入的分组来自以太网，CRC 将被重新计算，然后就可以跟分组的 CRC 比较，以确认没有传输错误。如果以太网 CRC 是正确的或者没有 CRC，那么 IP 校验和就重新计算并和分组内的校验和比较，以确保 IP 分组没有损坏。因为在计算完 IP 校验和之后，发送者计算机内存中某位出错，就可能导致 IP 分组损坏。如果所有的校验和都是正确的，分组就被接受以进行更进一步的处理；否则分组就会被直接丢弃。

2）**域提取**。解析相关的报头并把关键域提取出来。在以太网交换机中，只检查以太网报头，而在一个 IP 路由器中，则只会检查 IP 报头。关键域被存在寄存器（并行 PPE 组织结构）或者 SRAM（流水线组织结构）中。

3）**分组分类**。依据一系列可编程规则将分组分类。最简单的分类是将数据分组与控制分组区分开，但实际中通常采用更细致的区分。

4）**路径选择**。大多数网络处理器有一个专用的快速路径优化策略来处理普通的数据分组，而对其他的分组采取不同的策略，通常交由控制处理器处理。因此，快的路径与慢的路径都要经过选择。

5）**确定目标网络地址**。IP 分组包含一个 32 位的目标地址。不可能也没必要维护一个 2^{32} 个入口的路由表来查找每个 IP 分组的目标地址，所以每个 IP 地址最左边的部分是网络地址，而剩下的部分是主机地址。网络地址可以是任意长度，所以确定目标网络地址是很重要的，而且由于可能存在多种匹配和最长匹配的问题，让查找变得更加困难。通常用定制的 ASIC 来完成这一步。 |580|

6）**路由查找**。一旦目标网络地址确定，就可以从存储在 SRAM 中的路由表中查找输出线路。同样，可以用定制的 ASIC 来完成这一步。

7）**分段与重组**。程序喜欢将大载荷交给 TCP 层处理，以减少系统调用的次数。但 TCP、IP 和以太网都只能处理限定大小的分组。限制的结果是，载荷和分组可能需要在发送端分段，并在接收端重组。这些工作都可以交给网络处理器完成。

8）**计算**。有时需要对载荷进行大量的计算，例如数据压缩/解压缩和加密/解密。这些工作也可以交给网络处理器完成。

9）**报头管理**。有时需要为分组加上或者剥去报头，或者改变报头中某些域的值。例如，IP 报头有一个域，用来保存该分组在丢弃之前还能存活的跳数，它每被重传一次，这个域必须减 1，也可以让网络处理器来做。

10）**队列管理**。输入和输出的分组常常不得不进入队列来等待处理。多媒体应用可能需要一定的交叉分组空间，以避免抖动。防火墙或者路由器可能需要依据一定的规则，将输入的载荷分布到多条输出线路上。所有这些工作都可以交给网络处理器来做。

11）**生成校验和**。输出的分组需要插入校验和。IP 校验和可以由网络处理器产生，但以太网 CRC 是由硬件计算产生的。

12）**计费**。在一些情况下，需要进行分组流量计费，特别是网络向其他网络传输数据来提供商业服务时更加需要。网络处理器可以完成计费功能。

13）**收集统计信息**。最后，许多组织喜欢收集他们的流量统计信息，他们想知道有多少分组进来和出去，在一天的什么时间进行等等。网络处理器是收集流量信息的好工具。 |581|

4. 改进性能

性能是衡量网络处理器的主要指标。如何能提高性能呢？当然，在思考提高性能的办法之前，应该先要明确性能具体是什么。一个指标是每秒转发的分组数，另一个是每秒转发的字节数。适合于小分组的度量指标和设计方案不一定适用于大分组。特别地，对于小分组，提高目标地址查询的速率可能很有帮助，但对于大分组可能帮助就很小。

提高性能最直接的办法是提高网络处理器的时钟频率。当然，由于内存周期和其他因素的影响，性能并不会随着时钟频率线性提高。同时，更快的时钟意味着会产生更多的热量。

采用更多的 PPE 和并行策略常常是最好的办法，特别是由并行 PPE 构成的组织结构更好。深度流水线策略也是好办法，但只有在处理分组的任务可以分解成更小的步骤时，才能发挥作用。

另一项技术是增加专用的处理器或者 ASIC 来处理特定的、耗时的操作，这些操作反复执行并且硬件执行要快于软件。查找、校验和计算以及密码运算都是这样的操作。

增加更多的内部总线并加宽已有的总线，可以在系统内更快地传送分组，从而提高速率。最后，用 SRAM 代替 SDRAM 通常能提高性能，当然，价格也是高一些的。

当然，关于网络处理器还有很多可以探讨的内容。请参考 Freitas（2009）、Lin 等人（2010）、Yamamoto 和 Nakao 等人（2011）的相关工作。

8.2.2 图形处理器

协处理器应用的另一个领域是高分辨率图形处理，例如三维渲染。普通的 CPU 并不很适合处理这类应用中大量的计算。出于这个原因，当前大多数的 PC 机以及众多未来的处理器**将配备图形处理单元**（GPU），它们可以分担大部分的处理工作。

NVIDIA Fermi GPU

我们将通过下面的例子研究这个日益重要的领域：NVIDIA Fermi GPU，这是一种应用于具有不同速度和大小图形处理芯片家族的体系结构。Fermi GPU 的体系结构如图 8-17 所示，它由 16 个**流式多处理器**（Streaming Multiprocessor，SM）构成，每个都有自己私有的高带宽第一级 cache。每个流式多处理器包含 32 个 CUDA（Compute Unified Device Architecture）内核，这样整个 Fermi GPU 共有 512 个 CUDA。每个 CUDA 内核都是一个能支持单精度整数和浮点数计算的简单处理器。具有 32 个 CUDA 内核的单个 SM 如图 2-7 所示。16 个 SM 共享对容量为 768KB 统一的第二级 cache 的访问，这个共享的第二级 cache 与一个多端口的 DRAM 接口相连接。主机处理器接口通过共享的 DRAM 总线接口提供主机系统和 GPU 之间的通信路径，典型的是通过一个 PCI-Express 接口。

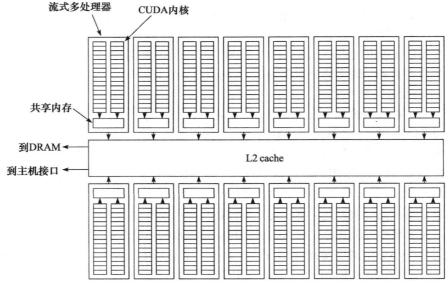

图 8-17 Fermi GPU 体系结构

Fermi 体系结构为能够高效执行图形、视频、图像处理代码而设计，这些代码多是一些遍历很多像素的冗余计算。流式多处理器具有同时执行 16 个操作的能力，由于计算的冗余性，这就要求流式多处理器一个周期内执行完的所有操作都应该是一样的。这种处理方式就是**单指令多数据**（Single-Instruction Multiple Data，SIMD）计算，它的主要优点就是每个 SM 每个周期只要获取并译码一条指令即可。仅通过共享横跨 SM 中所有内核的指令处理 NVIDIA 就能够让 512 个内核布满到到单个硅片。如果程序员能够驾驭所有的这些计算资源（总是非常大并且不确定的"如果"），那么与 Core i7 或者 OMAP4430 等传统的标量体系结构相比，这种系统的计算优势还是很明显的。

SM 进行 SIMD 处理的基本要求是对运行在这些单元之上的代码进行约束。实际上，每个 CUDA 内核必须运行相同的连续代码，这样才能同时完成 16 个操作。为了减少程序员的负担，NVIDIA 开发了 CUDA 编程语言。CUDA 语言规定使用线程实现程序并行性。线程被分组成为块，然后按块分配给流式处理器。只要块中的每个线程正好执行相同的代码序列（也就是所有的分支都进行同样的选择），那么多达 16 个操作也就能同时执行（假设有 16 个线程准备执行）。当 SM 中的线程进行不同的分支选择时，被称为分支发散的性能下降影响就会发生，这种情况下就必须强制具有不同代码路径的线程在 SM 上串行执行。分支发散降低了并行性从而减慢了 GPU 的处理。幸运的是在图形图像处理中有大量的操作能够避免分支发散，这样就能获得较好的加速比。还有很多其他的代码也被证明能够从图形处理器这种 SIMD 体系结构中获益，例如医学成像、机器证明、财务预警以及图形分析等。GPU 潜在应用的广泛性使它获得了**通用图形处理单元**（General-Purpose Graphics Processing Unit，GPGPU）这样的新称谓。

583

如果没有足够的内存带宽，具有 512 个 CUDA 内核的 Fermi GPU 很可能出现停止的现象。为了提供高带宽，Fermi GPU 实现了一个如图 8-18 所示的现代内存层次。每个 SM 都具有一个专用的共享内存和一个私有的第一级数据 cache。专用的共享内存由 CUDA 内核直接寻址，这样就为单个 SM 内线程之间的数据提供了快速共享。第一级 cache 能够加速对 DRAM 数据的访问。为了适应范围更广的程序数据的使用，SM 可以进行如下配置：16KB 的共享内存和 48KB 的第一级 cache 或者 48KB 的共享内存和 16KB 的第一级 cache。所有的 SM 共享一个统一的 768KB 的第二级 cache。在第一级 cache 缺失的情况下，第二级 cache 能够提供对 DRAM 数据的快速访问。第二级 cache 还能提供 SM 之间的共享，但这种方式的共享比 SM 内部通过 SM 的共享内存方式进行共享要慢得多。第二级 cache 之后就是 DRAM，它用来保存运行在 Fermi GPU 上的程序使用的剩余数据、影像和纹理等。高效的程序无论如何都应当尝试避免对 DRAM 的访问，因为一个这样的访问要花费数百个周期才能完成。

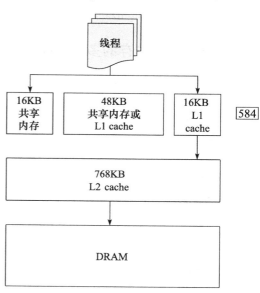

图 8-18　Fermi GPU 存储层次

584

对于一个悟性较高的程序员，Fermi GPU 是已经创建的具有高计算能力的平台之一。单个具有 512 个 CUDA 内核，基于 Fermi 架构，运行在 772MHz 的 GTX 580 GPU 在 250 瓦功率下能够实现每秒 1.5 万亿次浮点运算。如果考虑到每块 GTX 580 GPU 还是低于 600 美元的低价，那这个结果更令人印象深刻。再来从历史上来纵向比较一下，在 20 世纪 90 年代，世界上最快的 Cray-2 计算机只有每秒 0.002 万亿次浮点运算能力，而该机器的价格是 3000 万美元（考虑通胀因素调整后），它被安装在一个中等大小的房间里并且使用液体冷却系统，冷却系统的能耗是 150 千瓦。GTX 580 与 Cray-2 相比，计算能力高出 750 倍，价格是其 1/50 000，能耗是其 1/600，可以说这样的设计相当了不起。

8.2.3 加密处理器

协处理器广泛使用的第三个领域是安全领域，特别是网络安全。客户端与服务器建立连接后，许多情况下它们首先要互相认证。然后它们之间才建立一个安全加密的连接，以保证数据通过安全通道传输，避免第三者通过传输线路进行窃听。

为了达到保密目的必须使用加密算法，而加密的运算强度是很大的。密码系统主要有两种，一种是**对称密钥密码系统**（symmetric key cryptography）和**公钥密码系统**（public-key cryptography）。前者基于彻底将数据位混合打乱，有几分类似将一个消息扔进电动搅拌机。后者基于将大数（例如 1024 位的数）进行乘法和指数运算，是极其耗时的。

数据要安全地传输和存储就需要进行大量的加密和解密计算，许多公司已经生产出加密协处理器，有时作为 PCI 总线的插接卡。这些协处理器有专用的硬件，能以比普通 CPU 快得多的速度完成必要的加密。不幸的是，详细讨论加密协处理器如何工作，首先需要解释加密算法本身，而这超出了本书的范围。要了解更多关于加密协处理器的信息，请参考 Gaspar 等（2010）、Haghighizadeh 等（2010）、Shoufan 等（2011）的相关工作。

8.3 共享内存的多处理器

我们已经看到并行是如何加入到单个的芯片中以及通过协处理器如何加入到独立的系统中。接下来我们来分析一下如何使用多个成熟的 CPU 组成更大的系统。由多个 CPU 构成的系统可以分为多处理系统和多计算机系统两类。在理解这些术语的概念之后，我们先研究一下多处理器系统，然后再研究多计算机系统。

8.3.1 多处理器与多计算机

在很多并行计算机系统中，处理同一个作业不同部分的 CPU 必须要互相通信来交换信息。而如何进行通信恰好也是体系结构领域争论的主题。多处理器系统和多计算机系统这两种截然不同的设计已经被提出并实现。这两种设计关键的区别就在于它们是否有共享的内存，这种区别影响并行计算机系统如何设计、构建和编程，同时也影响着规模和价格。

1. 多处理器

所有的 CPU 都共享公共内存的并行计算机称为**多处理器**（multiprocessor）系统，如图 8-19 所示。运行在多处理器上的所有进程能够共享映射到公共内存的单一虚拟地址空间。任何进程都能通过执行 LOAD 或者 STORE 指令来读或者写一个内存字，不再需要其他的处理，硬件来完成剩下的工作。通过一个进程先把数据写入内存然后另一个进程再读出的方式，两个进程之间可以进行通信。

由于多处理器系统中，两个（或者多个）处理器之间可以通过读写内存进行通信，因此多处理器系统很流行。这是一种程序员很容易理解的模型而且可以用于解决大量的问题。可以考虑下面这个例子，程序需要监测一幅 BMP 图像并列出其中所有的对象。如图 8-19b 所示，该图像被调入内存，16 个 CPU 每个都运行一个单独的进程，每个进程负责分析图像的 1/16。当然，每个进程都可以访问整个图像，这一点很重要，因为某些对象可能会占据图像的多个部分。如果某个进程发现某个对象延伸到了自己所处理的部分之外，那么它可以通过读相邻部分的图像来继续自己的分析。在这个例子中，某些对象可能会同时被多个进程发现，因此需要做一些协调工作来判断图中到底有多少房子、多少树和多少飞机。

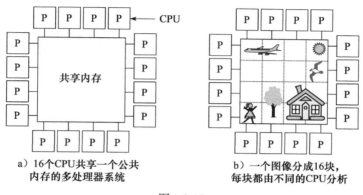

a）16个CPU共享一个公共　　　　　b）一个图像分成16块，
内存的多处理器系统　　　　　　　每块都由不同的CPU分析

图　8-19

因为多处理器系统中所有的 CPU 见到的都是同一个内存映像，所以只有一个操作系统的拷贝，从而也就只有一个页面映射表和进程表。当进程阻塞时，它的 CPU 保存该进程的状态到操作系统表中，并在表中进行搜索找到另外的进程来运行。这种单系统映像正是多处理器系统区别于多计算机系统的关键，在多计算机系统中每台计算机都有操作系统自己的拷贝。

和所有的计算机系统一样，多处理器系统也必须有磁盘、网络适配器和其他的输入 / 输出设备。在某些多处理器系统中，只有特定的几个 CPU 才能访问输入 / 输出设备，因此也就具有特殊的输入 / 输出函数。在其他一些系统中，每个 CPU 都能平等地访问每个输入 / 输出设备。如果在一个系统中，每个 CPU 都能平等地访问所有的内存模块和输入 / 输出设备，而且在操作系统看来这些 CPU 是可以互换的，那么这种系统就是**对称多处理器系统**（Symmetric MultiProcessor，SMP）。

2. 多计算机

并行体系结构的第二种设计方法是**多计算机**（multicomputer）。在多计算机系统中，每个 CPU 都有自己的私有内存，私有内存只能供自己使用而其他的 CPU 则不能访问。这种体系结构有时也称为**分布式内存系统**（Distributed Memory System，DMS），如图 8-20a 所示。多计算机系统区别于多处理器系统的关键一点是多计算机系统中的每个 CPU 都有自己私有的本地内存，私有内存可以通过执行 LOAD 和 STORE 指令进行访问，但是其他的 CPU 则不能通过执行 LOAD 和 STORE 指令来访问这些私有内存。也就是说，多处理器系统所有的 CPU 共享一个单一的物理地址空间，而多计算机系统中每个 CPU 都有自己独立的物理地址空间。

多计算机系统中的 CPU 不能通过读写共享内存进行通信，它们需要另一种不同的通信机制。在多计算机系统中，通信是通过使用互联网络传递消息来实现的。多计算机的例子包括 IBM BlueGene/P、Red Storm 和 Google 集群。

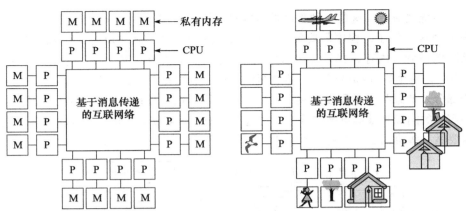

a）16个CPU的多计算机系统，每个CPU都有私有内存   b）图8-19中的图像分布在16块内存中

图   8-20

多计算机系统中没有硬件实现的共享内存，这一特点也在很大程度上影响了其软件体系结构。多处理器系统中多个处理器共享一个单一的虚拟地址空间，所有的处理器都可以通过执行 LOAD 和 STORE 指令来访问所有的内存，而这一点在多计算机系统中是不可能做到的。举例来说，如果图 8-19b 中的 CPU 0（最上面一排左手第一个 CPU）发现它分析的图像中的对象扩展到了分配给 CPU 1 的图像中，它就可以继续读内存来访问飞机的尾部。然而如果图 8-20b 中的 CPU 0 也有同样的发现，它就不能读 CPU 1 的内存，在如何获取需要的数据方面，这两种体系结构之间存在着很大的不同。

一般来说在多计算机系统中，如果 CPU 发现某个其他的 CPU 有它需要的数据，它就给该 CPU 发送一条请求获得数据拷贝的消息。通常发请求消息的 CPU 将阻塞（也就是等待），直到请求被响应。当消息到达 CPU 1 后，CPU 1 的软件将分析该消息并把需要的数据发送回来。当响应消息到达 CPU 0 后，软件将解除阻塞并继续执行。

在多计算机系统中，进程间通信通常使用 send 和 receive 这样的软件原语。因此，多计算机系统中的软件结构就和多处理器系统不同而且比多处理器系统复杂得多。这也意味着在多计算机系统中，如何正确地划分数据并把数据放在最优的位置上是一个很重要的问题。而在多处理器系统中这个问题就不那么重要了，因为在多处理器系统中数据的位置并不影响系统的正确性和编程能力，虽然可能会影响性能。简而言之，多计算机系统的编程比多处理器系统的编程要复杂得多。

那么，为什么人们放着容易编程的多处理器系统不用，还要去设计多计算机系统呢？答案很简单，就相同数量的 CPU 来说，大规模的多计算机系统和多处理器系统相比结构简单而且造价便宜。实现一台具有数百个 CPU 共享内存的计算机是一项很复杂的工作，而建造一个具有 10 000 个或者更多的 CPU 的多计算机系统则是一项很简单的工作。本章后面部分我们会讨论超过 50 000 个 CPU 的多计算机实例。

因此我们面对的是一个两难的处境：多处理器系统实现困难但是编程容易，而多计算机系统实现容易而编程困难。由于看到了这一点，人们做了大量的努力来建造相对容易实现而且相对容易编程的混合系统。这些努力包括使用各种方式实现的共享内存系统，每种实现方式都有自己的优点和缺点。实际上，目前并行体系结构领域中的许多研究工作都致力于如何结合多处理器系统和多计算机系统的优点设计出混合的系统。最终的目标是找到具有可扩展性的设计，可扩展性的意思是说随着 CPU 数量的增多，计算机的执行能力也相应提高。

设计混合系统的一种策略是基于如下的事实：现代计算机系统并不是一个单一的系统，而是由一系列层次组成的——这正是本书的主题。这一思想为在各个不同的层次上实现共享内存提供了可能性，如图 8-21 所示。图 8-21a 是硬件实现的真正多处理器方式的共享内存。在这种设计中，只有操作系统的一个拷贝，操作系统只有一组内存分配表。当进程需要更多的内存时，它就向操作系统发出系统调用，由操作系统负责查找内存分配表寻找空闲页面，并把空闲页面映射到调用者的地址空间中。从操作系统的角度来看，整个系统只有单一内存，操作系统使用软件的方式来掌握进程使用的页面。后面我们将会看到，硬件共享内存有许多种实现方式。

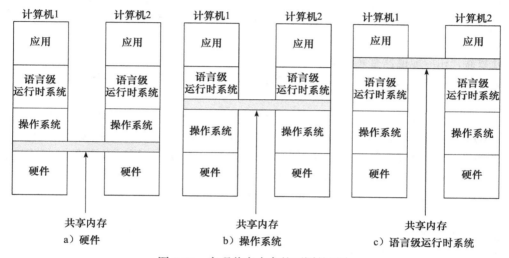

图 8-21　实现共享内存的不同的层次

第二种在多计算机硬件上实现共享内存的方式是由操作系统提供全系统范围的分页的共享虚拟地址空间。这种方式称为**分布式共享内存**（Distributed Shared Memory，DSM）（Li 和 Hudak，1989），在 DSM 中，每个内存页都位于图 8-20a 中的某个内存中。每台计算机都具有自己的虚拟内存和自己的页表。当 CPU 在不是自己的页面上执行 LOAD 和 STORE 操作时，操作系统就会产生一个陷阱。操作系统会找到该页并要求当前拥有该页的 CPU 解除该页的映射并把该页通过互联网络传送过来。当该页到达后，将被映射然后重新执行出错的指令。从效果上来说，只不过是操作系统处理缺页错误时不是通过磁盘找到所缺的页而是通过远程内存而已。而从用户的角度来看，计算机就像拥有共享内存一样。本章的后面我们还将讨论 DSM。

第三种方式是使用用户级的运行时系统来实现共享内存，一般是面向某种特定语言的实现。在这种方式中，由编程语言提供共享内存特性，具体实现是由编译器和运行时系统完成的。基于共享元组空间（包含一系列域的数据记录）的 Linda 模式就是使用这种方式共享内存的例子。多计算机系统中的任何一台计算机上的任何一个进程都可以从共享元组空间中读入一个元组或者输出一个元组到共享元组空间中。由于对元组空间的访问是完全由软件控制的（由 Linda 运行时系统控制），因此不需要任何特殊的硬件或操作系统的支持。

另一个由运行时系统实现的面向特定语言的共享内存的例子是基于共享数据对象的 Orca 模式。在 Orca 中，进程共享类的对象而不是元组，进程还可以执行某个对象的方法。当方法改变了对象的内部状态后，由运行时系统来保证该对象在所有的计算机上的所有的拷贝都同

589
590

步改变。另外，由于对象是一个严格的软件概念，实现它可以由运行时系统来完成，不需要操作系统和硬件的帮助。本章后面还会详细讨论了 Linda 和 Orca。

3. 并行计算机的分类

下面我们将回到本章的主题，继续讨论并行计算机体系结构。在过去的许多年中，人们已经设计和制造出了许多种并行计算机，因此讨论它们该如何分类也是一个很自然的问题。许多研究人员在这方面做了尝试并得到了不同的结果（Flynn,1972;Treleaven,1985）。不幸的是，并行计算机的 Carolus Linnaeus 分类法[⊖] 并没有出现。较常用的是 Flynn 的分类方法，即使这种分类法也是非常粗略的。图 8-22 是 Flynn 分类法。

Flynn 的分类法是基于指令流和数据流这两个概念的。指令流对应于程序计数器。具有 n 个 CPU 的系统就有 n 个程序计数器，相应地也就有 n 个指令流。

指令流	数据流	名称	举　例
1	1	SISD	传统的冯·诺依曼计算机
1	多个	SIMD	向量超级计算机，阵列处理机
多个	1	MISD	目前还没有
多个	多个	MIMD	多处理器，多计算机

图 8-22　并行计算机的 Flynn 分类法

数据流就是操作数的集合。在前面给出的计算温度的例子中就有多个数据流，每个传感器一个数据流。

从某种程度上说，指令流和数据流是互相独立的，因此一共存在 4 种组合，如图 8-22 所示。SISD 就是传统的串行的冯·诺依曼机。它只有一个指令流，一个数据流，一个时刻只能做一件事情。SIMD 计算机有一个控制单元一次发射一条指令，同时有多个 ALU 在不同的数据集合上同时执行这条指令。ILLIAC IV（图 2-7）就是 SIMD 计算机的原型。虽然主流SIMD 计算机日益稀少，但是传统的计算机有时为了处理音频视频数据而加入一些 SIMD 指令。Core i7 的 SSE 指令就是 SIMD 指令。不过，SIMD 的一些思想还是在一个新的领域起到了重要的作用，这个领域就是流处理器。用于多媒体处理而进行特殊设计的机器在将来也许会越来越重要（Kapasi 等，2003）。

MISD 计算机是一种比较奇怪的组合，多条指令同时在一份数据上进行操作。目前还不清楚是否真的存在这样的计算机，虽然有些人认为流水线计算机属于 MISD 类型。

最后一种是 MIMD，这是一种同时有多个 CPU 执行不同的操作的计算机系统。大多数现代的并行计算机都属于这一类。多处理器系统和多计算机系统都是 MIMD 型的计算机。

Flynn 的分类就分到这里，但是我们可以继续把它扩展成图 8-23。SIMD 又可以分成两个子类。第一类是用于数值计算的超级计算机和其他一些向量计算机，它们可以在一个向量的每个元素上执行相同的操作。第二类是并行类型的计算机，如 ILLIAC IV，在这种类型的机器中，一个控制单元把指令广播给多个独立的 ALU。

在图 8-23 的分类中，我们把 MIMD 分成了多处理器系统（共享内存的计算机）和多计算机系统（消息传递的计算机）。根据共享内存的实现方式可以把多处理器系统分成三类，分别是**一致性内存访问计算机**（Uniform Memory Access，UMA）、**非一致性内存访问计算机**（NonUniform Memory Access，NUMA）和**基于 cache 的内存访问计算机**（Cache Only Memory Access，COMA）。之所以这样分类是因为在大多数多处理器系统中内存都被分成了多个不同的模块。UMA 计算机的特点是 CPU 访问所有的内存模块的时间都相同。换句话说，读取每个内存字的时间是相等的。如果在实现中有困难，就把速度快的内存访问速度降低以

⊖　Carolus Linnaeus（1707—1778）是瑞典生物学家，他设计的系统现在用于对所有植物和动物进行界、门、纲、目、科、属、种等的分类。

保证和最慢的相等，这样程序员就不会感觉到速度的差别了。这就是一致性的含义。这种一致性可以保证系统的性能可以预测，也有利于程序员编写高效率的代码。

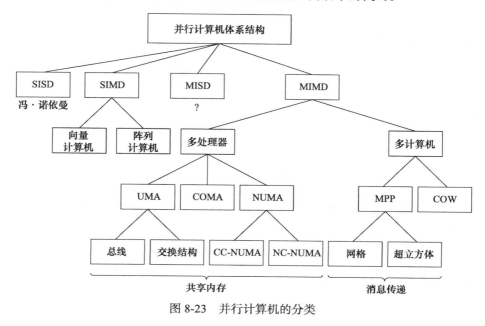

图 8-23　并行计算机的分类

和 UMA 相反，在 NUMA 多处理器系统中就没有这种一致性。在 NUMA 系统中，靠近 CPU 的内存模块的访问速度比其他的内存模块快得多。这样实现也是出于提高性能的考虑，它主要关系到代码和数据的位置。COMA 计算机也是不一致的，但是这两种不一致是有区别的。后面我们会详细讨论这些类型和它们的子类型。

MIMD 计算机的另一个大类是多计算机系统，多计算机系统和多处理器系统不一样，它们在体系结构层没有共享的第一级内存。换句话说，在多计算机系统中，CPU 上运行的操作系统不能通过 LOAD 指令访问其他 CPU 的内存。它只能通过显式发送消息并等待响应的方式和其他的 CPU 通信。操作系统具有通过执行 LOAD 指令读取远程内存字的能力，这是多处理器系统不同于多计算机系统的最重要的特征。正如我们前面提到的，在多计算机系统中，用户程序也可以具有使用 LOAD 和 STORE 指令访问远程内存的能力，但是这是由操作系统实现的，并不是底层硬件直接支持的。这种差别虽然很细微，但是却很重要。由于多计算机系统不能直接访问远程内存，它们有时候也被称为**非远程内存访问计算机**（No Remote Memory Access，NORMA）。

多计算机系统又可以粗略地分成两大类。第一类是**大规模并行处理机**（Massively Parallel Processor，MPP），这是一种价格昂贵的超级计算机，它是由许多 CPU 通过高速互联网络紧密耦合在一起组成的。IBM SP/3 都是著名的商用 MPP 计算机。

第二类多计算机系统是由普通的 PC 机、工作站或者服务器组成的，它们可能被放置在一个大的机架上，相互之间通过现成的商用网络连接起来。从逻辑上来说，这种系统和 MPP 计算机并没有太大的区别，但是大型的 MPP 超级计算机往往价值数百万美元而这种由 PC 组成的网络的价格只是 MPP 的一小部分。这种自制的多计算机系统有各种不同的名称，比较常用的有**工作站网络**（Network of Workstation，NOW）、**工作站集群**（Cluster of Workstation，COW），或者有时干脆就叫做**集群**（cluster）。

8.3.2 内存语义

虽然在所有的多处理器系统中，所有的 CPU 共享一个单一的地址空间，但是地址空间通常是由许多的内存模块组成的，每个都是物理内存的一部分。CPU 和内存通常通过复杂的互联网络连接起来，这将在 8.4.1 中进行讨论。在某一时刻，某几个 CPU 试图读一个内存字，与此同时，另外几个 CPU 试图写这个内存字。某些请求消息在收到时可能和发送时的次序不一致。除此之外，某些内存块可能还具有多个拷贝（比如，在 cache 中），因此结果很容易出现混乱，除非采取严格的措施来防止混乱。本节我们将讨论共享内存的真实含义并看一看内存是如何在这种复杂的环境中工作的。

有一种观点把内存语义看成是软件和内存硬件之间的一份合同（Adve 和 Hill, 1990）。如果软件同意忍受某些条款，那么内存将保证满足这些条款。那么需要讨论的是这些条款到底有哪些。这些条款就是**一致性模型**（consistency model），目前已经提出并实现了多种一致性模型。

为了让你理解问题到底在哪里，让我们看一个例子。假定 CPU 0 把 1 写入某个内存字中，过了一会，CPU 1 把 2 写入同一个内存字。然后 CPU 2 读这个字，发现结果是 1。那么你是否应该把这台计算机送到维修部去修理呢？不要着急，先看一看你的计算机的内存语义（也就是刚才说的那些条款）。

1. 严格一致性

严格一致性（strict consistency）模型是最简单的一致性模型。使用这种模型时，对位置 x 执行的任何读操作都返回最近一次写入的 x 值。程序员喜欢这种模型，但是这种模型不可能高效率地实现，你只能采用一个单一的先来先服务的内存模块来实现共享内存，不能使用 cache 和任何其他的数据拷贝技术。很不幸，这样一种实现会把内存变成可怕的瓶颈因而是不可接受的。

2. 顺序一致性

下一种最好的模型是**顺序一致性**（sequential consistency）模型（Lamport, 1979）。顺序一致性模型的思想是当系统中有多个读请求和多个写请求时，由硬件对这些请求排列一个次序（该次序并不是确定的），但所有 CPU 都将看到相同的顺序。

为了理解顺序一致性的含义，请看下面的例子。假定 CPU 1 把 100 写入了字 x 中，1 纳秒之后 CPU 2 向字 x 中写入 200。现在假定在第二次写操作发出（不一定完成）后 1 纳秒，其他两个 CPU——CPU 3 和 CPU 4 快速地从内存中读两次 x，如图 8-24a 所示。这 6 个事件（两次写和四次读）的三种可能的次序分别如图 8-24b ~ d 所示。在图 8-24b 中，CPU 3 读到的是（200，200），CPU 4 读到的也是（200，200）。在图 8-24c 中，它们分别读到的是（100，200）和（200，200）。在图 8-24d 中，它们分别读到了（100，100）和（200，100）。所有这些结果都是正常的，还有其他一些可能的结果没有列出来。注意没有唯一"正确"的值。

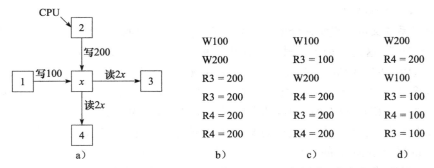

图 8-24　a）两个 CPU 写入，另外两个 CPU 读取同一个内存字；
　　　　　　b）~ d）两次写操作和四次读操作的三种可能的方式

顺序一致性的关键就在于，无论如何，顺序一致性内存不会让 CPU 3 读到（100，200）而 CPU 4 得到（200，100）。如果发生了这种情况就意味着在 CPU 3 看来，CPU 1 写入 100 的操作是在 CPU 2 写入 200 的操作之后完成的，这没有什么问题。同时还意味着在 CPU 4 看来，CPU 1 写入 200 的操作是在 CPU 1 写入 100 的操作之前完成的。就这一结果本身来看，也是可能的。问题在于顺序一致性保证了对所有的 CPU 来说，写操作必须具有全局的单一的次序。如果 CPU 3 观察到 100 是先写入内存的，那么 CPU 4 也应该看到同样的次序。

虽然顺序一致性没有严格一致性那么严格，但它仍然是很有用的。从效果上说，顺序一致性的含义是当多个事件同时发生时，由于时序和运气的因素，可能会有多个发生次序，但是所有的处理器都能够观察到相同的次序。虽然顺序一致性的含义很显然，但是下面我们将讨论的一致性模型连顺序一致性也不能保证。

3. 处理器一致性

处理器一致性（processor consistency）模型（Goodman,1989）是一种比较松散，但却很容易在大的多处理器系统中实现的一致性模型。它具有两个特点：

1）任何 CPU 发出的写操作在所有的 CPU 看来都必须和操作发出的顺序一致。

2）对每个内存字来说，所有的 CPU 看到的都是相同次序的写操作。

这两个特点都很重要。第一点说的是如果 CPU 1 向某个内存位置发出了写入 1A、1B 和 1C 的操作，那么所有其他的处理器都必须看到同样的次序。换句话说，如果一个处理器执行一个循环操作来观察 1A、1B 和 1C 的写入顺序的话，那么肯定不会出现先读到 1B 后读到 1A 的情况。第二个特点保证了每个内存字在多个 CPU 对其进行写入操作的情况下能有一个最后的确定的值。所有的人都必须达成协议，谁最后一个走。 [595]

虽然有这么多限制，设计者在设计时仍然有很大的灵活性。考虑一下在刚才 CPU 1 发出三个写操作的同时 CPU 2 发出写 2A、2B 和 2C 的操作会发生什么情况。其他正在读内存的 CPU 可能会看到这 6 个操作的某种次序，比如 1A、1B、2A、2B、1C、2C 或者 2A、1A、2B、2C、1B、1C 或者其他的次序。处理器一致性并不保证所有的处理器都看到相同的次序（这一点和顺序一致性不同，顺序一致性可以保证这一点）。这种某些 CPU 看到第一种次序，某些 CPU 看到第二种次序，而其他的 CPU 看到其他一些次序的情况在处理器一致性中是可以出现的。处理器一致性保证的是没有一个 CPU 会看到 1B 在 1A 之前发生。每个 CPU 做写操作的顺序在所有的 CPU 看来都应该是一样的。

不足为奇，有些作者使用不同的方式定义处理器一致性，在他们的定义中不需要满足第二个特点。

4. 弱一致性

下一个模型是**弱一致性**（weak consistency）模型，它甚至不能保证单个 CPU 的写入操作具有相同的观察次序（Dubois 等,1986）。在弱一致性内存中，一个 CPU 可能会看到 1A 在 1B 之前发生，而另一个 CPU 可能会看到 1A 发生在 1B 之后。这种情况的确太混乱了，为了给这种混乱情况增加一些次序，弱一致性内存使用了同步变量或同步操作。当执行同步时，所有正在进行的写操作都将完成而且在这些写操作和同步操作本身没有完成之前不执行任何新的写操作。从效果上来说，同步操作相当于清空流水线并使内存进入没有任何未完成的操作的稳定状态。同步操作本身是具有顺序一致性的，也就是说，当多个 CPU 同时发出同步操作时，一旦选定了某种次序，所有的 CPU 都将看到相同的次序。

在弱一致性中，时间被顺序一致的同步操作精心划分成了时间片，如图 8-25 所示。1A

和 1B 的相对次序并不能得到保证，不同的 CPU 可能看到两个不同次序的写操作，也就是说一个 CPU 可能看到先是 1A 然后是 1B，而另一个 CPU 可能看到先是 1B 然后是 1A。这种情况是允许的。但是所有的 CPU 都会看到 1B 在 1C 的前面，因为第一个同步操作使 1A、1B 和 2A 完成之后 1C、2B、3A 和 3B 才开始执行。这样，通过执行同步操作，软件就为事件增加了一定的发生次序，但是这种操作是需要花费一定代价的，因为清空内存流水线需要一定的时间。如果经常执行就会是一个问题。

|596|

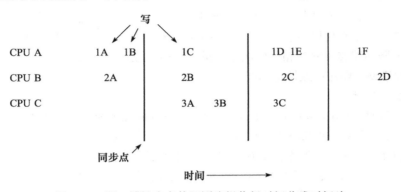

图 8-25　弱一致性内存使用同步操作把时间分成时间片

5. 释放一致性

弱一致性的问题在于它的效率很低，因为它在完成正在执行的内存操作时需要让所有新的操作等待。**释放一致性**（release consistency）通过引入临界区的概念解决了这一问题（Gharachorloo 等，1990）。该模型的思想是当一个进程退出临界区时并不要求所有的写操作立刻完成。需要保证的只是在其他的进程进入临界区之前完成所有的写操作。

在释放一致性模型中，弱一致性模型中使用的同步操作被划分成了两个不同的操作。为了读写一个共享的数据变量，CPU（也就是 CPU 上运行的软件）必须首先在同步变量上执行 acquire 操作来获得对共享变量的排他的使用权。然后 CPU 就可以随意地使用这些共享变量了，可以任意地对它们进行读写。当操作完成后，CPU 在共享变量上执行 release 操作以表示操作完成。release 并不强迫正在执行的写操作立刻完成，但是在所有在它之前发出的写操作没有完成之前，release 本身不能结束。而且，并不禁止发出新的内存操作。

当下一条 acquire 操作发生时，必须检查以前的 release 操作是否都已经完成。如果没有完成，acquire 操作必须等待直到它们全部完成（release 操作的完成也就意味着它之前的写操作都已经完成）。使用这种方式，如果下一个 acquire 操作和上一个 release 操作之间的时间间隔足够长，那么它就可以直接进入临界区不用浪费任何等待时间。如果 acquire 操作紧接着 release 操作发生，acquire（和它后面的所有的指令）都将等到所有的 release 操作完成，这样可以保证临界区中的变量被正确修改。这种策略比弱一致性稍微复杂一些，但它具有的一个显著优点是不需要一致性维护时通常用到的延时指令。

|597|

内存一致性的讨论并没有结束，许多研究人员还在不断地提出新的模型（Naeem 等，2011；Sorin 等，2011；Tu 等，2010）。

8.3.3　UMA 对称多处理器体系结构

最简单的多处理器系统是基于单条总线的，如图 8-26a 所示。两个或者更多的 CPU 以及一个或者更多的内存模块都使用同一条总线通信。当某个CPU想读取内存时，它首先检查总线是否正在被使用。如果总线是空闲的，CPU就把内存地址放在总线上，当然还需要一些控制信号，然后等待内存把它需要的内存字放在总线上。

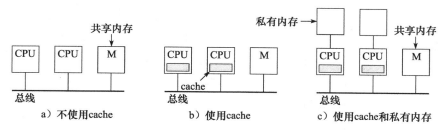

图 8-26　三种基于总线的多处理器系统

如果CPU想读写内存时发现总线正在被使用，那它只有等待总线空闲。这就是这种设计的主要问题。使用两三个CPU时，对总线的争用还是可以管理的；如果使用32个或者64个CPU，则对总线的争用就是无法忍受的。系统的能力将受到总线带宽的限制，大多数CPU在大多数时间内都处于等待状态。

解决这一问题的一种方案是为每个CPU都增加cache，如图8-26b所示。cache可以在CPU芯片内部，CPU芯片的旁边和处理器板上，也可以把这三者结合起来使用。由于许多读操作都可以从cache中获得数据，总线的流量将会少得多，而且系统也可以支持更多的CPU。这里使用cache能解决大问题。然而，一会我们将看到，维持cache一致性是十分重要的。

另一种可行的方案如图8-26c所示，在这种方案中，每个CPU不仅有自己的cache而且有自己私有的内存，私有内存是通过私有总线进行访问的。为了能够最佳地利用这种体系结构，编译器应该把所有的程序正文、字符串、常量和其他的只读数据、栈和局部变量等放在自己的私有内存中。共享内存只用于写共享变量。在大多数情况下，这种精心考虑的数据分布可以极大地减少总线流量，但是它需要编译器的主动配合。

598

1. 监听型cache

刚才我们关于性能的讨论当然是正确的，但是我们忽略了一个基本的问题。假定内存具有顺序一致性。当CPU 1的cache中有一块数据，而CPU 2同样也想读这个数据时会发生什么情况呢？在没有任何特殊规定的情况下，CPU 2的cache中也将获得该数据的拷贝。从原理上来说，同一块数据缓存两次也是可以接受的。现在假定CPU 1修改了这一块数据，而就在修改刚刚完成之后，CPU 2读取了它自己的cache中的这块数据。显然，CPU 2读到的是过时的数据，这违背了软件和内存之间的合同。CPU 2上运行的程序肯定相当不满。

文献中把这一严重的问题称为**cache 一致性问题**（cache coherence 或者 cache consistency）。如果不想办法解决这个问题，cache就不能使用，基于总线的多处理器系统也就只能使用两三个CPU了。认识到问题的重要性后，人们提出了多种解决方案（例如 Goodman，1983；Papamarcos 和 Patel，1984）。虽然这些称为**cache 一致性协议**（cache coherence protocol）的cache算法在细节上并不相同，但是它们的目的都是为了防止在两个或者更多的cache中出现同一块数据的不同版本。

在所有这些方案中，cache控制器都被专门设计成可以监听总线，掌握所有其他CPU和cache对总线的请求，并在某些特定的情况下采取行动。这种cache被称为**监听型 cache**，因为它们可以监听总线。由cache、CPU和内存共同实现的防止多个cache中出现相同数据的不同版本的规则集合就组成了 cache 一致性协议。cache 读写和保存的单元称为 **cache 块**，一般是 32 个字节或者 64 个字节。

最简单的 cache 一致性协议是**写直达协议**（write through）。通过区分图 8-27 中列出的 4

种情况可以很容易地理解该协议，当 CPU 要读的字不在 cache 中时（也就是发生了读缺失），cache 控制器就把包括该字的一块数据读入 cache。这块数据是由内存提供的，此协议中内存的数据总是最新的。接下来的读操作就可以直接从 cache 中获得数据（也就是读命中）。

操　作	本地请求	远程请求
读缺失	从内存取数据	
读命中	使用本地 cache 的数据	
写缺失	修改内存中的数据	
写命中	修改 cache 和内存	将 cache 项置为失效

图 8-27　写直达 cache 一致性协议，
空白项表示不采取任何操作

当发生写缺失时，把被修改的字写回内存，但是并不把包括该字的块调入 cache。当发生写命中时，修改 cache 还要把该字直接写入内存。该协议的要点就在于所有的写操作都直接写入内存以保证内存中的数据总是最新的。

现在我们从监听者的角度再来看一看这些操作，如图 8-27 右边一列所示。我们让 cache 来执行这些动作，共有两个 cache，cache 1 和监听的 cache 2。当 cache 1 读缺失时，它在总线上发送一个从内存中取数据的请求。cache 2 监听到该动作，但是什么也没做。当 cache 1 读命中时，请求在本地得到满足，总线上不会发送任何请求，因此 cache 2 也不知道 cache 1 发生了读命中。

写操作比较有趣。当 CPU 1 执行写操作时，在缺失和命中的情况下 cache 1 都要在总线上发送写请求。无论是哪种写请求，cache 2 都要检查写入内存的字是否在自己的 cache 中。如果不在，那么从 cache 2 的角度来看，这就是一个远程的写缺失请求，因此也什么都不做。（请注意一点，在图 8-27 中远程的缺失意味着该字不在监听者的 cache 中；它并不关心该字是否在写操作发起者的 cache 中。因此某个请求可能对本地 cache 来说是命中而对于监听者来说是缺失，反之亦然）。

现在假定 cache 1 写入内存的字在 cache 2 中同样存在（远程请求中的写命中）。如果 cache 2 还是什么都不做，那么相应的字将变成过时的数据，因此它在包括这个最新修改的字的 cache 块上打上无效标记。从效果上来说，这相当于把该块从 cache 中移除。因为所有的 cache 都监视所有的总线请求，所以无论何时写入一个字，最后的结果都是操作发起者的 cache 被更新，内存被更新，其他所有的 cache 中的这个字都被置为无效。通过这种方式，就避免了不一致性的出现。

当然，cache 2 的 CPU 可能在写操作的下一个周期就去读刚刚写入的字。在这种情况下，cache 2 将从内存读入该字，而且该字是最新的。在这一时刻，cache 1、cache 2 和内存都具有该字的相同的拷贝。如果任何一个 CPU 现在执行写操作，那么另一个 CPU 的 cache 中的对应字将被清除，内存也将被更新。

这个基本协议存在多种变化。例如，当写命中时，监听的 cache 正常操作是把包括该字的数据项置为无效。另外一种方式是接收这个新的值并用该值更新 cache 而不是将其置为有效。从概念上来说，更新 cache 和把数据置为无效再从内存中读取数据是一样的。所有的 cache 协议都必须在**更新策略**（update strategy）和**无效策略**（invalidate strategy）中作出选择。这些协议在不同的负载下执行效果也是不同的。更新消息的负载比无效策略大一些，但是可以防止以后出现缺失。

另一种变化是 cache 写缺失时把相应的字调入监听 cache。这样做并不改变算法的正确性，影响的只是性能。问题在于："一个字刚刚被写过又再次被写的概率有多大？"如果概率很大，那么就可以在写缺失时把值调入 cache，这就是**写分配策略**（write-allocate policy）。如果概率很低，那么在写缺失时最好不要更新。如果这个字很快就要被读，那么它肯定会因为读缺失被调入；这时写缺失时调入字就基本上没有得到什么好处。

和许多简单的方案一样，该方案的效率很低。每次写操作都要通过总线，只要 CPU 的数量稍微多一些，总线就仍然是瓶颈。为了保证总线的流量在一定范围之内，人们设计出了其他的 cache 协议。它们都具有一个特点：写操作不直接写入内存。相反，当 cache 块被修改后，cache 中的某一位将被设置以表示该 cache 块中的数据是正确的而内存中的数据是过时的。最终，该块将会被写回内存，但是可能是在多次写操作之后了。这种类型的协议称为**写回协议**（write-back protocol）。

2. MESI cache 一致性协议

MESI 协议是一种比较常用的写回 cache 一致性协议，它是用协议中用到的 4 种状态的首字母（M、E、S 和 I）来命名的（Papamarcos 和 Patel，1984），从早期的**写一次协议**（write-once protocol）（Goodman,1983）发展而来。目前 Core i7 和许多其他的 CPU 都使用了 MESI 协议来监听总线。每个 cache 项都处于下面 4 种状态之一：

1）无效（Invalid）——该 cache 项包含的数据无效。

2）共享（Shared）——多个 cache 中都有这块数据，内存中的数据是最新的。

3）独占（Exclusive）——没有其他的 cache 包括这块数据，内存中的数据是最新的。

4）修改（Modified）——该项的数据是有效的，内存中的数据是无效的，而且在其他 cache 中没有该数据项的拷贝。

当 CPU 刚刚启动的时候，所有的 cache 项都标记为无效。第一次读取内存时，读入 CPU 的 cache 块的状态被标记为 E（xclusive），因为这是 cache 中的唯一的一份拷贝，如图 8-28a 所示，这时 CPU 1 读入了一块数据 A。接下来的 CPU 读操作都是从 cache 中取得数据而不用经过总线了。另一个 CPU 也可以取相同的数据块并将其缓存，但是通过监听，最初的数据持有者（CPU 1）看到这块数据是自己已经有的，就在总线上发布通告宣布自己有一份该数据的拷贝。这样，这两个拷贝就都被标记成 S（hared）状态，如图 8-28b 所示。因此，

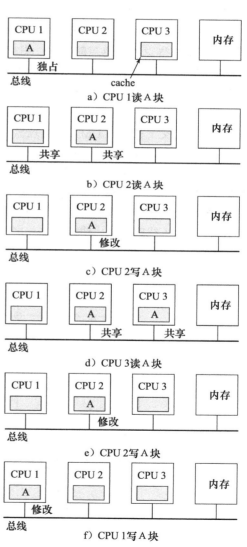

a) CPU 1读 A 块

b) CPU 2读 A 块

c) CPU 2写 A 块

d) CPU 3读 A 块

e) CPU 2写 A 块

f) CPU 1写 A 块

图 8-28　MESI cache 一致性协议

S 状态就意味着该块数据在多个 cache 中同时被读取而且内存中的数据是最新的。CPU 对处

600

于 S 状态的 cache 块的读操作不使用总线而且也不会产生状态改变。

现在考虑一下如果 CPU 2 向 S 状态的 cache 块写入数据会发生什么情况。它会把一个无效信号通过总线传送给其他的 CPU，通知它们把相应的数据拷贝置为无效。而 CPU 2 自己的 cache 块的状态则变成了 M（modified），如图 8-28c 所示。该块并不需要写回内存。需要指出的是如果处于 E 状态的 cache 块发生了写操作，则不需要给其他的 cache 发送无效信号，因为我们知道其他 cache 中并不存在该数据块的拷贝。

下面考虑一下 CPU 3 读该块时会发生什么情况。拥有该块的 CPU 2 知道内存中的数据是无效的，因此 CPU 2 就在总线上发送一个信号通过 CPU 3 等待它把该块写回内存。当写回操作完成后，CPU 3 就从内存中取得数据的拷贝，然后把 CPU 2 和 CPU 3 cache 中的该块都标记为共享，如图 8-28d 所示。在这之后，CPU 2 再次写该块，这将使 CPU 3 cache 中的对应块无效，如图 8-28e 所示。

最后，CPU 1 想向该块中写入一个字。CPU 2 要发生写操作就在总线上发送一个信号通知 CPU 1 等待它把该块写回内存。当写回操作完成后，CPU 2 将自己 cache 中的该块标记为无效，因此它知道 CPU 1 将会修改该块。这时我们面临的是 CPU 向没有缓存的块中写入数据的情况。如果使用了写分配策略，该块将被读入 cache 并标记为 M 状态，如图 8-28f 所示。如果没有使用写分配策略，将直接对内存执行写操作而且该块并不会被读入任何 cache。

3. 使用交叉开关的 UMA 多处理器

即使使用了各种可能的优化措施，由于总线带宽的限制，所以基于单总线的 UMA 多处理器系统的规模最多也就是 16 个或者 32 个 CPU。为了使用更多的 CPU，我们需要另一种形式的互联网络。连接 n 个 CPU 和 k 个内存模块的最简单的电路就是**交叉开关**（crossbar switch），如图 8-29 所示。交叉开关技术在电话交换机中已经使用了数十年，它可以按照任意的次序把输入线路和输出线路连接起来。

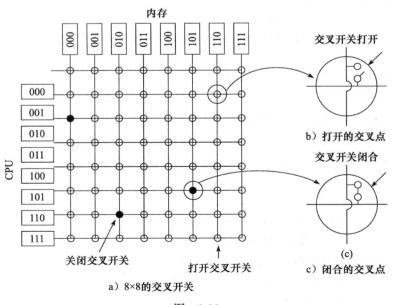

图 8-29

每条水平线（输入线）和垂直线（输出线）的交点都是一个**交叉点**（crosspoint）。一个

交叉点就是一个小的交换节点，它的电路状态可以是打开或者关闭的，具体状态取决于垂直线和水平线是否处于连接状态。在图 8-29a 中，我们看到 3 个交叉点同时关闭，这就同时建立了 3 个 CPU 和内存的连接（CPU，内存）：（001，000）、（101，101）、（110，010）。许多其他的组合也是可以的。实际上，组合的数量等于在国际象棋的棋盘上放置 8 个车的方案数。

交叉开关网络是**一种无阻塞的网络**（nonblocking network），这是它最好的一个特性，这就意味着 CPU 不会因为某些交叉点或者线路被占用而无法与内存模块建立连接（假定内存模块是可用的）。而且，建立连接时不需要事先规划。即使已经建立了 7 个任意的连接，仍然有可能在剩下的 CPU 和剩下的内存之间建立连接。下面我们要讨论的互联网络就不具有这些特点。

交叉开关最差的一个特点就是交叉点的数量达到了 n^2 个。对于中等规模的系统，交叉开关设计是可行的。本章的后面会讨论一个这样的设计，就是 Sun Fire E25K。然而，如果需要使用 1000 个 CPU 和 1000 个内存模块，那么就需要 1 000 000 个交叉点。这么多的交叉点是不可能实现的。我们要使用其他某些不同的策略。

603

4. 使用多级交换网络的 UMA 多处理器

刚才提到的"某些不同的策略"可以基于图 8-30a 所示的小的 2×2 交换节点。该交换节点具有两个输入和两个输出。从任意输入线到达的消息都可以交换到任意的输出线，对我们来说，消息最多可以包括 4 个部分，如图 8-30b 所示。Module 字段指出使用哪个内存模块。Address 定义了模块内的地址。Opcode 指定操作，比如 READ 或者 WRITE。最后，可选的 Value 字段可以包括一个操作数，例如 WRITE 操作要写入的 32 位字。交换节点检查 Module 字段以判断消息应该通过 X 传递还是通过 Y 传递。

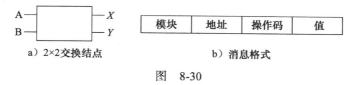

a）2×2交换结点   b）消息格式

图 8-30

我们可以采用很多种方式用我们的 2×2 的交换节点组成比较大的**多级交换网络**（multistage switching network）。其中有一种是只提供必要服务的、经济的 **omega 网络**，如图 8-31 所示。在图中我们使用了 12 个交换节点连接了 8 个 CPU 和 8 个内存模块。一般来说，如果有 n 个 CPU 和 n 个内存模块，就需要 $\log_2 n$ 级，每级 $n/2$ 个交换节点，一共是（$n/2$）$\log_2 n$ 个交换节点，这要比 n^2 个交叉点的情况好多了，尤其当 n 比较大时。

604

omega 网络的配线模式通常称为**全混洗**（perfect shuffle），在网络的每一段都要把信号分成两部分然后两部分之间一一混合。为了理解 omega 网络的工作原理，我们假定 CPU 011 需要从内存模块 110 中读取一个字。该 CPU 将发送一条 Module 字段为 110 的 READ 消息给交换节点 1D。交换节点取出 110 最左面的位来确定如何传送这条消息。如果是 0 就从上面的输出线输出，如果是 1 就从下面的输出线输出。由于 110 最左面是 1，这条消息将通过下输出线传递给 2D。

包括 2D 在内的所有第二级交换节点都使用第二位来确定如何发送消息。110 的第二位还是 1，因此这条消息将通过下输出线发送给 3D。3D 继续使用第三位来决定消息发送的方向，第三位是 0。因此，该消息将从 3D 的上输出线输出到达内存模块 110，这正是我们希望的。这条消息通过的路径在图 8-31 中用字母 a 表示。

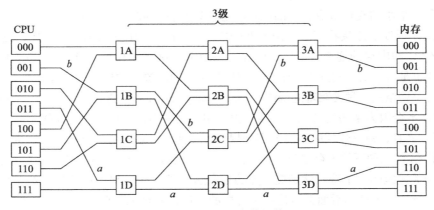

图 8-31　omega 交换网络

因为消息在交换网中传递，所以并不需要 CPU 的模块号。但是我们可以利用 CPU 模块号记录消息的输入线，这样响应信息就可以找到相应的路径。对路径 a 来说，输入线分别是 0（1D 的上输入线）、1（2D 的下输入线）和 1（3D 的下输入线）。响应消息可以使用 011 来寻径，不过这次需要从右往左读。

在 CPU 011 读取内存模块 110 的同时，CPU 001 需要往内存 Module 001 中写入一个字。接下来的过程和上面讨论的类似，消息分别按照上、上、下输出线进行寻径，在图 8-31 中用字母 b 表示。当它到达的时候，它的 Module 001 表示了它所经过的路径。由于这两个内存访问请求使用的交换节点、链路和内存模块都不相同，因此它们可以并行执行。

现在再考虑一下如果 CPU 000 也同时想访问内存模块 000 会发生什么情况。它的访问请求和 CPU 001 的访问请求在交换节点 3A 处会发生冲突。它们其中必然有一个要处于等待状态。和交叉开关不同，omega 网络是**有阻塞的网络**（blocking network）。在 omega 网络中并非所有的请求都可以同步执行，当需要使用同一条链路或者同一个交换节点，或者请求访问同一个内存模块时都会发生冲突。

很显然，我们需要把内存模块构造成一致的内存访问空间。一种常用的技术是使用地址的低几位作为模块号。举一个例子，在一台 32 位字的计算机中使用面向字节的地址空间。最低的两位一般来说应该是 00，接下来的三位可以均匀分布。当把这三位作为模块号时，连续地址的字就处于连续的内存模块中。这种连续的内存字位于不同的内存模块中的系统称为交错型内存系统。交错型内存可以获得最大限度的并行性因为大多数内存引用都是连续地址的引用。我们也可以设计无阻塞的交换网络并使每个 CPU 和每个内存模块之间都有多条路径，这样可以更好地分担流量。

8.3.4　NUMA 多处理器系统

我们现在已经知道基于单总线的 UMA 多处理器系统的 CPU 数量最多也就几十个而基于交叉开关或者交换网络的 UMA 多处理器系统需要大量的（昂贵的）硬件而且 CPU 数量也不可能太多。为了构造超过 100 个 CPU 的多处理器系统，我们需要放弃一些东西。一般来说，我们放弃的是"所有的内存模块都有一致的访问时间"这一思想。这一让步就产生了**非一致性内存访问**（NonUniform Memory Access，NUMA）多处理器系统。和 UMA 系统一样，NUMA 系统也为所有的 CPU 提供了单一的地址空间，但是和 UMA 不一样的是，在 NUMA

系统中访问本地内存模块比访问远程内存模块速度快。因此,所有为 UMA 计算机编写的程序都可以不加修改地在 NUMA 计算机上运行,但是在相同的时钟频率下,性能将低于 UMA 计算机。

NUMA 计算机有 3 个区别于其他处理器系统的关键特点:

1)所有的 CPU 都看到一个单一的地址空间。

2)使用 LOAD 和 STORE 指令访问远程内存。

3)访问远程内存比访问本地内存慢。

不隐藏远程内存的访问时间(原因是没有使用 cache)的 NUMA 系统称为 **NC-NUMA**。如果使用了 cache,系统就被称为 **CC-NUMA**(至少硬件设计者这么称呼它)。软件设计者一般把它称为**硬件实现的分布式共享内存**(hardware DSM),因为它和软件实现的分布式共享内存的基本思想是一样的,只不过是由使用小页面的硬件来实现。 606

最早的 NC-NUMA 计算机(尽管那时还没有这种称呼)之一就是卡内基梅隆的 Cm*,如图 8-32 所示(Swan 等,1977)。它由一组 LSI-11 CPU 组成,每块 CPU 都有可以通过局部总线访问的内存模块(LSI-11 是 DEC PDP-11 的单芯片版本,是一种在 20 世纪 70 年代很流行的微型计算机)。另外,LSI-11 系统之间通过系统总线相连。当内存访问请求进入(进行过特殊修改的)MMU 之后,将检查请求访问的字是否在本地内存中。如果是,请求将通过局部总线发送到本地内存去读取该字。如果不是,请求将通过系统总线发往拥有该字的模块,然后由拥有该字的模块发回响应信息。当然,后者所花费的时间肯定比前者长。当一个程序高兴地在远程内存上运行时,它将比在本地内存上运行相同的程序多花十倍的时间。

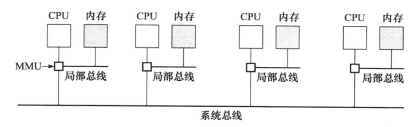

图 8-32　基于两级总线的 NUMA 计算机。Cm* 是第一台使用这种设计的多处理器系统

在 NC-NUMA 中,内存的一致性是有保证的,因为在这种系统中没有使用 cache。每个内存字都只在一个地点存在,因此不存在包含陈旧数据的拷贝,因为根本就没有任何数据的拷贝存在。当然,哪个页面位于哪个内存模块中是很重要的,如果内存页面在错误的位置上性能的损失将相当大。因此,NC-NUMA 使用了精心设计的软件来移动页面以使性能达到最佳。

一般来说,NC-NUMA 中有一个称为**页面扫描器**(page scanner)的后台进程,每隔几秒钟就运行一次。它的工作是统计页面的使用情况,并通过移动页面来提高性能。如果页面出现在不合适的位置上,页面扫描器将取消对它的映射,这样下一次内存访问就会产生缺页。当缺页发生时,就要决定把该页放在哪里,而决定放置的位置和它原来的位置很可能不同。为了防止出现颠簸现象,通常会规定一旦某个页面被放在了某个位置上,它就必须在这个位置上呆上至少 ΔT 的时间。人们对不同的算法进行了研究,但是结论是没有任何一种算法可以在所有的情况下都获得最佳的性能(LaRowe 和 Ellis,1991)。最佳的性能依赖于应用。 607

1.cache 一致的 NUMA 多处理器系统

图 8-32 中所示的多处理器系统的可扩展性很差,因为它们没有使用 cache。每次使用非

本地内存中的字都要访问远程内存，这会严重地影响性能。但是，如果使用了cache，就必须保证cache的一致性。保证cache一致性的一种办法是监听系统总线。这种方案从技术上来说并不困难，但是如果CPU数超过一定数目，那么这种方案就行不通了。为了建造大型的多处理器系统，我们需要一种完全不同的策略。

目前建造大型的**CC-NUMA**（Cache Coherent NUMA，cache一致的NUMA）多处理器系统最常用的策略是**基于目录的多处理器**系统。其主要设计思想是维护一个数据库记录每个cache块在什么位置上以及状态是什么。当某个cache块被引用时，将查询该数据库找到该块的位置以及该块是干净的还是脏的（也就是被修改过的）。由于每条访问内存的指令都要查询这个数据库，因此这个数据库必须保存在速度非常快的专用硬件中，以保证在不到一个总线周期的时间内作出响应。

为了使基于目录的多处理器系统的设计思想更加清晰，我们考虑一个简单的（假想的）例子，一个256个结点的系统，每个节点由CPU与通过局部总线和CPU相连的16MB的RAM组成。全部的内存空间是2^{32}字节，分成了2^{26}个cache块，每块64个字节。内存在结点之间静态分配，0～16MB位于结点0，16～32MB位于结点1，依此类推。节点通过互联网络连接，如图8-33a所示。互联网络可以是网格型的、超立方体和其他类型的拓扑结构。每个结点保持记录2^{18}个64字节的cache块的目录项，正好包含了2^{24}字节的内存。现在我们假定，一块最多只能保存在一个cache中。

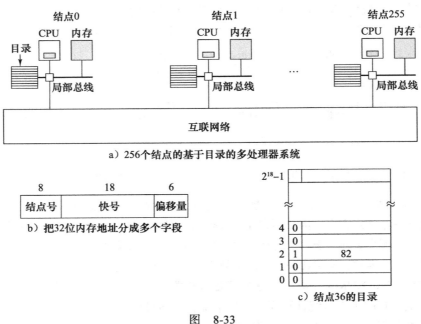

a）256个结点的基于目录的多处理器系统

b）把32位内存地址分成多个字段

c）结点36的目录

图 8-33

为了了解目录是如何工作的，让我们跟踪CPU 20引用一个cache块的LOAD指令。首先，CPU把指令发送到它的MMU中，MMU把指令中的地址转换成物理地址，比如说，0x24000108。MMU把这个地址分成三部分，如图8-33b所示。如果采用十进制表示，这三部分分别是节点36、第4块和偏移量8。MMU看到被访问的内存字位于结点36而不是结点20，它就通过互联网络向结点36发送一条请求消息，询问它第4块是否在cache中，如果是，在哪里。

当请求消息通过互联网络到达结点 36 之后，它被递交给目录硬件。硬件检索它含有 2^{18} 个表项的表（每个 cache 块都有一项），然后找到第 4 项。从图 8-33c 中我们看到该块并没有被缓存，因此硬件从本地内存中取出第 4 块并把它发送给结点 20，然后修改目录项 4 指明该块目前缓存在结点 20 中。

现在我们考虑第二个请求，这次请求的是结点 36 的第 2 块。从图 8-33c 中我们看到该块正好缓存在结点 82 中。这时硬件将修改目录项 2 以指明该块现在在结点 20 中，然后发送一条消息给结点 82 让它把该块送给结点 20 并把自己的 cache 置为无效。需要指出的是，即使在所谓的共享内存多处理器系统中，仍然会发生大量的消息传递。 608

下面我们来计算一下使用目录会占用多少内存。每个结点有 16MB RAM，需要使用 2^{18} 个 9 位的项来记录整个 RAM 的情况。因此目录的大小大约是 9×2^{18} 位，如果除以 16MB 大约是 1.76%，这一比例是可以接受的（尽管它需要被放在高速内存中，这样会增加它的实现代价）。即使使用 32 个字节的 cache 块，额外的负载也只占 4%。如果使用 128 字节的 cache 块，负载将低于 1%。

这种设计的一个很明显的限制就是一个 cache 块只能缓存在一个结点中。为了允许多个结点同时缓存一块，我们需要某种方式来对它们进行定位，例如，在写操作时把它置为无效或者对它们进行修改。可以有多种方法来实现多个结点同时缓存一块。

一种方法是给每个目录项 k 个域来存放其他的结点，这样可以允许一块最多缓存在 k 个结点中。第二种方法是使用位图来替换结点号，每位一个结点号。使用这种方式，拷贝的数量没有限制，但是负载相应增加了。每个 64 字节（512 位）的 cache 块都需要 256 位的位图， 609 这意味着负载超过了 50%。第三种方法是为每个目录项分配一个 8 位的域，该域指向一个保存所有 cache 块拷贝的链表的头部。这种方法需要为每个结点分配链表指针的存储空间而且查找某个拷贝时需要顺序遍历整个链表。每种方式都有其优点和缺点，这三种方法在实际的系统中都被使用过。

目录设计的另一个改进是掌握每个 cache 块是干净的（宿主内存的数据是最新的）还是脏的（宿主内存的数据不是最新的）。当一个干净的 cache 块的读请求到达时，结点将从内存中取出数据来满足读请求，而不需要把该请求转发到某个 cache 中。但是，如果是一个读脏 cache 块的请求，就必须被发送到持有该块的结点去，因为只有那里才有正确的拷贝。如果只允许一个 cache 拷贝，如图 8-33 所示，那么保留这种干净与否的信息并不会带来任何实际的好处，因为任何新的请求都会导致一条发往持有现有拷贝的结点让它把该拷贝置为无效的消息。

当然，掌握每个 cache 块是干净还是脏也就意味着每当一个 cache 块被修改时，必须通知它的宿主结点，即使只有一个 cache 拷贝存在也得这么做。如果存在多个拷贝，则修改其中的一个必须把所有其他的拷贝置为无效，因此需要某种协议来防止出现竞争条件。例如，某个持有者需要修改某个共享的 cache 块时，必须先请求排他性的访问。这样的请求被许可之前，将把所有其他的拷贝置为无效。CC-NUMA 计算机的其他的一些性能优化措施请参考 Cheng 和 Carter（2008）的相关论述。

2. Sun Fire E25K NUMA 多处理器

作为共享内存的 NUMA 多处理器的实例，我们来研究一下 Sun 微系统公司的 Sun Fire 系列计算机。尽管这一系列计算机由各种型号的机器构成，我们还是将精力集中在 E25K 上，它有 72 个 UltraSPARC IV CPU 芯片。UltraSPARC IV 实质上就是共享 cache 和内存的一对 UltraSPARC Ⅲ 处理器。E15K 和 E25K 本质上来说是同样的系统，只不过前者使用的是单处理器芯片，而后者使用的是双处理器芯片。虽然这种多处理器目前所存无几，但是从我们的角度来看，让人感兴趣的还是使用 CPU 最多的机器是如何工作的。

　　E25K 系统最多可以有 18 个板组，每个板组由一块 CPU 内存板、一块带有四个 PCI 槽的 I/O 板以及一块将 CPU 内存板和 I/O 板连接到中心背板的扩展板组成，中心背板支持各种板卡，并且具有交换逻辑。每块 CPU 内存板由 4 个 CPU 芯片和 4 个 8GB 的内存模块构成。因此，E25K 中的每块 CPU 内存板支持 8 个 CPU 和 32GB 的 RAM（E15K 中只有 4 个 CPU和 4 个 32GB 的 RAM）。这样算来一台完整的 E25K 就由 144 个 CPU、576GB 的 RAM 和 72 个 PCI 槽，如图 8-34 所示。十分有趣的是数字 18 的选择是由于包装的约束：具有 18 个板组的系统是最大的，一次能够通过门口一个。当程序员还在考虑 0 和 1 的时候，工程师却不得不为诸如客户如何把产品通过大门搬进大楼这类事情而烦恼。

610

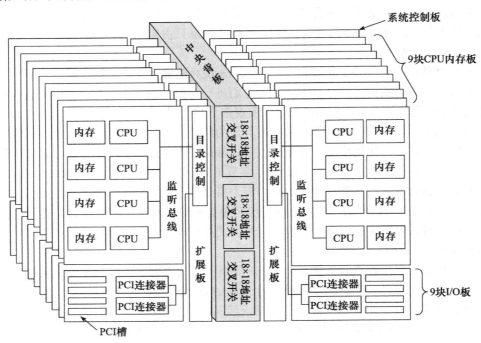

图 8-34　Sun 微系统公司的 E25K 多处理器

　　中心背板由一组 3 个 18×18 交叉开关组成，用来连接 18 个板组。其中一个交叉开关用于地址线，一个交叉开关用于应答，还有一个交叉开关用于数据传输。除了 18 个扩展板之外，中心背板还插接着一个系统控制板。这个板组虽然只有一个 CPU，但是还有与 CD-ROM、磁带、串行线以及其他外设的各种接口，以满足启动、维护和控制系统的需要。

　　任何一个多处理器系统的核心都是内存子系统。那么如何将 144 个 CPU 和分布式内存连接起来呢？最简单的方式就是使用共享的监听型总线或者使用 144×72 的交叉开关，但是这样的方式不能令人满意。前者行不通是因为总线的瓶颈问题，后者行不通则是因为构造这样的交叉开关太难、太贵。诸如 E25K 这样的大型多处理器系统必须要采用更为复杂的内存子系统。

　　在板组这一层，可以采用监听逻辑，这样所有的本地 CPU 都能够检查来自板组的所有内存请求是否访问的是自己 cache 中缓存的内存块。因此，当 CPU 需要从内存中读取一个字的时候，它首先将虚拟地址转换为物理地址并检查自己的 cache。（物理地址有 43 位，但由于封装的限制内存最多只能到 576GB。）如果需要的 cache 块在它自己的 cache 中，那么就返回相应的字。否则，监听逻辑检查板组的其他地方是否还有这个字的拷贝，如果有相应的拷贝，那么请求也得到满足。如果没有相应的拷贝，请求就通过下面所述 18×18 的地址交叉开关进行传送。监听逻辑每个时钟周期进行一次监听。系统时钟以 150MHz 频率运行，所以每个板组每秒可以进行 150 兆次监听，整个系统每秒可以进行 27 亿次监听。

611

尽管逻辑上监听逻辑是一条总线，如图 8-34 所示，但物理结构上监听逻辑是一棵设备树，命令可以沿着树向上或者向下传递。当 CPU 或者 PCI 板给出地址时，地址就通过点到点的连接传递到地址中继器，如图 8-35 所示。两个地址中继器在扩展板上汇聚，然后地址沿着设备树被发送到各个设备进而检查是否命中。这种设计可以避免使用带有三块板卡的总线。

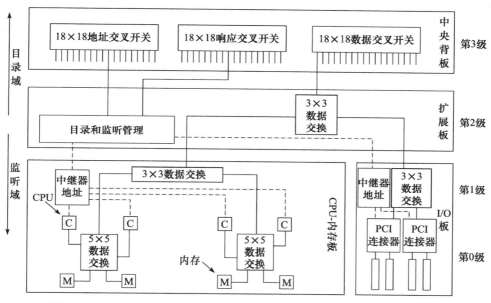

图 8-35   Sun Fire E25K 使用四级互联。虚线是地址通路，实线是数据通路

数据传输使用如图 8-35 所示的四级互联。选择这种设计主要是为了获得较高性能。在第 0 级，成对的 CPU 芯片和内存通过小的交叉开关连接起来，同时也有到第 1 级的连接。两组 CPU- 内存对通过第 1 级另外的交叉开关进行连接。交叉开关是定制的 ASIC，对它们来说所有的行和列都可以是输入，当然也不是所有的组合都可以（只是有意义的才行）。全部的板上交换逻辑都使用 3×3 的交叉开关。

612

每个板组由三块板卡组成：CPU- 内存板、I/O 板和扩展板，扩展板连接其他两块板。第 2 级的互联是由扩展板上另外一个 3×3 的交叉开关完成的，连接真正的内存到 I/O 端口（实际上是在所有的 UltraSPARC 中的内存的映射）。板组所有向内或者向外的数据传输，无论是和内存还是和 I/O 端口，都要经过第 2 级交换。最后，如果要对远程板进行数据传输，那么数据还要经过第 3 级的 18×18 数据交叉开关。因为数据传输中每次传送 32 个字节，所以要花费两个时钟周期来传送 64 个字节，也就是通常的传送单元。

在看过各个部件如何安排之后，我们现在将注意力转向共享内存是如何进行操作的。在最底层，576GB 的内存被分成 2^{29} 块，每块 64 个字节。这些块是内存系统的最小单位。每块内存都有自己的宿主板，也就是没有其他地方使用这块内存时它所在的地方。大多少内存块在大多数时间里都是在它们的宿主板上的。然而，当CPU需要一个内存块的时候，或者从它自己所在的板上或者从其他17块远程板中的某一块，它首先都要将相应内存块的拷贝放到自己的cache中，然后对cache中的拷贝进行访问。尽管E25K上每个CPU芯片包含两个CPU，但这两个CPU还是要共享同一个物理cache，也就是要共享这个cache中的所有内存块。

每个内存块和每个CPU芯片中的cache块都可能是下面三种状态之一：

1）独占访问（为了进行写操作）。

2）共享访问（为了进行读操作）。

3）无效（也就是内存块为空）。

当CPU需要读或者写一个内存字的时候，它首先检查自己的cache。如果没有在cache中找到这个内存字，CPU就通过广播物理地址的方式在它所在的板组上发送一个本地请求。如果板组上的某个cache中有需要的块，监听逻辑就会检测到访问命中，然后对请求进行响应。如果块处于独占模式，那么就将该块传送给请求者并将原始拷贝标记为无效。如果块处于共享模式，那么cache就不进行响应，因为cache块是干净的时候内存总是会响应的。

如果监听逻辑没有找到cache块或者找到了但cache块处于共享状态，那么它就通过中心背板发送一个请求到宿主板询问相应的内存块在什么地方。由于每个内存块的状态存储在该块的ECC位中，所以宿主板能马上确定它的状态。如果此块没有共享或者同一个或多个远程板一起共享，那么宿主内存就要进行更新，然后对内存块的请求就可以从宿主板的内存中得到满足。在这种情况下，cache块的一个拷贝就通过数据交叉开关在两个时钟周期内进行传送，并最后到达发出请求的CPU。

613 如果请求是要进行读操作，那么宿主板的目录中就要加一项，用来表明又有一个新客户在共享这个cache块，然后整个事务就算完成了。但是，如果请求是要进行写操作，那么就要发送无效消息给所有具有相应内存块拷贝的其他板（如果有的话）。通过这种方式，发出写请求的板最终得到相应内存块唯一的拷贝。

现在考虑另外一种情况，如果被请求的块位于其他板上并且处于独占状态该怎么办。当宿主板得到请求时，它在目录中查找远程板的位置并且给请求者发送一个消息从而告诉它cache块位于何处。请求者这时再发送请求到正确的板组。当请求到达正确的板组时，该板组将cache块发送给请求者。如果这是一个读请求，那么cache块被标记为共享，并将拷贝发送给宿主板。如果这是一个写请求，那么响应者将自己的拷贝置为无效，从而新的请求者就有了独占状态的一个拷贝。

由于每块板都有2^{29}个内存块，那么最坏的情况下就要使用具有2^{29}项的目录来进行跟踪。因为实际的目录要比2^{29}小得多，那么一些目录项就会出现没有目录空间（在该目录中进行搜索）的情况。在这种情况下，宿主目录就不得不通过向其他17个板广播请求的方式来定位需要的块。响应交叉开关在保持目录一致和更新协议中扮演了重要的角色，它能处理很多返回给发送者的反向流量。通过将协议流量分离到两条总线（地址和响应）将数据分离到第三条总线上，整个系统的吞吐量大为增加。

通过将负载分布在不同板的多个设备上，Sun Fire E25K能够获得非常高的性能。除了前面提到的每秒27亿次监听之外，中心背板还能同时处理9个传输、9个板发送、9个板接收。由于数据交叉开关是32字节宽，那么每个时钟周期可以有288个字节通过中心背板。以150MHz的时钟频率运行，当所有的访问都是远程时，峰值聚集带宽可以达到40GB/s。如果软件能保证以大部分访问都是本地的方式来放置页面的话，那么系统带宽可能比 40GB/s 还要略微高一些。

有关 Sun Fire 更多的技术资料可以参考 Charlesworth（2002）和 Charlesworth（2001）。

2009 年 Oracle 收购了 Sun 微系统公司，他们继续开发基于 SPARC 的服务器。SPARC 企业版 M9000 是 E25K 的继任者。M9000 采用更快的四核 SPARC 处理器，具有更多的内存和 PCIe 扩展槽。全配置的 M9000 服务器具有 256 个 SPARC 处理器，4TB 的 DRAM 内存和 128 个 PCIe 类型 I/O 接口。

8.3.5　COMA 多处理器系统

NUMA 和 CC-NUMA 计算机有相同的缺点，它们访问远程的内存比访问本地内存速度慢。在 CC-NUMA 计算机中，通过使用 cache 在某种程度上隐藏了这种性能的差别。无论怎样，如果需要使用的远程数据超过了 cache 的能力，那么 cache 不命中的情况将会频繁出现，性能也会急剧下降。 |614|

因此我们面对的情况是 UMA 计算机性能很好但是规模受到一定的限制而且价格昂贵。NC-NUMA 计算机可扩展性较好，但是需要手动或者半自动地放置页面，通常使用混合型。问题在于很难预测需要使用的页面的位置，而且在任何一种情况下，页面作为一个移动的单元来说都太大了。CC-NUMA 计算机，例如 Sun Fire E25K，当许多 CPU 都需要大量的远程数据时，性能将会变得很差。总而言之，每种设计方案都有很大的局限性。

另一种类型的多处理器系统试图通过把每个 CPU 的主存作为 cache 来解决这些问题。在这种称为 COMA（Cache Only Memory Access）的多处理器系统中，页面并不像 NUMA 和 CC-NUMA 计算机中的页面那样固定在宿主计算机中。实际上，页面根本就不重要。

在 COMA 系统中，物理地址空间被划分成 cache 块，这些块根据需要在系统中来回移动。cache 块不再有宿主计算机，就像某些第三世界国家中的游牧民族一样，所谓家就是你现在所在的地方。只存放需要的块的内存称为**吸引内存**（attraction memory）。把主存作为一个大的 cache 可以极大地提高命中率，从而提高性能。

不幸的是，和往常一样，没有免费的午餐。COMA 系统存在两个新的问题：

1）如何对 cache 块进行定位？

2）当需要把某块从内存中清除掉时，如果该块是最后一个拷贝会发生什么情况？

第一个问题主要和下面的事实有关，当 MMU 把虚拟地址转换成物理地址后，如果该块不在实际的硬件 cache 中，那么就没有简单的方法来说明该块是否在主存中。在这里，分页硬件帮不上任何忙，因为每个页面都是由许多相互独立的块组成的。更进一步说，即使知道该块不在主存中，那么它又在哪里呢？我们不可能去询问宿主计算机，因为根本就不存在宿主计算机。

为了解决寻址问题，人们已经提出了多种解决方案。为了检查某个 cache 块是否在主存中，需要增加新的硬件来跟踪每个缓存块的标记。MMU 可以通过比较需要的块的标记和内存中所有块的标记来寻址内存中是否有该块。这种方案需要额外的硬件。

一种与上面的方案稍微不同的方案是映射整个页面，但是不需要所有的 cache 块都存在。在这种方案中，硬件需要给每页配备一张位图，每个 cache 块有一位指明该块是否在内存中。在这种称为**简单 COMA** 的设计中如果一个 cache 块存在，它就必须位于页面的正确的位置上，如果它不在内存中，那么任何使用它的企图都会导致陷阱，这样软件就会找到它并把它

615 调入内存。

那么我们如何找到确实位于远程的块呢？一种方案是给每页分配一个宿主计算机，分配是根据目录项的位置决定的，而不是根据数据的位置决定的。这样在对 cache 块寻址时至少需要给宿主计算机发送一条消息。其他的方案包括把内存组织成树形结构，查找时从根节点向叶子节点查找直到找到该块为止。

上面提到的第二个问题的解决方法是不要清除掉最后一个拷贝。和 CC-NUMA 一样，一个 cache 块可以同时位于多个节点中。当发生 cache 不命中时，该块必须被调入内存，这也意味着某块必须被丢弃。那么当为了丢弃而选中的块是最后一个拷贝时会发生什么呢？在这种情况下，该块就不能被丢弃。

一种解决方案是继续使用目录来检查是否有其他的拷贝。如果有，该块就可以被安全地丢弃。否则，就必须把该块转移到别的地方。另一种方案是把每个 cache 块的一个拷贝标记为主（master）拷贝，主拷贝永远不能被丢弃。这种方案避免了检查目录的操作。总而言之，COMA 号称可以提供比 CC-NUMA 更好的性能，但是实际建造的 COMA 系统却很少，因此 COMA 系统还需要积累更多的经验。最早建造的两种 COMA 机器是 KSR-1（Burkhardt 等,1992）和 Data Diffusion 计算机（Hagersten 等,1992）。关于 COMA 更多较新的论文请参考 Vu 等人（2008）、Zhang 和 Jesshope（2008）等的相关工作。

8.4 消息传递的多计算机

正如我们在图 8-23 中看到的那样，MIMD 并行处理系统可以分成两大类：多处理器系统和多计算机系统。本章的前面部分研究了多处理器系统。我们看到，从操作系统角度来看，多处理器系统提供了能够使用通常的 LOAD 和 STORE 指令存取的共享内存。我们已经知道，这种共享内存可以用多种方式实现，包括监听总线、数据交叉开关、多级交换网络和各种基于目录的机制。无论如何，为多处理器系统编写的程序可以访问内存的任何位置而不用知道内存的内部拓扑结构或实现机制。这也是多处理器系统具有如此大的吸引力的原因。

而另一方面，多处理器系统也有它自身的限制，这也是多计算机系统显得同样重要的原因。首先而且最重要的一点是多处理器系统很难扩展到很大的规模。我们已经看到 Sun 使用了大量的硬件才使 E25K 扩展到了 72 个 CPU。作为比较，下面我们来研究具有 65 536 个 CPU 的多计算机系统。经过若干年的努力，人们或许可以造出具有 65 536 个 CPU 的商用多处理器系统，但是到那时候，人们已经可以使用上百万个节点的多计算机系统了。

另外，多处理器系统中的内存争用对性能的影响很大。如果 100 个 CPU 经常读写同一个

616 变量，那么对内存模块、总线和目录的争用将使性能受到很大的影响。

考虑到刚才这些因素，我们对建造和使用每个 CPU 都有自己的私有内存的并行计算机系统很感兴趣。在这样的系统中，一个 CPU 不能访问其他 CPU 的私有内存，这就是多计算机系统。在多计算机系统上运行的程序通过使用类似于 send 和 receive 这样的原语发送消息来进行交互，因为多计算机系统中的 CPU 不能使用 LOAD 和 STORE 指令互相访问内存。这种差别使两种系统的编程模式完全不同。

多计算机系统中的每个节点都由一个或者多个 CPU、RAM（可能在一个结点上的 CPU 之间共享）、磁盘或者其他的输入 / 输出设备和通信处理器组成。通信处理器通过 8.4.1 节中讨论的那些类型的高速互联网络相互连接起来。可以使用多种不同的拓扑结构、交换策略和

路由算法。所有的多计算机系统的一个共同的特点是当应用程序执行 send 原语时，系统就会通知通信处理器把一块用户数据传递到目的计算机中（可能首先要发出请求并获得许可）。图 8-36 是多计算机系统的通用结构。

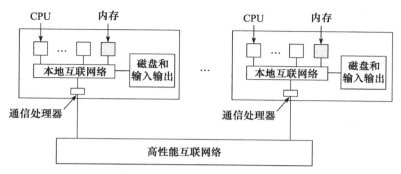

图 8-36 通用多计算机体系结构

8.4.1 互联网络

在图 8-36 中我们看到，多计算机可以通过互联网络连接在一起。下面我们来详细地研究一下互联网络。很有趣的是，多处理器系统和多计算机系统在互联网络方面是很类似的，因为多处理器通常有多个内存模块，这些内存模块之间以及内存模块和 CPU 之间也需要通过互联网络连接。因此，本小节的材料同时适用于两种系统。

导致多处理器系统和多计算机系统的互联网络很类似的原因是它们的底层都使用了消息传递机制。即使在一台单 CPU 的计算机中，当处理器想要读写一个内存字时，它也需要把一些特定的数据放在总线上然后等待响应。这一动作和消息传递是基本类似的：发起者发送一个请求然后等待响应。在一个大规模的多处理器系统中，CPU 之间、CPU 与远程内存之间的通信基本上是按照下面的步骤进行的：CPU 首先向内存发送一条请求数据的消息，我们称为**分组**（packet），然后内存向该 CPU 发回分组响应。

拓扑结构

互联网络的拓扑结构描述了链路和交换节点是如何安排的，比如环形结构和网状结构。拓扑结构设计可以用图来表示，链路用边表示，交换节点用节点表示，如图 8-37 所示。互联网络（或者它的表示图）中的每个节点都有边与之相连。数学家把和某个节点相连的边的数量称为节点的**度**（degree），工程师则把它称为**扇出**（fanout）。一般来说，扇出越大，路由选择能力就越强，容错能力也越强。容错的意思是说当某条链路失效时可以绕过这条线路继续保持系统正常工作。如果每个节点有 k 条边而且线路都是正确的，那么我们可以设计一种网络在 $k-1$ 条链路都失效时也能继续工作。

互联网络（或者它的图）的另一个属性是**直径**（diameter）。如果我们使用两个节点之间的边数来表示两个节点之间的距离，那么图的直径就是图中相距最远的两个节点之间的距离。互联网络的直径直接关系到 CPU 和 CPU 之间以及 CPU 和内存之间交换分组时的最大延迟，因为通过每条链路都要花费一定的时间。直径越小，最坏情况下的性能就越好。两个节点之间的平均距离也很重要，因为它关系到分组的平均传递时间。

互联网络的另一个很重要的特性是它的传输能力，也就是每秒能传递多少数据。一种可以测量互联网络的传输能力的属性就是**对分带宽**（besection bandwidth）。为了计算对分带宽，

617

我们首先把网络分成两个相等（节点数相等）而且不相连的部分（移走图中的一些边）。然后我们计算移走的边的带宽之和。因为可以有许多种把网络划分成两个相等部分的方式，因而也就会得到许多个值，对分带宽就是所有这些值中最小的。这个数值的意义在于如果对分带宽是 800 位 / 秒，并且网络的两部分之间有大量的通信，那么整个流量被限制在 800 位 / 秒之内，这是最坏的情况。许多设计者认为对分带宽是互联网络最重要的性能指标。许多互联网络在设计时就考虑了使对分带宽达到最大。

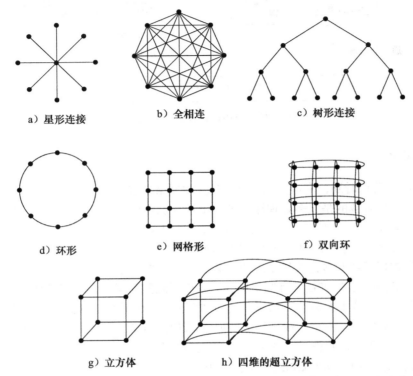

a）星形连接　　　　b）全相连　　　　c）树形连接

d）环形　　　　e）网格形　　　　f）双向环

g）立方体　　　　h）四维的超立方体

图 8-37　不同的拓扑结构。黑点表示交换节点，图中没有画出 CPU 和内存

　　　互联网络可以按照**维数**（dimensionality）进行分类。出于分类的目的，我们把维数定义为源节点和目的节点之间可供选择的路径的数量。如果没有任何选择（也就是说，每个源节点到每个目的节点都只有一条路径），网络就是 0 维的。如果可以有一种选择，网络就是 1 维的，比如说，往东走还是往西走。如果有 2 维，也就是说分组可以选择往东往西或者往南往北，那么网络就是 2 维的，依此类推。

　　　图 8-37 中列出了几种拓扑结构。图中只画出了链路（边）和交换节点（点）。内存和 CPU 没有画出来，它们是通过接口连接在交换节点上的。图 8-37a 是一个 0 维的**星形**（star）网络，CPU 和内存连接在外围的节点上，中间节点只做交换。虽然这种设计很简单，但是对一个大系统来说，中间的交换节点可能成为一个主要的瓶颈。另外，从容错的角度来看，这也是一个很不好的设计，因为如果中间的交换节点出了问题整个系统就将崩溃。

　　　图 8-37b 是另一种 0 维网络，**全相连网络**（full interconnect）。每个节点和任何一个其他的节点之间都有一条边。这种设计的对分带宽最大，半径最小，而且容错性能极好（损失任意 6 条边仍然能够完全相连）。但是不幸的是，对于 k 个节点来说，全连接需要 $k(k-1)/2$ 条

边，当 k 比较大时，边的数量会太大以致于不可能实现。

另外一种拓扑结构是**树**（tree），如图 8-37c 所示。这种设计的问题是对分带宽等于单条链路的容量。一般来说，靠近树的顶部的节点流量比较大，因此顶部几个节点将成为瓶颈。解决这一问题的一种方法是给顶部的链路增加带宽来增大对分带宽。例如，如果最底层的链路的容量是 b，上一层的容量就是 $2b$，顶层链路的容量就是 $4b$。这种设计方案称为**胖树**（fat tree），该方案已经用于某些商用多计算机系统了，例如 Thinking Machines 公司（该公司现在已经不存在了）的 CM-5。

根据我们对维数的定义，图 8-37d 中的**环形**（ring）网络是一种 1 维的拓扑结构，因为发送每个分组时都要选择向左走还是向右走。图 8-37e 中的**网格形**（grid 或者 mesh）网络是一种 2 维的设计，许多商用系统都使用了这种结构。这种设计很有规律，易于扩展，而且直径与节点数的平方根成正比。网格形网络的一种变体是图 8-37f 中所示的**双向环形**（double torus）网络，这是一种把边缘节点连接起来的网格形网络。它不仅容错性能高于网格形网络而且直径也比网格形网络小，因为对角的节点之间只有两条边。

另一种流行的拓扑结构是三维环形结构。这种拓扑结构由三维结构组成，节点坐标（i, j, k）取值范围是从（l, l, l）~（l, m, n）。每个节点都有 6 个邻居节点，每个轴向有两个邻居节点。同二维环形结构一样，边缘上的节点折回同相对边上的节点进行连接。

图 8-37g 中的**立方体**（cube）网络是一种规则的三维拓扑结构。我们画的是一个 $2 \times 2 \times 2$ 的立方体，一般情况下可以是 $k \times k \times k$ 的立方体。图 8-37h 中是一个 4 维的立方体，它是通过把两个 3 维立方体相应的节点连接起来而组成的。我们可以用 4 个立方体按照同样的方法组成 5 维的立方体。如果想得到 6 维的立方体，可以拷贝另外 4 个立方体，并把相应的边连接起来，依此类推。使用这种方式构成的 n 维立方体称为**超立方体**（hypercube）。因为直径随着维数线性增长，所以许多并行计算机都使用这种拓扑结构。换句话说，直径是节点数的以 2 为底的对数，比如，举例来说，有 1024 个节点的 10 维超立方体的直径也是 10，这样可以获得很好的延迟特性。可以比较一下，如果把 1024 个节点设计成 32×32 的网格型网络，其直径是 62，是超立方体的 6 倍多。但是超立方体获得比较小的直径是以扇出作为代价，也就是链路的数量很大，代价也很高。虽然如此，超立方体仍然是高性能系统通常选择的方案。

多计算机系统有各种不同的形状和规模，因此对它们进行清晰的分类是比较困难的。但是一般来说，可以把多计算机系统分成两大类：MPP 和集群。下面我们来依次讨论这两种系统。

8.4.2 MPP——大规模并行处理器

第一类多计算机系统是**大规模并行处理系统**（Massively Parallel Processor，MPP），这是一种价值数百万美元的超级计算机系统。它们被用于科学计算、工程计算和其他需要大量计算的工业部门，每秒可以处理大量事务，还可以用于数据仓库（存储并管理大量数据库的系统）。最初，MPP 是主要用于科学计算的超级计算机，但是现在它们大多数都用于商务环境。从某种意义上说，这些计算机是 20 世纪 60 年代那些功能强大的主机的后代（当然，它们之间的联系是很弱的，就像古生物学家宣称麻雀是雷克斯暴龙的后代一样）。从很大程度上来说，MPP 系统取代了数字食物链顶部的 SIMD 计算机、向量超级计算机和阵列处理机的位置。

大多数的 MPP 系统都使用标准的 CPU 作为它们的处理器。比较常用的有 Intel 处理器、Sun UltraSPARC 和 IBM PowerPC。使 MPP 系统不同于其他系统的是它使用了高性能的私用互联网络，可以在低延时和高带宽的条件下传递消息。低延时和高带宽这两个特点都很重要，

620

因为大部分信息都很小（通常小于 256 个字节），但是大部分的流量是来自于比较大的消息（超过 8KB）。MPP 系统还需要使用大量定制的软件和库。

MPP 系统的另一个特点是它们具有强大的输入 / 输出能力。需要使用 MPP 解决的问题往往要处理大量的数据，常常会达到 T 字节。这些数据必须分布在多个磁盘上，而且需要在节点之间以很高的速率传送。

621

最后一点，在 MPP 中有一个特殊的问题是如何进行容错。在使用数千个 CPU 的情况下，每星期有若干个 CPU 失效是不可避免的。但是如果因为一个 CPU 崩溃导致一个运行了 18 个小时的任务被取消是令人无法接受的，尤其是当这种情况每周都会出现时。因此大规模的 MPP 系统总是使用特殊的硬件和软件来监控系统，检测错误并从错误中平滑地恢复。

现在我们可以开始研究 MPP 的一般设计原理了，但是实际上，MPP 中并没有太多原理性的东西。你可以认为，MPP 就是由我们已经讨论过的快速的互联网络连接起来的比较标准的计算节点的组合。因此，下面我们将不讨论设计原理而是介绍两种实际的 MPP 系统：BlueGene/P 和 Red Storm。

1.BlueGene

作为大规模并行处理器的第一个实例，我们先来研究一下 IBM 的 BlueGene 系统。IBM 在 1999 年启动这个项目，建造大规模并行超级计算机的目的是为了解决生命科学等领域中计算密集型的问题。例如，生物学家相信蛋白质的三维结构决定了它的功能，然而根据物理定律计算一个很小的蛋白质的三维结构使用当时的超级计算机也要花费数年。人类身上发现的蛋白质的数量已经超过了 50 万种，而且很多蛋白质都非常大，这些蛋白质的结构变化是形成某些特定疾病（例如胆囊纤维症）的主要原因。显然，确定所有人类蛋白质的三维结构的需求要求增强计算能力，为蛋白质分解建模只是设计 BlueGene 来处理的一个问题。分子动力学、气候建模、航天以及金融建模等领域所面临的复杂问题的挑战也会对提高超级计算的能力不断提出新的需求。

IBM 认为超级计算的市场很大，所以它投资 1 亿美元来设计和建造 BlueGene。2001 年 11 月，美国能源部的 Livermore 国家实验室和 IBM 签署了合作协议，成为 BlueGene 家族第一代机器 BlueGene/L 的首位用户。2007 年，IBM 部署了第二代 BlueGene 超级计算机，命名为 BlueGene/P，也就是我们下面要详细讨论的。

BlueGene 项目的目标不仅要制造世界上最快的 MPP 机器，而且还要制造效率最高的机器，具体的指标就是万亿次浮点计算 / 美元、万亿次浮点计算 / 瓦和万亿次浮点计算 / 立方米。正因如此，IBM 一反以前 MPP 的设计方法，也就是采用能买到的最快的部件。相反，IBM 决定生产一种定制的片内系统部件，让它以适中的速度和功耗运行，这样能够生产出高密度封装的巨型机器。第一台 BlueGene/P 在 2007 年 11 月交付给德国的大学。该系统具有 65 636 个处理器，计算能力达到 167 万亿次浮点运算 / 秒，交付的时候该系统是全欧洲最快的计算机，在全世界也能排在第 6 位。BlueGene/P 被公认是全球最具计算能效的超级计算机之一，达到

622

371 万亿次浮点计算 / 瓦，是其上一代 BlueGene/L 计算能效的近两倍。最早部署的 BlueGene/P 系统在 2009 年进行了升级，使用 294 912 个处理器，计算能力达到 1 千万亿次 / 秒。

BlueGene/P 系统的核心是如图 8-38 所示的定制节点芯片。它由 4 个 850MHz 的 PowerPC 450 内核组成。PowerPC 450 是广泛应用于嵌入式系统中的流水式双发射超标量处理器。每个内核有一对双发射浮点单元，两个内核一个时钟周期总共可以发射 4 条浮点指令。浮点单元经过扩充引入了一些 SIMD 类型的指令，这些指令有时对使用阵列的科学计算有所

帮助。当然因为没有性能上的要求，这个芯片显然不是一种顶级的多处理器。

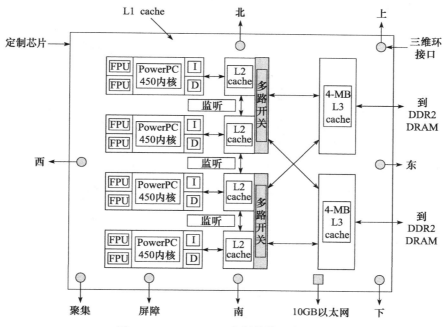

图 8-38　BlueGene/P 定制的处理器芯片

芯片上设有三级 cache。第一级由分开的 32KB 指令 cache 和 32KB 数据 cache 构成。第二级是 2KB 统一的 cache。与其说第二级 cache 是真正的 cache，还不如说它是预取缓冲区。它们互相监听并保持 cache 一致性。第三级是统一的 4MB 共享 cache，并为第二级 cache 提供输入。四个处理器共享对两个 4MB 第三级 cache 模块的访问。四个 CPU 中的第一级 cache 存在 cache 一致性的问题，当共享的内存块驻留在多于一个 cache 中时，某个处理器对这个内存块的访问立即就对其他三个处理器可见。如果内存访问在第一级 cache 缺失但第二级 cache 命中要花费大约 11 个时钟周期。如果第二级 cache 缺失但第三级 cache 命中要花费大约 28 个时钟周期。最后，如果第三级 cache 缺失，那么就必须要访问主 DRAM，花费的就大约是 75 个时钟周期。

4 个 CPU 通过高带宽总线连接到三维环网络，这需要 6 个连接，即：上、下、北、南、东和西。另外，每一个处理器都有一个通往聚集网络的端口，用于向所有处理器广播数据。屏障端口用于加速同步操作，能够快速访问专用的同步网络。

在下面一级，IBM 设计了一种特制的卡，如图 8-38 所示，卡上有 2GB 的 DDR2 DRAM。芯片和卡分别如图 8-39a ~ b 所示。

这些卡安装在板上，每板有 32 块卡，因此每板也就有 32 个芯片（也就有 128 个 CPU）。由于每块卡包含 2GB 的 DRAM，因此每块板上就有 64GB 的 DRAM。图 8-39c 所示的就是这样的一块板。接下来的一级，32 块板插入机架里，每个机架可达 4096 个 CPU。机架如图 8-39d 所示。

最后，整个系统由 72 个机架组成，带有 294 912 个 CPU，如图 8-39e 所示。因为 PowerPC 450 每个周期最多可以发射 6 条指令，所以完整的 BlueGene/P 系统每个时钟周期最多可发射 1 769 472 条指令。以 850MHz 运行，意味着系统性能可达到 1.504 千万亿次浮点运算 / 每秒。

623

624

但是，数据冲突、内存延迟以及并行性的缺失导致系统实际的吞吐率要低得多。在 BlueGene/P 上实际运行的程序的性能最多也就能达到 1 千万亿次浮点运算 / 秒。

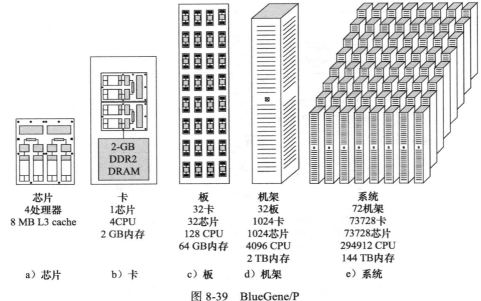

芯片	卡	板	机架	系统
4处理器	1芯片	32卡	32板	72机架
8 MB L3 cache	4CPU	32芯片	1024卡	73728卡
	2 GB内存	128 CPU	1024芯片	73728芯片
		64 GB内存	4096 CPU	294912 CPU
			2 TB内存	144 TB内存
a）芯片	b）卡	c）板	d）机架	e）系统

图 8-39　BlueGene/P

CPU 除了访问它自己所在卡上的 2GB 内存之外不能直接访问其他内存，从这一点上来看 BlueGene/P 是一个多计算机系统。虽然处理器芯片内的 CPU 有共享内存，但板上、架上以及系统层次上的处理器都不共享相同的内存。另外，因为没有本地磁盘进行换页所以不用进行页面调度。取而代之的是系统具有 1152 个 I/O 节点，用来连接磁盘和其他外部设备。

总而言之，虽然这个系统特别巨大，但它还是相当简单的，除了高密度封装这个领域之外很少应用新的技术。保持系统简单的原因就在于它的目标是使得系统具有高可靠性和可用性。因此，大量细心的工程师要进行电源供应、风扇、降温和布线工作，目标就是保证 10 天的平均无故障时间。

为了连接所有的芯片，就需要可扩展的、高性能的互联网络。系统设计中采用了 72×32×32 的三维环结构。因此，每个 CPU 需要 6 个连接，逻辑上它要连接上面、下面的两个 CPU、东面、西面的两个 CPU 以及南面、北面的两个 CPU。这样的 6 个连接在图 8-38 中分别标记为东、西、北、南、上和下。物理上来看，每个机架的 1024 个节点就是一个 8×8×16 的三维环。邻接的两个机架构成 8×8×32 的三维环。同一排的四对机架构成 8×32×32 的三维环。最后，所有 9 排机架构成 72×32×32 的三维环。

所有的链接都是这样点对点以 3.4Gbps 的速度传送数据。由于 73 728 个节点中的每一个都有三条链接连到"更高"编号的节点，每一维一个链接，系统的总带宽可达到 752 万亿次 / 秒。本书的信息量大约是 3 亿位，包括所有 PostScript 格式的图片，这样算来 BlueGene/P 每秒能够移动 250 万本书的拷贝。这些信息移动到哪里，谁需要它们作为留给读者的练习。

三维环上的通信通过**虚拟直通**（virtual cut through）寻径方式进行。这种技术同存储转发分组交换有点类似，只是转发之前不存储整个分组。一旦一个字节到达一个节点，它就可以沿着路径转发到下一个节点，不必等待整个分组都到达。动态（自适应）和确定性（固定的）路由都可以。芯片上使用少量特殊的硬件来实现虚拟直通。

除了用于数据传输的三维环之外，还使用了其他四个通信网络。第二个就是树形组合网络。诸如 BlueGene/P 这样高度并行的系统的很多操作都需要所有的节点来参与。例如，考虑找到一组 65 536 个值中的最小值，每个节点保存一个值。组合网络将所有节点连接成一棵树，两个节点总是把它们各自的值发送到更高一层的节点，高层节点选择出较小的一个并向上传递。采用这种方法到达根节点的流量与所有 65 536 个节点都发送消息到根节点相比将大为减少。

第三个网络是为了全局屏障和中断。某些算法要多阶段工作，每个节点都需要等待所有其他节点都完成了相应阶段的工作才能进入下一个阶段。屏障网络允许软件定义这些阶段并提供一种方式来挂起所有完成本阶段任务的计算 CPU，直到所有的 CPU 都完成本阶段任务。这时所有的 CPU 才能够得到释放。中断也利用这个网络进行工作。

第四和第五个网络都使用千兆以太网。其中一个网络连接 I/O 节点和位于 BlueGene/P 系统之外的文件服务器，还要负责接入互联网。另外一个网络用于进行系统调试。

每个 CPU 节点都运行一个小的、定制的、轻量级的内核，支持单用户和单进程。进程至多有 4 个线程，节点上的每个 CPU 运行一个线程。这样简单的结构是为了保证高性能和高可靠性而设计的。

为了更加可靠，应用软件可以调用库过程来设置检查点。一旦所有未完成的消息从网络中清除，就要设置一个全局检查点并进行存储，这样当系统发生故障时，作业可以从检查点重新开始，而不用从头开始。I/O 节点运行传统的 Linux 操作系统并支持多进程。

开发下一代 BlueGene 系统的工作正在继续进行，命名为 BlueGene/Q。新系统预计在 2012 年上线运行，新系统中每个计算芯片上将集成 18 个处理器，具有同时支持更多线程的特性。这两项改进能够大幅提升每个时钟周期系统能够执行指令的数量。新系统的性能预计可以达到 20 千万亿次浮点运算 / 秒。关于 BlueGene/P 的更多信息可以参考 Adiga 等（2002）、Almasi 等（2008）、Almasi 等（2003a，2003b）、Blumrich 等（2005）以及 IBM（2008）。

2. Red Storm

作为研究 MPP 的第二个例子，我们来看一下 Sandia 国家实验室的 Red Storm（也称为 Thor's Hammer）机器。Sandia 由 Lockheed Martin 领导，为美国能源部做保密和非保密的工作。一些保密工作涉及核武器的设计和模拟，这些都是计算高度密集的工作。

Sandia 进入这一业务领域已经很长时间了，多年来建造了很多领先的超级计算机。几十年来，虽然它专注于向量超级计算机，但最终技术和经济的原因使得 MPP 的成本效率更高。到 2002 年，当时流行的名为 ASCI Red 的 MPP 有点落伍了。尽管它具有 9460 个节点，但总共只有 1.2TB 的内存和 12.5TB 的磁盘空间，系统的吞吐率仅为 3 万亿次浮点运算 / 秒。因此在 2002 年的夏天，Sandia 选择了具有悠久历史的超级计算机制造商 Cray Research 公司来建造 ASCI Red 的替代品。

替代机器在 2004 年 8 月交付使用，对于这样大型的机器来说设计和实现周期都是非常短的。快速设计和交付的原因是 Red Storm 除了用于进行路由的一个定制芯片之外，几乎所有部件都使用了现成的产品。2006 年，Red Storm 更新了处理器，下面我们就详细介绍这个更新过的 Red Storm。

Red Storm 选用的 CPU 是 AMD 的 2.4GHz 的双核 Opteron。Opteron 的几个关键特性使得它成为首选。第一原因就是它有三种操作模式。在传统模式下，它能够运行未经修改的标准 Pentium 二进制程序。在兼容模式下，操作系统能以 64 位模式运行，寻址范围可达 2^{64} 内存字节，但应用程序只能以 32 位模式运行。最后，在 64 位模式下，整个机器都是 64 位并且所有程序都能对整个 64 位地址空间进行寻找。在 64 位模式下也能够混和与协调应用软件：32 位和 64 位的程序可以同时运行，允许简单的升级方式。

Opteron 的第二个关键特性是它特别关注内存带宽问题。近些年 CPU 变得越来越快，但内存的速度却没有跟上，这就导致了当第二级 cache 发生缺失的时候出现大量时间损失。AMD 在 Opteron 中集成了内存控制器，所以它能以处理器的时钟速度来运行，而不是以内存总线的速度来运行，这样做能够极大地提高内存性能。内存控制器能处理 8 个 4GB 的 DIMM，这样每个 Opteron 的最大内存可达 32GB。在 Red Storm 系统中，每个 Opteron 只有 2 ~ 4GB 内存。然而，如果内存变得很便宜，毫无疑问在将来可以加上更多的内存。使用双核 Opteron 可以将系统原生计算能力提高一倍。

每个 Opteron 都有自己专用的网络处理器，称为 **Seastar**，由 IBM 制造。Seastar 是很关键的部件，因为几乎所有处理器间的数据流量都要经过 Seastar 网络。没有这些专用芯片提供的高速互联网络，系统很快就会陷入数据的泥潭。

尽管 Opteron 是现成的商用处理器，但 Red Storm 的封装还是定制的。每块 Red Storm 板由 4 个 Opteron、4GB 的内存，4 个 Seastar、一个 RAS（可靠性、可用性和服务）处理器和一个 100Mbps 的以太网芯片构成，如图 8-40 所示。

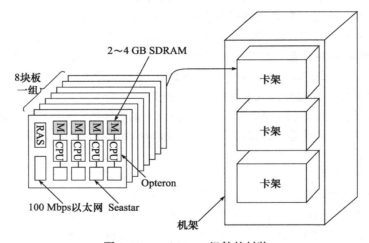

图 8-40 Red Storm 组件的封装

8 块板为一组插接到背板上，然后再接入到卡架上。每个机架有三个卡架，总共可以有 96 个 Opteron，另外还要配上必需的电源供应和风扇。整个系统包括 108 个机架，作为计算节点，总计有 10 368 个 Opteron（20 736 个处理器）和 10TB 的 SDRAM。每个 CPU 只能访问自己的 SDRAM。没有共享的内存。理论上系统的计算能力可以达到 41 万亿次浮点运算 / 秒。

Opteron CPU 之间的互联由定制的 Seastar 路由器完成，每个 Opteron CPU 有一个路由器。这些路由器连接成 27 × 16 × 24 的三维环，每个网点有一个 Seastar。每个 Seastar 有 7 条双向 24Gbps 的链路，分别连到北、东、南、西、上、下和 Opteron。相邻网点之间的传送时间是 2 微秒。穿越整个计算节点组只需要 5 微秒。使用 100Mbps 以太网的另外一个网络用于提供服务和进行系统维护。

除了 108 个计算机架以外，系统还有用来放置 I/O 和服务处理器的 16 个机架。这些机架每个上面有 32 个 Opteron。总共 512 个 CPU 分成两部分，256 个用于 I/O，256 个用于服务。其他空间用于磁盘，磁盘按照 RAID3 和 RAID5 方式进行组织，具有奇偶驱动器和热备份。

整个磁盘空间是 240TB。全部的磁盘带宽能够达到 50GB/s。

系统分为保密和非保密两部分，两部分可以使用交换机进行连接和分离。保密部分共有 2688 个计算 CPU，非保密部分也有 2688 个计算 CPU。剩余的 4992 个计算 CPU 可以在两部分之间进行切换，如图 8-41 所示。2688 个保密的 Opteron CPU 每个都有 4GB 的内存；所有其他的 CPU 每个只有 2GB 内存。I/O 和服务处理器也拆分成两部分供保密和非保密的两部分使用。

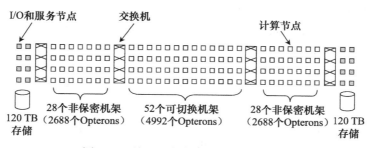

图 8-41　从正上方来看 Red Storm 系统

系统所有的东西都安放在一个专用的 2000m² 新大楼里。大楼和位置在设计时就考虑了未来的需要，系统最多可以升级为 30 000 个 CPU。计算节点使用 1.6MW 的电力；磁盘也需要上兆瓦的电力。加上风扇和空调，整个系统使用的电力达 3.5MW。

此计算机系统硬件和软件的成本是 9 千万美元。大楼和冷却系统的成本要 9 百万美元，所以整个系统的成本接近 1 亿美元，虽然某些是一次性的工程成本。但如果你想订购一个完全一样的系统，那么 6 千万美元应该是一个差不多的数字。Cray 打算销售系统的精简版本给其他政府和商业用户，精简版系统使用的名字是 X3T。

计算节点运行一个称为 catamount 的轻量级内核。I/O 和服务节点运行普通的 vanilla Linux 系统，外加一些对 MPI（本章后面会介绍）的支持。RAS 节点运行 Linux 内核。ASCI Red 的昂贵软件还可以应用在 Red Storm 中，包括 CPU 分配器、调度器、MPI 库、数学库以及应用程序等。

这么大的一个系统实现高可靠性是很重要的。每块板都有一个 RAS 处理器来进行系统维护，还有一些其他的特殊设备。目标就是达到 50 个小时的平均无故障时间（Mean Time Between Failure，MTBF）。ASCI Red 具有硬件 900 小时的平均无故障时间，但苦恼的是操作系统每 40 小时崩溃一次。尽管新的硬件比老的硬件更加可靠，但软件还是弱点。

有关 Red Storm 更多的信息可以参考 Brightwell 等（2005，2010）。

3. BlueGene/P 与 Red Storm 的比较

Red Storm 和 BlueGene/P 某些方面比较类似，但某些方面也差别很大，所以把它们的一些关键的参数互相进行比较会非常有趣，比较的参数列表如图 8-42 所示。

比较项	BlueGene/P	Red Storm
CPU 类型	32 位 PowerPC	64 位 Opteron
时钟频率	850 MHz	2.4 GHz
计算 CPU 数	294 912	20 736
CPU 数 / 板	128	8
CPU 数 / 机架	4096	192
计算架数	72	108
万亿次浮点运算 / 秒	1000	124
内存 /CPU	512 MB	2 ～ 4GB
全部内存	144 TB	10 TB
路由器	PowerPC	Seastar
路由器数量	73 728	10 368
互联网络	三维环 72 × 32 × 32	三维环 27 × 16 × 24
其他网络	千兆以太网	快速以太网
可拆分	否	是
计算操作系统	定制	定制
I/O 操作系统	Linux	Linux
生产商	IBM	Cray Research
是否昂贵	是	是

图 8-42　BlueGene/P 与 Red Storm 的比较

这两台机器是在同一时期建造的，所以它们的区别不是在于技术上，而是在于设计者不同的观点，某种程度上也因为制造者是 IBM 和 Cray 而有所差别。BlueGene/P 从一开始就是按照商用机器来设计的，IBM 公司希望能够大量地卖给生物技术、制药和其他公司。Red Storm 是根据与 Sandia 的合同专门定制的，当然 Cray 公司也计划为了销售而设计和制造精简版本的机器。

IBM 的策略很清楚：充分利用现存的核心技术生产大量便宜的定制芯片，以较低的速度来运行，并使用速度适中的通信网络将大量的芯片连接起来。Sandia 的策略也很清楚：使用现成的高性能 64 位 CPU，设计出速度极快的定制路由芯片，使用大量的内存从而得到比BlueGene/P 性能更好的节点，这样需要的节点数目更少而且互相之间的通信速度更快。

这些决策的结果对封装也带来了一定的影响。因为 IBM 制造的定制芯片将处理器和路由器结合到一起，它就具有较好的封装密度：每个机架上可以有 4096 个 CPU。因为 Sandai 每个节点使用了未经修改的现有 CPU 芯片和 2 ～ 4GB 的内存，每个机架上只能放置 192 个计算 CPU。这样的结果就是 Red Storm 要比 BlueGene/P 占用更多的空间，使用更多的电能。

|630|

在国家实验室计算的奇异世界里，性能就是一切。从这个方面来讲，BlueGene/P 是胜利者，结果是 1000 万亿次浮点运算 / 秒对 124 万亿次浮点运算 / 秒，但是 Red Storm 的设计是可扩展的，如果再加上更多的 Opteron，Sandia 的性能也将大幅提高。IBM 能够通过提高一点时钟频率来进行反击（850MHz 的时钟频率不能真正反映当前的技术水平）。总之，MPP 超级计算机还远没有达到物理极限，今后仍将继续不断成长。

8.4.3 集群计算

另一种多计算机系统是**集群计算机**（cluster computer）（Anderson 等 ,1995;Martin 等 ,1997）。一般来说，集群计算机是由数百台 PC 机或者工作站通过商用网络连接在一起构成的。MPP和集群之间的区别类似于大型机和 PC 机的区别。大型机和 PC 机都有 CPU、内存、磁盘、操作系统等。只不过大型机的组件速度快一些而已（操作系统除外），但是它们的质量不同，使用和管理也不同。MPP 和集群之间的区别与之类似。

从发展历史来看，MPP 中特殊的部分在于它的高速互联网络，但是最近出现的现成商用高速互联网络已经开始弥补这一鸿沟了。总而言之，集群有可能把 MPP 挤到墙脚去，就像PC 机把大型机变成无人问津的神秘之物一样。MPP 的主要用途将是高投入的超级计算机，不惜一切地追求峰值性能。如果你考虑价格的话，那么是不可能负担得起的。

集群系统有许多种，其中占主导地位的主要有两种：集中式的和分散式的。集中式的集群系统是装在一个大机架上的工作站或者 PC 机的集群。有时候它们排列得很紧密以节省物理空间和光纤长度。一般来说，这些计算机的种类都是相同的而且除了网卡和磁盘之外没有其他的外设。PDP-11 和 VAX 的设计者 Gordon Bell 把这种系统称为**无领导者的工作站**（headless workstation）（因为它们没有所有者）。我们把这种系统称为无领导者的 COW，但是考虑到这种称呼可能会伤害许多 COW 系统，因此我们使用这个术语是很有节制的。

分散式的集群计算机是由分布在一座大楼或者校园里的工作站或者 PC 机组成的。其中大部分计算机在一天中的大部分时间是处于空闲状态的，特别是在晚上。通常它们是通过局域网连接的。一般来说，这些计算机的种类是不同的而且有充足的外设，虽然有 1024 个鼠标的集群并不比没有鼠标的集群性能更好。最重要的是，这些计算机是有所有者的，他们对自己的计算机很有感情而且不愿意天文学家在他们的计算机上模拟宇宙大爆炸。使用空闲的工作站组成集群意味着当计算机的主人要求回收他们的计算机时，要把正在运行的任务在计算机之间转移。任务转移是可以实现的，但是会增加软件的复杂性。

集群通常是小规模的，十几台 PC 到 500 台 PC 都可能。然而，也可能使用现成的 PC 建立大规模集群。Google 就是这么做的，而且采用一种有趣的方式，我们下面就来看看它是怎么做的。

Google

Google 是在互联网上查找信息时非常受欢迎的搜索引擎。虽然它受欢迎的部分原因是由于它简单的界面和快速的响应时间，但 Google 搜索引擎的设计可决不简单。从 Google 的角度来看，搜索引擎的问题在于要发现、索引和存储整个 World Wide Web（超过 400 亿个页面），要能够在 0.5 秒的时间内搜索所有的东西，而且还要一天 24 小时地处理来自世界各地每秒钟成千上万次的查询。此外，搜索引擎还永远不能停下来，即使遇到地震、电力故障、通信中断、硬件失效以及软件错误。当然，还要尽可能低成本地完成这些事情。克隆 Google 对读者而言绝对不是一个好的练习题。

那么 Google 是如何工作的呢？首先，Google 操作的是分布在世界各地的数据中心。采用这种方式不仅当地震破坏一个数据中心时能够提供备份，而且当人们通过 www.google.com 进行查找的时候，发送者的 IP 地址将被检测，从而提供最近的数据中心的地址，然后浏览器将查询发送给相应的数据中心。

每个数据中心至少有一条 OC-48（2.488Gbps）的光纤接入互联网，通过它数据中心能够接收查询并发送结果，同时还有一条其他电信供应商提供的 OC-12（622Mbps）的备份连接，在主通信连接发生故障的情况下启用备份连接。所有的数据中心都要有不间断电源和柴油发电机，从而在发生电力故障的时候能保证数据中心正常运转。因此，虽然发生严重的自然灾害时搜索引擎的性能会受到一些影响，但 Google 仍然能够保持工作状态。

要想更好地理解为什么 Google 会采用这样的体系结构，简单地描述一下提交给数据中心的查询的处理过程可能会有所帮助。当查询请求到达数据中心（如图 8-43 中的第 1 步）之后，

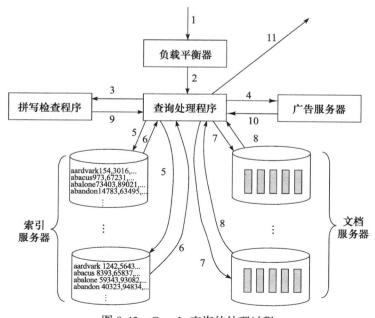

图 8-43　Google 查询的处理过程

631

负载均衡器将查询发送给多个查询处理程序中的一个（第 2 步），再并行发送给拼写检查程序（第 3 步）和广告服务程序（第 4 步）。然后在索引服务器上并行对检索词进行查找（第 5 步）。这些服务器包含着 Web 上每一个词对应的一个条目，每个条目列出包括这个词的所有文档（网页、PDF 文件、PowerPoint 演示稿等），并且按照**网页等级**（page rank）进行排序。虽然网页等级是由复杂（和秘密）的公式决定的，但网页的链接数和它们自身的等级扮演了重要的角色。

为了获取更高的性能，索引被分成称为**碎片**（shard）的多块，这样能够并行地进行检索。从概念上来讲，碎片 1 至少要包含索引中的所有词，每个词后面跟着包含这个词的级别最高的 n 个文档的 ID。碎片 2 也包含所有的词以及包含这些词级别次高的 n 个文档的 ID，依此类推。随着 Web 的增长，为了能够更好地并行搜索，这些碎片今后也可能分为多组，检索最多的 k 个词位于第一组碎片中，后面的 k 个词位于第二组碎片中，依此类推。

索引服务器返回一组文档标识符（第 6 步），然后这些标识符根据查询的布尔属性被合并。例如，如果查找的是 digital+capybara+dance，那么只有出现在全部三组中的文档标识符在下面的步骤中才被使用。在这一步（第 7 步），围绕着检索词，文档本身要被访问来抽取它们的标题、URL、正文摘录等。在每个数据中心中文档服务器都包含着整个 Web 的很多拷贝，目前有数百 T 的数据。为了增强并行检索，文档也被分成碎片。虽然处理一个查询不需要读取整个 Web（或者只是读取索引服务器上数十 T 的数据），但是每个查询处理 100MB 数据是很正常的事情。

当结果返回给查询处理程序（第 8 步），找到的页面按照页面级别排序。如果检查到可能有拼写错误（第 9 步），那么就将可能的错误显示出来，同时加入广告（第 10 步）。显示客户的广告是 Google 赚钱的有效方式，当然客户要购买他们感兴趣的搜索词（例如 "hotel" 或者 "camcorder" 等）。最后，结果以 HTML（HyperText Markup Language）的形式作为 Web 页面发送给用户。

有了这些背景知识，下面我们来分析一下 Google 的体系结构。当面对着海量数据、大规模事务处理，并且需要高可靠性的时候，大多数公司都从市场上购买最大、最快并且最可靠的设备。Google 所做的恰恰相反，它购买便宜的、性能一般的 PC，而且是大量购买。Google 使用这些 PC 建造了世界上最大的利用现成设备构成的集群。Google 决定这样做的道理很简单：优化性能价格比。

这种决策背后的逻辑还是在于经济学因素：普通的 PC 机非常便宜。高端服务器不便宜，大规模多处理器也不便宜。这样看来，高端服务器虽然性能比普通的 PC 高两到三倍，但它的价格却是普通 PC 的 5 ~ 10 倍，从成本上来看是不合算的。

当然，便宜的 PC 与高端服务器相比可能发生更多的故障，但是后者也会发生故障，所以无论使用哪种设备 Google 软件还是要对发生故障的硬件进行处理。一旦使用了容错软件，它根本不在乎故障率每年是 0.5% 还是 2%，因为故障都是要进行处理的。Google 的经验是 PC 的故障率是每年 2%。超过一半的故障是因为磁盘故障，接着是电力供给故障，再往后是 RAM 芯片故障。令人印象深刻的是 CPU 从来不发生故障。实际上，系统崩溃最大的原因根本不是硬件；而是软件。系统崩溃之后的第一反应就是重新启动，而且往往就能够解决问题（这和医生所说的 "吃两片阿司匹林，然后睡觉" 差不多）。

现在典型的 Google PC 由 2GHz 的 Intel CPU、4GB 内存、2TB 左右的硬盘构成，这种配置和一个老奶奶偶尔用来收发邮件所买的机器差不多。唯一特殊的地方就在于以太网芯片。

虽然这种配置的 PC 和目前的技术发展水平不太一致，但的确是非常便宜。这些 PC 被安装在 1u 高的格子里（大约 5 厘米厚），然后 40 个堆叠在一个 19 英寸高的机架上，每个机架前部可以放 40 台，后部还可以放 40 台，一个机架总共可以安放 80 台 PC。机架上的 PC 通过以太网交换机连接起来，交换机内嵌在机架内部。数据中心的机架之间也是通过以太网交换机连接起来，每个数据中心都配有互为冗余的两台交换机，当某台交换机发生故障时另一台能够继续工作。

典型的 Google 数据中心的布局如图 8-44 所示。接入的高带宽 OC-48 光纤连接到两个 128 端口的以太网交换机。类似地，备份用的 OC-12 光纤也连接到两个交换机。接入光纤使用特殊的输入卡并不占用 128 个以太网端口中的任何一个。

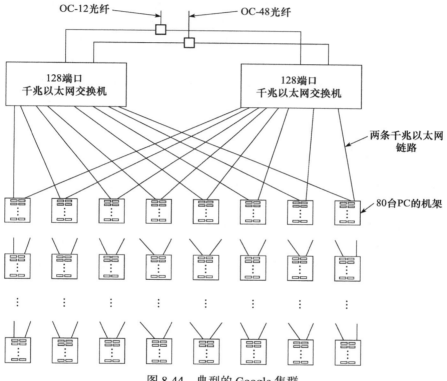

图 8-44　典型的 Google 集群

每个机架都有 4 条以太网链路，两条连接到左侧的交换机，两条连接到右侧的交换机。采用这样的配置，当某一个交换机发生故障的时候系统仍然能够工作。由于每个机架都有到交换机的 4 条线路（前部 40 台 PC 接出两条，后部 40 台 PC 接出两条），只有当四条链路都发生故障或者两条链路发生故障同时一台交换机发生故障时，机架才算脱机。采用两台 128 端口的交换机，并且每个机架 4 条链路，最多可以支持 64 个机架。每个机架 80 台 PC，一个数据中心最多能够有 5120 台 PC。当然，机架也不是一定要有 80 台 PC，而且交换机端口也是可以多于 128 或者少于 128；前面所给出的只是 Google 集群的一些典型的数值。

功率密度也是一个关键问题。典型的 PC 功率是 120W，每个机架的功率是 10kW。每个机架需要大约 3 平方米，这样维护人员能够安装和移除 PC，并且使空调能够工作。这些参数得出的功率密度要超过 3000W/m²。大多数的数据中心都被设计成 600 ～ 1200W/m²，所以还要采取特殊的方法对机架进行降温。

634
∫
635

Google 认识到运行大规模 Web 服务器来处理重复请求必须处理好三个关键问题。

1）部件可能出故障，所以必须事先做好计划。

2）为实现高吞吐量和可用性，可以采用复制机制。

3）优化性能价格比。

第一条说的是需要有容错软件。即使使用最好的设备，当部件数量巨大的时候，某些部件也可能出故障，软件必须能够进行处理。无论一个星期发生一次故障还是一个星期发生两次故障，软件都要能够对这样规模的系统故障进行处理。

第二条指出的是硬件和软件都要高度冗余。这样不仅能够提高容错性，而且能够提高吞吐量。以 Google 为例，PC 机、磁盘、电缆以及交换机都有多个副本。此外，索引和文档被分成碎片，这些碎片在每一个数据中心都有副本，而且数据中心本身还有自己的副本。

第三条是前面两条的必然结果。如果系统被设计成能够处理各种故障，那么购买类似由 SCSI 磁盘构成的 RAID 阵列等昂贵的部件就是一个错误。昂贵的部件也会发生故障，那么花 10 倍的价钱减少一半故障率就不是一个好主意。最好还是买 10 倍的硬件并且当硬件发生故障时进行处理。至少当一切正常工作的时候，更多的硬件可以带来更好的性能。

关于 Google 更多的信息可以参考 Barroso 等（2013）和 Ghemawat（2003）等人的相关工作。

8.4.4　多计算机的通信软件

为了处理进程间通信和同步多计算机系统编程需要特殊的软件，通常采用一些库函数。本节我们将简单讨论一下这些软件。在大部分情况下，相同的软件包可以同时运行在 MPP 系统和集群系统上，因此应用可以很容易地在平台之间移植。

基于消息传递的系统一般都有两个或者更多的独立运行的进程。举例来说，一个进程可以生成某些数据而其他的进程可以使用这些数据。我们不能保证发送者发送数据时接收者已经准备好，因为每个进程都运行自己的程序。

大多数消息传递系统都提供两个原语（通常是库函数调用），send 和 receive，但是这两个原语可能有多种不同的语义。三种主要的语义是：

1）同步消息传递。

2）带缓冲的消息传递。

3）无阻塞的消息传递。

使用**同步消息传递**（synchronous message passing）时，如果发送方执行完 send 后接收方没有执行 receive，那么发送方将会阻塞直到接收方执行 receive，这时消息将被拷贝到接收方。当发送方在调用执行完成并重新获得控制权之后，就会得知消息已经被发送并被正确接收了。这种方法的语义最简单而且不需要任何缓冲机制。其主要的缺点是在接收方接收到消息并发回确认之前，发送方将一直阻塞。

636

使用**带缓冲的消息传递**（buffered message passing）时，当消息在接收方准备好之前发出时，就会被缓存在某个地方，例如，可以缓存在邮箱中，直到接收方把它取走。因此，使用带缓冲的消息传递时，发送方可以在 send 之后继续执行，即使接收方正在忙于做别的事情。因为消息实际上已经被发送出去了，发送者可以在 send 之后立即使用消息缓冲区。这种机制可以减少发送者等待的时间。一般来说，只要系统发送了该消息，发送方就可以继续执行了。但是，发送方无法保证消息是否被正确接收。即使通信是可靠的，接收方也可能在得到消息之前崩溃。

使用**无阻塞的消息传递**（nonblocking message passing）时，发送方在执行调用之后可以立即继续执行。使用这种机制时，send 调用所做的工作只是告诉操作系统在有空的时候把消息发送出去。因此，发送者不会被阻塞。该机制的缺点是当发送者执行完 send 并继续执行时，它可能不能使用消息缓冲区，因为该消息可能还没有发送。当然可以使用某种方法得知何时可以使用消息缓冲区。一种方法是轮询系统。另一种方法是当缓冲区空闲后产生一个中断。但是它们都会增加软件的复杂性。

下面我们将简单讨论可以用于大部分多计算机系统的流行的消息传递系统：MPI。

MPI——消息传递接口

在过去相当长的一段时间里，多计算机系统使用的最流行的通信软件包是**并行虚拟机**（Parallel Virtual Machine，PVM）（Geist 等，1994；Sunderram,1990）。然而，在最近几年 PVM 已经大量地被**消息传递接口**（Messege-Passing Interface，MPI）所取代。MPI 的功能比 PVM 丰富，也相应地复杂一些，和 PVM 相比，MPI 的函数调用多、调用的选项多、调用的参数也多。1997 年时，MPI 的第一个版本 MPI-1 被扩展成了 MPI-2。下面我们简单介绍 MPI-1（包括了所有要点），然后讨论 MPI-2 中增加的内容。关于 MPI 更详细的讨论可以参考 Gropp 等（1994）和 Snir 等（1996）。

和 PVM 不一样，MPI 不处理进程创建和管理工作。创建进程的工作由用户使用本地系统调用完成。进程被创建之后，就被加入静态的、不可改变的进程组中。MPI 就使用这些进程组完成工作。

MPI 是基于以下 4 个相互正交的概念实现的：通信者、消息数据类型、通信操作和虚拟拓扑。**通信者**（communicator）是进程组加上下文。上下文是标识某些东西的标号，比如一个执行阶段。在发送和接收消息的时候，可以使用上下文防止无关消息相互干扰。

消息支持多种数据类型包括字符类型、短整型、整型、长整型、单精度和双精度浮点数等。还可以使用由这些类型构造出的派生类型。

MPI 支持一个全面的通信操作集合。其中用于发送消息的最基本的操作如下：

MPI_Send(buffer, count, data_type, destination, tag, communicator)

该调用将向 destination 发送 buffer 中的 count 个 data_type 类型的数据。tag 是该消息的标记，接收者可以只接收有某个标记的消息。最后一个参数用于说明目的进程所在的进程组（destination 参数只是一个指向特定组的进程列表的索引）。相应的接收消息的调用是

MPI_Recv(&buffer, count, data_type, source, tag, communicator, &status)

该调用将通知接收方寻找从定义的发送方发来的具有定义的标记和类型的消息。

MPI 支持 4 种基本的通信模式。模式 1 是同步模式，使用同步模式时，接收方没有调用 MPI_Recv 之前发送方不能开始发送。模式 2 是缓冲模式，使用该模式时没有刚才的限制。模式 3 是标准模式，标准模式可以用同步模式实现也可以用缓冲模式实现。模式 4 是准备模式，使用这种模式时发送方要求接收方是可用的（和同步模式一样），但是并不做检查。这些模式中的每个发送原语都有阻塞和无阻塞的版本，因此一共就有 8 个不同的原语。而接收原语只有两种：阻塞的和无阻塞的。

MPI 支持集群通信，包括广播、分散 / 聚集、完全交换、聚合和屏障。在各种形式的集群通信中，进程组中的所有进程都要做调用并使用相容的参数。如果不这样做就会产生错误。

集群通信的一种典型的形式是把进程组织成一棵树，消息从叶子节点向根节点传送，每步都要执行一定的处理，比如增加值或者取最大值等。

MPI 中的第四个基本概念是**虚拟拓扑**（virtual topology），使用虚拟拓扑时可以把进程组织成树、环、网格、圆盘和其他的拓扑结构。这样一种安排可以提供一种命名通信路径的方式并方便了通信过程。

MPI-2 增加了动态进程、远程内存访问、无阻塞的集群通信，可扩展的输入/输出支持，实时处理和其他一些新特性，详细的讨论超出了本书的范围。在科学界，MPI 和 PVM 阵营之间的战斗进行了多年。PVM 的支持者说 PVM 学起来容易而且易于使用。MPI 方则说 MPI 的功能更多，他们还指出 MPI 有标准化组织定义的标准和官方定义的文档。PVM 方也同意这一点并宣称缺乏完整的定义并不是缺点。所有的争论都结束的时候，还是 MPI 获得了最后的胜利。

8.4.5 调度

MPI 程序员可以很容易地建立一些需要多个 CPU 和固定运行时间的作业。如果允许集群能够接受来自不同用户的多个独立的请求，并且这些请求因为不同的运行时间从而需要不同数量的 CPU，这个时候集群就需要有一个调度器来决定什么时候运行哪个作业。

在最简单的模型中，任务调度器要求任务定义需要使用的 CPU。任务按照严格的 FIFO 次序执行，如图 8-45a 所示。使用这种模型时，在每个任务开始之后，都要检查是否有足够的 CPU 执行输入队列中的下一个任务。如果有，就执行该任务，下面依此类推。如果没有足够的 CPU，系统就等待直到可以有更多的 CPU 可用。另外，虽然我们暗示这个集群有 8 个 CPU，但它也可能有 128 个 CPU，分成 8 个 CPU 组，每组有 16 个 CPU，当然也可以使用其他的组合。

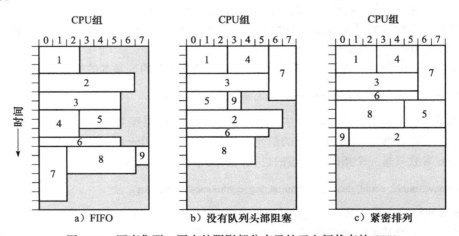

图 8-45　调度集群，图中的阴影部分表示处于空闲状态的 CPU

一种可以避免队列头部阻塞的较好的调度算法可以跳过无法满足的任务而执行第一个可以满足的任务。当一个任务结束时，将按照 FIFO 次序检查任务队列。该算法的执行结果如图 8-45b 所示。

更复杂的调度算法需要每个提交的任务定义自己的要求，也就是需要的 CPU 个数和总共的执行时间。使用这些信息，任务调度器可以紧密地安排 CPU 执行时间。特别是白天提交任务供晚上执行时紧密地安排任务可以有更高的效率，因此任务调度器预先知道所有的信息，可以按照最优的顺序调度任务，如图 8-45c 所示。

8.4.6 应用层的共享内存

从我们举的例子中可以很容易得出结论，多计算机系统和多处理器系统相比可以扩展到更大的规模。这样的事实使得多计算机系统不得不开发像 MPI 这样的消息传递系统。许多程序员不喜欢这种模式而希望使用共享内存，即使这种共享内存是虚拟的。实现这一目标将是世界上最美好的事物：大规模的、便宜的硬件（至少每个节点是这样）加上编程的简单性。这是并行计算领域里的圣杯。

许多研究人员已经得出结论：体系结构层的共享内存的扩展性不好，需要其他的方式来实现共享内存。从图 8-21 中我们可以看出可以在其他层次引入共享内存。在下面几小节中，我们将讨论把共享内存引入多计算机系统编程模型的几种方式，但不包括硬件级的共享内存。

1. 分布式共享内存

基于分页的系统是一种应用层的共享内存系统。它出现时被命名为**分布式共享内存**（Distributed Shared Memory，DSM）。DSM 的原理很简单，多计算机系统中的多个 CPU 共享同一个分页的虚拟地址空间。在最简单的 DSM 系统中，每个页面都保存在某个 CPU 的内存中。图 8-46a 是一个分布在 4 个 CPU 中的由 16 个页面组成的共享虚拟地址空间。

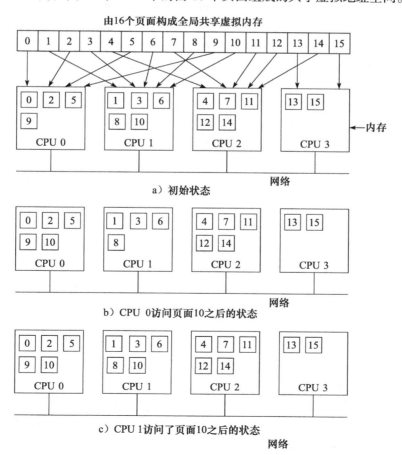

图 8-46　4 个节点的多计算机系统中由 16 个页面组成的虚拟地址空间，假设页面是只读的

当 CPU 引用位于自己的本地内存中的页面时，无论是读还是写都立即执行而没有任何延时。但是，当 CPU 引用远程内存中的页面时，会发生缺页。和以前我们介绍的缺页不同，它并不到磁盘上去取所缺的页面，而是通过运行时系统或者操作系统向持有该页面的节点发送一条消息，要求该节点解除对此页面的映射并把它传送给缺页的节点。页面到达之后，将被映射到本地 CPU 然后重新执行缺页的指令，这些操作和我们以前介绍的缺页一样。在图 8-46b 中，我们看到的是 CPU 0 在页面 10 上发生缺页的情况：该页面从 CPU 1 移动到了 CPU 0。

这一基本思想首先在 IVY 中得到了实现（Li 和 Hudak,1989）。IVY 系统是第一个实现了完全共享的顺序一致性内存的多计算机系统。但是，从性能提高角度考虑，IVY 的实现对刚才的基本思想进行了许多优化。IVY 实现的第一个优化措施是页面可以被打上只读标记，这种页面可以同时出现在多个节点中。这样，发生缺页时，就只是把所缺页面的拷贝发送到缺页的 CPU，而原来的页面仍然保留在原处，之所以能这样做是因为不会发生冲突。两个 CPU 共享一个只读页面（页面 10）的情况如图 8-46c 所示。

即使使用了这种优化措施，性能还是不可接受，特别是当一个进程正在忙于向某些页面的顶部写入而另一个进程则向同样的页面的底部写入的时候。由于页面的拷贝只有一个，所以页面就会像乒乓球一样在两个 CPU 之间不停地传来传去，这种情况称为**共享失败**（false sharing）。

共享失败问题可以用多种方式来解决。例如，在 Treadmarks 系统中，放弃了顺序一致性内存模型而使用了释放一致性（Amza,1996）。在该系统中，可能被写的页可以同时出现在多个节点中，但是进程在执行写操作之前，必须执行 acquire 操作来通知自己的竞争者。这时，除了最近的拷贝之外的所有其他拷贝都被置为无效。在该进程执行相应的 release 之前，不对该页面做任何拷贝，也就是说，只有在执行了 release 操作之后该页面才能够被再次共享。

Treadmarks 采用的第二种优化措施是在初始时把所有的可写页面都映射成只读模式。当要对某个页面写入时，会发生保护错然后系统会做该页的拷贝，这种技术称为**双页**（twin）。然后把该页映射成读写模式，接下来的写操作可以全速执行。如果在这以后，远程页面发生缺页，该页面将被发送到远程页面处，这时首先对两个页面进行逐字的比较，然后发送那些发生改变的字，这样可以减少消息的长度。

当发生缺页时，首先要定位缺失的页面。解决定位问题可以使用多种不同的方案，包括 NUMA 和 COMA 计算机中使用的方案，比如基于宿主的目录等。实际上，用于 DSM 的许多方案也可以用于 NUMA 和 COMA，因为 DSM 只不过是在 NUMA 和 COMA 之上的软件实现，如果你把 NUMA 和 COMA 中的 cache 块看成是页面就很容易理解这一点。

DSM 是一个研究热点。相关的系统还包括 CASHMERE（Kontothanassis 等,1997;Stets 等,1997）、CRL（Johnson 等,1995）、Shasta（Scales 等,1996）和 Treadmarks（Amze,1996;Lu 等,1997）。

2. Linda

IVY 和 Treadmarks 这样的分页 DSM 系统使用 MMU 硬件对缺页访问执行陷阱。刚才我们已经看到，标记并发送页面之间的不同而不发送整个页面对提高性能有帮助，这一事实也说明页面并不是适于共享的单元，因此人们也尝试了其他的策略。

Linda 就是这样一种策略，Linda 为多台计算机上的进程提供了高度结构化的分布式共享内存（Carriero 和 Gelernter，1989）。这种共享内存是通过一组原语操作来访问的，这些原语被扩展到 C 和 FORTRAN 这样的现有的语言中就形成了称为 C-Linda 和 FORTRAN-Linda 的并行语言。

Linda 中使用的统一的概念是称为**元组空间**（tuple space）的抽象概念，在整个系统中，元组空间是全局的，所有的进程都可以访问它。元组空间类似于全局共享内存，它的特点是有内在的结构。元组空间包括一定数量的**元组**（tuple），每个元组都由一个或者多个域组成。以 C-Linda 为例，域类型包括整数、长整数、浮点数和类似于数组（包括字符串）和结构这样的复合类型（但是不包括其他元组）。图 8-47 中是 3 个元组的例子。

```
("abc", 2, 5)
("matrix-1", 1, 6, 3.14)
("family", "is sister", Carolyn, Elinor)
```

图 8-47　3 个 Linda 元组

在元组上可以执行 4 种操作。第一种操作是 out，此操作把一个元组放入元组空间中。例如，

out("abc", 2, 5);

执行的结果就是把元组（"abc",2,5）放入了元组空间。out 的域是常量、变量或者表达式。在

out("matrix–1", i, j, 3.14);

中，输出的元组有 4 个域，第二个和第三个域的值由变量 i 和 j 的当前值决定。

原语 in 可以从元组空间中取出元组。它们是通过内容而不是通过名字或者地址来寻址的。in 的域可以是表达式或者形式化参数。看下面的例子：

in("abc", 2, ? i);

该操作将查找由字符串"abc"、整数 2 和任意的整数（假定 i 是整数）组成的元组。如果找到，就会从元组空间中把该元组移出并把变量 i 赋值为该元组的第三个域的值。匹配和移动都是原子操作，因此如果两个进程通过执行相同的 in 操作，只有一个能成功，除非元组空间中有两个或者更多的匹配元组。元组空间中可以包括同一个元组的多个拷贝。

in 操作使用的匹配算法很直观。in 操作中出现的域叫做**模板**（template），模板和元组空间中的每个元组的相应的域进行比较。如果下面三个条件都满足我们就称找到了一个匹配：

1）模板和元组的域的数量相同。

2）对应的域的类型相同。

3）模板中的每个常数或变量都和元组的域匹配。

由问号标识的变量名或者类型是形式参数，它们不参加匹配（除了类型检查），它们只是在匹配成功之后被赋值。

如果没有找到匹配元组，调用进程将被挂起直到另一个进程插入匹配的元组，这时调用者将被自动唤醒并得到这个新的分组。进程自动阻塞和解除阻塞这一事实意味着如果一个进程想输出元组而另一个进程想输入元组，那么谁先执行对结果没有影响。

除了 out 和 in 之外，Linda 还有一个 read 原语，read 和 in 唯一不同之处是 read 并不把元组从元组空间中移出。还有一个原语叫做 eval，eval 的参数被并行求值，得到的元组被放入元组空间。这种机制可以用于执行任意的计算。这就是 Linda 中并行进程的创建过程。

Linda 中常用的编程模式是**拷贝工作者模式**（replicated worker model）。该模式基于任务包思想，任务包由将要完成的工作组成。主进程通过执行包括下面语句的循环来启动工作者，

out("task-bag", job);

在该循环中，每条语句都输出一个任务描述到元组空间中。每个工作者通过使用下面的语句来获得一个任务描述元组，

in("task-bag", ?job);

然后执行该任务。当任务完成后,再取另一个。在执行过程中,也可以把新的工作放入任务
包。使用这种简单的方式时,工作可以动态地在工作者之间分配,每个工作者都处于忙状态,
每个的负载都很小。

多处理机系统中有多种 Linda 的实现。所有这些实现的关键问题都是如何在计算机之间
分配元组以及在需要的时候如何定位这些元组。实现方式有多种,主要包括基于广播的和基
于目录的。拷贝也是一个重要的问题。这些问题的讨论可以参见 Bjornson(1993)。

3. Orca

在多计算机系统上实现应用级的共享内存的另一种不同的策略是使用完整的对象来取代
元组作为共享的单元。对象由内部的(隐藏)状态和操作这些状态的方法组成。由于不允许
程序员直接访问这些状态,这就为没有物理共享内存的计算机共享数据提供了多种可能性。

Orca 就是一种在多计算机系统上实现的基于共享对象的共享内存管理方法(Bal,1991;
Bal 等,1992;Bal 和 Tanenbaum,1988)。Orca 是一种传统的编程语言(基于 Modula 2),它
有两个新特性:对象和创建新进程的能力。Orca 对象是一种数据类型的抽象,和 Java 以及
Ada 包中的对象很类似。它包括内部数据结构和用户编写的方法,这些方法称为**操作**
(operation)。对象是被动的,也就是说,对象不包括能够发送消息的线程。相反,进程通过调
用对象的方法来访问对象的内部数据。

每个 Orca 方法都由一系列(监
视哨、语句块)对组成。监视哨是一
[644] 个不包括任何边界效果的逻辑表达式,
也就是说空监视哨的值是 true。当调
用某个操作的时候,需要以某种非特
定的方式对操作的所有监视哨进行求
值。如果所有监视哨的值都为 false,
则调用进程将一直阻塞直到某个监视
哨变成 true。当发现某个监视哨的值
变成 true 之后,语句块将继续执行。
图 8-48 是带有 push 和 pop 操作的栈
对象 stack。

定义了 stack 类型之后,就可以
定义该类型的变量了,比如:

```
Object implementation stack;
    top:integer;                                # 栈的存储量
    stack: array [integer 0..N−1] of integer;

    operation push(item: integer);              # 函数没有任何返回值
    begin
        guard top < N − 1 do
            stack[top] := item;                 # 把item压入栈
            top := top + 1;                     # 栈顶指针加1
        od;
    end;

    operation pop( ): integer;                  # 该函数返回一个整数
    begin
        guard top > 0 do                        # 如果栈为空将挂起
            top := top − 1;                     # 栈指针减1
            return stack[top];                  # 返回栈顶元素
        od;
    end;

begin
    top := 0;                                   # 初始化
end;
```

图 8-48　简化的 ORAC 栈对象,该对
象有内部数据和两个操作

s, t: stack;

此定义初始化两个栈对象并把栈顶变量 top 置为 0。下面这条语句把整数变量 k 压入栈:

s$push(k);

其他的操作与此类似。pop 操作有一个监视哨,因此当试图从一个空栈中 pop 变量时,调用
者将会被挂起直到另一个进程向栈中压入某些变量。

Orca 使用 fork 语句在用户指定的处理器上创建一个新进程。这个新进程将运行 fork 语句
中指定的过程。参数,包括对象,可以被传递给新进程,这就是对象在计算机之间分布的方

式。例如，语句

for i **in** 1 .. n **do fork** foobar(s) **on** i; **od**;

645

在计算机 1 ~ n 上分别生成一个新进程，每个进程都运行程序 foobar。由于这 n 个新进程和它们的父进程并行执行，因此它们都可以对共享的栈 s 执行入栈和出栈操作，就好像它们是在共享内存的多处理器系统上运行一样。运行时系统的工作就是使这些进程看到实际上并不存在的共享内存。

对共享对象的操作都是原语而且保持顺序一致性。系统保证当多个进程几乎同时在某个共享对象上执行操作时，系统会选择某种顺序而且所有的进程都能够看到相同的顺序。

Orca 使用了一种基于分页的 DSM 系统没有的方式集成共享数据和同步。并行程序需要两种同步。第一种是信号量互斥同步，它可以防止两个进程同时访问临界区代码。在 Orca 中，共享对象的每个操作从效果上来看都类似于临界区，因为系统保证最后的结果和把它们都看成是临界区然后一次执行一段临界区代码所得到的结果相同（也就是顺序性）。从这个方面来看，Orca 对象类似于分布式的监视器（Hoare,1975）。

另一种类型的同步是条件同步，使用这种同步时，进程将阻塞直到某个条件发生。在 Orca 中，条件同步是通过监视哨来实现的。在图 8-44 的例子中，试图从空栈中弹出数据的进程将会被挂起直到栈不为空（毕竟不能从空栈中弹出数据）。

Orca 的运行时系统处理对象的拷贝、移动、一致性维护和操作调用。每个对象都处于两种状态之一：单一拷贝和拷贝。处于单一拷贝状态的对象只存在于一台节点计算机上，这样所有的请求都发送到该计算机上。拷贝对象存在于有进程使用该对象的所有节点计算机上，这可以使读操作变得更容易（可以在本地执行），付出的代价是更新操作比较复杂。当操作需要修改拷贝对象时，它必须首先从发出这些拷贝对象的中央控制进程获得序列号。然后向持有该对象的拷贝的每台节点计算机发送消息，通知它们执行操作。所有的更新操作都服从序列号，所有的计算机都按照序列号的顺序执行操作，这样可以保证顺序一致性。

8.4.7 性能

设计并行计算机的目的就是使它的运行速度比单处理器的计算机快。如果不能实现这一目标，那么所有的努力都是白费。此外，我们还应该用尽可能高效率的方式实现这一目标。一台比单处理器的计算机快两倍但是却贵 50 倍的并行计算机是肯定无人问津的。本节我们将讨论和并行计算机体系结构相关的性能问题，先从如何进行度量开始。

646

1. 硬件性能指标

从硬件的角度来说，我们感兴趣的性能指标是 CPU 和输入 / 输出的速度以及互联网络的性能。CPU 和输入 / 输出的速度和单处理器的情况一样，因此并行计算机中关键的性能指标就是互联网络的性能。互联网络的性能有两个关键的指标：延时和带宽，下面我们依次讨论。

往返的延迟时间是从 CPU 发送分组到接收到响应的时间间隔。如果分组是发送到内存去的，那么延迟时间就是读写一个内存字或者一块内存区的时间。如果分组是发送到另一个 CPU 的，则延迟时间就反映了使用该大小分组的处理器间的通信时间。一般来说，我们感兴趣的是最小分组的延迟时间，通常是一个字或者是高速缓存中的一小块。

延迟时间由多个因素决定，而且电路交换、存储转发、虚拟直通和虫蚀寻径的延迟时间都是不同的。对于电路交换来说，延迟时间是电路建立时间和传输时间之和。为了建立一条电路，首先要发送一个探测分组预约资源并报告结果。在发送探测分组时，可以同时装配数据分组。当电路建立以后，数据分组就可以全速传送，因此如果电路建立时间是 T_s，分组的大小是 p 位，电路的带宽是 b 位／秒，那么单向的延迟时间就是 T_s+p/b。如果电路是全双工的，那么响应分组就不需要电路建立时间，因此传送一个 p 位的分组并获得一个 p 位的响应分组的最小延迟时间是 T_s+2p/b 秒。

对分组交换来说，不需要事先向目的节点发送探测分组，但是仍然需要装配分组的时间 T_a。单向传送时间是 T_a+p/b，但这仅仅是把分组传送到第一个交换节点的时间。在交换节点内部有一个延迟时间 T_d，然后交换节点重复该过程继续往下一个节点传送。T_d 是由处理时间和等待输出端口空闲的排队时间组成的。如果经过了 n 个交换节点，那么整个单向的延迟就是 $T_a+n(p/b+T_d)+p/b$，最后一个 p/b 表示从最后一个交换节点到目的节点的拷贝过程。

虚拟直通和虫蚀寻径的单向延迟时间在最理想的情况下接近于 T_a+p/b，因为它们不需要发送探测分组建立电路，也没有存储转发延时。因此，一般来说，延迟时间就是初始装配分组的时间加上发送分组的时间，当然，在所有的延迟时间中都应该有传送延迟，但是一般来说，传送延迟很小。

另一个硬件性能指标是带宽。许多并行程序，特别是用于科学计算的并行程序往往需要移动大量的数据，因此系统每秒能够移动的字节数就成了系统比较关键的性能指标。关于带宽有多个性能指标。我们前面已经讨论了对分带宽。另一个带宽指标是**聚集带宽**（aggregate bandwidth），它是把所有链路的带宽加在一起而得到的。聚集带宽给出了系统能够同时传送的最大的位数。另一个重要的带宽指标是按照 CPU 输出能力计算的平均带宽，如果每个 CPU 只有 1MB/s 的输出能力，那么使用对分带宽为 100GB/s 的互联网络也没有什么意义。每个 CPU 能够输出的数据量也就决定了整个系统的通信量。

在实际使用中获得接近理论值的带宽非常困难。许多额外的处理都会降低带宽。例如，对每个分组都需要做一些额外的工作：装配、计算头部、发送分组。发送 1024 个 4 字节的分组获得的带宽肯定要小于发送一个 4096 字节的分组时的带宽。但是，使用小分组更有利于降低延迟时间，因为大分组会使线路和交换节点长时间处于阻塞状态。因此，低延迟时间和高的带宽利用率之间就出现了内在的矛盾。对某些应用来说，某个指标比另一个指标更重要，但是另一些应用可能就是相反的情况。需要指出的是，你可以买到更大的带宽（通过增加链路），但是你买不到更小的延时。因此一般来说，先使延迟时间尽可能小然后再考虑带宽比较好。

2. 软件性能指标

延迟时间和带宽这样的硬件性能指标反映的是硬件的性能。但是用户可能有不同的观点。他们想知道在并行计算机上运行程序和在单处理器计算机相比能快多少。对他们来说，关键的性能指标是**加速比**（speedup）：一个程序在有 n 个处理器的计算机上运行和在只有一个处理器的计算机上运行相比快多少倍。一些典型的结果如图 8-49 所示。图中画出了在由 64 个 Pentium Pro CPU 组成的多计算机系统上运行几个不同的并行程序的结果。每条曲线都反映了一个程序的加速比，加速比是 CPU 的数量 k 的函数。最理想情况下的加速比如图中的虚线所示，使用 k 个 CPU 将使程序运行快 k 倍，并且对于任意的 k 都成立。很少有程序能够获得理想的加速比，但是有些程序比较接近理想的加速比。N-body 问题的并行度就极其理想；awari（一种非洲的棋盘游戏）就有比较理想的加速比；但是不管使用多少个 CPU 转换一个特定的图像矩阵的加速比都不会超过 5。关于这些程序和结果的进一步讨论参见 Bal 等（1998）。

理想的加速比不可能达到的部分原因是几乎所有的程序都有串行部分，比如程序的初始化、数据读入和结果的合并等。在这些地方，CPU 再多也没有用。假定一个程序在单处理器的计算机上运行需要 T 秒，其中的一部分是串行代码，百分比记为 f，那么剩余的（$1-f$）就是可以并行的，如图 8-50a 所示。如果后一部分代码运行在 n 个 CPU 上而且没有任何其他开销，那么在最理想的情况下，执行时间可以从（$1-f$）T 减少到（$1-f$）T/n，如图 8-50b 所示。那么串行部分加并行部分的整个执行时间就是 $fT+$（$1-f$）T/n。加速比就是原来程序的执行时间除以新的程序的执行时间：

$$加速比 = \frac{n}{1+(n-1)f}$$

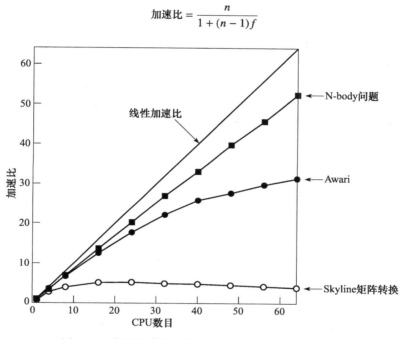

图 8-49　实际程序获得的加速比总是低于线性加速比

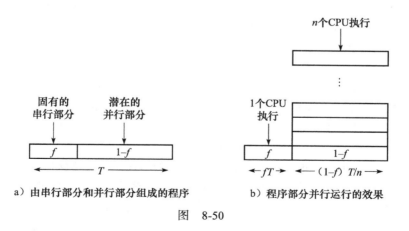

图　8-50

如果 $f=0$，我们就可以获得线性加速比，但是如果 $f>0$，就不可能得到理想加速比，因为存在串行部分。这就是 Amdahl 定律。

　　Amdahl 定律并不是不能获得理想加速比的唯一的原因。通信延迟时间、有限的通信带宽和算法的效率都会影响程序的加速比。另外，即使你有 1000 个 CPU 可用，也不能保证所有的程序都能利用这么多的 CPU，而且使这么多程序一块运行带来的开销也相当可观。此外，通常已知的最佳算法的并行性都比较差，因此在并行计算的情况下通常只能使用次优的算法。所有这些都表明，对许多应用来说，能够在使用 $2n$ 个 CPU 的情况下使程序的运行时间快 n 倍已经很令人满意了。毕竟，CPU 的价格并不十分昂贵，而且许多公司的业务部门也并不能保证 100% 的工作效率。

3. 获得高性能

提高性能最直观的办法就是给系统增加更多的 CPU。但是，增加 CPU 时要注意不要产生任何瓶颈。如果一个系统能够增加更多的 CPU，而且增加的 CPU 能够相应增强计算能力，那么我们就说该系统是**可扩展的**（scalable）。

为了更好地理解可扩展性的含义，我们来看一下图 8-51a 中的 4 个 CPU 通过总线相连的例子。现在我们给该系统增加 12 个 CPU 使 CPU 数目增加到 16 个，如图 8-51b 所示。如果总线的带宽是 b MB/s，那么由于 CPU 数量增加了 4 倍，每个 CPU 可用的带宽就从 $b/4$MB/s 降低到 $b/16$MB/s。这样的系统不是可扩展的。

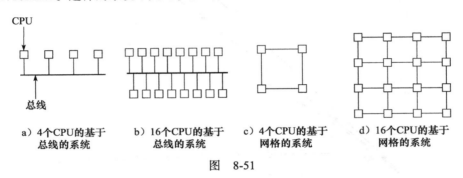

a）4个CPU的基于   b）16个CPU的基于   c）4个CPU的基于   d）16个CPU的基于
　　总线的系统　　　　　总线的系统　　　　　网格的系统　　　　　　网格的系统

图　8-51

下面我们对基于网格网络的系统做同样的扩展，如图 8-49c 和图 8-51d 所示。使用这种拓扑结构，增加新的 CPU 时也要增加相应的链路，因此系统的扩展并不会像基于总线的系统那样导致每个 CPU 的平均带宽的下降。实际上，链路和 CPU 的比例从 4 个 CPU 时的 1.0（4 个 CPU，4 条链路）提高到了 16 个 CPU 时的 1.5（16 个 CPU，24 条链路），因此，CPU 的增加相应地提高了 CPU 的平均带宽。

当然，带宽并不是唯一的问题。为总线系统增加 CPU 并不增加互联网络的直径以及没有竞争情况下的线路延时，而网格网络系统则不是这样。对于 $n \times n$ 的网格网络来说，直径是 $2(n-1)$，因此最坏情况（和平均情况）的延时增长大约是和 CPU 的平方根成正比的。如果有 400 个 CPU，直径是 38，而使用 1600 个 CPU 直径是 78，那么，CPU 的数量每增加 4 倍，网络的直径和平均延迟时间就相应地增加一倍。

理想情况下，一个可扩展的系统随着 CPU 数目的增加应该能够保持相同的 CPU 平均带宽和不变的平均延迟时间。而在实际中，保持 CPU 的足够的带宽是可以做到的，但是在所有实际的设计方案中，延迟时间总是随着 CPU 数量的增长而增长。使延迟时间按照 CPU 数量的对数增长，就像超立方体那样，就已经是最好的方案了。

随着系统规模的扩大延迟时间也随之增长的问题对于细粒度和中粒度的应用的性能影响是致命的。如果一个程序需要的数据不在本地内存中，那么就需要花费一定的延迟时间来获得数据，正如我们前面所看到的，系统越大，延迟时间就越长。多处理器系统和多计算机系统都存在这个问题，因为在这两种系统中物理内存都被分成了大量的模块。

观察到这一问题之后，系统的设计者们花费了大量的努力来减少至少是隐藏延迟时间，下面我们来看一看常用的一些技术。第一种延迟隐藏技术是数据拷贝。如果一个数据块同时在多个位置有拷贝，那么从有拷贝的位置进行访问就可以提高速度。cache 就是其中的一种拷贝技术，使用 cache 时，数据块的一个或者多个拷贝被保存在靠近数据使用者的地方，就好像它们是属于数据使用者的。还有一种方式是同时管理多个对等的数据拷贝，也就是说，所有的拷贝的状态都是相同的，这和非对称的主/从方式的 cache 机制不同。当使用多个拷贝的策略时，无论采取何种形式，关键问题都是数据块放在哪里、什么时候放、由谁来放。实际使用中，既可以由硬件按照要求动态放置，也可以根据编译器的指令在程序加载的时候放置。无论使用何种策略，都要注意数据的一致性问题。

第二种延时隐藏技术是**数据预取**（prefetching）。如果数据在使用之前就被预先取出，那么当需要使用数据的时候，数据已经可用了，数据预取过程可以和正常的执行重叠进行。预取可以是自动的也可以在程序控制下执行。cache 就使用了自动的预取策略，当 cache 从内存中取一个需要用到的字时，它并不是只取这一个字而是把包括这个字的一块数据都存入一个 cache 块中，这样做的依据是后续的字很可能很快被用到。

预取也可以在程序控制下执行。当编译器意识到它将要使用某些数据时，它就产生一条获取数据的指令并把这条指令放在前面以保证能及时取出数据。使用这种策略要求编译器对底层计算机的结构和延迟有完整的了解并且能够完全控制数据的存取。如果能够保证数据将被使用，这种预先执行的 LOAD 指令将工作得很好。但是如果为了一条不太可能执行到的路径去执行 LOAD 指令预取数据导致缺页的话，将得不偿失。 |651|

第三种延时隐藏技术是多线程。大多数现代计算机都支持多道程序，也就是可以同时运行多个进程（或者是基于分时机制的伪并行）。如果进程间的切换足够快，比如，给进程分配自己的内存映象和硬件寄存器，那么当一个进程因为等待远程的数据而阻塞时，硬件可以立即切换到另一个可以执行的进程。在受限制的情况下，CPU 可以运行线程 1 的第 1 条指令，然后运行线程 2 的第 2 条指令，依此类推。使用这种方式，CPU 可以一直处于忙碌状态，即使某些线程访问内存的延迟时间相当大也没有关系。

第四种延时隐藏技术是使用无阻塞的写。一般来说，当执行 STORE 指令时，CPU 会等待直到 STORE 指令执行完毕再继续运行。使用无阻塞的写操作时，启动内存操作后，程序继续运行。LOAD 指令之后不等待而继续执行是困难的，但是如果使用了乱序执行技术，这也是可能的。

8.5 网格计算

当今科学、工程、工业、环境以及一些其他领域中的挑战性问题都是大规模和跨学科的。解决这样的问题需要来自多个组织的专业经验、技巧、知识、工具、软件和数据，而这些组织经常是在不同的国家。下面是一些例子：

1）科学家开发登陆火星的飞行器。

2）联盟建造复杂的产品（例如水坝或者航空器）。

3）自然灾害之后进行援助的国际救援队。

其中一些需要长期的协作，另外一些可能是短期行为，但是它们都有着共同的要求，即需要各个分离的组织使用它们各自资源和过程一起工作去实现共同的目标。

到目前为止，使得具有不同计算机操作系统、数据库和协议的不同组织一起工作，从而共享资源和数据，这还是非常困难的。然而，不断增长的对大规模组织间协作的需求引领了新的系统和技术的开发，这些系统和技术将广域分布的计算机连接到一起构成**网格**。从某种意义上说，网格是图 8-1 沿着轴向的进一步发展。网格可以被想象为一种非常大的、国际间的、松散耦合的、异构的集群。

网格的目标是提供一种技术上的基础设施，从而能够使得一些有着共同目标的组织形成一个**虚拟组织**（virtual organization）。这个虚拟组织必须具有灵活性，成员数量众多而且不断变化，要允许成员在它们认为合适的领域一起工作，同时允许按照它们所期望的程度来维护和控制它们自己的资源。为了这个目标，网格研究人员正在开发服务、工具和协议，从而使得虚拟组织能够运行起来。

网格中对等的参与者众多，天生具有多边特性。它和现有的客户－服务器（Client-Server, CS）计算结构形成鲜明的对照。在客户－服务器模型中，一个事务包括两部分，即提供某种服务的服务器和使用服务的客户端。客户－服务器模型的典型例子是 Web，在 Web 中用户访问 Web 服务器来得到信息。网格和 P2P 对等应用也有所区别，对等应用中成对的个体主要是进行文件交换。E-mail 是对等应用的一个普通例子。正是因为网格和其他模型的区别，所以它需要新的协议和技术。

网格需要访问广泛变化的各种资源。每个资源都是由某个特殊的系统和组织所拥有，这些系统和组织也决定了能够提供给网格使用的资源的多少，在什么时间能够使用，可以给谁使用等。从某种抽象的意义上说，网格的实质就是关于对资源的访问和管理。

一种构造网格的方法是采用如图 8-52 所示的分层结构。最底层是**构造层**（fabric layer），它是构建网格的组件集合。构造层硬件部分包括 CPU、磁盘、网络以及传感器等，软件部分包括程序和数据等，这些都是网格通过某种可控方式能够使用的资源。

层　次	功　能
应用层	按照某种可控的方式使用共享资源的应用
汇聚层	发现、代理、监控和控制资源组
资源层	安全可控的访问单独的各种资源
构造层	物理资源：计算机、存储、网络、传感器、程序和数据

图 8-52　网格的层次结构

上面一层是**资源层**（resource layer），负责管理单独的各种资源。在很多情况下，加入网格的资源都有本地的进程来进行管理，而且允许远程用户对资源进行可控制的访问。这一层提供给更高层统一的接口，从而可以查询资源的特征与状态、监测资源，通过安全的方式使用资源。

接着是处理成组资源的**汇聚层**（collective layer）。这一层的功能之一就是资源发现，通过资源发现用户可以查找可用的 CPU 周期、磁盘空间，或者专用的数据。汇聚层可以使用目录或者其他数据库来提供这样的信息。它还能够提供一种代理服务，从而使得服务的提供者和使用者能够互相匹配，或者在竞争的用户中进行稀缺资源的分配。汇聚层还负责复制数据，管理进入网格的新用户和资源的接纳控制，进行计费以及维护资源如何使用的策略数据库等。

再往上是**应用层**（application layer），驻留着用户应用。这一层利用下面各层获取证明其具有使用某些资源权利的证书，从而提交使用请求，监测请求的处理过程、处理失败，并且将结果通知用户。

安全对于一个成功的网格系统是至关重要的。资源的所有者总是想要对它们的资源进行严格控制，决定谁能够使用这些资源，能够使用多长时间，需要付出多少费用。没有好的安全措施，没有哪个组织愿意将它们的资源提供给网格使用。另一方面，如果用户必须在每台他想要使用的计算机上都有一个登录的账号和密码，那么使用网格将麻烦透顶。因此，网格必须要开发出解决这些问题的安全模型。

安全模型的主要特征之一就是单点登录。使用网格的第一步就是通过证书进行认证，证书是一个数字签名文件，定义了工作是为谁完成的。证书可以进行委派，所以如果一个计算需要建立子计算的时候，子进程也能够被鉴别。当证书位于一台远程的机器上时，它必须被映射到本地的安全机制。例如，UNIX 系统中用户通过 16 位的用户 ID 进行标识，但是其他系统采用其他方案。最后，网格需要有相应的机制来保证访问策略能够声明、维护和更新。

为了在不同组织和机器之间提供协同工作的能力，就一定要有标准，提供的服务和对服务进行访问的协议都要遵循相应的标准。网格社区已经建立了一个称为全球网格论坛（Global Grid Forum，GGF）的组织来管理标准化过程。为了部署 GGF 开发的各种标准，提出了一个称为开放网络服务架构（Open Grid Services Architecture，OGSA）的框架。只要可能，GGF 就尽量使用现有的标准，例如，使用 WSDL（Web Services Definition Language）来描述 OGSA 服务。标准化的服务目前可以分为下面的八大类，但毫无疑问今后还会有新的服务。

1）基础设施服务（保证资源之间进行通信）。

2）资源管理服务（预留和部署资源）。

3）数据服务（移动和复制数据到需要它们的地方）。

4）上下文服务（描述资源需求和使用策略）。

5）信息服务（获取资源可用性的信息）。

6）自我管理服务（支持一定的服务质量）。

7）安全服务（执行安全策略）。

8）执行管理服务（管理工作流）。

关于网格可以讨论的内容还有很多，但是因为篇幅的限制使得我们不能更加深入进行探讨。有关网格更多的资料请参考 Abramson（2011）、Balasangameshwara 和 Raju（2012）、Celaya 和 Arronategui（2011）、Foster 和 Kesselman（2003）、Lee（2011）等的相关工作。

8.6 小结

因为散热和其他因素，依靠提高时钟频率使得计算机运行得更快变得越来越困难。设计者不得不寻找其他的方法来提高计算机的运行速度，大多数设计者将目光都转向了并行。并行可以从差别很大的不同层次引入，可以从很底层紧密耦合的处理元件开始，直到很高层松散耦合的并行。

最底层是芯片内部的并行，也就是说并行行为都发生在一个单独的芯片内部。芯片内并行的第一种形式就是指令级并行，这种并行中一条指令或者一个指令序列能够发射由不同功能单元并行执行的多个操作。芯片内并行的第二种形式是多线程，这种并行中 CPU 可以在多个线程之间来回切换，产生出一个虚拟的多处理器。芯片内并行的第三种形式是单片多处理器，这种并行中同一个芯片中设置了两个或者更多个内核并且允许它们同时运行。

向上的一个层次是协处理器，典型的协处理器就是一些在某些特殊方面提供附件处理能力的插件板，例如网络协议处理或者多媒体等。这些附加的处理器能够减轻主 CPU 的负载，在协处理器进行某些特殊任务的处理时主 CPU 可以完成其他工作。

再往上的一个层次是共享内存的多处理器。多处理器系统由两个或者更多共享内存的成熟 CPU 构成。UMA 多处理器通过共享（监听）总线、交叉开关或者多级交换网络进行通信。它们的特征是对于所有内存的访问都有一致的访问时间。相反，虽然 NUMA 多处理器也是在同样的共享地址空间上运行进程，但是对远程内存的访问时间比本地内存要略微长一些。最后，COMA 多处理器是另外一种变种，在 COMA 中 cache 块可以根据需要在不同的机器间移动，不像其他设计那样有固定的位置。

多计算机是由具有大量 CPU 但并不共享公共内存的系统构成的。每个系统都有自己的私有内存，通过消息传递的方式进行互相通信。MPP 是使用专用通信网络的大型多计算机系统，例如 IBM 的 BlueGene/L。集群是由比较简单的非定制组件构成的系统，例如 Google 的搜索引擎。

多计算机系统通常使用 MPI 这样的消息传递软件包进行编程。另一种可以替代消息传递软件包的策略是使用应用层的共享内存，比如基于分页的 DSM 系统、Linda 元组空间和 Orca 或 Globe 中的对象。DSM 在页面级模拟共享内存，这和 NUMA 计算机很相似，区别在于 DSM 的远程访问的开销要大一些。

655

最后，在最顶层是最松散耦合的网格。网格系统通过互联网将各种相关组织联结在一起，共享计算能力、数据和其他资源。

习题

1. Intel x86 架构指令最长可以达 17 个字节，那 x86 架构 CPU 是一种 VLIW CPU 吗？

2. 处理器设计技术允许工程师在单个芯片上放置更多个晶体管，Intel 和 AMD 选择了在单个芯片上增加内核数目的方式，它们还有其他可以替代的可行选择吗？

3. 如果限幅范围是 0 ~ 255，那么 96、−9、300 和 256 的限幅值是多少？

4. 下面这些连续操作 TriMedia 指令允许吗，如果不允许，请说明原因。

    a. 整数加法、整数减法、加载、浮点加法、浮点立即数。

    b. 整数减法、整数乘法、加载立即数、移位、移位。

    c. 加载立即数、浮点加法、浮点乘法、转移，加载立即数。

5. 图 8-7 中 d 和 e 给出了指令的 12 个周期。对于每一个周期，说明一下后续的三个周期都发生了什么。

6. 在某种特殊的 CPU 中，一条指令在第 1 级 cache 中缺失，但在第 2 级 cache 中命中总共要使用 k 个周期。如果采用多线程隐藏第 1 级 cache 的缺失，那么使用细粒度多线程来避免死周期的话必须要马上运行多少个线程？

7. NVIDIA 的 Fermi GPU 的设计思想和我们第 2 章讨论的某种系统结构比较相似，是哪一种？

8. 一天早晨，某个蜂巢的蜂后召集了所有的工蜂给它们分配当天的工作，采集金盏花的蜜。接受了任务的工蜂向各个方向飞去寻找金盏花。请问这种系统是 SIMD 系统还是 MIMD 系统？

9. 在我们讨论内存一致性模型的时候，曾经提到过一致性模型是软件和内存之间的一种合同。

请问为什么需要这样的合同呢?

10. 考虑一个共享总线的多处理器系统,如果两个处理器同时访问全局内存会发生什么情况?

11. 考虑一个共享总线的多处理器系统,如果三个处理器同时访问全局内存会发生什么情况?

12. 假定由于某种技术原因,监听 cache 时只能监听地址线,而不能监听数据线。这对写直达协议有影响吗?

13. 在一台不使用 cache 的基于总线的简单多处理器系统中,假定每四条指令中就有一条指令访问内存,内存访问在整个指令周期中都占用总线。如果总线正在被别人使用,那么发送请求的 CPU 就被放入一个 FIFO 队列。如果该系统有 64 个 CPU,那么它会比单 CPU 系统快多少?

14. MESI cache 一致性协议有四种状态,其他的写回式 cache 一致性协议都只有三种状态。MESI 中的哪个状态可以不要呢? 这样做的结果是什么? 如果你只能选择三种状态,会选择哪三种?

15. 在 MESI cache 一致性协议中存在如下的情况吗? 某个 cache 块确实位于本地 cache 中但是却需要通过总线来寻找该块? 如果存在这种情况,请解释其原因。

16. 假定 n 个 CPU 连接在同一条总线上。在某个给定的周期里,任何一个 CPU 使用总线的概率都是 p。计算出现下列情况的出现概率

 a. 总线空闲 (没有任何请求)。

 b. 只有一个请求。

 c. 多于一个请求。

17. 试述一下交叉开关的主要优缺点。

18. 一台完整的 Sun Fire E25K 有多少个交叉开关?

19. 在图 8-3 中 omega 交换网络中假定交换节点 2A 和交换节点 3B 之间的线路出现了故障。这会导致哪两个模块之间的联系被切断?

20. 热区 (访问频繁的内存区) 访问问题在多级交换网络中是一个主要的问题。基于总线的系统中也有这样的问题吗?

21. 一个 omega 交换网络连接了 4096 个 RISC CPU 和 4096 个访问速度无穷快的内存模块,每个 CPU 的周期是 60 纳秒。每个交换部件的延迟时间是 5 纳秒。那么一条 LOAD 指令需要多少个延时槽?

22. 有一台使用 omega 交换网络的计算机,和图 8-31 中的那台很类似。假定处理器 i 的程序和栈都保存在内存模块 i 中。请设计一种能够对性能有较大改善的拓扑结构的改进 (IBM RP3 和 BBN Butterfly 都使用了基于该结构改进的结构)。你的新拓扑结构和原来的相比有什么缺点?

23. 在一台 NUMA 多处理器系统中,访问本地内存需要 20 纳秒而访问远程内存需要 120 纳秒。某个程序在整个执行过程中一共需要访问 N 次内存,其中对页面 P 的访问占 1%。该页在程序刚开始执行时位于远程,把它拷贝到本地需要花费 C 纳秒。在什么条件下该页应该被拷贝到本地而不会影响其他处理器使用该页?

24. 有一台和图 8-33 中所示的 CC-NUMA 多处理器系统类似的计算机,共有 512 个节点,每个节点有 8MB 内存。如果 cache 块大小为 64 字节,那么目录占内存的比例是多少? 节点数的增加会使目录比例增大、减小还是不变?

25. NC-NUMA 和 CC-NUMA 的主要区别是什么?

657 26. 计算图 8-37 中每种拓扑结构的网络直径。

27. 计算图 8-37 中每种拓扑结构的容错度,容错度是在保证网络连通性的前提下网络能够丢失的最多的链路数量。

28. 如果把图 8-37f 所示的双圆环拓扑结构扩展到 $k \times k$,网络的直径是多少?提示:需要分别考虑 k 是奇数和偶数的情况。

29. 有一个 $8 \times 8 \times 8$ 的立方体互联网络,每条链路的全双工带宽是 1GB/sec。请问网络的对分带宽是多大?

30. Amdahl 定律限制了并行计算机能够获得的最大的加速比。我们把函数 f 定义为在 CPU 数量不限的情况下程序能达到的最大的加速比。请问 $f=0.1$ 是什么含义?

31. 图 8-51 是总线不能扩展而网格网络成功扩展的例子。假定每条总线或者链路的带宽为 b,请计算图中四种情况下每个 CPU 的平均带宽。然后把系统扩展到 64 个 CPU 并重复上面的计算过程。当 CPU 的数量趋于无穷时,系统将受到什么限制?

32. 在本章中,我们讨论了三种不同的 send 方式:同步方式、阻塞方式和无阻塞方式。请给出和阻塞方式类似的第四种方式,当然要有一些变化。讨论你的方式和阻塞方式的 send 相比的优点和缺点。

33. 有一台使用具有硬件广播能力网络(比如以太网)的多计算机系统。为什么读(不修改内部状态变量)写(修改内部状态变量)操作的比例和性能相关?

658

参 考 文 献

This chapter is an alphabetical bibliography of all books and articles cited in this book.

ABRAMSON, D.: "Mixing Cloud and Grid Resources for Many Task Computing," *Proc. Int'l Workshop on Many Task Computing on Grids and Supercomputers*, ACM, pp. 1–2, 2011.

ADAMS, M., and DULCHINOS, D.: "OpenCable," *IEEE Commun. Magazine*, vol. 39, pp. 98–105, June 2001.

ADIGA, N.R. et al.: "An Overview of the BlueGene/L Supercomputer," *Proc. Supercomputing 2002*, ACM, pp. 1–22, 2002.

ADVE, S.V., and HILL, M.: "Weak Ordering: A New Definition," *Proc. 17th Ann. Int'l Symp. on Computer Arch.*, ACM, pp. 2–14, 1990.

AGERWALA, T., and COCKE, J.: "High Performance Reduced Instruction Set Processors," IBM T.J. Watson Research Center Technical Report RC12434, 1987.

AHMADINIA, A., and SHAHRABI, A.: "A Highly Adaptive and Efficient Router Architecture for Network-on-Chip," *Computer J.*, vol. 54, pp. 1295–1307, Aug. 2011.

ALAM, S., BARRETT, R., BAST, M., FAHEY, M.R., KUEHN, J., McCURDY, ROGERS, J., ROTH, P., SANKARAN, R., VETTER, J.S., WORLEY, P., and YU, W.: "Early Evaluation of IBM BlueGene/P," *Proc. ACM/IEEE Conf. on Supercomputing*, ACM/IEEE, 2008.

ALAMELDEEN, A.R., and WOOD, D.A.: "Adaptive Cache Compression for High-Performance Processors," *Proc. 31st Ann. Int'l Symp. on Computer Arch.*, ACM, pp. 212–223, 2004.

ALMASI, G.S. et al.: "System Management in the BlueGene/L Supercomputer," *Proc. 17th Int'l Parallel and Distr. Proc. Symp.*, IEEE, 2003a.

ALMASI, G.S. et al.: "An Overview of the Bluegene/L System Software Organization," *Par. Proc. Letters*, vol. 13, 561–574, April 2003b.

AMZA, C., COX, A., DWARKADAS, S., KELEHER, P., LU, H., RAJAMONY, R., YU, W., and ZWAENEPOEL, W.: "TreadMarks: Shared Memory Computing on a Network of Workstations," *IEEE Computer Magazine*, vol. 29, pp. 18–28, Feb. 1996.

ANDERSON, D.: *Universal Serial Bus System Architecture*, Reading, MA: Addison-Wesley, 1997.

ANDERSON, D., BUDRUK, R., and SHANLEY, T.: *PCI Express System Architecture*, Reading, MA: Addison-Wesley, 2004.

ANDERSON, T.E., CULLER, D.E., PATTERSON, D.A., and the NOW team: "A Case for NOW (Networks of Workstations)," *IEEE Micro Magazine*, vol. 15, pp. 54–64, Jan. 1995.

AUGUST, D.I., CONNORS, D.A., MAHLKE, S.A., SIAS, J.W., CROZIER, K.M., CHENG, B.-C., EATON, P.R., OLANIRAN, Q.B., and HWU, W.-M.: "Integrated Predicated and Speculative Execution in the IMPACT EPIC Architecture," *Proc. 25th Ann. Int'l Symp. on Computer Arch.*, ACM, pp. 227–237, 1998.

BAL, H.E.: *Programming Distributed Systems*, Hemel Hempstead, England: Prentice Hall Int'l, 1991.

BAL, H.E., BHOEDJANG, R, HOFMAN, R, JACOBS, C., LANGENDOEN, K., RUHL, T., and KAASHOEK, M.F.: "Performance Evaluation of the Orca Shared Object System,"

659

ACM Trans. on Computer Systems, vol. 16, pp. 1–40, Jan.–Feb. 1998.

BAL, H.E., KAASHOEK, M.F., and TANENBAUM, A.S.: "Orca: A Language for Parallel Programming of Distributed Systems," *IEEE Trans. on Software Engineering*, vol. 18, pp. 190–205, March 1992.

BAL, H.E., and TANENBAUM, A.S.: "Distributed Programming with Shared Data," *Proc. 1988 Int'l Conf. on Computer Languages*, IEEE, pp. 82–91, 1988.

BALASANGAMESHWARA, J., and RAJU, N.: "A Hybrid Policy for Fault Tolerant Load Balancing in Grid Computing Environments," *J. Network and Computer Applications*, vol. 35, pp. 412–422, Jan. 2012.

BARROSO, L.A., DEAN, J., and HOLZLE, U.: "Web Search for a Planet: The Google Cluster Architecture," *IEEE Micro Magazine*, vol. 23, pp. 22–28, March–April 2003.

BECHINI, A., CONTE, T.M., and PRETE, C.A.: "Opportunities and Challenges in Embedded Systems," *IEEE Micro Magazine*, vol. 24, pp. 8–9, July–Aug. 2004.

BHAKTHAVATCHALU, R., DEEPTHY, G.R.; and SHANOOJA, S.: "Implementation of Reconfigurable Open Core Protocol Compliant Memory System Using VHDL," *Proc. Int'l Conf. on Industrial and Information Systems*, pp. 213–218, 2010.

BJORNSON, R.D.: "Linda on Distributed Memory Multiprocessors," Ph.D. Thesis, Yale Univ., 1993.

BLUMRICH, M., CHEN, D., CHIU, G., COTEUS, P., GARA, A., GIAMPAPA, M.E., HARING, R.A., HEIDELBERGER, P., HOENICKE, D., KOPCSAY, G.V., OHMACHT, M., STEINMACHER-BUROW, B.D., TAKKEN, T., VRANSAS, P., and LIEBSCH, T.: "An Overview of the BlueGene/L System," *IBM J. Research and Devel.*, vol. 49, March–May, 2005.

BOSE, P.: "Computer Architecture Research: Shifting Priorities and Newer Challenges," *IEEE Micro Magazine*, vol. 24, p. 5, Nov.–Dec. 2004.

BOUKNIGHT, W.J., DENENBERG, S.A., MCINTYRE, D.E., RANDALL, J.M., SAMEH, A.H., and SLOTNICK, D.L.: "The Illiac IV System," *Proc. IEEE*, pp. 369–388, April 1972.

BRADLEY, D.: "A Personal History of the IBM PC," *IEEE Computer*, vol. 44, pp. 19–25, Aug. 2011.

BRIDE, E.: "The IBM Personal Computer: A Software-Driven Market," *IEEE Computer*, vol. 44, pp. 34–39, Aug. 2011.

BRIGHTWELL, R., CAMP, W., COLE, B., DeBENEDICTIS, E., LELAND, R., TOMPKINS, H, and MacCABE, A.B.: "Architectural Specification for Massively Parallel Supercomputers: An Experience-and-Measurement-Based Approach," *Concurrency and Computation: Practice and Experience*, vol. 17, pp. 1–46, 2005.

BRIGHTWELL, R., UNDERWOOD, K.D., VAUGHAN, C., and STEVENSON, J.: "Performance Evaluation of the Red Storm Dual-Core Upgrade," *Concurrency and Computation: Practice and Experience*, vol. 22, pp. 175–190, Feb. 2010.

BURKHARDT, H., FRANK, S., KNOBE, B., and ROTHNIE, J.: "Overview of the KSR-1 Computer System," Technical Report KSR-TR-9202001, Kendall Square Research Corp., Cambridge, MA, 1992.

CARRIERO, N., and GELERNTER, D.: "Linda in Context," *Commun. of the ACM*, vol. 32, pp. 444–458, April 1989.

CELAYA, J., and ARRONATEGUI, U.: "A Highly Scalable Decentralized Scheduler of Tasks with Deadlines," *Proc. 12th Int'l Conf. on Grid Computing*, IEEE/ACM, pp. 58–65, 2011.

CHARLESWORTH, A.: "The Sun Fireplane Interconnect," *IEEE Micro Magazine*, vol. 22, pp. 36–45, Jan.–Feb. 2002.

CHARLESWORTH, A.: "The Sun Fireplane Interconnect," *Proc. Conf. on High Perf. Networking and Computing*, ACM, 2001.

CHEN, L., DROPSHO, S., and ALBONESI, D.H.: "Dynamic Data Dependence Tracking and Its Application to Branch Prediction," *Proc. Ninth Int'l Symp. on High-Performance*

Computer Arch., IEEE, pp. 65–78, 2003.

CHENG, L., and CARTER, J.B.: "Extending CC-NUMA Systems to Support Write Update Optimizations," *Proc. 2008 ACM/IEEE Conf. on Supercomputing*, ACM/IEEE, 2008.

CHOU, Y., FAHS, B., and ABRAHAM, S.: " Microarchitecture Optimizations for Exploiting Memory-Level Parallelism," *Proc. 31st Ann. Int'l Symp. on Computer Arch.*, ACM, pp. 76–77, 2004.

COHEN, D.: "On Holy Wars and a Plea for Peace," *IEEE Computer Magazine*, vol. 14, pp. 48–54, Oct. 1981.

CORBATO, F.J., and VYSSOTSKY, V.A.: "Introduction and Overview of the MULTICS System," *Proc. FJCC*, pp. 185–196, 1965.

DENNING, P.J.: "The Working Set Model for Program Behavior," *Commun. of the ACM*, vol. 11, pp. 323–333, May 1968.

DIJKSTRA, E.W.: "GOTO Statement Considered Harmful," *Commun. of the ACM*, vol. 11, pp. 147–148, March 1968a.

DIJKSTRA, E.W.: "Co-operating Sequential Processes," in *Programming Languages*, F. Genuys (ed.), New York: Academic Press, 1968b.

DONALDSON, G., and JONES, D.: "Cable Television Broadband Network Architectures," *IEEE Commun. Magazine*, vol. 39, pp. 122–126, June 2001.

DUBOIS, M., SCHEURICH, C., and BRIGGS, F.A.: "Memory Access Buffering in Multiprocessors," *Proc. 13th Ann. Int'l Symp. on Computer Arch.*, ACM, pp. 434–442, 1986.

DULONG, C.: "The IA-64 Architecture at Work," *IEEE Computer Magazine*, vol. 31, pp. 24–32, July 1998.

DUTTA-ROY, A.: "An Overview of Cable Modem Technology and Market Perspectives," *IEEE Commun. Magazine*, vol. 39, pp. 81–88, June 2001.

FAGGIN, F., HOFF, M.E., Jr., MAZOR, S., and SHIMA, M.: "The History of the 4004," *IEEE Micro Magazine*, vol. 16, pp. 10–20, Nov. 1996.

FALCON, A., STARK, J., RAMIREZ, A., LAI, K., and VALERO, M.: "Prophet/Critic Hybrid Branch Prediction," *Proc. 31st Ann. Int'l Symp. on Computer Arch.*, ACM, pp. 250–261, 2004.

FISHER, J.A., and FREUDENBERGER, S.M.: "Predicting Conditional Branch Directions from Previous Runs of a Program," *Proc. Fifth Int'l Conf. on Arch. Support for Prog. Lang. and Operating Syst.*, ACM, pp. 85–95, 1992.

FLYNN, D.: "AMBA: Enabling Reusable On-Chip Designs," *IEEE Micro Magazine*, vol. 17, pp. 20–27, July 1997.

FLYNN, M.J.: "Some Computer Organizations and Their Effectiveness," *IEEE Trans. on Computers*, vol. C-21, pp. 948–960, Sept. 1972.

FOSTER, I., and KESSELMAN, C.: *The Grid 2: Blueprint for a New Computing Infrastructure*, San Francisco: Morgan Kaufman, 2003.

FOTHERINGHAM, J.: "Dynamic Storage Allocation in the Atlas Computer Including an Automatic Use of a Backing Store," *Commun. of the ACM*, vol. 4, pp. 435–436, Oct. 1961.

FREITAS, H.C., MADRUGA, F.L., ALVES, M., and NAVAUX, P.: "Design of Interleaved Multithreading for Network Processors on Chip," *Proc. Int'l Symp. on Circuits and Systems*, IEEE, 2009.

GASPAR, L., FISCHER, V., BERNARD, F., BOSSUET, L., and COTRET, P.: "HCrypt: A Novel Concept of Crypto-processor with Secured Key Management," *Int'l Conf. on Reconfigurable Computing and FPGAs*, 2010.

GAUR, J., CHAUDHURI, C., and SUBRAMONEY, S.: "Bypass and Insertion Algorithms for Exclusive Last-level Caches," *Proc. 38th Int'l Symp. on Computer Arch.*, ACM, 2011.

GEBHART, M., JOHNSON, D.R., TARJAN, D., KECKLER, S.W., DALLY, W.J., LINDHOLM, E., and SKADRON, K.: "Energy-efficient Mechanisms for Managing Thread Context in Throughput Processors," *Proc. 38th Int'l Symp. on Computer Arch.* ACM, 2011.

GEIST, A., BEGUELIN, A., DONGARRA, J., JIANG, W., MANCHECK, R., and SUNDER-RAM, V.: *PVM: Parallel Virtual Machine—A User's Guide and Tutorial for Networked Parallel Computing*, Cambridge, MA: MIT Press, 1994.

GEPNER, P., GAMAYUNOV, V., and FRASER, D.L.: "The 2nd Generation Intel Core Processor. Architectural Features Supporting HPC," *Proc. 10th Int'l Symp. on Parallel and Dist. Computing*, pp. 17–24, 2011.

GERBER, R., and BINSTOCK, A.: *Programming with Hyper-Threading Technology*, Santa Clara, CA: Intel Press, 2004.

GHARACHORLOO, K., LENOSKI, D., LAUDON, J., GIBBONS, P.B., GUPTA, A., and HENNESSY, J.L.: "Memory Consistency and Event Ordering in Scalable Shared-Memory Multiprocessors," *Proc. 17th Ann. Int'l Symp. on Comp. Arch.*, ACM, pp. 15–26, 1990.

GHEMAWAT, S., GOBIOFF, H., and LEUNG, S.-T.: "The Google File System," *Proc. 19th Symp. on Operating Systems Principles*, ACM, pp. 29–43, 2003.

GOODMAN, J.R.: "Using Cache Memory to Reduce Processor Memory Traffic," *Proc. 10th Ann. Int'l Symp. on Computer Arch.*, ACM, pp. 124–131, 1983.

GOODMAN, J.R.: "Cache Consistency and Sequential Consistency," Tech. Rep. 61, IEEE Scalable Coherent Interface Working Group, IEEE, 1989.

GOTH, G.: "IBM PC Retrospective: There Was Enough Right to Make It Work," *IEEE Computer*, vol. 44, pp. 26–33, Aug. 2011.

GROPP, W., LUSK, E., and SKJELLUM, A.: *Using MPI: Portable Parallel Programming with the Message Passing Interface*, Cambridge, MA: MIT Press, 1994.

GUPTA, N., MANDAL, S., MALAVE, J., MANDAL, A., and MAHAPATRA, R.N.: "A Hardware Scheduler for Real Time Multiprocessor System on Chip," *Proc. 23rd Int'l Conf. on VLSI Design*, IEEE, 2010.

GURUMURTHI, S., SIVASUBRAMANIAM, A., KANDEMIR, M., and FRANKE, H.: "Reducing Disk Power Consumption in Servers with DRPM," *IEEE Computer Magazine*, vol. 36, pp. 59–66, Dec. 2003.

HAGERSTEN, E., LANDIN, A., and HARIDI, S.: "DDM—A Cache-Only Memory Architecture," *IEEE Computer Magazine*, vol. 25, pp. 44–54, Sept. 1992.

HAGHIGHIZADEH, F., ATTARZADEH, H., and SHARIFKHANI, M.: "A Compact 8-Bit AES Crypto-processor," *Proc. Second. Int'l Conf. on Computer and Network Tech.*, IEEE, 2010.

HAMMING, R.W.: "Error Detecting and Error Correcting Codes," *Bell Syst. Tech. J.*, vol. 29, pp. 147–160, April 1950.

HENKEL, J., HU, X.S., and BHATTACHARYYA, S.S.: "Taking on the Embedded System Challenge," *IEEE Computer Magazine*, vol. 36, pp. 35–37, April 2003.

HENNESSY, J.L.: "VLSI Processor Architecture," *IEEE Trans. on Computers*, vol. C-33, pp. 1221–1246, Dec. 1984.

HERRERO, E., GONZALEZ, J., and CANAL, R.: "Elastic Cooperative Caching: An Autonomous Dynamically Adaptive Memory Hierarchy for Chip Multiprocessors," *Proc. 23rd Int'l Conf. on VLSI Design*, IEEE, 2010.

HOARE, C.A.R.: "Monitors: An Operating System Structuring Concept," *Commun. of the ACM*, vol. 17, pp. 549–557, Oct. 1974; Erratum in *Commun. of the ACM*, vol. 18, p. 95, Feb. 1975.

HWU, W.-M.: "Introduction to Predicated Execution," *IEEE Computer Magazine*, vol. 31, pp. 49–50, Jan. 1998.

JIMENEZ, D.A.: "Fast Path-Based Neural Branch Prediction," *Proc. 36th Int'l Symp. on Microarchitecture*, IEEE, pp. 243–252, 2003.

JOHNSON, K.L., KAASHOEK, M.F., and WALLACH, D.A.: "CRL: High-Performance All-Software Distributed Shared Memory," *Proc. 15th Symp. on Operating Systems Principles*, ACM, pp. 213–228, 1995.

KAPASI, U.J., RIXNER, S., DALLY, W.J., KHAILANY, B., AHN, J.H., MATTSON, P., and OWENS, J.D.: "Programmable Stream Processors," *IEEE Computer Magazine*, vol. 36, pp. 54–62, Aug. 2003.

KAUFMAN, C., PERLMAN, R., and SPECINER, M.: *Network Security*, 2nd ed., Upper Saddle River, NJ: Prentice Hall, 2002.

KIM, N.S., AUSTIN, T., BLAAUW, D., MUDGE, T., FLAUTNER, K., HU, J.S., IRWIN, M.J., KANDEMIR, M., and NARAYANAN, V.: "Leakage Current: Moore's Law Meets Static Power," *IEEE Computer Magazine*, vol. 36, 68–75, Dec. 2003.

KNUTH, D.E.: *The Art of Computer Programming: Fundamental Algorithms*, 3rd ed., Reading, MA: Addison-Wesley, 1997.

KONTOTHANASSIS, L., HUNT, G., STETS, R., HARDAVELLAS, N., CIERNIAD, M., PARTHASARATHY, S., MEIRA, W., DWARKADAS, S., and SCOTT, M.: "VM-Based Shared Memory on Low Latency Remote Memory Access Networks," *Proc. 24th Ann. Int'l Symp. on Computer Arch.*, ACM, pp. 157–169, 1997.

LAMPORT, L.: "How to Make a Multiprocessor Computer That Correctly Executes Multiprocess Programs," *IEEE Trans. on Computers*, vol. C-28, pp. 690–691, Sept. 1979.

LaROWE, R.P., and ELLIS, C.S.: "Experimental Comparison of Memory Management Policies for NUMA Multiprocessors," *ACM Trans. on Computer Systems*, vol. 9, pp. 319–363, Nov. 1991.

LEE, J., KELEHER, P., and SUSSMAN, A.: "Supporting Computing Element Heterogeneity in P2P Grids," *Proc. IEEE Int'l Conf. on Cluster Computing*, IEEE, pp. 150–158, 2011.

LI, K., and HUDAK, P.: "Memory Coherence in Shared Virtual Memory Systems," *ACM Trans. on Computer Systems*, vol. 7, pp. 321–359, Nov. 1989.

LIN, Y.-N., LIN, Y.-D., and LAI, Y.-C.: "Thread Allocation in CMP-based Multithreaded Network Processors," *Parallel Computing*, vol. 36, pp. 104–116, Feb. 2010.

LU, H., COX, A.L., DWARKADAS, S., RAJAMONY, R., and ZWAENEPOEL, W.: "Software Distributed Shared Memory Support for Irregular Applications," *Proc. Sixth Conf. on Prin. and Practice of Parallel Progr.*, pp. 48–56, June 1997.

LUKASIEWICZ, J.: *Aristotle's Syllogistic*, 2nd ed., Oxford: Oxford University Press, 1958.

LYYTINEN, K., and YOO, Y.: "Issues and Challenges in Ubiquitous Computing," *Commun. of the ACM*, vol. 45, pp. 63–65, Dec. 2002.

MARTIN, R.P., VAHDAT, A.M., CULLER, D.E., and ANDERSON, T.E.: "Effects of Communication Latency, Overhead, and Bandwidth in a Cluster Architecture," *Proc. 24th Ann. Int'l Symp. on Computer Arch.*, ACM, pp. 85–97, 1997.

MAYHEW, D., and KRISHNAN, V.: "PCI Express and Advanced Switching: Evolutionary Path to Building Next Generation Interconnects," *Proc. 11th Symp. on High Perf. Interconnects*, IEEE, pp. 21–29, Aug. 2003.

McKUSICK, M.K., JOY, W.N., LEFFLER, S.J., and FABRY, R.S.: "A Fast File System for UNIX," *ACM Trans. on Computer Systems*, vol. 2, pp. 181–197, Aug. 1984.

McNAIRY, C., and SOLTIS, D.: "Itanium 2 Processor Microarchitecture," *IEEE Micro Magazine*, vol. 23, pp. 44–55, March-April 2003.

MISHRA, A.K., VIJAYKRISHNAN, N., and DAS, C.R.: "A Case for Heterogeneous On-Chip Interconnects for CMPs," *Proc. 38th Int'l Symp. on Computer Arch.* ACM, 2011.

MORGAN, C.: *Portraits in Computing*, New York: ACM Press, 1997.

MOUDGILL, M., and VASSILIADIS, S.: "Precise Interrupts," *IEEE Micro Magazine*, vol. 16, pp. 58–67, Jan. 1996.

MULLENDER, S.J., and TANENBAUM, A.S.: "Immediate Files," *Software—Practice and*

Experience, vol. 14, pp. 365–368, 1984.

NAEEM, A., CHEN, X., LU, Z., and JANTSCH, A.: "Realization and Performance Comparison of Sequential and Weak Memory Consistency Models in Network-On-Chip Based Multicore Systems," *Proc. 16th Design Automation Conf. Asia and South Pacific*, IEEE, pp. 154–159, 2011.

ORGANICK, E.: *The MULTICS System*, Cambridge, MA: MIT Press, 1972.

OSKIN, M., CHONG, F.T., and CHUANG, I.L.: "A Practical Architecture for Reliable Quantum Computers," *IEEE Computer Magazine*, vol. 35, pp. 79–87, Jan. 2002.

PAPAMARCOS, M., and PATEL., J.: "A Low Overhead Coherence Solution for Multiprocessors with Private Cache Memories," *Proc. 11th Ann. Int'l Symp. on Computer Arch.*, ACM, pp. 348–354, 1984.

PARIKH, D., SKADRON, K., ZHANG, Y., and STAN, M.: "Power-Aware Branch Prediction: Characterization and Design," *IEEE Trans. on Computers*, vol. 53, 168–186, Feb. 2004.

PATTERSON, D.A.: "Reduced Instruction Set Computers," *Commun. of the ACM*, vol. 28, pp. 8–21, Jan. 1985.

PATTERSON, D.A., GIBSON, G., and KATZ, R.: "A Case for Redundant Arrays of Inexpensive Disks (RAID)," *Proc. ACM SIGMOD Int'l Conf. on Management of Data*, ACM, pp. 109–166, 1988.

PATTERSON, D.A., and SEQUIN, C.H.: "A VLSI RISC," *IEEE Computer Magazine*, vol. 15, pp. 8–22, Sept. 1982.

POUNTAIN, D.: "Pentium: More RISC than CISC," *Byte*, vol. 18, pp. 195–204, Sept. 1993.

RADIN, G.: "The 801 Minicomputer," *Computer Arch. News*, vol. 10, pp. 39–47, March 1982.

RAMAN, S.K., PENTKOVSKI, V., and KESHAVA, J.: "Implementing Streaming SIMD Extensions on the Pentium III Processor," *IEEE Micro Magazine*, vol. 20, pp. 47–57, July-Aug. 2000.

RITCHIE, D.M.: "Reflections on Software Research," *Commun. pf the ACM*, vol. 27, pp. 758–760, Aug. 1984.

RITCHIE, D.M., and THOMPSON, K.: "The UNIX Time-Sharing System," *Commun. of the ACM*, vol. 17, pp. 365–375, July 1974.

ROBINSON, G.S.: "Toward the Age of Smarter Storage," *IEEE Computer Magazine*, vol. 35, pp. 35–41, Dec. 2002.

ROSENBLUM, M., and OUSTERHOUT, J.K.: "The Design and Implementation of a Log-Structured File System," *Proc. Thirteenth Symp. on Operating System Principles*, ACM, pp. 1–15, 1991.

RUSSINOVICH, M.E., and SOLOMON, D.A.: *Microsoft Windows Internals*, 4th ed., Redmond, WA: Microsoft Press, 2005.

RUSU, S., MULJONO, H., and CHERKAUER, B.: "Itanium 2 Processor 6M," *IEEE Micro Magazine*, vol. 24, pp. 10–18, March–April 2004.

SAHA, D., and MUKHERJEE, A.: "Pervasive Computing: A Paradigm for the 21st Century," *IEEE Computer Magazine*, vol. 36, pp. 25–31, March 2003.

SAKAMURA, K.: "Making Computers Invisible," *IEEE Micro Magazine*, vol. 22, pp. 7–11, 2002.

SANCHEZ, D., and KOZYRAKIS, C.: "Vantage: Scalable and Efficient Fine-Grain Cache Partitioning," *Proc. 38th Ann. Int'l Symp. on Computer Arch.*, ACM, pp. 57–68, 2011.

SCALES, D.J., GHARACHORLOO, K., and THEKKATH, C.A.: "Shasta: A Low-Overhead Software-Only Approach for Supporting Fine-Grain Shared Memory," *Proc. Seventh Int'l Conf. on Arch. Support for Prog. Lang. and Oper. Syst.*, ACM, pp. 174–185, 1996.

SELTZER, M., BOSTIC, K., McKUSICK, M.K., and STAELIN, C.: "An Implementation of a Log-Structured File System for UNIX," *Proc. Winter 1993 USENIX Technical Conf.*, pp. 307–326, 1993.

SHANLEY, T., and ANDERSON, D.: *PCI System Architecture,* 4th ed., Reading, MA: Addison-Wesley, 1999.

SHOUFAN, A., HUBER, N., and MOLTER, H.G.: "A Novel Cryptoprocessor Architecture for Chained Merkle Signature Schemes," *Microprocessors and Microsystems*, vol. 35, pp. 34–47, Feb. 2011.

SINGH, G.: "The IBM PC: The Silicon Story," *IEEE Computer*, vol. 44, pp. 40–45, Aug. 2011.

SLATER, R.: *Portraits in Silicon*, Cambridge, MA: MIT Press, 1987.

SNIR, M., OTTO, S.W., HUSS-LEDERMAN, S., WALKER, D.W., and DONGARRA, J.: *MPI: The Complete Reference Manual*, Cambridge, MA: MIT Press, 1996.

SOLARI, E., and CONGDON, B.: *PCI Express Design & System Architecture*, Research Tech, Inc., 2005.

SOLARI, E., and WILLSE, G.: *PCI and PCI-X Hardware and Software,* 6th ed., San Diego, CA: Annabooks, 2004.

SORIN, D.J., HILL, M.D., and WOOD, D.A.: *A Primer on Memory Consistency and Cache Coherence*, San Francisco: Morgan & Claypool, 2011.

STETS, R., DWARKADAS, S., HARDAVELLAS, N., HUNT, G., KONTOTHANASSIS, L., PARTHASARATHY, S., and SCOTT, M.: "CASHMERE-2L: Software Coherent Shared Memory on Clustered Remote-Write Networks," *Proc. 16th Symp. on Operating Systems Principles*, ACM, pp. 170–183, 1997.

SUMMERS, C.K.: *ADSL: Standards, Implementation, and Architecture*, Boca Raton, FL: CRC Press, 1999.

SUNDERRAM, V.B.: "PVM: A Framework for Parallel Distributed Computing," *Concurrency: Practice and Experience*, vol. 2, pp. 315–339, Dec. 1990.

SWAN, R.J., FULLER, S.H., and SIEWIOREK, D.P.: "Cm*—A Modular Multiprocessor," *Proc. NCC*, pp. 645–655, 1977.

TAN, W.M.: *Developing USB PC Peripherals*, San Diego, CA: Annabooks, 1997.

TANENBAUM, A.S., and WETHERALL, D.J.: *Computer Networks,* 5th ed., Upper Saddle River, NJ: Prentice Hall, 2011.

THOMPSON, K.: "Reflections on Trusting Trust," *Commun. of the ACM*, vol. 27, pp. 761–763, Aug. 1984.

THOMPSON, J., DREISIGMEYER, D.W., JONES, T., KIRBY, M., and LADD, J.: "Accurate Fault Prediction of BlueGene/P RAS Logs via Geometric Reduction," IEEE, pp. 8–14, 2010.

TRELEAVEN, P.: "Control-Driven, Data-Driven, and Demand-Driven Computer Architecture," *Parallel Computing*, vol. 2, 1985.

TU, X., FAN, X., JIN, H., ZHENG, L., and PENG, X.: "Transactional Memory Consistency: A New Consistency Model for Distributed Transactional Memory," *Proc. Third Int'l Joint Conf. on Computational Science and Optimization*, IEEE, 2010.

VAHALIA, U.: *UNIX Internals*, Upper Saddle River, NJ: Prentice Hall, 1996.

VAHID, F.: "The Softening of Hardware," *IEEE Computer Magazine*, vol. 36, pp. 27–34, April 2003.

VETTER, P., GODERIS, D., VERPOOTEN, L., and GRANGER, A.: "Systems Aspects of APON/VDSL Deployment," *IEEE Commun. Magazine*, vol. 38, pp. 66–72, May 2000.

VU, T.D., ZHANG, L., and JESSHOPE, C.: "The Verification of the On-Chip COMA Cache Coherence Protocol," *Proc. 12th Int'l Conf. on Algebraic Methodology and Software Technology*, Springer-Verlag, pp. 413–429, 2008.

WEISER, M.: "The Computer for the 21st Century," *IEEE Pervasive Computing*, vol. 1, pp. 19–25, Jan.–March 2002; originally published in *Scientific American*, Sept. 1991.

WILKES, M.V.: "Computers Then and Now," *J. ACM*, vol. 15, pp. 1–7, Jan. 1968.

WILKES, M.V.: "The Best Way to Design an Automatic Calculating Machine," *Proc. Manchester Univ. Computer Inaugural Conf.*, 1951.

WING-KEI, Y., HUANG, R., XU, S., WANG, S.-E., KAN, E., and SUH, G.E.: "SRAM-DRAM Hybrid Memory with Applications to Efficient Register Files in Fine-Grained Multi-Threading Architectures," *Proc. 38th Int'l Symp. on Computer Arch.* ACM, 2011.

YAMAMOTO, S., and NAKAO, A.: "Fast Path Performance of Packet Cache Router Using Multi-core Network Processor," *Proc. Seventh Symp. on Arch. for Network and Comm. Sys.*, ACM/IEEE, 2011.

ZHANG, L., and JESSHOPE, C.: "On-Chip COMA Cache-Coherence Protocol for Micro-grids of Microthreaded Cores," *Proc. of 2007 European Conf. on Parallel Processing*, Springer-Verlag, pp. 38–48, 2008.

660
≀
668

二进制数

计算机使用的计数方式和人使用的不同。最重要的区别是计算机中的操作数的精度是有限的而且是固定的。另一个不同之处是计算机使用二进制表示法而不是十进制表示法。本附录将讨论这些问题。

A.1 有限精度数

当人做算术时，很少考虑一个数该用多少位十进制数来表示。物理学家可以计算出宇宙中一共有 10^{78} 个电子而不用担心要完整地写出这个数字需要 79 个十进制位。当人们使用纸和笔计算函数值时，如果结果需要 6 位有效数字，那么中间结果可以保存 7 位、8 位或者任何需要的位数，从来不会出现因为纸的宽度不够而只能保留 7 位数字的情况。

使用计算机时，情况就完全不同了。在大多数计算机中，保存数的内存位数是固定的，而且这个位数在计算机设计时就定好了。虽然经过努力，程序员可以使用两倍、三倍或者更多倍的固定位数来表示数，但是这并没有改变问题的本质。计算机本质上是有限的，这就要求我们使用固定的位数来表示数，这样的数我们称为**有限精度数**（finite-precision number）。

为了研究有限精度数的性质，我们首先来看一看用 3 位十进制数表示的正整数集合，不包括小数点和符号位。该集合中一共有 1000 个数：000，001，002，003，…，999。在这种限制条件下，我们不可能表示出某些类型的数，比如：

1）大于 999 的数。

2）负数。

3）分数。

4）无理数。

5）复数。

整数集合对于加法、减法和乘法是封闭的，这是整数集合的一个重要的特点。换句话说，对于任意两个整数 i 和 j 来说，$i+j$、$i-j$ 和 $i \times j$ 都是整数。整数集合对于除法并不封闭，因为存在 i 和 j 都是整数而 i/j 不能用整数来表示的情况（例如，7/2 和 1/0）。

有限精度数对于加减乘除这四种操作都不封闭，下面使用 3 位十进制数作为例子：

600+600=1200（太大）

003-005=-2（负数）

050×050=2500（太大）

007/002=3.5（不是整数）

破坏规则的情况可以分成互斥的两大类：一类是运算结果大于集合中的最大数（上溢错）或者小于集合中的最小数（下溢错），另一类是运算结果既不太大也不太小但是并不是集合中的某个数。在上面四个破坏规则的例子中，前三个属于前一种情况，而第四个例子则属于后一种情况。

由于计算机的内存是有限的，因此必须在有限精度数上执行运算，这会导致某些计算结果从传统的数学角度来看是错误的。一台在很好的工作条件下工作的计算设备也会给出错误的答案，这初看起来很奇怪，但是这种错误实际上是其有限本质的逻辑结果。某些计算机有特殊的硬件来检测溢出错。

有限精度数的代数规律和普通的代数规律不同。举个例子，考虑结合律：

$$a+(b-c)=(a+b)-c$$

在 a=700、b=400、c=300 的条件下同时计算等式两边的值。计算左边时，首先计算 $(b-c)$，结果是 100，再加上 a，最后结果是 800。计算右边时，首先计算 $(a+b)$，结果超过了 3 位二进制能表示的范围，也就是出现了溢出，最后的结果与计算机有关但肯定不是 1100。从一个不是 1100 的数中减去 300 结果肯定不是 800。这种情况下结合律不再成立，所以说运算的顺序很重要。

再看一个分配律的例子：

$$a \times (b-c)=a \times b - a \times c$$

在 a=5、b=210、c=195 的条件下同时计算等式两边的值。左边是 5×15，结果是 75。右边结果肯定不是 75，因为 $a \times b$ 出现了溢出。

从这些例子中，你可能会得出这样的结论：虽然计算机是通用计算设备，但是它的有限的本质特性使它特别不适于进行数学计算。当然，这个结论并不正确，但是它却有助于我们理解计算机的工作原理和计算机的局限性。

A.2　数的进制表示

大家都熟悉的普通的十进制数是由一串十进制位和一个小数点（如果有）组成的。其一般形式和含义如图 A-1 所示。选择 10 作为求幂的基（称为**基数**（radix））是因为我们使用的是十进制数。使用计算机时，使用非 10 的基数更方便一些。最常用的基数是 2、8 和 16。基于这些基数的计数系统分别是二进制、八进制和十六进制。

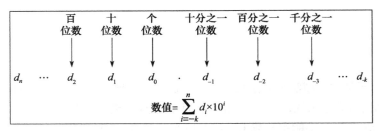

图 A-1　十进制数的一般形式

以 k 为基数的计数系统需要 k 个不同的符号来表示 0 ~ k-1。十进制数就是由下面这 10 个十进制位组成的：

0 1 2 3 4 5 6 7 8 9

而二进制数就不需要使用 10 个不同的阿拉伯数字。所有的二进制数都可以使用两个二进制位来表示：

0 1

同样，八进制数由下面 8 个八进制位表示：

0 1 2 3 4 5 6 7

对于十六进制数来说，则需要 16 个符号位。因此就需要 6 个新的符号。按照习惯，人们使用大写字母 A ~ F 来表示 9 之后的 6 个数位。这样一来，十六进制数就由下面这些位构成：

$$0\ 1\ 2\ 3\ 4\ 5\ 6\ 7\ 8\ 9\ A\ B\ C\ D\ E\ F$$

使用 0 和 1 表示的二进制位通常简称为**位**（bit）。图 A-2 中是十进制数 2001 分别用二进制、八进制和十六进制表示的结果。7B9 一看就知道是十六进制的，因为只有十六进制中才有 B 这样的符号。但是，111 就很难看出是哪种计数系统的数。为了避免出现这种二义性，当从上下文中很难看出使用的计数系统时，人们往往使用下标 2、8、10 和 16 来指明基数。

二进制	1	1	1	1	1	0	1	0	0	0	1

$1\times 2^{10}+1\times 2^9+1\times 2^8+1\times 2^7+1\times 2^6+0\times 2^5+1\times 2^4+0\times 2^3+0\times 2^2+0\times 2^1+1\times 2^0$

$1024\ +\ 512\ +\ 256\ +\ 128\ +\ 64\ +\ 0\ +16\ +\ 0\ +\ 0\ +\ 0\ +\ 1$

八进制	3	7	2	1

$3\times 8^3+7\times 8^2+2\times 8^1+1\times 8^0$

$1536\ +\ 448\ +\ 16\ +\ 1$

十进制	2	0	0	1

$2\times 10^3+0\times 10^2+0\times 10^1+1\times 10^0$

$2000\ +\ 0\ +\ 0\ +\ 1$

十六进制	7	D	1

$7\times 16^2+13\times 16^1+1\times 16^0$

$1792\ +\ 208\ +\ 1$

图 A-2   分别用二进制、八进制和十六进制表示的十进制数 2001

图 A-3 给出了分别使用二进制、八进制、十进制和十六进制来表示的一组非负整数。或许数千年后，当考古学家发现了这张表后会把它看成是 20 世纪末和 21 世纪初计数系统的罗塞塔石碑。

672

十进制数	二进制数	八进制数	十六进制数	十进制数	二进制数	八进制数	十六进制数
0	0	0	0	14	1110	16	E
1	1	1	1	15	1111	17	F
2	10	2	2	16	10000	20	10
3	11	3	3	20	10100	24	14
4	100	4	4	30	11110	36	1E
5	101	5	5	40	101000	50	28
6	110	6	6	50	110010	62	32
7	111	7	7	60	111100	74	3C
8	1000	10	8	70	1000110	106	46
9	1001	11	9	80	1010000	120	50
10	1010	12	A	90	1011010	132	5A
11	1011	13	B	100	1100100	144	64
12	1100	14	C	1000	1111101000	1750	3E8
13	1101	15	D	2989	101110101101	5655	BAD

图 A-3   十进制数和它们对应的二进制、八进制和十六进制表示

A.3   进制转换

八进制或者十六进制数和二进制数之间的转换很容易。把二进制数转换成八进制时，只需要把数中的每 3 位分成一组，小数点左边和右边的 3 位首先分成一组，然后依次分组。每

个 3 位组都可以直接转换成单独的八进制位 0 ~ 7 中的一个，转换规则如图 A-3 所示。转换时可能需要在最高位的前面或者最低位的后面添加 0 以形成三位组。把八进制数转换成二进

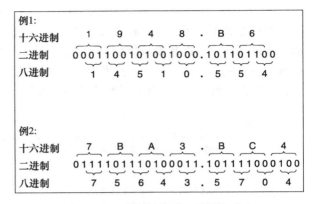

673 制数也同样简单，只需要把每个八进制位转换成相等的 3 位二进制数。十六进制数和二进制数之间的转换与八进制数和二进制数之间的转换基本相同，不同之处只在于每个十六进制位需要 4 位二进制数来表示而不是 3 位。图 A-4 中给出了一些转换的例子。

图 A-4　八进制转换到二进制与十六进制转换到二进制的例子

　　把十进制数转换成二进制数可以使用两种不同的方法。第一种方法是直接使用二进制数的定义。先求出比需要转换的数小的 2 的最大次幂，然后从该数中减去这个幂，对得到的结果重复上述步骤，只要把该数分解成 2 的各次幂的和，当某次幂存在时，在相应的二进制数的对应位置上填 1，否则就填 0，这样就得到了转换的结果。

　　另一种只能用于整数的方法是把需要转换的数除以 2，把得到的商写在最初的数的下方，把余数、0 或者 1 写在商的旁边。然后对商重复执行该过程，直到商为 0 为止。该过程最后会得到两列数，商和余数。从低位向上看余数列就是转换之后的二进制数。图 A-5 中是一个十进制数转换成二进制数的例子。

　　二进制数转换成十进制数也有两种不同的方法。一种方法是把二进制数中为 1 的位乘以 2 的相应次幂，再把所有的结果相加。例如：

$$10110 = 2^4 + 2^2 + 2^1 = 16 + 4 + 2 = 22$$

　　另一种方法步骤如下，首先把二进制数按垂直方向写下来，每位占一行，

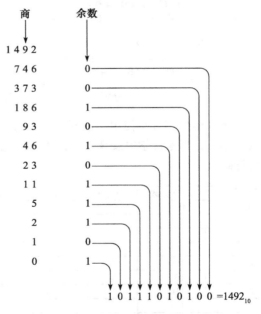

图 A-5　连续除以 2 把十进制数 1492 转换成二进制数，从上向下进行。例如，93 除以 2 的商是 46，余数是 1，把它们写在 93 的下面

最左边的位在最底部。位于最底部的行是第一行，上面一行是第二行，依此类推。使用二进制数旁边的一列来计算十进制数。首先在第一行旁边写上 1，第 n 行的对应值等于第 $n-1$ 行的值乘以 2 再加上第 n 行的位（0 或者 1）。最高行的对应值就是转换得到的十进制数。图

674 A-6 中是使用这种方法把二进制数转换成十进制数的例子。

　　把十进制数转换成八进制数或者十六进制数可以先把十进制数转换成二进制数，再把二进制数转换成需要的进制。也可以通过刚才讨论的从十进制数中减去 8 或者 16 的幂的方法来实现。

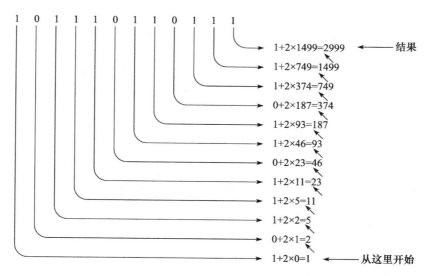

图 A-6　通过连续乘以 2 把二进制数 101110110111 转换成十进制数，从最底部开始。
每行都等于下面一行乘以 2 再加上对应的位。例如，749 就等于 2×374+1

A.4　二进制负数

在电子数字计算机的发展历史中曾经出现过 4 种不同的负数表示法。第一种是**符号绝对值法**。在这种表示法中，最左边的位是符号位（0 表示正数，1 表示负数），其余的位是该数的绝对值。

第二种表示法是**二进制反码**（one's complement），二进制反码同样使用符号位，0 表示正数，1 表示负数。求某个数的相反数时，把每个 1 替换成 0 而把 0 替换成 1。符号位也同样替换。二进制反码现在已经不使用了。

第三种表示法是**二进制补码**（two's complement），同样使用符号位，符号位为 0 表示正数，1 表示负数。求某数的相反数分两步执行。第一步是把每个 1 替换成 0，每个 0 替换成 1，这步和二进制反码一样。第二步把第一步的结果加 1。二进制数的加法和十进制数的加法是一样的，区别只在于执行二进制加法时某位大于 1 就会产生进位，而十进制加法大于 9 才进位。举个例子，把 6 转换成二进制补码的步骤如下：

00000110（+6）

11111001（–6 的二进制反码表示）

11111010（–6 的二进制补码表示）

如果最高位产生进位，将被丢弃。

第四种表示法是**余 2^{m-1}**（excess 2^{m-1}）表示法，使用这种表示法时，每个数都用自身和 2^{m-1} 的和表示。举个例子，如果要表示 8 位数，$m=8$，也就是余 128 表示法，每个数的存储值都是它的真值加上 128。这样一来，–3 就成了 –3+128=125，因此 –3 就用八位二进制数 125（01111101）来表示。使用这种表示法，–128 ~ +127 之间的数被映射到 0 ~ 255 之间，这样它们就都可以表示成 8 位正整数。有趣的是，这种表示法的结果和二进制补码相同，只是符号位相反。图 A-7 中给出了用这四种表示法表示负数的例子。

675

N 的十进制表示	N 的二进制表示	-N 的符号绝对值表示	-N 的二进制反码表示	-N 的二进制补码表示	-N 的余128 表示
1	00000001	10000001	11111110	11111111	01111111
2	00000010	10000010	11111101	11111110	01111110
3	00000011	10000011	11111100	11111101	01111101
4	00000100	10000100	11111011	11111100	01111100
5	00000101	10000101	11111010	11111011	01111011
6	00000110	10000110	11111001	11111010	01111010
7	00000111	10000111	11111000	11111001	01111001
8	00001000	10001000	11110111	11111000	01111000
9	00001001	10001001	11110110	11110111	01110111
10	00001010	10001010	11110101	11110110	01110110
20	00010100	10010100	11101011	11101100	01101100
30	00011110	10011110	11100001	11100010	01100010
40	00101000	10101000	11010111	11011000	01011000
50	00110010	10110010	11001101	11001110	01001110
60	00111100	10111100	11000011	11000100	01000100
70	01000110	11000110	10111001	10111010	00111010
80	01010000	11010000	10101111	10110000	00110000
90	01011010	11011010	10100101	10100110	00100110
100	01100100	11100100	10011011	10011100	00011100
127	01111111	11111111	10000000	10000001	00000001
128	不存在	不存在	不存在	10000000	00000000

图 A-7　使用四种表示法表示的 8 位负数

在符号绝对值法和二进制反码表示法中，0 都有两个值：正 0 和负 0。这种情况是我们不希望看到的。二进制补码表示法就没有这个问题，正 0 的二进制补码还是正 0。当然，二进制补码表示法也有其特别之处。一个 1 后面全是 0 的数的补码是它本身。这使得补码的正数和负数的表示范围不对称；有一个负数没有相应的正数和它对应。

我们比较容易就可以找到出现这些问题的根源：需要一个有如下两个特性的编码系统：

1）0 只有一个值。

2）正数和负数一样多。

问题的关键在于任何一个正数和负数一样多而且只有一个 0 的集合都具有奇数个数，而使用 m 位来表示数时表示范围是偶数个数。因此无论选择哪种表示法，表示法总会比需要表示的范围多一个值。这个多出来的值可以用来表示 -0 或者是一个大的负数，或者用于其他的用途，但是无论它的用途如何，它始终是个麻烦。

A.5　二进制运算

二进制加法表如图 A-8 所示。

两个二进制数相加，从最右边的位开始把加数和被加数的对应位相加。如果产生了进位，就向左进一位，这和十进制加法一样。使用二进制反码时，如果最高位

加数	0	0	1	1
被加数	+0	+1	+0	+1
和	0	1	1	0
进位	0	0	0	1

图 A-8　二进制加法表

产生了进位，还要把该进位值加到结果的最后一位。该过程被称为**循环进位**（end-around carry）。使用二进制补码时，对最高位进位的处理很简单，直接丢弃。二进制运算的例子如图 A-9 所示。

在加数和被加数的符号位相反的情况下不会发生溢出。如果它们的符号位相同而结果的符号位与它们相反，就说明发生了溢出而且结果是错误的。无论使用反码还是补码，当且仅当向结果符号位的进位和符号位产生的进位不同时会产生溢出。大多数计算机都保存符号位的进位，但是向符号位的进位从结果中是看不出来的。因此，计算机中一般都提供专用的溢出位。

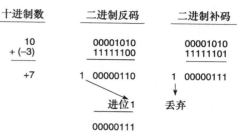

图 A-9　二进制反码和二进制补码加法

678

习题

1. 把下面的数转换成二进制：1984、4000 和 8192。

2. 分别写出二进制数 1001101001 的十进制值、八进制值和十六进制值。

3. 下列哪些是合法的十六进制数？ BED、CAB、DEAD、DECADE、ACCEDED、BAG 和 DAD。

4. 用 2 ~ 9 这 8 种不同的基数分别表示十进制数 100。

5. 使用 r 作为基数的 k 位数串一共可以表示多少个不同的正数？

6. 由于大多数人都只有 10 根手指，他们只能用手指数到 10。而计算机科学家可以数得更多一些。他们把每根手指看成是一个二进制位，手指伸出表示 1，弯曲表示 0，请问计算机科学家使用这种方式能数到的最大的数是多少？如果再加上脚趾呢？如果使用左脚的大拇指作为符号位来表示二进制补码数，那么可以表示的范围是多大？

7. 计算下列 8 位二进制补码数的加减法。

    00101101　　 11111111　　 00000000　　 11110111
  + 01101111　　 + 11111111　　 − 11111111　　 − 11110111

8. 在使用二进制反码的条件下重复上一题中的运算。

9. 计算下列的二进制补码表示的 3 位二进制数的加法。对每个和，讨论：

a. 结果的符号位是否是 1。

b. 最低三位是否为 0。

c. 是否产生了溢出。

   000　　 000　　 111　　 100　　 100
 + 001　　 + 111　　 + 110　　 + 111　　 + 100

10. 带符号的 n 位十进制数可以使用不带符号的 $n+1$ 位来表示。正数的最高位是 0。负数则每位都是 9 减去该位原来的值。因此 −014725 就表示为 985274。这种数被称为十进制反码数，和二进制反码数类似。请把下列数表示成 3 位十进制反码数：6、−2、100、−14、−1 和 0。

11. 定义十进制反码数的加法规则并计算下面的加法。

   0001　　 0001　　 9997　　 9241
 + 9999　　 + 9998　　 + 9996　　 + 0802

679 12. 十进制补码类似于二进制补码。十进制补码的负数就是把对应的十进制反码加 1 并忽略符号位之后得到的。请问十进制补码的加法规则是什么？

13. 构造以 3 为基数的数的乘法表。

14. 执行二进制数 0111 和 0011 的乘法操作。

15. 编写一个程序，按照 ASCII 字符串方式接收一个带符号的十进制数然后输出对应的二进制补码值、八进制值和十六进制值。

16. 编写一个程序，接受两个只包括 0 和 1 的 32 个字符的 ASCII 字符串作为输入，每个字符串表示一个 32 位的二进制数。程序的输出结果是这两个二进制数相加的结果，仍然用 32

680 位 ASCII 字符串（0 和 1）表示。

浮 点 数

在许多计算中，使用的数的范围都相当大。例如，在天文学的计算中，可能会涉及电子的质量 9×10^{-28} 克，太阳的质量 2×10^{33} 克，相差的范围达到了 10^{60}。这两个数可以表示成：

00000000000000000000000000000000.0000000000000000000000000009
20000000000000000000000000000000.0000000000000000000000000000

进行计算时必须保证小数点左面有 34 位，右面有 28 位。这样结果就有 62 位有效数字。在二进制的计算机中，必须使用多精度的计算来提供足够的有效数字。但是，我们所知的太阳的质量还不到 5 位有效数字，更不要说 62 位了。实际上，很少有测量结果需要 62 位有效数字。虽然我们可以对所有的中间计算结果保留 62 位有效数字，在打印最后结果之前舍去其中的 50 或者 60 位，但是这样不仅浪费 CPU 的计算时间还会浪费内存。

我们需要的表示法应该能够把数的表示范围和有效数字分开表示。在本附录中，我们将讨论这种表示法。这种称为浮点数的表示法以物理、化学和工程中常用的科学计数法为基础。

B.1 浮点数原理

我们熟悉的科学计数法就是一种把精度和表示范围分开的表示法：

$$n = f \times 10^e$$

其中 f 称为**尾数**（fraction 或 mantissa），e 是一个正整数或者负整数，称为**阶码**（exponent）。计算机中使用这种表示法就称为浮点数。下面是使用浮点表示的几个例子：

$$
\begin{aligned}
3.14 &= 0.314 \times 10^1 &= 3.14 \times 10^0 \\
0.000001 &= 0.1 \times 10^{-5} &= 1.0 \times 10^{-6} \\
1941 &= 0.1941 \times 10^4 &= 1.941 \times 10^3
\end{aligned}
$$

阶码的位决定数的表示范围，而尾数的位数决定数的精度。由于可以使用多种方式表示同一个数，因此有必要选择一种作为标准。为了研究这种表示法的特点，考虑一种表示法 R，使用带符号的 3 位尾数，表示范围为 $0.1 \le |f| < 1$ 或者为 0，阶码使用带符号的两位数。这种表示法的表示范围按绝对值计算从 $+0.100 \times 10^{-99}$ 到 $+0.999 \times 10^{+99}$，表示范围几乎跨越了 10 的 199 次方，但是只使用了五位数字和两个符号位就可以保存一个数。

浮点数可以用于模拟数学中使用的实数，但是两者之间仍然存在着重要的区别。图 B-1 中给出了实数轴的粗略的划分，实数轴可以划分成 7 个区域：

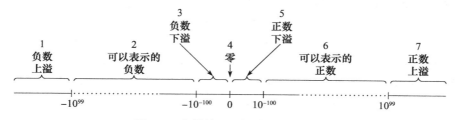

图 B-1　实数轴可以划分成 7 个区域

1）小于 -0.999×10^{99} 的大负数。

2）-0.999×10^{99} ~ -0.100×10^{-99} 之间的负数。

3）绝对值小于 0.100×10^{-99} 的小负数。

4）0。

5）绝对值小于 0.100×10^{-99} 的小正数。

6）0.100×10^{-99} ~ 0.999×10^{99} 之间的正数。

7）大于 0.999×10^{99} 的大正数。

使用三位尾数和两位阶码表示的数和实数之间的主要区别在于前者不能表示区域 1、3、5、7 中的数。如果算术运算的结果使数字落在了区域 1 或者 7，例如，$10^{60} \times 10^{60}=10^{120}$，就会产生**上溢错**并导致结果不正确。出现这种问题的原因在于表示法本身的表示能力是有限的，因 [682] 此出现这种问题也是不可避免的。同样，区域 3 和 5 的数也无法表示。这种情况称为**下溢错**（unclerflow error）。和上溢相比，下溢的结果并不十分严重，因为区域 3 和 5 中的数通常可以用 0 来近似表示。例如，10^{-102} 元的银行余额和 0 并没有什么区别。

浮点数和实数之间的另一个重要区别是它们的密度不同。无论实数 x 和 y 多么接近，它们之间都存在另一个实数。可以用下面的事实说明这一特点，对于任意两个不同的实数 x 和 y，$z=(x+y)/2$ 是位于它们之间的实数，这就是实数的连续性。

而浮点数则没有连续性。使用刚才提到的五位数字、两位符号位的表示法只能表示 179 100 个正数，179 100 个负数和 0（0 可以用多种形式表示），这样一共可以表示 358 201 个数。在 -10^{+100} ~ $+0.999 \times 10^{99}$ 之间有无限多的实数，而这种表示法只能表示其中的 358 201 个。图 B-1 中的点就代表了这些数。因此很有可能出现计算的结果不能用这些数来表示的情况，即使计算的数位于区域 2 和区域 6 也一样。例如，$+0.100 \times 10^3$ 除以 3 的结果就不能用我们的表示法精确表示。如果计算的结果不能精确地表示，那么就需要用最接近它的数来表示它。这称为**舍入**（rounding）。

在区域 2 或者 6 中可表示的数之间相隔的距离也不是恒定的。$+0.998 \times 10^{99}$ ~ $+0.999 \times 10^{99}$ 之间的距离显然大于 $+0.998 \times 10^0$ ~ $+0.999 \times 10^0$ 之间的距离。但是，如果使用两个相邻的数之间的比例来表示其距离的话，那么在区域 2 和 6 中，这一距离就是一个系统不变量了。换句话说，舍入引起的**相对误差**（relative error）对于大数和小数来说都是近似相等的。

虽然到目前为止，我们讨论的是使用三位尾数、两位阶码的表示法，但是其结论也同样适用于其他表示法。改变尾数和阶码的位数只不过移动区域 2 和区域 6 的边界而已，改变的只是这两个区域中可以表示的点的数量。增加尾数的位，可以增加点的密度，从而相应地提 [683] 高表示的精度。增加阶码的位数可以增大区域 2 和区域 6 并相应地使区域 1、3、5 和 7 减小。图 B-2 中是采用浮点表示的十进制数在尾数和阶码变化的情况下区域 6 的近似边界。

计算机中使用的是这种表示法的一个变体。为了提高效率，阶码的基是 2、4、8 或者 16 而不是 10，相应的尾数就由二进制串、四

尾数的位数	阶码的位数	下　界	上　界
3	1	10^{-12}	10^9
3	2	10^{-102}	10^{99}
3	3	10^{-1002}	10^{999}
3	4	10^{-10002}	10^{9999}
4	1	10^{-13}	10^9
4	2	10^{-103}	10^{99}
4	3	10^{-1003}	10^{999}
4	4	10^{-10003}	10^{9999}
5	1	10^{-14}	10^9
5	2	10^{-104}	10^{99}
5	3	10^{-1004}	10^{999}
5	4	10^{-10004}	10^{9999}
10	3	10^{-1009}	10^{999}
20	3	10^{-1019}	10^{999}

图 B-2　可以表示的（没有规格化过的）浮点十进制数的近似的下界和上界

进制串、八进制串或者十六进制串组成。如果这些尾数的最高位是 0，就把尾数左移一位，并把阶码减 1，这样并不会改变数的值（除非出现了下溢）。最高位不为 0 的尾数称为**规格化**（**normalized**）**尾数**。

规格化数要优于非规格化数，因为规格化数只有一种，而非规格化数有许多种形式。图 B-3 中给出了使用 2 作为基的规格化浮点数的例子。例子中使用的是 16 位的尾数（包括符号位）和 7 位的阶码，使用的是余 64 表示法。基数点左面是阶码，右面是尾数。

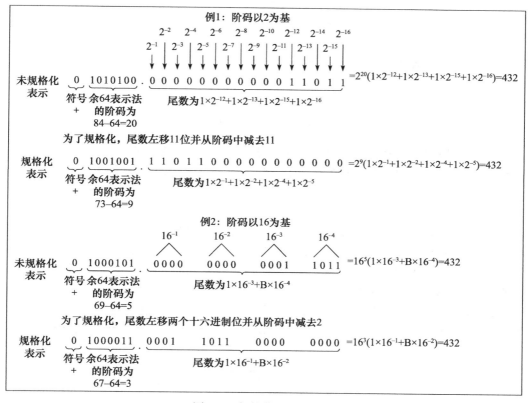

图 B-3　规格化浮点数举例

B.2　IEEE 754 浮点数标准

在 20 世纪 80 年代之前，每个计算机厂商都使用自己的浮点数标准。毫无疑问，它们肯定是不同的。更糟糕的是，其中有些厂商的运算结果不正确，这是由于一般的硬件设计者对于浮点数的细节问题并不十分了解。

为了改变这种状况，IEEE 在 20 世纪 70 年代末成立了一个专门委员会负责对浮点数进行标准化。标准的制定目标不仅是可以使浮点数在不同的计算机之间交换而且可以使硬件设计者掌握一个已知为正确的计算模式。这些工作的结果就是 IEEE 754 标准（IEEE，1985）。现在的大部分 CPU（包括 Intel、SPARC，和本书中讨论的 JVM）的浮点指令都符合 IEEE 浮点数标准。和其他那些在多种选择之间妥协而产生的不能使任何一方满意的标准不同，IEEE 754 是一个不错的标准，其原因是由于这部分工作主要是由一个人完成的，这个人就是 Berkeley 的数学教授 William Kahan。下面我们就介绍该标准。

684

标准中定义了三种格式：单精度（32 位）、双精度（64 位）和扩展精度（80 位）。其中的扩展精度格式是用于减少舍入误差，主要用在浮点运算单元内部，因此下面我们不讨论这种格式。单精度和双精度格式都使用了以 2 为基的尾数和阶码的余数表示。其格式如图 B-4 所示。

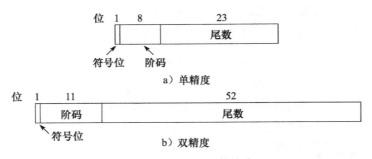

图 B-4 IEEE 浮点数格式

这两种格式的第一位都是符号位，0 表示正数，1 表示负数。接下来的部分是阶码，单精度数使用余 127 表示法，双精度数使用余 1023 表示法。其中的最小值（0）和最大值（255 和 2047）不用于表示规格化数，后面将会讨论它们的特殊用途。最后一部分是尾数，单精度数是 23 位，双精度数是 52 位。

规格化的尾数开始必须是二进制小数点，后面是 1，再往后是尾数的剩余部分。参加了 PDP-11 的实现过程之后，标准的作者认识到尾数中第一位的 1 并不需要实际存储，我们可以假定总有一个第一位的 1 存在。因此，标准中定义的尾数和通常有所不同。它是由隐含的 1、隐含的二进制小数点和 23 位或者 52 位二进制数组成的。如果全部的 23 位或者 52 位尾数都是 0，尾数的数值就是 1.0；如果全部都是 1，那么尾数的数值就比 2.0 略小。为了避免和传统表示法混淆，这种由隐含的 1、隐含的二进制小数点和 23 位或者 52 位表示位组成的数称为**有效数**（significand）而不称为尾数。所有规格化的数都有有效数 s，范围是 $1 \leqslant s < 2$。

项 目	单精度	双精度
符号位	1	1
阶码的位数	8	11
尾数的位数	23	52
总共的位数	32	64
阶码的表示法	余 127	余 1023
阶码的范围	$-126 \sim +127$	$-1022 \sim +1023$
最小的规格化数	2^{-126}	2^{-1022}
最大的规格化数	约为 2^{128}	约为 2^{1024}
十进制表示范围	为 $10^{-38} \sim 10^{38}$	为 $10^{-308} \sim 10^{308}$
最小的非规格化数	为 10^{-45}	为 10^{-324}

图 B-5 IEEE 浮点数的特征

IEEE 浮点数的特征如图 B-5 所示。作为例子，看一下使用规格化的单精度格式表示的数 0.5、1 和 1.5。它们的十六进制表示分别是 3F000000、3F800000 和 3FC00000。

浮点数的一个传统的问题是如何处理下溢、上溢和未初始化的数。IEEE 标准明确规定了这些问题的解决办法，其部分思想来自 CDC 6600。除了规格化数之外，标准还定义了其他四种数据类型，如图 B-6 所示。

当运算结果的数量级小于规格化浮点数所能表示的最小值时，该表示法就出现了问题。 以前，硬件都是采取以下两种策略，或者把结果置为 0 或者产生一个浮点下溢陷阱。这两种处理方法都不令人满意，因此 IEEE 提出了**非规格化数**。这类数的阶码为 0，尾数由后面的 23 位或者 52 位给出，尾数最左面隐含的 1 现在变成了 0。非规格化数可以很容易和规格化数区别开，因为规格化数的阶码不能为 0。

图 B-6　IEEE 的数据类型

最小的规格化单精度数阶码为 1 而尾数为 0，表示的值是 1.0×2^{-126}。而最大的非规格化数的阶码为 0，尾数全 1，表示的是 $0.9999999 \times 2^{-126}$。这两个值几乎相等。但是需要注意的一点是这种数只有 23 位精度，而规格化数的精度是 24 位。

随着计算结果越来越小，阶码仍然是 0，尾数的前面几位也将变成 0，这样不仅减小了尾数的值也减小了尾数的精度。最小的非 0 的非规格化数只有最右面的一位是 1，其他位全部是 0。阶码代表 2^{-126} 而尾数代表 2^{-23}，因此值为 2^{-149}。这是一种比较合理的处理下溢的方法，它用降低精度的方法来处理下溢，这就可以避免出现在结果不能用规格化数表示时直接变成 0 的问题。

使用这种方式可以表示两个 0，一个正 0 和一个负 0，由符号位来决定。正 0 和负 0 的阶码和尾数都是 0。这里同样，最左位隐含是 0 而不是 1。

上溢则没有一种合理的处理方式。因为左面已经没有可用的位组合了。我们可以使用一种特殊的表示法来表示无穷大，由全 1 的阶码（规格化数中不允许出现这样的阶码）和尾数 0 组成。该数可以用作操作数，在进行算术运算时作为无穷大来处理。例如，无穷大加任何数都等于无穷大，任何有限的数除以无穷大都得 0。与之类似，任何有限数除以 0 都等于无穷大。

那么无穷大除以无穷大是多少呢？结果没有定义。为了应付这种情况，提供了另外一种特殊的格式，称为 NaN（非数字，Not a Number）。它也可以被用作操作数并且结果是可预测的。

习题

1. 把下面的数转换成 IEEE 单精度浮点数格式。结果用 8 位的十六进制数表示。

a. 9

b. 5/32

c. −5/32

d. 6.125

2. 把下列使用十六进制数表示的 IEEE 单精度浮点数转换成十进制数。

a. 42E48000H

b. 3F880000H

c. 00800000H

    d. C7F00000H

3. IBM370 中使用的单精度浮点数格式如下，阶码 7 位使用余 64 表示法，尾数由 24 位加符号位组成，符号位在最上面。阶码的基数是 16。表示的格式是符号位、阶码、尾数。请把 7/64 表示成使用该格式的规格化数，结果用 16 进制表示。

4. 下面的二进制浮点数由符号位、余 64 基数为 2 的阶码和 16 位的尾数组成。请把它们规格化

    a. 0 1000000 0001010100000001

    b. 0 0111111 0000001111111111

    c. 0 1000011 1000000000000000

5. 在执行浮点加法时，必须首先调整两个数的阶码（通过对尾数进行移位来进行）使它们相同。然后再对它们执行加法，如果需要，再对结果进行规格化。请计算 IEEE 单精度数 3EE00000H 和 3D800000H 的和并把结果用 16 进制的规格化数表示。

6. 小气鬼计算机公司准备设计一种使用 16 位浮点数的计算机。0.001 型中使用的浮点数由符号位、7 位余 64 的阶码和 8 位尾数组成，0.002 型由符号位、5 位余 16 的阶码和 10 位的尾数组成。这两种型号都使用 2 作为基数。这两种型号能够表示的最小的和最大的正规格化数各是多少？每种具有的精度是十进制多少位？你会购买这两种计算机吗？

7. 有一种情况会使两个浮点数的运算结果的精度急剧降低。请问是哪种情况？

8. 某些浮点运算芯片有内置的求平方根指令。这种指令可以使用迭代算法（如 Newton-Raphson 算法）。迭代算法需要一个初始的估计值然后不断地提高结果的精度。那么怎样才能快速地获得一个浮点数的平方根的估计值呢？

9. 编写程序执行两个 IEEE 单精度浮点数的加法运算。每个数都使用 32 个元素的布尔数组表示。

10. 编写一个程序执行两个单精度浮点数的加法，浮点数的阶码使用 16 为基数，尾数使用 2 为基数。最左面没有隐含的 1。规格化数的最左面 4 位可以是 0001、0010、…、1111，但是不能是 0000。对这种浮点数进行规格化时，尾数每左移 4 位阶码加 1。

汇编语言程序设计

Evert Wattel

Vrije 大学

阿姆斯特丹 荷兰

任何计算机都有自己的**指令系统**（ISA），它包括一组寄存器、指令和其他一些对底层程序员可见的特征。指令系统通常也称为**机器语言**（machine language），虽然这个称谓并不十分准确。这个抽象层次上的程序就是一个很长的二进制数的列表，每条指令对应一个二进制数，这些二进制数能够指明要执行的指令是什么，指令的操作数又是什么。使用二进制数来进行编程是相当困难的，因此所有的机器都有自己的**汇编语言**。简单地说汇编语言就是指令集体系结构的符号化表示，例如使用符号化的名称 ADD、SUB 和 MUL，而不是直接使用二进制数。本附录是一个面向特定 CPU 的汇编语言程序设计指南，这个特定的 CPU 就是 Intel 的 8088。8088 曾经被最初的 IBM PC 机所采用，而且现代的 Core i7 CPU 正是以 8088 为基础发展起来的。另外，本附录也会介绍一些能够从互联网下载的编程工具的使用方法，这些工具对读者学习汇编语言程序设计会有所帮助。

本附录的目的不是培养熟练的汇编语言程序员，而是帮助读者通过亲身实践来更好地学习计算机的体系结构。因此，我们选择了 Intel 8088 这种简单的机器作为我们的运行实例。虽然现在 8088 已经很少见了，但是每台 Core i7 机器都可以兼容运行为 8088 编写的程序。而且 Core i7 机器大部分的核心指令和 8088 都是相同的，只是 8088 使用 16 位的寄存器而 Core i7 使用 32 的寄存器而已。从这个角度来说，本附录也可以看作是 Core i7 机器汇编语言程序设计的简要介绍。

为了编程的需要，任何机器都需要有自己的汇编语言，程序员对相应机器的指令系统应该非常熟悉。因此，本附录的 C.1 ~ C.4 节深入介绍了 8088 的体系结构，包括存储器的组织、寻址方式和指令集等。C.5 节主要对本附录中使用的汇编器进行了说明，我们后面会详细介绍，这个汇编器是免费使用的。本附录中使用的符号和汇编器使用的符号是一致的。附录中使用的符号与这个汇编器使用的符号是一样的。其他汇编器可能用不同的符号，如果读者习惯了 8088 的汇编程序设计会感觉到这个变化。C.6 节主要讨论的是一个解释程序 / 跟踪程序 / 调试程序的工具，这个工具能够从互联网上下载，利用这个工具能够帮助初学编程的程序员进行程序调试。C.7 节详细介绍了相关工具的安装和入门知识。C.8 节则包括了程序、例子、练习和解决方案。

691

C.1 概述

我们将从介绍一些与汇编语言程序相关的词汇来开始我们的汇编语言程序设计之旅，然后通过一个小例子来进一步说明什么是汇编语言程序设计。

C.1.1 汇编语言

为了记忆方便任何汇编器都支持使用**助记符**（mnemonic），例如使用 ADD、SUB 和

MUL 等简短的词来表示加法、减法和乘法等机器指令。另外，汇编器也允许用**符号名字**（symbolic name）来表示常量和**标号**（label），它们能够指明指令和内存地址。大部分的汇编器都支持一定数量的**伪指令**（pseudoinstruction），这些伪指令虽然最后不转化为 ISA 指令，但是汇编器能根据这些伪指令来引导汇编过程。

当一个汇编语言编写的程序装入**汇编器**（assembler）的时候，汇编器能够将这个程序转换为能够实际执行的二进制程序，这个**二进制程序**（binary program）能够在实际的硬件上运行。然而，初学者在开始编写汇编语言程序的时候往往会遇到程序出错或者异常结束这类情况，而且对为什么会发生这些错误一头雾水。为了使初学者能够感觉到编写和调试程序更容易一些，有些时候可以不在实际的硬件上运行二进制程序，取而代之在模拟器中运行它们，这样能够一次只执行一条机器指令而且可以给出指令运行的详细过程，采用这样的方法有助于简化程序调试工作。当然，程序在模拟器上运行可能非常慢，但程序运行速度慢一些无关紧要，因为我们不是运行软件产品，我们的目的只是为了更好地学习汇编语言程序设计。本附录正是使用了包含这种模拟器的工具包，这个模拟器我们称为**解释程序**（interpreter）或者**跟踪程序**（tracer），它能够分步骤地解释和跟踪二进制程序的运行情况。在本附录中，术语"模拟器"、"解释程序"和"跟踪程序"会被交替使用。通常，当我们讨论用模拟器执行一个程序的时候称它为"解释程序"，当我们讨论用模拟器调试一个程序的时候称它为"跟踪程序"，而实际上它们是同一个程序。

C.1.2　一个汇编语言小程序

为了使一些抽象的概念能够具体化，我们来考察一下图 C-1 所示的汇编程序和跟踪程序的运行映像。图 C-1 给出了跟踪程序运行屏幕的映像。图 C-1a 显示的是一个简单的面向8088 的汇编程序，图中感叹号后面的数字是汇编程序源代码的行号，使用行号能够便于查询程序中的相关语句。这个程序的拷贝能够在本书附带的资料中找到，具体来讲是在目录examples 下面的源文件 HlloWrld.s 文件中。这个汇编程序和本附录所讨论的所有汇编程序一样，都以 .s 为文件扩展名，也就是说以 .s 为扩展名的文件是汇编语言程序的源程序。图 C-1b所示的跟踪程序屏幕上有 7 个窗口，其中每一个窗口又都包含着正在执行的二进制程序的不同状态信息。

```
_EXIT = 1        ! 1      CS: 00  DS=SS=ES: 002              MOV  CX,de-hw    ! 6
_WRITE =4        ! 2      AH:00 AL:0c  AX:      12           PUSH CX          ! 7
_STDOUT = 1      ! 3      BH:00 BL:00  BX:       0           PUSH HW          ! 8
.SECT .TEXT      ! 4      CH:00 CL:0c  CX:      12           PUSH _STDOUT     ! 9
start:           ! 5      DH:00 DL:00  DX:       0           PUSH _WRITE      !10
    MOV  CX,de-hw ! 6     SP: 7fd8 SF   O D S Z C  =>0004    SYS              !11
    PUSH CX       ! 7     BP: 0000 CC   - > p - -   0001  =>  ADD  SP,8       !12
    PUSH hw       ! 8     SI: 0000  IP:000c:PC       0000    SUB  CX,AX       !13
    PUSH _STDOUT  ! 9     DI: 0000   start + 7       000c    PUSH CX          !14
    PUSH _WRITE   !10
    SYS           !11                              E
    ADD  SP, 8    !12                              I
    SUB  CX,AX    !13
    PUSH CX       !14     hw                       > Hello  World\n
    PUSH _EXIT    !15     ■                         
    SYS           !16     hw + 0 = 0000:48 65 6c 6c 6f 20 57 6f Hello  World 25928
.SECT .DATA      !17
hw:              !18
.ASCII "Hello World\n" ! 19
de: .BYTE  0     ! 20
```

a）汇编语言程序　　　　　　　　　　　　b）对应的跟踪程序显示

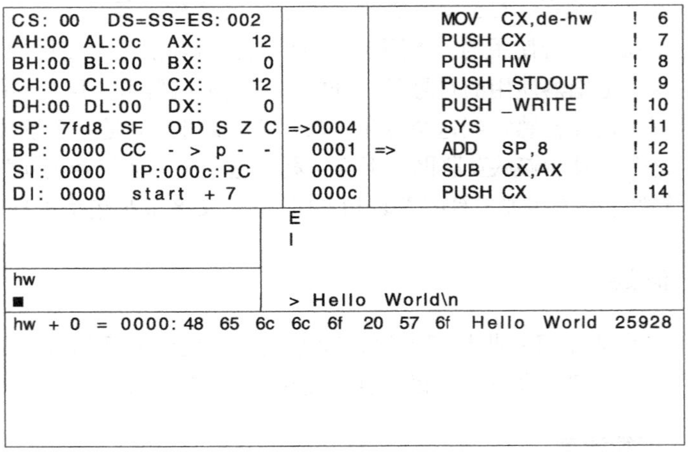

图　C-1

现在让我们来简要地看一下图 C-1b 所示的 7 个窗口。上部有 3 个窗口，两边是两个较大 ⟦693⟧
的窗口，中间是一个较小的窗口。左上方的窗口显示的是处理器的内容，包括段寄存器 CS、
DS、SS 和 ES，运算寄存器 AH、AL、AX 以及其他寄存器的当前值。

上部中间的窗口包含着栈中的信息，栈是用于放置临时数据的一块存储区。

右上部的窗口显示的是一段汇编语言程序，箭头所指的是当前正在执行的指令。当程序
运行的时候，当前正在执行的指令不断变化，箭头相应地也要进行移动，始终指向当前正在
执行的指令。跟踪程序的优点就是当按下键盘上的回车键时，一条指令被执行，同时各个窗
口的内容也被更新，这样就使得能够以慢动作一样的方式来运行程序。

左窗口下方的窗口包含的是一个子程序调用栈，图中这个窗口现在是空的。此窗口的下
方是跟踪程序自己的命令窗口。这两个窗口的右侧是一个用于输入、输出和给出错误消息的
窗口。

整个屏幕最底下的窗口显示的是内存的一部分。在后面的几节中我们将会详细的讨论这
些窗口的功能与作用。现在看来基本思想还是非常清楚的：跟踪程序能够显示源程序、机器
寄存器的内容以及正在执行的程序的一些状态信息等。当一条指令被执行时，这些信息将被
更新，从而使用户能够观察到程序运行过程中非常细节的东西。

C.2　8088 处理器

包括 8088 在内的任何处理器都有一个内部状态，利用这个内部状态可以保存某些电路
信息的。为了这个目的，处理器中通常设置一组**寄存器**用来存储和处理相关信息。这组寄存
器中最重要的可能就是**程序计数器** PC 了，它用来保存下一条要执行的指令在内存中的**地址**。
这个寄存器有时候也称作**指令指针**（Instruction Pointer，IP）。指令一般是存储在内存中的**代
码段**中。虽然 8088 能够使用的主存可以达到 1MB，但是当前代码段只能使用其中的 64KB。
图 C-1 中的代码段寄存器表明 64KB 的代码段起始点在 1MB 内存的范围内。新的代码段可以
通过改变 CS 寄存器的值这样简单的方法来激活。和代码段类似，还有一个 64KB 的数据段，
数据段能够指明数据的起始地址，在图 C-1 中数据段的起始点通过 DS 寄存器给出，如果想
访问当前数据段以外的数据，只要改变 DS 寄存器的值就可以。8088 需要 CS 和 DS 寄存器的
原因是 8088 的寄存器都是 16 位的，而表示 1MB 的内存空间需要 20 位的地址，16 位的寄存
器显然容纳不下 20 位的地址，正是这个原因才引入了代码段和数据段寄存器。

8088 其他的寄存器用来存放数据或者指向主存中数据的指针。在汇编语言程序中，这些
寄存器能够直接进行访问。除了这些寄存器之外，8088 处理器还有一些必需的部件来执行指 ⟦694⟧
令，这些部件程序员只能通过指令才能用到。

C.2.1　处理器周期

8088（以及所有其他计算机）的运转主要就是一条接一条地执行指令。每条指令的执行
可以分解为下列步骤：

1）利用 PC 从内存中的代码段取指令。
2）程序计数器加 1。
3）对取来的指令译码。
4）从内存或者处理器的寄存器中取必需的数据

5）执行指令。

6）把指令执行结果存入内存或者寄存器。

7）回到第一步开始执行下一条指令。

一条指令的执行过程有点像运行一个小程序。实际上，一些机器实际是用一个称为**微程序**的小程序来执行它们的指令。微程序在第 4 章中我们已经进行了详细说明。

从汇编语言程序员的角度来看，8088 有一组共 14 个寄存器。这些寄存器在某种意义上来说就是指令操作的临时存储区，尽管这个存储区的内容是易失的。图 C-2 给出了这 14 个寄存器的概况。很明显此图和图 C-1 中跟踪程序的寄存器窗口很相似，这是因为二者本来表示的信息就是相同的。

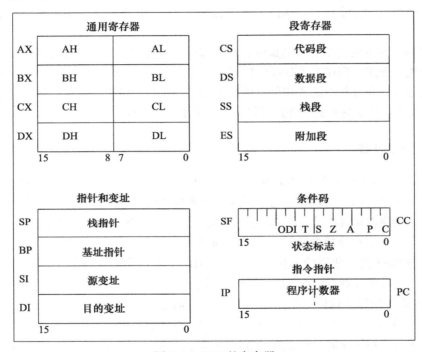

图 C-2　8088 的寄存器

8088 的寄存器都是 16 位宽。虽然没有哪两个寄存器在功能上完全相同，但是它们有些还是具有一些共同的特征，所以在图 C-2 中将这些寄存器又分成不同的组。下面我们就对各组寄存器进行讨论。

C.2.2　通用寄存器

第一组寄存器 AX、BX、CX 和 DX 是**通用寄存器**（general register）。这组中的第一个寄存器是 AX，称为**累加寄存器**（accumulator register）。AX 寄存器主要用来收集计算结果，因此它成为很多指令的目标寄存器。尽管每个寄存器都能作为任务的宿主寄存器，但在一些指令中 AX 仍是作为隐式的目的寄存器，例如在乘法中指令中就是如此。

这组中的第二个寄存器是 BX，称为**基址寄存器**（base register）。在很多用途中 BX 和 AX 的用法是完全一样的，但是 BX 具有 AX 所没有的一种能力。这就是 BX 中可以存放内存地址，执行指令的时候相应的操作数就来自 BX 中内存地址指向的内存单元，AX 寄存器没有

这样的功能。为了说明这个问题，下面我们来比较两条指令。我们先看第一条指令

> MOV AX,BX

这条指令把 BX 寄存器中的内容拷贝到 AX 寄存器中。我们再看第二条指令

> MOV AX,(BX)

这条指令把 BX 寄存器中内存地址所指向的主存字的内容拷贝到 AX 寄存器中。在第一条指令中，BX 中存放的是源操作数，而在第二条指令中 BX 仅是指向源操作数。在上述这两个例子中 MOV 指令都有一个源操作数和一个目的操作数，并且目的操作数也在源操作数之前。 | 696 |

下一个通用寄存器是 CX，称为**计数寄存器**（counter register）。除了完成许多其他任务之外，这个寄存器还专门用于循环计数。在 LOOP 指令中 CX 寄存器具有自动减一的功能，当 CX 值达到零的时候就中止循环。

第四个通用寄存器是 DX，称为**数据寄存器**（data register）。它通常和 AX 寄存器一起用于双字长度（例如 32 位）指令。在这种情况下，DX 中存放高 16 位而 AX 中存放低 16 位。通常 32 位的整数用 long 这个术语来表示。而术语 double 通常用来表示 64 位的浮点值，有些人也使用 double 来表示 32 位整数。在本指南中不存在这种冲突，因为我们根本就不讨论浮点数。

所有这些通用寄存器都既可以看作是一个 16 位的寄存器，又可以看作是一对 8 位的寄存器。这样来看，8088 就正好有 8 个不同的 8 位寄存器，这些 8 位的寄存器可以用在字节和字符指令中。除了这几个寄存器之外，其他的寄存器都不能分成两个 8 位的寄存器。有些指令使用整个 16 位寄存器，如 AX，而有些指令只使用寄存器的一半，如 AL 或者 AH。一般而言，指令使用完整的 16 位寄存器进行算术运算，而使用 8 位的寄存器来处理字符。无论如何，我们必须认识到 AL 和 AH 只是 AX 寄存器两个不同部分的名称而已。当 AX 中加载了新值，AL 和 AH 也随之更改为所加载值的低 8 位和高 8 位。为了弄清楚 AX、AH 和 AL 的互相影响，我们可以考虑下面的指令

> MOV AX,258

这条指令把十进制的 258 加载到 AX 寄存器中。指令结束之后，字节寄存器 AH 中的值就为 1，字节寄存器 AL 中的值为 2。如果这条指令之后紧跟着一条字节加法指令

> ADDB AH,AL

那么字节寄存器 AH 的值就会加上 AL（2）中的值，也就是说 AH 的值现在是 3。这条指令的行为对 AX 寄存器会有影响，现在 AX 值为十进制的 770，也就是二进制的 00000011 00000010 或者 16 进制的 0x03 0x02。这 8 个字节宽度的寄存器基本上都是可以互换使用的，只有下面的情况下例外。在 MULB 指令中 AL 总是包含一个操作数，而且 AL 和 AH 一起构成了此字节乘法指令的隐式目的寄存器。DIVB 指令也使用 AH：AL 对来存放被除数。计数寄存器的低位字节 CL 可以存放在移位和旋转指令中使用的循环次数。

C.8 节中的例 2 通过分析讨论汇编程序 GenReg.s 进一步展示了通用寄存器的属性。 | 697 |

C.2.3 指针寄存器

第二组寄存器由**指针寄存器**和**变址寄存器**（index register）组成，这组寄存器中最重要的寄存器是**栈指针**，用 SP（stack pointer）来表示。在绝大部分编程语言中栈都是相当重要的。

栈是一个存放当前正在运行的程序上下文信息的内存段。通常，当调用一个过程的时候，栈的一部分就用来保存这个过程的局部变量，还有过程结束时的返回地址以及其他控制信息等。和过程相关的栈部分称为**栈结构**（stack frame）。当一个被调用的过程调用另一个过程的时候，就会再分配一个栈结构，一般而言这个新的栈结构就在当前的栈结构之下。总之，只要有新的调用就会在当前栈结构之下再分配新的栈结构。虽然不是强制性的，但是栈总是向下增长，也就是说从高地址向低地址方向增长。不过，栈占用的最低地址总是被称为栈顶。

栈除了具有保存局部变量的功能之外，还能用来保存中间结果。8088 有一条 PUSH 指令，功能是把 16 位的字放到栈顶，这条指令先把 SP 的值减 2，然后在 SP 当前所指向的地址存储它的操作数。类似地，POP 指令从栈顶移除一个 16 位的字，这个 16 位的字是通过取出栈顶的值来获得的，然后将 SP 的值增 2。SP 寄存器指向栈顶，能够被 PUSH、POP 和 CALL 指令修改。PUSH 和 CALL 指令减少 SP 的值，POP 指令则增加 SP 的值。

这组中的下一个寄存器是**基址寄存器**（Base Pointer，BP）。此寄存器通常存放栈中的一个地址。和 SP 总是指向栈顶不同，BP 可以指向栈中的任何位置。实际上，BP 的一种最为常见的用法是用它来指向当前过程栈结构的起始位置，这样有利于方便地找到过程的局部变量。简而言之，BP 就经常用来指向当前栈结构的底部（具有最高数值的栈结构字），而 SP 指向当前栈结构的顶部（具有最低数值的栈结构字）。从而当前栈结构就由 BP 和 SP 确定了上下界。

在这个寄存器组中还有两个变址寄存器：**源变址寄存器**（Source Index，SI）和**目的变址寄存器**（Destination Index，DI）。这两个寄存器通常和 BP 结合使用，来对栈中的数据进行寻址。它们也可以和 BX 一起使用，共同形成数据存储位置的地址。有关这两个寄存器的其他用法我们在寻址模式一节中还会介绍。

这些寄存器的重中之重就是自成一组的**指令指针**寄存器，Intel 称这个寄存器为程序计数器（PC）。这个寄存器不能直接在指令中用来寻址，它存放的是内存中程序代码段的一个地址。处理器指令周期正是从取得 PC 所指向的指令开始的。在当前指令尚未执行完的时候，就进行了增量操作。通过这种方法，程序计数器就总是能够指向当前指令后继指令中的第一条指令。

698

标志位寄存器（flag register）或者**条件码寄存器**（condition code register）实际上是一组单个的二进制位组成的寄存器。这些二进制位有的是算术运算指令根据指令执行结果来设置，例如下面这些标志位：

Z——结果为 0 标志。

S——结果为负数标志（符号位）。

V——结果溢出标志。

C——结果产生进位标志。

A——辅助进位标志。

P——结果奇偶标志。

标志位寄存器的其他位用于处理器某些特定情况下的控制操作。位 I 用来控制是否允许中断，位 T 用来控制是否允许跟踪模式（主要用于调试），位 D 则用来控制字符串操作的方向。标志寄存器中的 16 位并没有都用到，那些不用的二进制位就强制地设为 0。

在**段寄存器组**（segment register group）还有 4 个寄存器。回顾一些前面讲的栈，数据和指令码都驻留在主存中，但是它们分别位于不同部分。这些段寄存器就是管理内存的不同部分的，内存的不同部分就是**段**。其中，CS 称为代码段寄存器，DS 称为数据段寄存器，SS 称为栈段寄存器，ES 称为附加段寄存器。大多数时候这些寄存器的值是不会改变的。实际上，数据段和栈段使用相同的内存段，只是数据段使用该段的底部，而栈段使用该段的顶部。这些寄存器将在 C.3.1 节中有更详细的说明。

C.3 内存与寻址

8088 由于要将 1MB 的内存和 16 位的寄存器结合起来使用，结果就使得它的内存组织看着有些乱。1MB 的内存需要 20 位的内存地址来表示，这就导致了在 16 位的寄存器中存储一个指向内存的指针是不可能的。为了解决这个问题，内存就按段的方式来组织，每段 64KB，这样每段内存的段内地址都能用 16 位来表示。下面我们就来看看 8088 内存体系结构的一些细节。

C.3.1 内存组织与分段

8088 的内存由可寻址的 8 位字节简单排列而成，用于存放指令，同时也用于存放数据和栈。为了区分用于不同用途的内存的不同部分，8088 采用了**段**的方式，段是具有某种特定用途的独立内存块。8088 的每一个段都由连续的 65 536 个字节构成，共有 4 个段： 〔699〕

1）代码段。

2）数据段。

3）栈段。

4）附加段。

代码段用来存放程序指令。PC 寄存器的内容实际上就是代码段中的一个内存地址。当 PC 值为 0 时它指向的是代码段的最低地址，而不是绝对的内存零地址。数据段用来存放初始化或者未初始化的数据。BX 寄存器中的指针就是指向数据段的。栈段用来存放局部变量以及压入栈的中间结果。SP 和 BP 中的地址其实总是位于栈段的。附加段是一个备用的段寄存器，可以放置在内存中任何需要的地方。

每一个段都有一个对应的 16 位的段寄存器：CS、DS、SS 和 ES。段的起始地址是一个 20 位的无符号整数，它是将段寄存器的内容左移 4 位并在最右端的 4 位填充 0 而构成的。这就意味着段寄存器表示的总是 20 位地址空间中 16 的倍数。段寄存器指向的是段的基址。段内地址可以这样计算，先将 16 位的段寄存器的值转换为后面补了 4 个 0 的真正的 20 位地址，然后将这个 20 位的地址再加上段内的偏移量，这样计算出的地址就是需要的段内地址了。实际上就是用段寄存器的值乘以 16，然后再加上段内偏移量来计算这个绝对内存地址。举个例子，如果 DS 等于 7，BX 是 12，那么 BX 所表示的地址就是 $7 \times 16 + 12 = 124$。也就是说，DS=7 表示的 20 位的二进制地址是 00000000000001110000，加上 16 位的相对于段起始点的偏移量 0000000000001100（十进制的 12），得到的就是 20 位的地址 00000000000001111100（十进制的 124）。

每一次的内存访问，肯定都有一个段寄存器用来构造实际的内存地址。如果某些指令使用了直接地址而没有涉及寄存器，那么这个地址自动默认为是数据段的地址，这种情况下 DS 用来确定段的基址，物理地址就由 DS 的值加上指令中的地址来形成。下一条指令码的内存物理地址则是通过将 CS 寄存器的值左移 4 位然后再和程序计数器的值相加得到。也就是先计算

16 位的 CS 寄存器表示的真正的 20 位地址，然后与 16 位的 PC 值相加得到 20 位的绝对地址。

栈段由两个字节的字组成，这样栈指针 SP 的值就恒为偶数。栈从高地址向低地址来填充。因此，执行 PUSH 指令将把栈指针减 2，同时把操作数存放到由 SS 和 SP 计算出来的内存地址中。相反，POP 指令先重新获取存入的操作数，然后将 SP 的值加 2。栈段中比 SP 低的地址是未分配的自由空间。栈的清除只能通过增加 SP 的值来进行。实际上，DS 和 SS 的值是总是相同的，所以 16 位的指针能够用来访问一个共享的数据/栈段的变量。如果 DS 和 SS 不同，则每个指针则需要额外的第 17 位来区分这个指针到底指向的是数据段还是栈段。回顾一下前面的介绍，如果存在单独的栈段，那么最可能的就是出现了错误。

如果 4 个段寄存器中的地址互相都相隔很远，则这 4 个段就会是分离的。但是如果可用的内存有限，那么就没有必要将这几个段分离开来。因为编译之后程序码的长度是可知的，这样就可以从代码的最后一条指令之后的第一个 16 倍数的地址开始数据段和栈段。当然这个假设的前提是代码段和数据段从来不使用相同的物理地址。

C.3.2 寻址

几乎每条指令都需要数据，这些数据或者来自内存或者来自寄存器。为了指定这些数据，8088 提供了相当灵活的寻址方式。许多指令都有两个操作数，通常称为**源操作数**和**目的操作数**。例如下面的拷贝指令或加法指令：

MOV AX,BX

或

ADD CX,20

在这些指令中，第一个操作数是目的操作数，第二个操作数是源操作数（其实选择哪个操作数在前哪个在后是很随意的；和例子中相反的方案在也经常被采用）。显然在这样的指令中目的操作数一定是一个**左值**，即目的操作数必须能够存放结果。这也意味着常量可以作为源操作数，但不能作为目的操作数。

在 8088 最初的设计中，双操作数指令中必须至少有一个操作数是寄存器。这样判断一条指令是**字指令**还是**字节指令**时就可以通过检查指令中寻址用的寄存器是**字寄存器**还是**字节寄存器**来得出结论了。在 8088 处理器的第一个发行版中，这种思想确实是强制性的，以至于想将一个常量入栈都不可能，因为入栈指令的源操作数和目的操作数都不是寄存器。后续的

版本虽然没有最初版本那么严格，但这种思想无论怎样都会对设计产生影响。在某些指令中，有的操作数不用显式给出。例如在 MULB 指令中，只给出目的操作数 AX 寄存器就足够了。

还有一定数量的单操作数指令，比如增 1 指令、移位指令、求反指令等。在这些指令中，不需要使用寄存器，是字还是字节操作就不得不靠操作码（例如指令类型）来区分。

8088 支持 4 种基本的数据类型：1 个字节的**字节类型** byte、2 个字节的**字类型** word、4 个字节的**长整数类型** long 和**二进制编码的十进制数**（BCD），BCD 中两个十进制的数字被压缩到一个字中。最后一种类型解释程序不支持。

内存地址总是指向一个字节的，单对于字和长整数类型，所占用的内存位置还要包括紧挨着被此内存地址所指字节上方的 1 个或者 3 个字节。例如内存地址为 20 的字就要占用 20 和 21 两个位置，而内存地址为 24 的长整数则要占用 24、25、26 和 27 这 4 个位置。8088 处理器是**小端派**，也就是字的低位字节存放在低地址。在栈段中，字都是存放在偶地址的。对

这个处理器的寄存器来说，AX DX 的组合是处理器寄存器中存放长整数的唯一一种组合方式，其中 AX 用于存放低位字。

图 C-3 中的表给出了 8088 处理器寻址模式的概况，下面我们简单分析一下。表中最上面一部分列出了处理器使用的寄存器，几乎所有的指令都要用这些寄存器作为操作数，这些寄存器既可以用作源操作数，也可以用作目的操作数。总共有 8 个字寄存器和 8 个字节寄存器。

方 式	操作数	例 子
寄存器寻址		
字节寄存器	字节寄存器	AH、AL、BH、BL、CH、CL、DH、DL
字寄存器	字寄存器	AX、BX、CX、DX、SP、BP、SI、DI
数据段寻址		
直接寻址	地址在操作码之后	(#)
寄存器间接寻址	地址在寄存器中	(SI)、(DI)、(BX)
寄存器相对寻址	地址为寄存器 + 偏移量	#(SI)、#(DI)、#(BX)
寄存器变址寻址	地址为 BX+SI/DI	(BX)(SI)、(BX)(DI)
寄存器变址相对寻址	BX++SI/DI+ 偏移量	#(BX)(SI)、#(BX)(DI)
栈段寻址		
基址间接寻址	地址在寄存器中	(BP)
基址相对寻址	地址为 BP+ 偏移量	#(BP)
基址变址寻址	地址为 BP+SI/DI	(BP)(SI)、(BP)(DI)
基址变址相对寻址	BP+SI/DI+ 偏移量	#(BP)(SI)、#(BP)(DI)
立即数		
立即字节 / 字	指令的数据部分	#
隐式地址		
入栈 / 出栈指令	间接地址（SP）	PUSH、POP、PUSHF、POPF
加载 / 存储标志位	状态寄存器	LAHF、STC、CLC、CMC
转换指令 XLAT	AL、BX	XLAT
重复字符串指令	(SI)、(DI)、(CX)	MOVS、CMPS、SCAS
输入 / 输出指令	AX、AL	IN #、OUT #
字节、字转换指令	AL、AX、DX	CBW、CWD

图 C-3　操作数寻址方式。符号"#"表示数值或者标号

图 C-3 中第二部分数据段寻址给出了应用于数据段的寻址方式。这种类型的寻址方式中总是使用一对圆括号，其作用是用来表示操作数是相应地址的内容而不是值。最种类型中最简单的寻址方式是**直接寻址**（direct addressing），这种寻址方式中操作数的数据地址在指令中直接给出。例如：

```
ADD CX,(20)
```

在这条指令中将位于地址 20 和 21 中的内存字的内容加到 CX 中。在汇编语言中，为了汇编过程的方便，内存位置经常使用标号来表示，而不直接使用数值。即使在 CALL 和 JMP 指令中，目的操作数也被存放在有标号表示的内存位置中。在我们使用的汇编程序中，标号两侧的圆括号也是必需的，因为

```
ADD CX,20
```

也是一条合法的指令，而这条指令的含义是将 20 这个常量加到 CX 中，并不是要将内存地址 20 处的字内容加到 CX 中。在图 C-3 中，符号"#"用来表示一个数值常量、标号或者是包含有标号的常量表达式。

在**寄存器间接寻址**（register indirect addressing）方式中，操作数的地址是存放在 BX、SI 或者 DI 这几个寄存器的某一个之中的。在上面这三种情况下，操作数都是位于数据段的。也可以在寄存器之前放置一个常量，这种情况下就需要将常量和寄存器相加来得到操作数地址。这种寻址方式称为**寄存器相对寻址**（register displacement），主要是为了数组处理方便。举个例子，如果 SI 的值为 5，那么下面的指令就是将在标号 FORMAT 处的字符串中的第 5 个字符加载到 AL 中。

MOVB AL,FORMAT(SI).

整个字符串的扫描可以通过每步将寄存器的值增加 1 或者减少 1 来实现。如果使用的操作数是字，那么寄存器的值每次就增加或者减少 2。

实际使用中可以将数组的基址（例如，最低数字地址）放到 BX 寄存器中，然后将 DI 和 SI 寄存器用于计数。这种方式称为**寄存器变址寻址**（register with index addressing）。例如：

PUSH (BX)(DI)

这条指令将 BX 和 DI 寄存器的值相加之后得到操作数的地址，通过这个地址将数据段中相应位置的数据取出来然后入栈。前面介绍的最后两种寻址地址结合在一起就构成了**寄存器变址相对寻址**（register with index and displacement addressing），例如：

NOT 20(BX)(DI)

这条指令将位于地址 BX+DI+20 和 BX+DI+21 处的内存字进行求反操作。

所有数据段中的间接寻址方式也同样适用于栈段，只不过在栈段中，基址指针 BP 替代了基址寄存器 BX。这样（BP）就成为唯一的寄存器间接栈寻址方式，但是这种寻址方式也存在很多变化的形式，例如基址变址相对寻址方式 -1（BP）(SI)。这些寻址方式对于局部变量和函数参数的寻址还是很有价值的，这些局部变量和函数参数都存储在子过程的栈地址中。具体的存储安排我们将在 C.4.5 节中进一步说明。

到目前为止通过我们讨论的寻址方式得到的操作数地址既可以用于源操作数也可以用于目的操作数。我们也可以称这些地址为**有效地址**（effective addresse）。表 C-3 中剩下的两块所列的寻址方式不能用于目的操作数，也不能作为有效地址。它们只能应用于源操作数。

如果在一条指令中操作数地址就是其自身的一个常量字节或者字值的话，那么这种寻址方式就称为**立即数寻址**（immediate addressing）。例如：

CMP AX,50

这条指令比较 AX 和常量 50，并根据比较结果设置相应的标志寄存器相应位的值。

最后，在一些指令中还使用**隐式寻址**（implied addressing）。对于这些指令，操作数隐含在指令本身。例如：

PUSH AX

将 AX 入栈，操作的过程是先减少 SP 的值，然后将 AX 拷贝到当前 SP 所指向的位置。然而，在这条指令中 SP 并没有在指令中明确给出，事实上是 PUSH 指令隐含了要使用 SP。类似地，标志维护指令也是隐式地使用状态标志寄存器，虽然实际上并没有在指令中进行命名。其他的几种指令也有隐式操作数。

8088 处理器有专门的指令用来进行移动（MOVS）、比较（CMPS）和扫描（SCAS）字符串。在这些字符串指令中，变址寄存器 SI 和 DI 在操作之后会自动进行改变。这种行为称为**自增**或者**自减**模式。SI 和 DI 到底是增加还是减少取决于状态标志寄存器中的**方向标志**（direction flag）。如果方向标志的值是 0 那么就增，如果是 1 那么就减。增减的数量是 1 还是 2 要依据指令是字节指令还是字指令。同样，栈指针也是自增和自减的：在 PUSH 指令开始的时候减 2，在 POP 指令结束的时候增 2。

704

C.4   8088 指令集

每台计算机的核心就是它能够执行的指令集。要想真正理解一台计算机，就必须要很好地理解它的指令集。在下面几个小节中，我们将讨论 8088 最重要的一些指令。有些指令我们在图 C-4 中给出，并将它们分为 10 组。

C.4.1   移动、拷贝和算术运算

第一组指令是拷贝和移动指令。到目前为止，最常用的指令是 MOV 指令，指令中要显式给出源操作数和目的操作数。如果源操作数是寄存器，那么目的操作数可以是一个有效地址。在这张表中，寄存器操作数用 r 来表示，有效地址用 e 来表示，所以这样的操作数组合可以用 $e \leftarrow r$ 来表示，这也是图 C-4 中 MOV 指令操作数列中的第一项。在这条指令的语法中，目的操作数在前，源操作数在后，箭头←用来指明操作对象。这样，$e \leftarrow r$ 的含义就是将一个寄存器的内容拷贝到有效地址中。

对于 MOV 指令来说，源操作数也可以是一个有效地址，目的操作数是一个寄存器，这种组合用 $r \leftarrow e$ 来表示，也就是表操作数列的第二项。第三种可能的方式是立即数作为源操作数，有效地址作为目的操作数，用 $e \leftarrow \#$ 来表示。表中用符号"#"来表示立即数。由于存在字移动指令 MOV 和字节移动指令 MOVB，所以图中我们将指令助记符后面用一对圆括号将 B 括起来表示这种情况。因此，图 C-4 中的这一行实际上代表了 6 种不同的指令。

因为移动指令不对条件码寄存器的任何标志位产生影响，所以图中最后 4 列都用"—"来标记。需要注意的是实际上移动指令并不真正移动数据，而是拷贝数据，源操作数的内容并不被修改，而真正的移动是要修改源操作数的。

图 C-4 中的第二条指令是 XCHG，这条指令的功能是将寄存器的内容和有效地址的内容相交换。在图中使用符号↔表示交换。交换指令也存在两个版本，一个是字节交换，一个是字交换。在这种情况下，表中用 XCHG 表示相应的指令，操作数字段则用 $r \leftrightarrow e$ 表示。下一条指令是 LEA，LEA 是 Load Effective Address 的缩写，意思是加载有效地址。它的功能是计算有效地址的数值并将结果存入寄存器中。

再往下是 PUSH 指令，即将其操作数压入栈。显式的操作数可以是一个常量（操作数列中用 # 表示）或者是一个有效地址（操作数列中用 e 表示）。此指令还有一个隐式操作数 SP，这个操作数在指令语法中并不出现。这条指令执行时，先将 SP 的值减 2，然后将操作数存储到当前 SP 所指向的位置。

接着就是 POP 指令了，它的作用是从栈移除一个操作数到有效地址处。再往下的两条指令是 PUSHF 和 POPF 指令，它们也都有隐式操作数，作用分别是将标志位寄存器压入栈和弹出栈。指令 XLAT 也是这种情况，没有显式的操作数。XLAT 指令的作用将 AL+BX 地址处计算所得的内容加载到 AL 字节寄存器中。有了这条指令就可以方便地在 256 个字节的表中进行快速查找。

705

助记符	说明	操作数	状态标志 O	S	Z	C
MOV（B）	转移字、字节	$r{\leftarrow}e,\ e{\leftarrow}r,\ e{\leftarrow}\#$	—	—	—	—
XCHG（B）	交换字	$r{\leftrightarrow}e$	—	—	—	—
LEA	加载有效地址	$r{\leftarrow}\#\ e$	—	—	—	—
PUSH	入栈	$e,\ \#$	—	—	—	—
POP	出栈	e	—	—	—	—
PUSHF	标志位入栈	—	—	—	—	—
POPF	标志位出栈	—	—	—	—	—
XLAT	转换 AL	—	—	—	—	—
ADD（B）	字加法	$r{\leftarrow}e,\ e{\leftarrow}r,\ e{\leftarrow}\#$	*	*	*	*
ADC（B）	带进位字加法	$r{\leftarrow}e,\ e{\leftarrow}r,\ e{\leftarrow}\#$	*	*	*	*
SUB（B）	字减法	$r{\leftarrow}e,\ e{\leftarrow}r,\ e{\leftarrow}\#$	*	*	*	*
SBB（B）	带借位字减法	$r{\leftarrow}e,\ e{\leftarrow}r,\ e{\leftarrow}\#$	*	*	*	*
IMUL（B）	带符号乘法	e	*	U	U	*
MUL（B）	无符号乘法	e	*	U	U	*
IDIV（B）	带符号除法	e	U	U	U	U
DIV（B）	无符号除法	e	U	U	U	U
CBW	字节—字符号位扩展	—	—	—	—	—
CWD	字—双精度数符号位扩展	—	—	—	—	—
NEG（B）	求负数	e	*	*	*	*
NOT（B）	逻辑求反	e	—	—	—	—
INC（B）	增1	e	*	*	*	—
DEC（B）	减1	e	*	*	*	—
AND（B）	逻辑与	$e{\leftarrow}r,\ r{\leftarrow}e,\ e{\leftarrow}\#$	0	*	*	0
OR（B）	逻辑或	$e{\leftarrow}r,\ r{\leftarrow}e,\ e{\leftarrow}\#$	0	*	*	0
XOR（B）	逻辑异或	$e{\leftarrow}r,\ r{\leftarrow}e,\ e{\leftarrow}\#$	0	*	*	0
SHR（B）	逻辑右移	$e{\leftarrow}1,\ e{\leftarrow}CL$	*	*	*	*
SAR（B）	算术右移	$e{\leftarrow}1,\ e{\leftarrow}CL$	*	*	*	*
SAL（B）(=SHL（B）)	左移	$e{\leftarrow}1,\ e{\leftarrow}CL$	*	*	*	*
ROL（B）	循环左移	$e{\leftarrow}1,\ e{\leftarrow}CL$	*	—	—	*
ROR（B）	循环右移	$e{\leftarrow}1,\ e{\leftarrow}CL$	*	—	—	*
RCL（B）	带进位循环左移	$e{\leftarrow}1,\ e{\leftarrow}CL$	*	—	—	*
RCR（B）	带进位循环右移	$e{\leftarrow}1,\ e{\leftarrow}CL$	*	—	—	*
TEST（B）	测试操作数	$e{\leftrightarrow}r,\ e{\leftrightarrow}\#$	0	*	*	0
CMP（B）	比较操作数	$e{\leftrightarrow}r,\ e{\leftrightarrow}\#$	*	*	*	*
STD	设置方向标志：向下	—	—	—	—	—
CLD	设置方向标志：向上	—	—	—	—	—
STC	设置进位标志	—	—	—	—	1
CLC	清除进位标志	—	—	—	—	0
CMC	补码进位	—	—	—	—	*
LOOP	DEC（CX）≥0 则跳回	标号	—	—	—	—
LOOPZ LOOPE	Z=1 而且 DEC（CX）≥0 则跳回	标号	—	—	—	—
LOOPNZ LOOPNE	Z=0 而且 DEC（CX）≥0 则跳回	标号	—	—	—	—
REP REPZ REPNZ	重复字符串指令	串指令	—	—	—	—
MOVS（B）	移动字串	—	—	—	—	—
LODS（B）	加载字串	—	—	—	—	—
STOS（B）	存储字串	—	—	—	—	—
SCAS（B）	扫描字串	—	*	*	*	*
CMPS（B）	比较字串	—	*	*	*	*
JCC	条件转移	标号	—	—	—	—
JMP	转移到标号	$e,$ 标号	—	—	—	—
CALL	转移到子过程	$e,$ 标号	—	—	—	—
RET	子过程返回	$—,\ \#$	—	—	—	—
SYS	系统调用陷阱	—	—	—	—	—

图 C-4　8088 最重要的一些指令

8088 正式定义的指令还有 IN 和 OUT，但这两条指令在本附录介绍的解释程序中并没有实现（在图 C-4 中也没有列出来）。实际上，这两条指令和移动指令的功能差不多，IN 指令从输入 / 输出设备接收数据，OUT 指令则向输入 / 输出设备发送数据。IN 和 OUT 指令使用的隐式地址总是 AX 寄存器，指令的第二个操作数是相应设备寄存器的端口号。

图 C-4 的第二部分是加法和减法指令。这些指令都有着和 MOV 指令相同的三种操作数组合方式：有效地址到寄存器、寄存器到有效地址，以及常量到有效地址。因此，表中操作数列对应的是 $r \leftarrow e, e \leftarrow r$，以及 $e \leftarrow \#$。在所有的这 4 条指令中，溢出标志 O、符号标志 S、零标志 Z 和进位标志 C 都要根据指令的结果进行设置。例如，运算结果超出机器的字长所能表示的范围，那么溢出标志 O 就要置 1，如果没有溢出那么 O 就清 0。如果用最大的 16 位二进制数 0x7fff（十进制数 32 767）和它本身相加，那么结果就不能用一个 16 位的带符号二进制数来表示，这个时候就要将 O 标志位置 1，用来指明这个错误。这些操作中的其他状态标志位也要进行类似的处理。如果指令影响状态标志位，那么就在表中的对应列上用星号（*）表示。在指令 ADC 和 SBB 中，操作开始的时候进位标志用作额外的 1（或者 0），它们可以看作是前一次操作的进位或者借位。这个技巧对于使用多个机器字来表示 32 位或者更长的整数特别有用。对于所有的加法和减法指令，既有针对字的指令也有针对字节的指令。

图 C-4 中再往下的一部分是乘法指令和除法指令。操作数是带符号整数就使用 IMUL 和 IDIV 指令，无符号整数就使用 MUL 和 DIV 指令。寄存器组合 AH:AL 在字节乘除法指令中用来作为目的操作数，在字乘除法指令中则用寄存器组合 DX:AX 来实现。即使乘法运算的结果仅是一个字或者字节，DX 或者 AH 寄存器在操作中也要被重新改写。因为目的操作数有足够的位数，所以乘法总是可以进行的。如果乘积不能用一个字或者一个字节来表示，那么就要将溢出位和进位位置 1。乘法操作的零和负数标志位没有定义。

除法也使用和乘法一样的寄存器组合，用 DX：AX 或 AH：AL 作为目的操作数。商放到 AX 或者 AL 中，余数放到 DX 或者 AH 中。全部的 4 个标志位，进位、溢出、零和负数对于除法而言都没有定义。如果除数为 0，或者商放不到寄存器中，那么除法操作将产生一个**陷阱**，此时程序的执行停止直到陷阱处理程序就绪。此外，除法之后用软件的方法处理负号还是比较明智的选择，因为 8088 定义的余数的符号和被除数的符号一致。然而在数学中，余数总是非负的。

BCD 处理指令，例如 AAA（加法的 ASCII 码调整）和 DAA（加法的十进制调整）等指令解释程序没有实现，在图 C-4 中也没有给出。

706 ～ 707

C.4.2　逻辑、位和移位操作

下一部分的指令包括符号位扩展、求反、逻辑补、增 1 和减 1 等。符号位扩展操作没有显式的操作数，它实际上操作的是寄存器组合 DX：AX 或者 AH：AL 中的数。这组指令中其他操作的单个操作数可以是任意的一个有效地址。在 NEG、INC 和 DEC 指令中，标志位都会按照预期的方式受到影响，但 INC 和 DEC 指令不影响进位位，这是比较出乎意料的，以至于有些人认为这是一个设计上的错误。

接下来是一组两个操作数的逻辑操作指令，这组指令的行为都和预期相一致。在移位和循环移位这组指令时，所有的指令都把有效地址作为它们的目的操作数，而源操作数可以是字节寄存器 CL，也可以是数 1。移位指令会影响全部的 4 个标志位；循环移位只影响进位位和溢出位。无论是移位还是循环移位，进位位总是接收移出的最高位或者最低位，具体是哪一位要取决于移位的方向。在 RCR、RCL、RCRB 和 RCRL 这些带进位位的循环移位指令中，进位位和有效地址中的操作数一起构成一个 17 位或者 9 位的循环移位寄存器组合，这样有利于多字移位和循环移位。

再往下一组指令是用来操作标志位的。这样做的主要原因是为条件跳转做准备。双箭头"↔"用来表示比较和测试操作中的两个操作数，它们在操作的过程中并不改变。在 TEST 操作中，操作数之间实际上进行的是逻辑与操作，并根据结果置位或者清除零标志位和符号位。这种逻辑与操作结果的值并不保存，相关的操作数也不做任何修改。在 CMP 指令中，要计算操作数的差，并根据比较结果置位或者清除全部 4 个标志位。方向标志位用来给出在字符串指令中 SI 和 DI 寄存器的值是增加还是减少，这个标志位可以分别通过 STD 和 CLD 指令来置位或者清除。

8088 还有一个**奇偶标志位**（parity flag）和一个**辅助进位标志位**（auxiliary carry flag）。奇偶标志位给出结果的奇偶性（奇数还是偶数）。辅助进位标志用来检查目的操作数低 4 位是否产生了溢出。还有两条 LAHF 和 SAHF 指令，它们的作用是拷贝标志位寄存器的低位字节到 AH 以及反向的操作中。这些指令和标志位主要是为了能够向后兼容 8080 和 8085 处理器。

C.4.3　循环操作和重复串操作

接下来要介绍的是用于循环的指令。LOOP 指令减少 CX 寄存器的值，如果结果大于 0 那么就跳转回标号指示的地方。指令 LOOP、LOOPE、LOOPNZ 和 LOOPNE 还要测试零标志位，从而判断是否在 CX 变为 0 之前结束循环。

所有的循环指令的目的地址都不能超过距离当前程序计数器的位置 128 个字节，因为指令使用的是一个 8 位的带符号的偏移量。跳转能够跨越的指令数量并不能像字节一样明确计算出来，因为不同指令的长度是不同的。通常，指令的第一个字节定义了指令的类型，有些指令在代码段中就只占一个字节。一般来说指令的第二个字节用来定义寄存器和指令的寄存器模式，如果指令包含偏移量或者立即数，那么指令长度将增加 4 ~ 6 个字节。典型的平均指令长度大约是 2.5 个字节，所以 LOOP 指令跳转的范围一般不超过 50 条指令。

还有一些特殊的串指令循环机制，它们是 REP、REPZ 和 REPNZ 等。类似地，图 C-4 中下一部分的 5 条字符串指令都有隐式地址，而且使用的变址寄存器也都采用自增或者自减模式。这几条指令中，SI 寄存器指向**数据段**（data segment），但 DI 寄存器指向**附加段**（extra segment），ES 寄存器是其基址。和 REP 指令相配合，MOVSB 指令能够在一条指令中移动一个完整的串。串长度存放在 CX 寄存器中。由于 MOVSB 指令不影响标志位，所以没有办法通过 REPNZ 的拷贝操作检查一个 ASCII 零字节，但是这个问题可通过其他方法来解决，可以先用 REPNZ SCASB 得到一个有意义的值保存到 CX 中，然后再执行 REP MOVSB。这一点我们将在 C.8 节字符串拷贝的例子中再详细说明。对于这些指令，要对段寄存器 ES 给予格外的注意，除非 ES 和 DS 具有相同的值。在解释程序中使用的是小内存模型，所以 ES=DS=SS。

C.4.4　跳转和调用指令

图 C-4 中最后一部分指令是条件跳转和无条件跳转指令、子程序调用和返回指令。其中最简单的要数 JMP 指令了，这条指令将标号作为目的地址或者将有效地址的内容作为目的地址。**近跳转**（near jump）和**远跳转**（far jump）是有区别的。在近跳转中，目的地址就在当前的代码段中，整个操作过程中代码段不会发生变化。在远跳转中，CS 寄存器在跳转指令执行期间会改变。如果指令直接使用标号作为目的地址，那么代码段寄存器的新值就由标号之后的调用提供；如果指令的目标地址是一个有效地址，就从内存中取得一个长整数，此长整数的低位字对应于目的标号，高位字就是新的代码段寄存器的值。

当然，有这样的区别存在是不足为奇的。为了能够跳转到 20 位地址空间的任何一个地址，必须在 16 位之外再提供一些信息才行。这种方法所做的就是为了给出 CS 和 PC 的新值。 709

条件跳转

8088 有 15 种条件跳转，其中有几个有两个名字（例如，大于等于跳转指令和不小于跳转指令是一样的）。这些跳转指令列在图 C-5 中。所列指令从指令当前位置最多的跳转距离不能超过 128 个字节。如果目标地址不在这个范围之内，那么就不得不采用一种跳转跨越跳转的结构。在这种结构中，采用相反条件的跳转跨越下一条指令。如果下一条指令是一条无条件的能够转移到目的地址的远跳转指令，那么这样两条指令的效果正是我们所期望的远范围跳转。举个例子，为了替换

    JB FARLABEL

指令，我们使用

    JNA 1f
    JMP FARLABEL
    1:

指 令	说 明	跳转条件
JNA、JBE	Below 或者等于	CF=1 或者 ZF=1
JNB、JAE、JNC	非 below	CF=0
JE、JZ	为 0，等于	ZF=1
JNLE、JG	大于	SF=OF 并且 ZF=0
JGE、JNL	大于等于	SF=OF
JO	溢出	OF=1
JS	符号位为负	SF=1
JCXZ	CX 为 0	CX=0
JB、JNAE、JC	Below	CF=1
JNBE、JA	Above	CF=0 或者 ZF=0
JNE、JNZ	非 0，不等于	ZF=0
JL、JNGE	小于	SF ≠ OF
JLE、JNG	小于等于	SF ≠ OF 或者 ZF=1
JNO	未溢出	OF=0
JNS	非负	SF=0

图 C-5　条件跳转指令

换而言之，如果不可能直接实现 JUMP BELOW 跳转，那么可以使用 JUMP NOT ABOVE 跳转到一个近距离的标号 1，后面再紧跟一条跳转到 FARLABEL 的无条件跳转指令。虽然这样做浪费一点时间和空间，但是效果是相同的。当程序中可预期的目的地址太远的时候，汇编器能够自动采用这种跨越式的跳转结构。能够正确进行这样的计算是相当复杂的。假设跳转距离接近边界，但是一些插在中间的指令也是条件跳转指令。这种情况下如果内部的跳转指令没有处理，那么外部的跳转也是无法解决的。为了安全起见，汇编器会给出错误警告。有的时候也不是必须要采用这种跨越跳转方式。当汇编器绝对确信目标地址在合法范围之内的时候，它只是生成直接条件跳转指令。

大部分条件跳转指令依赖状态标志位，而且前面通常都是测试或者比较指令。CMP 指令将源操作数和目的操作数做减法，设置条件码但并不保存减法结果。两个操作数都没有任何变化。如果结果是 0 或者是负数，就要进行相应标志位的置位操作。如果结果超出了二进制位的表示范围，那么溢出位就要置位。如果最高位有进位，那么进位位就进行置位。条件跳转指令能够测试所有的这些标志位。

如果操作数是带符号数，那么就使用带 GREATER THAN 和 LESS THAN 的指令；如果操作数是无符号数，那么就使用带 ABOVE 和 BELOW 的指令。

C.4.5　子程序调用

8088 中有一条指令用于调用过程，一般在汇编语言中这些过程也称为**子程序**（subroutine）。和跳转指令一样，也存在**近调用**（near call）指令和**远调用**（far call）指令。在本附录介绍的解释程序中只实现了近调用。指令的目的操作数或者是一个标号或者是一个有效地址的内容。 710

如图 C-6 所示，子程序要用到的参数必须先按照逆序压入栈。在汇编语言中，**参数**通常称为**变元**（argument），这两个词经常可以互换使用。参数压入栈之后将执行 CALL 指令。指令开始的时候将程序计数器压入栈，这样可以保存返回地址。返回地址是子程序调用结束返回时，主程序能够继续执行的后续指令的地址。

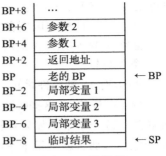

接下来新的程序计数器的值可以从标号或者有效地址中加载。如果是远调用，那么 CS 寄存器会在 PC 之前被压入栈，这样程序计数器和代码段寄存器都要从立即数或者有效地址中重新加载。这样一条 CALL 指令就执行完毕了。

返回指令 RET 的作用就是将返回地址从栈中弹出，并且将返回地址保持到程序计数器中，这样程序就可以马上从

图 C-6 栈举例

CALL 指令的下一条指令继续执行。有些时候 RET 指令会包含一个正数作为立即数，用来指明在调用指令执行前压入栈的参数所占的字节数；这个数被加到 SP 上用来清除栈。在远调用中使用 RETF 返回，正如预计的那样，代码段寄存器在程序计数器之后弹出栈。

参数在子程序内部需要被访问，因此子程序开始的时候经常将基址指针压入栈，然后将 SP 的当前值拷贝到 BP 中。这就意味着基址指针指向子程序前面的值。现在返回地址位于 BP+2 处，第一和第二个参数可以分别在 BP+4 和 BP+6 的有效地址中找到。如果过程需要局部变量，那么需要的字节数可以从栈指针中减去，这些局部变量可以通过基址指针和负的偏移量来寻址。在图 C-6 的例子中，有 3 个单字局部变量，分别位于 BP-2、BP-4 和 BP-6。采用这种办法，通过 BP 寄存器可以访问当前所有的参数和局部变量。

栈一般用来保存中间结果，或者为后续的调用准备参数。不用计算子程序使用了多少栈，它就能够在返回之前得到恢复，主要是通过将基址指针拷贝到栈指针，从栈弹出老的 BP 从而完成 RET 指令的执行。

在子程序执行过程中，处理器的寄存器的值有时会改变。所以采用一些惯例约定的方式来处理这个问题是可行的方法，做到让调用子程序的主程序不必感知那些寄存器被子程序使用了。最简单的解决办法是系统调用和一般的子程序调用都采用同样的惯例约定。假设寄存器 AX 和 DX 在被调用的程序中可能会改变，如果其中某个寄存器包含重要的信息，那么对于执行调用的程序而言最好在将参数压入栈之前将相关寄存器的内容先压入栈。如果子程序还要使用其他寄存器，可以在子程序开始的时候立即将这些寄存器入栈，并在 RET 指令之前弹出。换句话说，对于调用者来讲保存 AX 和 DX 寄存器是一个好的习惯，因为它们可能包含重要的信息，对于被调用者而言则是要保存它可能覆写的其他寄存器。

C.4.6 系统调用和系统子程序

为了将打开、关闭、读、写文件的任务从汇编语言编程中分离开来，所以程序将运行在操作系统之上的。为了让解释程序能够在多个平台上运行，解释程序提供了 7 个系统调用和 5 个功能函数，这些系统调用和功能函数列在图 C-7 中。

这 12 个例程可以通过标准的调用序列激活；首先以逆序的方式将必须的参数压入栈，然后调用编号入栈，最后执行没有操作数的系统陷阱指令 SYS。系统子程序从栈中能够得到所有必需的信息，包括需要的系统服务的调用编号。返回值放在 AX 寄存器中或者放在 DX：AX 寄存器组合中（如果返回值是长整型数时）。

编 号	名 字	参 数	返回值	说 明
5	_OPEN	*name、0/1/2	文件描述符	打开文件
8	_CREAT	*name、*mode	文件描述符	创建文件
3	_READ	fd、buf、nbytes	字节数	从缓冲区 buf 读取 nbytes 个字节
4	_WRITE	fd、buf、nbytes	字节数	向缓冲区 buf 写入 nbytes 个字节
6	_CLOSE	fd	成功返回 0	关闭文件描述符为 fd 的文件
19	_LSEEK	fd、offset(long)、0/1/2	位置（长整型）	移动文件指针
1	_EXIT	status		关闭文件停止进程
117	_GETCHAR		读出字符	从标准输入读入字符
122	_PUTCHAR	char	写入字节	向标准输出写入字符
127	_PRINTF	*format、arg		在标准输出上进行带格式打印
121	_SPRINTF	buf、*format、arg		在缓冲区 buf 中进行带格式打印
125	_SSCANF	buf、*format、arg		从缓冲区 buf 读取参数

图 C-7　解释程序中的一些 UNIX 系统调用和可用的子程序

所有其他寄存器的值在执行 SYS 指令后都能保持原值，这一点是能够得到保证的。调用之后参数仍然在栈中存在，然而因为不再需要这些参数，所以栈指针在调用之后将由调用者做相应调整。当然，如果这些参数在后续的调用中还要使用的话那将另当别论。

为了方便起见，系统调用的名字可以在汇编程序开始的时候定义为常量，这样它们就可以通过名字而不是使用编号来调用。在例子中会讨论几个系统调用，所以本节我们只给出了很少的一些必要的细节。

在这些系统调用中，文件可以通过 OPEN 调用打开，也可以通过 CREAT 调用打开。在这两种情况下，第一个参数是包含文件名的字符串的起始地址。OPEN 调用的第二个参数可以是 0（文件为读而打开）、1（文件为写而打开）或者 2（文件为读写而打开）。如果文件允许进行写操作但文件又不存在，那么调用就创建一个文件。在 CREAT 调用中是创建一个空文件，文件访问权限取决于调用的第二个参数。OPEN 和 CREAT 调用都返回一个小整数，并将返回值保存在 AX 寄存器中，这个返回值称为**文件描述符**（file descriptor），通过它能够读、写和关闭文件。如果返回值是个负数那么就意味着调用失败。在程序开始的时候，就已经打开三个文件，每个文件有各自的文件描述符：0 代表标准输入，1 代表标准输出，2 代表标准错误输出。

READ 和 WRITE 调用有三个参数：文件描述符，用于保存数据以及要传送的字节数的缓冲区。因为参数是按照逆序入栈的，所以我们先往栈压入字节数，然后压入缓冲区起始地址，接着压入的是文件描述符，最后出栈的是调用编号（读或者写）。参数入栈的顺序和标准 C 语言的调用顺序是一致的，C 语言的调用 713

```
read(fd, buffer, bytes);
```
就是将参数以 bytes、buffer 和 fd 这样的顺序入栈来实现的。

CLOSE 调用的参数只需要文件描述符，AX 寄存器中的返回值如果是 0 就表示文件被成功关闭。EXIT 调用需要将退出状态参数入栈，但它没有返回值。

LSEEK 调用能够改变一个已打开文件的**读 / 写指针**（read/write pointer）。调用的第一个参数是文件描述符。第二个参数是一个长整型数，高位字先入栈，然后低位字入栈，即使偏移量只用一个字就能表示的时候也这样做。第三个参数用来指出新的读 / 写指针如何计算：0 表示从文件起始位置计算，1 表示从当前位置计算，2 表示从文件结束位置计算。调用的返回值是相对于文件起始处的指针的新位置，返回值是一个长整数，保存在寄存器组合 DX：AX 中。

现在我们来看几个非系统调用的函数。GETCHAR 函数从标准输入读入一个字符并把它保存到 AL 中，AH 设置为 0。如果失败，整个 AX 寄存器就设置为 -1。PUTCHAR 函数向标准输出写入一个字节，如果成功写入就返回写入的字节，失败就返回 -1。

调用 PRINTF 输出格式化的信息。此调用的第一个参数是格式字符串的地址，其作用是用来指出如何格式化输出。字符串 "%d" 表示下一个参数是栈中的一个整数，打印的时候将转换为十进制表示方式。同样道理，"%x" 表示转换为十六进制表示方式，"%o" 表示转换为八进制表示方式。此外，"%s" 表示下一个参数是一个以空字符结尾的字符串，字符串通过栈中的内存地址传送给调用。栈中的附加参数的数目应该和格式字符串中的变换指示的数目相匹配。

举个例子，下面的调用

printf("x = %d and y = %d\n", x, y);

所打印的字符串取代格式化字符串中 "%d" 的是 x 和 y 的数值值。再次强调，为了和 C 语言兼容，参数入栈的顺序是先 "y" 后 "x"，最后是格式化串的地址。这样惯例约定的原因是 printf 的参数数目是可变的，如果以逆序的方式将参数入栈，那么格式化字符串本身总是最后一个入栈的参数，这样便于定位。如果参数按照从左向右的顺序入栈，那么格式化字符串将在栈的底部，printf 过程就不知道如何找到这个字符串。

在 PRINTF 调用中，第一个参数是用来接收输出字符串的缓冲区，而不是标准输出。其
|714| 他参数和 PRINTF 中的相同。SSCANF 调用从某种意义上说和 PRINTF 是相对的调用，它的第一个参数是一个字符串，可以包括十进制、八进制、十六进制表示的整数，下一个参数是格式化字符串，给出转换指示。其他参数是接收已转换信息的内存字地址。这些系统子程序是多种多样的，更多的介绍超出了此附录的范围。在 C.8 节中，一些实例演示了这些系统子程序在不同情形下的具体使用方法。

C.4.7　指令集的最后说明

在 8088 的官方定义中，有一个**段写前缀**（segment override），主要是为便于使用其他段的有效地址提供可能性；也就是说覆写之后的第一个内存地址是使用显式的段寄存器计算出来的。举个例子，指令

ESEG MOV DX,(BX)

首先使用附加段计算 BX 地址，然后将计算结果拷贝到 DX 中。然而，对于使用 SP 寻址的栈段，以及使用 DI 寄存器的串指令的附加段不能被覆写。段寄存器 SS、DS 和 ES 可以用在 MOV 指令中，但是将一个立即数转移到一个段寄存器中是不可能的，这些寄存器也不能用在 XCHG 操作中。改变段寄存器的编程和覆写是相当棘手的，应该尽可能避免。本附录的解释程序使用固定的段寄存器，所以这些问题都不会出现。

大多数计算机都支持浮点指令，有的时候直接在处理器中实现，有的时候在独立的协处理器中实现，此外，还可以采用一种特殊的浮点陷阱通过软件解释的方式来实现。这些特性的讨论超出了本附录的范围。

C.5　汇编器

我们现在已经讨论完 8088 的体系结构。下面的主题是关于使用汇编语言对 8088 进行编程的软件，特别是我们提供的进行学习汇编语言程序设计的工具。我们首先来讨论一下汇编

器，然后是跟踪程序，最后介绍一些使用这些工具的实用知识。

C.5.1　简介

现在我们应该介绍一下指令的**助记符**（mnemonic）了，助记符是指令较短并容易记忆的符号名字，例如 ADD 和 CMP 等。寄存器也可以用符号名字访问，诸如 AX 和 BP。使用指令和寄存器的符号名字编写的程序称为**汇编语言程序**（assembly language program）。为了运行这样的程序，必须首先将程序转换为 CPU 能够真正理解的二进制数。将汇编语言程序转换为二进制数的程序就是**汇编器**（assembler）。汇编器的输出称为**目标文件**（object file）。许多程序也对预先汇编好并存放在库中的子程序进行调用。为了运行这些程序，新汇编出来的目标文件和它使用的库子程序（也可能是目标文件）必须合并成一个单一的**可执行二进制文件**（executable binary file），这项工作是由另外一个称为**链接器**（linker）的程序完成的。只有当链接器将一个或者多个目标文件建立成可执行二进制文件的时候，整个翻译过程才算全部完成。然后操作系统就可以将可执行二进制文件读入内存并执行它。

汇编器的首要任务是建立**符号表**（symbol table），用于将常量和标号的符号名字直接映射到它们对应的二进制编码。程序中直接定义的常量可以不做任何处理就放到符号表中。

然而，标号表示的地址的值并不是显而易见的。为了计算它们的值，汇编器采用称为**第一趟扫描**（first pass）的方式逐行扫描汇编程序。在这趟扫描过程中，汇编器要注意常使用符号“.”（发音：**点**）指示的**位置计数器**（location counter）。对于在这趟扫描过程中找到的每一条指令和预留内存，位置计数器将进行增量操作，增量的值是扫描项所必需的内存大小。这样，如何前两条指令分别是 2 字节和 3 字节指令，那么在第三条指令处的标号的数值值就是 5。例如，如果代码段位于程序的起始处，那么 L 的值就将是 5。

```
MOV AX,6
MOV BX,500
L:
```

在**第二趟扫描**（second pass）开始的时候，每一个符号的数值值都是已知的。因为指令助记符的数值值是常量，所以我们现在就可以开始进行**代码生成**（code generation）。一次一个，指令再次被读出，其对应的二进制值被写入目标文件。当最后一条指令汇编完毕，目标文件也就生成了。

C.5.2　基于 ACK 的汇编器：as88

本节将介绍汇编器 / 链接器 as88 的细节，as88 在 CD-ROM 光盘和网站上已经提供，它要和跟踪程序配合使用。这个汇编器是阿姆斯特丹**编译器工具包**（Amsterdam Compiler Kit, ACK），相比较而言，它更类似与 UNIX 汇编器，而不是 MS-DOS 或者 Windwows 汇编器。汇编器中使用的注释符号是惊叹号“!”。一行之中惊叹号之后的部分都是注释，它对目标文件的产生没有影响。同样，空行也是允许存在的，但总是被忽略。

汇编器使用三个不同的区，用于存放翻译过的代码和数据。这些区和机器的内存分段是有关系的。第一个是**正文区**（TEXT section），用于处理器指令。接着是**数据区**（DATA section），用来进行数据段内存的初始化，这是在进程开始的时候进行的。最后是以符号为开端的 **BSS 区**（Block Started by Symbol），用来在数据段进行内存预留但并不初始化（也就是初始化为 0）。这些区都有各自的位置计数器。设置区的目的是为了允许汇编器先生成一些指令，然后是一些数据，再生成一些指令，然后又是数据，依此类推。最后链接器将重新安排这些指令和数据，以便将所有的指令放到一起构成正文段，所有的数据放到一起构成数据段。每一行汇编代码只为一个区产生输出，但代码行和数据行可以交叉。在运行时，正文区存储在正文段，数据和 BSS 区连续地存储在数据段。

汇编语言程序的一条指令或者数据字可以由标号开始。标号也可以自己占据一行，这种情况下相当于标号出现在下一条指令或者下一个数据字的前面。例如：

```
CMP AX,ABC
JE L
MOV AX,XYZ
```
L:

其中 L 是一个标号，它标记的是它之后的指令的数据字。汇编器支持两种不同的标号。第一种是**全局标号**（global label），是一个字母和数字组成的标识符后面再跟一个冒号 "："。全局标号必须全局唯一，并且不能和任何关键字或者指令助记符相同。第二种是**局部标号**（local label），只能在正文区使用，每个局部标号是一个单独的数字后面再跟一个冒号 "："。局部标号可以多次出现。例如程序包括下面一条指令

JE 2f

这意味着 JUMP EQUAL 向前到局部标号 2。类似地，

JNE 4b

意味着 JUMP NOT EQUAL 向后到局部标号 4。

汇编器允许给常量赋予一个符号名字，语法如下：

标识符 = 表达式

这里标识符是一个字母数字串，例如在

BLOCKSIZE = 1024

中，与这种汇编语言的所有标识符一样，只有前 8 个字符是有效的，所以 BLOCKSIZE 和 BLOCKSIZZ 是相同的符号，实际上都是 BLOCKSIZ。表达式可以由常量、数值值和操作符组成。标号可以看作是常量，因为在第一趟扫描结束的时候它们的数值值就已经确定了。

数值值可以是 8 进制（以 0 开始）、**十进制**或者**十六进制**（以 0X 或者 0x 开始）。十六进制数使用字母 a ~ f 或者 A ~ F 表示值 10 ~ 15。整数操作符有 +、-、*、/ 和 %，分别对应加法、减法、乘法、除法和求余数运算。逻辑操作符有 &、^ 和 ~，分别对应位与、位或和逻辑补（NOT）。表达式可以使用方括号，[和] 要成对使用。圆括号没有使用，这是为了避免和寻址方式产生冲突。

表达式里的标号应该采取有效的方式来处理。指令标号不能与数据标号相减。虽然可比较的标号的差是一个数值值，但是无论标号还是它们的差值都不能作为乘法或者逻辑表达式中的常量。常量定义中允许的表达式也可以用作处理器指令中的常量。某些汇编器具有宏功能，通过宏可以将若干指令分为一组并进行命名，但是 as88 没有这种特性。

在每一种汇编语言中，都有一些自己特殊的命令，这些命令能够影响汇编过程，但是它们并不被转换为二进制码。这些命令称为**伪指令**（pseudoinstruction）。图 C-8 给出了 as88 使

用的伪指令。

伪指令的第一部分确定了以下各行应该放到那个区中由汇编器进行处理。通常都使用一个单独的行来表示这样的区需求，可以放到代码中的任何地方。因为实现上的原因，使用的第一个区必须是 TEXT 区，接着是 DATA 区，然后是 BSS 区。在这些初始的声明之后，区能够以任何顺序使用。而且，一个区的第一行应该是一个全局标号。在区的排序方面没有其他的限制。

伪指令的第二部分是数据段的数据类型指示。四种类型分别是：.BYTE、.WORD、.LONG，和 string。在一个可选的标号和伪指令关键字之后，同一行的剩余部分前三种类型是逗号分隔的常量表达式列表。对于 string 来说有两个关键字，一个是 ASCII，另一个是 ASCIZ，两者的唯一区别是后者在字符串的最后加了一个字节 0。无论哪种关键字都需要一个双引号中间的字符串。在字符串的定义中允许使用一些转义符号，如图 C-9 中所列。除这些之外，任何特殊字符可以使用一个反斜线后面跟着八进制数来表示，例如，\377（最多三个数字，这里不需要使用 0）。

指　令	说　明
.SECT .TEXT	汇编以下各行到 TEXT 区
.SECT .DATA	汇编以下各行到 DATA 区
.SECT .BSS	汇编以下各行到 BSS 区
.BYTE	将自变量汇编成一系列字节
.WORD	将自变量汇编成一系列字
.LONG	将自变量汇编成一系列长整数
.ASCII "str"	将 str 存储为 ASCII 字符串但不以 0 字节为结尾
.ASCIZ "str"	将 str 存储为 ASCII 字符串并以 0 字节为结尾
.SPACE n	前移位置计数器 n 个位置
.ALIGN n	前移位置计数器直到 n 字节边界
.EXTERN	标识符是一个外部名字

图 C-8　as88 的伪指令

转义符号	说　明
\n	换行
\t	制表符
\\	反斜线
\b	退格
\f	换页
\r	回车符
\"	双引号

图 C-9　as88 允许使用的一些转义字符

伪指令 SPACE 只是需要简单地增加位置指针的值，增加的值是变元中给出的字节数。这个关键字可以放在一个标号之后，在 BSS 段中为变量预留内存的时候特别有用。为了便于将字、长整数等汇编到适当的内存位置，ALIGN 关键字用于前移位置指针到第一个 2、4、或者 8 字节内存边界。最后，关键字 EXTERN 声明提到的例程或者内存位置对链接器而言是可用的外部引用。定义不需要在当前文件中，可以在其他地方定义，链接器能够处理这样的引用。

尽管汇编器本身是通用的，但是和跟踪程序配合使用的时候还有些要点需要注意。汇编器接受关键字的时候不区分大小写，但是跟踪程序总是以大写的方式来显示。类似地，汇编器接受 "\r"（回车）和 "\n"（换行）作为新行的指示，但是跟踪程序总是使用后者。此外，尽管汇编器能够处理多个分离的文件组成的程序，但和跟踪程序配合使用时整个程序必须在一个单独的文件中，并以 ".$" 作为文件扩展名。在程序内部，包含文件可以使用下面的名令：

　　#include filename

在这种情况下，需要的文件最后也要合并写入到 ".$" 文件中，位置就是引用包含文件的地方。汇编器检查包含文件是否已经处理过并且只加载了一个拷贝。如果几个文件使用同一个头文件的时候这是特别有用的。在这种情形中，只有一个拷贝被包含在合并后的源文件中。为了包含文件，#include 必须是一行开始的符号，前面不能有空格，文件路径必须使用双引号。

　　如果只有一个源文件，比方是 pr.s，并假设工程名字是 pr，那么合并的文件就将是 pr.$。如果不只一个源文件，那么第一个文件的文件名将作为工程的名字，并在汇编器链接多个文件生成 .$ 文件的时候作为该文件的名字。如果命令行中在第一个源文件之前有 "-o projname" 标志，那么就不会使用这种缺省的名字处理方式，这种情况下合并后的文件将以 projname.$ 为文件名。

　　需要注意的是与只有一个源文件比较而言在使用包含文件的时候还是有一些缺点的。因为这就必须要求所有文件中的标号、变量和常量的名字都不能相同。此外，最后汇编完生成并加载的文件是 projname.$ 文件，所以汇编器给出的错误或者警告中涉及的行号在这种情况下指的是 projname.$ 文件中的行号。对于很小的工程而言，有时候最简单的办法就是将整个程序都放到一个文件中，从而避免使用 #include。

C.5.3　与其他 8088 汇编器的一些区别

　　汇编器 as88 是模仿标准的 UNIX 汇编器的，所以它和微软的宏汇编器 MASM 以及Borland 公司的 8088 汇编器 TASM 还是有些区别的。MASM 和 TASM 都是为 MS-DOS 操作系统设计的，在某些方面，汇编器的问题和操作系统的问题是相互联系的。MASM 和 TASM都支持 MS-DOS 允许的所有 8088 内存模式。例如，所有的代码和数据都必须固定在 64KB 之内的微内存模式；代码段和数据段可以分别是 64KB 的小内存模式；具有多个代码段和数据段的大内存模式。这些内存模式的区别主要体现在段寄存器的使用上。大内存模式允许远调用并可以在 DS 寄存器中改变。处理器本身在段寄存器上加了一些限制，（例如 CS 寄存器就不能在 MOV 指令中作为目的操作数）。为了使跟踪能够简单一些，as88 使用的内存模式类似于小内存模式，然而没有跟踪程序的汇编器能够在没有额外限制的条件下处理各个段寄存器。

　　其他的汇编器没有 .BSS 这样的区，初始化内存的操作只在 DATA 区完成。通常汇编文件以一些头信息作为开始，然后是使用 .data 关键字指示的 DATA 区，接着是在 .code 关键字之后的程序正文，文件头部有关键字 title 用来命名程序，关键字 .model 用来给出内存模式，关键字 .stack 为栈段预留内存。如果是二进制的 .com 文件，那么就使用微内存模式，所有的段寄存器都是等价的，并且合并后的段头部的 256 个字节预留为 "程序段前缀"。

　　这些汇编器取代 .WORD、.BYTE 和 .ASCIZ 命令的是关键字 DW 和 DB，分别用来定义字和字节。在 DB 命令之后，可以在一对双引号内部定义一个字符串。数据段标号之后不使用冒号。大内存块的初始化使用 DUP 关键字，关键字前面是一个数量，后面是一个初始值。例如，语句

```
LABEL  DB 1000 DUP (0)
```

初始化内存从标号 LABEL 开始的 1000 个字节，字节内容是 ASCII 码 0。

　　此外，子程序的标号后面也不使用冒号，而是使用关键字 PROC。在子程序的末端，标号要进行重复而且后面要跟着关键字 ENDP，这样汇编器就能推断出子程序准确的范围。其他的汇编器不支持局部标号。

　　指令的关键字在 MASM、TASM 和 as88 中是同样的。而且在双操作数指令中源操作数也是放在目的操作数之后的。然而，一般的经验是使用寄存器来传递函数参数，而不是使用栈。但是如果汇编程序是在 C 或者 C++ 程序中使用的，那么我们建议还是使用栈，这样能够遵循C 子程序调用机制。这实际上并不是什么真正的区别，因为在 as88 中的参数也可以使用寄存

器来代替栈。

　　MASM、TASM 和 as88 最大的区别在于如何进行系统调用。MASM 和 TASM 通过系统中断 INT 来进行系统调用。最常用的一个是 INT 21H，它已经被规定为 MS-DOS 功能调用。调用编号放到 AX 中，这里我们又一次使用寄存器来传递参数。不同的设备具有不用的中断向量和中断编号，例如 INT 16H 对应 BIOS 键盘函数，而 INT 10H 对应显示函数。为了使用这些函数编程，程序员必须知道大量的设备相关信息。比较而言，as88 中的 UNIX 系统调用使用起来就容易多了。

C.6　跟踪程序

　　跟踪程序调试器需要运行在一个 24 × 80 的普通（VT100）终端上，使用终端支持的 ANSI 标准命令。在 UNIX 或者 Linux 机器上，X-window 系统的终端模拟器一般都能满足这个需求。在 Windows 机器上，驱动程序 ansi_sys 通常在下面描述的系统初始化文件中加载。

在跟踪程序例子中，我们已经看见了跟踪程序窗口的布局。如图 C-10 所示，跟踪程序屏幕被分成 7 个窗口。

带寄存器的处理器	栈	程序正文源文件
子程序调用栈	错误输出域 输入域 输出域	
解释器命令		
全局变量的值 数据段		

图 C-10　跟踪程序窗口 [721]

　　图 C-10 中左上方是处理器窗口，以十进制表示来显示通用寄存器的值，以十六进制表示来显式其他寄存器的值。由于程序计数器的数值没有太多的指导意义，在程序计数器下面给出了在程序源代码中它相对于前面全局标号的位置。在程序计数器域正上方是 5 个条件码。溢出位用 "v" 来表示，方向标志用 ">" 和 "<" 来表示，">" 代表增加，"<" 代表减少。符号位用 "n" 表示负数，用 "p" 表示零和正数。零标志位用 "z" 来置位，进位位用 "c" 来置位。符号 "–" 表示相应的标志位被清除。

　　上方中间的窗口用于栈，使用十六进制显式。栈指针用箭头 "=>" 来表示。子程序返回地址用在十六进制值前面加上一个数字符来表示。右上方的窗口显式一部分源文件，其中包含下一条将要执行的指令。程序计数器的位置也使用 "=>" 来给出。

　　处理器下方的窗口显示的是最近的源码子程序调用的位置。在这个窗口的下面是跟踪程序命令窗口，窗口的上部是前面使用过的命令，底部是命令光标。需要指出的是每条命令都要以键入回车作为结束（在 PC 机的键盘上标注是 Enter 的键）。

　　底部窗口能够容纳全局数据存储器的 6 个条目。每个条目都以和某个标号相对应的位置开始，紧随其后的是它在数据段的绝对位置。接下来是一个冒号，然后是 8 个十六进制表示的字节。后面的 11 个位置保留给字符，条目的最后是 4 个十进制表示的字。字节、字符和字 [722] 实际上都代表的是相同的内存内容，但在字符表示中我们有 3 个附加的字节。这主要是为了方便，因为在起始处并不清楚数据是用作带符号整数、无符号整数还是用作字符串。

　　中间右侧的窗口用来进行输入和输出。第一行用于跟踪程序的错误输出，第二行用于输入，剩下的其他行用作输出。错误输出以字母 "E" 开始，输入以字母 "I" 开始，标准输出则以 ">" 开始。在输入行有一个箭头 "→" 用来指明下次要读取的指针。如果程序调用 read 或者 getchar，那么跟踪程序命令行的下一个输入将进入输入域。在这个窗口中也一样，必须以回车来结束输入行。命令行没有处理的部分可以在箭头 "→" 之后找到。

通常，跟踪程序要接收它的命令，还要从标准输入接收输入。然而，在控制传给标准输入之前，要事先准备一个跟踪程序命令文件和一个要读入的输入行文件。跟踪程序命令文件以 .t 为扩展名，输入文件以 .i 为扩展名。在汇编语言中，大写字符和小写字符都能够用于键盘、系统子程序和伪指令。在汇编过程中，还会产生扩展名为 .$ 的文件，在这个文件中小写的关键字被转换为大写并且回车字符被丢弃。这样对于每个工程 pr 而言，我们加起来有 6 个不同的文件：

1）pr.s 是汇编程序源代码。

2）pr.$ 是合成的源文件。

3）pr.88 是装入的文件。

4）pr.i 是预置的标准输入。

5）pr.t 是预置的跟踪程序命令。

6）pr.# 链接汇编码到装入文件。

跟踪程序最后使用的文件用来填充显示器右上方的窗口和程序计数器域。跟踪程序检查装入文件在程序源文件做最新修改之后是否已经创建；如果没有将会产生一个警告。

跟踪程序命令

图 C-11 列出了跟踪程序命令。最重要的是单击回车命令和退出命令 q，前者列在表中的第一行，用来执行一条处理器指令，后者在表中的最后一行。如果命令是一个数字，那么就执行相应的多条指令。使用一个数字命令 k 和键入 k 次回车效果是一样的。即使数字后面跟着一个惊叹号"！"或者一个 X 也是如此。

地 址	命 令	例 子	说 明
			执行一条指令
#	,!,X	24	执行 # 条指令
/T+#	g,!,	/start+5g	运行到标号 T 之后的第 # 行
/T+#	b	/start+5b	在标号 T 之后的第 # 行设置一个断点
/T+#	c	/start+5c	清除在标号 T 之后的第 # 行的断点
#	g	108g	执行程序直到第 # 行
	g	g	执行程序直到再次回到当前行
	b	b	在当前行设置断点
	c	c	清除在当前行的断点
	n	n	执行程序直到下一行
	r	r	执行到断点或者结束
	|&=	|&=	运行到相同的子程序层
	−	−	运行到子程序层减一层
	+	+	运行到子程序层加一层
/D+#		/buf+6	显示标号 +# 处的数据段
/D+#	d,!	/buf+6d	显示标号 +# 处的数据段
	R,CTRL L	R	刷新窗口
	q	q	停止跟踪，回到命令解释程序

图 C-11　跟踪程序命令。每条命令必须以回车作为结束（Enter 键）。空白格表示只要一个回车。表中没有地址域的命令就是没有地址。符号 # 表示一个整型偏移量

命令 g 可以转到源文件特定的一行，这个命令有三种用法。如果命令之前有一个行号，那么跟踪程序就执行到行号对应的那行为止。如果使用标号 /T，后面可以带或者不带 +#，那

么程序的停止行要从指令标号 T 开始计算。如果 g 命令之前没有任何指示符号，那么跟踪程序就一直执行命令直到再次回到当前行。

　　命令 /label 对于指令标号和数据标号是不同的。对于数据标号，窗口底部的一行将被从标号处开始的数据填满或者替换。对于指令标号，它和 g 命令是等价的。标号还可以带有一个符号和一个数字（图 C-11 中用 # 表示），表示从标号开始的偏移量。

　　在指令中可以设置**断点**（breakpoint）。这是由命令 b 完成的，命令前面还可以加上指令标号、标号偏移量等。如果程序执行过程中遇到带有断点的行，那么跟踪程序就停下来。如果要想从断点处重新开始运行，就需要输入回车或者运行命令。如果省略了标号和数字，那么断点就设置在当前行。使用断点清除命令 c 可以清除断点，和命令 b 一样，命令 c 之前也可以跟标号和数字。还要一个运行命令 r，此命令使得跟踪程序连续运行，直到遇到断点、退出调用，或者所有命令执行完毕。

724

　　跟踪程序还保留程序运行的子程序层次的轨迹信息。这一信息显示在处理器窗口下方的窗口，可以通过栈窗口中的指示数字来观察。基于这些层次有三条命令。—命令可以使跟踪程序运行到比当前层次少一层的子程序层。实际上这条命令所作的就是执行指令直到当前子程序结束。和—相反的命令是 + 命令，使得跟踪程序运行到遇到下一个子程序为止。= 命令则使得跟踪程序运行到和当前层次相同的层次，并且可以用来执行一个使用了 CALL 命令的子程序。如果使用了 = 命令，子程序的运行细节就不会在跟踪程序窗口中显示。还有一个相关的命令 n，它使得程序运行直到遇到程序的下一行。这条命令的特殊用途是实现 LOOP 循环命令，当循环体的末端刚好执行完毕的时候就停止执行。

C.7　入门

　　这一节我们将介绍如何使用这些工具。首先必须将相关的工具软件安装到用户使用的平台上。我们提供了 Solaris、UNIX、Linux 和 Windows 平台上的已经编译好的版本。工具软件可以在 CD-ROM 中找到，也可以从地址为 www.prenhall.com/tanenbaum 的网页上得到。在这个网页上点击本书的合作网站，进入后再点击左侧菜单上的链接。解压缩选中的文件到目录 assembler 中。这个目录及其子目录中包括了所有必需的资料。在 CD-ROM 上，主目录是 Bigendnx、LtlendNx 和 MSWindos，在每个目录下都有一个 assembler 的子目录，各种必需的材料都在这个子目录中。三个上层目录分别对应的是大端派 UNIX（如 Sun 工作站）、小端派 UNIX（如 PC 上的 Linux）和 Windows 系统。

　　解压缩并拷贝相关目录文件之后，assembler 目录下应该包括下列的子目录和文件：READ_ME、bin、as_src、trce_src、examples 和 exercise。编译好的源文件可以在 bin 目录下找到，为了方便在 examples 目录下还有一份二进制码的拷贝。

　　要想快速浏览系统是如何工作的，可以在 examples 目录下键入下面的命令：

　　t88 HlloWrld

这条命令对应 C.8 节中的第一个例子。

　　汇编器的源代码放在目录 as_src 中。源代码文件是用 C 语言编写的，使用 make 命令可以重新编译这些源代码。对于 POSIX 兼容的平台，在源代码目录中都有 Makefile 文件来完成相关的工作。对于 Windows 平台，则有一个批处理文件 make.bat。此外，可能还需要将编译之后的可执行文件转移到一个程序目录，或者修改环境变量 PATH 使得汇编器 as88 和跟踪程

725

序 t88 在包含汇编源代码的目录中就可用。作为一种选择，不直接键入 t88，而是使用全路径名称也是可以的。

　　在 Windows 2000 和 XP 系统中，必须要在配置文件 config.nt 中加入下面一行来安装 ansi.sys 终端驱动程序：

```
device=%systemRoot%\System32\ansi.sys
```

这个配置文件的位置如下：

```
Windows 2000:  \winnt\system32\config.nt
Windows XP:    \windows\system32\config.nt
```

在 UNIX 和 Linux 系统中，这个驱动程序通常是标准配备。

C.8　例子

　　在 C.2 ～ C.4 这几节中，我们讨论了 8088 处理器及其内存和指令。接着在 C.5 节中我们学习了本指南中使用的 as88 汇编语言。在 C.6 节我们分析了跟踪程序。最后在 C.7 节中，我们介绍了如何使用工具包。理论上来说，这些信息对于利用提供的工具编写和调试汇编程序已经足够了。不过，对于很多读者而言，看一些汇编程序详细的例子以及如何使用跟踪程序进行调试将大有裨益。这也正是设置本节的初衷。本节中讨论的所有例子程序在工具包 examples 目录下都能找到。希望读者最好能够将我们讨论的每一个例子都进行汇编并跟踪调试。

C.8.1　"Hello World" 示例

　　下面我们就从图 C-12 中的 HlloWrld.s 这个例子开始。程序列在左侧的窗口中。由于汇编器的注释符号是感叹号 "!"，所以在程序窗口中使用它来分离指令和行号。前面三行是常量定义，用来连接两个系统调用与输出文件的惯用名称和它们对应的内部表示。

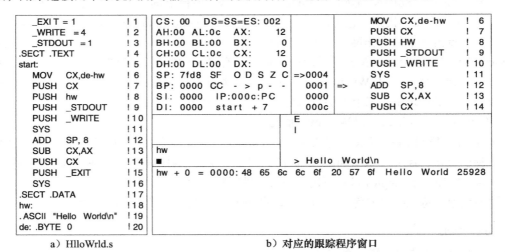

图　C-12

　　第 4 行的伪指令 .SECT 用来声明下面的行将作为 TEXT 区的一部分；也就是处理器指令。类似地，第 17 行指明后续的行为数据。第 19 行初始化一个 12 个字节的数据字符串，包括空格和末端的换行符。

第 5、18 和 20 行是标号，用冒号 ":" 来标记。这些标号代表和常量类似的数值值。但是在这种情况下，汇编器必须要确定这些数值值。因为 start 是 TEXT 区的起始部分，它的值将是 0，但是 TEXT 区中任何一个后续标号（例子中可能没有标出）的值都要根据它们前面代码的字节数计算得到。现在我们看一下第 6 行，这一行的最后是两个标号的差，实际上这个差是一个数值常量。因此，第 6 行和下面的指令是等效的。

MOV CX,12

只是在这种情况下是由汇编器来确定字符串长，而不是由程序员来确定。此处给出的值正是给第 19 行的字符串预留的数据空间数目。第 6 行的 MOV 是拷贝命令，它将 de-hw 的值拷贝到 CX。

第 7 ~ 11 行展示的是在工具包中如何进行系统调用。这 5 行是从 C 语言的函数调用

write(1, hw, 12);

翻译过来的汇编码。函数调用的第一个参数是标准输出的文件描述符（1），第二个参数是将要打印的字符串的地址（hw），第三个参数是串的长度（12）。第 7 ~ 9 行将这些参数以逆序的方式压入栈，这是 C 调用的顺序，跟踪程序采用的也是这种顺序。第 10 行将 write 的系统调用编号（4）入栈，第 11 行进行实际的调用。这个调用顺序是模仿 PC 上的 UNIX（或 Linux）中实际汇编语言程序的调用顺序，对于不同的操作系统，这个顺序可能要进行适当的修改以适应它们的调用习惯。虽然汇编器 as88 和跟踪程序 t88 是运行在 Windows 操作系统上的，但是它们都采用的是 UNIX 的调用习惯。

第 11 行的系统调用进行实际的打印操作。第 12 行进行栈清理工作，将栈指针恢复为 4 个 2 字节的字入栈之前的值。如果 write 调用成功，那么写入的字节数将由 AX 返回。第 13 行从保存原始长度的 CX 中减去第 11 行的调用结果来判断调用是否成功，也就是看是否所有的字节都已经写入。因此，如果成功那么程序的退出状态就为 0，如果失败就是其他值。第 14 和 15 行为第 16 行 exit 系统调用做准备，将退出状态和 EXIT 调用的功能码入栈。

需要注意的是在 MOV 和 SUB 指令中第一个参数是目的操作数，第二个是源操作数。这是我们的汇编器的习惯用法；其他汇编器可以采用相反的顺序。选用哪种顺序没有什么特别的原因。

现在我们就来对 HlloWrld.s 进行汇编并运行它。我们将给出 UNIX 和 Windows 平台上的指令。对于 Linux、Solaris、MacOS X 以及其他 UNIX 操作系统的变种，过程本质上和 UNIX 平台上是一样的。首先，打开一个命令提示（shell）窗口。在 Windows 系统中，通常可以按照下面的顺序单击：

Start > Programs > Accessories > Command prompt

接下来，使用 cd（改变目录）命令进入 examples 目录。命令参数将根据工具包放置在文件系统中的位置来决定。然后再检查一下汇编器和跟踪程序的可执行码是否在这个目录中，在 UNIX 系统中使用 ls 命令，在 Windows 系统中使用 dir 命令。这两个程序的名字分别是 as88 和 t88。在 Windows 系统中，这两个文件的扩展名是 .exe，但在命令中不需要给出。如果汇编器和跟踪程序不在 examples 目录中，那么就找到这两个程序并把它们拷贝到这个目录中。

现在我们就用下面的命令来汇编测试程序：

727

as88 HlloWrld.s

如果汇编器在 examples 目录中但是命令却给出了错误信息，那么在 UNIX 系统中可以试一试键入：

./as88 HlloWrld.s

在 Windows 系统中可以键入：

.\as88 HlloWrld.s

如果汇编过程完全正确，那么将显示下面这些信息：

728

Project HlloWrld listfile HlloWrld.$
Project HlloWrld num file HlloWrld.#
Project HlloWrld loadfile HlloWrld.88.

并生成相应的三个文件。如果没有错误消息，可以使用下面的跟踪程序命令：

t88 HlloWrld

跟踪程序启动，并且右上方的窗口中会有箭头指向第 6 行的

MOV CX,de-hw

指令。现在键入回车（PC 键盘上的 Enter 键），那么可以看到指向的指令现在是

PUSH CX

左边窗口中的 CX 的值现在也变为 12。再次键入回车可以看到中间窗口最上一行出现值 000C，也就是十六进制的 12。这个窗口显示的是栈，栈中有一个值为 12 的字。现在键入 3 次回车可以看到第 8、9、10 行的 PUSH 指令被执行。此时，栈将有 4 项，而且左侧窗口中的程序计数器的值将是 000b。

接着键入回车，执行系统调用，字符串"Hello World\n"将显式在右下方的窗口中。SP 此时的值为 0x7ff0。再次键入回车之后，SP 的值增加了 8 变为 0x7ff8。再键入 4 次回车，exit 系统调用完成，跟踪程序也随之退出。

为了确保你真正理解了这些工作过程，你可以用你所喜欢的编辑器打开 hlloWrld.s 文件。当然最好是用字处理软件打开，在 UNIX 系统中你可以使用 ex、vi 或者 emacs 等，在 Windows 系统中 notepad 是一个简单的编辑器，可以通过下面的方式打开：

Start > Programs > Accessories > Notepad

最好不要用 Word 软件，因为在 Word 中显示看起来不对，而且输出将是错误的格式。

打开 hlloWrld.s 文件之后，修改第 19 行的字符串以显示不同的消息，然后保存文件，重新汇编并使用跟踪程序运行。现在可以说你已经开始进行汇编语言程序设计了。

C.8.2 通用寄存器示例

下一个例子详细示范了如何显示寄存器内容以及 8088 处理器乘法的一个缺陷。在图 C-13 中，程序 genReg.s 的一部分显示在左侧。程序的右侧是两个跟踪程序的寄存器窗口，分别对应程序执行的不同阶段。图 C-13b 给出了第 7 行执行后的寄存器状态。第 4 行的

MOV AX,258

指令将值 258 装入 AX，这个操作的结果就是 AH 的值为 1，AL 的值为 2。第 5 行将 AL 加到 AH，这样 AH 等于 3。在第 6 行，变量 times 的内容（10）拷贝到 CX。在第 7 行，变量 muldat 的地址被装入 BX，muldat 此时的值为 2，因为它位于 DATA 段的第二个字节。此时寄存器的状态如图 C-13b 所示。需要注意的是此时 AH 是 3，AL 是 2，AX 也是所期望的 770（即 $3 \times 256+2=770$）。 [729]

```
start:
        MOV   AX,258       ! 3
        ADDB  AH,AL        ! 4
        MOV   CX,(times)   ! 5
        MOV   BX,muldat    ! 6
        MOV   AX,(BX)      ! 7
llp: MUL   2(BX)          ! 8
        LOOP  llp          ! 9
.SECT .DATA               !10
times: .WORD 10           !11
muldat:.WORD 625,2        !12
                          !13
```

| CS: 00   DS=SS=ES002 |
| AH:03 AL:02 AX: 770 |
| BH:00 BL:02 BX: 2 |
| CH:00 CL:0a CX: 10 |
| DH:00 DL:00 DX: 0 |
| SP: 7fe0 SF O D S Z C |
| BP: 0000 CC - > p - - |
| SI: 0000 IP:0009:PC |
| DI: 0000 start + 4 |

| CS: 00   DS=SS=ES002 |
| AH:38 AL:80 AX: 14464 |
| BH:00 BL:02 BX: 2 |
| CH:00 CL:04 CX: 4 |
| DH:00 DL:01 DX: 1 |
| SP: 7fe0 SF O D S Z C |
| BP: 0000 CC v > p - c |
| SI: 0000 IP:0011:PC |
| DI: 0000 start + 7 |

a）部分程序　　b）第7行执行后的跟踪程序寄存器窗口　　c）寄存器

图　C-13

下一条指令（见第 8 行）将 muldat 的内容拷贝到 AX 中。这样键入回车之后 AX 就将是 625。

现在我们准备进入一个循环，用内存 2(BX) 地址处的字（即 muldat+2，值为 2）与 AX 的内容相乘。MUL 指令的隐式目的操作数是 DX：AX 构成的长整数寄存器组合。在第一次循环过程中，结果在一个字表示的范围内，所以 AX 中就是结果 1250，DX 保持为 0。7 次乘法之后所有寄存器的内容如图 C-13 所示。

由于 AX 开始时值为 625，那么经过 7 次乘以 2 的乘法之后结果为 80 000。这个结果在 AX 中就放不下了，乘积此时就要保存在串连的 32 位寄存器 DX：AX 中，此时 DX 为 1，AX 为 14 464。数字值就是 $1 \times 65\ 536+14\ 464$，实际上也就是 80 000。需要注意的是这里 CX 为 4，因为 LOOP 指令每一次循环就将 CX 值减 1。开始的时候 CX 的值为 10，执行 7 次 MUL 指令（但是 LOOP 指令只重复了 6 次）之后 CX 的值修改为 4。

下一次乘法操作就出现了问题。乘法使用 AX 而不是 DX，所以 MUL 将 AX（14 464）乘以 2 得到 28 928。这就导致 AX 中是 28 928，DX 中是 0，从数字上来看是不正确的。

C.8.3　调用命令和指针寄存器

下一个例子 vecprod.s 是一个用来计算两个向量 vec1 和 vec2 内积的小程序，如图 C-14 所示。 [730]

程序的第一部分为调用 vecmul 做准备，先把 SP 保存在 BP 中，然后将 vec2 和 vec1 的地址入栈，这样 vecmul 就能够访问它们。第 8 行将向量的长度按照字节数加载到 CX 中。第 9 行将结果右移 1 位，此时 CX 中将是向量的字数，第 10 行将这个字数入栈。第 11 行进行 vecmul 调用。

需要再次强调的是根据习惯子程序参数是逆序入栈的，这和 C 语言中的调用习惯相一致。这样，从 C 中也可以使用下面的方式来调用 vecmul。

vecmul(count, vec1, vec2)

在 CALL 指令中，返回地址将入栈。如果程序在跟踪程序中运行，那么这个地址就会是 0x0011。

```
_EXIT = 1                          ! 1   define the value of _EXIT
_PRINTF = 127                      ! 2   define the value of _PRINTF
.SECT .TEXT                        ! 3   start the TEXT segment
inpstart:                          ! 4   define label inpstart
        MOV  BP,SP                 ! 5   save SP in BP
        PUSH vec2                  ! 6   push address of vec2
        PUSH vec1                  ! 7   push address of vec1
        MOV  CX,vec2-vec1          ! 8   CX = number of bytes in vector
        SHR  CX,1                  ! 9   CX = number of words in vector
        PUSH CX                    !10   push word count
        CALL vecmul                !11   call vecmul
        MOV  (inprod),AX           !12   move AX
        PUSH AX                    !13   push result to be printed
        PUSH pfmt                  !14   push address of format string
        PUSH _PRINTF               !15   push function code for PRINTF
        SYS                        !16   call the PRINTF function
        ADD  SP,12                 !17   clean up the stack
        PUSH 0                     !18   push status code
        PUSH _EXIT                 !19   push function code for EXIT
        SYS                        !20   call the EXIT function

vecmul:                            !21   start of vecmul(count, vec1, vec2)
        PUSH BP                    !22   save BP on stack
        MOV  BP,SP                 !23   copy SP into BP to access arguments
        MOV  CX,4(BP)              !24   put count in CX to control loop
        MOV  SI,6(BP)              !25   SI = vec1
        MOV  DI,8(BP)              !26   DI = vec2
        PUSH 0                     !27   push 0 onto stack

1:      LODS                       !28   move (SI) to AX
        MUL  (DI)                  !29   multiply AX by (DI)
        ADD  -2(BP),AX             !30   add AX to accumulated value in memory
        ADD  DI,2                  !31   increment DI to point to next element
        LOOP 1b                    !32   if CX > 0, go back to label 1b
        POP  AX                    !33   pop top of stack to AX
        POP  BP                    !34   restore BP
        RET                        !35   return from subroutine

.SECT .DATA                        !36   start DATA segment
pfmt: .ASCIZ "Inner product is: %d\n"  !37   define string
.ALIGN 2                           !38   force address even
vec1:.WORD 3,4,7,11,3              !39   vector 1
vec2:.WORD 2,6,3,1,0               !40   vector 2
.SECT .BSS                         !41   start BSS segment
inprod: .SPACE 2                   !42   allocate space for inprod
```

图 C-14　程序 vecprod.s

　　子程序的第一条指令是第 22 行的 PUSH 指令，将基址指令 BP 入栈。保存 BP 是因为我们要使用这个寄存器来寻址子程序的参数和局部变量。接下来的第 23 行栈指针被拷贝到 BP 寄存器中，这样基址指针的新值就指向旧值。

　　现在一切都准备好了，可以加载参数到寄存器中并为局部变量预留空间。再往下的三行，分别从栈中取出各个参数并把它们放到寄存器中。再次说明一下栈是面向字的，所以栈地址都是偶数。返回地址紧挨着旧的基址指针，因此它可以通过 2(BP) 来寻址。接下来的参数 count 通过 4(BP) 来寻址，它在第 24 行被加载到 CX 中。第 25 和 26 行，vec1 加载到 SI 中，vec2 加载到 DI 中。子程序需要一个初值为 0 的局部变量来保存中间结果，所以最后在第 27 行将值 0 入栈。

图 C-15 给出了处理器在第 28 行进入第一次循环前的状态。图 C-15 中最上面中间的那个较窄的窗口（寄存器右侧的窗口）显式的是栈的内容。在栈的底部是 vec2 的地址（0x0022），往上是 vec1 的地址（0x0018）和第三个参数，也就是向量的元素个数（0x0005）。接下来栈中是返回地址（0x0011）。这个地址左侧的数字 1 表示它是主程序下一层的一个返回地址。寄存器下面的窗口也显式着同样一个数字 1，这次给出的是它的符号地址。栈中返回地址之上是旧的 BP 值（0x7fc0）和在第 27 行入栈的 0。箭头所指向的值表示 SP 所指的位置。栈右侧的窗口显式的是程序正文的一部分，箭头所指的是下一条将要执行的指令。

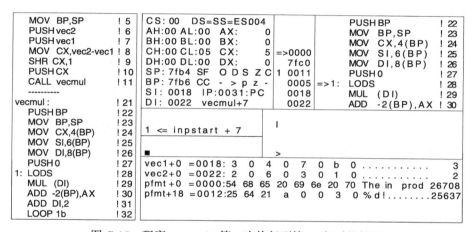

图 C-15　程序 vecprod.s 第一次执行到第 28 行时的情况

现在我们来看一下从第 28 行开始的循环。指令 LODS 直接通过寄存器 SI 从数据段加载一个内存字到 AX 中。因为方向标志被置 1，LODS 就处于自增模式，所以指令执行后 SI 将指向 vec1 的下一项。

如果想看看图形界面的结果，可以使用下面的命令打开跟踪程序：

731
{
732

t88　　vecprod

当跟踪程序窗口出现之后，敲入下面的命令然后回车：

/vecmul+7b

这样就会在指令 LODS 所在行设置一个断点。从现在开始，我们不再单独说明回车键的使用，因为所有的命令都要使用回车。然后，键入命令

g

使得跟踪程序连续执行命令，直到遇到断点为止。也就是说运行到包含 LODS 指令的那一行才停止。

在第 29 行，AX 的值和源操作数相乘。用于 MUL 指令的内存字通过 DI 采用寄存器间接寻址的方式从数据段取出。MUL 的隐式目的操作数是 DX：AX 这个长整数寄存器组合，虽然指令中并没有明确给出，但是实际使用的是这两个寄存器的组合。

在第 30 行，结果被加到栈地址 −2(BP) 处的局部变量中。因为 MUL 指令没有自增操作数的功能，所以必须在第 31 行显式进行这样的操作。这之后 DI 就指向 vec2 的下一项。

LOOP 指令完成下面这个步骤。寄存器 CX 自动减 1，如果这时 CX 的值还是正数的话，那么程序就跳转到第 28 行的局部标号 1 处。使用局部标号 1b 意味着从当前位置向后退到最近的标号 1 处。本次循环之后，子程序将返回值出栈并放到 AX 中（见第 33 行），恢复 BP（见第 34 行），然后返回到调用程序（见第 35 行）。

然后，主程序继续执行第 12 行的 MOV 指令。包括 MOV 在内的连续 5 条指令的作用是打印结果。系统调用 printf 是模仿标准 C 语言库中的 printf 函数的。第 13 ~ 15 行将 3 个参数入栈。这几个参数分别是将要打印的整数值，格式串的地址（pfmt），以及 printf 的功能码（127）。需要指出的是格式串中的 %d 表示调用 printf 有一个整型变量做参数来完成输出。

第 17 行清理栈。由于程序在第 5 行开始保存栈指针到基址指针中，所以我们可以使用下面的指令来进行栈清理。

MOV SP,BP

这种解决方案的好处是程序员不用在过程中保持栈平衡。对主程序而言这不是一个大问题，但是在子程序中这可是去掉诸如无用的局部变量等内存垃圾的简单方法。

子程序 vecmul 可以被其他程序引用。如果源文件 vecprod.s 被放在命令行中另一个汇编源文件的后面，那么这个子程序就可以用来进行两个固定长度向量的乘法。建议首先最好去掉常量定义 _EXIT 和 _PRINTF，这样能够避免它们被重复定义。如果头文件 syscalnr.h 在某处被引用，那么在其他地方就不需要再定义系统调用常量。

733

C.8.4 调试数组打印程序

在前面的例子中，分析的例子都非常简单而且没有错误。现在我们来看一下如何使用跟踪程序调试不正确的程序。下面的程序假设要打印一个整数数组，数组由标号 vec1 标识。然而，最初的程序有 3 个错误。虽然汇编器和跟踪程序可以用来纠正这些错误，但我们还是先来分析一下代码。

因为每个程序都需要系统调用，所以就必须定义一些常量来标识调用编号，我们把这些调用标号的常量定义放到一个单独的头文件 ../syscalnr.h 中，代码的第 1 行所引用的也就是这个文件。此文件中还为文件描述符定义了一些如下常量。

STDIN = 0
STDOUT = 1
STDERR = 2

它们在进程一开始就打开，然后是正文和数据段的头标号。把这个文件包含在所有汇编程序源文件的头部是明智的选择，因为它们都是要经常使用的定义。如果源程序不止一个文件，那么汇编器只包含这个头文件的第一个拷贝，从而避免常量的重复定义。

程序 arrayprt 如图 C-16 所示。这里去掉了程序的注释，因为现在我们对指令的功能已经很熟悉了。这样我们就可以采用双栏格式。程序第 4 行将空栈地址放到基址指针寄存器中以使第 10 行将基址指针拷贝到栈指针来进行栈清理，这再我们前面的例子中已经介绍过了。我们在前面的例子中也看到了第 5 ~ 9 行所示的如何在调用前计算和入栈参数。第 22 ~ 25 行在子程序中加载寄存器。

734

```
#include "../syscalnr.h"      ! 1          .SECT .TEXT              ! 20
                                           vecprint:                ! 21
.SECT .TEXT                   ! 2              PUSH BP              ! 22
vecpstrt:                     ! 3              MOV  BP,SP           ! 23
    MOV  BP,SP                ! 4              MOV  CX,4(BP)        ! 24
    PUSH vec1                 ! 5              MOV  BX,6(BP)        ! 25
    MOV  CX,frmatstr-vec1     ! 6              MOV  SI,0            ! 26
    SHR  CX                   ! 7              PUSH frmatkop        ! 27
    PUSH CX                   ! 8              PUSH frmatstr        ! 28
    CALL vecprint             ! 9              PUSH _PRINTF         ! 29
    MOV  SP,BP                ! 10             SYS                  ! 30
    PUSH 0                    ! 11             MOV  -4(BP),frmatint ! 31
    PUSH _EXIT                ! 12         1: MOV  DI,(BX)(SI)      ! 32
    SYS                       ! 13             MOV  -2(BP),DI       ! 33
                                               SYS                  ! 34
.SECT .DATA                   ! 14             INC  SI              ! 35
vec1:   .WORD 3,4,7,11,3      ! 15             LOOP 1b              ! 36
frmatstr: .ASCIZ "%s"         ! 16             PUSH '\n'            ! 37
                                               PUSH _PUTCHAR        ! 38
frmatkop:                     ! 17             SYS                  ! 39
.ASCIZ "The array contains "  ! 18             MOV  SP,BP           ! 40
frmatint: .ASCIZ " %d"        ! 19             RET                  ! 41
```

图 C-16　调试之前的 arrayprt 程序

第 27 ~ 30 行给出了如何打印一个字符串，第 31 ~ 34 行给出了对一个整数值的 printf
系统调用。注意字符串的地址在第 27 行已经入栈，而在第 33 行将整数值入栈。这两种情况
下格式字符串的地址都是 PRINTF 的第一个参数。第 37 ~ 39 行给出了如何使用 putchar 系统
调用打印单独的一个字符。

现在我们来汇编并运行程序，键入下面的命令：

    as88 arrayprt.s

然后我们在 arrayprt.$ 文件的第 28 行会看到一个操作数错误。这个文件是由汇编器在合并
包含文件和源文件的过程中产生的，合并的文件将作为汇编器的实际输入。那么第 28 行到
底是什么呢？我们不得不仔细地来看看 arrayprt.$ 的第 28 行。需要说明的是我们不能直接查
看 arrayprt.s 的第 28 行，这两个文件是不一致的。因为在 arrayprt.$ 文件中头文件被逐行加
入，因为包含的头文件 syscalnr.h 有 21 行，所以 arrayprit.$ 的第 28 行对应的是 arrayprt.s
的第 7 行。

在 UNIX 系统中有一种简单的方法来找到 arrayprit.$ 的第 28 行。键入下面的命令：

    head –28 arrayprt.$

就会显式合并后的文件的前 28 行。列表最下面一行就是错误所在的行。采用这种方法（或者
使用编辑器打开文件找到第 28 行）我们看到错误是在源程序的第 7 行，这一行中有 SHR 指
令。比较这行代码和图 C-4 中的指令表我们发现问题所在：移位的数量漏掉了。正确的第 7
行应该是：

    SHR CX,1

需要特殊注意的是错误必须在最初的源文件 arrayprt.s 中进行修改，而不是在合并后的
arrayprt.$ 文件中修改，因为后者在汇编器每次被调用的时候都会自动重新生成。

735

下面再次汇编这个源代码就会成功了。然后可以键入下面的命令启动跟踪程序。

t88 arrayprt

在跟踪的过程中，我们可以看到输出和数据段中的向量不一致。向量包含的是：3、4、7、11、3，但是跟踪程序中显式的值是：3、1024、……。显然又是什么地方出问题了。

为了找到错误，可以再次运行跟踪程序，逐步进行，检查机器的状态直到打印出错误的值。要打印的值是保存在内存的第 32 和 33 行。既然打印的是错误的值，那么就应该看看这个地方出了什么错。第二次循环我们看到 SI 是一个奇数，但显然 SI 应该是一个偶数，因为它是按字来索引的，而不是字节。问题出在第 35 行，它将 SI 加 1，实际上应该是加 2。为了修改这个错误，将这一行改为：

ADD SI,2

纠正这个错误之后，打印的数字列表就正确无误了。

然而，还有一处错误在等着我们。当 vecprint 结束并返回时，跟踪程序开始抱怨栈指针。显而易见，现在要检查当 vecprint 被调用时入栈的值是不是第 41 行 RET 指令执行时栈顶的值。答案是否定的。解决问题的办法是在第 40 行加入下面两行：

ADD SP,10
POP BP

第一条指令移除 vecprint 调用时入栈的 5 个字，这样就将第 22 行保存的 BP 值暴露在栈顶。将此值出栈放到 BP 中，我们就能恢复 BP 到调用前的值，并将正确的返回地址置于栈顶。现在程序就能正确结束了。调试汇编代码与其说是科学不如说是艺术，但是有了跟踪程序还是比直接在硬件上运行容易了许多。

C.8.5　字符串处理和字符串指令

本节的主要目的是介绍如何处理可重复的字符串指令。在图 C-17 中有两个简单的字符串处理程序，它们是 strngcpy.s 和 reverspr.s，读者在 examples 目录中可以找到。图 C-17a 中的程序是一个拷贝字符串的子程序，它调用了在另外一个单独文件 stringpr.s 中的一个子程序 stringpr。本附录没有列出这个子程序。为了能够汇编包含位于单独文件中子程序的程序，需要在 as88 命令中列出所有的源文件。主程序所在的文件要放到最前面，因为它决定了可执行文件和辅助文件的名字。例如，对于图 C-17a 中的程序要使用下面的命令：

as88 strngcpy.s stringpr.s

图 C-17b 中的程序以逆序输出字符串。下面我们就依次来看看这两个程序。

为了证明行号实际上只是注释，在图 C-17a 中我们从第一个标号开始对各行进行编号，忽略掉它们之前的部分。第 2 ~ 8 行主程序首先调用有两个参数的 strngcpy，第一个参数是源字符串 mesg2，第二个是目的字符串 mesg1，调用的目的是将源字符串拷贝到目的字符串中。

现在我们分析一下从第 9 行开始的 strngcpy。它需要在子程序调用之前入栈的目的缓冲区和源字符串的地址。第 10 ~ 13 行，保存要使用的寄存器到栈，以便后面第 27 ~ 30 行进行恢复。第 14 行和通常一样拷贝 SP 到 BP。现在 BP 可以用来加载参数了。第 26 行再次将 BP 拷贝到 SP 来清除栈。

```
.SECT .TEXT
stcstart:                              ! 1
    PUSH mesg1                         ! 2
    PUSH mesg2                         ! 3
    CALL strngcpy                      ! 4
    ADD SP,4                           ! 5
    PUSH 0                             ! 6
    PUSH 1                             ! 7
    SYS                                ! 8
strngcpy:                              ! 9
    PUSH CX                            ! 10
    PUSH SI                            ! 11
    PUSH DI                            ! 12
    PUSH BP                            ! 13
    MOV BP,SP                          ! 14
    MOV AX,0                           ! 15
    MOV DI,10(BP)                      ! 16
    MOV CX,-1                          ! 17
    REPNZ SCASB                        ! 18
    NEG CX                             ! 19
    DEC CX                             ! 20
    MOV SI,10(BP)                      ! 21
    MOV DI,12(BP)                      ! 22
    PUSH DI                            ! 23
    REP MOVSB                          ! 24
    CALL stringpr                      ! 25
    MOV SP,BP                          ! 26
    POP BP                             ! 27
    POP DI                             ! 28
    POP SI                             ! 29
    POP CX                             ! 30
    RET                                ! 31
.SECT .DATA                            ! 32
mesg1: .ASCIZ "Have a look\n"          ! 33
mesg2: .ASCIZ "qrst\n"                 ! 34
.SECT .BSS
```

a）拷贝字符串（strngcpy.s）

```
#include "../syscalnr.h"               ! 1

start: MOV DI,str                      ! 2
    PUSH AX                            ! 3
    MOV BP,SP                          ! 4
    PUSH _PUTCHAR                      ! 5
    MOVB AL,'\n'                       ! 6
    MOV CX,-1                          ! 7
    REPNZ SCASB                        ! 8
    NEG CX                             ! 9
    STD                                ! 10
    DEC CX                             ! 11
    SUB DI,2                           ! 12
MOV SI,DI                              ! 13
    1: LODSB                           ! 14
    MOV (BP),AX                        ! 15
    SYS                                ! 16
    LOOP 1b                            ! 17
    MOVB (BP),'\n'                     ! 18
    SYS                                ! 19
    PUSH 0                             ! 20
    PUSH _EXIT                         ! 21
SYS                                    ! 22
.SECT .DATA                            ! 23
str: .ASCIZ "reverse\n"                ! 24
```

b）逆序打印字符串（reverspr.s）

图 C-17

子程序的核心是第 24 行的指令 REP MOVSB。指令 MOVSB 将 SI 指向的字节拷贝到 DI 指向的内存地址中，然后 SI 和 DI 分别加 1。REP 会产生一个循环，使得指令能够重复执行，每移动一个字节 CX 就减 1，当 CX 减到 0 的时候循环结束。

然而在运行 REP MOVSB 循环之前，我们必须先要对寄存器进行设置，第 15 ～ 22 行完成的就是这项工作。在第 21 行，栈中的参数拷贝到源变址寄存器 SI；在第 22 行，对 DI 进行了同样操作。获得 CX 的值有些棘手。因为字符串的结束是使用字节 0 来标记的。MOVSB 指令不影响 0 标志，但是指令 SCASB（扫描字节串）却影响。它比较 DI 指向的值和 AL 的值，同时对 DI 加 1。此外，它和 MOVSB 指令一样是可重复的。因此，第 15 行 AX 以及 AL 被置 0，第 16 行 DI 的指针从栈中取出，第 17 行 CX 初始为 -1。第 18 行是 REPNZ SCASB，它的功能是循环比较，如果相等就设置 0 标志。循环的每一步 CX 都减 1，当 0 标志置 1 的时候循环停止，因为 REPNZ 同时检查 0 标志和 CX。MOVSB 循环的步数是在第 19 和第 20 行通过计算 CX 现在的值与初始时候的 -1 的差来得到的。

比较令人讨厌的是必须有两条的可重复串指令，但这就是设计选择的代价，因为要保证移动指令不能影响条件码。循环期间变址寄存器必须增 1，所以方向标志必须要进行清除。

第 23 ～ 25 行通过子程序 stringpr 打印拷贝的字符串，这个子程序可以在 examples 目录中找到，它非常简单，这里就不讨论了。

图 C-17b 中给出的是逆序打印程序，第 1 行引用常用的系统调用编号。第 3 行将一个哑元值入栈，第 4 行基址指针 BP 用来指向当前的栈顶。此程序将逐个打印 ASCII 码，因此数字值 _PUTCHAR 入栈。需要注意的是当进行 SYS 调用时，BP 就指向要打印的字符。

第 2、6 和 7 行为可重复的 SCASB 指令准备寄存器 DI、AL 和 CX。计数寄存器和目的变址寄存器采用和上述例子中类似的方法加载，但是 AL 的值是换行符，而不是值 0。这样，SCASB 指令将对字符串 str 的字符值和 \n 进行比较，而不是和 0 进行比较，如果遇到 \n 那么就设置 0 标志。

REP SCASB 增加 DI 寄存器的值，所以如果命中，那么目的变址寄存器就指向新行之后的字符 0。在第 12 行 DI 减 2，这样它就能够指向词的最后一个字母了。

如何能逆序扫描字符串并逐个字符打印，我们就达到了目的，因此第 10 行设置方向标志以使得字符串指令中变址寄存器的调整向相反的方向进行。现在第 14 行的 LODSB 拷贝 AL 中的字符，第 15 行将字符入栈，紧挨着 _PUTCHAR，所以 SYS 指令打印的就是这个字符。

第 18 和第 19 行的指令打印额外的新行，在进行常规的 _EXIT 调用之后程序关闭。

程序当前的版本有一个错误。如果程序逐步跟踪调试的话就能发现这个错误。

命令 /str 将把字符串 str 放到跟踪程序的数据域。由于数据地址的数字值已经给出，所以我们能够知道变址寄存器处理字符串位置的相关数据。

然而，错误需要键入多次回车才能遇到。使用跟踪程序命令我们能较快地发现问题。启动跟踪程序然后键入命令 13 使得我们进入循环中间。如果现在给出命令 b，那么我们就在第 15 行设置一个断点。如果再回车两次，就会发现最后一个字母 e 打印在输出域。命令 r 可以使得跟踪程序一直运行直到遇到断点或者程序结束。采用这种方式，我们可以通过重复地使用 r 命令来处理字母，这样我们也就越来越接近问题所在。由此来看，我们可以每次使跟踪程序运行一步，这样我们就能发现在错误指令处会发生什么。

我们也可以将断点设置在一特殊行，但必须记住我们引用了文件 ../syscalnr，这将使得行号偏移 20。结果就是第 16 行的断点要用命令 36b 来设置。这显然不是一个好的解决方案，所以最好还是使用第 2 行指令前面的全局标号 start，并在命令中使用 /start+14b，这样做能够将断点放到同样的位置，但不再需要记住引用文件的大小。

C.8.6 分派表

在一些编程语言中，经常会使用 case 或者 switch 语句来从多个选择中选中一个来跳转，具体选择哪个要根据变量的数值来决定。有些时候，在汇编语言程序中也需要这样的多路选择。举个例子，比如一组系统调用就组合在一个单独的 SYS 陷阱例程中。图 C-18 所示的是程序 jumptbl.s，它给出了在 8088 汇编程序中如何进行多路选择编程。

程序以打印标号为 strt 的字符串开始，请求用户输入一个 8 进制数（第 4 行～第 7 行）。然后从标准输入读入一个字符（第 8 行和第 9 行）。如果 AX 的值小于 5，那么程序认为它是文件结束标志，然后跳转到第 22 行的标号 8，以状态码 0 退出程序。

如果没有遇到文件结束标志，那么就检查 AL 中的输入字符。任何小于数字 0 的字符都被认为是空白并忽略然后跳转到第 13 行，继续接收另外的字符。任何大于数字 9 的字符都将被认为是错误输入，在第 16 行，它将被映射为 ASCII 码的冒号，也就是 ASCII 字符序列中 9 的后继。

```
#include "../syscalnr.h"   ! 1          rout0:  MOV  AX,mes0       ! 25
.SECT .TEXT                ! 2                  JMP  9f            ! 26
jumpstrt:                  ! 3          rout1:  MOV  AX,mes1       ! 27
        PUSH strt          ! 4                  JMP  9f            ! 28
        MOV  BP,SP         ! 5          rout2:  MOV  AX,mes2       ! 29
        PUSH _PRINTF       ! 6                  JMP  9f            ! 30
        SYS                ! 7          rout3:  MOV  AX,mes3       ! 31
        PUSH _GETCHAR      ! 8                  JMP  9f            ! 32
1:      SYS                ! 9          rout4:  MOV  AX,mes4       ! 33
        CMP  AX,5          ! 10                 JMP  9f            ! 34
        JL  8f             ! 11         rout5:  MOV  AX,mes5       ! 35
        CMPB AL,'0'        ! 12                 JMP  9f            ! 36
        JL  1b             ! 13         rout6:  MOV  AX,mes6       ! 37
        CMPB AL,'9'        ! 14                 JMP  9f            ! 38
        JLE 2f             ! 15         rout7:  MOV  AX,mes7       ! 39
        MOVB AL,'9'+1      ! 16                 JMP  9f            ! 40
2:      MOV  BX,AX         ! 17         rout8:  MOV  AX,mes8       ! 41
        AND  BX,0Xf        ! 18                 JMP  9f            ! 42
        SAL  BX,1          ! 19         erout:  MOV  AX,emes       ! 43
        CALL tbl(BX)       ! 20         9:      PUSH AX            ! 44
        JMP  1b            ! 21                 PUSH _PRINTF       ! 45
8:      PUSH 0             ! 22                 SYS                ! 46
        PUSH _EXIT         ! 23                 ADD  SP,4          ! 47
        SYS                ! 24                 RET                ! 48

.SECT .DATA                                                       ! 49
tbl: .WORD rout0,rout1,rout2,rout3,rout4,rout5,rout6,rout7,rout8,rout8,erout   ! 50
mes0: .ASCIZ "This is a zero.\n"                                  ! 51
mes1: .ASCIZ "How about a one.\n"                                 ! 52
mes2: .ASCIZ "You asked for a two.\n"                             ! 53
mes3: .ASCIZ "The digit was a three.\n"                           ! 54
mes4: .ASCIZ "You typed a four.\n"                                ! 55
mes5: .ASCIZ "You preferred a five.\n"                            ! 56
mes6: .ASCIZ "A six was encountered.\n"                           ! 57
mes7: .ASCIZ "This is number seven.\n"                            ! 58
mes8: .ASCIZ "This digit is not accepted as an octal.\n"          ! 59
emes: .ASCIZ "This is not a digit. Try again.\n"                  ! 60
strt:   .ASCIZ "Type an octal digit with a return. Stop on end of file.\n"   ! 61
```

图 C-18　使用分派表示范多路分支的程序

这样，在第 17 行我们就在 AX 中得到数字 0 和冒号之间的一个值。这个值被拷贝到 BX 中。在第 18 行，利用 AND 指令屏蔽掉除了最低 4 位之外的所有位，这样就使得数值介于 0 ~ 10 之间（因为 ASCII 码 0 是 0x30）。由于我们要对一个字表进行索引，而不是字节表，所以在第 19 行 BX 的值通过左移被乘以 2。

第 20 行是一条调用指令。有效地址是 BX 的值加上标号 tbl 的数值值，这个合成地址的内容加载到程序计数器 PC 中。

此程序根据从标准输入取得的字符从十个子程序里面选择一个。这些子程序都将一些消息的地址入栈然后跳转到 _PRINTF 系统子程序调用，这个 _PRINTF 子程序调用是大家共用的。

为了理解到底会发生了什么，我们需要知道 JMP 和 CALL 指令能加载一些正文段地址到 PC 中。这样的地址是一个二进制数，汇编过程中所有的地址都使用它们的二进制值替代。这些二进制值能够用来初始化数据段的数组，第 50 行完成了这些操作。因此从 tbl 开始的数组包含着 rout0、rout1、tou2 等的起始地址，每个地址两个字节。两字节地址的需求也解释了为什么在第 19 行我们需要进行一次移位操作。这种类型的表我们通常称为**分派表**（dispatch table）。

这些例程如何运行可以从第 43 行 ~ 第 48 行的 erout 例程中看到。这个例程处理了数字越界问题。首先，AX 中的消息地址在第 43 行入栈。接着是 _PRINTF 系统调用编号入栈。然后，进行系统调用，栈被清除，例程返回。其他 9 个例程 rout0 ～ rout8，每个例程都加载它们私有消息的地址到 AX 中，然后跳转到 erout 的第二行输出消息并结束子程序。

740
～
741

　　为了熟悉分派表，跟踪程序的时候可以输入几个不同的输入字符。作为练习，程序可以修改为针对任何不同字符都能产生实际的操作。例如，除了 8 进制数字之外的所有字符都给出一个错误消息。

C.8.7 缓冲与随机文件访问

　　图 C-19 中的程序 InFilBuf.s 示范了对文件的随机 I/O。文件可以假定由很多行构成，不同的行具有不同的长度。程序首先读文件并建立一张表，表项 n 就是第 n 行起始处在文件中的位置。此后，如果请求一行，那么它的位置就可以在这张表中查找，再通过 lseek 和 read 系统调用读入此行。文件名在标准输入的第一行给出。这个程序包括了几个相当独立的代码段，可以修改这些代码段用于其他用途。

```
#include "../syscalnr.h" ! 1          PUSH _EXIT           ! 43         PUSH buf            ! 85
bufsiz = 512            ! 2          PUSH _EXIT           ! 44         PUSH (fildes)       ! 86
.SECT .TEXT             ! 3          SYS                  ! 45         PUSH _READ          ! 87
infbufst:               ! 4      3:  CALL getnum          ! 46         SYS                 ! 88
    MOV BP,SP           ! 5          CMP AX,0             ! 47         ADD SP,8            ! 89
    MOV DI,linein       ! 6          JLE 8f               ! 48         MOV CX,AX           ! 90
    PUSH _GETCHAR       ! 7          MOV BX,(curlin)      ! 49         ADD BX,CX           ! 91
1:  SYS                 ! 8          CMP BX,0             ! 50         MOV DI,buf          ! 92
    CMPB AL,'\n'        ! 9          JLE 7f               ! 51         RET                 ! 93
    JL  9f              ! 10         CMP BX,(count)       ! 52
    JE  1f              ! 11         JG  7f               ! 53     getnum:                 ! 94
    STOSB               ! 12         SHL BX,1             ! 54         MOV DI,linein       ! 95
    JMP 1b              ! 13         MOV AX,linh-2(BX)    ! 55         PUSH _GETCHAR       ! 96
1:  PUSH 0              ! 14         MOV CX,linh(BX)      ! 56     1:  SYS                 ! 97
    PUSH linein         ! 15         PUSH 0               ! 57         CMPB AL,'\n'        ! 98
    PUSH _OPEN          ! 16         PUSH 0               ! 58         JL  9b              ! 99
    SYS                 ! 17         PUSH AX              ! 59         JE  1f              !100
    CMP AX,0            ! 18         PUSH (fildes)        ! 60         STOSB               !101
    JL  9f              ! 19         PUSH _LSEEK          ! 61         JMP 1b              !102
    MOV (fildes),AX     ! 20         SYS                  ! 62     1:  MOVB (DI),'\0'      !103
    MOV SI,linh+2       ! 21         SUB CX,AX            ! 63         PUSH curlin         !104
    MOV BX,0            ! 22         PUSH CX              ! 64         PUSH numfmt         !105
1:  CALL fillbuf        ! 23         PUSH buf             ! 65         PUSH linein         !106
    CMP CX,0            ! 24         PUSH (fildes)        ! 66         PUSH _SSCANF        !107
    JLE 3f              ! 25         PUSH _READ           ! 67         SYS                 !108
2:  MOVB AL,'\n'        ! 26         SYS                  ! 68         ADD SP,10           !109
    REPNE SCASB         ! 27         ADD SP,4             ! 69         RET                 !110
    JNE 1b              ! 28         PUSH 1               ! 70
    INC (count)         ! 29         PUSH _WRITE          ! 71         .SECT .DATA         !111
    MOV AX,BX           ! 30         SYS                  ! 72     errmess:                !112
    SUB AX,CX           ! 31         ADD SP,14            ! 73         .ASCIZ "Open %s failed\n" !113
    XCHG SI,DI          ! 32         JMP 3b               ! 74     numfmt: .ASCIZ "%d"     !114
    STOS                ! 33     8:  PUSH scanerr         ! 75     scanerr:                !115
    XCHG SI,DI          ! 34         PUSH _PRINTF         ! 76         .ASCIZ "Type a number.\n" !116
    CMP CX,0            ! 35         SYS                  ! 77         .ALIGN 2            !117
    JNE 2b              ! 36         ADD SP,4             ! 78         .SECT .BSS          !118
    JMP 1b              ! 37         JMP 3b               ! 79     linein: .SPACE 80       !119
9:  MOV SP,BP           ! 38     7:  PUSH 0               ! 80     fildes: .SPACE 2        !120
    PUSH linein         ! 39         PUSH _EXIT           ! 81     linh:   .SPACE 8192     !121
    PUSH errmess        ! 40         SYS                  ! 82     curlin: .SPACE 4        !122
    PUSH _PRINTF        ! 41     fillbuf:                 ! 83     buf:    .SPACE bufsiz+2  !123
    SYS                 ! 42         PUSH bufsiz          ! 84     count:  .SPACE 2        !124
```

图 C-19　带缓冲区读和随机文件访问的程序

程序的前5行简单定义了系统调用编号和缓冲区大小，并将基址指针照常放到栈顶。第6～13行从标准输入读入文件名并作为字符串保存在标号 linein 处。如果文件名不是以换行符来结束，就会产生一个错误消息，进程继而以非零状态结束。第38～45行完成这些工作。这里需要注意，文件名地址在第39行入栈，错误消息的地址在第40行入栈。如果我们查看错误消息本身（见第113行），那么我们需要在 _PRINTF 中使用一个 %s 格式串请求。字符串 linein 的内容会插入在此处。

如果文件名的拷贝没有问题，文件将在第14～20行被打开。如果 open 调用失败，那么返回值就是负数，而且会跳转到第28行的标号9，继而打印一个错误消息。如果系统调用成功，那么返回值就是文件描述符，保存在变量 fildes 中。这个文件描述符在后面的 read 和 lseek 调用中都要用到。

接下来，我们以512个字节为一块来读文件，每个文件块都保存在缓冲区 buf 中。分配的缓冲区比必需的512个字节多两个字节，这里也说明了符号常量和整数可以混和在一个表达式中（见第123行）。同样，第21行的 SI 加载的是数组 linh 的第二项，此数组的末端是一个机器字0。寄存器 BX 中是文件中第一个未读字符的文件地址，因此，在第22行缓冲区被第一次填满之前它的初值是0。

缓冲区的填充是由第83～第93行的例程 fillbuf 来处理的。将 read 的参数入栈之后，就需要进行系统调用，将实际读入的字符数放到 AX 中。这个数还要拷贝到 CX 中，而且缓冲区中剩余的字符数以后也要保存在 CX 中。文件中第一个未读字符的文件位置保存在 BX 中，所以 CX 在第91行必须加到 BX 中。第92行把缓冲区末端放入 DI 中，这样能够为在缓冲区中扫描下一个换行符做好准备。

从 fillbuf 返回之后，第24行检查是否所有内容的都已经读完。如果没有就跳出缓冲区读循环回到第25行程序的第二部分。

现在我们可以开始扫描缓冲区了。符号"\n"在第26行加载到 AL 中，在第27行这个值通过 REP SCASB 扫描并和缓冲的符号进行循环比较。有两种方法结束循环：CX 变为0或者扫描到一个换行符。如果0标志被置1，那么扫描的最后一个符号就是 \n，并且当前符号（换行符的下一个符号）的文件位置将保存到数组 linh 中。然后计数增加，文件位置通过 BX 和保存可用字符数的 CX 来计算（第29～31行）。第32～34行进行实际存储工作，但由于 STOS 假定 DI 而不是 SI 是目的操作数，所以这两个寄存器的值要在 STOS 的前后进行互换。第35～37行检查是否缓冲区还有可用数据，并根据 CX 的值进行跳转。

当到达文件尾部时，我们就得到了各行起始文件位置的完整列表。因为我们以字0开始 linh 数组，我们就知道第一行从地址0开始，下一行的起始位置由 linh+2 等给出。第 *n* 行的大小可以用第 *n*+1 行的起始地址减去第 *n* 行的起始地址得到。

程序其余部分的目的是读一行的行号，将行读入缓冲区，再通过 write 调用输出。所有必须的信息都能在 linh 数组中找到，数组的第 *n* 项是文件第 *n* 行的起始位置。如果请求的行号是0或者是越界的值，那么程序就跳转到标号7并结束。

程序这部分从第46行处调用 getnum 子程序开始。例程从标准输入读入一行并保存在缓冲区 linein 中，（从第95～103行）。接着，我们为 SSCANF 调用做准备。考虑到参数是逆序的，则首先将保存整数值的 curlin 地址入栈，然后是整数格式串 numfmt 的地址，最后是缓冲区 linein 的地址，缓冲区包含10进制表示的数。如果可能系统子程序 SSCANF 将把二进制值放入到 curlin 中。失败的话就在 AX 中返回一个0。返回值在第48行进行测试；如果失败，

742

那么程序通过标号 8 产生一个错误消息。

如果 getnum 子程序在 curlin 中返回一个非法整数，那么我们首先将它拷贝到 BX 中。接着我们在第 49 ~ 53 行再次测试值是否越界，如果行号越界就退出。

我们还必须在文件中找出选择行的尾部和要读的字节数，因此我们通过左移指令 SHL 将 BX 乘以 2。第 55 行将相关行的文件位置拷贝到 AX。下一行的文件位置保存在 CX 中，这样我们就能够计算当前行的字节数了。

要对一个文件进行随机读，就要使用 lseek 调用设置文件到下一个要读字节的偏移量。lseek 要从文件的起始位置算起，所以在第 57 行首先要将参数 0 入栈来进行指示。下一个参数是文件偏移量。这个参数被定义为一个长整数类型（也就是 32 位整数），所以我们在第 58 和第 59 行首先入栈一个字 0 然后是 AX 的值，这样就形成了一个 32 位整数。接着入栈的是文件描述符和 LSEEK 的代码，第 62 行进行调用。LSEEK 的返回值是所在文件的当前位置，这个值保存在 DX：AX 寄存器组合中。如果一个机器字能够容纳这个数值（文件长度小于 65 536 个字节），那么 AX 中就包含地址，从 CX 中减去这个寄存器的值（见第 63 行），得到的就是要将一行读入缓冲区还要读入的字节数。

程序的其他部分比较容易。第 64 ~ 68 行从文件中读入一行，然后在第 70 ~ 72 行通过文件描述符 1 写到标准输出。需要注意的是数量和缓冲区的值在第 69 行进行部分栈清理之后仍在栈中。最后，在第 73 行我们完全重置栈指针并准备开始下一个步骤，我们跳转到标号 3，重新开始对 getnum 的另一次调用。

C.9 致谢

本附录中使用的汇编器是"阿姆斯特丹编译器工具包"的一部分，完整的工具包可以通过联机方式在 www.cs.vu.nl/ack 上得到。这里我们要感谢最初设计这个工具包的一些人，他们是 John Setvenson、Hans Schaminee 和 Hans de Vries。我们还要特别感谢对这个软件包进行维护的 Ceriel Jacobs，他为了使这个软件包满足教学的需要进行了多次修改；感谢 Elth Ogston，他通读了这部分附录的原稿并对例子和练习进行了测试。

我们需要感谢的人还有 Robbert van Renesse 和 Jan-Mark Wams，他们分别设计了 PDP-11 和 Motorola 68000 的跟踪程序。在本附录中介绍的这个跟踪程序的时候采用了他们很多好的思想。此外，我们还想感谢一下过去数年中担任汇编语言程序设计课程的助教和系统操作员，谢谢他们的帮助。

习题

1. 指令 MOV AX,702 执行之后，AH 和 AL 中的内容对应的十进制数值是多少？
2. CS 寄存器的值是 4，那么代码段的绝对内存地址的范围是多少？
3. 8088 所能访问的最高的内存地址是多少？
4. 假设 CS=40，DS=8000，IP=20。
   a. 下一条指令的绝对内存地址是多少？
   b. 如果执行 MOV AX,（2）这条指令，哪一个内存字将会加载到 AX 中？
5. 一个具有三个整型参数的子程序按照下述描述的顺序被调用，调用的具体情况是：调用者按照逆序将三个参数压入栈，然后执行一条 CALL 指令。被调用者保存旧的 BP 并设置新的 BP 指向已保存的旧 BP。然后栈指针为局部变量分配空间而递减。在上面这些约定限制下，给出将第一个参数移入 AX 所需要的指令。

6. 在图 C-1 中，表达式 de-hw 作为一个操作数使用，它的值是两个标号的差。那么可能出现把 de+hw 作为一个合法操作数的情况吗？试分析你的答案。

7. 给出计算下面表达式的汇编代码：

$x=a+b+2$

8. 有一个 C 语言函数具有如下声明：

foobar (x, y);

给出使用这个函数调用的汇编代码。

9. 编写一个汇编程序，使它能够接受一个整数、操作符、另一个整数及其输入表达式，并输出该表达式的值。其中操作符可以是 +、-、× 和 /。

746

索　引

索引中的页码为英文原书页码，与书中页边标注的页码一致。

N

推荐阅读

深入理解计算机系统（原书第3版）

作者：（美）兰德尔 E.布莱恩特 等 ISBN：978-7-111-54493-7 定价：139.00元

计算机体系结构精髓（原书第2版）

作者：（美）道格拉斯·科莫 ISBN：978-7-111-62658-9 定价：99.00元

计算机系统：系统架构与操作系统的高度集成

作者：（美）阿麦肯尚尔·拉姆阿堪德兰 等 ISBN：978-7-111-50636-2 定价：99.00元

计算机组成与设计：硬件/软件接口（原书第5版·ARM版）

作者：（美）戴维·A.帕特森，约翰·L.亨尼斯 ISBN：978-7-111-60894-3 定价：139.00元